## Evolution der Tetrapoden

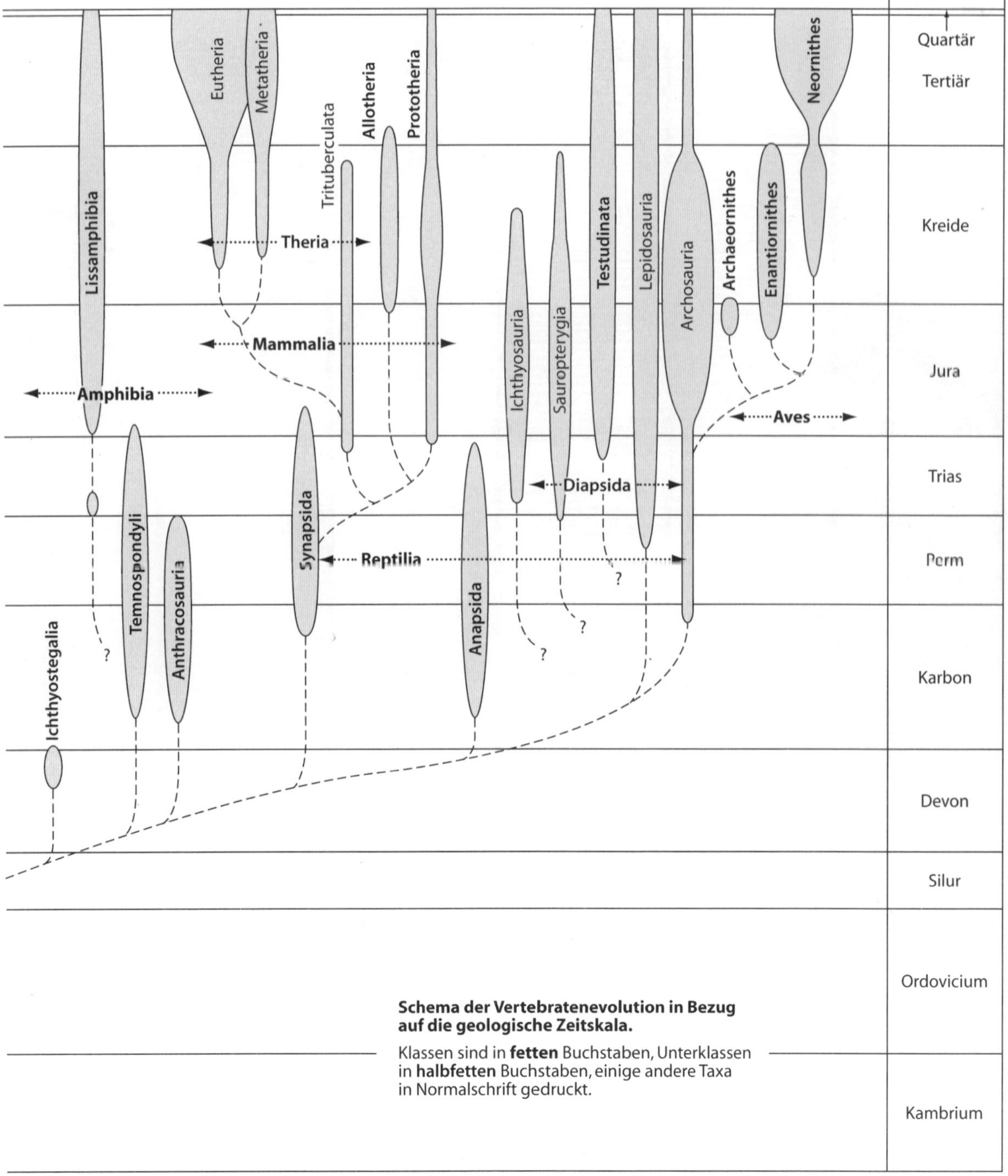


**Schema der Vertebratenevolution in Bezug auf die geologische Zeitskala.**

Klassen sind in **fetten** Buchstaben, Unterklassen in **halbfetten** Buchstaben, einige andere Taxa in Normalschrift gedruckt.

Springer-Lehrbuch

Springer

*Berlin*
*Heidelberg*
*New York*
*Hongkong*
*London*
*Mailand*
*Paris*
*Tokio*

Milton Hildebrand · George E. Goslow

# Vergleichende und funktionelle Anatomie der Wirbeltiere

Aus dem Amerikanischen übersetzt
und überarbeitet von Claudia Distler

Mit 440 Abbildungen und 4 Tabellen

Springer

Professor Dr. em. Milton Hildebrand
University of California
Section of Evolution & Ecology
Davis, CA 95616
USA

Professor Dr. George E. Goslow, Jr.
Brown University
Ecology & Evolutionary Biology
Box G
Providence, RI 02913
USA

*Übersetzerin:*

PD Dr. Claudia Distler
Universität Bochum
Allgemeine Zoologie & Neurobiologie
ND 7/27
44780 Bochum

*Titel der Originalausgabe:*

Analysis of Vertebrate Structure,
Copyright 2001, 5th edition


mit Unterstützung durch Prof. Dr. G. Alberti, Prof. Dr. G. Beinbrech, Dipl. Biol. W. Blaszczyk, Prof. Dr. V. Blüm, Dr. med. vet. M. Grewing, Prof. Dr. Dr. H. Hatt, Prof. Dr. D.-K. Hofmann, Prof. Dr. K.-P. Hoffmann, Dipl. Biol. A. Horstmann, Prof. Dr. H. R. Kirchheim, Prof. Dr. H.-C. Lüttgau, Prof. Dr. R. Necker, Prof. Dr. H. Preuschoft, PD Dr. B. Röll, Prof. Dr. T. Stützel, Prof. Dr. J.-W. Wägele und Prof. Dr. U. Witzel

ISBN 3-540-00757-1 Springer-Verlag Berlin Heidelberg New York

Bibliografische Information Der Deutschen Bibliothek
Die Deutsche Bibliothek verzeichnet diese Publikation in der Deutschen Nationalbibliografie; detaillierte bibliografische Daten sind im Internet über <http://dnb.ddb.de> abrufbar.



Springer-Verlag Berlin Heidelberg New York
ein Unternehmen der BertelsmannSpringer Science+Business Media GmbH
http://www.springer.de



Satz: K+V Fotosatz GmbH, Beerfelden
Einbandgestaltung: deblik, Berlin
Umschlagabbildungen: *links* Friedhelm Steinen-Broo, *rechts* Prof. Dr. Klaus-Peter Hoffmann
29/3130-5 4 3 2 1 0 – Gedruckt auf säurefreiem Papier

*Dedicated to the students who use this book.*
*May you learn and prosper, and also be encouraged to protect the remarkable animals with which we share the world.*

# Vorwort der Autoren zur 5. Auflage

Dieses Buch handelt von der Evolution und der funktionellen Morphologie von Wirbeltieren. Besondere Merkmale dieses Buches sind seine Breite und Schwerpunktsetzung. Die Beschreibung der Morphologie wird einbezogen, weil das Wissen um die Morphologie ihrer Interpretation vorangehen muss. Die Interpretation der Morphologie als Ausdruck der Phylogenie wird hervorgehoben, weil die organismische Evolution eine der großartigsten Geschichten ist, welche die Biologie zu erzählen weiß. Die Stammeslinien der Wirbeltiere erzählen diese Geschichte mit mehr Kontinuität und Überzeugungskraft als die bekannten Stammeslinien anderer Tiere oder Pflanzen. Der Interpretation der Morphologie aufgrund der Funktionsanalyse wird mehr Bedeutung beigemessen als in anderen Büchern. Die Funktionsmorphologie ist Thema vielfältiger, laufender Forschungsarbeit, die sich sowohl mit lebenden, als auch mit ausgestorbenen Formen beschäftigt und so die Gelegenheit bietet, neue Erkenntnisse zum althergebrachten Wissen hinzuzufügen. Funktionsmorphologie kann quantitativ analysiert werden, was bei Studierenden unserer Erfahrung nach großes Interesse weckt. Eine gewisse Aufmerksamkeit wird außerdem der offensichtlichen und faszinierenden Beziehung zwischen Entwicklung und adulter Struktur geschenkt, weil sehr aufschlussreiche Forschungsarbeit über die evolutionäre Morphogenese und das relative Wachstum geleistet wird. Interpretationen der Struktur, die auf Körpergröße, Alter, Geschlecht und individuelle Variation gründen, werden kürzer behandelt.

Zweitens stellt dieses Buch die Morphologie der Wirbeltiere als eine aktive Disziplin vor. Die Umwandlungen von der Flosse zum Bein, vom Kieferknochen zum Gehörknöchelchen, von einer Branchialarterie zu einer Carotide und viele andere sind klassische Geschichten, die auch immer neuen Generationen von Studierenden erzählt werden sollten. Es sind allerdings neue Fortschritte und aktive Forschungsgebiete, welche die Disziplin wirklich als dynamisch, integrativ und herausfordernd darstellen. Um dies zu erreichen, wurde der Haupttext wiederum überprüft und auf den neuesten Stand gebracht, und wir benutzen Einschübe, die wir Kommentare nennen, um kontroverse Punkte gerecht zu bewerten, um Phänomene, die bisher nicht ausreichend verstanden sind, herauszustellen, um grundlegende Themen genauer zu betrachten und um eine historische Perspektive von im Fluss befindlichen Analysen komplexer Systeme zu geben.

Drittens ist das Buch ausgiebig mit qualitativ sehr hochstehenden und einheitlichen Abbildungen ausgestattet. Von den ungefähr tausend verschiedenen Objekten, die dargestellt werden, sind immerhin zwei Drittel Originalzeichnungen, und beinahe alle anderen wurden mit meist beträchtlichen Modifikationen aus anderen Quellen übernommen. Für jedes Thema haben wir nach einem adäquaten Kompromiss gesucht zwischen einer Illustration, die so beschreibend ist, dass sie unwesentliche Details enthält, und so vereinfachend, dass sie den lebenden Körper auf mechanische Analoga reduziert. Für diese Ausgabe wurden 20 Fotografien am Beginn der Kapitel eingeführt, und es gibt 40 neue bzw. überarbeitete Abbildungen.

Das vierte Charakteristikum dieses Buches ist der leicht verständliche Stil. Er ist einförmig, einheitlich und die Abschnitte beziehen sich eng aufeinander. Die Abbildungen werden im Text mit der Abbildungsnummer zitiert. Die Abbildungen sind vollständig beschriftet, und die Beschriftungen unterscheiden (durch Groß- und Kleinschreibung) zwischen den gezeigten Hauptcharakteristika und weniger wichtigen Merkmalen. Literaturverzeichnisse am Ende der einzelnen Kapitel wurden auf den neuesten Stand gebracht, mit Anmerkungen versehen und erweitert. Sie können den Studierenden bei Aufgaben und Seminaren helfen, können die Neugier eines jeden auf unbeantwortete Fragen stillen und sie zeigen auch einige unserer Quellen. Das Glossar enthält ungefähr 600 Fachausdrücke. Unser Ziel ist ein fundierter und solider Text, der aber nicht übermäßig technisch ist. Details, die für die Interpretation nicht wichtig sind, werden weggelassen. Die Wörter „gewöhnlich“ oder „manchmal“ werden oft der Vollständigkeit halber benutzt; spezifische Abweichungen von der normalen Struktur werden aber meistens weggelassen. Wir haben uns bemüht, Konzepte von beschreibendem Material zu trennen und haben oft Aussagen in Klammern gestellt, um die Beispiele und Bedingungen zu unterordnen.

**Teil I** des Buches gibt eine Übersicht über die Vertebraten. Die Studierenden müssen in der Lage sein, die Haupttaxa zu erkennen und miteinander in Beziehung zu setzen, um Teil II und III verstehen zu können. Hierzu dienen kurze Beschreibungen, welche die typischen Merkmale und die Erkennungscharakteristika hervorheben. Ausgestorbene Gruppen werden beschrieben oder nicht, je nachdem, in welcher Beziehung sie zu den gerade behandelten Themen stehen.

In **Teil II** benutzen wir die übliche Einteilung in Organsysteme, um die allgemeine Morphologie der Klassen und Unterklassen der Wirbeltiere vorzustellen und die strukturellen Hinweise auf ihre evolutionären Beziehungen darzustellen. Merkmale, die keine größeren Taxa charakterisieren oder progressive Veränderungen zwischen aufeinander folgenden Kategorien zeigen, werden entweder nur am Rande erwähnt oder weggelassen. Wir glauben, dass die Behandlung einen vernünftigen Stoffinhalt enthält, der in einem Studienkurs gelernt werden kann. Die wenigen Studierenden, die vorhaben, berufsmäßige Morphologen zu werden, werden hoffentlich motiviert, weiterführende Information zu suchen.

**Teil III** stellt die Kenntnis und Analyse der hauptsächlichen funktionellen Gruppen der Vertebraten vor. Nach Kapiteln über die Knochen-/Muskelmechanik beschäftigen sich mehrere Kapitel mit den wichtigsten Anpassungen an verschiedene Fortbewegungs- und Ernährungsweisen und streifen die Energetik und Skalierung. Nicht näher miteinander verwandte, aber oft konvergente Gruppen von Tieren wurden zusammengefasst, um zu zeigen, wie die Evolution für ihre gemeinsamen Anforderungen gesorgt hat.

Manche Lehrbücher integrieren die funktionelle Morphologie in Material, das ansonsten hauptsächlich nach Organsystemen oder nach der phylogenetischen Abfolge der Taxa der Vertebraten geordnet ist. So kann die Mechanik des Schwimmens mit den Fischen eingeführt werden oder mit dem Axialskelett, terrestrische Fortbewegung kann mit den frühen Tetrapoden oder mit dem Appendikularskelett und Nahrungsaufnahme kann mit dem Verdauungssystem behandelt werden. Wir tun dies nur in begrenztem Umfang (die Osmoregulation wird mit dem Exkretionssystem behandelt, die Thermoregulation mit dem Kreislaufsystem, das Sehen bei Nacht mit dem Auge). Wenn man allerdings die einzigartig gründliche Behandlung der funktionellen Morphologie in dem vorliegenden Text berücksichtigt, haben uns die meisten befragten Kollegen zugestimmt, dass die Themen, die hier in den Teilen II und III behandelt werden, am besten getrennt besprochen werden: Nicht alle Fische benutzen das Axialskelett zum Schwimmen und alle benutzen nicht ausschließlich das Skelett. Die meisten Schwimmer, die keine Fische sind, benutzen einen Vortrieb, der unter Fischen ungewöhnlich ist. Die Nahrungsaufnahme macht sich nicht direkt das Verdauungssystem zunutze. Der Flug überspannt taxonomische und Organsystemgrenzen. Wenn die Funktionsanalyse nur nach Organsystem oder Taxon dargestellt wird, muss es zu Einschränkungen, Kompromissen und Fragmentierung in ihrer Darstellung kommen.

Aufeinanderfolgende Auflagen dieses Buches zeigen eine bescheidene Zunahme der Anzahl der Abbildungen und der Literaturangaben, aber keine signifikante Veränderung in der Länge und im Niveau des Haupttextes. Wir glauben, dass Lehrbücher zu groß und zu detailliert sein können; dennoch kann dieses Buch – im Gegensatz zu einem Lehrer – nicht einfach ganze Organsysteme, Funktionen oder größere Taxa weglassen. In einem zweisemestrigen Kurs können die meisten der Kapitel abgehandelt werden. In einem einsemestrigen Kurs muss man bestimmte Organsysteme auswählen. Eine Balance kann erreicht werden, indem man Teile aus Teil II und III kombiniert und so mehr als nur eine hauptsächliche Herangehensweise an die Strukturanalyse zeigt. Kapitel, die nicht behandelt werden, könnten die Grundlage für spezielle Seminare sein.

Ein vorbereitender Kurs in der allgemeinen Biologie oder Zoologie wird vorausgesetzt. Die meisten der benötigten Grundlagen und Begriffe werden hier wiederholt, würden aber einen sehr umfangreichen Lernstoff darstellen, wenn sie nicht bereits bekannt wären. Grundlagen in der Embryologie, der Physiologie oder der Evolution sind wünschenswert, um dem Studierenden den Vorteil eines zusätzlichen Hintergrundes zu geben, werden aber nicht vorausgesetzt. Ganz ähnlich würde eine Auffrischung in Algebra und Geometrie und ein Kurs in Physik den Teil III erleichtern, aber vor allem deshalb, weil man sich dann sicherer fühlt, und nicht, weil man sich an die Formeln erinnert.

Ein Anhang, der Anleitungen für die Herstellung anatomischer Präparate gibt, wurde in dieser Auflage hinzugefügt. Der Grund dafür ist das Thema der einleitenden Paragraphen zu diesem Kapitel.

Bei der Vorbereitung für diese Auflage des Buches haben wir uns, wie auch bei den vorherigen Auflagen, an zahlreiche Kollegen und auch an einige Studenten gewandt, um Fragen zu beantworten und auch um ihre Meinungen einzuholen. Wir schulden ihnen allen Dank für ihre freundliche Kooperation. Viola Memmler-Hildebrand zeichnete nahezu alle Halbtonillustrationen und auch einige der Strichzeichnungen. Die Hälfte der Fotografien am Beginn der Kapitel (die Präparate zeigen, welche früher in der Hildebrand-Sammlung waren) wurden von O. Louis Mazzatenta am Museum für Wirbeltierzoologie in Berkeley aufgenommen, wo die Kuratorin, Barbara Stein, sehr hilfreich war. Ronald E. Cole stellte freundlicherweise Material für den Appendix zur Verfügung.

Milton Hildebrand
George E. Goslow, Jr.

# Vorwort der Übersetzerin

Die Idee, das vorliegende Buch zu übersetzen, entstand aus der Faszination, welche die Beschäftigung mit der Anatomie und der Funktionsmorphologie der Wirbeltiere auslöst, ferner aus der Begeisterung über „den Hildebrand", aber auch aus der Erkenntnis, dass ein vergleichbares Werk auf dem deutschsprachigen Lehrbuchmarkt bis jetzt fehlte. Das Buch kombiniert eine grundlegende Übersicht der Evolutionsmechanismen und der Haupttaxa der Wirbeltiere mit der vergleichenden Anatomie der Organsysteme und, ganz speziell, der Funktionsmorphologie. Mechanismen, die verschiedenen Arten der Fortbewegung und der Nahrungsaufnahme zugrunde liegen, sind in klar verständlicher Form erklärt, wobei nur ein Minimum an Mathematik- und Physikkenntnissen vorausgesetzt wird.

Das Buch richtet sich vor allem an Studierende im Hauptstudium. Es will an die Thematik heranführen, Begeisterung und Verständnis wecken. Literaturhinweise erleichtern das weiterführende Studium und die Beantwortung spezieller Fragen.

Die Darstellung der phylogenetischen Beziehungen mag bei manchem Leser ein Stirnrunzeln hervorrufen. So gibt es in diesem Buch noch taxonomische Einheiten wie Klassen und Ordnungen und es gibt auch noch „Reptilien" und „Vögel". Hierbei sollte Folgendes bedacht werden: Die Autoren stellen die Prinzipien der „konventionellen" Systematik sowie der Kladistik vor und wägen die Vor- und Nachteile der beiden Vorgehensweisen ab. Auch die molekularbiologischen Ansätze der modernen Systematik werden vorgestellt. Aus didaktischen Gründen und auch, weil für das Thema dieses Buches ein Grundwissen über die großen Taxa der Wirbeltiere, aber kein Spezialwissen über die systematische Einteilung nötig ist, verwenden die Autoren in erster Linie die konventionelle Einteilung der Wirbeltiergruppen.

Die vorliegende Übersetzung ist an einigen Stellen nicht deckungsgleich mit dem Originaltext. Fehler wurden korrigiert, neue Erkenntnisse wurden hinzugefügt; Literaturhinweise wurden u.a. um deutsche Veröffentlichungen ergänzt. Die gesamte Überarbeitung erfolgte in enger Zusammenarbeit und Absprache mit Milton Hildebrand. Die rege Diskussion mit ihm, seine unerschöpfliche Unterstützung, Geduld und Hilfsbereitschaft haben ausschlaggebend zum Gelingen dieses Projekts beigetragen.

Um Übersetzungsfehler zu minimieren, habe ich eine Reihe von Kolleginnen und Kollegen um ihre Mithilfe, kritische Anmerkungen und Korrekturen gebeten. Ich möchte mich daher sehr herzlich bei den folgenden Personen für die tatkräftige, geduldige und unverzichtbare Unterstützung bedanken: G. Alberti, G. Beinbrech, W. Blaszczyk, V. Blüm, M. Grewing, H. Hatt, D.-K. Hofmann, K.-P. Hoffmann, A. Horstmann, H.R. Kirchheim, H.-C. Lüttgau, R. Necker, H. Preuschoft, B. Röll, T. Stützel, J.-W. Wägele, U. Witzel. Mein herzlicher Dank gilt außerdem Frau A. Bauswein für die redaktionelle Unterstützung.

Claudia Distler
Bochum, im Juni 2003

# Inhaltsverzeichnis

## Einleitung

# Teil I

## Übersicht über die Vertebraten
## Die hauptsächlichen morphologischen Muster

## Teil III

## Strukturelle Adaptation: Evolution in Verbindung zu Lebensweise und Habitat

# Einleitung

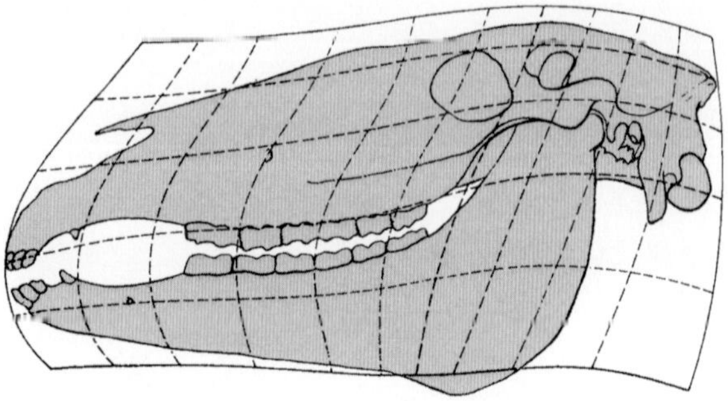

Nichts anderes in der Natur hat eine herrlichere Struktur als der Körper der Wirbeltiere. Die Menschheit war seit Urzeiten von der Form und der Funktion der Vertebraten fasziniert. Tiere sind auf der ganzen Welt Bestandteile von Kunst, Literatur, Religion und Unterhaltung. Wir sind fasziniert von den Leistungen der Athleten unter den Tieren und beeindruckt von der Vielfältigkeit ihrer Fähigkeiten. Ein Läufer kann so schnell rennen, wie Autos auf der Autobahn fahren. Ein Springer kann vierzehnmal höher springen als seine Körperhöhe. Ein Graber kann sich mit dem 32fachen seines Körpergewichtes durch das Erdreich drücken. Ein Kletterer kann mit dem Kopf nach unten auf poliertem Glas laufen. Ein Flieger kann vorwärts genauso gut wie rückwärts fliegen. Bei der Nahrungsaufnahme kann ein Tier Objekte verschlucken, die dreimal größer sind als sein Kopf, und ein anderes kann Nahrungspartikel aus dem Wasser herausfiltern, die nur den fünftausendsten Teil vom Durchmesser einer Bleistiftspitze haben. Es gibt lebende Richtungsfinder, Dehnungsmesser, Kraftmultiplikatoren, Stromausgleicher, Saugnäpfe, bifokale Linsen, Klemmvorrichtungen, Faseroptikkabel, Drucksensoren, selbstschmierende Lager, elektrische Generatoren, Gasanalysatoren, Echolote, Tiefenmesser, Federmechanismen, Magnetkompasse, Gegenstromaustauscher und kompakte Computer. Die fortwährende Beobachtung und Interpretation von Form und Funktion wird sicher die Freude und die Verwunderung des Menschen über die Komplexität, Diversität und annähernde Perfektion des Wirbeltierkörpers auch weiterhin erhöhen.

# 1 Die Morphologie der Vertebraten

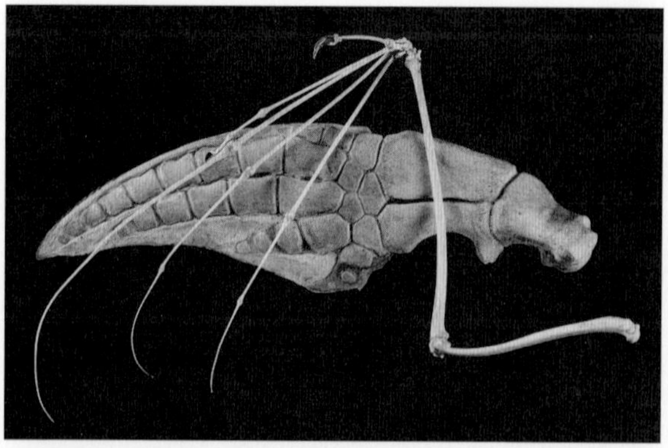

## 1.1 Definition, Umfang und Beziehung zu anderen Disziplinen

Die Wissenschaft der Morphologie ist konzeptionell breiter angelegt als das reine Studium von Strukturen. Morphologen beschäftigen sich nicht nur mit anatomischen Fakten, sondern auch damit, die Struktur und Strukturmuster **funktionell** zu erklären. Dies verlangt eine Integration von beobachteten und experimentellen Daten aus vielerlei Quellen.

Moderne Vertebraten sind abgewandelte Nachkommen von urtümlichen Arten. Daher kann die Form einer bestimmten Struktur oder von strukturellen Beziehungen nur als das Ergebnis historischer Veränderungen, also der Phylogenie, verstanden werden. Deshalb bezieht die Morphologie viel Information aus der Paläontologie und der Evolutionsbiologie sowie aus anderen Forschungsgebieten einschließlich der Molekulargenetik, die Hinweise auf evolutionäre Zusammenhänge geben können. Die Phylogenie der Form ist das Hauptthema des 2. Teils dieses Buches.

Viele Strukturen können hinsichtlich des Verhaltens der Organismen und der Anpassung an die äußeren Gegebenheiten interpretiert werden. Folglich hängt das Verständnis der **funktionellen Morphologie** ab vom Wissen über Biomechanik, Physiologie, Ökologie und Ethologie. Die Funktion ist das Hauptthema des 3. Teils des Buches, obwohl damit in Verbindung stehende Fragestellungen an verschiedenen Stellen des Buches aufgegriffen werden.

Manche Strukturen und Organisationsmuster und ihre Homologie sind am leichtesten von der Entwicklung und den Entwicklungsmechanismen her zu verstehen. Die Embryologie wird in Kapitel 5 eingeführt und in anderen Kapiteln des 2. Teils weiter ausgeführt. Auch andere Aspekte aus der Biologie der Wirbeltiere können zum Verständnis der Struktur beitragen. Zum Beispiel kann die Form größen-, alters- oder geschlechtsabhängig sein, und die individuelle Ausprägung kann auf Ernährungsbedingungen, pathologischen oder anderen, umweltbedingten Einflüssen beruhen. Von diesen Themen wird die Beziehung zwischen Form und Körpergröße in Kapitel 23, die anderen noch in diesem Kapitel besprochen.

Die Morphologie der Wirbeltiere bezieht sich also auch auf viele andere Forschungszweige. George Cuvier, der ungewöhnliche und manchmal umstrittene „Vater der vergleichenden Anatomie" hat in seinem Bemühen, Überzeugungskraft und Glaubwürdigkeit in die vergleichenden Studien von Tieren zu bringen, seine Studenten um 1800 ermutigt, alle zu seiner Zeit etablierten Wissenschaftszweige einzubeziehen. Cuvier glaubte, dass man von einem einzelnen isolierten Zahn alle anderen Körperteile eines Tieres ableiten könne, „so wie die Gleichung einer Kurve alle ihre Eigenschaften bestimmt" (Appel 1983). Dies war ein gut gemeintes, wenn auch vielleicht übermäßig ehrgeiziges Ziel. Trotzdem bleibt die Botschaft an uns die gleiche: Für den angehenden Morphologen ist es wünschenswert, die Ausbildung in den Zweigen der Biologie auf allen Ebenen zu vervollkommnen und die Kenntnis der Vertebratenstruk-

*Oben:* Armskelett einer Fledermaus und eines Delphins

tur dadurch zu vertiefen, dass man sich mit den Konzepten und den Methoden verschiedener verwandter Disziplinen auseinandersetzt.

Insgesamt beschreibt dieses Buch die Anatomie der wichtigsten strukturellen und funktionellen Gruppen der Vertebraten und interpretiert ihre morphologischen Unterschiede hauptsächlich hinsichtlich ihrer Herkunft oder Funktion und benutzt verwandte Arbeitsgebiete, wenn sie helfen können, dieses Ziel zu erreichen.

## 1.2 Warum soll man die Morphologie der Vertebraten überhaupt untersuchen?

Um ein Maximum an Sachkenntnis und Verständnis aus jeglichem Lehrangebot herauszuholen, muss der Studierende davon überzeugt werden, dass die Ergebnisse seine Anstrengung rechtfertigen. Hier sind einige Gründe, warum Studenten die Morphologie der Vertebraten studieren sollten:

- **Um die strukturelle Basis der Biologie zu verstehen**: Wissen um die Anatomie hat eine direkte Anwendung bei vielen Spezialisierungen innerhalb der Biologie. Für den Arzt, den Tierarzt, den experimentellen Embryologen, den Physiologen, den Biogeographen und den Paläontologen sind Kenntnisse der Anatomie wertvoll, wenn nicht sogar unumgänglich.
- **Um die Evolution zu studieren.** Die Morphologie der Vertebraten gibt besonders aufschlussreiche Hinweise auf das Fortschreiten und die Produkte der organischen Evolution. Sie trägt zur Beantwortung vieler Fragen bei, die seit langem für die Menschheit wichtig sind. Welche Kräfte bestimmen den Strom des Lebens? Wie kann man eine Übersicht über das Leben in Zeit und Raum gewinnen? Wie kann man die Komplexität und die Leistungsfähigkeit des tierischen Körpers erklären?
- **Um die menschliche Gesundheit und die Technologie zu fördern.** Die Präzision, mit der Tiere sich bewegen, und die Eleganz der Strukturen, die dafür verantwortlich sind, dienen als Anregung für die Konstruktion und die Kontrolle mechanischer Nachahmungen biologischer Systeme (Bionik). Ingenieure und Morphologen leisten mit ihrem Wissen Beiträge, um die Konstruktion von prothetischen Gelenken und Gliedmaßen zu verbessern und um Roboter mit Gliedern herzustellen, die in der Lage sind, terrestrische, extraterrestrische und aquatische Reisen zu unternehmen.
- **Um nach Anerkennung und Inspiration zu streben.** Der Respekt vor der biologischen Form und die persönliche Motivation zum Studieren, die mit dem Verständnis dafür einhergehen, warum z. B. Sehnen und Ligamente, die eine Klaue kontrollieren, flaschenzugähnlich angeordnet sind, warum ein Gepard schlank und hochbeinig ist oder warum ein Elefant nicht eine genaue maßstabsgetreue Vergrößerung einer Maus ist, können nicht gemessen werden, aber sie sind sehr lohnend.

## 1.3 Einige grundlegende Betrachtungen

### 1.3.1 Phylogenetische Homologie und Analogie

Kein anderes Konzept der Vertebratenmorphologie ist grundlegender als das der Homologie; immer noch ist es Thema vieler Artikel und sogar Bücher. Ein solches Interesse lenkt unsere Aufmerksamkeit darauf, dass die seit langem geltende Definition heutzutage nicht mehr ausreicht, um alle Fortschritte in der evolutionären Entwicklungsbiologie und der genetischen Analyse zu enthalten. Mehrere Definitionen werden je nach Zusammenhang benötigt. Das traditionelle Konzept wird zur Zeit als **phylogenetische Homologie** beschrieben. Merkmale zweier oder mehrerer Organismen sind phylogenetisch homolog, wenn sie eine gemeinsame Abstammung haben (Beispiele 1–4 in Abb. 1.1). Eine solche Homologie gilt als gesichert, wenn die Merkmale, besser die Details von Merkmalen über die Zeit hinweg durch Kontinuität in den Fossilbelegen miteinander in Verbindung gebracht werden können. Sie ist weitgehend gesichert, wenn gezeigt werden kann, dass sich die Strukturen im

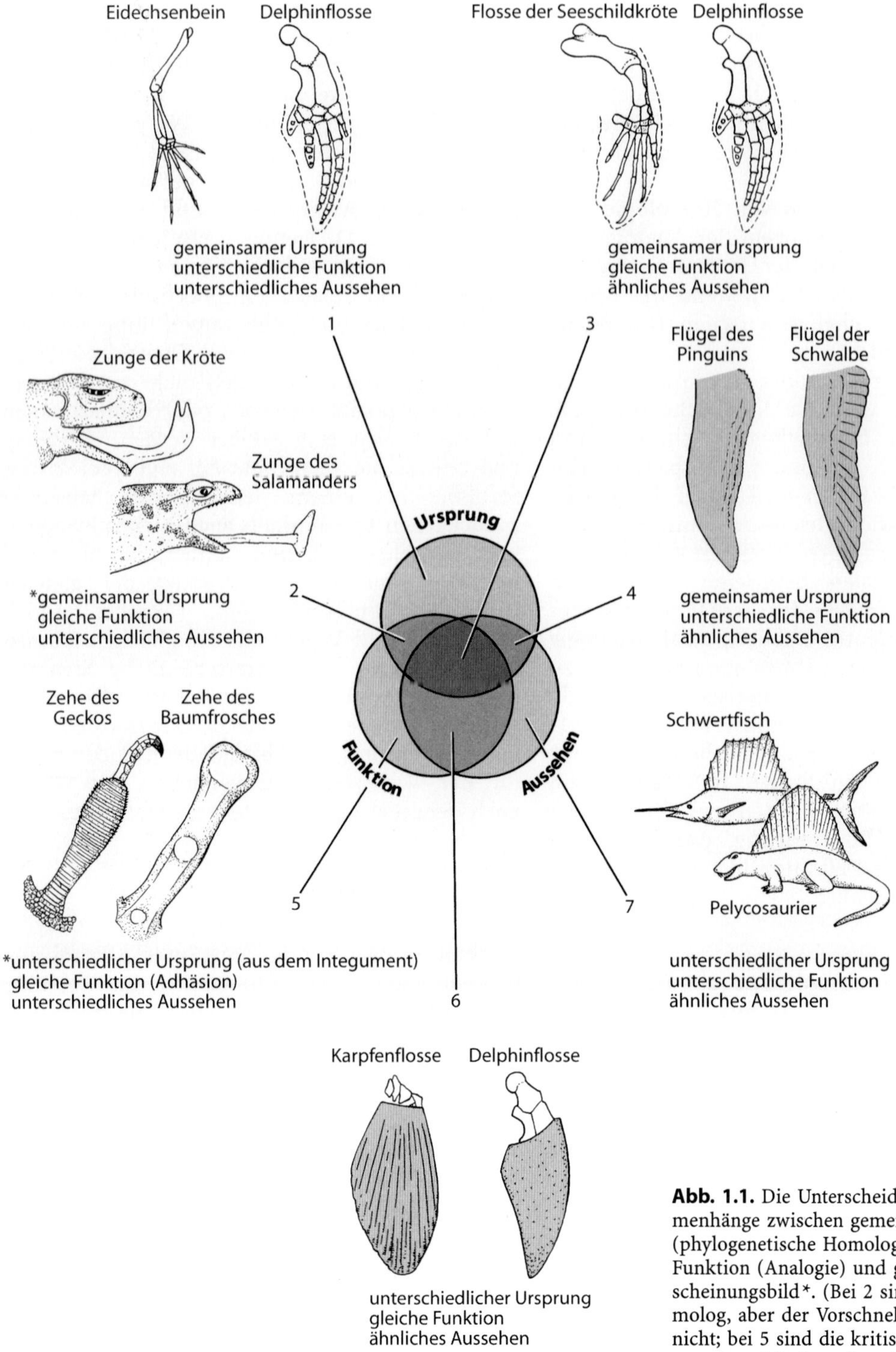


**Abb. 1.1.** Die Unterscheidungen und Zusammenhänge zwischen gemeinsamer Herkunft (phylogenetische Homologie), gemeinsamer Funktion (Analogie) und gemeinsamem Erscheinungsbild*. (Bei 2 sind die Zungen homolog, aber der Vorschnellmechanismus ist es nicht; bei 5 sind die kritischen Teile des Integuments nicht homolog, die Zehen dagegen sind homolog)

Embryo aus identischen Anlagen entwickeln. In bestimmten Fällen kann es schwierig sein, Homologie festzustellen, dennoch ist das Konzept klar. Es wird in diesem Buch angewendet, und es ist diese Art von Homologie, die wir meinen, wenn wir das Wort ohne weitere Erklärung benutzen.

Bevor wir andere Arten von Homologie vorstellen, wollen wir das Konzept der Analogie ansprechen, weil man bei der Interpretation von Material Fehler machen kann, wenn die Analogie nicht von der phylogenetischen Homologie unterschieden wird.

Die Merkmale zweier oder mehrerer Organismen sind **analog**, wenn sie die gleiche Funktion, aber nicht die gleiche phylogenetische Herkunft haben (Beispiele 2, 3, 5 und 6 in Abb. 1.1). (Homologe Merkmale haben meist auch die gleiche Funktion!) Funktionsgleichheit kann von der Struktur oder durch den Vergleich mit anderen ähnlichen Merkmalen hergeleitet werden, ist aber nur durch Analyse des Verhaltens und der Biomechanik eindeutig etabliert. Auch Analogie kann unter bestimmten Umständen schwierig zu beweisen sein. Sie ist nachweisbar, wenn z. B. der oberflächlichen Ähnlichkeit keine Identität im Detail entspricht oder die ähnlichen Strukturen an verschiedenen Stellen im Stammbaum auftreten. Anerkannte Ebenen von Funktionsgleichheit sind nicht eindeutig, und sogar das Konzept und seine Definition bleiben mehr oder weniger widersprüchlich.

### 1.3.2 Biologische Homologie und die Erhaltung von Entwicklungsvorgängen

Große Fortschritte in unserem Verständnis der frühen Entwicklung und der Molekulargenetik haben zu einer weiteren Sichtweise von Homologie geführt. Die **biologische Homologie** benutzt als Bezugspunkt die frühesten Entwicklungsursprünge der Strukturen, nämlich die Gene. Alle vielzelligen Tiere teilen bestimmte Gruppen von Genen, die **Homeobox-Gene**, welche die Bildung der hauptsächlichen strukturellen Merkmale, wie z. B. die Organisation des Körpers in Vorder- und Hinterteile, die segmentale Organisation und die Differenzierung der Gliedmaßen steuern. Die räumliche Lage der Homeobox-Gencluster auf den Chromosomen und die Regulationsmechanismen ihrer Funktionen sind hochgradig konserviert, d. h. sie haben sich während der Entwicklung von einer Vertebratengruppe zur nächsten, z. B. zwischen Fischen und Säugetieren, und – noch beeindruckender – sogar zwischen Arthropoden und Chordaten (s. Kommentar 5.1) wenig verändert. So unterschiedliche Tiere wie eine Fruchtfliege und ein Vogel besitzen Cluster von praktisch identischen Genen, welche die frühe Entwicklung der paarigen Körperanhänge steuern. Obwohl die Flügel einer Fliege und eines Vogels nicht aus den gleichen embryonalen Geweben oder Keimschichten, wie sie in Kapitel 5 erklärt werden, entstehen, und obwohl sie auch nicht auf eine gemeinsame Struktur bei einem gemeinsamen Vorfahren zurückgehen und deshalb auch nicht phylogenetisch homolog sind, sind sie dennoch biologisch homolog, weil sie das Produkt der gleichen Homeobox-Gencluster sind. (Beachte jedoch, dass Fliege und Vogel zwar die gleichen Homeobox-Gencluster, aber unterschiedliche **Strukturgene** haben, welche die Entwicklung der jeweiligen Flügel steuern!) Beide Konzepte von Homologie helfen uns, die Verschiedenheit der Struktur der Vertebraten zu verstehen. Sie werden nach dem jeweiligen Kontext unterschieden.

### 1.3.3 Andere Ähnlichkeiten

Merkmale zweier oder mehrerer Organismen können auch durch Ähnlichkeit im Aussehen miteinander in Beziehung stehen (Beispiele 3, 4, 6 und 7 in Abb. 1.1). Solche Merkmale sind in der Regel analog, oft sind sie funktionsgleich, manchmal auch phylogenetisch homolog. Wenn Merkmale nur durch ihr Erscheinungsbild miteinander verbunden sind, ist die Ähnlichkeit in der Regel oberflächlich. Wenn zwei Merkmale durch Homologie und Erscheinungsbild, aber nicht durch die Funktion verbunden sind, hat eines von ihnen in der Regel eine evolutionäre Veränderung der Funktion durchgemacht (s. Hinweis auf Präadaptation auf Seite 15).

Hier sind weitere Beispiele verschiedener Beziehungen von Homologie, Analogie und Erscheinungsbild. Wie würden Sie jedes einzelne in Abb. 1.1 platzieren?

- Das Quadratum der Reptilien, das den Kiefer unterstützt, und der Hammer der Säuger, der ein Gehörknöchelchen ist (Abb. 8.14).
- Der Penis der Säugetiere und die Halteorgane an den Bauchflossen der Haie, die beide Sperma zum Weibchen transportieren (Abb. 9.16).
- Die Gehörknöchelchen der Säugetiere (die von Schädelknochen abstammen) und die Gehörknöchelchen bestimmter Fische (die von den Wirbeln abzuleiten sind), die aber beide Schallwellen zum Innenohr übermitteln.
- Das große Kanonenbein am Unterschenkel der Paarhufer (z. B. Kühe, Hirsche, Lamas) und einen ähnlichen Knochen am Bein des Straußes (Abb. 24.15). Beide Knochen sind Anpassungen des Fußes ans Laufen.

**Serielle Homologie** ist ein eher unabhängiges Konzept, das hier wegen der Ähnlichkeit der Begriffe erwähnt wird. Strukturen sind seriell homolog, wenn sie dadurch entstehen, dass homologe Gene an verschiedenen Körperstellen aktiviert werden. Die einzelnen Wirbel sind seriell homolog, so wie die unterschiedlichen Zähne in einer Zahnreihe, die verschiedenen Kiemenbögen der Serie, die aufeinander folgenden Muskelsegmente entlang des Körpers eines Fisches, und die vielen Tubuli in der Niere eines niederen Vertebraten. Meistens bilden die Strukturen einer solchen Serie Gradienten: Die Wirbel der meisten Säugetiere werden zum Becken hin größer, die Zähne werden oft komplexer, je weiter hinten sie im Mund liegen, die Kiemen können zum Hinterende der Serie kleiner werden. Seriell homologe Strukturen haben ein ähnliches Potential für Veränderungen: Jeder Wirbel eines Embryos, der hinter den Rippen liegt, bildet ein Gelenk mit dem Becken aus, wenn er experimentell in die Nähe zum Becken verpflanzt wird. Eine solche Veränderung betrifft meistens auch mehr als ein Element einer Serie: Wenn ein Zahn größer oder komplexer wird, tut sein Nachbar in der Regel das Gleiche.

Strukturen sind **sexuell homolog**, wenn sie aus gleichwertigen embryonalen Anlagen entstehen, aber sexuell dimorph sind. Das Ovar ist das sexuelle Homolog des Hodens, die Clitoris ist das sexuelle Homolog zum Penis.

### 1.3.4 Adaptation

Adaptation ist ein sehr wichtiges Konzept der evolutionären Biologie, aber ihre Definition wird stark debattiert. Wir alle wissen so ungefähr, was damit gemeint ist, wenn man sagt, die Zähne des großen weißen Haies sind daran adaptiert oder angepasst, Fleisch zu schneiden. Wenn man sich vorstellt, wie diese gezackten Klingen große Fleischbrocken aus der Beute herausreißen, ist man versucht zu glauben, dass diese Zähne

- das bestmögliche Design haben,
- durch evolutionäre Vorgänge perfektioniert wurden.

Früher nahm man an, dass die Merkmale eines jeden Tieres durch verschiedene Gene kontrolliert werden und dass sie durch natürliche Selektion unabhängig voneinander perfektioniert wurden. Wir wissen mittlerweile, dass die Vererbung von Merkmalen viel komplexer ist als diese Vorstellung und dass Adaptation, so bewundernswert sie auch sein mag, oft oder sogar meistens nicht ideal ist (s. Exkurs 29.1; Gould u. Lewontin 1979).

Adaptation ist der evolutionäre Vorgang, sich an eine Lebensweise in einer bestimmten Umgebung anzupassen (zu adaptieren). Anpassung ist der Zustand des Angepasst- oder Adaptiertseins oder das Ausmaß, in dem Individuen überleben und sich fortpflanzen. Noch breiter wird der Begriff Adaptation allgemein benutzt, um adaptive Merkmale anzuzeigen und nicht den Vorgang, sie zu erwerben.

Alle Individuen und Arten sind zumindest ausreichend adaptiert, solange sie überleben. Allerdings wenden Morphologen das Konzept auf die strukturellen und verhaltensbedingten Merkmale von Tieren an (den Aufbau des Herzens, Nahrungsaufnahme und Fortpflanzungsstrategien) und nicht auf ganze Organismen. Adaptive Merkmale können erworben statt ererbt werden, wie z. B. Schwielen an Händen und Füßen, aber Morphologen sind in erster Linie mit den weit häufigeren, vererbten Merkmalen befasst. Meistens sagt man daher, dass adaptive Merkmale strukturelle oder Verhaltensmerkmale sind, die dazu beitragen, dass die Art mittels der natürlichen Selektion überlebt.

Daraus folgt nicht, dass alle Merkmale optimal adaptiert sind oder dass sie alle direkt vorteilhaft sind. Die Ausprägung eines Merkmals kann ein Kompromiss zwischen rivalisierenden selektiven Vorteilen sein oder einfach die Konsequenz aus der Körpergröße (s. Kapitel 23), oder die Folge dessen, dass während der Entwicklung keine bessere Lösung auftrat, oder die Folge einer zufälligen Fixierung genetischer Faktoren. Derselbe Selektionsprozess kann unterschiedliche Merkmale in unterschiedlichen Populationen, z. B. auf benachbarten Inseln, hervorbringen, und Selektionsdruck kann auch völlig fehlen, z. B. für ein rudimentäres Organ.

### 1.3.5 Form und Funktion

Es ist offensichtlich, dass Form und Funktion eng miteinander zusammenhängen. Geeignete Strukturen befähigen das Tier, spezifische Aufgaben auszuüben. Die Grundlage dieses Zusammenhangs ist aber weniger offensichtlich und war Thema vieler Debatten. Aus der Darwinschen Evolutionstheorie kann man folgern, dass die Funktion der Form vorangeht und den selektiven Vorteil bietet, der dann die Formänderung steuert, z. B. überleben in der Regel diejenigen Varianten, die am besten existierende biologische Bedingungen erfüllen. Die Form kann aber auch der Funktion vorangehen (z. B. Präadaptation, Seite 15). Auch müssen gleichzeitige Veränderungen von Form und Funktion betrachtet werden. Manchmal kann die Präzedenz, wenn überhaupt, nur theoretisch festgelegt werden.

Obwohl man in der Regel eine spezifische Form mit einiger Sicherheit mit einer spezifischen Funktion korrelieren kann, sind zu oft Fehler unterlaufen, wenn man annahm, dass eine bestimmte Struktur an eine bestimmte Funktion angepasst ist, nur weil dies offensichtlich oder plausibel oder auch die einzig wahrscheinliche Interpretation schien. Manchmal ist man auch versucht, von einem untersuchten Tier auf eine große Gruppe von Tieren zu schließen, ohne das entsprechende Augenmerk auf die Variation innerhalb der Gruppe zu richten. Zusammenhänge zwischen Form und Funktion sollten vorläufig aufgestellt werden, bis aufgrund des funktionellen Designs, wenn möglich kombiniert mit Experimenten oder Freilandbeobachtungen, bewiesen ist, dass die beobachtete Form tatsächlich die postulierte Interaktion mit der Umgebung erfüllt.

### 1.3.6 Einige Vorgehensweisen in der Morphologie

Wenn man den Verwandtschaftsgrad zwischen Tiergruppen verstehen will, ist es erstrebenswert, verschiedene Vorgehensweisen zu kombinieren. Homologe evolutive Neuheiten und Abfolgen, die durch Fossilbelege aufgedeckt werden, sind besonders wichtig. Aber es gibt oft große Lücken im Fossilbeleg, die Erhaltung kann schlecht sein und Weichteile sind nur sehr selten erhalten. Physiologie und Biomechanik sind wichtig, um die Funktion nachzuweisen, lassen aber auf Arten, die nicht für Laborstudien zur Verfügung stehen, nur eine begrenzte Anwendung zu, z. B. auf ausgestorbene Arten ohne rezente Nachkommen. Die Molekularbiologie ist ein sehr hilfreiches Werkzeug, um das Maß der Verwandtschaft zwischen rezenten Tieren zu bestimmen, aber sie wird umso unzuverlässiger, je mehr die Isolation zwischen zwei Gruppen zunimmt. Ganz ähnlich hilft auch der Forschungszweig, der die Evolution auf der Grundlage der Embryologie erforscht, bei der Interpretation bestimmter Verwandtschaftsverhältnisse. Schließlich wurde auch das seit langem etablierte Arbeitsgebiet, das die Evolution auf der Basis der vergleichenden Anatomie interpretiert, durch sehr genaue neue Methoden gestärkt. Wenn zwei oder mehr dieser Vorgehensweisen auf das gleiche evolutionäre Puzzle angewendet werden, widersprechen sich die Ergebnisse manchmal und machen damit ihre Grenzen und Schwächen offensichtlich. Im Allgemeinen aber unterstützen, erweitern und verfeinern sie gegenseitig die Befunde.

Im Folgenden werden einige Betrachtungen dargestellt, die den Morphologen bei der Erkennung und der Unterscheidung von Homologie und Analogie und bei der Korrelation von Form und Funktion leiten:

- Es ist oft nützlich, die Form bei vielen Tieren zu vergleichen, von denen man weiss, dass sie nicht miteinander verwandt sind, aber trotzdem die gleiche Funktion teilen, z. B. schnelles Schwimmen, Klettern durch Adhäsion oder aber das Fressen von Ameisen. Ganz ähnlich ist es oft hilfreich, die Form in einer großen Gruppe von verwandten Tieren zu untersuchen, die unterschiedliche Strategien bei der Nahrungsaufnahme, der Bewegung, der Reproduktion und anderen Funktionen entwickelt haben.
- Man darf nicht davon ausgehen, dass Funktionsgleichheit auf Homologie hindeutet. So sind z. B. Pferde und Rinder große Tiere, sie besitzen Hufe und grundsätzlich ähnliche Molaren, weil beide Gruppen gut laufen können und Gras fressen. Die gemeinsamen Strukturen haben sich als Anpassungen an ähnliche Lebensweisen entwickelt und sind nicht von einem gemeinsamen Vorfahren übernommen worden. Igel, Stachelschweine und eines der eierlegenden Säugetiere, der Schnabeligel oder Echidna, haben, obwohl sie nicht näher miteinander verwandt sind, alle Stacheln, weil diese Stacheln eine gute Verteidigungsstrategie sind für Tiere, die weder rennen noch kämpfen können.
- Wenn man die Verwandtschaftsverhältnisse zwischen Gruppen von Vertebraten untersucht, ist es wichtig, alle gemeinsamen Merkmale zu betrachten. Ähnlichkeit in vielen Teilen deutet auf eine evolutionäre Verwandtschaft hin, Ähnlichkeiten in nur wenigen Körperteilen kann auch andere Gründe haben. So haben z. B. viele Knorpel- und Knochenfische elektrische Organe. Deshalb könnte man einen gemeinsamen Ursprung annehmen, aber die Organe sind so unterschiedlich gebaut und die Fische sind in vielen anderen Merkmalen so unterschiedlich, dass es praktisch sicher ist, dass ihre elektrischen Organe sich unabhängig voneinander entwickelt haben. Ganz ähnlich haben Pferde und Rinder komplizierte Schmelzmuster auf ihren Backenzähnen, aber ihre Mägen, die Zahnformeln und die Schädelstrukturen sprechen gegen eine nahe Verwandtschaft.
- Die Untersuchung komplizierter Strukturen kann aussagekräftiger sein als die Untersuchung einfacher Strukturen, auch wenn sie schwieriger ist. Rippen z. B. sind zu einfach strukturiert, um viele Geheimnisse zu enthalten. Der Schädel dagegen hat so viele Funktionen und so viele Knochen, Foramina und Konturen, dass er viel mehr über die Lebensweise und die Geschichte der Vorfahren aussagt. Außerdem ist es unwahrscheinlich, dass entsprechende Strukturen bei Tieren, die nicht näher miteinander verwandt sind, zufällig ähnlich sind, wenn sie gleichzeitig kompliziert sind.
- Die ursprüngliche Ausbildung der Struktur wird viel eher bei einem Tier gefunden, das auch in anderen Körperteilen ursprünglich geblieben ist. Man muss jedoch vermeiden, einen Zirkelschluss zu begehen. Man kann nicht beweisen, dass ein Merkmal ursprünglich ist, weil es bei einem Tier vorkommt, von dem man annimmt (oder weiß), dass es ursprünglich ist. Auch Arten, die seit langem überlebt haben, haben einige hochspezialisierte Strukturen. Trotzdem ist ein Tier, von dem man weiß, dass es in der Ausprägung mehrerer Merkmale ursprünglich ist, für das Verständnis der Evolution besonders wichtig. Wenn man z. B. über die Phylogenie der Placenta-Typen arbeitet, die bei Nagetieren gefunden werden, wäre es gut, die Placenta des Stummelschwanzhörnchens zu untersuchen. Sie könnte ganz gewöhnlich sein; wenn sie allerdings ungewöhnlich ist, wäre dies umso interessanter, weil das Tier aufgrund seines Skeletts, seiner Muskeln und des Fossilbelegs zu den primitivsten lebenden Nagetieren gehört. Teil II dieses Buches widmet mehreren Tieren, die viele ursprüngliche Merkmale beibehalten haben, besonderes Augenmerk: *Polypterus* unter den Fischen, *Sphenodon* unter den Reptilien, das Schnabeltier Platypus unter den Säugetieren, und andere.
- Es ist außerdem wichtig, das Vorhandensein von rudimentären oder degenerierten Organen, die keine Funktion mehr haben, aufzuzeigen. Man kann sicher annehmen, dass solche Strukturen bei einem Vorfahren noch funktionell waren, und dies sagt uns einiges

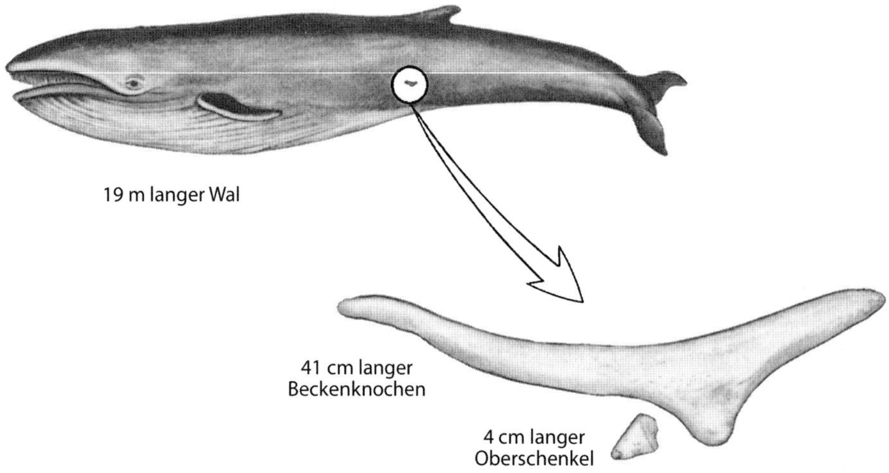


**Abb. 1.2.** Der Beckengürtel des Finnwales als Beispiel eines rudimentären Organs

über die Evolution der Nachkommen. Die rudimentären Augen von grabenden Maulwürfen und Höhlenfischen deuten darauf hin, dass ihre Vorfahren sehen konnten. Kleine Knochen bei Python und Wal sagen uns, dass die entfernten Urahnen dieser Tiere Beine hatten (Abb. 1.2).

### 1.3.7 Erkennen und Bewerten von Variation

Der Morphologe beschreibt selten ein einzelnes Tier als Individuum. Einzelne Vertreter werden untersucht, um über die Art von Tieren etwas zu lernen. Individuen einer Art oder einer Gruppe unterscheiden sich so stark voneinander, dass ein einzelner Vertreter kein angemessener Repräsentant für die ganze Gruppe ist.

Die meisten Merkmale variieren unabhängig voneinander. Ein Vertreter kann Durchschnittswerte bei dem einen Merkmal, aber Extremwerte für ein anderes Merkmal zeigen. Allerdings sind manche Merkmale so miteinander gekoppelt, dass Variation in dem einen mit Variation im anderen korreliert werden kann. Beispielsweise hat bei bestimmten Säugetieren ein Individuum mit besonders hohen Zahnkronen wahrscheinlich auch besonders große Prämolaren und einen besonders langen Kiefer, weil diese Merkmale funktionell miteinander verbunden sind.

Strukturen, die zwischen Individuen einer Gruppe relativ stark variieren, können für die Interpretation der Form oft nur wenig aussagen. Molaren und Fußknochen müssen eine bestimmte Größe haben, um gut zu funktionieren, also variieren sie nur wenig. Das Brustbein dagegen kann flacher, länger oder mehr segmentiert sein als normal, ohne die Funktion zu beeinträchtigen. Deshalb gibt es beim Brustbein mehr Variation, und man kann aus seiner Konfiguration weniger ableiten. Die Ursache der Variation (ökologisch, konstruktionsmorphologisch, verhaltensbedingt oder genetisch) kann ein nützliches Untersuchungsobjekt sein.

Es kann wichtig sein, **Sexualdimorphismen** zu untersuchen, entweder um das Geschlecht eines bestimmten Vertebraten zu bestimmen, oder aber auch um sicherzugehen, dass Geschlechtsmerkmale nicht als adaptive Merkmale aufgrund anderer Einflüsse missgedeutet werden. Natürlich bezieht sich der Sexualdimorphismus hauptsächlich, aber nicht nur auf die Gonaden, die Ausführgänge der Gonaden, die äußeren Geschlechtsorgane und die akzessorischen Geschlechtsorgane. Diese können bei den beiden Geschlechtern stark unterschiedlich, aber auch sehr ähnlich sein. Geschlechtsunterschiede der Genitalien können auf Grund von Veränderungen in Größe, Lage, Färbung, Ausscheidungen oder Blutstau zu bestimmten Zeitpunkten des

Fortpflanzungszyklus wesentlich stärker ausgeprägt sein als während anderer Zeiten.

Weitere Beispiele von Geschlechtsdimorphismus beziehen sich nicht direkt auf das Genitalsystem, sondern korrelieren mit der unterschiedlichen Rolle und dem Verhalten der Geschlechter. Solche Beispiele beinhalten Unterschiede in der Färbung, in der Anzahl und Verteilung von Schuppen, Federn oder Haaren, in der Ausbildung von Haftorganen und der Beckenarchitektur, sowie in der Anwesenheit (oder Entwicklung) von Kämmen, Spornen, Geweihen, Zähnen und Duftdrüsen.

Die Körpergröße der Adulten und die Wachstumsrate sind ebenfalls oft sexualdimorph, Geschlechtsunterschiede in den Körperproportionen und Konfigurationen sind häufig. Die Männchen haben allgemein gröbere und relativ schwerere Skelette. Sexualunterschiede können außerdem in der Muskulatur, im Blutgefäßsystem und im Gehirn, v.a. in der Hypophyse auftreten.

Der Morphologe muss außerdem **Altersvariation** erkennen und vermeiden, sie mit anderen Variationen zu verwechseln. Die Anlagerung von aufeinander folgenden Ringen oder Schichten von hartem Gewebe spiegelt oft sehr genau alternierende Perioden von langsamem und schnellem Wachstum wider. Ähnlich wie Wachstumsringe bei den Bäumen belegen sie Zeiten mit gutem Klima oder guten Ernährungsbedingungen, die in der Regel ja saisonal sind. Unter guten Voraussetzungen zeigen die Schuppen und Otolithen (Konkretionen im Innenohr) der Knochenfische, die Panzer und langen Knochen der Schildkröten, die Barten und Ohrstöpsel der Wale und das Dentin und der Zement der Zähne verschiedener Säugetiere ausgeprägte Wachstumsringe.

Harte Substanzen korrelieren auch in anderer Weise mit dem Alter: Die Zentren, an denen der sich entwickelnde Knochen als erstes ossifiziert, erscheinen in regelmäßigen Abständen, die verschiedenen Zähne der Säugetiere brechen in verschiedenem, aber regelmäßigem Entwicklungsalter durch und werden ersetzt, Knochennähte schließen sich zu bestimmten Zeiten und Epiphysen, welche die Enden vieler Knochen bei jungen Organismen bedecken, verbinden ihre Schäfte zu bestimmten Zeiten. Das Alter junger Menschen und einiger anderer Tiere (für welche die Sequenzen untersucht wurden) kann mit hoher Genauigkeit über Röntgenanalyse des Schädels, der Handgelenke und anderer Gelenke bestimmt werden.

Folgende Beispiele können auch altersbedingt sein, sind aber in der Regel weniger gut definiert:

- die Größe und die Struktur des Baculums (einem Knochen im Penis einiger Säugetiere),
- die Struktur der Schädelwand bei Vögeln,
- die relative Größe von Augenhöhlen,
- die Größe und Ausprägung von Hörnern und Geweihen,
- die Vaskularisierung von Knochen, die Entwicklung von Kämmen und knotenförmigen Verdickungen am Skelett,
- die relative Entwicklung von Rostrum und Gesichtsregion.

Die Struktur der Weichteile ist in der Regel weniger genau mit dem Alter zu korrelieren, aber das Gewicht der Augenlinse (gemessen nach vorsichtigem Entfernen und Trocknen), ist manchmal ein zuverlässiger Hinweis auf das Alter. Veränderungen in der Haut, im Fortschreiten des Haarwechsels, in der Zusammensetzung der Muskeln und im Blutgefäßsystem werden auch dem fortschreitenden Alter zugeschrieben.

Wenn ein Tier ausgestorben, selten oder ansonsten schwierig zu erhalten ist, kann es nötig sein, mit wenigen Vertretern zu arbeiten; aber der Morphologe versucht immer, zufällige Stichproben einer angemessenen Größe zu erhalten. Man kann zunächst die Individuen nach Geschlecht, Alter, geographischer Lage und anderen Kriterien sortieren und genügend Vertreter in jeder Untergruppe behalten, um diese Variablen zu bestimmen. In der Regel sind dabei 25 ausreichend. Die Individuen in solchen Untergruppen variieren aber immer noch untereinander und diese **individuelle Variation** muss bestimmt werden, wenn die genaue Ausprägung jedes Merkmals identifiziert werden soll. Die typische Struktur, die Variationsbreite und die Tendenz zu variieren sind alles Populationsmerkmale. Sie können nicht von einzelnen Vertretern abgeleitet werden.

Eine statistische Analyse von Populationsmerkmalen sollte ebenfalls von werdenden Morphologen durchgeführt werden. Sogar relativ einfache Parameter können dabei helfen. Das **arithmetische Mittel** bezeichnet den „Durchschnitts"-Zustand, die **Standardabweichung** zeigt, wie eng die verschiedenen Werte um den Mittelwert gruppiert sind. Der **Standardfehler des Durchschnitts** erlaubt es einem zu beurteilen, ob Durchschnittswerte von verschiedenen Populationen oder von Stichproben aus verschiedenen Populationen stammen, die sich signifikant voneinander unterscheiden. Der **Variationskoeffizient** macht es möglich zu sagen, ob Tiere mit verschiedener Absolutgröße vergleichbar variabel sind, also ob z. B. eine Spitzmaus innerhalb ihrer Art so stark variiert wie ein Elefant in seiner Art. Morphologen benutzen diese und viele andere komplexere Parameter und nehmen auch verschiedene graphische Techniken zu Hilfe.

So wichtig die Statistik auch ist, sie kann ein Augenmerk für Genauigkeit, Zuverlässigkeit und Signifikanz nicht ersetzen. Ergebnisse sind **genau**, wenn sie frei von Fehlern sind, **zuverlässig**, wenn sie wiederholbar sind, und **signifikant**, wenn sie aussagekräftig sind. Die Note, die ein Student in einer Prüfung erzielt, ist richtig, wenn die Einzel- und Gesamtbewertungen sorgfältig gemacht wurden. Sie ist zuverlässig, wenn ein anderer Gutachter die gleiche Note vergeben hätte, und wenn der Student, falls er die gleiche Prüfung noch einmal machen würde, eine sehr ähnliche Punktezahl erreichen würde. Sie ist signifikant, wenn die Note, die ein Student erhält, den Fortschritt des Studenten auf ein bestimmtes Studienziel hin widerspiegelt. Forschung, ähnlich wie Noten für Studenten, ist am aussagekräftigsten, wenn sie genau **und** zuverlässig **und** signifikant ist.

### 1.3.8 Beiträge der Paläontologie

Die Paläontologie, die Lehre vom Leben der Urzeit, wie es durch Fossilien belegt wird, ist eine faszinierende und interessante Disziplin, die Geologie und Biologie kombiniert. Paläontologen müssen hervorragende Morphologen sein, um sich der Herausforderung stellen zu können, die Biologie und die Abstammungslinie von lange ausgestorbenen Individuen, Lebensgemeinschaften oder Ökosystemen aufgrund einiger weniger Hinweise, die im Gestein verborgen sind, zu rekonstruieren. Manche Vertebratenfossilien sind lediglich als Spuren oder Körperabdrücke erhalten, die vor Millionen von Jahren im Schlamm zurückblieben, der später versteinerte. Nur selten ist ein ganzes Tier im Skelettverband erhalten. Insekten, die in vorzeitlichem Harz gefangen wurden, haben ihre empfindlichen Strukturen beibehalten, als das Harz nach und nach zu Bernstein wurde, und große Mammute, die in Gletscherspalten stürzten, sind über 50 000 Jahre in einem natürlichen Gefrierschrank erhalten geblieben. Normalerweise bleiben nur Zähne und Knochen erhalten und sogar bei diesen hat der langsame Prozess der Versteinerung das ursprüngliche organische Gewebe meistenteils durch eine genaue Kopie in Hartmineralien ersetzt.

Um erhalten zu bleiben, muss das Skelett von den zerstörerischen Kräften des Zerfalls geschützt werden. Dies bedeutet, dass es relativ schnell bedeckt werden muss, nachdem es durch Verrottung von dem Gewebe, das es im Leben umhüllt hat, befreit wurde. Erdrutsche, Winddrift von Sand und vulkanische Asche überlagern manche Skelette, aber die meisten, die zu Fossilien werden, werden von Sedimenten wie Sand und Schlamm bedeckt, die in Seen oder Flüssen oder auf den Flutebenen weiter Täler abgelagert werden. Im Laufe der Zeit wird der Schlamm durch Druck zu Schiefer, der Sand zu Sandstein. Aufwölbungen der Erdkruste und anschließende Erosion bringen die im Stein erhaltenen Fossilien zutage. Sedimentgestein ist daher ein gigantischer Vorratsschrank für die Fossilien, die es enthält. Die ältesten Fossilien liegen in den ältesten, tiefsten Schichten und die jüngsten Fossilien liegen in den jüngsten, oberflächennächsten Schichten. Geologen unterteilen die Erdgeschichte in Epochen und Perioden, also die Schubfächer des Vorratsschrankes. Die Grenzen zwischen diesen Perioden entsprechen relativ schnellen Veränderungen in der Erdkruste und den biologischen Inhalten (s. die geologische Zeitskala auf den Einbandseiten des Buches).

Beim Interpretieren der Strukturen von Tieren steht der Wirbeltierpaläontologe vielen Schwierigkeiten gegenüber. Er oder sie muss in der Regel mit zerbrochenem Material und mit Bruchstücken arbeiten, findet selten Fossilien von Tieren, die in den trockenen Hochländern lebten, wo Skelette in der trockenen Luft und der heißen Sonne schnell auseinanderfallen, und muss mit wenigen Ausnahmen mit einzelnen Organsystemen arbeiten. Dennoch haben Paläontologen ungefähr dreimal so viele ausgestorbene Vertebraten beschrieben, als es rezente Vertreter gibt.

### 1.3.9 Evolutionstheorie

Als Charles Darwin (Abb. 1.3) 1831 zu seiner fünfjährigen Reise um die Welt aufbrach, hatte er zwei sehr verschiedene Studiengebiete, nämlich die Medizin und die Theologie, an zwei Universitäten ausprobiert, aber wieder abgebrochen. Er hatte eine Leidenschaft für die Naturgeschichte, aber noch keine Ahnung, wohin ihn diese führen würde. Er war 22 Jahre alt. Unstillbare Neugier und genaue Beobachtungsgabe während der Reise ließen ihn über die nächsten 20 Jahre zu Schlussfolgerungen über die Vielfalt von Pflanzen und Tieren kommen, welche die biologische Denkweise elektrisieren sollte.

**Abb. 1.3.** Charles Darwin im Alter von 40 Jahren (Nachdruck der Lithographie mit Erlaubnis der Wellcome Bibliothek London)

In seinem Buch *Voyage of the Beagle*, einer interessanten Abenteuergeschichte, die er nach seinen Exkursionsnotizen schrieb, vermittelt Darwin seine Ehrfurcht und seinen Enthusiasmus. 1859 schlägt Darwin mit der Publikation von *The origin of species* eine vereinheitlichende Theorie der Biologie vor, die jedoch für die Gesellschaft emotional so belastet war, dass er heute wahrscheinlich als eine der modernsten Persönlichkeiten des 19. Jahrhunderts gilt.

Die Pfeiler von Darwins Theorie zur organischen Evolution sind Variation, Wettstreit, differentielle Reproduktion und natürliche Auslese. Er erkannte, dass für jedes Merkmal, das vererbbar ist, also Struktur, physiologische Antwort und Verhalten, in den Populationen eine Variation existiert. Wir können leicht jedes menschliche Individuum, das wir treffen, wenn wir über die Straße gehen, unterscheiden. Eine ähnliche Variation existiert unter Golden Retrievern, Feldmäusen und Goldfischen.

Darwin postulierte, dass innerhalb einer bestimmten Umgebung, die eine geographische Komponente (Insel gegenüber Festland, Durchschnittstemperatur) und eine biologische Komponente (das Vorhandensein und das Fehlen anderer Organismen) beinhaltet, Individuen bezüglich Nahrungsressourcen, Nistmöglichkeiten und Fortpflanzungspartnern miteinander in Wettstreit stehen. Diejenigen Mitglieder einer Population, die vorteilhafte Merkmalsvarianten haben, sind in diesem Wettstreit erfolgreicher als andere mit weniger vorteilhaften Varianten, und als Folge davon entsteht eine **differentielle Reproduktionsrate** (die besser Angepassten werden sich erfolgreicher fortpflanzen). Darwin schloss daraus, dass als Folge der differentiellen Reproduktion, vor allem in einer sich verändernden Umgebung, mit der Zeit eine Population entsteht, in der sich Merkmale verändern, also evolvieren.

Schließlich erkannte Darwin, dass Züchter von Tieren und Pflanzen innerhalb weniger Generationen künstlich bestimmte Varianten selektieren und sehr unterschiedliche Abkömmlinge eines gemeinsamen Vorfahren produzieren können (z. B. deutsche Dogge und Chihuahua). Er war von dieser künstlichen Selektion fasziniert und betrachtete sie als so grundlegend für seine Theorie, dass er das erste Kapitel seines Buches *Origin of species* auf solche Beispiele verwandte. Er argumentierte, dass in der Natur eine Vielzahl von Faktoren daran beteiligt sein müssen, Varianten zu selektieren, die entweder erhalten werden oder aber mit der Zeit verloren gehen. Darwin nannte diesen Vorgang *natürliche Selektion*.

Evolutionsforscher stimmen darin überein, dass abgeleitete Arten von einem gemeinsamen Vorfahren abstammen und dass die natürliche Selektion eine wichtige Rolle bei der Richtung struktureller Veränderungen spielt. Sie sind sich allerdings heute in ihrer Interpretation dieses Vorgangs weniger einig, als sie es in den 1930er und 1940er Jahren waren, als eine „moderne Synthese" der Darwinschen Theorie aufkam, die allgemein akzeptabel erschien. Die Analyse der Molekularstruktur der DNA und von Proteinen hat z.T. die Konzepte, die früher von Genetikern aufgestellt wurden, unterstützt. Sie hat aber auch gezeigt, dass die genetische Variation wesentlich komplexer ist, als man früher annahm. Heute wird generell anerkannt, dass sowohl große als auch kleine genetische Veränderungen zu sowohl großen als auch kleinen morphologischen Veränderungen führen können.

Die traditionelle Annahme, der **phyletische Gradualismus**, geht davon aus, dass evolutionäre Veränderungen innerhalb einer Stammeslinie durch die langsame und kontinuierliche Anhäufung solcher Mutationen, die durch die natürliche Selektion bevorzugt werden, zustande kommen. Dies bewirkt, dass nachfolgende Strukturen und auch Arten gut an sich langsam ändernde Habitate angepasst bleiben. Es gibt keine scharfe Trennung zwischen ursprünglichen Spezies und ihren Nachkommen.

Eine andere Theorie, die des **punktuellen Gleichgewichts** (*punctuated equilibrium*), sagt dagegen, dass die meisten Arten in ihrer Struktur über die Zeit etwas fluktuieren, dass aber insgesamt über lange Zeiträume der Erdgeschichte nur kleine Veränderungen stattfinden. Die Evolution einer neuen Art kann dann relativ plötzlich in kurzen geologischen Zeiträumen erfolgen. Nachfolgende Arten sind nach Phasen rascher Evolution von ihren unmittelbaren Vorfahren deutlich in Form und Funktion getrennt. Evolution erfolgt zwischen Stammeslinien durch relativ schnelle Verzweigungsprozesse und nicht innerhalb von Stammeslinien durch langsames Ersetzen.

Die Debatte zwischen den Vertretern des punktuellen Gleichgewichts und des phyletischen Gradualismus dauert an, aber beide haben eine sehr breite gemeinsame Grundlage. (In scharfem Gegensatz zu diesen Ansichten stehen die der Kreationisten.) Die meisten Evolutionsforscher glauben, dass die Konzepte des phyletischen Gradualismus und des punktuellen Gleichgewichts miteinander kompatibel sind, wenn man Missverständnisse und Übertreibungen vermeidet.

### 1.3.10 Evolution und Habitat

Die Interpretation von Struktur wird aussagekräftiger, wenn man sie auf die Haupteigenschaften des Evolutionsprozesses bezieht, die von praktisch allen Morphologen akzeptiert werden. Die Beziehung zwischen evolutionärer Veränderung und der Stabilität der physikalischen und biologischen Umgebung ist die hauptsächliche Betrachtungsweise. Mit wenigen Ausnahmen entsteht Evolution durch das Wechselspiel zwischen Veränderungen der Umgebung und sich anpassenden Organismen. Jede Art von Tier passt sich an eine bestimmte Art von Leben (Beutegreifen, Samenfressen, Grasen) in einem spezifischen Habitat (Marsch, Fluss, Wiese) an und ist davon abhängig. Wenn das Habitat groß und konstant ist (Ozeane, tropische Wälder, Koniferenwälder), haben die darin lebenden Tiere Zeit, sich gut anzupassen. Für jede Art ist es dann am besten, ungefähr so zu bleiben wie sie ist, also verhindert in diesem Falle die natürliche Selektion Veränderungen. Große Habitate verändern sich nur langsam in der Erdgeschichte, z. B. breiten sich Wälder aus und ziehen sich wieder zurück; aber die meisten Tiere bewegen sich mit ihnen, bleiben angepasst und verändern sich relativ wenig.

Obwohl sich das generelle Habitat nur langsam örtlich verschiebt, kann sich das begrenzte

Habitat einer Population von Tieren langsam verändern. Eine Küste kann z. B. immer steiniger werden, ein Kiefernwald, der zwischen Bergzügen isoliert ist, kann immer alpiner werden, wenn sich die Baumgrenze nach Süden verlagert, oder ein Konkurrent kann häufiger werden. Die durchschnittliche Exprimierung der Merkmale einer Tierart ist dann weniger vorteilhaft. Natürliche Selektion führt dann in der Regel dazu, dass ein Tier zu einer gewissen anderen Art von Tier wird. Wenn das Habitat als Einheit sich verändert, ist die evolutionäre Veränderung mehr oder weniger geradlinig und wird **linear** genannt. Wenn ein altes Habitat in verschiedene Teile zerfällt, werden verschiedene Teile der ursprünglichen Tierpopulation voneinander isoliert und passen sich unabhängig voneinander an. Die Evolutionslinie **verzweigt** sich.

Wenn sich ein Habitat zu schnell verändert, als dass sich die es bewohnenden Arten an seinen neuen Charakter anpassen könnten, dann verändert sich dieses Habitat aus dem Blickwinkel der betroffenen Spezies nicht, sondern verschwindet. So trocknet z. B. ein Inlandsee aus und hinterlässt nur Küstenterrassen an trockenen Hügeln. Wiesen werden Jahr für Jahr von Pinienkeimlingen besetzt und werden schließlich zu Wald. Oder ein großes Areal wird durch eine natürliche Katastrophe vernichtet. Wenn das Habitat immer unzureichender wird, wird die Kraft der natürlichen Selektion, d. h. der **Selektionsdruck**, zugunsten der alten Lebensweise schwächer. Schließlich können extreme Varianten in der Population besser an ein Leben in einem neuen Habitat angepasst sein als in dem alten, vorausgesetzt, dass ein oder mehrere neue Habitate physisch erreichbar und nicht schon von leistungsstarken Konkurrenten besetzt sind. Dann verstärkt sich der Selektionsdruck und verlagert sich von der alten Lebensweise auf die neue.

Mehrere Faktoren können zum Erfolg in dieser Art von Evolution beitragen. **Spezialisierte Strukturen** sind solche, die verändert wurden, um limitierte Funktionen mit großer Effizienz auszuüben, während **unspezialisierte Strukturen** (generalisierte Strukturen) dazu geeignet sind, eine weniger begrenzte Funktion oder eine ganze Palette von Funktionen zu erfüllen. Obwohl auf unspezialisierten Strukturen weniger Druck für Veränderung liegt (da sie für unterschiedliche Bedingungen geeignet sind), haben sie aber dennoch eine größere Fähigkeit zur Veränderung und sind deshalb für das Überleben günstig, wenn eine Veränderung notwendig wird. So wurde der ursprüngliche fünfzehige Fuß zu einem Sprungbein, einem Flügel, einem Paddel, einem Greiforgan usw. umgewandelt. Spezialisierte Organe sind so lange nützlich, wie ihre begrenzten Funktionen benötigt werden (wahrscheinlich wird es noch lange Ameisen für Ameisenbären und Krill für Bartenwale geben); aber wenn eine neue Funktion benötigt wird, sind die Organe solcher Spezialisten selten in der Lage, sich anzupassen.

Wenn sich eine Art schnell an eine veränderte Bedingung anpassen muss, ist nicht genügend Zeit, einen völlig neuen Satz von strukturellen Attributen zu entwickeln. Die Art muss sich für eine bestimmte Zeit auf den intensivierten oder veränderten Gebrauch von Attributen verlassen, die sie bereits hat. Die natürliche Selektion kann dann „entdecken", dass eine Struktur, die in einer bestimmten Weise nützlich war, auch für einen anderen Zweck gut verwendet werden kann. Von solchen Strukturen sagt man, dass sie **prädisponiert (präadaptiert)** sind. Die Umwandlung der Laufbeine von Reptilien, die den Vögeln vorangingen, in den Vogelflügel war z. B. eine lange und schwierige Entwicklung in der Evolution. Dagegen haben mehrere Gruppen von Vögeln relativ schnell und einfach ihre Flügel zum Schwimmen im Wasser statt zum Fliegen in der Luft umfunktioniert – eine Abkürzung von mehreren zehn Millionen Jahren in der Evolution effektiver Paddel (Beispiel 4 in Abb. 1.1). Ähnlich war es relativ „einfach" für mehrere Gruppen von Fischen, Luft zu schlucken, um zu atmen, weil sie mit nur geringer Veränderung Strukturen und Verhaltensweisen anwenden konnten, die sich vorher langsam entwickelt hatten, um Nahrung im Wasser aufzunehmen. Man kann also nicht immer von der gegenwärtigen Funktion einer Struktur auf ihren weit entfernten Ursprung schließen. Unspezialisierte Form, Vielseitigkeit und Prädispositionen sind gute Karten in dem Spiel „Pass dich an oder stirb aus".

Genauso wie Habitate verschwinden können, können sie auch auftauchen. Ein neues Sumpfgebiet, das sich in der Nähe von bestehenden Sumpfgebieten entwickelt, wird von der näheren Umgebung her besetzt und eine Evolution wird nicht stattfinden. Ein neuer Binnensee dagegen ist, wenn er groß und isoliert liegt, eine Gelegenheit zur Evolution für solche Tiere, die diesen See neu besetzen können. Ganz ähnlich kann ein Habitat alt, aber seine Zugänglichkeit neu sein. Das Land wurde den Vertebraten erst zugänglich, als die Reptilien und bestimmte Amphibien sich entwickelten. Es gab ausreichend viele Landpflanzen und Arthropoden, um Nahrung und Unterschlupf zu gewährleisten. Es gab Millionen von Quadratkilometern verschiedener neuer Habitate, die auf die Besetzung warteten, wo kein Wettstreit mit etablierten Tieren zu befürchten war. In einer solchen seltenen Situation kann die Evolution schnell verschiedene neue Arten von Tieren hervorbringen. Man spricht von einer **Radiation**.

### 1.3.11 Gleichgewicht, Veränderung und Aussterben

Wir haben bereits bemerkt, dass Tiere, die gut an relativ konstante und weitläufige Habitate angepasst sind, ohne größere Veränderung sehr lange überleben können: die Reptiliengattung *Sphenodon* scheint seit über 135 Mio. Jahren überlebt zu haben. Andere Tiere, die sich verändern, wenn sich die Umwelt verändert, bilden relativ vollständige und kontinuierliche Stammeslinien. Der Fossilbeleg zeigt viele Beispiele dafür auf. Elefanten waren früher sehr zahlreich und vielfältig, auch Kamele kamen in allen Größen vor und waren auf vier Kontinenten häufig vertreten. Pferde, Schildkröten, Krokodile, die verschiedenen Arten von Dinosauriern und viele andere Gruppen sind gleichfalls Ansammlungen von offensichtlich miteinander verwandten Genera. Solch eine Stammeslinie nennt man eine **phyletische Linie**. Sie wird in der Regel durch Genera repräsentiert, die durch lineare und sich verzweigende Phylogenie über die Zeit und durch Aussterben durch fortschreitende Veränderung miteinander verwandt sind. Die Vorfahren verschwinden, wenn die Nachkommen erscheinen. Systematisch gesehen, ist eine phyletische Linie oft eine einzelne Familie. Verschiedene phyletische Linien entwickeln sich mit unterschiedlicher Geschwindigkeit. Jede Linie entwickelt sich zu unterschiedlichen Zeiten mit unterschiedlicher Geschwindigkeit, und verschiedene Merkmale einer einzelnen Linie entwickeln sich mit unterschiedlicher Geschwindigkeit zur selben Zeit. Mit diesen Einschränkungen können einige Beispiele für das Überleben von Stammeslinien gegeben werden. Die Gruppenmerkmale von Kaninchen, Gürteltieren und Schildkröten wurden jeweils vor mehr als 65 Mio. Jahren etabliert. Opossums waren Opossums über einen Zeitraum von 100 Mio. Jahren, das Gleiche gilt auch für Krokodile. Manche Gruppen von Fischen (Coelacanthi, Dipnoi und Haie) haben über 300 Mio. Jahre hinweg überlebt.

Arten sterben aus, wenn sie sich nicht an bestimmte Veränderungen in ihrer Umgebung anpassen können, wie z. B. an Klimaveränderungen, an eine erhöhte Konkurrenz um Nahrungsressourcen, an ein Ungleichgewicht in den Räuber-/Beutebeziehungen oder an eine Veränderung in der Wirt-/Parasitbeziehung. Ganze Gruppen von Tieren sterben aus, wenn die Skala der Veränderung der Umwelt extrem ist, z. B. Perioden von relativ schneller Gebirgsbildung (in geologischer Zeit gesprochen), eine durchgreifende Änderung in der Vegetation oder eine signifikante Veränderung im Meeresspiegel. Schließlich können Katastrophen, wie z. B. Asteroideneinschlag und besonders katastrophale vulkanische Aktivität zum Massenaussterben führen. Wie katastrophal so ein Vorfall sein kann, wird von Alvarez (1998) in einer fesselnden Darstellung unserer Suche nach einer Erklärung für das Aussterben der Dinosaurier vor 65 Mio. Jahren gegeben. Im Jahr 1991 wurde auf der Halbinsel Yucatan ein Krater identifiziert, von dem man annimmt, dass er von einem Asteroiden mit einem Durchmesser von 9 Kilometer stammt. Die Explosion beim Einschlag wird auf das Zehntausendfache des gesamten Nukleararsenals der Welt geschätzt. Der Staub, der durch diesen Einschlag aufgewirbelt wurde, reichte aus, um das Sonnenlicht überall auf der Welt über Monate zu absorbieren. Zu verschiedenen früheren (und weniger gut dokumentierten) Zeiten in den vergangenen 500 Mio. Jahren gab es meh-

## Exkurs 1.1

### Kontinentaldrift und die Verteilung von Fossilien

Noch vor wenigen Jahrzehnten waren Geologen in ihrer Meinung tief gespalten, ob die Kontinente schon immer mehr oder weniger in ihrer heutigen Lage waren oder ob sie früher miteinander verbunden waren. 1912 präsentierte der deutsche Meteorologe Alfred Wegener der (weitgehend ungläubigen) Wissenschaftsgemeinde Daten, welche die Hypothese stützten, dass die heutigen Kontinente zu einem früheren Zeitpunkt zusammenhingen. Erst mit der Entwicklung von raffinierten analytischen Instrumenten, die in der Lage waren, den radioaktiven Zerfall in Mineralien zu messen, dem Vermessen der Ozeanbecken und der Entdeckung der Umkehr des Erdmagnetfeldes kam man übereinstimmend zu der Überzeugung, dass die Erdoberfläche in mehrere Platten unterteilt ist (die meisten von ihnen sind Kontinente), die sich nach wie vor bewegen (das Konzept der Plattentektonik). Es gibt deutliche Hinweise, dass Konvektion, nämlich das Aufsteigen der heißen Magma aus dem flüssigen Kern der Erde, diese Bewegungen antrieb und das Zerbrechen eines einzigen Superkontinents, nämlich Pangaea, in mehrere Platten hervorgerufen hat. Die Konfiguration der Landmasse der Südhemisphäre in der frühen Trias, die Gondwanaland genannt wird, wird durch die schattierte Fläche in Abb. 1.4 dargestellt. Die einzelnen Platten passten noch wesentlich besser an ihre entsprechenden Kontinentalschelfe, als dies die heutigen Küstenlinien tun, die hier als Referenz gezeigt sind. (Beachte, dass Indien damals wesentlich weiter von anderen asiatischen Landmassen entfernt war.)

Die kontinentalen Bewegungen und damit verbundene klimatische Veränderungen mit entsprechenden Fluktuationen im Meeresspiegel hatten einen sehr bedeutenden Einfluss auf die Verbreitung der Vertebraten. Tatsächlich kam der erste biologische Hinweis, der die geophysikalischen Belege auf eine Kontinentaldrift unterstützte, 1968 durch den Fund eines Fossils aus der Trias in der Antarktis durch den berühmten Paläontologen E.H. Colbert (Colbert 1973). Das Fossil stammte von einem stämmigen semiaquatischen Reptil mit einem unverwechselbaren Schädel und eigenartigen kurzen Stoßzähnen (Genus *Lystrosaurus*), das bereits aus Südafrika und Indien bekannt war. Sein Vorkommen in der Antarktis zusammen mit der Erkenntnis, dass die südlichen Kontinente früher zusammenhingen, erklärte seine ansonsten rätselhafte Verbreitung. Weitere Hinweise kommen von verschiedenen Säugetieren. Fossilien deuten darauf hin, dass bestimmte Marsupialia Australien von Südamerika aus über die Antarktis erreicht haben. Eine spätere Welle von Marsu- pialiern erreichte die Antarktis wiederum von Südamerika aus, drang aber nicht weiter nach Australien vor, weil zu diesem Zeitpunkt Australien bereits von der Antarktis weggedriftet war.

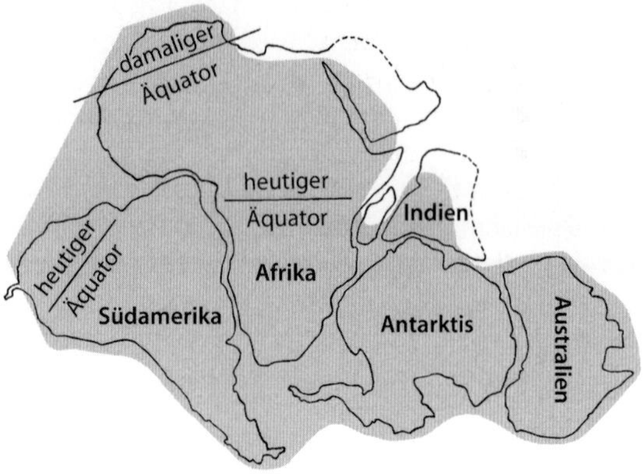


**Abb. 1.4.** Die relative Lage der südlichen Kontinente der frühen Trias vor 245 Mio. Jahren

rere andere Episoden von Massenaussterben, in denen bis zu 60 Prozent aller Tierordnungen innerhalb einer relativ kurzen Zeit ausgestorben sind.

---

*Oben:* Kreischeule, gezeichnet nach Sparks und Soper, Owls. Gerston Point, Kingsbridge, Devon, UK

## 1.3.12 Trends in der Evolution

Es ist eine bemerkenswerte Tatsache, dass innerhalb phyletischer Linien jede adaptive Veränderung in mehr oder weniger derselben Richtung erfolgt, ohne anzuhalten, abzuweichen oder zurückzulaufen. Solche graduellen Veränderungen werden **Entwicklungsrichtungen** oder **Morphokline** genannt und obwohl sie nicht immer auftreten, sind sie doch typisch für große Populationen, die sich mit mäßiger Geschwindigkeit verändern. Evolutionstrends sind gerichtet und werden durch Selektionsdruck verlängert. Das Merkmal entwickelt sich immer weiter, weil es auch weiterhin vorteilhaft ist.

Ein weit verbreiteter, wenn auch bei weitem nicht allgegenwärtiger Trend geht zu gesteigerten Körpergrößen. In wiederholtem Maße und in nicht miteinander verwandten Stammeslinien kam es zu einem allmählichen Zuwachs in der Körpergröße von mittelgroßen Vorfahren zu gigantischen Nachkommen. (Beispiele vom Vorteil großer Körpergröße und von Anpassungen, um das große Gewicht zu tragen, werden in Kapitel 23 dargestellt.) Ein gemeinsamer Trend zur Reduktion der Anzahl aufeinanderfolgender Teile tritt z.B. bei den Zähnen vieler Stammeslinien und bei den lateralen Zehen der Huftiere auf (Abb. 1.5), bei den Kiemenbögen niederer Fische und bei den Schädelknochen zwischen Fischen und Säugern. Dagegen hat bei manchen Stammeslinien die Anzahl der Zähne und Muskeln zugenommen. Tendenzen, die dazu führten, die relative Größe von Teilen des Körpers zu verändern, waren durchaus verbreitet. Die allmähliche Entwicklung von Stoßzähnen, Geweihen und ungewöhnlichen Schnäbeln sind Beispiele dafür. Andere Trends beinhalten eine stärkere Spezialisierung von Körperteilen, wie z.B. die Bildung komplexer Schmelzmuster bei den Mahlzähnen der Pferde.

Variation eines Themas gehört zu unserer Fähigkeit, Trends zu erkennen. D'Arcy Thompson zeigte 1917, dass Veränderungen in den Körperproportionen sehr gut durch eine fortschreitende

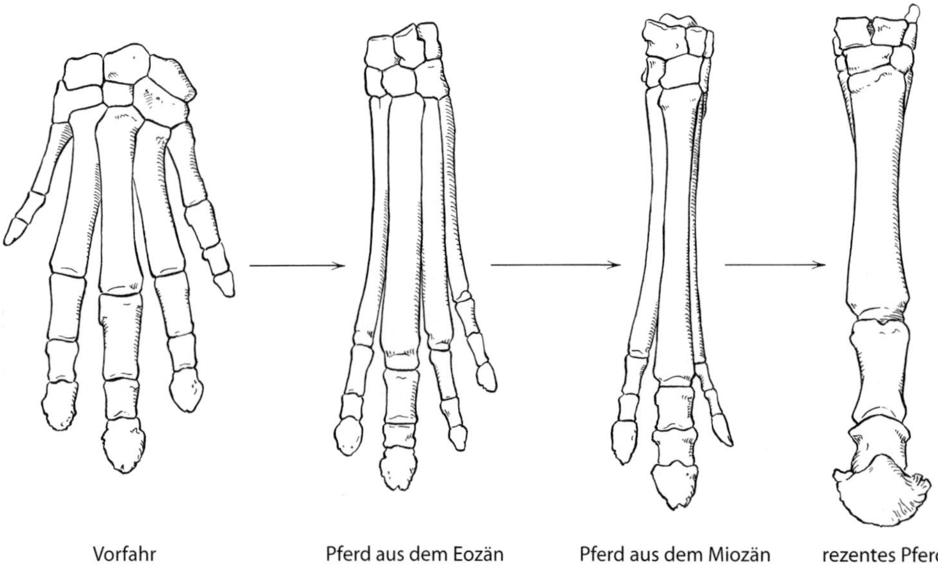


**Abb. 1.5.** Entwicklungstendenzen bezüglich der Proportionen und der Anzahl der hintereinander angeordneten Teile des linken Vorderfußes des Pferdes (*nicht maßstabsgetreu gezeichnet*). Obwohl die Entwicklungstendenzen, die hier gezeigt werden, real sind, ist es möglich, dass die genauen Beispiele nicht Glieder einer einzigen Evolutionslinie sind. Eozän und Miozän sind Zeitabschnitte des Tertiärs

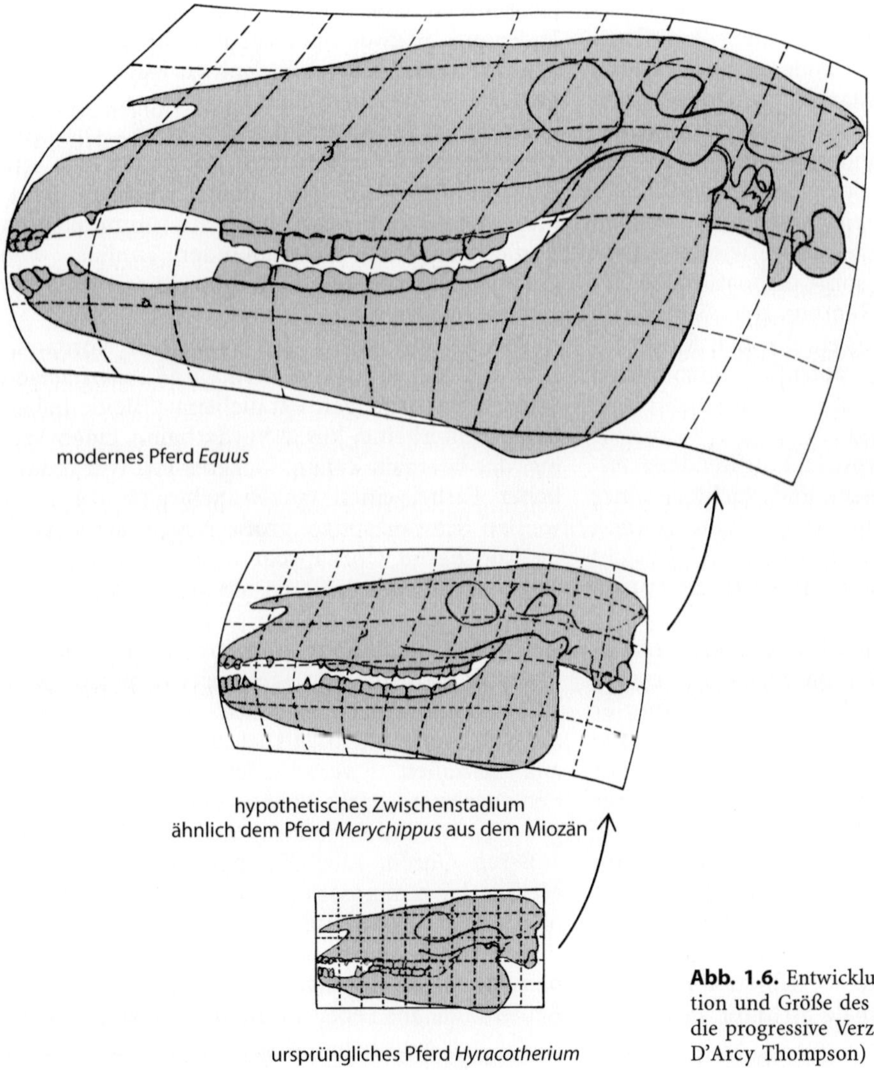


**Abb. 1.6.** Entwicklungstendenzen bei der Proportion und Größe des Pferdeschädels, gezeigt durch die progressive Verzerrung eines Gitters (nach D'Arcy Thompson)

Verzerrung eines Gitters beschrieben werden können (Abb. 1.6). Ein Gitter mit gleichmäßigem Linienabstand und Linien, die sich orthogonal kreuzen, wird erst über der als ursprünglich angenommenen Form und dann über den abstammenden Formen gezeichnet, wobei aber jede Linie dieselbe anatomische Landmarke wie auf der ursprünglichen Form berührt. Dadurch wird gezeigt, wie sich Merkmale verändern.

Entwicklungstrends erreichen ein Ende, wenn und sobald der Zustand des maximalen Vorteils erreicht ist. Die Eckzähne der Säbelzahnkatzen wurden bis zum Oligozän immer größer und blieben dann über 40 Mio. Jahre konstant. Außerdem haben viele Trends theoretische Endpunkte. Eine Änderung zu länger haltbaren Zähnen endet mit Wurzeln, die permanent wachsen. Eine Änderung zum Verlust der lateralen Zehen endet mit nur einem verbleibenden Zeh, eine Änderung zum Verlust des Gesichtssinnes endet mit rudimentären Augen.

Dennoch scheinen manche Trends aufzuhören, kurz bevor sie den maximalen Vorteil erreicht haben, während andere anscheinend darüber hinausgehen. Manche ausgestorbenen Elefanten hatten z. B. Stoßzähne, die so lang waren, dass sie gebogen und gekreuzt waren und deshalb nicht mehr effektiv zum Stoßen, Herumwühlen oder Graben verwendet werden konnten. Es gibt mehrere Wege, wie so etwas passieren kann. Erstens sorgt die natürliche Selektion nicht für die Rentner der Natur. Sie erhöht die Fitness von Tieren, die sich fortpflanzen oder sich zumindest potentiell fortpflanzen können, vernachlässigt aber Individuen, die nicht mehr produktiv sind.

Außerdem wird die Entwicklungstendenz enden, sobald sich die Vorteile und Nachteile einer weiteren Veränderung die Waage halten, wenn das Fortschreiten eines Trends in einer Hinsicht vorteilhaft ist, in anderer Hinsicht aber zum Nachteil gereicht. Dies tritt häufig auf, ist aber oft schwierig durch spezifische Beispiele zu belegen. Ein verstärkter Hautpanzer kann einem Fisch mehr Schutz gegen Räuber geben, aber er macht den Fisch auch weniger beweglich. Eine zunehmende Schlankheit der Beine kann einer Antilope mehr Geschwindigkeit verleihen, aber die Antilope wird anfälliger für Verletzungen. Eine verstärkte Krümmung des Schnabels kann es einem Vogel erleichtern, eine bestimmte Art von Nahrung zu finden, aber es kann gleichzeitig schwieriger werden, andere Nahrung zu finden. Das Ergebnis ist ein vorteilhafter Kompromiss und nicht die optimale Struktur in nur einer Hinsicht.

### 1.3.13 Parallelismus und Konvergenz

Zwei oder mehr verschiedene Gruppen von Tieren können morphologisch ähnlich sein, obwohl sie auf verschiedenen Ästen des Stammbaums angesiedelt sind. Diesen Zustand nennt man **Homoplasie**. Er kann vorkommen, weil die Gruppen einen gemeinsamen Vorfahren haben und sich nach ihrer ursprünglichen Aufspaltung parallel entwickeln. Nachkommende Stammeslinien ähneln sich stark in Merkmalen, die im gemeinsamen Vorfahren nicht vorhanden waren. **Parallelismus** ist eine konvergente evolutionäre Veränderung in zwei oder mehr nahe verwandten Stammeslinien, in der homologe Merkmale aufgrund von gleichen Selektionsfaktoren äquivalente Veränderungen durchmachen. Die Abkömmlinge sind sich in etwa so ähnlich wie ihre Vorfahren und auf jeder Ebene kann die Ähnlichkeit sehr groß sein. Auch die unmittelbaren Vorfahren waren untereinander ähnlich, weil auch sie sich an dieselben Umweltparameter angepasst hatten.

Die Kängururatten des westlichen Nordamerika und die Jerboas in Afrika und Asien zeigen einen sehr auffälligen Parallelismus. Beide haben lange Hinterbeine, kurze Vorderbeine, einen Verlust der lateralen Zehen, lockeres Fell von bräunlicher Farbe, einen langen Schwanz mit einer weißen Schwanzspitze, große Augen, aufgeblasene knöcherne Ohrkapseln und verdichtete Nackenwirbel (Abb. 1.7). Es ist unwahrscheinlich, dass der gemeinsame Vorfahr auch nur eines dieser Merkmale hatte. Aufgrund anderer Merkmale werden diese Nagetiere in verschiedene Unterordnungen eingeordnet. Ähnlich gehören die Goldmulle aus Südafrika und die Beutelmulle aus Australien zu verschiedenen Ordnungen, haben aber kurze starke Vorderextremitäten mit langen Klauen, rudimentäre Augen, den Verlust der äußeren Ohren, raue Nasenpolster und andere Merkmale gemeinsam. Parallele Stammeslinien bleiben an annähernd identische Lebensweisen und Habitate angepasst; Kängururatten und Jerboas an heiße, sandige Wüsten, Goldmulle und Beutelmulle ans Leben im Boden. Es ist die Effektivität der natürlichen Selektion, die dazu führt, dass im Prinzip ähnliche Tiere, die nahezu identische funktionelle Anforderungen haben, auch ähnliche strukturelle Anpassungen entwickeln.

**Konvergenz** ist eine evolutionäre Veränderung in zwei oder mehr Stammeslinien, die dazu führt, dass entsprechende Merkmale, die früher unähnlich waren, ähnlich werden. Die Abkömmlinge sind in den adaptiven Merkmalen ähnlicher als ihre Vorfahren, obwohl diese Ähnlichkeit selten Einzelheiten mit einschließt. Sehr ähnliche funktionelle Bedürfnisse werden auf leicht unterschiedliche Weise erfüllt, da der gemeinsame Vorfahre oft, aber nicht immer, weiter entfernt ist als bei Parallelismus.

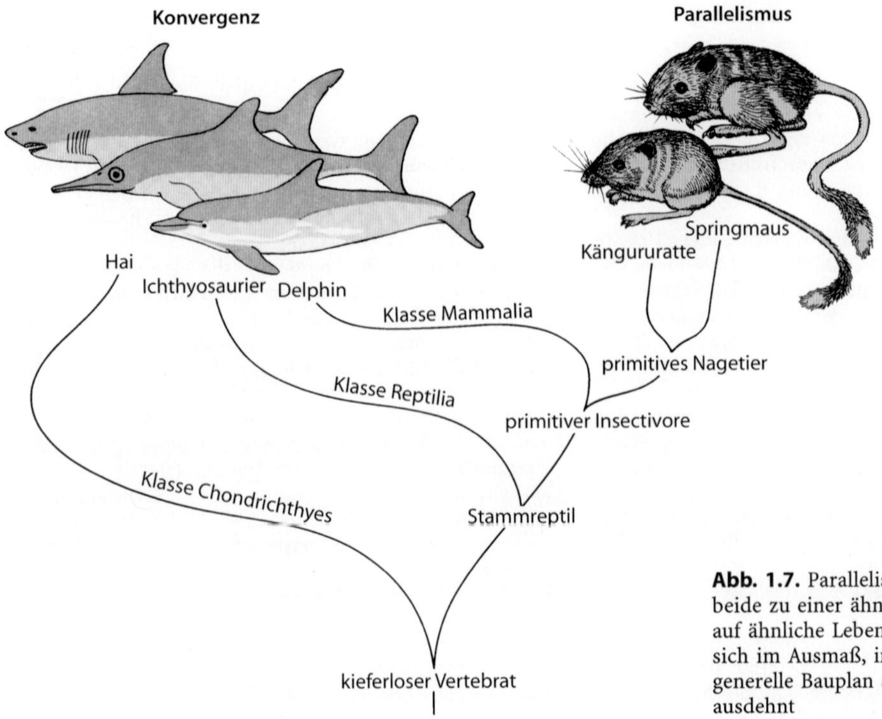


**Abb. 1.7.** Parallelismus und Konvergenz führen beide zu einer ähnlichen Struktur als Antwort auf ähnliche Lebensweisen. Sie unterscheiden sich im Ausmaß, in dem sich der gemeinsame generelle Bauplan auf die Ähnlichkeit im Detail ausdehnt

Die beeindruckende Ähnlichkeit der Körperform von Haien, Ichthyosauria (ausgestorbene Reptilien) und Delphinen ist ein klassisches Beispiel (Abb. 1.7). Der gemeinsame Vorfahr war ein primitiver gepanzerter Fisch, der keinem von ihnen ähnelt. Ein Tier hat keinen terrestrischen Ahnen, die anderen haben sehr unterschiedliche terrestrische Vorfahren. Dennoch wird der Schwanz eines jeden der drei Vertreter zum Vortrieb benutzt, obwohl einer nach oben, der andere nach unten zieht und einer gerade ist mit lateralen Flossen. Jedes der drei Tiere hat viele einfache Zähne, aber sie sind bei einem Vertreter wurzellos, beim zweiten in Furchen und beim dritten in einer Zahnhöhle verwurzelt. Das gleiche Prinzip der allgemeinen Ähnlichkeit, aber mit Variation im Detail, trifft auch auf die Wirbelsäule, die Augen, die paarigen und die medianen Flossen zu. Ein weiteres Beispiel ist die Ähnlichkeit von Vögeln und fliegenden Reptilien (Pterosauria). Trotz des weit entfernten gemeinsamen Ursprungs haben beide große Augen, eng stehende Nasenlöcher, einen langen Schnabel, einen langen Hals, einen kurzen Rücken und ein großes Brustbein, das fest mit dem Schultergürtel verwachsen ist, viele Wirbel, die mit dem Beckengürtel gelenkig verbunden sind, außerdem pneumatisierte Knochen und andere gemeinsame Merkmale.

Die Konzepte von Parallelismus und Konvergenz verschmelzen miteinander. Beide Vorgänge führen dazu, dass Taxa mehr durch die Funktion und ihr Erscheinungsbild als durch die Phylogenie miteinander in Verbindung stehen. Egal, ob er sein Hauptaugenmerk auf die Funktion oder die Phylogenie legt, wird der Morphologe manchmal die Hinweise falsch deuten, wenn Parallelismus und Konvergenz nicht erkannt und richtig ausgelegt werden.

## Allgemeine Literatur zur Einleitung und zu den Teilen I und II


Alvarez W (1998) T. rex and the crater of doom. Vintage Press, New York. Ein einnehmender Bericht über die wissenschaftliche Erforschung eines großen Aussterbeereignisses; dient auch als Einführung in die allgemeinen Grundlagen der Paläontologie

Appel TA (1983) The Cuvier-Geoffroy debate: French biology in the decades before Darwin. Oxford Univ Press, Oxford. Bericht über den intellektuellen Fortschritt von Georges Cuvier im Kontext des 18. Jahrhunderts und über seine Überzeugung, dass die gesamte Vielfalt der Tiere in einem „vergleichenden Kontext" verstanden werden könne

Ax P (1987) The phylogenetic system. The systematization of organisms on the basis of their phylogenies. Wiley, Chichester

Bock GR, Cardew G (eds) (1999) Homology. Novartis Foundation Symposium No. 222. Wiley, New York. Eine Übersicht über die Konzepte der phylogenetischen und biologischen Homologie

Brown JH, Gibson AC (1983) Biogeography. Mosby, St. Louis

Carroll RL (2000) Towards a new evolutionary synthesis. Trends Ecol Evol Biol 15:27–32. Eine überzeugende Befürwortung für die Integration der molekularen Entwicklungsbiologie und sich verändernder physikalischer Faktoren in die Untersuchung der Erdgeschichte und der Evolutionsmuster

Charlesworth B, Lande R, Slatkin M (1982) A neo-Darwinian commentary on macroevolution. Evolution 36:474–498. Übersicht über klassische Untersuchungen aus der Paläontologie, Genetik und Entwicklungsbiologie, welche die Rolle der natürlichen Selektion für die Evolution der Morphologie unterstützen

Colbert EH (1973) Wandering lands and animals: The story of continental drift and animal populations. Dover, New York

D'Arcy Thompson W (1992) On growth and form. Cambridge Univ Press, New York. Ein Klassiker! 1917 erstmals erschienen

Dellman HD (1992) Textbook of veterinary histology, 4th edn. Williams & Wilkins, Baltimore

Desmond A, Moore J (1991) Darwin. Norton, New York

Futuyma DJ (1997) Evolutionary biology, 3rd edn. Sinauer, Sunderland/MA

Gans C (1988) Adaptation and the form-function relation. Am Zool 28:681–697. Eine redegewandte Befürwortung des Studiums der morphologischen Adaptation

Gould SJ (1977) Ever since Darwin. Norton, New York. Anregende Essays über Darwin, Naturgeschichte und Evolution

Gould SJ, Eldredge N (1977) Punctuated equilibria: The tempo and mode of evolution reconsidered. Paleobiology 3:115–151

Gould SJ, Lewontin RC (1979) The spandrels of San Marco and the Panglossian paradigm: A critique of the adaptationist programme. Proc R Soc Lond (Biol) 205: 581–598. Diese Veröffentlichung schürte eine beträchtliche Kontroverse und zwang eine Generation von Evolutionsmorphologen, erneut über das Konzept der „Adaptation" nachzudenken

Haeckel EHPA (1866) Generelle Morphologie der Organismen. Allgemeine Grundzüge der organischen Formen-Wissenschaft: mechanisch begründet durch die von Charles Darwin reformierte Descendenz-Theorie. Reimer, Berlin

Hall BK (Hrsg) (1994) Homology: the hierarchical basis of comparative biology. Academic Press, New York

Jaeger EC (1977) A source book of biological names and terms, 3rd edn. Thomas, Springfield/IL

Krstić RV (1985) General histology of the mammal: An atlas for students of medicine and biology. Springer, New York. Dreidimensionale Geweberekonstruktionen

Liem KF (1991) Toward a new morphology: pluralism in research and education. Am Zool 31:759–767

Liem KF, Wake DB (1985) Morphology: current approaches and concepts. In: Hildebrand M et al (eds) Functional vertebrate morphology. Harvard Univ Press, Cambridge/MA, pp 366–377

Mayr E (1963) Animal species and evolution. Harvard University Press, Cambridge/MA. Eine klassische Arbeit

Pigliucci M, Kaplan J (2000) The fall and rise of Dr. Pangloss: Adaptationism and the spandrels paper 20 years later. Trends Ecol Evol Biol 15:41–81

Proctor NS, Lynch PJ (1993) Manual of ornithology: Avian structure and function. Yale Univ Press, New Haven/CT. Hervorragend illustriert

Raup DM, Stanley SM (1978) Principles of paleontology, 2nd edn. Freeman, San Francisco

Reeve HK, Sherman PW (1993) Adaptation and the goals of evolutionary research. Quart Rev Biol 68:1–32

Remane A (1952) Die Grundlagen des natürlichen Systems, der vergleichenden Anatomie und der Phylogenetik. Theoretische Morphologie und Systematik. I. Akad Verlagsgesellschaft, Leipzig

Rixon AE (1976) Fossil animal remains: Their preparation and conservation. Athlone, London. Auch eine nützliche Anleitung zum Reparieren und Aufstellen von Skeletten

Rose MR, Lauder GV (Hrsg) (1996) Adaptation. Academic Press, San Diego

Schmidt-Nielsen K (1997) Animal physiology: Adaptation and environment, 5th edn. Cambridge Univ Press, New York

Starck D (1982) Vergleichende Anatomie der Wirbeltiere auf evolutionsbiologischer Grundlage. 3 Bde. Springer, Berlin, Heidelberg, New York. Ein hervorragendes und umfassendes Werk mit hervorragenden Abbildungen

Stebbins GL, Ayala FJ (1985) The evolution of Darwinism. Sci Am 253(1):72–82. Eine Bewertung der Lehrsätze der synthetischen Theorie, der Molekularbiologie und des Punktualismus

Storch V, Welsch U, Wink M (2001) Evolutionsbiologie. Springer, Berlin Heidelberg New York

Wägele J-W (2001) Grundlagen der phylogenetischen Systematik. Dr. Friedrich Pfeil, München

Wainwright SA (1988) Form and function in organisms. Am Zool 28:671–680. Ein durchdachter Aufsatz, der die Studenten der funktionellen Morphologie dazu drängt, ihr physikalisches Wissen in das Studium des anatomischen Designs einfließen zu lassen

Wake D (1994) Comparative terminology. Science 265:268–269

Wake DB, Roth G (eds) (1989) Complex organismal functions: Integration and evolution in vertebrates. Wiley, New York

Wheater PR, Burkitt HG, Daniels VG (1987) Functional histology, 2nd edn. Churchill Livingstone, New York, 348 S. Wunderbar illustriert mit farbigen Mikrophotographien, Elektronenmikroskopaufnahmen und entsprechenden Strichzeichnungen

Zimmer C (1998) At the water's edge. Free Press, New York

# Teil 1 Übersicht über die Vertebraten

## Die hauptsächlichen morphologischen Muster

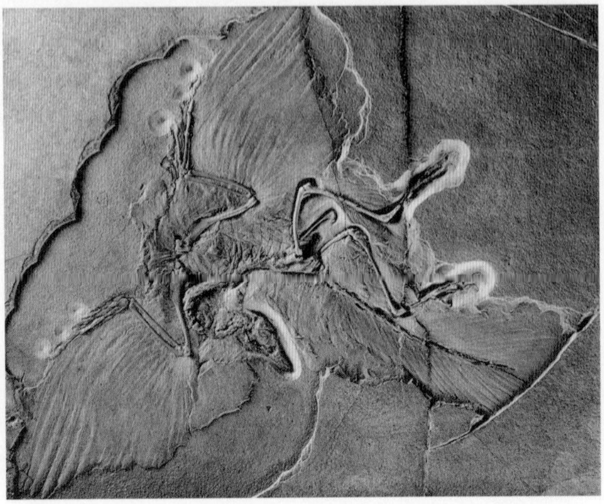

# 2 Charakterisierung, Ursprung und Einteilung der Vertebraten

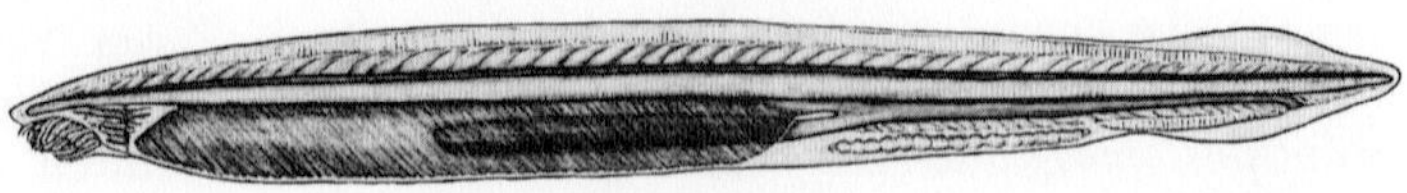

## 2.1 Beziehung der Vertebraten zu Nicht-Chordaten

Was ist ein Vertebrat und wie sind Vertebraten entstanden? Wenige Tiergruppen können durch ein oder zwei bestimmte Merkmale charakterisiert werden. So ist ein Tier mit einem Gabelbein (Furcula) und Federn ein Vogel. Ein Tier mit Milchdrüsen ist ein Säugetier. Entsprechend ist ein Tier mit einem Cranium, also einer skelettartigen Schädelkapsel, ein Vertebrat. Will man allerdings die Struktur des ganzen Körpers verstehen und interpretieren, ist es hilfreich, die Kombination vieler Merkmale für die Beschreibung eines Vertebraten zu benutzen. Dafür wählt man nicht nur Merkmale aus, die für die Gruppe einzigartig sind, sondern auch solche, welche die Vertebraten unter verwandten Gruppen einordnen.

Die **Vertebraten** sind ein Unterstamm des Stammes der **Chordata**. Um die Vertebraten anderen Stämmen gegenüberzustellen, wollen wir sie zunächst ganz allgemein beschreiben. Vertebraten sind vielzellige Tiere, die sich aus dreikeimblättrigen Embryonen entwickeln. Diese Keimblätter sind das Ectoderm außen, das Mesoderm und das Entoderm, das den Urdarm auskleidet (die wenigen embryologischen Ausdrücke, die in diesem Kapitel benutzt werden, werden in Kap. 5 und im Glossar näher definiert). Der Körper ist bilateralsymmetrisch, d.h. er weist eine rechte und eine linke Seite, ein anteriores und ein posteriores Ende und eine dorsale und eine ventrale Oberfläche auf. Eine sekundäre Leibeshöhle, also ein Coelom, ist vorhanden und mit Mesoderm ausgekleidet. Der Verdauungstrakt ist vollständig, d.h. es gibt getrennte Öffnungen für Mund und Anus. Der Anus entsteht aus einer Öffnung in der Oberfläche des frühen Embryos, die Blastoporus (Urmund) genannt wird, oder aber aus einem Ort nahe des Blastoporus. Vertebraten haben ein inneres Skelett, das aus Mesoderm entsteht. Das Mesoderm entsteht zumindest teilweise aus Gewebe, das aus dem Urdarm stammt.

Diese Merkmale beschreiben Vertebraten sehr weitgehend, werden aber von anderen Chordata und von dem Stamm der **Echinodermata** (Stachelhäuter: Seesterne, Seeigel, Seegurken usw.), von **Hemichordata** (wurmähnliche, grabende Tiere) und von den **Chaetognatha** geteilt. Es gibt auch einige Abweichungen; z.B. hat eine Gruppe kein inneres Skelett, eine andere hat kein Coelom, und nur die Larven der Echinodermen sind bilateralsymmetrisch. Dennoch unterscheidet die genannte Merkmalskombination diese Tiere von allen anderen.

Es wird allgemein angenommen, dass Chordaten enger mit Echinodermen, Hemichordaten und Mitgliedern ähnlicher Stämme verwandt sind als mit anderen Tiergruppen. Da bei all diesen Tieren der Mund nicht vom Blastoporus gebildet wird, werden sie als **Deutorostomier** zusammengefasst.

---

*Seite 25:* Fossil des Urvogels Archaeopteryx aus dem Jura

## 2.2 Beziehung der Vertebraten zu anderen Chordaten

Der Stamm Chordata beinhaltet drei Unterstämme: die **Urochordata** (Tunicata oder Seescheiden, Thaliacea und Appendicularia), die **Cephalochordata** (Lanzettfischchen oder, spezifisch, *Branchiostoma*) und die **Vertebrata**. (Manche Systematiker bevorzugen den Namen *Craniota* als Bezeichnung für den letzten Unterstamm und bezeichnen mit dem Namen Vertebrata alle Tiere des Unterstammes, mit Ausnahme der Schleimaale (Myxinoidea). Der Grund dafür wird später erklärt. Bis wir zu diesem Abschnitt kommen, werden wir den Namen Vertebrata für den gesamten Unterstamm beibehalten).

Alle Chordaten haben bestimmte Merkmale gemeinsam:

- Das wichtigste Merkmal ist die **Chorda dorsalis**. Das ist ein Stützstab, der in der Regel aus der dorsalen Wand des Urdarms entsteht. Seine turgeszenten, oft vacuolisierten Zellen sind einzigartig. Die Chorda dorsalis ist von Bindegewebsscheiden umgeben. Alle Chordaten haben, wie es der Name sagt, während der frühen Entwicklung eine Chorda dorsalis. Cephalochordaten und viele Vertebraten, nicht aber die meisten Urochordaten, besitzen auch als Adulte eine Chorda dorsalis oder deren Derivate.
- Ein zweites Chordatenmerkmal ist das dorsal gelegene, hohle **Rückenmark** (Neuralrohr), das durch Neurulation aus dem Ectoderm entsteht.
- Ein drittes, wichtiges gemeinsames Merkmal ist das Vorhandensein eines **Kiemendarm**s zumindest während früher embryonaler Stadien, meistens aber auch bei Adulten. Dieser Kiemendarm, eine Erweiterung des anterioren Teils des Magen-Darmkanals, weist zahlreiche Schlitze auf, durch die das Wasser, das über den Mund aufgenommen wird, aus dem Körper ausströmen kann. Ventral in diesem Kiemendarm liegt die **Hypobranchialrinne (=Endostyl)**. Unter den Nicht-Chordaten haben nur Hemichordaten einen solchen Kiemendarm.
- Als weiteres Chordatenmerkmal gilt das **Blutgefäßsystem** mit einem ventral gelegenen Herzen, bzw. ventralen kontraktilen Gefäßen bei Cephalochordaten, welches das Blut in den Kiemenbogengefäßen, den Aortenbögen, durch die Kiemenbögen nach dorsal und von dort in einem dorsalen Gefäß nach caudal pumpt. Diese Aortenbögen werden bei höheren Vertebraten sekundär modifiziert. (Urochordaten sind Ausnahmen, da das Herz durch eine Schlagumkehr charakterisiert ist, d.h. das Herz treibt das Blut erst in die eine und dann durch Schlagumkehr in die andere Richtung). Chordaten haben ein geschlossenes Blutgefäßsystem, d.h. das Blut bleibt in den Gefäßen und dringt nicht in die Gewebezwischenräume ein.
- Chordaten tendieren dazu, ihre Hauptsinnesorgane in einem Kopf zu konzentrieren. Der Begriff dafür ist **Cephalisation**. Dieses Charakteristikum geht einher mit der Bilateralsymmetrie und der Beweglichkeit. Urochordaten haben keinen Kopf.
- Zwei weitere Chordatenmerkmale, die bei adulten Urochordaten fehlen, sind ein **postanaler Schwanz** und die **Metamerie** oder Segmentierung bestimmter Körperteile.

Man muss außerdem die exklusiven Merkmale jedes einzelnen Subphylums beachten, weil sowohl Unterschiede als auch Ähnlichkeiten für die Interpretation von Verwandtschaftsverhältnissen wichtig sind. Das Subphylum der **Urochordata** ist groß und nicht einheitlich. Als Vertreter der Urochordata besprechen wir hier die Ascidiacea, da die beiden anderen Klassen, die Appendicularia und die Thaliacea, als abgeleitete Organismen gedeutet werden. Ascidiacea bewohnen Küstenregionen aller Ozeane. Die Adulten sind sackartig oder gestielt, sessil und leben oft in Kolonien. Solche Kolonien können sehr groß sein, die Individuen sind aber meistens klein. Der Körper ist von einem zähen Mantel (Tunica) umgeben. Zwischen dem Mantel und dem Kiemendarm liegt ein Hohlraum, das Atrium. Das Wasser strömt in den Kiemendarm über eine Öffnung, den Einströmsiphon, ein und tritt über ein kompliziertes Porensystem des Kiemendarms in das Atrium über. Es verlässt den Körper

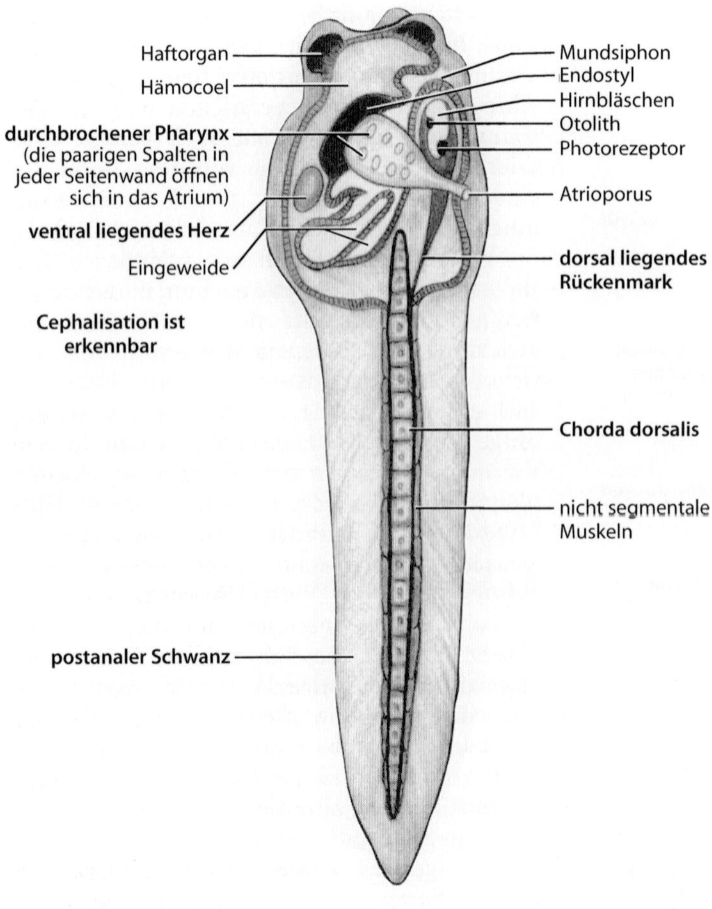


**Abb. 2.1.** Schematischer larvaler Urochordat, gezeichnet nach einem 1 mm langen gefärbten Präparat, um die innere Struktur zu illustrieren. Merkmale des Phylums Chordata sind *fett gedruckt*, Merkmale des Subphylums sind *normal gedruckt*

durch einen zweiten Siphon, den Ausströmsiphon. Die Larven nehmen keine Nahrung auf; die Adulten sind Filtrierer. Futterpartikel bleiben in dem klebrigen Schleim haften, der vom Endostyl gebildet wird. Über Flimmerreifen wird der Schleim mit den Futterpartikeln nach dorsal in Richtung Ösophagus transportiert. Nur die freischwimmende Larve hat ein Coelom, ein hohles Neuralrohr und eine Chorda dorsalis (Abb. 2.1). Die Urochordaten (v.a. die Ascidiacea) werden also nur auf Grund der Anatomie ihrer Larven zu den Chordata gestellt. Die Chorda dorsalis ist sehr prominent, ist aber auf den Schwanz beschränkt (Urochordata = Schwanz + Chorda), wo sie von Muskelzellen umgeben ist.

Der Unterstamm **Cephalochordata** (= Acrania) (Beispiel *Branchiostoma*) besitzt nur zwei rezente Ordnungen, ist aber durch gute Fossilien seit 530 Mio. Jahren belegt. Die rezenten Formen kommen überall auf der Welt vor, vor allem aber in Küstengewässern mit warmem, seichtem Wasser. Sie verbringen die meiste Zeit fast vertikal eingegraben in grobem Sand, wobei nur das anteriore Ende herausragt. Sie können aber gut vorwärts und rückwärts schwimmen. Der lanzettförmige Körper ist 50–75 mm lang. Die Tiere haben eine kontinuierliche Rücken- und Schwanzflosse und paarige laterale Körperfalten (Abb. 2.2, auch Abb. 15.6). Die persistierende Chorda dorsalis dehnt sich anterior über das Rückenmark hinaus aus. Andere Skelettelemente stützen die Flossen, den Kiemendarm und die Mundstrukturen. Am Boden des Rückenmarks liegen lichtsensitive Zellen. Durch genetische

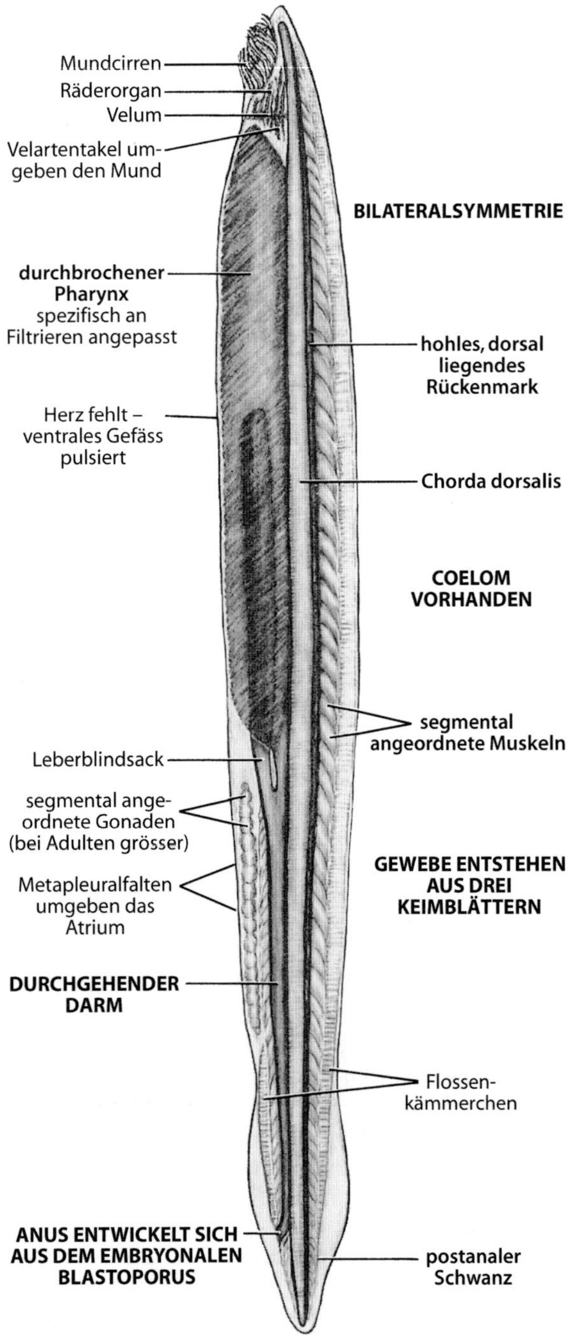


**Abb. 2.2.** *Branchiostoma*, gezeichnet nach einem 37 mm langen, geklarten Exemplar, um die innere Struktur zu zeigen. Merkmale der Deuterostomier sind durch *fett gedruckte* Großbuchstaben gezeigt, die des Phylums Chordata sind *fett* und die des Subphylums Cephalochordata sind *normal gedruckt*

und mikroanatomische Untersuchungen wurden Ansätze bestimmter Hirnabschnitte identifiziert. Allerdings hat *Branchiostoma* kein typisch ausgebildetes Gehirn und, verglichen mit den Vertebraten, hat *Branchiostoma* auch keinen differenzierten Kopf, wenn man von dem Mund und Kiemendarm absieht (Acrania = Schädellose). Ähnlich wie die Urochordata sind die Cephalochordata Filtrierer mit einem komplexen Kiemendarm, der von einem Atrium umgeben ist. Allerdings unterscheidet sich die Struktur und Entwicklung des Kiemendarms von dem der Urochordaten. Das Wasser strömt über den Mund ein und gelangt über etwa 150 schlitzförmige schräge Kiemenspalten in das Atrium. Die Cilien auf den Kiemenbalken bewegen einen Schleimfilm, der wiederum vom Endostyl gebildet wird, in den geraden Verdauungskanal. Im Gegensatz zu einer echten Leber ist der Leberblindsack hohl. Das Blutgefäßsystem weist kein Herz auf, ist aber ansonsten dem der Vertebraten sehr ähnlich. Cephalochordata haben eine einzigartige und bemerkenswerte Asymmetrie verschiedener Organe, die durch ungewöhnliche Entwicklungsprozesse entsteht: Die segmentalen Muskeln, die Kiemenspalten, die Gonaden und die Spinalnerven alternieren auf den beiden Körperseiten, anstatt wie bei Vertebraten in aufeinanderfolgenden Paaren angeordnet zu sein. Die rätselhaften Exkretionsorgane von *Branchiostoma* werden auf Seite 312 beschrieben. In Abb. 2.2 sollen Normal- und Fettdruck helfen, generelle Chordatenmerkmale von speziellen Merkmalen, die nur bei *Branchiostoma* auftreten, zu unterscheiden. Letztere deuten auf eine lange, unabhängige Evolution hin.

Durch welche Merkmale unterscheiden sich die *Vertebraten* von allen anderen Tieren? Vertebraten sind insofern einzigartig, als sie einen echten Kopf besitzen. Die Entwicklung dieses Kopfes steht in Verbindung mit der Evolution der embryonalen Neuralleiste, die in späteren Kapiteln beschrieben wird. Nur Vertebraten haben ein echtes Gehirn, das in mehrere Abschnitte unterteilt ist und das die Verhaltensantworten des Körpers kontrolliert und koordiniert. Vertebraten haben mit dem Cranium eine Skelettstruktur, die das Gehirn stützt und schützt. Augen, Ohren und Riechorgane sind vorhanden.

Viele andere Tiere haben auch Licht- und Chemorezeptoren, aber die Hauptsinnesorgane der Vertebraten sind nicht von jenen abzuleiten und ähneln ihnen selten in ihrer Struktur. Die Konzentration von Gehirn, Cranium und Sinnesorganen am Kopf verleiht den Vertebraten ein Ausmaß an Cephalisation, das ansonsten nur bei einigen Arthropoden erreicht wird.

Haben denn alle Vertebraten Wirbel? Für die meisten trifft dies zu, manche haben allerdings nur wenige, unvollständig geformte Wirbel, und es ist zweifelhaft, ob die frühesten Vertebraten überhaupt Wirbel hatten. Der Name Vertebrata (Wirbeltiere) wurde geprägt, bevor dies bekannt war. Viele Tiere haben akzessorische Verdauungsdrüsen, einige dieser Drüsen werden Leber genannt. Die solide Leber der Vertebraten ist aber nicht homolog und auch nur zum Teil analog zu diesen Drüsenorganen. Die mit der Leber in Verbindung stehende Gallenblase sowie Pankreas und Milz sind ebenfalls einzigartig für die Vertebraten. Vertebraten haben ein gekammertes Herz. Die Gonaden sind nicht segmental angeordnet, die Nieren sind mesodermalen Ursprungs. Weitere Merkmale der Vertebraten sind die mehrschichtige Epidermis, die mit Endothel ausgekleideten Blutgefäße, Neuralleisten und das Immunsystem.

Vertebraten ähneln anderen Chordaten und den Hemichordaten in dem Vorhandensein eines durchbrochenen Pharynx, also eines Kiemendarms. Die relativ einfache Struktur, die Muskulatur und die hauptsächlich respiratorische Funktion dieses Organs sind charakteristisch für Vertebraten. Die Komplexität des Muskelsystems und die damit verbundene Fortbewegungsaktivität sind ebenfalls typisch für die Vertebraten. Nicht alle Vertebraten haben paarige Gliedmaßen, einige Nichtvertebraten dagegen haben sie. Dennoch sind paarige Gliedmaßen typisch für Vertebraten. Obwohl Vertebraten Elritzen, Zebrafische, Kolibris und Spitzmäuse beinhalten, sind sie als Gruppe relativ große Tiere.

Dieses Kapitel begann mit einer kurzen Definition der Vertebraten – „jedes Tier mit einem Cranium ist ein Vertebrat“ – und dehnte diesen Gedanken dann auf mehrere Seiten aus. Für den Studierenden mag es hilfreich sein, eine Definition in einem Absatz selbst zu formulieren.

## 2.3 Der Ursprung der Vertebraten

Die Abstammung der Vertebraten ist keinesfalls selbsterklärend. Über die Jahrzehnte wurde ihre Abstammung von Arthropoden, Anneliden und Mollusken postuliert. Die vergleichende Embryologie hat Garstang (1894) zu der heute gängigen Meinung bewogen, dass der Vorfahr der Vertebraten eng verwandt mit einer der Deuterostomier-Gruppen war, die oben beschrieben wurden. Eine für ihre Komplexität und für ihr Detail bemerkenswerte Theorie postuliert, dass die engsten Ahnen nicht Hemichordaten oder Urochordaten, sondern die paläozoischen Echinodermen **Calcichordata** waren. Allerdings sind heute die meisten Zoologen der Meinung, dass die Vertebraten innerhalb des Stammes der Chordaten mehr mit den Cephalochordaten als mit den Urochordaten verwandt sind und dass unter den verwandten Stämmen die Hemichordaten den Vertebraten näher sind als die Echinodermen.

Keiner der rezenten Echinodermen kommt als Chordaten-Vorfahr in Frage. Die Radiärsymmetrie, das Wassergefäßsystem, der Nervenring, das modifizierte Coelom und andere Merkmale schließen dies aus. Nur die spezialisierte bilateral symmetrische Larve ähnelt der Larve der einfachen Chordaten. Auch kein bekannter Hemichordat kommt als Chordatenahn in Frage. Obwohl Hemichordaten wahrscheinlich enger mit den Chordaten verwandt sind als die Echinodermen, hätte die Struktur ihres Blutgefäßsystems, die Eichel und der Kragen kaum in den Bauplan eines Vertebraten umgewandelt werden können. Auch die adulten Urochordaten sind viel zu spezialisiert, als dass sie den gesuchten Ahnen der Vertebraten einschließen könnten. Man erinnere sich an den Verlust der Chorda dorsalis, des Neuralrohrs und des Coeloms sowie an das Vorhandensein von Chordaten-untypischen Merkmalen wie Tunica, Atrium und Siphon. Das Lanzettfischchen *Branchiostoma* ist auf den ersten Blick ein möglicher Vorfahr. Was aber machen wir mit der Asymmetrie, dem Atrium und dem ungewöhnlichen Nervenmuster?

Echinodermen, Hemichordaten und Chordaten müssen sich vor mindestens 600 Mio. Jahren

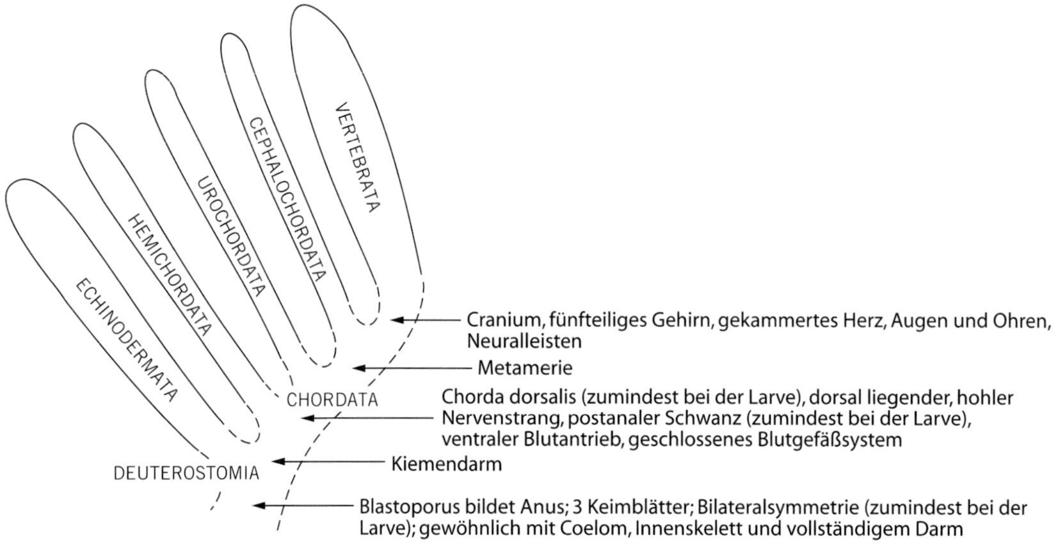


**Abb. 2.3.** Vorläufige Verwandtschaftsbeziehungen des Subphylums Chordata mit seinen nächsten Verwandten unter den Nicht-Chordaten

im frühen Kambrium von einer gemeinsamen Stammeslinie abgespalten haben. Seit dieser Zeit hat sich jede Gruppe selbständig entwickelt, hat manche gemeinsamen Merkmale beibehalten, aber andere abgeändert bzw. verloren und neue Strukturen als Antwort auf unterschiedlichen Selektionsdruck entwickelt. Ganz ähnlich müssen sich auch die Unterstämme der Chordaten relativ früh nach dieser Abspaltung voneinander abgetrennt haben. Diese möglichen Verwandtschaftsbeziehungen sind in Abb. 2.3 zusammengefasst.

Wie man aus dem Nahrungsapparat bekannter Fossilien schließen kann, waren die frühesten Vertebraten wahrscheinlich keine Filtrierer mehr wie ihre Vorfahren, sondern bewegliche Räuber mit relativ komplexen Köpfen. Fossilien aus dem unteren Kambrium aus China scheinen solche frühen Stadien der Entwicklungsgeschichte der Vertebraten zu repräsentieren.

Embryonale und larvale Strukturen sind bei jeder Diskussion über die Abstammung der Vertebraten besonders wichtig. Furchungsmuster, das Schicksal des Blastoporus sowie der Ursprung des Mesoderms und des Coeloms verbinden die Deuterostomier miteinander. Hemichordaten werden mit den Echinodermen hauptsächlich durch die Ähnlichkeit ihrer Larven, der Tornarialarven, in Zusammenhang gebracht. Nur larvale Urochordaten ähneln anderen Chordaten, und Cephalochordaten können nicht mit adulten Vertebraten, sondern mit Embryonen und mit *Ammocoetes*, der Larve des Aal-ähnlichen Neunauges, verglichen werden.

Es scheint, dass manche Gruppen aus den Larven, nicht aber aus den Adulten der vorgehenden Gruppe evolviert sind. Die sexuelle Entwicklung ist beschleunigt, die Entwicklung anderer Organsysteme ist verlangsamt, so dass das nicht-reproduktive Larvalstadium des Vorfahren zum sich fortpflanzenden Adultstadium des Nachkommen wird. Ein Beispiel dafür ist *Necturus*, der Furchenmolch, der in manchen Studienkursen seziert wird. Diese Verhältnisse werden in Kapitel 5, wo *Necturus* auch dargestellt ist, näher diskutiert.

## 2.4 Klassifikation der Vertebraten

### 2.4.1 Das Ziel

Etwa 45 000 verschiedene rezente und etwa doppelt so viele ausgestorbene Vertebraten sind bisher beschrieben worden. Um diese Organismen zu studieren und über sie zu sprechen, ist es wichtig, sie nach Gleichartigkeit zu gruppieren und jeder Gruppe einen Namen zu geben. Deshalb etablieren Systematiker Hierarchien von Kategorien, die von wenigen großen, umfassenden Gruppen zu immer kleineren und spezifischeren Gruppen reichen. Alle Tiere, die in diesem Buch behandelt werden, gehören zur Kategorie **Vertebraten**, aber nur diejenigen unter ihnen, die Milchdrüsen und Haare haben, fallen in die engere Kategorie der **Mammalia.** Die Untergruppe der Mammalia oder Säugetiere, die daran angepasst ist, Fleisch zu fressen, nennt man **Carnivora.** Unter den Carnivoren sind die hundeartigen Mitglieder die **Caniden.** Schließlich beschreibt **Wolf** einen bestimmten Caniden.

Dieses Beispiel, das nur geläufige und fest etablierte Kategorien beinhaltet, ist gut verständlich. Dennoch entstehen unter Spezialisten oft Kontroversen über die Kriterien, die man für die Definition von Kategorien anwenden, und über die Namen, die man diesen Kategorien geben sollte. Die Wissenschaft der Klassifizierung hat während der letzten Jahrzehnte eine aufregende und ergebnisreiche Revolution durchlaufen. Die Vorgehensweise hat sich dabei stark geändert. Bei der Frage, wie man Tiere am besten klassifizieren sollte, kann es zu emotionalen Auseinandersetzungen kommen, die eine lebhafte Debatte und aktive Forschung widerspiegeln. Wir werden mit den älteren Vorgehensweisen der Klassifizierung beginnen, um so einen Ansatzpunkt zu liefern und um ihre Mängel anzudeuten, aber auch, um ihre Vorteile hervorzuheben, die bei neueren Vorgehensweisen nicht erreicht werden.

### 2.4.2 Die ersten 200 Jahre

Die wissenschaftliche Klassifizierung von Pflanzen und Tieren geht auf den schwedischen Naturforscher Linné zurück, der zwischen 1735 und 1768 das binominale System eingeführt hat, das allen lebenden Organismen einen Gattungs- und einen Artnamen verleiht. Der Artname wird nicht ohne den Gattungsnamen benutzt. Beide werden in Schrägschrift gedruckt. Der Wolf aus dem vorigen Beispiel ist also *Canis lupus.* Linné führte auch die Kategorien Phylum (Stamm), Klasse, Ordnung und Familie, gefolgt von Gattung und Spezies für immer spezifischere Gruppen ähnlicher Organismen ein (eine solche Gruppe nennt man Taxon, Plural: Taxa). Sein Ziel war es, das Erkennen zu fördern und Ordnung zu schaffen, aber nicht, Verwandtschaftsverhältnisse durch Abstammung aufzuzeigen. Zu Linnés Zeiten lag das Konzept der organischen Evolution noch in weiter Zukunft. Für Linné waren Arten weitgehend fest und nicht veränderbar.

Als Darwin 1859 *The origin of species* publiziert hatte und als man auf die Prinzipien der organischen Evolution immer mehr aufmerksam wurde, weitete sich der Zweck der Klassifizierung darauf aus, das Verzweigungsmuster der evolutionären Geschichte widerzuspiegeln. Arten wurden jetzt als über die Zeitläufe hin veränderbar angesehen, lebende Arten waren jedoch ausreichend abgegrenzt, ausgestorbene Taxa wurden durch willkommene Lücken im Fossilfund abgetrennt.

### 2.4.3 Traditionelle Systematik

Die Prinzipien und Vorgehensweisen der Klassifikation während großer Teile des 20. Jahrhunderts waren das Produkt dieses Erbes und werden heute als traditionelle oder **evolutionäre Systematik** bezeichnet. Heutzutage betrachten Systematiker die traditionelle Vorgehensweise nicht mehr als ausreichend. Wir werden jedoch sehen, dass sie Vorteile hat, vor allem für das Lehren und für Diskussionen zwischen Nichtspezialisten. Wir wollen die traditionelle Systematik daher jetzt weiter charakterisieren.

Das binominale System und die ursprünglichen Stufen von Linné werden beibehalten. Aufgrund weiterer Fossilfunde und einer Zunahme von Gruppierungen verwandter Tiere sind die primären Stufen jedoch nicht mehr ausreichend für große und unterschiedliche Gruppen, wie z. B. Knochenfische und Säuger. Deshalb werden neue Stufen eingeführt, in der Regel, indem man eine Vorsilbe wie *sub* (unter), *infra* oder *inferior* (unter), *super* (über) vor die normalen Kategorien stellt. Von allen Ebenen der taxonomischen Hierarchie hat nur die Art eine objektive Definition. Eine **Art** ist, kurz gesagt, eine Gruppe von tatsächlich oder zumindest potentiell miteinander fortpflanzungsfähigen natürlichen Populationen, die in ihrer Fortpflanzung von anderen solchen Gruppen isoliert ist. Eine Gattung beinhaltet eine oder mehrere Linien von Arten, von denen man annimmt, dass sie nah miteinander verwandt sind. Entsprechend ist jedes höhere Taxon eine Zusammenfassung von Verwandten niedrigerer Taxa. Tiere innerhalb einer Art, Gattung oder Familie haben in der Regel eine gemeinsame Adaptation, wie z. B. die Fähigkeit zum Klettern, zum Fischfressen oder die Art und Weise des Schwimmens. Tiere innerhalb eines Taxons oberhalb der Stufe einer Familie teilen in der Regel basale strukturelle Gegebenheiten, wie z. B. vier Beine, Flügel, die Struktur der Kiemen oder Nagezähne.

Der traditionelle Systematiker muss erst die Charakteristika der Tiere, die er untersucht, identifizieren, die auf ursprüngliche Verwandtschaftsverhältnisse hinweisen könnten. Hinweise können von der vergleichenden Anatomie oder von Entwicklungsstadien rezenter Tiere kommen, aber das Vorgehen basiert stark auf der Paläontologie und der Untersuchung von Fossilien. Gäbe es einen kompletten fossilen Beleg, d. h. wären alle Vertebraten, die jemals gelebt haben, für eine Analyse zugänglich, dann könnten sie als Folge der genetischen Erbfolge in Linien eingeordnet werden, die nach und nach konvergieren, je weiter sie in die Vorzeit zurückgehen. Stattdessen steht dem Systematiker nur ein fragmentarischer Fundus an Belegen zur Verfügung, mit mehr oder weniger großen Lücken zwischen den einzelnen Belegen. Um eine Phylogenie oder eine evolutionäre Linie zu postulieren, ist es nötig, diese Lücken durch Extrapolation zu schließen, indem man als Hinweise strukturelle Ähnlichkeiten und Unterschiede zwischen dem vorhandenen Material nutzt. Wie in Kapitel 1 beschrieben, ist es grundsätzlich sehr wichtig (und manchmal sehr schwierig), Ähnlichkeiten, die durch Homologie (also Entstehungsgleichheit) von solchen, die durch Analogie (Funktionsgleichheit bei unterschiedlicher stammesgeschichtlicher Herkunft) entstehen, zu unterscheiden.

Betrachten wir folgendes Beispiel: Alle Säbelzahntiger waren Carnivoren mit stark vergrößerten oberen Canini (Fangzähnen) (siehe Abb. vor Kap. 30). Früher schien es offensichtlich, dass die verschiedenen Gattungen eng miteinander verwandt sein mussten. Später hat man aufgrund anderer Ähnlichkeiten und Unterschiede und aufgrund der Gebiete und Zeiten, in denen die Tiere lebten, geschlossen, dass solche Säbelzähne unabhängig voneinander mehrfach entstanden sind. Die meisten Spezialisten glauben inzwischen, dass Katzen am besten in 2 Familien klassifiziert werden (die gewöhnlichen Felidae und die ausgestorbenen Nimravidae). Beide Gruppen enthalten Tiere mit und ohne Säbelzähne. Alle Katzen können aufgrund der Morphologie der Knochen, die das Mittelohr beinhalten (Bulla tympanica), in die beiden evolutionären Kategorien eingeteilt werden. Säbelzahntragende Räuber traten noch in zwei weiteren Ordnungen auf, den Marsupialia (Beuteltiere) und den komplett ausgestorbenen Creodontia. Dies sind herausragende Beispiele für Konvergenz (siehe S. 20).

Um eine traditionelle Klassifizierung vorzunehmen, muss man verschiedene Eigenschaften begutachten und entscheiden, welche eine evolutionäre Verwandtschaft bezeugen und welche nicht, und auf welcher Stufe der Hierarchie dies geschieht. Es gibt keine formalen oder engen Richtlinien, denen man folgen könnte. Das Urteilsvermögen des Spezialisten ist dabei von großer Bedeutung. Originalstudien, die traditionelle Klassifizierungen beschreiben, beinhalten in Erzählform die Beweggründe und die Erklärung für die getroffenen Entscheidungen. Dabei kann ein Experte die Rückschlüsse eines anderen zwar in Frage stellen, aber nicht testen.

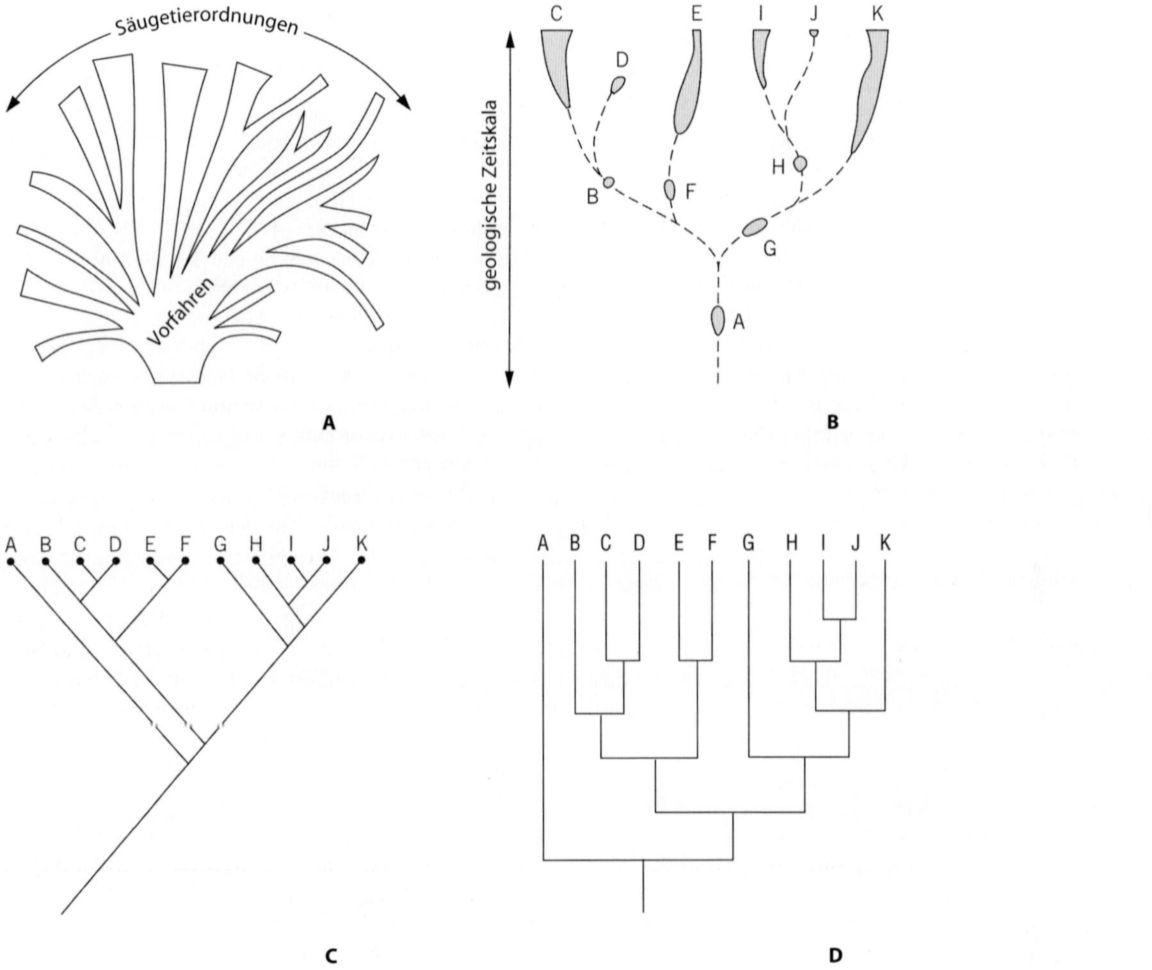


**Abb. 2.4 A–D.** Verschiedene Wege, Phylogenien aufzuzeigen. **A** Familienbaum für die Ordnungen der Säugetiere (Namen weggelassen) aus „The vertebrate body" von dem berühmten Paläontologen A. S. Romer, dem führenden Lehrbuch der 1950er und 1960er Jahre. **B** Evolutionsbaum, wie er für die traditionelle Klassifizierung typisch ist. **C, D** Alternative konventionelle Kladogramme für die gleichen Taxa, die in **B** gezeigt sind

Einmal festgelegt, wird eine traditionelle Klassifizierung als Diagramm in einem **Evolutionsbaum** oder **Stammbaum** repräsentiert. Ursprünglich sahen solche Diagramme oft wie dicke Büsche oder wie explodierende Sonnen aus (Abb. 2.4 A). Heutzutage werden unter dem Einfluss der unten beschriebenen neueren Methode solche Stammbäume auf 2 oder höchstens auf wenige Zweige bei jeder Verzweigung reduziert (Abb. 2.4 B). Der Stammbaum ist in der Regel gegen die geologische Zeitskala aufgetragen. Traditionelle Klassifizierungen werden auch in Tabellenform präsentiert (Abb. 2.5 links und Seiten am Ende des Buches).

Traditionelle Klassifizierung hat Vorteile. Sie ist relativ stabil und sie nutzt relativ wenige und geläufige Bezeichnungen für Taxa und für ihre Stufen. Sie ist für Laien und für Studenten leicht verständlich, weil sie ihr Wissen innerhalb eines bekannten Paradigmas erweitert.

- Subphylum Vertebrata (Vertebraten)
  - Klasse Agnatha (kieferlose)
    - Subklasse Myxinoidea (Schleimaale)
    - Subklasse Cephalaspidomorpha (Cephalaspida)
      - Ordnung Petromyzontia (Neunaugen)
  - Klasse Chondrichthyes (Knorpelfische)
    - Subklasse Elasmobranchii (Haie und Rochen)
    - Subklasse Holocephali (Chimaeren)
  - Klasse Osteichthyes (Knochenfische)
    - Subklasse Actinopterygii (Strahlenflosser)
      - Infraklasse Chondrostei (Störe und Löffelstöre)
      - Infraklasse Neopterygii (Hornhechte, Schlammfische, Knochenfische)
    - Subklasse Sarcopterygii (Fleischflosser)
      - Infraklasse Actinistia (Quastenflosser)
      - Infraklasse Dipnoi (Lungenfische)
  - Klasse Amphibia (Amphibien)
    - Subklasse Lissamphibia
      - Ordnung Apoda (beinlose Amphibien)
      - Ordnung Anura (Frösche und Kröten)
      - Ordnung Urodela (Salamander)
  - Klasse Reptilia (Reptilien)
    - Subklasse Testudinata (Schildkröten)
    - Subklasse Diapsida (Diapsida)
      - Infraklasse Lepidosauria (Brückenechse, Eidechsen, Schlangen)
      - Infraklasse Archosauria (Archosaurier)
        - Ordnung Crocodylia (Krokodile)
  - Klasse Aves (Vögel)
  - Klasse Mammalia (Säugetiere)

- Craniota (Schädeltragende)
  - Hyperotreti (Schleimaale)
  - Vertebrata (Vertebraten)
    - Hyperorartia (Neunaugen)
    - Gnathostomata (Kiefertragende)
      - Chondrichthyes (Knorpelfische)
        - Elasmobranchii (Haie und Rochen)
        - Holocephali (Chimaeren)
      - Osteichthyes (Knochenfische und Tetrapoden)
        - Actinopterygii (Strahlenflosser)
          - Chondrostei (Störe und Löffelstöre)
          - Neopterygii (Hornhechte, Schlammfische, Knochenfische)
        - Sarcopterygii (Fleischflosser und Tetrapoden)
          - Actinistia (Quastenflosser)
          - unbenanntes Taxon
            - Dipnoi (Lungenfische)
            - Tetrapoda (vierbeinige Vertebraten)
              - Amphibia (Amphibien)
                - Apoda (beinlose Amphibien)
                - Batrachia (Salamander und Frösche)
              - Amniota (Amnioten)
                - Mammalia (Säugetiere)
                - Reptilia (Reptilien)
                  - Testudinata (Schildkröten)
                  - Diapsida (Diapsida)
                    - Lepidosauria (Brückenechse, Eidechsen, Schlangen)
                    - Archosauria (Archosaurier)
                      - Crocodylia (Krokodile)
                      - Aves (Vögel)

**Abb. 2.5.** Klassifizierung lebender Vertebraten nach der traditionellen (*links*) und der phylogenetischen (*rechts*) Vorgehensweise

### 2.4.4 Kladistische oder phylogenetische Systematik

Die Unzufriedenheit mit der traditionellen Systematik entspringt ihrer mangelnden Exaktheit und der Schwierigkeit, Verwandtschaftsverhältnisse zu postulieren, wenn der fossile Beleg fehlt oder mehrere Nachkommensgruppen mehr oder weniger vage auf einen einzelnen Vorfahren zu konvergieren scheinen. Die kladistische Systematik versucht, diese Probleme zu lösen. Die Methode wurde 1950 von dem deutschen Entomologen Willi Hennig vorgeschlagen, erreichte aber erst Einfluss, als sie 1966 ins Englische übersetzt wurde. Heutzutage ist sie praktisch die einzige Methode, die von Spezialisten und ihren Studenten benutzt wird. Das binominale System für die Artbenennung ist beibehalten, Gruppen unterschiedlicher Umgrenzung werden aufgrund der von Spezialisten identifizierten Merkmale in Hierarchien angeordnet. Die Kriterien und Vorgehensweisen sind jedoch unterschiedlich. Um den wichtigsten Unterschied zu erklären, müssen zwei neue Begriffe eingeführt werden.

Eine Abstammungslinie, die aus einem Vorfahren und allen seinen Nachkommen besteht, ist **monophyletisch**, d.h. Knorpelfische (Haie und ihre Verwandten) haben einen gemeinsamen Vorfahren und keine Nachfahren, die nicht Knorpelfische sind. Eine Gruppe, die aus einem Vorfahr und einigen, aber nicht allen seiner Nachkommen besteht, nennt man **paraphyletisch.** So hat eine von mehreren ursprünglichen Gruppen von Reptilien verschiedene spätere Reptilien inklusive der Krokodile, außerdem aber auch die Vögel hervorgebracht (Archosaurier). In Abb. 4.2 B sind die Gruppen I-J, H-I-J und G-H-I-J-K alle monophyletisch. Die Gruppe G-H-I ist dagegen paraphyletisch, weil die Abkömmlinge J und K nicht eingeschlossen sind. Traditionelle Systematiker ziehen monophyletische Gruppierungen vor, akzeptieren aber einige paraphyletische Stammeslinien. Vögel werden als eine natürliche Gruppe und nicht als Reptilien betrachtet. Dagegen ist es ein Hauptcharakteristikum der kladistischen Systematik, dass nur monophyletische Stammeslinien (auch Äste, griech. kladoi, genannt) akzeptiert werden. Paraphyletische Gruppen werden nicht als Stammeslinien anerkannt und sollten daher auch nicht als Taxa bezeichnet werden. Vögel werden also nicht als eine Klasse der Vertebraten, die von bestimmten Reptilien abstammt, gesehen. Vögel sind Reptilien, die einen geringeren Rang haben als eine Klasse.

Ein anderer Grundsatz der Kladistik bezieht sich auf die Art der morphologischen Merkmale, die für die Anerkennung von Stammeslinien bevorzugt werden. Hier müssen wir einige zusätzliche Kategorien und Begriffe einführen. Das Vorhandensein oder das Fehlen eines bestimmten strukturellen Elements wird als **Merkmal** bezeichnet, die Ausprägung eines Merkmals ist ein **Merkmalszustand.** Die Anwesenheit von Fangzähnen ist ein Merkmal der Säugetiere, das von Fischen und Reptilien nicht geteilt wird. Die Vergrößerung der oberen Fangzähne zu Säbeln ist ein Merkmalszustand bestimmter Säugetiere. Innerhalb einer bestimmten Stammeslinie werden Merkmale, die früh vorhanden waren, als generell oder ursprünglich oder, in der Sprache der Kladistik, als **plesiomorph** bezeichnet. Merkmalszustände, die in dieser Stammeslinie später entstanden sind, sind abgeleitet oder **apomorph.** Beachte, dass diese Termini sich auf eine spezifische Stelle im Stammbaum beziehen. Für die Säugetiere ist das Vorkommen von Fangzähnen ursprünglich, ihr Verlust bei Lagomorphen und Nagetieren ist abgeleitet. Unter den Tetrapoden sind die Fangzähne ein abgeleitetes Merkmal. Wenn ursprüngliche Merkmale in zwei oder mehreren Stammeslinien vorkommen, heißt dies **Symplesiomorphie.** Kommen abgeleitete Merkmale bei mehreren Stammeslinien vor, so spricht man von einer **Synapomorphie.** Die traditionelle Klassifizierung betont in der Regel gemeinsame **ursprüngliche** Merkmale, während die Kladistik vor allem gemeinsame **abgeleitete** Merkmale hervorhebt. Deshalb ist die Kladistik empfindlicher für Veränderung, für Fortschritt und für die Beziehungen zwischen Nachkommen.

Um herauszufinden, ob eine beobachtete Ähnlichkeit innerhalb einer bestimmten Gruppe ursprünglich oder abgeleitet, generell oder einzigartig ist, kann man unterschiedlich vorgehen. Für rezente Taxa kann DNA-Analyse benutzt werden und die vergleichende Embryologie kann sehr hilfreich sein (die anzuwendenden Prinzipien werden in Kap. 5.1 beschrieben). Außerdem wird die vergleichende Morphologie herangezogen. Die Merkmale ausgestorbener Mitglieder einer zu untersuchenden Gruppe werden ebenfalls sorgfältig untersucht, wenn es einen fossilen Beleg gibt. Die Logik der Kladistik benötigt allerdings keine Fossilien. Sie werden jedoch benutzt, wenn sie zugänglich sind, und eine kladistische Klassifizierung muss konsistent mit jeder Stammeslinie sein, die klar durch eine fossile Sequenz belegt ist. Schließlich – und das ist sehr wichtig – betreibt die Kladistik einen Außengruppenvergleich, um zu sehen, ob ein Merkmal, das innerhalb einer Stammeslinie beobachtet wird, sich auf eine weitere Gruppe ausdehnt, die zwar eng verwandt, aber eben nicht Teil dieser Gruppe ist. Dieses Vorgehen hilft dem Systematiker zu entscheiden, welche Merkmale der Stammeslinie oder des Astes zur Definition oder Identifikation dieses Astes benutzt werden kann.

Phylogenetische Systematiker glauben, dass jede Art durch dichotome Aufspaltung aus einer Ausgangsart (Stammart) hervorgeht. Die beiden durch Aufspaltung entstehenden Arten heißen **Schwesterarten** (Adelphotaxa). Schwestergruppen haben einen gemeinsamen Vorfahren, zusammen bilden sie ein monophyletisches Taxon

## Exkurs 2.1

### Das Problem der Benennung von Schwestergruppen

Wie in Abb. 2.5 zu sehen, benutzt die traditionelle tabellarische Klassifizierung Einzüge nach rechts, um die aufeinander folgenden Ebenen oder Rangstufen einer Hierarchie darzustellen. Vier solcher Einzüge werden benötigt, um heute lebende Vertebraten einzuordnen (Abb. 2.5 links).

Die phylogenetische Klassifikation benötigt einen Einzug für jede Ebene einer dichotomen Verzweigung, nämlich 11 (Abb. 2.5 rechts). Wenn man die Anordnung vergrößert, um ausgestorbene Stammeslinien einzuschließen, erhöht sich die Anzahl von Einzügen moderat für die traditionelle Klassifizierung und sehr stark für die phylogenetische Klassifizierung. Jedes Taxon muss benannt werden, bei jeder Art von Klassifizierung. Bei der traditionellen Klassifizierung hat auch jeder Rang, also jede Ebene des Einzugs einen Namen, z.B. Klasse, Unterklasse usw. Wie ist das bei der phylogenetischen Klassifizierung, bei der es so viele Ebenen gibt? Normalerweise werden Rangnamen einfach weggelassen, da sie nicht konsistent mit den Ordnungsprinzipien sind. Dieses Weglassen von Namen zusammen mit den multiplen Ebenen kann die Interpretation für den normalen Studenten erschweren. Wenn man eine traditionelle Klassifizierung überfliegt, findet man schnell Taxa mit ebenbürtigem Rang, z.B. Knochenfische, Amphibien, Säuger, und nimmt an, dass sie auch in etwa das gleiche Gewicht oder die gleiche Bedeutung haben. Tut man dasselbe mit einer phylogenetischen Klassifizierung, scheinen Säugetiere nicht nur den Knochenfischen und Amphibien, sondern auch einer Reihe niedrigerer Gruppen untergeordnet zu sein. Wenn man nur die Hauptgruppen betrachten möchte, kann es schwierig sein, sie herauszufinden. Die Kladistik benötigt immer noch viele Namen für ihre Stammeslinien. An vielen Verzweigungspunkten wird ein Name für eine kleinere Schwestergruppe, vielleicht eine Gattung oder Familie benötigt und, um die Monophylie beizubehalten, ein anderer Name für eine Schwestergruppe, die alles enthält, was nicht bereits in der Klassifizierung gezeigt wurde. Einige so genannte „Und-Alles-Andere"-Namen wurden bereits eingeführt: Gnathostomata (Kiefertragende Vertebraten), Choanata (Luftatmer), Tetrapoda und Amniota.

Einige phylogenetische Klassifizierungen benutzen häufig den Begriff „unbenanntes Taxon" (da Platzhalter eher benötigt werden als tatsächliche Namen). Oft werden lang etablierten Namen neue Bedeutungen zugemessen, was sehr verwirrend sein kann. So bezeichnet z.B. in Abb. 2.5 rechts der Name Knochenfische – Osteichthyes – die Knochenfische zuzüglich alles andere, was noch nachkommt. Gebräuchliche Namen können auch eher weniger als mehr Gruppen beinhalten, z.B. können die rezenten Amphibien und ein größerer Ast ausgestorbener Amphibien (Temnospondyli, s. Kap. 3) Amphibien genannt werden, während andere Hauptäste, die ausgestorben sind, wie z.B. die Antracosaurier, ausgeschlossen sind. Da die letzteren auch nicht unter den Reptilien, ihren Abkömmlingen, aufgeführt sind, werden sie keiner Klasse zugeordnet. Phylogenetische Klassifizierungen beinhalten oft Gattungen und Familien, die vorläufig in keine identifizierte höhere taxonomische Ebene fallen. Dies alles sind keine Probleme für Spezialisten und fortgeschrittene Studenten. Das Studium der Evolution wird dadurch gefördert. Anderen mag es aber schwer fallen, über phylogenetische Klassifizierungen zu sprechen und sie zu lernen.

(eine Gruppe wird oft als Außengruppe für die andere benutzt). Das Ziel ist es, eine Abfolge von ineinander geschachtelten Schwestergruppen zu finden, indem man zu immer umfassenderen Stufen der evolutionären Hierarchie fortschreitet. Das Verzweigungsmuster wird Kladogramm genannt. Jedes Kladogramm ist eine evolutionäre Hypothese. Gewöhnlich können die vorhandenen Daten durch mehrere Kladogramme beschrieben werden. Dabei wird dann meistens die einfachste Alternative vorgezogen, d.h. diejenige, die in Bezug auf die Anzahl der evolutionären

Schritte die direkteste ist oder die mit einer Kombination verschiedener Merkmalsentwicklungen konsistent ist (jegliche Klassifikation ist vorläufig und hängt von der Entdeckung neuer Fossilien oder anderer Hinweise ab).

Zwei konventionelle Möglichkeiten, ein Kladogramm darzustellen, sind in Abb. 2.4C und D gezeigt. Sie können, müssen aber in der Regel nicht gegen die biologische Zeitskala aufgetragen werden. Wichtig ist dabei, dass bei jedem Verzweigungspunkt eines Kladogramms mindestens eine Apomorphie aufgeführt ist, auf der der jeweilige Ast basiert (z.B. Abb. 2.3, 3.13, 4.10, 9.21 und 30.28). Daraus folgt, dass die Kladistik nicht nur Phylogenien darstellt, sondern die beste Methode ist, Phylogenien aufzuzeigen. Phylogenetische Klassifizierungen werden auch in Tabellenform repräsentiert (Abb. 2.5, rechts). Aufeinander folgende dichotome Verzweigungen der entsprechenden Kladogramme sind darin durch aufeinanderfolgende Einzüge gezeigt. Die Vorgehensweise für die Auswahl und die Beurteilung von Apomorphien sind präzise definiert. Zahlreiche Bücher beschreiben die Methoden (siehe Literaturverzeichnis). Außerdem stehen Computerprogramme zur Verfügung. Wir beschreiben einige Nachteile der Kladistik im Kommentar 2.1.

Die Klassifizierung, die wir in diesem Buch vornehmen (s. hinteren Umschlag sowie Kapitel 3 und 4), ist zum Teil ein Kompromiss, wird aber stark von den Prinzipien der Kladistik beeinflusst. Wir benutzen dichotome Verzweigungen in unserem Stammbaum (Frontseiten) und vermeiden verschiedene Gruppierungen, die früher oft benutzt wurden, bei denen man heute allerdings davon ausgeht, dass sie paraphyletisch sind. Trotzdem behalten wir die geläufigen Namen und ihre Bedeutung für die Klassen bei und geben außerdem eine Klassifizierung im traditionellen Stil (Kommentar 2.1 und hinterer Umschlag).

## Literatur

Alvarez W, Asaro F (1990) An extraterrestrial impact. Sci Am 263(4):78–84

Carroll RL (1997) Patterns and processes of vertebrate evolution. Cambridge Univ Press, New York. Kapitel 7 zum Einfluss des Klassifikationssystems auf die Konzepte der Evolutionsmuster

Courtillot VE (1990) A volcanic eruption. Sci Am 263(4): 85–92. Vulkanismus in Bezug auf Massenaussterben

Eldredge N, Cracraft J (1980) Phylogenetic patterns and the evolutionary process. Columbia Univ Press, New York

Endler JA (1986) Natural selection in the wild. Princeton Univ Press, Princeton/NJ

Harrison FW, Ruppert EE (eds) (1997) Microscopic anatomy of invertebrates. Vol 15: Hemichordata, Chaetognatha, and the invertebrate chordates. Wiley-Liss, New York

Hennig W (1950) Grundzüge der Theorie der phylogenetischen Systematik. Deutscher Zentralverlag, Berlin

Kitching IJ et al (1998) Cladistics: the theory and practice of parsimony analysis. 2nd edn. Oxford Univ Press, New York

Lauder GM et al (1995) Systematics and the study of organismal form and function. Bioscience 45:696–704. Hebt hervor, wie wichtig es ist, phylogenetische Prinzipien in Untersuchungen der vergleichenden Morphologie und Physiologie mit einzubeziehen

McKenna MC, Bell SK (1997) Classification of mammals above the species level. Columbia Univ Press, New York. Teil I ist eine erschöpfende Übersicht über die traditionelle und phylogenetische Klassifizierung der Säugetiere

Novacek MJ (1992) Mammalian phylogeny: shaking the tree. Nature 356:121–125. Übersichtsartikel über molekulare und morphologische Hinweise

Ridley M (1986) Evolution and classification: The reformation of cladism. Longman, New York

Schoch RM (1986) Phylogenetic reconstruction in paleontology. Van Nostrand Reinhold, New York

# 3 Fische

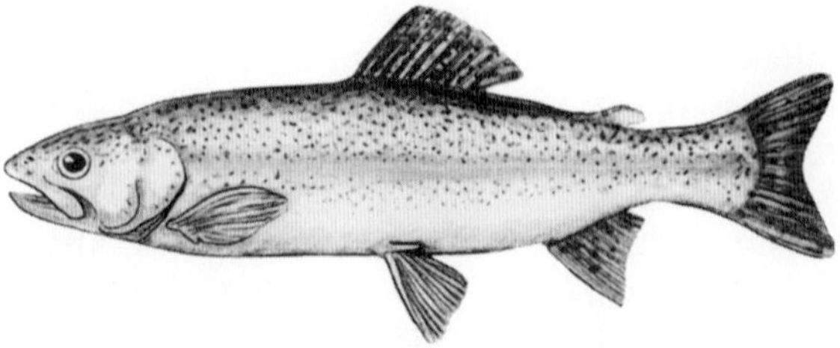

Für die Darstellung der Strukturmerkmale der Wirbeltiere ist es oft notwendig, sich auf die Hauptgruppen dieser Tiere zu beziehen. Die Klassifizierungen in den vorderen und hinteren Seiten des Buches geben die Gruppennamen wieder. Nun müssen wir diese Namen mit tatsächlichen Tieren verbinden. Deshalb geben wir zunächst eine kurze Einführung zu ihren offensichtlichen Merkmalen. In den Teilen II und III des Buches werden wir noch genauer auf die verschiedenen Taxa eingehen, aber zunächst sollen sich die Studierenden einen Repräsentanten jeder Gruppe vorstellen, sich einige Unterscheidungsmerkmale der Gruppen vor Augen führen und die Einordnung jeder Gruppe unter den anderen Wirbeltieren vornehmen können. Wenn in diesem und im folgenden Kapitel das Hauptaugenmerk auf ausgestorbenen und ungewöhnlichen Tieren zu liegen scheint, geschieht dies nicht, um ihnen eine besondere Bedeutung beizumessen, sondern weil man zu Tieren, die man bereits gut kennt, keine Einführung benötigt.

## 3.1 Klasse Agnatha (Kieferlose)

Alle Tiere, welche die allgemeinen Merkmale des Unterstammes Vertebrata, wie sie im Kapitel 2 dargestellt sind, aber keine Kiefer haben, gehören zu der Klasse der **Agnatha**. Diese Tiere sind den meisten Laien relativ unbekannt, weil sie mit Ausnahme der Neunaugen und Schleimaale vor mehr als 200 Mio. Jahren ausgestorben sind. Auch Neunaugen und Schleimaale werden von der Öffentlichkeit selten gesehen. Manchmal richten sie Schäden bei kommerziell wertvollen Fischen an, ansonsten sind sie unauffällig. Agnathen sind trotzdem faszinierende Geschöpfe. Der Morphologe sollte die Tiere dieser Klasse kennen lernen, weil sie die ersten bekannten Vertebraten sind, welche die Evolution hervorgebracht hat, und weil uns die Ammocoetes-Larve der Neunaugen den ursprünglichsten Bauplan eines lebenden Wirbeltieres zeigt.

Die Agnathen haben sich im Vergleich zu ihren Vorfahren unter den Protochordaten durch den Erwerb mehrerer wichtiger Merkmale weiterentwickelt. Mit gewissen Ausnahmen bei den frühesten Vertretern (s. unten) haben alle Agnatha ein Cranium, ein wirbeltiertypisches Gehirn und paarige Lichtsinnesorgane, die bei Schleimaalen allerdings reduziert sind. Die Tiere haben eine große persistierende Chorda dorsalis, die nur bei Neunaugen durch Knorpelstäbe versteift ist. Wirbel sind zumindest bei den meisten Vertretern vorhanden. Das innere Skelett der Agnatha ist weitgehend knorpelig, aber bei winzigen zahnähnlichen Strukturen einer ausgestorbenen Gruppe der Agnathen und bei den schweren Schuppen und Panzern der meisten anderen konnte eine Kombination aus Dentin, Schmelz und Knochen zum ersten Mal in der Stammesgeschichte nachgewiesen werden. Ausgestorbene Agnathen mit Knochenschuppen werden oft **Ostracodermata** genannt, was soviel wie Scherbenhäuter bedeutet.

Agnathen sind auch deshalb bemerkenswert, weil sie bestimmte Merkmale, die für höher entwickelte Vertebraten typisch sind, nicht aufweisen: Sie haben keine Kiefer, keine echten Zähne, keine Extremitätengürtel oder typischen Extremitäten. Bruststacheln, -falten oder -lappen sind oft ausgebildet; Bauchflossen wurden niemals gefunden. Die Kiemen rezenter Agnathen liegen in Kiemenbeuteln.

Alle ausgestorbenen Agnathen waren kleine fischähnliche Tiere. Die meisten lebten in Süßwasserbächen, die ersten bekannt gewordenen Fossilien stammen jedoch aus marinen Ablagerungen. Sie kamen in großer Anzahl und in vielen verschiedenen Formen vor. Agnathen sind wahrscheinlich nicht monophyletisch. Der Name Agnatha ist zweckmäßig, um ihren Ursprung und ihre Stellung innerhalb der Wirbeltiere schnell ansprechen zu können. Mehr als ein Dutzend verschiedener Ordnungen werden von manchen Spezialisten angesprochen. Wir behandeln diese Gruppe hier konservativ.

Spätere Kapitel werden sich bei der Behandlung der Evolution der Lunge, der Schwanzformen, einiger spezieller Sinnesorgane, Schuppen, Wirbel und Flossen noch auf die kieferlosen Wirbeltiere beziehen.

### 3.1.1 Cyclostomata und die Unterklasse Myxinoidea

Die einzigen rezenten Agnathen sind die **Neunaugen** und **Schleimaale** (Abb. 3.1). Diese aalähnlichen Tiere haben eine nackte schlüpfrige Haut. Sie teilen ursprüngliche Merkmale wie eine persistierende Chorda dorsalis und das Fehlen kompletter Wirbel, paariger Extremitäten und Kiefer. Die meisten Neunaugen leben ectoparasitisch an Knochenfischen, Schleimaale sind hauptsächlich Aasfresser. Ihr Mund und „Zunge“ sind daran angepasst, sich an ihrem Wirt festzuhalten und Fleisch abzuraspeln oder zu schneiden. Das Skelett ist knorpelig. Sinnesorgane, Körperform und die Verdauungsstrukturen sind ebenfalls an die Lebensweise angepasst. Da Schleimaale und Neunaugen diese Eigenschaften teilen und die einzigen Überlebenden ihrer Klasse sind, ist es zweckmäßig, sie als **Cyclostomata** (Rundmäuler) zusammenzufassen. Allerdings unterscheiden sich die beiden Gruppen so grundlegend in ihrem Skelett, den taschenförmigen Kiemen, den Sinnesorganen und einigen anderen Merkmalen, dass sie nur weit entfernt miteinander verwandt sein können. Bei der phylogenetischen Klassifizierung werden Schleimaale als Schwestergruppe aller folgenden Tiere betrachtet, die dann zusammen **Vertebrata** (Wirbeltiere) genannt werden. Die Unterklasse wird dann als **Craniota** (Schädeltragende) bezeichnet (nämlich Vertebrata + Schleimaale). Ohne die so angenommenen Verwandtschaftsverhältnisse in Frage zu stellen, bleiben wir vorübergehend bei der gebräuchlicheren Terminologie. Wir benutzen Vertebrata als den Unterstamm, Agnatha als eine Klasse und Myxinoidea (Schleimaale) als erste Unterklasse.

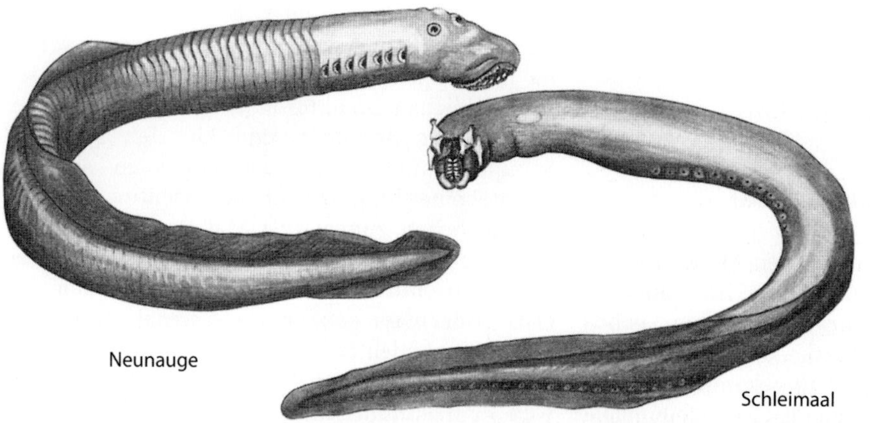


**Abb. 3.1.** Vertreter der Cyclostomata, welche die sich verjüngende Körperform und die raspelnden Mundpartien sowie das Fehlen von Kiefer, Schuppen und paarigen Extremitäten zeigen

Schleimaale sind ausschließlich marine Tiere. Sie leben eingegraben in weichem Sediment. Es gibt nur wenige Fossilien. Wahrscheinlich entwickelten sie sich im unteren Kambrium vor mindestens 550 Mio. Jahren.

### 3.1.2 Unterklasse Petromyzontia

Neunaugen haben keine engen Verwandten. Manche Experten stellen sie in die Nähe der Anaspida (s. unten) in die Unterklasse der Cephalaspidomorpha. Wir folgen Donoghue, Forey u. Aldridge (2000), welche die Neunaugen als ursprünglicher einstufen als andere Agnathen, mit Ausnahme der Schleimaale. Ihre Hauptmerkmale wurden oben bereits unter Cyclostomata genannt. Neunaugen werden oft in Studentenkursen zur vergleichenden Anatomie seziert. Neunaugen bieten eine gute Gelegenheit, die Weichteile der Klasse zu untersuchen, auch wenn man nicht sicher sein kann, wie repräsentativ sie für andere Vertreter der Klasse sein mögen. Wir behandeln die Neunaugen in diesem Buch, weil wir glauben, dass die Axialmuskulatur, das Blutgefäßsystem, die Abgabe der Gameten, die Struktur der Augen und andere Körperteile ursprünglich für die Wirbeltiere sind. Die Larve des Neunauges, Ammocoetes, hat mehr ursprüngliche Merkmale als das adulte Tier (vgl. Abb. 3.1 und 3.2). Das trifft vor allem auf Mundteile, Pharynx, Gonadenanlagen und einige Verdauungsorgane zu. Ammocoetes entwickelt sich durch Metamorphose zum adulten Neunauge.

### 3.1.3 Unterklasse Pteraspidomorpha

Diese vielfältige Gruppe der Agnathen erscheint im Fossilienbeleg vor mehr als 500 Mio. Jahren und damit 60 Mio. Jahre früher als alle anderen Gruppen der Vertebraten mit Ausnahme der Conodontia (s. Kommentar 3.1). Ihre Hauptvertreter, die **Pteraspida** (Ordnung **Heterostraci**) sind durch einen schweren Panzer, der den Kopf und den anterioren Teil des Körpers bedeckt, gekennzeichnet (Abb. 3.3). Die meisten haben ein Rostrum, das über den Mund hinausragt, und oft bizarre Dornen auf dem Panzer. Die Tiere

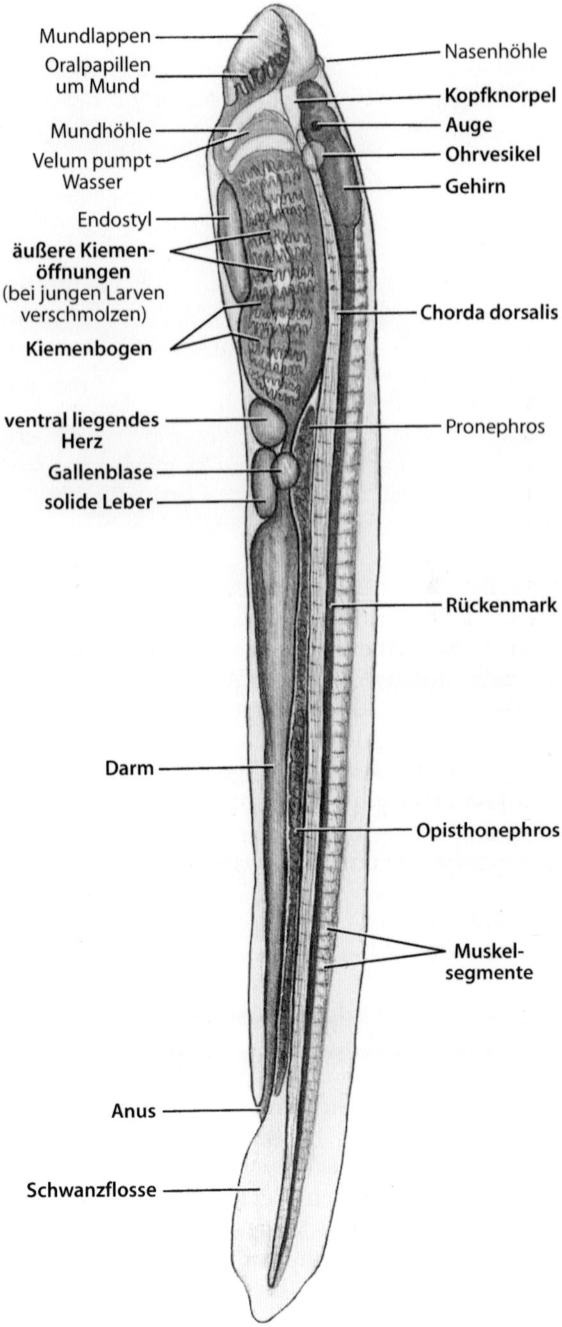


**Abb. 3.2.** *Ammocoetes*, die Larve des Neunauges, gezeichnet nach einem durchsichtigen 12 mm langen Exemplar, um die innere Struktur zu zeigen. Ursprüngliche und unspezialisierte Wirbeltiermerkmale sind *fett gedruckt*, andere Charakteristika sind *normal gedruckt*

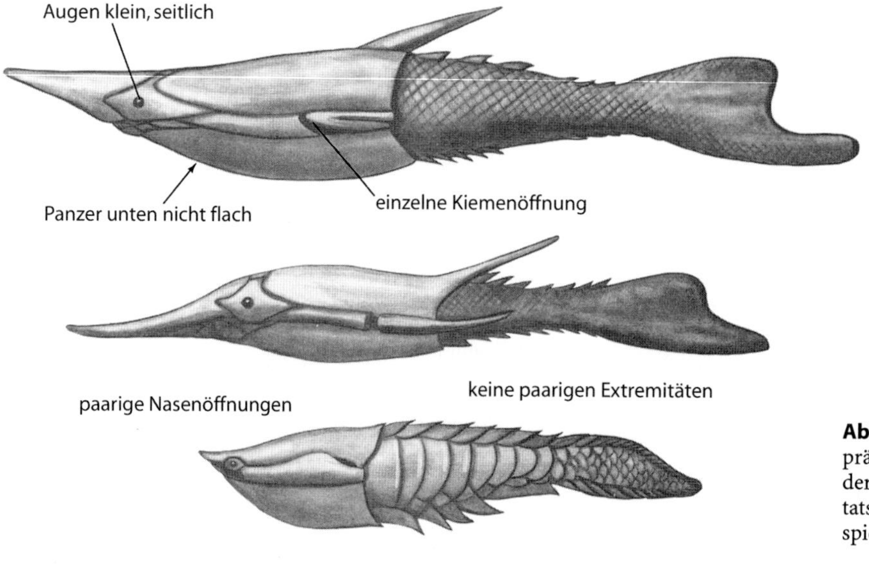


**Abb. 3.3.** Rekonstruktionen repräsentativer Pteraspidomorpha der Ordnung Heterostraci. Die tatsächliche Größe dieser Beispiele beträgt 6 bis 24 cm

haben keine paarigen Flossen, die Augen sind lateral angeordnet, und es treten, im Gegensatz zu den meisten anderen Agnathen, zwei Nasenöffnungen und eine gemeinsame Austrittsöffnung für alle Kiemenbeutel auf. Der Kopf ist nicht stark dorsoventral abgeflacht. Man nimmt an, dass Pteraspida langsame Schwimmer waren, aber keine Organismen, die sich am Boden ernährt haben. Die meisten waren marin.

### 3.1.4 Unterklasse Cephalaspidomorpha

**Cephalaspida** (Ordnung **Osteostraci**) sind verhältnismäßig gut bekannt für Tiere, die schon so lange ausgestorben sind. Dank der Verknöcherung des Endoskeletts sind bei manchen Gattungen die Muster der Nerven, der Blutgefäße und der Sinnesorgane des Kopfes in vielen Einzelheiten erhalten geblieben. Cephalaspida hatten dorsoventral abgeflachte Köpfe und dorsal liegende Augen. Diese Merkmale deuten darauf hin, dass sich diese seltsamen Geschöpfe langsam am Flussboden bewegt und Nahrung aus dem Sand oder Schlamm aufgenommen haben (Abb. 3.4). Cephalaspida sind unter den Agnatha aufgrund ihrer lappenähnlichen Brustanhänge einzigartig. Paarige laterale und median-dorsale, strukturierte Areale am Kopfpanzer sind wahrscheinlich Sinnesorgane. Der kleine Mund liegt ventral. Der obere Lappen der Schwanzflosse ist größer als der untere Lappen (epicerk).

Die Ordnung **Anaspida**, die ebenfalls seit langem ausgestorben ist, beinhaltet die einzigen kieferlosen Vertebraten, die einen stromlinienförmigen Körper hatten. Sie haben kleine plattenartige Schuppen und kein Kopfschild. Die Augen liegen lateral. Diese Merkmale deuten darauf hin, dass sie relativ aktive Schwimmer waren. Sie haben Brustdornen, hinter diesen Brustdornen liegen lange, dünne, paarige Flossen, die möglicherweise durch Undulieren ein genaues Manövrieren erlaubten. Ähnlich wie Cephalaspida und Petromyzontia haben sie viele einzelne Kiemenöffnungen. Im Gegensatz zu den Cephalaspida liegen diese Öffnungen aber lateral statt ventral.

### 3.1.5 Einige andere Agnathen

Fünf weitere Gruppen kieferloser Vertebraten werden normalerweise ähnlich eingestuft wie die, welche wir bisher beschrieben haben. Da wir aber in den folgenden Kapiteln auf diese Gruppen nicht mehr zurückkommen werden, gehen wir nicht weiter auf sie ein. Die **Arandaspida** und **Astraspida** sind bemerkenswert, weil sie

## Exkurs 3.1

### Conodontia und andere alte Vertebraten

Conodonten sind zahnähnliche Strukturen, in der Regel mehrere Millimeter lang, die als Fossilien über 300 Mio. Jahre lang nach ihrem ersten Auftreten im späten Kambrium sehr häufig auftreten. (Sie wurden mehr als 200 Gattungen zugeordnet.) Einige sind einfache Zapfen, andere sind komplex geformt. Ihre Konfigurationsänderungen über der Zeit sind so gut bekannt, dass sie von Geologen als Leitfossilien für die Altersbestimmungen von Gestein, in dem sie vorkommen, benutzt werden. Vor 1982 war allerdings nichts bekannt über die Tiere, die sog. Conodontier, die diese Strukturen besaßen. Von schwachen Abdrücken im Gestein wissen wir mittlerweile, dass die Tiere einen weichen Körper hatten, wurmartig und lateral zusammengedrückt waren und oft ungefähr 7 cm lang waren. Die zahnartigen Strukturen waren Teil des Nahrungsapparates, der im Kopf lokalisiert und offensichtlich, je nach Art und Position, an das Festhalten, Abbrechen oder Zusammendrücken von makroskopischer Beute angepasst war. Die Tiere hatten segmentale Körpermuskeln, große Augen mit äußeren (extrinsischen) Muskeln und eine Schwanzflosse mit radialen Flossenstrahlen. Wahrscheinlich hatten sie ein Gehirn, einen Kiemenapparat und eine Chorda dorsalis. Diese sind allerdings bisher nicht eindeutig identifiziert worden. Die komplizierte Histologie der zahnähnlichen Strukturen wird kontrovers diskutiert. Sie enthalten wahrscheinlich Dentin oder Dentin plus Schmelz, aber keinen Knochen. Diese Chordaten werden mittlerweile von den meisten Spezialisten als abgeleiteter angesehen als Schleimaale und Neunaugen (Donoghue, Forey u. Aldridge 2000). Im Jahr 1999 wurden verschiedene Gattungen anderer urtümlicher Chordaten aus dem unteren Kambrium aus China beschrieben. Zumindest zwei dieser urtümlichen Chordaten sind Vertebraten. Die Fossilien sind lediglich Abdrücke im feinen Sediment. Es gab kein hartes Gewebe. Dadurch wird die Interpretation mancher Merkmale unsicher. Einer oder beide der kleinen fusiformen Vertebraten scheinen eine Kopf- und eine Rumpfregion zu haben, eine knorpelige Schädelkapsel, eine Chorda dorsalis, fünf oder mehr Kiemen, segmentale Muskeln, ein Herz, eine Rückenflosse und wahrscheinlich paarige ventrolaterale Flossen. Gehirn und Augen wurden weder identifiziert noch ausgeschlossen.

Diese Belege früher Vertebraten zeigen das Alter des Unterstammes, liefern aber nicht genügend eindeutige Information, um ihren Ursprung erkennen zu lassen oder um die verschiedenen Verzweigungspunkte des Stammbaumes zu verbinden (Abb. 3.13). Mit Geduld und einigem Glück wird man weitere Fossilien finden, die dann hoffentlich das Bild vervollständigen werden.

Die hauptsächlichen Entwicklungslinien und Strukturmerkmale von ausgewählten Vertebratengruppen sind in Abb. 3.13 dargestellt.

mit Ausnahme der rätselhaften Conodontier die einzigen bekannten Vertebraten waren, die im Ordovicium gedeihen konnten. Sie hatten große Kopfschilde und nur eine Schwanzflosse. Die **Galeaspida** hatten massive einteilige Kopfschilde und, ähnlich wie die Osteostraci, azelluläre Knochen und eine gewisse Verknöcherung des Innenskeletts. **Pituriaspida** ist eine kaum bekannte Gruppe mit einem langen Rostrum am Kopfschild. **Thelodonti** schließlich hatten winzige haiähnliche Schuppen am ganzen Körper. Ihre phylogenetische Position ist fraglich.

## 3.2 Kiefertragende Fische

Der wichtigste evolutionäre Fortschritt, der allen anderen Fischen bzw. allen anderen Vertebraten gemein ist, war die Vergrößerung und Anpassung des ersten Kiemenbogens, der nun als Kiefer fungiert, anstatt die Kiemen zu stützen. Kieferlose Chordaten konnten nur Mikroorganismen aus dem Wasser filtern, im Schlamm wühlen oder Algen oder weiches Fleisch abraspeln oder

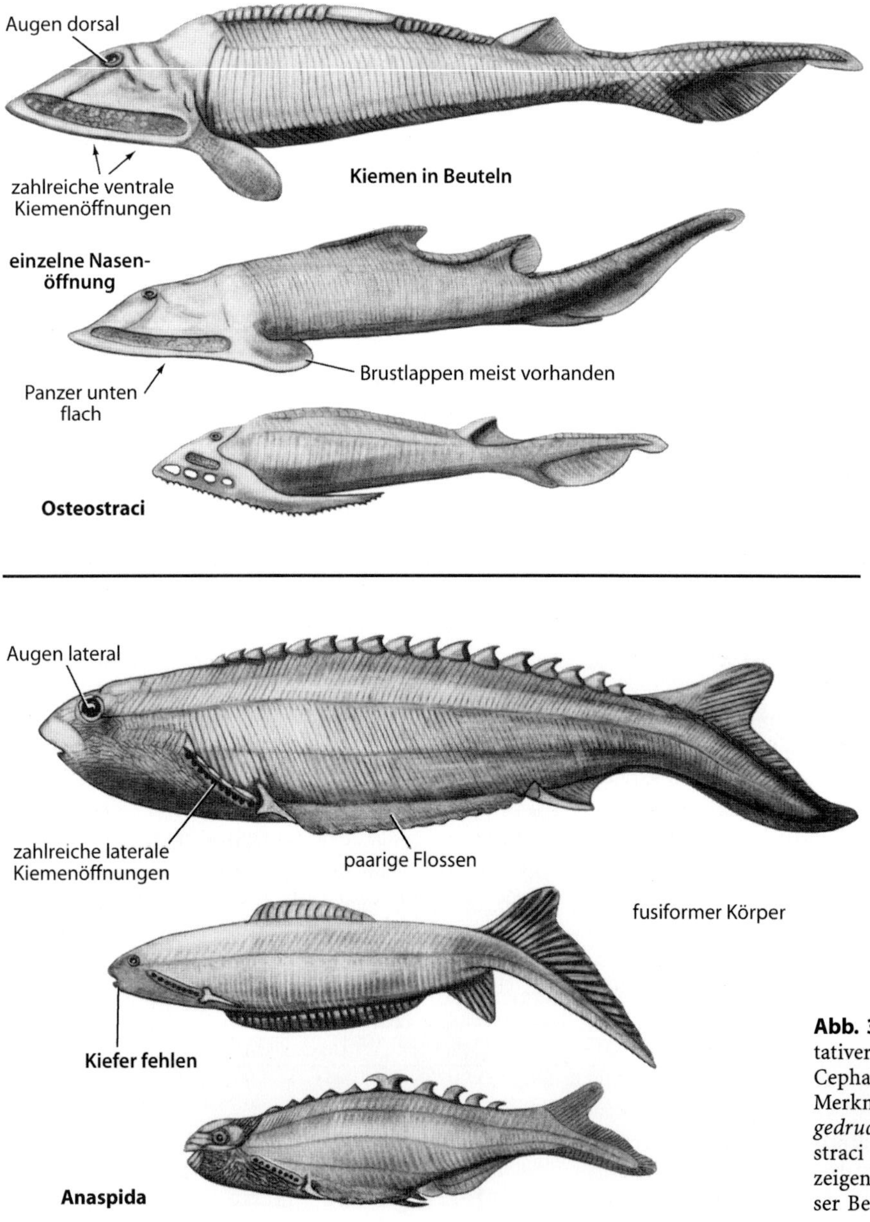


**Abb. 3.4.** Rekonstruktion repräsentativer Agnatha der Unterklasse Cephalaspidomorpha, die einige Merkmale der Unterklasse (*fett gedruckt*) und der Ordnung Osteostraci und Anaspida (*Normaldruck*) zeigen. Die tatsächliche Größe dieser Beispiele beträgt 10 bis 24 cm

schneiden. Die Entwicklung von Kiefern erlaubte den Fischen und ihren Nachkommen, größere und härtere Nahrungsquellen zu nutzen. Dadurch konnten sie sich eine Vielzahl neuer und vielgestaltiger Lebensweisen erschließen. Dieser Fortschritt ist so bahnbrechend, dass Fische und Tetrapoden zusammen **Gnathostomata** (Kiefertragende) genannt werden, um sie so den Agnatha (Kieferlose) gegenüberzustellen.

Eine zweite wichtige Neuentwicklung, die allen kiefertragenden Fischen gemein ist (aber z. T. sekundär aufgegeben wurde), ist der Besitz paariger Flossen. Obwohl einige Agnathen Flossenfalten (Anaspida) oder Lappen (Cephalaspida) hatten, haben erst die kiefertragenden Fische verschiedene Arten paariger Extremitäten ausgebildet und einige davon perfektioniert.

Die meisten Vertebraten - ob ausgestorben oder rezent - sind kiefertragende Fische. Die Vielfalt ihrer Lebensweisen, ihrer Formen und ihrer Struktur ist enorm. Für den Morphologen spielen sie wegen der Weiterentwicklungen und Spezialisierungen, die in fast jedem Organsystem gefunden werden, eine große Rolle. Man unterscheidet vier verschiedene Klassen.

### 3.2.1 Klasse Placodermi

Die meisten Placodermen hatten vor allem am vorderen Teil des Körpers entweder knöcherne Schuppen oder Panzer. Der Name **Placodermi** bedeutet Plattenhäuter. Der Kopf war mit dem Körper durch ein Gelenk im Panzer verbunden. Ähnlich wie die kieferlosen Vertebraten hatten auch diese Fische eine persistierende Chorda dorsalis. Das Innenskelett war zumindest zum Teil verknöchert. Die Kiemen lagen eher unterhalb als hinter der Schädelkapsel. Über 60 Mio. Jahre waren Placodermen zunächst in Flüssen, später aber auch in den Ozeanen der Welt verbreitet. Ihre maximale Verbreitung erreichten sie ungefähr zu der Zeit, als sich die Amphibien entwickelten. Vor ungefähr 350 Mio. Jahren, bevor Reptilien, Vögel und Säugetiere evolvierten, starben sie aus.

Diese längst ausgestorbenen Formen sind den meisten Biologen wenig bekannt. Nur wenige Laien haben von ihnen gehört. Dennoch darf der vergleichende Anatom die Placodermen nicht vollständig vernachlässigen. Sie gehören zu den ersten Fischen, die zwei der erfolgreichsten und für Vertebraten typischen Strukturen entwickelt haben, nämlich Kiefer und paarige Extremitäten. Auch hatten sie schon Vorderdarmdivertikel, aus denen später die Lungen entstehen sollten. Eigenschaften ihrer Schuppen und die Struktur der Kiemen werden in späteren Kapiteln behandelt.

Placodermen waren sehr vielgestaltig. Die evolutionären Verwandtschaftsverhältnisse innerhalb der Klasse und zwischen dieser Klasse und anderen sind nicht näher bestimmt. Es werden fünf bis neun Ordnungen anerkannt. Die beiden am besten bekannten Gruppen der Placodermen sind die **Arthrodira** und **Antiarchi**. Beide Gruppen waren weltweit verbreitet. Die Klasse der Placodermen, soweit sie bekannt ist, wird nicht als Ursprungsgruppe für andere Klassen angesehen. Sie scheint den Knorpelfischen näher zu stehen als den Knochenfischen.

Typische **Arthrodira** sind die spektakulärsten Vertreter der Placodermen, weil sie meist große, räuberische Kiefer mit sägeförmig gezackten Rändern aufweisen. Einige Arthrodira waren mit einer Körperlänge von 6–9 Metern die größten Vertebraten, die damals in den Flüssen und Ozeanen der Welt vorkamen (Abb. 3.5). Die meisten Arthrodira haben stumpfe Köpfe und lateral stehende Augen. Sie haben schwere Kopf- und Brustschilde, die gelenkig miteinander verbunden sind. Die Kiemen sind meistens unter dem Kopfschild verborgen.

Die **Antiarchi** sind aufgrund ihrer eigenartigen Brustanhänge die bizarrsten Placodermen. Diese langen Strukturen sind gelenkig mit dem Körper verbunden und mit Knochenplatten bedeckt. Man nimmt an, dass sie als Haltestrukturen gegen die Wasserströmungen in den Flüssen oder aber auch zur kriechenden Fortbewegung entlang von Flussbetten benutzt wurden. Eine bodenlebende Lebensweise wird außerdem durch die dorsale Lage der Augen und der Riechorgane, durch die konvexe dorsale Kontur und die flache ventrale Oberfläche des Körpers angedeutet. Der kleine Kopf und der große Thorax sind von schweren Knochenplatten bedeckt. Die Kiefer der Antiarchi sind klein und schwach. Die Körpergröße beträgt 15 bis 40 cm.

### 3.2.2 Klasse Chondrichthyes Knorpelfische

Diese Klasse beinhaltet die Haie und Rochen, die weniger bekannten, aber sehr eindrucksvollen Chimären und die ausgestorbenen Verwandten dieser Fische. Ähnlich wie die Arthrodira sind die Chondrichthyes vor allem marin und mittelgroß bis groß. Sie unterscheiden sich von Placodermen und auch von den meisten anderen Fischen dadurch, dass sie einen verkalkten Knorpel, aber wenig oder gar keinen Knochen

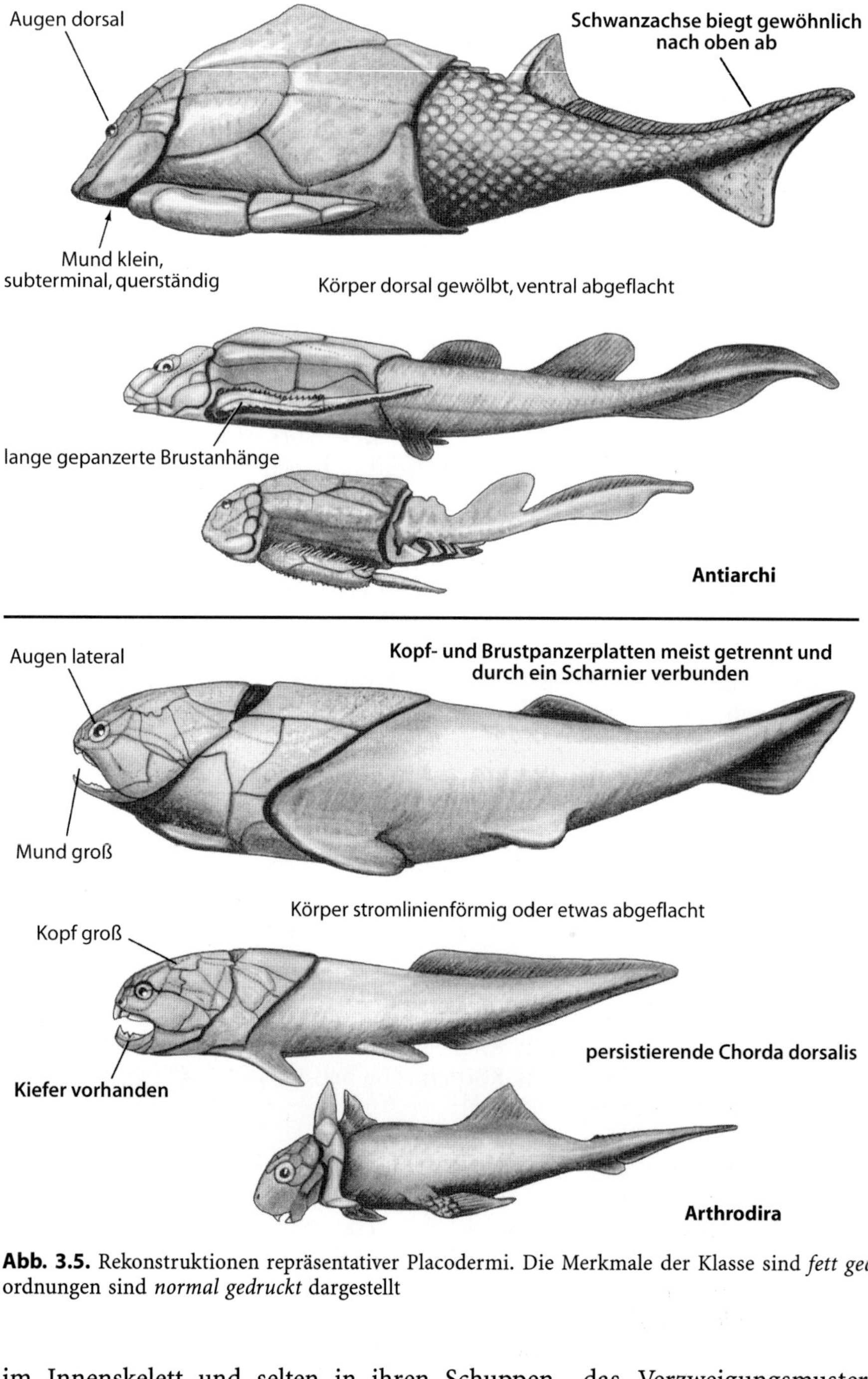


**Abb. 3.5.** Rekonstruktionen repräsentativer Placodermi. Die Merkmale der Klasse sind *fett gedruckt*, die der beiden Hauptordnungen sind *normal gedruckt* dargestellt

im Innenskelett und selten in ihren Schuppen aufweisen (Chondrichthyes = Knorpelfische). Knorpelfische sind außerdem durch ihren geschlossenen Hirnschädel, die Flossenstruktur, das Verzweigungsmuster der mit den Kiemen assoziierten Blutgefäße und durch nur kleine, zahnartige Schuppen (Placoidschuppen) oder das gänzliche Fehlen solcher Schuppen gekennzeichnet. Ihre Zähne sind im Gegensatz zu anderen Fischen in der Haut (Integument) verankert und treten nur an den Kieferrändern auf. Die meisten Knorpelfische haben eine Reihe äußerer Kiemenöffnungen. Eine Schwimmblase fehlt immer.

Knorpelfische treten als Fossilien ungefähr 30 Mio. Jahre später auf als Knochenfische und gelten nicht als Ursprungsgruppe für andere Vertebratenklassen. Dennoch haben Knorpelfische einige Eigenschaften ihrer Vorfahren beibehalten, die ursprünglicher oder unspezialisierter sind als die entsprechenden Merkmale bei Knochenfischen. Beispiele hierfür sind die Struktur des Herzens und des Gehirns und die Muskulatur des Pharynx.

### Unterklasse Cladoselachii

Von den mehreren größeren, ausgestorbenen Gruppen der Knorpelfische wollen wir hier nur die bekanntesten und ursprünglichsten anführen, die **Cladoselachii**. Sie waren vor allem im oberen Devon verbreitet, als die ersten Amphibien den Wechsel zum Landleben vollzogen. Diese großen, räuberischen, marinen Fische ähneln sehr den heutigen Haien. Allerdings ist der Mund fast endständig, die große Schwanzflosse ist nahezu symmetrisch (Abb. 3.6). Diese Unterklasse ist wahrscheinlich die Schwestergruppe anderer Knorpelfische.

### Unterklasse Elasmobranchii

Die Elasmobranchii haben, ähnlich wie die Cladoselachii, schlitzartige äußere Kiemenöffnungen. Wir besprechen hier nur eine von mehreren ausgestorbenen Gruppen.

**Pleuracanthodii**, die auch Xenacanthodii genannt werden, sind ungefähr einen Meter lange Süßwasserfische, die ungefähr zu der Zeit ausstarben, als sich die Säugetiere entwickelten. Ein Erkennungsmerkmal ist der große Dorn am Hinterrand des Kopfes. Die persistierende Chorda dorsalis bei dieser und auch der nächsten Ordnung wird von mehr oder weniger verkalkten Wirbelbögen umgeben. Die Pleuracanthodii werden in späteren Kapiteln wegen zweier weiterer charakteristischer Merkmale, die unter Fischen ungewöhnlich sind, nochmals auftauchen. Ihre paarigen Flossen haben eine gelenkig gegliederte zentrale Achse und die Achse des Schwanzes verläuft bis zum Ende gerade.

Die Haie und Rochen bilden die Ordnung **Selachii**. Alle rezenten Knorpelfische, die eine Reihe äußerer Kiemenöffnungen und kleine raue Schuppen (Placoidschuppen) haben, sind Selachier. Die erste ursprüngliche Kiemenöffnung ist zu einer rundlichen Öffnung, dem **Spiraculum** (Spritzloch) reduziert. Die Selachier sind mittelgroße bis große, meist marine Fische. Haie und Rochen, die gemeinhin in vier Unterordnungen eingeordnet werden, unterscheiden sich maßgeblich in ihrer Lebensweise. Viele Haie sind aktive Raubfische mit spindelförmiger (fusiformer) Körpergestalt und langen starken Schwänzen. Ihre paarigen Flossen haben eine beschränkte Basis, ihre Kiemenöffnungen sind lateral angeordnet. Die meisten Rochen dagegen verbringen viel Zeit am Meeresboden oder schwimmen langsam in Bodennähe, um nach Muscheln und anderen relativ inaktiven Nahrungsquellen zu suchen. Ihre Körper sind dorsoventral abgeflacht, die Brustflosse verbindet Kopf und Körper. Der ventral gelegene Mund kann kein Wasser aufnehmen, wenn der Fisch auf dem Sand oder Schlamm ruht, so dass die großen dorsal liegenden Spritzlöcher diese Funktion übernehmen.

### Unterklasse Holocephali

Die rezenten Mitglieder dieser Unterklasse werden Chimären genannt. Sie kommen nur im Ozean vor und sind den meisten Laien wenig bekannt. Sie werden in den folgenden Kapiteln nur selten erwähnt. Es sind die einzigen Knorpelfische mit einem fleischigen **Operculum**, das die Kiemen bedeckt (Abb. 3.7). Sie haben nur wenige oder keine Schuppen. Die Chorda dorsalis persistiert. Die Tiere haben kein Spiraculum. Die Männchen tragen auf dem Kopf ein einzigartiges keulenförmiges Haftorgan. Der große Kopf, die großen Augen, riesige Brustflossen, ein peitschenartiger Schwanz und intensive Farben verleihen den Chimären ein bizarres Erscheinungsbild. Wir werden später auf die Struktur ihrer Kiefer, der Mahlzähne und bestimmter Sinnesorgane näher eingehen.

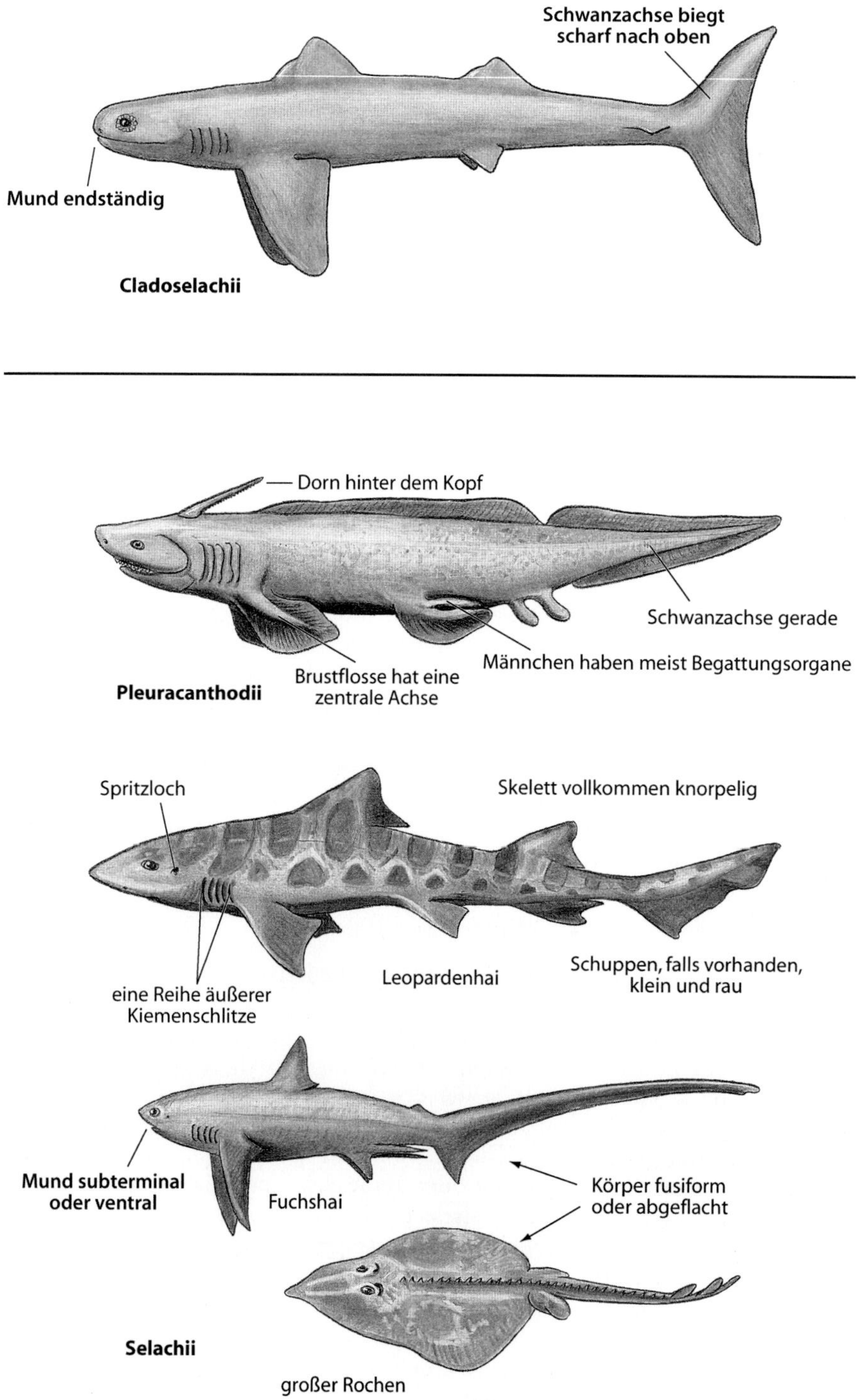


**Abb. 3.6.** Vertreter der Unterklasse Cladoselachii und der Unterklasse Elasmobranchii, welche die Merkmale der Unterklassen in *Fettdruck* und der Ordnungen in *Normaldruck* zeigen

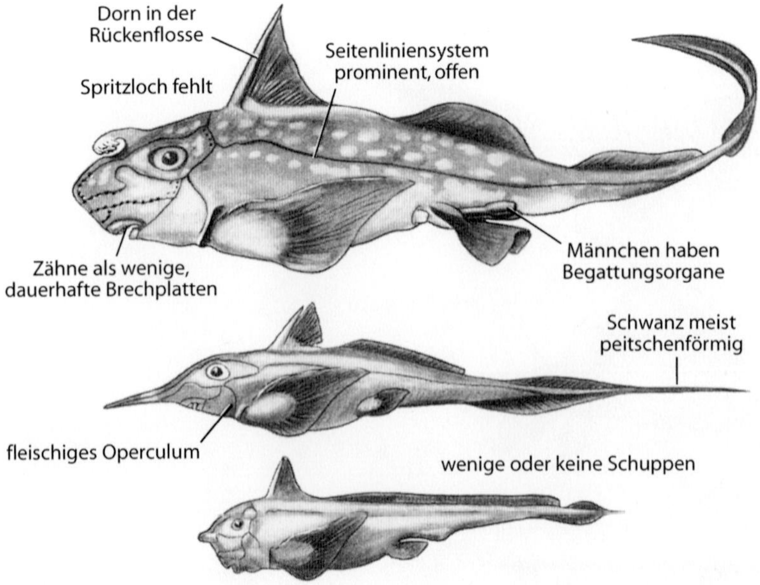


**Abb. 3.7.** Vertreter der Holocephali, die einige Merkmale der Chimären zeigen

### 3.2.3 Klasse Acanthodii

Die **Acanthodii** entwickelten sich bereits vor den bekannten Placodermen, Knorpelfischen oder Knochenfischen. Sie wurden früher in jede der drei genannten Klassen eingeordnet. Heutzutage werden sie allerdings als eigene Klasse anerkannt, auch wenn sie den Knochenfischen am nächsten stehen sollen (Abb. 3.8).

Acanthodii haben stromlinienförmige Körper, große, lateral stehende Augen und große Mäuler. Der Schädel ist knöchern, die kleinen auffälligen Schuppen sind dick und hart, aber sie haben keinen Panzer, wie ihn die meisten ihrer Zeitgenossen unter den Agnathen und Placodermen aufwiesen. Wir schließen aus diesen Merkmalen, dass diese kleinen, hauptsächlich im Süßwasser vorkommenden Fische aktive Schwimmer waren. Die vielen Flossen der Acanthodii sind einzigartig, da jede eine dünne Membran aufweist, die an der Vorderkante durch einen langen, kräftigen Dorn unterstützt wird. Dieses Merkmal gibt der Unterklasse ihren Namen: Acanthodii bedeutet „stachelförmige".

### 3.2.4 Klasse Osteichthyes (Knochenfische)

Knochenfische entwickelten sich vor etwas mehr als 400 Mio. Jahren aus wenig bekannten Vorfahren. Während der nächsten 150 Mio. Jahre wurden sie erst von Placodermen und dann von Knorpelfischen zahlenmäßig übertroffen, aber seit dem Ende des Perms haben Knochenfische die Gewässer der Welt beherrscht. Seit dem Ende des Mesozoikums stellen sie die artenreichste Gruppe aller Vertebraten dar. Ihre Lebensweise und ihre Struktur sind anscheinend so vielfältig, wie es die Anpassung an ein aquatisches Leben überhaupt erlaubt.

Die meisten Fische dieser Klasse haben Knochen in ihren Schädeln, Wirbeln, Extremitätengürteln, Flossenskelett und Schuppen. Manche haben den ursprünglichen Knochen sekundär durch Knorpel ersetzt, doch auch solche Fische haben mehr Knochen in ihrem Innenskelett als andere Klassen der Fische. Knochenfische sind die einzigen Vertebraten, welche die Kiemen auf jeder Körperseite in einer gemeinsamen Kammer unterbringen, die von einem beweglichen, knöchernen Operculum bedeckt ist. Sie haben verschiedene Arten von Flossen, Schuppen und

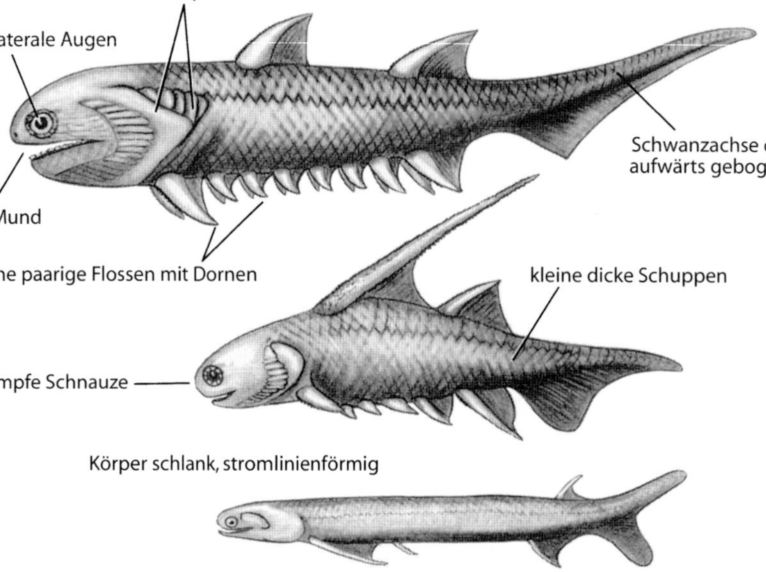


**Abb. 3.8.** Rekonstruktion repräsentativer Acanthodii, die einige Charakteristika der Klasse zeigen. Die tatsächliche Größe dieser Beispiele liegt zwischen 8 und 12 cm

Wirbeln. Dennoch unterscheiden sich diese Strukturen fast immer von denen anderer Klassen. Der Schultergürtel ist mit dem Schädel durch eine Reihe von Knochen verbunden. Meistens ist eine Schwimmblase oder Lunge ausgebildet.

### Unterklasse Actinopterygii (Strahlenflosser)

Die meisten Knochenfische gehören zu der Unterklasse der **Actinopterygii** oder **Strahlenflosser.** Die Membranen der paarigen Flossen werden von knöchernen Strahlen, die von der Flossenbasis aus radiär ausstrahlen, unterstützt. Die Flossen haben also keine fleischigen Stiele wie die Flossen der nächsten zu besprechenden Unterklasse, der Sarcopterygii. Die Anordnung der Schädelknochen, die Ausbildung des Venensystems und der Ausführgänge der Geschlechtsorgane unterscheiden sich ebenfalls von denen anderer Fische und zeigen deutlich, dass sich unter diesen Fischen nicht der Urahn der Landvertebraten befindet.

Die Einteilung der Strahlenflosser hat sich in den vergangenen Jahren stark verändert und wird immer noch diskutiert. Die meisten Spezialisten bilden mittlerweile zwei Hauptgruppen, die hier als Infraklassen bezeichnet werden. Die Gruppen unterscheiden sich voneinander im Verknöcherungsgrad des Skeletts, im Vorhandensein oder Fehlen der Beweglichkeit und des paarigen Vorkommens bestimmter Knochen am Kopf und im Schultergürtel, in der Form der Dorsal- und der Schwanzflosse sowie im Vorhandensein oder im Fehlen eines Spiraculums.

Die Infraklasse **Chondrostei** beinhaltet die seit langem ausgestorbene, aber sehr bedeutende ursprüngliche Ordnung der palaeoniscoiden Fische, welche die Ahnen anderer Strahlenflosser sind, sowie die rezenten Störe (*Acipenser*) und Löffelstöre (*Polyodon*), die in Zusammenhang mit dem Axialskelett und der Nahrungsaufnahme noch erwähnt werden (Abb. 3.9 und Abb. 30.1). Zu den Chondrostei gehören außerdem die afrikanischen Flösselhechte, von denen die Gattung *Polypterus* am besten bekannt ist. Die Rückenflosse ist dabei besonders auffällig (Polypterus = viele Flossen). Flösselhechte sind vor allem wegen ihrer ursprünglichen Schuppen und ihrer Lunge interessant.

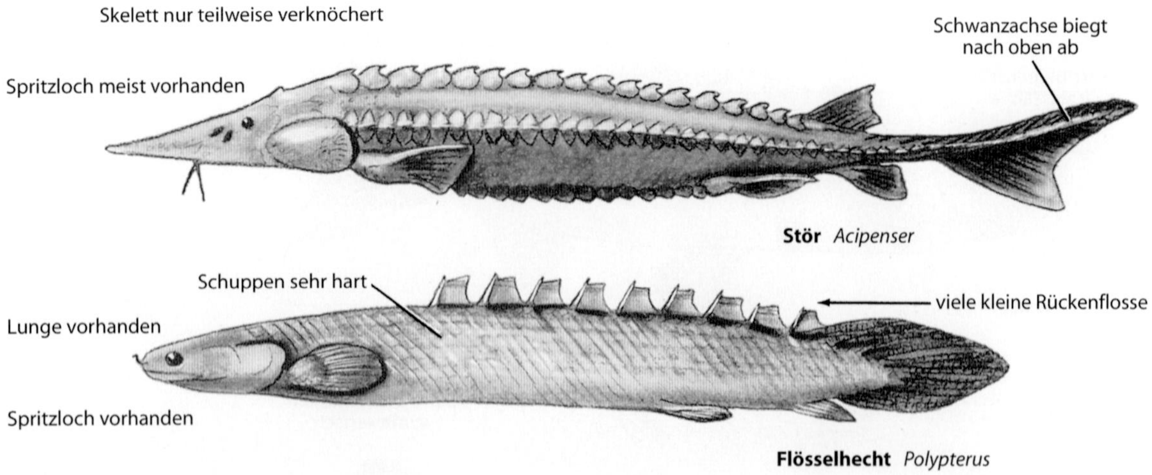


**Abb. 3.9.** Repräsentative Chondrostei, die einige Charakteristika von zwei rezenten Formen zeigen

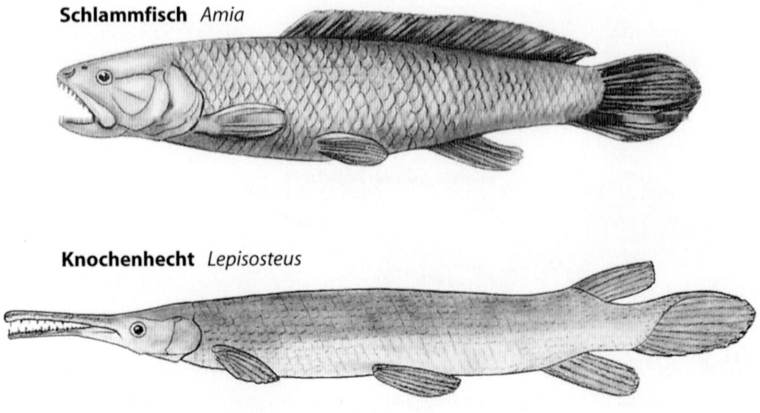


**Abb. 3.10.** Ursprüngliche rezente Neopterygii

Die Infraklasse **Neopterygii** umfasst die Knochenhechte (*Lepisosteus*) und Schlammfische (*Amia*), die früher als Holostei eingeordnet wurden (Abb. 3.10), und die große Vielfalt der Teleostei (Abb. 3.11). Ungefähr 30 000 Arten und Unterarten werden in 400–600 Familien und in 6 (konservativ) bis 30 oder 40 (meistens) und mehr Ordnungen eingeteilt. Teleostei sind innerhalb ihrer Gruppe als ursprünglich oder abgeleitet aufgrund ihrer Maulstruktur, der Lage des Beckengürtels, der Anzahl und Steifheit der Dorsalflossenstrahlen und anderer Merkmale einzustufen.

### Unterklasse Sarcopterygii (Fleischflosser)

Fleischflosser haben paarige Flossen mit fleischigen Stielen. Ihre Kiefermuskeln sind relativ stark. Die Beziehungen unter den frühen Sarcopterygiern sind nach wie vor nur wenig verstanden. Wir vereinfachen unsere Klassifizierung hier, indem wir die weniger bekannten Gruppen, die später im Buch nicht mehr aufgegriffen werden, weglassen.

Die Infraklasse **Actinistia** enthält die rezenten **Coelacanthi** (*Latimeria*) (Abb. 3.12) und ihre längst ausgestorbenen, aber doch ähnlichen Ver-

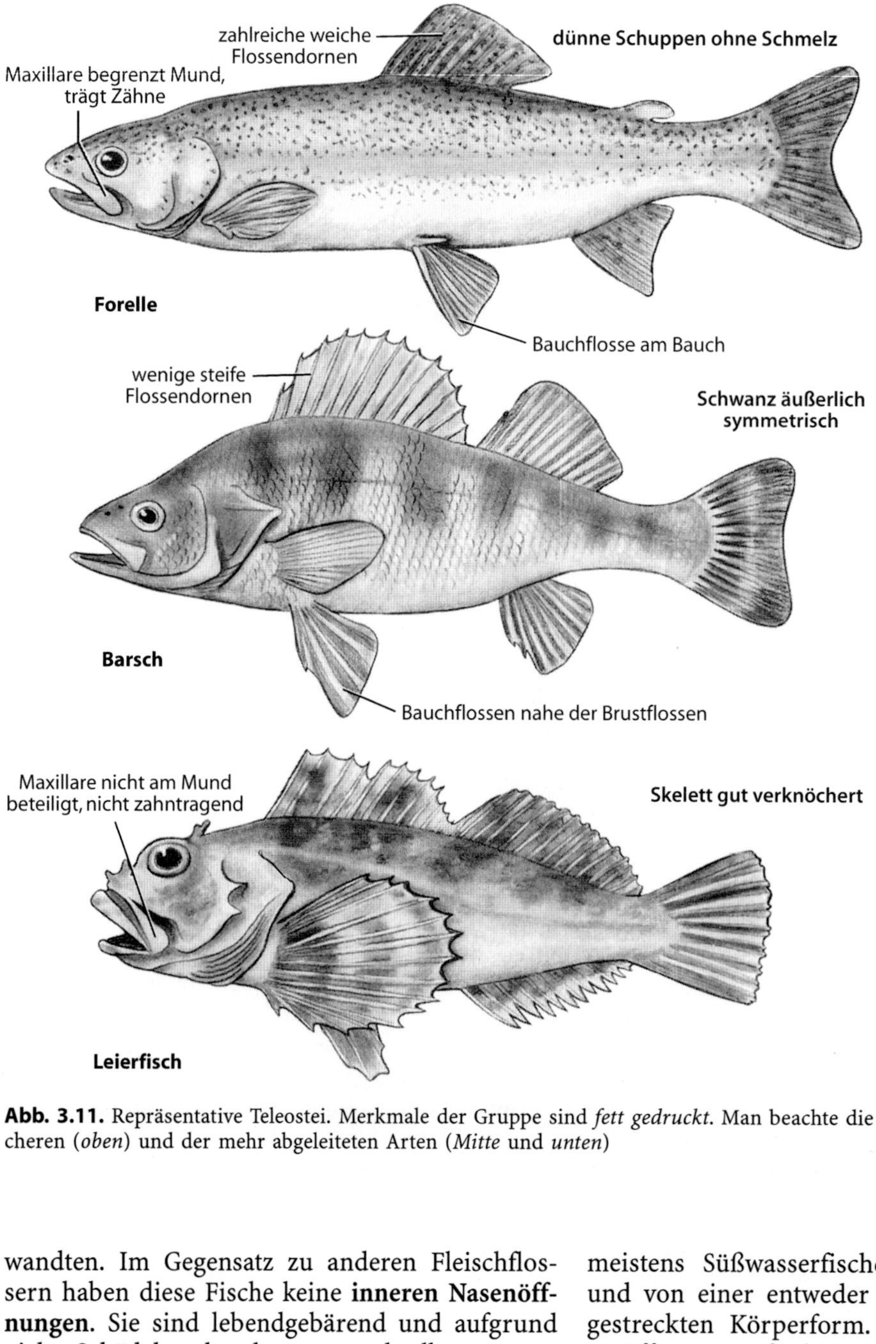


**Abb. 3.11.** Repräsentative Teleostei. Merkmale der Gruppe sind *fett gedruckt*. Man beachte die Unterschiede der ursprünglicheren (*oben*) und der mehr abgeleiteten Arten (*Mitte* und *unten*)

wandten. Im Gegensatz zu anderen Fleischflossern haben diese Fische keine **inneren Nasenöffnungen.** Sie sind lebendgebärend und aufgrund vieler Schädelmerkmale unverwechselbar.

Die Lungenfische bilden die Infraklasse **Dipnoi** (*Neoceratodus* australischer Lungenfisch, *Lepidosiren* südamerikanischer Lungenfisch, *Protopterus* afrikanischer Lungenfisch). Es sind meistens Süßwasserfische von mittlerer Größe und von einer entweder „normalen" oder langgestreckten Körperform. Sie haben innere Nasenöffnungen, funktionierende Lungen und – verbunden mit ihren Lungen – ein abgeleitetes Blutgefäßsystem. Die paarigen Flossen typischer ausgestorbener Dipnoi haben einen fleischigen Stiel mit einer gelenkigen Skelettachse. Die we-

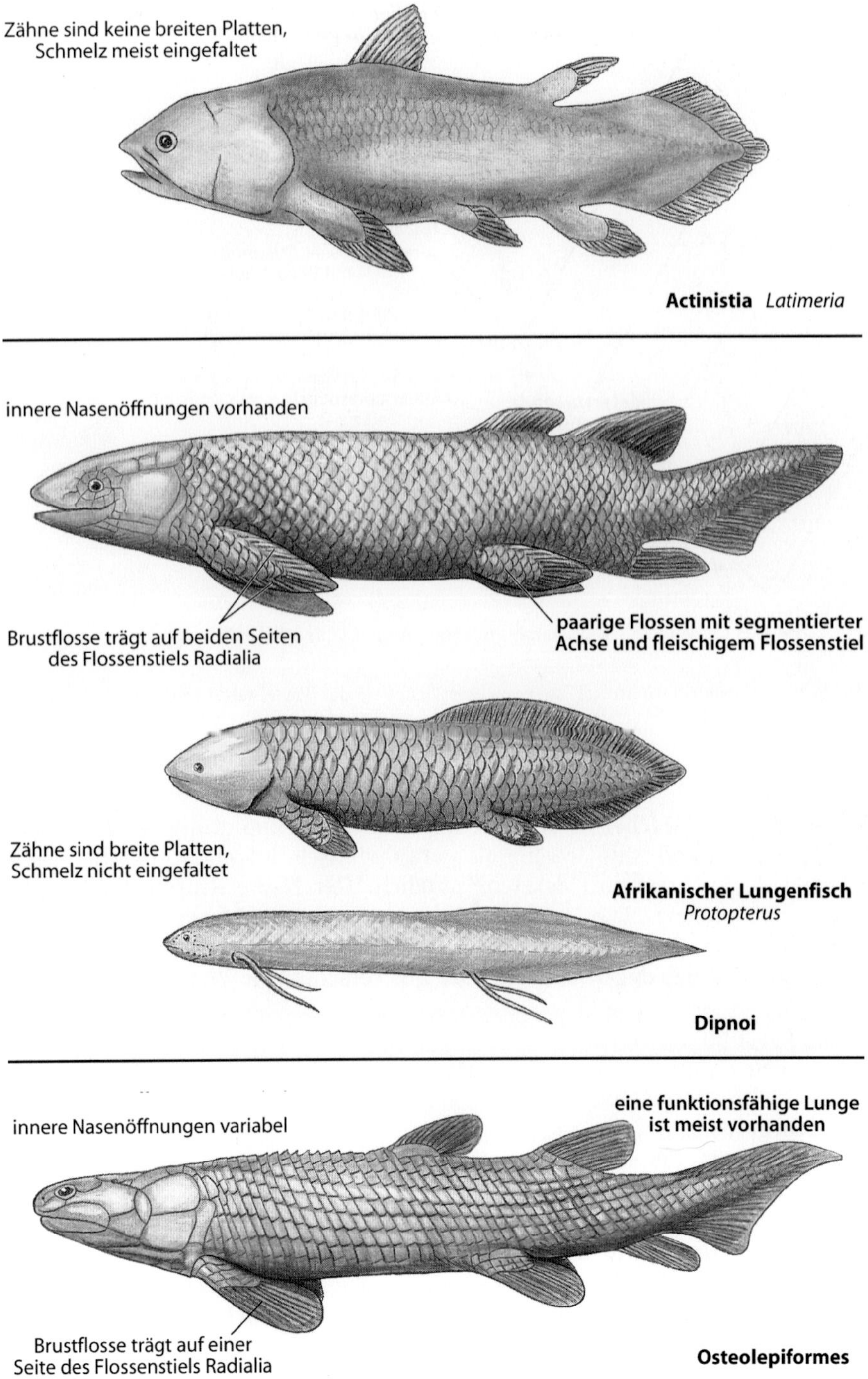


**Abb. 3.12.** Vertreter der Sarcopterygii. Einige Merkmale der Unterklasse sind *fett gedruckt*, einige Merkmale der 3 Infraklassen sind in *Normaldruck* wiedergegeben. Der schlankste Fisch ist der afrikanische Lungenfisch (Protopterus), der Vertreter ganz oben ist die rezente Gattung *Latimeria*. Die anderen Beispiele sind ausgestorben

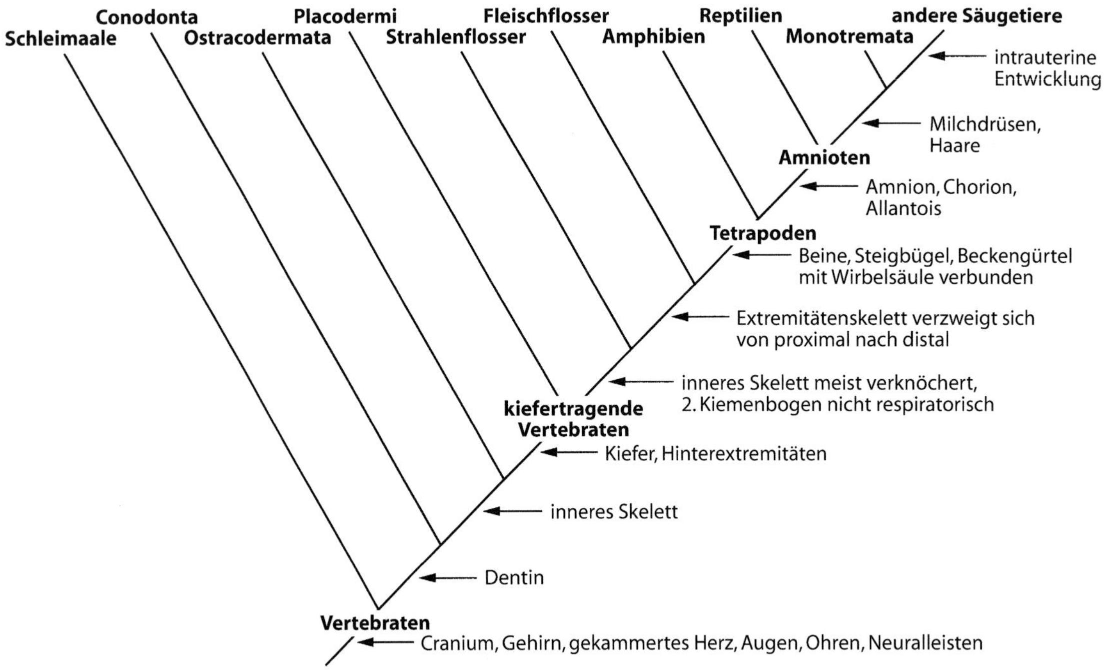


**Abb. 3.13.** Kladogramm, das die Verwandtschaftsverhältnisse ausgesuchter Gruppen der Vertebraten und den aufeinander folgenden Erwerb bestimmter Merkmale darstellt

nigen Zähne sind außergewöhnliche, fächerförmige Platten, die an das Zermahlen von Nahrung angepasst sind. Die Schädelkapsel und die Wirbelsäule sind nur wenig verknöchert. Die Schuppen der rezenten Lungenfische sind in ihrer Struktur vereinfacht und manchmal degeneriert.

Da die Klassifizierung der Fleischflosser nach wie vor im Fluss ist, gibt es keinen eindeutig anerkannten Namen für die Schwestergruppe **Osteolepiformes** plus **Panderichthyida.** Die letzteren sind praktisch Amphibien mit Flossen. Beide Gruppen ähneln primitiven Amphibien darin, dass sie innere Nasenöffnungen und Zähne mit eingefaltetem Schmelz haben. Die Panderichthyiden scheinen ihren Tetrapodenabkömmlingen bezüglich der Anatomie ihres Schädels, der Brustflossen und der Rippen und im Fehlen von dorsalen Flossen besonders ähnlich zu sein.

Zwei weitere Ausdrücke werden gemeinhin für die Klassifizierung der Fleischflosser benutzt: **Crossopterygii** beinhalten alle Fleischflosser außer den Dipnoi. Die Gruppierung wird mittlerweile als paraphyletisch aufgefasst, ist aber nach wie vor nützlich. Der Name **Rhipidistia** bezieht sich auf bestimmte ausgestorbene Fleischflosser, die ebenfalls innere Nasenöffnungen hatten, er wurde aber auf verschiedene Weise benutzt.

## Literatur

Bemis WE, Burggren WW, Kemp NE (eds) (1987) The biology and evolution of lungfishes. Liss, New York

Benton MJ (1990) Vertebrate paleontology. Unwin Hyman, London

Carroll RL (1995) Vertebrate paleontology and evolution. Freeman, New York

Donoghue PCJ, Forey PL, Aldridge RJ (2000) Conodont affinity and chordate phylogeny. Biol Rev 75(2):191–251

Evans DH (ed) (1998) The physiology of fishes, 2nd edn. CRC Press, Boca Raton/FL

Fiedler K (1991) Lehrbuch der speziellen Zoologie. Band II: Wirbeltiere, Teil 2: Fische. G. Fischer, Jena

Hardisty MW (1979) Biology of cyclostomes. Chapman & Hall, London

Janvier P (1995) Conodonts join the club. Nature 374: 761–762

Janvier P (1996) Early vertebrates. Oxford monographs on geology and geophysics, no 33. Oxford Univ Press, New York. Maßgeblich, detailliert, evolutionsbezogen

Lauder GV, Liem KF (1983) Patterns of diversity and evolution in ray-finned fishes. In: Northcutt RG, Davis RE (eds) Fish neurobiology. Univ Michigan Press, Ann Arbor, vol 1:1–24

Long JA (1995) The rise of fishes: 500 million years of evolution. Johns Hopkins Univ Press, Baltimore. Genau, aber nicht zu theoretisch, verschwenderisch bebildert

Marshall NB (1972) The life of fishes. Universe Books, New York

Moyle PB, Cech JJ Jr (1995) Fishes: An introduction to ichthyology, 3rd edn. Prentice Hall, Englewood, Cliffs/NJ

Nelson JS (1994) Fishes of the world, 3rd edn. Wiley, New York. Eine maßgebliche Klassifizierung und Charakterisierung der Fische

Thomson KS (1971) The adaptation and evolution of early fishes. Quart Rev Biol 46:139–166

Shu DG et al (1999) Lower Cambrian vertebrates from South China. Nature 402:42–46

# 4 Tetrapoda

## 4.1 Übergang zum Landleben

Tetrapoden sind, einfach ausgedrückt, Wirbeltiere mit vier Beinen (oder mit vierbeinigen Vorfahren). Die ersten Wirbeltiere mit Beinen statt Flossen waren eine Gruppe von Amphibien aus dem oberen Devon, die wahrscheinlich genauso aquatisch lebten wie ihre Vorfahren unter den Fischen, denen sie noch sehr ähnlich waren. Wahrscheinlich benutzten sie ihre Beine, um im seichten Wasser auf dem Gewässerboden zu laufen, im tieferen Wasser zu paddeln und in Küstennähe zu kriechen. Dennoch sind die meisten Tetrapoden terrestrisch oder hatten landlebende Vorfahren. Also ist es wichtig, den Veränderungen nachzugehen, die es den Nachkommen der Fische ermöglichten, an Land zu leben.

Außerhalb des Wassers bietet ein stromlinienförmiger Körper in der Regel keinen Vorteil mehr. Ein Hals wird nützlich, weil damit der Kopf zur Nahrungsaufnahme und zum visuellen Erfassen der Umwelt bewegt werden kann, ohne den Ablauf der Fortbewegung zu unterbrechen. Mediane Flossen werden nicht mehr gebraucht. Ohne den Auftrieb im Wasser muss der Körper von den Beinen getragen werden. Dafür müssen die Gliedmaßen verstärkt, die Extremitätengürtel fester mit dem Axialskelett verbunden und die Wirbelsäule besser gegen Biegung durch die Schwerkraft stabilisiert werden.

Lungen und Lungenkreislauf, die schon bei luftatmenden Fischen entwickelt wurden, werden in der Regel beibehalten, um die Kiemen zu ersetzen, die durch die trockene Luft geschädigt werden würden. Kiemenabdeckungen können damit entfallen. Die oberflächliche Hautschicht verhornt, um Abrieb und Austrocknung zu widerstehen. Auge, Ohr und Nase müssen ebenfalls umgewandelt werden, damit sie in Luft statt in Wasser funktionieren. Munddrüsen werden benötigt, um das Futter, das jetzt trocken ist, anzufeuchten. Eier und empfindliche Larven wurden früher vom Wasser geschützt und konnten ihre Stoffwechselendprodukte direkt in die Umgebung abgeben. Um in ihrer Fortpflanzung komplett unabhängig vom Wasser oder von feuchter Umgebung zu werden, mussten die Tetrapoden Eier mit Schalen und embryonale Hüllen entwickeln, die ihre Embryos vor Austrocknung und mechanischer Belastung schützen und gleichzeitig Stoffwechselendprodukte aufnehmen konnten. Es waren noch eine Reihe weiterer struktureller, physiologischer und verhaltensphysiologischer Änderungen notwendig, um den Übergang zum Landleben vollziehen zu können. Es ist also nicht erstaunlich, dass die ersten Tetrapoden, die Amphibien, all diese Veränderungen nicht vollständig leisten konnten.

## 4.2 Klasse Amphibia (Amphibien)

Amphibien entwickelten sich aus fleischflossigen Vorfahren etwa 50 Mio. Jahre, nachdem sich Knochenfische entwickelt hatten. Die Klasse erreichte ihre Blütezeit nach weiteren 75 Mio. Jahren im oberen Karbon, war aber bis zum Ende der Trias noch sehr zahlreich vertreten. Obwohl relativ wenige Vertreter der frühen Amphibien bis in die Gegenwart überlebt haben, sind sie in allen tropischen und gemäßigten Gebieten der Welt beheimatet, und ihre Lebensweisen und Habitate sind sehr unterschiedlich.

Die Haut moderner Amphibien kann längeren Trockenperioden nicht widerstehen und da Embryonalhüllen fehlen, müssen die Eier entweder ins Wasser oder an feuchten Plätzen abgelegt werden. In diesem Sinne ist die Klasse nicht vollkommen terrestrisch (amphibisch heißt: „beide Arten von Leben"), obwohl viele Arten offenes Wasser nicht nutzen und andere in bemerkenswert trockenen Regionen überleben.

Adulte Amphibien haben ein großes Maul und eine fleischige Zunge, die bei den rezenten Arten vorne im Unterkiefer ansetzt. Einer der Knochen, die bei den Fischvorfahren die Kiefer unterstützten (Hyomandibulare, s. Kap. 8), wurde zu einem Gehörknöchelchen umgewandelt, um das Hören in Luft zu erleichtern. Lungen sind meistens vorhanden, werden aber bei einer großen Gruppe von Salamandern sekundär rückgebildet. Die Atmung erfolgt außerdem über die Haut und über die Auskleidung von Mund und Kehle. Augenlider und Drüsen, welche die Augen feucht halten, sind entwickelt.

### 4.2.1 Unterklasse Ichthyostegalia

Die ersten drei näher zu betrachtenden Unterklassen sind ausgestorben. Die **Ichthyostegalia** waren die allerersten Tetrapoden. Sie entwickelten sich im Wasser, konnten aber an Land laufen. Sie waren von robuster Körpergestalt, bis zu 1 Meter lang, hatten Schwanzflossen, große Köpfe und Mäuler und mehr als 5 Zehen an ihren Füßen (Abb. 4.1).

### 4.2.2 Unterklassen Anthracosauria und Temnospondyli

Diese beiden Gruppen haben Zähne mit eingefaltetem Schmelz (Abb. 7.5) und werden deshalb

**Abb. 4.1.** Rekonstruktionen repräsentativer paläozoischer Amphibien, die einige Merkmale der drei Unterklassen herausstellen

zusammen als **Labyrinthodontia** bezeichnet. Dies ist zwar ein nützlicher Name für diese ausgestorbenen Unterklassen, dennoch handelt es sich um unabhängige Stammeslinien. Manche Vertreter sind klein und aquatisch, aber die meisten Vertreter in beiden Unterklassen sind relativ groß, bis zu 2 Meter lang, untersetzt und terrestrisch. Anthracosaurier haben hohe Schädel. Sie gehören zu den Vorfahren der Amnioten. Die Temnospondyli haben große, relativ flache Köpfe und scheinen zu den Vorfahren der lebenden Amphibien zu zählen (Abb. 4.1).

### 4.2.3 Unterklasse Lissamphibia

Alle rezenten Amphibien sind **Lissamphibia** (Abb. 4.2). Trotz ihres zusammenfassenden Namens liegt die Herkunft im Einzelnen noch weitgehend im Dunkeln. Die meisten Vertreter sind kleiner als 30 cm. Ihre feuchte Haut hat sehr viele Schleimdrüsen und bildet nur selten Schuppen. Die äußere verhornte Hautschicht wird periodisch gehäutet. Teile des Skeletts, vor allem der Füße, sind in der Regel knorpelig, mehrere ursprüngliche Knochen des Hirnschädels sind reduziert. Der Vorderfuß hat nur 4 Zehen. Die Zähne sind nie so kompliziert aufgebaut wie bei den Labyrinthodontiern und fehlen bei manchen Gruppen ganz.

Man unterteilt der Lissamphibia in 3 Ordnungen:

- Die **Anura** (Schwanzlose) beinhalten die Frösche und Kröten.
- Die Salamander gehören zu den **Urodela** (Schwanzlurche).
- Die **Apoda** oder Gymnophiona sind, wie der Name sagt, beinlos. Sie sind versteckt lebende Tiere der Tropen, die in Teil II dieses Buches wegen ihrer ursprünglichen Exkretionsorgane und ihrer Schuppen und in Teil III wegen ihrer grabenden Lebensweise erwähnt werden.

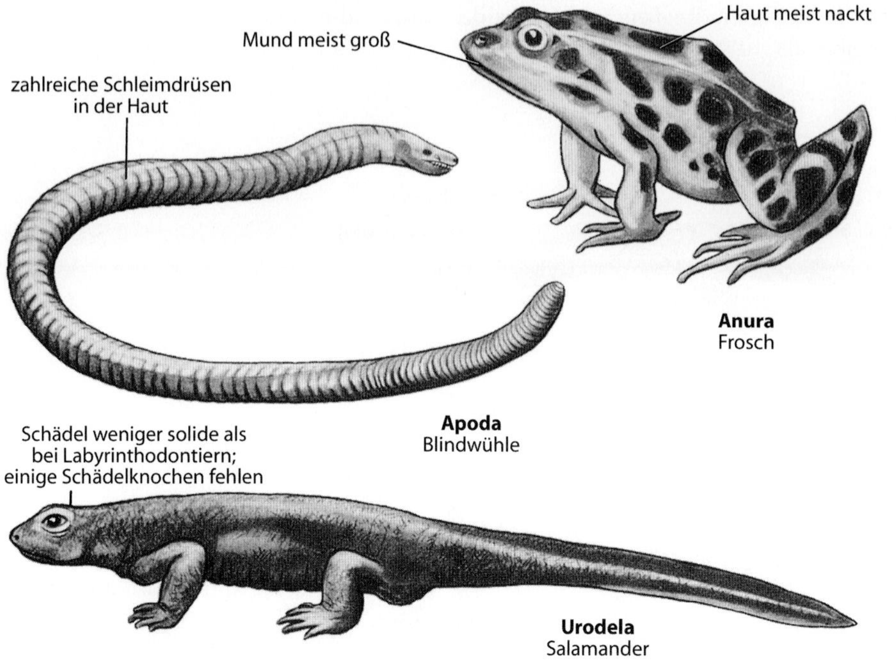


**Abb. 4.2.** Vertreter der drei Ordnungen der Lissamphibia, die einige Merkmale der Unterklasse zeigen

## 4.3 Klasse Reptilia (Reptilien)

Die Reptilien haben sich ungefähr 60 Mio. Jahre, nachdem die Amphibien entstanden sind, aus Anthracosauriern entwickelt. Seit dem Perm und während der gesamten Kreidezeit waren sie die am zahlreichsten vorkommenden Vertebraten. Die Reptilien bilden die erste Klasse der Tetrapoden, die alle am Anfang des Kapitels genannten Strukturen als Voraussetzung für ein vollkommen landgebundenes Leben entwickelt hatten, so z. B. die Embryonalhüllen und ein Integument, das vor dem Austrocknen schützt. Während des „Zeitalters der Reptilien" gab es in den verschiedenen Gattungen kleine bis gigantisch große, herbivore bis carnivore und träge bis sehr schnellfüßige Vertreter. Einige Gruppen gingen unabhängig voneinander zum Wasserleben zurück und wurden hervorragende Schwimmer. Eine andere Gruppe eroberte sogar die Luft. Keine Klasse der Vertebraten war bis dahin so heterogen in ihrer Lebensweise; nur die Säugetiere haben sich seitdem ähnlich entwickelt. Heute sind Reptilien nach wie vor ein wichtiger Teil der Fauna in tropischen und gemäßigten Regionen, sind aber weniger zahlreich als Knochenfische, Vögel und Säugetiere.

Reptilien sind mit hornigen Schuppen bedeckt. Mit Ausnahme hochspezialisierter Formen, wie z. B. Schlangen, haben die meisten Reptilien Klauen, Rippen, die dazu benutzt werden, Luft in die Lungen zu ziehen (Amphibien benutzen stattdessen den Mund und die Kehle als eine Druckpumpe) und eine Wirbelsäule, die stärker in bestimmte Regionen differenziert ist und fester mit dem Beckengürtel verbunden ist als bei ihren amphibischen Vorfahren. Keines dieser Merkmale ist einzigartig für die Klasse (u.a. deshalb ist das Taxon Reptilia problematisch); aber es gibt Merkmale des Herzens und der damit verbundenen Blutgefäße, die nur bei Reptilien auftreten.

Eine Unterklasse umfasst die **Synapsida.** Zu dieser ausgestorbenen Gruppe zählen die Vorfahren der Säugetiere. Deshalb und um die Monophylie zu wahren, werden die Synapsiden in der phylogenetischen Klassifikation nicht als Reptilien betrachtet, sondern die Säugetiere statt dessen bei den Synapsiden einbezogen. Die restlichen Reptilien werden gemeinhin in 3 bis 5 Unterklassen unterteilt, die wiederum in zwei größere Stammeslinien fallen. Die erste Stammeslinie enthält die **Anapsida**, die zweite, die **Diapsida**, enthält alle anderen.

Pelycosauria

Therapsida

**Abb. 4.3.** Rekonstruktionen repräsentativer Synapsida der beiden Ordnungen. Grundsätzliche Merkmale der Unterklasse sind die schlanke Körperform, die kräftigen Gliedmaßen und bestimmte Merkmale des Craniums, die in Kap. 8 besprochen werden

### 4.3.1 Unterklasse Anapsida

Der Ausdruck Anapsida sagt uns, dass diese Reptilien keine Öffnungen in den Knochen der Temporalregion (Schläfenfenster) haben. Sie sind die ursprünglichsten bekannten Reptilien. Dementsprechend wurden sie als **Stammreptilien** bezeichnet (Abb. 4.4).

### 4.3.2 Unterklasse Synapsida

Der Ausdruck **synapsid** bezieht sich auf die besondere Position einer Knochenöffnung über der Temporalregion des Schädels (Abb. 8.18). Synapsida wurden etwas vage säugetierähnliche Reptilien genannt. Bei einigen Gruppen lassen sich bestimmte morphologische Veränderungen über die Zeit besonders gut verfolgen. Die Ordnung **Pelycosauria** erscheint im oberen Karbon und erfährt im Perm eine Radiation (Abb. 4.3). Die Pelycosaurier umfassten sowohl carnivore als auch herbivore Tiere. Die größten Vertreter waren etwa 3 Meter lang. Eine Gruppe hatte segelartige Strukturen auf dem Rücken, die anscheinend der Temperaturregulation dienten (Abb. 1.1). Aus den Pelycosauriern entstand die Ordnung der **Therapsida**, die ebenfalls sowohl carnivore als auch herbivore Vertreter enthielt, von denen einige sehr groß waren. Eine Gruppe, die **Cynodontia** aus dem Trias und Jura, sind eindeutig die Vorfahren der Säugetiere. Die Muskeln und Zähne zeigen, dass sie ihre Nahrung kauten. Ihre Beine waren relativ lang und ihre Haltung aufrecht. Dies deutet darauf hin, dass sie sehr aktiv und möglicherweise warmblütig waren.

### 4.3.3 Unterklasse Diapsida

Dies ist eine große und vielfältige Unterklasse, vereint durch eine (wahrscheinlich) gemeinsame Abstammung von den Stammreptilien und den Besitz von entweder zwei Schläfenfenstern, der diapsiden Situation oder, abgeleitet von dieser Situation durch den Verlust einer der ursprünglichen Öffnungen, nur einem Schläfenfenster.

#### Lepidosauria

Die Infraklasse **Lepidosauria** hat ein oder zwei Schläfenöffnungen zwischen den Deckknochen der Temporalregion (wenn sie nicht sekundär modifiziert wurden) (Abb. 8.18), Öffnungen zwischen den Gaumenknochen und meistens Zähne

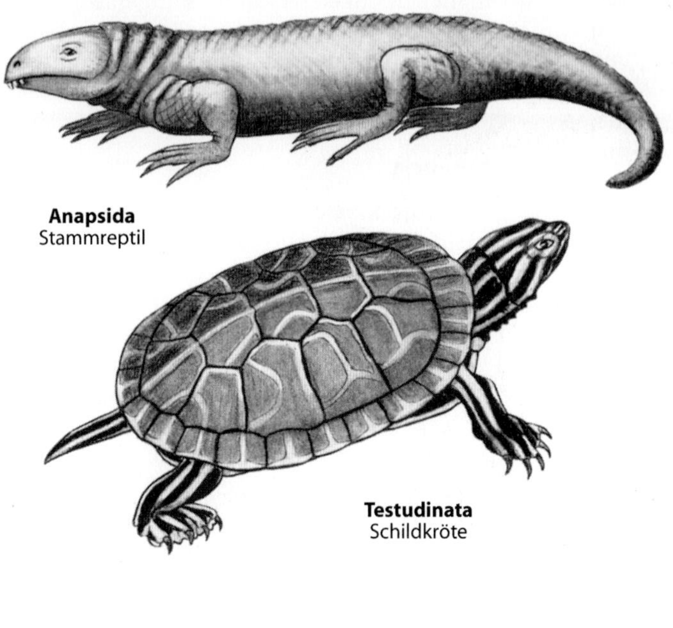


**Abb. 4.4.** Vertreter der Unterklassen Anapsida und Testudinata

**Abb. 4.5.** Vertreter der Ordnung Squamata der Infraklasse Lepidosauria. Die Hauptcharakteristika der Infraklasse sind Schädelmerkmale, die in Kap. 8 besprochen werden

im Munddach und auf den Kiefern. Drei bis vier Ordnungen sind anerkannt, aber mit einer Ausnahme ausgestorben und für uns hier nicht weiter wichtig. Rezente Lepidosaurier (Abb. 4.5 und Abb. 26.1) werden in die Ordnung der **Squamata** zusammengefasst. Die meisten der 3000 Arten von Eidechsen haben Beine und einen Schwanz. Amphisbaenia (Doppelschleichen) haben nur noch kleine Vorderextremitäten und meist keine Hinterextremitäten. Sie leben unterirdisch. Schlangen sind wahrscheinlich aus unterirdisch lebenden eidechsenartigen Vorfahren entstanden. Sie haben fast alle Spuren der Extremitäten verloren und meistens den Schädel so umgewandelt, dass sie große Beute, im Durchmesser so groß oder größer als ihre eigenen Körper, verschlingen können. Die Brückenechse sieht wie eine große kräftige Eidechse aus. Sie kommt ausschließlich auf den Inseln vor der Küste Neuseelands vor und ist streng geschützt. Die einzige Gattung – *Sphenodon* – hat wahrscheinlich länger überlebt als alle anderen Vertebraten, nämlich 135 Mio. Jahre. Die Brückenechse ist vor allem wegen des ursprünglichen Skeletts und Blutgefäßsystems interessant (manche Klassifizierungen gestehen diesem Tier eine eigene Ordnung zu, **Rhynchocephalia**).

### Archosauria

Die große Infraklasse *Archosauria* ist durch den Erhalt beider Schläfenfenster und durch Öffnungen im knöchernen Gaumen gekennzeichnet. Oft gibt es auch Schädelöffnungen vor der Augenhöhle und seitlich im Unterkiefer. Alle Zähne sitzen auf dem Kieferrand. Es gibt 5 Ordnungen. Die einzigen überlebenden „Reptilien" der Infraklasse, die Krokodile und ihre Verwandten, bilden die Ordnung **Crocodylia** (Abb. 4.6). (Auch Vögel sind in der phylogenetischen Klassifizierung Archosaurier, s. S. 37.) Zwei Ordnungen, die **Saurischia** und **Ornithischia**, beinhalten die

**Abb. 4.6.** Der Alligator ist ein Vertreter der Crocodylia, der einzigen überlebenden Ordnung der Infraklasse Archosauria

Tiere, die gemeinhin als Dinosaurier bekannt sind (Abb. 4.7). Sie werden aufgrund der Anatomie ihres Beckengürtels voneinander unterschieden. Einige waren truthahngroß, aber die meisten Vertreter der beiden Ordnungen waren groß bis gigantisch und gaben damit der Infraklasse ihren Namen. In beiden Ordnungen kamen bipede Vertreter vor. Fliegende Reptilien sind in der Ordnung **Pterosauria** zusammengefasst (Abb. 28.2). Es verbleibt die letzte Ordnung **Thecodontia**, eine vielfältige, im Trias weit verbreitete Gruppe.

Thecodontier sind anscheinend ursprünglicher als andere Archosaurier, aber die Verwandtschaftsverhältnisse sind nicht geklärt. Sie umfassten kleine, leicht gebaute und wahrscheinlich bipede Vertreter bis hin zu in Körperform und -größe krokodilähnlichen Vertretern. Vögel sind offensichtlich aus Archosauriern entstanden, aber es herrscht keine Übereinstimmung, ob der Vorfahr ein Saurischier (also Dinosaurier) aus der Gruppe der Theropoda oder ein Thecodontier war (s. Exkurs 4.1).

### 4.3.4 Unterklasse Testudinata

Mit fortschreitender Forschung werden konventionelle Erkenntnisse oft umgeworfen. Über die Jahre war es bei jeder Überarbeitung dieses Buches nötig, Material, das als gesichert galt, zu revidieren. Wir kommen hier zu einem Beispiel. In den ersten drei Auflagen wurden Schildkröten ganz selbstverständlich als eine Ordnung in der Unterklasse der Anapsida vorgestellt. Früher stellten wir sie als eine unabhängige Unterklasse dar, die aus Anapsida entstanden war. Mittlerweile schlagen viele vorsichtige Paläontologen vor, dass Schildkröten stattdessen zu den Diapsida gehören könnten, wobei allerdings noch gestritten wird, ob der Vorfahr zu den Lepidosauriern oder den Archosauriern unter den Diapsiden gehörte. Möglicherweise können wir in einer künftigen Auflage über eine neue Übereinkunft berichten.

Die Unterklasse hat eine Ordnung, die **Chelonia**. Schildkröten werden in Studentenkursen als Vertreter ihrer Klasse wegen ihrer Verfügbarkeit und ihrer günstigen Größe seziert. Die Studierenden sollten sich aber klarmachen, dass der Knochenpanzer der Schildkröte, die Rippen, die Wirbel, der zahnlose Mund und der Schultergürtel hochspezialisiert und daher nicht typisch für die Klasse sind. Schädel, Beine und, soweit man das beurteilen kann, auch die Weichteile bleiben ursprünglich.

Zwei größere Gruppen von Reptilien müssen noch angesprochen werden. Jede enthält hochspezialisierte marine Schwimmer, auf die im Kapitel 27 näher eingegangen wird, und jede hat eine einzige Schläfenöffnung, die wahrscheinlich von der diapsiden Situation abgeleitet ist. In anderer Hinsicht sind die Gruppen sehr verschieden. Eine Gruppe, die **Plesiosauria**, werden gemeinhin in die Infraklasse der diapsiden **Sauropterygia** gestellt. Ihre aquatischen Vertreter haben breite, ungeschlachte Körper, schlank auslaufende Schwänze ohne Lappen, paddelartige

**Abb. 4.7.** Rekonstruktion repräsentativer Archosaurier der Ordnungen Saurischia und Ornithischia und der angegebenen Unterordnungen. Einige Merkmale der terrestrischen Mitglieder der Infraklasse sind angedeutet

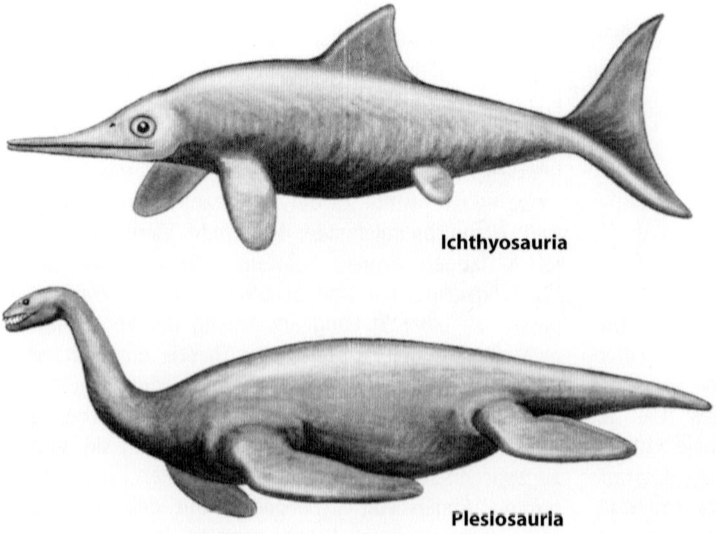


**Abb. 4.8.** Rekonstruktionen von Vertretern der beiden unterschiedlichen Gruppen der aquatischen Reptilien

Beine, kleine stumpfe Köpfe und manchmal sehr lange Hälse (Abb. 4.8). Die andere Gruppe sind die **Ichthyosauria**. Ihre Herkunft ist nach wie vor spekulativ. Sie können eine eigene Infraklasse oder sogar Unterklasse darstellen. Sie haben delphinähnliche Körperumrisse, fischähnliche Schwänze, große Augen und ein langes Rostrum.

## 4.4 Klasse Aves (Vögel)

Keine andere lokomotorische Adaptation benötigt so viele strukturelle Spezialisierungen wie der Flug, und alle rezenten Vögel fliegen oder sind Nachkommen von Fliegern. Im krassen Gegensatz zu Reptilien oder, wie Kladistiker sagen würden, zu anderen Reptilien (s. S. 37), sind die Vögel deshalb die einheitlichste und am besten abgrenzbare Klasse der Tetrapoden. Trotz all ihrer innerhalb der rezenten Fauna einzigartigen Merkmale unterscheiden sich die Vögel aber nicht sehr stark von den Reptilien, aus denen sie entstanden sind. Welche Reptilien dies sind, wird noch diskutiert (s. Exkurs 4.1). Wahrscheinlich waren sie aber kleine, schlanke carnivore oder insectivore Reptilien mit langen Armen und Beinen, langem Hals und Schwanz sowie Merkmalen des Schädels und des Beckengürtels, die auf die Verhältnisse bei den Vögeln hinführen.

Federn sind von besonderer Wichtigkeit, denn Vögel sind unter den Fliegern die besten, und sie sind die einzigen Vertebraten, die jemals diese hoch erfolgreiche Kombination aus Flugvermögen und Bipedie erreicht haben. Ein solch perfekter Flug hängt strukturell und funktionell von Federn ab. Außerdem setzt Langstreckenflug wahrscheinlich die hohe Stoffwechselrate voraus, die durch eine erhöhte Körpertemperatur ermöglicht wird. Entgegen früherer Annahmen haben viele Reptilien eine beträchtliche Kontrolle über ihre Körpertemperatur; Federn sind möglicherweise zunächst als Mechanismus für die Thermoregulation entstanden. Wir sollten es nicht grundsätzlich für unmöglich halten, dass die fliegenden Reptilien auch über längere Perioden in der Luft bleiben konnten. Allerdings ist es unwahrscheinlich, dass sie den Vögeln gleichkamen, von denen sie während der Kreidezeit verdrängt wurden.

Während der letzten Jahrzehnte hat es eine faszinierende Explosion der Anzahl und Qualität neu bekannt gewordener Vogelfossilien gegeben. Wir leben in einer aufregenden Zeit für das Studium der Herkunft und der Evolution der Vögel.

## Exkurs 4.1

### Federn fliegen über die Entstehung der Vögel

Der Ursprung der Vögel gehört zur Zeit zu den strittigsten und faszinierendsten Gebieten der Wirbeltierforschung. Es gibt zwei Theorien, die beide von ihren Befürwortern vehement verteidigt werden. Die am weitesten verbreitete Theorie – und manche Autoren erkennen keine Alternative an – besagt, dass die Vögel von der Reptilienordnung Saurischia, Unterordnung Theropoda, und Familie Maniraptora abstammen. Dies sind sehr bewegliche, carnivore, bipede Organismen mit langen Hälsen und Schwänzen und relativ großen Gehirnen und Augen (die schnell laufenden Dinosaurier mit den sichelartigen Klauen aus dem Film *Jurassic Park* sind Maniraptoren). Die kladistische Analyse von Dutzenden von Merkmalen unterstützt die Schlussfolgerung, dass Theropoden die geradlinigste (sparsamste) Wahl für den Vogelvorfahr darstellen. Es gibt außerdem eine sehr lebhafte Debatte über die Entstehung des Vogelflugs. Die meisten Befürworter der Theropodenabstammung befürworten die *ground-up*-Theorie der Entstehung des Fluges. Bipede, bodenlebende Tiere entwickelten Federn für die Thermoregulation, zum Imponieren, für eine verbesserte Balance während des Springens, um fliegende Insekten zu fangen, oder aber um mit den Armen Beute besser umfassen zu können. Als sich dann die Armfedern verlängerten, konnten die Tiere längere Sprünge machen und schließlich fliegen. Manche Spezialisten aus dem Theropodenlager bevorzugen allerdings die alternative *trees-down*-Theorie. Geschickte Kletterer sprangen zunächst zwischen Zweigen hin und her. Als sich ihre Federn verlängerten, konnten sie gleiten und schließlich einen aktiven Flug entwickeln. Befürworter der Theropoden-Abstammung der Vögel sind in der Regel Paläontologen und Kladisten. Als Einführung in ihre Standpunkte können de Artikel von Padian u. Chiappe (1998) und das Buch von Chatterjee (1997) dienen.

Das Gegenlager leitet die Vögel von frühen Reptilien der Ordnung Thecodontia ab, hat aber keine vogelähnlichen Fossilien als Kandidaten für den Vorfahren vorzuweisen. Die Gattungen, die als möglicherweise eng verwandt zu der Vogelstammeslinie gelten, sind kleine baumlebende, kletternde Vierbeiner mit relativ langen Armen, Schwanz und Rostrum. Die Handwurzelknochen und Schulter- und Beckengürtel passen zu einer Stellung am Anfang der Vogelstammeslinie. Die Befürworter dieser Theorie unterstützen die *trees-down*-Theorie zur Entstehung des Vogelfluges. Sie glauben auch, dass die Zeitfolge ihre Theorie unterstützt. Theropode Dinosaurier, so sagen sie, sind zu spät entstanden, nämlich erst in der Kreidezeit, um die Ahnen von *Archaeopteryx* aus dem Jura zu sein. Vertreter dieser Theorie sind in der Regel Entwicklungsbiologen oder vergleichende Morphologen (Feduccia 1996).

In der kladistischen Analyse etabliert die Ähnlichkeit eines Merkmals bei zwei Stammeslinien keine gemeinsame Abstammung, genau so wenig wie ein Indizienbeweis in einem Mordprozess die Schuld beweist. Die Ähnlichkeit könnte von einer zufälligen Konvergenz herrühren. Deshalb benutzt der Kladist so viele Merkmale wie nur möglich. Zahlreiche Indizien erhöhen die Chance einer korrekten Interpretation von „möglich" zu „wahrscheinlich", aber auch dann könnte ein direkter Beweis (ein Videoband, das den Hergang des Verbrechens zeigt) solche Indizien überstimmen. Gibt es solche Beweise bei der Frage nach der Herkunft der Vögel? Jede Seite behauptet es.

1989 wurden zwei Gattungen von theropoden Dinosauriern beschrieben, die klare unzweifelhafte Federn an Armen, Schwanz und Körpern haben. Diese Fossilien stammen aus China, vom Übergang zwischen Jura und Kreide. Die Arme sind zu kurz, um einem flugfähigen Tier zu gehören. Also sind diese Federn aus einem anderen Grund entstanden und können Vögel nicht definieren. Ist damit die Diskussion abgeschlossen und die Abstammung von Theropoden bewiesen? Nicht ganz. Gegenstimmen behaupten, dass die chinesischen Fossilien von flugunfähigen Vögeln und nicht von Dinosauriern stammen.

Maniraptoren haben 3 Finger an der Hand und alle stimmen überein, dass dies die Finger Nr. 1, 2 und

**Exkurs 4.1 (Fortsetzung)**

3 sind. Vögel haben auch 3 Finger; aber die vergleichende Embryologie zeigt deutlich in mehreren langjährigen Untersuchungen, dass dies die Finger 2, 3 und 4 sind (vgl. Burke u. Feduccia 1997, Hinchliffe u. Hecht 1984). Außerdem wurde im Jahr 2000 ein asiatischer Archosaurier aus der Trias beschrieben, der einzigartige lange Federn auf dem Rücken zu haben scheint. Ist nun die Sache zum Vorteil der Thecodontier-Vorfahrenschaft abgeschlossen? Wohl kaum. Die Gegenstimmen interpretieren die Hinweise anders. Sie behaupten, dass die Embryologen ihre Embryologie nicht im Griff haben und dass diese langen Gegenstände auf diesem seltsamen Fossil keine echten Federn sind.

Mit der Zeit wird ein Konsens zustande kommen (schließlich glauben auch nicht mehr viele Leute, dass die Erde eine Scheibe ist).

### 4.4.1 Unterklasse Archaeornithes

Zu den wichtigsten, berühmtesten und am besten untersuchten Fossilien gehört *Archaeopteryx*, der erste bekannte Vogel. Dieses echte *missing link* wird durch sieben Vertreter aus dem oberen Jura in Deutschland (aus der Nähe von Eichstätt) repräsentiert. *Archaeopteryx* ist so unverwechselbar, dass er einer eigenen Unterklasse zugewiesen wird (s. die Abbildung zur Einleitung von Teil I, S. 25 sowie Abb. 4.9 und 4.10). Paläontologen stimmen darin überein, dass dieser etwa taubengroße Vogel zumindest eine begrenzte Flugfähigkeit hatte. Sie stimmen nicht darin überein, ob er ein Baumkletterer oder ein bodenlebender Läufer war. *Archaeopteryx* war voll befiedert, hatte aber im Gegensatz zu heutigen Vögeln einen langen, eidechsenartigen Schwanz und getrennte, krallentragende Finger (Abb. 4.9). Verschiedene Anpassungen an den Flug, z. B. beim Flügelskelett, bei der Wirbelsäule und dem Brustbein, fehlen oder sind noch nicht komplett ausgebildet, wenn man *Archaeopteryx* mit heutigen Vögeln vergleicht. Der Schädel hat die großen Augenhöhlen und das schnabelähnliche Rostrum eines Vogels, ist aber in anderer Hinsicht reptilienähnlich, z. B. hat *Archaeopteryx* noch Zähne in seinen Kiefern.

(Es wurde behauptet, dass ein noch älterer Vogel, *Protoavis*, bereits in der oberen Trias lebte. Das Skelettmaterial liegt allerdings nur bruchstückhaft und nicht im Zusammenhang vor. Die meisten Paläontologen glauben, dass dieser sogenannte Vogel eine Zusammensetzung verschiedener Tiere sein könnte und enthalten sich daher einer Meinung.)

### 4.4.2 Unterklasse Enantiornithes

Diese große Gruppe von Vögeln aus der Kreidezeit ist erst seit 1981 durch weit verbreitete Fossilien bekannt. Ihre Größe reichte von Spatzen- bis Truthahngröße. Sie haben im Vergleich zu *Archaeopteryx* verschiedene Fortschritte erzielt, z. B. Verschmelzungen im Handskelett, einen klingenartigen Knochen, das Pygostyl, am Ende des kurzen Schwanzes und ein gekieltes Brustbein. Einige Vertreter hatten noch Zähne, andere nicht. Ihre Sitzfüße weisen auf eine baumlebende (arboreale) Lebensweise hin. Ihr Namensteil *enanti* deutet an, dass sie den rezenten Vögeln gegenüberstehen. Unterschiede zu den rezenten Vögeln enthalten Merkmale der Schulter und die Sequenz bestimmter Knochenverschmelzungen am Unterschenkel (s. S. 191).

### 4.4.3 Ornithurae und die Unterklasse Neornithes

Alle übrigen Vögel werden in vier Gruppen eingeteilt. Fast alle rezenten Vögel gehören zur Infraklasse **Neognathae**. Strauß, Emu, Kasuar und ihre ausgestorbenen, großen, flugunfähigen Verwandten (Moas und Elefantenvögel), die als Ratiten zusammengefasst werden, bilden die Infraklasse **Palaeognathae**. Diese beiden Infraklassen werden aufgrund von Merkmalen des Beckens und des Gaumens voneinander unterschieden. Die beiden verbliebenen Gruppen sind bezahnte, fischfressende Vögel aus der oberen Kreidezeit. Eine Gruppe, die **Hesperornithiformes**, beinhalten große Tauchvögel, welche die

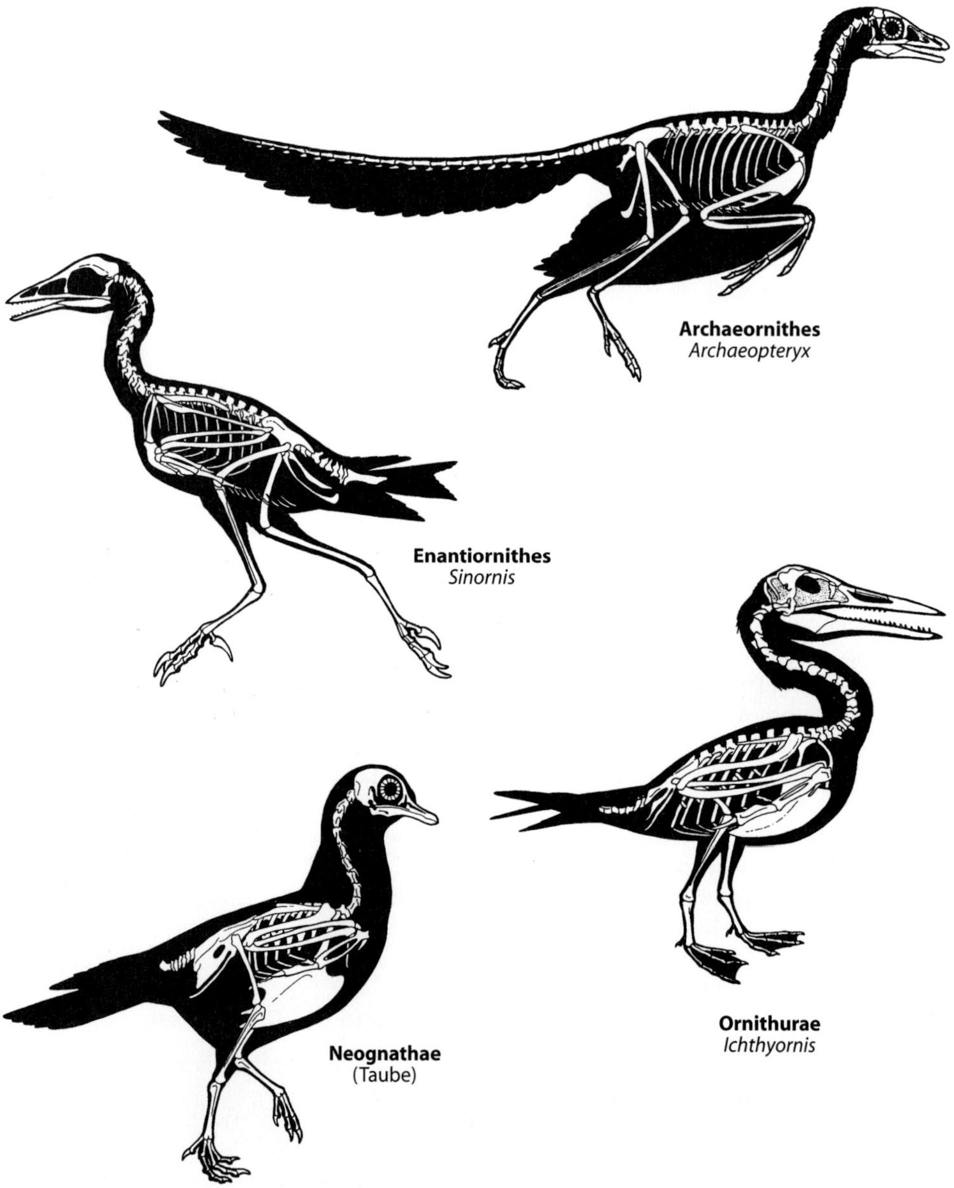


**Abb. 4.9.** Rekonstruktion repräsentativer urtümlicher Vögel (aus Chatterjee 1997)

Füße als Antrieb benutzten und den modernen Seetauchern ähneln, aber flugunfähig waren. Mitglieder der anderen Gruppe, die **Ichthyornithiformes**, ähneln Möwen. In der Kladistik bilden die vier Gruppen zusammen die **Ornithurae**, denen kein Rang zugeordnet ist. In der traditionellen Klassifikation gehören alle zu der lang etablierten Unterklasse **Neornithes.** Die rezenten Vögel sind in den Infraklassen Neognathae und Palaeognathae, die Vögel aus der Kreidezeit sind in einer dritten Infraklasse, den **Odontognathae**, zusammengefasst. Unglücklicherweise sind die

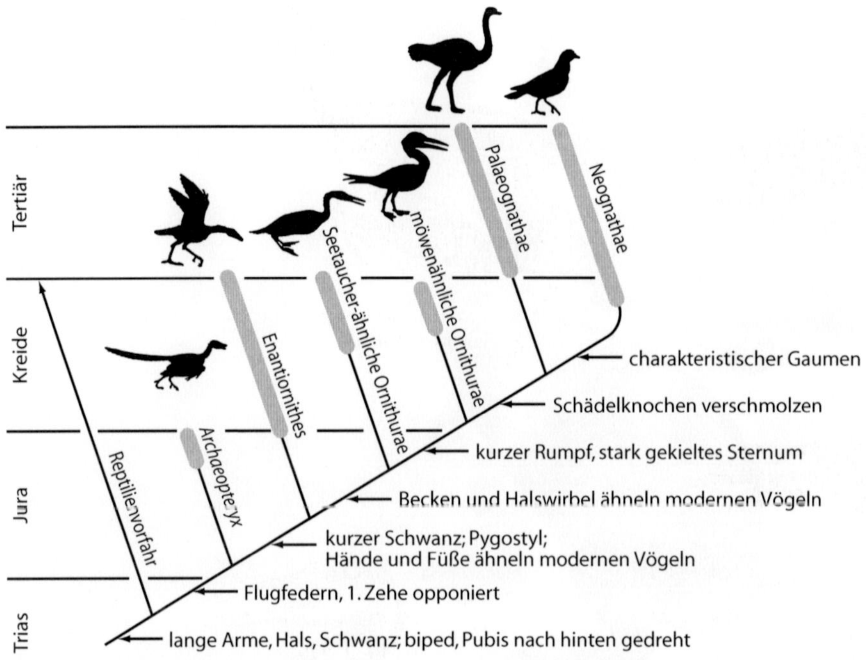


**Abb. 4.10.** Kladogramm der Vogelevolution. Pygostyl = klingenförmiger Knochen, der das Schwanzende bildet. Sternum = Brustbein (Bildsymbole nach Chatterjee 1997)

ausgestorbenen Gruppen wahrscheinlich nicht eng miteinander verwandt, so dass das Schema paraphyletisch ist.

## 4.5 Klasse Mammalia (Säugetiere)

Rezente Säugetiere sind jedem bekannt und gut abgrenzbar. Kinder lernen bereits, dass nur Säugetiere Haare und Milchdrüsen haben, die der Klasse ihren Namen geben. In den folgenden Kapiteln werden einzigartige Merkmale des Schädels, der Kiefer, der Zähne, des Ohrs, des Schultergürtels, des Beckens, der Muskeln, des Gehirns und anderer Strukturen vorgestellt. Säugetiere sind außerdem sehr zahlreich. Insgesamt sind etwa 3000 Gattungen bekannt, von denen 2000 ausgestorben sind.

Im Gegensatz zum Übergang von den Reptilien zu den Vögeln ist der Übergang von den synapsiden Reptilien zu den Säugetieren gut dokumentiert. So gut sogar, dass die konventionelle Grenze, die auf der Struktur der Kiefer, des Ohrs und des Craniums beruht, etwas künstlich ist (Synapsida S. 63).

### 4.5.1 Unterklasse Prototheria

Mehrere Ordnungen mesozoischer Prototheria sind bekannt. Die einzigen rezenten Mitglieder der Unterklasse bilden die Ordnung **Monotremata** (Kloakentiere), die das aquatische Schnabeltier Platypus (*Ornithorhynchus*) und die insektenfressenden Schnabeligel Echidna (*Tachyglossus*) und Proechidna (*Zaglossus*) umfasst (Abb. 4.11). Diese eigenartigen Tiere sind sowohl in Zoos als auch in ihrer Heimat Australien und Neuguinea selten. Könnte man nur ihren Schultergürtel betrachten, müssten sie mit Sicherheit als Reptilien eingestuft werden. Außerdem sind sie ovipar, also eierlegend, was ebenso einzigartig unter den Säugetieren ist. Die Jungen werden allerdings mit Milch ernährt und das Vor-

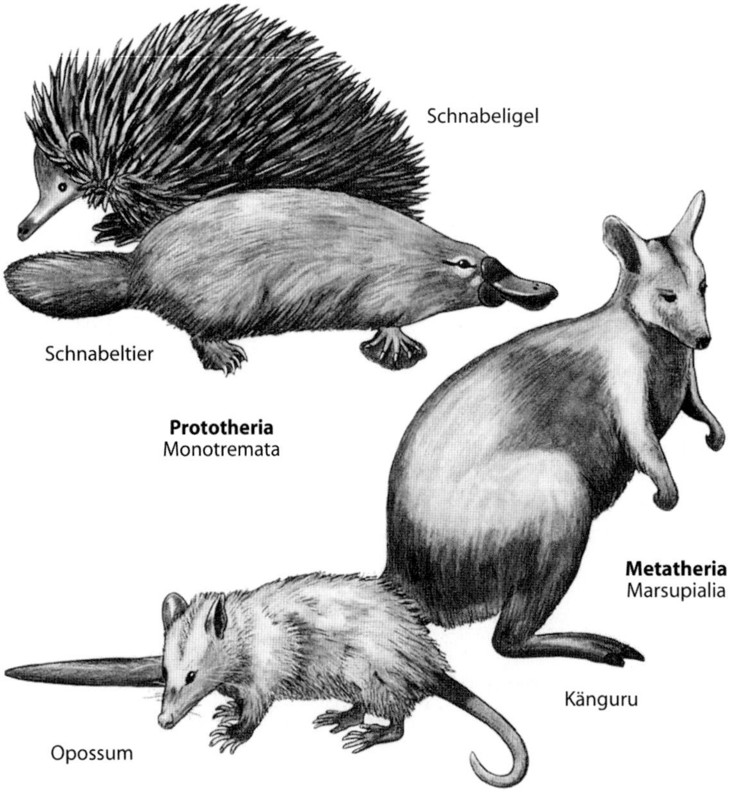


**Abb. 4.11.** Vertreter der Unterklasse Prototheria und der Infraklasse Metatheria. Diese Taxa sind jeweils durch die Ordnungen Monotremata und Marsupialia repräsentiert

handensein von Haaren und einem einzigen Knochen in jeder Unterkieferhälfte qualifiziert die Monotremata als Säugetiere.

### 4.5.2 Unterklasse Allotheria

Diese sehr unterschiedlichen Tiere lebten zur Zeit der Dinosaurier. Sie waren relativ kleine, herbivore oder omnivore Tiere. Die eine Ordnung **Multituberculata** ist nach den unverwechselbaren Zähnen benannt. Die Allotheria gelten nicht als Vorläufer anderer Gruppen.

### 4.5.3 Unterklasse Theria

Alle gut bekannten Säugetiere gehören zur Unterklasse **Theria.** Sie sind im Gegensatz zu den Prototheria vivipar, also lebend gebärend. Die ausgestorbene Infraklasse **Trituberculata** ist so alt wie die eierlegenden Säugetiere und steht wahrscheinlich dem Vorfahr der rezenten Säugetiere nahe. Ihre Mitglieder waren klein und vor allem wegen ihrer charakteristisch ausgebildeten Zähne bekannt. Zwei Infraklassen haben bis heute überlebt. Die **Metatheria** umfassen die einzige und sehr alte Ordnung **Marsupialia.** Opposums, Nasenbeutler, Gleitbeutler, Wombats, Koalas und Kängurus sind alle Marsupialier. Sie gebären winzige, sehr unreife Junge, die in einem Beutel, dem Marsupium, von der Mutter gesäugt werden, bis sie selbstständig sind.

Die andere rezente Infraklasse, die **Eutheria,** umfasst die Tiere, die gemeinhin als **Placentalia** bekannt sind. Diese Bezeichnung ist irreführend. Eine Placenta ist ein Organ, das einen physiologischen Austausch zwischen Mutter und Fötus ermöglicht. Manche Reptilien und sogar einige Fische und Amphibien haben Placenten und auch alle Marsupialia haben eine Placenta. Die Placenta der Marsupialia ist immer auf der Seite

**Abb. 4.12.** Vertreter aus neun Ordnungen der Infraklasse Eutheria

des Fötus durch die Wand des Dottersacks vaskularisiert (Choriovitellin-Placenta); die Placenta der Eutheria wird durch die Wand der Allantois vaskularisiert. Allerdings haben manche Marsupialia und einige Eutheria sowohl eine Allantoisals auch eine Dottersackzirkulation. Verschiedene Merkmale des Skeletts, des Fortpflanzungssystems und des Nervensystems liefern mehr technische, aber auch genauere Parameter, um die Infraklasse der Eutheria abzugrenzen.

Es gibt laut Expertenmeinung 17 oder mehr rezente und ungefähr ein Dutzend ausgestorbene Ordnungen von Eutheria. Eine Zusammenfassung der Schlüsselmerkmale der einzelnen Ordnungen muss Lehrbüchern für Säugetierkunde vorbehalten bleiben. Trotzdem werden wir uns in Teil II und vor allem in Teil III dieses Buches auf Vertreter aller rezenten Ordnungen beziehen. Deshalb ist es nützlich, sie hier vorzustellen (Abb. 4.12).

**Insectivora** (Insektenfresser) umfassen Spitzmäuse, Maulwürfe und Igel. Es handelt sich um kleine Tiere mit vielen scharfen Zähnen. Dies ist die älteste und ursprünglichste Ordnung der Infraklasse. **Dermoptera** (Pelzflatterer) werden nur durch die Gattung Malaien-Gleitflieger mit zwei Arten (Abb. 28.1) repräsentiert. Die einzigen wirklich flugfähigen Säugetiere sind die Fledermäuse, Ordnung **Chiroptera.** Die Ordnung **Primates** (Herrentiere) beinhaltet die Lemuren, Affen, Menschenaffen und den Menschen. Wie der Name andeutet, haben die **Edentata** (Zahnarme) nur sehr einfache oder gar keine Zähne. Zu dieser Gruppe gehören die Ameisenbären, die Faultiere und die Gürteltiere. Die Schuppentiere fressen auch Insekten, bilden aber die Ordnung **Pholidota** (Schuppentiere) (Abb. 25.2). Die Hasen, Kaninchen und ihre kleineren Verwandten, die Pfeifhasen, gehören zur Ordnung der **Lagomorpha** (Hasenartige). Die artenreichste Ordnung ist die Ordnung der **Rodentia** (Nagetiere), die Hörnchen, Biber, Ratten, Mäuse, Stachelschweine und eine Menge anderer kleiner Säugetiere mit Nagezähnen umfasst.

Wale und Delphine der Ordnung **Cetacea** (Waltiere) gehören zu den am meisten abgewandelten Säugetieren. Bären, Hunde, Wiesel, Waschbären, Zibetkatzen, Katzen, Hyänen und die meisten anderen fleischfressenden Säugetiere werden in der Ordnung **Carnivora** (Raubtiere), Unterordnung **Fissipedia** (Landraubtiere) zusammengefasst. Robben, Seelöwen und Walrösser bilden die Unterordnung **Pinnipedia** (Flossenfüßler). (Pinnipedia werden von manchen Autoren als eigene Ordnung betrachtet.) Das Erdferkel bildet allein die Ordnung der **Tubulidentata** (Röhrenzähner). Elefanten aus der Ordnung **Proboscidea** (Rüsseltiere) waren früher zahlenmäßig und in ihrer Vielfalt stärker vertreten als heute. Die untersetzten Schliefer aus Afrika und Asien bilden die Ordnung **Hyracoidea.** Die großen aquatischen Weidetiere, die Dugongs und Seekühe, sind die *Sirenia* (Seekühe) (Abb. 27.3). Pferde, Tapire und Rhinozerosse bilden die Ordnung **Perissodactyla** (Unpaarhufer). Die Bezeichnung bedeutet Einzeher und unterscheidet sie von den Paarzehern **Artiodactyla** (Paarhufer), zu denen Schweine, Kamele, Hirsche, Antilopen und Rinder zählen. Die Perissodactyla und Artiodactyla umfassen die meisten Huftiere und werden zusammen als **Ungulaten** bezeichnet, eine brauchbare Bezeichnung ohne systematischen Rang.

## Literatur


Ahlberg PE, Milner AR (1994) The origin and early diversification of tetrapods. Nature 368:507–514

Anderson S, Jones JK Jr (eds) (1984) Orders and families of recent mammals of the world, 2nd edn. Wiley, New York

Bellairs A d'A, Cox CB (1976) Morphology and biology of the reptiles. Academic Press, New York

Benton MJ (1990) Phylogeny of the major tetrapod groups: morphological data and divergence dates. J Molec Evol 3(5):409–424

Benton MJ (1990) Vertebrate paleontology. Chapman & Hall, New York

Burke AC, Feduccia A (1997) Developmental patterns and the identification of homologies in the avian hand. Science 278:666–668

Carroll RL (1988) Vertebrate paleontology and evolution. Freeman, New York

Chatterjee S (1997) The rise of birds: 225 million years of evolution. Johns Hopkins Univ Press, Baltimore. Ein verständliches Nachschlagewerk mit schönen Abbildungen

Chiappe LM (1995) The first 85 million years of avian evolution. Nature 378:349–355. Ein Übersichtsartikel

Chiappe LM (1995) A diversity of early birds. Nat Hist 104: 52–55

Cloudsley-Thompson JL (1999) The diversity of amphibians and reptiles. Springer, Berlin Heidelberg New York. Enthält Kapitel über Fortbewegung, Nahrungsaufnahme,

Feindvermeidungsstrategien, Fortpflanzung, Temperaturregulation und Wasserhaushalt

Duellman WE, Trueb L (1994) Biology of amphibians. Johns Hopkins Univ Press, Baltimore. Ein gutes Nachschlagewerk, hervorragende Abbildungen

Feduccia A (1996) The origin and evolution of birds, 2nd edn. Yale Univ Press, New Haven/CT. Die Abstammung der Vögel von frühen Archosauriern wird von einem glühenden Verfechter dieser These dargestellt

Ferguson MMJ (ed) (1984) Structure, development and evolution of reptiles. Symp Zool Soc Lond 52:1–697

Fraser N (1991) The true turtles' story. Nature 349:278–279. Grundlage, die Schildkröten als Unterklasse zu behandeln

Gans CA et al (eds) (1969) Biology of the reptilia. Academic Press, New York. Viele Bände sind publiziert, andere in Planung

Hinchliffe JR, Hecht MK (1984) Homology of the bird wing skeleton: embryological versus paleontological evidence. Evol Biol 18:21–39

King AS, McLelland J (eds) (1979–1989) Form and function in birds, Vols 1–4. Academic Press, New York

Norman D (1985) The illustrated encyclopedia of dinosaurs. Crescent Books, New York. Skelette, Rekonstruktionen. Geschichte, Evolution, Klassifizierung

Nowak RM (1999) Walker's mammals of the world, 2 vols, 6th edn. Johns Hopkins Univ Press, Baltimore

Padian K, Chiappe LM (1998) The origin and early evolution of birds. Biol Rev 73:1–42

Panchen AL, Smithson TR (1987) Character diagnosis, fossils, and the origin of tetrapods. Biol Rev 62:341–438

Pough FH et al (1998) Herpetology. Prentice Hall, Upper Saddle River/NJ. Klassifizierung, Verteilung, Physiologie, Fortbewegung, Verhalten, Kommunikation, Fortpflanzung

Ruben JA et al (1997) Lung structure and ventilation in theropod dinosaurs and early birds. Science 278:1267–1270

Shipman P (1998) Taking wing: Archaeopteryx and the evolution of bird flight. Simon & Schuster, New York

Starck D (1995) Lehrbuch der speziellen Zoologie. Band II: Wirbeltiere, Teil 5: Säugetiere. G Fischer, Jena

Sumida SS, Martin KLM (eds) (1997) Amniote origins. Academic Press, New York, 510 S

Van Tyne J, Berger AJ (1976) Fundamentals of ornithology. 2nd edn. Wiley, New York. Enthält ein Kapitel über Anatomie und eine Beschreibung jeder Familie

Vaughan T, Ryan J, Czaplewski N (2000) Mammalogy, 4th edn. Harcourt, Fort Worth/TX

Welty JC, Baptista L (1988) The life of birds, 4th edn. Saunders, Philadelphia

Zug GR (1993) Herpetology: an introductory biology of amphibians and reptiles. Academic Press, New York

# Teil 2 Die Phylogenie und Ontogenie von Strukturen

## Evolution in Bezug auf die Zeit und die Haupttaxa

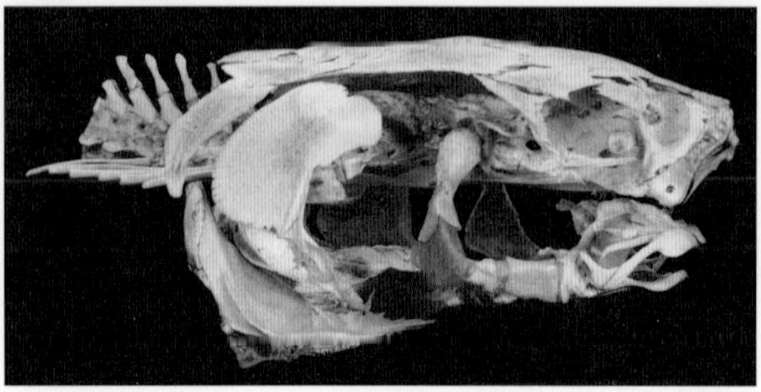

# 5 Frühe Entwicklung

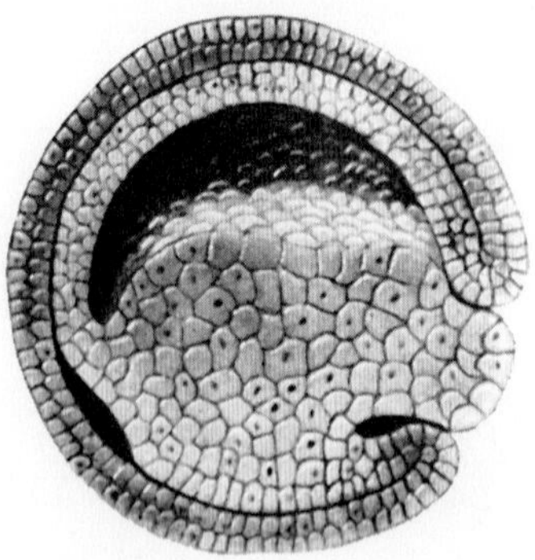

Embryologie wird oft vor oder gleichzeitig mit der Morphologie studiert. Dieses kurze Kapitel gibt eine Einleitung zu den wichtigen Aspekten der frühen Entwicklung für Leser, die sich mit der Embryologie noch nicht beschäftigt haben, und bietet eine Auffrischung für diejenigen an, die bereits Kenntnisse darin haben. Die spätere Entwicklung wird in den folgenden Kapiteln betrachtet. Vor der Beschreibung der Entwicklung ist es jedoch von Nutzen, die Basis für die lange, wichtige und enge Beziehung zwischen Embryologie und Morphologie herzustellen.

## 5.1 Embryologie und Morphologie

### 5.1.1 Entwicklung und Ahnenreihe

Für den aufmerksamen Studenten ist es offensichtlich, dass die Entwicklung des Individuums vom Ei bis zum Erwachsensein (Ontogenie) und die Herkunft der Spezies (Phylogenie) eng miteinander verknüpft sind. Nach der Veröffentlichung von Darwins *The Origin of Species* 1859 wurde diese Beziehung in Beobachtungen und Spekulationen thematisiert. Haeckel schrieb 1866, dass die Ontogenie die phylogenetische Veränderung rekapituliert oder wiederholt. Das Studium der Embryologie, sagte er, gibt Aufschluss über die Herkunft. Es ist zum Beispiel faszinierend, dass der Pharynx, das Herz und die damit verbundenen Arterien des Säugerembryos denjenigen der Fische ähnlicher sind als denen adulter Säuger.

In einem kleinen Buch, das 1930 veröffentlicht wurde, bemerkte de Beer, dass die Rekapitulation nicht die einzige Beziehung zwischen Embryonen und Vorfahren ist. Dafür einige Beispiele:

- Der Embryo kann eine Struktur haben, die weder bei dem adulten Vorfahren noch bei dem adulten Nachkommen vorhanden ist. Der Eizahn, den das Hühnchen beim Schlüpfen benutzt, ist dafür ein Beispiel (Abb. 5.1).
- Eine Struktur, die sowohl beim Embryo als auch beim Adulten des Vorfahrs vorhanden war, kann rudimentär werden (z. B. die Beckenknochen der Wale; Abb. 1.2) oder sogar ganz verloren gehen.

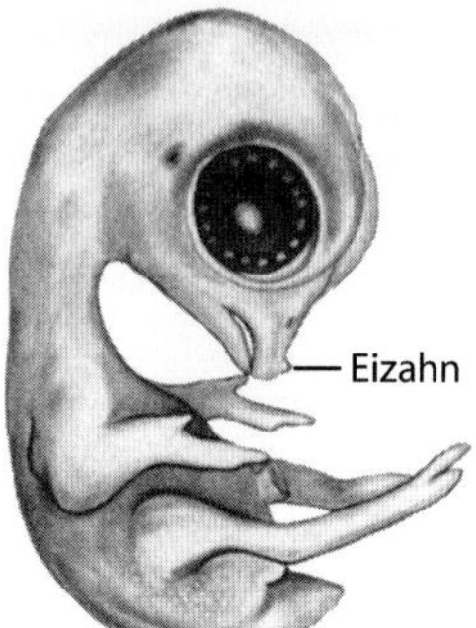


**Abb. 5.1.** Der Eizahn der Vögel stellt eine embryonale Struktur dar, die weder beim Adulten noch bei einem Vorfahren vorhanden war

*Seite 77:* Schädel eines Störs; per Hand gereinigt und gefriergetrocknet

**Abb. 5.2.** Die Kiemen des Furchenmolchs *Necturus* stellen eine embryonale bzw. larvale Struktur dar, die vom Adulten beibehalten wird. Vgl. den Salamander (Abb. 4.2)

- Strukturen, die früher nur in der Larve oder im Embryo vorhanden waren, können bei der Adultform des Nachkommen wieder auftreten. Die Kiemen bestimmter Salamander sind dafür gute Beispiele (Abb. 5.2).
- Der Embryo des Nachkommen kann zwar frühe Entwicklungsstadien, aber nicht späte Entwicklungsstadien des Vorfahren wiederholen. So ähnelt der Kiemenapparat des Säugerembryos demjenigen von urtümlichen Fischlarven, rekapituliert aber niemals die funktionellen Kiemen eines adulten Fisches.
- Die Entwicklungssequenz beim Vorfahren kann von den Nachkommen verändert werden. Zum Beispiel werden das Muskelsystem und das Verdauungssystem larvaler Amphibien funktionsfähig, bevor sich die Gliedmaßen bilden, während bei Vögeln und Säugern erst die Gliedmaßen entstehen. Obwohl diese Beobachtungen nicht umstritten waren, trat ihr Einfluss in den Hintergrund, weil sie zu einer Zeit aufkamen, in der die Genetik über mehrere Jahrzehnte die Embryologie als die aufregendste Begleitwissenschaft der Evolutionsmorphologie ablöste.

In den letzten Jahren hat sich ein neues, sehr dynamisches Feld entwickelt, das wir **Evolutionsentwicklungsbiologie** nennen. Das Hauptaugenmerk hat sich vom Produkt (was das Anliegen von de Beer war) auf den Vorgang verlagert. Es wird nach den Wechselwirkungen zwischen der Entwicklungsgenetik und Mechanismen der Morphogenese gesucht. Dabei kann die Evolutionstheorie durch direkte Experimente überprüft werden.

### 5.1.2 Heterochronie

Ein wichtiger Mechanismus der evolutionären Veränderung ist die **Heterochronie**. Sie bedeutet, dass sich Zeitverlauf oder Geschwindigkeit eines Entwicklungsprozesses zwischen Vorfahr und Abkömmling verändert. Dabei gibt es mehrere Möglichkeiten:

- Wenn die Entwicklung der somatischen Merkmale, aber nicht diejenigen der Geschlechtsorgane bei dem Nachkommen beschleunigt ist, ist das Ergebnis die **Rekapitulation** im klassischen Sinne. Das bedeutet, dass die Merkmale des adulten Vorfahren zu juvenilen Merkmalen des Abkömmlings werden. So machen die symmetrischen Schwänze der modernen Fische ein unsymmetrisches Entwicklungsstadium durch, das dem adulten Schwanz der Vorfahren ähnelt.
- Wenn die Entwicklung nur für das Fortpflanzungssystem beschleunigt ist – ein Vorgang,

der **Progenese** heißt – oder für eine oder mehrere somatische Merkmale verlangsamt ist – man nennt dies **Neotenie** –, dann ist der entstehende Zustand eine **Pädomorphose**, also das Beibehalten von juvenilen Merkmalen des Vorfahren bei den adulten Abkömmlingen. Pädomorphose durch Progenese betrifft die meisten Teile des Körpers und wird in Theorien zur Herkunft der Vertebraten zitiert (s. S. 31). Pädomorphose durch Neotenie betrifft in der Regel nur einen Teil des Körpers und kommt häufig vor. Das Beispiel von larvalen Kiemen bei adulten Salamandern fällt in diese Kategorie. Neotene Merkmale bei Menschen beinhalten die nackte Haut, ein großes Gehirn, einen kurzen Kiefer, das Fehlen von Oberaugenwülsten und eine späte sexuelle Reife. Neotene Merkmale von mesozoischen und rezenten Lungenfischen beinhalten die Zahl und die Form der Flossen und die Art der Schuppen. Das Skelett von Salamandern liefert weitere Beispiele.

- Wenn schließlich die Reifung des Fortpflanzungsapparates verlangsamt ist, dehnt sich die Ontogenie über die vom Vorfahren erreichten Grenzen aus. Dies führt in der Regel zu einem Tier mit vergrößerten Körpermaßen und erhöhter Komplexität bestimmter Körperteile. Das enorme Wachstum und die Verzweigung des Geweihes eines großen, ausgestorbenen Elchs ist ein klassisches Beispiel. Dieser Vorgang wird **Hypermorphose** genannt.

### 5.1.3 Entwicklungsbedingte Einschränkungen der Formbildung

Der Entwicklungsprozess schränkt die Ausgestaltung der Adultform ein. Evolutionäre Veränderung entsteht nur durch Veränderungen in der Entwicklung. Die Entwicklungsmechanismen sind über die Zeit hin stabil und sind wenig variabel. Nur ein Bruchteil der vorstellbaren adulten Formen hat sich jemals entwickelt. Früher glaubte man, dass dies ausschließlich durch den Selektionsdruck zustande kommt, der Tendenzen zu Formen, die nicht auftreten, eliminiert. Heute hat man erkannt, dass viele Formen deswegen nicht möglich sind, weil sie durch die schon lange bestehenden Entwicklungsmechanismen nicht hervorgebracht werden können. Es ist richtig, dass sogar eine kleine Veränderung in einem etablierten Prozess, vor allem, wenn sie früh während der Ontogenese auftritt, zu einer starken Veränderung der adulten Form führen kann. Die Art solcher Veränderungen ist indessen begrenzt. Sie können z. B. die Folge von Veränderungen in Enzymkonzentrationen oder Modifizierungen in der Beweglichkeit von Vorläuferzellen sein. Gewöhnlich folgen sie aus Veränderungen in der zeitlichen und räumlichen Abfolge von Entwicklungsvorgängen.

Die Tatsache, dass Entwicklungsprozesse stabiler sind als ihre Produkte, wurde experimentell gezeigt. Wenn man den Einfluss der benachbarten Gewebe verändert, können die Zellen, die den Kieferanlagen eines Hühnchenembryos aufliegen, dazu veranlasst werden, wie bei urzeitlichen bezahnten Vögeln Zahnschmelz zu bilden. Ein beeindruckendes Beispiel betrifft das Vogelbein. Die Vorfahren der Vögel unter den Reptilien hatten eine voll entwickelte Fibula am Hinterbein, fünf Metatarsalia und mehrere Tarsalia. Der Vogel aus dem Jura, *Archaeopteryx*, hatte noch die komplette Fibula, drei Metatarsalia und zwei freie Tarsalia (Abb. 5.3). Die drei Metatarsalia der modernen Vögel sind beim Embryo noch getrennt, beim Adulten aber verschmolzen (ein Beispiel für Rekapitulation). Zwei Tarsalia können beim Embryo noch nachgewiesen werden, verbinden sich aber während der Entwicklung mit der Tibia, und die verkürzte Fibula erreicht bemerkenswerterweise nicht mehr das Fußgelenk. Durch Erhöhung des Einflusses des fibula-bildenden Gewebes erreicht der französische Experimentator Hampé bei einem Hühnchen, dass sich eine Fibula in der vollen Länge ausbildete, wie sie bei den Vorfahren gefunden wird. Die Ausbildung dieses Knochens wiederum führte dazu, dass die Metatarsalia und mehrere Tarsalia frei blieben. Es wurde also ein Bein geschaffen, das in seinem Muster urtümlicher war als das von *Archaeopteryx*. Offensichtlich haben moderne Vögel noch das Potential, ein Bein wie bei einem Vorfahren zu bilden. Der Entwicklungsprozess hat sich im Laufe der Zeit verändert, wurde aber nicht zu Gunsten eines neuen Prozesses völlig aufgegeben.

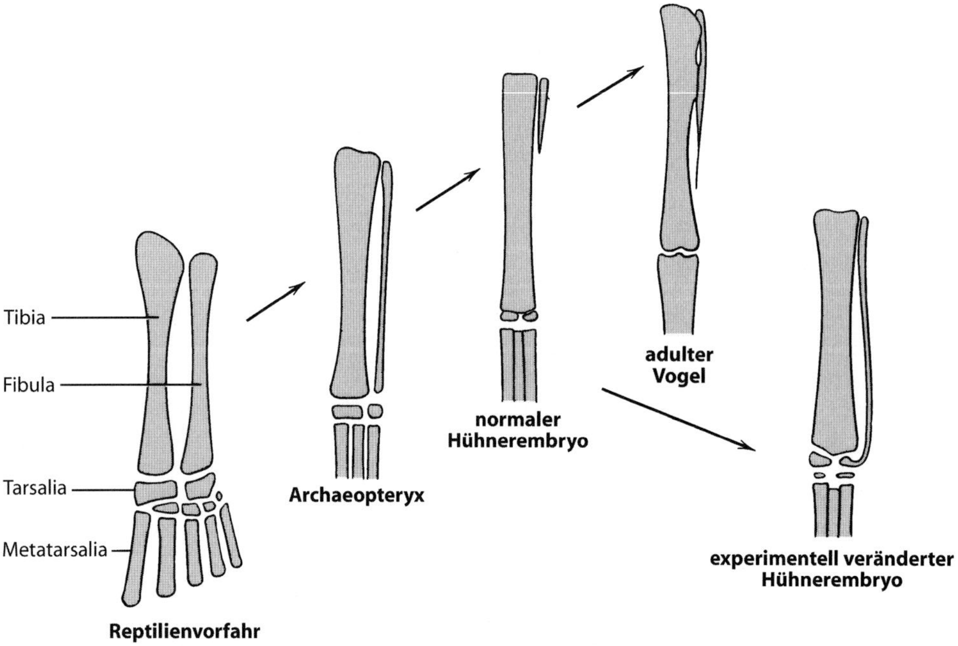


**Abb. 5.3.** Wiederherstellung der ursprünglichen Form durch experimentelle Veränderung der normalen Entwicklung beim Huhn

## 5.2 Gameten und Befruchtung

Die reifen Geschlechtszellen oder **Gameten** sind das männliche **Spermium** und das weibliche **Ovum** oder Ei. Wir erinnern uns, dass jedes einen haploiden oder einfachen Satz von Chromosomen enthält. Die Spermien der Vertebraten variieren sehr stark in ihrem Erscheinungsbild (Abb. 5.4), haben aber immer einen **Kopf**, der den Nucleus enthält, ein **Mittelstück** mit den Mitochondrien für die Energiegewinnung und eine **Geißel**, welche die Zelle vorwärts treibt. Der Kopf kann rund, spatelförmig, hakenförmig, lanzettförmig oder spiralig sein. Er enthält im vorderen Teil ein lysosomales Organell, das **Acrosom**.

Die kleinen Eier von *Branchiostoma* enthalten wenig Dotter und werden daher **oligolecithal** genannt. Dies könnte der ursprüngliche Zustand bei den Chordaten gewesen sein, die meisten Vertebrateneier haben aber entweder mäßige Mengen an Dotter (**mesolecithal**), wie z.B. bei Neunaugen, Chondrostei und Amphibien, oder aber sie sind sehr dotterreich (**telolecithal**), wie bei den meisten Fischen, Reptilien, Vögeln und Monotremata. Eutherische Säuger, die eine Placenta haben, um den Embryo zu ernähren, brauchen keinen Dotter mehr, ihre Eier sind oligolecithal (Abb. 5.5). Dotter ist ein komplex zusammengesetztes Material, das Zucker, Proteine, Phospholipide und neutrale Fette enthält. Der Dotter, sofern in großer Menge vorhanden, ist auf einer Seite des Eies, am **vegetativen Pol**, konzentriert, auf der anderen Seite des Eies verbleibt eine Region mit klarerem Cytoplasma und dem Nucleus, der **animale Pol**. Die Stoffwechselaktivität ist zunächst am animalen Pol am höchsten. Es kann ein Gradient bei der Pigmentierung vorhanden sein. Die animal-vegetative Achse ist ein Ausdruck der Radiärsymmetrie des Eies.

Das Ei ist von einer dünnen **Vitellinschicht** umgeben. Eier von therischen Säugetieren werden außerdem von einer dickeren **Zona pelluci-**

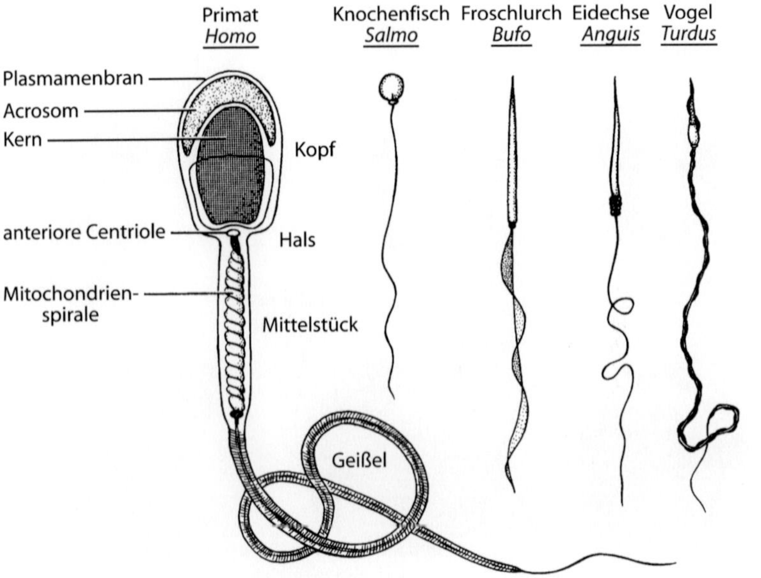


**Abb. 5.4.** Beispiele von Wirbeltierspermien

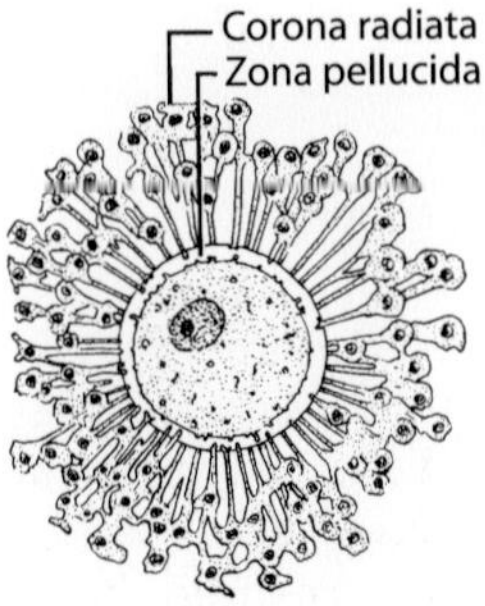


**Abb. 5.5.** Schnitt durch ein Säugerei nach der Ovulation und vor der Befruchtung

**da** und einer großen **Corona radiata** umgeben, einer Schicht von zusammenhängenden Zellen aus dem Eifollikel. Die Eier anderer Vertebraten können nach der Ovulation von gallertigen Schichten (Amphibien) oder von Albumen, dem „Eiklar" des Hühnereis (Vögel), und auch von hornigen, membranösen oder verkalkten Kapseln oder Schalen umgeben sein (viele Fische, Reptilien, Vögel).

Das Durchdringen der Hüllschichten, der Eimembran und des Eies durch ein Spermium ist ein komplizierter Vorgang, der sowohl enzymatische als auch physikalische Interaktionen zwischen Spermienacrosom und der Eiperipherie beinhaltet, wobei jeder Partner beeindruckende Veränderungen durchmacht. Das Eindringen des Spermiums aktiviert das Ei. Das Verschmelzen des Spermienkerns mit dem Eikern führt dann zur Wiederherstellung des diploiden (d.h. doppelten) Chromosomensatzes. Hemmmechanismen in den Hüllschichten, in der Plasmamembran oder im Cytoplasma stellen sicher, dass nur ein Spermium an der Einleitung der Eientwicklung beteiligt ist.

## 5.3 Furchung

Das befruchtete Ei, die **Zygote**, wird durch Zellteilungen, die **Furchungsteilungen,** in einen vielzelligen Embryo umgewandelt. Während der Furchung, die mit der Bildung der **Blastula** endet, werden die individuellen Tochterzellen **Blastomere** genannt. Der Ablauf der Furchung und die Struktur der Blastula sind beide eng an die Dottermenge gekoppelt (Abb. 5.6).

Die oligolecithalen Eier von *Branchiostoma* machen eine **totale** oder holoblastische Furchung durch, d.h. die Teilungsfurchen durch-

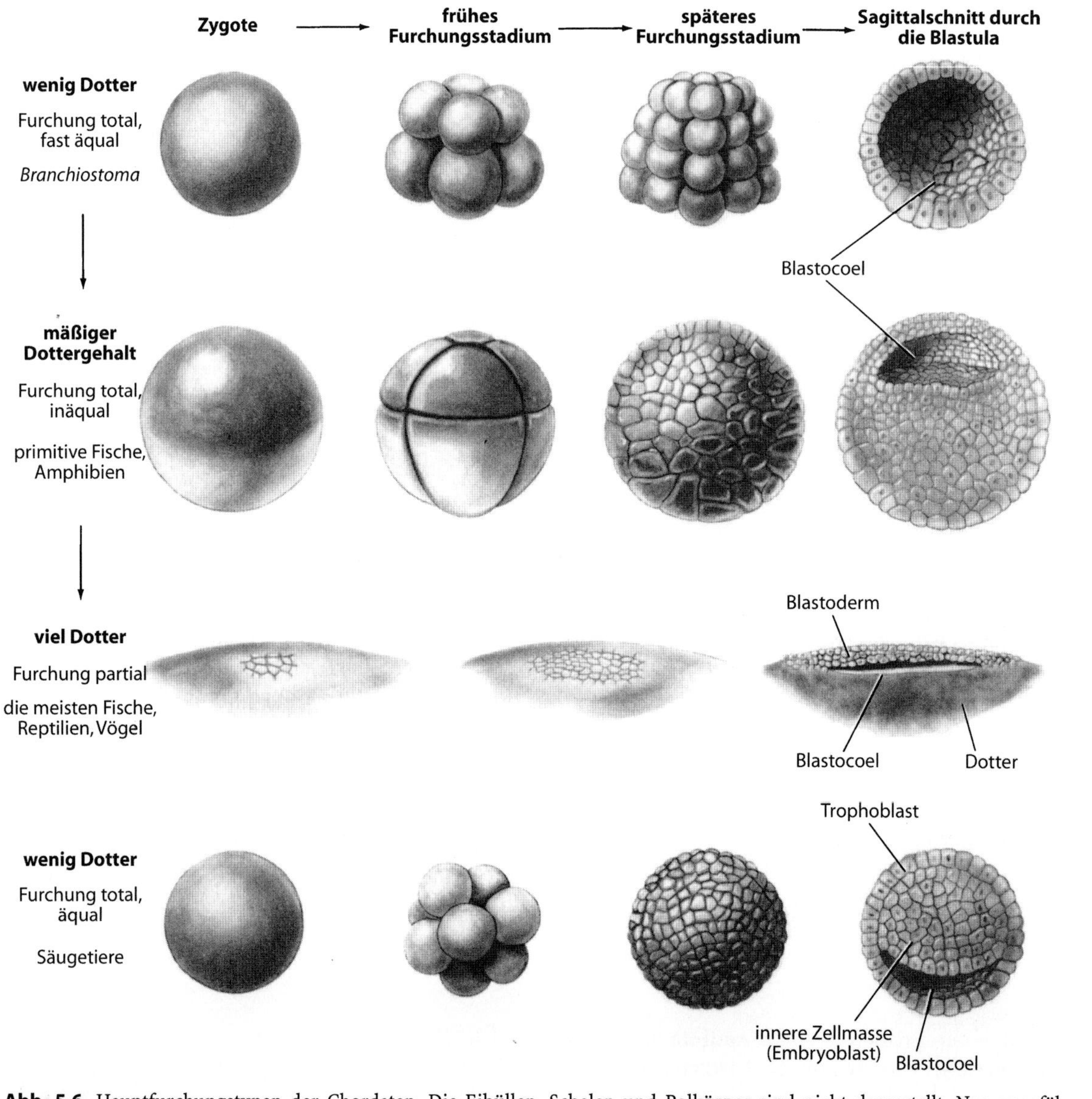


**Abb. 5.6.** Hauptfurchungstypen der Chordaten. Die Eihüllen, Schalen und Polkörper sind nicht dargestellt. Nur ungefähre Größenverhältnisse

dringen den gesamten Ei-Inhalt. Außerdem ist die Furchung zunächst **äqual**, weil die 3. Furchung das Ei in etwa am Äquator teilt und alle Blastomeren zu diesem Zeitpunkt ungefähr die gleiche Größe haben. Die entstehende Blastula ist ein Ball von Zellen mit einem Hohlraum, dem flüssigkeitsgefüllten **Blastocoel**.

Die Furchung von mesolecithalen Eiern ist ebenfalls total, aber die größere Menge des Dotters in der vegetativen Hemisphäre ist eine Behinderung, welche die Zellteilung verzögert. Deshalb ist die Entwicklung dort langsamer, nach den ersten beiden Teilungen (die vertikal sind) sind die Blastomeren in der Nähe des ve-

## Exkurs 5.1

### Hox-Gene und Entwicklung: Fenster zur Evolution

Weil wir annehmen, dass vielzellige Tiere sich wahrscheinlich nur einmal entwickelt haben, müssen ihre unterschiedlichen Baupläne durch Transformation eines einzelnen ursprünglichen Plans entstanden sein. Forschungsergebnisse deuten darauf hin, dass die Diversität der Körperbaupläne Folge der Variation eines gemeinsamen genetischen Kontrollmechanismus ist. Die Entwicklung eines vielzelligen Organismus setzt voraus, dass die Genexpression in jeder Zelle in der richtigen Reihenfolge und zur richtigen Zeit reguliert wird. Wichtige Gene, die homeotische oder *Hox*-Gene genannt werden, kontrollieren grundlegende Merkmale wie die Polarität entlang der Anterior-Posteriorachse und dort, wo Extremitäten vorkommen, ihre segmentale Anordnung und ihren Aufbau. Erstaunlicherweise gibt es überzeugende Hinweise, dass, seit sich das erste *Hox*-Gen vor Hunderten von Millionen Jahren entwickelt hat, seine grundlegenden Regulationsfunktionen von allen abgeleiteten Gruppen einschließlich der Vertebraten beibehalten wurden. Diese Tatsache stellt ein Fenster dar, durch welches man nicht nur Entwicklungsmechanismen, sondern auch Evolutionsmuster betrachten kann.

Wenn ein *Hox*-Gen von *upstream*-Genen in unterschiedlichen Entwicklungsstadien aktiviert wird, werden Proteine synthetisiert, die dann ihrerseits selektiv verschiedene strukturelle *downstream*-Gene aktivieren, die dafür verantwortlich sind, dass die präzise Form bestimmter Körpersegmente entsteht. In den frühen Jahren des 20. Jahrhunderts beobachteten Genetiker, dass Gendefekte und demzufolge Fehler in der Gentranskription während der frühen Entwicklung von *Drosophila* zu bizarren Umwandlungen eines Körpersegments in ein anderes führten. Eine Fliegenmutante konnte z. B. ein Paar Beine am Kopf bilden, wo eigentlich die Antennen sein sollten. Dabei verhielten sich die embryonalen Zellen, die ihre *Hox*-Gene exprimierten, als hätten sie sich in der Position entlang der Anterior-Posteriorachse des Embryos geirrt. Statt nur einem *Hox*-Gen (was dem hypothetischen frühen Metazoen-Zustand entsprechen würde), gibt es bei Drosophila acht *Hox*-Gene, die linear auf einem einzelnen Chromosom angeordnet sind. Diese acht *Hox*-Gene bilden zusammen ein Cluster. Diese Anordnung auf einem einzelnen Chromosom ist eine Organisation, die bei den meisten Invertebraten gefunden wird. Man nimmt an, dass sie das Ergebnis von Duplikationsvorgängen des einzelnen ursprünglichen *Hox*-Gens ist. Es gibt immer mehr Hinweise darauf, dass die *Hox*-Gene der Vertebraten (die hauptsächlich bei Säugern, z. B. der Maus und dem Menschen, untersucht werden), eine strukturelle Organisation und ein Expressionsmuster besitzen, die sie zu molekularen Homologen der *Hox*-Gene von *Drosophila* und den frühesten Metazoen machen. Der Wirbeltierzustand, bei dem *Hox*-Gene in vier Clustern auf vier getrennten Chromosomen (im haploiden Stadium) angeordnet sind, soll durch zwei Duplikationsvorgänge und durch Spaltung entstanden sein. Während dieser Evolution haben Fehler bei der Gen-Duplikation und Transposition zu einer Veränderung in der Funktion mancher Gene und zu einer Vergrößerung ihrer Anzahl geführt. Innerhalb eines jeden *Hox*-Genes gibt es eine Sequenz von Basenpaaren (eine Homeobox), die hochkonserviert ist nicht nur innerhalb des linearen Clusters eines Chromosoms, sondern auch chromosomenübergreifend. Bei jeder Art sind es die Interaktionen der multiplen *Hox*-Gene, die spezifische Formbildung bewirken. Den genauen Mechanismus kennenzulernen ist Ziel intensiver Forschungsarbeit.

Bei *Drosophila* spiegelt der Name eines jeden *Hox*-Gens im Cluster seine primäre Auswirkung wider (z. B. *labial*, und *sex comb reduced*) und erhält eine entsprechende Abkürzung (*lab, Scr*). Bei Vertebraten gibt nicht der regulatorische Effekt den Namen, sondern ein Gen wird ganz einfach als *Hox-A*, *Hox-B*, *Hox-C* oder *Hox-D* benannt, um seine Lokalisierung auf einem der vier *Hox*-Chromosomen darzustellen. Außerdem erhält es eine Zahl zwischen 1 und 13, um seine Anterior-Posterior-Position innerhalb des Clusters wiederzugeben. Zum Beispiel bedeutet *Hox-A1* das am weitesten anterior gelegene Gen auf dem ersten Chromosom. Abgesehen von der Erhaltung der Anterior-

**Exkurs 5.1 (Fortsetzung)**

Posterior-Anordnung der Homeobox-Gene bei *Drosophila* und bei Säugern während ihrer langen Evolution ist es auffällig, wenn auch nicht kausal erklärbar, dass die diesbezügliche Genexpression dem gleichen Muster folgt. So werden z.B. bei *Drosophila* im Alter von ungefähr 10 Stunden und bei der Maus im Alter von ungefähr 12 Tagen die molekularen Homologe *lab* bei der Fliege und (durch Duplikation) *Hox-A1*, *Hox-B1* und *Hox-D1* bei der Maus aktiv, zumindest teilweise gefolgt von den entsprechenden Äquivalenten *Scr* (Fliege) bzw. *Hox-A5*, *Hox-B5* und *Hox-C5* (Maus).

Evolutionsmorphologen untersuchen die Effekte der *Hox*-Gene sowie anderer regulatorischer Gene, die nicht in diesen Clustern auftreten. Die zur Verfügung stehenden Techniken, wie die Immunlokalisation und die *In-situ*-Hybridisierung, erlauben es, herauszufinden, wann und wo diese Gene die Entwicklung beeinflussen. Alte Fragen über den Ursprung und die Evolution der paarigen Flossen, der Kiemenbögen, der Wirbeldifferenzierung und der Hirnentwicklung werden erneut untersucht (Abb. 8.2). In welchem Ausmaß sind die regulatorischen Gene verschiedener Hauptaxa wirklich echte molekulare Homologe? Was sind die Konsequenzen von Mutationen, die *upstream* eines regulatorischen Gens auftreten? Und was sind die Konsequenzen von solchen Mutationen, die *downstream* auftreten? Zeigen *Hox*-Gene eine Evolution? Sind Sie neugierig geworden? Dann sollten Sie im Literaturverzeichnis nach weiterführenden Arbeiten suchen.

getativen Pols außerdem größer als diejenigen in der Nähe des animalen Pols. Ab der 3. Furchung werden die folgenden Teilungen **inäqual** genannt und das Blastocoel wird in die animale Hemisphäre verlagert.

Die Dottermasse telolecithaler Eier ist zu groß, um von den Teilungsfurchen durchdrungen zu werden. Die Furchung ist daher **partiell** (discoidal, meroblastisch) und auf die relativ kleine, dotterfreie Region am animalen Pol beschränkt. Das entstehende scheibenförmige, zelluläre **Blastoderm** wird von der ungefurchten Dottermasse durch einen engen Spaltraum getrennt.

Die Furchung der oligolecithalen Eier von Säugern ist wiederum total und äqual, aber die Orientierung der Teilungsfurchen ist weniger regelmäßig als bei *Branchiostoma*. Die Blastula zeigt Sonderung in den **Trophoblasten**, einer oberflächlichen Zellschicht, die eine innere Zellmasse, den **Embryoblasten**, umgibt (Abb. 5.6).

Das Blastocoel ist zum vegetativen Pol hin verlagert. Es ist wichtig, dass die Blastula der Vertebraten unabhängig von Größe und Form aus einem Blastem mit mehreren hundert Zellen besteht. Unter den Faktoren, welche die spätere Bilateralsymmetrie festlegen, können je nach Taxon die Schwerkraft oder der Ort des Eindringens des Spermiums eine Rolle spielen.

## 5.4 Gastrulation und Keimblattbildung

Die Blastula wird durch eine Vielzahl von Umordnungsvorgängen, die insgesamt als **Gastrulation** bezeichnet werden, zu einem Embryo umgeformt, der gemeinhin **Gastrula** genannt wird. Das Gastrulastadium erscheint z.B. bei *Branchiostoma* morphologisch zunächst nur zweischichtig, enthält aber Zellen dreier Anlagenbereiche oder **Keimschichten**.

*Branchiostoma* zeigt die einfachste und ursprünglichste Form der Gastrulation. Beim Vorgang der **Invagination** faltet sich die vegetative Hemisphäre der Blastula nach innen und dehnt sich aus, so dass sie unter der Zellschicht der animalen Hemisphäre zu liegen kommt (Abb. 5.7). Dabei verdrängt sie das Blastocoel und bildet einen doppelwandigen Becher. Die Ränder des Bechers nähern sich dann einander an, wie wenn die Schnüre eines Beutels zusammengezogen werden, bis nur noch eine kleine Öffnung, der **Blastoporus** bleibt. Der Embryo hat nun eine neue Höhlung, das **Gastrocoel**. Diese Zellbewegungen veranlassen den Embryo, sich als Antwort auf die Schwerkraft so zu drehen, dass die animal-vegetative Achse horizontal statt vertikal ausgerichtet ist und die künftige dorsale

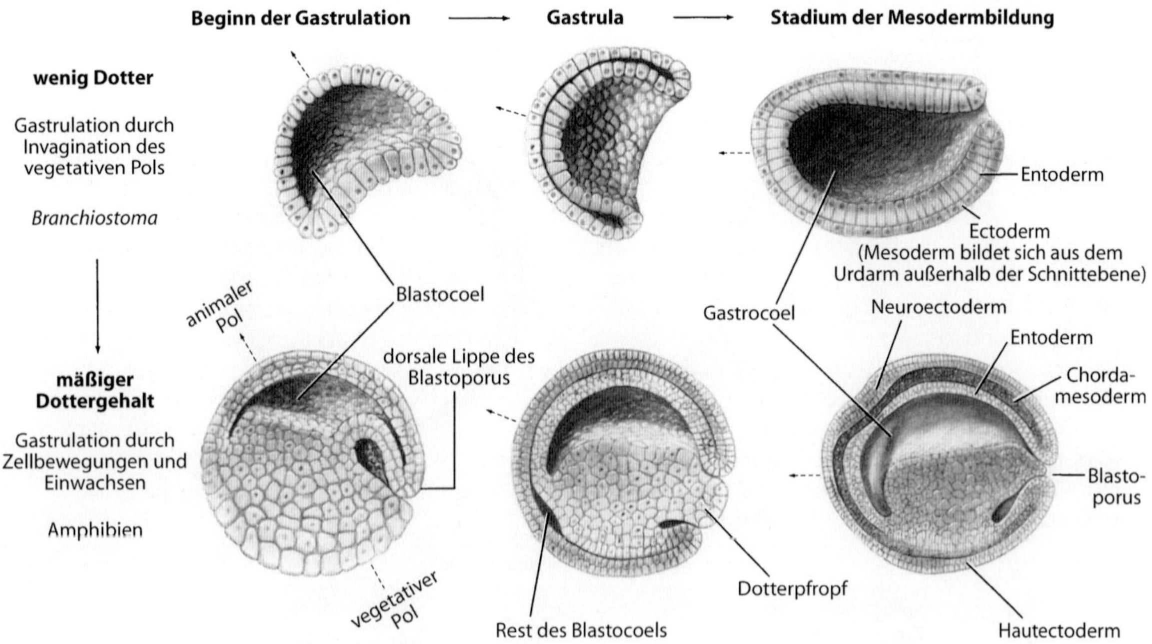


**Abb. 5.7.** Einige Gastrulationstypen bei Chordaten, die nicht durch große Dottermassen kompliziert sind. Sagittalschnitte

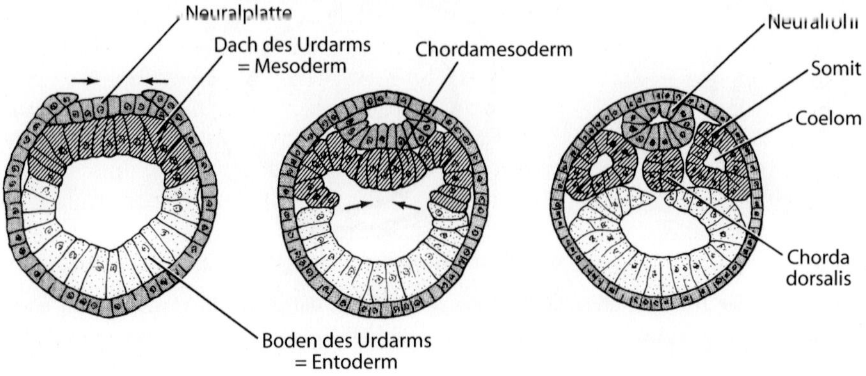


**Abb. 5.8.** Aufeinanderfolgende Stadien bei der enterocoelischen Mesoderm- und Coelombildung bei *Branchiostoma*. Querschnitte

Oberfläche des Embryos oben (dem Betrachter zugewandt) zu liegen kommt. Die äußere Keimschicht wird nun **Ectoderm** genannt. Da der Darmkanal des adulten Tieres hauptsächlich aus der inneren Keimschicht des Embryos entsteht, wird diese als **Archenteron** oder **Urdarm** bezeichnet. Wie in Abb. 5.8 gezeigt, bildet sich die Chorda dorsalis aus der dorsalen Wand des Urdarms und das **Mesoderm** oder die mittlere Keimschicht entsteht aus einer Reihe von dorsolateralen Aussackungen des Urdarms. Die Hohlräume in diesen Taschen werden das **Coelom** (die sekundäre Leibeshöhle). Diese Art der Mesoderm- und Coelombildung wird **Enterocoelie** genannt. Sie tritt bei Vertebraten nicht auf, scheint aber die Chordaten, die Hemichordaten

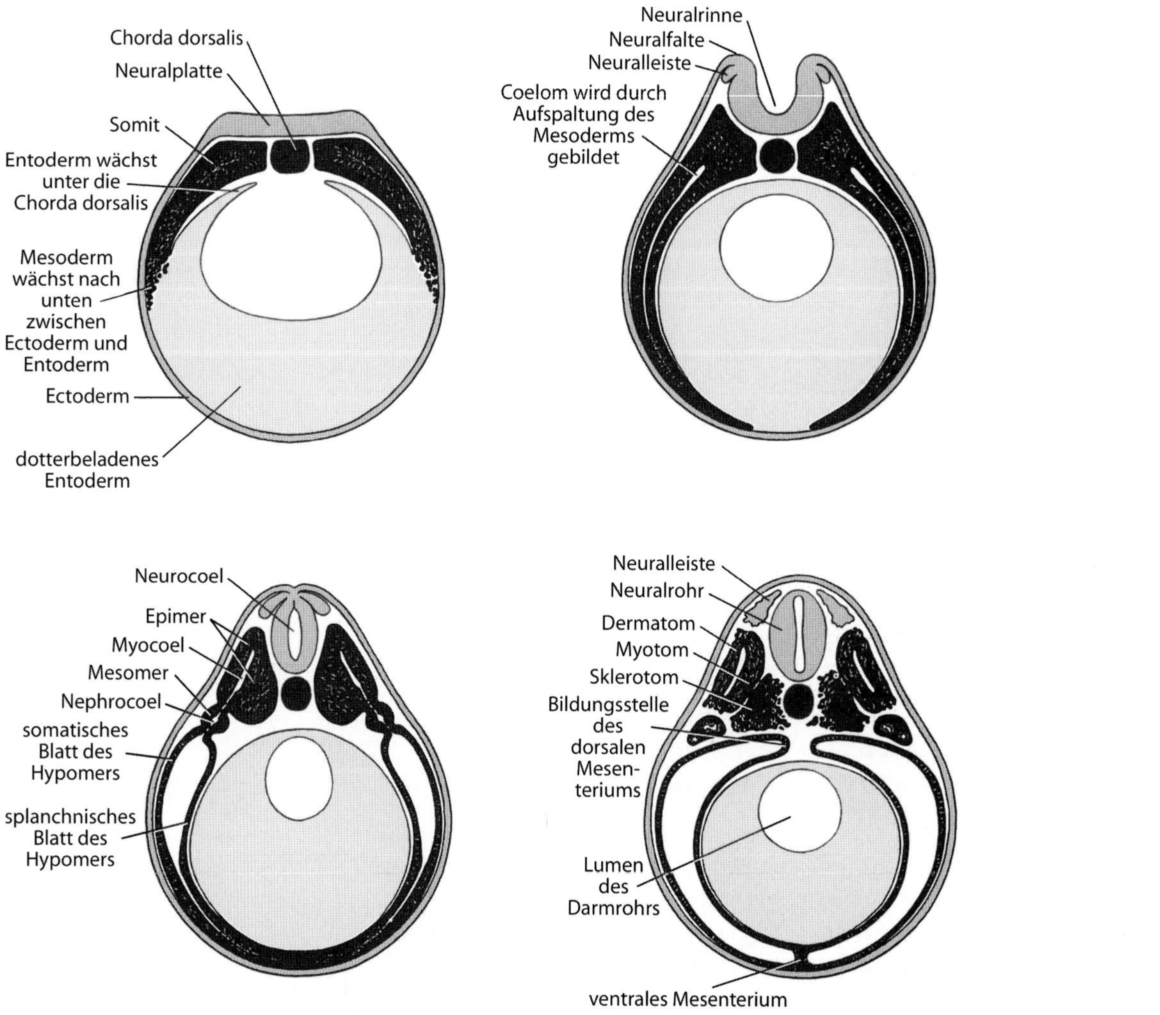


**Abb. 5.9.** Schemata der Neurulation und der frühen Differenzierung des Mesoderms, dargestellt in Querschnitten eines Embryos mit einem mäßigen Dottergehalt

und die Echinodermen miteinander zu verbinden. Der verbleibende Teil des Urdarms ist das **Entoderm.**

Blastulae, die durch eine totale, aber inäquale Furchung entstehen, können schwerlich durch Invagination gastrulieren, da die dotterbeladenen Blastomeren der vegetativen Hemisphäre hinderlich sind. Stattdessen rollen die Zellen durch einen Vorgang, der **Involution** genannt wird, an der Stelle des künftigen Blastoporus nach innen (Abb. 5.7). Sie dehnen sich als eine zweite Keimschicht in das Blastocoel aus. Die Oberflächenzellen wandern nach, um den Vorrat am Blastoporus aufzufüllen. Dieses Einrollen ist am Ort der zukünftigen dorsalen Lippe am schnellsten, aber schließlich wandern Zellen auf allen Seiten des Blastoporus ein. Wie bei *Branchiostoma* wird das Blastocoel allmählich verdrängt, wenn sich ein Gastrocoel bildet. Der Embryo hat dann zwei Keimschichten, wobei der ventrale Teil des Urdarms mit Dotter angeschwollen ist. Das Dach des Urdarms wird **Chor-**

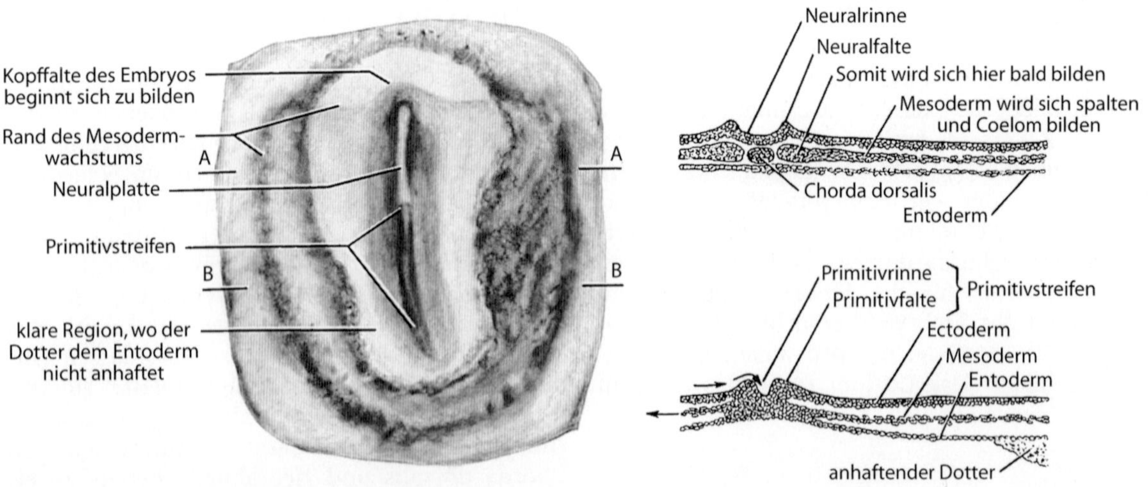


**Abb. 5.10.** Mesodermbildung und Beginn der Neurulation beim Hühnchen. *Links*: Oberflächenansicht nach ungefähr 17 Stunden Inkubation. *Rechts oben*: Querschnitt auf der Ebene A-A. *Rechts unten*: Querschnitt auf der Ebene B-B

**damesoderm** genannt, weil es nach Ausgliederung aus dem Urdarm an der Mittellinie die Chorda dorsalis und dorsolateral eine Reihe von paarigen Mesodermblöcken oder **Somiten (=Ursegmente)** bildet, die links und rechts der Chorda angeordnet sind (Abb. 5.9). Es gibt keine Aussackungen des Darmkanals. Stattdessen bildet sich das Coelom durch Aushöhlung oder **Schizocoelie** in den Somiten und den anschließenden Mesodermbereichen. Der verbleibende Teil der innersten Keimschicht ist das Entoderm. Es schließt sich dorsal nach der Bildung der Chorda dorsalis und des Mesoderms.

Wenn die Furchung partiell ist, wird die Gastrulation durch die große Dottermasse noch weiter kompliziert (die folgende Beschreibung trifft generell für Vögel und teilweise für Reptilien zu; Teleostei zeigen eine hiervon abweichende Entwicklung). Unmittelbar vor der Gastrulation besteht das Blastoderm aus zwei Schichten, dem Epiblasten und einem nur vorübergehend vorhandenen Hypoblasten. Eine längliche Verdickung, der **Primitivstreifen**, bildet sich am posterioren Teil der Keimscheibe (Abb. 5.10). Oberflächliche Zellen strömen zu diesem Streifen, wo sie einwärts rollen und sich in einer ersten Einwanderungswelle in den Hypoblasten einschieben und diesen zum Keimscheibenrand verdrängen. Dadurch entsteht die Keimschicht des Entoderms. Die später einrollenden Zellen schieben sich zwischen den Epiblast und das Entoderm und breiten sich als Mesoderm aus. Der Primitivstreifen liegt posterior der **Embryonalregion**, in der sich die Kopfregion des Embryos zu entwickeln beginnt, und könnte einen modifizierten Blastoporus repräsentieren. Zellen, die am Primitivstreifen einwärts rollen und dann direkt nach vorn wandern, bilden die Chorda dorsalis. Seitlich dazu schiebt sich auch ein Teil des Mesoderms nach. Mesoderm, das lateral und posterior zum Primitivstreifen liegt, wird die Somiten und Seitenplatten des Embryos und extraembryonales Mesoderm der Keimhüllen bilden. Die Coelombildung erfolgt durch Schizocoelie.

Wir haben bisher festgestellt, dass sich Mesoderm einmal durch eine Abtrennung vom Urdarm und durch Einwanderung über den Primitivstreifen bilden kann. Eine weitere Form der Mesodermbildung ist weit verbreitet und sehr wichtig. Zellen können sich von bereits existierenden Gewebeschichten abtrennen und individuell als **Mesenchym** migrieren. Diese Zellen unterschiedlicher Herkunft aggregieren schließlich im Kopf, in den Gliedmaßen und anderen Körperteilen und bilden mesodermales Gewebe.

Wenn der Säugerembryo das Morulastadium erreicht, beginnen Trophoblastzellen, Flüssigkeit zu sezernieren und bewirken dadurch die Blastocoelbildung. Abb. 5.6 stellt ein frühes Stadium dar, bevor das Blastocoel sich ausdehnt. Der Embryo wird nun **Blastocyste** genannt. Das Entoderm bildet sich durch Delamination von der inneren Zellmasse, breitet sich aus und kleidet den Trophoblasten aus. Die abgeflachte innere Zellmasse bildet ein embryonales und extraembryonales Ectoderm und einen Primitivstreifen, der die Chorda dorsalis und den Hauptteil des Mesoderms für die Embryonalhüllen und den Rumpf des Embryos hervorbringt. Ein großer Teil des Mesoderms wird auch als Mesenchym gebildet. Das Coelom entsteht wiederum durch Schizocoelie.

## 5.5 Neurulation, Neuralleisten und ectodermale Plakoden

Die Gastrula wird durch Vorgänge, die **Neurulation** genannt werden, in eine **Neurula** umgebildet. Diese Vorgänge etablieren die Anlage des Zentralnervensystems. Sie überlappen mit der Bildung der Keimschichten, wie sie oben beschrieben wurde, sowie mit Veränderungen der Körperform und der frühen Differenzierung von Entoderm und Mesoderm, wie sie im Folgenden beschrieben wird. Wir haben gesehen, dass sich das Chordamesoderm auf der Mittellinie von der dorsalen Lippe des Blastoporus oder des Primitivstreifens nach vorne ausdehnt. Das Chordamesoderm hat die wichtige Funktion, das darüber liegende Ectoderm zu veranlassen (**induzieren**), sich zu einer **Neuralplatte** zu verdicken (Abb. 5.9). (Es gibt allerdings auch experimentelle Hinweise, dass Vorläuferzellen von Chorda dorsalis und Neuralplatte bereits zu einem früheren Zeitpunkt determiniert werden könnten.) Longitudinale **Neuralfalten** bilden sich entlang der Ränder der Platte und wölben sich nach dorsal und innen, um an der Mittellinie zu verschmelzen. Das so entstehende **Neuralrohr** schließt das **Neurocoel** ein. Dies etabliert ein dorsal gelegenes hohles Neuralrohr, das alle

**Tabelle 5.1.** Derivate der Neuralleisten und ectodermalen Plakoden

| Neuralleisten | Derivate | ectodermale Plakoden |
|---|---|---|
| | Nasenkapsel | |
| | olfaktorisches und vomeronasales Epithel; Hirnnerven 0 und I | nasal |
| Region des Vorder- und Mittelhirns | Augenhöhle | Linse |
| | Augenlinse | |
| | Ganglien der Hirnnerven V, VII, IX, X; sensorische Nerven, Glia | epibranchial (4) |
| | Beitrag zu Zähnen; Schädel (Gesichts- und Gaumenregion) | |
| | Kiemenbogenskelett (Kiefer, Kiemen, Hyoid, Gehörknöchelchen) | |
| Region des Nachhirns und des Herzens | sensorisches Epithel des Innenohrs; Hirnnerv VIII | otisch |
| | Beitrag zu herznahen Blutgefäßen | |
| | Beitrag zu Dermis, Schuppen, Panzer von Kopf und Körper | |
| | sensorisches Epithel des Seitenliniensystems | dorsolateral (prä- und postotisch, multipel) |
| | Melanocyten | |
| Region von Rumpf und Becken | Dorsalwurzelganglien, sensorische Nerven, Schwann-Zellen, parasympathisches Nervensystem | |
| | Nebennierenmark | |

Chordaten charakterisiert. [Der Vorgang der Neurulation läuft bei Fischen anders ab: Die Neuralanlage wird als solider Zellstrang gebildet (Neuralkiel), der sich anschließend zum Neuralrohr umformt („Dehiszenz").]

Während der Neurulation sondern sich einige Zellen von der Neuralplatte ab und während sich die Neuralfalten aufwölben, aggregieren sie locker in den Winkeln zwischen dem absinkenden Neuralrohr und dem darüber liegenden Ectoderm. Diese Ansammlungen von Zellen bilden die **Neuralleisten** (Abb. 5.9). Neuralleistenzellen durchwandern einzeln große Teile des Körpers und induzieren andere Gewebe, mit denen sie sich dann vereinen. Ihre Derivate, die in Tabelle 5.1 aufgelistet sind, sind so unterschiedlich, dass sie in verschiedenen folgenden Kapiteln erwähnt werden, und so umfangreich, dass die Neuralleisten auch als vierte Keimschicht bezeichnet werden.

**Ectodermale Plakoden** sind eine Reihe lokaler Verdickungen im dorsolateralen Ectoderm der Kopfanlage, die paarig links und rechts angeordnet sind und die Linse des Auges und eine Vielzahl sensorischer Strukturen bilden werden, wie in den entsprechenden Kapiteln beschrieben wird (Tabelle 5.1).

Die Neuralleisten und diese ectodermalen Plakoden gleichen sich in ihrem Ursprung aus dem Ectoderm, in ihrem ungefähren Zeitpunkt des Entstehens, in ihrem Auftreten einzig bei Vertebraten und in ihrer Beständigkeit über die Klassen hinweg. Bemerkenswert ist, dass die Neuralleisten und die Plakoden gemeinsam zur Bildung der sensorischen Ganglien von vier Hirnnerven und zum sensorischen Epithel des Seitenliniensystems beitragen. Plakodenderivate induzieren die Bildung von Nasen- und Augenkapseln, die wiederum Neuralleistenderivate sind. Die meisten Neuralleistenzellen und einige Plakodenzellen ähneln sich darin, dass sie stark wanderungsfähig sind.

## 5.6 Festlegung der Baupläne und Schicksal der Keimschichten

Mit fortschreitender Neurulation verlängern sich die durch eine totale Furchung entstandenen Embryonen (*Branchiostoma*, Amphibien), so dass sich ein Vorderende und ein Hinterende herausbilden. Dotterbeladene Zellen können die Bauchregion anschwellen lassen, liegen aber innerhalb der Körperkontur. Die durch partielle Furchung entstandenen Embryonen kann man sich für eine bestimmte Zeit vereinfacht als dreischichtige Keimscheibe vorstellen, die so auf dem ungefurchten Dotter liegt, wie ein Bärenfell auf dem Fußboden. Bald wölbt sich aber die **Kopffalte** nach oben, ähnlich wie bei dem präparierten Kopf am Bärenfell. Eine **Schwanzfalte** folgt und schließlich folgen auch die lateralen Körperfalten. Der Embryo ist dann stielartig mit dem Dotter über einen **Dottergang und Blutgefäße** verbunden, liegt aber ansonsten frei (Abb. 12.1).

Wenn sich der Körper verlängert, wird der Urdarm in einen Darmkanal ausgezogen. Der Blastoporus oder eine entsprechende Stelle wird zum Anus, ein Merkmal aller Deuterostomier (s. S. 27). Später bricht eine Mundöffnung am anterioren Ende durch. Das Entoderm kleidet (wie eine Tapete) den Darm und seine Derivate aus (Lunge, Leber, Pankreas, einige endokrine Drüsen, Harnblase sowie den extraembryonalen Dottersack und die Allantois).

Das äußere oder somatische Ectoderm bildet die oberflächlichen und germinativen Schichten der Haut und ihrer Derivate (Drüsen, Haare, Federn und Klauen), die Linse der Augen, die Riechschleimhaut, das Innenohr, die Adenohypophyse sowie die Auskleidung des Mundes und trägt zur Bildung von Zähnen und Sauropsidenschuppen bei. Aus dem Neuroectoderm bzw. dem Neuralrohr entstehen das Rückenmark und das Gehirn, die motorischen Nerven, die Retina des Auges und die Neurohypophyse.

Mit wenigen Ausnahmen bildet das Mesoderm das Muskel-, Skelett-, Kreislauf- und Urogenitalsystem. Das Chordamesoderm steuert die Chorda dorsalis bei. Mesoderm, das hauptsächlich vom Urdarmdach oder Primitivstreifen abstammt, flankiert die Chorda dorsalis und dehnt sich anterior zur Chorda in den Kopf aus, wo es besondere Strukturen, die sogenannten **Somitomeren**, bildet. Diese werden in Zusammenhang mit dem Schädel und den Muskeln näher diskutiert. In der Rumpfregion teilt sich das dorsolaterale Mesoderm auf jeder Seite des Körpers in drei Regionen. Dorsal liegen die in Segmente getrennten **Somiten** oder **Epimere (dorsales = paraxiales Mesoderm)**, darunter liegen die kleinen, teilweise segmentierten **Mesomere (intermediäres Mesoderm)** und ein flächiges, unsegmentiertes **Hypomer (laterales Mesoderm oder Seitenplatte)**, das sich nach ventral zwischen Ectoderm und Urdarm zwängt (Abb. 5.9). Ein Coelom kann in jedem dieser Abteile vorhanden sein, dehnt sich aber nur im Hypomer aus, wo es ein laterales **somatisches Blatt** von einem medialen **splanchnischen Blatt** trennt. Das somatische Blatt kleidet die Körperhöhle aus und gibt Mesenchym ab, das zu den Knochen und, je nach Taxon, zu einem Teil der Muskeln der Extremitäten beiträgt. Das splanchnische Blatt bildet Herz, Mesenterien und Eingeweidemuskulatur (s. S. 221). In der Körperwand lagern sich Ectoderm und somatisches Mesoderm zur **Somatopleura** zusammen. Wo sich Entoderm und splanchnisches Mesoderm zusammenlagern, wie z. B. in der Wand der Eingeweide, werden sie als **Splanchnopleura** bezeichnet.

Die Mesomere bilden nur die Urogenitalorgane. Der Somit differenziert sich weiter in ein laterales **Dermatom**, ein mittleres **Myotom** und ein mediales **Sklerotom** (Abb. 5.9). Das Dermatom wird zum Mesenchym, das sich ausbreitet und die Dermis der Haut und die harten Gewebe bildet, die aus der Dermis entstehen (z. B. Fischschuppen und Knochen). Das Myotom bildet die Muskeln der Wirbelsäule und der Kehle und einen Großteil der Muskeln der Extremitäten. Das Extremitätenskelett entwickelt sich z. T. aus dem Myotom und durch Proliferation des Mesoderms der Flanke, das in der Extremitätenanlage liegt. Das Sklerotom bildet, je nach Taxon, einen mehr oder weniger großen Teil der Wirbel.

Die frühe Differenzierung des Mesoderms ist in Tabelle 5.2 dargestellt. All diese Entwicklungsschritte werden in den folgenden Kapiteln weiter ausgeführt.

**Tabelle 5.2.** Derivate des embryonalen Mesoderms (s. außerdem S. 204)

| | | | |
|---|---|---|---|
| dorsolaterales Mesoderm des Kopfes | | → Somitomeren | → äußere Augenmuskeln, Muskeln von Gesicht und Pharynx und seiner Derivate |
| dorsolaterales Mesoderm des Rumpfes | → Epimer (Somit) | → Dermatom | → Großteil der Dermis und ihrer Derivate |
| | | → Myotom | → Großteil der Axial- und Teil der Appendikularmuskulatur<br>→ Muskeln der Kehle |
| | | → Sklerotom | → Teil der Wirbel |
| | → Mesomer | | → Urogenitalorgane |
| | → Hypomer (Seitenplatte) | → somatisches Blatt | → Teil der Axial- und Appendikularmuskulatur und des Skeletts |
| | | → splanchnisches Blatt | → Darmmuskeln und Mesenterien<br>→ Herz |

## 5.7
## Embryonale Hüllen und Placentation

Wenn der Dotter, der in einem Ei vorhanden ist, gefurcht und direkt in die Körperzellen aufgenommen wird, wie z.B. bei Amphibien, werden keine Embryonalhüllen ausgebildet. Der Dottervorrat ist limitiert, die Embryonen schlüpfen früh und die Larven beginnen selber zu fressen.

Wenn sich der Dotter nicht furcht und die Eier im Wasser abgelegt werden (die meisten Fische), wird ein extraembryonaler Kreislauf ausgebildet, um den Dotter zu resorbieren und in den Körper zu transportieren. Um dies zu erreichen, dehnt sich eine Hülle, die aus allen drei Keimschichten besteht, vom Embryo über die Oberfläche des Dotters aus. Dieser **Dottersack** wird früh vaskularisiert und schnell funktionsfähig. Da Respiration und Exkretion durch direkten Kontakt mit der Umwelt erfolgt, bedarf es keiner weiteren Embryonalhüllen.

Die Bedürfnisse des Embryos sind wesentlich anspruchsvoller, wenn die Entwicklung an Land innerhalb einer Schale (Reptilien, Vögel) abläuft und das Schlüpfen spät erfolgt. Extraembryonales Ectoderm, gefolgt von einer Auffaltung somatopleuralen Mesoderms, wölbt sich am Vorderende des Embryos als **Kopffalte des Amnions** auf, später gefolgt von Lateral- und Schwanzfalten. Extraembryonales Entoderm und begleitendes splanchnopleurales Mesoderm legen sich dem Dotter an und bilden den Dottersack. Auf diese Weise entsteht ein großes, extraembryonales Coelom (Abb. 5.11). Die Amnionfalten laufen zusammen und verschmelzen dorsal über dem Embryo. So wird ein äußeres **Chorion (Serosa)** und ein inneres **Amnion** gebildet. Das Letztere enthält **amniotische Flüssigkeit**, die den Embryo umfließt und einen schützenden Raum bildet, in dem der Embryo heranwachsen kann (quasi ein ancestraler Tümpel). Danach wächst aus dem hinteren Teil seines Darms eine Blase und dehnt sich in das extraembryonale Coelom aus. Dieses splanchnopleurische Vesikel bildet die **Allantois**, die unter der Eischale auswächst, von der sie nur durch das Chorion und die Eischalenhäute getrennt ist. Die Allantois wird vaskularisiert und dient dem Embryo zur Respiration. Sie ist außerdem ein Endlager für Exkretionsprodukte, resorbiert Albumen und nimmt Mineralien aus der Schale auf.

Eutherische Säugetiere ernähren ihre Jungen im Uterus durch einen physiologischen Austausch zwischen embryonalem und mütterlichem Blutstrom. Ein Organ, das eine solche Funktion ausübt, ist eine **Placenta**. Sie macht Dotter überflüssig, eutherische Eier sind sekundär oligolecithal (s. S. 333 und 334 zu anderen Wegen, über die der mütterliche Körper anderer Vertebraten den Fötus ernähren kann). Die Embryonalhüllen, die aus der Somatopleura entstehen

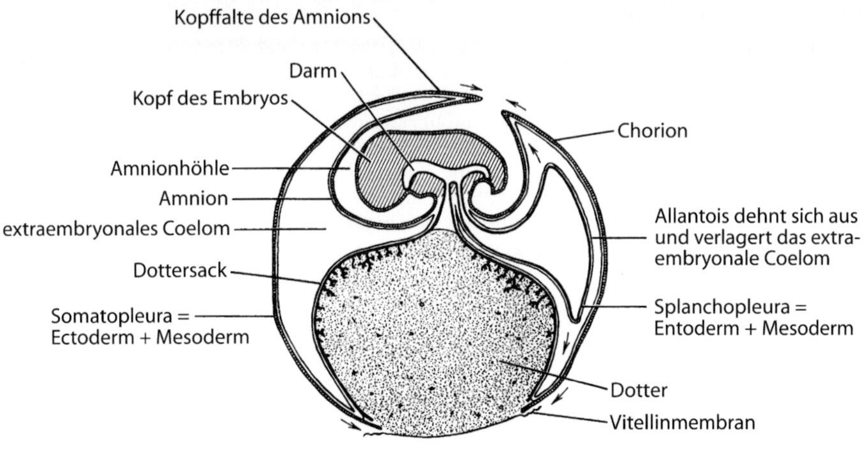


**Abb. 5.11.** Schematisierte Embryonalhüllen des Vogels während der frühen Entwicklung. Vgl. diese Abbildung mit Abb. 12.1

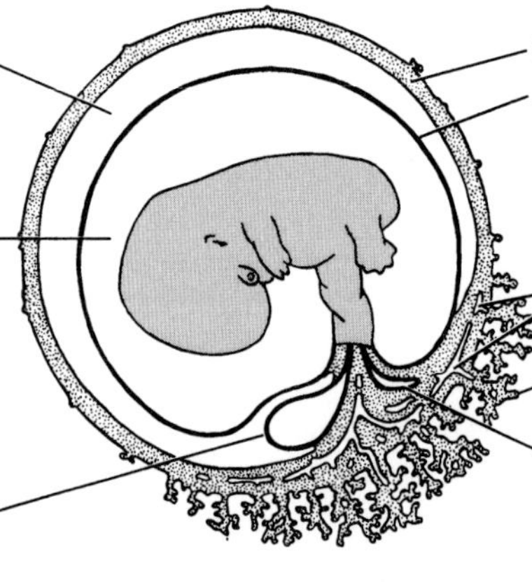


**Abb. 5.12.** Embryonalhüllen des Primatentypus, gezeigt am menschlichen Embryo im Alter von ungefähr 6 Wochen

(Chorion und Amnion), werden nicht vaskularisiert und unterstützen daher eine Placenta nicht. Sowohl der Dottersack als auch die Allantois können vaskularisiert werden. Sie tragen einzeln oder zusammen zur Placentabildung bei. Die Bildung und der Aufbau der embryonalen Hüllen und der Placenta kann bei den Säugetieren stark variieren. Uns genügt hier eine kurze Zusammenfassung, obwohl die Evolution dieser Strukturen in sich selbst eine faszinierende Geschichte ist (Luckett 1977).

Der Dottersack ist die variabelste der Komponenten. Er liefert den größten fötalen Anteil an der Placenta bei Marsupialiern und manchen Nagetieren. Er ist bei Carnivoren groß und persistiert bis zur Geburt, ist bei Ungulaten erst groß und geht dann verloren, und ist bei Primaten erst klein und dann rudimentär (Abb. 5.12). Bei den meisten Säugetieren liefert die Allantois den fötalen Beitrag zur Placenta. Die Blutgefäßversorgung der Allantois von Reptilien und Vögeln ist homolog zum Nabelschnurkreislauf dieser Säugetiere (Abb. 14.12). Der Hohlraum der Säugerallantois ist groß bis rudimentär. Da das Chorion zwischen Allantois und Uterus (Gebärmutter) liegt, wird es in die Placenta miteinbezogen, die deshalb als **Chorioallantoisplacenta** bezeichnet wird, obwohl das meiste Choriongewebe in manchen Taxa nach und nach aufgelöst wird. Das Amnion, das weniger als die anderen Hüllen variiert, wird zu einem dünnen, aber reißfesten Sack. Die Amnionflüssigkeit umfließt den Fötus, gibt ihm Bewegungsfreiheit und schützt ihn vor Druck auf das mütterliche Abdomen. Reptilien, Vögel und Säuger werden insgesamt als **Amniota (= Nabeltiere)** bezeichnet, da alle ein Amnion besitzen. Die **Nabelschnur** der Säugetiere ist äquivalent zu dem verdünnten Dottergang und Dottergefäßen der Vögel.

## Literatur

Alberch P (1980) Ontogenesis and morphological diversification. Am Zool 20:653–667

Alberch P et al (1979) Size and shape in ontogeny and phylogeny. Paleobiology 5:296–317

Carlson BM (1981) Pattern's foundation of embryology, 4th edn. McCraw-Hill, New York. Ein hervorragendes allgemeines Nachschlagewerk mit einer guten Abhandlung der Organogenese

de Beer GR (1958) Embryos and ancestors. 3rd edn. Oxford Univ Press, London

Fink W (1982) The conceptual relationship between ontogeny and phylogeny. Paleobiology 8:254–264

Gans C (1989) Stages in the origin of vertebrates: analysis by means of scenarios. Biol Rev 64:221–268

Gilbert SF, Raunio AM (eds) (1997) Embryology: constructing the organism. Sinauet, Sunderland/MA. Eine der wenigen vergleichenden Arbeiten. Auf die Embryologie der Invertebraten folgen Kapitel über Cephalochordaten, Fische, Amphibien, Reptilien, Vögel und Säuger

Gould SJ (1977) Ontogeny and phylogeny. Harvard Univ Press, Cambridge/MA. Eine bedeutende und wissenschaftliche Überprüfung eines klassischen, aber immer noch wichtigen Themas

Hall BK (1998) Evolutionary developmental biology. Chapman & Hall, London. Fortschritt und Beschränkung während der Entwicklung in Bezug auf den Evolutionsprozess und die Diversität, Homologie, Zeitfolge und Prinzipien. Historische Hintergründe

Hall BK (1998) Germ layers and the germ-layer theory revisited: primary and secondary germ layers, neural crest as a fourth germ layer, homology, and demise of the germ-layer theory. Evol Biol 30:121–186

Horder TJ (1989) Syllabus for an embryological synthesis. In: Wake DB, Roth G (eds) Complex organismal functions: Integration and evolution in vertebrates. Wiley, New York, pp 315–348

Lauder GV (1982) Historical biology and the problem of design. J Theoret Biol 97:57–67

Le Douarin NM, Kalcheim C (1999) The neural crest, 2nd edn. Cambridge Univ Press, New York. Dokumentiert detailliert die molekulare Untermauerung der gerichteten Wanderung und der Differenzierung der Neuralleiste

Luckett WP (1977) Ontogeny of amniote fetal membranes and their application to phylogeny. In: Hecht MK, Goody PC, Hecht BM (eds) Major patterns in vertebrate evolution. Plenum, New York, pp 439–515

Maderson PFA (ed) (1987) Developmental and evolutionary aspects of the neural crest. Wiley, New York

Martindale MQ, Swalla BJ (1998) The evolution of development: patterns and process. Symposienband. Am Zool 38(4):591–696

Müller GB (1991) Experimental strategies in evolutionary embryology. Am Zool 31:605–615

Müller GB, Wagner GP (1996) Homology, *Hox*-genes and developmental integration. Am Zool 36(1):4–13

Northcutt RG, Gans C (1983) The genesis of neural crest and epidermal placodes: a reinterpretation of vertebrate origins. Quart Rev Biol 58:1–28

Olsson L, Hall BK (1999) Developmental and evolutionary perspectives on major transformations in body organization. Am Zool 39(3):612–694

Schwartz JH (1999) Homeobox genes, fossils and the origin of species. Anat Rec (New Anat) 257:15–31

Smith MM, Hall BK (1993) A developmental model for evolution of the vertebrate exoskeleton and teeth: the role of cranial and trunk-neural crest. Evol Biol 27:387–448

Webb JF, Noden DM (1993) Ectodermal placodes: contributions to the development of the vertebrate head. Am Zool 33:434–447

# 6 Integument und seine Derivate

## 6.1 Funktionen des Systems

Das Integument und seine Derivate bilden ein außergewöhnlich variables und anpassungsfähiges Organsystem. Gewichtsmäßig kann dieses System oft das größte Organ des Körpers darstellen, und kein anderes übt so viele Funktionen aus. Es bietet physikalischen Schutz für die empfindlichen, darunter liegenden Gewebe, schützt so gegen den Eintritt der meisten schädlichen Organismen und Materialien und dämpft den Zusammenprall mit der Umgebung, wie z. B. unter den Füßen. Es trägt ganz wesentlich zum Wasserhaushalt bei. So können Amphibien Wasser über die Haut und sogar Feuchtigkeit aus der feuchten Luft oder aus feuchtem Boden aufnehmen, während die Haut von Wüstenreptilien resistent gegen Wasserverlust ist. Die Abgabe von Wärme an die Umgebung kann durch die Erweiterung von oberflächlichen Blutgefäßen und durch die Verdunstung von Schweiß erhöht werden, während Wärmeabgabe durch Fettdepots und das Aufrichten von isolierenden Haaren oder Federn vermindert wird. Das Integument ist Träger der Färbung, die für Identifikation, Aggressions- und Sexualverhalten und zur Tarnung wichtig ist. Es dient der Fortbewegung durch Reibungspolster, durch das Ineinandergreifen von Schuppen oder Klauen mit dem Substrat, durch Bildung von Tragflächen und über andere Wege. Auch Gasaustausch für die Atmung findet durch die feuchte Haut der Amphibien statt, so dass bei einigen lungenlosen Salamandern die Haut sogar die Lungen ersetzen kann. Die Sekrete der Hautdrüsen können anlocken oder abschrecken, die Jungen ernähren, Salz und Harnstoff ausscheiden und der Thermoregulation dienen. Das Integument beherbergt viele Sinnesorgane, bestimmt nicht unwesentlich die Körpergestalt, wehrt verletzende Energieformen ab und kann außerdem Fett und Glykogen speichern, wesentlich zur Unterstützung und Verteidigung des Körpers beitragen und Vitamin D synthetisieren.

Da das Integument bei den verschiedenen Vertebraten so unterschiedlich ist, sagt dieses System dem Morphologen viel über die Lebensweise und den Lebensraum von Tieren und ermöglicht es dem Systematiker, die meisten Vertebraten zu identifizieren. Manche Säuger können durch einzelne Haare identifiziert werden, manche Vögel durch wenige Federn. Da das Integument so anpassungsfähig an Lebensweise und Umwelt ist, sagt es den Morphologen allerdings weniger über die Phylogenie als andere Organsysteme. Aber auch hier werden Fortschritte erzielt.

## 6.2 Entwicklung und allgemeine Struktur der Haut

Die Haut aller Vertebraten hat zwei Hauptschichten, eine oberflächliche **Epidermis** und eine tiefer gelegene **Dermis** (Abb. 6.1). Die Epidermis

---

*Oben:* Dicke, harte Ganoidschuppen eines Knochenhechtes, Lepisosteus entsteht aus dem Ectoderm an der Oberfläche des Embryos. Die Dermis stammt aus dem Dermatom, ergänzt durch Beiträge des lateralen und ventralen somatischen Mesoderms. Zellen aus diesen Quellen wandern als Mesenchym und verteilen sich gleichmäßig unter dem Ectoderm. Einige Neuralleistenzellen dringen ebenfalls in die sich entwickelnde Dermis ein.

Die Epidermis ist in zwei oder mehr Schichten unterteilt. Die tiefste Schicht liegt auf der Dermis und besteht aus eng gepackten, abgegrenzten Zellen, genannt **Stratum germinativum**, weil ihre Tochterzellen nach außen wandern und während ihrer Reifung zu den mehr oberflächlichen Zellen der Haut umgewandelt werden. Die Schicht oder Schichten der Epidermis, die oberhalb des Stratum germinativum liegen, sind je nach Taxon außerordentlich variabel. Die meisten Zellen sind (oder werden oder waren) sekretorisch. Dabei gibt es zwei Grundtypen, mucöse und seröse (proteinhaltige) Zellen. Erstere produzieren verschiedene Typen von Schleim, manche giftigen Sekrete und wandeln sich bei manchen Fischen in **Photophoren**, d.h. Licht emittierende Zellen um. Der proteinhaltige Typ von Epidermiszellen kann Schleim, Gifte, Alarmsubstanzen und Schmelz bilden und sich möglicherweise in bestimmte Photophoren umwandeln. Die hauptsächlichen, genetisch festgelegten Produkte dieses Zelltyps sind jedoch Komplexe wasserunlöslicher, intrazellulärer Proteine, die **Keratine**. Keratine sind verantwortlich für die hornige Konsistenz von Federn, Haaren, Klauen, Reptilienschuppen und auch der toten äußersten Schicht, dem **Stratum corneum** der trockenen Haut der Tetrapoden. Man unterscheidet zwei grob definierte molekulare Typen, nämlich die $\alpha$- und $\beta$-Keratine, wobei jedes das Produkt vieler Gene ist. Während der Entwicklung kann eine individuelle Epidermiszelle, der Keratinocyt, $\alpha$-Keratine, $\beta$-Keratine oder eine Kombination aus beiden produzieren.

Die Dermis ist gewöhnlich dicker als die Epidermis. Sie enthält weniger Zelltypen und ist durch ein Netzwerk von Fasern charakterisiert. Am häufigsten sind **kollagene Fasern**, die seilartig in Strängen angeordnet sind. Dabei winden sich drei linksgängige Polypeptidhelices umeinander und bilden eine rechtsgängige Tripelhelix; mehrere miteinander verbundene Tripelhelices bilden die Microfibrillen. Viele dieser Microfibrillen ordnen sich in Bündeln an, die dann wiederum zu kräftigen, gestreckten Fasern zusammengefasst sind. **Elastische Fasern** sind seltener, sie sind gewellt, nicht fibrillär und verzweigt. Entspannte Elastinmoleküle sind verknäuelt. Sie strecken sich in ein geordnetes Netzwerk, wenn sie gedehnt werden und springen wieder zurück, wenn sie losgelassen werden.

Die Fasern der Dermis sind in spezifischen Mustern wie Schlangenlinien oder Helices angeordnet, die sich um den Körper wickeln. Dies liefert zusätzliche Zähigkeit (wie bei der Rhinozeroshaut) und Steifheit, die Torsion (wie bei Haien) und elastischen Rückstoß (Wale und viele Fische) vermindert.

Die Dermis hat in der Regel ein äußeres vaskularisiertes **Stratum spongiosum** und ein tieferes dickeres **Stratum compactum**. Diese gehen ineinander über und schlagen auch eine Brücke zwischen Haut und Bindegeweben, welche die Muskeln der Körperwand bedecken. Glatte Muskelfasern können in der Dermis vorhanden sein. Fett dringt gewöhnlich in die Dermis ein oder wird zwischen Haut und Körper eingelagert. Die Drüsen der Haut stammen aus der Epidermis, dringen aber gewöhnlich in die Dermis ein, die dann Stützgewebe beisteuert.

Pigmentzellen werden **Chromatophoren** genannt. Sie entstehen aus Neuralleistenzellen und kommen je nach Taxon in allen Schichten der Haut vor, sind allerdings meistens nahe der Grenze von Epidermis zu Dermis besonders häufig anzutreffen. Chromatophoren der Epidermis sind vor allem charakteristisch für **Endotherme** (Tiere mit hoher Ruhestoffwechselrate und einer relativ konstanten Körpertemperatur) und gehören zum Typus der Melanophoren. Sie haben zahlreiche Organellen, Melanosomen genannt, die das Pigment Melanin enthalten. Melanin ist schwarz, braun oder rot. Die Färbung, die durch diese Zellen vermittelt wird, kann dauerhaft sein oder einem **morphologischen Farbwechsel** unterliegen, der saisonal, altersbedingt oder in anderer Weise eine relativ langsame Farbveränderung darstellt.

Chromatophoren der Dermis sind fast ausschließlich bei Ectothermen zu finden (bei Tie-

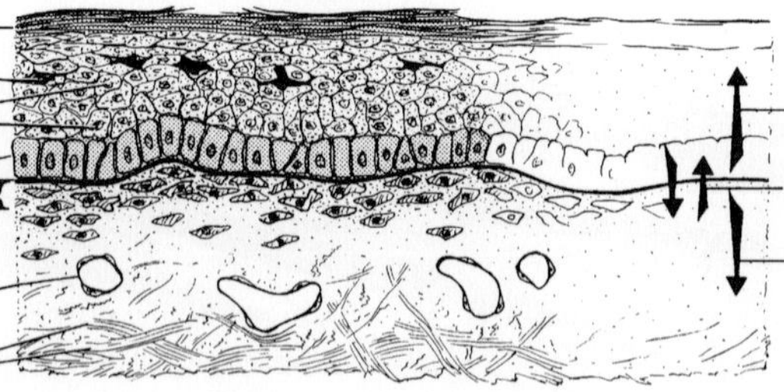


**Abb. 6.1.** Schnitt durch eine generalisierte Vertebratenhaut

ren mit niedriger Grundumsatzrate und einer in der Regel variablen Körpertemperatur). Diese Chromatophoren können für eine konstante Farbe der Haut verantwortlich sein oder sie können einen morphologischen oder auch einen **physiologischen Farbwechsel** verursachen, der relativ schnell vonstatten geht, wenn sich z. B. ein Fisch oder ein Reptil in seiner Färbung an die Farben des veränderten Hintergrundes anpasst. Es gibt drei Typen dermaler Chromatophoren:

- Die **Melanophoren** ähneln denen der Epidermis.
- **Iridophoren** haben Organellen, die reflektierende Plättchen enthalten, die in Stapeln angeordnet sind und kristalline Ablagerungen (vor allem Guaninkristalle) enthalten, die das einfallende Licht streuen oder reflektieren. Solche Zellen sind in der Regel groß.
- Die gelben **Xanthophoren** und die roten **Erythrophoren** enthalten ihre Pigmente, nämlich die Pteridine und Carotinoide, in Organellen, die Pterinosomen genannt werden.

Diese unterschiedlichen Arten von Chromatophoren können strukturell und physiologisch gemeinsam an bestimmten Farbeffekten beteiligt sein. Ihre komplexe Kontrolle kann hormonell über Hypophysen-, Schilddrüsen-, Gonadenhormone und Adrenalin gesteuert werden. Bei manchen Ectothermen scheint auch das Nervensystem eine Rolle zu spielen. Die Färbung wird von den verschiedenen Vertebraten zur Tarnung, zum Auffallen, als Warnsignal, als ein soziales Signal oder zur sexuellen Anlockung, zur Kontrolle von Wärmeaufnahme und -speicherung, zum Schutz des Nervensystems oder der Gonaden vor Licht und zur Kontrolle der Vitamin D-Synthese genutzt.

## 6.3 Allgemeine Entwicklung von Hautderivaten

Epidermis und Dermis sind durch eine dünne Basalmembran getrennt (Abb. 6.1). Während der Entwicklung der Haut und ihrer Derivate finden Induktionsprozesse über diese Basalmembran hinweg zwischen dem Stratum germinativum und dem Mesenchym statt. Auch wenn ein Hautderivat nur epidermales Gewebe (z. B. Hornschuppen, Haar) oder nur dermales Gewebe (z. B. bestimmte Knochen) enthält, sind doch beide Schichten essentiell für diese Bildungen (wahrscheinlich gilt dies für alle Hautderivate). Einige Strukturen, wie z. B. Zähne und Fischschuppen, enthalten Anteile aus beiden Schichten. Fehlt die darunter liegende Dermis, degeneriert die embryonale Epidermis. Experimente zeigen, dass die Art des Epidermisderivats, z. B. Schuppe, Feder, Haar etc. durch die Art der darunter liegenden Dermis kontrolliert wird. Der Einfluss der Epidermis auf die Dermis ist möglicherweise weniger universell, aber bei Zähnen und Fischschuppen scheint die Epidermis den dermalen Beitrag zu steuern.

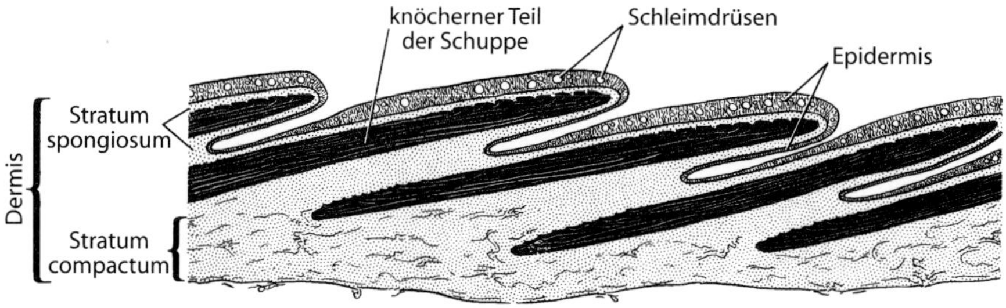


**Abb. 6.2.** Schnitt durch die Haut eines Teleosteers

## 6.4 Das Integument der Fische: Betonung der dermalen Derivate

### 6.4.1 Weiche Strukturen

Der weiche Teil des Integuments ausgestorbener Agnatha und Placodermata ist natürlich nicht bekannt. Die Epidermis der **Cyclostomata** ist dünn und hat mehrere Arten von einzelligen Drüsen. Am häufigsten sind **Schleimdrüsen.** Man unterscheidet zwei Typen. Die **Kolbenzellen** produzieren Schleim aus fibrösem Protein. **Körnerzellen** entleeren sich an der Oberfläche des Körpers, ihre Funktion ist aber nicht bekannt. Keratin fehlt. Ein dünnes, nicht zelluläres Häutchen (Cuticularsaum) bedeckt die Epidermis. Die Dermis, die dünner sein kann als die Epidermis, besteht hauptsächlich aus einer fibrösen Schicht, die zwar Kollagenfasern, aber keine elastischen Fasern enthält. Schuppen fehlen völlig.

Die Haut **kiefertragender Fische** ist gewöhnlich dünn und drüsenreich. Sie liegt dem Körper eng an (Abb. 6.2). Mit wenigen Ausnahmen fehlt Keratin vollkommen. Verbrauchte Epidermis wird ununterbrochen ersetzt. Schleimdrüsen des einen oder anderen Typs sind fast immer in großer Zahl vorhanden. Sie sind meistens einzellig, können aber auch mehrzellig sein. Der gebildete Schleim reinigt den Körper und produziert einen Film, der das Eindringen von Fremdkörpern verhindert, bei der Osmoregulation hilft und den Wasserwiderstand beim Schwimmen reduziert. Granuläre und Kolbendrüsen sind ebenfalls allgemein vorhanden. Manche Fische haben **Giftdrüsen**, die mit den Flossenstacheln assoziiert sind. Andere haben vielzellige Lichtorgane, die sogar mit winzigen Linsen und Reflektoren ausgestattet sein können. Die Dermis, die zwar immer noch dünn ist, ist bereits in ein Stratum compactum und ein Stratum spongiosum unterteilt (außer, wenn sie die Flossen bedeckt, wo die Dermis auf eine Basalmembran reduziert ist). Bei Verletzungen heilt die Haut der Fische sehr rasch.

### 6.4.2 Entwicklung und Struktur von harten Geweben

Die Schuppen und nicht-drüsigen Integumentbildungen der Fische sind weitgehend dermalen Ursprungs, während die der Tetrapoden hauptsächlich epidermalen Ursprungs sind. Die komplexesten Integumentderivate der Fische sind harte (knöcherne) Schuppen und Zähnchen verschiedenster Art. Bevor wir auf ihren Aufbau und ihre Phylogenie eingehen, sollten wir etwas über die Gewebe lernen, aus denen sie aufgebaut sind.

Aus einer historischen Perspektive wurde die Beschreibung und Klassifizierung der Schuppen und der harten Integumentanhänge der Fische durch verschiedene Faktoren erschwert:

- Fischschuppen, vor allem diejenigen von fossilen Fischen, enthalten viele verschiedene Arten harter Gewebe.
- Die verschiedenen harten Gewebe gehen ineinander über und liegen vielfach kombiniert vor.

- Manche harten Gewebe werden nur bei fossilen Fischen gefunden, so dass die ontogenetische Analyse hier eingeschränkt ist.
- Bestimmte, anscheinend identische Gewebe scheinen sich aus verschiedenen Keimblättern zu entwickeln.
- Einige der Begriffe, die man auf Schuppen anwendet, beschreiben die Form, wie z.B. cycloid oder rhomboid, andere beziehen sich auf eines der vorliegenden Gewebe, z.B. ganoid oder cosmoid, und wieder andere deuten auf eine bestimmte Kombination von Geweben hin, z.B. palaeoniscoid, lepidosteoid. Das Fehlen paralleler Begriffe ist verwirrend. Durch molekulare und biochemische Analyse, physiologische Untersuchung und Elektronenmikroskopie, die Details der Mechanismen zeigen, mit denen die harten Gewebe abgelagert und resorbiert werden, werden diese Schwierigkeiten jedoch allmählich überwunden.

Der embryonale Ursprung und die Interaktionen der Vorläufer der harten Gewebe gewinnen hier große Bedeutung. Manche Neuralleistenzellen tragen gemeinsam mit dem Mesenchym aus dem Dermatom zur Dermis der Haut und den Geweben der Kiefer bei. Genauer gesagt, bilden sie Papillen, welche Schmelzorgane im darüber liegenden Ectoderm induzieren. Diese Organe wiederum veranlassen die Papillen, Dentin zu bilden, wenn diese Substanz überhaupt gebildet werden soll. Auch Knochen kann auf diesem Weg induziert werden. Schließlich veranlasst das Dentin das Schmelzorgan zur Produktion von Schmelz (diese Gewebe werden weiter unten definiert). Wenn Dentin nicht abgelagert wird, kann das Schmelzorgan (oder genauer sein entsprechendes Äquivalent) hornige Schuppen oder irgendwelche anderen ectodermalen Derivate, wie sie oben beschrieben wurden, bilden. Der Mechanismus der Entwicklung von Zähnen und allen Hautderivaten ist also ähnlich, ungeachtet wie hart die Gewebe im Endeffekt werden und aus welcher Hauptkeimschicht die Gewebe entstehen.

Die Hauptarten von hartem Gewebe sind Schmelz, Dentin und Knochen. Jedes dieser Gewebe hat Untertypen, und ein weiteres Gewebe, das Enameloid, passt sich zwischen Schmelz und Dentin ein. **Schmelz** ist das härteste Gewebe des Körpers. Er ist glänzend, in dünnen Schnitten durchscheinend, und besteht aus länglichen Kristallen des Hydroxyapatits $[3(Ca_3PO_4)_2 \cdot Ca(OH)_2]$. Bei therischen Säugetieren ist er prismatisch. Innere Zellen und Kanäle fehlen. Nur etwa 3 Prozent des Gewebes sind organisch. Schmelz tritt nur bei Zähnen und oberflächlichen Dentikeln, Schuppen oder Panzerplatten auf und liegt gewöhnlich außerhalb aller anderen vorhandenen harten Gewebe. Er wird ausschließlich vom Ectoderm produziert, auch auf den Zähnen hinten im Mund, da Ectoderm dorthin gewandert ist. Wachstum erfolgt durch Anlagerung an die innere Oberfläche eines Schmelzorgans. Daher kann der Schmelz nicht verändert oder ersetzt werden, sobald er abgelagert wurde.

**Enameloid** ist so hart wie Schmelz, wird aber aus Ectomesenchym gebildet, d.h. aus dem Mesoderm, das aus den Neuralleisten entsteht. Enameloid tritt an der Oberfläche der Schuppen von Pteraspida und einigen ursprünglichen Knochenfischen auf sowie bei den Schuppen und Zähnen der Knorpelfische. **Ganoin** ist ein Enameloid, das durch eine dicke Ablagerung auf einander folgender Wachstumsschübe gekennzeichnet ist, die eine laminäre Struktur hervorrufen.

**Dentin** ist härter als Knochen und in der Regel weicher als Schmelz. Die chemische Zusammensetzung seiner anorganischen Salze ist die gleiche wie bei Schmelz, aber der Anteil organischer Fasern liegt typischerweise bei 25 Prozent. Die bildenden Zellen bleiben meist, aber nicht immer, außerhalb des harten Gewebes. Ihre Ausläufer penetrieren die Matrix über Dentintubuli. Dentin tritt nur in Zähnen, Zähnchen, Schuppen und äußeren Schutzpanzern auf. Wenn es nicht sekundär verloren geht, liegt es unter dem Schmelz und gewöhnlich oberhalb des Knochens, wo diese Gewebe ebenfalls vorkommen. Dentin wird nur von der äußeren Oberfläche einer mesodermalen Papille produziert, die wiederum nahe der Grenze zwischen Mesoderm und Ectoderm liegt. Spezialisten unterscheiden mehrere Typen und Untertypen von Dentingewebe nach dem Vorkommen oder Fehlen von Zellen in der harten Matrix, nach der Anzahl der Tubuli pro Zelle, nach dem Verzweigungsmuster der

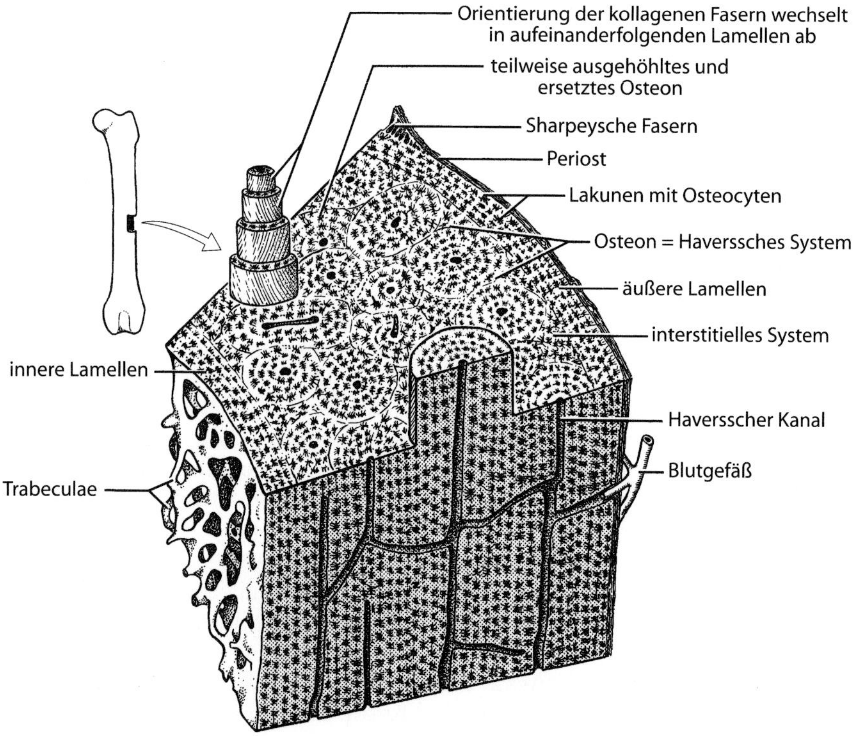


**Abb. 6.3.** Struktur eines voll entwickelten kompakten Knochens (Querschnitte von 4 bis 5 Osteonen überspannen 1 mm. Dies ist ein Knochen eines kleinen Vertebraten)

Tubuli und nach der Schichtenbildung der Matrix. Die meisten Typen von Dentingewebe wie Mesodentin und Semidentin kommen nur bei fossilen Fischen vor. Das Dentin der Tetrapoden und einiger anderer Fische wird meist einfach Dentin genannt, aber auch **Metadentin, Orthodentin** und **Osteodentin.** Dies ist das Elfenbein der Stoßzähne der Elefanten und Walrösser. Seine Zellen liegen außerhalb der Matrix, jede Zelle hat einen Tubulus. Man kann nicht sagen, welcher der vielen Typen von Dentingewebe der ursprünglichste ist. Einige sind allerdings wahrscheinlich ursprünglicher als Knochen. **Cosmin** (keine parallele Bezeichnung) ist ein Dentin, manchmal mit Knochen und Enameloid, das charakteristische Büschel aus winzigen Porenkanälen besitzt, die nach oben und außen aus einer Folge von kleinen vaskulären Zentren radiieren. Diese Zentren sind mehr oder weniger in einer Ebene parallel zur Oberfläche der Schuppe angeordnet. Cosmin tritt nur bei einigen ausgestorbenen Fischen auf. Die Porenkanäle führten wahrscheinlich zu Sinnesorganen.

**Knochen** hat in etwa die gleiche organische Zusammensetzung wie Dentin, obwohl die Variation größer ist. Er liegt gewöhnlich proximal zum Dentin, wenn beides vorhanden ist, und entwickelt sich in einem tieferen und weniger eingeschränkten Teil der Dermis. Er hat normalerweise innere Knochenzellen, die Osteocyten, die in kleinen Öffnungen, den Lakunen, liegen und über kleine Kanäle, die Canaliculi, miteinander in Verbindung stehen (Abb. 6.3). Zellfreier Knochen, der **Aspidin** genannt wird, ist jedoch bei Anaspida, Pteraspida und Teleosteern weit verbreitet. Die phylogenetische Beziehung zwischen zellulärem und azellulärem Knochen ist umstritten. Nach Janvier (1996) spricht mehr dafür, dass azellulärer Knochen älter ist. Knochen kann wie Osteodentin durch Osteone (hier auch Haverssches System genannt) charakterisiert werden. Wenn er allerdings nahe der inneren und äußeren Oberflächen liegt, wird Knochen gewöhnlich in laminären Blättern wie Orthodentin abgelagert. Knochen kann kompakt oder vaskulär und spongiös sein. Er kann wenige eingebettete, kollagene Fasern enthalten oder auch viele, die dann mehr oder weniger geschichtet angeordnet sind und den Knochen weich und flexibel machen. Andere kollagene Fasern, nämlich Sharpeysche Fasern, können Knochen oder Dentin vom benachbarten Bindegewebe her durchdringen, um sie zusammenzuhalten. Die Lamellen und Osteone des Knochens können an jeder inneren oder äußeren Oberfläche resorbiert und ersetzt werden, auch wenn Osteocyten fehlen, eine Remodellierung ist üblich. Wachstum beinhaltet Reorganisation genau so wie Ablagerung.

Knochen ist also ein hochvariables Gewebe. Einteilungen basieren auf dem Vorhandensein oder dem Fehlen von inneren Zellen, von Schichtung, der Orientierung der eingelagerten Fasern, der Vaskularität und der Reorganisation seiner ursprünglichen Struktur während der Entwicklung. (Knochen wird in den Kapiteln 8, 9 und 21 weiter charakterisiert.)

### 6.4.3 Phylogenie der Knochenschuppen und ihrer Derivate

Harte Gewebe scheinen ursprünglich für Vertebraten zu sein. Die ältesten bekannten Fische und Agnathen waren fast immer stärker gepanzert als die Abkömmlinge in ihren jeweiligen Stammeslinien. Schmelz, Dentin und Knochen waren alle in den Bruchstücken von Panzern aus dem Ordovicium vorhanden. Diese ursprünglichen Panzer können als Calciumreservoir, zum Schutz, zur osmotischen Kontrolle oder auch zum Beschweren des Körpers gedient haben.

Das frühe Vorhandensein harter Gewebe wirft die Frage nach der Entstehung der schweren und komplizierten Panzer der Ostracodermata aus dem anscheinend nackten Integument der Vorfahren der Vertebraten auf. Es wird sicher einen Zwischenschritt gegeben haben. Die Theorie der Ansammlung kleiner Schuppen und die Theorie, dass großflächige dermale Papillen unter den großflächigen Schmelzorganen solche großen Panzerplatten gebildet haben könnten, sind Versuche, diesen Zwischenschritt zu rekonstruieren (s. Exkurs 6.2).

Die Schutzschilde der Ostracodermata und Placodermi (Cephalaspida, Pteraspida, Arthrodira, Antiarchi) unterscheiden sich nur in der Größe von den groben Schuppen, die sonst auf ihrem Körper gefunden werden. Im Schnittbild zeigen diese Panzer drei Hauptschichten. Die Oberfläche besteht aus Dentin (das bei Placodermen oft reduziert ist), das von Dentikeln oder Odontoden bedeckt sein kann. Die Dentikel sind Oberflächenausstülpungen aus Schmelz. Die mittlere Schicht besteht aus Knochen, der von anastomosierenden Kanälen für kleine Blutgefäße und sensorische Gruben durchzogen ist. Die untere Schicht besteht aus lamellärem Knochen mit weniger vaskulären Kanälen (Abb. 6.4).

Anaspida haben keine Schutzschilde und ihre Schuppen sind so zurückgebildet, dass nur die basale Schicht vorhanden ist. Wahrscheinlich entstanden die nackten Häute von Neunaugen und Schleimaalen durch weitere Degeneration. (Es gibt histochemische Hinweise, dass das Skelett des Neunauges unter temperaturabhängigen, experimentellen Bedingungen mineralisieren kann.)

**Cosmoidschuppen** unterscheiden sich im Prinzip nicht von den ursprünglichen Panzern, die wir gerade beschrieben haben. Die gleichen Schichten sind vorhanden. Der Begriff ist allerdings weit verbreitet und ist hilfreich für die Beschreibung der etwas fortgeschrittenen Schuppen, die typischerweise kleiner und dünner sind und Dentin des Cosmoidtyps enthalten. Die Oberfläche der Schuppe ist gewöhnlich durch den Schmelz der Dentikel geformt (cosmoid = verziert). Die Schuppen können **cycloid** (mit einem rundlichen Umriss) oder **rhomboid** (ein Parallelogramm als Umriss) sein. Cycloidschuppen sind normalerweise überlappend. Rhomboidschuppen überlappen oft an ihren basalen, nicht aber an ihren distalen Teilen. Cosmoidschuppen kommen an den posterioren Körperteilen einiger Placodermi vor sowie bei Crossopterygii und frühen Dipnoi. (Der rezente Crossopterygier *Latimeria* hat große Cycloidschup-

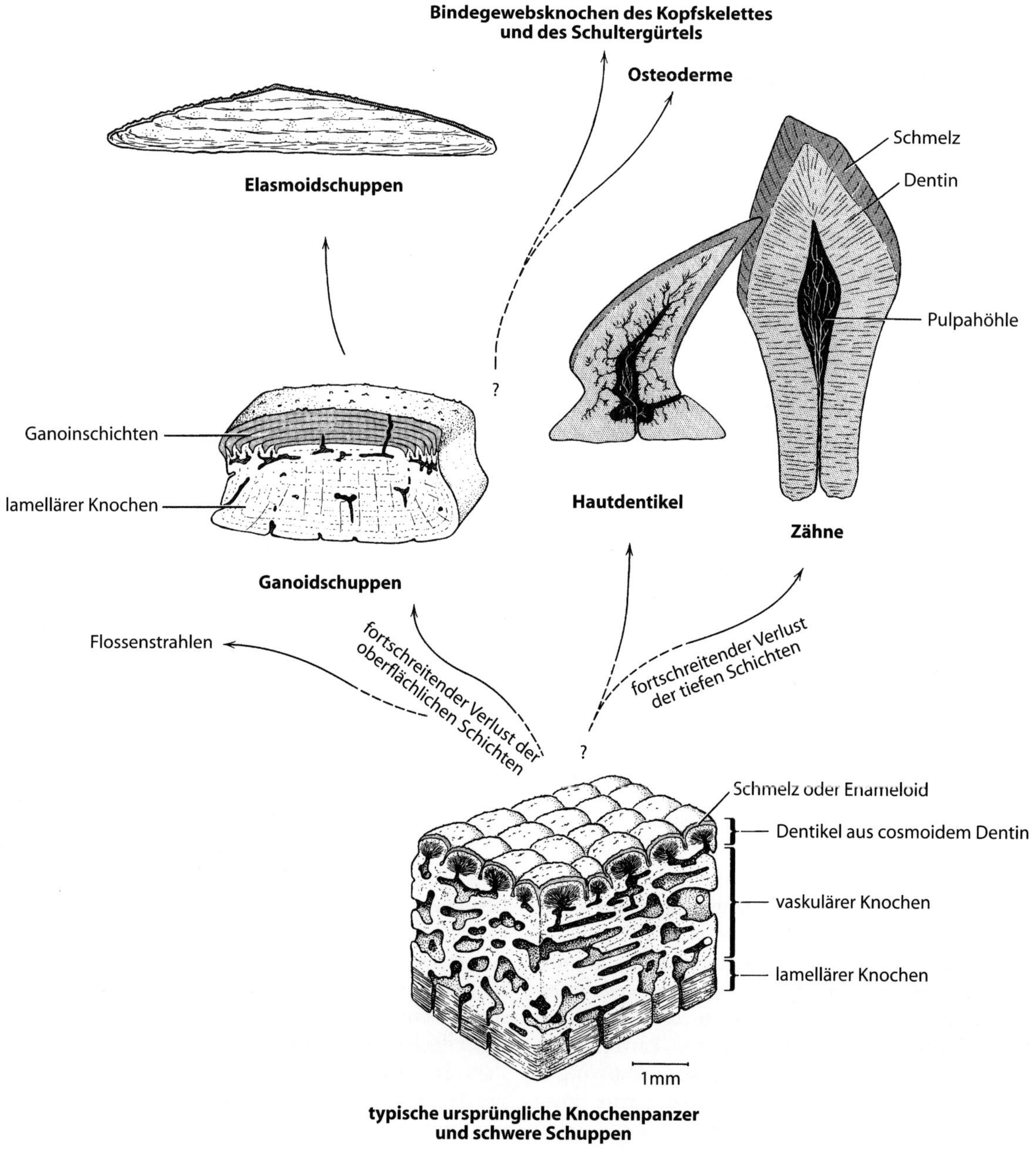


**Abb. 6.4.** Struktur und Beziehungen von Hautschuppen und ihren Derivaten

**Exkurs 6.1**

### Mehr über Knochengewebe

Kompakter Knochen ist so konstruiert, dass die Beziehung zwischen der Festigkeit, die er liefert, und der Last seines Gewichts optimiert ist. Minimales Risiko und minimale Masse sind gegeneinander aufgewogen. Optimale Eigenschaften variieren mit der durchschnittlichen Belastung, den Maximalbelastungen, der Notwendigkeit, Schäden zu reparieren, und anderen Faktoren. Entsprechend ist die Feinstruktur von kompaktem Knochen sehr unterschiedlich und dynamisch.

Der Knochen, der während des aktiven Wachstums zunächst gebildet wird, ist der **primäre Knochen**. Er kann auf Membranen oder Knochen abgelagert werden oder Knorpel ersetzen. Er ersetzt aber keinen bereits existierenden Knochen. Seine Lamellen liegen mehr oder weniger parallel zur Oberfläche, ähnlich wie die Schichten einer Zwiebel. Seine wenigen Osteone sind verteilt, wo sie kleine Blutgefäße umgeben. Der Primärknochen ist relativ dicht und stark. Der **Sekundärknochen** ersetzt den Primärknochen durch einen Vorgang der Resorption, gefolgt von Ablagerung (s. Exkurs 21.2). Seine Osteone sind dicht gepackt. Er ist weniger stark, kann aber Mikrorisse besser aufhalten und heilen, so dass er mindestens so haltbar ist wie der Primärknochen.

Knochen wird außerdem gemäß der Orientierung seiner kollagenen Fasern und Mineralkristalle eingeteilt. In **Kallusknochen** sind diese zufällig angeordnet. Dieser Knochen ist relativ schwach, aber schnell zu bilden. Solcher Knochen wächst als erster an der Stelle einer Fraktur. Die Fasern von **lamellärem Knochen** zeigen verschiedene regelmäßige Organisationsmuster. Sie können in einem flachen Winkel zur Längsachse ihres Osteons spiralig angeordnet sein, wobei aufeinanderfolgende Lamellen sich in entgegengesetzte Richtungen neigen (Abb. 6.3). Solch ein Knochengewebe hat eine maximale Widerstandskraft gegenüber Dehnung parallel zur Achse des Osteons. Alternativ können Fasern auch kreisförmig oder beinahe transvers zur Achse des Osteons angeordnet sein. Ein solcher Knochen hat eine maximale Resistenz gegenüber Kompression. Bei anderen Osteonen alternieren die Fasern aufeinanderfolgender Lamellen zwischen longitudinal und transvers. Noch weitere Muster sind beschrieben worden.

pen mit reduzierten Oberflächenschichten. Moderne Dipnoi haben dünne Schuppen ohne Cosmin.)

**Ganoidschuppen** sind dicke, rhomboide Strukturen, die aus Cosmoidschuppen entstanden sind. Es gibt zwei Haupttypen. Der ursprünglichere Typ ist die **palaeoniscoide Schuppe**. Die Oberfläche ist durch wiederholte Wachstumsperioden, durch Lamination des Schmelzes, der Ganoin genannt wird, verdickt. Dentin des Cosmoidtyps bleibt unter dem Ganoin erhalten. Die Basis der Schuppe ist ein lamellärer Knochen, der von vaskulären Kanälen durchdrungen ist. Dieser Schuppentyp wird bei primitiven ausgestorbenen Actinopterygii und bei dem rezenten *Polypterus* gefunden. Der zweite Typ der Ganoidschuppe hat sich aus dem ersten entwickelt und wird **Lepidosteoidschuppe** genannt. Das Ganoin ist das gleiche; das Cosmin fehlt. Die Knochenbasis ist azellulär und die Kanäle, wenn auch vorhanden, sind nicht mehr vaskulär. Dieser Schuppentyp tritt bei Fischen der ausgestorbenen Klasse der Acanthodii und bei einigen ursprünglichen Neopterygii, wie z.B. dem Stör, auf. Moderne Chondrostei haben degenerierte Schuppen.

**Elasmoidschuppen** sind aus Ganoidschuppen des Lepidosteoidtyps entstanden. Sie treten nur bei Teleosteern auf. Die untere Schicht, die jetzt den Hauptteil der Schuppe bildet, bleibt azellulär, ist aber von kollagenen Fasern durchdrungen, die in verschiedene Richtungen ziehen. Der so entstehende Knochen, das Isopedin, ist flexibel und weich. Das ursprüngliche Ganoin fehlt. An seine Stelle tritt eine dünne Oberflächenglasur, die aus dem Schmelzorgan entsteht. Elasmoidschuppen sind dünn, dachziegelartig ange-

## Exkurs 6.2

### Der Ursprung komplexer Schuppen und Panzer ist ein komplexes Problem

Die harten Gewebe der Schuppen und Körperpanzer sind so unterschiedlich und komplex, dass ihre Klassifizierung lange umstritten war (s. Haupttext). Der Ursprung und die evolutionäre Geschichte dieser Strukturen wurde ebenfalls kontrovers diskutiert. Haben sich große einheitliche Schutzplatten als Konsequenz einer extensiven Interaktion zwischen Neuralleistenderivaten und Mesoderm während der Entwicklung entwickelt (eine Theorie, die vor einigen Jahren von den Amerikanern M.L. Moss, A.S. Romer und B. Schaeffer unterstützt wurde)? Oder bildeten sich große Platten durch Vereinigung von kleinen Einheiten? (Die ältesten Fossilien haben bereits große und kleine Elemente.)

Die grundlegende Einheit der mittlerweile favorisierten Klein-zu-groß-Theorie ist die Odontode. Eine Odontode ist eine Einheit von Dentingewebe mit Blutgefäßkanälen. Sie kann durch Schmelz oder Enameloid bedeckt und im Knochen verankert sein. Benachbarte Odontoden können sich in verschiedener Weise vereinigen, um größere komplexere Einheiten zu bilden. Es gibt zwei hauptsächliche Theorien, wie dies geschehen könnte.

Das Schema der skandinavischen Paläontologen E. Stensiö und T. Ørvik (die Lepidomorial-Theorie), das in vielen Veröffentlichungen zwischen 1950 und 1970 entwickelt wurde, beinhaltet, dass sich größere Einheiten durch das Zusammenwachsen aufeinanderfolgender Odontoden auf der Entwicklungsstufe der dermalen Papille bilden (ähnlich wie die dentale Papille in Abb. 7.2). Die andere Theorie, die Odontodenregulationstheorie, wurde 1982 von W.E. Reif präsentiert. Er glaubt, dass individuelle Odontoden, sobald sie sich gebildet haben, nicht mehr wachsen. Jede ist, zumindest zu Beginn, von einem inhibierenden Feld umgeben. Dieses verhindert, dass andere Odontoden nachwachsen und stellt sicher, dass alle von ihren Nachbarn abgetrennt bleiben, ähnlich wie bei einfachen Zähnen und den kleinen rauen Schuppen der Haie. Wenn die inhibitorischen Felder verloren gehen, bilden sich größere Einheiten und wachsen durch die Fusion von Odontoden aus getrennten Papillen entweder auf einander zu oder zum darunter liegenden Knochen. Nach beiden Theorien kann die Anlagerung von Odontoden mehr oder weniger linear oder aber in zwiebelähnlichen Schichten erfolgen und sie kann von einer teilweisen Resorption von früheren Generationen von Odontoden begleitet werden (Abb. 6.5).

Manche Forscher, die das Potential der beweglichen Neuralleistenderivate für die Bildung eines ganzen Spektrums harter Gewebe hervorheben, glauben, dass sich die verschiedenen Szenarien, die wir gerade beschrieben haben, nicht unbedingt ausschließen. Auf jeden Fall sind die Mechanismen, welche die Schutzpanzer der ausgestorbenen Fische gebildet haben, schwierig zu untersuchen.

ordnet und cycloid oder **ctenoid** (mit kammartigen Ausläufern an den exponierten Rändern).

Isolierte **dermale Dentikel** oder **Placoidschuppen** kommen nur bei Elasmobranchii und einigen untypischen Placodermi vor. Sie haben sich aus Cosmoidschuppen entwickelt oder möglicherweise aus dem Integument einer Gruppe von Placodermi, die keine Panzerplatten oder schwere Schuppen entwickelten. Ihnen fehlt die knöcherne Basisschicht der Schuppen. Sie sind immer klein und in der Regel isoliert. Eine zentrale Pulpahöhle ist von Dentin umgeben; dieses wird von einem Gewebe bedeckt, das gewöhnlich als ectodermaler Schmelz betrachtet wird. Sie sind den Zähnen der Elasmobranchier homolog.

Verschiedene harte Strukturen der Tetrapoden leiten sich aus den knöchernen Schuppen der Fische ab. Gymnophionen haben Knöchelchen, die von der Haut bedeckt sind. **Osteodermen** sind Knochenplatten, die unter den hornigen Schuppen der Krokodile, einiger Eidechsen und einiger ausgestorbener Amphibien und Reptilien liegen (Abb. 6.6). Sie sind wahrscheinlich von dermalen Schuppen abzuleiten, obwohl die Identifizierung des zugehörigen Knorpels während der Entwicklung bei Krokodilen Fragen über ihren

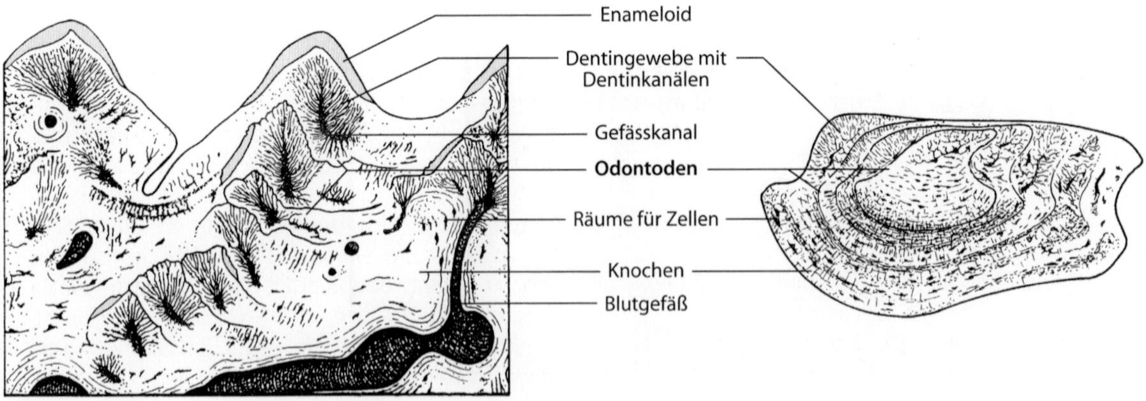


**Abb. 6.5.** Stark vergrößerte Schnitte durch komplexe Schuppen, die durch fusionierte Odontoden entstanden sind. Auf der *rechten Seite* ist eine einzelne Schuppe eines paläozoischen Acanthodiers gezeigt, der eine zwiebelartige Auflagerung von 5 Odontodengenerationen zeigt. Auf der *linken Seite* ist ein Stück aus einer großen Schuppe eines mesozoischen Strahlenflossers gezeigt, der eine lineare Anordnung von 8 Odontodengenerationen aufweist. Diese Schuppen unterscheiden sich in ihrer Feinstruktur von allen anderen, die in Abb. 6.4 gezeigt sind. Dennoch wird die Schnittebene und die Art des Schneidens dieser Schuppen durch den Vergleich vor allem mit der Ganoidschuppe und dem Fragment des Knochenpanzers in Abb. 6.4 erklärt (nach Abbildungen in den Veröffentlichungen von T. Ørwick, 1951 und 1967)

**Abb. 6.6.** Osteoderm aus der Nackenhaut eines großen Krokodils. Tatsächliche Größe 7,5×10,5 cm

Ursprung aufwirft. Einige Knochen in den Panzern der Schildkröten sind wahrscheinlich auch von Schuppen abzuleiten. Andere Knochen der Panzer der Schildkröten sind abgeflachte Rippen. Stabartige Knochen, die in den Muskeln der ventralen Bauchwand der Krokodile liegen, aber nicht der Eidechsen, scheinen auch von Hautschuppen abgeleitet zu sein. Sie heißen **Gastralia.** (Die Knochen in den Panzern der Gürteltiere sind von ähnlicher Struktur, sie haben sich aber sekundär entwickelt, lange nachdem ihre Vorfahren alle Ossifikationen der Haut verloren hatten.)

Auch andere harte Strukturen sind aus Schuppen entstanden. Zähne sind sicher ähnlich entstanden wie Hautdentikel. Verschiedene Knochen des Schädeldaches und des Schultergürtels stellen Panzerplatten dar, die ihren Schmelz und ihr Dentin verloren haben und unter die Haut absanken, um sich mit Knochen zu verbinden, die aus dem inneren Skelett stammen. Die Flossenstrahlen der Knochenfische werden ebenfalls als Derivate von knöchernen Schuppen betrachtet. Diese Strukturen werden in späteren Kapiteln beschrieben.

## 6.5 Integument der Tetrapoden: Betonung der epidermalen Derivate

### 6.5.1 Die Haut lebender und ausgestorbener Amphibien

Die Epidermis lebender Amphibien ist dünn (typischerweise fünf bis acht Zellschichten), enthält ein Stratum corneum mit $\alpha$-Keratin und, als Re-

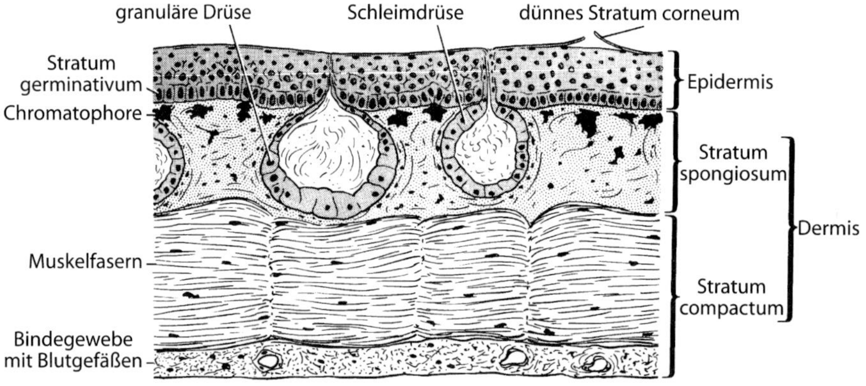


**Abb. 6.7.** Schnitt durch die Haut eines Amphibiums

aktion auf den Kontakt mit Luft, ein bestimmtes Mucopolysaccharid, das offenbar der Austrocknung entgegenwirkt (Abb. 6.7). Nur die äußerste Zellschicht ist abgestorben und wird alle paar Tage zum Teil in großen Fetzen gehäutet. Die Häutung unterliegt hormoneller Kontrolle.

Amphibien haben zwei Arten von multizellulären, alveolären (kolbenförmigen) Drüsen, die aus der Epidermis entstehen und in die Dermis hineinwachsen. Ihre Produkte erreichen die Oberfläche über Gänge. Zahlreiche mucöse Drüsen sezernieren kontinuierlich und spontan, reinigen dadurch die Haut und halten sie schlüpfrig und feucht, um die Hautatmung zu ermöglichen. Granuläre Drüsen sind unter nervöser oder hormoneller Kontrolle. Sie sondern eine scharfe, milchige Flüssigkeit ab, die schlecht schmeckt und in manchen Fällen für die Beutegreifer sehr toxisch ist. Granuläre Drüsen sind in den Warzen der Kröten in Gruppen zusammengefasst. Die Dermis der Amphibien ist zweischichtig und kann Lymphräume und Muskelfasern enthalten.

Terrestrische Amnioten können Abschürfungen und Austrocknung vor allem wegen keratinisierter Derivate der Epidermis widerstehen. Moderne Amphibien, die nur eine dünne Schicht toter keratinisierter Zellen besitzen, müssen stattdessen feuchte Habitate aufsuchen oder Verhaltensadaptationen nutzen, um das Austrocknen zu verhindern. Wahrscheinlich war die Haut terrestrischer paläozoischer Amphibien dicker, trockener und insgesamt der Haut mancher moderner Reptilien ähnlicher. Andere hatten Knöchelchen in der Haut, die gewöhnlich mit einer stark keratinisierten Epidermis assoziiert waren.

### 6.5.2 Die Haut der Reptilien: Hornschuppen

Reptilien benutzen Keratine (und Lipide) der Epidermis, um ihre Haut „luftdicht" zu machen. Teil dieser Anpassung ist der grundlegende Aufbau der Haut, deren klar strukturierte Epidermis den Körper lückenlos mit Hornschuppen bedeckt. Lediglich Regionen zwischen den Schuppen, in denen das Hornmaterial dünn und gefaltet ist, dienen als Gelenke (Abb. 6.8). Die Epidermis der Lepidosaurier ist besonders komplex und interessant. Bei diesen Tieren wird die äußere Schicht der Epidermis an einem Stück gehäutet. Dies geschieht mindestens einige Male pro Jahr. Diese Häutung steht anscheinend unter hormoneller Kontrolle und kann durch Feuchtigkeit beeinflusst werden. Beginnen wir den Zyklus direkt nach einer Häutung im sog. Ruhestadium. Die Epidermis besteht nun aus dem Stratum germinativum und einer **äußeren epidermalen Generation,** die charakteristischerweise fünf Schichten hat. Von außen nach innen ist zunächst eine dicke, abgestorbene, azelluläre Schicht, die stark keratinisiert ist (mit $\beta$-Keratinen). Die Oberfläche dieser Schicht wird **Oberhäutchen** genannt und hat mikroskopisch kleine Dörnchen. Unter dieser $\beta$-Keratinschicht ist eine dünne Mesosschicht unbekannter Bedeutung,

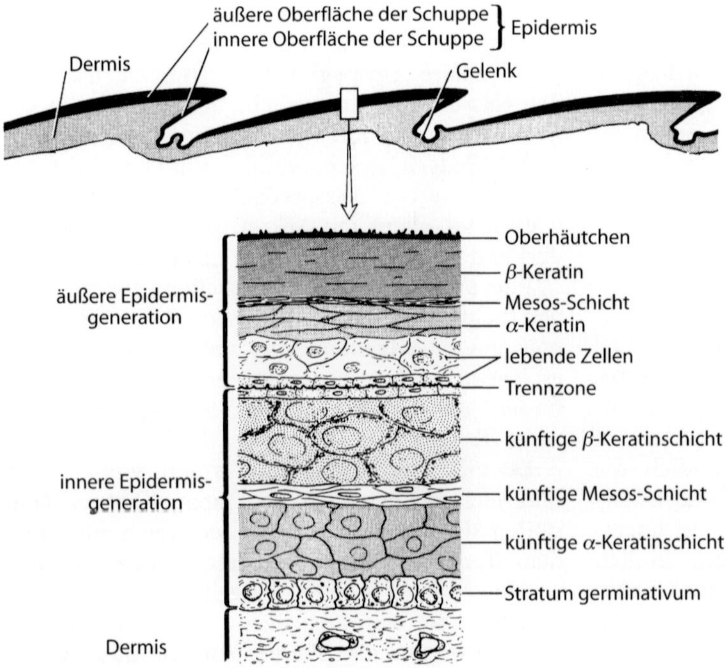


**Abb. 6.8.** Schnitt durch die Haut und Epidermis eines Squamaten kurz vor der Häutung

dann folgt eine mäßig dicke Schicht aus lockerem, abgestorbenem und anukleärem Material, das vor allem aus $\alpha$-Keratin besteht. Darunter befinden sich zwei Schichten lebender Zellen: eine äußere Schicht, die später in die $\alpha$-Schicht einbezogen wird, und eine innere Schicht, die später klar wird und die Trennzone bilden wird, an der die Häutung erfolgt.

Am Ende der Ruheperiode bildet das Stratum germinativum sehr schnell die verschiedenen Schichten einer **inneren epidermalen Generation.** Wenn diese heranreifen, trennen sie sich von der innersten Schicht der äußeren epidermalen Generation und die Häutung erfolgt.

Die Keratinplatte an der äußeren Oberfläche einer großen flachen Schuppe wird **Hornschild** genannt. Die Hornschilder der Krokodile und Schildkröten werden nicht gehäutet. Beim Wachstum wird keratinisiertes Material über die gesamte innere Oberfläche eines solchen Hornschilds zugefügt und so die Abnutzung kompensiert. Jeder Wachstumsschub geht über den vorherigen Rand eines Hornschilds hinaus und bildet so die wohlbekannten konzentrischen Ringe des Schildkrötenpanzers (Abb. 6.9).

**Abb. 6.9.** Carapax einer Wüstenschildkröte, *Gopherus*, der die Hornschilder mit den Wachstumslinien zeigt. Dorsalansicht, anterior ist auf der *linken Seite*

Die Dermis der Reptilien ist dünn. Mucöse Drüsen fehlen, wie sie auch in der Haut anderer echt terrestrischer Tetrapoden fehlen. Duftdrüsen verschiedener Typen (Präanaldrüsen, Femoraldrüsen etc.) treten am Schwanz (einige Eidechsen), in der Kloakenregion (die meisten Squamaten), am Oberschenkel (Eidechsen) und unter den Kiefern (Krokodile) auf. Ihre Sekrete haben Einfluss auf das Sozialverhalten. Einige Knochen, die in der Haut von Reptilien gefunden werden, wurden bereits in Kap. 6.4.3 erwähnt.

### 6.5.3 Die Haut der Vögel: Dünne Haut mit Federn

Eine andere Strategie verfolgend, haben Vögel über dem größten Teil des Körpers eine dünne, schwach keratinisierte Haut, die mit dem darunter liegenden Gewebe nur locker verbunden ist. Es sind die Bildungen der Haut, nämlich die Federn, die stark keratinisiert sind. Der Unterschenkel und die Zehen dagegen sind von hornigen Großschuppen oder Hornschilden, ähnlich wie die der Archosaurier, bedeckt. Diese werden nicht gehäutet. Der **Schnabel** ist ebenfalls stark keratinisiert. Der **Eizahn** der Vögel und mancher Reptilien ist eine Erhebung auf dem Schnabel oder dem Rostrum, die dem schlüpfreifen Jungen hilft, seine Schale aufzubrechen (Abb. 5.1). (Der Eizahn der Schlangen und Eidechsen hat die gleiche Funktion, ist aber ein echter Zahn.) Die **Sporne** von Kampfhähnen sind hornige Dornen, die knöcherne Kerne bedecken.

Mit wenigen Ausnahmen sind die glandulären Derivate der Vogelhaut auf eine große, verzweigte, alveoläre **Uropygialdrüse** (Bürzeldrüse) auf den letzten Schwanzwirbeln beschränkt. Sie sezerniert ein Öl, mit dem der Vogel das Keratin seiner Federn geschmeidig hält. Obwohl diese Bürzeldrüse bei Wasservögeln am stärksten entwickelt ist, dient das Sekret nicht dazu, das Federkleid wasserabweisend zu machen.

Intermediäre Stadien zwischen Federn und den Schuppen von Reptilienvorfahren sind immer noch weitgehend spekulativ. Dennoch gibt es Hinweise, dass Federn so entstanden sind. Es finden jedoch auch andere Theorien Unterstützung (Exkurs 6.3).

Es gibt mehrere Hauptformen von Federn und verschiedene Zwischenstufen. **Konturfedern** stellen die äußere Körperbedeckung und geben dem Körper Kontur, Farbe und Schutz vor Sonne, Regen und Abrieb. Flügelfedern (Schwungfedern) und Schwanzfedern (Steuerfedern) bilden zusammen die **Flugfedern**. Sie ähneln den Konturfedern, sind aber größer und steifer und bilden die Tragflächen für den Flug. Primäre Schwungfedern sitzen auf der Hand, sekundäre Schwungfedern auf dem Arm.

Diese Federn haben eine ähnliche Grundstruktur. Die Achse hat eine hohle, proximale (zum Körper hin) **Federspule (Calamus)**, die

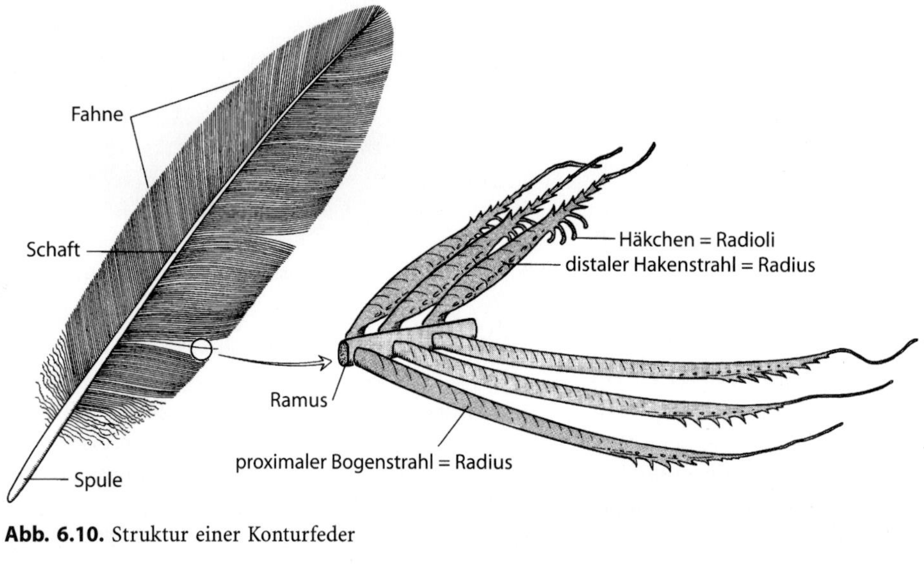


**Abb. 6.10.** Struktur einer Konturfeder

## Exkurs 6.3

### Ursprung und Evolution der Federn – aufkommende Konzepte und auseinandergehende Meinungen

Federn sind wegen ihrer vielfältigen und komplexen Struktur wie Funktion eine Herausforderung für den Evolutionsmorphologen. Sind sie eine völlige Neuheit in der Entwicklungsgeschichte? Wie war der Aufbau der ursprünglichen Protofeder und welches war ihre Funktion? Hatten die Vorfahren der Vögel unter den Reptilien bereits Federn? Wie ist die evolutionäre Beziehung der verschiedenen Federtypen? Die Beantwortung dieser Fragen hat sich als sehr schwierig erwiesen. Ihre Untersuchung schlägt den Bogen zu neu entwickelten Prinzipien mit sehr breiter Relevanz inklusive der *Hox*-Gene, zu biologischer gegenüber phylogenetischer Homologie (s. S. 4), zu Einschränkungen während der Entwicklung [s. S. 81, ferner Wake u. Roth (1989)] und zu Interpretationen von Merkmalszuständen in der kladistischen Analyse (s. S. 34).

Wir stellen hier die unterschiedlichen Meinungen verschiedener Forscher vor, die auch im Literaturverzeichnis aufgeführt sind. Brush ist überzeugt, dass der Federfollikel einzigartig ist und nicht homolog zu irgendeiner anderen ursprünglichen Struktur, dass die besonderen $\beta$-Keratine ebenfalls einzigartig und kennzeichnend für die Federn sind, dass der primitivste Federtyp die Daunenfeder ist und dass die anderen Federtypen sich aus dem vielseitigen Daunenfederfollikel unabhängig und in keiner bestimmten Abfolge entwickelten.

Prum stimmt mit Brush in den meisten dieser Punkte überein, schlägt aber vor, dass Daunen-, Kontur- und Flugfedern sich in dieser Reihenfolge entwickelt haben.

Maderson und Alibardi vertreten die gegenteilige Ansicht, dass der Federfollikel zu den Follikeln anderer Integumentderivate in Beziehung zu setzen ist und keine evolutionäre Neuheit darstellt. Sie akzeptieren die Kreuzreaktivitätsstudien von Sawyer und Kollegen, die zeigen, dass die molekulare Struktur der $\beta$-Keratine der Schuppen und Klauen von Vögeln und Archosauriern ähnlich sind und damit auf eine Homologie hindeuten. Maderson glaubt, dass die ersten Federn von flachen länglichen Reptilienschuppen abgeleitet werden können und dass der ursprüngliche Federtyp einer Konturfeder ähnelte. Eine solche Feder hat sich anschließend zum einen vereinfacht, um eine Daunenfeder zu werden, zum anderen wurde sie komplexer, um eine Schwungfeder zu werden.

Diese gegensätzlichen Meinungen haben Auswirkungen auf die selektiven Vorteile, die für Protofedern postuliert werden. Wenn sie daunenartig waren, hatten sie eine isolierende Wirkung. Wenn sie Konturfedern glichen, haben sie die Epidermis vor Abrieb geschützt und, nach der Arbeit von Dyck, auch den Wasserverlust über die Haut minimiert. (Andere postulierte Funktionen, wie z.B. der Schutz vor Solarstrahlung, Imponiergehabe und Tarnung könnten von beiden Typen von Protofedern geleistet worden sein.) Die Debatte über die Charakteristika der Protofeder ist auch wichtig für die Interpretation federartiger Strukturen, die bei einem chinesischen, aus der späten Kreide stammenden Fossil, dem Pteropoden-Reptil *Sinosaurus* auftreten (s. Exkurs 4.1).

Wenn Sie sich also jetzt zu der evolutionären Analyse einer der wunderbarsten Strukturen in der Natur hingezogen fühlen, warten viele aufregende Fragen auf Ihren Forschungsdrang.

sich in einem massiven distalen (vom Körper weg) **Schaft (Rhachis)** fortsetzt (Abb. 6.10). Die **Fahne (Vexillum)** besteht aus **Ästen (Rami)**, die von entgegengesetzten Seiten des Schaftes abzweigen, und aus kleineren **Hakenstrahlen (Radii)**, die von den Ästen abzweigen. Die Hakenstrahlen an der distalen Seite eines jeden Ramus haben an ihren Enden **Häkchen (Radioli)**, die in die proximalen Hakenstrahlen des benachbarten Astes einhaken, ähnlich wie bei einem Reißverschluss. Die so entstandene Struktur ist stark, leicht und flexibel. Bei starker Belastung können die Elemente der Fahne sich voneinander trennen, aber sie brechen nicht. Die Funktionsfähig-

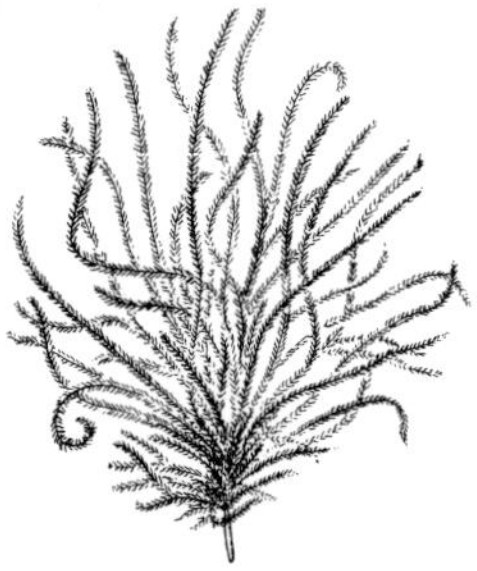

**Abb. 6.11.** Eine Daunenfeder

keit der Federn wird durch das Putzen mit den gerillten Seiten des Schnabels wiederhergestellt, indem die Häkchen wieder miteinander verzahnt werden.

Eine Abwandlung der Konturfeder hat keine Häkchen und bildet daher keine feste Fahne, sondern ist stattdessen flaumig. Manche Vögel, darunter die ursprünglicheren Ordnungen, haben doppelte Konturfedern. Das bedeutet, jede Hauptfeder hat an ihrer Basis eine kürzere, weichere Feder, die **Nachschaft** genannt wird.

Konturfedern sind bei einigen Vögeln gleichmäßig über den Körper verteilt (wahrscheinlich die ursprüngliche Situation), aber meistens sind Konturfedern auf Federflure begrenzt, die **Pterylae** genannt werden. Die Federn dehnen sich von den Pterylae aus, um die dazwischen liegenden Areale zu bedecken. Die Anordnung der Pterylae kann als Bestimmungsmerkmal genutzt werden.

**Daunenfedern** haben nur einen kleinen oder gar keinen Schaft. Lange Äste verzweigen sich von der Basis der Feder und es gibt keine Häkchen. Die so entstehende Feder ist klein und weich (Abb. 6.11). Daunenfedern, die unter den Konturfedern versteckt sind, sind weit verbreitet und nicht auf Pterylae begrenzt. Sie dienen der Wärmeisolierung.

**Borsten** sind kurze, steife Federn, die Fremdobjekte von den Nasenlöchern fernhalten (Habicht, Amsel), die effektive Mundöffnung vergrößern (Fliegenschnäpper) oder Wimpern bilden können (Strauß).

Die Farben der Federn entstehen auf zwei unterschiedliche Weisen. Gelb, orange, rot, braun und schwarz sind das Ergebnis spezifischer Pigmente, die während der Entwicklung in die Feder eingelagert werden. Weiß entsteht ausschließlich durch die Mikrostruktur der Feder. Blau, grün und glänzend entsteht durch eine

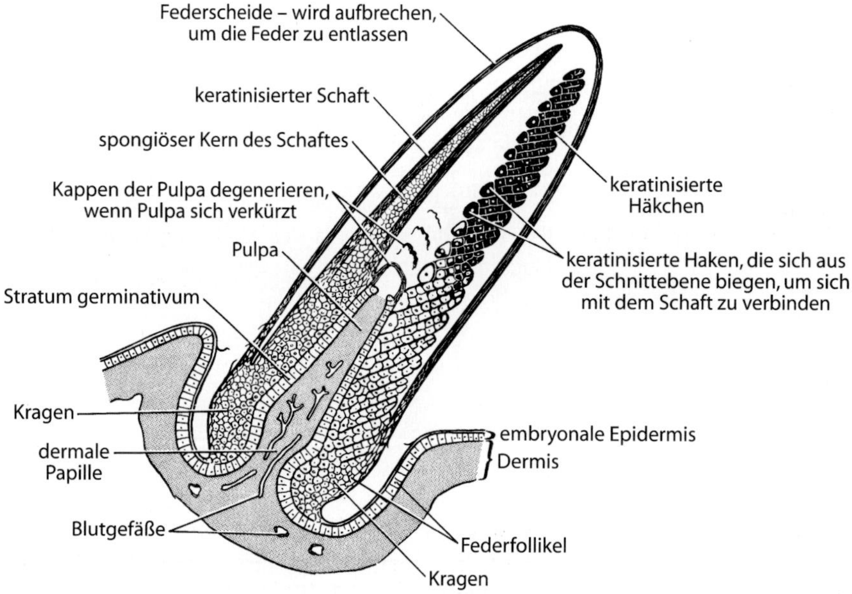


**Abb. 6.12.** Schnitt durch eine sich entwickelnde Konturfeder

Kombination aus schwarz, gelb und anderem Pigment mit einer Mikrostruktur, die nur einen Teil des Lichtes reflektiert.

Federn werden gemausert (abgeworfen) und einmal, seltener zweimal pro Jahr ersetzt. Die meisten Vogelarten werfen die Federn nach und nach ab, so dass die Funktion des Federkleides nicht eingeschränkt ist. Enten und einige andere Vögel dagegen verlieren die meisten Flugfedern zur gleichen Zeit.

Die Entwicklung der Feder beginnt mit einem kleinen Hügel aus Mesoderm, der **dermalen Papille**, die von Ectoderm bedeckt ist. Diese Struktur sinkt in die Haut ein und bildet so eine enge, doppelwandige Eindellung an ihrer Basis, den **Federfollikel** (Abb. 6.12). Die Feder wird nur vom Ectoderm gebildet; aber das Ectoderm muss vom vaskularisierten Mesoderm nicht nur ernährt, sondern von ihm auch zur Federbildung aktiviert werden. Experimente zeigen, dass in Abwesenheit von Mesoderm keine Feder gebildet werden kann, dass jedoch in Anwesenheit einer mesodermalen Papille selbst Ectoderm, das normalerweise keine Federn bilden würde, es tut.

Eine oberflächlich keratinisierte **Federscheide** umgibt die austretenden Federn und wird später abgestreift. An der Basis des Follikels bildet die germinative Schicht einen **Kragen**. Die Äste einer Daunenfeder wachsen innerhalb der Scheide vom Kragen gerade nach oben. Bei der Bildung einer Konturfeder entwickelt sich früh ein Schaft als Auswuchs eines bestimmten Punktes des Kragens. Rami bilden sich zunächst als Äste des Schaftes und dann als Auswüchse des Kragens, die zur Schaftbasis wandern, wenn er sich verlängert. Wenn die Scheide von der reifenden Feder wegbricht, entfalten die Rami sich rechts und links vom Schaft und verwandeln die zylindrische embryonale Feder in die flache, ausgereifte Feder.

### 6.5.4 Haut, Schuppen, Klauen und Hautdrüsen der Säugetiere

Die Haut der Säugetiere ist relativ dick – vor allem die Dermis, aus der Leder gemacht wird. Diese Dicke variiert jedoch je nach Art und Körperregion (und manchmal saisonabhängig) sehr stark. Die Epidermis verdickt sich, wo Haare spärlich sind, und auch in Regionen, die Druck und Abrieb ausgesetzt sind, wie z.B. den Fußsohlen, den Knieschwielen der Kamele und Warzenschweine und den Polstern an Greifschwänzen. Zwischen dem Stratum germinativum und dem Stratum corneum der Epidermis können eine oder mehrere Übergangsschichten liegen. Die häufigste ist ein dünnes Stratum granulosum (Abb. 6.13). Bündel glatter Muskelfasern in der Dermis stehen mit den Haarfollikeln in Verbindung.

Das Stratum corneum kann Hornschuppen bilden, wie z.B. am Schwanz von Opossum und Biber. **Klauen** sind stark keratinisierte Strukturen, welche die spitz auslaufenden Endknochen der Finger umgeben. Die Spitze und die oberen und lateralen Teile bilden die **Unguis** (Nagel) und sind härter als die Unterseite, die **Subunguis**.

Hufe entwickeln sich aus Klauen. Die Unguis des Pferdehufes ist aus kompakten hornigen Tubuli aufgebaut. Der ganze Huf dehnt sich etwas unter dem Aufprall beim Gehen aus. Der Panzer des Gürteltieres hat eine stark keratinisierte Epidermis sowie knöcherne Hautknöchelchen. Das einzigartige Schuppentier (Säugetierordnung Pholidota) hat stark überlappende Schuppen an seiner dorsalen Oberfläche (Abb. 25.2). Diese Schuppen, die mehr als zwei Zentimeter lang sein können, werden eine nach der anderen abgeworfen und durch größere ersetzt, wenn das Tier wächst. Die **Barten** der Wale sind lamellenartige Auswüchse des buccalen Epithels, die während der Nahrungsaufnahme als Sieb dienen (Abb. 30.1).

**Schweißdrüsen** sind für Säugetiere typisch. Manche Arten haben eine Million oder mehr dieser kleinen Drüsen über den ganzen Körper verteilt. Andere haben weniger und begrenzen sie auf den Mund und die Fußsohlen. Wieder andere, wie z.B. die Wale und Seekühe, haben keine, weil sie keine Verwendung dafür haben. Schweißdrüsen sind tubulär, einfach, also nicht gelappt, und an ihren inneren Enden aufgewunden. Es gibt zwei Typen, die sich in ihrer Struktur und der Art der Sekretion unterscheiden. Sie entwickeln sich im Embryo aus Ectodermsträngen, die in die Dermis einsinken. Die Verduns-

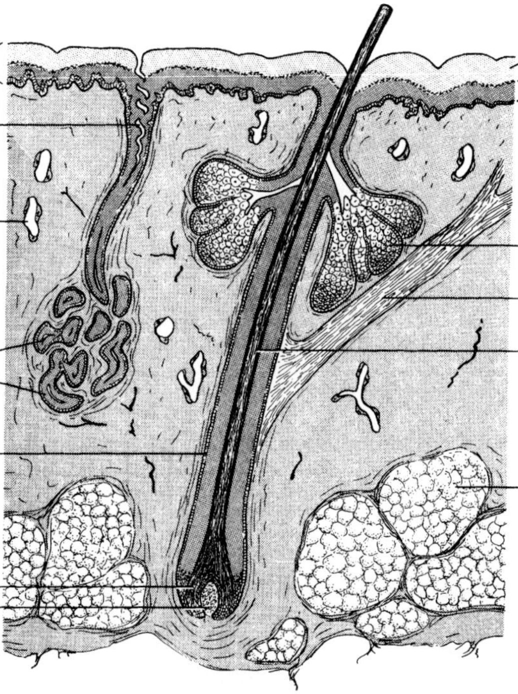


**Abb. 6.13.** Schnitt durch die Haut eines Säugetieres

tung des Schweißes an der Oberfläche der Haut trägt dazu bei, eine Überhitzung des Körpers zu vermeiden und verhindert das Wegrutschen der Fußsohlen auf dem Substrat. Harnstoff, andere Abfallprodukte und Salz werden über den Schweiß abgegeben. Die Drüsen in den Augenlidern (Mollsche Drüsen), die nahe den Wimpern münden, und die Wachsdrüsen im äußeren Ohr werden als vergrößerte und abgewandelte Schweißdrüsen angesehen.

**Talgdrüsen** treten ebenfalls nur bei Säugetieren auf. Eine oder mehrere dieser verzweigten alveolären Drüsen münden in jeden Haarfollikel. Sie treten auch unabhängig von Haaren an den Zitzen, Lippen und Genitalien auf. Ihr öliges Sekret bedeckt das Haar und verhindert übermäßiges Austrocknen der dünnen Haut. Lanolin, das als Basis für Kosmetika benutzt wird, wird aus der Talgdrüsensekretion von Schafen gewonnen. Modifizierte Talgdrüsen (Meibomsche Drüsen) treten in den Augenlidern auf, wo ihr Sekret einen Film über dem Augapfel bildet und normalerweise das Überquellen der Tränen verhindert.

Viele Säugetiere haben **Duftdrüsen**. Sie sind in Aufbau und Verteilung sehr unterschiedlich. Duftdrüsen dienen der Verteidigung, der Erkennung oder der sexuellen Anziehung. Die Drüsen können in der Analregion lokalisiert sein (Marderartige), im Gesicht (bei Antilopen und Fledermäusen), auf dem Rücken (Kängururatte), an den Füßen (einige Paarhufer) oder auch an jedem anderen Teil des Körpers. Manche Duftdrüsen sollen von Talgdrüsen, andere auch von Schweißdrüsen abstammen.

Nur Säugetiere haben **Milchdrüsen (Mammae)**, um die Jungen zu säugen. Das erste Anzeichen einer Entwicklung dieser Drüsen ist das Auftreten von paarigen epidermalen Aufwölbungen beim Embryo, der **Milchleisten**, die sich längs von der Brust bis zur Leistenregion ausdehnen. Entlang dieser Linien werden sich schließlich in bestimmten Abständen die adulten Mammae bilden. Dort sinkt das Ectoderm in die Dermis ab und verzweigt sich in solide Stränge. Bei Weibchen vergrößern sich diese Stränge bei der Reifung, dringen unter die Haut und werden

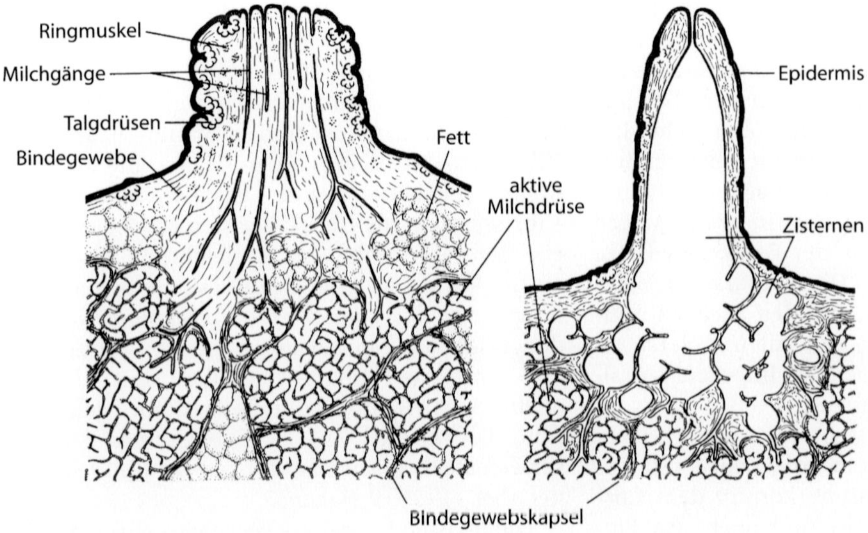


**Abb. 6.14.** *Links*: Schnitt durch die Zitze und das damit verbundene Gewebe eines Primaten. *Rechts*: Die Zitze eines Artiodactylers (nicht mit der gleichen Vergrößerung gezeichnet)

lappenartig und alveolär. Ein Großteil der menschlichen Brust besteht aus Fett. Die Drüsen werden beim Gebären unter dem Einfluss von Ovarien- und Hypophysenhormonen aktiv.

Die Anzahl der Zitzen korreliert mit der Anzahl der Jungen pro Wurf und variiert zwischen einem Paar und ungefähr einem Dutzend Paaren. Die Mammae können an der Brust liegen (Primaten, Elefanten, Seekühe, Fledermäuse), in der Leistengegend (Ungulaten) oder dazwischen (Nagetiere, Carnivoren). Milchdrüsen wurden lange als phylogenetische Abkömmlinge von Schweißdrüsen betrachtet. Blackburn (1991) dagegen glaubt, dass die Schweißdrüsen neue Strukturen darstellen, die einige Charakteristika mit Talgdrüsen teilen.

Jede Milchdrüse sendet mehrere Gänge zur Oberfläche. Bei Monotremata vereinigen sich diese in Flecken, die Areolen genannt werden, wo die Jungen die Milch aufsaugen. Gewöhnlich ist die Austrittsstelle der Gänge in eine **Brustwarze** erhoben, welche die Jungen im Mund halten und daran saugen können. Bei Ungulaten ist die Haut, welche die Mündung umgibt, erhöht, so dass hier eine hohle **Zitze** gebildet wird (Abb. 6.14).

## 6.5.5 Das Haar

Der phylogenetische Ursprung des Haares ist ungewiss. Es gibt keinen Hinweis darauf, dass sich Haare aus Reptilienschuppen entwickelt haben. Im Gegensatz zu Schuppen und Federn werden Haare von der Epidermis induziert. Wo Haare und Schuppen gemeinsam auftreten, wie auf den Schwänzen von Ratten, auf den Panzern von Gürteltieren und auf dem Rücken von Schuppentieren, wachsen die Haare zwischen den Schuppen, wobei das Muster der Schuppen das Verteilungsmuster der Haare vorgibt. Ein ähnliches Haarmuster tritt auch oft auf, wenn Schuppen fehlen. Maderson (1972) stützt die Hypothese, dass Haare aus sensorischen Anhängen von Mechanorezeptoren der Reptilien entstanden sind, die zwischen den Schuppen angeordnet waren und zur Thermoregulation beigetragen haben. Es wird postuliert, dass sich solche Strukturen hinreichend vervielfältigt haben, um als isolierende Körperbedeckung dienen zu können. Manche säugerähnliche Reptilien könnten durchaus ein solches Stadium der Evolution erreicht haben.

Ein typisches Haar hat eine ausgedehnte Wurzel und einen Schaft, der unter der Haut in einer

Epidermisscheide oder einem **Haarfollikel** verborgen ist (Abb. 6.13). Eine oder mehrere Talgdrüsen münden gewöhnlich in den Spalt zwischen Haarschaft und benachbartem Gewebe. Der Follikel steht schräg zur Hautoberfläche. Ein kleiner glatter Muskel (M. arrector pili) verläuft vom äußeren Teil der Dermis nach unten und setzt am Follikel in einem bestimmten Winkel an, so dass bei Kontraktion der Follikel und sein Haar aufgestellt werden. Dies verursacht beim Menschen die Gänsehaut, bei den meisten Säugetieren stellt es aber das Fell auf und verstärkt so die Wirkung, die das Fell bei Imponierverhalten und Wärmeisolierung spielt.

In Schnittpräparaten sieht man, dass Haare aus zwei bis drei Schichten aufgebaut sind. Die größte strukturelle Bedeutung kommt dem Cortex zu, der relativ dicht ist und auch das Pigment des Haares enthält. Um die Außenseite liegen mikroskopisch kleine Schuppen, die Cutikel. Größe, Form und Überlappungsmuster dieser Schuppen variieren von Art zu Art. Säugetierforscher nutzen diese Unterschiede manchmal, wenn sie Haare aus Gewölle oder aus Carnivorenkot identifizieren wollen. Grobe Haare haben auch eine zentrale Höhlung oder **Medulla**, die aus geschrumpften abgestorbenen Zellen und Lufträumen besteht.

**Deckhaare** sind die relativ langen geraden Haare, die einem Pelz seine äußere Farbe und Textur verleihen. Sie können auch für andere Funktionen spezialisiert sein. So läuft Wasser vom Pelz der Robben und Biber ab. Gabelantilopen haben dicke Deckhaare, die Luftzellen enthalten, um gegen die Sommerhitze und Winterkälte zu isolieren. Die Haare von Eisbären dienen als Lichtleiterkabel, welche Solarenergie mit bemerkenswerter Effizienz auf die Haut weiterleiten. Deckhaare sind oft in Gruppen zu zweit oder dritt angeordnet.

Wenn man die Deckhaare der meisten Säugetiere auseinander streicht (vor allem von sog. Pelztieren), zeigen sich kürzere Haare, die viel feiner und zahlreicher sind. Dieses sind die **Wollhaare** oder die Unterwolle. In Querschnitten sind sie meistens abgeflacht, daher erscheinen sie gewellt. Sie treten oft in Gruppen von einem Dutzend oder mehr an der Basis eines jeden Deckhaars auf. Die Unterwolle bildet unzählige Lufttaschen, die zur Isolierung dienen und Wasser von der Haut abweisen.

Besonders lange und dicke Haare bilden Wimpern und Mähnen; sie sind an den Schwänzen von Ungulaten zu finden. Schnurrhaare oder **Vibrissen** sind noch gröbere Haare, die als Tastorgane spezialisiert sind. Der steife Schaft einer Vibrisse dient als Hebel, der sich an der Oberfläche der Haut dreht, um die leichteste Bewegung an die Wurzel zu übertragen. Der Bulbus am unteren Ende der Wurzel ist von erektilem Gewebe, das reich an Nervenendigungen ist, umgeben. Die schwersten Haare von allen sind die **Stacheln**. Stacheln sind hohl, können aber sehr steif sein. Die Cutikel an der Spitze eines Stachelschweinstachels sind modifiziert und bilden kleine, aber effektive Haken.

Die meisten Säugetiere verhaaren ein- bis zweimal pro Jahr, die Winter- und Sommerfelle unterscheiden sich oft in Dichte, Qualität und Farbe. Das neue Fell tritt meist erst an einer oder mehreren Stellen auf und breitet sich dann in einem artspezifischen Muster über den ganzen Körper aus.

Das Mesoderm spielt bei der Bildung der Haare eine weniger bedeutende Rolle als bei der Bildung von Schuppen oder Federn. Ein solider Ectodermstrang sinkt in die Dermis ein. Die Wände dieses Stranges werden zur doppelschichtigen **Wurzelscheide**. Eine kleine dermale Papille bildet sich an der vergrößerten Basis des Stranges. Die ectodermalen Zellen über dieser Papille proliferieren, um das Haar selbst zu bilden, das dann durch die Scheidenzellen hindurch dringt und aus der Haut austritt.

### 6.5.6 Hörner und Geweihe

Die verschiedenen Typen der Hörner und Geweihe der Tetrapoden dienen zur Erkennung, zum Imponieren, für rituelle Kämpfe und zur Verteidigung. Sie treten entweder nur bei den Männchen oder bei beiden Geschlechtern auf. Sexualdimorphismus existiert aber so gut wie immer und spiegelt so die hormonale Kontrolle ihrer Entwicklung wider.

Das **Rhinozeroshorn** besteht aus keratinisierten Fasern mit einem Durchmesser von ungefähr 0,5 mm, die zu einem zähen, massiven Ge-

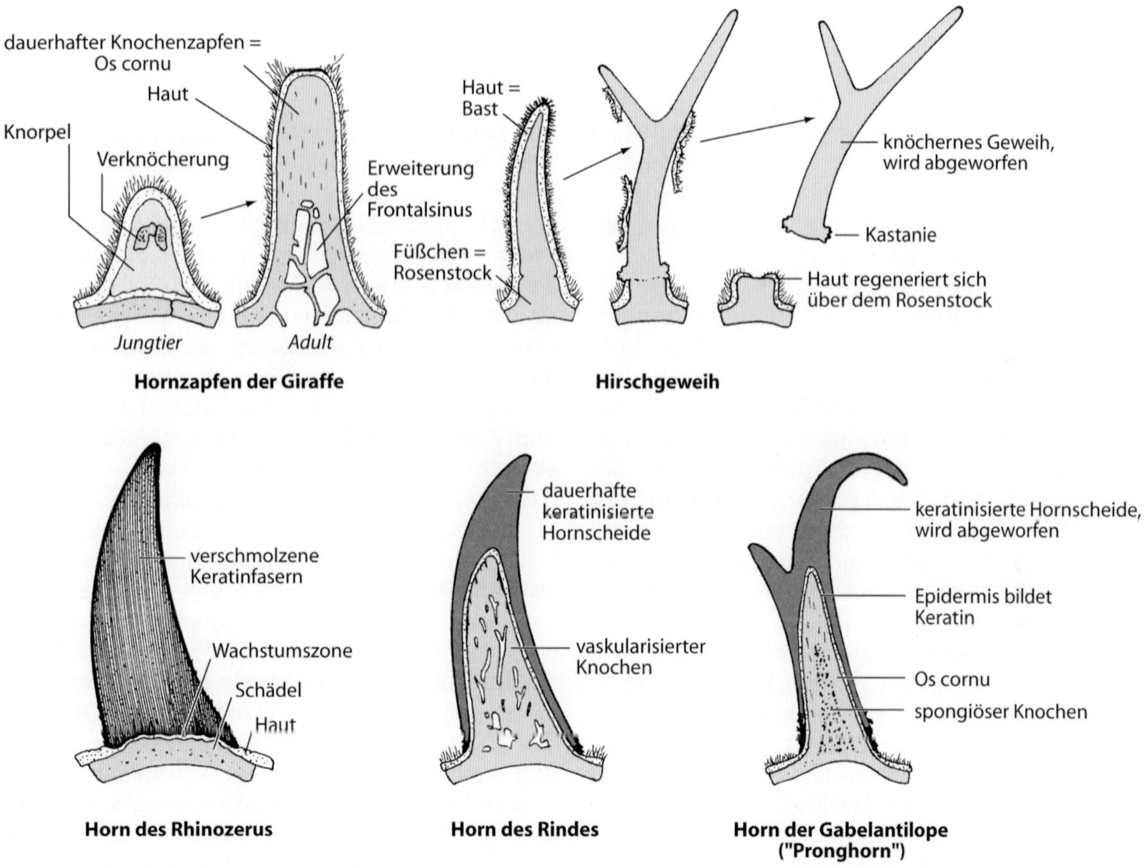


**Abb. 6.15.** Struktur und Entwicklung von Hörnern und Geweihen

bilde zusammengefügt sind. Das Wachstum findet von der darunter liegenden Epidermis aus statt (Abb. 6.15). Das Horn wächst permanent und wird nicht abgeworfen. Rhinozeroshörner stehen medial und können je nach Spezies einzeln oder doppelt sein.

Die Hörner von Giraffe und Okapi werden besser als **Hornzapfen** bezeichnet. Sie sind permanente, hautbedeckte Knochenzapfen. Die knöchernen Zapfen werden nicht als Auswüchse des Schädels, sondern als separate Verknöcherungen dermalen Gewebes gebildet, die mit dem Schädel verwachsen, wenn sie heranreifen. (Jeder permanente knöcherne Hornzapfen ist ein Os cornu.) Die Hauptknochenzapfen sind paarig, manche Giraffen haben aber auch ein kleineres medianes Knochenzäpfchen.

Die **Geweihe** der Hirsche sind ebenfalls knöcherne Derivate der darüber liegenden Dermis. Sie werden jedes Jahr abgeworfen und erneuert. Der harte kompakte Knochen enthält etwas mehr organisches Material als anderer Knochen, so dass er etwas flexibler ist. Geweihe sind nur während des Wachstums von Haut bedeckt (Bast, Abb. 6.15). Wenn die volle Größe erreicht ist, wird die Blutversorgung zum Bast aufgegeben, der daraufhin abstirbt und schließlich verfegt wird. Am Ende der Fortpflanzungsperiode wird der Knochen an der Basis des Geweihes direkt unterhalb einer rauen Erweiterung, der Kastanie, geschwächt und das Geweih wird abgeworfen. Geweihe haben unterschiedliche Formen, sind oft groß und bei ausgewachsenen Tieren gewöhnlich verzweigt.

Das „**Pronghorn**" der niederkalifornischen Gabelantilope tritt nur bei den amerikanischen Artiodactyla (*Antilocapra*) desselben Namens auf. Wiederum bilden beide Geschlechter knöcherne Fortsätze am Schädel, die von Haut bedeckt sind. Anstatt jedoch Haare zu bilden, bildet die Haut Horn. Der Knochenzapfen ist permanent, die Hornscheide wird abgestoßen und jedes Jahr neu gebildet.

Die **Hörner** von Rindern, Schafen, Ziegen und Antilopen (und unter den Reptilien von einigen Dinosauriern und Chamaeleons) haben knöcherne Zapfen, die vaskularisiert sind und Ausläufer in die frontalen Sinus enthalten können. Über diesen Zapfen liegen hornige Scheiden epidermalen Ursprungs. Die Hornsubstanz ist nicht filamentös wie beim Rhinozeroshorn oder beim Pferdehuf. Das Wachstum erfolgt durch innere Ablagerung, so dass der Zapfen immer weiter nach außen rückt und Wachstumsringe an der Basis auftreten können. Das Horn ist permanent, aber es gibt eine gewisse Abnutzung von altem Horn. Mit wenigen Ausnahmen tritt immer nur ein Hornpaar auf.

Wenn man rezente und ausgestorbene Säugetiere betrachtet, nimmt die Anzahl horntragender Taxa und die Variabilität der Hornstruktur während der Evolution stark zu. Außerdem treten zwischen den verschiedenen Horntypen auch Zwischenstufen auf. Offensichtlich haben sich Hörner mehrfach entwickelt.

Sowohl beim Rhinozeroshorn als auch bei den Scheiden echter Hörner erfolgt das Wachstum durch Akkumulation harter Materialien am basalen Ende, das später seine Gestalt nicht mehr ändern kann. Darin ähneln sie den Klauen, Stoßzähnen oder den Schalen von Mollusken. Wenn solche Strukturen auf allen Seiten gleichmäßig wachsen, wachsen sie gerade. Oft ist aber die Wachstumsrate um die Basis nicht gleichmäßig. Wenn der Punkt des geringsten Wachstums gegenüber dem Punkt des größten Wachstums liegt, dann bildet die Struktur immer eine logarithmische, also gleichwinklige Spirale. Das Rhinozeroshorn ist ein Beispiel dafür. Wenn der Punkt des minimalen Wachstums nicht gegenüber dem Punkt des maximalen Wachstums liegt, entsteht eine helicale (Korkenzieher-) Spirale, die einer flachen logarithmischen Spirale überlagert ist. Ein Beispiel dafür ist das Widderhorn.

## 6.6 Phylogenie?

Wie bereits früher in diesem Kapitel angedeutet, kann nun eine weitgehend befriedigende Phylogenie für die unterschiedlichen Arten knöcherner Schuppen und verwandter Strukturen erstellt werden. Die Entwicklung tendiert zu ihrer Reduktion sowohl an Masse als auch an Komplexität. Es wurde auch versucht, eine Phylogenie anderer Integumentstrukturen aufzustellen; aber die Aufgabe wird erschwert durch multiple Ursprünge, evolutionäre Plastizität, Parallelismus und Konvergenz. Betrachtungen der Paläontologie, der Entwicklung, der Innervation und der Funktion haben dabei wenig geholfen. Manche Morphologen glauben, dass die verschiedenen Schleimdrüsen der aquatischen Vertebraten wahrscheinlich zu verschiedenen Zeiten entstanden sind, sich in unterschiedlichen Linien entwickelten und nicht homolog zu irgendwelchen Drüsen von Reptilien, Vögeln und Säugern sind. Es ist auch nicht bekannt, in welchem Ausmaß die granulären Drüsen der Cyclostomata, Fische und Amphibien miteinander verwandt sind. Die allgemeine Übereinstimmung der keratinisierten Hautderivate der terrestrischen Vertebraten scheint offensichtlicher, aber wirklich homologe Integumentstrukturen existieren möglicherweise oberhalb der Klassen der modernen Vertebraten nicht.

### Literatur

Bagnara JT (1998) Comparative anatomy and physiology of pigment cells in nonmammalian tissues. In: Nordlund J et al (eds) The pigmentary system: physiology and pathophysiology. Oxford Univ Press, New York, pp 9–40

Bertram JE, Gosline JM (1986) Fracture toughness design in horse hoof keratin. J Exp Biol 125:29–47

Blackburn DG (1991) Evolutionary origins of the mammary gland. Mamm Rev 21:81–96

Brush AH (2000) Evolving a protofeather and feather diversity. Am Zool 40(4):631–639

Bubenik GA, Bubenik AB (eds) (1990) Horns, pronghorns, and antlers: Evolution, morphology, physiology, and social significance. Springer, New York

Dyck J (1985) The evolution of feathers. Zool Scripta 14: 137–154. Wunderschöne rasterelektronenmikroskopische Aufnahmen

Freedberg I et al (eds) (1999) Fitzpatrick's dermatology in general medicine, 5th edn. McGraw-Hill, New York. Kapitel 7 liefert eine hervorragende Darstellung der Beziehung zwischen Form und Funktion der Säugerhaut

Halstead LB (1974) Vertebrate hard tissues. Wykeham Science Series, London

Homberger DG, De Silva KN (2000) Functional microanatomy of the featherbearing integument: Implication for the evolution of birds and avian flight. Am Zool 40(4): 553–574

Janvier P (1996) Early vertebrates. Oxford monographs on geology and geophysics, no 33. Oxford Univ Press, New York

Koller EJ (1972) The development of the integument: Spatial, temporal, and phylogenetic factors. Am Zool 12:125–136

Lucas AM, Stettenheim PR (1972) Avian anatomy: integument. Agriculture handbook 362, vol. I, II. US Dept Agriculture, Washington/DC. Eine ausführliche und wissenschaftliche Darstellung. Ein Muss für jeden Studenten des Integuments der Vögel.

Maderson PFA (1972) When? Why? and How? Some speculations on the evolution of the vertebrate integument. Am Zool 12:159–171. Spricht immer noch gute Probleme an, die man verfolgen sollte

Maderson PFA (1984) The squamate epidermis: New light has been shed. Symp Zool Soc Lond 52:111–126

Maderson PFA, Alibardi L (2000) The development of the sauropsid integument: A contribution to the problem of the origin and evolution of feathers. Am Zool 40(4): 513–529. Der Ursprung der Federn wird als das Hervorbringen einer komplexen Form durch Modulation embryologischer Vorgänge analysiert

Maderson PFA, Homberger DG (eds) (2000) Evolutionary origin of feathers. Symposium vol, Am Zool 40(4). Eine anregende Sammlung von Artikeln

Meinke DK (1984) A review of cosmine: its structure, development, and relationships to other forms of the dermal skeleton of osteichthyans. J Vert Paleontol 4:457–470

Müller GB, Wagner GP (1991) Novelty in evolution: restructuring the concept. Ann Rev Ecol Syst 22:229-256. Wohlüberlegter Hintergrund und im Zusammenhang stehende Diskussion

Ørvig T (1967) Phylogeny of tooth tissues: evolution of some calcified tissues in early vertebrates. In: Miles AEW (ed) Structural and chemical organization of teeth. Academic Press, New York, vol 1, pp 45–110. Ein späterer Beitrag eines der maßgeblichen Forscher zur Histologie und Evolution harter Gewebe

Parakkal PF, Alexander NJ (1972) Keratinization: A survey of vertebrate epithelia. Academic Press, New York. Hervorragende Abbildungen

Prum RO (1999) Development and evolutionary origin of feathers. J Exp Zool 285:291–306. Stellt ein auf der Entwicklung basierendes Modell der evolutionären Auseinanderentwicklung der Federn vor

Quay WB (1972) Integument and the environment: glandular composition, function, and evolution. Am Zool 12: 95–108

Reif WE (1982) Evolution of dermal skeleton and dentition in vertebrates: The odontode regulation theory. In: Hecht MK; Wallace B, Prance GT (eds) Evolutionary Biology. Plenum, New York, vol 15, pp 287–368. Ein Übersichtsartikel

Sawyer RH et al (2000) The expression of beta ($\beta$) keratins in the epidermal appendages of reptiles and birds. Am Zool 40(4):530–539

Shipman P (1998) Taking wing: Archaeopteryx and the evolution of bird flight. Simon & Shuster, New York. Kapitel 6 gibt einen anregenden Bericht über den Verdacht einer gefälschten Feder und alternative Theorien zur funktionellen Evolution der Federn

Sokolov VE (1982) Mammalian skin. Univ California Press, Berkeley

Spearman RIC, Riley PA (eds) (1980) The skin of vertebrates. Published for the Linnean Society of London. Academic Press, London

Wake D, Roth G (eds) (1989) Complex organismal functions: Integration and evolution in vertebrates. Wiley, New York. Einzelne Artikel und übereinstimmende Berichte, welche die Konzepte der evolutionären Neuheiten und die Einschränkungen in der Entwicklung diskutieren

# 7 Zähne

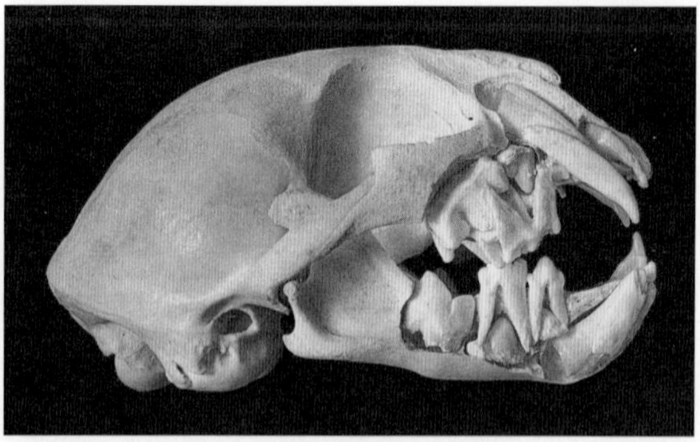

Zähne haben für die Morphologie der Vertebraten eine Bedeutung, die in keinem Verhältnis zu ihrem Anteil an der Körpermasse steht. Dies hat verschiedene Gründe:

- Sie liefern durch ihre Dauerhaftigkeit einen wichtigen Beitrag zu den fossilen Daten.
- Sie sind so anpassungsfähig, dass die Ernährungsweise der meisten Tiere von ihren Zähnen abgelesen werden kann.
- Die große Variation ihrer strukturellen Details bei verschiedenen Vertebratenarten macht in Kombination mit der relativen Stabilität der Struktur innerhalb jeder Art die Zähne für die Systematik unersetzbar. Experten können die meisten Säugerarten nach einem einzigen Backenzahn bestimmen.
- Zähne können trotz ihrer Anpassungsfähigkeit an die Ernährungsweise oft dazu benutzt werden, den Verlauf der Evolution innerhalb und zwischen Gattungen, Familien und Ordnungen nachzuvollziehen.

Aus diesen unterschiedlichen Gründen waren Zähne der Gegenstand vieler Studien.

*Oben:* Schädel eines juvenilen Leoparden. Die Ersatzzähne sind präparatorisch exponiert

## 7.1 Herkunft und Struktur

Der Ursprung der altertümlichen Integumentpanzer wurde in Kapitel 6 erwähnt und in Abb. 6.4 dargestellt. Solche Körperpanzer hatten Oberflächendentikel aus Schmelz oder Enameloid und Dentin, die mit dem darunter liegenden Knochen verschmolzen. Zähne haben sich anscheinend aus Dentikeln entwickelt, die aus den Schutzpanzern in der Nähe der Mundränder freigesetzt wurden, als die Verknöcherung des Integuments nach und nach reduziert wurde.

Der Teil eines ausgewachsenen Zahnes, der oberhalb der Wurzel liegt und im Endeffekt der Abnützung ausgesetzt ist, ist die **Krone**. Die **Wurzel** ist unter dem Zahnfleisch verborgen und gewöhnlich im Kieferknochen verankert. Die **Pulpahöhle** enthält Blutgefäße und Nerven (Abb. 7.1). Die Masse eines Zahnes besteht gewöhnlich aus Orthodentin. Die Basis der Zähne mancher Fische enthalten vaskuläres Osteodentin, das mit dem Kieferknochen verschmelzen kann. Nicht abgenutzte Kronen sind von Schmelz bedeckt, der auch bei großen Tieren selten dicker als 2 mm ist. Der Aufbau dieser harten Gewebe wurde in Kapitel 6 beschrieben. In Höhlen verankerte Zahnwurzeln sind von einer dünnen **Zement**schicht bedeckt. (Manche Zähne, die für das Mahlen spezialisiert sind, haben auch Zement auf der Krone; Abb. 30.21). Zement ist ein nicht vaskulärer Knochen, der keine Osteone hat und in der Regel azellulär ist. Er ist reich an kollagenen Fasern und weicher als Dentin.

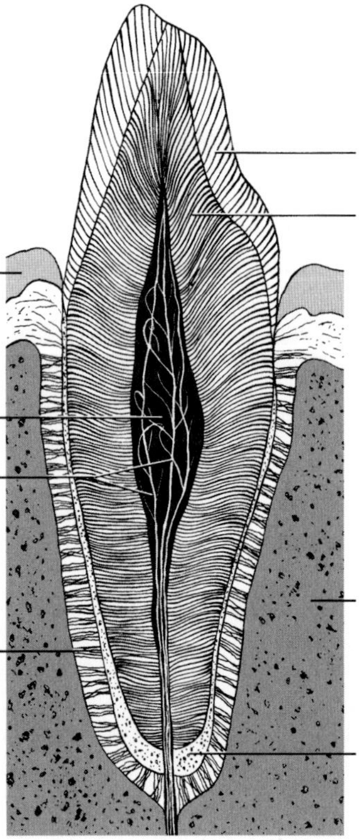


**Abb. 7.1.** Längsschnitt durch einen Schneidezahn eines Säugetiers

## 7.2 Entwicklung

Kenntnis der Zahnentwicklung erleichtert das Verständnis der Mechanismen des Zahnwechsels und des Ursprungs komplizierter Zähne aus einfachen Zähnen. Der erste Schritt in der Zahnentwicklung erfolgt im Embryo, wenn sich eine Ectodermfalte entlang der Mundränder bildet und in das darunterliegende Mesoderm des Zahnfleisches als eine doppelschichtige Wand, die **Zahnleiste (Dentallamina)**, eindringt (Abb. 7.2). In bestimmten Abständen entlang dieser Zahnleiste drücken Gewebehügel in ihre proximale Oberfläche, so dass sie wie ein umgekehrter Becher aussieht (wie man es in einem Querschnitt durch den Kiefer sehen kann). Dieses Gewebe stammt aus von ihrem Ursprungsort dorthin gewanderten Neuralleistenzellen (s. S. 90). Deshalb wird es **Mesectoderm** oder (vorzugsweise) **Ectomesenchym** genannt. Das doppelwandige Becken des Kelches bildet nun das **Schmelzorgan**. Die Zellen der inneren Schicht, die Ameloblasten, bilden den Schmelz. Jeder mesenchymale Hügel (**Zahnpapille**) entwickelt auf seiner Oberfläche die Zellen (Odontoblasten), die das Dentin bilden werden. Die gesamte Einheit wird **Zahnknospe** genannt.

Es gibt eine reziproke Induktion zwischen Schmelzorgan und seiner Papille, wie sie auch für das Integument auf Seite 99 beschrieben wurde. Jeder Partner ist notwendig für die rich-

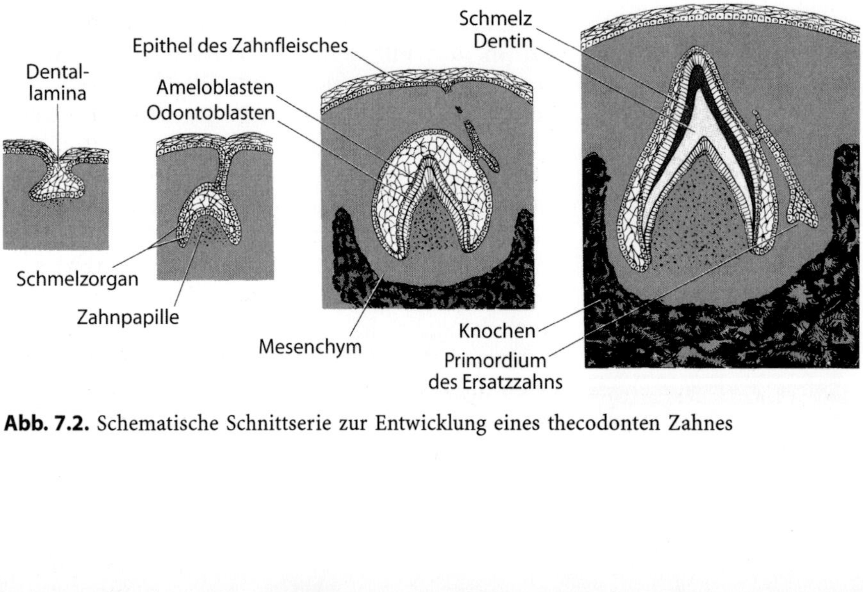


**Abb. 7.2.** Schematische Schnittserie zur Entwicklung eines thecodonten Zahnes

tige Funktion des anderen. Die Form der Krone des zukünftigen Zahnes wird durch die Konformation der Kontaktfläche zwischen Schmelzorgan und Papille zu der Zeit, zu der die harten Gewebe abgelagert werden, bestimmt. Bis zu diesem Zeitpunkt wird diese Kontaktzone mehr und mehr durch differentielle Drücke und Wachstumsraten der verschiedenen Teile der Zahnknospe herausgeformt. Wenn mehrere Höcker gebildet werden, beginnt die Ablagerung von Schmelz und Dentin dort, wo die Spitze des Haupthöckers sein wird. Während der weiteren Entwicklung steigt der sich entwickelnde Zahn langsam aufwärts zur Oberfläche des Zahnfleisches. Das Schmelzorgan zieht sich vor der nun entstehenden Krone zurück und weiterer Schmelz kann jetzt nicht mehr abgelagert werden. Die Bildung von Dentin wird fortgesetzt, nachdem der Zahn funktionsfähig geworden ist. Zement bildet sich nur, wenn Dentin vorhanden ist. Die Papille wird zur Pulpahöhle.

## 7.3 Verankerung und Zahnwechsel

Die Zähne der Knorpelfische sind über kollagene Fasern in der Haut verankert (Sharpeysche Fasern), die von der Dermis in das Dentin ziehen. Die Zähne der meisten anderen Vertebraten sind jedoch mehr oder weniger auf den Kieferknochen fixiert. Oft bildet der äußere Rand jedes Kieferknochens eine dünne Wand, die auf ihrer inneren (lingualen) Seite eine Reihe von Hohlräumen hat, in denen die Zähne untergebracht sind. Jeder Zahn berührt den Knochen nur mit der äußeren (buccalen) Oberfläche seiner Wurzel. Er kann mit dem Kiefer durch kollagene Fasern oder durch Zement verbunden sein. Diese möglicherweise ursprüngliche Art der Verankerung wird **pleurodont** genannt (Abb. 7.3).

Viele andere Zähne haben kaum Wurzeln und sitzen auf der Kante der Kieferknochen, mit denen sie durch ein Kontinuum von hartem Gewebe verbunden sind. Diese mehrmals unabhängig entwickelte Art der Verankerung nennt man **acrodont**. Wieder andere Zähne sind mit ihren Wurzeln in Höhlen des Kieferknochens, den Alveoli, verankert. Diese Art der Befestigung heißt **thecodont**. Es gibt Zwischenstufen zwischen diesen Arten der Verankerung.

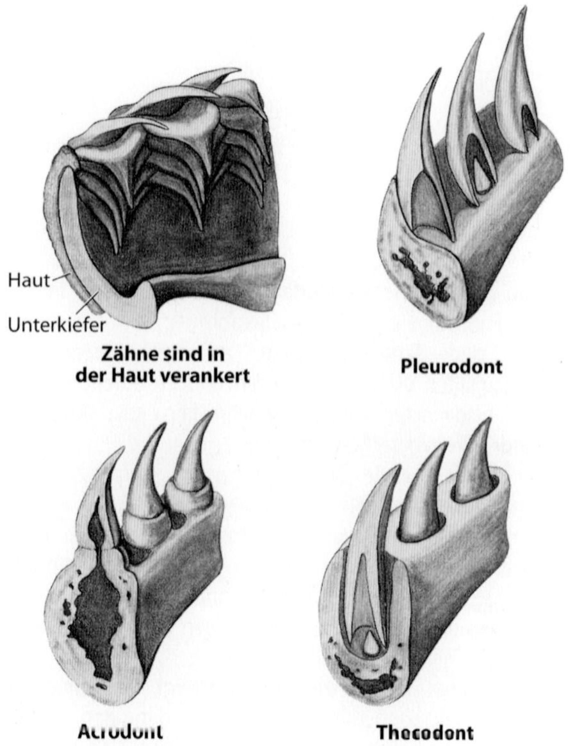


**Abb. 7.3.** Schnitte durch den Kiefer bei verschiedenen Typen der Zahnverankerung

Zahnersatz ist nötig, um Wachstum zu ermöglichen und Abnutzung und Verlust zu kompensieren. Noch bevor der erste Zahn voll funktionsfähig ist, bildet sich eine neue Zahnknospe und initiiert so die Entwicklung seines Ersatzes. Wenn der zweite Zahn heranwächst, wird die Wurzel des ersten resorbiert, so dass er locker wird und ausfällt. Ersatzzähne für pleurodonte Zähne bilden sich entweder lingual oder anterior zu den Wurzeln der alten Zähne und rutschen in die richtige Position, wenn die alten Zähne ausfallen. Ersatzzähne für thecodonte Zähne bilden sich direkt unterhalb der Wurzeln der alten Zähne.

Die meisten Vertebraten ersetzen ihre Zähne kontinuierlich, eine Generation nach der anderen, ihr ganzes Leben lang. Solche Tiere heißen

## Exkurs 7.1

### Die Zähne von räuberischen Haien

Die Zähne fleischfressender Haie variieren stark in ihrer Form und es gibt Zwischenformen; aber die meisten sind daran angepasst, zu durchbohren und festzuhalten oder zu schneiden und zu durchtrennen. Auf beide Arten können sie schrecklich sein (Abb. 7.4 und 7.5 oben rechts).

Durchbohrende Zähne sind lang, schlank, scharf und glattrandig. Sie zeigen gewöhnlich nach innen, um so die Möglichkeit zu reduzieren, dass sich eine sich wehrende Beute befreien kann (Abb. 7.3 oben links). Die Spitze des Zahnes kann sich aber zurückbiegen und fast wieder nach oben zeigen. Er kann mit der geringsten Kraft durchdringen, wenn der Biss im rechten Winkel zur Beute erfolgt (verschiedene große Schlangen mit ähnlichen Anforderungen haben vergleichbare Zähne). Schneidende Zähne sind flacher, breiter und mehr klingenförmig. Die Kanten sind gezähnt. Die Zähnelung kann vor allem in der Nähe der Zahnspitze fein sein oder aber grob. Diese Zähne müssen wie eine Säge seitlich gezogen werden, um zu schneiden. Indem der Hai die Beute fest hin und her schüttelt, bewegt er seine Zähne gegen den Widerstand der Beute.

Die Zähne des Ober- und Unterkiefers sind gewöhnlich ähnlich, aber manchmal sind die Zähne in einem Kieferast klingenförmiger als im anderen. Viele Haizähne haben eine Kerbe in der Nähe der Mitte einer Schneidekante. Man glaubt, dass diese Anordnung verhindern hilft, dass der Zahn in der Beute stecken bleibt. Eine Analyse von Haizähnen bietet Frazzetta (1998).

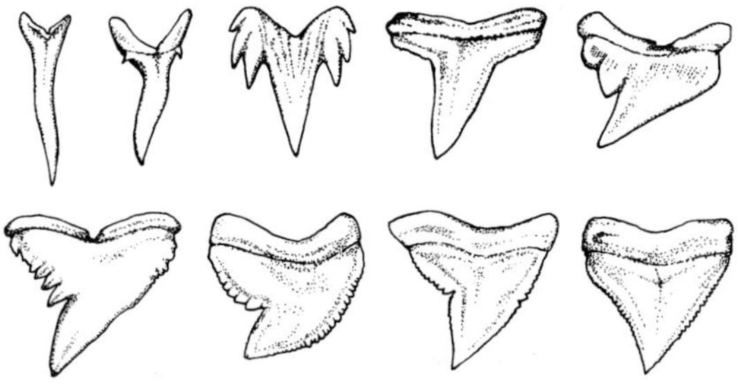

**Abb. 7.4.** Obere Zähne von neun Arten von Haien (gezeichnet nach Last PR und Stevens JD 1994, Sharks and Rays of Australia, CSIRO, Victoria, Australia)

**polyphyodont.** Die meisten Säugetiere und einige säugerähnliche Reptilien haben nur zwei Zahngenerationen und werden deshalb als **diphyodont** bezeichnet. Manche acrodonten Zähne und manche Zähne, die zu großen Zahnplatten verschmelzen, werden nicht ersetzt. Allerdings haben viele Tiere, die anscheinend nur eine Zahngeneration bilden, eine oder mehrere zusätzliche Generationen, die vor der Geburt ausfallen oder im Embryo resorbiert werden.

Polyphyodonte Zähne werden nicht zufällig ersetzt, wahrscheinlich, weil dies in einem vorübergehenden Funktionsverlust resultieren könnte. Zwei Bedingungen werden gewöhnlich erfüllt:

- Die Zähne kommen in zwei Gruppen vor. Die geradzahligen Zähne bilden eine Gruppe, die ungeradzahligen Zähne die andere. Ein Ersatz in der einen Gruppe erfolgt zeitlich versetzt zu einem Ersatz in der anderen Gruppe. Da sich also benachbarte Zähne in verschiedenen Stadien des Wachstumszyklus befinden, werden leere Positionen von funktionsfähigen Zähnen flankiert.
- Benachbarte Zähne innerhalb einer Gruppe (d.h. alternierende Zähne im Mund) befinden sich gewöhnlich in leicht unterschiedlichen Entwicklungsstadien. Jeder Zahn ist etwas reifer als der nächstvordere Zahn in seiner Gruppe.

Edmund (1960) und später auch Osborn (1974) haben Entwicklungsmodelle vorgestellt, um diese Beobachtungen zu erklären. Osborn schlägt vor, dass die Wanderung von induktivem Ectomesenchym von hinten in die Kiefer eine erste Welle der Zahnentwicklung von posterior nach anterior auslöst. Wenn jeder sich entwickelnde Zahn irgendwie die Entwicklung von benachbarten Zähnen inhibiert, würde dies die geradzahligen und ungeradzahligen Gruppen erklären. Große Zähne entwickeln sich langsamer als kleine; dies beeinflusst den Ablauf des individuellen Zahnwechsels bei Tieren, die unterschiedlich große Zähne haben.

## 7.4 Evolution der Zähne

### 7.4.1 Vom zähnchentragenden Panzer zur Heterodontie

Cyclostomata haben konische Hornzähne im Mundtrichter und auf der Zunge. Ihr Entwicklungsursprung aus Ectoderm und einer kleinen Coriumspapille entspricht dem der typischeren Zähne. **Conodonta** hatten konische Zähne mit Schmelz und Dentin (s. Exkurs 3.1). Einige **andere ausgestorbene Agnatha** hatten kleine bis mittelgroße Knochenplatten im Mund, die durch Oberflächendentikel aufgeraut waren. Unter den **Placodermi** hatten die räuberischen Arthrodira auf den Rändern ihrer Kiefer Knochenplatten mit gezähnten Kanten verschiedener Konfigurationen, die manchmal Dentin enthielten (Abb. 3.5).

Die Zähne der **anderen Fische** sind sehr variabel und Evolutionstendenzen sind kaum auszumachen. Typischerweise sind ihre Zähne sehr zahlreich, konisch oder blattförmig (Abb. 7.5) und homodont, d.h. alle sind ungefähr gleich groß und haben die gleiche Form. Sie liegen an den Rändern der Kiefer, bei Strahlenflossern auch im Munddach, auf dem fünften Kiemenbogen und auf der Zunge. Die meisten Strahlenflosser sind acrodont, ihre Zähne sind entweder mit dem Kieferknochen verschmolzen oder über Bindegewebe mit ihm verbunden. (Das Bindegewebe kann ein Gelenk bilden, das dem Zahn erlaubt, sich zu neigen.) Acrodonte Zähne werden oft nicht gewechselt. Die Zähne der Haie sind in der Haut verankert und werden kontinuierlich ersetzt, wenn neue Zähne über die Kieferränder vom Mundinneren her nachwandern (Abb. 7.3) (Sie sind mit den Placoidschuppen homolog; s. Kapitel 6). Abweichungen von diesem allgemeinen Zustand (die ernährungsbedingt sind; s. Kapitel 30) sind:

- Reduktion oder völliger Verlust der Zähne,
- Verschmelzung zu permanenten Mahlplatten (Chimären, Dipnoi und viele Strahlenflosser),
- Entwicklung von multiplen Höckern (Cladoselachii, Pleuracanthi) oder Windungen (Acanthodii).

Die Zähne der meisten **Crossopterygier**, aber nicht der rezenten Coelacanthi, ähneln weitgehend denen der Strahlenflosser, haben aber eine unverkennbare und wichtige Besonderheit: Der Schmelz und das Dentin sind so gefaltet, dass sie im Querschnitt ein kompliziertes Muster bilden (Abb. 7.5). Diese Struktur, die man **labyrinthodont** nennt, verstärkt den Zahn und macht ihn gegen Abnutzung widerstandsfähig. Labyrinthodonte Zähne haben 100 Mio. Jahre überlebt, zunächst bei den frühen Amphibien und dann bei den **Stammreptilien**.

**Moderne Amphibien** haben in der Regel weniger Zähne als ihre Vorfahren (Kröten haben keine Zähne); ihre Zähne sind klein, einfach, pleurodont und nicht mehr labyrinthodont. Sie werden durch Füßchen dentalen Ursprungs unterstützt, mit denen sie über Zonen von weichem Gewebe verbunden sind (Abb. 7.6). Ein leichtes Einwärtsbiegen des Zahnes ist möglich; es wird als Hilfe beim Transport und beim Schlucken der Nahrung interpretiert.

Viele **Reptilien** und auch die ausgestorbenen **zahntragenden Vögel** sind homodont. Alle Formen von Zahnverankerung treten auf. Manche Schlangen und viele Archosaurier sind (und waren) thecodont. Verschiedene Reptilien sind acrodont und viele Eidechsen sind zumindest zum Teil pleurodont. Die meisten Reptilien sind polyphyodont, obwohl acrodonte Zähne oft nicht ersetzt werden. Schildkröten sind **edentat**, d.h. zahnlos.

Mehrere Reptilien in verschiedenen Ordnungen, aber vor allem die **säugerähnlichen Repti-**

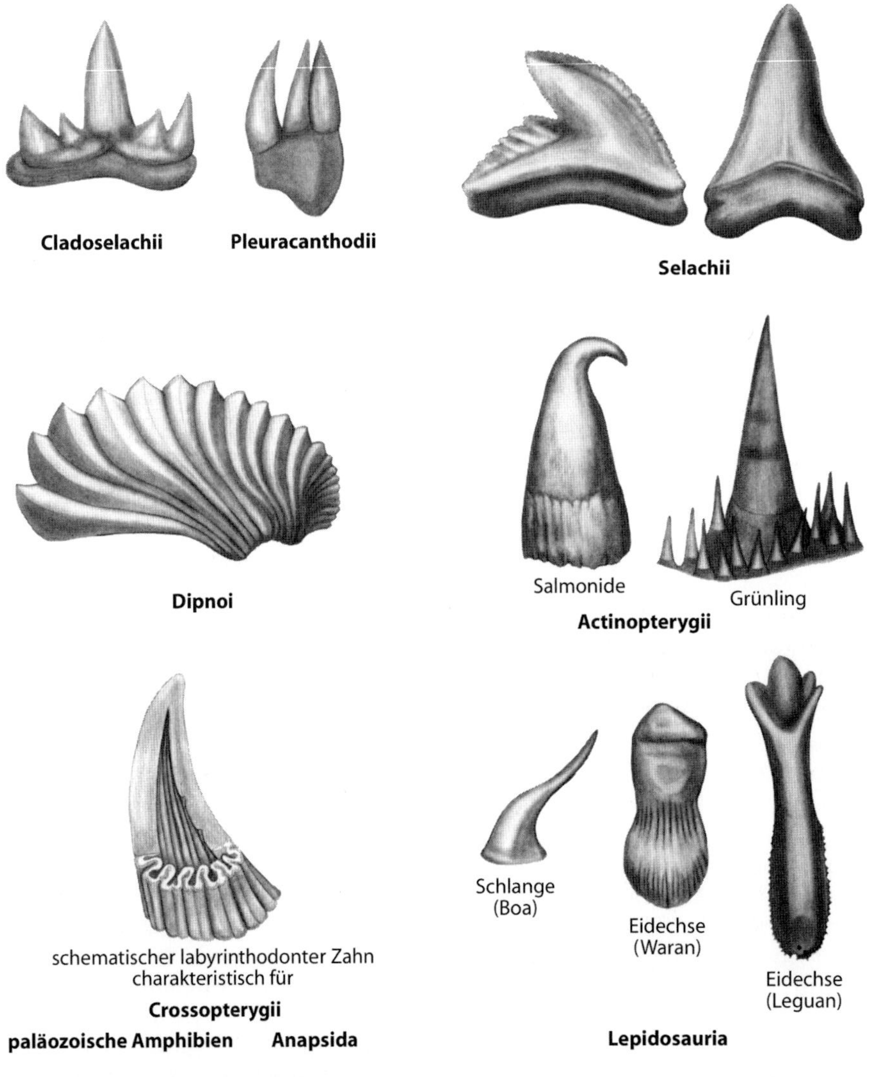


**Abb. 7.5.** Charakteristische Zähne bei verschiedenen Taxa

**lien** besitzen Zähne an verschiedenen Stellen der Zahnreihe, die sich in Form und Funktion unterscheiden. Ein solches Gebiss ist **heterodont**. Dieser durchgreifende Fortschritt wurde an die **Säugetiere** weitergegeben und steht in Beziehung zum Kauen. Die Zähne der Säugetiere sind thecodont.

## 7.4.2 Einige Folgen des Kauens

Einige Fische benutzen ihre Zähne, um Nahrung zu bearbeiten. So reißt und schneidet z.B. der weiße Hai große Beutestücke in Portionen, die geschluckt werden können. Stachelrochen brechen Molluskenschalen zwischen flachen Zahnplatten auf, und Papageifische zertrümmern Korallenstücke mit kräftigen Schlundzähnen. Trotzdem benutzen die meisten Nichtsäugetiere die

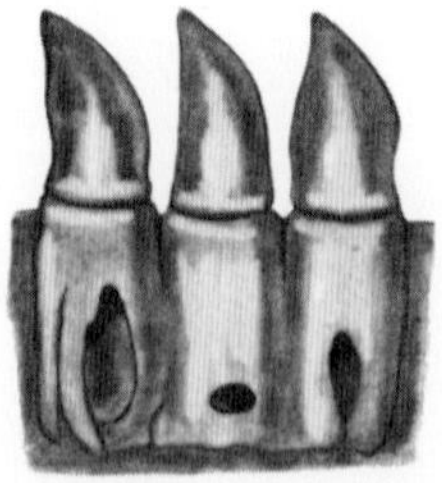

**Abb. 7.6.** Unterteilung der Zähne von Lissamphibia in Kronen und Füßchen am Beispiel der Blindwühle, *Gymnopis*

Zähne vor allem, um Beute zu ergreifen, festzuhalten und dann schnell zu verschlucken. **Säugetiere** ergreifen und halten Nahrungspartikel auch, aber zusätzlich scheren, quetschen oder zerkleinern sie ihre Nahrung. Diese neuen Funktionen sind besonders wichtig, weil sie die Oberfläche der aufgenommenen Nahrung stark vergrößern und, in manchen Fällen, unverdauliche Hülsen entfernen. Die Verdauung wird dadurch stark beschleunigt und das Nahrungsspektrum, insbesondere die Vielfalt der Futterpflanzen, die gefressen werden können, wird vergrößert. Damit die Nahrung geschnitten, gequetscht oder zermahlen werden kann, muss sie im Mund behalten und gekaut werden. Dies setzt Folgendes voraus:

- eine Modifikation des ursprünglichen Kiefergelenkes und des Gaumens (siehe Diskussion auf S. 153),
- Wangen, welche die Nahrung im Mund halten,
- eine Zunge, die fähig ist, die Nahrung zu positionieren,
- unterschiedliche Arten von Zähnen.

Säugetiere sind heterodont, wenn sie nicht sekundär zur Homodontie als Anpassung an eine Ernährung von Fisch oder Insekten zurückgekehrt sind (z. B. Zahnwale und Gürteltiere). Andere unverwechselbare Merkmale beziehen sich ebenfalls auf die Heterodontie. Säugerzähne sind thecodont, weil solche Zähne am besten den Scherkräften widerstehen können, ohne locker zu werden. Sie werden nur auf den Rändern der Kieferknochen getragen, so dass die meisten Säugetiere anscheinend ihre randständigen Zahnreihen mehr oder weniger unabhängig nutzen können. Spezialisierung der Zähne führt zu Größenzunahme, erhöhter Komplexität, Festigkeit und verbesserter Abnutzungscharakteristik. Diese Eigenschaften wiederum stehen in Verbindung mit einer Reduktion der Anzahl der Zähne, die zu einer gegebenen Zeit funktionsfähig sind, und einer Reduktion der Anzahl von Ersatzzähnen.

Die meisten Säugetiere (und einige säugetierähnliche Reptilien) sind diphyodont; aber diese Feststellung muss näher erläutert werden. Typische Säugetiere haben einen ersten Satz von Zähnen, der aus den temporären Milchzähnen (Incisivi, Canini und Praemolaren) plus den permanenten Molaren besteht. Die Tatsache, dass all diese Zähne zu einer Generation gehören, wird dadurch verdeckt, dass sie nacheinander durchbrechen und ausfallen können und dass die Molaren nicht ausfallen. Die zweite Generation der Zähne stellt alle permanenten Zähne außer den Molaren. (Manche Marsupialia ersetzen nur einen Zahn pro Kieferast und Maulwürfe ersetzen überhaupt keinen.)

## 7.4.3 Anzahl und Arten von Zähnen

Typische Säugergebisse haben drei oder vier Arten von Zähnen. **Incisivi** (Schneidezähne) sind an das Festhalten von Nahrung und manchmal auch ans Putzen angepasst (Abb. 7.7). Es können konische Dornen sein, um Insekten oder Fleisch festzuhalten, oder einfache Klingen, um Pflanzenstängel zu schneiden. Es sind relativ kleine Zähne mit einer einzelnen Wurzel. Ihre Funktion setzt voraus, dass sie vorne im Mund sind. Die oberen Schneidezähne sind in dem vorderen der beiden Kieferknochen verankert, dem Praemaxillare. Die Anzahl der Zähne wird pro Kieferast angegeben und normalerweise als Formel in Form eines Bruches geschrieben, wobei die Anzahl der oberen Zähne den Zähler und die Anzahl der unteren Zähne den Nenner bilden. Die Schneidezähne von eutherischen Säugetieren sind immer 3/3, wenn sie nicht sekundär reduziert sind. Diese Anzahl wird von manchen Marsupialiern übertroffen.

Die **Canini** (Fangzähne, Eckzähne) sind die nächst folgenden im Mund. Es sind einfache dor-

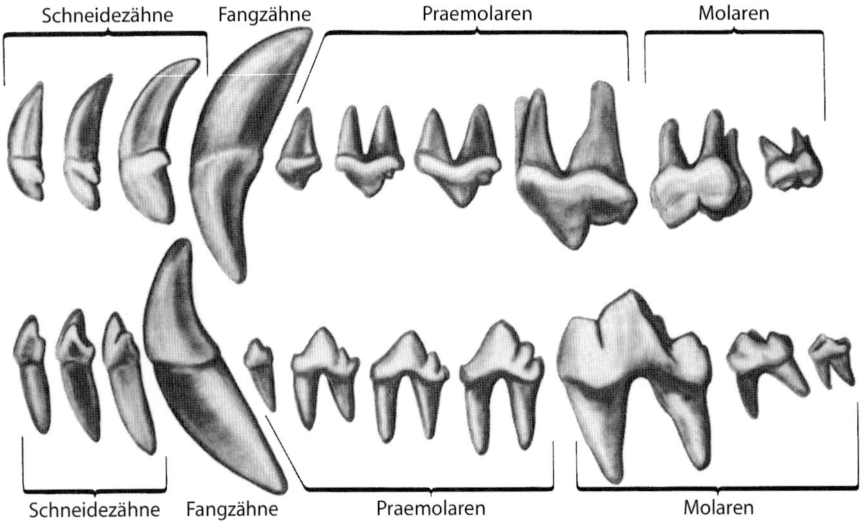


**Abb. 7.7.** Heterodontes Säugergebiss, gezeigt an den Zähnen des Hundes

nenartige Zähne mit einzelnen Wurzeln. Wenn sie nicht sekundär verändert sind, sind sie lang und stark und dienen zum Halten und Durchbohren sowohl bei der Futteraufnahme als auch beim Kämpfen. Die Fangzähne sind immer 1/1, wenn sie nicht reduziert sind. Der Alveolus für den oberen Zahn liegt in oder direkt hinter der Naht zwischen den beiden Knochen des Oberkiefers.

Alle Ersatzzähne hinter den Canini werden **Praemolaren** genannt und alle Zähne der ersten Generation, die nicht gewechselt werden, heißen **Molaren.** Molaren sind in der Regel größer als Praemolaren und haben mehr Höcker und Wurzeln. Die Anzahl der Praemolaren und Molaren unter den alten therischen Säugern war wahrscheinlich 4/4–5 und 7–8/7–8. Die ursprüngliche Anzahl für eutherische Säugetiere soll 4/4 und 3/3 gewesen sein.

Die Unterscheidung zwischen Praemolaren und Molaren ist manchmal unbefriedigend. Praktisch ist es bisweilen nicht möglich, an einem adulten Schädel zu unterscheiden, welche Zähne schon ersetzt wurden. Die gesamte Zahnreihe bildet eine Serie, in der die Zähne ihren direkten Nachbarn meist ähneln. Spezialisierung der Zahntypen kann zu einer schlechten Unterscheidbarkeit führen. Artiodactyla haben einen schneidezahnähnlichen unteren Fangzahn und Pferde haben molarenähnliche Praemolaren. Außerdem bricht die Unterscheidung zwischen Praemolaren und Molaren zusammen, wenn die Ersatzzahngeneration nicht komplett ist oder fehlt. Aus diesen Gründen ist es oft günstig, von diesen Zähnen insgesamt als Backenzähnen zu sprechen.

Die Anzahl und Arten der Zähne werden durch eine Zahnformel ausgedrückt, die, beginnend mit den Schneidezähnen, aus den Zahlenbrüchen besteht, die oben beschrieben wurden. Also ist die Zahnformel für den Wolf 3142/3143, für den Hirsch 0033/3133 und für den Menschen 2123/2123.

### 7.4.4 Mehr über Backenzähne

Die Backenzähne primitiver Säugetiere (Säugetiere der Kreidezeit, Marsupialia und Insectivora) und einiger weiter fortgeschrittener Ordnungen haben mehrere Höcker (s. die hinteren Zähne, Abb. 8.22). Die oberen Molaren haben gewöhnlich drei Haupthöcker, die in einem Dreieck angeordnet sind. Die unteren Molaren haben meistens fünf Haupthöcker; akzessorische Höcker können vorkommen. Die Höcker sind komplex angeordnet, so dass sie ineinandergreifen, wenn der Mund geschlossen ist. Solche Zähne sind sehr gut an die Ernährung von Fleisch und Invertebraten angepasst.

Über den Ursprung von vielhöckrigen Zähnen aus einhöckrigen Zähnen ist viel spekuliert worden. Die **Konkreszenz-Theorie** wurde von Kükenthal und Röse in den 1890er Jahren formuliert. Sie nimmt an, dass vielhöckrige Zähne durch die Fusion benachbarter einhöckriger Zähne entstanden sind. Dies tritt tatsächlich bei manchen Fischen auf, scheint aber kein sehr häufiger Vorgang gewesen zu sein. Die bevorzugte Theorie, die **Differenzierungstheorie**, wurde in den 1880er Jahren von Cope und Osborn vorgestellt und einige Zeit später von Gregory (1934) überarbeitet und erweitert. Diese Theorie, für die es sehr viele paläontologische und embryologische Hinweise gibt, nimmt an, dass der einzelne Höcker des ursprünglichen Zahnes mehr und mehr von sekundären Höckern unterstützt wurde, welche die Seitenwände der Zahnkrone formten. Zusätzlich können kleinere Höcker aus einem Wall (Cingulum) entstehen, welcher die Basis der Krone umgibt. Die Muster der Höcker sind sehr variabel und kompliziert. Außerdem können Höcker in unterschiedlicher Weise durch Wälle verbunden werden (Abb. 30.21). Alle Höcker und Querkämme sind benannt, die Ausdrücke unterscheiden zwischen den entsprechenden Höckern der oberen und der unteren Zähne. Leider sind einige der weit verbreiteten Ausdrücke nicht wirklich angemessen, weil sie keine echten Homologien zwischen oberen und unteren Zähnen ausdrücken.

Die Beschreibung und funktionelle Analyse der Haupttypen der Backenzähne ist ein besonders interessantes Thema. Es wird auf Kapitel 30 verschoben, weil es eher in Beziehung zu Anpassungen an Nahrungsgewohnheiten steht als zu den breiten evolutionären Veränderungen zwischen den Haupttaxa, die in diesem Teil des Buches unser Hauptthema sind.

## Literatur


Briggs DEG (1992) Conodonts: A major extinct group added to the vertebrates. Science 256:1285–1286

Butler PM (1956) The ontogeny of molar pattern. Biol Rev 31:30–70

Butler PM, Joysey KA (eds) (1978) Development, function and evolution of teeth. Academic Press, New York

Edmund AG (1960) Tooth replacement phenomena in the lower vertebrates. Royal Ontario Museum, Toronto, Life Science Division, Contribution 52

Fink WL (1981) Ontogeny and phylogeny of tooth attachment modes in actinopterygian fishes. J Morphol 167: 167–184

Frazzetta TH (1988) The mechanics of cutting and the form of shark teeth. Zoomorphology 108:93–107

Gregory WK (1934) A half century of trituberculy: The Cope-Osborn theory of dental evolution, with a revised summary of molar evolution from fish to man. Am Philos Soc Phila Proc 73:169–317

Kurten B (1954) Observations on allometry in mammalian dentitions: Its interpretation and evolutionary significance. Acta Zool Fennica 85:1–13

Kurten B (1982) Teeth: form, function, and evolution. Columbia Univ Press, New York

Moss ML (1970) Enamel and bone in shark teeth: With a note on fibrous enamel in fishes. Acta Anat 77:161–187

Osborn JW (1974) On the control of tooth replacement in reptiles and its relationship to growth. J Theor Biol 46: 509–527

Osborn JW, Crompton AW (1973) The evolution of mammalian from reptilian dentitions. Brevoria 399:1–18

Peyer B (1968) Comparative odontology. Univ Chicago Press, Chicago

# 8 Kopfskelett

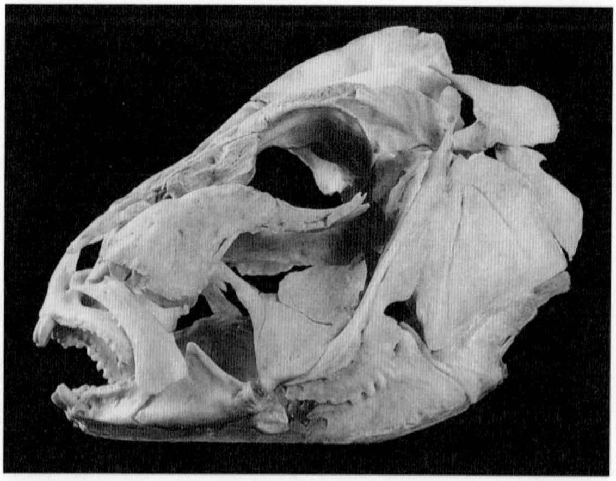

## 8.1 Bedeutung des Skeletts für die Morphologie

Das innere, gelenkige Skelettsystem der Vertebraten ist einzigartig im Tierreich. Es ist das wichtigste aller Organsysteme für das Studium der Wirbeltiermorphologie. In seinem allgemeinen Muster ist es konservativ genug, um die grobe Abfolge der Vertebratenphylogenie aufzuzeigen. Homologe Knochen und Evolutionstendenzen, die aufeinander folgende Haupttaxa charakterisieren, können leicht an Skeletten demonstriert werden. Außerdem spielt das Skelett eine zentrale funktionelle Rolle. Vielseitige Variationen wurden immer dem sich nach und nach entwickelnden allgemeinen Muster überlagert. Auch war das Skelett hinreichend umformbar, um sich an die besonderen Lebensgewohnheiten der verschiedenen Tiere anzupassen. Deshalb liefert es zuverlässige Information über die spezifischen Anpassungen der Vertebraten. Körperhaltungen und lokomotorische Adaptationen werden genau wiedergegeben, andere Adaptationen werden manchmal nur angedeutet.

Wegen seiner Härte und Dauerhaftigkeit blieb das Skelett (zusammen mit den Zähnen) relativ oft als Fossil erhalten. Dies trägt, wenn auch nicht alles, so doch einen Großteil zu unserem Wissen über ausgestorbene Vertebraten bei. Die Paläontologie kann als vergleichende Anatomie und Morphologie ausgestorbener Tiere betrachtet werden. Keine andere Wissenschaft hat so viel zu unserem Wissen über die Evolution der Vertebraten beigetragen, ist aber natürlich beinahe ausschließlich auf die Untersuchung der harten Teile beschränkt. Zum Glück für den Paläontologen teilt das Skelettsystem dem geübten Betrachter auch sehr viel über andere Organsysteme mit. Die meisten Muskeln haben ihren Ursprung und ihre Ansatzstellen an Knochen und hinterlassen oft Tuberositäten oder Narben, welche die Lage und die Ausmaße dieser Kontakte zeigen. Die wichtigen Hirnnerven zeigen ihre Größe und ihren Verlauf durch die Foramina, durch die sie im Schädel ziehen. Die unterschiedliche Entwicklung der verschiedenen Hirnteile kann durch die Schädelkapsel wiedergegeben werden. Nasenhöhlen, Augenhöhlen und die Gehörhöhlen verraten ebenfalls etwas über die Sinnesorgane, die sie beherbergen. Der Aufbau und die Verteilung sensorischer Kanäle am Kopf kann detailliert nachvollzogen werden und sogar manche Blutgefäße hinterlassen ihre Spuren auf dem Skelett.

Außerdem ist das Skelett von allen Organsystemen dasjenige, das am leichtesten präserviert, gelagert und gezeigt werden kann. Es ist deshalb ein gutes Organsystem zum Lehren und zum Lernen.

*Oben:* Schädel eines Schnappers, Lutjanus

## 8.2 Mehr über harte Gewebe

Harte Gewebe wie Horn, Schmelz, Dentin und Knochen sind bereits in Kapitel 6, Zement ist in Kapitel 7 beschrieben worden. Wenn wir uns nun dem inneren Skelett zuwenden, müssen wir ein anderes hartes Gewebe, den Knorpel, hinzufügen und wir müssen auch mehr über die Entwicklung und den Aufbau des Knochens sagen.

**Knorpel** ist ein Gewebe, das Härte mit einer gewissen Flexibilität kombiniert. Er kommt zwar bei verschiedenen Invertebraten vor, ist aber besonders charakteristisch für Vertebraten. Seine Zellen, die Chondrocyten, sind in Lakunen in einer Matrix aus Proteoglykanen und Fasern verteilt, die viel Wasser enthält (ca. 70 Volumenprozent). Chondrocyten bilden sich an der Oberflächenmembran des Gewebes, dem Perichondrium, runden sich nach und nach ab, wachsen und erreichen einen größeren Abstand zueinander, wenn sie von der Matrix, die sie selbst produzieren, weiter auseinander gedrückt werden (Abb. 8.1). Knorpel hat weder Blutgefäße noch Nerven. Er wird gewöhnlich vom Mesoderm gebildet, aber seltsamerweise kann Knorpel in einem Teil des Kopfes und in praktisch der gesamten Kiemenregion auch aus den Neuralleisten stammen, die ursprünglich ectodermal sind.

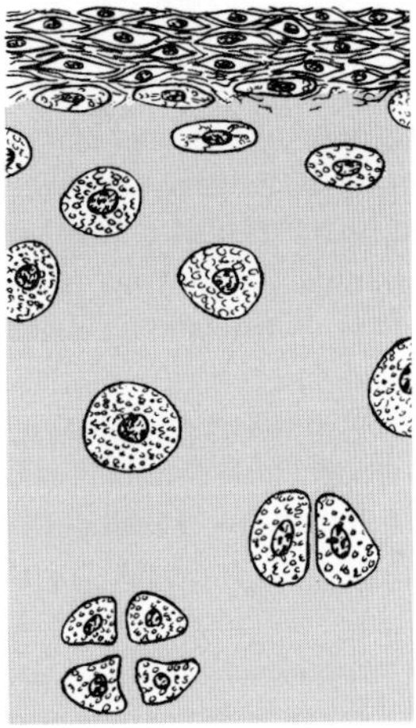

**Abb. 8.1.** Hyaliner Knorpel

**Hyaliner Knorpel** ist steif, aber federnd. Er enthält relativ viel gebundenes Wasser und relativ kleine und wenige Fasern. In dünnen Schnitten ist er glasig und durchscheinend. Seine Oberflächen sind besonders glatt, z. B. dort, wo er Knochen an beweglichen Gelenken bedeckt. Sein bedeutender Beitrag zur Schmierung von Gelenken wird auf Seite 453 angesprochen, seine Rolle bei der Bildung langer Knochen (Röhrenknochen) auf Seite 185. Hyaliner Knorpel kann sich in die folgenden drei Knorpeltypen umwandeln:

- **Faserknorpel** enthält ein dichtes Netzwerk aus kollagenen Fasern, das ihn kissenähnlich und zäh macht, z. B. dort, wo er die Bandscheiben bildet, welche die Wirbel trennen.
- **Elastischer Knorpel** ist reich an elastischen Fasern und ist daher sowohl flexibel als auch federnd wie z. B. im äußeren Ohr und an der Epiglottis. Fettzellen können hier eingebunden sein.
- **Verkalkter Knorpel** (Kalkknorpel) enthält Ablagerungen von Calciumsalzen, die ihn hart und fest machen. Er kommt vor allem im Skelett der Elasmobranchier vor. Im Gegensatz zu Knochen wird verkalkter Knorpel nicht mehr umgebaut, sobald er einmal gebildet ist.

Es gibt Zwischenstufen zwischen diesen Knorpeltypen. (Das kompakte, geschwollene und vakuolisierte Gewebe der Chorda dorsalis und ein ähnliches, aber diffuses Gewebe, das gelegentlich vor allem bei Teleosteern gefunden wird, wurde als **chordoides Gewebe** bezeichnet. Ähnlich werden verschiedene federnde Gewebe, die in den Köpfen vieler Cyclostomen und Teleosteern vorkommen, als **chondroid** oder knorpelähnlich bezeichnet.)

Von der Ontogenie her gibt es zwei Arten von Knochen:

- Bei den **Ersatzknochen** oder **chondralen Knochen** wird der Knorpel, der sich zuerst gebildet hat, nach und nach ersetzt. Beim embryonalen Chondrocranium wird also das knorpelige Skelett, kurz bevor Knochen abgelagert wird, abgebaut. Dieser Vorgang wird genauer auf Seite 185 beschrieben.

- Knochen, die keine Vorläufer aus Knorpel haben, werden **Bindegewebsknochen** genannt, vor allem, wenn sie unterhalb der Haut liegen wie z. B. die Knochen des Schädeldaches. Die Bindegewebsknochen, die in Kapitel 6 beschrieben wurden, die mit dem Integument assoziiert bleiben (Schutzschilde, Schuppen, Dentikel, Osteoderme), heißen deshalb **Hautknochen** oder **Dermalknochen**.

Sobald sich die beiden Arten von Knochen, nämlich Ersatz- und Bindegewebsknochen, gebildet haben, sind sie identisch. Die Unterscheidung ist aber von größter Bedeutung für die Herleitung der Ursprünge und Homologien verschiedener Skelettelemente.

Eine Eigenschaft von Knochen und Knorpel, die ihre weiteren physikalischen Eigenschaften bedingt, ist die **Heterogenität**. Wenn man von kleineren Unreinheiten und Fehlern absieht, sind gegossenes Eisen, Keramik und Glas homogen oder überall und in allen Richtungen gleich. Holz dagegen hat eine Maserung, die dazu führt, dass der Widerstand gegenüber Biegen und Spalten in verschiedenen Ebenen unterschiedlich ist. Ganz ähnlich haben Knochen Lamellen und Osteone mit spezifischen Orientierungen und können entweder kompakt oder spongiös sein (Seite 102/103). Die Zellen und Fasern innerhalb des Knorpels sind ungleichmäßig angeordnet, deshalb kann man nicht von **der** Festigkeit z. B. von Knochen sprechen, sondern man kann nur eine annähernde Festigkeit eines bestimmten Knochentyps angeben, wenn er in einer bestimmten Art und Weise relativ zur Orientierung seiner Bestandteile belastet wird.

Knorpel und vor allem Knochen sind außerdem insofern heterogen, als sie aus unähnlichen Komponenten bestehen. Bei beiden ist die eine Komponente ein kompliziertes Netzwerk aus orientierten, kollagenen Fasern und manchmal aus elastischen Fasern. Die andere Komponente ist ein Glykoprotein (beim Knorpel) oder Hydroxyapatit (beim Knochen). Außerdem sind die Calciumphosphatkristalle beim Knochen in aufeinander folgenden Schichten der intrinsischen Fasern unterschiedlich angeordnet. Wie bei Sperrholz erhöht dies den Widerstand gegenüber Bruch. Die physikalischen Eigenschaften der zusammengesetzten Struktur ähneln nicht denjenigen der Einzelkomponenten und entsprechen auch nicht der Summe oder dem Mittelwert der beiden Komponenten. So sind kollagene Fasern weich, flexibel und sehr widerstandsfähig gegen Dehnung, dagegen ist Hydroxyapatit extrem hart, brüchig und resistent gegen Kompression. Eine feine Maserung verleiht Festigkeit, weil fadenähnliche Stränge eines Materials um ein Vielfaches stärker pro Querschnittseinheit sind als kompaktes Material. Der zusammengesetzte Knochen ist also härter als kollagene Fasern, flexibler und bruchbeständiger als das Mineral und für sein Gewicht bezüglich der Belastungen, denen er widerstehen kann, stärker und vielseitiger als jede Komponente allein. Ingenieure bauen zusammengesetzte Materialien aus Glasfasern in Harz, Bor in Aluminium, Wolfram in Kupfer und andere. Sie versuchen auch, die Feinstruktur von Biomineralien mit anorganischen Materialien nachzuahmen.

Die Anwesenheit von Lakunen im Knochen (Abb. 6.3) erhöht ebenfalls seine Festigkeit. Wenn sich eine Mikrofraktur in eine Lakune ausdehnt, endet sie dort in der Regel, anstatt sich zu vergrößern. Innerhalb der Skelettelemente ist Knochen, aber nicht Knorpel, meist spongiös. Die Spiculae des Netzwerks sind so orientiert, dass die Festigkeit im Verhältnis zum Gewicht maximiert wird, und zwar in einer Art und Weise, die auf den Seiten 445–449 erklärt wird. Schließlich sind die Fasern in der organischen Matrix des Knochens so verwoben oder in komplexen Mustern geschichtet, dass eine erhöhte Resistenz gegen Bruch erreicht wird.

## 8.3 Ursprung des Kopfes und die Komponenten des Kopfskeletts

Wir können mit einiger Sicherheit annehmen, dass der entfernte Vorfahr der Vertebraten unter den Protochordaten, als er vom Filtrierer zum beweglichen Räuber wurde, auch bilateral symmetrisch wurde und Nahrungsaufnahmemecha-

## Exkurs 8.1

### Die aufregende Frage der Kopfsegmentation

Die Embryologie macht es vollkommen klar, dass die Rumpfregion aller Vertebraten im Grunde segmental ist. Die Art der Kopfsegmentierung, ja sogar ihr Vorhandensein, wurde lange debattiert. Früh im 19. Jahrhundert haben zwei deutsche Naturgelehrte, Johann Wolfgang von Goethe und L. Oken unabhängig voneinander postuliert, dass der Schädel von verschmolzenen und modifizierten Wirbeln abgeleitet sei. Diese Annahme wurde von vielen Forschern akzeptiert, unter ihnen auch vom bedeutenden britischen Anatomen Richard Owen. Sein ebenso bedeutender Landsmann, Thomas B. Huxley, war sich genauso sicher, dass der Schädel nicht von Wirbeln abzuleiten sei. Er leitete den Schädel stattdessen von ursprünglichen Kopfsomiten ab, die zwar postuliert, aber nie wirklich gesehen wurden, nämlich vier anterior zum Ohr und fünf dahinter. Goodrich publizierte 1930 ein sehr gut durchdachtes Buch: „Studies on the structure and development of vertebrates", das ein Schema enthält, das die Derivate der drei Segmente anterior zum Ohr, zwei neben dem Ohr und drei dahinter zeigt. Seine Interpretation fand fast 60 Jahre lang eine breite Akzeptanz, wenn auch mit Vorbehalt.

In den frühen 1980er Jahren publizierten Stephen Meier und seine Kollegen eine wegweisende Studie mit Mikropräparation und Rasterelektronenmikroskopie und zeigten beim Hühnchen überzeugend eine subtile Segmentierung des Kopfmesenchyms. Die Segmente erscheinen als eine Reihe leichter Erhebungen, die sie Somitomeren nannten. Diese bilden sich während der Gastrulation, sind paarig und flankieren links und rechts die Chorda dorsalis und die Neuralplatte. Somiten des Rumpfes bilden sich sequentiell von anterior nach posterior, und es ist nun anerkannt, dass allen kurzzeitig Somitomere vorhergehen, bevor sie kondensieren und voneinander durch Einschnürungen getrennt werden. Bei den meisten Köpfen entstehen aus Somitomeren keine Somiten, obwohl mehrere Somiten in den hinteren Teil des Kopfes inkorporiert werden. Somitomeren, die in den Rumpf verpflanzt werden, werden zu Somiten.

Somitomere wurden mittlerweile in den embryonalen Köpfen von Vertretern aller kiefertragenden Vertebraten identifiziert. Amnioten und Teleosteer haben sieben Somitomere, davon liegen sechs anterior zum Ohr und eines dahinter. Amphibien und Knorpelfische haben nur vier Somitomere. Es scheint, dass jedes ihrer Segmente, das posterior zum ersten liegt, zwei benachbarten Segmenten von Amnioten entspricht. Ob die ursprünglichen Somitomeren sich aufteilen, um sieben zu werden, oder verschmelzen, um vier zu werden, ist nicht bekannt.

Craniale Somitomere existieren nicht lange. Ihre metamere Anordnung wird durch die Ausbreitung der Neuralleisten und der Kopfplakoden sowie durch das Wachstum und die Beugung des Gehirns verdeckt. Adulte Derivate der Somitomeren sind die extrinsischen Augenmuskeln, Muskeln des Gesichts und Muskeln des Pharynx und seiner Derivate einschließlich der Kaumuskulatur. Welche Beziehung besteht zwischen den cranialen Somitomeren und anderen Bildungsgeweben bezüglich ihrer Position und gegenseitigen Beeinflussung?

Antone G. Jacobson (1993, 1998) hat maßgeblich an der Interpretation der Somitomeren mitgewirkt. Er glaubt, dass die Segmentierung der Somitomere wahrscheinlich primär ist. Sie prägen ihre Segmentierung dem benachbarten Nervensystem auf. Entsprechend liegen spezifische Somitomere neben spezifischen Schwellungen entlang des embryonalen Gehirns, die **Neuromere** genannt werden. Auch Drew M. Noden (1987) hat entscheidend zur vergleichenden Embryologie und biochemischen Kontrolle des Kopfgewebes beigetragen. Er hat als erster Chimären aus Wachtel und Hühnchen in Experimenten eingesetzt. Wachtelzellen haben eine Kernmarkierung, die es dem Experimentator ermöglicht, Zelllinien, die aus Transplantaten stammen, zu verfolgen (andere Techniken verfolgen Zelllinien in Säugetieren). Noden glaubt, dass die Segmentierung der Somitomere wahrscheinlich nicht primär ist. Stattdessen entstehen Somitomere, Neuralleiste und Neuromere mehr oder weniger gleichzeitig. Die Übereinstimmung der Somitomere mit den Neuromeren ist eng, sagt Noden, aber nicht perfekt und kann zwischen den Klassen leicht unterschiedlich sein (Abb. 8.2). Die Morphogenese des Kopfes ist ein aktives Forschungsgebiet.

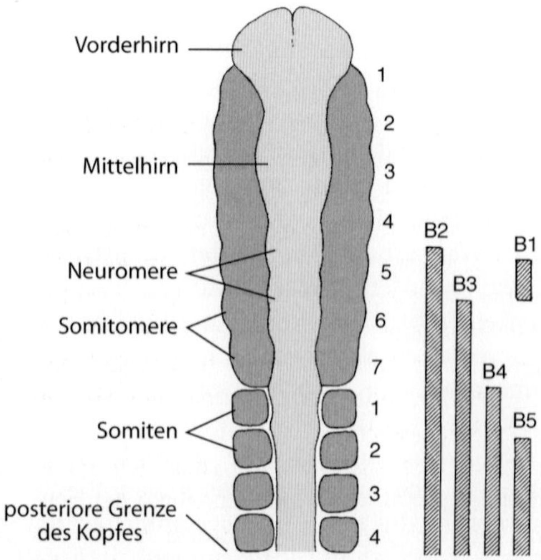


**Abb. 8.2.** Beziehung des embryonalen Amniotengehirns zu den Somitomeren, Somiten und der Expression einiger regulatorischer Gene. Die Balken auf der rechten Seite zeigen die Domänen bestimmter *Hox*-Gene, welche die Segmentierung des Kopfes kontrollieren (s. Exkurs 5.1). (Gezeichnet nach Noden, 1987. Nachdruck mit Erlaubnis von John Wiley and Sons)

nismen und bestimmte Sinnesorgane entwickelte, die an seinem anterioren Ende konzentriert waren. Wahrscheinlich parallel zu diesen Entwicklungen führten die Anforderungen an eine präzisere sensorische Innervation und motorische Kontrolle zu einer Vergrößerung des anterioren Teiles des Neuralrohrs, aus dem das Gehirn entstand. Dann entwickelte sich ein knorpeliges Kopfskelett, um das Gehirn und die Sinnesorgane zu beherbergen und zu schützen, sowie um die Nahrungsaufnahme- und die Atemmechanismen effektiver zu machen. Wir haben in Kapitel 5 festgestellt, dass die embryonale Entwicklung des Vertebratenkopfes weitgehend ein Produkt der Neuralleisten (welche einen großen Teil des Kopfskeletts und verschiedene andere Strukturen bilden), der ectodermalen Plakoden (welche die neuronalen und sensorischen Strukturen bilden) und der Somitomeren (welche die Muskeln bilden) ist. Da all diese Primordien für Vertebraten einzigartig sind, folgt, dass der Vertebratenkopf größtenteils (mit allem, was anterior zum Rückenmark liegt) eine evolutionäre Neubildung ist. Die Evolutionsgeschichte des Vertebratenschädels ist eine der interessantesten und am besten dokumentierten Aufzeichnungen in der ganzen Biologie. Sie ist deshalb sowohl für Studenten der vergleichenden wie auch der menschlichen Anatomie von großem Nutzen.

Da das Kopfskelett sowohl bezüglich seines Ursprungs als auch seiner Struktur sehr kompliziert ist, hilft es, Anteile zu finden, die man nacheinander beschreiben kann und die uns dabei unterstützen, seine Evolution zu enträtseln. Die logischen Komponenten, die man dabei auswählt, sind das **Chondrocranium**, das **Visceralskelett** und die **dermalen Elemente**, da die Strukturen, welche diese Komponenten zu dem kompletten Schädel beitragen, ziemlich spezifisch sowohl in ihrer Phylogenie als auch in ihrer Ontogenie sind.

Das **Chondrocranium (Neurocranium)** stützt das Gehirn und die spezifischen Sinnesorgane. Das **Visceralskelett (Splanchnocranium, Viscerocranium)** stützt die Kiemenbögen und ihre Derivate. Die **dermalen Elemente (Dermatocranium)** vervollständigen das relativ oberflächliche Rahmenwerk des Schädels. Chondrocranium und Visceralskelett können knorpelig bleiben oder knöchern werden, aber sie sind immer vorhanden. Das Dermalskelett ist immer knöchern und meistens vorhanden, wurde aber bei verschiedenen größeren Vertebratengruppen sekundär reduziert. Ungeachtet dessen, was sich zuerst entwickelt hat, die ältesten bekannten Agnathen – mit Ausnahme der Conodonten – hatten bereits alle drei Komponenten.

Der Ausdruck „Schädel" wird manchmal für das gesamte Skelett des Kopfes benutzt. Er wird aber auch – und so auch hier – für die einzelne Baueinheit benutzt, die den Hirnschädel und den Oberkiefer bildet und Nase und Ohr beherbergt.

### 8.3.1 Das Neurocranium (Chondrocranium) und seine Derivate

Die meisten Organe des Körpers können weiterhin funktionieren, auch wenn sie einem gewissen Druck durch Kontakt mit der Umgebung oder durch lokomotorische oder Verdauungsaktivitäten ausgesetzt sind. Das gilt allerdings nicht für das zentrale Nervensystem oder spezielle Sinnesorgane. Das Rückenmark ursprünglicher Vertebraten erhielt einen gewissen Schutz von der steifen Chorda dorsalis. Das größere Gehirn wurde von oben durch knöcherne Schuppen oder Platten, die sich aus der Dermis der Haut bildeten, abgeschirmt und von unten und an den Seiten durch eine Wanne aus hyalinem Knorpel unterstützt. Kleine Kapseln und Stäbe aus Knorpel, welche die Sinnesorgane schützten und das Rostrum versteiften, verschmolzen mit dieser Hirnwanne und bildeten das **Neurocranium**. Diese Struktur hat sich seit ihrer Entstehung vor ungefähr 550 Mio. Jahren bei allen Vertebraten erhalten. Tiere, die keinen knöchernen Kopf haben (Cyclostomen und Knorpelfische), haben relativ komplette und schwere Neurocrania. Bei den meisten Vertebraten, die einen knöchernen Kopf haben, wird das vollständige knorpelige Neurocranium nur in den Larvalstadien bzw. im Fötus angelegt. Wenn sie adult werden, ersetzen diese Tiere zumindest einen Teil des empfindlicheren Knorpels durch Knochen, die innerhalb des Knorpels ossifizieren.

Homologien der Hauptmerkmale des Neurocraniums der verschiedenen Vertebraten wurden aufgrund ihrer Beziehung zu solch konservativen Landmarken wie Chorda dorsalis, Hypophyse, Hirnnerven und Blutgefäßen etabliert. Homologien der vielen und komplizierten kleinen Stäbe und Hohlräume sind schwieriger festzustellen. Wahrscheinlich werden manche nie entschlüsselt werden, wenn es für sie überhaupt Homologien gibt. Die Rekapitulation während der Embryonalzeit war hier nicht sehr hilfreich. Die Homologien der Knochen, die im Neurocranium ossifizieren, sind befriedigender.

Das Neurocranium ist eine gesonderte Einheit. Es setzt sich allerdings aus vielen Elementen zusammen, die beim Embryo noch getrennt sind. Wir werden sie in fünf Gruppen, die relativ groß und konstant sind, einteilen (Abb. 8.3):

- Die **Chorda dorsalis** liegt innerhalb, genau oberhalb oder direkt unterhalb der Basis des sich entwickelnden Neurocraniums. Sie kann frei bleiben oder verdeckt werden, aber gewöhnlich werden ihre Scheiden knorpelig und verbinden sich mit dem Neurocranium.

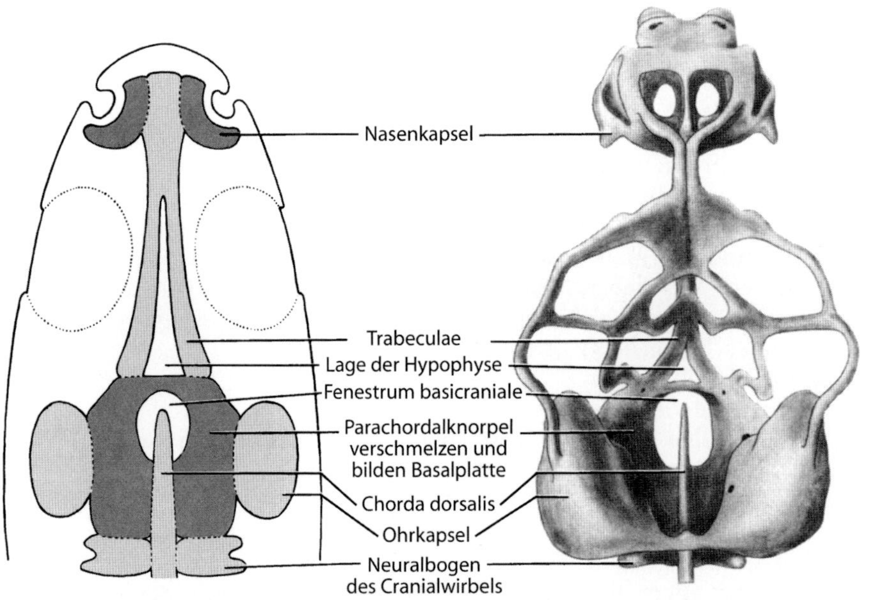


**Abb. 8.3.** Komponenten des Neurocraniums der Vertebraten in der Dorsalansicht. *Links*: Ein schematischer früher Embryo. *Rechts*: Eine leicht vereinfachte Zeichnung eines 25 mm-Entwicklungsstadiums der Eidechse, *Lacerta*

Der Beitrag der Chorda dorsalis ist klein, aber bedeutend, weil ihre Anwesenheit im Kopf allen anderen skelettalen Strukturen vorangehen kann und weil die konstante Position ihres anterioren Endes, nämlich direkt posterior zur Hypophyse, als Referenzpunkt dient.

- Anterior zur Chorda dorsalis liegt ein Paar von Balken, die **Trabeculae.** Die Hypophyse liegt zwischen ihren posterioren Enden. Bei niederen Vertebraten, die breite Köpfe haben, bleiben die beiden Balken manchmal frei und weit voneinander getrennt. Dies ist der **platytrabe** Zustand. Manchmal sind sie durch eine Knorpelplatte verbunden; gewöhnlich verschmelzen sie anterior und bilden so eine engere Y-förmige Struktur, deren Fuß nach vorne zeigt. Dies ist der **tropitrabe** Zustand. Der trabeculäre Teil des Neurocraniums steht mit dem Vorderhirn, den Nasenkapseln, den Augenhöhlen und dem Rostrum in Bezug. Bei älteren Embryonen kann er durch gebogene Auswüchse kompliziert werden, die dann ein komplexes Netzwerk bilden. Die Neuralleisten tragen zur Bildung der Trabeculae bei.
- Hinter den Trabeculae und neben der Chorda dorsalis bildet sich ein weiteres Paar von Knorpeln, die wegen ihrer Lage **parachordale Knorpel** genannt werden. Diese verschmelzen oben, unten oder um die Chorda dorsalis herum und bilden so die **Basalplatte.** Der anteriore Teil der Platte schließt meist einen großen Hohlraum ein, ihre lateralen Ränder sind von Foramina für den Austritt der Hirnnerven durchdrungen. Die Seitenwände des Neurocraniums sind gewöhnlich nicht komplett. Sie bestehen aus verschiedenen und manchmal komplizierten Säulen und Stäben, die mit der Basalplatte an ihren lateralen Rändern verschmelzen. Es ist relativ klar, dass die Basalplatte segmentiert ist und aus den Sklerotomen der embryonalen Kopfsomiten entsteht. Man nimmt an, dass die Basalplatte in Serie mit den Basen der Wirbel liegt. Am hinteren Ende der Basalplatte liegen ein oder zwei Fortsätze, die **occipitalen Condyli,** die mit den ersten freien Wirbeln der Wirbelsäule gelenkig verbunden sind. Ihr interessanter Ursprung aus Wirbelelementen wird in Kapitel 9 erklärt.
- Ein vierter Beitrag zum Neurocranium besteht aus einem oder mehreren Paaren von Bögen, die von den posterioren Winkeln der Basal-

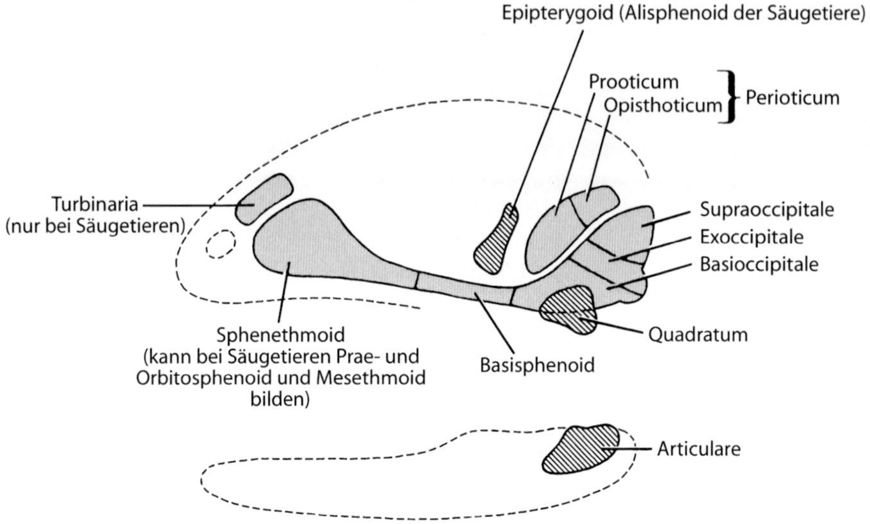


**Abb. 8.4.** Ersatzknochen des Schädels und des Kiefers in einem frühen Stadium der Tetrapodenevolution. Ausnahmen s. Text. Verknöcherungen des Neurocraniums sind *schattiert* dargestellt. Die Verknöcherungen des Mandibularbogens sind *schraffiert.* Alle Knochen sind paarig, mit Ausnahme derjenigen unter dem Gehirn und des Supraoccipitale

platte aufsteigen und das Rückenmark dort, wo es in den Schädel eintritt, flankieren oder umgeben. Diese können als **Neuralbögen der cranialen Wirbel** angesehen werden. Bei den Embryonen mancher Fische tragen sie sogar kurze Rippen. Die getrennten Bögen verschmelzen im späten Embryo und werden dann zusammen als **occipitaler Bogen** bezeichnet.
- Schließlich und fünftens tragen die **knorpeligen Sinneskapseln**, welche die Nasenhöhlen und das Innenohr beherbergen, zum Neurocranium bei. Die Nasenkapseln verbinden sich mit dem anterioren Ende der Trabeculae; die otischen oder auditorischen Kapseln verbinden sich mit den Rändern der Basalplatte direkt vor dem Occipitalbogen. Die Augen sind ebenfalls in knorpelige Kapseln eingeschlossen. Diese bleiben allerdings frei; wenn sie mit dem Neurocranium verbunden wären, könnten die Augen nicht unabhängig vom Kopf bewegt werden.

Knochen entwickeln sich im Neurocranium von sechs der neun Klassen der Vertebraten, d. h. bei allen, außer den Agnatha, Placodermi und Chondrichthyes. Die Namen und Positionen dieser Knochen werden am besten an Beispielen und aus Abb. 8.4 gelernt. Keine einzige Liste solcher Knochen gilt für alle Vertebraten, die verknöcherte Schädel haben. Die meisten Knochen sind ziemlich konstant, aber manche, wie z. B. das Mesethmoid und die Orbitosphenoidea, variieren beträchtlich. Bei den höheren Vertebraten tendieren die otischen Knochen und manche Basalknochen dazu, zu verschmelzen.

### 8.3.2 Das Visceralskelett und seine Derivate

Der **Pharynx** ist ein etwas erweiterter Teil des Darmkanals, der zwischen der Mundhöhle und dem Ösophagus oder dem Magen liegt. In den frühesten Stadien der Chordatenevolution wurde der Pharynx lateral durch paarige Kiemenöffnungen durchbrochen, die eine Rolle sowohl bei der Nahrungsaufnahme als auch, in geringerem Maße, bei der Atmung spielten. Ein Teil des Pharynx trägt immer noch zur Nahrungsaufnahme bei allen kiefertragenden Vertebraten bei, die Atemfunktion des Pharynx ist bei allen kieferlosen Vertebraten, Fischen und larvalen Amphibien erhalten. Als die Tetrapoden aufhörten, den Pharynx für die Atmung zu nutzen, stand ein Großteil seiner Muskulatur und seines Skeletts für andere Funktionen zur Verfügung und wurde für die Kontrolle und die Unterstützung der Zunge, des Stimmapparates und verwandter Strukturen angepasst. Der Pharynx hat also eine lange und abwechslungsreiche Geschichte.

Die ersten Protochordaten hatten möglicherweise ein Dutzend Kiemenpaare. Diese Anzahl wurde bei manchen Protochordaten bis auf ca. 100 erhöht (*Branchiostoma*), so dass Nahrungspartikel im Schleim auf den Kiemenbögen festgehalten werden konnten, wenn das Wasser durch den Pharynx bewegt wurde. Die ältesten gut bekannten Vertebraten haben sich von größeren Nahrungspartikeln ernährt und daher einen solch spezialisierten Pharynx nicht benötigt. Sie reduzierten die Anzahl der Kiemenöffnungen auf 5 bis 15 Paare. Als sich die Kiefer entwickelten, wurde die Anzahl weiter reduziert und bei ungefähr 6 stabilisiert (manche Haie haben mehr, manche Tetrapoden weniger).

Zwischen jeder typischen Kiementasche sowie anterior zur ersten und posterior zur letzten liegen Gewebebalken, die aus Skelettelementen (die hauptsächlich aus der Neuralleiste stammen), Muskeln und respiratorischen Filamenten bestehen und auch die Nerven und Blutgefäße enthalten, welche diese Strukturen versorgen. Ein solcher Balken wird als **Visceralbogen** (= **Kiemenbogen**) bezeichnet – „visceral" deshalb, weil er aus einem spezialisierten Teil des Darmkanals gebildet wird. Die grundlegende Anzahl der Kiemenbögen für kiefertragende Vertebraten ist 7, also einer mehr als die ursprüngliche Anzahl der Kiementaschen.

Die Beziehung zwischen der Segmentierung der Visceralbögen und der Segmentierung des Kopfes ist interessant. Der mesodermale Teil des Verdauungskanals bildet sich beim Embryo aus dem Hypomer. Im Gegensatz zu den darüber liegenden Somiten ist das Hypomer nicht segmentiert. Daraus folgt, dass die Muskeln und das Skelett der Visceralbögen nicht die primäre Segmentierung des Körpers ausdrücken. Das Vor-

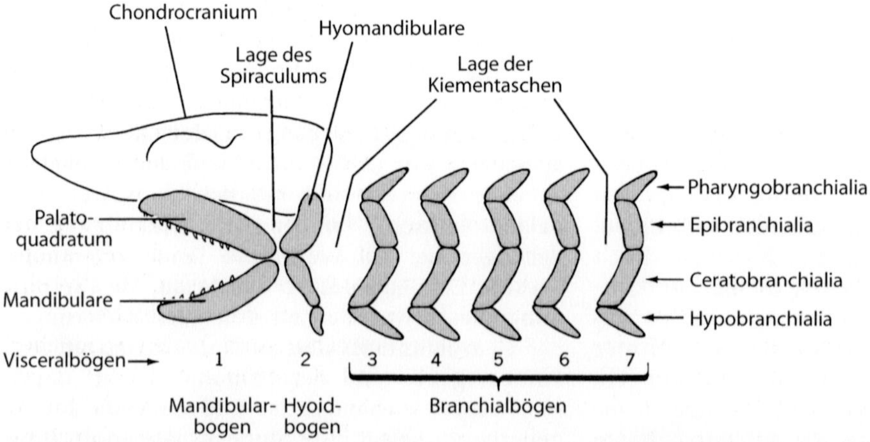


**Abb. 8.5.** Primitives Visceralskelett, gezeigt an einem schematisierten Elasmobranchier. Vgl. mit Abb. 8.9

handensein seriell angeordneter Kiemen dagegen zwingt den Derivaten des Pharynx eine sekundäre Segmentierung auf, die funktionell durch die segmentale Anordnung der Hirnnerven integriert wird, ein Vorgang, der aber nicht unbedingt bei allen Vertebraten gleich sein muss.

Das Vorhandensein eines ancestralen präoralen Visceralbogens ist zweifelhaft oder zumindest kontrovers. Der erste, immer auftretende Bogen liegt deshalb direkt hinter dem Mund. Er erhält die Zahl 1, die anderen werden entsprechend durchgezählt. Jede Kiemenöffnung oder -tasche erhält die gleiche Zahl wie der Bogen, der direkt vor ihr liegt (Abb. 8.5).

Kein anderer Teil des Vertebratenskeletts, ausgenommen die Chorda dorsalis, ist so alt wie das Visceralskelett. Jeder Kiemenbogen kieferloser Vertebraten wird von einem einzelnen Knorpelstab unterstützt. Er kann sich neigen und biegen und verbindet sich mit Stäben oberhalb und unterhalb der Kiemenöffnung, ist aber mit ihnen nicht gelenkig verbunden. Das Skelett eines jeden Visceralbogens der Gnathostomen ist gelenkig verbunden. Die grundlegende Anzahl paariger Elemente ist anscheinend vier pro Bogen. Von diesen vieren sind vor allem die mittleren beiden, das **Epibranchiale** (oben) und das **Ceratobranchiale** (unten) relativ wichtig für unsere Geschichte. Es gibt außerdem unpaare, mittig ventral gelegene Segmente zwischen den unteren Enden der Kiemenbögen.

Der erste Visceralbogen, der wahrscheinlich niemals Kiemen unterstützt hat, vergrößert sich und wird zum Kiefer, falls Kiefer vorhanden sind, und wird dann **Mandibularbogen** genannt. Sein Epibranchiale bildet den Oberkiefer und heißt nun **Palatoquadratum**. Das Ceratobranchiale bildet wahrscheinlich den Unterkiefer und wird als **Mandibularknorpel** bezeichnet. Die Kiefer sind mehr oder weniger fest am Neurocranium verankert, um so die nötige Festigkeit zu erreichen (s. unten). Manchmal wird auch der zweite Visceralbogen, der **Hyoidbogen**, in diese Befestigung miteinbezogen. Das Epibranchiale ist sein Schlüsselelement, es wird **Hyomandibulare** genannt. Nachfolgende Bögen, die hauptsächlich der Atmung dienen, heißen **Branchialbögen**. Der dritte Visceralbogen ist also der erste Branchialbogen. Diese Terminologie wird durch Abb. 8.5 erklärt.

Verknöcherungen, die sich in den visceralen Knorpeln bilden, sind wie diejenigen des Neurocraniums und fast alle des postcranialen Skeletts Ersatzknochen (Abb. 8.4). Wie wir später sehen werden, sind die meisten Knochen, die funktionell mit den Kiefern in Verbindung stehen, keine Ersatzknochen und sind deshalb nicht aus dem Visceralskelett abzuleiten. Die ersten echten Bogenknochen sind gewöhnlich klein, dennoch haben keine anderen Knochen des Körpers eine fesselndere und überraschendere Geschichte. Darüber mehr in späteren Kapiteln.

### 8.3.3 Beiträge des Integuments: Dermatocranium

Die harten Schuppen oder der schwere Panzer der meisten Ostracodermata, Placodermi, Dipnoi und Crossopterygii waren über dem Kopf am festesten und am besten miteinander verbunden, wo sie die Zähne unterstützten sowie das Dach des Gehirns, die empfindlichen Kiemen und anderes weiche Gewebe abschirmten. Zunächst waren diese Hautknochen in Größe und Muster sehr variabel. Anaspida hatten kleine Schuppen, Cephalaspida hatten riesige solide Schilde. Arthrodira hatten große Platten, die aus durch Nähte verbundenen Einzelelementen aufgebaut waren. Als das Knochenfischstadium der Evolution erreicht war, stabilisierten sich die Elemente in der Regel als mittelgroße Stücke. Die Crossopterygii entwickelten ein allgemeines Knochenmuster, das durch die gesamte Tetrapodengeschichte beibehalten wurde. Die unterschiedlichen Klassen haben das grundlegende Muster jedoch durch Fusionen, durch Verluste (vor allem dort, wo Kiemen verloren gingen, also am Hinterkopf und zwischen Kopf und Schultergürtel) sowie durch das Einsenken der Knochen unter die Haut und sogar unter bestimmte Muskeln abgeändert.

Um Homologien dieser vielen Knochen zu etablieren, war es für die Morphologen wichtig, so viele Hinweise wie möglich zu nutzen. Die paläontologische Abfolge verschiedener Veränderungen hat auf bestimmte Tendenzen hingewiesen. Ein Augenmerk wurde auf die Verbindung dieser Knochen zu den Verknöcherungen des Neurocraniums und zu Nerven, Blutgefäßen, Sinnesorganen und der Öffnung, die oft dorsal im Schädel vorhanden ist und das Pinealorgan beherbergt, gelegt. Die Sinneskanäle aquatischer Formen waren insofern hilfreich, als sie meist einem konservativen Muster folgen und in der Regel Einsenkungen, Löcher oder Tunnel im unterliegenden Knochen hinterlassen. Allerdings verschiebt sich die Beziehung vom Sinneskanal zum Knochen mit der Zeit, wenn sich die Strömungslinien des Wassers über dem Kopf ändern.

Die Anzahl von Ossifikationszentren und die Abfolge ihres Erscheinens im Jungtier war auch

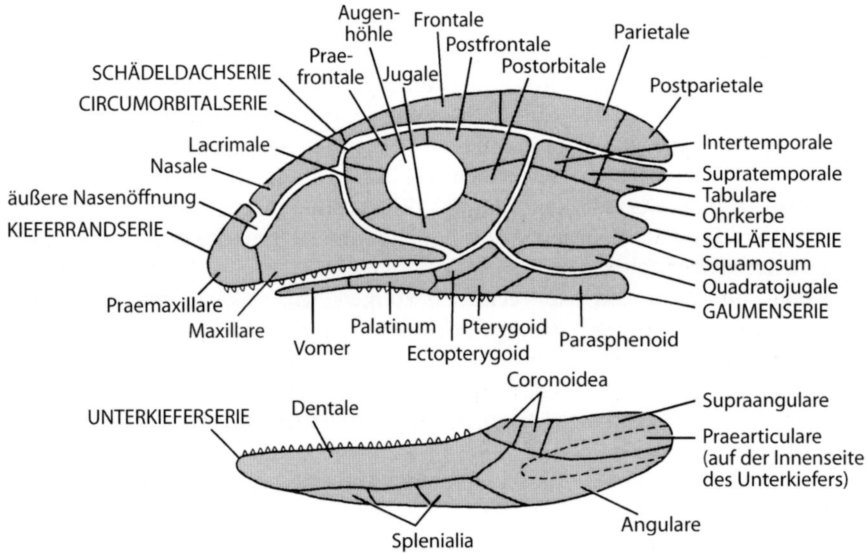


**Abb. 8.6.** Hauptsächliche Bindegewebsknochen des Schädels und des Kiefers zu einem frühen Stadium der Tetrapodenevolution. Alle Knochen sind paarig, mit Ausnahme des Parasphenoids. Die Skleralknochen der Augenkapsel sind nicht gezeigt

hilfreich, weil ein bestimmter Knochen in der Regel aus einer vorgegebenen Zahl von Zentren ossifiziert, die in einer konstanten Reihenfolge bezüglich der Zentren anderer Knochen und der Hirnregion erscheinen. Tatsächlich induzieren verschiedene Teile des Gehirns in ihrer Nachbarschaft spezifische Ossifikationen. Es ist allerdings bekannt, dass die Charakteristika mancher Zentren variieren; deshalb muss ein solcher Hinweis mit Vorsicht interpretiert werden. Mit diesen verschiedenen Ansätzen war es möglich, die Homologien von fast allen Knochen aufzustellen, die aus dem Integument stammen. Die Namen und Positionen der konstanteren Knochen sind in Abb. 8.6 gezeigt.

## 8.4 Beziehungen der cranialen Komponenten untereinander

Das Erkennen der Komponenten des Kopfskelettes (Neurocranium, Splanchno- oder Viscerocranium und Dermatocranium) ist mehr als eine reine Annehmlichkeit. Wie wir gesehen haben, können sie auch beim Adulttier eine bestimmte strukturelle Unabhängigkeit behalten. Das ist vor allem bei Anamniern der Fall. Das Kiemenskelett muss so lange abgegrenzt sein, wie die Kiemen funktional sind, und die Bindegewebsknochen bleiben oft oberflächlich, wo sie Kante an Kante aneinander stoßen und eine kontinuierliche Körperdecke bilden. Außerdem wurden in der Evolution der verschiedenen Tiergruppen alle Schädelknochen manchmal immer mehr verknöchert. Im Gegensatz dazu sind bei anderen Gruppen alle zurückgebildet. Zu anderen Zeiten haben sich Derivate der verschiedenen Komponenten unabhängig voneinander entwickelt. So scheint z.B. das Neurocranium und das Visceralskelett bei Knorpelfischen und Cyclostomata an Bedeutung gewonnen zu haben, während gleichzeitig das Hautskelett zurückgedrängt wurde. Umgekehrt wurden nur die Ersatzknochen des Schädels bei den späten Cephalaspida, Lungenfischen, einigen ursprünglichen Strahlenflossern und bei späten Labyrinthodontiern reduziert. Offensichtlich reagieren Ersatz- und Bindegewebsknochen unterschiedlich auf Entwicklungskräfte, auch wenn sie gleich aussehen.

Trotz der ursprünglichen und potentiellen Unabhängigkeit sind die Ersatzknochen und die Bindegewebsknochen höherer Vertebraten sehr eng miteinander assoziiert. Eine Vergrößerung des Gehirns drängt die chondrocranialen Verknöcherungen nach außen, während eine Vergrößerung der Kiefermuskulatur viele Bindegewebsknochen nach innen drängt. Diese Komponenten treffen sich und bilden zusammen eine einzige feste Einheit.

Als der erste Visceralbogen zum Kiefer umgewandelt wurde, wurde es aus mechanischen Gründen notwendig, den Bogen fester zu verankern als früher, als er nur der Atmung und dem Nahrungsfiltrieren diente. Dies wurde zunächst durch die Anheftung des Palatoquadratknorpels an das Neurocranium erreicht. Anschließend wurde das Hyomandibulare des zweiten Bogens eine Stütze, um den Kiefer noch weiter zu stabilisieren. Später übernahm das Hyomandibulare diese Funktion allein oder die Dermalknochen, die das Palatoquadratum bedeckten, haben sich mit anderen Hautknochen verbunden, um so eine feste Verankerung zu liefern. Anzahl, Lage und Festigkeit der verschiedenen Anheftungspunkte des Kiefers am Restschädel waren sehr variabel. Es gibt tatsächlich mehr als ein Dutzend benannter Muster der Kieferbefestigung. Die Sache wird noch weiter kompliziert, weil sich verschiedene Anheftungstypen unabhängig voneinander mehrfach entwickelt haben. Wenn man sie richtig interpretiert, ist die relativ einfache Terminologie, die vor langer Zeit von Thomas Huxley vorgeschlagen wurde, immer noch angemessen. Die Benennungen, die Tiergruppen, auf die sie zutreffen, und die Beziehungen zwischen ihnen, sind in Abb. 8.7 gezeigt. Einige Aspekte des Geschehens werden auf den folgenden Seiten stärker herausgestellt.

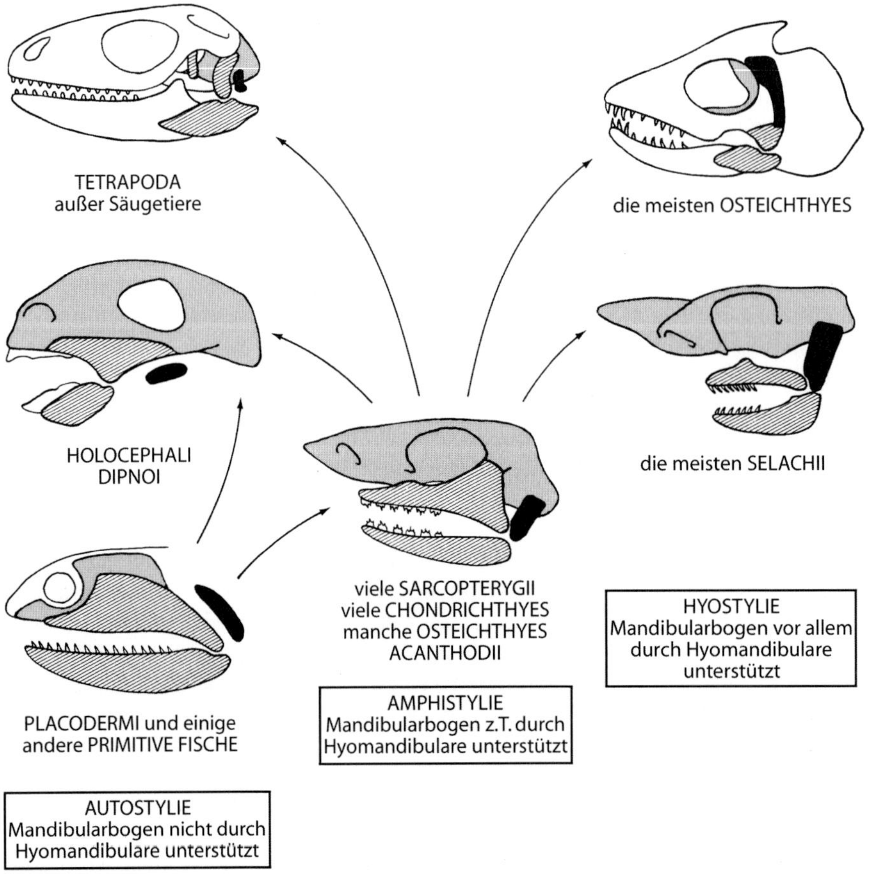


**Abb. 8.7.** Haupttypen der Kieferaufhängung. Mandibularbogen und seine Derivate sind *schraffiert*, Hyomandibulare und seine Derivate sind *schwarz*, das Neurocranium ist *schattiert* und Zähne und das Ausmaß der Bindegewebsknochen sind durch *Umrisse* gezeigt. Die Typen der Kieferaufhängung können Zwischenformen bilden

## 8.5 Evolution des Kopfskeletts

### 8.5.1 Kieferlose Vertebraten: Neuerfindungen und Variabilität

Von Conodonten ist nicht bekannt, dass sie ein Kopfskelett hatten. Das Neurocranium anderer Agnatha bleibt gewöhnlich das ganze Leben hindurch knorpelig und ist deshalb bei den meisten ausgestorbenen Formen nur wenig bekannt. Bei Cephalaspida dagegen war das Neurocranium auf allen Oberflächen von einem dünnen Knochenfurnier bedeckt.

Das Visceralskelett der Agnatha ist eine kontinuierliche Einheit aus Knorpel. Die individuellen Bögen treffen sich oberhalb und unterhalb der Kiemenöffnungen, und das Gebilde ist dann mit dem Neurocranium verbunden (Abb. 8.8). Alle Bögen sind funktionelle Branchialbögen. Ihre Anzahl ist unterschiedlich, aber sie sind im Vergleich zu den Bögen anderer Vertebraten relativ zahlreich (die spezialisierten Mundteile der Cyclostomen werden von Knorpeln unterstützt, die nicht aus dem Visceralskelett abstammen und die bei anderen Vertebraten nicht auftreten).

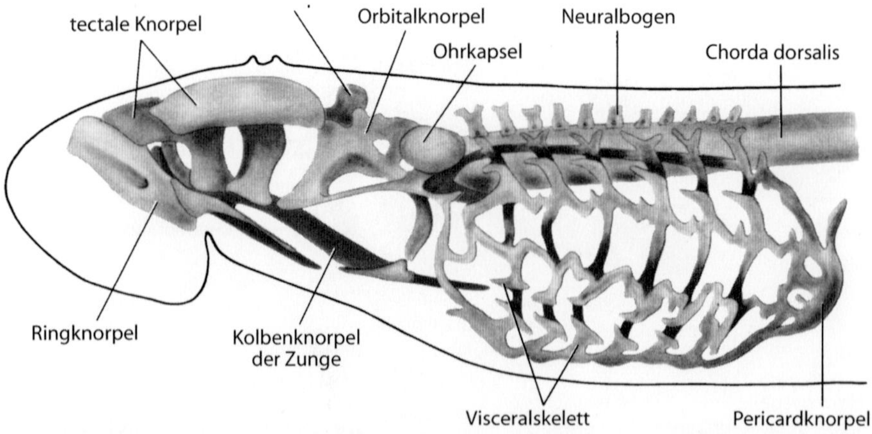


**Abb. 8.8.** Kopfskelett eines Cyclostomen, gezeigt am Neunauge, *Petromyzon*, in der Lateralansicht von links

Das dermale Kopfskelett der Agnatha variiert von Schutzschilden (Cephalaspida und Pteraspida) über kleine Schuppen (Anaspida) bis zum völligen Fehlen (Conodonta und Cyclostomata). Die dermalen Elemente können nicht mit den Kopfknochen anderer Vertebraten homologisiert werden.

## 8.5.2 Placodermi: Der Beginn der Kiefer

Das Neurocranium der Placodermi ähnelt dem der kieferlosen Vertebraten, indem es entweder völlig knorpelig oder nur zum Teil verknöchert ist.

Wichtige Weiterentwicklungen wurden im Visceralskelett vollzogen. Die wichtigste davon ist, dass der erste Bogen zum Kiefer wird. Manche der räuberischen Arthrodira hatten wirklich schreckliche Kiefer. Ersatzknochen haben sich oft im großen Palatoquadratum gebildet. Diese Struktur ist gewöhnlich autostyl (selbstunterstützt), d.h. sie war mit dem Neurocranium über Ligamente und nicht über das Hyomandibulare verbunden. Der zweite Bogen blieb ein typischer Branchialbogen. Wie bei höheren Vertebraten wurden die Branchialbögen von zumindest manchen Placodermi von mehreren Skelettelementen unterstützt.

Das Hautskelett bestand meist aus schweren Kopf- und Brustschilden, die über Scharniergelenke miteinander verbunden waren (Arthrodira und Antiarchi). Individuelle Hautknochen der Placodermi können nicht mit denen im Schutzpanzer oder Schädel anderer Vertebraten homologisiert werden.

## 8.5.3 Knorpelfische: Spezialisierung und Rückbildung

Knorpelfische hatten während ihrer langen Geschichte nur wenig oder überhaupt keinen Knochen. Um den Schutz zu erreichen, der bei den Ostracodermata und Placodermi von den Dermalknochen verliehen wurde, verfestigte sich bei den Knorpelfischen das Neurocranium ungewöhnlich stark mit vollständigen Seitenwänden und einem Dach (Abb. 8.9). Obwohl das Neurocranium niemals ossifiziert, ist es manchmal durch Calciumsalzgranula so verhärtet, dass es nicht mit einem Messer geschnitten werden kann. In Biologiepraktika wird oft das Neurocranium des Haies untersucht. Es ist allerdings nicht typisch für das Neurocranium der Vertebraten im Allgemeinen.

Die Kieferaufhängung ist in der Regel amphistyl (bei Pleuracanthi, Cladoselachii, einigen Haien). Sie kann aber auch hyostyl sein (andere Haie). Wie der Name schon sagt, ist bei Holocephali die Kieferaufhängung in Anpassung an eine Ernährung aus Muscheln durch ein festes

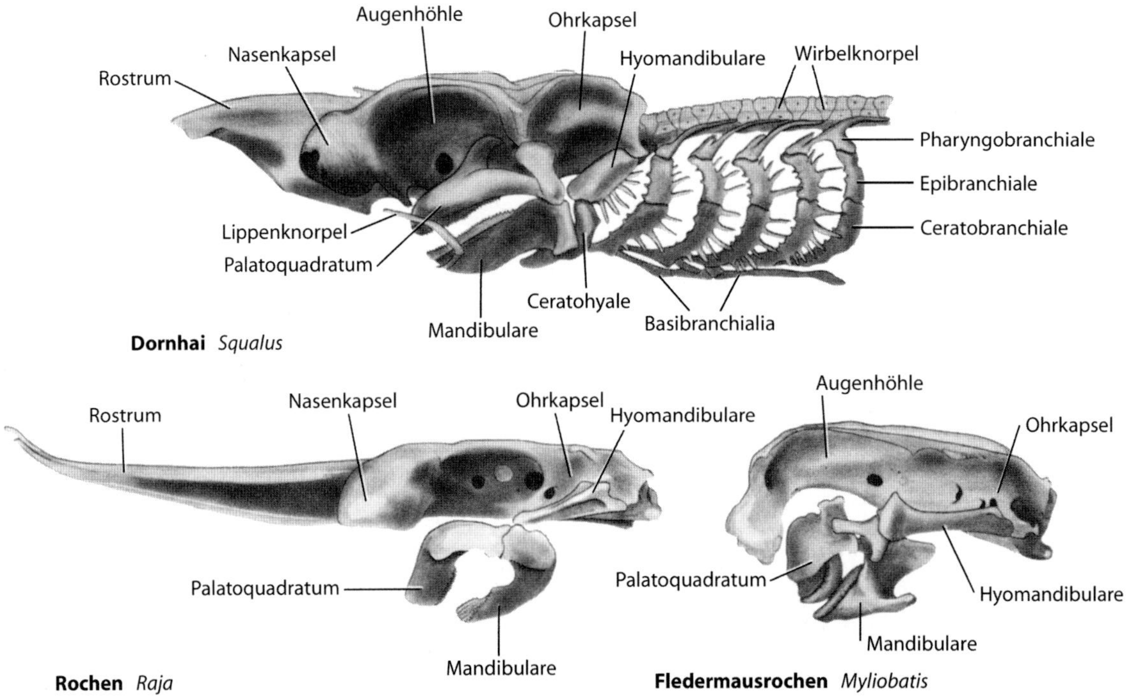


**Abb. 8.9.** Kopfskelette ausgewählter Knorpelfische, in der Lateralansicht von links. *Oben*: Neurocranium, Visceralskelett und anteriore Wirbel. *Unten*: Neurocranium und Kiefer mit ihrer Unterstützung

Verschmelzen mit der Schädelkapsel verstärkt, es ist also eine Art Autostylie. Es gibt in der Regel sechs, manchmal bis zu acht postmandibulare Bögen. Typische Branchialbögen haben vier paarige Skelettelemente, außerdem gibt es unpaare, medioventrale Knorpel. Die Segmentierung und Anordnung des Visceralskeletts der Knorpelfische kann im Allgemeinen als ursprünglich für alle Fische gelten.

### 8.5.4 Knochenfische: Vielfalt und Komplexität

Bei keiner anderen Klasse ist der Schädel so variabel und komplex wie bei den Knochenfischen. Das ist nicht weiter verwunderlich, da die Klasse so groß ist; jedoch zeigen andere Körperteile nicht so viel Diversität. Ein Großteil der Variabilität erklärt sich aus der Adaptation an verschiedene Nahrungsquellen, aus Körpergestalten und Lebensweisen, die uns hier aber weniger interessieren als die Evolutionstendenzen. Es ist wichtig, dass die beiden Unterklassen etwas verschiedene Schädel haben. Nur eine von ihnen enthält die Vorfahren der Tetrapoden und der Schädel hilft uns zu erkennen, welche Unterklasse dies ist.

Die Neurocrania der **ältesten bekannten Knochenfische** waren relativ gut verknöchert, anscheinend oft in einer Einheit ohne Knochennähte. Von diesem Ausgangspunkt haben sich die **Dipnoi** schon im Mesozoikum abgespalten, indem hier die exoccipitalen Knochen als einzige in einer ansonsten knorpeligen Schädelkapsel verknöchern. Auch **Crossopterygii** haben ein weitgehend knorpeliges Neurocranium, das immer ein sehr beeindruckendes und unverwechselbares Kennzeichen hat. Es besteht nämlich aus zwei Teilen (Abb. 8.10). Ein anteriorer Teil (Ethmosphenoid) leitet sich aus den Trabeculae ab und unterstützt die Augenhöhlen und das Rostrum. Mit diesem Teil ist ein posteriorer Teil, das Oticoccipitale, über ein bewegliches Gelenk verbunden. Dieser posteriore Teil entsteht aus

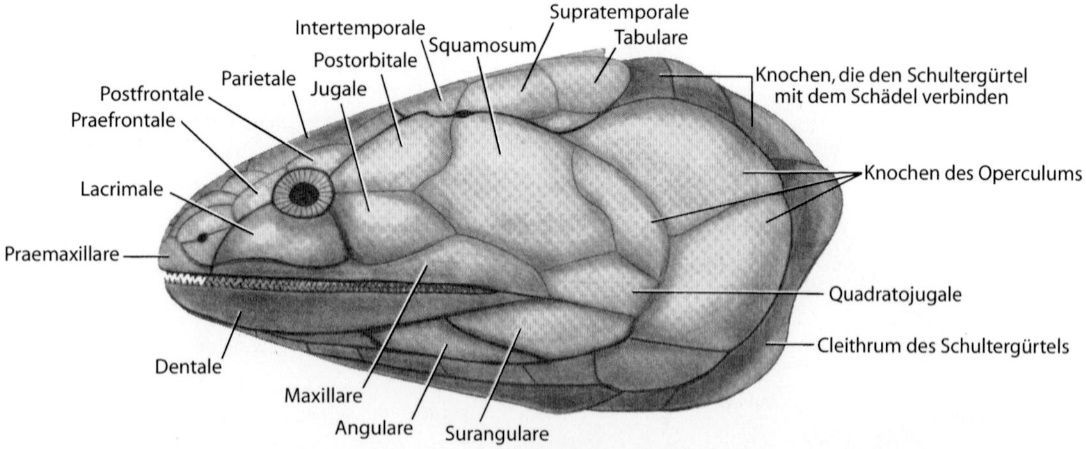


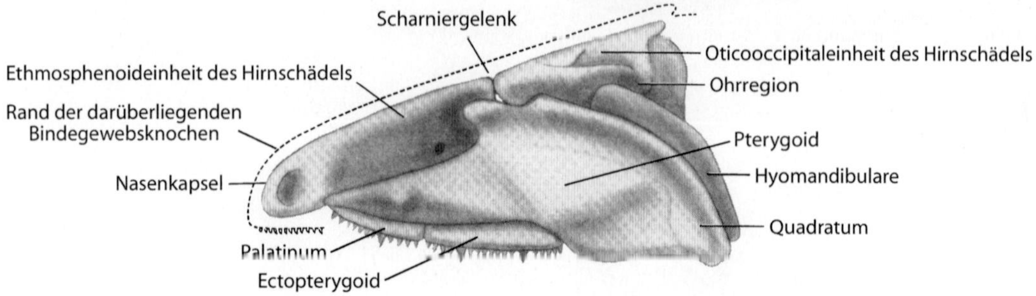


**Abb. 8.10.** Kopfskelett von *Eusthenopteron*, einem Osteolepiden. Oberflächliche Bindegewebsknochen sind in der *oberen Zeichnung* gezeigt, das gelenkig verbundene Neurocranium und einige andere tiefen Teile des Skeletts sind in der *unteren Zeichnung* gezeigt

den parachordalen Knorpeln und unterstützt das Gehirn. Diese Crossopterygier-Kennzeichen stehen mit der Spannweite und der Kraft ihrer Kiefer in Verbindung. Typische **Strahlenflosser** haben Schädelkapseln aus mehr oder weniger verknöcherten, aber getrennten Knochen.

Das Visceralskelett ist bei beiden Unterklassen beinahe identisch. Bindegewebsknochen stützen die randständigen Zähne. Deshalb bildet sich der Mandibularbogen gewöhnlich zurück. Mehrere Ersatzknochen können sich im Palatoquadratum der Knochenfische bilden. Darunter hat das Quadratum die höchste evolutionäre Bedeutung. Es bildet den oberen Teil des Kiefergelenks von Knochenfischen, Amphibien, Reptilien und Vögeln. Der einzige Ersatzknochen im Unterkiefer ist das kleine Articulare, das den unteren Teil des Gelenks bildet (Abb. 8.4).

Auch der zweite Bogen ist funktionell kein Branchialbogen. Sein großes Hyomandibulare unterstützt in der Regel den Kiefer (mit Ausnahme der Dipnoi), der deshalb hyostyl (Strahlenflosser) oder amphistyl (Crossopterygii) ist. Es gibt meistens fünf Branchialbögen. Die Kiemenbögen können knöchern sein (die meisten Strahlenflosser) oder knorpelig (Dipnoi), oder sie unterscheiden sich nicht wesentlich von denen der Placodermi und Knorpelfische.

Mit wenigen Ausnahmen haben die Knochenfische ein vollständiges Dermalskelett aus kleinen bis mittelgroßen Knochen (Abb. 8.11). Eine Reihe von Knochen verbindet den Schultergürtel mit dem Schädel. Ein bewegliches knöchernes Operculum (Kiemendeckel), das die Kiemen bedeckt, ist unverwechselbar. Jedes der größeren Taxa der Knochenfische hat sein eigenes Muster

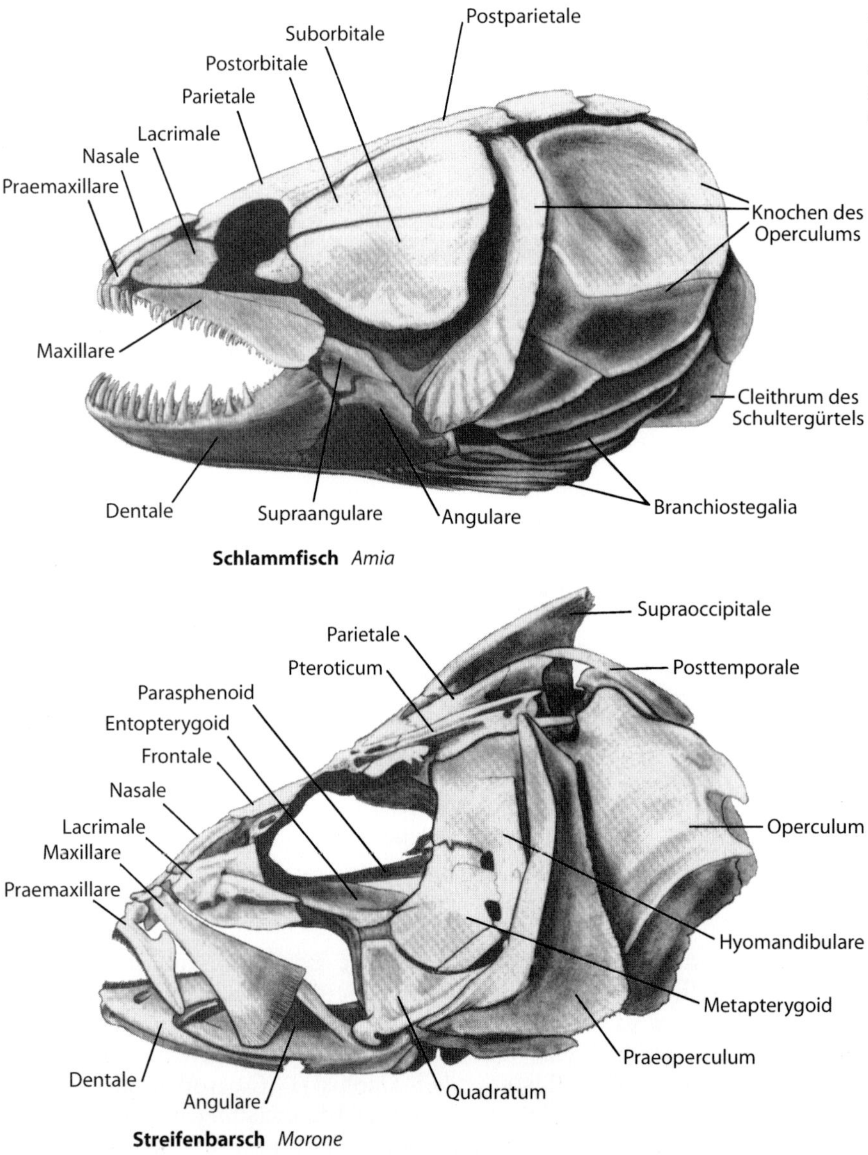


**Abb. 8.11.** Kopfskelett eines ursprünglichen (*oben*) und eines abgeleiteten (*unten*) Strahlenflossers der Superordnung Neopterygii

aus Dermalknochen. Das Muster der Crossopterygii, und nur dieses Muster, kann mit dem Muster der Amphibien homologisiert werden. Dies ist von grundlegender Bedeutung und ist einer von mehreren Hinweisen, welche die Herkunft aller Tetrapoden von den Crossopterygii unterstützen. Die Bindegewebsknochen der anderen großen Fischgruppen erhalten Namen, die auch auf die Knochen der Tetrapoden angewandt werden, aber tatsächlich ist die Beziehung zwischen ihnen sehr unsicher.

### 8.5.5 Amphibien: Konservatismus oder Rückbildung

Als die Vorfahren der Amphibien aus dem Wasser krochen, verloren ihre Schädel einige Fisch-

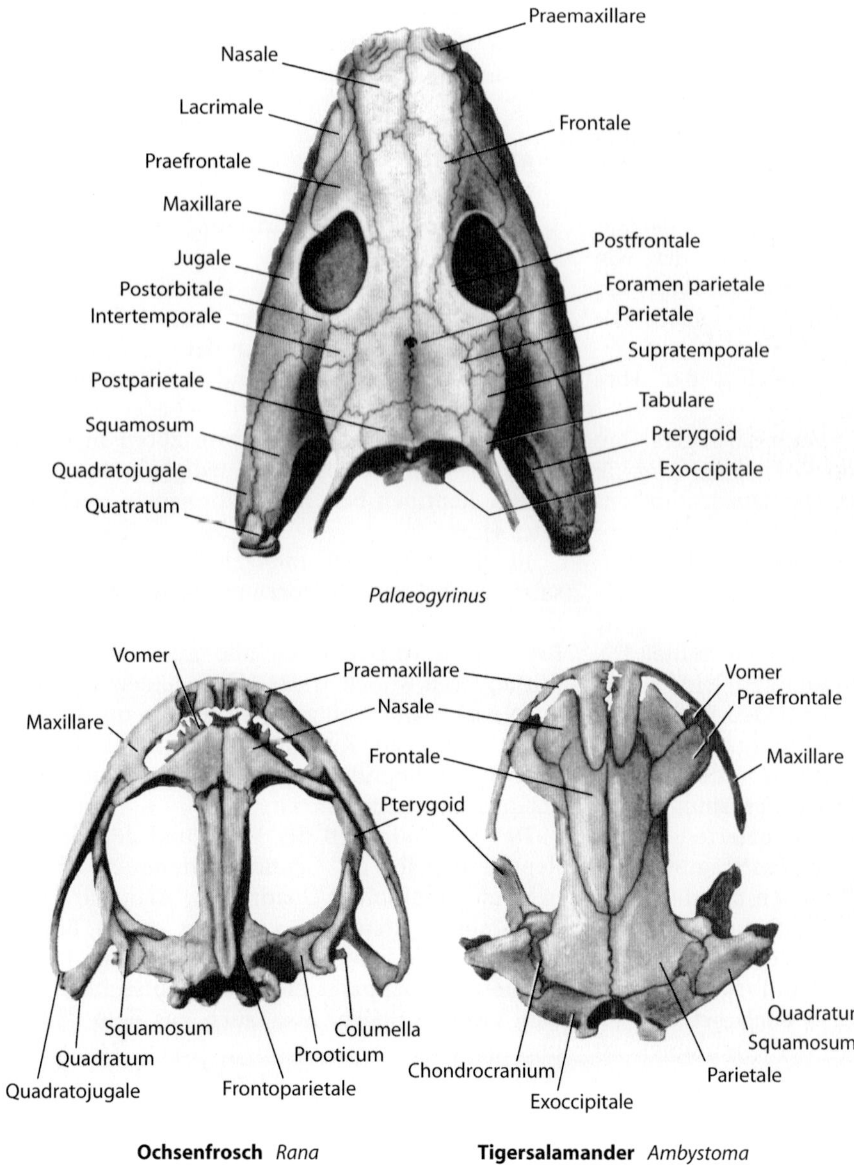


**Abb. 8.12.** Amphibienschädel der Subklasse Labyrinthodontier (*oben*) und der Ordnungen Anura (*unten links*) und Urodela (*unten rechts*)

merkmale wie z. B. Kiemenbögen und Operculum. Die Evolution des Tetrapodenschädels war damit aber bei weitem nicht beendet – wichtige Veränderungen sollten noch auf das Munddach, das Schädeldach und den Kiefermechanismus zukommen. Dennoch wurde von den Crossopterygii eine Tendenz zur Formstabilität begonnen, die sich durch ihre Abkömmlinge fortsetzen sollte. Bei allen Tetrapoden zusammen gibt es weniger Variationen in der Schädelstruktur als unter den Knochenfischen allein. Die Labyrinthodontier vererbten den Crossopterygierschädel an die ersten Reptilien, ohne dass durchgreifende Änderungen stattfanden. Die rezenten Amphibien dagegen haben gewissermaßen spezialisierte Skelette. Die Schädel der ausgestorbenen

Labyrinthodontier liegen mehr im Hauptfahrwasser der Evolution als diejenigen der meisten modernen Amphibien (Abb. 8.12).

Altertümliche Amphibien hatten einen beinahe vollen Satz von Ersatzknochen, die aus dem Neurocranium entstanden; nur das Supraoccipitale fehlte. Bei Lissamphibia fehlen sogar prominente Knochen wie das Basioccipitale und das Basisphenoid. Die Exoccipitalia werden von diesen Tieren hauptsächlich zur Bildung der paarigen occipitalen Condyli beibehalten. Die ursprünglicheren Labyrinthodontier hatten einen einzelnen occipitalen Condylus, der vom Basioccipitale gebildet wurde.

Die durchgreifendsten Veränderungen am Schädel beim Übergang von Fisch zum Amphib betrafen das Visceralskelett. Das Quadratum des Oberkiefers artikulierte nun mit dem Squamosum, ohne Hilfe durch das Hyomandibulare. Das bedeutet, dass die Kieferaufhängung wieder autostyl wurde, wie sie es auch durch die gesamte weitere Vertebratenevolution bleiben sollte. Die meisten ausgestorbenen Amphibien legten ihre großen Köpfe wahrscheinlich auf den Boden und übertrugen Vibrationen des Untergrundes über Knochenleitung durch Kiefer und andere Strukturen zum Innenohr. Dieser Mechanismus wurde dadurch verbessert, dass ein reduziertes, kurzes Hyomandibulare in die Schallübertragungslinie eingebaut wurde. Dieser Knochen wurde damit zum Gehörknöchelchen und heißt nun **Columella** (die zum Steigbügel, **Stapes**, der Säuger wird).

Ventrale Elemente des Hyoidbogens unterstützen die Zunge, wie sie es auch bei den Fischen tun, aber die Zunge der Amphibien ist größer und muskulöser. Die weiter posterioren Bögen fungieren nur bei den Larven sowie in den wenigen Spezies, die auch als Adulte Kiemen haben als Branchialbögen. Ansonsten sind sie auf drei reduziert und so umgebaut, dass sie die Zunge und den neu entwickelten Larynx unterstützen. Die Trachealringe können den gleichen Ursprung haben. Der Knochenkomplex, der die Zunge bewegt und den Larynx an der Basis des Schädels aufhängt, wird **Hyoidapparat** genannt.

Über die Bindegewebsknochen gibt es weniger zu sagen. Das Operculum geht verloren und der Schultergürtel ist nicht mehr mit dem Schädel verbunden. Es gibt Tendenzen, das Knochenmuster zu vereinfachen, aber im Allgemeinen haben die Amphibien keine Neuerungen eingeführt.

### 8.5.6 Reptilien und Vögel: Variationen des Grundbauplans

Reptilien sind für unsere Geschichte wichtig, weil eine oder mehrere ihrer Stammeslinien Abwandlungen in der Struktur der Gehörknöchelchen, des Gaumendaches und der Kiefermechanismen eingeführt haben. Die Schädel der Vögel ähneln denen ihrer Reptilienvorfahren in einem Maß, dass wir hier die Vögel lediglich als spezialisierte Reptilien behandeln können (s. auch Kapitel 4).

In diesen Klassen unterscheiden sich die Ersatzknochen des Neurocraniums weitgehend in ihrer Anordnung, aber ein voller Satz ist typisch. Bei Vögeln verschmelzen alle miteinander und mit anderen Knochen des Hirnschädels vor oder kurz nach dem Schlüpfen, so dass beim Adulten keine Spur von Knochennähten zu finden ist (Abb. 8.20). Reptilien und Vögel haben nur einen occipitalen Condylus.

Das Visceralskelett der Vögel und der meisten Reptilien bleibt im Grunde genommen so wie bei den Amphibien. Quadratum, Articulare und ein Knorpel stammen aus dem ersten Bogen. Die Columella leitet sich von dem zweiten Bogen ab, der Hyoidapparat entsteht hauptsächlich aus dem zweiten Bogen, aber auch aus dem dritten und manchmal sogar aus dem vierten Bogen. Larynx und Trachealringe leiten sich wahrscheinlich vom sechsten und siebten Bogen ab (Abb. 8.13).

Säugerähnliche Reptilien wandelten bestimmte **Kieferknochen** zu **Gehörknöchelchen** und damit in Verbindung stehenden Strukturen um. Diese Umformung ist von größter Bedeutung und im Fossilbeleg außergewöhnlich gut dokumentiert (s. Abb. 8.14). Viele verschiedene Veränderungen kamen zusammen, um diese Verlagerung möglich zu machen (Allin und Hopson 1992). Als sich das Kauen und die Heterodontie entwickelten, verlagerte sich der Punkt, wo die maximale Beißkraft gewöhnlich ausgeübt wird, nach hinten in den Mund (schwarze Punkte in

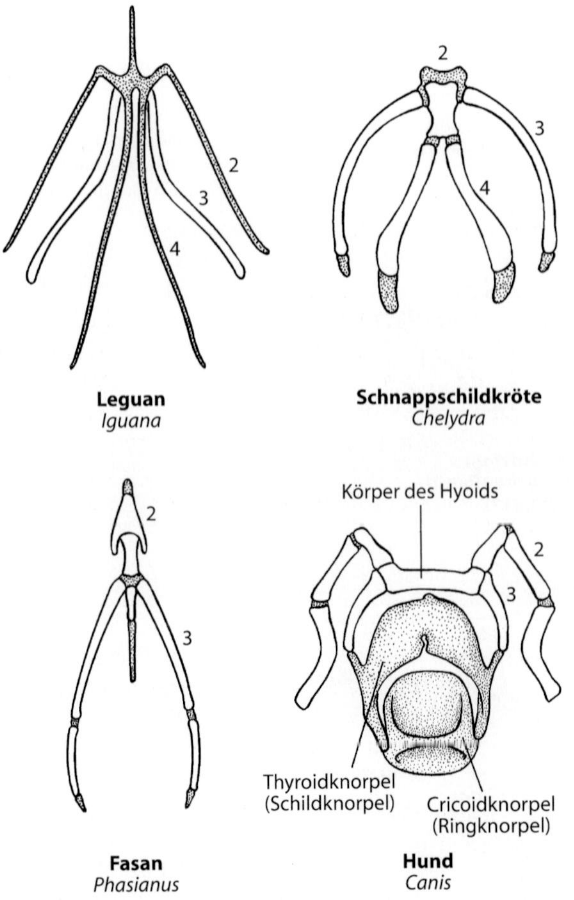


**Abb. 8.13.** Visceralskelett ausgewählter Tetrapoden in der Ventralansicht. Die Zahlen identifizieren den Visceralbogen, aus dem die jeweilige Struktur hervorgeht. Die *gepunkteten* Elemente sind knorpelig

Abb. 8.14). Das Dentale vergrößerte sich bei cynodonten Therapsiden und entwickelte einen nach dorsal verlaufenden Processus coronoideus. Die kieferschließenden Muskeln der Pelycosaurier zogen schräg nach oben und hinten (wie es durch den Pfeil in Abb. 8.14 angedeutet ist) und übten eine positive Kraft sowohl auf den Biss als auch auf das Kiefergelenk aus. Im Evolutionsstadium der Cynodonten hatten sich die kieferschließenden Muskeln aufgeteilt. Ein Hauptteil, der Musculus temporalis, setzte am Processus coronoideus an und zog in einem mehr nach hinten gerichteten Winkel. Seine Kontraktion veranlasste den Kiefer, sich um den Bisspunkt zu drehen (im Uhrzeigersinn in der Abbildung). Deshalb war die Kraft positiv am Biss, aber minimal oder sogar negativ am Kiefergelenk. Dadurch wurde an der Hinterseite des Gelenks der Bedarf an Knochen, die das Gelenk verstärken, verringert (diese Darstellung ist sehr vereinfacht; vgl. Bramble 1978). Das Articulare wurde kleiner und verlagert, bis es schließlich seine Position als das untere Element im Kiefergelenk verlor. Ähnlich wurde auch das Quadratum kleiner und verlor seine Position als das obere Element des Gelenks. Wahrscheinlich hat die überdimensionale evolutionäre Vergrößerung des Gehirnteils, der Neocortex genannt wird, zu der Verlagerung dieser Knochen vom Kiefer weg beigetragen, so dass sein Gelenk zu einer weiter vorne liegenden Verbindung zwischen Dentale und Squamosum verlagert wurde. Dies wird in der Ontogenie mancher Marsupialia nachvollzogen. Das Articulare und Quadratum wurden nun Gehörknöchelchen, so wie das Hyomandibulare 100 Mio. Jahre früher. Das Articulare hat nun den neuen Namen **Malleus** (Hammer) und das Quadratum **Incus** (Amboss). Das Angulare verlagert sich ebenfalls vom Kiefer weg und wird das **Ectotympanicum**, das den Eingang zum Mittelohr umgibt. Es wird bei manchen Säugern so vergrößert, dass es eine knollenförmige **Bulla tympanica** bildet (andere Säuger bilden die Bulla auch oder stattdessen aus einem oder mehreren neuen Knochen, die Entotympanica genannt werden). Der Stapes artikuliert nun lateral mit dem Incus und medial mit dem Innenohr. Diese Übergänge sind vor allem interessant, weil sie mit der Identifizierung der ersten Säugetiere in Beziehung stehen. Praktischerweise, aber auch willkürlich, wurden Säugetiere lange Zeit von ihren direkten Reptilienvorfahren dadurch unterschieden, dass sie ein Gehörknöchelchen namens Malleus statt eines Kieferknochens namens Articulare hatten. Diese Unterscheidung ist für einige Fossilien, die an der Grenze zwischen den Taxa eingeordnet werden, nicht mehr zufriedenstellend.

Die Bindegewebsknochen der Reptilien variieren in ihrer Anzahl und können sowohl schwer als auch sehr zerbrechlich sein. Die Variationen in der Anordnung und ihrer Beziehung zueinander sind jedoch auffälliger, und Unterschiede in

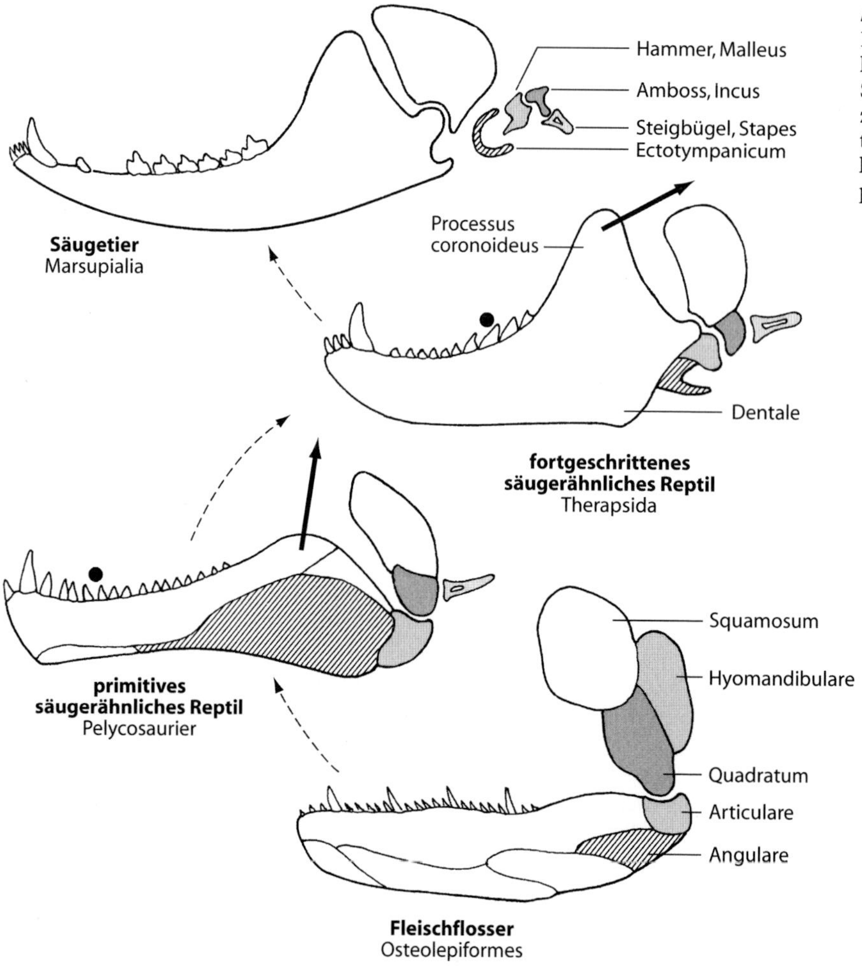


**Abb. 8.14.** Phylogenie des Kiefergelenks und der Gehörknöchelchen. Schematisierte Seitenansichten, die durch die zweidimensionale Repräsentation leicht verzerrt sind, z. B. liegt der Stapes medial, nicht posterior zum Quadratum

der Beziehung der Knochen **am Dach und an den Seitenwänden des Schädels** zu den Muskeln der Kiefer sind die Basis für die Benennung der Subklassen der Reptilien. Amphibien und Fische ordnen ihre Kiefermuskeln neben dem Hirnschädel und unter den oberflächlichen Knochen des Schädeldaches an, die entweder regelmäßig oder gekerbt sein können. Diese Anordnung blieb bei den Stammreptilien erhalten, die seit langem ausgestorben sind. Nachfolgende Reptilienlinien entwickelten kräftigere Kiefer. Wahrscheinlich als Antwort auf die daraus entstehenden erhöhten und veränderten Druckbelastungen wurde das Schädelgewölbe an manchen Stellen verstärkt und an anderen abgeschwächt. Schließlich bildeten sich ein oder zwei Paare von Öffnungen (Schläfenfenster) in der Temporalregion des Schädels. Die Kiefermuskeln bewegten sich nun durch sie hindurch und hatten ihren Ursprung zum Teil an deren Rändern. Offensichtlich hat dieser Vorgang mehrfach unabhängig voneinander stattgefunden, da sich die Schläfenfenster bei verschiedenen Gruppen an verschiedenen Stellen des Schädels entwickelten. Die Bezeichnungen für die verschiedenen Schädeltypen bestehen aus einer Kombination aus „apsid“, was Bogen bedeutet, und einem Praefix, das „nicht“, „zwei“, „weit“, usw., wie es eben passt, bedeutet.

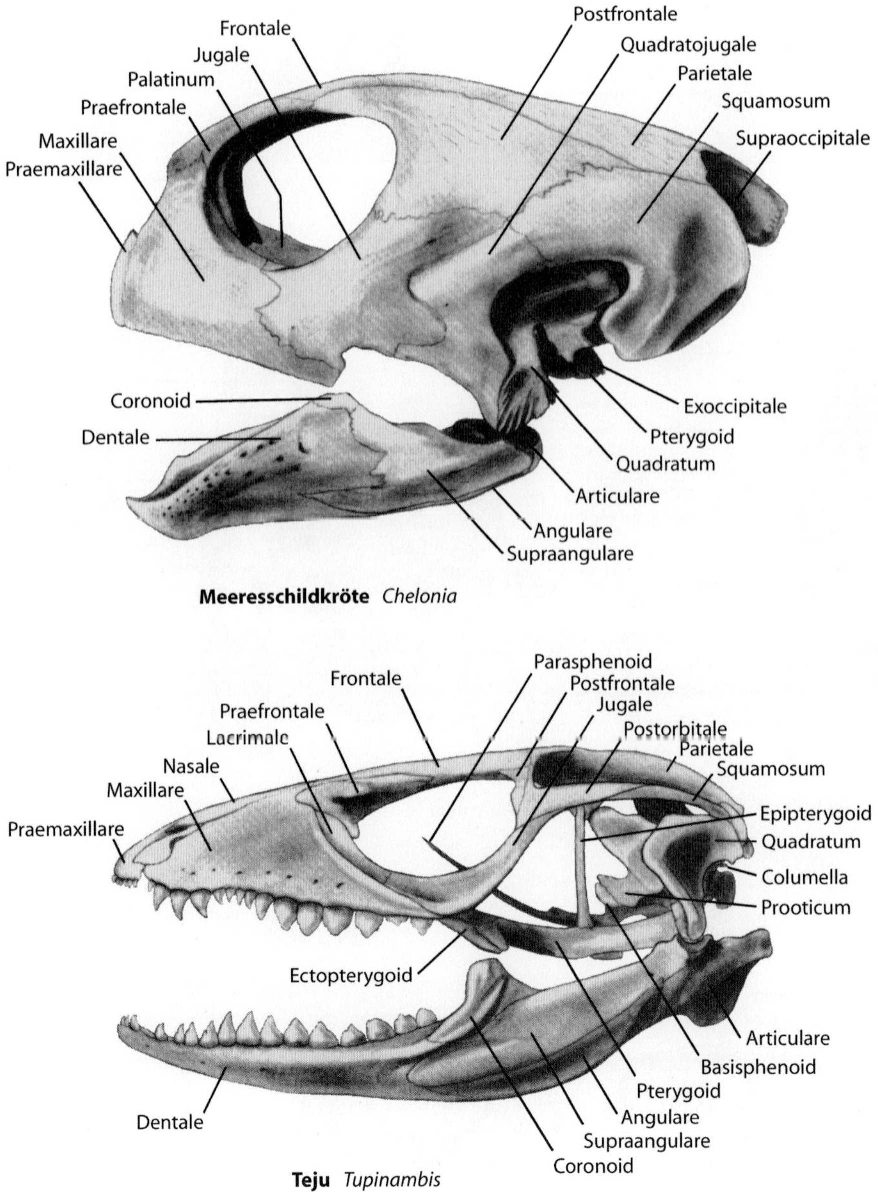


**Abb. 8.15.** Reptilienschädel und Kiefer der Subklassen Testudinata (*oben*) und Lepidosauria (*unten*)

Schildkröten haben, ähnlich wie die ursprünglichen **anapsiden** Stammreptilien, keine echten Schläfenfenster (Abb. 8.15, 8.17, 8.18; s. aber Kap. 4.3.4). (Seeschildkröten zeigen diese Bedingungen gut, aber andere Schildkröten haben von hinten eine Einkerbung in die Schädeldachknochen gebildet.) Synapsida und Sauropterygia haben beide jeweils ein Paar von Schläfenfenstern, die aber bei den beiden Gruppen von unterschiedlichen Knochen begrenzt werden. Die Säugersituation wurde von der **synapsiden** Anordnung der säugerähnlichen Reptilien ganz einfach durch eine Vergrößerung der Öffnung abgeleitet. **Diapside** Schädel haben die gleiche Öffnung wie

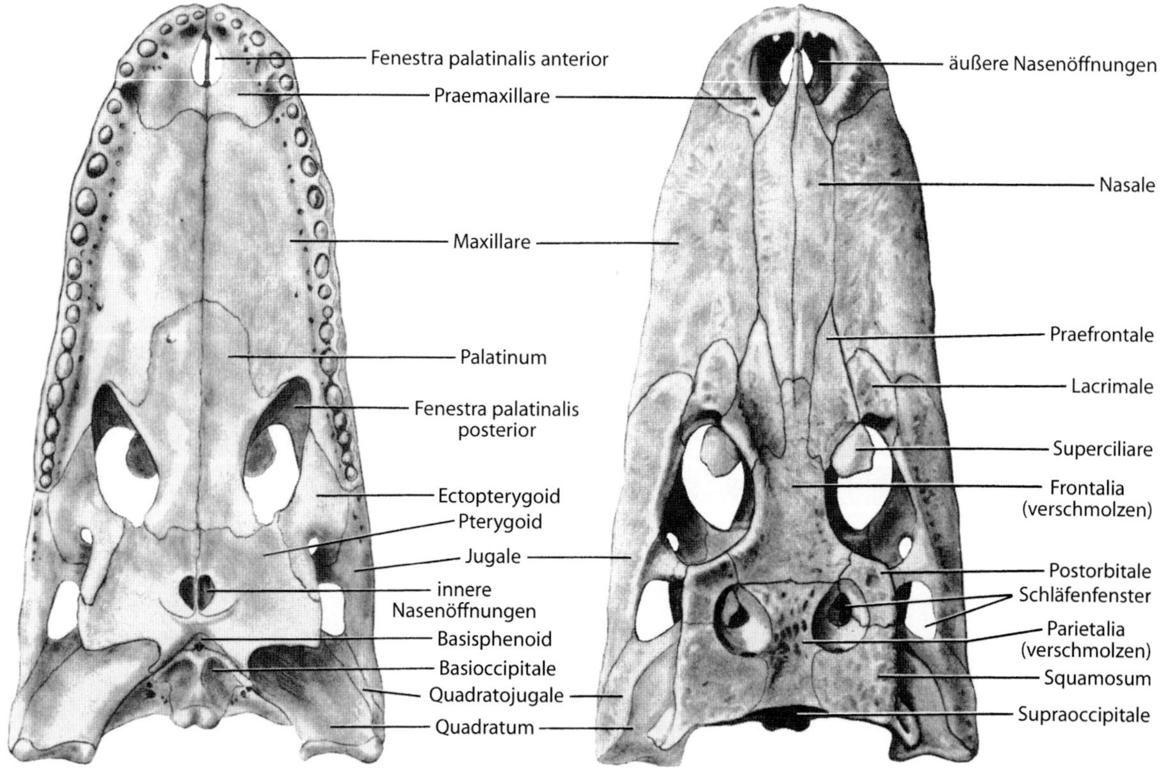


**Abb. 8.16.** Reptilienschädel der Unterklasse Archosauria, gezeigt am Alligator

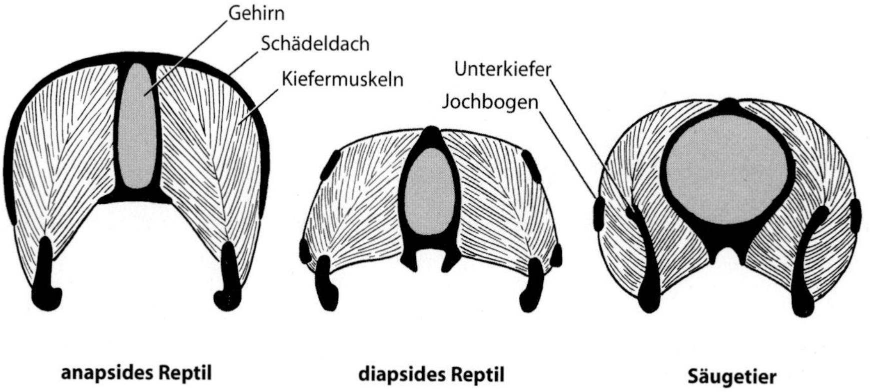


**Abb. 8.17.** Einige Beziehungen zwischen Kiefermuskulatur und dem Kopfskelett, gezeigt an Querschnitten durch den Kopf auf Höhe des Epipterygoid-Alisphenoid des Schädels. Schematisch in enger Anlehnung an die Meeresschildkröte, *Chelonia*, die Tuatara, *Sphenodon* und den Hund, *Canis*

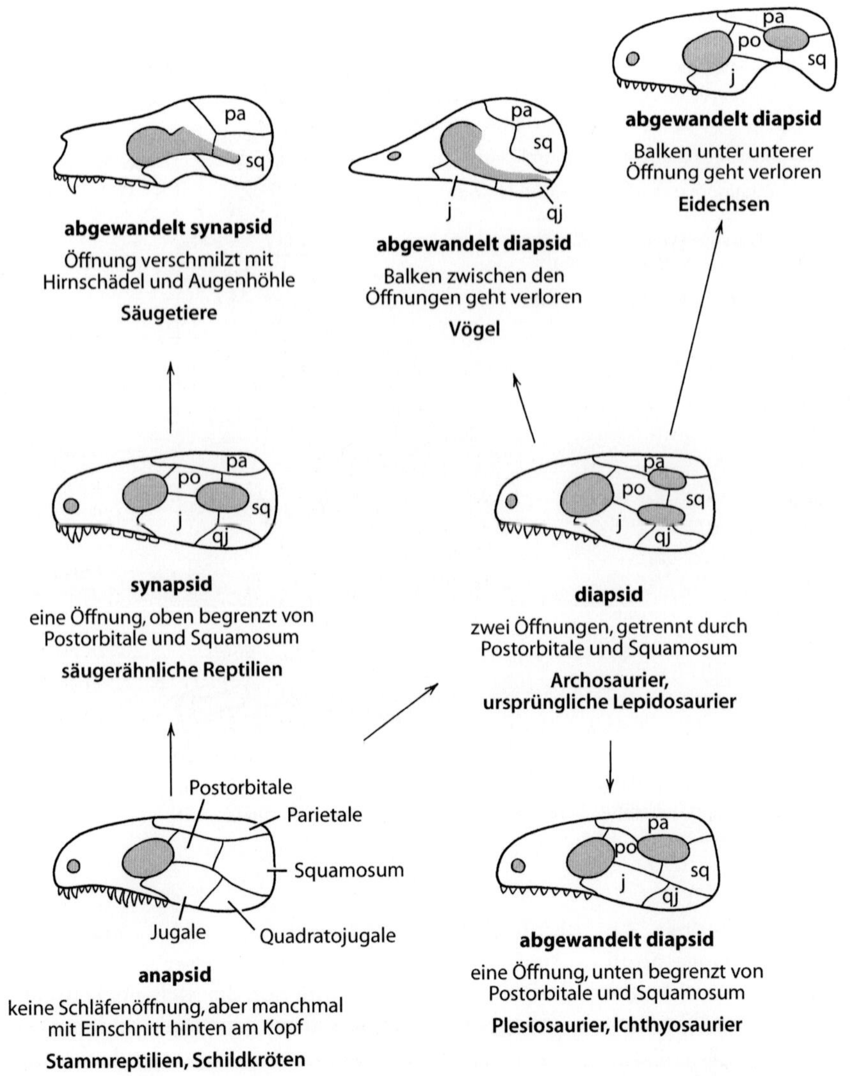


**Abb. 8.18.** Phylogenie der Schläfenfenster der Reptilien und ihrer Abkömmlinge

synapside Schädel und zusätzlich ein zweites Fenster, das dorsal dazu liegt. Dieses Muster tritt bei ausgestorbenen Archosauriern, rezenten Archosauriern (also Krokodilen, die zwar kleine Öffnungen haben, aber meistens dazu herangezogen werden, diesen diapsiden Typus den Studenten zu zeigen) und auch bei dem ursprünglichen Lepidosaurier *Sphenodon* auf (Abb. 8.16–8.18). Andere Lepidosaurier, Sauropterygier und Vögel haben das ursprüngliche diapside Muster durch Weglassen von einem oder mehreren Knochenbögen von unterhalb oder zwischen den ursprünglichen Öffnungen modifiziert (Abb. 8.15, 8.18, 8.20).

Eine Veränderung in der **Struktur des Gaumendaches**, die von bestimmten Reptilien eingeführt wurde und später unter den Säugern weit verbreitet war, steht ebenfalls mit der Nahrungsaufnahme in Verbindung. Amphibien und die meisten Reptilien schlingen ihre Nahrung. Für sie ist es also unkritisch, dass die eingeatmete Luft durch die Nasenöffnungen in den vorderen Teil des Munds gelangt. Auch werden ihre Schädel während der Nahrungsaufnahme

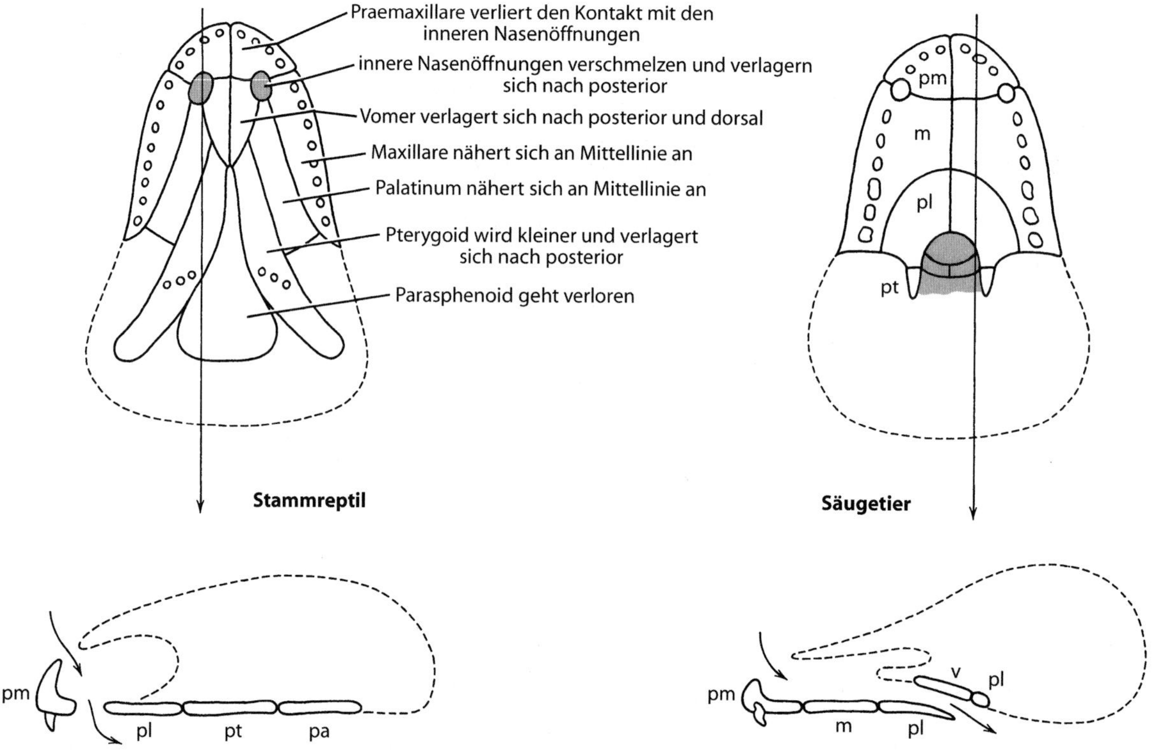


**Abb. 8.19.** Evolution des sekundären Gaumens. *Oben*: Ventralansicht des Gaumendachs. *Unten*: Parasagittalschnitte. Die *gestrichelten Linien* deuten Teile des Schädels an, die nicht in diese Evolutionssequenz involviert sind. Die *unteren Pfeile* zeigen den Weg der Einatemluft

nur einer relativ kleinen Torsion ausgesetzt. Andere Reptilien, und vor allem die säugerähnlichen Reptilien, rissen, zermahlten oder kauten ihre Nahrung sogar, bevor sie sie verschluckten. Um die Unterbrechung ihrer Atmung zu vermeiden, wurde es vorteilhaft, die eingeatmete Luft zum Pharynx hinter dem Kaumechanismus zu leiten. Das war für diejenigen doppelt wichtig, die endotherm wurden und deshalb ihre Atemrate erhöhten. Außerdem setzte das Kauen voraus, dass ihre Schädel stärker wurden. Die paarigen Vomer, die früher die inneren Nasenöffnungen hinten begrenzten, verschmolzen nach und nach, wanderten nach hinten und nach dorsal über die neuen, mehr posterior gelegenen inneren Nasenöffnungen (**Choanen**) (Abb. 8.19). Das Parasphenoid ging verloren und machte so den Weg frei für die neue Position der inneren Nasenöffnungen. Die Pterygoidea verkürzten sich nach hinten. Währenddessen wuchsen brettähnliche Ausläufer des Maxillare und später auch des Palatinums zur Mittellinie vor die sich nach hinten verlagernden Nasenöffnungen und bildeten so ein neues oder **sekundäres Gaumendach.** (Im Prinzip haben sich sekundäre Gaumendächer mehrfach unabhängig voneinander entwickelt. Bei den Reptilien haben außer den säugerähnlichen Reptilien manche Schildkröten ein unvollständiges sekundäres Gaumendach und Krokodile haben ein vollständiges sekundäres Gaumendach.)

Das Gaumendach der Crossopterygii und der frühen Labyrinthodontier war komplett und fest verwachsen. Das Gaumendach der späten Labyrinthodontier, der überlebenden Amphibien sowie der meisten Reptilien und Vögel hat laterale Hohlräume von größeren oder kleineren Proportionen, die den Schädel auflockern, ohne dass er

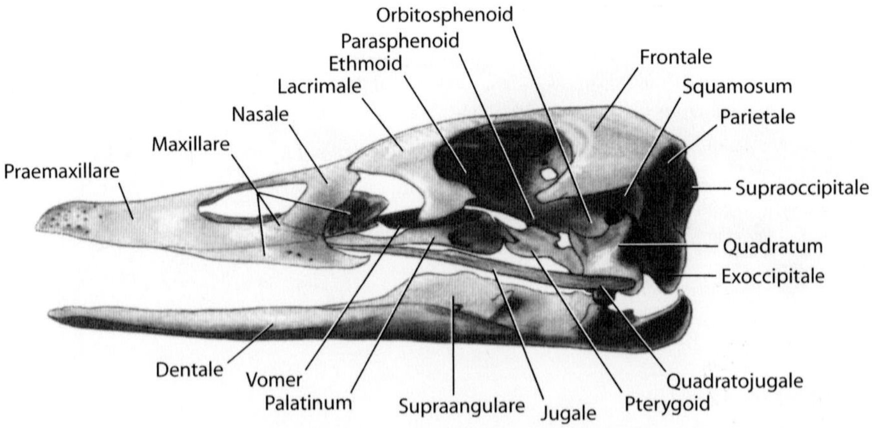


**Abb. 8.20.** Schädel und Kiefer eines Vogels, gezeigt am Schwan, *Cygnus*. Die Schädelnähte sind beim Adulten verschwunden

viel von seiner Festigkeit verliert. Bei manchen dieser Tiere können die vorstehenden Augen in den Kopf zurückgezogen werden, als Schutz vor Beschädigung oder aber als Hilfe beim Schlucken.

Vögel und einige Reptilien können das Gaumendach vorwärts und rückwärts am Hirnschädel bewegen, indem sie das Quadratum hin und her drehen und ein Gelenk im Dach des Schädels vor den Augenhöhlen einbauen. Dieser Vorgang hebt den Oberkiefer und vergrößert so die Mundöffnung. Schädel mit einem solchen Mechanismus heißen kinetisch und werden näher auf Seite 633–634 beschrieben. Ornithologen unterscheiden vier oder mehr Gruppen von Vögeln auf der Basis der Beziehungen der Gaumendachknochen, die in diesen Mechanismus einbezogen sind.

### 8.5.7 Säugetiere: Einige weitere Modifikationen

Der Schädel der Säugetiere ist enorm variabel bezüglich der adaptiven Merkmale wie Festigkeit und Proportionen und gleichzeitig konservativ bezüglich des Grundbauplans. Die temporale Architektur, Kieferaufhängung, Gehörknöchelchen und sekundäres Gaumendach bleiben in etwa so, wie sie von den fortschrittlichsten synapsiden Reptilien ererbt wurden (Abb. 8.21–8.23). Das Gehirn ist natürlich größer als bei anderen Vertebraten. Dieser Faktor trägt zu einer vollständigen funktionellen Integration der Ersatz- und Bindegewebsknochen in die Schädelkapsel bei. Wieder gibt es zwei occipitale Condyli, wie bei den meisten Amphibien. Die Schädelnähte sind fast immer deutlicher ausgeprägt als bei Vögeln und in der Regel weniger deutlich als bei Reptilien. Bestimmte Kombinationen von Knochen tendieren besonders stark dazu, früh im Leben zu verschmelzen. Verbreitete Verschmelzungen sind z. B. das Postparietale mit dem Supraoccipitale, das Basioccipitale mit den Exoccipitalia (die dann ein einzelnes Occipitale bilden), die otischen Knochen (d. h. die Prootica und die Opisthotica) mit dem Squamosum bilden das Temporale und die vier Sphenoidknochen (Basi- Prae-, Ali- und Orbitosphenoid) verschmelzen miteinander und bilden ein einzelnes Sphenoid.

Die Nasenstruktur der Säugetiere ist unverwechselbar. Die anterioren knöchernen Nasenöffnungen sind verbunden und bilden eine gemeinsame Öffnung. Eine relativ große Nasenkammer ist zum Teil, wie bei manchen Vögeln, mit dünnen Knochenrollen, den Conchae oder Turbinaria, gefüllt, welche Auswüchse der Seitenwände aus Maxillare, Nasale und Ethmoidea darstellen. Diese sind mit Epithel bedeckt und dienen dazu, die eingeatmete Luft zu erwärmen und zu reinigen, bevor sie die Lungen erreicht.

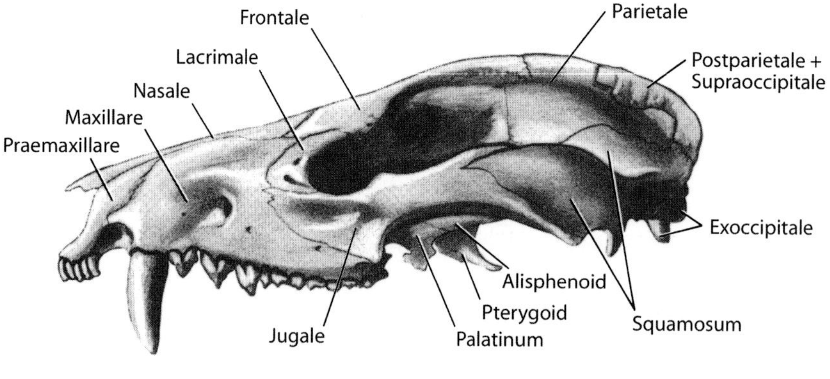


**Opossum** *Didelphis*

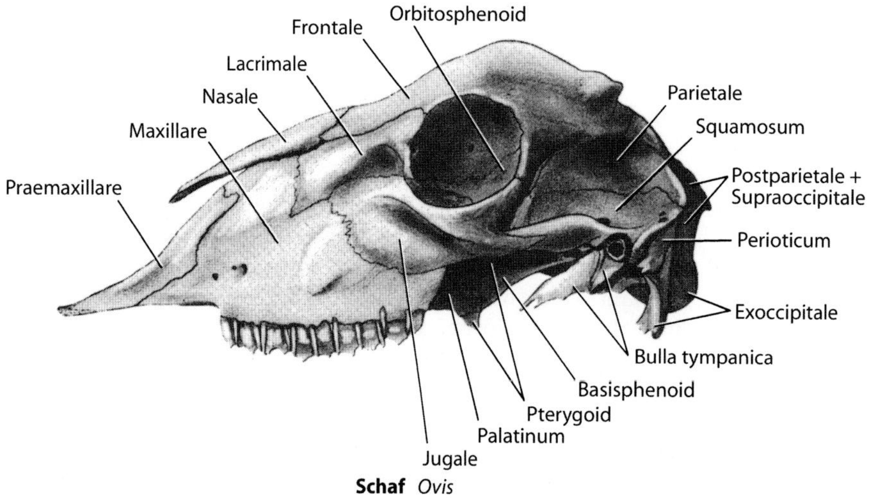


**Schaf** *Ovis*

**Abb. 8.21.** Säugerschädel der ursprünglichen Ordnung Marsupialia (*oben*) und der abgeleiteten Ordnung Artiodactyla (*unten*)

Ihr Vorhandensein scheint mit der Endothermie assoziiert zu sein. Es ist deshalb interessant, dass manche säugerähnliche Reptilien beginnende Turbinaria besitzen, bevor das Articulare zum Malleus wurde.

Durch die gesamte Tetrapodenevolution besteht eine Tendenz zur Vereinfachung des Schädels durch Verlust bestimmter Knochen. Knochen, die für Amphibien und Reptilien charakteristisch sind, aber bei den Säugetieren fehlen, sind z.B. die Praefrontalia, Postfrontalia, Postorbitalia, Quadratojugalia, Parasphenoidea und andere Bindegewebsknochen des Unterkiefers außer dem Angulare, Praearticulare und Dentale, das als einziger Unterkieferknochen erhalten bleibt. Das Ectopterygoid verschmilzt in der Regel mit dem Pterygoid. Das Praearticulare steuert einen Fortsatz zum Malleus bei. Das Angulare wandert vom Winkel des Kiefers weg und beteiligt sich an einer einzigartigen eutherischen Struktur, der Bulla tympanica, die dazu beiträgt, das Mittelohr zu beherbergen. Details dieser Konstruktion der Bulla werden für die Klassifikation u.a. von Carnivoren benutzt.

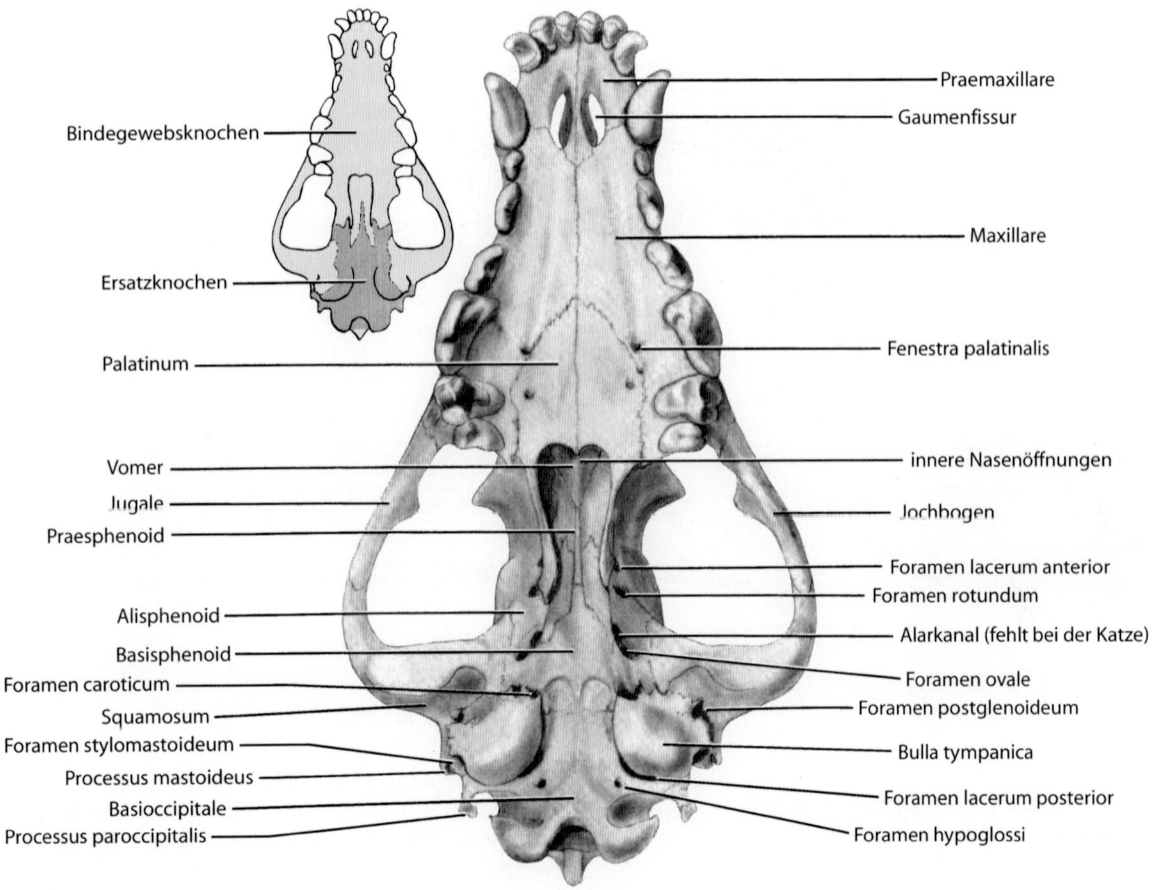


**Abb. 8.22.** Einige Knochen und Merkmale des Schädels des Wolfes

Reptilienknochen, die bei Säugetieren unter neuen Namen geführt werden, sind folgende:

| Reptilienknochen | Säuger Homolog |
|---|---|
| Articulare + Praearticulare | Malleus |
| Quadratum | Incus |
| Angulare | Ectotympanicum |
| Epipterygoid | Alisphenoid |
| Sphenethmoid | Praesphenoid und Orbitosphenoid |
| paariger Vomer | unpaarer Vomer |

Es ist zweifelhaft, ob Säugetiere irgendwelche wirklich neuen Knochen entwickelt haben, aber das Entotympanicum, das zur Bulla tympanica beiträgt, scheint dafür ein Kandidat zu sein.

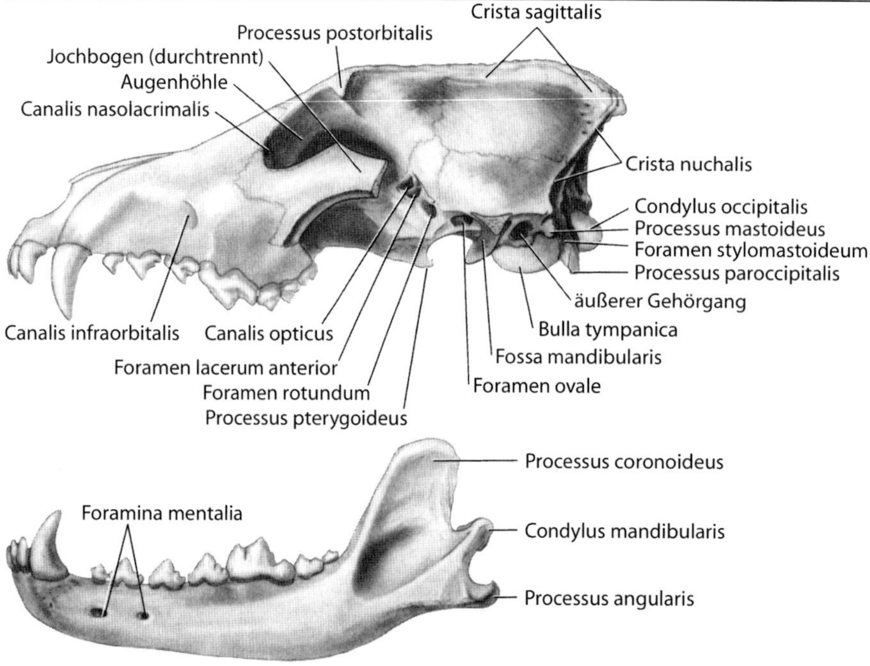


**Abb. 8.23.** Einige Merkmale des Schädels und des Unterkiefers des Wolfes

### 8.5.8 Zusammenfassung der Prinzipien und Entwicklungstendenzen

Viele Evolutionsmechanismen und Prinzipien, die früher im Buch diskutiert wurden, werden durch die Phylogenie des Kopfskelettes verdeutlicht. **Rekapitulation** in der Ontogenie findet man in den Hauptkomponenten des Schädels und in der Anzahl und Art der Verknöcherungszentren. **Serielle Homologie** wird am Beispiel der Somitomeren und Kopfsomiten gezeigt. **Induktionen** wurden zwischen Regionen des sich entwickelnden Gehirns und spezifischen cranialen Verknöcherungen nachgewiesen. **Neotenie** ist die wahrscheinliche Erklärung für den allmählichen Verlust der Ossifikation in den Köpfen einiger Fischtaxa. **Konvergenz** zeigt sich z. B. in den Mahlkiefern der Dipnoi und der mit ihnen nicht näher verwandten Holocephali. Es gibt klassische Beispiele der **Homologie,** z. B. Hyomandibulare und Stapes, Quadratum und Incus, Articulare und Malleus sowie für **Analogie,** z. B. das Quadratum-Articulare-Kiefergelenk und das Squamosum-Dentale-Kiefergelenk. **Praeadaptation** für Hörfunktionen sieht man in den Knochen, die aus dem posterioren Ende des synapsiden Kiefers entlassen werden.

Viele Entwicklungstendenzen können festgestellt werden. Frühe Vertebraten tendierten dazu, die Zahl der Visceralbögen zu reduzieren und ihre Anzahl zu stabilisieren. Eine Tendenz, die gesamte Verknöcherung zu reduzieren, kann man in verschiedenen Taxa feststellen. Von den Fischen bis zu den Säugetieren sind viele spezifische Knochen verloren gegangen, vor allem um die Augenhöhle herum, in der posterioren Region des Schädels, in der Temporalregion und am Unterkiefer. Dies führte zu einer relativen Verkürzung des postorbitalen Schädelteiles.

Das Kopfskelett ist für die Phylogenie und Systematik auf allen Ebenen sehr wichtig, aber es ist vor allem bemerkenswert für die Untersuchung von Fischtaxa (Muster der Dermalknochen, Kieferaufhängung), für die Unterklassen der Reptilien (Schläfenfenster) und den Übergang von Reptilien zu Säugern (Ursprung der Gehörknöchelchen, sekundäres Gaumendach, Nasenstruktur).

## Exkurs 8.2

### Schädel in drei Dimensionen

Der Schädel ist eine komplexe dreidimensionale Struktur, die schwierig zu messen, sich vorzustellen und zu beschreiben ist. Eine Darstellung in 3-D ist oft extrem nützlich. Stereopaare von Bildern, d.h. Bilder des gleichen Objekts, die von leicht unterschiedlichen Winkeln aufgenommen sind, bieten eine hervorragende Möglichkeit einer 3-D-Darstellung. Ein früher Theropoden-Dinosaurier aus dem oberen Trias aus Argentinien dient als unser Beispiel (Abb. 8.24). (Um das dreidimensionale Bild zu sehen, halten Sie die Seite direkt vor Ihre Augen und bewegen das Buch auf eine Entfernung von 30–40 cm zurück. Schauen Sie dabei auf einen Punkt zwischen den beiden Photos direkt unter dem Maßbalken, aber hinter der Ebene der Seite. Mit etwas Geduld erscheint ein drittes, voll 3-dimensionales Bild zwischen den beiden anderen. Sobald dieses Bild im Fokus ist, kann die Seite wieder näher geführt werden, um Details anzuschauen.) Das Paar tiefer temporaler Gruben ist hinter der Augenhöhle zu sehen. Die supratemporale Fossa, die oberste und kleinere der beiden, ist im Vergleich zu anderen Theropoden relativ groß, ihre anterioren und medialen Ränder sind gegen die temporalen und parietalen Knochen jeweils mit Bögen versehen. Die Ränder sollen in Beziehung zur Ausbildung und zum Ansatz von vergrößerten Kiefermuskeln stehen. Aufgrund dieses Merkmals schlossen Sereno und Nowas (1993), dass diese Spezies carnivor war.

Ein zweiter Weg, die tiefsten, verborgenen Hohlräume des Schädels darzustellen, ist die Rekonstruktion von Serienschnitten. Wenn man dies auf die herkömmliche Art und Weise macht, indem man nämlich den Schädel einbettet und Serienschnitte anfertigt, ist die Technik arbeitsintensiv, also teuer, und zerstört das Objekt. Mit der Entwicklung von Röntgencomputertomographie (CT) steht jetzt eine nichtinvasive Methode zur Verfügung, welche die inneren Strukturen komplexer Objekte in drei Dimensionen darstellt. Paläontologen warten sehr ungeduldig darauf, diese Technik für das Studium fossiler Formen zu nutzen, nicht nur, weil sie das Objekt nicht zerstört, sondern auch, weil CT zumindest zu einem bestimmten Grad auch bei Fossilien angewendet werden kann, die noch in der Matrix eingebettet sind. Dies ist dadurch bedingt, dass die Auflösung des CT zum Teil von der unterschiedlichen Dichte der Materialien, die dargestellt werden, abhängig ist. Die Digital Morphology Group an der Universität von Texas in Austin hat ein CT-Institut eingerichtet, das von Wissenschaftlern aus der ganzen Welt benutzt werden kann. Sie haben kürzlich ein groß angelegtes Projekt durchgeführt, das sich mit einer CD-Rom mit dem Titel „Alligator: Digital Atlas of the Skull" beschäftigt (siehe Rowe et al. 1999, die CD-Rom ist in dem Journal enthalten).

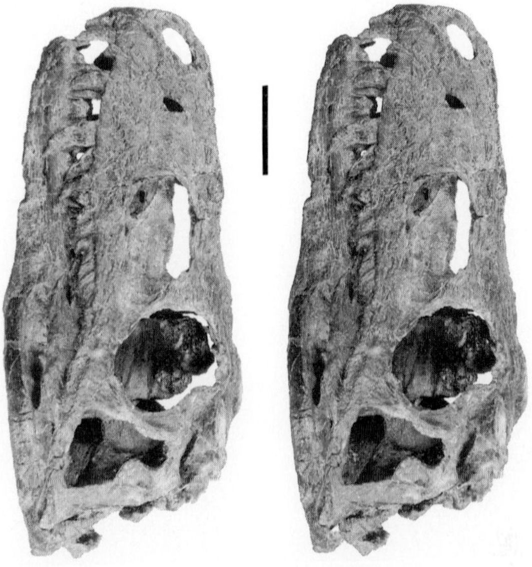

**Abb. 8.24.** *Photos*: Darstellung des Schädels des Theropoden-Dinosauriers *Herrerasaurus* aus der Trias als Stereopaar. Der Maßbalken entspricht 5 cm (aus Sereno und Nowas 1993)

**ERRATUM**

Leider ist bei Drucklegung ein Teil der Seite 159 verlorengegangen. Anbei der komplette Text.

*Hildebrand/Goslow, Vergleichende und funktionelle Anatomie der Wirbeltiere*
*Springer-Verlag Berlin Heidelberg 2004* *ISBN 3-540-00757-1*

## Exkurs 8.2

### Schädel in drei Dimensionen

Der Schädel ist eine komplexe dreidimensionale Struktur, die schwierig zu messen, sich vorzustellen und zu beschreiben ist. Eine Darstellung in 3-D ist oft extrem nützlich. Stereopaare von Bildern, d. h. Bilder des gleichen Objekts, die von leicht unterschiedlichen Winkeln aufgenommen sind, bieten eine hervorragende Möglichkeit einer 3-D-Darstellung. Ein früher Theropoden-Dinosaurier aus dem oberen Trias aus Argentinien dient als unser Beispiel (Abb. 8.24). (Um das dreidimensionale Bild zu sehen, halten Sie die Seite direkt vor Ihre Augen und bewegen das Buch auf eine Entfernung von 30–40 cm zurück. Schauen Sie dabei auf einen Punkt zwischen den beiden Photos direkt unter dem Maßbalken, aber hinter der Ebene der Seite. Mit etwas Geduld erscheint ein drittes, voll 3-dimensionales Bild zwischen den beiden anderen. Sobald dieses Bild im Fokus ist, kann die Seite wieder näher geführt werden, um Details anzuschauen.) Das Paar tiefer temporaler Gruben ist hinter der Augenhöhle zu sehen. Die supratemporale Fossa, die oberste und kleinere der beiden, ist im Vergleich zu anderen Theropoden relativ groß, ihre anterioren und medialen Ränder sind gegen die temporalen und parietalen Knochen jeweils mit Bögen versehen. Die Ränder sollen in Beziehung zur Ausbildung und zum Ansatz von vergrößerten Kiefermuskeln stehen. Aufgrund dieses Merkmals schlossen Sereno und Nowas (1993), dass diese Spezies carnivor war.

Ein zweiter Weg, die tiefsten, verborgenen Hohlräume des Schädels darzustellen, ist die Rekonstruktion von Serienschnitten. Wenn man dies auf die herkömmliche Art und Weise macht, indem man nämlich den Schädel einbettet und Serienschnitte anfertigt, ist die Technik arbeitsintensiv, also teuer, und zerstört das Objekt. Mit der Entwicklung von Röntgencomputertomographie3

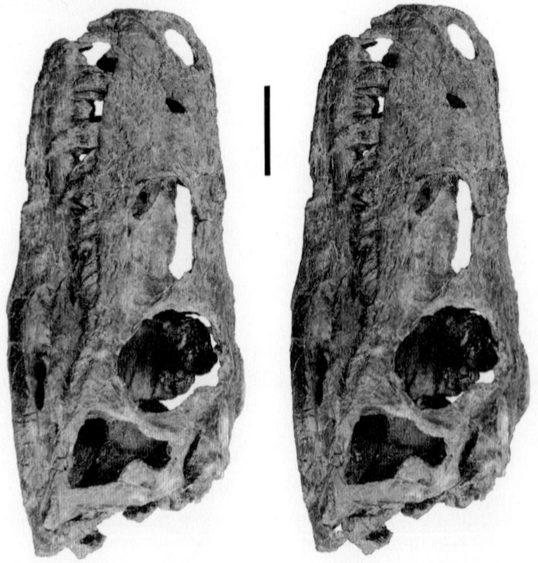

**Abb. 8.24.** *Photos*: Darstellung des Schädels des Theropoden-Dinosauriers *Herrerasaurus* aus der Trias als Stereopaar. Der Maßbalken entspricht 5 cm (aus Sereno und Nowas 1993)

(CT) steht jetzt eine

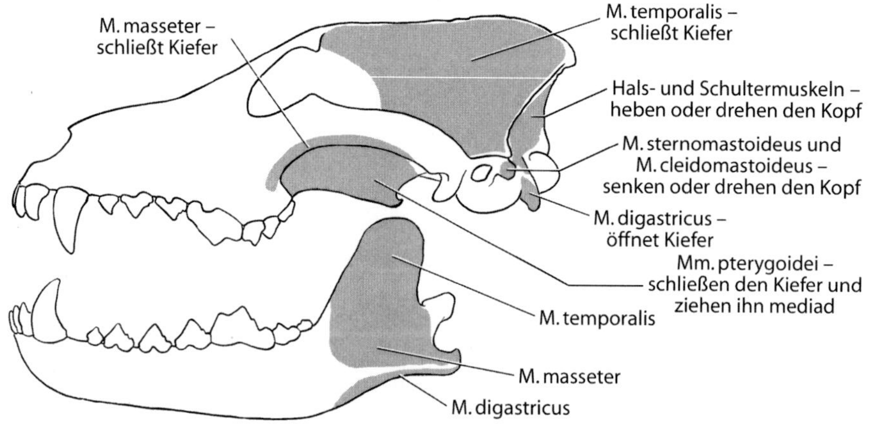


**Abb. 8.25.** Beziehung des Schädels und des Unterkiefers eines Wolfes zu verschiedenen Muskeln

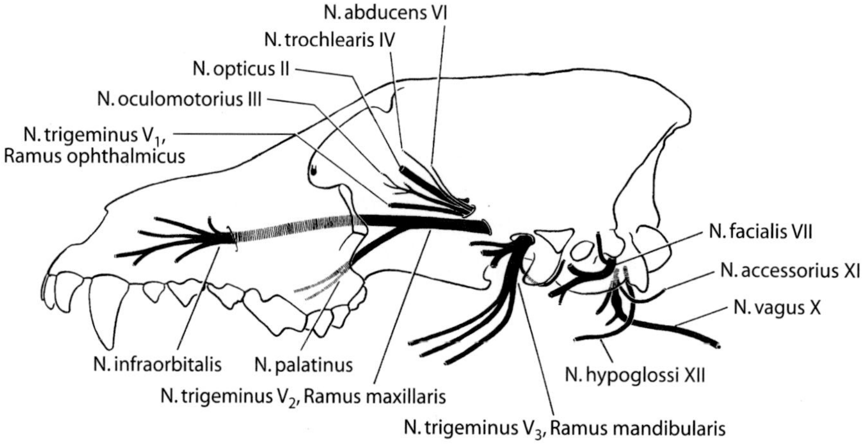


**Abb. 8.26.** Beziehung des Schädels eines Wolfes zu verschiedenen Nerven

## 8.6 Merkmale des Schädels

Dieses Kapitel hat die Evolutionstendenzen des isolierten Schädels hervorgehoben. Aber der Schädel ist nicht isoliert. Um vollständig verstanden zu werden, muss er mit anderen Organsystemen in Beziehung gesetzt werden. Der Vertebratenschädel ist so komplex und der Bereich seiner Variation ist so groß, dass die genannten Merkmale sehr zahlreich sind. Sowohl Studenten als auch Professoren müssen sich auf die Hauptteile des Schädels beschränken, welche die Haupttaxa repräsentieren, und die Details den Spezialisten überlassen. Wir haben für die Illustration (Abb. 8.22, 8.23) einige Merkmale des Säugerschädels und des Säugerunterkiefers ausgewählt, die relativ auffällig und konstant sind und die mit Strukturen in Beziehung stehen, die an anderer Stelle in diesem Buch vorgestellt werden. Die Abb. 8.25 und 8.26 zeigen Fortsätze und Kämme in Beziehung zu Muskeln und Foramina in Beziehung zu Hirnnerven.

Obwohl die Elemente, die in einem Schädel vorhanden sind, und die basalen Beziehungen dieser Teile zueinander durch eine lange Evolutionsgeschichte bestimmt werden, stehen die relativen Größen und Anordnungen dieser Teile letztendlich in Verbindung mit spezifischen Anpassungen, hauptsächlich an die Nahrungsaufnahme, an das Gehirn und die Sinnesorgane. Die Bedeutung dieser Faktoren für die Schädelarchitektur wird in anderen Kapiteln herausgestellt.

## Literatur


Allin EF, Hopson JA (1992) Evolution of the auditory system in synapsida (mammal-like reptiles and primitive mammals) as seen in the fossil record. In: Webster DB, Fay RR, Popper AN (eds) The evolutionary biology of hearing. Springer, New York, pp 578–614

Bramble DM (1978) Origin of the mammalian feeding complex: models and mechanisms. Paleobiol 4:271–301

Crompton AW, Parker P (1978) Evolution of the mammalian masticatory apparatus. Am Sci 66:192–201. Evolution des Kiefers und des Ohrs und ihrer Funktionen

De Beer GR (1985) The development of the vertebrate skull. Univ Chicago Press, Chicago. Erstmals veröffentlicht 1937

Frazzetta TH (1968) Adaptive problems and possibilities in the temporal fenestration of tetrapod skulls. J Morphol 125:145–158

Gans C (1993) Evolutionary origin of the vertebrate skull. In: Hanken J, Hall BK (eds) The skull, vol 2. Univ Chicago Press, Chicago, pp 1–35

Gans C, Northcutt RG (1983) Neural crest and the origin of vertebrates: A new head. Science 220:268–274

Gaupp E (1912) Die Reichertsche Theorie. Arch Anat Physiol Suppl, 1–416

Hall BK (1975) Evolutionary consequences of skeletal differentiation. Am Zool 15:329–350

Hall BK (1978) Developmental and cellular skeletal biology. Academic Press, New York

Halstead LB (1974) Vertebrate hard tissues. Wykeham, London

Hanken J, Hall BK (eds) (1993) The skull: Patterns of structural and systematic diversity. Univ Chicago Press, Chicago. Das beste allgemeine Nachschlagewerk; ein Kapitel für jede Klasse; sehr umfassende Literaturliste

Hunt RM Jr (1974) The auditory bulla in Carnivora: An anatomical basis for reappraisal of carnivore evolution. J Morphol 143:21–76

Jacobson AG (1993) Somitomeres: mesodermal segments of the head and trunk. In: Hanken J, Hall BK (eds) The skull, vol 1. Univ Chicago Press, Chicago, pp 42–76

Jacobson AG (1998) Somitomeres. In: Principles of medical biology: developmental biology, vol 11. JAI Press, Stamford/CT, pp 209–228. Eine besonders klare und präzise Zusammenfassung

Jollie M (1984) The vertebrate head – segmented or a single morphogenetic structure? J Vert Paleontol 4:320–329

Maisey JG (1980) An evolution of jaw suspension in sharks. Am Mus Novitates 2706:1–16

Moore WJ (1981) The mammalian skull. Cambridge Univ Press, New York

Moss ML (1968) The origin of vertebrate calcified tissues. In: Ørvig T (ed) Current problems of lower vertebrate phylogeny. Wiley, New York, pp 360–371

Noden DM (1987) Interactions between cephalic neural crest and mesodermal populations. In: Maderson PFA (ed) Developmental and evolutionary aspects of the neural crest. Wiley, New York, pp 89–120

Rowe T et al (1999) Introduction to Alligator. Digital atlas of the skull. J Vert Paleontol 19 (Suppl 2):1–8

Sereno PC, Novas FE (1993) The skull and neck of the basal theropod *Herrerasaurus ischigualastensis*. J Vert Paleontol 13:451–476

Thompson KS (1993) Segmentation, the adult skull, and the problem of homology. In: Hanken J, Hall BK (eds) The skull, vol 2. Univ Chicago Press, Chicago, pp 36–68

Webb JF, Noden DM (1993) Ectodermal placodes: contributions to the development of the vertebrate head. Am Zool 33:434–447

# 9 Körperskelett

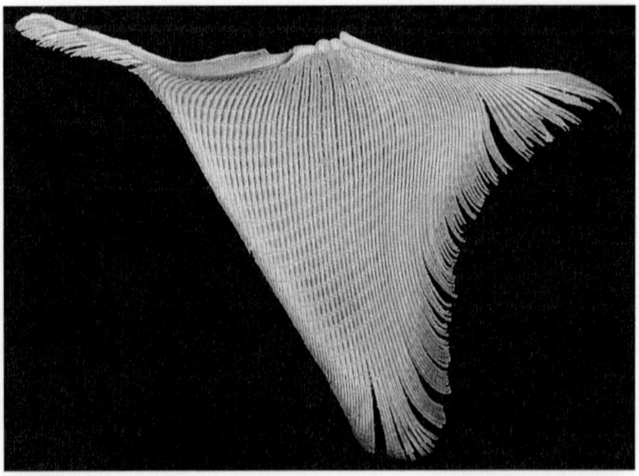

Das Körperskelett hat die Funktionen, die Eingeweide zu schützen, bei Amnioten zur Lungenventilation beizutragen, verschiedene Mineralien zu speichern, außerdem einem ansonsten weichen Körper eine gewisse Steifheit zu verleihen und – ganz wichtig – eine Serie fester, gelenkiger Skelettelemente zu bilden, die in Zusammenarbeit mit den Muskeln für die Fortbewegung wichtig sind. Ein äußeres Skelett, wie das eines Insekts oder einer Krabbe, dient auch der Fortbewegung, aber bei größeren Tieren, vor allem bei terrestrischen, müsste ein solches Skelett ungemein hinderlich und schwer sein, um Brüche durch Kontakt mit der Umgebung zu vermeiden. Die Aufnahme äußerer Reize, Thermoregulation bei Homöothermen und Atmung mit Strukturen des Integuments bei bestimmten aquatischen Formen können auch besser mit einem inneren Skelett ausgeführt werden.

## 9.1 Struktur und Entwicklung der Wirbel

### 9.1.1 Allgemeine Struktur

Die Wirbelsäule ist älter als jeder andere Teil des postcranialen Skeletts mit Ausnahme der Chorda dorsalis. Dennoch ist sie nicht so alt wie die Hauptmerkmale der weichen Organsysteme, und sie fehlt praktisch bei den ältesten, bekannten Vertebraten. Ihre Struktur und Funktionen haben sich langsam entwickelt. Wir werden damit beginnen, die Merkmale eines typischen Wirbels zu beschreiben, damit wir die Terminologie lernen, die wir benötigen, um die Evolution der Wirbel zu diskutieren.

Der Hauptteil eines Wirbels der Tetrapoden und vieler Fische ist der spulenartige Körper oder das **Centrum**, das direkt unterhalb des Rückenmarks liegt, wo es die Chorda dorsalis umgibt, einschränkt oder ersetzt (Abb. 9.1). Das Centrum kann aus einem oder zwei Elementen bestehen (selten aus mehr, dann aber nur bei Fischen, s. unten). Wenn ein Tetrapodencentrum zwei Elemente hat (bei vielen ausgestorbenen Amphibien und wenigen Amnioten), wird der anteriore Teil **Intercentrum (Hypocentrum)**, der posteriore Teil, der paarig sein kann, **Pleurocentrum** genannt (Abb. 9.7). Wenn ein Tetrapode nur ein zentrales Element hat, kann es das Intercentrum sein (manche ausgestorbenen Amphibien) oder das Pleurocentrum (Amnioten). Wie unten erklärt wird, ist nicht ganz klar, ob diese Terminologie auch für Fische zutrifft.

Dorsal des Centrums liegen Fortsätze, die das Rückenmark beidseitig flankieren, sich oberhalb des Rückenmarks verbinden und den **Neuralbogen** bilden. Ein **Dornfortsatz** kann sich aus dem apikalen Teil des Neuralbogens erheben. Oft, aber nicht immer, ist ein ähnlicher **Haemalbogen** ausgebildet, der sich ventral vom Centrum ausdehnt und Blutgefäße umschließt. Im Schwanz kann

*Oben:* Paraffinimprägniertes knorpeliges Flossenskelett eines Stachelrochens

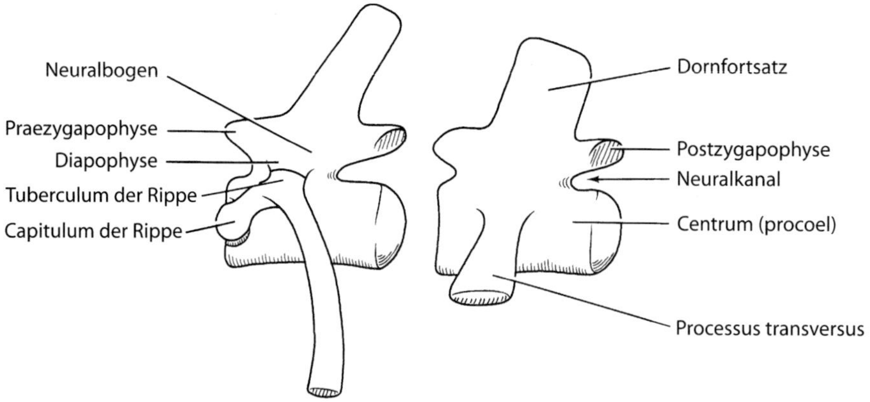


**Abb. 9.1.** Einige Merkmale von Wirbeln. Seitenansicht von links

der Haemalbogen in einen **haemalen Fortsatz** auslaufen. Dornfortsätze und Haemalfortsätze stehen in Beziehung zu Muskeln, die das Axialskelett bewegen. Eine ähnliche Funktion haben eine Anzahl anderer Ausläufer, die (je nach Spezies) aus den Wänden der Wirbel vortreten. Die Centra können mit einem **Capitulum** oder Rippenkopf entweder über einen Fortsatz (Parapophysis) oder über eine Konkavität artikulieren. Der Teil einer Rippe, der Tuberculum genannt wird, wird durch eine vom Neuralbogen ausgehende Diapophyse unterstützt (Abb. 9.1). Ein jeder lateraler Fortsatz ist ein **Processus transversus.** Die auffälligsten darunter sind gewöhnlich in der Position der Diapophyse, aber nur bei Wirbeln, die keine Rippen tragen. Benachbarte Wirbel stehen über ihre Centra in Kontakt, falls diese Centra komplett sind. Bei Tetrapoden stehen sie außerdem über Fortsätze, die von den Neuralbögen getragen und **Zygapophysen** genannt werden, in Kontakt. Die **Praezygapophysen** auf dem anterioren Aspekt eines Wirbels artikulieren mit den **Postzygapophysen** am posterioren Ende seines Nachbarn. Die Gelenkflächen der Praezygapophysen weisen nach oben oder nach innen, während die Gelenkflächen der Postzygapophysen nach unten oder nach außen zeigen. Das ist ein nützliches Merkmal, wenn man bestimmen will, welches Ende eines einzelnen Wirbels vorne oder hinten ist. (Fast alle Wirbel von Schlangen und die posterioren Rumpfwirbel von Gürteltieren und Faultieren werden **xenarthros** genannt, weil sie dadurch versteift werden, dass sie doppelte Zygapophysen tragen.)

Die Form der Gelenkflächen am Ende des Centrums ist von evolutionärer, funktioneller und systematischer Bedeutung. Wenn beide Oberflächen konkav sind, nennt man das Centrum **amphicoel** (beidseits ausgehöhlt). Solche Centra berühren sich nur an der Peripherie des intervertebralen Gelenks (Abb. 9.2). Eine eingeschränkte Bewegung ist in allen Richtungen möglich. Innerhalb des Gelenks ist ein Raum, der mit Bindegewebe, Knorpel oder Überresten der Chorda dorsalis gefüllt ist. Benachbarte Hohlräume können über eine Perforation im Inneren des Centrums miteinander in Verbindung stehen. Andere Arten von Centra sind vorne konkav und hinten konvex, so dass die Masse des einen Wirbels in die Höhlung des nächsten passt. Ein solches Centrum ist **procoel** (vorn ausgehöhlt). Im Gegensatz dazu ist ein **opisthocoeles** (hinten ausgehöhlt) Centrum hinten konkav und vorne konvex. Gelenke zwischen procoelen oder opisthocoelen Wirbeln erlauben eine Bewegung in jegliche Richtung, wenn sie nicht durch Zygapophysen modifiziert sind, und sie widerstehen einer Ausrenkung. Manche Centra haben flache Enden und werden **platyan** (flach) oder **acoel** (ohne Höhlung) genannt. Diese Centren widerstehen einer Kompression und limitieren die Bewegung, wenn nicht die intervertebralen Gelenke mit dicken fibrösen Bandscheiben ausgestattet sind. Wieder andere Centren haben sattelförmige Enden. Sie werden **heterocoel** (verschieden gehöhlt) genannt. Sie erlauben eine vertikale und laterale Beugung, aber verhindern eine Rotation um die Achse der Wirbelsäule. Es gibt Zwischenformen zwischen die-

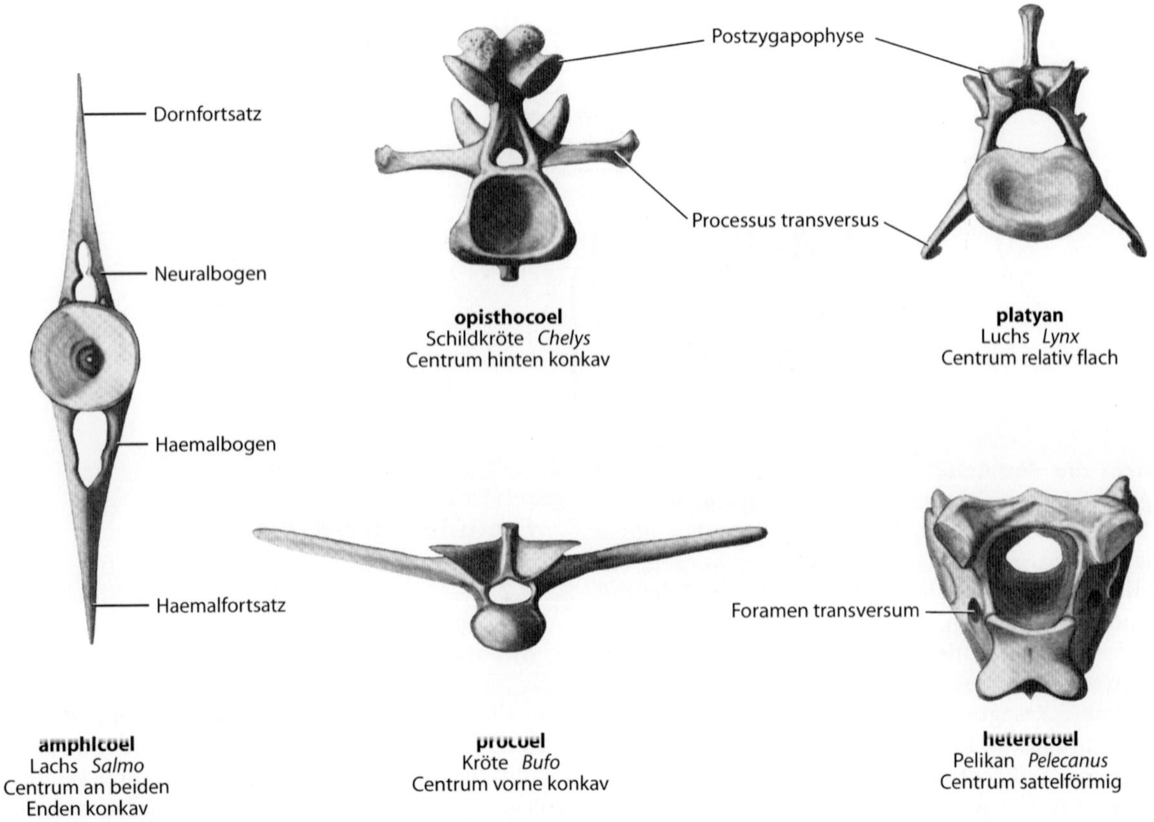


**Abb. 9.2.** Wirbel, die unterschiedliche Formen des Centrums und andere Merkmale zeigen. Ansicht von posterior

sen Typen, Kombinationen und gelegentlich auch eine Verdoppelung der konkaven und konvexen Oberflächen. Die funktionalen Aspekte der Wirbelstruktur werden in Teil III des Buches weiter interpretiert.

### 9.1.2 Entwicklung und Homologie

Wirbel sind komplexe Strukturen und zeigen eine extreme Vielfalt in ihrer Konstruktion. Das Erkennen homologer Teile zwischen den Vertebratentaxa ist also wünschenswert, um evolutionäre Sequenzen nachvollziehen zu können. Beiträge kommen aus der vergleichenden Anatomie, der Paläontologie, der Embryologie und der Molekulargenetik. Trotz der Bemühungen vieler Forscher bleibt ein Konsens allerdings aus. Wir sind heute weniger zuversichtlich als früher, dass spezifische Elemente zwischen Fischen, Amphibien und Amnioten homologisiert werden können. Dennoch ist die allgemeine Übereinstimmung des Entwicklungsprozesses zwischen den Taxa besser verstanden.

Die Differenzierung des embryonalen Somiten in Dermatom, Myotom und Sklerotom wurde in Kapitel 5 beschrieben (s. Abb. 5.9 und Tabelle 5.2). Mesenchym aus den segmental angeordneten Sklerotomen verteilt sich um die Chorda dorsalis. Zumindest bei Amnioten sind die Zellen in den anterioren Hälften der Sklerotome wesentlich weniger dicht gepackt als die in den posterioren Hälften der Sklerotome (Abb. 9.3). Als Folge können die Hälften eines Sklerotoms aussehen, als würden sie auseinanderbrechen, wobei sich jedes Halbsegment in der Längsachse mit dem benachbarten Halbsegment des nächsten Sklerotoms verbindet. Auf diese Weise wer-

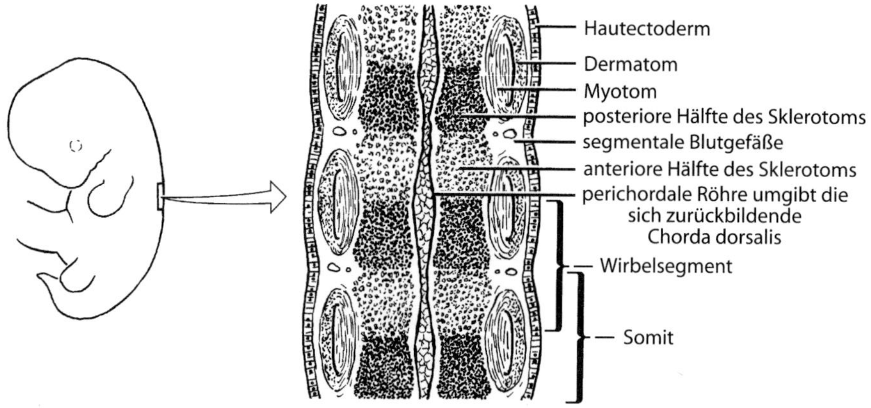


**Abb. 9.3.** Ontogenie der Wirbel der Amniota. Horizontalschnitt durch drei Körpersegmente auf der Ebene der Chorda dorsalis und der sich entwickelnden Centra

den die Vorläufer der Centra intersegmental gebildet und sind so in einer Position, um von Muskeln, die aus segmentalen Myotomen abgeleitet sind, gegeneinander bewegt zu werden. (Es sind allerdings primär die Basen der Neural- und Haemalbögen, nicht die Centra, die mit den Myotomen alternieren müssen, um diese Funktion zu sichern.)

Diese Resegmentierung der Sklerotomderivate ist, zumindest für Amnioten, von den meisten Forschern akzeptiert. Sie wird von manchen Autoren für Fische abgelehnt, wo die Resegmentierung nicht beobachtet wird. Es gibt allerdings Hinweise aus der Molekulargenetik, dass die Domänen der Halbsklerotome universal sein könnten. Tatsächlich sieht man bei Fischen, dass hartes Gewebe innerhalb und um die Scheiden der Chorda dorsalis entsteht und Centra bildet. Unter den Amphibien gibt es nur bei den Apoda Hinweise auf Resegmentierung. Ansonsten bewegen sich Zellen benachbart zur Chorda dorsalis und bilden eine kontinuierliche **perichordale Röhre**. Direkte Verknöcherungen in der Röhre bilden Centra, die getrennt werden, wenn Brüche in den knorpeligen Teilen der Röhre auftreten.

Man hat lange geglaubt, dass spezifische knöcherne Elemente in den Centra der Crossopterygia und der Labyrinthodontia mit den Centra der Amnioten homologisiert werden könnten. Leider erscheint dies heutzutage zweifelhaft. Tatsächlich scheinen sich Centra unabhängig voneinander mehrfach unter den Anamniern entwickelt zu haben.

## 9.2 Evolution der Wirbelsäule

### 9.2.1 Die Anfänge: Die Chorda dorsalis mit stützenden Knorpeln

Die Chorda dorsalis persistiert bei adulten kieferlosen Vertebraten, Placodermi, Pleuracanthi, Cladoselachii, Chimaeren, Acanthodii, Sarcopterygii und den meisten Mitgliedern der unteren Ordnungen der Actinopterygii. Im Gegensatz zur embryonalen Chorda dorsalis, die vor allem im Labor beobachtet werden kann, ist die adulte Chorda groß und federnd. Sie hat eine äußere elastische Scheide, die in eine zähe, innere, fibröse Scheide übergeht. Die Chorda dorsalis ist turgeszent und erreicht durch das Widerlager der Chordascheiden Steifheit. Die Steifheit der Chorda dorsalis ermöglicht es den Muskeln der Körperwand, den Körper zu biegen, so wie es für das Schwimmen der Vertebraten nötig ist, statt ihn zu verkürzen. Die große Chorda dorsalis des Störs (Abb. 9.4) hat genügend Innendruck, um als hydrostatisches Axialskelett zu fungieren. Die Chorda dorsalis von *Branchiostoma* ist in sich selbst ein kontraktiles Organ. Sie besteht aus münzenförmigen Chordamuskelzellen, die wie in einer Geldrolle hintereinander angeordnet sind und kontraktile Filamente enthalten, die horizontal quer zur Körperlängsachse orientiert sind. Ihre Verkürzung engt aufeinander folgende Teile der Chorda dorsalis ein und

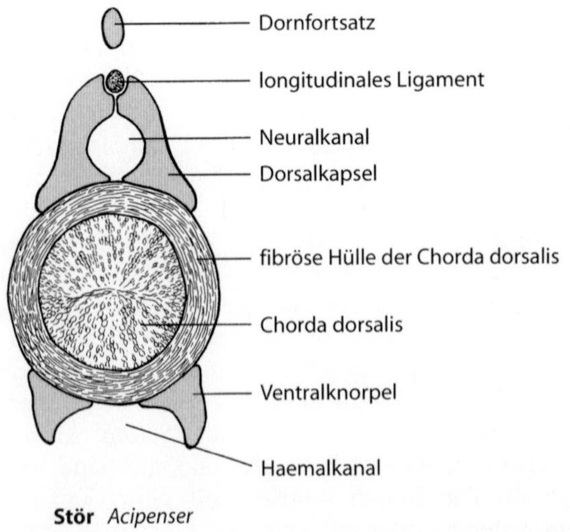


**Abb. 9.4.** Querschnitt durch die Chorda dorsalis und die spinalen Knorpel eines Chondrosteers

versteift sie und erleichtert so eine Undulation des Körpers. Möglicherweise hatte die Chorda dorsalis ursprünglicher Vertebraten die gleiche Fähigkeit.

All diese Vertebraten, mit Ausnahme der Schleimaale, haben Neuralbögen. Manche haben Haemalbögen, zumindest im Schwanz, und manche haben Bogenbasen oder andere Elemente, die die Chorda dorsalis flankieren, aber nicht einengen (Abb. 9.4 und Abb. 8.8). Wahrscheinlich haben sich die verschiedenen Knorpel dort entwickelt, wo Sehnen an den Scheiden der Chorda dorsalis ansetzten. Eine begrenzte Verknöcherung dieser Elemente findet man bei Arthrodira und Knochenfischen. Diese Art von Wirbelsäule ist ursprünglich für Vertebraten allgemein.

### 9.2.2 Höherentwickelte Fische: Die Wirbelsäule macht sich breit

Die nächsten evolutionären Schritte waren, dass die Chorda dorsalis von Centra unterbrochen und dass Bögen und Fortsätze entwickelt wurden. Die Selachier unter den Knorpelfischen, die Teleosteer unter den Strahlenflossern und einige andere Knochenfische entwickelten Wirbel mit festen Centra, die miteinander artikulieren. Benachbarte Paare der tief amphicoelen Centra umgeben Gewebsbälle, die aus der Chorda dorsalis entstehen, um die herum sie aufeinander rotieren. Eine solche Wirbelsäule ist stärker als die Chorda dorsalis allein und bietet eine bessere Verankerung für die Muskeln.

Die Variation der Struktur unter den Fischen ist beträchtlich. **Selachier** sind einzigartig, indem bei ihnen nicht nur die Centra, sondern

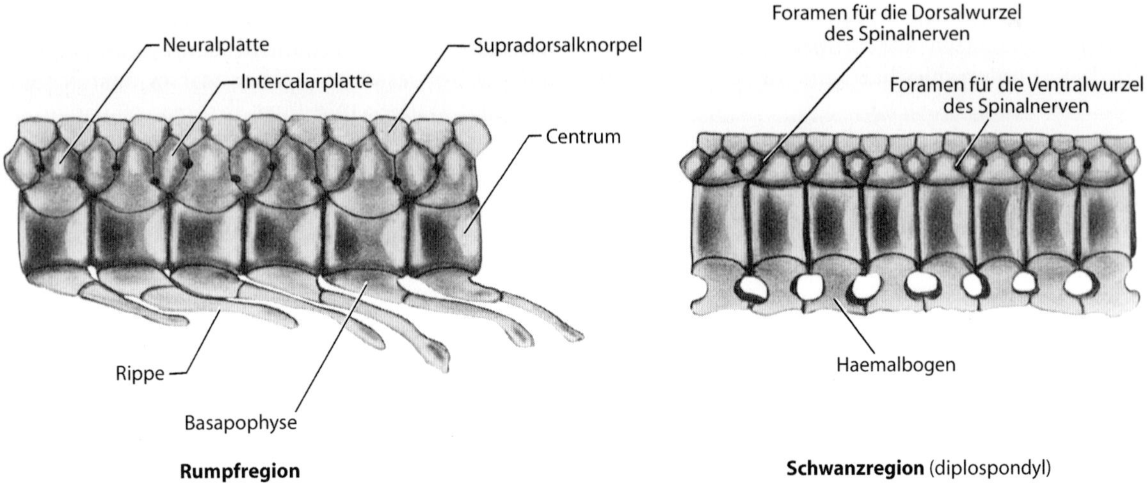


**Abb. 9.5.** Schnitte durch die Rumpfregion (*links*) und die Caudalregion (*rechts*) der Wirbelsäule eines Elasmobranchiers. Lateralansicht von links. Wie die Nervenforamina zeigen, ist der Schwanzbereich diplospondyl

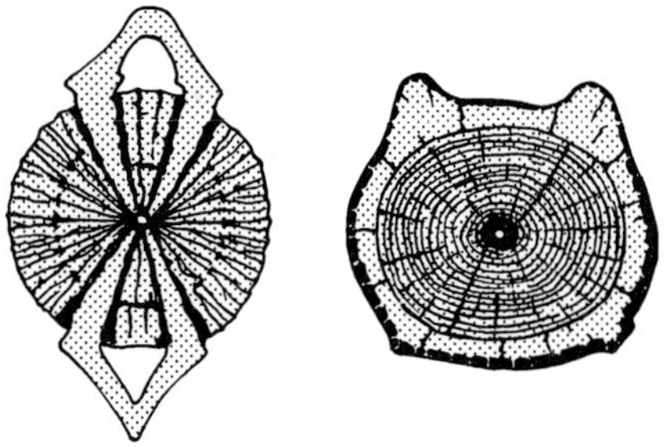

**Abb. 9.6.** Querschnitte durch die Centra zweier Elasmobranchier, des weißen Haies, *Carcharodon* (*links*) und des Engelhaies, *Squatina* (*rechts*), welche die Muster von calcifiziertem Knorpel (*schwarz*) innerhalb einer Matrix von nicht calcifiziertem Knorpel zeigen

auch die Bögen in fortlaufendem Kontakt stehen (Abb. 9.5). Eine solche Anordnung würde eine knöcherne Wirbelsäule praktisch unbeweglich machen, aber dadurch, dass die Wirbelsäule der Selachier knorpelig ist, ergibt sich die leichte Flexibilität, die benötigt wird. Jedes Wirbelcentrum kann mehrere verschiedene Stücke haben, und es gibt zwei Hauptdorsalbögen, nämlich eine Neuralplatte und eine Intercalarplatte (oder Interneuralplatte). Das Centrum verknorpelt in den Chordascheiden (ein **chordales Centrum**, chordazentrale Wirbelkörperbildung). Verkalkung der Centra tritt häufig auf, das harte Gewebe ist aber nicht kontinuierlich, sondern liegt in konzentrischen Zylindern um die Zentralachse und in Säulen an der Stelle der ursprünglichen Bogenbasen angeordnet. Die Muster sind im Detail unterschiedlich und für die Systematik von Bedeutung (Abb. 9.6).

Die Wirbel der **Knochenfische** haben meistens ein zentrales Element, einen Neuralbogen mit einem Fortsatz und im Schwanz auch einen Haemalbogen mit Fortsatz (Abb. 9.2). Das Centrum verknöchert direkt aus dem Mesenchym, das die Chorda dorsalis umgibt. Es ist ein **perichordales Centrum** (arcozentrale Wirbelkörperbildung). Außerdem kann sich das Centrum aus Zellen bilden, die in die Chordascheiden einwandern, oder aus Knorpelvorläuferzellen.

In der Wirbelsäule von Knorpelfischen und Knochenfischen gibt es nur eine geringe regionale Differenzierung. Der erste Wirbel ist leicht für die Artikulation mit dem Schädel modifiziert. Hinter der Leibeshöhle kann man anhand des Fehlens von Rippengelenken und des Vorhandenseins vergrößerter Haemalbögen mit Fortsätzen eine Schwanzregion unterscheiden. Manche Knochenfische (z.B. der Schlammfisch *Amia*) und manche Knorpelfische haben eine eigenartige Verdopplung der Wirbel in der Schwanzregion, was zu zwei, manchmal sogar mehr kompletten Wirbeln pro Muskelsegment und pro Paar von Spinalnerven führt (Abb. 9.5). Der Ursprung und die Bedeutung dieses Zustands, der **Diplospondylie** genannt wird, wurde viel diskutiert, bleibt aber ungewiss. Möglicherweise erhöht er die Flexibilität. Selten ist das Centrum einzeln und die Neuralbögen sind verdoppelt. Die Bögen können mit dem Centrum verschmelzen oder frei sein.

### 9.2.3 Amphibien: Verschiedene Lösungen für neue Probleme

Wenige Organe werden durch den Übergang vom Wasser zum Landleben so beeinflusst wie die Wirbelsäule. Früher widerstand sie nur dem Druck, der von den starken Axialmuskeln ausgeübt wurde. Nun wurde die Axialmuskulatur nach und nach reduziert, aber es traten durch die Schwerkraft neue Kräfte auf, die in einer weitgehend unterschiedlichen Ebene wirkten. Früher hatten die paarigen Extremitäten keine Verbindung zur Wirbelsäule, jetzt wirkten die langsam stärker werdenden Beine unterstützend auf die Körperachse. Früher war es ausreichend, dass die Wirbelsäule über ihre ganze Länge annähernd gleichmäßig flexibel war. Jetzt musste sie an manchen Stellen der Beugung widerstehen und anderswo neue Mobilität zur Verfügung stellen. Es waren Wirbel gefordert mit festen Centra, intervertebralen Gelenken, die je nach Lage Bewegung erleichtern oder einschränken konnten; mit Fortsätzen, welche die Hebelwirkung der Muskeln vergrößern konnten und außerdem eine engere Beziehung mit den Extremitätengürteln eingingen. All dies benötigte viele Millionen Jahre, um sich zu entwickeln. Tatsächlich haben erst die Amnioten diese Veränderungen am weitesten geführt. Ausgestorbene Amphibien „experimentierten" anscheinend mit

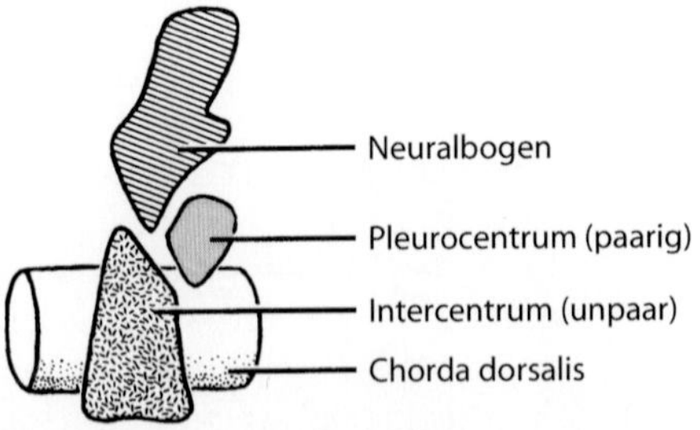


**Abb. 9.7.** Schematisierter Wirbel fortgeschrittener Crossopterygier und ursprünglicher Amphibien. Lateralansicht von links

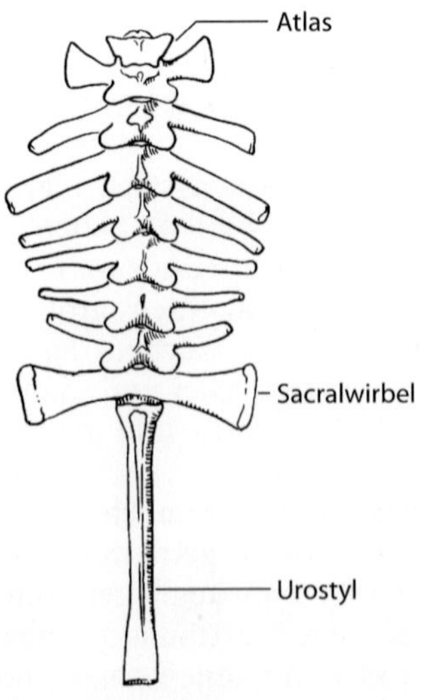


**Kröte** *Bufo*

**Abb. 9.8.** Wirbelsäule eines Anuren in der Dorsalansicht. Man beachte den einzelnen Cervicalwirbel, den kurzen Rumpf, das Fehlen freier Rippen, den einzelnen Sacralwirbel und das Urostyl

verschiedenen Wirbelstrukturen. Verschiedene Taxa der Labyrinthodontier werden hauptsächlich aufgrund der Art ihrer Wirbel benannt und voneinander abgegrenzt.

Die frühesten Amphibien, die Ichthyostegalia, hatten Wirbel, die fast identisch waren mit denen der Gruppe der Sarcopterygii, die man für die Vorfahren der Tetrapoden hält. Die Chorda dorsalis war zeitlebens vorhanden. Es gab einen Neuralbogen, ein großes Intercentrum, das die Chorda umgab, und kleine paarige Pleurocentra (Abb. 9.7). Andere Gruppen der Labyrinthodontier hatten keine kontinuierliche Chorda dorsalis mehr. Ihre Centra waren solider, mit einem knöchernen Element oder mit zwei Elementen in unterschiedlichen Proportionen.

Die Wirbel der modernen Amphibien bleiben ein Rätsel. Das Entwicklungsmuster liefert keine brauchbare Information über die Homologien der Wirbelelemente. Ihre Centra, die immer aus einer einzelnen Einheit bestehen, sind wahrscheinlich homolog zueinander und zu denen der anderen Tetrapoden.

Amphibien, wie auch andere Tetrapoden, haben Zygapophysen, welche die Wirbelsäule verstärken und ihre Flexibilität kontrollieren. Die Centra sind amphicoel, procoel oder opisthocoel. Die regionale Differenzierung der Wirbelsäule ist für Tetrapoden minimal, übertrifft aber diejenige der Fische. Der erste und manchmal auch der zweite Wirbel sind so modifiziert, dass die Beweglichkeit des Kopfes erhöht wird. Ein **cervicaler (Hals-) Wirbel** ist durch die Reduktion (oder das Fehlen) von Rippen abgesetzt. **Rumpfwirbel** tragen Rippen (mit Ausnahme der meisten Anura). Ein einzelner **Sacralwirbel** ist so vergrößert, dass er mit dem Beckengürtel artikuliert. Typische **Schwanz- oder Caudalwirbel** haben keine Zygapophysen, sie haben Haemalbögen. Anura dagegen haben keine freien Caudalwirbel, sondern stattdessen ein stabförmiges **Urostyl**, das aus drei larvalen Knorpeln besteht, die zwei oder drei ursprüngliche Schwanzwirbel zu umfassen scheinen. Dies legen die entsprechenden Spinalnerven nahe (Abb. 9.8).

## 9.2.4 Amnioten: Festigkeit und Spezialisierung

Das Centrum der Amnioten wurde lange als homolog mit dem Pleurocentrum der Labyrinthodontier angesehen, aber dies ist heute nicht mehr sicher. Stammreptilien hatten große Centra und kleine Elemente, die aufgrund ihrer Position, aber nicht notwendigerweise aufgrund von Homologie, Intercentra genannt werden. Nachfolgende Amnioten haben nur noch ein funktionelles Intercentrum, nämlich im ersten Halswirbel. Sie haben starke Zygapophysen, die, außer in der Schwanzregion, selten zur Erlangung zusätzlicher Festigkeit verdoppelt sind. Die ersten beiden Cervicalwirbel sind spezialisiert, um den Schädel zu unterstützen (was in Kap. 9.2.5 näher diskutiert wird).

Da die meisten **Reptilien** einen stärker abgesetzten Hals haben als Amphibien, haben sie auch klarere Cervicalregionen. Und weil ihre Extremitäten stärker sind und einen größeren Beitrag zur Unterstützung des Körpers leisten, haben sie nicht einen, sondern zwei und manchmal mehr Sacralwirbel. Die Centra sind gewöhnlich procoel, haben manchmal aber auch andere Formen. Haemalbögen sind nur noch in der Caudalregion vorhanden, wo sie getrennte Y-förmige Knochen sind. Die ursprünglichen Intercentra, mit denen sie einst artikuliert haben, sind verschwunden (oder mit ihnen verschmolzen?). Sie artikulieren mit den Fortsätzen an den intervertebralen Gelenken. Solche Bögen werden wegen ihrer Form **Winkelknochen** genannt.

Da **Vögel** eine lokomotorische Spezialisierung gemeinsam haben, nämlich den Flug, haben sie spezialisiertere und gleichförmigere Wirbelsäulen als andere Tetrapoden. Die Wirbelsäule der Archaeornithes ist ein Übergang zwischen der bei ihren Reptilienvorfahren und der bei den Neornithes. Keine andere Klasse hat so viele Cervicalwirbel, meistens 15–20 (10 bei Archaeornithes), und diese Wirbel sind unverwechselbar, weil sie heterocoel sind. Mit den zwei Sacralwirbeln ihrer Vorfahren innerhalb der Reptilien sind 10–20 Rumpfwirbel und Schwanzwirbel (5–6 bei Archaeornithes) verschmolzen und bilden eine feste Einheit, das **Synsacrum**, das mit den Hälften des Beckengürtels verschmilzt (Abb. 9.9). Es verbleiben nur 4–6 Rumpfwirbel und sogar unter diesen kann es zu Verschmelzungen kommen. Das Ergebnis ist ein kurzer, fester Rücken, der (wie in Kapitel 28 erklärt wird) für den Flug benötigt wird. Die freien Schwanzwirbel der Neornithes sind auf gewöhnlich 6 oder 7 reduziert. Archaeornithes hatten im Schwanz eine lange knöcherne Achse. Am Ende des Schwanzes moderner Vögel liegt eine einzigartige Knochenplatte, das **Pygostyl**, das die Schwanzfedern unterstützt. Es stellt die Verschmelzung von 4–7 Wirbeln dar. Sogar noch mehr embryonale Somiten bilden sich und verschwinden wieder in der Rekapitulation des langen ursprünglichen Schwanzes. Einige dieser Merkmale sind in Abb. 28.20 zu sehen.

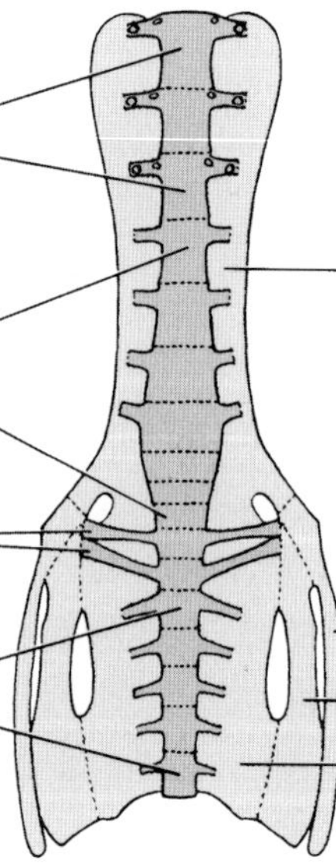


**Abb. 9.9.** Das Synsacrum der Vögel in Ventralansicht. Man sieht seine Herkunft und seine Beziehung zum Beckengürtel

**Säugetiere** sind einzigartig, da sie knöcherne, plattenförmige Kappen oder **Epiphysen** an den Enden ihrer Centra posterior zum ersten intervertebralen Gelenk bilden. Diese verschmelzen gewöhnlich mit den Centra, wenn das Tier ausgewachsen ist. Sie sind von segmentalen Verdickungen des Mesenchyms (des perichordalen Schlauchs), das die embryonale Chorda dorsalis umgibt, abgeleitet. Ihre Funktion steht mit dem Wachstumsprozess in Verbindung. Abgesehen von seltenen Ausnahmen (manche Edentata und Sirenia) haben die Säugetiere 7 Halswirbel, ob nun der Hals kurz (wie beim Delphin) oder lang (wie bei der Giraffe) ist. Es gibt ungefähr 20 Rumpfwirbel. Im Gegensatz zu anderen Klassen sind diese durch das Vorhandensein oder Fehlen von Rippen scharf in die vorderen **Thoracalwirbel** und die posterioren **Lumbalwirbel** unterteilt (Abb. 26.8). Um isolierte Wirbel einer Region zuzuordnen, muss man nach Rippenfacetten suchen. Lumbalwirbel haben meist größere Centra, kürzere und gedrungenere Dornfortsätze und längere transversale Fortsätze als Thoracalwirbel (wir werden auf S. 509 und 544f noch sehen, dass es vom funktionellen Standpunkt aus noch andere Wege gibt, die Rumpfwirbel zu unterteilen). Säugetiere haben drei oder mehr Sacralwirbel, die zu einem **Sacrum (Kreuzbein)** verschmelzen. Winkelknochen sind meist auf die Basis des Schwanzes beschränkt.

### 9.2.5 Craniovertebrales Gelenk

Der occipitale Fortsatz des Schädels der Fische ähnelt gewöhnlich dem Ende eines typischen Centrums. Der Kopf hat selten eine größere Beweglichkeit an der Wirbelsäule, als sie ein Wirbel gegenüber dem anderen hat. Das craniovertebrale Gelenk wirkt hier wie ein intervertebrales Gelenk.

Amphibien sind die ersten Vertebraten mit einem, wenn auch kurzen Hals, und zu diesem Fortschritt gehört ein beweglicheres craniovertebrales Gelenk. Der zweite Wirbel ist unverändert oder nur geringfügig vergrößert.

Reptilien und Vögel haben ein Kugelgelenk zwischen dem kleinen ersten Wirbel, der jetzt **Atlas** genannt wird, und dem einzelnen occipitalen Condylus. Der zweite Wirbel, **Axis** (Epistropheus) genannt, ist vergrößert, das Gelenk zwischen Atlas und Axis ist spezialisiert.

Der Atlas der Säugetiere hat große Zygapophysen, schwingenartige transverse Fortsätze, kaum ein Centrum und keinen Dornfortsatz. Seine Artikulation mit den beiden Condyli des Schädels erlaubt eine scharnierartige Auf- und Abbewegung. Der Axis hat einen messerartigen Dornfortsatz und ein großes Centrum. Das Gelenk zwischen Atlas und Axis erlaubt eine seitliche Bewegung und eine Rotation um die Achse der Wirbelsäule.

Bei Adulten mancher Tetrapoden und bei den Embryonen vieler anderer Tetrapoden findet man kleine Strukturen ohne offensichtliche Funktion, die zwischen Schädel und dem Dornfortsatz des Atlas liegen. Diese bilden den **Proatlas**.

Die Geschichte, wie es zu diesen Veränderungen kam, ist besonders interessant. Sie wurde aus vielen embryologischen, paläontologischen und vergleichend anatomischen Untersuchungen zusammengesetzt. In Kapitel 8 wurde darauf

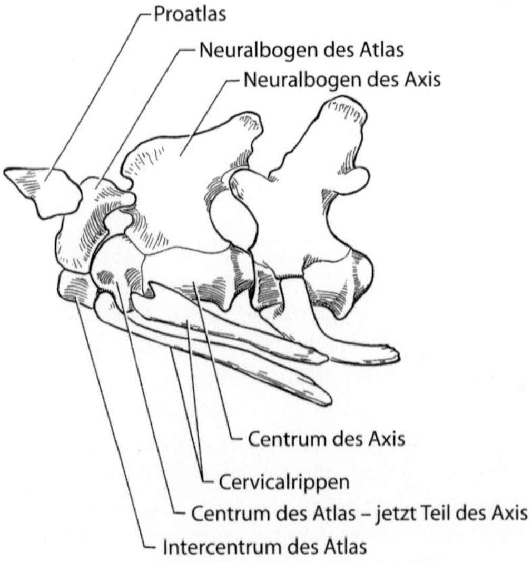


**Abb. 9.10.** Ableitung der vorderen Cervicalwirbel der Amnioten von ursprünglichen Elementen, die am Beispiel des Krokodils, *Crocodylus* gezeigt sind. Lateralansicht von links

hingewiesen, dass mehrere ursprüngliche Wirbel in das Neurocranium der Vertebraten einbezogen wurden. Daraus folgt, dass das craniovertebrale Gelenk innerhalb der primordialen Wirbelsäule liegt und nicht vor seiner anterioren Grenze. Irgendwann in der Tetrapoden-Evolution wurde ein Wirbel an der craniovertebralen Grenze verkleinert und ist teilweise mit benachbarten Einheiten der Serie verschmolzen. Dies war der Proatlas (Abb. 9.10). Sein Dornfortsatz bleibt bei manchen Labyrinthodontiern und manchen Reptilien frei. Ansonsten können die Teile des Proatlas mit anderen Wirbeln oder mit dem Schädel verschmelzen (obwohl es für eine solche Verschmelzung bei modernen Amphibien keinen Hinweis gibt).

Bei Amnioten behält der Atlas immer seinen eigenen Dornfortsatz und sein Intercentrum. Der Axis behält nicht nur seinen Dornfortsatz und sein Centrum, sondern schließt in seinen odontoiden Fortsatz das Centrum des Atlas und sogar das des Proatlas ein, wenn dieses Element nicht mit dem Schädel verschmolzen ist (Säugetiere, manche Reptilien). Das Intercentrum des Axis ist verloren (Säugetiere) oder ebenfalls in das zusammengesetzte Centrum des Axis einbezogen.

## Exkurs 9.1

### Signale für die Differenzierung

Was bestimmt die Entwicklung von morphologisch unterschiedlichen Wirbeln? Wie kann sich eine solche Wirbeldifferenzierung entwickeln?

Wir haben im Exkurs 5.1 festgestellt, dass homöotische Gene, die mit der axialen Organisation assoziiert sind, bei Tieren, die so unterschiedlich sind wie Insekten und Vertebraten, in einer anterior/posterior-Progression exprimiert werden. Man könnte erwarten, dass die Differenzierung der Wirbelsäulenabschnitte ebenfalls streng mit den homöotischen Genen verbunden ist. Um diese Frage zu untersuchen, haben Burke et al. (1995) die *Hox*-Gen-Expression und die Wirbelentwicklung an einem Fisch, einem Amphibium, zwei Vögeln und einem Säugetier untersucht. Von besonderem Interesse war der Übergang zwischen den Cervical- und den Thoracalwirbeln. Die Anzahl der Cervicalwirbel variiert bei den untersuchten Gruppen. Daher ist auch die Anzahl der Somiten, die mit ihnen assoziiert sind, variabel. Am Übergang von Cervical- zu Thoracalwirbeln liegen Spinalnerven, welche die anterioren paarigen Extremitäten innervieren. Diese Gruppe von Nerven, der Brachialplexus, tritt grundsätzlich immer in den intervertebralen Foramina der letzten drei bis vier Cervicalwirbel und dem ersten Thoracalwirbel aus. Deshalb kann der Brachialplexus als Referenzstruktur für den Vergleich zwischen solchen Spezies benutzt werden, die eine unterschiedliche Anzahl von cervicalen Somiten oder Wirbeln haben. Burkes Untersuchung zeigte, dass für die untersuchten Spezies die *HoxC-5-* und *HoxC-6*-Gene ihre anterioren Grenzen der Expression beibehalten, was nicht mit der absoluten Somitenanzahl übereinstimmt, sondern stattdessen mit der Grenze zwischen Cervical- und Thoracalwirbeln jeder Spezies. In anderen Worten: Bei allen Vertebraten, die paarige Extremitäten haben, sind, unabhängig von der Halslänge, die Cervical-thoracal-Verbindung und der Austritt des Brachialplexus Ausdruck der homologen *Hox*-Gene. Diese Ergebnisse deuten darauf hin, dass die evolutionäre Veränderung in der axialen Formel auf Veränderungen beruht, die *„upstream"* in den Genen sind, welche die *Hox*-Gene selber kontrollieren, statt *„downstream"* in Genen, die von *Hox*-Genen kontrolliert werden. Dieses Konzept ist nützlich, wo morphologische Grenzen zwischen Regionen verloren gegangen sind, wie z. B. bei Apoda und Schlangen. Galis (1999) weist dagegen einschränkend darauf hin, dass die Vorhersage vertebraler Grenzen ausschließlich auf der Basis der Expression von *Hox*-Genen durch multiple Effekte von umgebenden Entwicklungsvorgängen erschwert wird.

## 9.3 Rippen

Rippen sind intersegmentale Schienen aus Knorpel oder Ersatzknochen, die mit den Wirbeln artikulieren. Ursprünglich waren sie über die gesamte Länge der Wirbelsäule vorhanden, um den direkten Kontakt der Axialmuskeln mit dem Skelett zu erhöhen. Als sie sich verlängerten, haben sie außerdem die darunter liegenden Eingeweide geschützt, während sie trotzdem die geforderte Flexibilität und ein minimales Gewicht beibehielten. Nur bei Amnioten sind sie darauf spezialisiert, zum Atemmechanismus beizutragen.

Es scheint bei den verschiedenen Vertebraten zwei Gruppen von Rippen zu geben. Beide Gruppen haben sich in den Septen aus Bindegewebe entwickelt, die zwischen aufeinander folgenden Muskelsegmenten der ursprünglichen Körperwand auftreten. **Dorsalrippen** oder intermuskuläre Rippen entwickelten sich, wo diese Septen die Trennung zwischen dorsaler (epaxialer) und ventraler (hypaxialer) Muskulatur durchschneiden. **Ventralrippen** oder Pleuralrippen bilden sich zwischen den hypaxialen Muskeln und der Auskleidung der Leibeshöhle. Sie

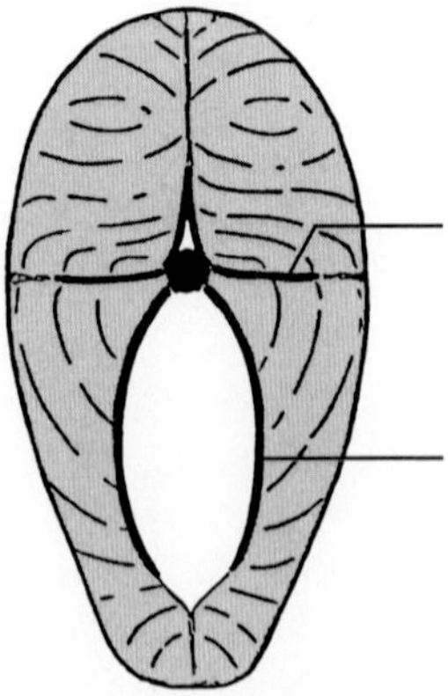


**Abb. 9.11.** Querschnitt durch einen Knochenfisch, der die Lage von Dorsal- und Ventralrippen in Beziehung zu den Muskelmassen und der Leibeshöhle zeigt

treten daher nur in der Rumpfregion auf (Abb. 9.11).

Die ersten bekannten Rippen waren bereits vollständige und unabhängige Strukturen. Die Paläontologie gibt keinen Hinweis auf ihren Ursprung. Früher dachte man, dass die Rippen als Auswüchse aus den Sklerotomen entstehen. Die Sklerotome tragen wahrscheinlich zu den Rippenköpfen bei, aber man glaubt inzwischen aufgrund ihrer Ontogenie, dass sie primär neue Strukturen sind, die nicht aus der Wirbelsäulenanlage entstehen. Die ältesten bekannten Rippen von Tetrapoden hatten zwei Köpfe. Ein solcher Zustand findet sich vor allem bei starken Rippen. Schwächere Rippen, die oft mehr posterior am Rumpf auftreten, können, entweder durch Fusion oder durch Verlust, nur einen einzelnen Kopf haben. Der mehr ventral gelegene Kopf, das **Capitulum**, artikuliert mit dem Intercentrum, falls dieser Teil vorhanden ist, ansonsten mit dem Centrum nahe dem intervertebralen Gelenk. Der dorsale Kopf oder **Tuberculum** artikuliert mit der Diapophyse des Neuralbogens (Abb. 9.1).

Kieferlose Vertebraten und Placodermi haben keine Rippen. Die Funktionen der Rippen wurden bei manchen von ihnen zum Teil vom Schutzpanzer übernommen. Ihnen fehlt außerdem das Centrum, mit dem die Rippen artikulieren könnten. Mit wenigen Ausnahmen (z.B. Holocephali) haben andere Fische Rippen. Man ist sich uneins, ob die kurzen knorpeligen Rippen der Pleuracanthi und Selachii dorsale oder ventrale Rippen seien (Abb. 9.5). Die langen knöchernen Rippen, welche die Körperhöhle der Actinopterygii umgeben, sind Ventralrippen. Verschiedene ursprüngliche, aber nicht näher miteinander verwandte Fische (Lachse und *Polypterus)* haben sowohl ventrale als auch kleinere dorsale Rippen. Die Rippen der Tetrapoden befinden sich in der Position der Ventralrippen; es herrscht inzwischen jedoch Einigkeit darüber, dass sie ursprünglich Dorsalrippen sind.

Die kurzen Cervicalrippen der Tetrapoden können fest mit den Wirbeln artikulieren (bei Labyrinthodontiern und vielen Reptilien). Sie können mit den Wirbeln verschmelzen (bei Vögeln und Säugetieren) oder verloren gehen (bei Schildkröten). Freie Schwanzrippen treten bei den meisten Labyrinthodontiern und manchen Reptilien auf, sind aber ansonsten verloren gegangen oder ununterscheidbar mit den transversen Fortsätzen verschmolzen. Das Gleiche gilt für die Lumbalrippen der Säugetiere. Anura haben gewöhnlich keine freien Rippen. Urodela haben kurze Rippen mit einer einzigartigen Artikulation. Die Rippen der Amnioten bestehen aus zwei Teilen, einem hauptsächlichen verknöcherten Segment und einer kürzeren **Sternalrippe**, die bei Vögeln verknöchert, aber ansonsten meistens knorpelig ist. Die mehr anterior gelegenen Thoracalrippen der meisten Amnioten artikulieren mit dem Sternum (Brustbein) über ihre sternalen Segmente (Abb. 24.6). Die Rippen der Vögel und mancher Reptilien haben **Processus uncinati**, um eine Verankerung für die Schultermuskulatur zu bieten (Abb. 28.20).

## 9.4 Sternum

Das Sternum ist ein medioventrales Skelettelement, das gewöhnlich mit den vorderen Thoracalrippen artikuliert (Abb. 9.12). Seine Funktionen sind die Verstärkung der Körperwand, ein Schutz der thoracalen Eingeweide, eine Ansatzstelle der Muskeln des Schultergürtels und bei manchen Amnioten auch ein Beitrag zur Ventilation der Lungen. Die meisten dieser Funktio-

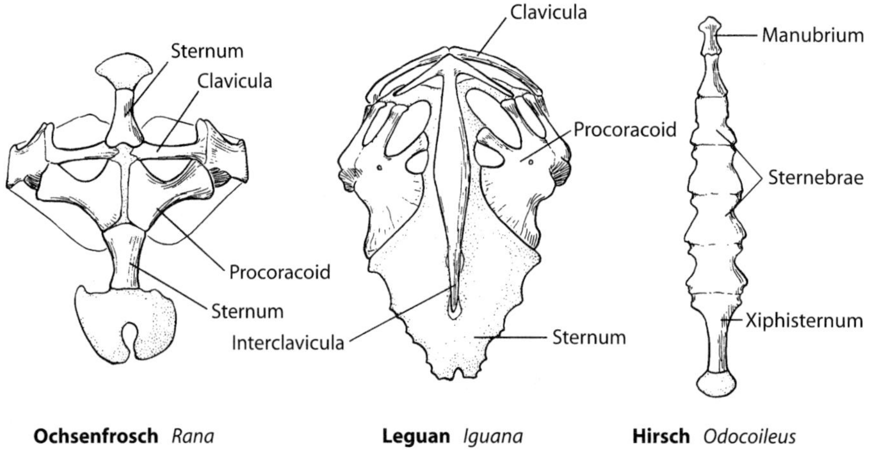


**Abb. 9.12.** Verschiedene Brustbeine und damit in Verbindung stehende Knochen des Schultergürtels. Ventralansicht

nen sind für Fische nicht relevant, und nur Tetrapoden (aber nicht alle Tetrapoden) haben ein Sternum. Es gibt eine weite strukturelle Variation zwischen den Arten und auch eine relativ große Variabilität unter den Tieren einer Art. In Fossilien von Amphibien und Reptilien ist das Sternum selten vorhanden, weil es knorpelig war. Es trägt nur wenig zu unserem Wissen über die Evolution der Vertebraten bei.

Das Sternum bildet sich entweder aus paarigen oder einem mittig-ventralen Primordium oder aus beiden. Diese Primordien werden mittlerweile allgemein als neue Strukturen angesehen, die nicht aus dem Schultergürtel oder den Rippen entstehen. (Die Rippenenden der Säugerembryonen inhibieren eine Verknöcherung des Sternums.)

Wahrscheinlich hatten die ursprünglichsten Tetrapoden kein Sternum. Bei den meisten lebenden Urodelen ist es eine einfache Knorpelplatte, die bei einigen fehlt. Bei Anuren kann es wenig entwickelt oder gut verknöchert sein. Bei Eidechsen und Krokodilen ist das Sternum knorpelig und oft groß. Es fehlt bei Schlangen, Amphisbaenia und Schildkröten. Moderne Vögel haben ein riesiges verknöchertes Sternum mit einem sehr auffälligen Kiel (Carina) als Ansatzstelle der Flugmuskulatur (Abb. 28.20). Die Säugetiere sind insofern einzigartig, als dass ihr Sternum in eine lineare Serie von ungefähr sechs knöchernen Teilstücken aufgeteilt ist.

## 9.5 Ursprung der Extremitäten

Wenige Aspekte der Vertebratenevolution haben über die Jahre so viele Debatten unter so vielen berühmten Biologen ausgelöst wie der Ursprung und die Evolution der paarigen Extremitäten. Neue Fossilien, verbesserte Methoden bei der phylogenetischen Analyse, die Aufmerksamkeit auf Entwicklungsprozesse und die Entdeckung der regulatorischen Effekte der *Hox*-Gene haben neue Hinweise gegeben, aber noch keinen Konsens. Es gibt mittlerweile zwei gegensätzliche Ansichten über den Ursprung der paarigen Flossen. Shubin, Tabin und Kemp (1997) weisen auf die Ähnlichkeiten der Schulter- und Beckenanhänge bei allen größeren Gruppen hin. Sie glauben, dass es serielle Homologe sind, die in etwa zur gleichen Zeit bei paläozoischen Fischen entstanden sind und dass beide Flossenpaare unter der Kontrolle einer posterioren Serie von *Hox*-Genen stehen. Coates und Cohn (1999) bestreiten dies entschieden und setzen dagegen, dass die Muster der Flossenphylogenie aus dem Fossilbeleg wenig Hinweise auf eine simultane Evolution der Schulter- und Beckenanhänge liefern, dass die Brustflossen sich zuerst entwickelten und dass die Genregulation der vorderen Flosse sich von derjenigen der Bauchflosse unterscheidet. Selbst unsere am weitesten entwickelten und empfindlichsten Techniken sind immer noch begrenzt. Wir benötigen mehr Fossilmaterial und zusätzliche experimentelle Studien.

In den frühen 1880er Jahren postulierten verschiedene Anatomen, dass der ursprüngliche Vertebrat kontinuierliche paarige Seitenflossen von den Kiemen bis zur Kloake hatte und dass von dort eine einzelne kontinuierliche Flosse an der Mittellinie um den Schwanz herum und auf dem Rücken nach vorne bis zum Kopf verlief. Man nahm an, dass die Flossen heutiger Fische Teile solcher ursprünglichen kontinuierlichen Flossensäume darstellen. Sie seien übrig geblieben, nachdem andere Teile verloren gingen. Anaspida hatten tatsächlich laterale Flossenfalten (Abb. 3.4), und Experimente zur Induktion von akzessorischen Extremitäten an der Amphibienlarve befürworten die Schlussfolgerung, dass sich Gliedmaßen immer dort bildeten, wo die kontinuierlichen Flossenfalten postuliert wurden. Tatsächlich wissen wir eben immer noch nicht genau, wie die Gliedmaßen sich entwickelten.

## 9.6 Mediane Flossen

Die **Dorsalflosse**(n), die entlang der dorsalen Mittellinie liegt, die **Analflosse**(n) zwischen Anus und Schwanz und die **Schwanzflosse** bilden zusammen die medianen Flossen. Sie treten bei fast allen Agnatha und kiefertragenden Fischen auf. (Larvale Amphibien, die Adulten vieler Urodelen und manche Amnioten, die hochspezialisiert an das Leben im Wasser angepasst sind, haben sekundär analoge Strukturen entwickelt.)

### 9.6.1 Dorsal- und Analflossen

Dorsal- und Analflossen verhindern, dass sich der Körper um die Vertikalachse (gieren) und um die Longitudinalachse (rollen) dreht.

Der ursprüngliche Zustand war wahrscheinlich, dass jede Flosse innerhalb der Körperkontur durch eine Reihe stabähnlicher **Radialia** oder **Pterygiophoren** unterstützt wurde, die segmental (eine Pterygiophore pro Körpersegment) angeordnet waren (Abb. 9.13). Gewöhnlich ist die Anzahl reduziert oder vergrößert, die segmentale Anordnung verloren gegangen. Jede Pterygiophore ist gewöhnlich in zwei oder mehr Teile unterteilt. Der proximale Teil ist oft wesentlich größer als der mehr distal gelegene und wird dann **Basale** genannt. Pterygiophoren artikulieren manchmal mit Dorn- und Haemalfortsätzen, aber sie entstehen wahrscheinlich nicht aus den Wirbelanlagen.

Die sichtbare Membran der Flosse wurde möglicherweise ursprünglich nur von dermalen Schuppen in der sie bedeckenden Haut gestützt, wobei die an der Vorderkante größer waren als die dahinter. Die Flossen der Cephalaspida und einiger Placodermi waren offensichtlich so ge-

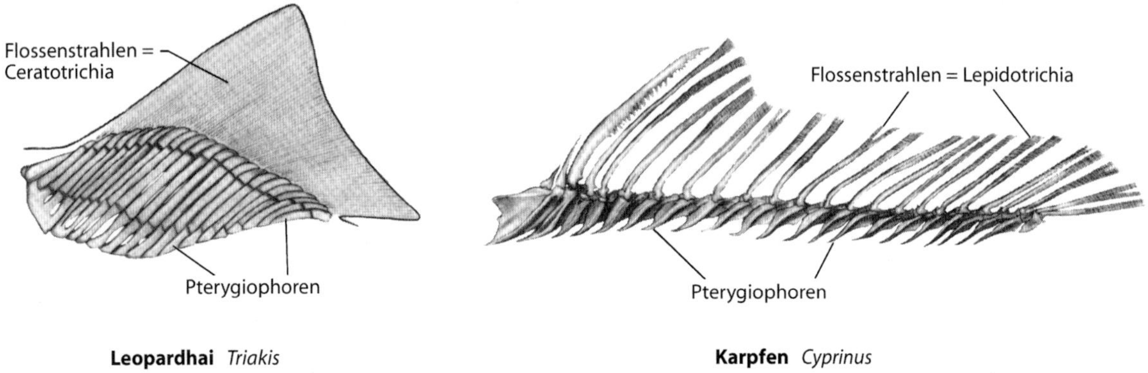


**Abb. 9.13.** Skelett der Dorsalflosse eines Knorpelfisches (*links*) und eines Knochenfisches (*rechts*)

baut. Die Flossen höher entwickelter Fische wurden innen durch eine Reihe schlanker **Flossenstrahlen** gestützt. Flossenstrahlen der Knorpelfische sind schlank, nicht gegliedert und elastisch und werden **Ceratotrichia** genannt. Diejenigen der Knochenfische sind etwas breiter, gegliedert, proximal paarig, distal verzweigt und verknöchert und werden **Lepidotrichia** genannt. Sie werden von Schuppen abgeleitet. Höhere Teleosteer haben in der Dorsalflosse nur sechs oder weniger Lepidotrichia, die vergrößert und ziemlich hart sind. Die Vorderkante einer oder mehrerer Medianflossen vieler Fische (Pteraspida, Acanthodii, die meisten Chondrichthyes) ist durch einen gedrungenen Dorn versteift, der als Wasserteiler und auch (oder stattdessen) zur Verteidigung oder zum Imponieren dient. Dieser Dorn kann ein verknöchertes Lepidotrich sein; bei den Knorpelfischen entsteht er aus einem oder mehreren dermalen Dentikeln. Dorsal- und/oder Analflossen können lang und kontinuierlich sein (Cyclostomata, Pleuracanthi, manche Teleostei), einzeln (die meisten Actinopterygii), doppelt (viele Selachii und Sarcopterygii), multipel (*Polypterus*) oder sie können fehlen. Eine einzige Dorsalflosse ist der ursprüngliche Zustand für Actinopterygii.

## 9.6.2 Schwanzflosse

Wenn die Wirbelsäule bis zur Schwanzspitze gerade verläuft, sind die dorsalen und ventralen Loben des Schwanzes ungefähr gleich groß und die Flosse heißt **diphycerk**. Wenn die Wirbelsäule nach oben abknickt und in den Dorsallobus eindringt, dann ist der Dorsallobus länger als der ventrale, der Großteil der Flossenmembran liegt ventral zur Achse des Schwanzes und der Schwanz heißt **heterocerk** oder **epicerk** (Abb. 9.14). Wenn die Wirbelsäule in den größeren ventralen Lobus eindringt, ist der Schwanz **hypocerk** (Anaspida in Abb. 3.4). Wenn die gesamte Flossenmembran posterior zur Wirbelsäule liegt, sind die dorsalen und ventralen Loben ungefähr gleich groß, der Schwanz wird als **homocerk** bezeichnet. Es gibt verschiedene Zwischenstufen und Modifikationen.

Der ursprüngliche Schwanz war möglicherweise diphycerk, aber die meisten Schwänze, die

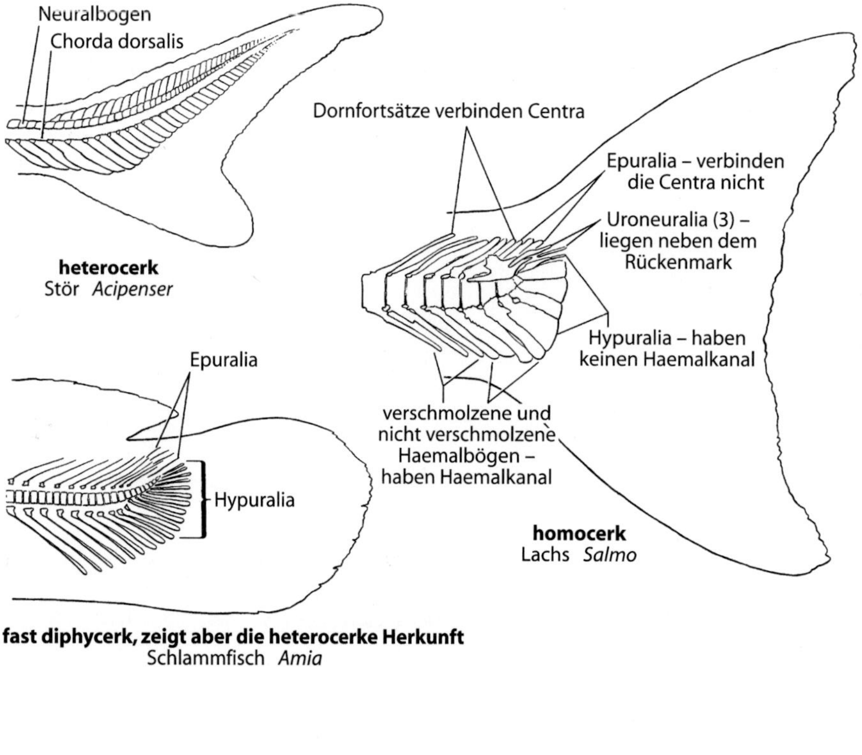


**Abb. 9.14.** Form und Struktur der Schwänze einiger Knochenfische

belegt sind, sind heterocerk (Cephalaspida, Placodermi, die meisten Chondrichthyes, die ursprünglicheren Osteichthyes jeder Unterklasse). Wenige Vertebraten haben hypocerke Schwänze (Anaspida). Aus dem heterocerken Schwanz entwickelten sich die (sekundär?) diphycerken Schwänze der Cyclostomata, Pleuracanthi, späten Sarcopterygii und *Polypterus*, und der homocerke Schwanz von fast allen Teleostei. Diese Schwanzformen sind in den Abbildungen von Kapitel 3 gezeigt.

Die Schwanzflosse der Strahlenflosser wird, im Gegensatz zu anderen medianen Flossen, innerhalb ihrer fleischigen Basis von mehreren modifizierten Neuralbögen und Fortsätzen, die **Epuralia** genannt werden, und von mehreren modifizierten Haemalbögen und Fortsätzen, die **Hypuralia** heißen, unterstützt. Diese und damit in Verbindung stehende Strukturen werden in Abb. 9.14 weiter definiert. Die Flossenmembran wird durch Flossenstrahlen versteift, die in ihrer Struktur derjenigen der Dorsal- und Analflossen desselben Fisches entsprechen. Lepidotrichia der Schwanzflosse sind gewöhnlich verzweigt.

## 9.7 Struktur und Evolution der Extremitätengürtel

### 9.7.1 Extremitätengürtel der Fische

Der Schultergürtel ist älter, größer und komplizierter als der Beckengürtel. Er umfasst ein oder mehr Elemente aus Knorpel oder Ersatzknochen und mehrere Dermalknochen, die aus ursprünglichen Schuppen oder Panzerplatten entstehen.

Die **Placodermi** zeigen die Anfangsstadien der Evolution des Schultergürtels. Eine knorpelige Flossenbasis stand mit den darüber liegenden Platten des Hautskeletts in Verbindung. Der große Schultergürtel der **Knorpelfische** ist in zweierlei Hinsicht unverwechselbar: Dermale Knochenelemente fehlen (wahrscheinlich durch Reduktion), und die rechte und die linke Hälfte des Gürtels sind in der Mittellinie miteinander verschmolzen. Daraus resultiert ein U-förmiger

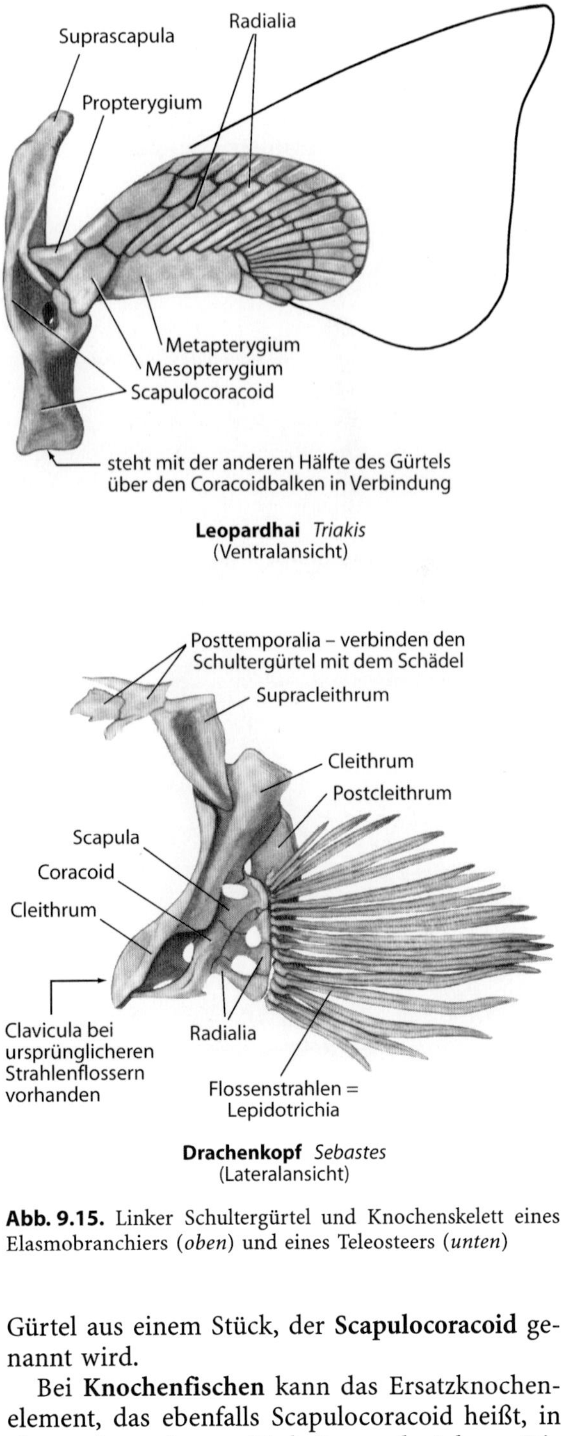


**Abb. 9.15.** Linker Schultergürtel und Knochenskelett eines Elasmobranchiers (*oben*) und eines Teleosteers (*unten*)

Gürtel aus einem Stück, der **Scapulocoracoid** genannt wird.

Bei **Knochenfischen** kann das Ersatzknochenelement, das ebenfalls Scapulocoracoid heißt, in einer oder mehreren Einheiten verknöchern. Die Hautknochen sind in Abb. 9.15 benannt. Sie ver-

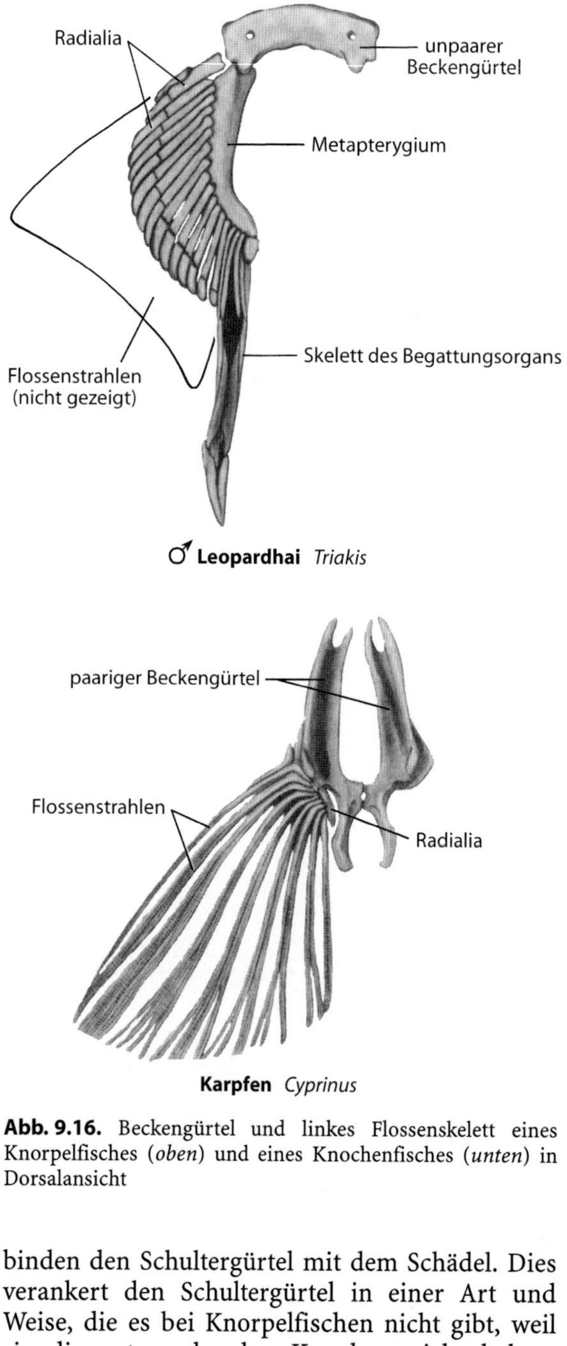


**Abb. 9.16.** Beckengürtel und linkes Flossenskelett eines Knorpelfisches (*oben*) und eines Knochenfisches (*unten*) in Dorsalansicht

binden den Schultergürtel mit dem Schädel. Dies verankert den Schultergürtel in einer Art und Weise, die es bei Knorpelfischen nicht gibt, weil sie die entsprechenden Knochen nicht haben. Deshalb folgen auch nur wenige Knochenfische dem Beispiel der Knorpelfische, indem sie die Hälften des Schultergürtels in der mittventralen Linie verbinden. Das **Cleithrum** ist das basale Dermalknochenelement. Die **Clavicula** ist bei höheren Teleosteern verloren gegangen. Die Knochen zwischen dem Cleithrum und dem Schädel variieren in ihrer Anzahl.

Placodermi haben bestenfalls kleine Bauchflossen, ein Beckengürtel ist bisher nicht beschrieben worden. Die Bauchflossen anderer Fische werden schwach durch ein einzelnes Skelettelement auf jeder Seite des Körpers unterstützt. Sie sind außer bei Knorpelfischen und Dipnoi knöchern. Die beiden Teile sind gewöhnlich getrennt, können aber überlappen oder miteinander artikulieren. Bei Knorpelfischen sind sie über der mittventralen Linie durch eine Knorpelbrücke miteinander verbunden (Abb. 9.16).

### 9.7.2 Extremitätengürtel der Tetrapoden

Der Schultergürtel der **ursprünglichen Amphibien** unterschied sich von dem der Fische dadurch, dass die Ersatzknochen vergrößert und die Bindegewebsknochen reduziert waren (Abb. 9.17). Alle Knochen dorsal des Cleithrums gingen verloren (außer bei einer Übergangsgruppe primitiver Labyrinthodontier). Dadurch war der Kontakt mit dem Schädel unterbrochen und der Kopf war frei, so dass er sich an dem sich entwickelnden Hals drehen konnte. Manche Dipnoi und Crossopterygii hatten eine kleine **Interclavicula**, welche die beiden Hälften des Schultergürtels mittig in der Ventrallinie vereinigte. Dieser Knochen vergrößerte sich bei Labyrinthodontiern, wahrscheinlich um den Verlust der Verankerung des Gürtels am Kopf zu kompensieren. Es gab zwei Ersatzknochen, eine dorsale Scapula und einen ventralen Knochen, den wir für den Augenblick Coracoid nennen. Unter den **modernen Amphibien** haben Urodelen keine Bindegewebsknochen im Schultergürtel, und Anuren haben keine Interclavicula und gewöhnlich auch kein Cleithrum (Abb. 9.12).

**Stammreptilien, Synapsida** und **Monotremata** ähneln sich, weil sie alle Knochenelemente des Schultergürtels besitzen. Interclavicula und Clavicula sind vorhanden, das Cleithrum ist zum letztenmal bei den primitiveren Reptilien vorhanden. Die Scapula ist groß und es gibt zwei Coracoide. Paläontologische Befunde weisen da-

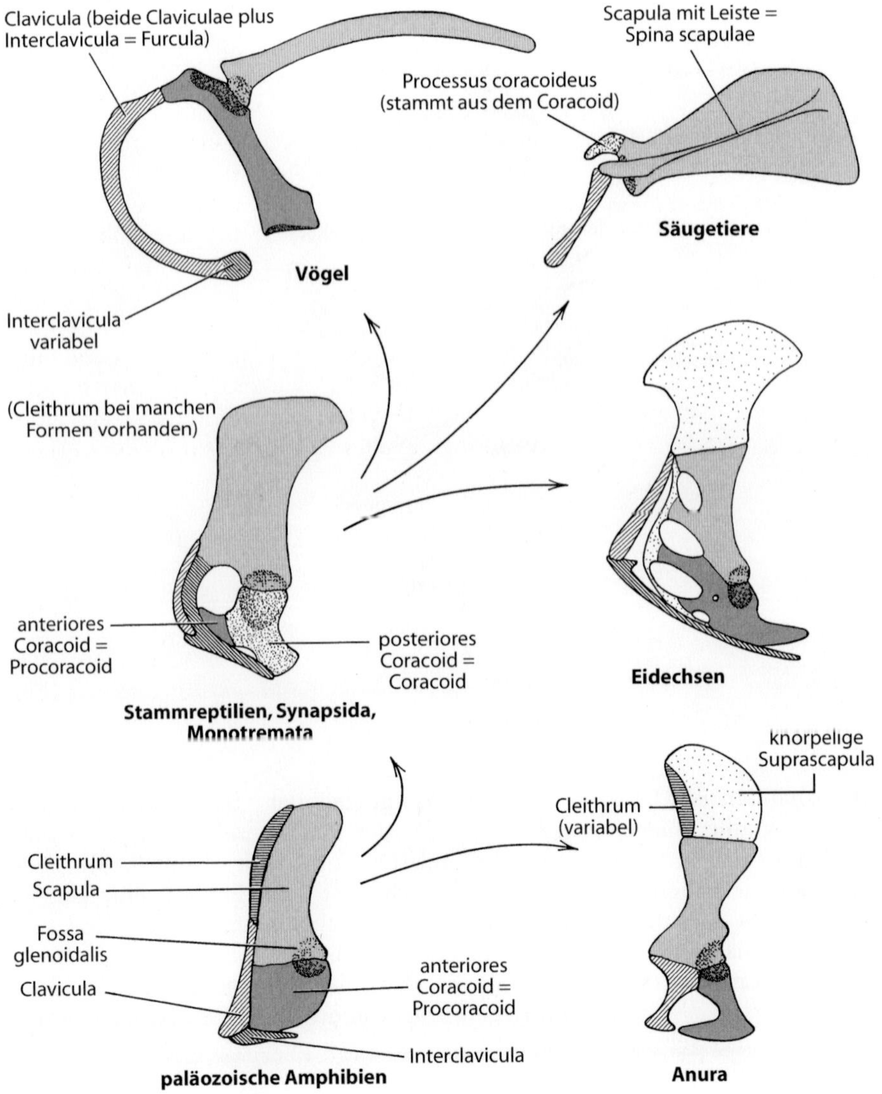


**Abb. 9.17.** Phylogenie des Schultergürtels der Tetrapoden. Lateralansichten von links

rauf hin, dass das einzelne Coracoid der Amphibien sich nicht geteilt hat. Stattdessen wurde hinter dem ursprünglichen Coracoid ein neuer Knochen zugefügt. Wir unterscheiden deshalb ein **anteriores Coracoid** oder **Procoracoid** und ein **posteriores Coracoid** oder einfach **Coracoid**. **Andere Reptilien**, z.B. Schildkröten, Lepidosaurier und Archosaurier, haben in der Regel das posteriore Coracoid verloren und auch zumindest einige der Bindegewebsknochen.

**Vögel** haben eine klingenartige Scapula, die parallel zur Wirbelsäule ausgerichtet ist. Das Procoracoid ist groß und bildet mit dem Sternum ein festes Gelenk. Das posteriore Coracoid ist, entsprechend der Ableitung der Vögel von den Archosauriern, verloren gegangen. Die beiden Claviculae verbinden sich ventral und bilden die **Furcula** (Gabelbein). Die Interclavicula kann in die Furcula mancher Vögel integriert sein, fehlt aber oft.

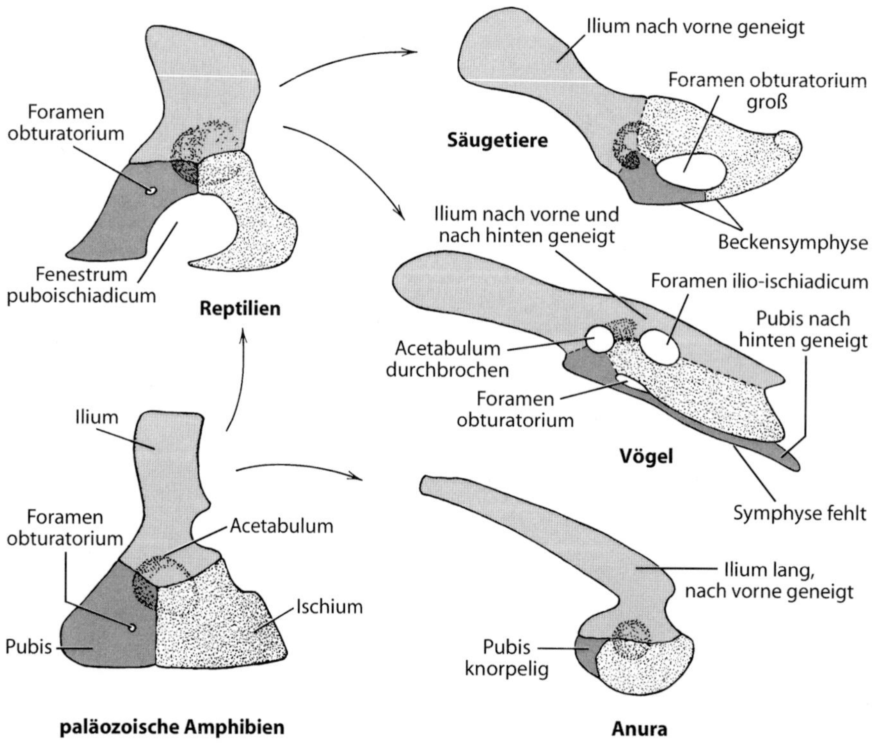


**Abb. 9.18.** Phylogenie des Beckengürtels der Tetrapoden. Lateralansichten von links

Wenn nur ein Coracoid vorhanden ist (Labyrinthodontier, Schildkröten, Krokodile, Eidechsen, Vögel), wird es gewöhnlich als **das** Coracoid bezeichnet, ohne weiteren qualifizierenden Zusatz. Wir haben aber gesehen, dass es entsprechend der Tetrapodenphylogenie das Procoracoid ist. Es besteht ausschließlich aus Ersatzknochen.

Die Clavicula ist der einzige Bindegewebsknochen, der bei den **therischen Säugetieren** beibehalten wird, und auch dieser Knochen kann bei manchen Arten fehlen. Bei den Säugern geht das Procoracoid vollständig verloren. Das posteriore Coracoid verknöchert unabhängig im Fötus, verschmilzt dann mit der Scapula und bildet den **Processus coracoideus** dieses Knochens. Die Scapula ist einzigartig, weil sie einen **Grat (Spina scapulae)** hat. Der Grat repräsentiert die anteriore Grenze des ursprünglichen Knochens; der anteriore Rand der Säugetierscapula ist also eine Neubildung. Das ventrale Ende des Fortsatzes setzt sich im **Acromion** fort, das dann mit der Clavicula artikuliert.

Der **Beckengürtel** der Tetrapoden ist viel größer als der der Fische und in seiner Grundstruktur relativ einheitlich (Abb. 9.18). Jede Hälfte des Gürtels ist beim Embryo eine einzige knorpelige Einheit, aber beim Adulten sind drei Knochen konstant. Diese sind das dorsale **Ilium** (Darmbein), das mit einem oder mehreren Sacralwirbeln artikuliert, ein anteriores **Pubis** (Schambein) und ein posteriores **Ischium** (Sitzbein). Die Knochen einer Seite verschmelzen in der Regel beim Adulten und bilden das **Os coxae (Os innominatum)**. Ein oder zwei der ventralen Knochen der beiden Seiten artikulieren gewöhnlich oder verschmelzen miteinander über die mittventrale Linie. Die Kontaktzone heißt **Beckensymphyse**.

Primitive **Amphibien** hatten einen soliden, wie ein Dreieck geformten Gürtel mit dem Ilium als Apex. Das Pubis kann vom Ischium dadurch unterschieden werden, dass es ein Foramen hat, nämlich das Foramen obturatorium, das einen Nerv beherbergt. Der atypische Beckengürtel der Frösche hat ein langes, nach vorne geneigtes

Ilium. Das Pubis der modernen Amphibien ist knorpelig.

Der Beckengürtel der **Reptilien** nimmt verschiedene Formen an, ist aber in seinem Grundbauplan ähnlich dem der Labyrinthodontier, also der paläozoischen Amphibien. Der Kontakt mit der Wirbelsäule ist stärker. Neben dem Foramen obturatorium ist in der Regel zwischen den beiden ventralen Knochen ein großes Fenster (Fenestrum puboischiadicum) vorhanden.

Der Beckengürtel der **Vögel** ist unverwechselbar. Er ist groß und fest am Synsacrum verankert. Das lange Ilium dehnt sich sowohl anterior als auch posterior bis zur Gelenkgrube für den Femur, dem Acetabulum, aus. Das Pubis ist nach hinten unter das Ischium gedreht. Es gibt keine Symphyse (s. auch Abb. 9.9).

**Säugetiere** haben ein langes und ausgedehntes Ilium, das sich vom Acetabulum aus nur nach vorne ausdehnt. Das große Fenestrum obturatorium repräsentiert sowohl das Foramen obturatorium als auch das Fenestrum puboischiadicum der Vorfahren. Eine Symphyse ist fast immer vorhanden. Monotremata und Marsupialia, einige reptilienähnliche Säugetiere und allotherische Säugetiere, sowie manche eutherische Säugetiere aus der späten Kreidezeit haben paarige **Epipubisknochen** (deren Ursprung ungewiss ist), die mit dem Pubis artikulieren und nach vorne in die ventrale Körperwand reichen (Abb. 9.19). Man nimmt an, dass sie entweder einen Beutel oder aber das Gewicht der klammernden Jungen unterstützen, oder auch, dass sie mit der Lokomotion in Zusammenhang stehen.

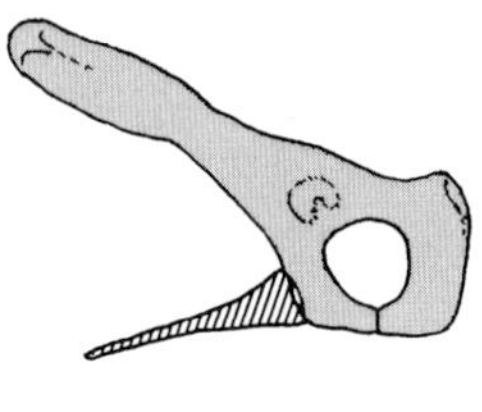

**Abb. 9.19.** Becken eines Opossums, Lateralansicht von links. Das Epipubis (Beutelknochen) ist *schraffiert*

## 9.8 Struktur und Evolution der paarigen Flossen

Die frühesten paarigen Flossen hatten wahrscheinlich eine breite Basis, eine Reihe von Basalia, die sie gegen die Körperwand verankerten, und eine Reihe von Radialia, die lateral in die Flosse hineinreichten. Anschließend, wahrscheinlich im Ordovicium, wurde die Basis der Flosse verkleinert und so ihre Beweglichkeit erhöht. Die Basalia wurden vergrößert und in ihrer Anzahl reduziert und in den dorsoposterioren Rand der Flosse einbezogen (Abb. 9.20). Das konstanteste und in der Regel das größte Basalelement ist bei allen Fischen homolog und heißt **Metapterygium**. Die Achse des Metapterygiums definiert die Achse der Flosse. Es unterstützt die Radialia immer auf seiner präaxialen Seite (ventral oder anterior).

Die Funktion paariger Flossen besteht gewöhnlich darin, zu verhindern, dass der Körper um die transverse Achse und um die Längsachse dreht. Vor allem bei höheren Fischen besteht eine weitere Funktion darin, dass die Vorwärtsbewegung abgebremst wird. Funktion und Position der Flossen werden in Kapitel 27 weiter diskutiert.

Unter den **kieferlosen Vertebraten** haben die Cyclostomata keine Spur paariger Extremitäten, das Gleiche gilt für Pteraspida. Anaspida hatten laterale Brustdornen und laterale Flossenfalten (Abb. 3.4). Die Dornen waren dermalen Ursprungs, oberflächlich und nicht beweglich. Die Flossenfalten haben wahrscheinlich beim Präzisionsschwimmen unduliert. Cephalaspida hatten Brustlappen hinter den lateralen Flügeln des

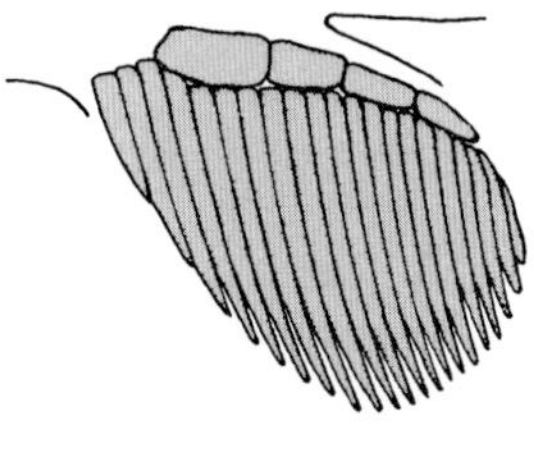

**Abb. 9.20.** Hypothetische ursprüngliche Brustflosse kiefertragender Vertebraten

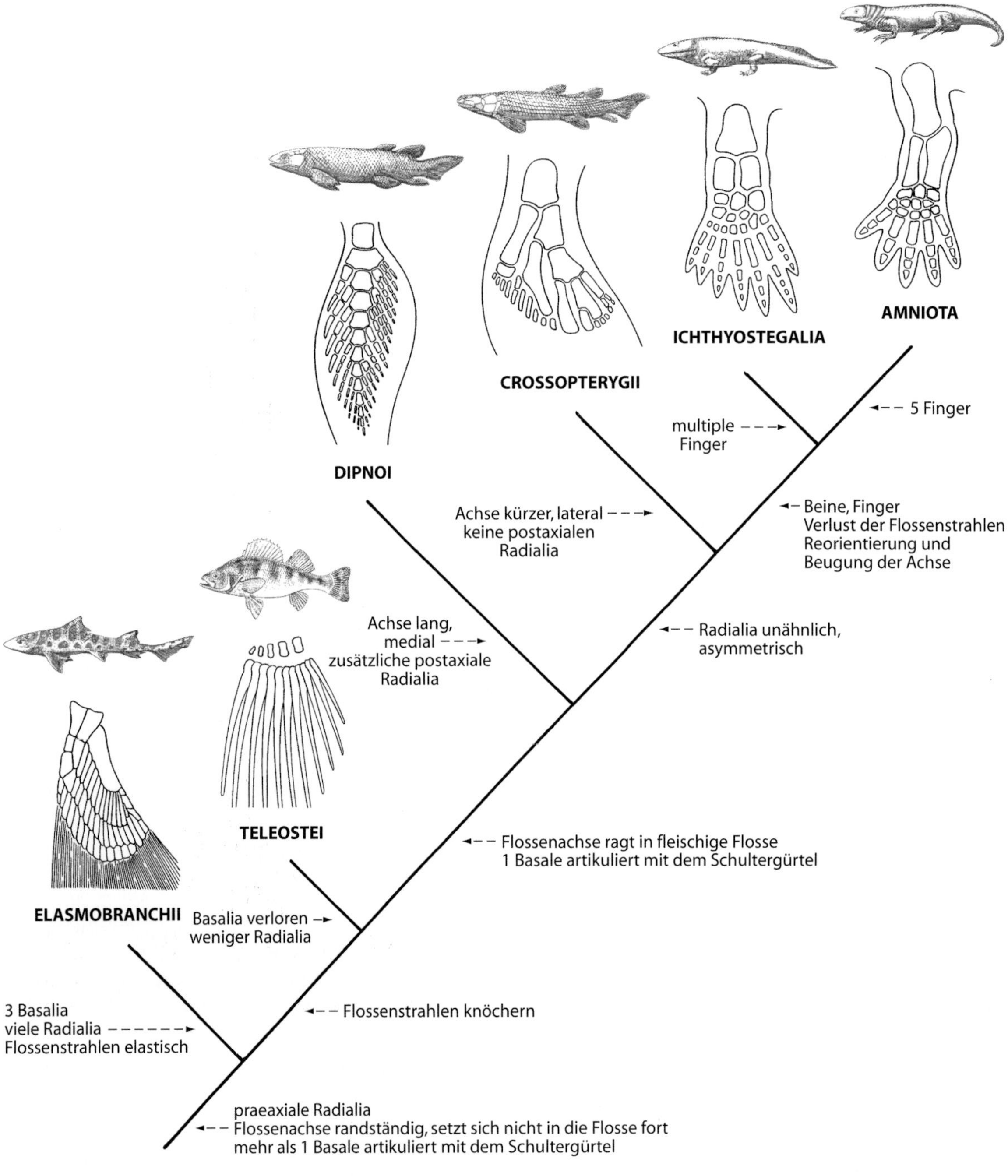


**Abb. 9.21.** Kladogramm der Evolution der Vordergliedmaße. Jeweils die linke Seite in Dorsalansicht

Kopfpanzers. Sie waren muskulös, aber anscheinend ohne inneres Skelett.

**Placodermi** und **Acanthodii** experimentierten mit neu entwickelten paarigen Extremitäten, die von steifen Flossen (Arthrodira) zu gelenkigen Waffen (Antiarchi) und multiplen Dornen (Acanthodii) reichten (Abbildungen in Kap. 3). Ein komplexes Hautskelett wurde manchmal durch ein knorpeliges Innenskelett ergänzt.

An diesem Punkt der Evolution der paarigen Flossen wurde die relative Bedeutung der Haut, des Hautskeletts und des Innenskeletts umgekehrt, so dass das Innenskelett über das Hautskelett dominierte. Paarige Flossen der **Chondrichthyes** (außer den Pleuracanthi) weichen nur wenig von dem postulierten ursprünglichen Bauplan ab, obwohl das Muster im Detail durchaus variiert. Der Flossenstamm wird durch Basalia (in der Regel 3) unterstützt, von denen sich eine Vielzahl von Radialia fächerförmig ausbreiten (Abb. 9.15 und 9.16). Ceratotrichia vervollständigen das Flossenskelett ähnlich wie bei der Dorsalflosse.

Die **Actinopterygii** sind nach ihrer Flossenstruktur benannt (**Actinopterygium** = Strahlen + Flosse). Bei den Chondrostei bleiben gewöhnlich ein bis drei Basalia erhalten. Die Radialia sind kurz und das Flossenskelett wird durch Lepidotrichia vervollständigt. Neopterygii haben gewöhnlich keine Basalia und nur wenige Radialia.

Die **Sarcopterygii** sind ebenfalls nach ihrer Flossenstruktur benannt. **Sarcopterygium** (= Fleisch + Flosse) bezieht sich auf die fleischige, d.h. muskulöse Basis dieser Flossen. Das ursprüngliche Flossenskelett ist durch eine Umorientierung der Reihe der Basalia modifiziert, so dass diese als Achse des fleischigen Flossenstiels in die Flosse hineinragen. Es gibt zwei hauptsächliche Arten von Sarcopterygium. Bei Dipnoi und Pleuracanthi (die letzteren werden nicht als Sarcopterygier klassifiziert, haben aber ähnliche Flossen) sind die Radialia biserial. Es gibt eine Serie von Radialia auf jeder Seite einer Medianachse. Diese Flosse wurde früher als ursprünglich für die Tetrapodenextremität angesehen und wurde deshalb **Archipterygium** genannt (Abb. 9.21). Der Name bleibt, aber ist nicht länger angebracht. Bei den Crossopterygii sind die Radialia uniserial. Es gibt nur eine Serie auf einer Seite einer kürzeren Lateralachse. Diese Flosse, die **Crossopterygium** genannt wird, ist ganz klar ursprünglich für die Tetrapodenextremität. Das Archipterygium ist fast symmetrisch. Das Crossopterygium ist asymmetrisch.

## 9.9 Ursprung, Evolution, Struktur und Entwicklung der Gliedmaßen

Die Entdeckung der amphibienähnlichen panderichthyiden Fische und der fischähnlichen ichthyostegiden Amphibien hat die Lücke zwischen Flosse und Bein verengt. Außerdem weiß man jetzt, im Gegensatz zu früher, dass sich die Tetrapoden im oder nahe dem Süßwasser entwickelt haben. Ihre Fischvorfahren hatten bereits starke Flossen, mit denen sie am Gewässerboden laufen und auf feuchte Küsten kriechen konnten, um aquatischen Feinden zu entkommen oder um Nahrung an Land zu finden. Die Umwandlung zu Gliedmaßen setzte den Verlust der Flossenstrahlen, den Erwerb von Fingern sowie eine Umorientierung voraus. Das sich entwickelnde Bein stand zunächst lateral, seine präaxiale Seite deutete nach vorne. Es beugte sich am Ellbogen und am Handgelenk bzw. am Knie und am Knöchel und erlaubte so eine Anhebung des Körpers. Es rotierte nach medial, wodurch der Fuß nach vorne orientiert werden konnte.

Die paarigen Flossen der Fische haben im Grunde immer die gleichen Funktionen und variieren in ihrem grundsätzlichen Bauplan je nach Klasse und Subklasse. Die Brustflossen sind stärker und fester mit dem Axialskelett verbunden. Die Beine der Tetrapoden dagegen haben eine Vielzahl von Funktionen, aber behalten einen einheitlichen basalen Bauplan bei. Die Hintergliedmaßen sind stärker und fester mit dem Axialskelett verbunden. Die proximalen und mittleren Elemente des Extremitätenskeletts der Tetrapoden können klar in den Flossen der ursprünglichen Crossopterygier wiedergefunden werden (Abb. 9.22). Das Archipterygium schien früher von grundsätzlich unterschiedlichem Bauplan zu sein. Inzwischen gibt es jedoch entwick-

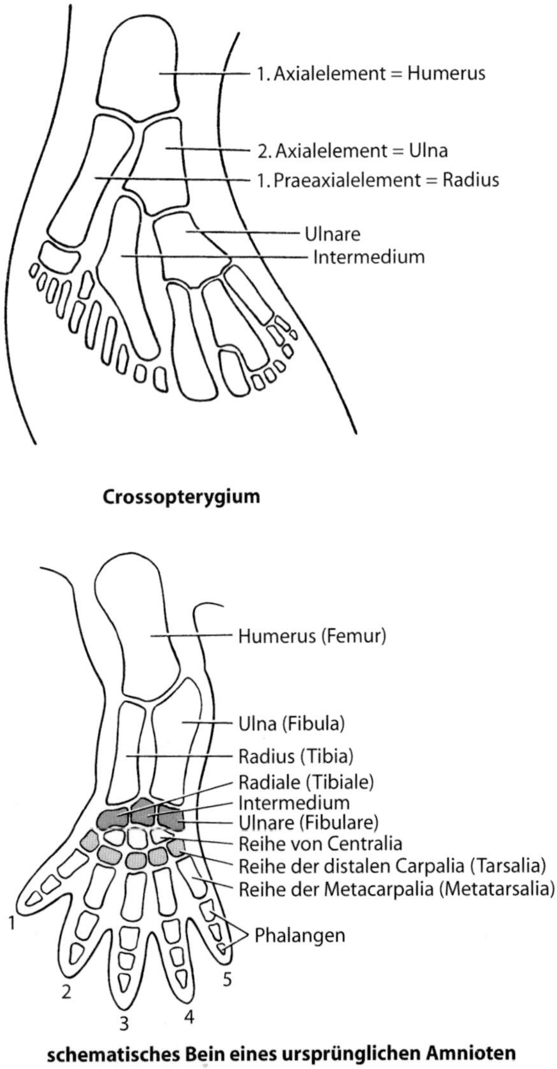


**Abb. 9.22.** Terminologie und Homologie des Flossen-Gliedmaßenüberganges. Gezeigt ist die linke Extremität in Dorsalansicht. Die Terminologie für das Hinterbein ist *in Klammern* gesetzt

lungsbiologische Hinweise darauf, dass die Primordien der Ulna und des Radius verschmelzen und das sekundäre Element der Axialserie bilden und dass die gerade Achse der Flosse äquivalent zu der gebogenen Achse der Tetrapoden ist.

Die basale Skelettstruktur der Gliedmaßen ist in Abb. 9.22 aufgezeigt. (Die angegebene Terminologie wird weltweit von vergleichenden Anatomen benutzt, aber andere Termini werden von Humananatomen und Mammalogen gebraucht, um bestimmte Variationen der Fußknochen ihrer Forschungsobjekte zu identifizieren.) Die Knochen des Handgelenks bilden den **Carpus.** Diejenigen des Knöchels bilden den **Tarsus.** Carpalia und Tarsalia werden zusammen als **Fußknochen (Wurzelknochen)** bezeichnet. Von diesen Wurzelknochen sind die Centralia am wenigsten konstant. Der Vorderfuß wird **Manus** (Hand) genannt, der Hinterfuß **Pes** (Fuß). Metacarpalia und Metatarsalia werden gemeinsam als **Mittelfußknochen** bezeichnet. Die Skelettmuster der verschiedenen Tetrapodenfüße sind von dem ursprünglichen Muster durch Weglassen und Verschmelzungen abgeleitet, die in der Regel durch Untersuchung der Embryonalentwicklung verifiziert werden können.

Shubin und Alberch (1986) haben mit Hilfe der experimentellen und vergleichenden Embryologie die Entwicklung der Gliedmaßen in Einklang mit der vergleichenden Anatomie von fossilen und rezenten Sarcopterygiern und Tetrapoden erklärt. Das Gliedmaßenskelett bildet sich aus knorpeligen Elementen innerhalb der sich entwickelnden Gliedmaßenknospe. Zunächst erscheint ein von dem ursprünglichen Metapterygium abgeleitetes, einzelnes Stück, das dann zum proximalen Skelettelement wird (Abb. 9.23). Dieses Stück teilt sich auf und bildet zwei Elemente des nächsten Abschnitts. (Das zweite Element der Achse des Archipterygiums der Dipnoer ist nicht paarig, aber es bildet sich durch die Fusion von paarigen Primordien). Das übrige Gliedmaßenskelett entwickelt sich asymmetrisch aus diesen paarigen Elementen in einer räumlichen und zeitlichen Sequenz vom Körper weg, entweder durch Segmentation (der erste Knorpel bildet einen anderen in linearer Sequenz mit sich selber) oder durch Verzweigung (ein erster Knorpel bildet zwei weitere durch Bifurkation). Die historische und entwicklungsbedingte Stabilität des Extremitätenskeletts nimmt in die Richtung auf sein distales Ende ab. Die Homologien des Flossen- Gliedmaßenübergangs, die in den Abbildungen gezeigt sind, stehen für die proximalen zwei Gliedmaßensegmente fest und gelten außerdem wahrscheinlich für zwei Knochen des

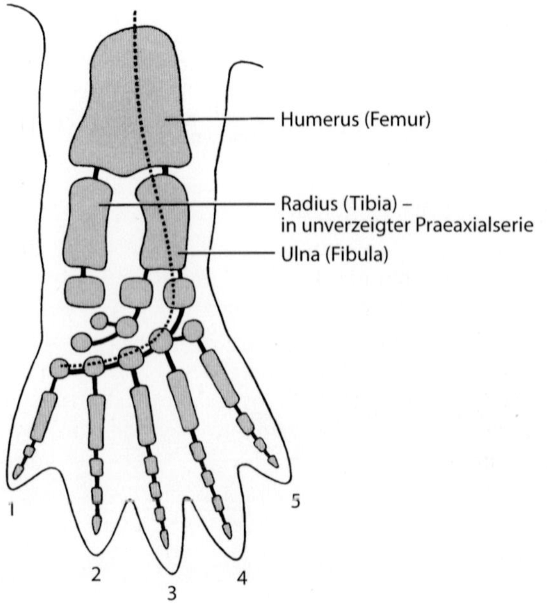


**Abb. 9.23.** Schema der Entwicklung des Extremitätenskeletts der Tetrapoden. Die Elemente bilden sich in einer Reihenfolge von proximal nach distal aus Vorläuferelementen, die dem Weg folgen, der durch *schwarze Linien* angedeutet ist. Die Entwicklungsachse wird durch die *gepunktete Linie* angedeutet. Für die weitere Terminologie vgl. Abb. 9.22. Verändert nach Shubin und Alberch (1986)

Fußes. Die vielfältigen Versuche, zusätzliche Knochen über diesen Übergang zu homologisieren, erscheinen jetzt ungerechtfertigt. Derselbe Grundbauplan scheint für alle Tetrapoden zuzutreffen. Die Gliedmaßenachse verläuft in einer Kurve entlang dem Handgelenk und nicht bis zu einem Finger herunter, wie man das früher angenommen hat. Die Finger sind keine umgewandelten postaxialen Radialia, sie sind stattdessen Neuerfindungen der Tetrapoden. Die ersten Amphibien „experimentierten" mit mehr als fünf Fingern. Dennoch ist ein Grundmuster mit mehr als fünf Fingern bei keiner Stammeslinie, die zu einer modernen Art geführt hat, die Norm geworden. Tabin (1992) fasst dieses Phänomen zusammen.

## 9.10 Struktur und Wachstum langer Knochen

Die größeren Knochen der Tetrapodenextremitäten werden **lange Knochen** (Röhrenknochen) genannt. Ein typischer Röhrenknochen hat einen

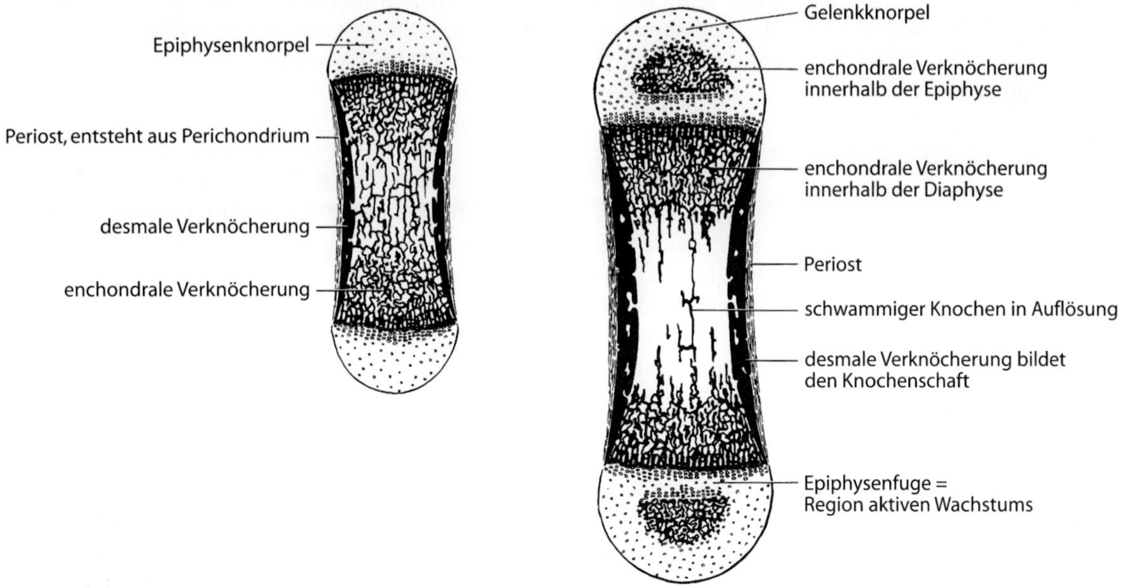


**Abb. 9.24.** Histogenese eines Röhrenknochens eines Säugers am Beispiel zweier Entwicklungsstadien, dargestellt in Längsschnitten

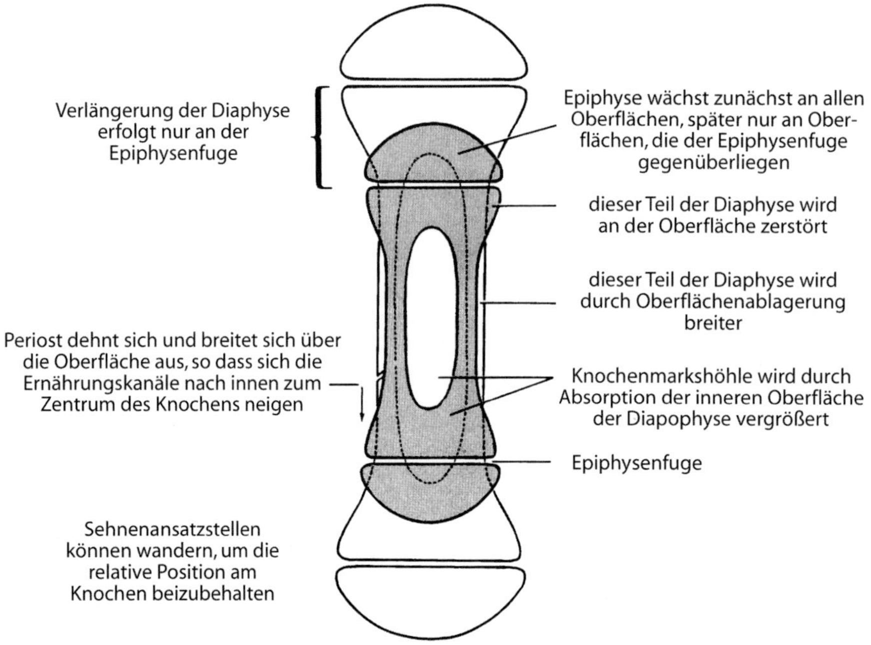


**Abb. 9.25.** Morphogenese eines Röhrenknochens eines Säugers zwischen zwei Entwicklungsstadien, dargestellt an einem schematisierten Längsschnitt

zylindrischen Schaft, die **Diaphyse**. Sie enthält die Knochenmarkshöhle und trägt an jedem Ende eine Erweiterung, die sog. **Epiphyse**, die mit dem benachbarten Knochen artikuliert. Epiphysen können knorpelig oder knöchern sein. Wenn sie knöchern sind, sind sie innen spongiös. Knöcherne Epiphysen verschmelzen gewöhnlich mit ihren entsprechenden Diaphysen, wenn das Tier ausgereift ist.

Das erste embryonale Vorläuferstadium eines Röhrenknochens ist eine Verdichtung von Mesenchym. Diese bildet ein einteiliges Modell des zukünftigen Knochens aus hyalinem Knorpel. Die Verknöcherung der Diaphyse beginnt als ein dünner Überzug aus direkt (desmal) gebildetem Knochen, der um das Zentrum des Modells von einer bindegewebigen Grenzschicht, dem **Periost**, abgelagert wird (perichondrale Knochenbildung) (Abb. 9.24). Mesenchym durchdringt den Knorpel und zerstört ihn (Bildung der primären Markhöhle). An der Grenze des Marks entsteht ein Maschenwerk, in dem Knochengewebe abgelagert wird (enchondrale Knochenbildung). Bald ist die zukünftige Knochenmarkshöhle umgeben von soliden Knochenlamellen, die wie die Schichten von Orthodentin angeordnet sind. Die kleinsten Säugetiere können diese Struktur beibehalten, aber meistens werden längliche Kanäle im sich entwickelnden Knochengewebe ausgehöhlt, und die Hohlräume reossifizieren mit der Zylinder-im-Zylinder-Konstruktion der Osteone. Nur an der Oberfläche des Knochens wird die lamelläre Struktur bis zum ausgereiften Organismus beibehalten (Abb. 6.3). Epiphysen dagegen verknöchern, wenn überhaupt, von einem oder mehreren inneren Centren aus, die sich nach außen ausdehnen und den Knorpel ersetzen. Der ausgereifte Knochen ist hauptsächlich enchondral, aber teilweise desmal in seinem Ursprung.

Knochen wachsen durch einen komplizierten und wunderbaren Prozess, der bei Reptilien und Säugetieren am besten bekannt ist. Die Diaphyse verlängert sich nur an den knorpeligen Platten (Epiphysenfugen), die sie von ihren Epiphysen trennt. Wenn diese Platten, wie z. B. bei Säugetieren, im Adultzustand verloren gehen, hört die Längenzunahme auf. Wachstum im transversen Durchmesser des Schafts (also Dickenwachstum) wird durch die Ablagerung von Knochen (durch Osteoblasten) an seiner äußeren Oberfläche und durch Abbau (durch Osteoklasten) an seiner inneren Oberfläche, der zu einer Vergrößerung

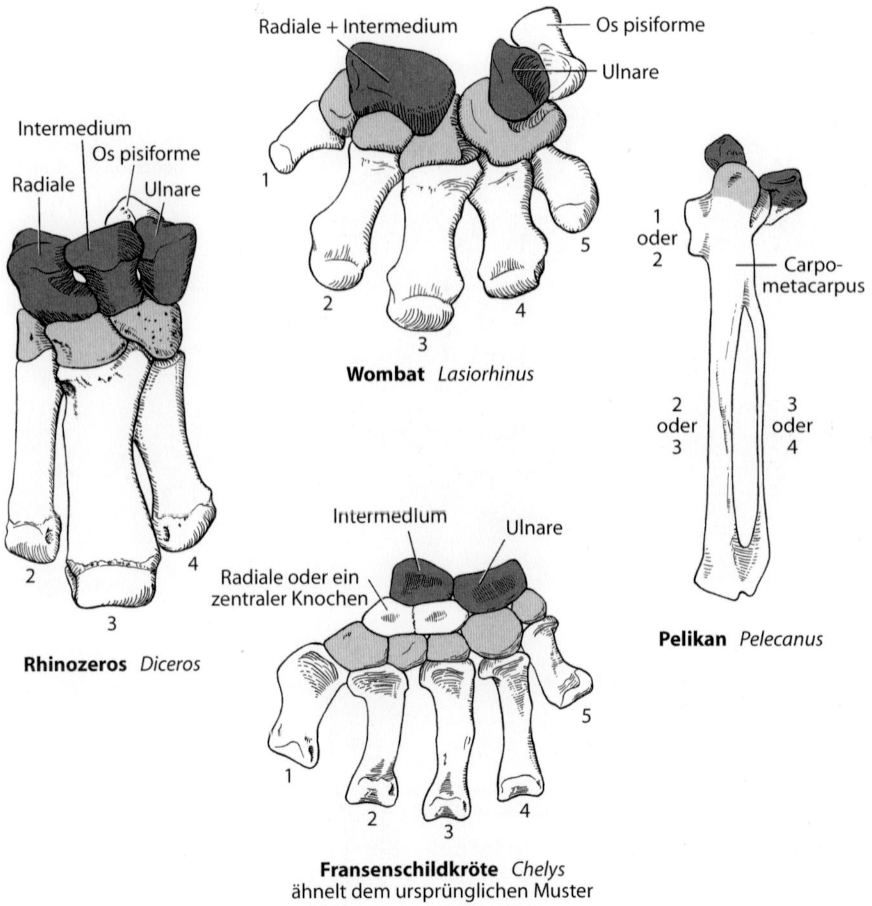


**Abb. 9.26.** Linker Carpus und Metacarpus in Dorsalansicht. Die distalen Carpalia sind durch eine *helle Schattierung* gezeigt, die proximalen Carpalia durch eine *dunkle Schattierung*. Metacarpalia, Centralia und pisiformer Knochen sind *nicht schattiert*. Über die Homologie bei Vögeln besteht Zweifel

der Knochenmarkshöhle führt, erreicht. Manche Sehnenansatzstellen müssen wandern, um ihre proportionale Lage beizubehalten, wenn der Knochen wächst. Das Periost dehnt sich wie eine Gummischicht, wenn der Knochen im Inneren des Periosts größer wird. Es muss über die Oberfläche des Knochens schlüpfen, da der Knochen ohne Dehnung wächst. Ein paar andere Punkte sind in Abb. 9.25 gezeigt.

Die Konfiguration ausgereifter Knochen wird durch die mechanische Interaktion mit den sich entwickelnden Muskeln stark beeinflusst. In Abwesenheit normaler Muskeln und Muskelaktivität ist auch das Skelett nicht normal.

## 9.11 Charakteristika der Tetrapodengliedmaßen

**Amphibien**, mit Ausnahme der beinlosen Apoda, haben meistens kurze Gliedmaßen, die seitlich des Körpers nach außen gestellt sind. Der Rumpf wird normalerweise vom Untergrund gehoben, wenn das Tier läuft, aber nur mit Schwierigkeit. Bei den Urodelen wird eine Undulation der Wirbelsäule dazu benutzt, die Extremitätengürtel zu drehen und so das Fortkommen der Gliedmaßen zu unterstützen. Epiphysen

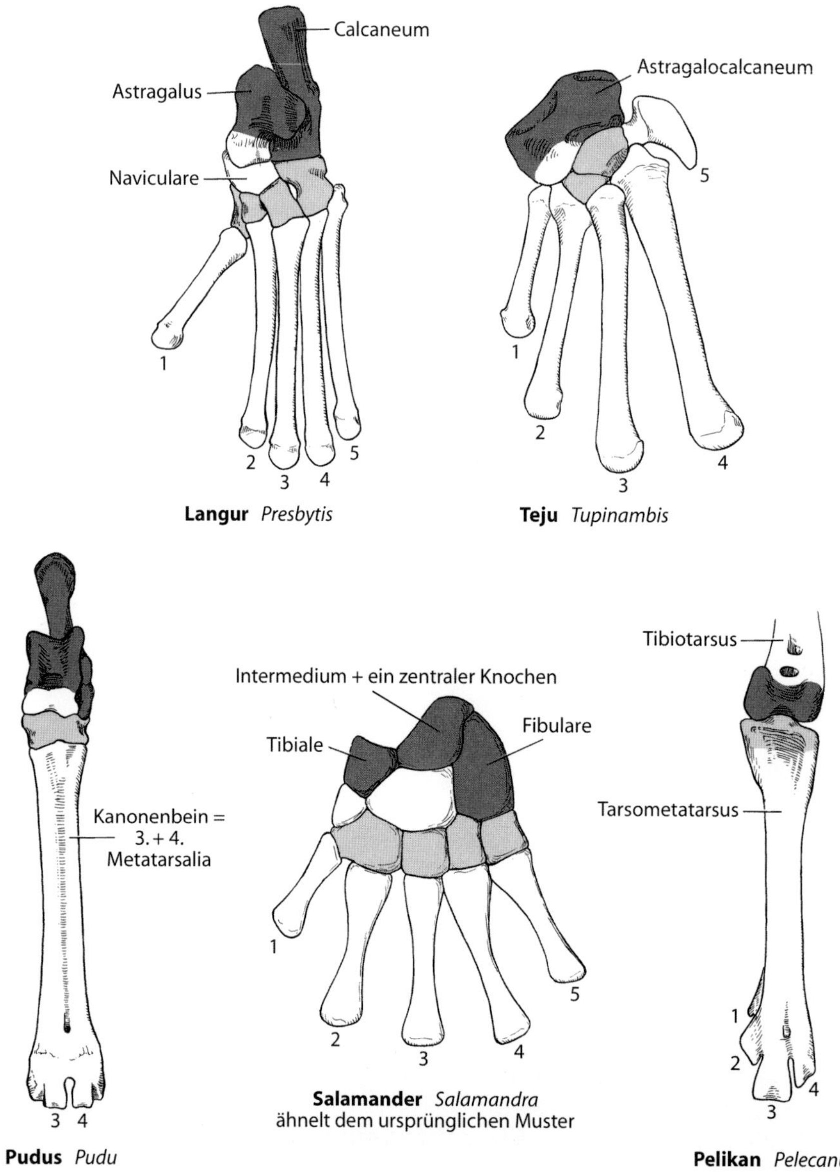


**Abb. 9.27.** Linker Tarsus und Metatarsus in Dorsalansicht. Die distalen Tarsalia sind durch *helle Schattierung*, proximale Tarsalia durch *dunkle Schattierung* gezeigt, Metatarsalia und Centralia sind *nicht schattiert*

bestehen aus hyalinem Knorpel und passen wie Korken in die Enden der knöchernen Schäfte (bei den meisten Amphibien) oder sind calcifiziert und passen über die Endigungen der Schäfte wie Streichholzköpfe (Anura). Die Fußwurzelknochen moderner Amphibien sind oft knorpelig. Das Hauptfußgelenk befindet sich zwischen den Fußwurzelknochen und den Mittelfußknochen. Die Hand besitzt vier, der Fuß vier oder fünf Finger. Ein bis drei Phalangen sind in jedem Zeh vorhanden. Das Knochenmark von Amphibien und höheren Vertebraten bildet Blutzellen – eine Funktion, die vom Skelett der Fische nicht übernommen wird.

Viele **Reptilien** haben noch eine seitliche Position der Gliedmaßen in Bezug auf den Körper,

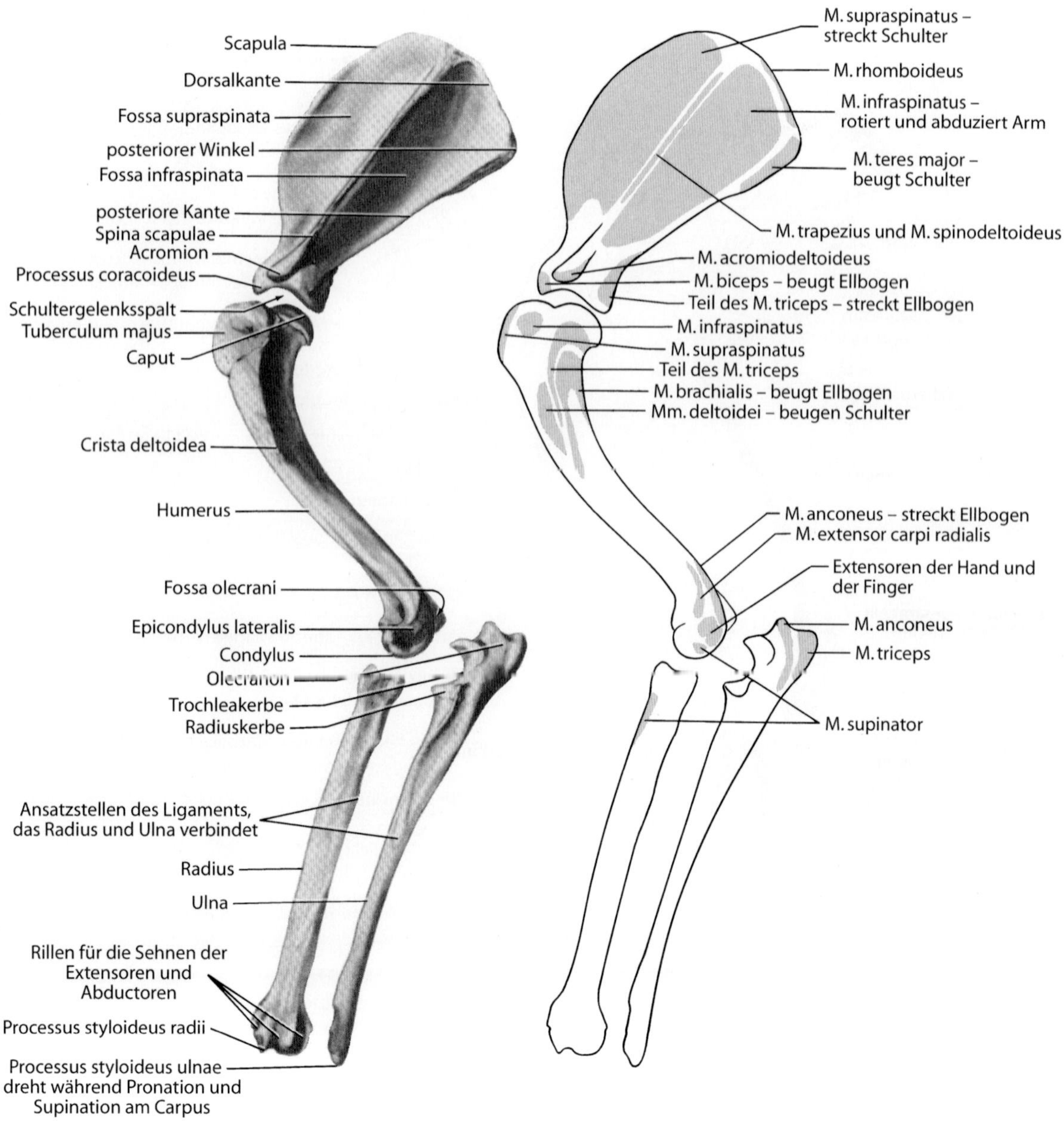


**Abb. 9.28.** Merkmale und Funktionen des Vorderbeinskeletts des Hundes. Lateralansicht des linken Beines, nicht alle Muskelansatzstellen sind gezeigt

aber manche Dinosaurier und säugerähnliche Reptilien haben ihre Beine bereits gut unter den Körper gestellt. Die Gliedmaßen sind meistens stärker als bei Amphibien und die Hintergliedmaßen sind oft unverhältnismäßig groß. Die Epiphysen sind gewöhnlich knorpelig, können aber bei Eidechsen verknöchern. Ein neuer Knochen, der **pisiforme** Knochen, der nicht Teil des frühen Tetrapodenmusters ist, kann an der Außenseite des Carpus zugefügt werden. Das Tibia-

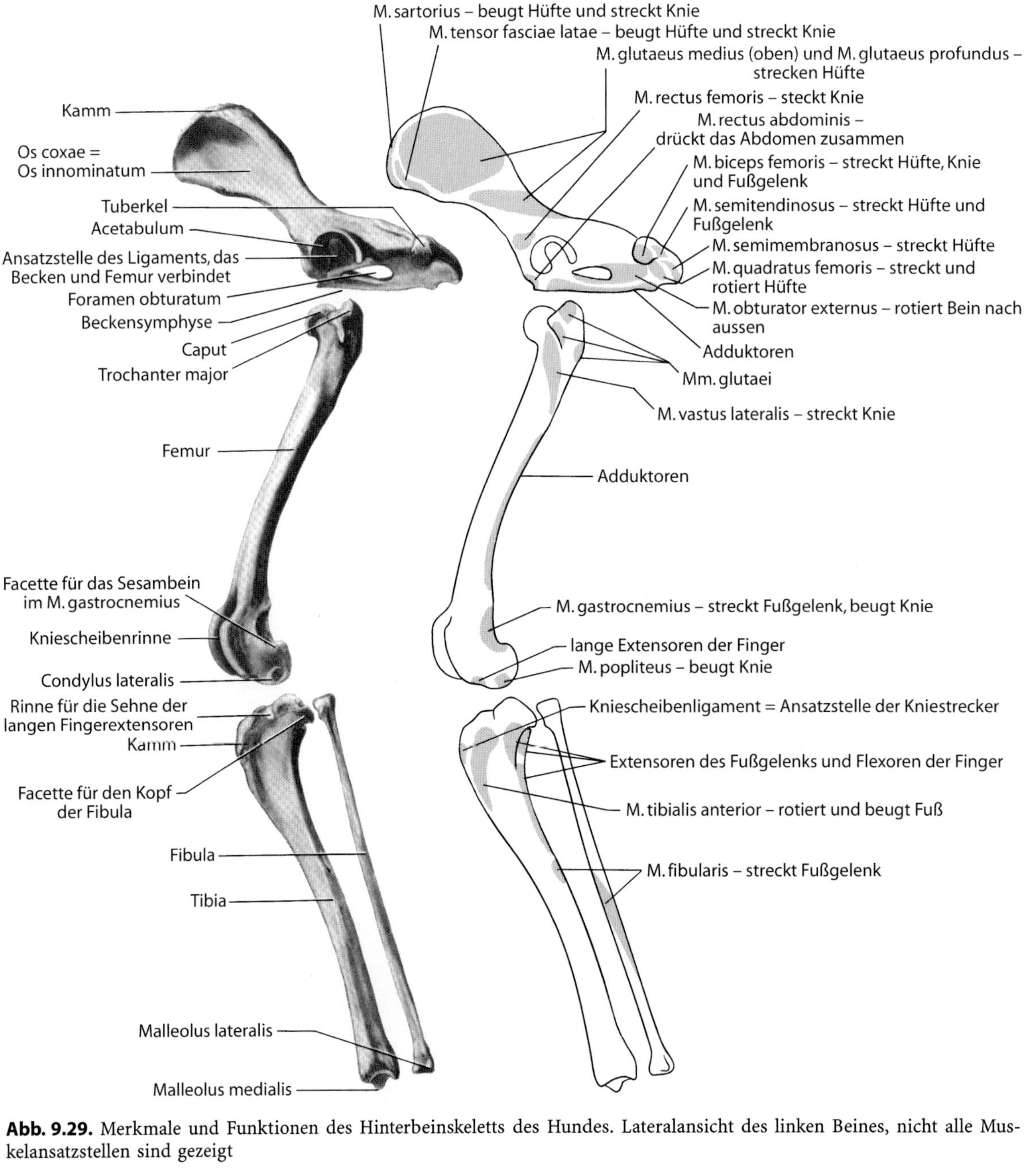


**Abb. 9.29.** Merkmale und Funktionen des Hinterbeinskeletts des Hundes. Lateralansicht des linken Beines, nicht alle Muskelansatzstellen sind gezeigt

le ist kein freier Knochen im Tarsus mehr. Das Fußgelenk liegt oft zwischen den Fußwurzelknochen (Intertarsalgelenk). Die **Phalangenformel**, d. h. die Anzahl der Phalangen pro Finger mit Beginn bei Finger 1 ist 2-3-4-5-3 für die Hand und 2-3-4-5-4 für den Fuß, wenn Segmente und Finger nicht durch Spezialisierung oder Degeneration verloren gehen.

Die Gliedmaßenstruktur der **Vögel** ist einheitlich und spezialisiert, wie in Abb. 9.26 und 9.27 dargestellt ist. Die Epiphysen sind bei Jungtieren knorpelig, bei Adulten fehlen sie fast vollständig. Man beachte, dass die Metacarpalia, die von Vögeln beibehalten werden, während der Entwicklung miteinander und mit manchen Carpalia verschmelzen und so den zusammengesetzten **Carpometacarpus** bilden. Entsprechend verschmelzen drei Metatarsalia und einige Tarsalia, um den **Tarsometatarsus** zu bilden. (Die Metatarsalia verschmelzen von unten nach oben bei den modernen Vögeln, den Neornithes, aber von oben nach unten in der ausgestorbenen Subklasse, Enantiornithes. Daher kommt auch der allgemeine Name für die letzteren, nämlich „entgegengesetzte Vögel"). Der Vogelflügel hat drei Finger. Die meisten Paläontologen bezeichnen sie als Nummer 1, 2 und 3, während Embryologen sie als die Finger 2, 3 und 4 identifiziert haben (s. S. 69, Exkurs 4.1). Die Phalangenformel des Fußes ist 2-3-4-5-0.

**Säugetiere** haben knöcherne Epiphysen an beiden Enden der Röhrenknochen, an den distalen Enden der Mittelfußknochen und an den proximalen Enden aller Phalangen, mit Ausnahme der Endphalangen. Der pisiforme Knochen ist beibehalten. Im Tarsus bildet das Fibulare das **Calcaneum,** den Fersenknochen (Abb. 9.27). Das Tibiale verbindet sich mit dem Intermedium, der daraus resultierende große Knochen heißt **Astragalus** und liegt zum Teil über dem Calcaneum. Das Knöchelgelenk liegt zwischen dem Astragalus und der Tibia. Die ursprüngliche Artikulation zwischen Fibula und Calcaneum ist reduziert oder verloren. Verschmelzungen der Tarsalia sind nicht ungewöhnlich. Die basale Phalangenformel ist 2-3-3-3-3. Die Merkmale des Gliedmaßenskeletts sind in Abb. 9.28 und 9.29 dargestellt und in Verbindung zu den Gelenken und den Muskeln gebracht. Das **Olecranon** (Ellbogen) der Ulna ist besonders charakteristisch für Säugetiere.

## 9.12 Verschiedene andere Knochen

Knochenknötchen bilden sich dort, wo Sehnen über Gelenke hinweglaufen. Diese werden **Sesamknochen** genannt. Der größte Sesamknochen ist die **Patella** oder Kniescheibe. Die zentralen Sehnen einiger komplexer Muskeln (gefiederte und einseitig gefiederte Muskeln, wie sie auf S. 194 definiert werden) tendieren dazu, zu verknöchern, vor allem bei Vögeln (man findet sie z. B. bei dem Trommelschlegel des Truthahns). Ein Knochen, der **Baculum** oder **Os penis** genannt wird, ist im Penis von Carnivoren, Fledermäusen, Insektivoren, Nagetieren, Malaien-Gleitfliegern und einigen Primaten vorhanden (Abb. 9.30). Seine Größe und Form variiert zwischen den Arten sehr stark, daher ist er als Bestimmungsmerkmal nützlich. Ein entsprechender, aber viel kleinerer Knochen kann in der weiblichen Clitoris vorhanden sein. Zusätzliche kleine Knochen werden hier und da bei den Tetrapoden gefunden: In den Augenlidern von Krokodilen, im Kamm eines Vogels, in der Schnauze von Schweinen, an der Basis des äußeren Ohrs einiger Nagetiere, an der Basis des Aortenbogens bei manchen Artiodactyla, usw. Solche Knochen sind für die Funktion wichtiger als für die Evolution.

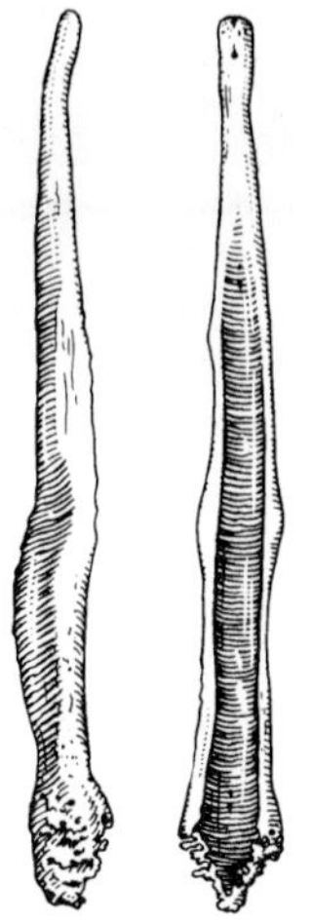

**Abb. 9.30.** Baculum eines Mähnenwolfs, *Chrysocyon,* in rechts-lateraler (*links*) und ventraler Ansicht (*rechts*)

## Literatur

Burke AC et al (1995) Hox genes and the evolution of vertebrate axial morphology. Development 121:333–346
Burt WH (1960) Bacula of North American mammals. Univ of Mich Mus Zool Misc Publ 113:1–76
Clack JA, Coates MI (1995) Romer's gap: tetrapod origins. Bull Mus Natl Hist Nat Sec C Paris 17:373–388. Neuere Funde von Tetrapoden aus dem Devon bestätigen die ursprünglichen Spekulationen von AS Romer, dass Tetrapoden ursprünglich aquatisch waren und Millionen von Jahre älter sind als ihre vollkommen terrestrischen Abkömmlinge
Coates MI, Clack JA (1990) Polydactyly in the earliest known tetrapod limbs. Nature 347:66–69
Coates MI, Cohn MJ (1999) Vertebrate axial and appendicular patterning: the early development of paired appendages. Am Zool 39:676–685
Enlow DH (1962) A study of the postnatal growth and remodeling of bone. Am J Anat 110:79–102
Galis F (1999) On the homology of structures and *Hox* genes: The vertebral column. In: Bock GR, Cardew G (eds) Homology. Novartis Foundation Symposium No 222. Wiley, New York, pp 80–90
Gould SJ (1991) Eight (or fewer) little piggies. Nat Hist 91:22–29
Haines RW (1942) The evolution of epiphyses and of endochondral bone. Biol Rev 17:267–292
Hinchliffe JR (1989) Reconstructing the archetype: innovation and conservatism in the evolution and development of the pentadactyl limb. In: Wake DB, Roth G (eds) Complex organismal functions: Integration and evolution in vertebrates. Wiley, New York, pp 17–189
Jarvik E (1996) The Devonian tetrapod Ichthyostega. Fossils Strata 40:1–123. Eine wissenschaftliche Behandlung durch einen hervorragenden Paläontologen
Lacroix P (1951) The organization of bones. Blakiston, Philadelphia. Hervorragende Darstellung der Histologie, Entwicklung und des Wachstums langer Knochen
Laerm J (1982) The origin and homology of the neopterygian vertebral centrum. J Paleontol 56:191–202
Laurin M, Girondot M, de Ricqles A (2000) Early tetrapod evolution. Trends Ecol Evol 15:118–123. Daten von Genen bis zu fossilen Tieren werden im Licht neu entdeckter Funde aus dem oberen Devon und unterer Kreide neu diskutiert
Panchen AL (1977) The origin and early evolution of tetrapod vertebrae. Linnean Soc Symp Ser 4:289–318
Schaeffer B (1967) Osteichthyan vertebrae. Zool J Linnean Soc Lond 47:185–195
Schultze HP, Arratia G (1989) The composition of the caudal skeleton of teleosts (Actinopterygii: Osteichthyes). Zool J Linnean Soc Lond 97:189–231
Shubin N (1995) The evolution of paired fins and the origin of tetrapod limbs: Phylogenetic and transformational approaches. In: Hecht MK et al (eds) Evolutionary biology. Plenum, New York, vol 28:39–86. Eine kritische Übersicht über die morphologischen Probleme, die beim Übergang von Flosse zum Bein gelöst werden müssen. Liefert den historischen Kontext und fasst die neueren Beiträge aus der Phylogenese und Studien zur Musterbildung zusammen
Shubin N, Alberch P (1986) A morphogenetic approach to the origin and basic organization of the tetrapod limb. In: Hecht MK et al (eds) Evolutionary biology. Plenum, New York, vol 20:319–387
Shubin N, Tabin C, Kemp NE (1997) Fossils, genes, and the evolution of animal limbs. Nature 388:639–650
Tabin C (1992) Why we have (only) five fingers per hand: *Hox* genes and the evolution of paired limbs. Development 116:289–296
Verbout AJ (1985) The development of the vertebral column. Advances Anat Emb Cell Biol 90:1–122
Vorobyeva E, Hinchliffe R (1996) From fins to limbs: developmental perspectives on paleontological and morphological evidence. In: Hecht MK et al (eds) Evolutionary biology. Plenum, New York, vol 29:263–311
Wake DB (1970) Aspects of the vertebral evolution in the modern Amphibia. Forma Functio 3:33–60
Wake DB, Wake MH (1986) On the development of vertebrae in gymnophione amphibians. Mem Soc Zool Fr 43:67–70
Webb JE (1973) The role of the notochord in forward and reverse swimming and burrowing in the amphioxus *Branchiostoma lanceolatum*. J Zool Lond 170:325–338
Welsch U, Storch V (1973) Einführung in die Cytologie und Histologie der Tiere. Fischer, Stuttgart
Westoll TS (1958) The lateral fin-fold theory and the pectoral fins of ostracoderms and early fishes. In: Westoll TS (ed) Studies on fossil vertebrates. Univ London Press, London, pp 180–211
Williams EE (1959) Gadow's arcualia and the development of tetrapod vertebrae. Quart Rev Biol 34:1–32. Wichtige Neuauswertung einer lange vertretenen Theorie

# 10 Muskeln und elektrische Organe

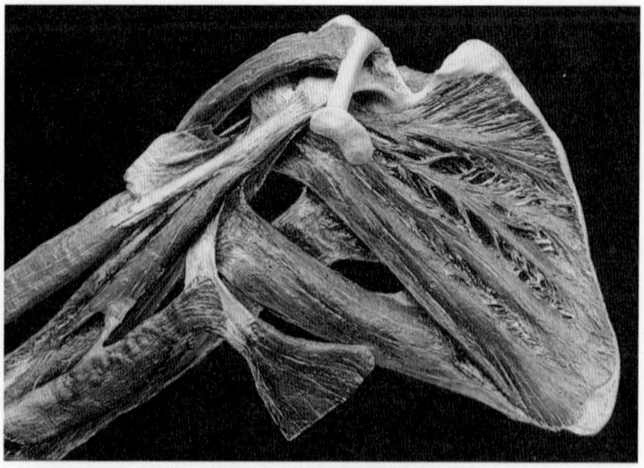

Intuitiv ist das Muskelsystem für die meisten von uns interessant, vielleicht deswegen, weil wir unsere eigenen Bewegungen und die anderer Vertebraten irgendwie faszinierend finden. Die Muskulatur, in Verbindung mit dem Skelett- und dem Nervensystem, ist von primärer Bedeutung für die funktionelle Analyse von Fortbewegungsaktivitäten, von athletischen Leistungen und von Erholung nach Verletzungen. Homologien sind zwischen den Muskeln verwandter Ordnungen und niedrigerer Taxa fast immer vorhanden, aber auf Klassenniveau und auf höherer Ebene muss man vorsichtig sein und andere Organsysteme bei der Rekonstruktion von Phylogenien miteinbeziehen.

Die Präparation ist die wichtigste Technik für die Untersuchung von Muskulatur. Das Wissen über die anatomische Position eines Muskels und seine Beziehung zu anderen Muskeln und zum Skelettsystem ist grundlegend für jegliche Interpretation. Zusätzliche Techniken für das Studium der Muskeln sind Biochemie und Histochemie, die direkte Stimulation, Hochgeschwindigkeitsvideo und Röntgenkinematographie, sowie die Benutzung einer Anzahl von Messmethoden, wie z. B. Kraftplatten, Messgeräte für Druck und Länge, Elektromyographie und computerunterstütztes Imaging.

*Oben:* Luftgetrocknete Präparation der Schulter eines Schimpansen

## 10.1 Grobstruktur und Funktion der Muskeln

Bei nahezu allen Körperfunktionen sind Muskelaktivitäten beteiligt. Ohne Muskeln könnten Vertebraten sich nicht bewegen, ihre Gewebe würden bald unterversorgt oder vergiftet sein, die Produkte ihrer Drüsen könnten nicht verbreitet werden. Menschen könnten nicht lesen, sprechen oder schreiben, um ihre Gedanken mitzuteilen.

Muskeln leisten all dies, indem sie eines tun: Sie erzeugen Spannung entlang der Achse ihrer Fasern und werden dabei meist verkürzt. Aktive Muskeln können sich verkürzen und so einen Knochen bewegen oder einen Raum verengen. Sie können auch eine Bewegung verhindern, indem sie der Schwerkraft oder dem Zug anderer Muskeln entgegenwirken. Mit geringer oder keiner Bewegung können sie bewirken, dass ein Körperteil fester verankert wird. Außerdem können sie äußeren Kräften, die dazu tendieren, sie zu dehnen, einen kontrollierten Widerstand entgegensetzen.

Das muskuläre System hat außerdem sekundäre Funktionen. Es trägt bei Endothermen wesentlich zur Aufrechterhaltung der Körpertemperatur bei, aufgrund seiner Masse verteilt es das Gewicht des Körpers, beeinflusst die Körperkonturen und bietet manchen Eingeweiden Schutz.

Das Aussehen und die architektonische Organisation der Fasern der Muskeln variieren stark.

Da jede Muskelfaser nur entlang ihrer Länge kontrahiert, ist es meistens am effektivsten, wenn die Fasern eines Muskels mehr oder weniger parallel zueinander liegen und so eine langgestreckte Achse für den Muskel als Ganzes bilden. Eine **zylindrische** oder **bandartige** Form kann deshalb als die grundlegende Form angesehen werden. Mehrere Muskeln des Halses sind normalerweise so geformt. Wenn ein Ende eines Muskels sich verjüngt, um am Skelett anzusetzen, wird die Muskelform **tropfenförmig**. Mehrere Muskeln der Hüfte, des Oberschenkels und des Oberarms gehören in diese Kategorie. Die meisten Extremitätenmuskeln verjüngen sich an beiden Enden und sind daher **spindelförmig**. Ein Ende kann in zwei oder mehrere Teile (oder Köpfe) unterteilt werden und der fleischige Teil des Muskels ist selten symmetrisch, weil er zwischen andere Muskeln hineinpassen muss. Manche Muskeln sind **flächig** ausgedehnt (die meisten Abdominalmuskeln), andere sind an einem Ende flach und am anderen zusammengeführt, so dass sie **fächerförmig** werden (verschiedene Brust- und Schultermuskeln). Muskeln, die Öffnungen umgeben, haben gebogene Fasern und ähneln einer **Waschtrommel**. Muskeln, die Hohlräume umgeben, wie z.B. den Magen und den Uterus, haben Fasern, die in verschiedene Richtungen verlaufen; es sind mehr oder weniger **hohle Kugeln**.

Manche spindelförmigen Muskeln orientieren ihre Fasern nicht entlang der Längsachse, sondern haben stattdessen Fasern, die sich nach innen neigen und an einer zentralen Sehne inserieren. In Längsschnitten können solche Muskeln wie Federn aussehen und werden deshalb **gefiedert** genannt (s. den M. longissimus in Abb. 10.20). Wie auf S. 459 erklärt wird, vergrößert das Ausmaß der Fiederung die von den Fasern gebildete Querschnittsfläche und damit die Kraft der Kontraktion, vermindert aber die Verkürzungsdistanz bei einem Muskel von spezifischer Größe und Länge. Manche Muskeln haben mehrere konvergierende zentrale Sehnen und sind deshalb mehrfach gefiedert (s. den M. subscapularis in Abb. 25.8). Andere Muskeln sind einseitig gefiedert: ihre Fasern neigen sich auf eine Seite, um an seitlichen Sehnen oder Knochen anzusetzen.

Manche Muskeln setzen direkt am Skelett an. Das Bindegewebe, das sie umgibt und in sie eindringt, bildet ein Kontinuum mit dem Bindegewebe, das die Knochen umgibt. Wo Muskeln nicht direkt am Skelett ansetzen, sind sie mit den Knochen über **Sehnen** verbunden. Sehnen sind zähe Stränge aus enggepackten, parallelen, kollagenen Fasern. (**Ligamente** verbinden Knochen mit Knochen. Ihre kollagenen Fasern sind etwas weniger regelmäßig und sie enthalten auch elastische Fasern.) Manche Muskeln, z.B. verschiedene Abdominalmuskeln der Säugetiere, setzen nicht am Knochen an, sondern verteilen stattdessen ihre Kraft breitgefächert über starke flache Bindegewebsflächen. Solche Bindegewebsblätter heißen **Aponeurosen**. Das lose Bindegewebe, das Muskel an Muskel bindet und Haut an Muskeln, wird **Faszie** genannt.

Wenn ein Muskel kontrahiert, zieht er gleichmäßig an beiden Enden. Meistens ist eine Anheftung relativ frei in ihrer Bewegung und wird dann **Insertion** oder **Ansatzstelle** genannt. Die relativ feste Anheftung ist der **Ursprung**. Diese Begriffe müssen aber mit Vorsicht verwendet werden. Tabellen von Muskelursprüngen und Insertionen können fehlleiten. Welches Ende eines Muskels das beweglichere ist, hängt von der Körperhaltung, von der Aktivität anderer Muskeln und von Kontakten mit der Umgebung ab. Wenn man ein Objekt von einem Tisch hochhebt, ist das proximale Ende des M. biceps sein Ursprung. Wenn man selbst einen Klimmzug macht, ist das distale Ende der Ursprung. Während der vorantreibenden Standphase einer Bewegung einer Extremität bewegen die Muskeln den Körper an der Extremität, nicht die Extremität am Körper. Im Gegensatz zur gebräuchlichen Terminologie sind es dann die distalen Enden der Muskeln, die relativ fest sind. Oft ist keines der Enden der Muskeln fixiert und manchmal bewegt sich keines.

Um die Aktionen der Muskeln zu beschreiben, benötigen wir einen gewissen Wortschatz an Fachausdrücken. **Flexoren** werden gemeinhin als Muskeln definiert, die den Winkel zwischen benachbarten Knochen verringern; **Extensoren** erweitern diesen Winkel. Diese Definitionen sind gewöhnlich brauchbar, können aber auch fehlleiten. Betrachtungen der Position, des phylogenetischen Ursprungs und der Innervation (wie unten erklärt wird) machen klar, dass Flexoren der Hinterextremität die Gelenke nach hinten bewegen, während Extensoren sie nach vorne bewegen. An der Hüfte können solche Muskeln den Winkel zwischen benachbarten Knochen je nach Körperhaltung vergrößern oder verkleinern. An der Vorderextremität ist die Situation umgekehrt, da Ellenbogen und Knie sich in entgegengesetzte Richtungen beugen. Eine Flexion beugt den Ellbogen nach vorne, nicht nach hinten. Des Weiteren beugen manche Muskeln des Rückens, die normalerweise die Wirbelsäule von einer gebeugten Position aus strecken und daher extendieren, bei einer weiteren Kontraktion die Wirbelsäule und biegen sie dadurch. Um Verwechslungen zu vermeiden, ist es gut, Ein-Wort-Definitionen von Muskelfunktionen zu vermeiden. **Adduktoren** bewegen Körperteile nach innen auf die Sagittalebene des Körpers oder auf die Achse einer Extremität zu. **Abduktoren** bewegen Teile nach außen, weg vom Körper bzw. weg von der Achse. Beim Ausspreizen und Schließen der Finger und beim Klatschen der Hände werden diese Muskelgruppen nacheinander benutzt. **Levatoren** heben, **Depressoren** senken Körperteile wie den Kiefer oder die Schultern. Paarige Flossen werden entweder heruntergedrückt oder adduziert. **Protraktoren** drücken einen Körperteil, wie z. B. die Zunge oder eine ganze Extremität, von seiner Basis weg, **Retraktoren** ziehen ihn zurück. **Sphincter**muskeln ziehen Öffnungen zusammen, wie z. B. den Mund oder Gangöffnungen, und **Konstriktoren** drücken Hohlräume zusammen, wie z. B. den Pharynx oder das Abdomen; ihnen wirken **Dilatatoren** entgegen. **Rotatoren** drehen Körperteile um ihre Längsachse, wie z. B. die Wirbelsäule oder Extremitäten. Die Rotatoren, welche die Innenflächen der Hände und Füße nach oben drehen, heißen **Supinatoren**. Diejenigen, welche sie nach unten drehen, heißen **Pronatoren**. Manche Rümpfe und Zungen können durch Muskeln versteift werden, die den inneren Flüssigkeitsdruck erhöhen und damit als **Hydrostaten** wirken.

Für jede Aktion gibt es eine entgegengesetzte oder rückführende Aktion. Gegensätzlich wirkende Muskeln werden **Antagonisten** genannt. Selten kontrahiert ein Muskel allein. Muskeln, die sich gegenseitig ergänzen, heißen **Synergisten**. Allerdings müssen auch diese Bezeichnungen mit Vorsicht benutzt werden. „Antagonisten" können zusammen kontrahieren, um ein Gelenk zu versteifen oder eine Bewegung zu kontrollieren. Muskeln, die „Synergisten" sein sollen, können nacheinander statt synchron kontrahieren oder einer kann überhaupt nicht kontrahieren.

Muskelnamen beschreiben ihre Aktion (Levator maxillae, Flexor digitorum, Adductor mandibulae), ihre Form (M. biceps, M. rhomboideus, M. trapezius), ihre Lage (M. temporalis, M. pectoralis, M. glutaeus) oder aber ihre Ansatzstellen, wobei der Ursprung vor der Insertion genannt wird (M. geniohyoideus, M. sternomastoideus und M. cleidobrachialis). Die meisten Muskeln wurden zunächst für den Menschen benannt. Die Namen sind nicht immer geeignet, wenn man Homologe bei anderen Lebewesen beschreiben will. Dennoch ist es einfacher, sich solche Namen zu merken, wenn man ihre Ableitungen versteht.

## 10.2 Histologie, Physiologie und Kontraktion

### 10.2.1 Feinstruktur

Drei Muskeltypen können aufgrund von Unterschieden in ihrer Histologie und Physiologie gegeneinander abgegrenzt werden (Abb. 10.1). **Glatte Muskeln** treten in der Haut, in den Blutgefäßen, im Urogenitalsystem, in den respiratorischen Kanälen und im Verdauungstrakt und den Gängen seiner Derivate auf. Ihre spindelförmigen, einkernigen Zellen zeigen keine Querstreifung und sind durch elektrische Synapsen miteinander verbunden. Sie haben Filamente, die schräg zu ihrer Längsachse orientiert sind und an ihren Wänden inserieren. Der **Herzmuskel** tritt nur im Herzen auf. Seine quergestreiften Fasern sind verzweigt und durch (räumlich angeordnete) intercalare Scheiben (Glanzstreifen) in kernige Einheiten unterteilt. Wie der glatte Muskel ist auch der Herzmuskel nicht der Will-

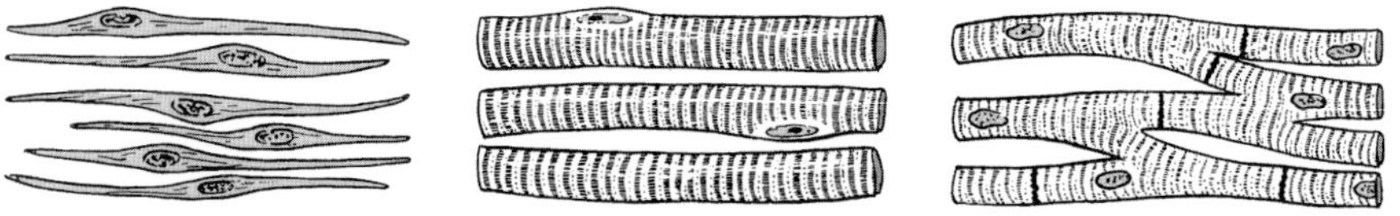


**Abb. 10.1.** Die 3 Typen von Muskelzellen

kür unterworfen, obwohl manche Yogis und manche Personen, die einen Biofeedback-Apparat benutzen, eine limitierte Kontrolle über solche Muskeln erlangt haben.

Die verbleibenden Muskeln des Körpers sind die **Skelettmuskeln**. Sie werden uns in diesem Kapitel beschäftigen. Jeder Skelettmuskel ist von einer zähen Hülle aus Bindegewebe umgeben, dem **Epimysium**, das mit den Sehnen und mit eventuell vorhandenen Faszien ein Kontinuum bildet (Abb. 10.2). Das Epimysium verschmilzt auch mit Septen, die den Muskel in Faserbündel unterteilen und zusammen als **Perimysium** bezeichnet werden. Solche Bündel können gut voneinander abgesetzt sein und machen den Muskel dann fasrig, wie z.B. beim M. rhomboideus vieler Säugetiere, oder sie können praktisch völlig fehlen. Das Perimysium wiederum bildet ein Kontinuum mit einem Netz aus Bindegewebe, dem **Endomysium**, das die schlauchartige Hülle der individuellen Muskelfasern, das **Sarcolemm,** umgibt. Dieses kontinuierliche System von Bindegewebe gibt den Muskeln ihre Form und ihre Festigkeit und überträgt ihre Kräfte auf Ursprung und Ansatzstelle.

Wenn ein Muskelfragment mazeriert und mit feinen Nadeln auseinandergezogen wird, kann man die haarähnlichen **Muskelfasern** sehen. Obwohl sie mit dem bloßen Auge gerade eben erkennbar sind, können sie so lang sein wie der ganze Muskel oder sie können kurz sein und überlappen. Diese letztgenannte In-Serie-Organisation setzt voraus, dass mehrere Fasern in einer Reihe den Muskel von einem Ende zum anderen durchziehen. In-Serie-Organisation wurde bei Amphibien und Säugetieren am häufigsten, aber nicht ausschließlich bei relativ langen, parallelfasrigen Riemenmuskeln dokumentiert, und sie wurde auch im M. pectoralis der Vögel gezeigt. Sie könnte für Muskeln bei dieser Klasse eher die Regel als die Ausnahme darstellen. Die funktionellen Konsequenzen einer In-Serie-Organisation für die lokomotorischen Muskeln sind Fragen, die aktiv untersucht werden (Trotter et al. 1995). Unabhängig von ihrer Länge hat jede Faser zahlreiche, periphere Kerne und Querbänder, daher auch der Ausdruck „quergestreifter Muskel". Die Muskelfasern werden von transversalen Tubuli, die nach außen offen sind, und von kleinen anastomosierenden Kanälen, die als **sarcoplasmatisches Reticulum** bezeichnet werden, durchdrungen. Die Erregung wird entlang dieser Tubuli ins Zellinnere übertragen. Das sarcoplasmatische Reticulum dient als Speicher für Calciumionen, der durch Abgabe und Reabsorption die $Ca^{++}$-Konzentration im Myoplasma kurzfristig erhöhen und senken und dadurch den Kontraktions-/Relaxationszyklus kontrollieren kann.

Wenn Muskelfasern gefärbt und im Lichtmikroskop betrachtet werden, sieht man, dass jede aus Dutzenden feiner Stränge, den **Myofibrillen**, zusammengesetzt ist. Jede Myofibrille hat einen Durchmesser von ungefähr 1 µm. Unter dem Elektronenmikroskop bei 400000facher Ver-

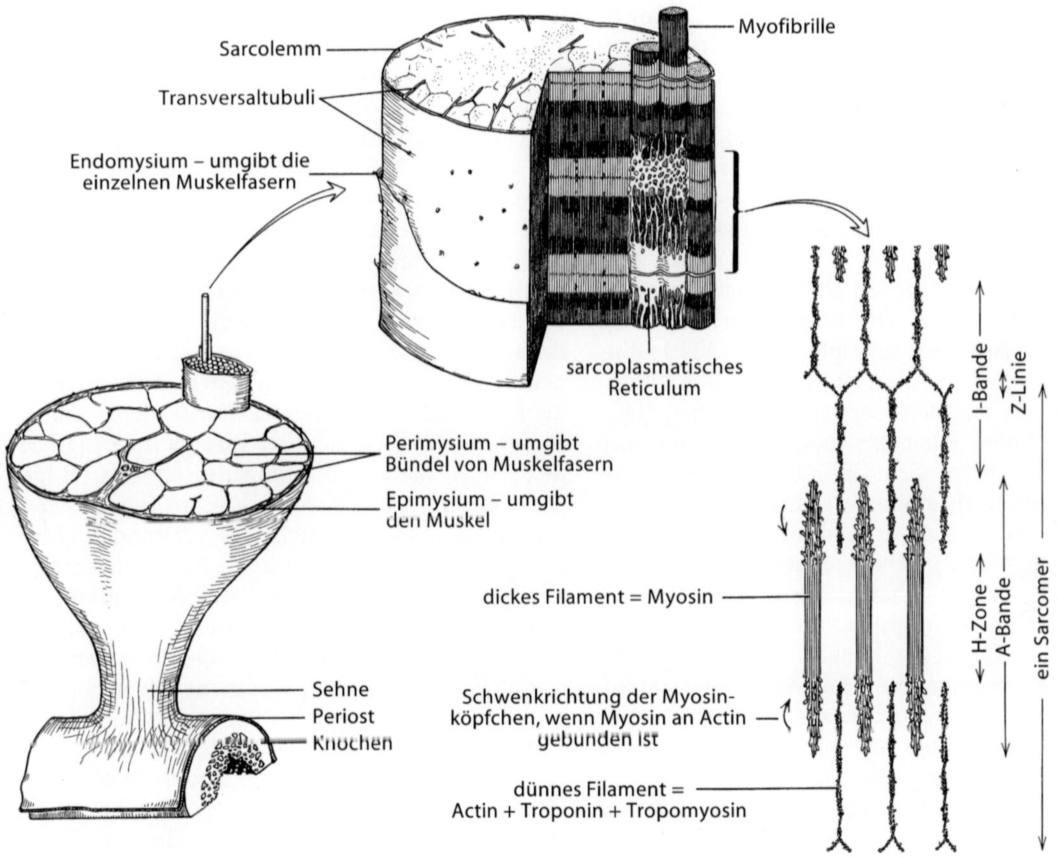


**Abb. 10.2.** Struktur des Skelettmuskels. Nuclei und Mitochondrien sind nicht gezeichnet

größerung erkennt man, dass jede Myofibrille aus vielen Filamenten zweierlei Arten zusammengesetzt ist:

- **Dicke** Filamente haben einen Durchmesser von etwa 0,01 μm. Sie bestehen aus einem Protein, das **Myosin** genannt wird. Die Moleküle des Muskelmyosins haben lange schlanke Schwänze, die in zylindrischen Bündeln angeordnet sind und so die Achse der Filamente bilden. Die kurzen, globulären und bifiden Köpfe der Myosinmoleküle zeigen in unterschiedlichen Winkeln von der Filamentachse nach außen. Die verschiedenen Myosinmoleküle eines jeden Filaments sind in entgegengesetzte Richtungen ausgerichtet. Dadurch hat ein dickes Filament Köpfe, die an beiden Enden herausragen, ist aber in der Mitte glatt (Abb. 10.2).
- **Dünne** Filamente sind nur halb so dick wie die dicken Filamente und bestehen aus dem Protein **Actin**, welches das Filament bildet, und den Regulatorproteinen **Tropomyosin** und **Troponin**. Actinmoleküle sind klein und globulär und in jedem Filament wie Perlen in Doppelsträngen angeordnet, die umeinander verwunden sind. Tropomyosinmoleküle sind lang und dünn und liegen in der Grube zwischen den Actinsträngen. Troponinmoleküle sind klein und globulär und dem Tropomyosin angelagert.

Es kommt zu einer Kontraktion, wenn die Myosinköpfe an das Actin binden und ihre Konformation so ändern, dass die dicken und dünnen Filamente aneinander vorbeigleiten. Tropomyosin und Troponin kontrollieren die aktiven Stellen des Actinmoleküls. Normalerweise blockiert Tropomyosin diese Stellen. Während der Aktivierung einer Fibrille induziert das Troponin eine Veränderung in der Orientierung des Tropomyosins derart, dass die Bindungsstellen am Actin freigelegt werden und Myosin damit reagieren und eine Querbrückenverbindung hergestellt werden kann. Die Energiequelle für die Kontraktion ist Adenosintriphosphat (ATP). Bindung findet nur in Anwesenheit von Calciumionen statt, die aus dem sarcoplasmatischen Reticulum in Folge einer neuronalen Stimulierung freigesetzt werden. Das $Ca^{++}$ bindet an Troponin, es kommt zu einer Verlagerung des Tropomyosins, welche die Myosinbindungsstellen am Actin freilegt und so die Voraussetzung für den Querbrückenschlag schafft. Sowohl die Bindung von Myosin an Actin als auch die Auflösung dieser Bindung ist ATP-abhängig. Bei ATP-Mangel bleiben die Bindungen erhalten (Todesstarre). Die dicken Myosinfilamente sind stärker doppelbrechend und bilden die anisotropen Banden (A-Banden). Die Bereiche, in denen nur Actinfilamente liegen, sind die isotropen Banden (I-Banden) (Abb. 10.2). Diese unterschiedlichen Regionen ergeben die Querstreifung des Skelettmuskels. Die Bänderung verändert sich während der Kontraktion als Folge der erhöhten Überlappung der Filamente. Die kontraktile Einheit eines Skelettmuskels wird **Sarcomer** genannt; dies ist der Bereich zwischen zwei Z-Linien. Die dicken Filamente liegen im Centrum. Die Terminologie, die für die Beschreibung der Regionen einer Myofibrille benutzt wird, ist in Abb. 10.2 dargestellt.

Die einzelnen Muskelfasern kontrahieren nach dem Alles-oder-Nichts-Prinzip. Von weniger als 10 bis zu mehr als 1000 Fasern werden (je nach Belastung und der für die Aufgabe benötigten Feinkontrolle) von den verzweigten Ausläufern einer einzelnen motorischen Nervenzelle innerviert und kontrahieren daher alle zusammen als eine Einheit. Die motorische Nervenzelle und die Muskeleinheit bilden eine **motorische Einheit**, die kleinste **funktionelle Einheit** eines Muskels. Die Fasern einer Einheit kommen gewöhnlich in einer Region eines Muskels vor, liegen aber zwischen den Fasern vieler anderer Einheiten. Eine graduierte Antwort eines gesamten Muskels kommt durch die Aktivierung einer unterschiedlichen Anzahl von motorischen Einheiten zustande. Der **Tonus** des ruhenden Muskels ist durch die Kontraktion einer minimalen Anzahl von Einheiten bestimmt.

Quergestreifte Muskelfasern werden als tonisch (langsam) oder als phasisch klassifiziert. **Tonische Fasern** können kein Aktionspotential entlang ihrer Längsachse von dem Punkt der neuronalen Stimulation fortleiten. Daher hat jede Faser zahlreiche Innervationsstellen, um sicherzustellen, dass sie über ihre ganze Länge depolarisiert wird und infolgedessen kontrahiert. Diese Fasern kontrahieren langsam (gemessen in Sekunden) und sind nicht gut verstanden (Morgan u. Proske 1984). Sie kommen in den Extremitäten aller Vertebraten mit Ausnahme der Säugetiere vor, wo sie auf einige kleine Muskeln beschränkt sind, welche die Augen bewegen. Tonische Fasern sind im Allgemeinen sehr resistent gegen Ermüdung.

Bei den **phasischen** (zuckenden) Muskeln wird ein an der neuromuskulären Endplatte ausgelöstes Aktionspotential über die gesamte Länge der Muskelfaser (meist nach beiden Seiten) fortgeleitet. Wenn die Fasern bei einer **konstanten Länge** gehalten werden und man einen einzelnen Stimulus setzt, folgt eine schnelle Zuckung (Kraftentwicklung und Entspannung; Abb. 10.3). Von besonderem Interesse für Morphologen ist die Kontraktionszeit sowie die Zeit vom Stimulus bis zur höchsten Kraftentwicklung. Wenn ein zweiter Stimulus folgt, bevor eine vollständige Entspannung erreicht ist, kommt es zu einer **Summation** der Kraftentwicklung. Wiederholte Stimuli in schneller Abfolge bewirken eine stetige Produktion von Kraft oder einen **Tetanus**. Wenn die Verkürzung des Muskels durch Fixierung seiner Enden verhindert wird, ist die Kontraktion **isometrisch**. Sie ist **isotonisch**, wenn sich der Muskel bei gleichbleibender Kraftentwicklung gegen einen konstanten Widerstand verkürzt.

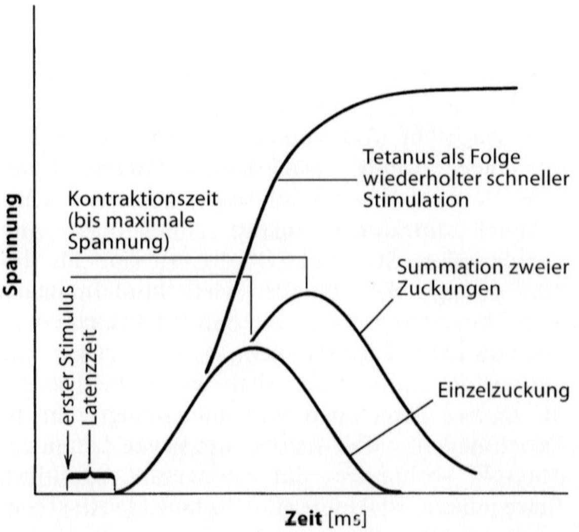


**Abb. 10.3.** Antwort eines Muskels auf elektrische Reizung

## 10.2.2 Längen-Spannungs- und Kraft-Geschwindigkeitsbeziehung

Diese Eigenschaften variieren für Muskeln innerhalb einer Art und zwischen Arten und sind für Studien der Muskelfunktion von großem Interesse und großer Bedeutung. Im Labor kann ein Muskel *in vitro*, d.h. in einer künstlichen Umgebung, oder *in situ*, d.h. in der normalen Position im Körper, stimuliert werden. Erst seit kurzem werden Muskeln auch *in vivo*, d.h. am lebenden Tier, untersucht. Die **Längen-Spannungsbeziehung** ist ein Ergebnis der mechanischen Anordnung der überlappenden dicken und dünnen Filamente. Es gibt nur einen engen Überlappungsbereich, bei dem nach Stimulation die isometrische Spannung maximal ist. Dies ist die optimale oder **Ruhelänge**. Bei Verlängerung oder Verkürzung der Sarcomerenlänge sinkt die isometrische Kraftentwicklung steil ab (Abb. 10.4a). (Bei einer Längen-Spannungskurve gibt es keine Zeit an den Achsen.)

Wenn man das Ganze auf der Myofibrillenebene betrachtet (Abb. 10.2 rechts), können die strukturellen Korrelate der Längen-Spannungsbeziehung genauer illustriert werden. Die für die isometrische Kraftentwicklung optimale Überlappung dünner und dicker Filamente entspricht bei Vertebraten einer Sarcomerenlänge von 2–2,25 μm. Bei Verkürzung der Sarcomerenlänge fällt die Kraft auf geringe Werte, weil sich die Actinfilamente durch Überlappung gegenseitig behindern. Mit zunehmender Sarcomerenlänge nimmt die Überlappung von Actin- und Myosinfilamenten ab und es stehen weniger Bindungsstellen für die Querbrückenbildung zur Verfügung, so dass auf diese Weise die Kraftentwicklung sinkt (Abb. 10.4b).

Die **Kraft-Geschwindigkeitsbeziehung** einer Muskelfaser oder eines ganzen Muskels beschreibt die Beziehung zwischen einer bewegten Last (der Kraft) zu der Geschwindigkeit der Verkürzung während einer isotonischen Kontraktion (Abb. 10.4c). Wenn nicht gegen eine

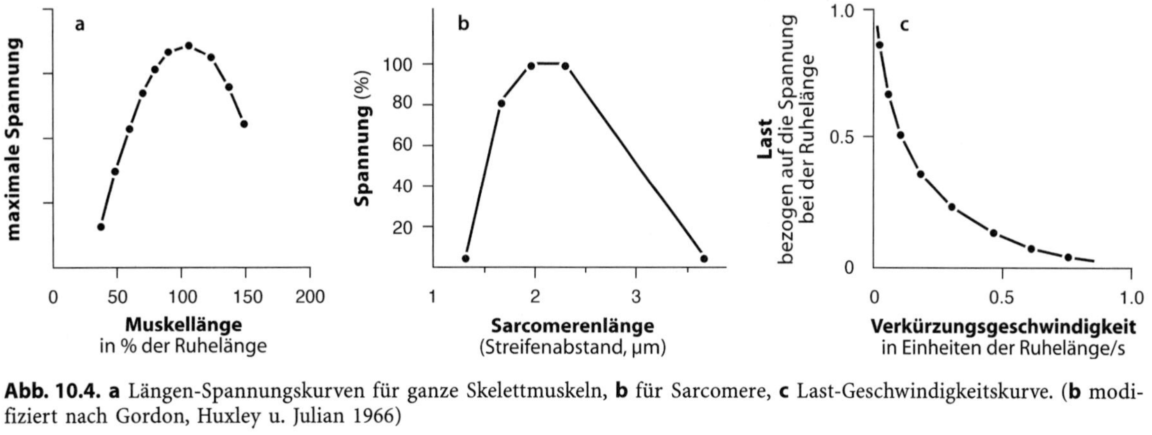


**Abb. 10.4.** **a** Längen-Spannungskurven für ganze Skelettmuskeln, **b** für Sarcomere, **c** Last-Geschwindigkeitskurve. (**b** modifiziert nach Gordon, Huxley u. Julian 1966)

Last verkürzt wird, wird wenig oder keine Kraft erzeugt und ein Muskel erreicht seine maximale Geschwindigkeit ($V_{max}$). Mit jeder Erhöhung einer Last nimmt die Geschwindigkeit ab. Wenn der Muskel sich kaum gegen die Last verkürzen kann, erzeugt er viel Kraft, aber die Geschwindigkeit geht gegen Null. (Sie können dieses Prinzip an sich selber illustrieren. Legen Sie eine mäßige Last auf Ihre ausgestreckte Hand und kontrahieren Sie Ihren M. biceps so schnell Sie können, um die Last zu Ihnen herzuziehen. Nun tun Sie das Gleiche ohne eine Last in Ihrer Hand. Was ist schneller?) Die Form der Längen-Spannungskurve und der Kraft-Geschwindigkeitskurve kann von Muskel zu Muskel variieren, aber die Abhängigkeit von dicken und dünnen Filamenten als dem kontraktilen Mechanismus bedingt, dass alle Muskeln diesen grundlegenden Zusammenhängen folgen. Die Herausforderung dabei ist, zu bestimmen, wo entlang dieser Kurven die Muskeln bei aktiven Tieren operieren.

### 10.2.3 Fasertypen

Die Kontraktionszeit einer Zuckung hängt von der Geschwindigkeit ab, mit der die Myosinbrücken arbeiten. Es gibt zwei allgemeine physiologische Kategorien von Fasern im Vertebratenmuskel: relativ langsam kontrahierende Fasern und relativ schnell kontrahierende Fasern. **Langsame Zuckungsfasern** (oder langsame oxidative Fasern = LO-Fasern) kontrahieren und ermüden am langsamsten und haben einen kleinen Durchmesser. Die motorischen Einheiten, zu denen sie beitragen, erzeugen relativ kleine Kräfte. Da sie viele Mitochondrien (Orte der oxidativen Enzyme) und auch viel Myoglobin haben, sind sie rötlich gefärbt. Sie sind sehr ökonomisch für annähernd isometrische Kontraktionen, welche die Körperhaltung aufrechterhalten, und für langsame isotonische Kontraktionen, die langsame repetitive Bewegungen aufrechterhalten (wie bei der Längsmuskulatur langsam schwimmender Fische; Abb. 27.11). **Schnell zuckende, ermüdende Fasern** (oder schnelle glykolytische Fasern = SG-Fasern oder weiße Fasern) kontrahieren schnell, ermüden schnell und haben einen großen Durchmesser. Die motorischen Einheiten, zu denen sie beitragen, erzeugen relativ große Kräfte. Da sie wenige Mitochondrien haben, sind sie relativ hell. Sie werden für schnelle Aktivitätsschübe, wie z. B. von den Brustmuskeln von Wachteln und Fasanen, rekrutiert. **Schnell zuckende, wenig ermüdende Fasern** (oder schnelle oxidative, glykolytische Fasern = SOG-Fasern) kontrahieren mäßig schnell und ermüden langsam. SG- und SOG-Fasern sind in Abb. 10.5 gezeigt. Sie enthalten viele Mitochondrien und Blutgefäße, so dass sie den LO-Fasern in ihrer rötlichen Farbe ähneln. Sie speichern viel Sauerstoff und Lipide, aber weniger Glykogen als andere Fasertypen und haben relativ kleine Durchmesser. SOG-Fasern sind vor allem in Muskeln vorhanden, die zu starken repetitiven Bewegungen befähigt sind, wie z. B. die Flugmuskeln von Enten und anderen Zugvögeln. Die meisten Muskeln enthalten alle Typen von zuckenden Fasern in Kombination und auch Fasern, die zwischen LG- und SOG-Typus stehen, werden gefunden. Alle Fasern in einer motorischen Einheit sind vom selben Typus. Die relativen Anteile der verschiedenen Fasertypen unterscheiden sich je nach Tier und Muskel. Außerdem kann ein individueller Muskel in Kompartimente von Untereinheiten des einen oder anderen Fasertypus in relativ hoher Dichte unterteilt sein. Eine solche Organisation kann eine funktionelle Unterteilung des Muskels in individuelle Kompartimente widerspiegeln, die unabhängig voneinander während lokomotorischer Aufgaben kontrahieren. Dies wurde allerdings nur in wenigen Fällen tatsächlich nachgewiesen.

Die absoluten Zuckungszeiten variieren mit der Körpergröße (sie sind bei kleineren Tieren kürzer) und mit der lokomotorischen Anpassung. Ein Muskel oder eine Muskelgruppe können alle langsam oder alle schnell zucken, aber die Extremitätenmuskeln der meisten terrestrischen Vierbeiner enthalten eine Mischung der beiden Fasertypen. Da eine Zuckung isometrisch gemessen wird, ist die Kontraktionszeit nicht die gleiche wie $V_{max}$, aber die beiden Messungen sind korreliert.

Verschiedene histochemische Techniken werden benutzt, um Fasertypen zu identifizieren. Dazu benötigt man dünne Schnitte der Muskeln und eine Inkubation in geeigneten Substraten (Abb.

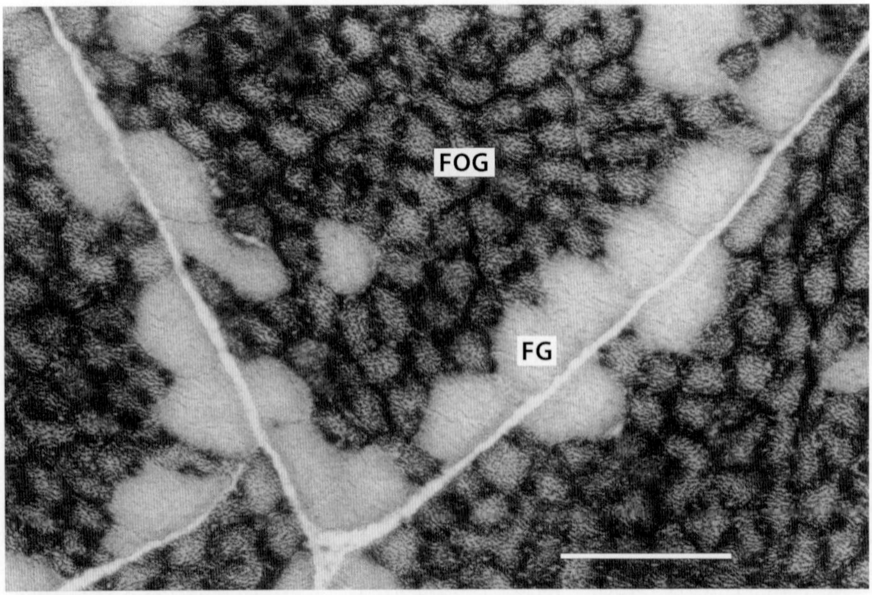


**Abb. 10.5.** Fasertypen im M. pectoralis major einer Taube. FG = anaerobe, schnelle, glykolytische Fasern. FOG = aerobe, schnelle, oxidative, glykolytische Fasern. Maßstab entspricht 100 µm

10.5). Färbungen für ATPase-Aktivität, für ein glykolytisches Enzym und für ein oxidatives Enzym, die alternierend an Serienschnitten durchgeführt werden, bieten eine schnelle Möglichkeit, die ungefähre Zusammensetzung aus den Fasertypen darzustellen.

### 10.2.4 Kraft (oder Spannung) muskulärer Kontraktion

Diese Eigenschaft ist von großer Bedeutung für die Analyse von Knochen-Muskelsystemen. Wie wird die Muskelkraft bestimmt? Technisch ist es praktisch unmöglich, alle Muskelkräfte in einem aktiven Tier genau zu messen. Deshalb konstruieren Morphologen bestmögliche Abschätzungen. Bisher hat jede Technik, die dazu ausgelegt ist, Muskelkräfte *in vivo* zu messen, ihre Grenzen.

Manche Forscher messen direkt die Querschnittsfläche. Die Annahme ist, dass die maximale Kraft eines Muskels gleich der Kraft der Kontraktion einer seiner Fasern multipliziert mit der Anzahl der Fasern und daher proportional zur Querschnittsfläche des Muskels ist. Auch wenn dies nur als Annäherung benutzt wird, können Fehler auftreten. Z.B. variiert die Menge des nichtkontraktilen Materials in und um die Fasern (Mitochondrien, Fett- und Bindegewebe) zwischen den Fasertypen und sollte nicht in die Messung einbezogen werden. Ein einzelner Querschnitt durch einen gefiederten Muskel trifft die Fasern nicht rechtwinklig und enthält vielleicht auch nicht alle Fasern. Manche Muskeln sind in ihrer Architektur so komplex, dass sie auch durch mehrere Querschnittsmessungen nicht dargestellt werden können. Schließlich hängt die Spannung, wie wir oben gesehen haben, auch von der Muskellänge relativ zur Ruhelänge ab, und von $V/V_{max}$ zur Zeit der Stimulation. Eine realistischere Messung der Querschnittsfläche ist eine, die so viele dieser Variablen wie möglich mit einbezieht: die Querschnittsfläche = (Muskelmasse mal Fiederungswinkel)/(Faserlänge mal Dichte). Die Muskelmasse kann nass oder trocken sein, die Faserlänge wird von der Bündellänge her abgeschätzt und die Dichte wird mit 1,06 g $cm^{-3}$ geschätzt. Wenn diese Messung der Querschnittsfläche mit

Vorsicht angewendet wird, kann sie eine wertvolle vergleichende Abschätzung der Kraft liefern.

### 10.2.5 Elektromyographie und die Messung von Belastung

Nicht alle Muskeln sind ununterbrochen im Zustand der Kontraktion. Sogar individuelle Muskeln, die ein einzelnes Gelenk überkreuzen (z. B. jeder Kopf des M. triceps), können unabhängig dazu benutzt werden, das gleiche Gelenk bei verschiedenen Aktivitäten zu kontrollieren. Die **Elektromyographie** ist eine Technik, die dazu benutzt wird, zu bestimmen, wann ein bestimmter Muskel oder eine Muskelgruppe elektrisch aktiv (also Kraft produziert) oder elektrisch still (also entspannt) ist. Durch die Implantation dünner Drahtelektroden in den Muskel kann man die kleinen Spannungsänderungen, gemessen in Millivolt, erfassen, welche durch die Ionenbewegungen über die Membranen aktiver Muskelfasern zustande kommen. Synchronisierung der Bewegungen eines Tieres (Film, Video) und der Ableitung der elektrischen Aktivität liefert Daten, die für den Zeitverlauf der Muskelaktivität *in vivo* relevant sind. Man sieht z. B., dass die elektrische Aktivität der primären Flügeldepressoren und -elevatoren einer fliegenden Taube reziprok ist (Abb. 10.6). Wir beobachten außerdem, dass der M. pectoralis major beim späten Aufschlag aktiv wird, und zwar mehrere Millisekunden bevor der Flügel beginnt, sich nach unten zu bewegen. Dieser Punkt ist bedeutend für die Kraftproduktion. Muster elektrischer Aktivität während zyklischer Bewegungen liefern auch Informationen über die Organisation des Nervensystems. Wenn man diese Technik zusammen mit Informationen aus Präparationen und Informationen über den Fasertypus nutzt, ist sie sehr aussagekräftig. Der M. pectoralis major der Taube ist also aus zwei Typen von Fasern zusammengesetzt, die aufgrund ihres histochemischen Profils und der Größe leicht unterschieden werden können (Abb. 10.5). Die relativ kleinen SOG-Fasern stellen 88–90% der Faserpopulation und haben einen mittleren Durchmesser, der ungefähr halb so groß ist wie der der relativ großen SG-Fasern. Man hat die Hypothese aufgestellt, dass die SG-Fasern für Start und Landung, wo größere Kräfte benötigt

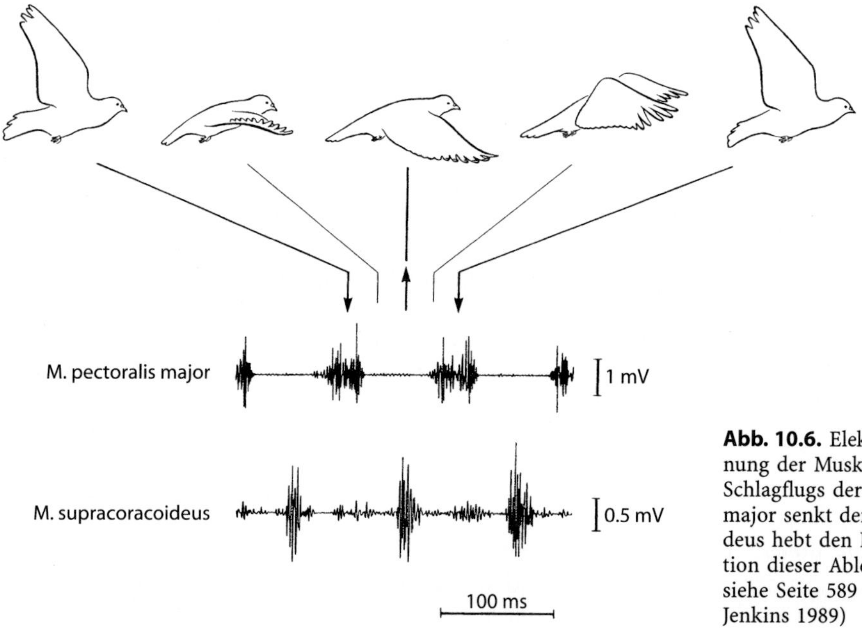


**Abb. 10.6.** Elektromyographische Aufzeichnung der Muskelaktivität während des Schlagflugs der Taube. Der M. pectoralis major senkt den Flügel, der M. supracoracoideus hebt den Flügel. Für weitere Interpretation dieser Ableitung in Beziehung zum Flug siehe Seite 589 und 599 (aus Goslow, Dial u. Jenkins 1989)

werden, und die SOG-Fasern für den kontinuierlichen Flug benutzt werden, der relativ geringere Kräfte, diese aber über lange Zeiträume benötigt.

Die Elektromyographie liefert Information über den Zeitverlauf der Kraftproduktion, aber nur wenig Information über die absolute Kraft. Mit der Entwicklung kleiner Belastungsmesser, die entweder direkt auf eine individuelle Sehne oder auf einen Knochen benachbart zur Ansatzstelle eines bestimmten Muskels implantiert werden können, ist es möglich, eine gute Abschätzung der absoluten Kraft zu erhalten. Biewener (1998) z. B. ermittelte das Kraftprofil des M. pectoralis major der Taube während des Fluges, indem er einen Belastungsmesser direkt an einem Vorsprung des Oberarms befestigte und die Deformation des Knochens als Monitor benutzte.

## 10.3 Verkürzung, Arbeit, Kraft und Hebel

### 10.3.1 Kraft

Kraft ist das Produkt aus Masse und Beschleunigung. Sie wird in Newton (der Druck, der benötigt wird, um 1 kg auf 1 $ms^{-2}$ zu beschleunigen) ausgedrückt. Da jedoch Morphologen mit einem einheitlichen Gravitationsfeld arbeiten, ist es in der Regel richtig, Kraft als einen Druck oder einen Zug zu betrachten, der Bewegung verursacht, oder dem man widerstehen muss, um Bewegung zu verhindern, und daher die Kraft in Kilogramm auszudrücken. Ein Newton ist 0,1 kg Gewicht auf der Erde. Ein quergestreifter Muskel kann auf seine Sehne eine Kraft von ungefähr 3 kg $cm^{-2}$ seiner Querschnittsfläche ausüben, die im rechten Winkel zu seinen Fasern gemessen wird, aber der Bereich reicht von 1–8 kg $cm^{-2}$. Man erinnere sich also, dass dies nur eine grobe Annäherung ist.

### 10.3.2 Arbeit

**Arbeit** ist die Kraft mal der Distanz, über die sie ausgeübt wird. Wenn ein Muskel isometrisch kontrahiert, verrichtet er keine Arbeit, obwohl er Energie verbraucht. Wenn ein Muskel isotonisch kontrahiert, leistet er Arbeit. Manchmal kann ein Muskel jedoch in einem Zustand der Kontraktion sein und gleichzeitig gedehnt, also verlängert werden. In diesem Fall verrichtet er auch Arbeit. Der erste Typ der Arbeit wird positive Arbeit genannt, der zweite negative Arbeit. **Mechanische Kraft** ist Arbeit pro Zeiteinheit. Muskeln mit langen Fasern und einer parallelen Architektur sollten über eine lange Distanz bei mäßigem Kraftniveau kontrahieren, um hohe mechanische Kraft zu erzeugen. Gefiederte Muskeln dagegen, die hohe Kräfte ausüben können (eine hohe Anzahl von Fasern), die sich aber nur wenig verkürzen (wenige Sarcomere), sollten hohe Kräfte erzeugen, aber über kurze Distanzen agieren.

### 10.3.3 Hebel

Der **Hebelarm** eines Muskels ist die rechtwinklige Distanz von seiner Aktionslinie zum Drehpunkt der Bewegung, die durch seine Kontraktion verursacht wird. Wenn also ein Muskel an einem knöchernen Hebel, z. B. dem Fersenknochen, rechtwinklig ansetzt, dann ist die Distanz vom Ansatzpunkt zum Drehpunkt (das Knöchelgelenk in manchen Umständen) der Hebel des Muskels. Die drehende Kraft oder das **Drehmoment** der Bewegung ist dann die Kraft, die auf die Ansatzstelle ausgeübt wird, multipliziert mit der Länge des Hebelarms. Die Hebel, die durch das Knochen-Muskelsystem gebildet werden, sind von größter Bedeutung für die Bestimmung der Funktion. Diese und damit verbundene Konzepte werden in Kapitel 22 weiter entwickelt.

## 10.4 Kategorien von Muskeln

Es ist sowohl praktisch als auch instruktiv, die vielen Muskeln zum Studium in Gruppen einzuteilen. Mehrere Gruppierungsmethoden bieten sich an und der Student kann jede von ihnen mit Gewinn benutzen. Erstens können alle Muskeln einer Körperregion zusammen untersucht werden. So können die Muskeln der Wirbelsäule, der Vorderextremität, des Kopfes und des Nackens usw. nacheinander untersucht werden. Welche Muskeln würde man in einem Querschnitt durch den Oberschenkel sehen? Welche Muskeln würde man durchtrennen, wenn man von der Brust zur Lunge schneidet? Welche Muskeln haben ihren Ursprung und ihren Ansatz an der Scapula? Diese Vorgehensweise ist am Operationstisch und am Seziertisch, vor allem bei großen Tieren, sehr effizient.

Eine zweite Methode gruppiert Muskeln ähnlicher Funktion. Welche Muskeln strecken (protrahieren) die Vorderextremität, bewegen den Kopf in spezifischer Weise oder tragen zur Aufrechterhaltung der Körperhaltung bei? Man entdeckt dabei, dass ein einzelner Muskel, z.B. der M. pectoralis, mehrere Funktionen haben kann, und dass manche Bewegungen, z.B. das Schwingen des Oberschenkels nach hinten, abwechselnd von zwei oder mehr Muskeln ausgeführt werden können, wenn auch nicht mit der gleichen Effizienz. Diese Vorgehensweise ist praktisch für den funktionellen Morphologen, den Verhaltensforscher und den Physiotherapeuten.

Eine dritte Methode ist für vergleichende Studien von Bedeutung. Die verschiedenen Muskeln können auf der Basis ihres embryonalen Ursprungs in große Kategorien eingeteilt werden. Solche Kategorien haben gewissermaßen unabhängige Phylogenien, beziehen sich auf die Lage und die funktionellen Gruppen, die oben genannt wurden, und können aufgrund ihrer Innervierung unterschieden werden. Wir wollen sie identifizieren, indem wir ihren Ursprung und ihre Innervation nachvollziehen.

Das Mesoderm des frühen Embryos ist in ein dorsolaterales segmentiertes Epimer, ein kleines Mesomer und ein ventrolaterales, unsegmentiertes Hypomer unterteilt (Abb. 5.9 und Tabelle 5.2). Wie wir in früheren Kapiteln erklärt haben, differenziert sich das Epimer weitergehend in Dermatom, Myotom und Sklerotom. Das Sklerotom bildet keine Muskeln. Das Dermatom bildet einen Großteil der Haut inklusive aller intrinsischen glatten Muskeln, die darin vorkommen können. Das Myotom und das Hypomer sind die Quellen von praktisch allen anderen Muskeln des Körpers.

Wenn die Entwicklung fortschreitet, bilden die Myotome hinter dem Kopf und Pharynx einen Großteil der Muskulatur der Körperwand oder der **Axialmuskeln.** Bei den meisten Fischen sind die Axialmuskeln einer jeden Körperseite durch eine membranöse Teilung, das **laterale (horizontale) Septum,** ganz klar in die dorsalen **epaxialen** Muskeln und die ventralen **hypaxialen** Muskeln unterteilt (Abb. 10.7 und 9.11). Aufgrund experimenteller Studien, die vor allem am Hühnchen durchgeführt wurden, scheint bei höheren Vertebraten das Hypomer im Rumpf, aber nicht im Schwanz ebenfalls bedeutend zur Bildung der hypaxialen Muskeln beizutragen. Die epaxialen Muskeln biegen die Wirbelsäule nach dorsal und werden von den dorsalen Ästen der Spinalnerven innerviert (Abb. 17.15). Die hypaxialen Muskeln biegen die Wirbelsäule nach ventral und stützen die Körperwand. Sie werden von den ventralen Ästen der Spinalnerven innerviert. Wenn epaxiale und hypaxiale Muskeln der gleichen Körperseite zusammen kontrahieren, wird die Wirbelsäule zu dieser Seite hin gebeugt.

Die epaxialen Teile mehrerer anteriorer Somitomeren bilden die **extrinsischen Augenmuskeln** (s. auch die Diskussion der Kopfsegmentierung in Exkurs 8.1). Die äußeren Augenmuskeln werden vom dritten, vierten und sechsten Hirnnerven innerviert.

Die meisten posterioren Somitomeren wandern als Mesenchym und bilden die **Branchialmuskeln,** die mit den Visceralbögen und ihren Derivaten assoziiert sind (Abb. 10.7). Anteriore Somiten steuern die Muskeln der posterioren Branchialbögen der Fische bei, auch zu ihren kleineren Derivaten bei Tetrapoden (früher nahm man an, dass diese Muskeln aus dem Hypomer stammen). Branchialmuskeln werden

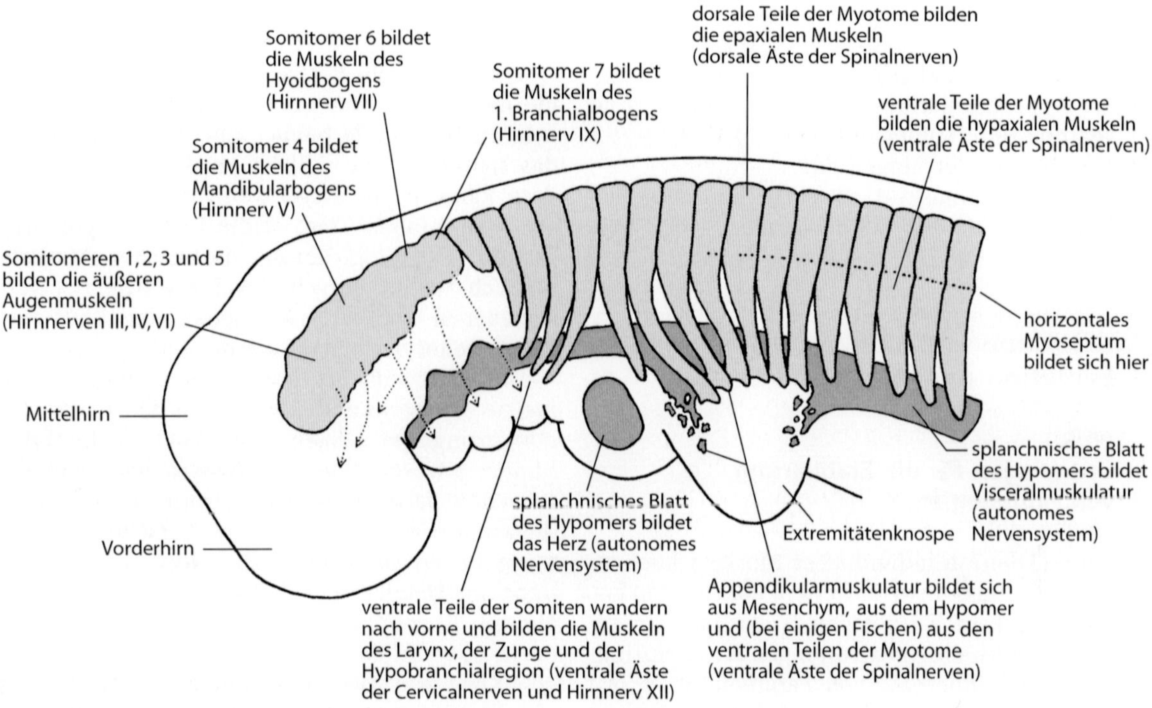


**Abb. 10.7.** Schematisierter Embryo, der die Differenzierung der Muskelgruppen aus den Somitomeren, Myotomen und dem Hypomer zeigt, wie es in Abb. 5.9 und Tabelle 5.2 beschrieben ist. Die Innervation der Muskelgruppen ist in Klammern angegeben

hauptsächlich von Hirnnerven innerviert: Der fünfte Nerv innerviert die wichtigen Kiefermuskeln des Mandibularbogens, der siebte Nerv innerviert den Hyoidbogen, und der neunte Nerv den ersten Branchialbogen. Die verbleibenden Bögen werden hauptsächlich vom zehnten Hirnnerv innerviert, aber auch der elfte Hirnnerv und die ventralen Äste der Cervicalnerven können die Branchialmuskeln innervieren.

Unter dem Pharynx, zwischen Schultergürtel und Kiefer, liegen Muskeln, die sich phylogenetisch durch die Vorwärtswanderung hypaxialer Muskeln ableiten lassen, welche ursprünglich im Rumpf lagen. Wegen ihrer Lage werden sie **Hypobranchialmuskeln** genannt. Ihre Innervation durch den zwölften Hirnnerv und durch die ventralen Äste von Cervicalnerven weist auf ihren posterioren Ursprung hin.

Aus der Embryologie der Haie gibt es Hinweise, dass die Muskeln der Flossen, also die Appendikularmuskulatur, als Ausweitungen aus den hypaxialen Muskeln der Körperwand entstehen. Dies könnte der ursprüngliche Zustand sein. Bei Tetrapoden dagegen bilden sich die Appendikularmuskeln statt dessen aus Mesenchym, das zumindest teilweise aus dem Hypomer stammt. Die Innervation erfolgt über die Ventraläste der Spinalnerven.

Das Hypomer liefert außer den hypaxialen und Appendikularmuskeln auch noch andere wichtige Derivate. In der Rumpfregion teilt es sich und umschließt die Coelomhöhle. Das äußere (somatische) Blatt bildet keinen weiteren Muskel. Das innere (splanchnische) Blatt bildet das **Herz** und die **Muskeln der Eingeweide.**

Zusammengenommen sind also die Hauptkategorien der Muskeln

- die Axialmuskulatur, die epaxiale und hypaxiale Komponenten hat,

- die extrinsischen Augenmuskeln,
- die Hypobranchialmuskulatur, die aus hypaxialen Muskeln abgeleitet wird,
- die Appendikularmuskulatur, die dorsale und ventrale Unterteilungen hat,
- die Muskeln der Eingeweide,
- die Branchialmuskeln, die seriell mit dem Visceralskelett in Verbindung stehen.

## 10.5 Evolution der Muskeln

### 10.5.1 Grundlagen für die Etablierung von Homologien

Um die Evolution individueller Muskeln nachzuvollziehen, muss man Kriterien haben, um homologe Muskeln bei verschiedenen Taxa zu erkennen. Innerhalb von Ordnungen ist es normalerweise und innerhalb von Familien ist es fast immer möglich, äquivalente Muskeln aufgrund ihrer Position und ihrer Beziehung zu anderen Muskeln und zum Skelett zu erkennen. So besetzt der M. supraspinatus der Säugetiere immer die Fossa supraspina der Scapula und setzt am größeren Tuberkel des Humerus an. Manchmal allerdings greift das Kriterium der Lagebeziehungen nicht: Reptilien haben keine Fossa supraspina; die Ansatzstellen eines Muskels können sich während der Evolution so verändern, dass die Aktion des Muskels grundlegend geändert wird; benachbarte Muskeln mit ähnlicher Wirkung können verschmelzen; ein Muskel kann verschwinden; und ursprüngliche Muskeln (im Gegensatz zu den Knochen des Skeletts) neigen dazu, sich im Laufe der Evolution in mehrere Muskeln aufzutrennen.

Paläontologische Hinweise auf Homologien kommen manchmal aus Serien fossiler Knochen mit Muskelnarben, welche die Migration, die Fusion oder den Verlust eines bestimmten Muskels an den Tag bringen. Die fortschreitende Veränderung bestimmter Muskeln in den Füßen ausgestorbener Pferde ist auf diese Weise geklärt worden. Der Paläontologe muss aber vorsichtig sein und ungerechtfertigte Annahmen vermeiden; er ist gewöhnlich auf die Muskeln rezenter Tiere angewiesen, um die Analyse zu leisten.

Wir haben oben gezeigt, dass die Embryologie nützlich ist, um große Kategorien von Muskeln zu bilden. Da beim Embryo das Muster, in das sich die ursprüngliche Muskelmasse aufgliedern kann, in der Regel weniger spezialisiert ist als beim adulten Tier, ist die Embryologie auch für die Homologisierung spezifischer Muskeln nützlich. Diese Vorgehensweise wurde bei verschiedenen Vertebraten angewendet und verdient, weiter verfolgt zu werden.

Das Kriterium der Muskelhomologie, das die meiste Aufmerksamkeit errungen hat, ist die Innervierung. Im letzten Jahrzehnt des 19. Jahrhunderts wurde eine unveränderliche Beziehung zwischen peripheren Nerven und den Muskeln, die sie innervieren, postuliert. Verschiedene Autoren haben inzwischen die Nerv-Muskelbeziehung im Detail studiert (unter ihnen vor allem Howell, Romer, und Haines), und man stimmt darin überein, dass die Innervierung ein wichtiges Kriterium für die Homologie ist, dass es aber Beispiele gibt, wo Muskeln Beziehungen zu Nerven entwickelt haben, die sich von denen ihrer evolutionären Vorfahren unterscheiden.

Der vergleichende Myologe ist gut beraten, so viele Homologiekriterien wie nur möglich zu benutzen.

### 10.5.2 Muskeln primärer Schwimmer

Das muskuläre System der **Cyclostomata** (vor allem der Neunaugen) ist einfacher und ursprünglicher als das der anderen Vertebraten. Ein laterales Septum fehlt, so dass die prominente Axialmuskulatur nicht in epaxiale und hypaxiale Muskulatur unterteilt ist. Die Segmentierung des Körpers ist offensichtlich. Jedes Myotom steuert ein Muskelsegment oder **Myomer** bei. Da ein Axialskelett – mit Ausnahme der Chorda dorsalis – fehlt, setzen die kurzen Fasern der Myomere an den Bindegewebsscheiden an, den **Myosepten**, die zwischen aufeinander folgenden Myomeren liegen. Myomere und Septen sind leicht gefaltet und nur wenig komplizierter als diejenigen von *Branchiostoma*. Die ventralen Teile der Myomere, die kurz hinter dem Pharynx liegen, wenden sich etwas nach vorne und deuten so die spätere Hypobranchialmuskulatur an. Appendikularmuskeln fehlen natürlich und, da auch keine Kiefer vorhanden sind und das Visceralskelett als eine Einheit konstruiert ist, sind auch die entsprechenden Branchialmuskeln nicht stark ausgebildet. Es gibt eine gut ausgebildete Muskulatur, die mit dem spezialisierten Mund und der Zunge assoziiert ist, aber sie ist bei Neunaugen und Schleimaalen sehr unterschiedlich und kann nicht mit den Muskeln höherer Vertebraten homologisiert werden.

Die Muskulatur **kiefertragender Fische** ist weiter fortgeschritten, bleibt aber immer noch einfacher als die der Tetrapoden. Starke Axialmuskeln, welche die Wirbelsäule und den Schwanz beim Schwimmen von Seite zu Seite biegen, sind durch ein laterales (horizontales) Septum in epaxiale und hypaxiale Teile gegliedert (Abb. 9.11). Wenn dorsale Rippen vorhanden sind, liegen sie in diesem Septum. Die Myomere, die beim Embryo noch gerade sind, werden beim Adulten stärker gewinkelt als bei den Cyclostomata und zu ineinander verzahnte Zapfen geformt (Abb. 10.8 und 27.11). Diese Anordnung erweitert die Aktion eines jeden Myomers über mehrere Wirbel und stellt sicher, dass die Muskelfasern, die in verschiedenen Abständen zur Körperachse liegen, sich alle mit ungefähr gleicher Geschwindigkeit und über annähernd gleiche Distanzen verkürzen können, wenn sie den Körper des Fisches beugen. Sehnen, die von den Spitzen der Zapfen ausgehen, können die Kontraktionskraft über zusätzliche Körpersegmente verteilen, vor allem in den Schwänzen von schnellschwimmenden Fischen.

Riemenartige Hypobranchialmuskeln ziehen vom Schultergürtel zu den Visceralbögen und dienen dazu, die Kiefer zu öffnen und die Kiemen nach unten und nach hinten zu ziehen. Die Hypobranchialmuskeln haben sich von den Hypaxialmuskeln, aus denen sie entstanden sind, abgesetzt, aber sie behalten die longitudinale Orientierung bei, die durch ihre Vorwärtswanderung vorgegeben ist.

Die Extremitätengürtel der Fische sind fest in der Axialmuskulatur verankert. Appendikularmuskeln haben sich mit den Flossen entwickelt und sind in eine dorsale Masse der Extensoren (oder Abduktoren, oder Levatoren – all diese Begriffe werden benutzt), welche die Flossen nach oben oder nach vorne bewegen, und eine ventrale Masse von Flexoren (Adduktoren, Depressoren), die sie nach hinten oder nach unten bewegen, aufgeteilt.

Die Morphologie des Pharynx mancher Haie deutet an, dass die ursprünglichen Fische, die homogene Visceralbögen hatten, einfache und seriell angeordnete Branchialmuskeln besaßen (Abb. 10.9). Eine oberflächliche Lage von Konstriktoren

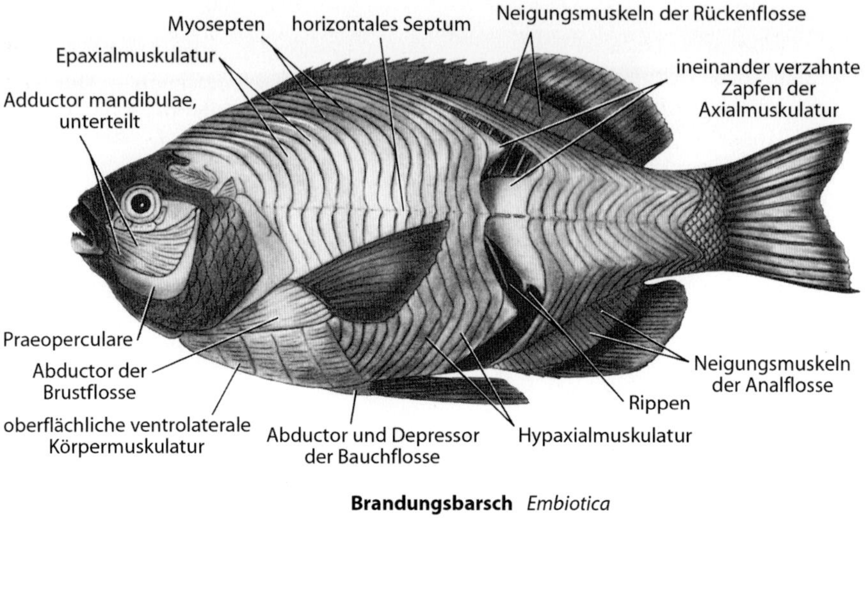


**Abb. 10.8.** Muskulatur eines Teleosteers. Zwei Myomere sind entfernt, um die Form der Myosepten zu zeigen

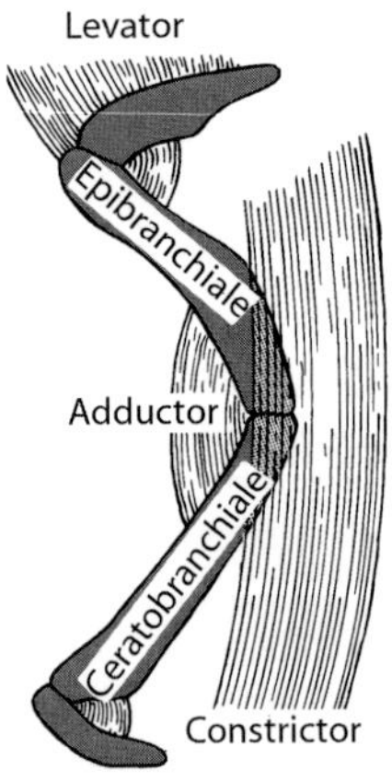


**Abb. 10.9.** Schematische Darstellung der Branchialmuskulatur eines Kiemenbogens eines primitiven Fisches. Vgl. mit Abb. 8.5

lag nahezu kontinuierlich über der Kiemenregion und drückte den Pharynx zusammen. Eine Serie von Levatoren oberhalb des Pharynx diente dazu, die Kiemenbögen zu heben. Adduktoren reduzierten den inneren Winkel eines jeden Visceralbogens. Die Regelmäßigkeit dieses ursprünglichen Musters ist bei den verschiedenen rezenten Fischen je nach Art der Kieferaufhängung und des Nahrungsaufnahmemechanismus sowie nach dem Vorhandensein oder Fehlen eines Spiraculums und Operculums stark verändert. Die Muskeln der ersten beiden Bögen sind die spezialisiertesten. Der mittlere Adduktor des Mandibularbogens ist stark vergrößert und wird zum **M. adductor mandibulae**, der die Kiefer schließt (Abb. 10.10 und Tabelle 10.1). Die ventralen Kon-

**Tabelle 10.1.** Evolution einiger wichtiger Muskeln, wie sie bei Tieren gefunden werden, welche drei Entwicklungsstadien charakterisieren

| | Hai | | Urodele | | Säugetier |
|---|---|---|---|---|---|
| **Hypobranchialmuskulatur** | M. coracoarcuales | → | Zungenmuskeln | → | Zungenmuskeln |
| | M. coracomandibularis | → | M. geniohyoideus | → | M. geniohyoideus |
| | M. coracohyoideus | → | M. rectus cervicis | → | M. sternohyoideus, M. sternothyroideus |
| **ursprüngliche Flossenmuskulatur** | | ↗ | M. latissimus dorsi | → | M. latissimus dorsi, M. cutaneus maximus |
| | dorsale Extensoren | → | Schultermuskeln | → | M. deltoideus, M. subscapularis, M. teres major |
| | | ↘ | Extensoren des Armes | → | M. triceps, M. supinator, Extensoren der Hand und Finger |
| | | ↗ | M. pectoralis | → | M. pectoralis |
| | ventrale Flexoren | → | M. supracoracoideus | → | M. supraspinatus, M. infraspinatus |
| | | ↘ | Flexoren des Armes | → | M. biceps, M. pronator, Flexoren der Hand und Finger |
| **Branchialmuskulatur** | *erster Bogen* | | | | |
| | Adductor mandibulae | → | Adductor mandibulae | → | M. masseter, M. temporalis, M. pterygoideus |
| | M. intermandibularis | → | M. intermandibularis | → | M. mylohyoideus |
| | | | | ↘ | M. digastricus |
| | *zweiter Bogen* | | | | |
| | Constrictor | → | M. subarcualis rectus | | |
| | | ↘ | M. interhyoideus, M. constrictor colli | → | Platysma |
| | Levator | → | M. depressor mandibulae | | |
| | *andere Bögen* | | | | |
| | M. trapezius | → | M. trapezius | → | M. trapezius, M. sternomastoideus, M. cleidomastoideus |

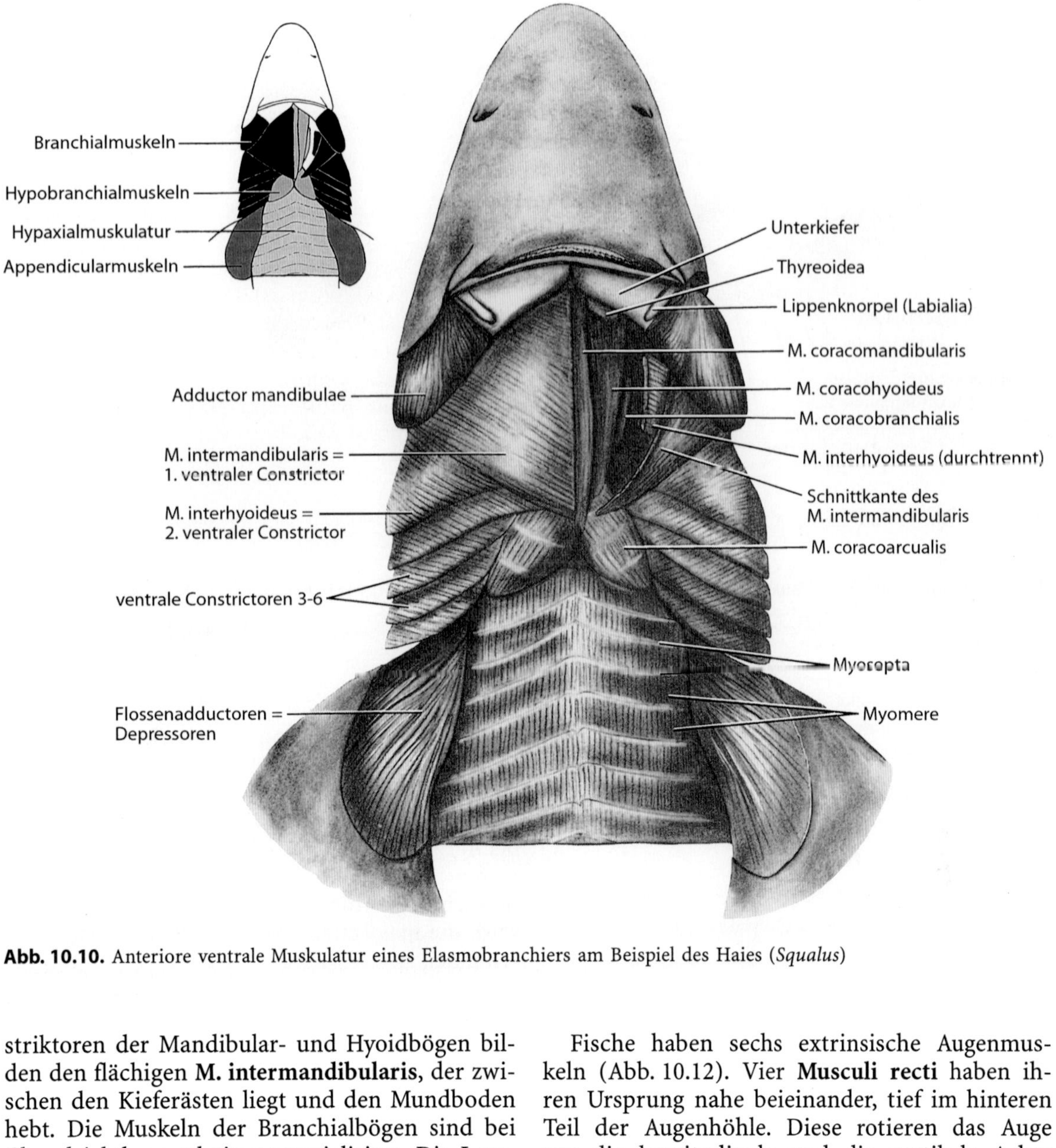


**Abb. 10.10.** Anteriore ventrale Muskulatur eines Elasmobranchiers am Beispiel des Haies (*Squalus*)

striktoren der Mandibular- und Hyoidbögen bilden den flächigen **M. intermandibularis**, der zwischen den Kieferästen liegt und den Mundboden hebt. Die Muskeln der Branchialbögen sind bei Chondrichthyes relativ unspezialisiert. Die Levatoren dagegen neigen dazu, sich über den hinteren Kiemen als der **M. cucullaris** oder **M. trapezius** auszudehnen. Der M. trapezius bleibt bei den Tetrapoden erhalten (Abb. 10.11). Die Branchialmuskeln der Kiemen der Osteichthyes sind gewöhnlich bis auf Reste der ventralen Konstriktoren reduziert.

Fische haben sechs extrinsische Augenmuskeln (Abb. 10.12). Vier **Musculi recti** haben ihren Ursprung nahe beieinander, tief im hinteren Teil der Augenhöhle. Diese rotieren das Auge um die longitudinale und die vertikale Achse des Kopfes. Zwei **Musculi obliqui** haben ihren Ursprung tief im vorderen Teil der Augenhöhle. Sie rotieren das Auge um seine optische Achse, d.h. die Transversalachse des Kopfes. Vier der Muskeln, M. rectus anterior, M. rectus superior, M. rectus inferior und M. obliquus inferior, sind vom Prämandibular-Somitomer abzuleiten und

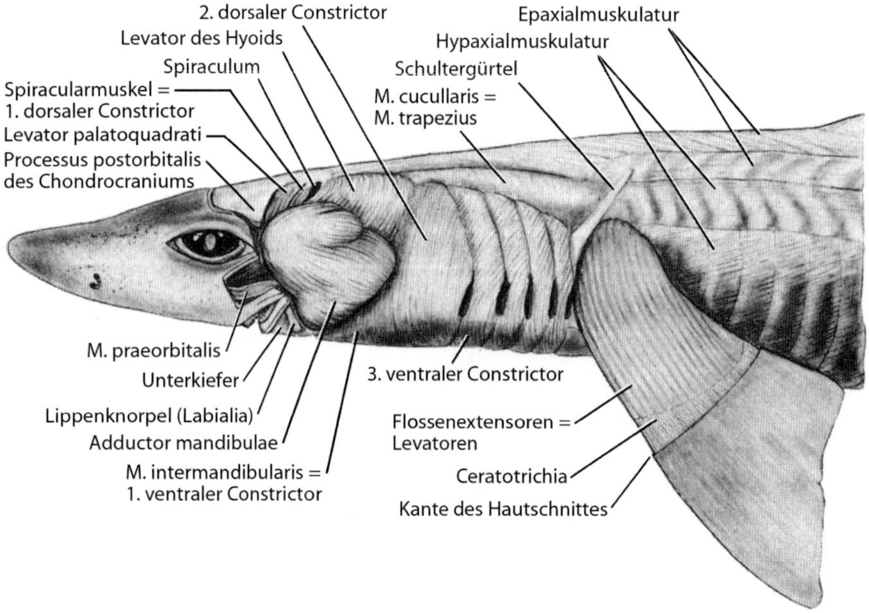


**Abb. 10.11.** Anteriore Lateralmuskulatur eines Elasmobranchiers am Beispiel des Haies (*Squalus*)

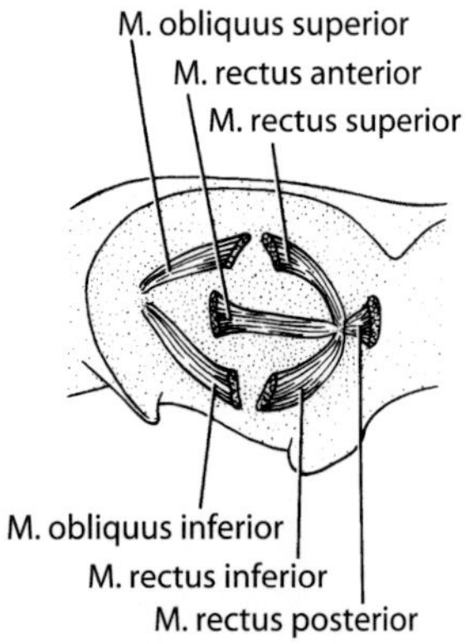


**Abb. 10.12.** Äußere Augenmuskeln der Vertebraten am Beispiel eines Haies. Linke Augenhöhle

werden vom dritten Hirnnerv innerviert (Abb. 10.7). Der M. obliquus superior ist vom mandibularen Somitomer abgeleitet und wird vom vierten Hirnnerv innerviert. Der M. rectus posterior entsteht aus den Mandibular- und Hyoid-Somitomeren und wird vom sechsten Hirnnerv innerviert.

## 10.5.3 Axial- und Hypobranchialmuskeln der Tetrapoden

Mehrere allgemeine Entwicklungstendenzen sind bei der Evolution der Axialmuskulatur der Tetrapoden offensichtlich. Bei Fischen sind diese Muskeln, die für den Vortrieb verantwortlich sind, die massigsten des Körpers. Wenn die Extremitäten den Vortrieb übernehmen, vergrößern sich ihre Muskeln und die Axialmuskulatur wird verringert. Das Axialskelett der Tetrapoden dagegen wird stärker, um eine neue, unterstützende Rolle zu spielen. In Übereinstimmung mit dieser Tendenz steht die verbleibende Axialmuskulatur in engerem Kontakt mit dem Skelett und erweitert ihre Funktion um die Dorsoflektion und die Ventroflektion der Wirbelsäule, die bei Fischen selten ausgeprägt sind. Myosepten ziehen sich zurück und verschwinden, und viele Muskeln entwickeln lange Fasern, die zwei bis viele Wirbel überspannen. Außerdem bilden bestimmte Muskeln flächige Schichten und andere werden mit dem Schultergürtel assoziiert.

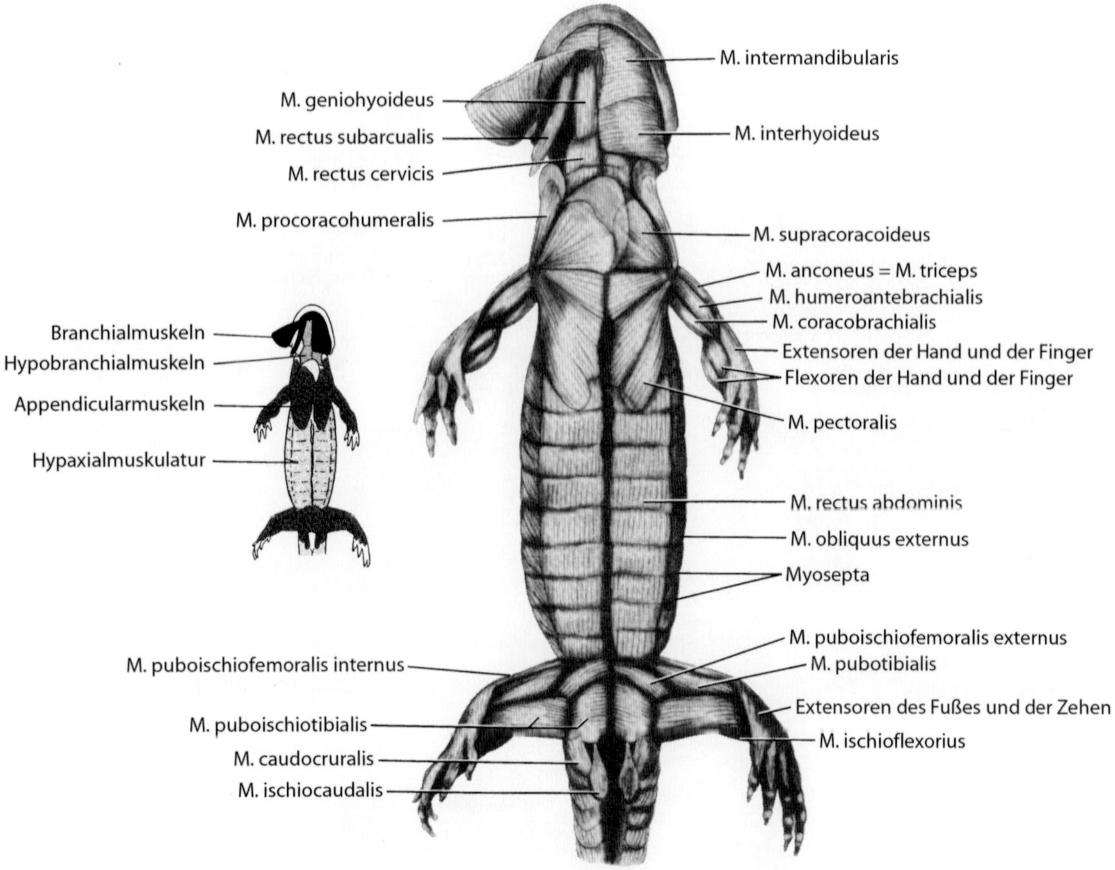


**Abb. 10.13.** Ventrale Muskulatur eines Urodelen am Beispiel des Tigersalamanders (*Ambystoma*)

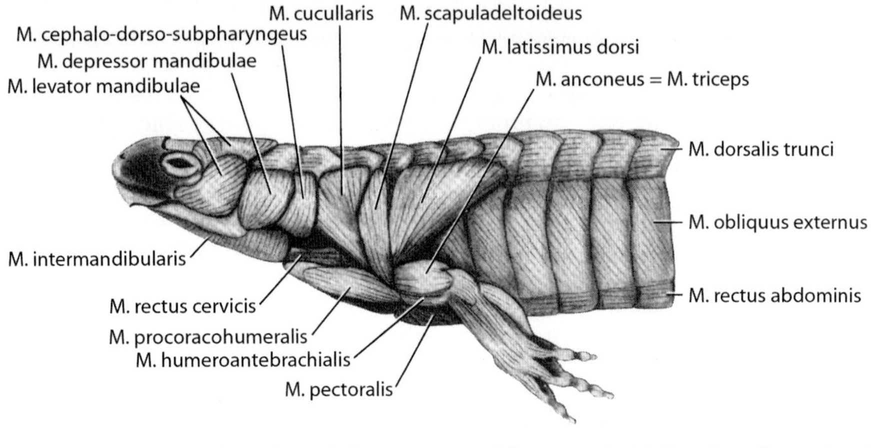


**Abb. 10.14.** Anteriore laterale Muskulatur eines Urodelen am Beispiel des Tigersalamanders (*Ambystoma*)

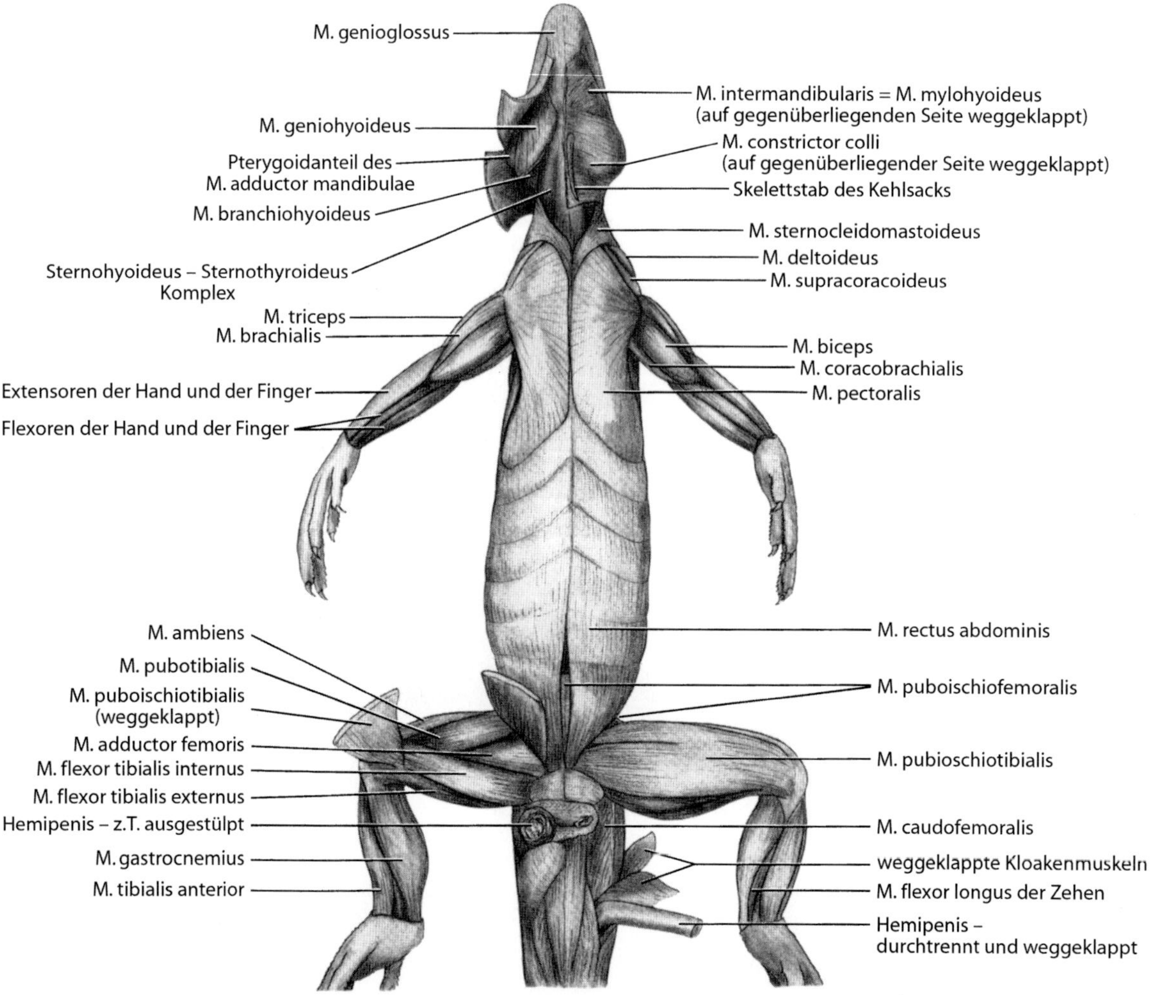


**Abb. 10.15.** Ventrale Muskulatur eines squamaten Reptils, gezeigt am Waran (*Iguana*)

Die **Epaxialmuskeln** der Amphibien sind ursprünglich. Die Myosepten sind noch vorhanden und fast vertikal statt gewinkelt wie bei Fischen (Abb. 10.13 und 10.14). Die Epaxialmuskeln der Reptilien und Säuger dagegen haben keine Myosepten mehr und sind wesentlich komplexer und im Detail unterschiedlicher geworden. Diejenigen der Cervicalregion neigen dazu, Schichten auf dem jetzt beweglicheren Hals zu bilden (Abb. 10.15 und 10.16). Der Rumpf der Vögel ist als Anpassung an den Flug kurz und relativ steif. Deshalb ist die Axialmuskulatur mit Ausnahme des Halses und des kurzen Schwanzes weitgehend reduziert.

Im Rumpfbereich sind die **Hypaxialmuskeln** bei allen Tetrapoden ähnlich und gegenüber denen der Fische weiter entwickelt. Sie werden normalerweise in drei Gruppen unterteilt:

- Eine **subvertebrale Gruppe**, die unter dem Processus transversus der Wirbel liegt, beugt die Wirbelsäule nach ventral. Bei Reptilien und Säugetieren ist diese Gruppe auf die Lumbalregion begrenzt.

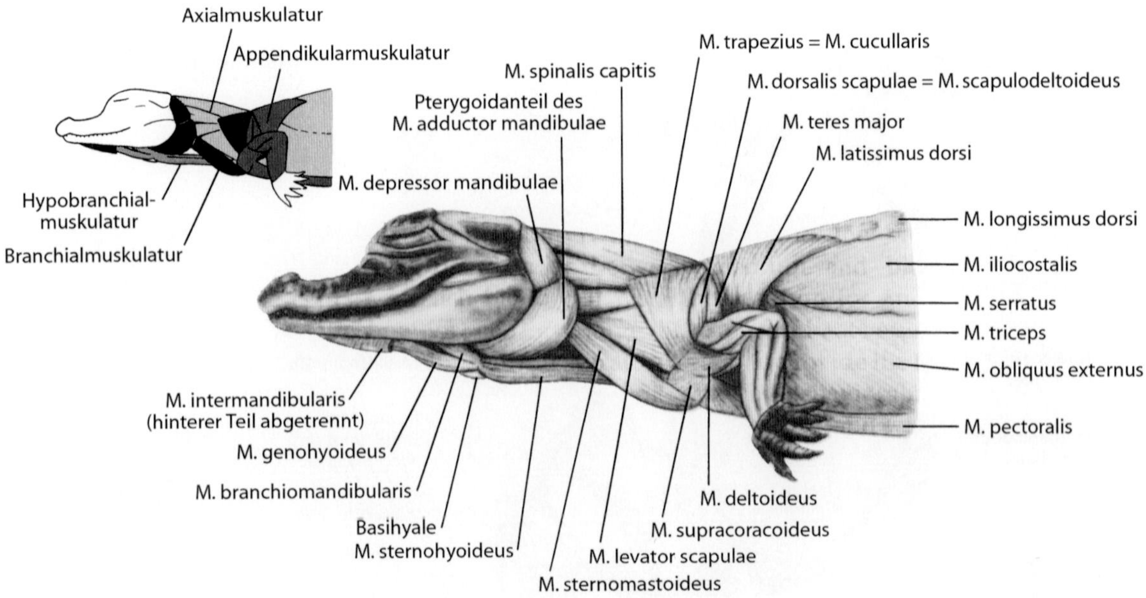


**Abb. 10.16.** Anteriore laterale Muskulatur eines Reptils, gezeigt an einem Krokodil, dem *Kaiman*

- Der **M. rectus abdominis** (oder die Gruppe) erstreckt sich entlang der ventralen Körperwand zwischen den beiden Extremitätengürteln. Er stützt die Eingeweide und beugt den Körper nach ventral.
- Schließlich liegt eine **laterale Gruppe** an den Flanken. Sie ist gewöhnlich in drei flächige Schichten unterteilt, deren Fasern jeweils in einer unterschiedlichen Richtung ausgerichtet sind. Zusammen stützen und komprimieren sie die Körperwand. Von außen nach innen sind diese Schichten der **M. obliquus externus**, der **M. obliquus internus** und der **M. transversus.** Anterior schieben sich die Rippen der Amnioten, die im Vergleich mit denen der Amphibien vergrößert sind, zwischen den M. obliquus externus und M. obliquus internus, die dann die externen und internen **Intercostalmuskeln** werden. Sie beteiligen sich an der Ventilation der Lungen.

Der Schultergürtel der Tetrapoden artikuliert nicht mehr, wie bei Fischen, mit dem Kopf und hat auch keine Artikulation mit der Wirbelsäule wie der Beckengürtel. Deshalb entwickeln sich mehrere Muskeln aus der lateralen Gruppe der Hypaxialmuskulatur, um den Schultergürtel am Rumpf zu verankern. Diese umfassen den **M. serratus**, der bei Amnioten von den Rippen zur Scapula verläuft und den Thorax schlingenartig am Schultergürtel aufhängt, den **M. levator scapulae** und den **M. rhomboideus.** Das muskuläre **Diaphragma** oder **Zwerchfell**, das nur bei Säugetieren auftritt, ist offensichtlich auch zum Teil hypaxialen Ursprungs. Sein Nerv, der Nervus phrenicus, zweigt von den ventralen Ästen der Cervicalnerven ab, weil das embryonale Diaphragma seinen Ursprung anterior zur adulten Lage hat.

Die Terminologie und Phylogenie der wichtigsten **Hypobranchialmuskeln**, die in Studentenkursen identifiziert werden, sind ziemlich einfach. Sie sind in Tabelle 10.1 gezeigt.

### 10.5.4 Appendikularmuskulatur der Tetrapoden

**Muskeln des Vorderbeines** der Tetrapoden entstehen im Allgemeinen aus drei Quellen. Ein oder mehrere Trapeziusmuskeln werden von der

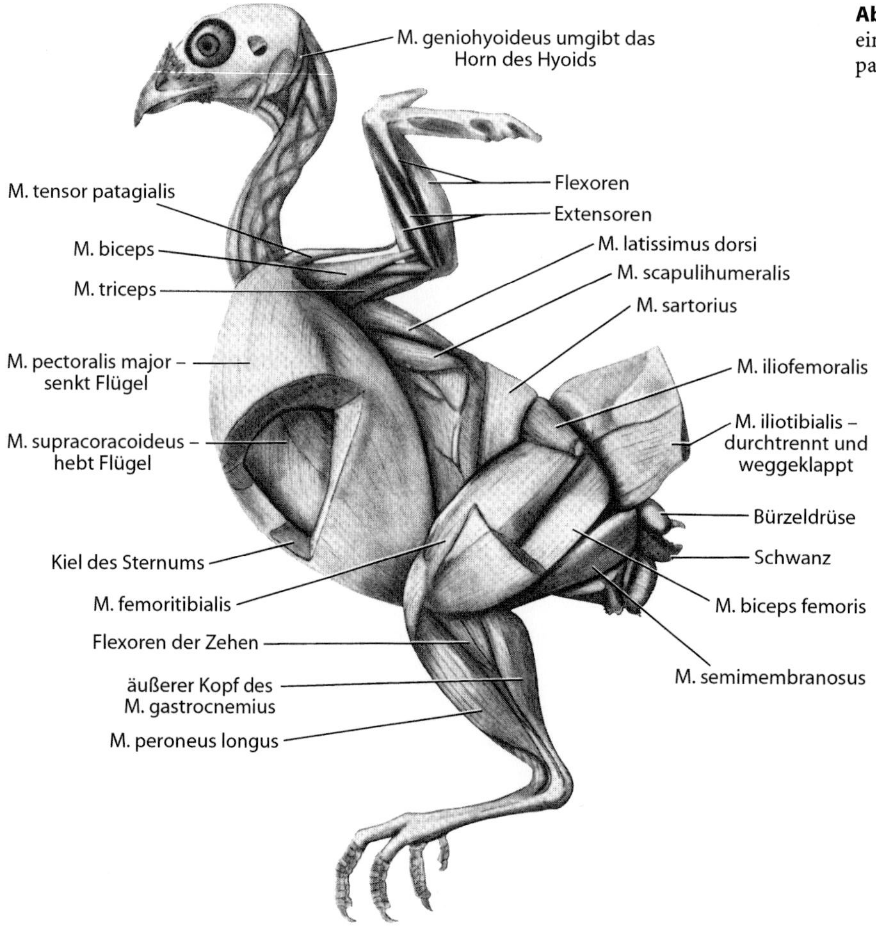


**Abb. 10.17.** Laterale Muskulatur eines Vogels, gezeigt an der japanischen Wachtel (*Coturnix*)

Branchialmuskulatur gebildet. Diese werden von Hirn- oder Cervicalnerven innerviert. Wie bereits oben beschrieben, werden verschiedene Muskeln von der Axialmuskulatur beigesteuert. Diese werden von den ventralen Ästen der Spinalnerven innerviert, die nicht am **Plexus brachialis**, dem Nervennetz an der Basis der Extremität, beteiligt sind. Die meisten Appendikularmuskeln der Tetrapoden sind direkt von den Appendikularmuskeln der Fische abgeleitet. Diese werden ebenfalls von ventralen Ästen der Spinalnerven innerviert, aber diese Nerven beteiligen sich am Plexus brachialis, bevor sie in die Extremität einstrahlen.

Wenn die Appendikularnerven der Fische aus ihrem Plexus auftauchen, sind sie in der Regel in eine mehr dorsale Gruppe, die zur dorsalen Masse der Flossenextensoren verläuft, und eine ventrale Gruppe, die zur ventralen Masse der Flossenbeuger verläuft, aufgeteilt. Die Appendikularmuskeln adulter Tetrapoden sind vielfältig und komplex. Dennoch differenzieren sie sich im Embryo in einer Rekapitulation des ursprünglichen Fischzustandes aus dorsalen und ventralen Muskelmassen. Beim Adulten können die vielen einzelnen Muskeln aufgrund ihrer Beziehung zu Nerven, die aus dem dorsalen oder ventralen Teil des entsprechenden Plexus entspringen, in der Regel als Derivate der dorsalen oder der ventralen Muskelmasse identifiziert werden. Bei manchen Beispielen kann jedoch die ursprüngliche Funktion der Extension für

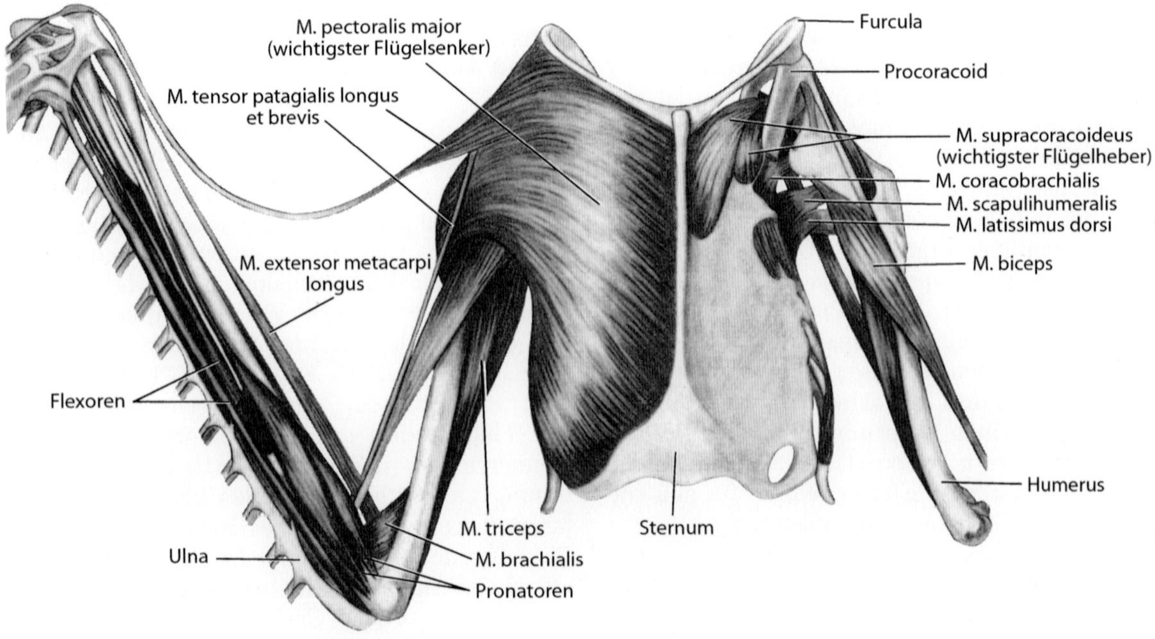


**Abb. 10.18.** Einige Flugmuskeln eines segelnden Vogels, des goldenen Adlers (*Aquila*), Ventralansicht. Der M. pectoralis major ist auf der linken Seite entfernt (gezeichnet nach einer luftgetrockneten Präparation und daher etwas geschrumpft)

die Derivate der dorsalen Muskelmasse und die Funktion der Flexion für die Derivate der ventralen Muskelmasse umgekehrt werden.

Die Homologien der Muskeln der Vorderextremität sind gut etabliert und in vereinfachter Form in Tabelle 10.1 aufgeführt. Es ist günstig, die Tabelle in Kombination mit den Abbildungen dieses Kapitels, mit Abb. 9.28 oder mit den Abbildungen in einem Präparationsbuch zu studieren. Beachte, dass bei den Säugetieren der Processus olecranon auf der Ulna der Hebelarm für den **M. triceps** ist. Für die Funktionsanalyse ist es wichtig zu bemerken, dass der **M. supinator** des Armes und die **Extensoren** der Hand und der Finger ihren Ursprung am lateralen Epicondylus des Oberarms haben, während der **Pronator** und die **Flexoren** von dem medialen Epicondylus ausgehen. Der mächtige **M. pectoralis major** ist der größte Flugmuskel fliegender Vertebraten. Der **M. supracoracoideus** der niederen Klassen ist bei Vögeln und Säugetieren auf bedeutende Weise verändert. Bei Vögeln verlagert er sich zum Sternum, unter den M. pectoralis major, inseriert über eine knöcherne Umlenkung auf der oberen Oberfläche des Kopfes des Humerus und hebt damit den Flügel (Abb. 10.17 und 10.18). Bei Säugetieren ist die Ansatzstelle am Oberarm beibehalten, aber das Coracoid wird rückgebildet und der Ursprung des Muskels verlagert sich zur Scapula. Der embryonale Muskel wächst auf beiden Seiten der Spina scapulae aus und wird sowohl zum **M. supraspinatus** als auch zum **M. infraspinatus.**

Mit wenigen Ausnahmen sind die **Muskeln der Hinterextremität** der Tetrapoden von den Appendikularmuskeln der Fischvorfahren abgeleitet. Man kann wieder Muskeln der dorsalen und ventralen Gruppe unterscheiden. Die Homologien zwischen Muskeln von Reptilien, vor allem von Lepidosauriern, und denen von Säugetieren sind ziemlich zufriedenstellend. Die Homologien für Lissamphibia und Vögel sind provisorischer, als die normalerweise benutzte Terminologie andeutet. Säugetiermuskeln, die von der dorsalen Gruppe abgeleitet sind, umfassen die verschiedenen **Mm. glutaei**, den großen M. quadratus femoris, der aus dem **M. rectus femoris** und den **Mm. vasti** zusammengesetzt ist, den **M. sartorius**, den **M. iliopsoas** und die **Extensoren** der Zehen (Abb. 10.19 und 10.20).

Von der ventralen Flossenmuskulatur lassen sich bei den Säugern die **Adductores femoris**, der **M. semimembranosus**, **M. semitendinosus**, **M. gracilis**, **M. biceps femoris** und die **Flexoren** des Fußes und der Zehen ableiten. Der **M. caudofemoralis** ist ein wichtiger Flexor des Oberschenkels bei den Reptilien, aber einhergehend mit der Reduktion des Schwanzes, an dem dieser Muskel seinen Ursprung hat, ist er bei den Säugetieren stark reduziert. Bei Säugetieren inseriert der starke **M. gastrocnemius** am neu entwickelten Fersenbein, dem Calcaneum.

### 10.5.5 Branchialmuskeln bei Tetrapoden

Die Terminologie und Phylogenie der am häufigsten angesprochenen Branchialmuskeln sind in Tabelle 10.1 gezeigt. Beachte, dass sich der ursprüngliche M. adductor mandibulae, der bereits bei niederen Tetrapoden ein komplexer Muskel ist, bei Säugetieren in mehrere Muskeln aufteilt, deren Variation eng mit der Nahrungsaufnahme korreliert ist. Der Hauptmuskel des zweiten Bogens aller Tetrapoden, mit Ausnahme der Säugetiere, ist der **M. depressor mandibulae**, der die Hypobranchialmuskeln als Kieferöffner unterstützt oder ersetzt. Bei Säugetieren ist dieser Muskel nicht mehr vorhanden, und der Mund wird von einem neuen Muskel, dem **M. digastricus**, geöffnet, der aus den ventralen Konstriktoren des ersten und zweiten Bogens entsteht. Entsprechend wird er sowohl vom fünften als auch vom siebten Hirnnerv innerviert. Ein anderer interessanter Muskel des zweiten Bogens ist der **M. stapedius**. Dieser winzige Muskel kontrolliert die Bewegung des Steigbügels, der ja ein Abkömmling des zweiten Kiemenbogens ist. Die Muskeln des Larynx und verschiedene Konstriktoren der Kehle sind ebenfalls Branchialmuskeln.

### 10.5.6 Extrinsische Hautmuskeln und Augenmuskeln der Tetrapoden

Muskeln, die vom unterliegenden Gewebe zur Haut ziehen und diese bewegen, gibt es bei Fischen und Amphibien nicht und bei Reptilien selten. Schlangen sind dabei eine wichtige Ausnahme. Ihr Fortbewegungsapparat kann verschiedene Muskeln enthalten, die jede ventrale Bauchschuppe bewegen. Vögel haben einen Muskel, um die Haut an der führenden Kante des Flügels zu straffen. Extrinsische Hautmuskeln sind vor allem für Säugetiere charakteristisch. Ein Abkömmling des Constrictors des zweiten Kiemenbogens ist der **M. constrictor colli**, ein dünner oberflächlicher Muskel über den ventralen und lateralen Teilen des Halses (Abb. 10.15). Bei Säugetieren wird dieser Muskel ein Komplex aus Gesichtsmuskeln, die insgesamt als **Platysma** bezeichnet werden. Gesichtsmuskeln erreichen ihre höchste Entwicklung beim Menschen. Die ursprüngliche Innervation durch den siebten Hirnnerven wird beibehalten.

Ein zweiter Hautmuskel, der **M. cutaneus maximus**, ist vom M. latissimus dorsi und dem M. pectoralis abgeleitet. Obwohl er beim Menschen reduziert ist, ist er oft ein sehr großer Muskel über dem Rumpf, der dazu dienen kann, den Körper einzurollen (Igel, Echidna), oder der unterteilt wird, um Insekten von der Haut abzuschütteln (Pferd).

Die sechs extrinsischen Augenmuskeln der Fische werden bei den Tetrapoden mit bemerkenswert wenig Veränderung beibehalten (Abb. 10.12). Dennoch kann der Augapfel in der Regel nicht mehr um seine optische Achse rotiert werden und ein oder mehrere zusätzliche Muskeln entwickeln sich durch Abspaltung aus bereits bestehenden Muskeln. Aus dem M. rectus posterior entwickelt sich der **M. retractor bulbi**, der aus ein bis vier Teilen besteht und den Augapfel tiefer in die Augenhöhle zurückzieht. Diese Aktion ist schützend und kann auch beim Schlucken helfen. Dieser Muskel tritt vor allem bei Amphibien und bei manchen Reptilien auf, fehlt aber bei vielen Säugetieren.

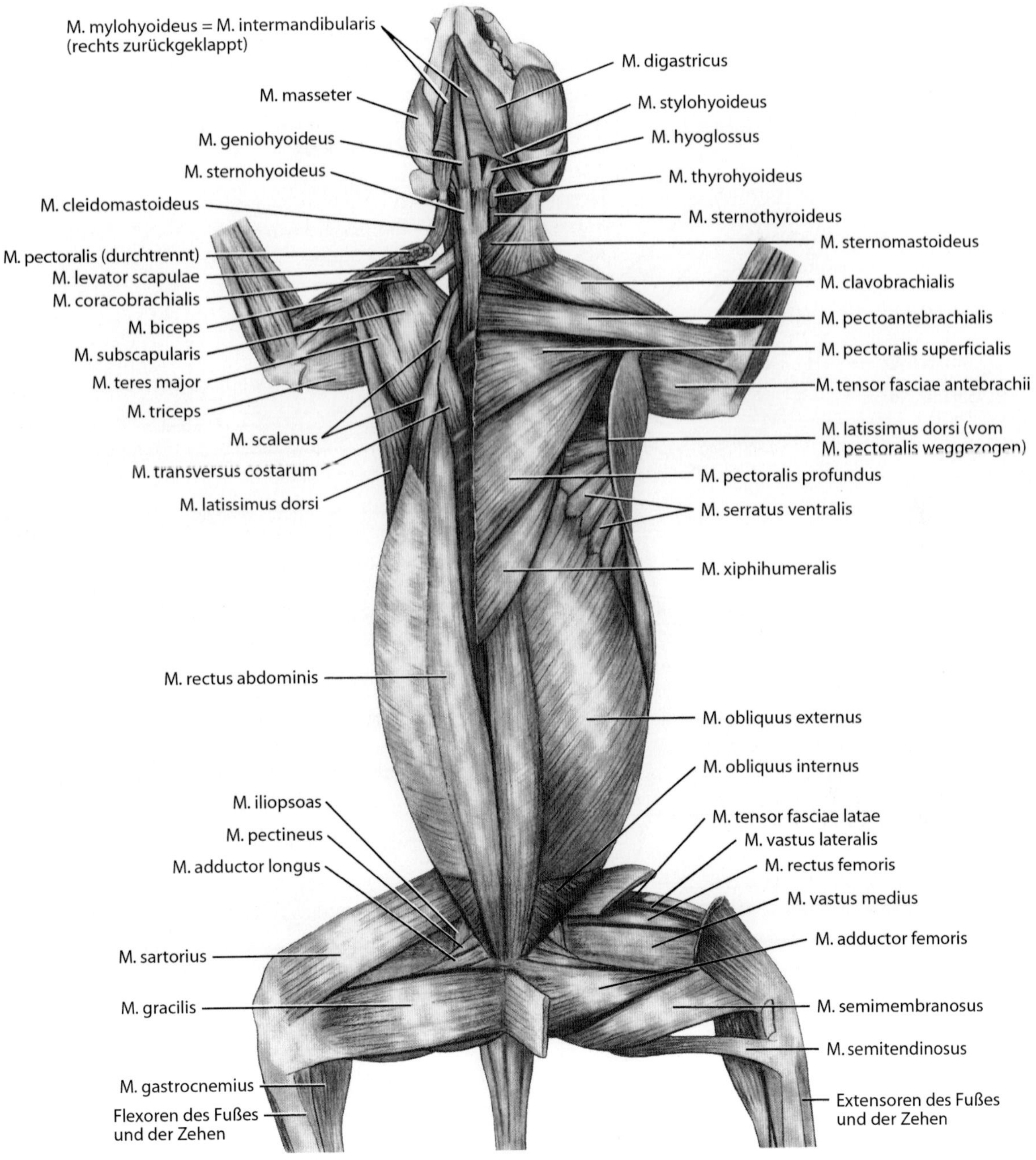


**Abb. 10.19.** Ventralmuskulatur eines Säugetiers am Beispiel der Katze. Der M. sternomastoideus, der M. pectoralis Komplex und der M. tensor fasciae antebrachii sind auf der rechten Seite entfernt. Siehe auch Abb. 9.28 u. 9.29

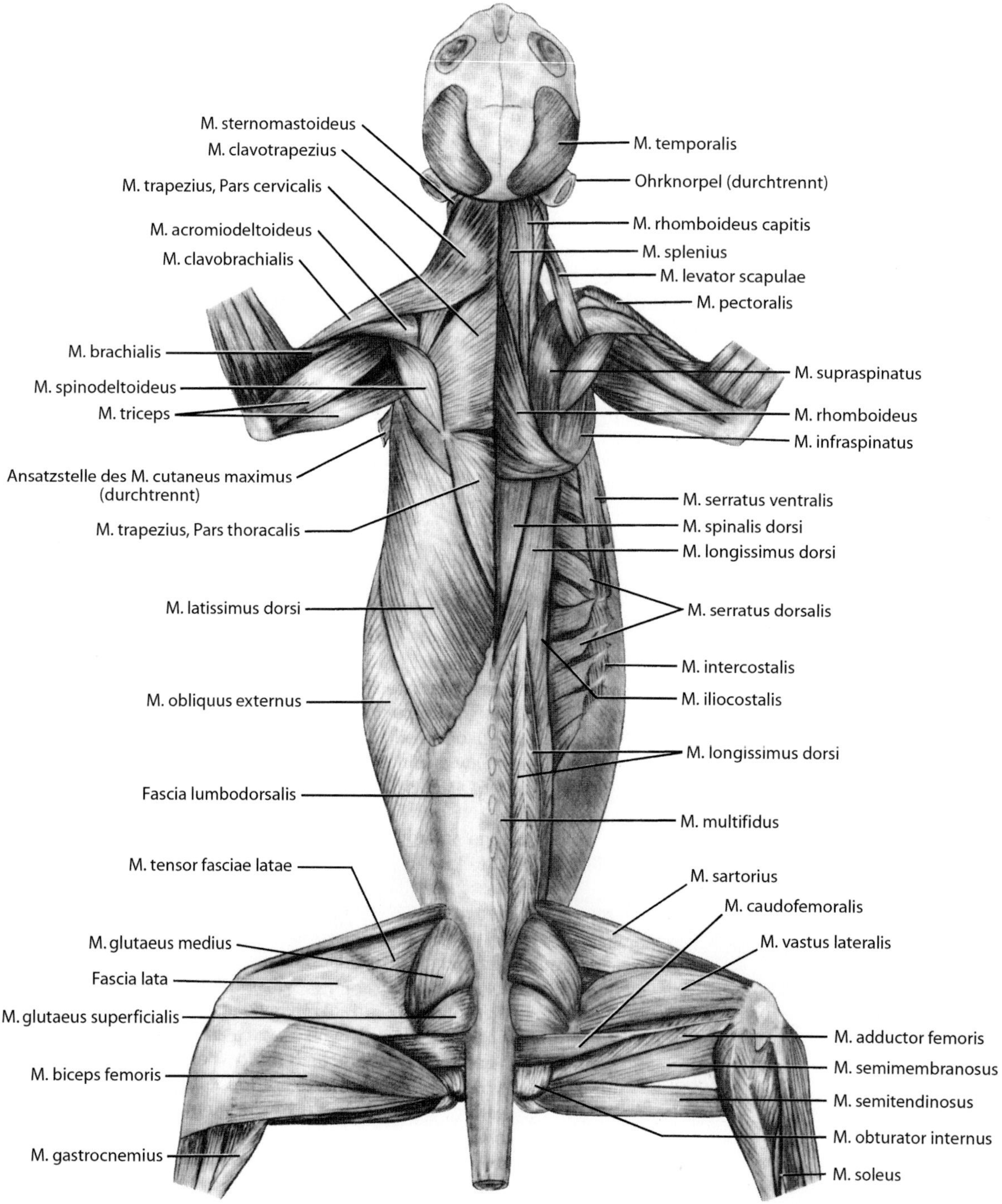


**Abb. 10.20.** Dorsalmuskulatur eines Säugetiers am Beispiel der Katze. Der M. trapezius, der M. clavobrachialis, M. latissimus dorsi, die Fascia lumbodorsalis, der Tensor fasciae latae, und der M. biceps femoris sind auf der rechten Seite entfernt. Siehe auch Abb. 9.28 u. 9.29

## 10.6
## Elektrische Organe

Elektrische Organe sind bei etwa 500 Fischspezies, die zu sieben Familien der Chondrichthyes und Osteichthyes gehören, vorhanden. Möglicherweise waren die reich innervierten Regionen am Kopfschild der Cephalaspida ebenfalls elektrische Organe, obwohl diese Interpretation von vielen Paläontologen zurückgewiesen wird. Die Organe können am Schwanz (elektrischer Rochen, manche Teleosteer), an den Flossen (Zitterrochen), hinter dem Auge (Himmelsgucker) oder über einen Großteil des Rumpfes verteilt sein (elektrischer Aal). Sie sind in der Regel von Muskelzellen abgeleitet, daher auch ihre Behandlung in diesem Kapitel. Allerdings ist ihr Ursprung aus Drüsen- und Nervengewebe nicht immer völlig ausgeschlossen. Die Vielfalt des Vorkommens, der Lokalisation, der Struktur und auch der Physiologie weist darauf hin, dass elektrische Organe uralte Spezialisierungen sind, die mehrfach unabhängig voneinander entstanden sind und dann eine konvergente Entwicklung durchlaufen haben.

Viele Fische sind nur schwach elektrisch. Der Zitterrochen dagegen kann 50 Ampère entwickeln (das Ampère ist eine Maßeinheit für die Stromstärke) und der elektrische Aal kann mehr als 500 Volt produzieren (das Volt ist eine Maßeinheit für die Spannung des Stroms). Kurze Schocks von 2000 Watt sind abgeleitet worden (das Watt – eine Maßeinheit für elektrische Leistung – ist das Produkt aus Stromstärke und Spannung).

Kommunikation, Orientierung und Beuteerwerb sind die verbreitetsten Funktionen elektrischer Organe, vor allem bei Fischen, die in trübem Wasser leben. Ein Amazonasfisch kann seine Territoriumsnachbarn von fremden Artgenossen aufgrund geringfügiger Unterschiede in den gepulsten elektrischen Ladungen, die jeder ausstößt, unterscheiden. Die elektrischen Organe mancher Spezies dienen auch zum Angriff oder zur Verteidigung. Sogar große Fische können durch stärkere Entladungen getötet werden. Elektrische Fische geben konstante Entladungen ab, viele zeitlebens mit einer hohen Frequenz, und sind hochempfindlich auf Störungen oder Ablenkungen, die Objekte in den elektrischen Feldern nahe ihres Körpers verursachen. Die Sinnesorgane, die das elektrische Feld messen, sind aus dem Seitenliniensystem abgeleitet und an der Basis von Gruben in der Haut lokalisiert (s. S. 397).

Die funktionelle Einheit eines elektrischen Organs ist die **elektrische Platte**, eine große vielkernige Zelle (Abb. 10.21). Meistens ist eine Fläche stark aufgefaltet. Die Mitochondrien konzentrieren sich unterhalb dieser Membran. Die andere Fläche ist stark innerviert. Hunderte

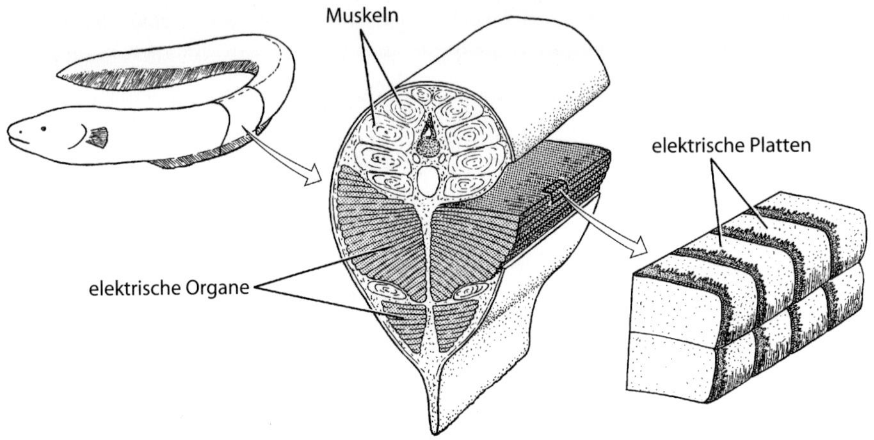


**Abb. 10.21.** Elektrisches Organ des elektrischen Aals (*Electrophorus*)

oder Tausende solcher elektrischer Platten sind in einer Säule angeordnet, und viele Säulen sind normalerweise in einem Organ vorhanden. Im Ruhezustand entwickelt sich ein elektrisches Potential zwischen dem Inneren (negativ) und dem Äußeren einer jeden elektrischen Platte. Bei Erregung kehrt sich das Ruhepotential nur an der innervierten Seite der Platte um. Es kommt zu einem Na-Einstrom und einem Aktionspotential. Die Aktionspotentiale verschiedener Platten addieren sich. Das Organ kann entweder hauptsächlich in Serie „geschaltet“ sein (Plus-Pol einer Zelle zum Minus-Pol der benachbarten Zelle; dies führt zu einer maximalen Spannung, was für Süßwasserfische günstig ist), oder sie können in erster Linie parallel geschaltet sein (Plus-Pol zu Plus-Pol, was eine maximale Stromstärke ergibt).

## Literatur


Bass AH (1986) Electric organs revisited: Evolution of a vertebrate communication and orientation organ. In: Bullock TH, Heiligenberg W (eds) Electroreception. Wiley, New York, pp 13–70

Bertram JEA, Marsh RL (1998) Introduction to the symposium: Muscle properties and organismal function: shifting paradigms. Am Zool 38:697–702. Ein gesamtes Symposium mit dem Ziel, die nächste Generation von Muskeluntersuchungen festzulegen, die unser Verständnis von Muskelaufbau und -funktion verbessern sollen

Biewener AA (1998) Muscle function in vivo: A comparison of muscles used for elastic energy savings versus muscles used to generate mechanical power. Am Zool 38:703–717

Cheng C-C (1955) The development of the shoulder region of the opossum *Didelphis virginiana*, with special reference to the musculature. J Morphol 97:415–472. Zeigt den Gebrauch der Embryologie für die Festlegung von Muskelhomologien

English AW (1985) Limbs vs jaws: Can they be compared? Am Zool 25:351–363. Eine wohlüberlegte Diskussion der Eigenschaften von Muskeln, die für vergleichende Studien der Muskelfunktion wichtig sind

Gans C (1982) Fiber architecture and muscle function. Exercise Sport Sci Rev 10:160–207

Gordon AM, Huxley AF, Julian FJ (1966) The variation in isometric tension with sarcomere length in vertebrate muscle fibers. J Physiol 184:170–192

Goslow GE Jr, Dial KP, Jenkins FA Jr (1989) The avian shoulder: An experimental approach. Am Zool 29:287– 301

Howell AB (1937) Morphogenesis of the shoulder architecture, part VI: Therian mammals. Quart Rev Biol 12: 440–463

Jones CL (1979) The morphogenesis of the thigh of the mouse with special reference to tetrapod muscle homologies. J Morphol 162:275–310

Krstić RV (1984) General histology of the mammal: An atlas for students of medicine and biology. Springer, Berlin Heidelberg New York

Lauder GV (1980) On the relationship of the myotome to the axial skeleton in vertebrate evolution. Paleobiology 6:51–56

Loeb GE, Gans C (1986) Electromyography for experimentalists. Univ Chicago Press, Chicago. Detaillierte Übersicht über die Geschichte und die Theorie der Elektromyographie. Hervorragende praktische Anleitung zur Durchführung elektromyographischer Untersuchungen

McMahon TA (1984) Muscles, reflexes, and locomotion. Princeton Univ Press, Princeton/NJ

Moller P (1995) Electric fishes: history and behavior. Chapman & Hall, New York. Eine lehrreiche und faszinierende Beschreibung

Morgan DL, Proske U (1984) Vertebrate slow muscle: Its structure, pattern of innervation, and mechanical properties. Physiol Rev 64:103–169. Eine hervorragende Übersicht über tonische Fasern bei allen Vertebratengruppen

Richmond FJR (1998) Elements of style in neuromuscular architecture. Am Zool 38:729–742

Sacks RD, Roy RR (1982) Architecture of the hind limb muscles of cats: functional significance. J Morphol 173:185–195

Sokoloff AJ et al (1998) Neuromuscular organization of avian flight muscle: Morphology and contractile properties of motor units in the pectoralis (pars thoracicus) of pigeon (Columba livia). J Morphol 236:179–208

Sullivan GE (1962) Anatomy and embryology of the wing musculature of the domestic fowl (Gallus). Australian J Zool 10:458–518

Trotter JA, Richmond FJR, Purslow PP (1995) Functional morphology and motor control of series-fibered muscles. In: Holloszy J (ed) Exercise and sports science review. Williams & Wilkins, Baltimore, pp 167–213. Technische Übersicht über die Literatur (Schwerpunkt Säugetiere), die sich mit der In-Serie-Organisation der Muskeln befasst

Trujillo-Cenóz O, Echague JA (1989) Waveform generation of the electric organ discharge in *Gymnotus carapo*. I. Morphology and innervation of the electric organ. J Comp Physiol A 165:343–351

Turner RW, Maler L, Burrows M (eds) (1999) Electroreception and electrocommunication. J Exp Biol 202:1167–1458. Eine Sammlung von Beiträgen, die sich auf die Anatomie und Physiologie der Elektrorezeption bei einer Reihe von Chordaten konzentrieren

Windhorst U, Hamm TM, Stuart DG (1989) On the function of muscle and reflex partitioning. Behav Brain Sci 12:629–681. Lehrreiche Übersicht über die funktionelle Bedeutung der Faserkompartimente und motorischen Einheiten im Muskel

# 11 Coelom und Mesenterien

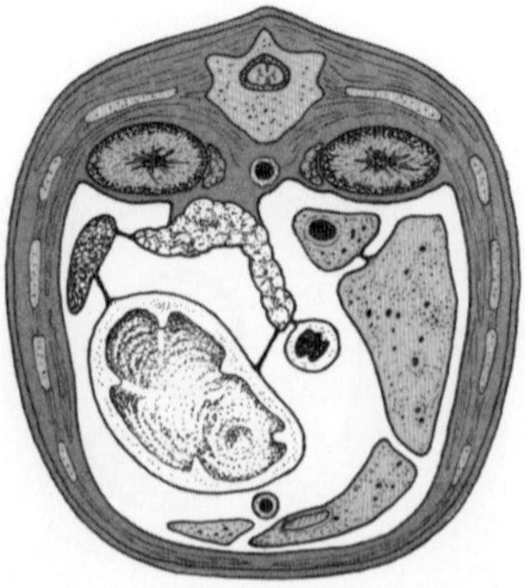

## 11.1 Aufbau und Funktion

Coelomhöhlen sind Räume, in denen das Herz, die Lungen, das Verdauungssystem und bestimmte Urogenitalorgane liegen. Das Coelom tritt im Gegensatz zu Hohlräumen des Nervensystems und des Atmungssystems in Geweben mesodermalen Ursprungs auf. Die Funktion des Coeloms besteht darin, den inneren Organen Bewegungsfreiraum und die Möglichkeit zu verschaffen, ihre relative Größe und Position zu verändern, wie es z.B. nötig ist, wenn das Herz schlägt, die Lungen sich füllen und leeren, der Verdauungstrakt Nahrung transportiert und der schwangere Uterus sich vergrößert. Die Unterteilungen des Coeloms können zu Verbindungen beisteuern, welche die Atmung mit der Fortbewegung koppeln (s. S. 267). (Bei vielen Invertebraten fungiert das Coelom als hydrostatisches Organ, das den Körper für die Fortbewegung versteift.) Die Auskleidung des Coeloms, welche die Körperwand bedeckt und die Eingeweide umgibt, ist eine **seröse Membran** aus flachen Zellen, die eine Flüssigkeit absondert, welche die Organe schlüpfrig macht, so dass sie leicht gegeneinander verschiebbar sind.

**Mesenterien** erstrecken sich durch das Coelom von der Körperwand zu den Eingeweiden. Es sind flächige, seröse Membranen, die durch dünne Schichten oder Bänder aus kollagenen und elastischen Fasern verstärkt werden. Mesenterien, die zwei Organe miteinander verbinden, heißen **Omenta** oder Ligamente (der letztere Ausdruck ist etwas unglücklich, da dies keine echten Ligamente sind; s. S. 441). Mesenterien halten die inneren Organe, ohne ihre Funktion einzuschränken, und enthalten Nerven und Blutgefäße. Bei Säugetieren sind sie in der Regel auch Orte der Fettspeicherung.

Das Coelom ist für den Wirbeltiermorphologen von relativ geringer Bedeutung, weil seine Struktur zu einfach und konstant ist, um bedeutende Informationen zur Funktions- und Evolutionsanalyse beizutragen. Mesenterien korrelieren mit der Systematik auf der Klassenebene und auch mit bestimmten Unterschieden in der Körperhaltung (z.B. von Hund, Mensch und Faultier). Die detaillierte Anordnung der Mesenterien ist oft zu kompliziert, um sie ohne embryologische Analyse aufschlüsseln zu können.

## 11.2 Entwicklung, Evolution und Rekapitulation

Bei *Branchiostoma*, den Echinodermata und anderen evertebraten Deuterostomiern bildet sich das Coelom aus einer Reihe von Divertikeln, die von der dorsolateralen Wand des Urdarms abgegliedert werden. Dieser Vorgang wird Enterocoelie genannt. Dies könnte die ursprüngliche Me-

*Oben:* Schematischer Querschnitt durch einen Schweinefoetus auf Höhe des Magens. (Nach: Anatomy and dissection of the fetal pig, von W.F. Walker © 1964, 1974, 1980, 1988, W.H. Freeman and Co. Mit Erlaubnis verwendet)

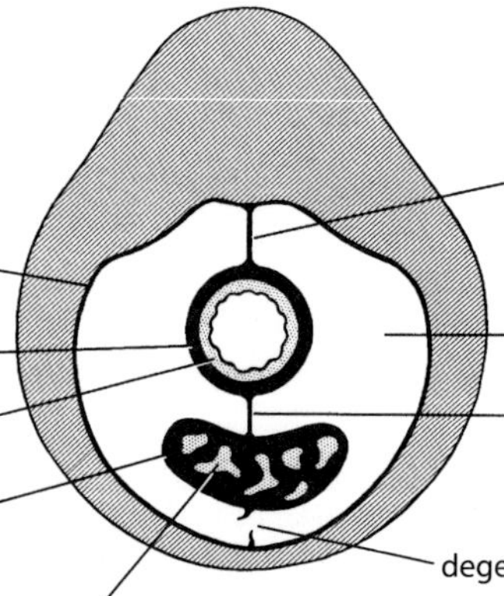


**Abb. 11.1.** Derivate des Hypomers in Bezug auf den Darmkanal und das Coelom. Dieses Entwicklungsstadium folgt auf das letzte Stadium, das in Abb. 5.9 gezeigt wurde

thode der Coelombildung bei Vertebraten sein. Alle rezenten Vertebraten bilden das Coelom jedoch durch Hohlraumbildung oder Aufteilung eines ursprünglich soliden Mesoderms, nämlich durch den Prozess der Schizocoelie (s. S. 89).

Frühe Embryonen der Vertebraten können kleine und vorübergehende Coelomhöhlungen in den Myotomen (**Myocoel**), den Mesomeren (**Nephrocoel**) und wahrscheinlich in den Sklerotomen besitzen (Abb. 5.9). Nephrocoele werden beim Adulten zu den Nierenkapseln (s. S. 307). Myocoele haben keine bekannte Funktion oder Derivate. Das Coelom des Hypomers ist das **Splanchnocoel**, aber da es groß und persistierend ist und aus ihm alle Coelomhöhlen des Adulten entstehen, wird es meistens ganz einfach das Coelom genannt.

Dieses Coelom unterteilt das Hypomer in ein inneres, **splanchnisches Blatt** und ein äußeres, **somatisches Blatt**. Wenn sich das Coelom ausdehnt, bewegen sich das rechte und das linke splanchnische Blatt aufeinander zu. Sie treffen sich entweder in der Mittsagittalebene des Körpers oder treffen das Entoderm des Verdauungstrakts und seiner Divertikel. Wo sie sich dorsal des Darms treffen, bilden sie das **dorsale Mesenterium**. Ventral des Darms bilden sie das **ventrale Mesenterium** und zwischen dem Darm und seinen Derivaten bilden sie Omenta. Teile des ventralen Mesenteriums degenerieren schnell, so dass sich die rechten und linken Coelomhöhlen (aus rechten und linken Hypomeren) vereinigen (Abb. 11.1 und 5.9).

Die Teile des splanchnischen Blatts des Hypomers, die auf den Darmkanal und seine Derivate treffen, bilden die glatte Muskulatur, das Bindegewebe und die serösen Membranen der verschiedenen Organe. Das somatische Blatt des Hypomers bleibt in Kontakt mit der Körperwand. Es bildet die seröse Membran, die den äußeren Teil des Coeloms auskleidet, und es kann, wie in Kapitel 10 beschrieben, Mesenchym bilden, das zur hypaxialen und appendikularen Muskulatur beiträgt.

Da Coelomhöhlen auch in den ventralen Teilen der Visceralbögen und in der sich entwickelnden Schwanzmuskulatur der Embryonen auftreten können, kann man vermuten, dass das allgemeine Coelom früher noch ausgedehnter war. Das funktionelle Coelom der rezenten Vertebraten dagegen erstreckt sich nur vom posterioren Teil des Pharynx bis zur Kloake. Zunächst ist der Darmkanal sowohl in der Phylogenie als auch in der Ontogenie gerade und wird von geraden und kontinuierlichen dorsalen und ventralen Mesenterien gehalten. Diese einfache Struktur wird bei den meisten adulten Vertebraten stark verkompliziert, indem das Coelom unterteilt und die Mesenterien aufgegeben, gefaltet und verschmolzen werden, wenn sich der Darm-

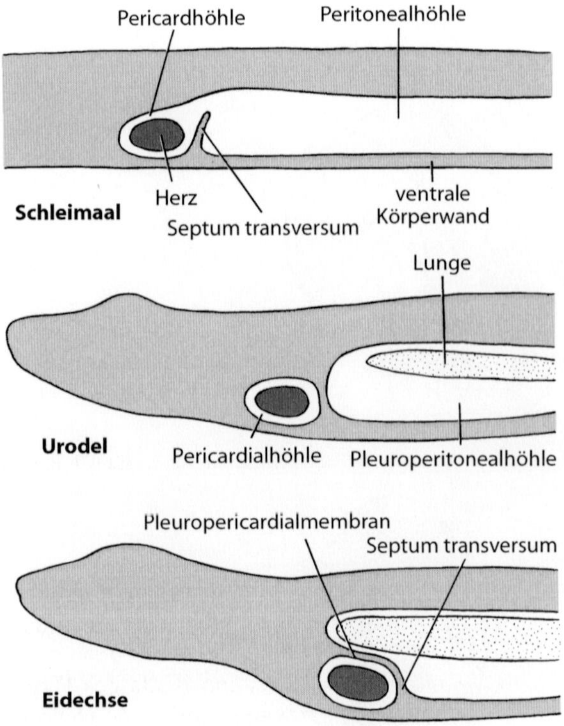


**Abb. 11.2.** Unterteilung des Coeloms bei repräsentativen Vertebraten in Sagittalschnitten. Die Mesenterien sind nicht dargestellt

kanal verlängert. Wir werden hier nur die grundlegende Tendenz verfolgen.

Das Herz der Fische liegt anterior zum Schultergürtel und ventral zu den hinteren Kiemenkammern. Bei **Schleimaalen** dehnt sich ein **Septum transversum** von der ventralen Körperwand hinter dem Herzen nach oben aus und trennt so eine anteriore **Pericardhöhle** von einer größeren **Peritonealhöhle** (Abb. 11.2). Bei **Selachiern** unterteilt das sich entwickelnde Septum transversum vorübergehend die beiden Hohlräume und bildet dann sekundär kleine Öffnungen. Neunaugen und andere Fische behalten ein komplettes Septum transversum bei (Abb. 12.2).

Diese grundlegenden Beziehungen haben sich bei den **Urodelen** nicht verändert. Die kleine Pericardhöhle bleibt weit vorne, wo sie durch ein Septum transversum vom Hauptcoelom abgetrennt ist, das nun als **Pleuroperitonealhöhle** bezeichnet werden kann, weil kleine Lungen vorhanden sind. Diese sind über **laterale Mesenterien** an der lateralen Körperwand verankert.

Das Herz **anderer Tetrapoden** liegt auf der Ebene des Schultergürtels oder posterior zum Schultergürtel. Die Lungen liegen dorsal zum Herzen. (Teile der Leber liegen bei Vögeln und manchen Reptilien, aber nicht bei Säugetieren, zwischen Herz und Lungen.) Das Herz ist von den Lungen (und von der Leber, wenn sie vorhanden ist) durch mehr oder weniger horizontale Unterteilungen getrennt, die im Embryo als Falten der serösen Membran der rechten und linken lateralen Körperwand entstehen. Diese wachsen aus und vereinigen sich in der Mittellinie des Körpers. Sie werden laterale Mesocardia (bei Vögeln) oder **Pleuropericardialmembranen** genannt. Sie vereinigen sich posterior mit dem Septum transversum und bilden die adulte Pericardialmembran oder das **Pericard.**

**Krokodile, einige Eidechsen** und **Vögel** unterteilen das Pleuroperitonealcoelom durch komplexe Auswachsungen und Fusionen der Mesenterien in zusätzliche Hohlräume. Die thoracalen Luftsäcke der Vögel trennen ein ventrales schräges Septum von einem dorsalen Lungenseptum, das mit quergestreifter Muskulatur ausgestattet ist. Ihre Lungen wachsen zur dorsolateralen Körperwand, so dass die pleuralen Hohlräume beim adulten Tier verloren gehen.

Bezüglich der Unterteilung ihres Coeloms ähneln embryonale **Säugetiere** zunächst frühen Fischen (unvollkommene Abtrennung posterior zum Herzen, die aus dem Septum transversum besteht), dann Reptilien (das Pericard entsteht aus dem Septum transversum und den Pleuropericardialmembranen). Säugetiere trennen dann paarige **Pleuralhöhlen** von der Peritonealhöhle durch ein **Diaphragma** oder Zwerchfell ab. Der ventrale Teil dieses Organs entsteht aus dem Septum transversum. Der dorsale Teil entsteht u.a. aus dem dorsalen Mesenterium und einem Paar von Auswüchsen der lateralen Körperwand, den **Pleuroperitonealmembranen** (Abb. 11.3). Der quergestreifte Muskel des Diaphragmas stammt aus cervicalen Myotomen (und wird daher von Cervicalnerven innerviert), weil dieses sich im Halsbereich des Embryos entwickelt und dann nach hinten wandert, wenn sich der Hals verlängert und die Lungen sich ausdehnen.

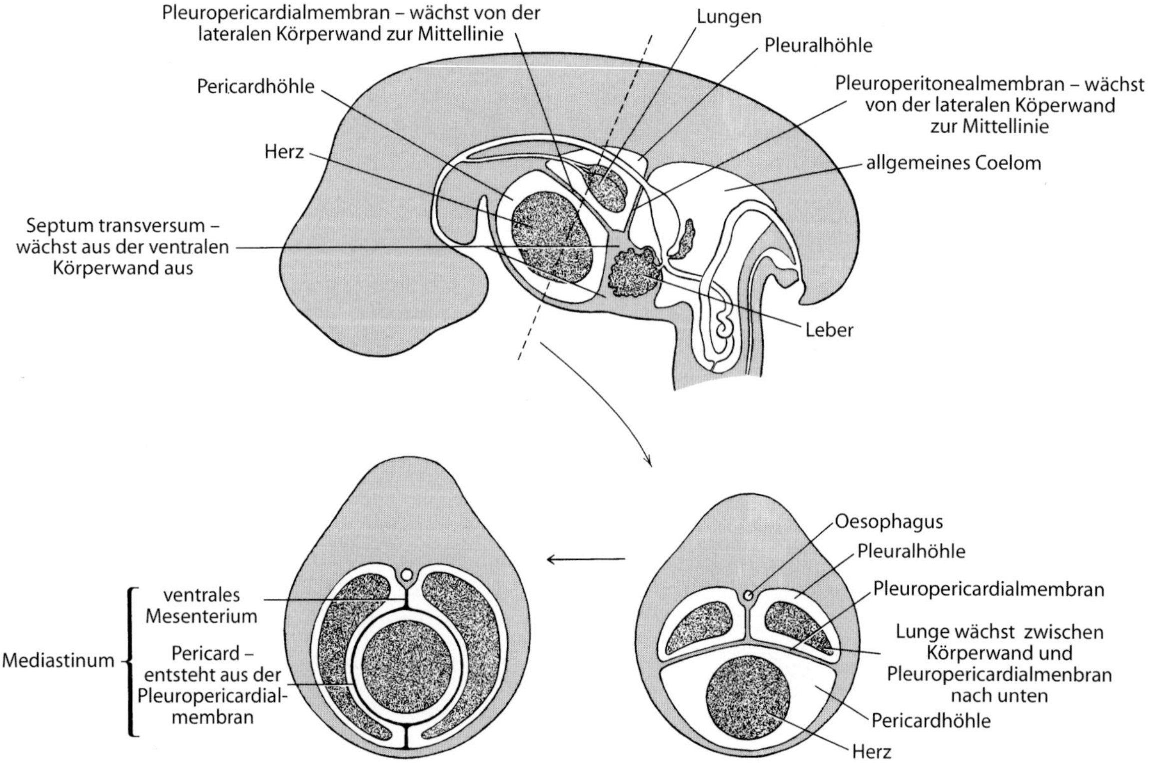


**Abb. 11.3.** Unterteilung des Coeloms eines Säugetieres im Sagittalschnitt (*oben*) und in Querschnitten (*unten*)

Die Pericardialhöhle der Anuren und Reptilien wird dorsal durch die Pericardialmembran und ventral durch die Körperwand begrenzt. Bei Vögeln drängt sich die größer werdende Leber zwischen Körperwand und Membran, so dass die Pericardialmembran fast um das Herz gewickelt wird. Bei Säugetieren verursacht das Wachstum der Lungen ebenfalls ein Einwickeln des Herzens, nur wird hier der ursprüngliche Reptilienzustand aufgegeben, indem die Pericardialhöhle vollständig von der Körperwand abgetrennt wird (Abb. 11.3). Rechte und linke Pleuralhöhlen werden dann durch dorsale und ventrale Mesenterien und durch die Pericardialmembran voneinander getrennt. Die kombinierte Abtrennung wird **Mediastinum** genannt und ist für Säugetiere einzigartig.

Die Mesenterien der **Anamnier** bleiben relativ gerade und komplett (Dipnoi), fehlen fast völlig mit Ausnahme von Teilen, die mit dem Magen und der Leber in Zusammenhang stehen (Neunaugen und Selachier), oder bewegen sich zwischen diesen beiden Extremen. Verschmelzungen und mäßige Einfaltungen treten oft auf. Mesenterien der Fische sind in der Regel pigmentiert – möglicherweise, um die lichtempfindlichen Gonaden zu schützen.

Die embryonale Leber der **Tetrapoden** beginnt innerhalb des Septum transversum zu wachsen. Wenn sie sich vergrößert, wölbt sie sich aus dem Septum nach hinten, trennt sich bei Säugetieren mehr oder weniger komplett vom sich entwickelnden Zwerchfell und zieht dabei das **Coronarligament** nach. Wenn die Leber aus dem Septum auswächst, wächst sie in das ventrale Mesenterium ein. Der Teil des ventralen Mesenteriums, der sich von der Leber zur ventralen Körperwand erstreckt, ist das **falciforme Ligament**. Der Teil zwischen Leber und Verdauungstrakt ist das **Omentum minus**. Ein kleiner Teil des ventralen Mesenteriums kann die Harnblase an der Körperwand verankern. Zwischen Leber und Harnblase fehlt den Tetrapoden das ventrale Mesenterium. Das dorsale Mesenterium ist vollständiger und durch Einfaltungen und Verschmelzungen stark kompliziert. Zwischen dem Magen und der Körperwand dehnt sich das dorsale Mesenterium der Säugetiere in eine sackartige **Bursa omenta** aus.

## Literatur

Clark RB (1964) Dynamics in metazoan evolution: The origin of the coelom and segments. Clarendon, Oxford. Behandelt vorwiegend das Coelom als hydrostatisches Organ bei Evertebraten

Feduccia A (1991) Torrey's morphogenesis of vertebrates, 5th ed. Wiley, New York

Funayama N et al. (1999) Coelom formation: Binary decision of the lateral plate mesoderm is controlled by the ectoderm. Development 126:4129–4138. Eine Untersuchung des Musters und der molekularen Grundlage der Coelombildung im seitlichen Plattenmesoderm des Hühnchens. Hilfreiche Farbabbildungen

Goodrich ES (1986) Studies on the structure and development of vertebrates. Univ Chicago Press, Chicago. Erstpublikation 1930, enthält 44 Seiten über das Coelom

Nelson OE (1953) Comparative embryology of the vertebrates. Blakiston, New York. Enthält ein Kapitel über das Coelom

# 12 Verdauungssystem

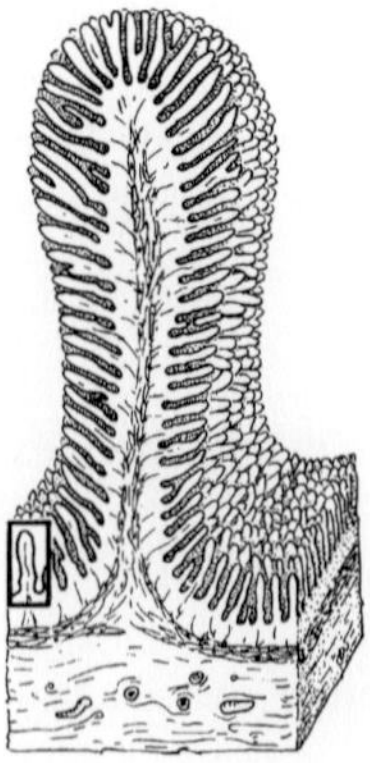

## 12.1 Allgemeine Funktion und Struktur

Das Verdauungssystem hat die Funktion,

- aufgenommene Nahrung weiterzuleiten,
- sie vorübergehend zu speichern,
- sie physikalisch zu zerkleinern,
- sie chemisch aufzuschließen,
- die Nährstoffe zu resorbieren,
- die unverdauten Abfallprodukte vorübergehend zu sammeln und dann auszuscheiden.

Die meisten Vertebraten sind periodische Fresser; wenn Nahrung vorhanden ist, muss sie schneller in den Körper aufgenommen werden, als sie verdaut werden kann. Wenn die Nahrung massig ist, oder wenn Fressen und Trinken selten und schnell erfolgen, müssen bestimmte Mengen von Nahrung und Wasser vorübergehend gespeichert werden. Das Hauptspeicherorgan ist der Magen. Manche Vögel haben einen Speichersack (Kropf), der eine Erweiterung des Oesophagus ist. Viele Nagetiere und manche andere Säugetiere haben innere (z.B. Hamster) oder äußere Backentaschen (z.B. Taschenratten), die sich entweder innerhalb oder außerhalb der Lippen öffnen. Wenn die Verdauung langsam vor sich geht (wie z.B. bei rohfaserreicher Nahrung), muss eine große Menge in der Verdauung begriffener Nahrung (Ingesta) für eine bestimmte Zeit zurückbehalten werden. Die Speicherkapazität des gesamten Verdauungstrakts ist dann stark erhöht.

Die physikalische Zerkleinerung der Nahrung – vor allem von Raufutter – ist nötig, um die Nährstoffe aus wenig verdaulichen Komponenten freizusetzen und den Oberflächenkontakt zwischen Nahrungspartikeln und Verdauungssäften zu erhöhen. Die Zerkleinerung erfolgt:

- durch Kauen, Raspeln oder Mahlen mit den Zähnen im Mund, mit den Gaumenzähnen (manche Fische) oder im Magen (Kaumagen vieler Vögel),
- durch Anfeuchten, Aufweichen und Lösen der Nahrung durch Flüssigkeiten des Mundes, des Magens und des Darms,
- durch Drehen und Mischen durch die Peristaltik (von anterior nach posterior verlaufende Kontraktionswellen), umgekehrte Peristaltik und Segmentation (trennende Bewegungen) des Magens und des Dünndarms,
- durch Emulgieren der Fette durch Sekrete der Leber.

Der chemische Aufschluss der Nahrung wird hauptsächlich im Magen und im Dünndarm von Enzymen bewerkstelligt, die in diesen Organen oder im Pankreas gebildet werden. Die chemische Struktur der Nahrung, die von den verschiedenen Tieren gefressen wird, ist ähnlich und so ist es nicht weiter verwunderlich, dass die bereitgestellten Enzyme und die Drüsen, die sie sezernieren, bei den verschiedenen Vertebraten ebenfalls ähnlich sind. Tiere, die mit Hilfe von bakterieller Fermentation verdauen (Ungulaten und manche Marsupialia), müssen große Speicherräume im Magen, Blinddarm oder Enddarm besitzen.

Die Resorption der Nährstoffe benötigt einen großen Oberflächenkontakt zwischen der zu verdauenden Nahrung und dem Darmepithel. Wie weiter unten beschrieben, wird dies bewerkstelligt

- durch einen langen Darm,
- durch eine aufgefaltete innere Oberfläche des Darms,
- durch mikroskopisch kleine Zotten (Villi) an der Auskleidung des Darmtrakts,
- durch kleinere Mikrovilli in Teilen des Darmtrakts.

Das Verdauungssystem gibt Aufschluss über allgemeine Nahrungsgewohnheiten, seine Struktur ist manchmal auch für die Systematik nützlich. Es hat sich jedoch als wesentlich weniger bedeutend für die Etablierung von Phylogenien erwiesen als die meisten anderen Organsysteme. Zum Teil sind die Organe zu konstant in ihrem Aufbau (Dünndarm), zum Teil sind sie zu einfach (Gallenblase) oder sie variieren auf eine Weise, die nur eine begrenzte evolutionäre Bedeutung hat (die Lappung der Leber und des Pankreas und die Aufwindung des Darms).

## 12.2 Entwicklung des Darmkanals

Der Entwicklungsprozess der Gastrulation verleiht dem frühen Embryo eine innere Keimschicht, das Entoderm, das bei geringer Dottermenge beinahe rund, bei großer Dottermenge flächig ist (Abb. 5.7, 5.8, 5.10). In beiden Fällen wird das Entoderm durch einen Vorgang, der in Abb. 12.1 dargestellt ist, in ein Rohr ausgezogen, wenn sich der Embryo verlängert. Dieses Rohr wird zur Auskleidung des Darms. Es bricht an beiden Enden zum Ectoderm durch und bildet so die Mund- und die Afteröffnung. Der mittlere Teil des Darms von Embryonen mit großer Dottermenge (Fische, Reptilien, Vögel) geht kontinuierlich in den **Dottersack** über, der den Dotter umgibt und nach und nach resorbiert (Abb. 5.11).

Anfangs ist der Darmkanal gerade oder nahezu gerade, aber bald faltet und windet er sich auf und bildet Auswüchse oder Divertikel, die zur Auskleidung und zu sekretorischen Zellen assoziierter Organe werden (Abb. 12.1 und 11.3). Die Abkömmlinge der komplizierten Ausbuchtungen, die sich in der Mundhöhle und im Pharynx bilden, haben respiratorische oder endokrine Funktion und werden in den Kapiteln 13 und 20 näher beschrieben. Dicht hinter dem Pharynx der Tetrapoden deutet ein ventrales Divertikulum das Atmungssystem an. Verschiedene Divertikel entwickeln sich posterior des sich ausdehnenden Magens. Diese werden zu Leber, Gallenblase, Pankreas und ihren Gängen. In der Nähe des posterioren Endes des Darms der Amnioten wächst ein ventrales Divertikel schnell heran, das zur Embryonalhülle, der **Allantois** wird.

Muskulatur und Bindegewebe, die mit dem Darm und den Darmanhangsorganen assoziiert sind (und daher den Hauptteil ihrer Masse bilden), sind mesodermalen Ursprungs. Die Differenzierung dieses Mesoderms steht mit der Ontogenie des Coeloms in Verbindung, wie es im vorigen Kapitel beschrieben wurde.

## 12.3 Struktur, Adaptation und Evolution

### 12.3.1 Mund und Mundhöhle

Die komplizierte Struktur von Mund, Mundhöhle und Pharynx kann nicht unter der Überschrift eines einzigen Organsystems behandelt werden. Die Zähne werden in Kapitel 7 beschrieben, die Evolution des sekundären Gaumens in Bezug auf Kauen und Atmen wird in Kapitel 8 abgehandelt. Die respiratorischen und drüsigen Derivate des Pharynx werden in Kapitel 13 und 20 vorgestellt und verschiedene Spezialisierungen, die mit der Nahrungsaufnahme in Verbindung stehen, werden in Kapitel 30 dargestellt.

Der **ursprüngliche Vertebrat** war wahrscheinlich ein Filtrierer. Ähnlich wie *Branchiostoma* und die Larve des Neunauges hatte er wahrscheinlich einen kleinen Mund, so gut wie keine

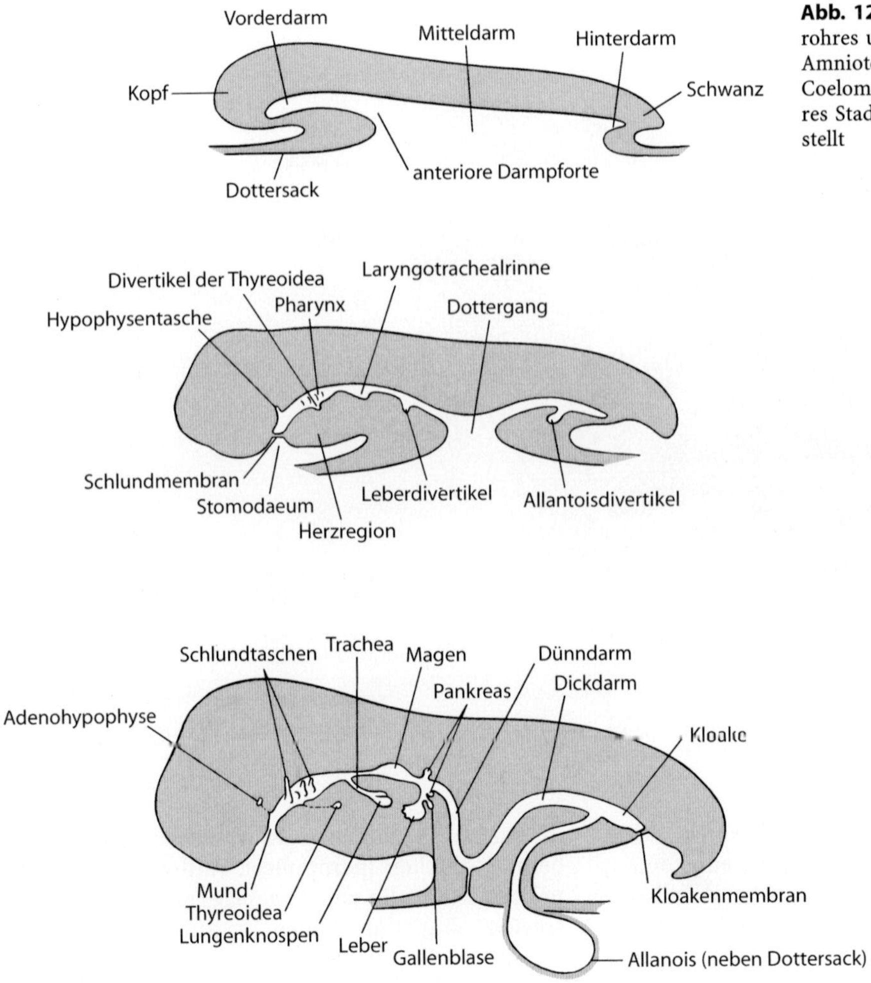


**Abb. 12.1.** Entwicklung des Darmrohres und seiner Derivate bei einem Amnioten. Andere Organe und das Coelom sind nicht gezeigt. Ein späteres Stadium ist in Abb. 11.3 dargestellt

Mundhöhle und einen großen Pharynx, der darauf spezialisiert war, mikroskopisch kleine Nahrungspartikel aus dem Wasser aufzunehmen, indem sie in dem Schleim, der die zahlreichen Kiemenbögen bedeckte, gefangen wurden (Abb. 2.2 und 3.2). Der Schleim wurde wahrscheinlich durch Cilien zum Darmkanal transportiert.

Die **Agnatha** haben das Filtrieren aufgegeben, aber da sie keine Kiefer oder echten Zähne haben, nehmen sie kleine oder weiche Nahrung auf und haben entsprechend kleine Mundhöhlen. Teile des Mundes können an Knabbern angepasst (die meisten Ostracodermata) oder darauf spezialisiert sein, sich an einen Wirt anzuhängen und sein Fleisch abzuraspeln (Cyclostomata). Anaspida, einige Cephalaspida und Cyclostomata besitzen ein Raspelorgan am Boden der Mundhöhle, das Zunge genannt wird, das aber nicht homolog zur Zunge der höheren Vertebraten ist.

Der Mund und die Mundhöhle von **Knorpelfischen** und **Knochenfischen** sind extrem vielfältig. Obwohl fleischige Lippen fehlen, können Mundteile stark hervorstehen oder anderweitig spezialisiert sein (solche Spezialisierungen werden in Kap. 30 besprochen). Die Mundhöhle und der Pharynx sind gewöhnlich dehnbar. Kiemenbögen sind oft mit Siebfortsätzen, reibenden Mühlen oder Zähnen ausgestattet (Abb. 12.2 und

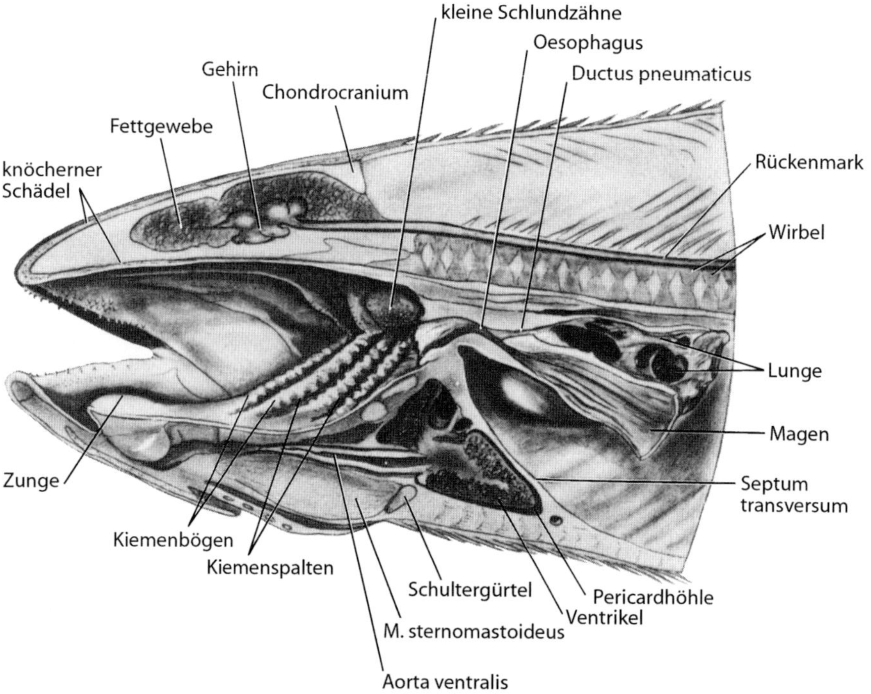


**Abb. 12.2.** Sagittalschnitt durch den Kopf und den anterioren Körper eines ursprünglichen Neopterygiers, des Schleimfischs *Amia*

30.1). Die basalen Elemente des Visceralskeletts unterstützen eine feste Zunge, die wenig beweglich ist, aber Zähne tragen kann und teilweise homolog mit der Tetrapodenzunge ist. Da die Nahrung der Fische immer nass ist, ist keine weitere Anfeuchtung nötig und Drüsen der Mundhöhle sind auf unregelmäßig verteilte Schleimzellen beschränkt.

Im Allgemeinen war die Evolutionstendenz unter den **Tetrapoden** so, dass zunächst die Anfeuchtung im Mund erhöht und dann eine beschränkte physikalische und chemische Verdauung hinzugefügt wurde. Sie haben je nach Ernährungsweise mittelgroße bis große Mundhöhlen. Eine Zunge ist vorhanden und wird von Derivaten des zweiten und dritten (und manchmal auch des vierten) Visceralbogens unterstützt. Die Zunge ist gewöhnlich fleischig und sehr beweglich, aber bei vielen Vögeln und manchen Reptilien relativ fest und fixiert. Sie kann außerhalb des Mundes bei der Nahrungsaufnahme eine Rolle spielen (Abb. 30.11) oder aber innerhalb, indem sie die Nahrung während des Kauens und beim Schlucken manipuliert. Außerdem kann sie bei der Kontrolle von Lautäußerungen eine Rolle spielen. Säugetiere haben Lippen, die von Derivaten des Platysmamuskels bewegt werden.

Tetrapoden haben vielzellige Mund- oder **Speicheldrüsen**, die zusammengesetzt und meistens gelappt sind und Gänge enthalten (Abb. 12.3). Sie werden nach ihrer Lage als labial, lingual, palatin, nasal, maxillär, parotisch (oft die größte Speicheldrüse bei Herbivoren), mandibular (groß bei Carnivoren) usw. benannt. Die Zahl, Verteilung und die detaillierte Struktur dieser Drüsen ist jedoch vielseitig und eine Übereinstimmung im Namen oder der Lage weist nicht notwendigerweise auf Gleichwertigkeit hin. Alle Tetrapoden, die nicht sekundär aquatisch sind, benötigen die mucösen und serösen Sekrete der Drüsen der Mundhöhle, um trockene Nahrung schlüpfrig zu machen. Dies kann die einzige Funktion sein. Bei manchen Säugetieren (und zu einem geringeren Grad bei bestimmten anderen Tetrapoden) ist

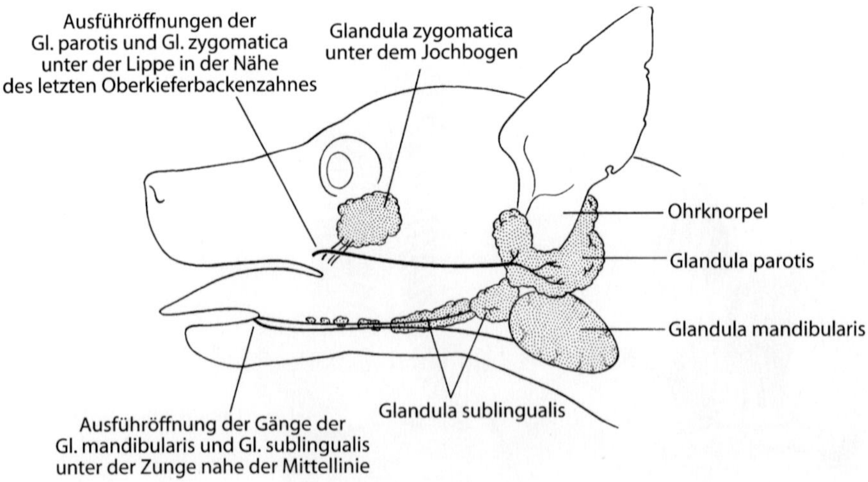


**Abb. 12.3.** Speicheldrüsen des Hundes

ein stärkeverdauendes Enzym vorhanden und es sind Spuren von protein- und fettspaltenden Enzymen identifiziert worden. Insgesamt ist die Bedeutung der Mundverdauung jedoch fraglich. Verschiedene Tiere haben spezielle Funktionen für ihre Drüsen der Mundhöhle entwickelt. Ihre klebrigen Sekrete können dazu führen, dass Nahrung an der Zunge hängen bleibt (Frösche, Ameisenigel). Bestimmte Drüsen einiger Schlangen, Eidechsen und Spitzmäuse werden zu Giftdrüsen. Blutsaugende Fledermäuse (und Neunaugen) sezernieren ein Antikoagulans und die Nasaldrüsen mancher mariner Vögel und Reptilien wandern zu den Augenhöhlen, wo sie bei der Salzexkretion eine Rolle spielen.

### 12.3.2 Feinstruktur des Darmkanals im Allgemeinen

Die Feinstruktur des Darmkanals ist im Grunde über seine gesamte Länge ähnlich. Der Darm ist in Schichten aufgebaut (Abb. 12.4):

- Die innerste Hauptschicht ist die **Mucosa**. Sie besteht aus einem **Oberflächenepithel**, einer tieferen **Lamina propria** und einer **Lamina muscularis mucosae**. Zellen des Epithels können schuppig sein, meistens sind sie aber säulenartig mit basalen Kernen. Zwischen den weniger spezialisierten Zellen sind schleimproduzierende Becherzellen und, je nach Darmabschnitt, einzellige oder vielzellige Drüsen eingestreut, die Verdauungssäfte produzieren. Das Epithel hat viele Falten, wenn der Trakt leer ist. Die Lamina propria ist ein Netzwerk aus lockerem Gewebe, das unter dem Epithel liegt und die zottentragenden Zapfen füllt. Daran schließt sich die Lamina muscularis mucosae an (die aber nicht immer vorhanden ist), eine dünne Schicht aus glattem Muskel, welche die Bewegungen der Darmauskleidung kontrolliert, die unabhängig vom Darmkanal als Ganzem sind.
- Die zweite Hauptschicht ist die **Submucosa**, die ein auffälliges Stratum aus lockerem Bindegewebe ist, das Nerven, Kapillaren, Lymphkanäle, Lymphfollikel und Ganglien des parasympathischen Nervensystems enthält. Die größeren Krypten und Drüsen des Epithels können sich in die Submucosa ausdehnen.
- Außerhalb der Submucosa liegt die dritte große Schicht, die **Lamina muscularis externa**. Sie besteht aus glatter Muskulatur. Ein innerer Teil wird als zirkuläre Schicht bezeichnet, weil ihre Fasern in einer engen Spirale um den Darmkanal angeordnet sind. Ihre Kontraktion verlängert und verengt den Darm. Ein äußerer Teil wird als longitudinale Schicht bezeichnet. Ihre Fasern sind beinahe longitudinal und dienen dazu, den Darmtrakt zu verkürzen. Das koordinierte Zusammenspiel der

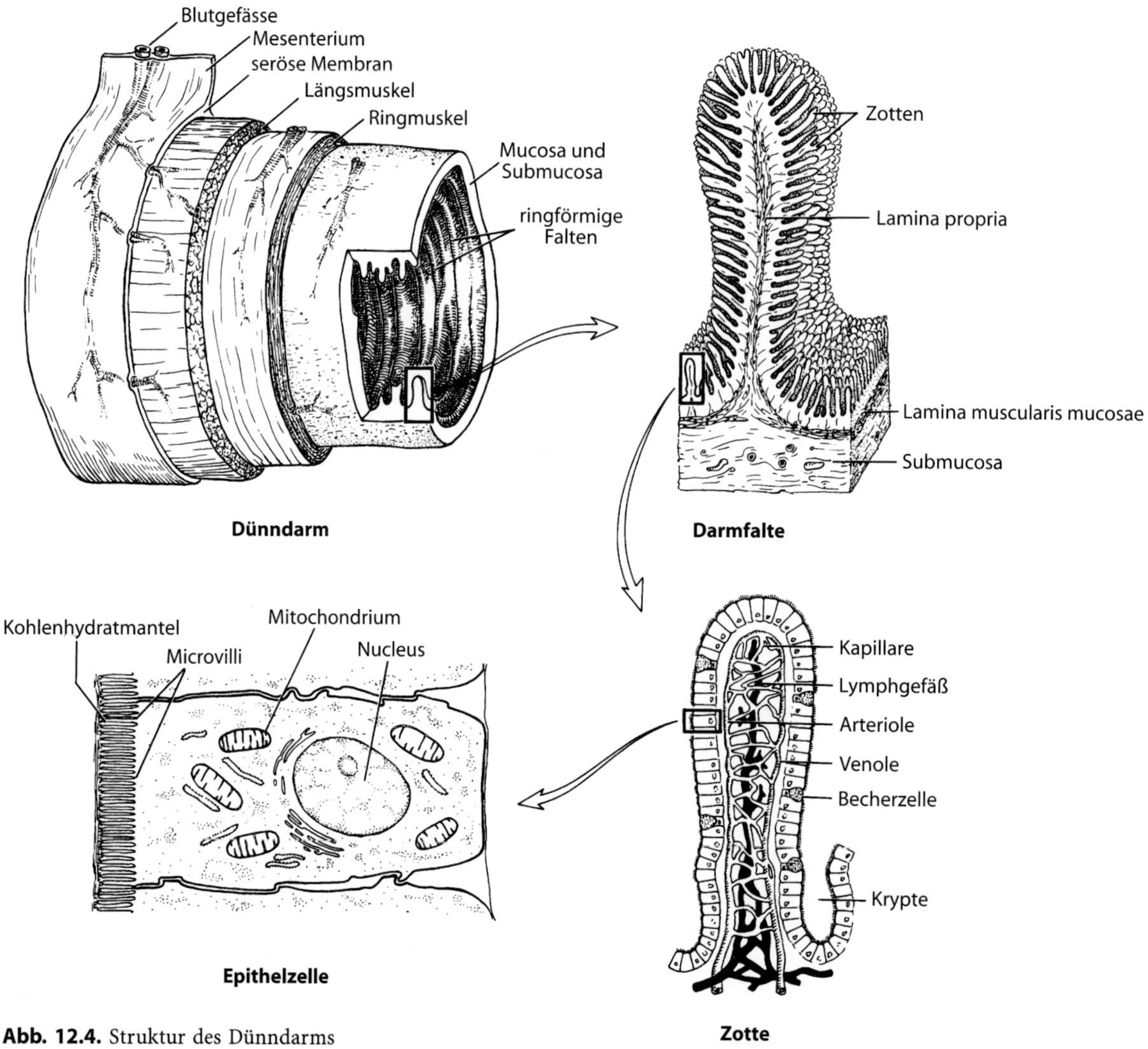


**Abb. 12.4.** Struktur des Dünndarms

beiden Schichten der Lamina muscularis externa bewerkstelligen die Peristaltik und die Segmentation.

Der Pharynx, das Rectum und ein Teil des Oesophagus sind direkt mit benachbarten Strukturen verbunden. Andere Teile des Verdauungstrakts liegen im Coelom und werden von serösen Membranen umgeben.

### 12.3.3 Oesophagus und Magen

Oesophagus und Magen bilden zusammen den Vorderdarm. Die Auskleidung des Oesophagus ist gewöhnlich stark gefaltet und sehr dehnbar. Sein Epithel besteht typischerweise aus geschichteten schuppigen Zellen, die bei Tieren, welche grobe Nahrung verschlucken, verhornt sind. Das Epithel ist jedoch bei vielen marinen Fischen säulenartig und vaskularisiert und kann bei

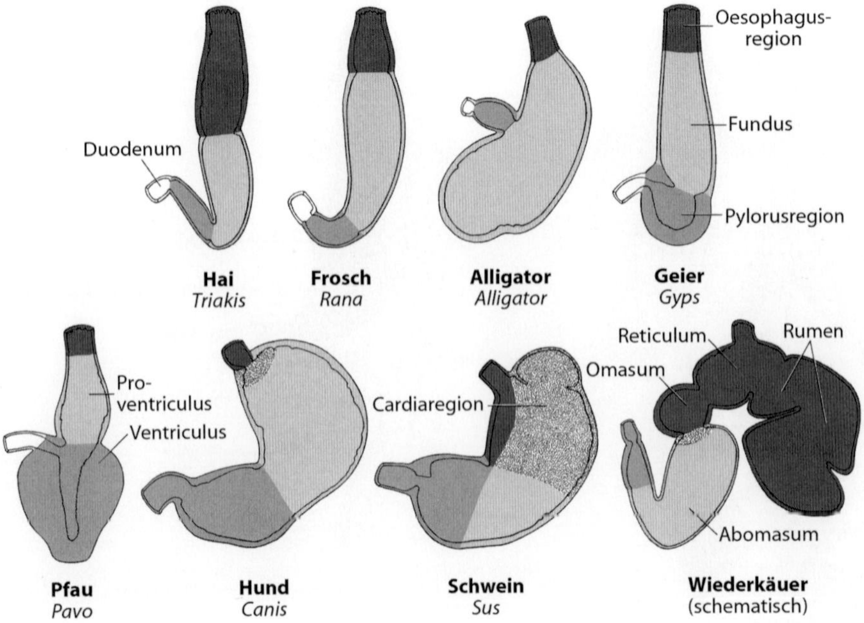


**Abb. 12.5.** Mägen ausgewählter Vertebraten, die einige Abwandlungen in der groben Form und der Verteilung der unterschiedlichen Auskleidungstypen demonstrieren. Ventralansicht durchschnittener Organe

Cyclostomata und verschiedenen anderen Vertebraten Cilien tragen. Die Lamina muscularis externa des Oesophagus hat bei den meisten Klassen glatte Muskelfasern, kann aber sowohl bei Fischen als auch bei Säugetieren quergestreifte Muskelfasern aufweisen.

Die Auskleidung des Magens ist in verschiedene Regionen unterteilt, die anhand der Feinstruktur und der Funktion unterschieden werden (Abb. 12.5). Sie können scharf gegeneinander abgegrenzt sein oder auch kontinuierlich ineinander übergehen. Ihre relative Verteilung ist mit der Funktion korreliert, ist aber nur von geringer systematischer Bedeutung. Der vorderste Teil ähnelt in seiner Feinstruktur dem Oesophagus und wird **Oesophagusregion** genannt, obwohl sein Ursprung aus dem Oesophagus zweifelhaft ist. Die Oesophagusregion ist bei Tieren, welche grobe Nahrung verschlucken, relativ umfangreich. Sie ist mit einem geschichteten Schuppenepithel ausgekleidet, sein einziges Sekret ist Schleim. Eine **Cardiaregion** ist nur bei Säugetieren vorhanden. Sie sezerniert ebenfalls nur Schleim, aber die Zellen ihres Epithels sind säulenartig. Die Verdauungsregion des Magens ist der **Fundus**. Seine Auskleidung ist durch eine dichte Schicht gerader tubulärer Magendrüsen (Glandulae gastricae propriae) verdickt. Ihre Ausführöffnungen bilden mikroskopisch kleine Eindellungen. Die säulenartigen Zellen der Drüsen gehören verschiedenen Typen an. Sie sondern das Proenzym Pepsinogen ab, außerdem Salzsäure (HCl), die den sauren pH-Wert liefert, der nötig ist, um das Enzym Pepsin aus Pepsinogen entstehen zu lassen und so die Proteinverdauung in Bewegung zu setzen. Manchmal wird auch ein fettspaltendes Enzym produziert. Die Hälse der Drüsen sondern Schleim ab. Der Magen der Säugetiere sezerniert außerdem Renin, das Milch koaguliert. Die am weitesten posterior liegende Region des Magens ist die **Pylorusregion**. Ihre aufgewundenen tubulären Drüsen sondern Schleim ab.

Die Lamina muscularis externa des Magens ist relativ dick. Am anterioren Ende des Magens bilden ringförmige Fasern den M. sphincter car-

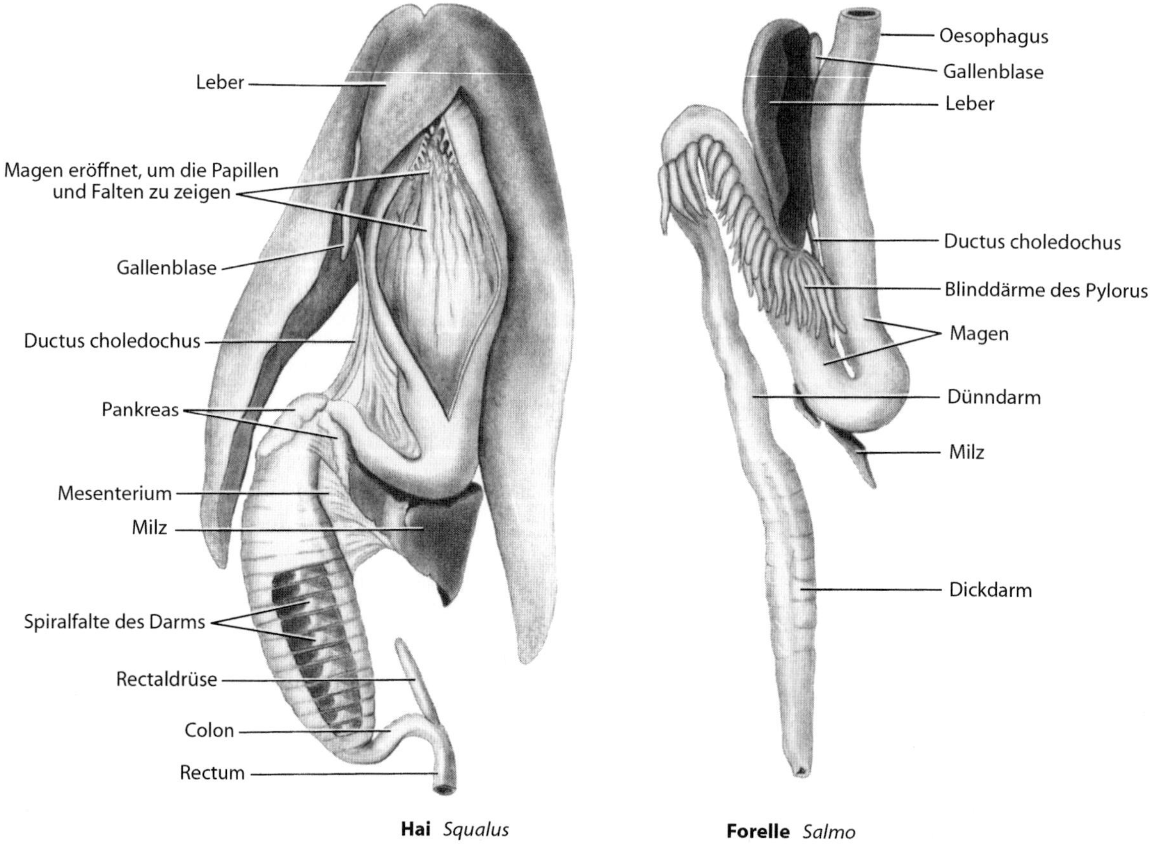


**Abb. 12.6.** Verdauungstrakt eines Elasmobranchiers (*links*) und eines Teleosteers (*rechts*), die sich hauptsächlich von Fleisch bzw. von Insekten ernähren. Ventralansichten

diae. Am posterioren Ende kontrolliert der M. sphincter pylori die Passage von Verdauungsbrei in den Dünndarm.

Ein Magen kann bei Filtrierern und den **Agnatha** nicht identifiziert werden. Dies scheint der ursprüngliche Zustand zu sein. Der Oesophagus der **Fische** ist gewöhnlich kurz und verschmilzt manchmal mit dem Magen (Abb. 12.2). In der Regel hat er auffällige Falten oder Papillen, die zum Magen hin ausgerichtet sind. Bei den meisten Selachiern ist der Oesophagus mit Cilien besetzt. Der Magen der Fische ist in der Regel entweder gerade oder J- oder U-förmig gebogen (Abb. 12.6). Bei den Selachiern ist er besonders groß, bei manchen anderen Formen (Chimären, Lungenfische usw.), die nur fein aufgeschlossene Nahrung verschlucken, fehlt er sekundär.

Der Oesophagus der **Amphibien** ist kurz, mit Cilien besetzt und hat sehr viele mucöse Drüsen. **Reptilien** haben wegen des verlängerten Halses und der stärker entwickelten Lungen meistens einen längeren Oesophagus. Der Oesophagus ist meist mit Cilien besetzt, wenn weiche Nahrung aufgenommen wird, ist aber bei manchen Schildkröten verhornt. Der Magen bleibt bei den meisten Amphibien und Reptilien einfach und gerade oder leicht gebogen, ist aber bei Krokodilen gerundet und sehr muskulös (Abb. 12.5 und 12.7).

Der Oesophagus der **Vögel** ist lang. Seine Auskleidung ist gewöhnlich verhornt. Zumindest einige Mitglieder vieler Vogelfamilien haben eine

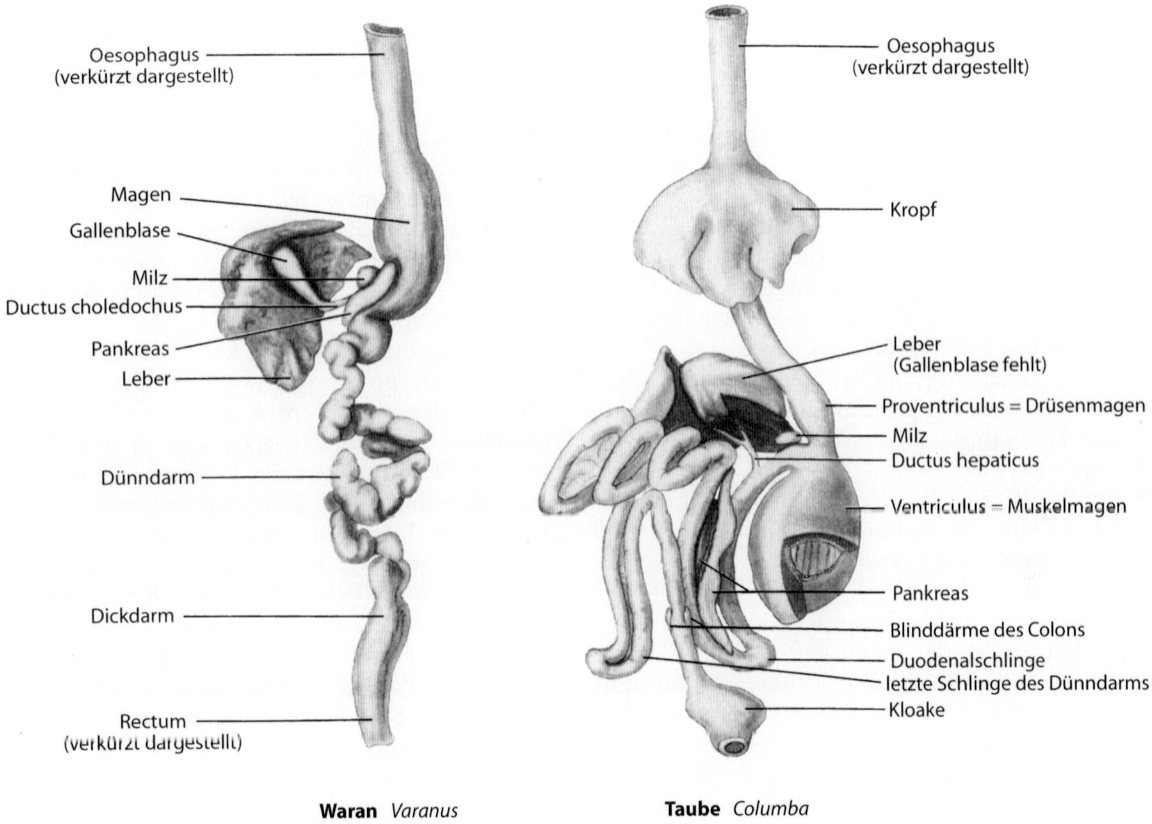


**Abb. 12.7.** Verdauungstrakte eines Reptils (*links*) und eines körnerfressenden Vogels (*rechts*)

permanente Erweiterung des unteren Teils des Oesophagus, den **Kropf**, der als Speicherorgan dient (Abb. 12.7). Die Erweiterung liegt in der Regel ventral zum Oesophagus und ist klar davon abgesetzt, kann aber auch stattdessen dorsal und weniger gut abgesetzt sein. Der Magen der Vögel besteht aus zwei Teilen. Der anteriore Teil, der aus dem Fundus entsteht, aber **Proventriculus** oder **Drüsenmagen** genannt wird, ist stark drüsig und produziert Verdauungsenzyme. Der posteriore Teil entspricht der Pylorusregion und wird **Ventrikel** oder **Muskelmagen** genannt. Er kann eine hornige Auskleidung haben und zum Zermahlen von Nahrung enorm muskulär sein (manchmal wird die Nahrung mit Hilfe von Steinchen, die vom Vogel aktiv aufgenommen werden, zermahlen). Der Proventrikel und der Ventrikel sind bei carnivoren Vögeln am wenigsten zu unterscheiden und bei körnerfressenden Vögeln am stärksten voneinander abgesetzt (Abb. 12.5).

Der Oesophagus der **Säugetiere** ist lang, hat keine Cilien und ist bei Raufutterfressern wie Artiodactyla, Perissodactyla und Rodentia verhornt. Der Magen kann einfach und sackartig (Mensch, viele Nager, manche Insectivoren und Carnivoren) oder in komplexe Kompartimente aufgeteilt sein (s. unten). Eine Oesophagusregion ist oft vorhanden und manchmal sogar sehr groß. Der gesamte Magen der Monotremata ist verhornt, der Großteil des Magens der Wiederkäuer entspricht dem Oesophagustypus. Eine Cardiaregion, die nur bei Säugetieren gefunden wird, ist zwar charakteristisch, aber nicht immer vorhanden.

## 12.3.4 Darm und Blinddarm

Die Verdauung wird im anterioren Teil des Darms vervollständigt, dort werden auch die Nährstoffe resorbiert. Dafür ist eine sehr große Oberfläche nötig, die gebildet wird

- durch Aufwindungen des Darmes,
- durch ringförmige Falten in der auskleidenden Schleimhaut (die bei vielen kleinen Vertebraten nicht vorhanden ist),
- durch fingerartige, mikroskopisch kleine **Zotten**, die über die Auskleidung in einer Dichte von 10–40 $mm^{-2}$ angeordnet sind,
- durch Krypten,
- durch **Microvilli**, die an der exponierten Oberfläche der Epithelzellen in einer Dichte von 200 000 $mm^{-2}$ vorkommen.

Die Microvilli bilden zusammen mit dem Kohlenhydratmantel, der ihnen aufliegt, einen **Bürstensaum** (Abb. 12.4). Die Falten, Zotten und Microvilli des Verdauungskanals können seine Oberfläche um das 600fache vergrößern. Bei Tetrapoden entwickeln sich die Epithelzellen in den Krypten zwischen den Zotten und wandern in ungefähr zwei Tagen zur Zottenspitze, wo sie mitsamt der Enzyme, die während der Wanderung synthetisiert wurden, in das Lumen des Darms abgestoßen werden. Eine Vielzahl von fett-, protein- und kohlenhydratspaltenden Enzymen werden freigesetzt, bei höheren Vertebraten aber anscheinend mehr als bei Fischen. Verstreute Becherzellen bilden Schleim. Hormone (Gastrin, Secretin, Pancreocymin, Cholecystokinin, Enterogastron u. a.), welche die Aktivität des Magens, des Darms, der Leber und des Pankreas beeinflussen, können ebenfalls abgesondert werden. Sekrete der Leber und des Pankreas entleeren sich in einen Teil des Darms, der kurz hinter dem Magen liegt und **Duodenum (Zwölffingerdarm)** heißt. Der kombinierte Darmsaft ist alkalisch. Resorption der Verdauungsprodukte ist ein komplexer und aktiver Vorgang, der innerhalb des epithelialen Cytoplasmas vervollständigt wird.

In dem kürzeren posterioren Teil des Darms werden anorganische Elektrolyte und viel Wasser resorbiert und der Kot gebildet. Zotten und Microvilli fehlen in der Regel in dieser Region. Schleimzellen sind sehr häufig, Lymphfollikel sind oft in der Submucosa vorhanden. Der Teil des Darms, der aus dem Coelom aus- und durch den Beckengürtel hindurchtritt, wird **Rectum** genannt. Der hinterste Teil des Darmkanals vieler Vertebraten ist eine **Kloake**, also eine gemeinsame Kammer für die Abfallprodukte des Verdauungs- und des Nierensystems und für Produkte der Gonaden (Abb. 16.12).

Anteriore und posteriore Regionen des Darms sind bei Tetrapoden relativ gut voneinander zu unterscheiden und werden als **Dünndarm** und **Dickdarm** bezeichnet, wegen des in der Regel größeren Durchmessers des letzteren. Sie werden auch **Mitteldarm** und **Enddarm** genannt. Außerdem haben Tetrapoden meistens ein oder zwei beutelförmige Divertikel am Übergang zwischen Dünndarm und Dickdarm. Diese werden **Blinddärme des Dickdarms** genannt. Ursprünglich könnte ihre Funktion die Oberflächenvergrößerung des Darms gewesen sein. Jetzt dienen sie entweder als Speicherorgan, zur Fermentierung oder zur Vitaminkonzentrierung.

Der Darm der **Cyclostomata** verläuft geradlinig vom Pharynx zur Kloake, regionale Unterschiede sind nur wenig ausgeprägt. Diese Merkmale, auch bei *Branchiostoma* zu sehen, sind zweifellos ursprünglich für die Vertebraten. Bei Neunaugen verläuft eine einzelne ausgeprägte Falte der Darmmucosa längs des Darms in einer leichten Spirale. Dies ist analog, wenn nicht sogar homolog, zu der Spiralfalte, die weiter unten beschrieben wird.

Der Aufbau des Verdauungstrakts der **Selachier** ist relativ konstant. Der Darm, der jetzt zu lang ist, um geradlinig durch das Coelom zu verlaufen, ist N-förmig. Ein Winkel liegt im langen Magen und einer im Darm. Die drei Äste verlaufen längs im Körper. Der Hauptteil des hinteren Astes bildet den **Spiraldarm** oder die **Spiralfalte** (Abb. 12.6). Dieser Teil des Darms hat einen großen Durchmesser und verjüngt sich zu beiden Enden hin. Die Mucosa ist in eine einzelne auffällige Falte aufgeworfen. Diese Falte kann längs verlaufen, aber im Gegensatz zu der des Neunauges wächst sie aus der Darmwand aus, windet sich um sich selbst und bildet so eine Rolle. Noch öfter dreht sich die Anheftung der Falte an der Darmwand spiralig auf, wenn sie entlang des Trakts verläuft. Die Struktur des Organs erinnert an eine Wendeltreppe in einem runden Turm. Die Anzahl der Windungen liegt je nach Spezies zwischen 5½ und 50. Der funktionelle Vorteil ist eine enorme Vergrößerung des Oberflächenepithels. Eine entsprechende Vergrößerung könnte durch die Verlängerung und das Aufwinden des gesamten Darms erreicht werden, aber die Spiralstruktur der Mucosa ist besser an die lange schlanke Körperhöhle des Fisches angepasst. Ein kurzes Rectum mündet in die Kloake. Ein dorsaler Anhang des Rectums ist die **Rectaldrüse**. Ihre Funktion ist die Salzexkretion (s. S. 314). **Chimären** haben keine Kloake und auch keine Rectaldrüse, obwohl ähnliches Drüsengewebe in der Wand des Rectums gefunden wird.

Wenn wir auf die **Placodermi** zurückblicken, ist es von Bedeutung, dass ein Fossil eines Antiarchi den Abdruck eines Spiraldarms zeigt. Dieses komplizierte Organ ist anscheinend ursprünglich unter den kiefertragenden Vertebraten.

Der Darm der **Knochenfische** ist variabler als der Darm der Knorpelfische. Er ist selten gerade, sondern gewöhnlich in ein oder zwei S-Kurven aufgeworfen und gelegentlich sogar aufgewunden. Er kann kürzer sein als der Körper, ist aber in der Regel etwas länger als bei den Knorpelfischen und erreicht bei manchen Spezies die 12fache Körperlänge. Ein Spiraldarm ist bei allen modernen Knochenfischen, mit Ausnahme der Teleosteer, vorhanden. Strahlenflosser sind aufgrund einer anderen Struktur unverwechselbar, welche die Oberfläche des Darms vergrößert. Benachbart zum Magen entwickelt der Darm Divertikel, die **pylorische Blinddärme** genannt werden (Abb. 12.6). Die meisten Fische haben Dutzende oder Hunderte von Blinddärmen, aber manche haben nur wenige und einige haben gar keinen. Die tubulären Blinddärme können einzeln oder in Gruppen in den Darm münden und so ein zusammengesetztes Organ bilden. Histologisch ähneln sie dem benachbarten Darm. Unter den Knochenfischen haben nur die Dipnoi und die rezenten Crossopterygii eine Kloake. Es gibt keine Rectaldrüse.

Kaulquappen haben lange aufgewundene Därme, aber die adulten **Amphibien** haben relativ kurze und einfache Verdauungstrakte, die sich in der Länge von ½ bis 3¼ Körperlängen bewegen. Wie bei anderen Tetrapoden ist ein aufgewundener Dünndarm von einem kürzeren Dickdarm zu unterscheiden. An der Grenze zwischen den beiden kann ein einzelner kleiner Dickdarm-Blinddarm vorhanden sein. Diese Struktur ist bei vielen rezenten Amphibien rudimentär, doch sein Vorhandensein in der Klasse muss als ursprünglich betrachtet werden. Es kommt eine Kloake vor.

Bei den meisten Schlangen und Amphisbaenia ist der Darm gerade, ansonsten ist er bei den meisten **Reptilien** mäßig aufgewunden. Seine Länge liegt meist zwischen einer halben und zwei Körperlängen, ist aber bei Schildkröten oft länger. Dünn- und Dickdarm sind voneinander abgesetzt. Ein dorsaler Dickdarm-Blinddarm von geringer oder mittlerer Größe ist bei vielen Spezies vorhanden, ging aber bei anderen sekundär verloren.

Das Duodenum der **Vögel** bildet immer einen langen engen Bogen, der ventral in der Körperhöhle liegt und eng mit dem Pankreas verbunden ist. Der Rest des Dünndarms ist relativ lang und bildet verschiedene komplizierte Muster aus Falten und Aufwindungen, die innerhalb der Familien konstant sind. Der Dickdarm ist kurz, beinahe gerade und zottentragend. Er liegt dorsal. Gewöhnlich sind zwei Blinddärme des Dickdarms vorhanden. Nur selten ist nur einer oder mehr als zwei ausgebildet. Diese sind fingerförmig, oft beträchtlich lang und gehen lateral oder ventral in den Darm über. Eine Kloake ist vorhanden und hat ein dorsales Divertikel, das **Bursa cloacalis** (Bursa fabricii) genannt wird und bei der Bildung von Antikörpern eine Rolle spielt.

Die Morphologie des Darms der **Säugetiere** ist sehr variabel und korreliert mit der Systematik nur sehr allgemein (Abb. 12.8). Der Darm kann sehr kurz sein, mit 2 bis 6 Körperlängen (viele Insectivoren und Carnivoren), kann aber auch mit 20 bis 25 Körperlängen sehr lang sein (einige Artiodactyla und marine Säuger). Eine Zwölffingerdarmschleife ist gewöhnlich vorhanden, ist aber weniger eng als bei Vögeln. Weiter-

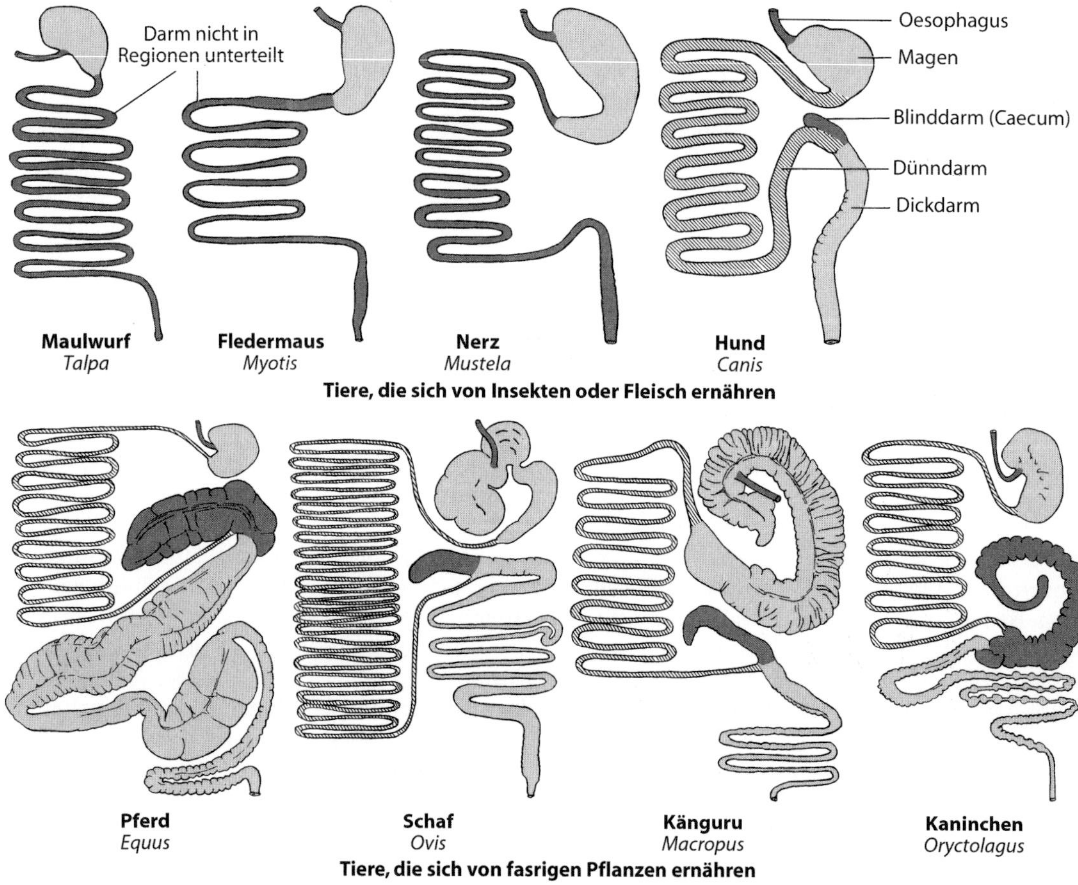


**Abb. 12.8.** Funktionelle Variation im Darm der Säugetiere. Gezeichnet nach Stevens u. Hume (1995)

hin ist im Vergleich zu den Vögeln das Muster der Auffaltungen des Dünndarms weniger regelmäßig und der Dickdarm ist, vor allem bei Herbivoren, länger und dicker. Verschiedene, nicht näher miteinander verwandte Säugetiere haben paarige Blinddärme des Dickdarms. Dies kann der ursprüngliche Zustand sein, dennoch ist ein einzelner ventraler Blinddarm die Regel. Er kann klein sein, sekundär sogar fehlen, kann aber auch die zwei- oder mehrfache Länge des Körpers erreichen.

Obwohl manche Vertebratentaxa sehr auffällige Merkmale (wie z.B. Spiralfalte, pylorische Blinddärme, Muskelmagen, Rectaldrüse) haben, gibt es im Darmkanal nur wenige Evolutionstendenzen. Funktionelle Anpassungen dagegen treten häufig auf.

### 12.3.5 Anpassungen des Darms

Die Morphologie des Verdauungstrakts korreliert so stark mit der Funktion, dass die Nahrungsgewohnheiten und die Nahrungszusammensetzung eines Vertebraten in der Regel annähernd von seinem Verdauungssystem abgelesen werden können, obwohl die Struktur des Systems bei manchen Fischen und marinen Säugetieren verwirrend bleibt. Man kann sich überlegen, dass die Struktur und Funktion optimal korreliert sind, und dann eine testbare Hypothese aufstellen (Hume 1998).

Wenn ein Vertebrat sich von nährstoffreicher Nahrung ernährt, die schnell verdaut wird, wenn die Nahrung in kleinen Portionen aufgenommen wird und wenn die Nahrungsaufnahme langsam, aber häufig oder beinahe kontinuierlich erfolgt, dann muss die Nahrung nicht vorübergehend gespeichert werden und ein kurzer Darm ist ausreichend. Viele Filtrierer und Seiher, Parasiten, die Fleisch von ihrem Wirt abraspeln, und manche Tiere, die sich von Algen, Nektar, Mollusken und Insekten ernähren, fallen in diese Kategorie. Sie haben relativ kleine Mägen oder überhaupt keine Mägen (Cyclostomata, Holocephali, Dipnoi) und der Darm ist in der Regel kurz und relativ gerade (obwohl er bei den Bartenwalen unerwartet lang ist). Nektarfressende Vögel haben Muskelmägen mit relativ wenig Muskulatur, bei denen der Eingang und der Ausgang nahe beieinander liegen, so dass der Nektar direkt in den Dünndarm geleitet werden kann. Das Blut, das von Vampirfledermäusen aufgenommen wird, tritt direkt vom Oesophagus in den Darm über und kommt nur in den Magen zurück, wenn der anteriore Darm voll ist.

Fleischfresser, Fischfresser und Aasfresser fressen auch nährstoffreiche Nahrung. Ihr Darm ist also meistens kurz, aber diese Tiere fressen oft große Portionen sehr schnell. Große Beute wird manchmal als Ganzes verschluckt, Nahrung steht nur nach erfolgreicher Jagd oder erfolgreichem Warten zur Verfügung, und es kann nötig sein, eine Mahlzeit zu verschlingen, um einen anderen Fleischfresser oder Aasfresser daran zu hindern, sie zu stehlen. Deshalb ist ein vorübergehender großer Speicherplatz nötig. Der Oesophagus der meisten dieser Tiere ist bemerkenswert dehnbar. Die Fische haben meist lange, gerade Mägen. Carnivore Reptilien und Säugetiere haben einfache, aber sehr dehnbare Mägen. Die meisten Vögel haben Kröpfe, die aufgefältelt sind, wenn sie leer sind, und riesig, wenn sie voll sind. Ihre Muskelmägen sind relativ dünnwandig. Der Dünndarm der meisten Fleisch- und Aasfresser ist relativ einförmig und kurz, bei fischfressenden Vertebraten außer den Fischen kann er aber eigenartig lang und dickwandig sein (Pinguine, Pinnipedia, manche Zahnwale) und einen kleinen Innendurchmesser haben. Der Dickdarm von Fleischfressern ist kurz, Blinddärme sind klein oder fehlen (Abb. 12.8). Schuppen, Knochen, Federn und Haar werden von manchen dieser Tiere gemieden, werden aber von vielen einfach verschluckt. Sie können verdaut (kleine Knochen) oder ausgewürgt werden (bei Raubvögeln) oder einfach den Darm durchlaufen.

Gewissermaßen ähnlich wie die Bedürfnisse der Fleischfresser sind diejenigen von Tieren, die sich von schwärmenden Insekten ernähren. Ameisenfresser haben einen geräumigen Magen, der bei manchen Spezies stark verhornt und muskulär sein kann (ein Schuppentier hat keratinisierte Pyloruszähne). Ihre Speicheldrüsen sind sehr groß (Abb. 30.11), ihr Darm ist relativ kurz.

Alle Tiere, die wir bisher beschrieben haben, sind **faunivor**. Sie ernähren sich fast ausschließlich von Tieren. **Omnivore**, wie z.B. Ratten, Schweine und der Mensch, nehmen je nach Geschmack und Gelegenheit eine vielfältige Auswahl an Nahrung auf. Manche Pflanzennahrung, die sie bevorzugen (Pilze, Früchte, Nüsse und Samen), ähnelt tierischer Nahrung oft darin, dass sie sehr nährstoffreich ist. Die Verdauung ist nur wenig langsamer als bei Faunivoren. Obwohl der Darm variabel ist, ist er meist etwas länger und hat eine schärfere Abgrenzung zwischen Dünndarm und Dickdarm (Abb. 12.8 und Tabelle 12.1).

**Herbivore** fressen Blätter, Stängel und Gras mit relativ niedrigem Nährstoffgehalt und müssen deshalb große Mengen davon aufnehmen. Außerdem kann die Cellulosewand der Pflanzenzellen nicht chemisch durch die Enzyme, die von Vertebraten abgesondert werden, aufgeschlossen werden. Eine erste Voraussetzung ist, dass die Nahrung gründlich mechanisch im Mund oder im Magen zermahlen wird, damit ihre Aufweichung und Transport erleichtert und ihre Oberfläche vergrößert wird. Um die Cellulose als Nahrung benutzen zu können, muss zweitens eine Fermentation über symbiontische Bakterien und Protozoen geleistet werden. Die Beiprodukte sind kurzkettige Fettsäuren, $CO_2$ (Kohlendioxid) und Methan. Nitrogene Bestandteile der Nahrung werden zu Ammoniak umgewan-

**Tabelle 12.1.** Form und Funktion des Darms bezüglich Taxon und Ernährung

| Nahrungsaufnahme und Nahrungstypen | Vertreter | Darm- und Verdauungstyp |
|---|---|---|
| | Kamele, Rinder, Schafe, Ziegen, Hirsche, Antilopen, einige Marsupialier | VORDERDARM- (VORMAGEN-) FERMENTATION MIT WIEDERKÄUEN<br>Nahrung minderwertig; Magen stark vergrößert und gekammert; Verdauung langsam |
| HERBIVORE<br>Blätter, Stängel, Gras | Hoatzin, Kängurus, Stummelaffen, Languren, Faultiere, einige Nager, Flusspferd | VORMAGEN-FERMENTATION OHNE WIEDERKÄUEN<br>Nahrung minderwertig; Vorderdarm stark vergrößert und gekammert; Verdauung langsam |
| | manche Schildkröten, Strauß, viele Marsupialia, manche Lemuren und Affen, Kaninchen, viele Nager, Elefanten, Pferde, Rhinozeros | ENDDARM-FERMENTATION<br>Nahrung minderwertig; großer Darm und/oder Blinddarm stark vergrößert; Verdauung langsam |
| OMNIVORE<br>abwechslungsreiche Ernährung aus Pflanzen und Tieren<br>auch:<br>FRUGIVORE, Früchte<br>GRANIVORE, Samen | Schwein | |
| | viele Fische, viele Vögel, manche Opossums, manche Primaten, viele Nager | WENIG ODER KEINE FERMENTATION<br>Nahrung hochwertig; Darm variabel, aber meist mäßig lang und differenziert; Verdauung mäßig schnell |
| FAUNIVORE<br>Plankton, Invertebraten, Fische, Tetrapoden | Cyclostomata, viele Fische, Amphibien, die meisten Reptilien, viele Vögel, Monotremata, die meisten Carnivora, Insectivora, die meisten Fledermäuse | KEINE FERMENTATION<br>Nahrung hochwertig, Darm kurz, wenig differenziert; Verdauung schnell |

delt, aus dem die Mikroorganismen ihre eigenen Proteine synthetisieren. Das Wirtstier dagegen kann große Mengen der Mikroorganismen verdauen und so das Protein, B-Komplex-Vitamine und manche entgiftenden Chemikalien erhalten. Herbivore haben lange Därme mit hoher Motilität (Abb. 12.8). Kontraktionen sind entweder beinahe konstant oder stoßartig und bewegen den Nahrungsbrei meistens in beide Richtungen. Die Verdauung steht unter einer komplexen neuronalen und hormonellen Kontrolle.

Die Verdauung energiearmer Futterpflanzen durch Fermentierung erfordert einen langen Aufenthalt des massigen Materials entweder im Magen oder im Dickdarm und wird durch eine erhöhte Körpertemperatur erleichtert. Der Vorgang hat sich unabhängig voneinander mehrfach entwickelt, die damit verbundenen Strukturen und Strategien variieren also. Sie sind in Tabelle 12.1 für rezente Vertebraten zusammengefasst und im Kommentar 12.1 weiter erklärt. Es wurde vorgeschlagen, dass eine unabhängige Evolution von Magen- und Dickdarm-Fermentation bei Säugetieren als Antwort auf die Ausbreitung des Graslandes auftrat, als das Weltklima im Miozän trockener und kühler und das Gras faserreicher wurde.

Eine vorübergehende Speicherung wird bei manchen Nagetieren, Primaten und Fledermäusen in Backentaschen vorgenommen. Die meisten herbivoren Reptilien und Säugetiere, die weder Backentaschen noch einen Kropf haben, be-

## Exkurs 12.1

### Faser, Fermentation und Form des Darmes

Jeglicher enzymatische Aufschluss energiereicher Komponenten ist eine Fermentation, aber im Zusammenhang mit der Verdauung der Vertebraten soll die Fermentation als Aufschluss von Pflanzenfasern durch symbiontische Bakterien oder Protozoen verstanden werden. Eine solche Fermentation hat möglicherweise bei kieferlosen Vertebraten niemals stattgefunden. Sie ist bei Fischen selten, aber eine begrenzte Fermentation tritt wahrscheinlich bei mehreren auf. Adulte Amphibien fressen keine faserigen Pflanzen. Es gibt also auch keine Fermentation. Wenige rezente Reptilien sind herbivor und diejenigen, die es sind (einige Schildkröten und Eidechsen), müssen ohne effiziente Kaumechanismen oder eine konstant erhöhte Körpertemperatur zurechtkommen (beide Faktoren begünstigen die Fermentation). Wie war das bei den Dinosauriern? Die meisten waren herbivor und natürlich waren viele riesig groß. Sie müssen entsprechend riesige Mengen ihrer wahrscheinlich nährstoffarmen Nahrung benötigt haben. Sie müssen große Mägen und massige Darmtrakte besessen haben und, falls sie unter den Vertebraten nicht einzigartig waren, indem sie das Enzym Cellulase produzierten, müssen sie Fermentation benutzt haben. Die Zähne mancher Dinosaurier waren wirkungsvolle Zerkleinerer von fasriger Nahrung, andere hatten muskelmagenartige Verkleinerungsmühlen in ihren Mägen. Die großen Dinosaurier hatten wahrscheinlich eine erhöhte und beinahe konstante Körpertemperatur (s. Exkurs 23.1).

Wenige flugfähige Vögel machen sich Fermentation zunutze. Es wird spekuliert, dass die Masse und das Gewicht einer Fermentationskammer im hinteren Teil des Körpers den Flug beeinträchtigen würde. Die großen flugunfähigen Vögel, wie z.B. der Strauß, haben Fermentation und der Hoatzin, ein blattfressender Dschungelvogel, ist insofern einzigartig, als er die Fermentation in einem großen abgewandelten Kropf erledigt.

Viele Säugetiere verdauen raue Pflanzennahrung durch Fermentation (Tabelle 12.1). Nicht alle sind groß, aber alle großen Weider und Grasfresser sind Fermentierer. Fermentation findet im Vorderdarm oder im Dickdarm statt. Wenn sie im Vorderdarm stattfindet, ist der Magen sehr geräumig (ungefähr 200 Liter bei einem Nilpferd) und unterschiedlich in Kompartimente unterteilt. Manche Vorderdarmfermentierer (Magenfermentierer) (und beinahe alle der wirklich großen Vertreter) käuen wieder. Das bedeutet, dass sie die Nahrung – eine Portion nach der anderen – aus der ersten und größten Kammer des Magens, dem **Rumen**, „hochwürgen“ (regurgitieren), sie gründlich durchkauen und einspeicheln und dann wieder schlucken (Abb. 12.9). Der Brei wird eingeweicht und durch das **Rumen** (**Pansensack**) und die zweite Kammer, das honigwabenartige **Reticulum** (**Netzmagen**), umgeschichtet und wird als Nahrungsbrei so oft durchmischt, bis eine bestimmte Partikelgröße (≤3 mm) erreicht ist. Feinere Teilchen setzen sich jenseits des Reticulums in dem gefalteten **Omasum** (**Blättermagen**) ab, das die Mixtur in das **Abomasum** (**Labmagen**) weiterpumpt. Die ersten drei Kammern entstehen aus dem Vorderdarm und sind mit Oesophagusepithel ausgekleidet. Das drüsige, verdauungsaktive Abomasum entspricht dem Magen eines Menschen oder eines Hundes. Die Mägen von saugenden Wiederkäuern haben eine Rinne mit muskulären Lippen, welche die Milch direkt vom Oesophagus zum Abomasum weiterleiten.

Dickdarmfermentierer haben einen riesigen Blinddarm oder einen großen Darm, oder beides. Diese Organe sind gefältelt und sackförmig, was die Passage ihrer Inhalte verlangsamt. Nur in ausgesuchten Spezies, wie z.B. dem Panda und unter den Vögeln dem Emu, findet die Fermentation in einem vergrößerten Mitteldarm, also Dünndarm statt.

Sowohl die Vorderdarm- als auch die Enddarmfermentation haben Vorteile und Nachteile. Die Vorderdarmfermentation ist relativ effektiv. Die Verdauungsprodukte gelangen in den Dünndarm, wo sie resorbiert werden. Größere Mengen von Mikroorganismen werden ebenfalls in den Darm gespült, wo sie verdaut werden und so Proteine und andere Nährstoffe liefern. Vorderdarmfermentation scheint vor allem für große Pflanzenfresser vorteilhaft zu sein. Die Verdauung ist jedoch sehr langsam, in der Regel beträgt die Durchgangszeit 75 bis 100 Stunden.

## Exkurs 12.1 (Fortsetzung)

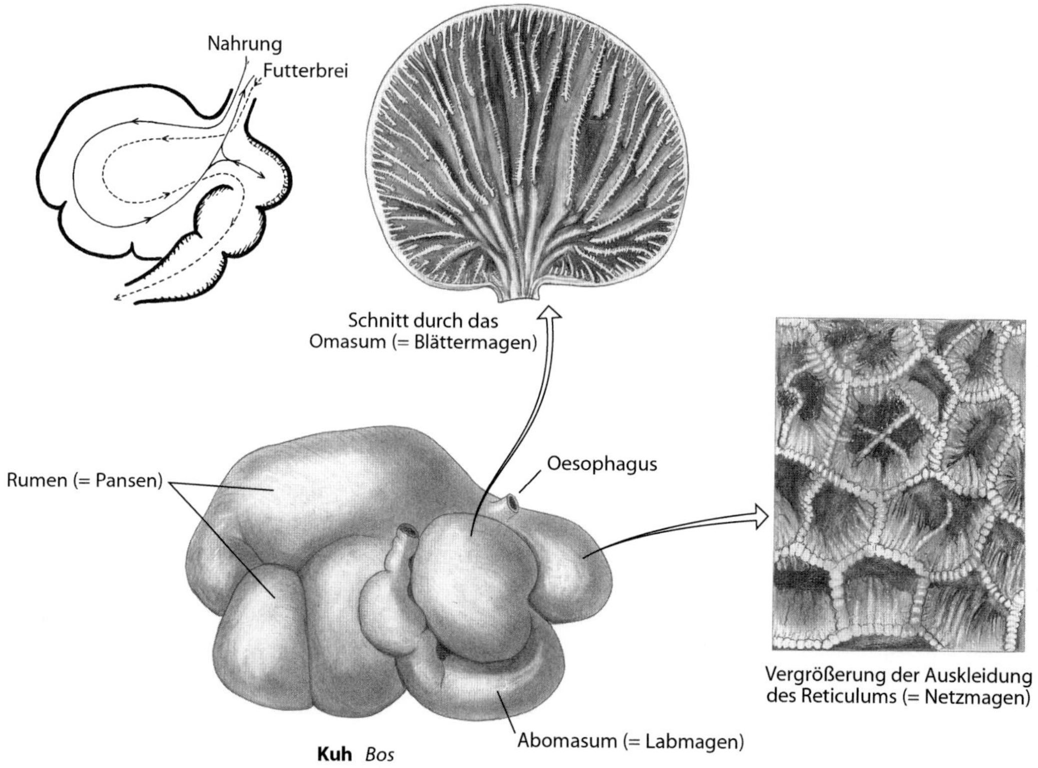


**Abb. 12.9.** Komplexer Magen eines wiederkäuenden Pflanzenfressers

Die Enddarmfermentation ist weiter verbreitet und hat sich offensichtlich früher und öfter entwickelt. Enddarmfermentierer, die ihre Nahrung nicht für lange Perioden in ihren Mägen aufbewahren müssen, können über eine ausgedehnte Zeitperiode mehr fressen und die Nahrung schneller verarbeiten (in der Regel 30 bis 45 Stunden Durchgangszeit). Sie ersetzen zu einem bestimmten Grad Effizienz durch Menge. Enddarmfermentation ist günstig für die schnelle Eliminierung unverdaulicher Produkte, wie Silikate, Tannin und Harze. Lösliche Nährstoffe werden im Mitteldarm resorbiert, bevor die Fermentation beginnt; aber manche potentiellen Nährstoffe, die durch die Fermentation gebildet werden, können überhaupt nicht resorbiert werden. Aus diesem Grund fressen Kaninchen und verschiedene Nagetiere viele ihrer Kotkugeln (**Coprophagie**), um Protein und Vitamine aufzunehmen.

sitzen einen großen Magen, selbst wenn er nicht als Fermentationskammer dient. Pflanzenfressende Vögel haben einen sehr großen Kropf, der relativ weit posterior und ventral im Körper liegt, so dass seine Masse, wenn er voll ist, nicht die Stabilität des Vogels beeinträchtigt. Außerdem haben sie einen muskulären Muskelmagen, der die Zähne bei der Zerkleinerung der Nahrung ersetzt. Der Kropf des Hoatzin ist selbst muskulär, hat eine hornige Auskleidung und zerfleddert die Blätter, die der Vogel frisst. Der Darm von Pflanzenfressern ist relativ lang, vor allem, wenn sehr viel Raufutter gefressen wird oder das Tier groß ist. (Das ist eine Folge des Verhältnisses von Oberfläche zu Volumen; s. Kap. 23.) Der Darm ist oft in festgelegten Mustern stark aufgewunden und der lange Dickdarm hat einen großen Durchmesser. Die epitheliale Auskleidung des Darms ist einer beträchtlichen Abnützung ausgesetzt und wird kontinuierlich ersetzt. Die Erneuerungszeit beträgt 2 bis 3 Tage.

### 12.3.6 Leber und Gallenblase

Die Leber der Vertebraten ist einzigartig für den Unterstamm und variiert nur wenig zwischen den Klassen. Sie ist das größte innere Organ des Körpers. Die Leber hat zahlreiche und vielfältige Funktionen. Sie ist ein Speicherdepot für Kohlenhydrate und (vor allem bei Cyclostomata und Fischen) für Fett. Sie wandelt Proteine in Kohlenhydrate oder Fette um, wobei stickstoffhaltige Endprodukte freigesetzt werden, die zu den Kiemen oder den Nieren transportiert und dort ausgeschieden werden. Sie bildet einen Großteil des Dotters, den der mütterliche Organismus auf die wachsenden Eier überträgt. Die embryonale Leber (auch das adulte Organ der Fische) produziert Blutzellen, die adulte Leber entfernt alte rote Blutkörperchen aus dem Blutkreislauf. Verschiedene Gifte können von der Leber aus dem Blut entfernt werden und Substanzen, die für die Blutgerinnung zuständig sind, werden abgegeben. Verschiedene Vitamine werden gebildet oder gespeichert. Schließlich steht die Leber funktionell mit der Verdauung in Verbindung. Gallenflüssigkeit wird in ein Kanalsystem abgegeben und ins Duodenum abgeleitet, wo sie Fette emulgiert und sie so durch Pankreasenzyme verdaubar macht.

Leber und Gallenblase entwickeln sich aus einem oder gewöhnlich zwei ventralen hepatischen Divertikeln des Darmkanals, direkt posterior zum Magen (Abb. 12.1). Mit wenigen Ausnahmen (Vögel) bildet das posterior liegende Divertikel die Gallenblase, das anteriore Divertikel, das bei manchen Fischen paarig sein kann, verzweigt sich, dehnt sich aus und wird zur Leber. Lebergewebe kann jedoch auch aus benachbartem Gewebe entstehen und zum Darm hin wandern; in diesem Fall ist das sekretorische Gewebe mesodermalen sowie entodermalen Ursprungs.

Blut, das aus den Eingeweiden im Leberpfortadersystem zur Leber fließt, rinnt durch spezialisierte Kapillaren, die **Sinusoide** heißen, bevor es in den Venae hepaticae gesammelt wird und das Organ wieder verlässt (Abb. 12.10). Die Sinusoide

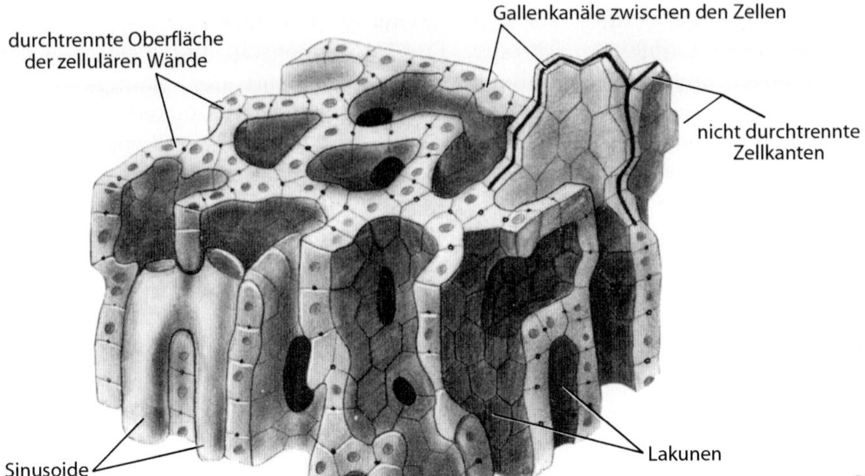


**Abb. 12.10.** Stereogramm eines Teils einer Säugetierleber

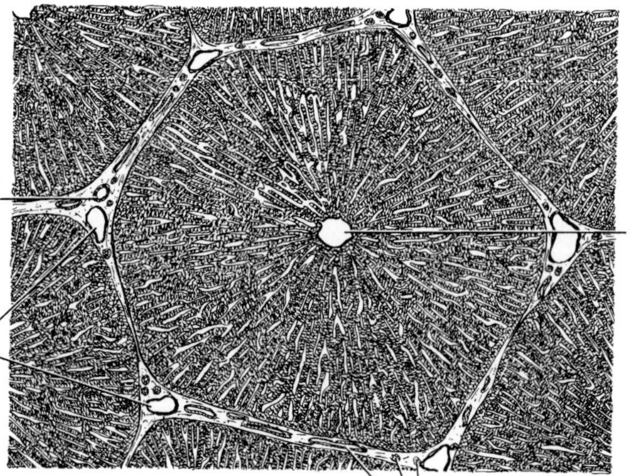


**Abb. 12.11.** Ein Leberläppchen und Teile der benachbarten Läppchen, wie man sie in einem groben Schnitt sieht (ungefähr 40fach vergrößert)

sind in einem Labyrinth von Tunneln aufgehängt, die sich in einem Netzwerk von kommunizierenden zellulären Wänden winden. Sphinctermuskeln kontrollieren den Blutfluss in den Sinusoiden. Die Wände zwischen den Sinusoiden sind bei Säugetieren und manchen Vögeln eine Zelle dick. Bei anderen Vertebraten sind sie zwei Zellen dick. Benachbarte Zellen werden durch kleine Gallenkanäle, die ihren Grenzen folgen, und von Vorwölbungen, die wie Schnappdeckel in Löcher benachbarter Zellen passen, zusammengehalten. Bei höheren Vertebraten sind die Gefäße und Gänge der Leber in polyederförmigen Einheiten, die **Lobuli** genannt werden, angeordnet (Abb. 12.11).

Der Leberblindsack von *Branchiostoma* ist ein einzelnes hohles Organ, das auf der rechten Seite dem Darm anliegt. Seine Feinstruktur und Funktionen sind anders als die der Vertebratenleber, zu der er, wenn überhaupt, nur in sehr allgemeiner Art homolog ist.

Die Leber ist oft gelappt, zwei Hauptlobi sind häufig. Die Lobi können aber nebeneinander oder voreinander liegen, das Organ kann auch überhaupt keine Loben haben oder aber mehrere, die in einer Vielfalt von Mustern angeordnet sind, die ohne bekannte funktionelle oder systematische Bedeutung sind.

Gallenflüssigkeit wird in der Regel daran gehindert, in den Darm überzutreten, wenn kein Nahrungsbrei den Magen verlässt. In den Zwischenzeiten läuft sie zur **Gallenblase** zurück, wo sie vorübergehend aufbewahrt und bis zu zehnfach konzentriert wird. Der **Ductus cysticus** der Gallenblase mündet in den **Ductus hepaticus**, der aus der Leber kommt, und verläuft als gemeinsamer Gallengang oder **Ductus choledochus** zum Duodenum. Die Menge an Gallenflüssigkeit, die in Bezug auf das Körpergewicht sezerniert wird, unterscheidet sich stark zwischen den Vertebraten. Das Vorhandensein und die Größe der Gallenblase korreliert mit der Häufigkeit der Gallensekretion, mit der Häufigkeit der Nahrungsaufnahme und mit dem Fettgehalt der Nahrung. Das Organ ist bei Carnivoren immer vorhanden. Es fehlt bei adulten Neunaugen, mehreren Teleosteern und bei bestimmten Pflanzenfressern, die auf fünf Vogelfamilien und sechs Säugetierordnungen verteilt sind.

### 12.3.7 Pankreas

Das Pankreas ist ein blassfarbenes Organ, das neben dem Duodenum liegt. Es kommt ausschließlich bei Vertebraten vor, und alle Verte-

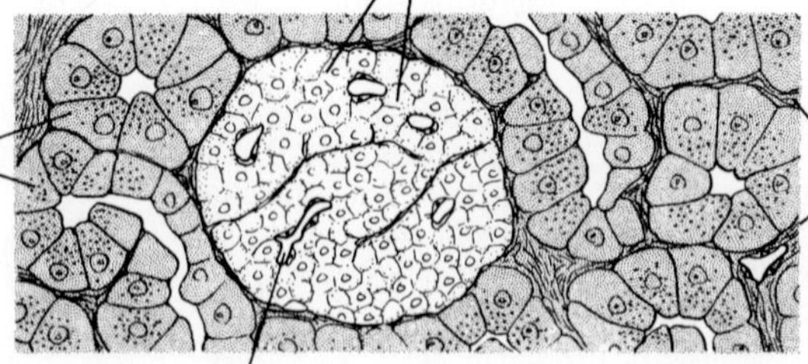


**Abb. 12.12.** Schnitt durch das Pankreas eines Säugetiers

braten haben ein Pankreas. Es ist immer ein zusammengesetztes Organ mit sowohl **exokriner** (Sekretion in ein Gangsystem) als auch **endokriner** (Sekretion in das Blut) Funktion. Ungefähr ein halbes Dutzend Enzyme sind im Pankreassaft vorhanden. Diese sind in der Lage, beinahe alle Nahrungsstoffe zu verdauen. Die endokrinen Sekrete, nämlich Insulin und Glukagon, sind ausschlaggebend für die Kontrolle des Intermediärstoffwechsels der Kohlenhydrate.

Das Pankreas entsteht aus Zellansammlungen in der Wand des embryonalen Vorderdarms auf der Höhe der hepatischen Divertikel. Diese bilden ein dorsales Pankreasdivertikel und ein Paar ventraler Pankreasdivertikel (Abb. 12.1). Durch Wachstum kommen die sich verzweigenden Divertikel zusammen und tragen in verschiedenen Kombinationen zum adulten Organ bei. Bei Säugetieren liefert das dorsale Divertikel einen Teil des exokrinen Gewebes und anscheinend das gesamte endokrine Gewebe. Aus dieser komplizierten Ontogenie ist abzulesen, warum das Pankreas ein, zwei oder drei Gänge haben kann und eine beträchtliche individuelle und systematische Variation zeigt.

Das exokrine Gewebe des Pankreas ist sowohl tubulär als auch alveolär und verzweigt (Abb. 12.12). Individuelle Zellen sind pyramidal. Diejenigen, die am Ende der Alveoli liegen, enthalten Granulae, die zu Enzymen umgebaut werden, wenn sie freigesetzt werden. Das endokrine Gewebe besteht aus verschiedenen Arten von Zellen, die kleine verstreute Ansammlungen bilden, die **Langerhansschen Inseln**.

*Branchiostoma* hat kein Pankreas, aber isolierte Zellen des exokrinen Typus werden in der Darmwand in der Nähe der Öffnung des Leberblindsackes gefunden. Bei Cyclostomata bilden Pankreaszellen Gruppen unter dem duodenalen Epithel. Dipnoi haben kein abgegrenztes Pankreas, aber das Organ ist in der Darmwand vorhanden. Das Organ ist frei und kompakt bei Selachiern, diffus bei Teleosteern, bei denen es als Gewebetupfer in den Mesenterien oder entlang der Blutgefäße, welche die Leber und die Milz durchdringen, angeordnet ist. Das Pankreas der Vögel ist gewissermaßen dreilappig und hat in der Regel drei Gänge. Bei anderen Tetrapoden ist das Organ kompakter und hat in der Regel einen Gang oder zwei, die sich mit dem Ductus choledochus verbinden können.

## Literatur

Brannon PM (1990) Adaptation of the exocrine pancreas to diet. Ann Rev Nutr 10:85–105

Chivers DJ, Hladik CM (1980) Morphology of the gastrointestinal tract in primates; comparisons with other mammals in relation to diet. J Morphol 166:337–386

Chivers DJ, Langer P (eds) (1994) The digestive system in mammals: Food, form, and function. Cambridge Univ Press, Cambridge. Breit vergleichend; setzt Struktur und Funktion zu dem physikalischen und chemischen Aufbau der Nahrung in Beziehung

Davenport HW (1982) Physiology of the digestive tract: An introductory text, 5th ed. Mosby Year Book, St Louis

Doran GA (1975) Review of the evolution and phylogeny of the mammalian tongue. Acta Anat 91:118–129

Elias H (1955) Liver morphology. Biol Rev 30:263–310

Gorham FW, Ivy AC (1938) General function of the gall bladder from the evolutionary standpoint. Field Mus Nat Hist, Chicago, Zool Ser 22:159–213

Grajal A et al (1989) Foregut fermentation in the hoatzin, a neotropical leaf-eating bird. Science 245:1236–1238

Hill WCO (1926) A comparative study of the pancreas. Proc Zool Soc Lond 1926:581–631

Hume ID (1989) Optimal digestive strategies in mammalian herbivores. Physiol Zool 62:1145–1163

Hume ID (1998) Optimization in design of the digestive system. In: Weibel ER, Taylor CR, Bolis L (eds) Principles of animal design. Cambridge Univ Press, New York, pp 212–219

Langer P (1988) The mammalian herbivore stomach. Gustav Fischer, New York

McAllister JA (1987) Phylogenetic distribution and morphological reassessment of the intestines of fossil and modern fishes. Zool Jb Anat 115:281–294

Moog F (1981) The lining of the small intestine. Sci Am 245:154–176

Nickel R, Schummer A, Seiferle E (1979) The viscera of domestic mammals, 2nd ed. Springer, Berlin Heidelberg New York. Gute Abbildungen

Stevens CE, Hume ID (1995) Comparative physiology of the vertebrate digestive system, 2nd ed. Cambridge Univ Press, New York

Warner ED (1958) The organogenesis and early histogenesis of the bovine stomach. Am J Anat 102:33–63. Allgemeine Bemerkungen zu den ontogenetischen und phylogenetischen Ursprüngen der Teile des Säugermagens

Young JA, van Lennep EW (1978) The morphology of salivary glands. Academic Press, New York

# 13 Atmungssystem und Schwimmblase

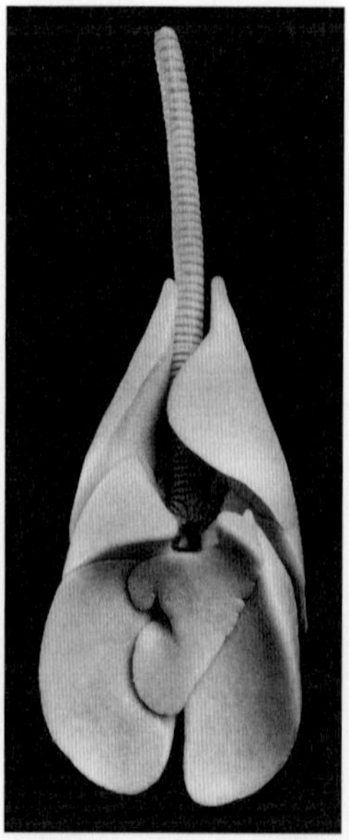

## 13.1 Allgemeine Funktion und Anforderungen

Alle Zellen der Vertebraten verbrauchen Sauerstoff und geben Kohlendioxid ab. Der einzige Weg, über den diese Gase in die Gewebe und aus ihnen bewegt werden können, ist die **Diffusion.** Da die Vertebraten viel zu groß sind, als dass jede Zelle direkt mit der Umgebung interagieren könnte, sind bestimmte respiratorische Organe darauf spezialisiert, den notwendigen Gasaustausch mit der Umgebung für den gesamten Körper zu bewerkstelligen. Ein solcher Austausch wird **äußere Atmung** genannt und kann an bestimmten Embryonalhüllen, an der Hautoberfläche, in Kiemen, in Lungen oder manchmal auch an anderer Stelle stattfinden. Sauerstoff und Kohlendioxid werden zwischen den Atmungsorganen und anderen Geweben durch das Blutgefäßsystem transportiert. Sie werden dann in den Geweben über die entsprechenden Kapillarsysteme ausgetauscht, ein Vorgang, der **innere Atmung** genannt wird.

---

*Oben:* Luftgetrocknete Lunge eines Grisons (Mustelidae, Marderartige)

Die Diffusion der Gase im Atmungssystem, d.h. die Effizienz der äußeren Atmung wird dadurch erhöht, dass

- eine große Kontaktoberfläche zwischen dem Umgebungsmedium (Wasser oder Luft) und dem Blut zur Verfügung gestellt,
- die Dicke der Grenzschicht zwischen Medium und Blut verringert,
- der Kontakt jeder Blutzelle mit dem Medium über einen adäquaten Zeitraum aufrechterhalten,
- für jedes Gas ein großer Diffusionsgradient zwischen Medium und Blut aufgebaut wird.

Es ist die Funktion des Atmungsorgans, die ersten drei dieser Voraussetzungen zu erfüllen. Die vierte Voraussetzung wird durch Verhaltens- und Strukturanpassungen gewährleistet, die sowohl das Medium als auch das Blut zum Atmungsorgan hin, vom Atmungsorgan weg und innerhalb des Atmungsorgans bewegen. Das Pumpen von Wasser in die Kiemen oder von Luft in die Lungen wird **Ventilation** genannt. Dieses Kapitel stellt die Struktur, die Funktion und die Evolution von Atmungs- und Ventilationssystemen vor.

## 13.2 Aquatische Gasaustauscher

### 13.2.1 Hautatmung

Die Chordaten, von denen die Vertebraten abstammen, hatten wahrscheinlich große und komplizierte Kiemen, die denen des Protochordaten *Branchiostoma* und der Tunicaten ähnelten. Diese scheinen sich jedoch eher zum Filtrieren von Nahrung denn als Atmungsorgane entwickelt zu haben. Diese Tiere waren klein, lebten wahrscheinlich in gut durchlüftetem und kontinuierlich bewegtem Wasser und haben möglicherweise über ihre Haut geatmet.

Hautatmung ist bei kleinen, wenig aktiven Vertebraten ausreichend, wenn sie in kühlen Fließgewässern oder in feuchter Luft leben. Eine große Gruppe von Salamandern hat im Adultstadium weder Kiemen noch Lungen. Frösche und ihre Kaulquappen decken die Hälfte ihres Gasaustausches durch ihre stark vaskularisierte Haut, und manche Arten von Fischen nehmen ausreichend Sauerstoff durch die Haut auf, um den Bedarf der Haut selbst zu decken.

Dennoch haben sich sehr früh in der Vertebratengeschichte effektive respiratorische Kiemen aus dem Pharynx entwickelt.

### 13.2.2 Entwicklung und Struktur des Pharynx

Bestimmte larvale Vertebraten haben Kiemen, die sich aus dem Oberflächenectoderm entwickeln und über die Kontur des Kopfes hinausragen. Diese werden äußere Kiemen genannt und in einem folgenden Abschnitt diskutiert. Die meisten Kiemen liegen innerhalb der Kopfkontur und werden innere Kiemen genannt. Innere Kiemen entwickeln sich in Beziehung zum Pharynx.

Der Pharynx ist der Teil des Vorderdarms, der zwischen der sich entwickelnden Mundhöhle und dem Oesophagus liegt. Er wird von Entoderm ausgekleidet. Die lateralen Wände des embryonalen Pharynx bilden sechs oder mehr Paare von Ausstülpungen, die **pharyngealen Taschen** oder **Schlundtaschen** (Abb. 13.1). Gegenüber diesen Taschen, an der Außenseite des Körpers, bilden sich flache Einkerbungen, die **viscerale Furchen** oder **Kiemenfurchen** genannt werden. Taschen und Furchen sind durch dünne

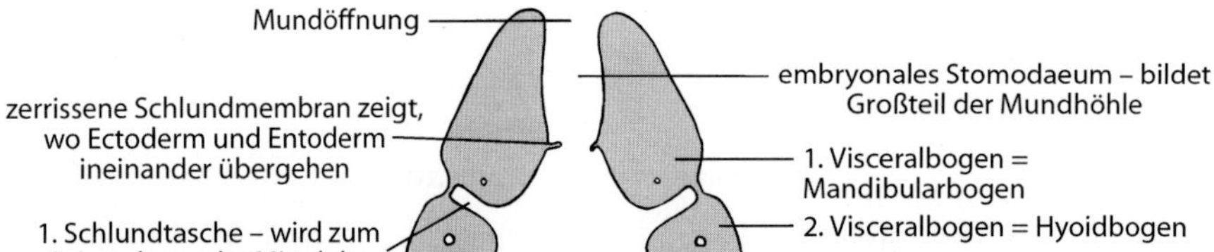


**Abb. 13.1.** Horizontalschnitt durch den Kopf und den Pharynx der Larve oder eines Embryos eines kiefertragenden Vertebraten in einem Entwicklungsstadium, das dem der unteren Zeichnung von Abb. 12.1 entspricht. Vgl. auch Abb. 8.5

Trennwände, die **Verschlussmembranen** getrennt. Benachbarte Taschen werden durch die **Visceralbögen** getrennt. Jedes Paar davon enthält seine entsprechenden Paare von Arterien oder **Kiemenbogengefäßen**.

Die folgende Entwicklung hängt von dem Vorhandensein oder dem Fehlen von Kiefer, Kiemen und entsprechenden Strukturen beim Adulten ab. Bei Agnathen wird die erste Schlundtasche ein typischer **Kiemenbeutel** oder ein **Kiemensack**. Bei anderen Fischen geht sie verloren oder sie wird in ihrer Größe reduziert und in ihrer Funktion so modifiziert, dass sie den Hohlraum des **Spiraculums** bildet. Darauf folgende Taschen von Agnathen und Fischen bilden Kiemenspalten. Die erste Schlundtasche der Tetrapoden wird zum Gang des Mittelohres. Die weiter posterior liegenden Taschen bilden bei larvalen Amphibien Kiemenspalten, aber ansonsten verlieren sie ihren spaltenartigen Charakter, nachdem sie zu drüsigem und lymphatischem Gewebe aus ihrer epithelialen Auskleidung beigetragen haben (s. Kap. 20). Auf der Evolutionsstufe der Placodermi dagegen entstanden aus einem posterioren Paar von Taschen wahrscheinlich die Vorläufer von Schwimmblasen und Lungen.

Die Verschlussmembranen der Schlundtaschen kiementragender Vertebraten brechen im Embryo durch und führen so zu einer Kommunikation zwischen den Kiementaschen und dem Körperäußeren. Einige Tetrapoden können die erste Verschlussmembran als Trommelfell beibehalten (sonst ist es eine komplexe Neubildung); die darauf folgenden Verschlussmembranen und visceralen Furchen der Amnioten und der meisten adulten Amphibien verlieren ihre Identität und hinterlassen keine Derivate.

Der erste Visceralbogen (der Mandibularbogen) wird zum Kiefer der Gnathostomata. Der zweite (oder Hyoid-) Bogen unterstützt meist die Kiefer der Fische und steuert zum Mittelohr der Tetrapoden bei. Wie in Kapitel 8 erklärt wurde, unterstützen die weiter posterior liegenden Visceralbögen die Kiemenbögen der Fische und liefern verschiedene Derivate bei Tetrapoden. Das respiratorische Epithel der Kiemen entwickelt sich vom Rand der Visceralbögen nahe der Positionen der embryonalen Verschlussmembranen. Es wird bei Cyclostomata als entodermal angesehen, ist aber bei den Gnathostomata wahrscheinlich meistens ectodermal. Wie in Kapitel 10 erklärt wurde, entwickelt sich die Muskulatur, die in Verbindung zu den Derivaten der Visceralbögen steht, teilweise aus Somitomeren. Die Muskulatur des Pharynxbodens ist hypobranchialen Ursprungs.

### 13.2.3 Allgemeiner Aufbau und Funktion von Kiemen

Die Grundstruktur der inneren Kiemen ist bei allen Fischen bemerkenswert ähnlich. Jeder Kiemenbogen besteht aus einem Teil des Visceralskeletts, den Blutgefäßen, die aus dem entsprechenden Kiemenbogengefäß abgeleitet sind, dem damit in Verbindung stehenden Cranial- und Cervicalnerven, intrinsischen Branchialmuskeln und dem entsprechenden Epithel (Abb. 13.2). Die Bögen können oder können auch nicht durch **Kiemensepten (interbranchiale Septen)** aus Stützgewebe verlängert werden. Diese sind manchmal kurz, aber bei Elasmobranchiern dehnen sie sich bis zur Körperoberfläche aus und trennen so benachbarte Kiemenöffnungen. Auf ihren pharyngealen inneren Rändern tragen die meisten Bögen eine oder mehrere Reihen von reusenartigen **Siebfortsätzen**, die verhindern, dass Nahrungspartikel in die Kiemenkammern eindringen.

Ein typischer Kiemenbogen trägt zwei Reihen von **primären Kiemenfilamenten** (oder **Kiemenblättchen**), die auf entgegengesetzten Seiten des Septums liegen, falls ein Septum vorhanden ist. Jede Reihe ähnelt einem Kamm, wobei die langen empfindlichen Kiemenfilamente den Zähnen des Kammes entsprechen. Jedes Kiemenfilament wird durch feine skelettale Kiemenstrahlen unterstützt und steht unter muskulärer Kontrolle. Ein Kiemenbogen mit Kiemenfilamenten (und ggf. einem Septum) bildet eine Trennung zwischen benachbarten Kiemenspalten. Daraus folgt, dass die anteriore Reihe der Filamente in die eine Spalte, die andere Reihe in die darauf folgende Spalte hineinreicht.

Ein einzelner Kiemenbogen mit seinen anterioren und posterioren Reihen von respiratorischen Filamenten wird eine **Holobranchie** ge-

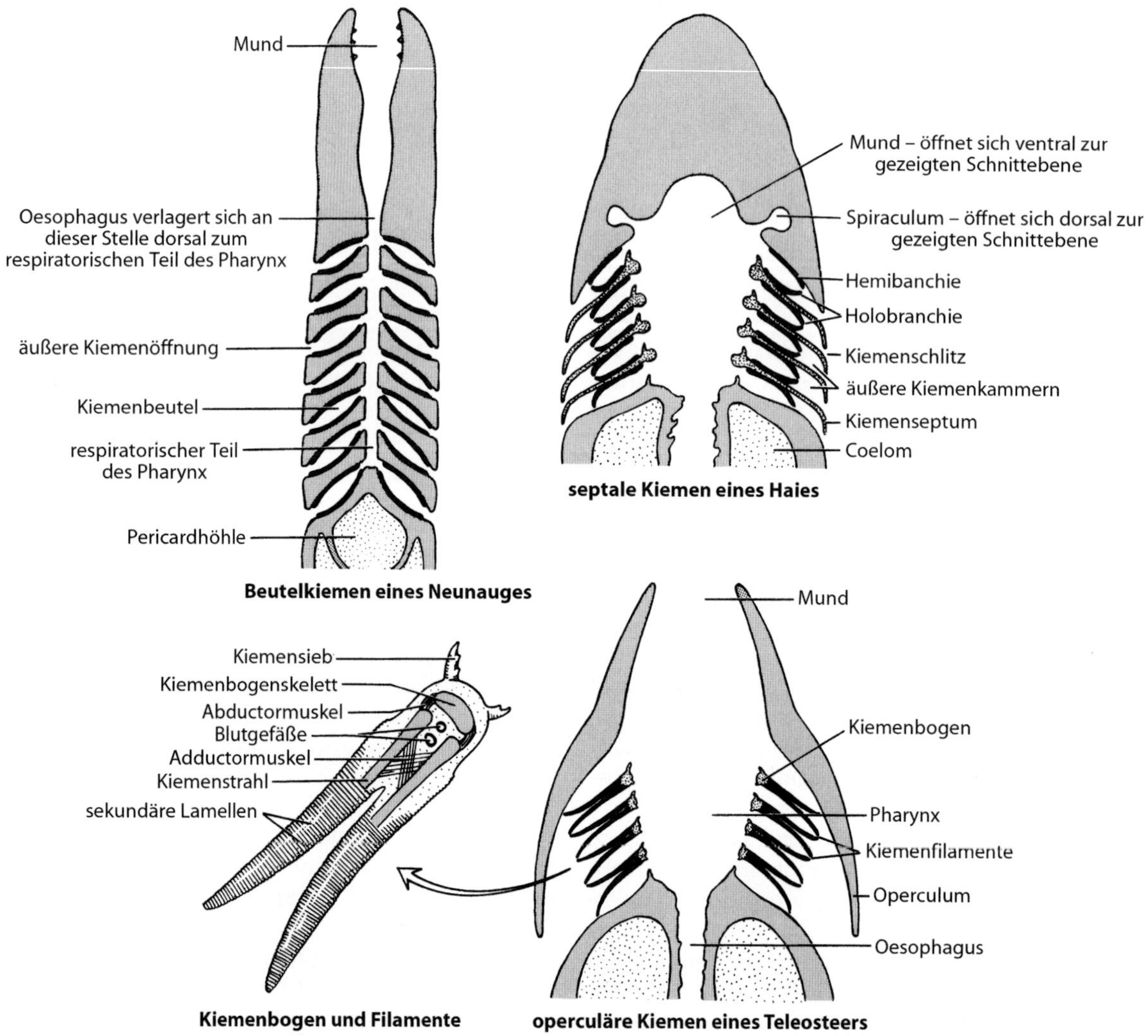


**Abb. 13.2.** Typen von Vertebratenkiemen, die in Horizontalschnitten des Kopfes und des Pharynx gezeigt werden, sowie Struktur eines Kiemenbogens und der Filamente

nannt. Wenn ein Kiemenbogen die Filamente nur auf einer Seite trägt, spricht man von einer **Hemibranchie.** Die Filamente auf der posterioren Oberfläche des Mandibularbogens, die in die erste oder die spiraculäre Kiemenkammer hineinreichen, sind oft modifiziert und dienen nicht der Atmungsfunktion. Sie werden deshalb als **Pseudobranchie** bezeichnet.

Die Kiemenfilamente tragen an ihren oberen und unteren Oberflächen winzige parallele **Lamellen** oder **Kiemenfältchen**, etwa 20 pro mm Filament in jeder Serie. Es können aber auch zwischen 10 und 40 pro mm vorhanden sein. Es ist wichtig, dass sich die Spitzen der Filamente benachbarter Kiemenbögen berühren, um das Kiemensieb zu schließen, und dass die Lamellen benachbarter Filamente nahe beieinander liegen. Bei manchen Fischen dienen hohle Blutkanäle innerhalb der Filamente als hydrostatische Mechanismen, um sicherzustellen, dass die Filamente steif in ihrer Position verbleiben. So muss das Wasser, das durch die Kiemen fließt, durch die winzigen Höhlungen des Netzes durchsickern. Die gesamte respiratorische Oberfläche pro Gewichtseinheit schwankt in etwa um den Faktor 10, je nach der Aktivität der Fischart. Der Seebarsch liegt mit der Größe seiner respiratorischen Oberfläche im Mittelfeld: ein Individuum mit 20 kg Gewicht hat eine respiratorische Oberfläche von ca. 9,2 $m^2$.

Eine **afferente Branchialarterie** zieht von unten in jeden Kiemenbogen. Während sie sich nach oben ausdehnt, zweigen **Filamentarterien** ab, wobei eine jede in die Spitze eines jeden Filamentes zieht und zurückfließt und sich in die **efferente Branchialarterie** ergießt, die dann nach oben weiterführt und die Kieme verlässt. Kapillarsysteme in den Filamenten wölben sich zwischen den Schleifen der Filamentgefäße. Jede Kapillare hat einen kaum größeren Durchmesser als ein einzelnes rotes Blutkörperchen und wird von den umgreifenden Armen der Pfeilerzellen gebildet (Abb. 13.3). Die Kerne der flachen Epithelzellen liegen den Kernen der Pfeilerzellen gegenüber, so dass sie die Diffusion nicht erschweren. Die daraus entstehende Wasser-Blutbarriere ist nur ungefähr 1 μm dick, und jede Blutzelle ist dem Wasser auf beiden Seiten einer Lamelle ausgesetzt.

Das Blut fließt sowohl beim Eintritt als auch beim Verlassen der Lamellen durch Sphinctermuskeln. Außerdem enthalten Pfeilerzellen Actin und Myosin, was darauf hindeutet, dass sie möglicherweise kontraktil sind. So wird der Blutfluss sogar auf der Ebene der Lamellen kontrolliert.

Die Lamellen sind parallel zum Wasserstrom orientiert, der zwischen ihnen immer von der Innenseite des Kiemenapparats nach außen strömt. Blut fließt in den Lamellen immer von der Außenseite des Apparates nach innen. Wenn das Blut also in die Region des Gasaustausches eintritt, trifft es auf Wasser, das fast ohne Sauerstoff ist. Dieses Blut hat allerdings sogar noch

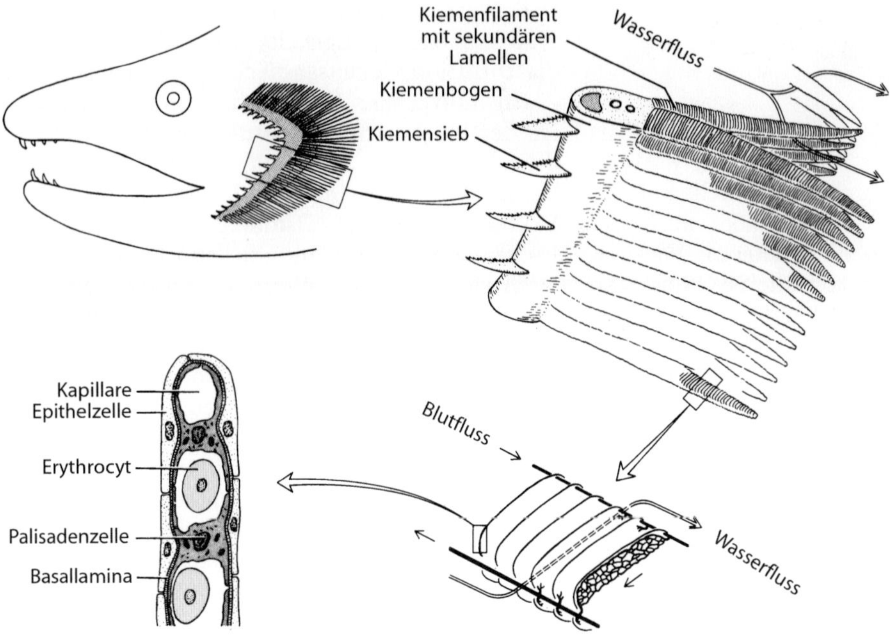


**Abb. 13.3.** Struktur eines Kiemenbogens, von Kiemenfilamenten und Lamellen, welche die strukturelle Grundlage für eine große Oberfläche, Gegenstromaustausch und eine dünne Wasser-Blut-Barriere zeigen

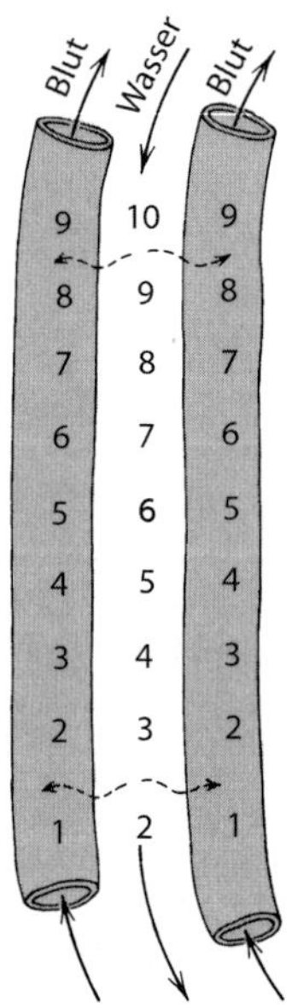


**Abb. 13.4.** Gegenstromaustausch zwischen Kapillaren zweier benachbarter Kiemenlamellen und dem Wasser, das zwischen ihnen fließt. Da Blut und Wasser in entgegengesetzte Richtungen fließen, wird ein Diffusionsgradient aufrechterhalten, wenn der Austausch fortschreitet

weniger Sauerstoff, so dass ein Gradient existiert und Sauerstoff sofort ins Blut diffundiert. Wenn das Blut dann weiter durch die Lamellen fließt, ist sein Sauerstoffgehalt erhöht, aber auch der Sauerstoffgehalt des noch frischeren Wassers, mit dem es in Kontakt kommt, ist höher. So wird der Diffusionsgradient beibehalten und der Gasaustausch dauert an, bis das Blut die Lamellen verlässt. Die Diffusion des Kohlendioxids aus dem Blut ins Wasser wird gleichzeitig über den gleichen Mechanismus angetrieben (Abb. 13.4). Der Austausch von Wärme oder diffundierbaren Stoffen zwischen Gas- oder Flüssigkeitsströmen, die in entgegengesetzten Richtungen aneinander vorbeifließen, erfolgt im **Gegenstromprinzip**. Es wurde vor mehreren hundert Millionen Jahren in den Kiemen und Schwimmblasen von Fischen perfektioniert, und es ist, wie an anderer Stelle dieses Buches erklärt wird, die Basis für andere wichtige Anpassungen der Vertebraten.

Zusammengenommen wird die Diffusion also auf vielfältige Weise erleichtert. Die Gesamtoberfläche der Lamellen ist riesig, die kombinierte Oberfläche der Lamellenkapillaren ist entsprechend groß. Die Grenze zwischen Blut und Wasser ist außergewöhnlich dünn. Das feine Netzwerk der Kiemen verlangsamt den Wasserstrom und sowohl Wasser als auch Blut werden durch die Ausweitung ihrer nebeneinander liegenden Kanäle an der Stelle des Austausches verlangsamt. Dies liefert Zeit, damit sich die Diffusion einem Gleichgewicht annähert. Das Gegenstromprinzip stellt sicher, dass die Diffusionsgradienten für Sauerstoff und Kohlendioxid kaum geringer werden, wenn die Diffusion fortschreitet. Das Hämoglobin der Fische hat eine höhere Sauerstoffaffinität als das der Tetrapoden. Schließlich, wie auch im folgenden Abschnitt erklärt wird, bewegt die Ventilation Wasser in einem nahezu kontinuierlichen Fluss durch die Kiemen.

Die Kieme der Teleosteer ist das wirkungsvollste Atmungsorgan in der Welt der Vertebraten. Bis zu 80% des Sauerstoffs werden aus dem Wasser entfernt. Die hohe Effizienz ist wichtig, weil Wasser, je nach Temperatur, nur ungefähr 1/30 des Sauerstoffgehalts der Luft enthält und die Diffusion vieltausendfach langsamer ist.

Die universelle Atmungsfunktion der Kiemen ist der Austausch von Sauerstoff und Kohlendioxid zwischen Blut und Umgebung. Kiemen haben aber auch eine wichtige Funktion bei der Exkretion und der Osmoregulation. Knochenfische scheiden fast alle stickstoffhaltigen Stoffwechselendprodukte über die Kiemen aus. Sie werden im Blut als Harnstoff transportiert, dann meistens in den Kiemen in Ammoniak umgewandelt und durch Diffusion ausgeschieden. Die Kiemen von Süßwasserknochenfischen nehmen passiv Wasser auf und resorbieren aktiv Salze. Die Kiemen mariner Knochenfische nehmen wenig Wasser auf und scheiden aktiv Salze aus. Knorpelfische sind insofern einzigartig, als dass ihre Kiemen praktisch undurchlässig für Harnstoff sind, der in hohen Konzentrationen im Blut und in den Geweben zurückgehalten wird. Diese Unterschiede zwischen den Fischen werden in Kapitel 15 mit der Nierenfunktion und der Osmoregulation in Zusammenhang gebracht.

## 13.2.4 Evolution der inneren Kiemen

Kiemen werden im Allgemeinen aufgrund der Anordnung und der Beziehung zu unterstützenden und schützenden Geweben in drei Kategorien eingeteilt. Manche Kiemen sind jedoch in ihrem Aufbau intermediär.

**Säckchenartige Kiemen** sind charakteristisch für **Agnatha.** Die Kiemenfilamente sind über die Oberfläche von abgesetzten, rundlichen oder linsenförmigen, säckchenartigen Kiemenkammern angeordnet (Abb. 13.2). Jedes Kiemensäckchen kann seine eigene äußere Pore (niemals einen großen Schlitz) zur Oberfläche des Körpers haben (Cephalaspida, Anaspida, Neunaugen) oder die Säckchen auf jeder Körperseite können durch einen gemeinsamen Gang und Öffnung mit der Außenwelt in Verbindung stehen (Pteraspida, einige Schleimaale). Entsprechend hat jedes Kiemensäckchen charakteristischerweise seine eigene innere Pore, um mit einem typischen Pharynx zu kommunizieren (Schleimaale, wahrscheinlich Cephalaspida) oder mit einem Teil des Pharynx, der vom Nahrungsweg getrennt ist (Wassergang der Neunaugen).

Die Anzahl der Kiemensäckchen reicht von 5 bis 15 und ist sogar innerhalb von Ordnungen variabel. Die evolutionäre Beziehung von solchen Säckchenkiemen zu anderen Typen ist nicht klar.

**Septale Kiemen** unterscheiden sich von den Säckchenkiemen dadurch, dass die Kiemenkammern in der Regel größer sind, innen mit dem Pharynx ausgedehnter kommunizieren und mit der Außenwelt über vertikale Kiemenschlitze statt durch Poren in Verbindung stehen. Die serienmäßig angeordneten Schlitze bewirken, dass das unterstützende Gewebe, das die Kiemenbögen mit der Körperoberfläche verbindet, die Form von plattenartigen **Kiemensepten** hat, die ebenfalls an der Unterstützung der Kiemenfilamente beteiligt sind. Dies ist die Basis für den Ausdruck **elasmobranch** (Platte + Kieme), der auf Fische mit septalen Kiemen angewandt wird. Dieses sind die **Selachii, Cladoselachii** und **Pleuracanthodii.**

Die erste Kiemenspalte und der Kiemenschlitz der Elasmobranchier ist auf das Spritzloch reduziert. Auf der anterioren Seite der Spiracularspalte ist eine vaskuläre Pseudobranchie, die sauerstoffreiches Blut erhält und es irgendwie kontrollieren kann, bevor sie es zum Auge weiterleitet.

Elasmobranchier haben fast immer eine Hemibranchie am anterioren Teil der ersten Branchialkammer und dann vier Holobranchien. Es gibt vier kiementragende Bögen nach dem Hyoidbogen und fünf Kiemenschlitze. Drei Haigattungen haben sechs Schlitze, eine hat sieben. Vielleicht ist die größere Anzahl der ursprüngliche Zustand, aber dies ist nicht bekannt. Im Gegensatz zu kieferlosen Vertebraten sollte für die Elasmobranchier die Stabilität, nicht die Variabilität, in der Anzahl der Kiemenschlitze hervorgehoben werden.

**Holocephali** haben Kiemen, die zwischen den septalen Kiemen und denen der nächsten Kategorie liegen. Septa sind vorhanden, aber stark reduziert, so dass effektive serielle Kiemenschlitze fehlen. Statt dessen bedeckt ein einzigartiges fleischiges Operculum die Kiemen. Diese Fische sind auch deshalb unverwechselbar, weil sie eine anteriore Hemibranchie, drei statt vier Holobranchien und dann eine posteriore Hemibranchie besitzen. Der fünfte Kiemenschlitz ist geschlossen.

**Operculäre Kiemen** sind charakteristisch für **Osteichthyes.** Die Septen sind gewöhnlich kürzer als ihre Filamente und können praktisch fehlen, so dass nur die Kiemenbögen übrig bleiben, um die Kiemenfilamente zu verankern. Ein knöchernes Operculum schützt die ansonsten exponierten Filamente und steuert zum Pumpen- und Klappensystem des Kiemenapparates bei.

Ein Spiraculum ist bei den rezenten **Coelacanthi** und auch bei den meisten **Chondrostei** vorhanden. Diese Fische haben eine Pseudobranchie an der anterioren Seite der Spiracularkammer. Andere Knochenfische verlieren das Spiraculum, aber behalten die Pseudobranchie, die dann eine Mulde in der Wand des Pharynx ausfüllt oder zur anterioren Seite der ersten Branchialkammer zurückwandert. Die Struktur der Pseudobranchien ist variabel und ihre Funktion nicht ausreichend bekannt. Sie können eine reduzierte Anzahl freier Filamente tragen, können von Epithel bedeckt sein oder sie können

Drüsencharakter annehmen und ein Stück unter die Oberfläche absinken. Man nimmt an, dass sie zu speziellen Stoffwechselbedürfnissen des Auges und anderer Organe beitragen, indem sie die enzymatische Kontrolle der Dissoziation von Kohlensäure im Blut steuern.

Eine Hemibranchie ist am anterioren Teil der ersten Branchialkammer (hintere Wand des Hyoidbogens) von Dipnoi und manchen Chondrostei wie auch bei den Elasmobranchiern vorhanden. Ansonsten fehlt diese Hemibranchie bei Knochenfischen (obwohl, wie gerade gesagt, die Pseudobranchie der Spiracularkammer zu der entsprechenden Position wandern kann, wenn ihre eigene Kammer verloren geht).

Die funktionellen Kiemen der Knochenfische bestehen in der Regel aus vier Holobranchien (beginnend mit dem dritten Visceral- oder ersten Branchialbogen). Die Zusammensetzung kann auf drei, zwei oder sogar eine Holobranchie (+ eine posteriore Hemibranchie in manchen Fällen) bei einigen Dipnoi und einigen Teleosteern reduziert sein, bei denen die Schwimmblase auch Atmungsfunktion hat.

Wenige Tendenzen können bei der Evolution der Kiemen beobachtet werden, vor allem, wenn man sich erinnert, dass septale Kiemen, wie sie bei Elasmobranchiern auftreten, nicht die Vorfahren der operculären Kiemen sind. Es gibt eine allgemeine Tendenz, die Anzahl der Kiemenbögen und Kiemenspalten zu reduzieren und zu stabilisieren. Innerhalb der Osteichthyes, nicht aber bei den Chondrichthyes, führte eine frühe Tendenz dazu, das Spiraculum und die Septen zu reduzieren (bei den Amphibien haben aber larvale Apoda und verschiedene Salamander noch ein Spiraculum). Andere Variationen beziehen sich auf die Lebensweise oder sind anscheinend nicht adaptiv (z.B. die Festlegung, welche Holobranchie beibehalten wird, wenn die Serie reduziert wird).

### 13.2.5 Äußere Kiemen

Äußere Kiemen entwickeln sich aus dem Hautectoderm der Kiemenregion, stehen aber nicht direkt mit dem Visceralskelett oder den Kiemenspalten in Verbindung. Sie sind filamentös oder federartig, ihr Epithel kann Cilien tragen. Die Blutversorgung erfolgt indirekt vom zweiten Kiemenbogengefäß, wenn es ein einzelnes Paar von Kiemen ist, und von verschiedenen Kiemenbogengefäßen, wenn es mehrere sind. Muskeln bewegen die Kiemen, um im ruhigen Wasser für Ventilation zu sorgen.

Äußere Kiemen treten bei den Larven von zweien der drei rezenten Gattungen der Dipnoi auf, beim Chondrosteer *Polypterus*, bei einem Teleosteer und bei Amphibien. Sie treten auch bei Adulten der **perennibranchiaten** Urodelen auf, die jedoch in dieser Hinsicht neoten sind (Abb. 13.5, Abb. 5.2). Die Hauptfunktion der äußeren Kiemen ist respiratorisch, aber sie entwickeln sich früh in der Ontogenese, bevor die Pharynxschlitze gebildet werden, und absorbieren in manchen Fällen Dotter und andere Nährstoffe, bevor der Fisch schlüpft. Es ist klar, dass äußere Kiemen eine larvale Adaptation sind, die sich früh in der Phylogenie der Knochenfische entwickelte. Sie traten wahrscheinlich auch bei

**Afrikanischer Lungenfisch** *Lepidosiren*

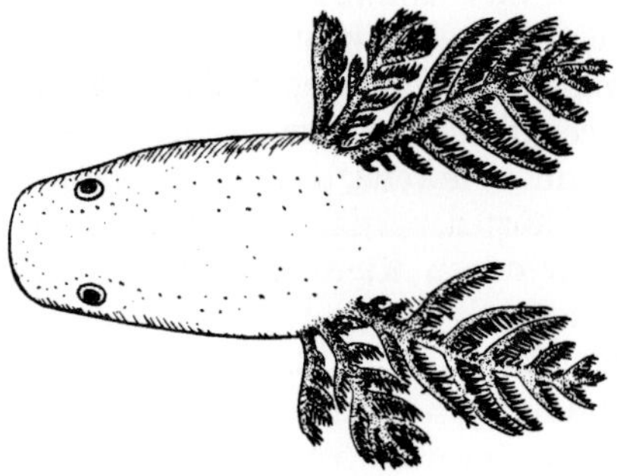

**Salamander** *Pseudobranchus*

**Abb. 13.5.** Äußere Kiemen einer Fischlarve und eines Amphibiums in Lateral- bzw. Dorsalansicht

Crossopterygiern auf. Es gibt keinen Hinweis darauf, dass äußere Kiemen jemals bei adulten Fischen auftraten.

Die Ausdrücke „innere“ und „äußere“ in Bezug auf Kiemen sind nicht immer passend. Manche larvalen Rochen haben Auswüchse aus ihren inneren Kiemen, die weit aus den Kiemenschlitzen herausragen. Junge Kaulquappen von Anuren haben äußere Kiemen, die unter einem fleischigen Operculum verborgen sind. Einige ältere Kaulquappen haben Kiemen von ungewisser Homologie.

## 13.3 Ventilation der inneren Kiemen

Da Wasser viel weniger Sauerstoff enthält als Luft und Diffusion sehr viel langsamer erfolgt, ist eine effektive Ventilation der Kiemen besonders wichtig, doch die größere Dichte und Viskosität von Wasser belastet den Ventilationsapparat stärker.

Ostracodermata nahmen Wasser wahrscheinlich über den Mund in den Pharynx auf, leiteten es durch die Kiemensäcke und pressten es vom Kopf durch die Branchialporen aus. Cyclostomata pressen das Wasser ebenfalls durch die Branchialporen aus, sind aber dadurch einzigartig, dass der Mund durch seine Spezialisierung an die Nahrungsaufnahme und ans Anheften nicht immer für die Atmung benutzt werden kann. Stattdessen kann Wasser über die äußeren Branchialporen in die Kiementaschen ein- und austreten. Der Fluss ist also nicht kontinuierlich, obwohl das Wasser die Lamellen wahrscheinlich nur in einer Richtung durchströmt. Das Visceralskelett ist ein kontinuierliches, gelenkloses Netzwerk von Knorpeln. Das Wasser wird aus den Taschen aktiv durch Muskelkontraktion ausgepresst. Es strömt als Folge der dem Visceralskelett eigenen Federung wieder in die Taschen ein.

Haie saugen Wasser über den Mund und das Spritzloch in den Pharynx. Dies wird hauptsächlich durch das elastische Zurückschnellen des Visceralskeletts nach einer vorhergehenden Kontraktion des Pharynx erreicht, obwohl auch Hypobranchialmuskeln beteiligt sein können. Gleichzeitig vergrößern die Branchialmuskeln die äußeren Kiemenkammern (in Abb. 13.2 gezeigt) zwischen den Filamenten und den Kiemenschlitzen. Diese Saugpumpe schließt die klappenartigen Schlitze und zieht Wasser durch die Kiemen, selbst wenn die Schlitze verschlossen sind. Dann werden die oralen und pharyngealen Kammern zusammengedrückt, so dass sie von einer Saugpumpe in eine Druckpumpe umgewandelt werden und Wasser durch die Kiemen in die äußeren Kiemenkammern bewegen. Wenn der Druck dort größer wird als der Außendruck, öffnen sich die Kiemenschlitze, das Wasser wird herausgedrückt und der Zyklus ist komplett. Die gesamte Sequenz kann umgekehrt werden, so dass Wasser aus dem Spritzloch oder dem Mund ausgestoßen wird, um die Kiemen zu reinigen oder Nahrung auszuspucken. Wenn Rochen auf dem Meeresgrund ausruhen, liegen ihre ventralen Münder auf dem Substrat. Sie können dann Wasser nur über ihre großen, dorsal liegenden Spritzlöcher in den Pharynx saugen.

Die Ventilation der operculären Kiemen ähnelt der der septalen Kiemen (Abb. 13.6). Auch hier ist der Wasserfluss durch die Filamente beinahe kontinuierlich, obwohl das Operculum sich öffnet und schließt. Ein Gewebelappen auf der Innenseite des Operculums nahe seines Ursprungs fungiert als Klappe, welche die äußere Kiemenkammer verschließt, wenn sie als Saugpumpe arbeitet. Manche aktiven Teleosteer, wie z. B. Thunfisch oder Makrele, schwimmen kontinuierlich. Dabei strömt Wasser ununterbrochen in den offenen Mund ein und wird durch den Schwimmvorgang durch die Kiemen gepresst.

## 13.4 Luft-Gasaustauscher

### 13.4.1 Ursprung und Entwicklung

Warmes oder stehendes Wasser enthält wesentlich weniger Sauerstoff als kaltes und bewegtes Wasser. Daher ist es für viele Fische, die in sumpfigen Gebieten leben (wahrscheinlich auch

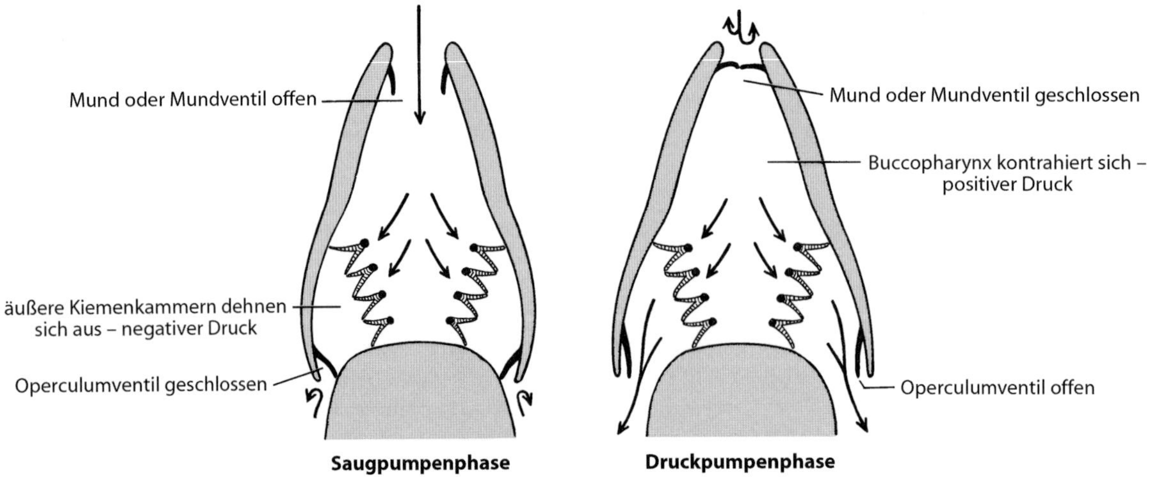


**Abb. 13.6.** Ventilation der Teleosteerkiemen, Horizontalschnitte

für die Vorfahren der Tetrapoden) schwierig oder unmöglich, ihren Sauerstoffbedarf allein über die Kiemen zu decken. Kohlendioxid ist besser löslich und diffundiert schneller in Wasser, so dass dies nicht der limitierende Faktor ist. In sauerstoffarmem Wasser müssen viele Fische zumindest teilweise auf Luftatmung übergehen. Mehr als 20 Gattungen von Knochenfischen sind gewohnheitsmäßige Luftatmer und manche ersticken, wenn man sie daran hindert, an der Wasseroberfläche zu atmen. Der Fisch muss weniger oft auftauchen, wenn die Kiemenatmung beibehalten wird, um Kohlendioxid aus dem Körper zu entfernen. Bei manchen dieser Fische ist die Kiemenfläche reduziert, und wenn die Kiemen nicht benötigt werden, ist wahrscheinlich auch ihre Durchblutung reduziert. In Trockenzeiten sind Kiemen sogar nachteilig, weil sie leicht austrocknen.

Viele Fische haben damit herumexperimentiert, Luft in den Pharynx oder in Säcke neben den Kiemenkammern oder in den Darm hinunter zu schlucken, wo sie mit spezialisiertem, stark vaskularisiertem Epithel in Kontakt kommt. Der bei weitem erfolgreichste Luft-Gasaustauscher war jedoch die Lunge.

Innere Organe, die aus dem Darmrohr entstehen, mit Luft gefüllt sind und vornehmlich als Atmungsorgane fungieren, werden hier **Lungen** genannt, egal ob sie die paarigen Strukturen der Tetrapoden oder die unpaaren Strukturen bestimmter Fische sind. Innere Organe, die mit Gas gefüllt sind, aber keine Atmungsfunktion haben, werden **Schwimmblasen** genannt. Diese treten nur bei Knochenfischen auf.

Das Atmungssystem der Amnioten entwickelt sich aus einer einzelnen, ventralen Ausstülpung des Darmrohres kurz hinter dem Pharynx. Das ursprüngliche Primordium teilt sich schnell und bildet zwei primäre Lungenknospen, die sich wiederum teilen, um den respiratorischen Baum, wie auch immer er gestaltet ist, zu bilden. Das Mesoderm trägt zum unterstützenden Gewebe bei. Die Lungen der Dipnoi und des Chondrosteers *Polypterus* entwickeln sich ebenfalls ventral vom Darm und können einzeln, zweilappig oder paarig sein. Lungen der luftatmenden Actinopterygier (mit Ausnahme von *Polypterus*) entwickeln sich dorsal zum Darm und sind einzeln. Das Gleiche gilt für echte Schwimmblasen. Wie können diese Unterschiede erklärt werden? Die folgenden Beobachtungen sind nützlich:

- Ein Fossil eines Antiarchi zeigt Abdrücke von paarigen, mit Gängen versehenen Blasen oder Lungen.
- Das sich ausstülpende Gewebe, welches das Atmungssystem der Amnioten bildet, stammt

aus paarigen Entodermregionen, die posterior der Schlundtaschen liegen.
- Unter den Amphibien entwickeln sich die Lungen bei Anura und den Apoda tatsächlich aus paarigen lateralen Ausstülpungen des Darmrohrs.

Aufgrund dieser Hinweise sieht es so aus, als ob

- die Evolution der Lungen mindestens bis zum Devon zurückreicht,
- Lungen ursprünglich paarige laterale Organe waren, die sich in Serie mit den Schlundtaschen entwickelt haben,
- diese ursprünglichen Organe sich nach ventral verlagert haben, um die Atmungsstrukturen der Tetrapoden, Dipnoi und einiger primitiver Strahlenflosser zu bilden,
- die meisten Strahlenflosser entweder die ursprünglichen paarigen Organe nach dorsal verlagert haben, damit sie oberhalb des Darms verschmelzen und eine einzelne Schwimmblase bilden; oder eine der ursprünglichen Lungen verloren ging und sich die andere um den Darm herum nach links oder rechts verlagert hat.

Die Embryologie und die Morphologie der entsprechenden Blutgefäße weist darauf hin, dass verschiedene Fischgruppen den Übergang auf verschiedene Weise bewerkstelligt haben.

### 13.4.2 Lungen und Schwimmblasen von Fischen

Aufgrund ihrer Entstehungsweise ist die embryonale Lunge oder Schwimmblase immer über einen **Ductus pneumaticus** mit dem Darm verbunden. Wenn das Organ als Lunge fungieren soll (und auch oft, wenn es nicht als Lunge fungieren wird), wird der Gang beibehalten (Abb. 12.2). Eine solche Lunge oder Blase (oder auch ein Fisch mit einer solchen Konfiguration) wird als **physostom** bezeichnet. Die Oberfläche der Fischlungen wird durch Taschen und Unterteilungen in ihren Wänden stark vergrößert. Eine Schwimmblase oder ein Fisch, die keinen Ductus pneumaticus haben, werden als **physoclist** bezeichnet. Physostomen sind gewöhnlich Fische, die relativ ursprünglich oder unspezialisiert sind und im Süßwasser leben. Dagegen sind Physoclisten in der Regel relativ spezialisiert und marin.

Schwimmblasen und Lungen von Fischen können hoch in der Körperhöhle über dem Schwerpunkt des Tiers liegen. Diese Anordnung erlaubt dem Fisch, ohne Muskelanstrengung aufrecht zu bleiben. Die meisten Fische, bei denen die Schwimmblase unterhalb des Schwerpunkts liegt, müssen ihre Flossen bewegen, um einer Tendenz zu rollen entgegenzuwirken. Eine Welsart hat dieses Problem auf eine andere Weise gelöst – diese Tiere schwimmen gewohnheitsmäßig auf dem Rücken.

Schwimmblasen machen ungefähr 4–11% des Körpervolumens aus. Sie können lang oder kurz, gerade oder gebogen sein, einfach oder in zwei oder drei mehr oder weniger abgrenzbare Teile unterteilt sein. Gas wird aus dem Blut in die Blase abgegeben. Selten (und ursprünglich?) ist ein größerer Teil des Epithels der Blase für diese Funktion vaskularisiert. Typischerweise ist die sekretorische Fläche auf eine oder mehrere anterior liegende **Gasdrüsen** beschränkt, wo das Epithel säulenartig und eng gefaltet ist (Abb. 13.7). Unter einer jeden Gasdrüse liegt ein **Rete mirabile** (Wundernetz), das aus Zehntausenden von einzigartigen, langen, afferenten Kapillaren besteht, die alle in die gleiche Richtung ausgerichtet sind und zwischen denen eine entsprechende Anzahl von efferenten Kapillaren verläuft. Die Gasdrüse und das Rete mirabile werden zusammen als **roter Körper** bezeichnet. Im Rete mirabile kann die Kontaktfläche zwischen dem Blut, das zur Schwimmblase hinfließt oder sie verlässt, mehr als einen Quadratmeter betragen. Dieser Gegenstromverstärker tauscht Gase von den wegführenden Kapillaren zu den ankommenden Kapillaren aus und führt so zu einem kontinuierlichen maximalen Gasgehalt in der Gasdrüse. Die beeindruckende Physiologie der Drüse kann jedoch nicht allein aufgrund von Diffusionsgradienten erklärt werden. Im Gegensatz zu einfacher Diffusion, die den Gasaustausch über allen respiratorischen Oberflächen kontrolliert, sind hier aktive Stoffwechselvorgänge am Werk. Der Sauerstoffgehalt innerhalb der Blase bestimmter Tiefseefische erreicht nahezu das Tausendfache des Sauerstoffgehalts des Um-

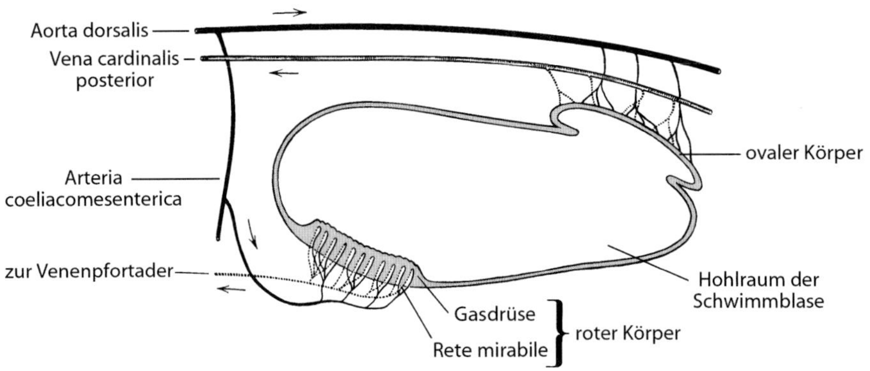


**Abb. 13.7.** Allgemeine Struktur und Blutversorgung einer Schwimmblase eines Physoclisten

gebungswassers, der Partialdruck des Sauerstoffs in der Blase kann bis zu 200 Atm erreichen.

Das Gas wird vom Epithel des posterioren Teils der Blase oder von einem Teil davon resorbiert, der abgesetzt sein kann und dann als **ovaler Körper** bezeichnet wird. Arterielles Blut erreicht den roten Körper über die Arteria coeliacomesenterica (die zu den anterioren Eingeweiden zieht) und den ovalen Körper über die Aorta dorsalis. Es verlässt diese Strukturen über die Venenpfortader und die hinteren Kardinalvenen, die im nächsten Kapitel beschrieben werden. Dies steht in klarem Gegensatz zur Blutversorgung der Lungen. Der rote Körper wird vom parasympathischen Nervus vagus innerviert, der ovale Körper vom sympathischen Nervensystem. Die Auskleidung der Schwimmblase kann dünn oder faserig sein. Bei manchen Fischen ist das Organ mehr oder weniger von quergestreiften Muskeln bedeckt.

Die wichtigste Funktion von praktisch allen physoclisten Schwimmblasen und auch von einigen physostomen Schwimmblasen ist die **Hydrostase** (die Anpassung der Körperdichte an die Dichte des Umgebungswassers). Wenn dies stimmt, ist der allgemeine Ausdruck „Schwimmblase“ weniger passend. Die Mischung aus Sauerstoff, Stickstoff und Kohlendioxid in der Blase ähnelt der Zusammensetzung der Luft, wenn der Fisch nahe der Oberfläche ist. Sie verändert sich aber, wenn der Fisch abtaucht, wobei in manchen Fällen ein Sauerstoffgehalt von beinahe 90% erreicht werden kann.

Durch Sekretion oder Resorption von Gas kann der Fisch das Volumen seiner Schwimmblase verändern. Dies verändert die Masse pro Volumeneinheit des Fisches und erlaubt ihm, seine Dichte an die der Umgebung anzupassen. Diese Anpassung ist unter reflektorischer Kontrolle. Die Dichteänderung und damit auch der Auftrieb des Fisches, der aus der Aktivität seiner Schwimmblase resultiert, ist nicht schnell genug, um dafür benutzt zu werden, vom weniger dichten Oberflächenwasser zum dichteren tiefen Wasser abzutauchen (oder umgekehrt). Sobald aber der Fisch seine Tauchtiefe durch Schwimmen erreicht hat, kann er diese mit Hilfe der Schwimmblase beibehalten. Manche Fische machen tägliche vertikale Wanderungen von bis zu 1000 Metern durch. Fische, die seichte, schnellfließende Flüsse bewohnen, und marine Fische, die sich in einer konstanten Wassertiefe aufhalten, tendieren dazu, die Schwimmblase zu reduzieren oder zu verlieren. Manche Tiefseefische haben eine Blase, andere haben keine. Bodenlebende Fische wie Flunder und Heilbutt haben keine Schwimmblase.

Eine zweite Funktion der Schwimmblase ist die **Schallproduktion.** Die Vorstellung von Laien, dass Fische stumm sind, ist nicht immer zutreffend. Viele Fische produzieren summende, raspelnde, quietschende, klickende oder andere Geräusche, die im Aggressions-, Warn- oder Fortpflanzungsverhalten eine Rolle spielen. Die Schwimmblase kann als Resonator für Töne fungieren, die durch Aufeinanderreiben der Pharynxzähne oder Aneinanderreiben bestimmter Knochen produziert werden. Vibrationen mit bis zu 100 Hz können durch die Aktion intrinsischer oder extrinsischer Muskeln der Schwimmblase selber produziert werden, und manche Physostomen produzieren Töne durch die kontrollierte Luftpassage zwischen Schwimmblase und Darm.

Eine weitere Funktion der Schwimmblase ist die **Schall-** und **Druckwahrnehmung.** Das weiche Gewebe des Fisches kann keine Schallwellen aufnehmen, weil seine Dichte fast so groß ist wie die des Wassers. Kompakter Knochen kann dazu dienen, aber die komprimierbare Schwimmblase ist viel besser dafür geeignet und bei verschiedenen Ordnungen und vielen Fischfamilien speziell dafür angepasst worden. Schallvibrationen, die von der Schwimmblase aufgenommen werden, müssen zum Innenohr übermittelt werden, um wahrgenommen zu werden. Dies wird entweder über paarige lange Ausstülpungen der Blase bis zum Hinterteil des Kopfes (Dorsch, Hering) oder durch paarige Ketten aus vier, manchmal drei, Knöchelchen, die posterior an der Schwimmblase und anterior am Perilymphkanal des Innenohres ansetzen (Elritzen, Welse, Karpfen), erreicht. Die Knöchelchen leiten sich aus Ausläufern der anterioren Wirbel ab und werden **Weberscher Apparat** genannt.

### 13.4.3 Evolution der Lungen von den Amphibien zu den Säugetieren

Typische Lungen der Tetrapoden unterscheiden sich von Fischlungen darin, dass sie

- paarig sind,
- ein höheres Oberflächen-Volumen-Verhältnis haben,
- auf der ventralen Seite des Darmrohrs über einen Gang, die **Trachea**, einmünden,
- Blut mit einem geringen Sauerstoffgehalt über Gefäße erhalten, die in der Entwicklung mit dem sechsten Kiemenbogengefäß in Verbindung stehen,
- das oxygenierte Blut direkt zum Herzen ohne vorherige Vermischung mit Blut aus anderen Organen zurücktransportiert wird.

Die hauptsächliche Evolutionstendenz war eine Adaptation an ein größeres Körpervolumen oder eine höhere Stoffwechselrate durch Aufteilung der Lungen in viele Kompartimente.

**Anuren** haben große, aber kurze Lungen (Abb. 13.8). Das Innere der Lunge ist ein offener Sack, aber die Wände haben Septen erster, zweiter und manchmal dritter Ordnung, so dass eine gesamte respiratorische Oberfläche von ungefähr

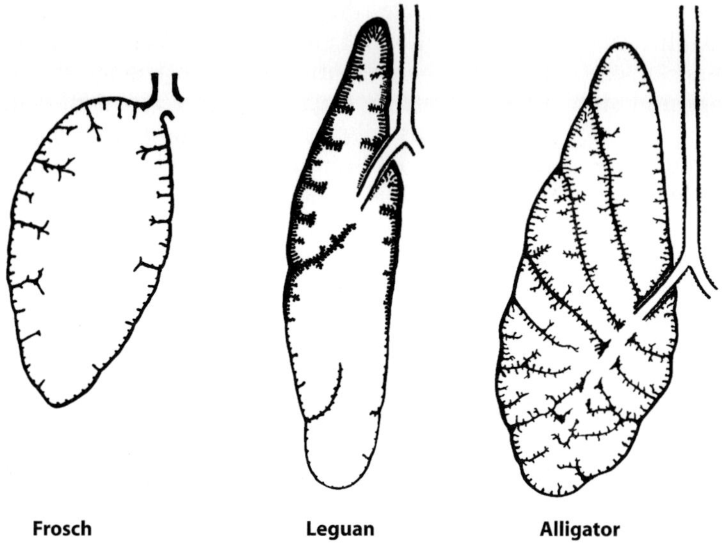


**Abb. 13.8.** Grobstruktur der Lunge einiger niedriger Tetrapoden in Längsschnitten. Etwas schematisiert und zweidimensional gezeichnet. Eine weitere Aufspaltung ist bei dieser Vergrößerung nicht sichtbar

1 $cm^2$ $g^{-1}$ Körpergewicht erreicht wird, die aber invers mit der Effektivität der Hautatmung variiert. Die sehr kurze Trachea teilt sich in zwei kurze **Bronchien**, wobei eine jede zum Apex einer Lunge zieht. Das Epithel dieser Gänge trägt Cilien und ist so in der Lage, das Atmungssystem zu reinigen. Knorpel kann die Wände der Trachea und der Bronchien stützen und so ein Kollabieren verhindern. Die Öffnung von der Trachea zum Pharynx heißt **Glottis**. Es ist ein länglicher Schlitz, der gewöhnlich von einem dorsalen Paar von **Arytaenoidknorpeln** (Stellknorpel), welche die Stimmbänder unterstützen, und von einem ventralen Paar von **Cricoidknorpeln** (Ringknorpel), welche oft verschmelzen, flankiert wird. Diese Knorpel werden als Derivate der posterioren Visceralbögen der Vorfahren angesehen. Zusammen bilden sie den **Larynx** (Kehlkopf), eine Struktur, die für Tetrapoden charakteristisch ist. Der Larynx ist über Ligamente mit dem Hyoidapparat verbunden.

**Apoda**, die lange schlanke Körper haben, haben in der Regel nur noch die rechte Lunge (ihre Larven haben beide Lungenlappen). Ansonsten ähnelt ihr Atmungssystem dem der Anura. Die mehr terrestrisch lebenden **Labyrinthodontier** hatten vermutlich unter den Amphibien die fortgeschrittensten Lungen, die eher denjenigen großer Reptilien ähnelten. Die Lungen der **Urodelen** dagegen sind rückgebildet. Die meisten Spezies haben ihre Lungen vollkommen verloren. Sind sie vorhanden, ähneln sie oft langen, schlanken Säcken mit glatten Wänden. Ihre Atmungsfunktion ist vermindert (Haut und äußere Kiemen dienen stattdessen der Atmung) und sie wirken als hydrostatische Organe.

Die Lungen der **Reptilien** sind groß und vielgestaltig. Eine der beiden Lungen kann bei langgestreckten Formen (Schlangen und Amphisbaenia) reduziert oder nur rudimentär vorhanden sein. Jede Lunge kann nur eine Kammer und eine begrenzte Aufteilung der Wände enthalten (die meisten Eidechsen), aber um ein ausreichendes Verhältnis von Lungenoberfläche zu Körpergewicht beizubehalten, haben die größeren Reptilien (Schildkröten, Warane und Krokodile) Lungen mit vielen Abteilen und Zwischenwänden (Abb. 13.8). Die Lungen mancher Reptilien sind von einer mittleren Komplexität (der Leguan in Abb. 13.8). Die Unterteilungen können selten oder dicht, oberflächlich oder tief, gleichmäßig oder ungleichmäßig angeordnet sein. Der anteriore Teil der Lunge ist gemeinhin in kleinere, vaskularisiertere und steifere Kammern unterteilt als der posteriore Teil.

Die Trachea und die Bronchien sind länger als bei Amphibien (bei Schlangen sind sie sehr viel länger) und von knorpeligen Ringen unterstützt, die entweder geschlossen oder aber oben offen sein können. Jeder Bronchus tritt in seine Lunge in Nähe der Mitte oder in Nähe des anterioren Endes, aber nicht am Apex ein. Der Bronchus verläuft innerhalb der Lunge ohne weitere Aufteilung. Der Larynx besteht wiederum aus Cricoid- und Arytaenoidknorpeln (die unterschiedlich geformt und verschmolzen sein können), die (mit Ausnahme der Schlangen) mit dem Hyoidapparat in Verbindung stehen. Stimmbänder sind nur bei manchen Eidechsen vorhanden. Viele Reptilien fauchen, indem sie die Luft langsam durch eine teilweise geschlossene Glottis streichen lassen, an deren Ecke ein erektiler, schallproduzierender Lappen vorhanden sein kann. (Bestimmte Schlangen zischen, indem sie die Schuppen benachbarter Körperregionen aneinander reiben und dieses Geräusch durch den aufgeblasenen Körper verstärken.)

Die Lungen der **Säugetiere** sind viel feiner und gleichmäßiger unterteilt. Deshalb sind sie auch wirkungsvoller, wie es auch die höhere Stoffwechselrate dieser Endothermen verlangt. Die Lappung der Lungen ist variabel und ohne systematische Bedeutung. Lappen können fehlen (Pferde, Wale, Seekühe, manche Fledermäuse), aber meistens gibt es mindestens zwei Lappen in der linken und mindestens drei in der rechten Lunge (Abb. 13.9). Die Lappen können, müssen aber nicht in Läppchen unterteilt sein. Diese Unterteilung kann sehr auffällig oder sehr schwach sein.

Wichtiger für die Funktion ist der Bau des respiratorischen Baumes. Die Trachea ist, wie bei den Reptilien, durch Ringe aus hyalinem oder faserigem Knorpel unterstützt, die hier dorsal nicht geschlossen sind. Elastisches Bindegewebe verbindet die Ringe untereinander und vollendet das Rohr, wo der Knorpel fehlt. Die daraus resultierende Struktur ist ideal, um den Luftweg

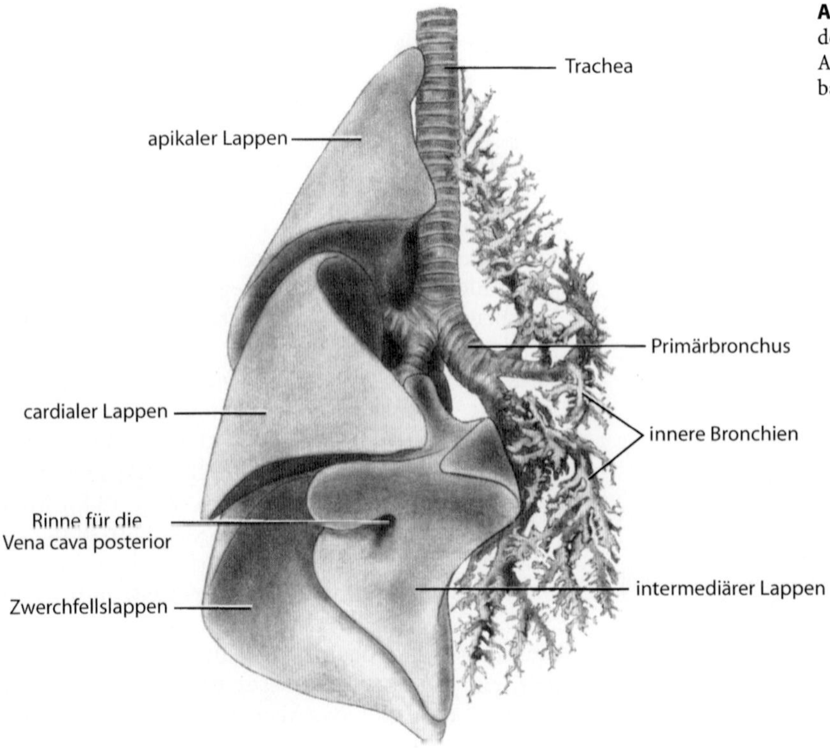


**Abb. 13.9.** Säugerlunge am Beispiel der Hundelunge. Ventralansicht. Auf einer Seite ist der Bronchialbaum präpariert

offen zu halten, aber das Rohr zu drehen, wenn der Hals gedreht wird, um die Länge während des Schluckvorgangs zu ändern und um den Durchmesser zu ändern, wenn es zu einer beträchtlichen Veränderung des inneren Drucks, wie z.B. beim Husten, kommt. Die Trachea ist mit cilientragendem Epithel ausgekleidet. Glatte Muskulatur und Schleimdrüsen sind in den Wänden vorhanden.

Die Trachea teilt sich in rechte und linke Primärbronchien, die jeweils etwas anterior und dorsal zum Zentrum in ihre Lunge eintreten. Die Säugerlungen unterscheiden sich grundsätzlich von denen der anderen Tetrapoden dadurch, dass sich die Primärbronchien innerhalb ihrer Lungen in kleinere Bronchien aufteilen, die sich dann wiederum in viele Verzweigungsgenerationen spalten. Alle inneren Bronchien werden durch Knorpel unterstützt, der jedoch auch in Platten statt in Ringen angeordnet sein kann. Die Luftwege setzen sich in **verzweigende Bronchiolen** fort, die membranös, aber nicht knorpelig sind. Diese wiederum öffnen sich in nicht cilientragende **respiratorische Bronchiolen**, wo der Gasaustausch beginnt, und schließlich in das **alveoläre Gangsystem**, das aus Gruppen von ungefähr 20 halbkreisförmigen **Alveolen** besteht, die alle in eine gemeinsame Endkammer münden (Abb. 13.10).

Das Lungenvolumen ist ungefähr proportional zur Körpergröße, aber die Alveolengröße (und damit die respiratorische Oberfläche) variiert mit der Stoffwechselrate. Die absolute Oberfläche bewegt sich im Bereich zwischen 8 $cm^2\ g^{-1}$ Körpergewicht (manche Primaten) über 50 $cm^2\ g^{-1}$ (Maus) zu 100 $cm^2/g$ (Fledermaus). In anderen Worten entspricht die respiratorische Oberfläche der menschlichen Lunge ungefähr 150 $m^2$ oder dem 85fachen der Körperoberfläche. Bei einem 20 kg schweren Hund ist die respiratorische Oberfläche 9-mal größer als bei einem mäßig aktiven Fisch des gleichen Körpergewichts.

Die Oberflächenspannung des Flüssigkeitsfilms innerhalb der kleinen Alveolen würde die

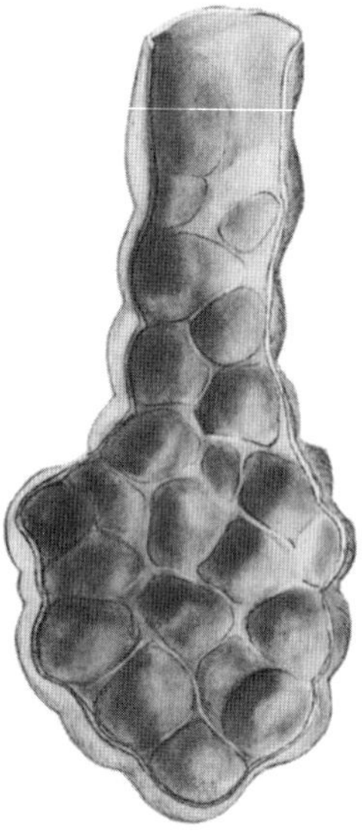

**Abb. 13.10.** Respiratorische Bronchiolen und das damit in Verbindung stehende Gangsystem eines Säugetieres

Lungen der Säugetiere und vieler anderer Tetrapoden zum Kollabieren bringen, wenn nicht ein Lipoprotein sezerniert würde, das die Oberflächenspannung reduziert.

Lungengefäße verlaufen entlang der Luftwege, bei manchen Spezies verlaufen auch nur die Arterien entlang der Luftwege. Die Alveolen sind reich mit Kapillaren versorgt, wo das Blut von der Luft nur durch das Endothel der Kapillare, einer Basalmembran und einem enorm dünnen, alveolären Epithel getrennt ist.

Der große Larynx steht mit dem Hyoidapparat in Verbindung. Paarige Arytaenoidknorpel helfen, die Stimmbänder zu unterstützen und zu kontrollieren. Der Cricoidknorpel ist unpaar. Zwei zusätzliche Knorpel sind vorhanden, die bei anderen Vertebraten fehlen: ein großer ventraler **Thyroidknorpel** (Schildknorpel), und ein Knorpel in der **Epiglottis.** Die Epiglottis ist ein steifer, klappenartiger Lappen, der die Luft zwischen den hinteren Nasenöffnungen und der Glottis während der Atmung leitet und die Glottis während des Schluckvorgangs verschließt, um zu verhindern, dass Nahrung in das Atmungssystem eindringt.

## 13.4.4 Vogellungen und Luftsäcke

Die Vögel haben in Verbindung mit ihrer einzigartig hohen Aktivität und Stoffwechselrate ein Atmungssystem entwickelt, das entsprechend einzigartig in seiner Struktur, Funktion und hohen Effizienz ist. Die Lungen der Vögel sind klein und kompakt und anstatt sich frei in Lungenhöhlen zu bewegen, liegen sie eng am dorsalen Brustkorb. Sie sind beinahe steif und anscheinend volumenkonstant. Große Luftsäcke stehen mit den Lungen in Verbindung und dienen zur Ventilation. Im größten Teil der Lunge wird die Luft nicht auf dem gleichen Wege ein- und ausbewegt, sondern sie bewegt sich statt dessen nur in einer Richtung (s. Kap. 13.5). Man würde deshalb erwarten, dass die Luft-Blut-Zirkulation dem Gegenstromprinzip folgen würde, statt dessen ist es aber ein **Kreuzstromprinzip** (Abb. 13.11). Im Vergleich zu Säugetieren enthält die Lunge der Vögel mehr Blut pro Volumeneinheit, ein größerer Teil dieses Blutes befindet sich in Kapillaren und das Verhältnis der respiratorischen Austauschfläche zum Lungenvolumen ist ungefähr 10-mal größer. Manche Vögel können ausdauernd in einer Höhe fliegen, in der ruhende Säugetiere ins Koma verfallen würden.

Die Trachea ist, wie auch der Hals, lang. Bei manchen großen Vögeln kann sie sogar eine oder mehrere Windungen in der Nähe oder in-

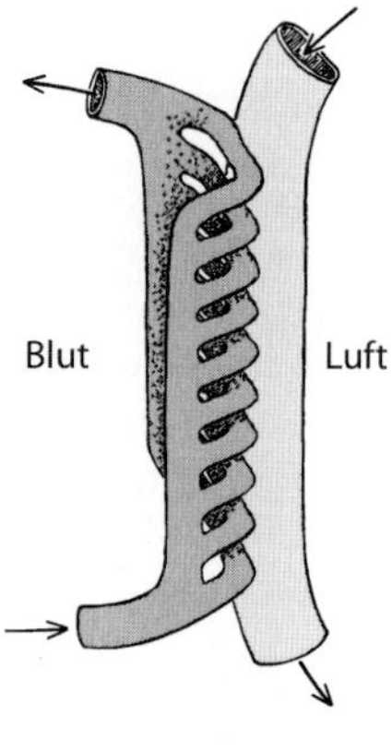


**Abb. 13.11.** Kreuzstromzirkulation. Vergleiche mit dem Gegenstromprinzip, das in Abb. 13.4 und Abb. 14.26 gezeigt ist

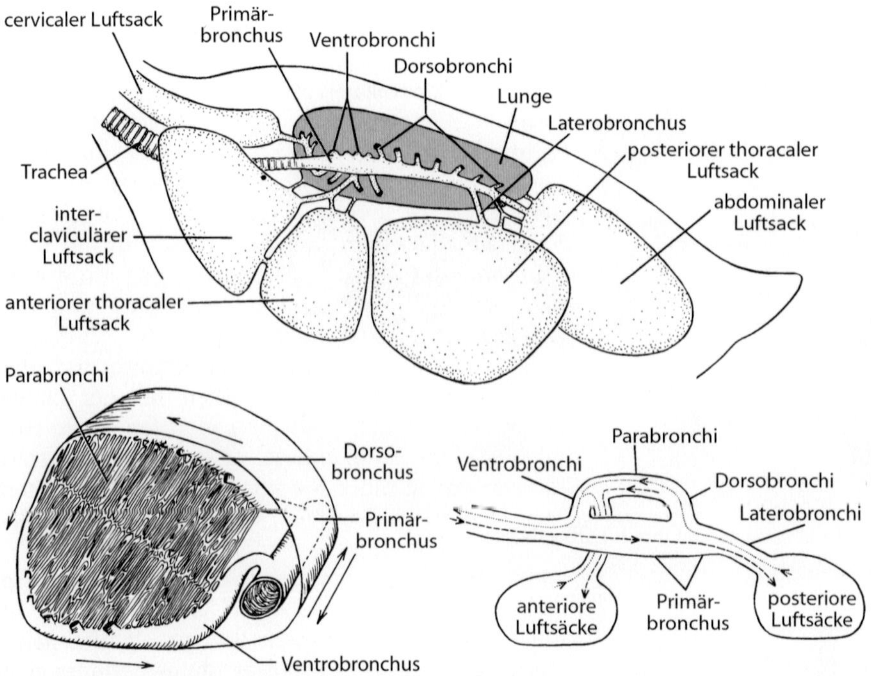


**Abb. 13.12.** Respirationssystem des Vogels. Schematisierte Lateralansicht von links des gesamten Systems, Querschnitt durch die linke Lunge und Diagramm des Luftstroms. Der Weg in die Neopulmo wird nicht gezeigt

nerhalb des Sternums bilden. Ihr Ruhedurchmesser kann an verschiedenen Stellen variieren.

Jeder Primärbronchus läuft ventral und etwas anterior zum Zentrum in seine entsprechende Lunge ein. Direkt innerhalb der Lunge vereinigen sich vier sekundäre Bronchi oder **Ventrobronchi** mit dem Primärbronchus (Abb. 13.12). Diese folgen der ventromedialen Kontur des Organs und verzweigen sich dabei. Sieben bis zehn **Dorsobronchi** verbinden sich dann mit dem Primärbronchus. Sie verzweigen sich über der dorsolateralen Oberfläche der Lunge. Ventrobronchi und Dorsobronchi stehen durch Tausende von **Parabronchi** in Verbindung, deren Durchmesser ungefähr 1 mm beträgt. Die Wände der Parabronchi sind von Taschen (Atria) durchlöchert, die wiederum Alkoven (Infundibula) haben, von denen verschlungene und kreuzverbindende **Luftkapillaren** ausgehen (Abb. 13.13). Diese sind lediglich 3–10 µm im Durchmesser, also viel dünner als der Durchmesser einer Säugeralveole.

Die Lungen der Vögel funktionieren in Verbindung mit Luftsäcken, die kein respiratorisches Epithel tragen, aber zur Ventilation des Systems beitragen. Die Primärbronchien enden in großen, paarigen, **abdominalen Luftsäcken.** Erweiterungen dieser Säcke dringen in das Synsacrum, den Femur und die Schenkelmuskulatur ein. Paarige, **posteriore thoracale Luftsäcke** stehen mit den Primärbronchi über die **Laterobronchi** in Verbindung. Paarige, **anteriore thoracale Luftsäcke** stehen meistens mit dem dritten Ventrobronchus in Verbindung. Diese Säcke haben außerdem durch kleine zurücklaufende Bronchien sekundäre Verbindungen mit dem Gangsystem. Kleinere, paarige, **cervicale Luftsäcke** pneumatisieren die Cervicalwirbel und Muskeln. Sie stehen mit dem ersten Ventrobronchus in Verbindung. Schließlich sendet ein unpaarer **interclavicularer Luftsack** Divertikel in den Humerus und zwischen die Muskeln der Achselhöhlen und der Schultern. Das ganze System ist einigermaßen variabel.

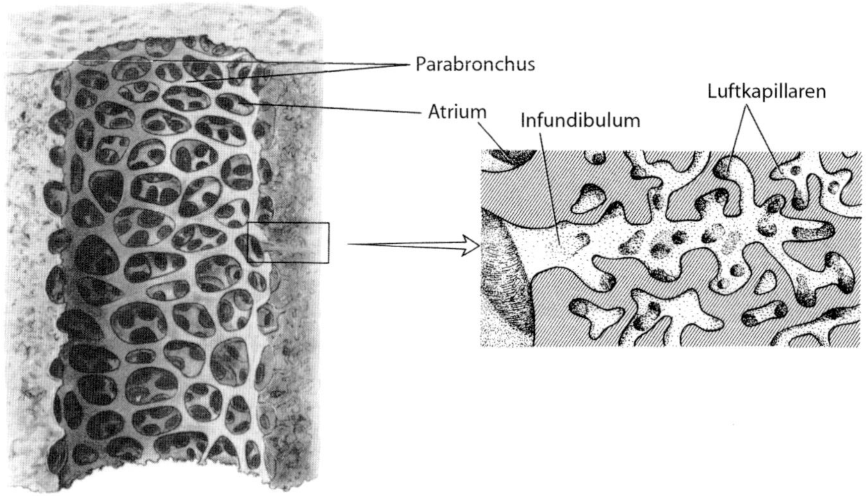


**Abb. 13.13.** Schnitt durch einen Parabronchus und durch Luftkapillaren

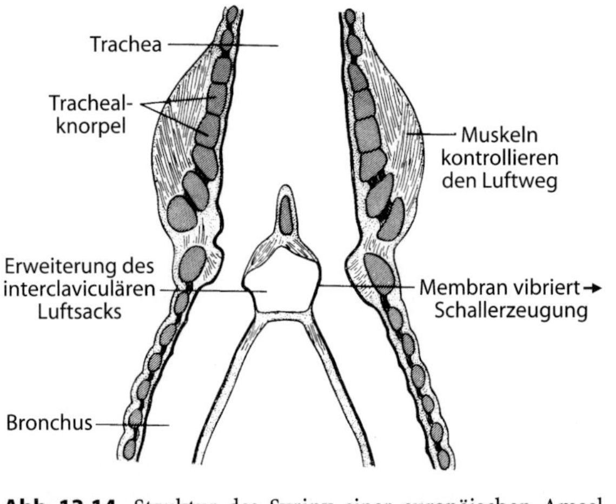


**Abb. 13.14.** Struktur des Syrinx einer europäischen Amsel im Längsschnitt

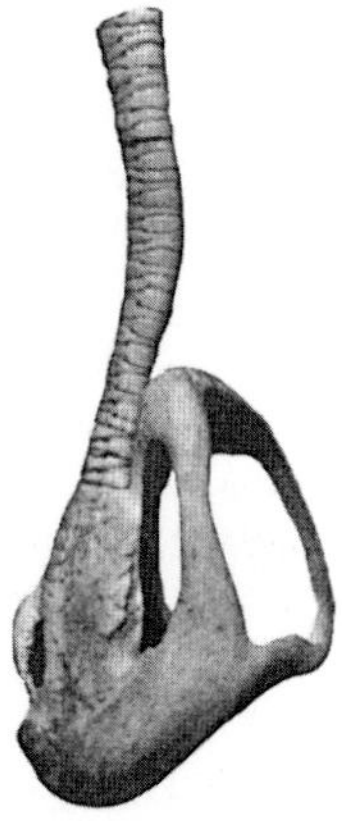

**Abb. 13.15.** Skelettstütze des Syrinx eines Sägers, *Mergus*, in Ventralansicht

Vögel haben einen charakteristisch ausgebildeten Larynx. Seine Knorpel sind die gleichen wie die der Reptilien. Stimmbänder fehlen. Töne werden stattdessen durch einen einzigartigen **Syrinx** produziert, der an oder nahe der Bifurkation der Trachea liegt (Abb. 13.14). Ein Teil der äußeren oder (öfter) der mesialen Wand jedes Bronchus (oder seltener die Wand der Trachea oder von Trachea und Bronchien in Kombination) ist eine dünne Membran, die an ihren Rändern durch abgewandelte Knorpelringe unterstützt wird. Diese Membran trifft auf den interclaviculären Luftsack und ist daher in der Lage, in der durch das System strömenden Luft zu vibrieren. Das Organ ist manchmal asymmetrisch und kann bei Vögeln mit klangvollen Stimmen sehr auffallend sein (Abb. 13.15). Komplizierte intrinsische und extrinsische Muskeln kontrollieren die Spannung der Membranen und auch die Charakteristik des Resonanzsystems. Die Muskeln unterscheiden sich zwischen den Arten und können als Bestimmungsmerkmal genutzt werden.

## 13.5 Ventilation der Lungen: Aufbau, Evolution und Verbindungen

**Luftatmende Actinopterygier** nutzen eine Viertaktsequenz, um ihre Lungen zu ventilieren. Diese Art der Atmung minimiert die Durchmischung der einströmenden und ausströmenden Luft. Zunächst erweitert sich der Pharynx und saugt dadurch die Ausatemluft aus den Lungen in die Mundhöhle. Dann kontrahiert der Pharynx und drückt dadurch das Gas entweder durch den offenen Mund oder durch die Kiemenkammern nach außen. Dann dringt frische Luft in die Mundhöhle durch den Mund ein, wenn sich der Pharynx wieder erweitert. Schließlich drückt der Pharynx bei geschlossenem Mund die frische Luft in die Lungen (dies wird als Mundhöhlenatmung ohne durchmischte Luft bezeichnet).

Die meisten **Sarcopterygier** und **Amphibien** benutzen eine Zweitaktventilation (die manchmal durch Vokalisationen oder zusätzliche Atemzüge modifiziert wird). Dieser Atmungsmechanismus (Mundhöhlenatmung mit durchmischter Luft) erlaubt einen gewissen Grad an Durchmischung von einströmender und ausströmender Luft. Die **Anuren** können diese Art einer **Druckpumpe** veranschaulichen. Bei geschlossener Glottis und offenen Nasenlöchern wird frische Luft in den großen Mund-Pharynxraum gesaugt, indem der Mundboden abgesenkt wird. Dann wird bei offener Glottis und offenen Nasenöffnungen die Ausatemluft durch den Druck der elastischen Lungen aus dem Körper gepresst. Dabei durchströmt sie den oberen Teil des Buccopharyngealraums, vermischt sich aber nur wenig mit der Frischluft, die bereits im ventralen Teil dieses Raumes bevorratet ist. Die Nasenlöcher schließen sich dann und ein Anheben des Mundbodens drückt die Frischluft über die offene Glottis in die Lungen. Die Strömungsumkehr beim Einatmen der Luft bewirkt also eine Durchmischung der Frischluft mit Resten der verbliebenen Luft in den Lungen. Das größere Diffusionsvermögen von Kohlendioxid bewirkt die Abgabe eines Großteils dieses Gases durch die feuchte Haut unabhängig vom Atmungsapparat.

Ventilation durch **Ansaugen** ist effizienter. Luft wird durch einen negativen Druck, der in der Brust oder der Bauchhöhle erzeugt wird, in die Lungen gesaugt. Ausatmung ist entweder passiv oder resultiert aus der Konstriktion dieser Hohlräume. Aspirationsatmung (Saugatmung) stellt die Mundhöhle und den Pharynx frei, sich hauptsächlich an die Nahrungsaufnahme anzupassen. Es ist ein Einzyklussystem und, da es schnell genug ist, um den Körper von Kohlendioxid zu befreien und ihn mit Sauerstoff zu versorgen, gestaltet es das Kreislaufsystem einfacher und ermöglicht eine trockene Haut.

Aspirationsatmer haben meistens starke Rippen und starke Intercostal- und Abdominalmuskulatur. **Labyrinthodontier** waren wahrscheinlich die ersten, die diesen Mechanismus entwickelt haben. Es ist bemerkenswert, dass die gleiche bilaterale Muskulatur, die synchron rechts und links kontrahierte, um die Lungen zu füllen, sich auch alternierend kontrahierte, um ein seitliches Abbiegen zu produzieren, das dabei half, die Beine vorwärtszubringen (wie bei Salamandern). Daher war das Atmen wahrscheinlich von Phasen der Lokomotion unterbrochen.

Die Aufklärung der Evolution der verschiedenen Muster der Lungenventilation wurde kürzlich durch experimentelle Studien angegangen, die oft in einem kladistischen Rahmen angelegt waren. Es wird angenommen, dass die Buccalpumpen, die für die Luftventilation verwendet werden, aus aquatischen Buccalpumpen abzuleiten sind. Brainerd, Ditelberg und Bramble (1993) haben die Lungenventilation beim Urodelen *Necturus* mit Kinevideographie, Druckmessungen in den buccalen und pleuroperitonealen Höhlen und durch Elektromyographie der hypaxialen Muskulatur untersucht. Ohne weitergehende vergleichende Daten über die Lungenentwicklung und die ventilatorischen Bewegungsmuster konnten sie nicht zwischen den Hypothesen vom Ursprung der Gemischtluft- und

Ungemischtluft-Mechanismen entscheiden. Anschließende Untersuchungen der ventilatorischen motorischen Muster von aquatischen und terrestrischen Formen vergleichen nun diese Hypothesen (Simons, Bennett und Brainerd 2000). Jedenfalls unterstützen die Daten die Schlussfolgerung, dass Aspirationsatmung aus Buccalpumpen entstand, und zwar in zwei Schritten. Im ersten Schritt wurde die Abdominalmuskulatur nur für die Expiration benutzt (wie bei *Necturus* und anderen Anamnioten), dies ist also ursprünglich. Im zweiten Schritt wurde die Abdominalmuskulatur sowohl für die Expiration als auch für die Inspiration benutzt.

Experimente zeigen, dass Rennen mit mäßiger oder hoher Geschwindigkeit mit dem Atmen der meisten **Eidechsen** interferiert. Aber zumindest bei einer Waranart wird das Problem dadurch gelöst, dass während des Rennens Luft über die Kehle in die Lungen gepumpt wird. **Krokodile** dagegen haben den Konflikt zwischen Respiration und Fortbewegung anders gelöst. Sie besitzen einen diaphragmatischen Muskel (der nicht homolog ist mit dem Diaphragma der Säugetiere), der die Leber in Richtung Beckengürtel zieht. Die kolbenartige Leber wiederum erzeugt einen Unterdruck für die Lungen und führt so zur Inhalation. Im Wasser liegt genug Druck auf dem Körper, so dass die Ausatmung passiv sein kann. An Land zieht ein anderer Muskel die Leber nach vorne. Krokodile besitzen auch Darmbeine (Ilia), die beweglich mit den Sitzbeinen (Ischia) in Verbindung stehen. Farmer und Carrier (2000) haben gezeigt, dass beim amerikanischen Alligator zwei Abdominalmuskeln die Ilia nach ventral rotieren und so das abdominale Volumen erhöhen (Inspiration), und dass zwei abdominale Muskeln die Knochen dorsal rotieren und so das Volumen vermindern (Expiration). Sie schließen daraus, dass diese Spezialisierungen eine Selektion in der frühen Evolution der Krokodilstammeslinie für hohe aerobe Aktivität und für die Fähigkeit, gleichzeitig zu rennen und zu atmen, darstellen. **Schildkröten** atmen ein, wenn die Muskeln, welche die Beinöffnungen des Panzers kreuzen, den inneren Hohlraum vergrößern. Die Ausatmung kann passiv oder aktiv sein. Inhalation und der Hauptteil der Exhalation ist bei **Schlangen** aktiv und resultiert aus der Aktivität der Muskeln, die an den Rippen und an der ventralen Haut ansetzen. Jeder Teil des langen Körpers kann dafür benutzt werden, wenn andere Teile durch Nahrung ausgedehnt sind.

Für die Respiration und den Flug werden bei **Vögeln** verschiedene Muskeln benutzt, so dass diese Bedürfnisse nicht gekoppelt sind (wie es auch bei den Pterosauriern der Fall gewesen sein muss). Die Ventilation ist natürlich am besten bei ruhenden Vögeln bekannt, muss aber während des Flugs enorm verstärkt sein. Das Sternum wird während der Inspiration aktiv nach unten und vorne bewegt und für die Expiration angehoben. Die Processus uncinati der Rippen (Abb. 28.20) sind Hebelarme für die äußeren Intercostalmuskeln, die (zusammen mit anderen) während der Inspiration benutzt werden.

Zwei respiratorische Zyklen werden benötigt, damit die Luft einen kompletten Kreislauf durchläuft. Die erste Inspiration zieht Luft durch die Trachea, den Primärbronchus und die Laterobronchi in die sich erweiternden posterioren Luftsäcke. Die erste Expiration drückt dieses Luftvolumen aus den hinteren Luftsäcken durch die Dorsobronchi und in die Parabronchi hinein. Während der Inspiration des zweiten Zyklus bewegt sich diese Luft durch die Ventrobronchi, um die anterioren Luftsäcke zu füllen. Schließlich drückt die zweite Expiration die Luft durch die Trachea nach außen. Die Luft wird also in der Trachea, in den Luftsäcken und in einem Großteil des Primärbronchus hin und her bewegt. Dennoch durchströmt sie den Hauptteil der Lunge der meisten Vögel nur in einer Richtung. Der differentielle Luftfluss vom Primärbronchus in die Dorsobronchi, aber aus den Ventrobronchi heraus, kann eine Folge der unterschiedlichen Winkel sein, welche diese Gänge mit den Primärbronchi bilden (Abb. 13.12 unten links), oder, wie Wang und seine Kollegen (1992) für ruhende Gänse gezeigt haben, eine Folge der aerodynamischen Klappen innerhalb des Primärbronchus. Die Luft erreicht die Luftkapillaren durch Diffusion aus den Parabronchi. (Der Teil der Vogellunge, den wir gerade beschrieben haben und der einen unidirektionalen Luftstrom durch die parallelen Parabronchien hat, ist ihr Hauptteil und wird **Palaeopulmo** genannt. Ein meist kleinerer, ventrocaudaler Teil der Lungen vieler Vögel, vor allem der Singvögel, hat miteinander in Verbindung stehende Parabronchien und eine Hin- und Herbewegung des Luftstroms. Er wird **Neopulmo** genannt. Die funktionelle Bedeutung der beiden Arten von Lungenstruktur ist nicht geklärt. Kreuzstromaustausch ist gleich effektiv, egal in welche Richtung die Luft strömt.)

Die Lungen ruhender **Säugetiere** werden durch den negativen Druck aufgeblasen, der durch die Kontraktion des domförmigen Diaphragmas entsteht. Sie verringern ihr Volumen vor allem durch die ihnen eigene Elastizität. Die innere und äußere Intercostalmuskulatur trägt auch dazu bei, aber ihre Koordination mit dem Atemzyklus variiert wahrscheinlich zwischen den Arten. Zusätzliche Muskeln des Thorax und des Abdomens sind bei starkem Atmen beteiligt. Untersuchungen am trabenden und hechelnden Hund von Bramble und Jenkins (1993) deuten darauf hin, dass die Ventilation der Säugerlunge sehr komplex sein kann, wenn das Tier nicht im Ruhezustand ist: rechte und linke apicale Lappen der Lunge können gegenphasisch zueinander ventilieren, und die posterioren Lappen können sich vor den anterioren Lappen füllen. Die posteriore Luft kann sogar vorne wiederverwendet werden. Kolbenähnliche Verlagerungen der Eingeweide können beim Antreiben des Zyklus wichtiger sein als das Diaphragma, und die Primärfunktion der Intercostalmuskulatur ist es, den Thorax zu verstreben.

Säugetiere haben, ähnlich wie Vögel und Krokodile (aber im Gegensatz zu Amphibien und vielen Reptilien), eine ausreichend unabhängige Kontrolle über die Muskeln für die Fortbewegung und die Muskeln für die Atmung, so dass die Atmung während der Bewegung fortgesetzt werden kann. Die beiden Aktivitäten sind aber gewöhnlich nicht unabhängig voneinander, und während einer anhaltenden oder schnellen Fortbewegung gibt es oft eine 1:1 Kopplung zwischen den lokomotorischen und respiratorischen Zyklen. Dieser Zusammenhang wurde bei vielen Spezies beobachtet, während sie traben, galoppieren oder hüpfen, egal ob sie klein oder groß sind. Rennende Menschen zumindest können auch 2:1, 3:1 und andere Verhältnisse nutzen. Die Koordination der beiden Systeme scheint durch eine gemeinsame Kommandozentrale im Gehirn ermöglicht zu werden. Der Mechanismus kann je nach Spezies von der trägheitsbedingten Bewegung der Eingeweide, von der Beugung des Thorax oder vom Beugen und Strecken des Rückens abhängen. Zumindest für rennende Hunde wird die Kopplung von Ventilation und Lokomotion vor allem von letzterem begünstigt.

## Literatur


Brainerd EL, Ditelberg JS, Bramble DM (1993) Lung ventilation in salamanders and the evolution of vertebrate air-breathing mechanisms. Biol J Linnean Soc 49:163–183

Brainerd EL, Liem KF, Samper CT (1989) Air ventilation by recoil aspiration in polypterid fish. Science 246:1593–1595

Bramble DM, Carrier DR (1983) Running and breathing in mammals. Science 219:251–256

Bramble DM, Jenkins FA (1993) Mammalian locomotor-respiratory integration: implications for diaphragmatic and pulmonary design. Science 262:235–240

Coates MI, Clack JA (1991) Fish-like gills and breathing in the earliest known tetrapod. Nature 352:234–236

Demski LS, Gerald JW, Popper AN (1973) Central and peripheral mechanisms of teleost sound production. Am Zool 13:1141–1167

Duncker HR (1971) The lung air sac system of birds: a contribution of the functional anatomy of the respiratory apparatus. Ergeb Anat Entwicklungsgesch 45(6). Sehr gute Abdeckung des Themas und hervorragende Abbildungen

Duncker HR (1989) Structural and functional integration across the reptile-bird transition: locomotor and respiratory systems. In: Wake DB, Roth G (eds) Complex organismal functions: Integration and evolution in vertebrates. Wiley, New York, pp 147–169

Farmer CG, Carrier DR (2000) Pelvic aspiration in the American alligator (*Alligator mississippiensis*). J Exp Biol 203:1679–1687

Feder ME, Burggren WW (1985) Cutaneous gas exchange in vertebrates: design, patterns, control and implications. Biol Rev 60:1–45

Feder ME, Burggren WW (1985) Skin breathing in vertebrates. Sci Am 253:126–142

Frazer Sissom DE, Rice DA (1991) How cats purr. J Zool London 223:67–78

Gaunt AS (ed) (1973) Vertebrate sound production. Am Zool 13:1139–1255

Henry RP, Smatresk NJ (symposium organizers) (1994) Current perspectives on the evolution, ecology, and comparative physiology of bimodal breathing. Am Zool 34:117–299. Die Beiträge beschäftigen sich mit verschiedenen strukturellen und funktionellen Anpassungen der Atmung bei Übergängen von Wasser- zu Luftatmung bei Fischen und Amphibien

Houlihan DF, Rankin JC, Shuttleworth TJ (1982) Gills. Cambridge Univ Press, New York

Hughes GM, Morgan M (1973) The structure of fish gills in relation to their respiratory function. Biol Rev 48:419–475

Jones FRH, Marshall NB (1953) The structure and functions of the teleost swim bladder. Biol Rev 28:16–83. Umfassend

King AS, McLelland J (eds) (1989) Form and function in birds, vol 4. Academic Press, New York. Der gesamte Band befasst sich mit Atmung

Laurent P (1982) Structure of vertebrate gills. In: Houlihan DF et al (eds) Gills. Cambridge Univ Press, New York, pp 25–43

Liem KF (1985) Ventilation. In: Hildebrand M et al (eds) Functional vertebrate morphology. Harvard Univ Press, Cambridge/MA, pp 185–209

Liem KF (1987) Functional design of the air ventilation apparatus and overland excursions by teleosts. Fieldiana Zool NS 37:1–29

Liem KF (1988) Form and function of lungs: The evolution of air breathing mechanisms Am Zool 28:739–759

Liem KF (1989) Respiratory gas bladders in teleosts: Functional conservatism and morphological diversity. Am Zool 29:333–352

Maina JN (1998) The gas exchangers: Structure, function and evolution of the respiratory processes. Springer, Berlin Heidelberg New York. Ein verständliches interdisziplinäres Nachschlagewerk für das Hauptstudium. Umfangreiches Literaturverzeichnis

Maina JN (2000) Comparative respiratory morphology: Themes and principles in the design and construction of the gas exchangers. Anat Rec (New Anat) 261:25–44. Eine breite Übersicht über die Faktoren, die zur Evolution der Atmungsmechanismen der Tiere beitragen; Vertebraten werden ausführlich behandelt

McLaughlin RF, Tyler WS, Canada RO (1961) A study of the subgross pulmonary anatomy in various mammals. Am J Anat 108:149–158

Owerkowicz T et al (1999) Contribution of gular pumping to lung ventilation in monitor lizards. Science 284:1661–1663. Zeigt den effektiven Gebrauch von Röntgenvideographie, um das Ausmaß und den Zeitverlauf der Luftaufnahme durch den Mund während der Fortbewegung und den Bezug zum Sauerstoffverbrauch zu zeigen

Perry SF (1983) Reptilian lungs: Functional anatomy and evolution. Adv Anat Embryol Cell Biol 79:1–81

Perry SF (1998) Lungs: Comparative anatomy, functional morphology and evolution. In: Gans C, Gaunt AS (eds) Biology of the reptilia, vol 2. Academic Press, New York, pp 1–92

Powell FL (2000) Respiration. In: Whittow GC (ed) Sturkies Avian Physiology, 5th ed. Academic Press, San Diego, pp 233–264

Randall DJ et al (1981) The evolution of air breathing in vertebrates. Cambridge Univ Press, Cambridge

Schmidt-Nielsen K (1972) How animals work. Cambridge Univ Press, New York. Behandelt Atmung, Thermoregulation und Gegenstromaustausch

Sellers TJ (ed) (1987) Bird respiration, vol 1. CRC Press, Boca Raton/FL

Simons RS, Bennett WO, Brainerd EL (2000) Mechanics of lung ventilation in a post-metamorphic salamander, *Ambystoma tigrinum*. J Exp Biol 203:1081–1092

Vitalis TZ, Shelton G (1990) Breathing in *Rana pipiens*: The mechanism of ventilation. J Exp Biol 154:537–556

Wake MH (1990) The evolution of integration of biological systems: An evolutionary perspective through studies on cells, tissues, and organs. Am Zool 30:897–906. Diskutiert die Verbindung zwischen Atmungs- und Fortbewegungssystem

Wang N et al (1992) An aerodynamic valve in the avian primary bronchus. J Exp Zool 262:441–445

Wood SC et al (1992) Physiological adaptations in vertebrates: Respiration, circulation, and metabolism. Marcel Dekker, New York

# 14 Kreislaufsystem

## 14.1 Allgemeine Funktion und Aufbau des Systems

Tiere müssen ein inneres Transportsystem haben, es sei denn, ihre Größe und Struktur ermöglicht allen ihren Zellen einen Platz in enger Nachbarschaft zu einer wässrigen Umgebung. Da Wirbeltiere groß und massiv sind, haben sie das höchstentwickelte Kreislaufsystem im Tierreich. Es transportiert Atemgase, Nährstoffe, Stoffwechselendprodukte, Hormone und Antikörper. Zusammen mit den Nieren und anderen Organen dient es dazu, das innere Milieu konstant zu halten. Es entfernt toxische und pathogene Stoffe aus dem Körper und kann, zusammen mit den Muskeln, dem Integument und Verhaltensstrategien, an der Temperaturregulation mitwirken. Außerdem hat es die Fähigkeit, Leckstellen zu reparieren, Verletzungen zu kompensieren und mit erstaunlicher Vielseitigkeit auf die unterschiedlichen, augenblicklichen Bedürfnisse zu reagieren.

Das Kreislaufsystem der Vertebraten hat zwei Komponenten, ein **Blutgefäßsystem** und ein **lymphatisches System**. Ersteres besteht aus Herz, Blutgefäßen und Blut. **Arterien** verteilen das Blut vom Herzen zu den Geweben, **Venen** führen das Blut von den Geweben zum Herz zurück. Kleine Arterien (Arteriolen) werden mit kleinen Venen (Venolen) durch **Kapillaren** verbunden, die ein Netzwerk innerhalb der Gewebe bilden (Abb. 14.10). Kapillaren sind gewöhnlich ungefähr 1 mm lang, kaum größer im Durchmesser als ein einzelnes rotes Blutkörperchen und liegen nur den Bruchteil eines Millimeters voneinander entfernt. Physiologischer Austausch zwischen Blut und Geweben findet über ihre dünnen Wände statt. An mehreren Orten des Körpers (Verdauungsorgane, Nieren, Hypophyse) strömt Blut, das bereits andernorts durch ein Kapillarsystem geflossen ist, in ein zweites Kapillarsystem, bevor es das Herz erreicht. Die Venen zwischen den beiden kapillaren Netzwerken bilden ein **Pfortadersystem.**

Das Blutgefäßsystem der Vertebraten ist im Gegensatz zu dem der Invertebraten mit Ausnahme der Anneliden ein Kontinuum aus Gängen und wird daher als **geschlossenes System** bezeichnet. Flüssige Bestandteile des Blutes entweichen jedoch aus den Kapillaren, angetrieben durch Diffusion, Osmose, den hydrostatischen Druck, der vom Herzen aufgebaut wird, und an manchen Orten auch durch die Schwerkraft. Die Flüssigkeiten würden sich in den Geweben ansammeln und Anschwellungen verursachen, wenn sie nicht durch die zweite Komponente des Kreislaufsystems, das lymphatische System, abgeführt würden. Gewebsflüssigkeiten treten in netzartige oder blind endende **lymphatische Kapillaren** ein, wo sie die **Lymphe** bilden. Die Lymphe strömt langsam in immer größere **lymphatische Gefäße**, bis sie an verschiedenen Stellen in das venöse System abgegeben wird. Lymphatische Kapillaren im Darm werden **„Milchgefäße“** genannt. Sie resorbieren die verdauten,

---

*Oben:* Korrosionsabdruck der Gänge und Blutgefäße der Nieren und der Leber eines Affen langkettigen Fette. Ihre Lymphe (**der Chylus**) ist nach einer fettreichen Mahlzeit weißlich trüb.

Das Herz liefert wenig Druck, um das venöse Blut vorwärts zu treiben und überhaupt keinen Druck, um die Lymphe vorwärts zu treiben. Ihre Bewegung wird durch Druck auf ihre Gefäße erzeugt, der als Folge von respiratorischen und anderen Körperbewegungen und wahrscheinlich durch ihre eigene intrinsische Muskulatur entsteht. Die meisten Venen und Lymphgefäße der Tetrapoden haben Klappen, die ein Zurückfließen verhindern. Viele niedere Vertebraten haben auch Lymphsinus, von denen manche schwach als **Lymphherzen** schlagen.

Ontogenie und Phylogenie sind beim Kreislaufsystem viel offensichtlicher miteinander verbunden als bei jedem anderen System. Die embryonalen Herzen, Arterien und Venen höherer Vertebraten ähneln sehr stark den entsprechenden Organen weit entfernter Vorfahren. Das Kreislaufmuster verändert sich während der Entwicklung weitgehend, wie es sich während der Evolution verändert haben muss, und es ist faszinierend, den Verlauf der manchmal tiefgreifenden Änderungen zu beobachten, während das System durchweg kontinuierlich funktioniert.

Das Kreislaufsystem ist auch individuell variabler als alle anderen Systeme (das trifft besonders auf die Venen zu) und ist das gemeinsame Ergebnis einer komplizierten Ontogenese (die viele Gelegenheiten für Abweichungen bietet) und der beinahe funktionellen Ebenbürtigkeit verschiedener Abweichungen von der Norm.

Außerdem ist das System ungewöhnlich anpassungsfähig. Ein Stück Vene, das in eine Arterie verpflanzt wird, wandelt sich strukturell um und wird zu einer Arterie. Nahezu jedes Gefäß des Körpers kann abgeschnürt werden, ohne das Tier stark zu beeinträchtigen. Wenn eine solche Behinderung langsam genug erfolgt, wird sie vom System kompensiert, indem es alternative Wege vergrößert. Blut kann in bestimmten Gefäßen in beide Richtungen fließen und tut es auch. Blut kann zu jedem Teil des Körpers hin- und weggeleitet werden, das Volumen des zirkulierenden Blutes kann verändert werden und die Geschwindigkeit der Zirkulation kann um das Fünffache variiert werden.

Trotz der beträchtlichen individuellen Variation liefern Teile des Kreislaufsystems auch für die Systematik verwendbare Merkmale. Dies gilt vor allem für das Herz und die Verläufe der Hauptgefäße auf der Ebene von Klassen und Unterklassen, sowie auf der Ebene von Ordnungen und Familien für die Arterienmuster in den Extremitäten und in der basicranialen Region.

## 14.2 Das Herz

### 14.2.1 Entwicklung

Das Kreislaufsystem ist das erste aller Organsysteme, das während der Entwicklung funktionsfähig wird. Das ist auch kaum erstaunlich, da die Differenzierung und das Wachstum aller Körperteile alsbald vom inneren Transport abhängen. Das Herz des Hühnchens beginnt ungefähr 30 Stunden nach Befruchtung zu schlagen, wenn der Körper noch nicht einmal groß genug ist, um das Organ zu umfassen. Das menschliche Herz wird mit 4 Wochen funktionsfähig, wenn der Embryo gerade 5 mm lang ist.

Der Teil des splanchnischen Blattes des Hypomers, der direkt posterior zum Pharynx und ventral zum Darm liegt (oder bald in dieser Position zu liegen kommen wird – bei Säugetieren gibt es komplizierte Positionsänderungen), wird auf beiden Seiten des Körpers stark verdickt (Abb. 14.1). Diese mesodermalen Falten nähern sich einander an der Mittellinie an, verschmelzen und bilden ein längliches Rohr. Das Rohr ist an beiden Enden am umgebenden Gewebe angeheftet, ist aber ansonsten dort frei, wo es durch einen erweiterten Teil des Coeloms verläuft. Der freie Anteil bildet vier Kammern, die nacheinander zu kontrahieren beginnen und so zum Herzen werden.

Wenn das embryonale Herz ausgebildet ist, hat es zunächst zwei Schichten, ein inneres **Endocard** und ein äußeres **Epimyocard**. Das Endocard des reifen Herzens hat eine dicke Schicht aus elastischem Bindegewebe unter einer endothelialen Auskleidung. Das **Epimyocard** reift – während es schon funktioniert – zu einem äußeren **Epicard** und einem **Myocard** heran. Das Epi-

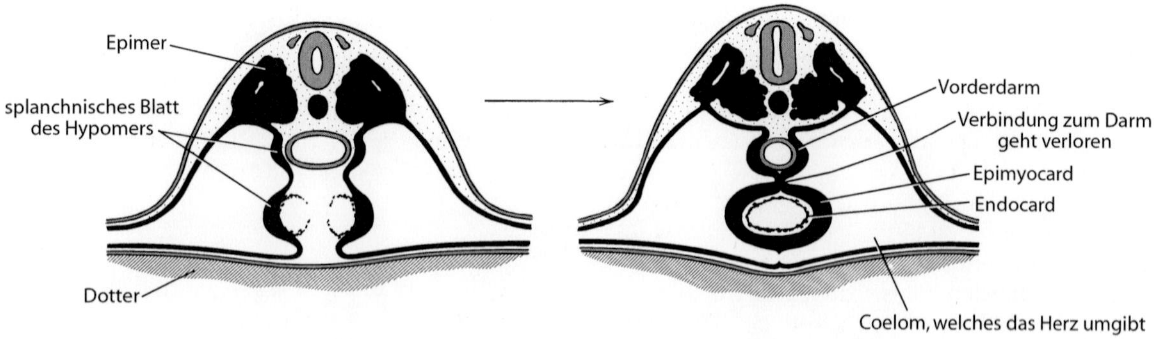


**Abb. 14.1.** Bildung des Herzens in einem Embryo, der viel Dotter enthält

card entwickelt sich zur serösen Membran des Organs und wird von Bindegewebe unterlegt. Das Myocard ist der Muskel des Herzens. Man erinnere sich, dass die Herzmuskelfasern quergestreift und verzweigt sind, zentrale Kerne und Intercalarscheiben (Glanzstreifen) haben (Abb. 10.1). Der Herzmuskel ist unwillkürlich und hat, wie unten erklärt wird, die endogene Fähigkeit, sich rhythmisch zu kontrahieren.

### 14.2.2 Das primitive Herz: eine Einzelkreislaufpumpe

*Branchiostoma* hat kein Herz. Er hat stattdessen neben anderen kontraktilen Gefäßen ein pulsierendes Blutgefäß in der Position, wo sich das Herz bei den Vertebraten entwickelt. Dieses Blutgefäß ähnelt dem embryonalen Primordium des Vertebratenherzens und ist diesem offensichtlich homolog.

Die Struktur des adulten, ursprünglichen Vertebratenherzens kann von der Struktur des embryonalen Herzens der Abkömmlinge abgeleitet werden. Es ist ein nahezu gerades Rohr mit vier Kammern, die sich nacheinander kontrahieren. Es ist wichtig zu wissen, dass es einen **einzigen Strom von desoxygeniertem Blut** nach vorne in den Körper pumpt (Abb. 14.2). Ein dünnwandiger **Sinus venosus** empfängt das Blut aus den großen Venen und entleert sich durch eine einfache **Sinuatrialklappe** ins **Atrium**. Das Atrium, das zwar ebenfalls dünnwandig, aber muskulös ist, drückt das Blut durch eine oder mehrere

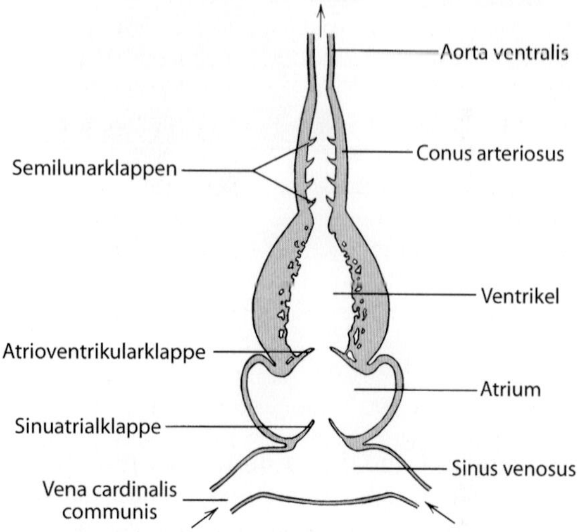


**Abb. 14.2.** Hypothetisches ursprüngliches Vertebratenherz im Horizontalschnitt. Diese Struktur ähnelt stark Stadien in der Ontogenie aller Vertebratenherzen

Reihen von **Atrioventrikularklappen** in einen großen, dickwandigen, muskulösen **Ventrikel**. Der Ventrikel pumpt das Blut in den **Conus** (auch Conus arteriosus oder Bulbus cordis genannt), der wie eine vergrößerte Arterie aussieht und mit mehreren Reihen becherförmiger **Semilunarklappen** ausgekleidet ist.

Die Herzen der **Cyclostomata** und **Fische** (mit Ausnahme der Dipnoi) zeigen in Einzelheiten starke Variationen, weichen aber nur wenig vom allgemeinen ursprünglichen Bauplan ab. Bei Fischen liegt das Herz relativ weit vorne, vor dem

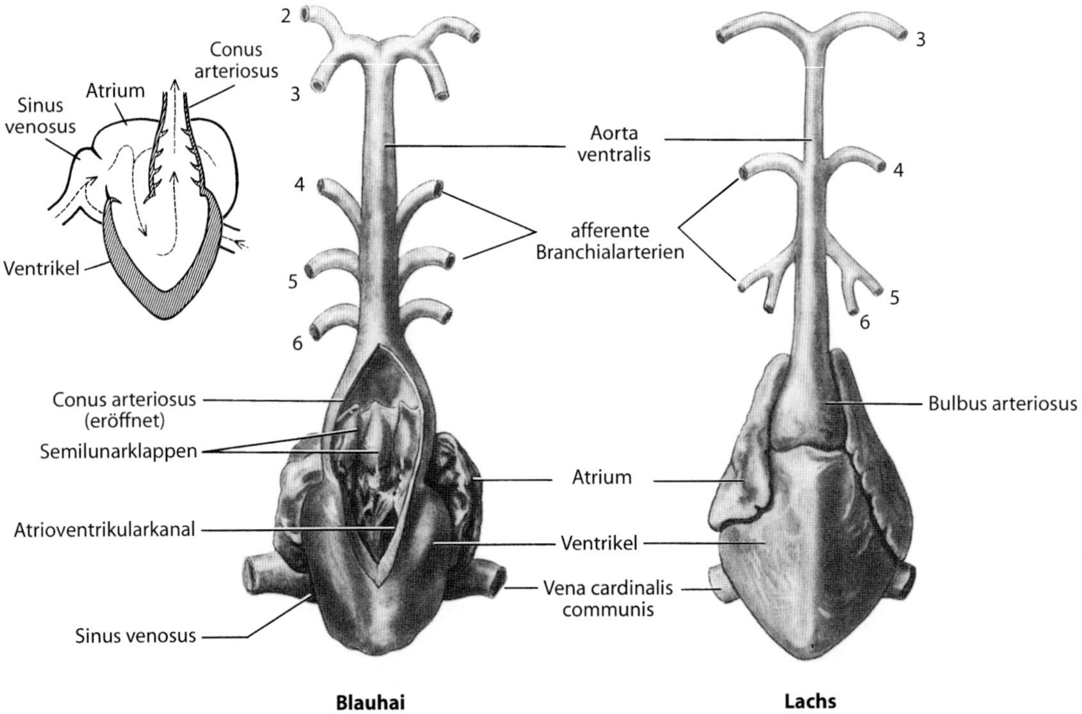


**Abb. 14.3.** Herzen und damit in Verbindung stehende Blutgefäße typischer Fische. Ventralansichten. Die Derivate der Kiemenbogengefäße sind nummeriert

Schultergürtel und direkt hinter den posterioren Kiemen (Abb. 12.2). Der Sinus venosus ist entweder groß (die meisten Haie) oder klein (Cyclostomata). Das Atrium ist relativ groß und verlagert sich meistens in eine Position dorsal zum Ventrikel (Abb. 14.3). Die innere Schicht des Ventrikels ist ausgesprochen spongiös. Bei Teleosteern ist diese Kammer konisch, der Apex deutet nach posterior. Der Conus ist entweder lang und als Pumporgan aktiv (Knorpelfische, *Polypterus*, Schlammfisch) oder kann so gut wie fehlen (Cyclostomata, Teleosteer). Wenn er groß ist, enthält er zwei bis acht Reihen von Semilunarklappen (von denen manche aber nicht den ganzen Kanal des Organs umfassen). Der Conus verhindert einen Rückfluss des Blutes, wenn sich der Ventrikel füllt. Teleosteer haben einen **Bulbus arteriosus** innerhalb der Pericardhöhle in der Position des Conus arteriosus anderer Fische. Dieses Organ hat glatte Muskeln, keine Herzmuskulatur, ist aber sehr elastisch und gleicht passiv den Blutfluss in die afferenten Branchialarterien aus.

Die Pericardhöhle der Elasmobranchier, die zum Teil durch das Skelett begrenzt wird, ist semirigide. Deshalb strömt das Blut, wenn sich der Ventrikel kontrahiert, zumindest teilweise durch Sog in den Sinus venosus und das Atrium. Die Herzen der Fische sind relativ klein, weil Fische ein relativ geringes Blutvolumen haben. Erwartungsgemäß haben aktive Fische größere Herzen als ihre trägen Verwandten. Cyclostomata und viele kiefertragende Fische haben akzessorische Herzen oder Pumpmechanismen anderswo im Körper. Einige davon werden später in diesem Kapitel besprochen. Eine Veränderung in der Fördermenge des Fischherzens ist gewöhnlich die Folge einer großen Änderung im Schlagvolumen und einer nur geringen Änderung in der Schlagfrequenz.

### 14.2.3 Von den Lungenfischen zu den Reptilien: Intermediäre und fakultative Herzen

Wir haben gerade gesehen, dass die Herzen der meisten Fische einen einzelnen Strom von desoxygeniertem Blut in eine Richtung pumpen. Das Herz der Vögel und der Säugetiere pumpt einen Strom von desoxygeniertem Blut und außerdem einen vollständig getrennten Strom von oxygeniertem Blut. Im Gegensatz dazu ist das Herz von Fleischflossern, Amphibien und Reptilien intermediär, weil ihm gewöhnlich beide Sorten von Blut zufließen, es aber keine vollständige strukturelle Trennung der beiden Ströme vornimmt und so unter bestimmten Bedingungen eine Vermischung erlaubt.

Obwohl dieses intermediäre Herz wahrscheinlich 400 Mio. Jahre lang überlebt hat und sowohl in strukturellen als auch funktionellen Einzelheiten stark variiert, darf man es nicht als wenig perfekt oder nur als ein bloßes Übergangsstadium in der Evolution zu einem besseren Mechanismus ansehen. Das Ausmaß und der Ort der Durchmischung von oxygeniertem und desoxygeniertem Blut wird von dem Tier je nach Bedarf variiert. Es ist wünschenswert, desoxygeniertes Blut zu den Lungen zu lenken, wenn sie funktionieren. Es ist jedoch vorteilhafter, einen Großteil des gleichen Blutes anderswohin zu pumpen, wenn die Atmung vorübergehend vor allem in den Kiemen (Dipnoi im Süßwasser) oder in der Haut (untergetauchte Anura) stattfindet oder einfach, weil die Lungen nicht aktiv sind (tauchende Schildkröten, Wasserschlangen und Krokodile; Schildkröten, die im Schlamm überwintern). Das Herz dieser Tiere ist fakultativ: Es passt sich, zumindest zu einem bestimmten Grad, an eine Reihe von Bedingungen an, die bei lungenlosen Fischen, Vögeln oder Säugetieren nicht auftreten.

[Farmer (1997) stellt eine andere, gewissermaßen neue Interpretation der Mischung von oxygeniertem und desoxygeniertem Blut im einzelnen Ventrikel von luftatmenden Fischen, Amphibien und Reptilien vor. Bei diesen Vertebraten besteht das Myocard des Ventrikels größtenteils aus einer spongiösen Matrix. Manche haben keine Coronararterien, um diese Matrix mit Sauerstoff zu versorgen. Sie erhält ihre Sauerstoffversorgung dann direkt aus dem zirkulierenden Blut. (Andere Fische haben kleine Coronararterien; Abb. 14.13 und S. 296.) Farmer schlägt vor, dass der Hauptzweck der Lungen bei diesen Arten, vor allem zu Zeiten hoher Aktivität, die Versorgung des Herzgewebes mit sauerstoffreichem Blut ist. Eine Vermischung von sauerstoffreichem und sauerstoffarmem Blut im unvollkommen unterteilten Ventrikel ist für die adäquate Oxygenierung des gesamten Organs notwendig. Farmer schlägt vor, dass die Lungen sich ursprünglich entwickelt haben, um das Herz mit oxygeniertem Blut zu versorgen und nicht, um den gesamten Körper mit oxygeniertem Blut zu versorgen. Bei Vögeln und Säugetieren wird dieses Problem durch die Entwicklung eines Systems von Coronargefäßen und vollständig getrennten Ventrikeln gelöst; außerdem ist ihr Myocard nicht spongiös.]

Das fakultative Herz ist allerdings bisher nur bei wenigen ausgesuchten Tieren eingehend untersucht worden. Die Schwierigkeiten, die Funktion dieser Herzen zu analysieren, vor allem unter Bedingungen besonderer Anstrengung, sind groß. Da sowohl der Bau als auch der Blutfluss des funktionierenden Herzens extrem komplex sind und sich fortwährend verändern, sind die Abbildungen der Übersicht halber etwas schematisch dargestellt. Das trifft vor allem für die Aufteilungen und die Derivate des Conus arteriosus zu.

Das Atrium der **Dipnoi** ist teilweise durch ein **interatriales Septum** in eine rechte und linke Kammer unterteilt. Der Sinus venosus liefert desoxygeniertes Blut in die rechte Kammer und die Pulmonalvenen leiten oxygeniertes Blut zur linken Kammer (Abb. 14.4). Der Ventrikel ist bei Gattungen, welche die Lunge oft benutzen, teilweise durch ein großes muskuläres **interventrikuläres Septum** unterteilt und Untersuchungen zeigen, dass die Vermischung der beiden Blutströme erstaunlich gering bleibt. Der Conus, der groß und nicht mehr kontraktil ist, ist ebenfalls teilweise durch eine **Spiralfalte** oder einen spiralig in der Wand des Conus verankerten Gewebelappen unterteilt. Das meiste desoxygenierte Blut wird normalerweise zu den fünften und sechsten Kiemenbogengefäßen geleitet, die es zu den hin-

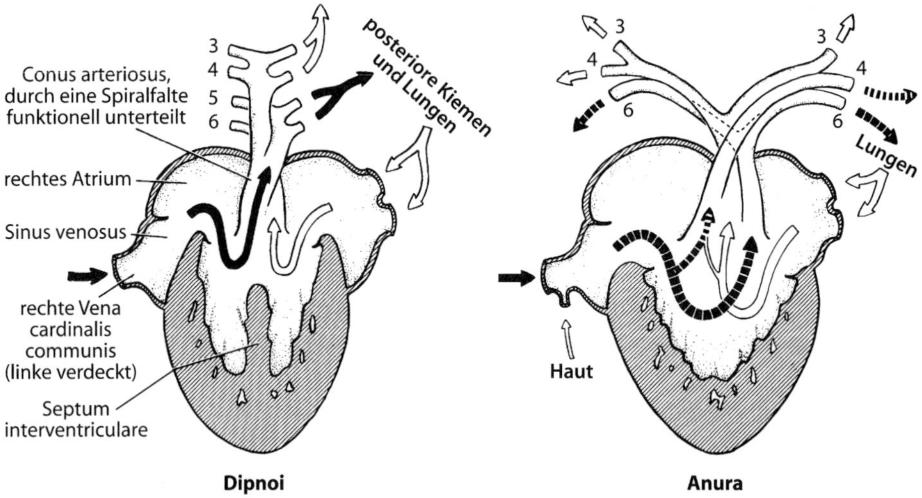


**Abb. 14.4.** Diagramme intermediärer Herzen. Ventralansichten von Horizontalschnitten, etwas verzerrt durch die zweidimensionale Darstellung – Sinus venosus und Lungenvenen treten mehr dorsal in die Atrien ein. Die Unterteilungen des Conus arteriosus bilden eine dreidimensionale Spirale. Es gibt Variationen innerhalb der dargestellten Taxa. Die Derivate der Kiemenbogengefäße sind nummeriert. *Offene Pfeile*: oxygeniertes Blut; *dunkle Pfeile*: nicht-oxygeniertes Blut; *unterbrochene Pfeile*: Mischblut

teren Kiemen und den Lungen führen. Das oxygenierte Blut fließt zu den dritten und vierten Kiemenbogengefäßen, die es zum Kopf und zum Körper weiterleiten.

Das Atrium der **Anura** ist vollständig in linke und rechte Kammern unterteilt. Auch hier wurde das Blut in der linken Kammer gewöhnlich in den Lungen oxygeniert, Blut in der rechten Kammer ist relativ desoxygeniert. Allerdings fließt Blut aus der Haut in die Körpervenen, so dass auf der rechten Seite des Herzens eine Vermischung des Blutes stattfindet (Abb. 14.4). Der Ventrikel ist nicht unterteilt (dies ist wahrscheinlich ein ursprünglicher und kein degenerierter Zustand), doch das Blut durchfließt ihn fast ohne Wirbel, und die Vermischung der beiden Ströme im Ventrikel ist minimal. Der Conus hat eine Spiralfalte, die normalerweise rechtsseitiges desoxygeniertes Blut zu den Lungen und zur Haut und linksseitiges oxygeniertes Blut zum rechten Aortenbogen kurzschließt (‚*shunt*'), von dem die Arterien des Kopfes und der Vorderextremitäten abzweigen. Beide Typen von Blut können den linken Aortenbogen erreichen. Der Grad der Durchmischung hängt vom Widerstand des pulmonalen Kreislaufes ab.

Es ist nicht überraschend, dass **Urodelen**, die weniger von der Lungenatmung abhängen, eine weniger effektive **Doppelkreislaufpumpe** entwickelt haben. Die Rückbildung ist bei lungenlosen Salamandern so weit fortgeschritten, dass das interatriale Septum verloren gehen kann.

Der Conus der **Reptilien** ist dadurch einzigartig, dass sich das embryonale Organ vollständig in **drei** Kanäle, einen Pulmonalstamm und in einen unabhängigen rechten und linken Aortenstamm teilt. [Ein „Stamm" (Truncus) ist eine Unterteilung des Conus; ein „Bogen" ist die Fortsetzung, die sich zur Aorta dorsalis erstreckt.] Der Sinus venosus schwankt zwischen groß (Schildkröten) und klein oder rückgebildet und verschmilzt wiederum nur mit der rechten Seite eines vollkommen unterteilten Atriums. Der Ventrikel ist bei Reptilien, mit Ausnahme der Krokodile, durch ein horizontales Septum unvollständig in eine dorsale und eine ventrale Kammer unterteilt; es gibt auch ein kleineres vertikales Septum. Krokodile haben ein vollkommenes interventrikuläres Septum, aber an der Basis der beiden Körperaorten liegt ein Foramen (**Foramen interaorticum** oder Foramen Panizzae).

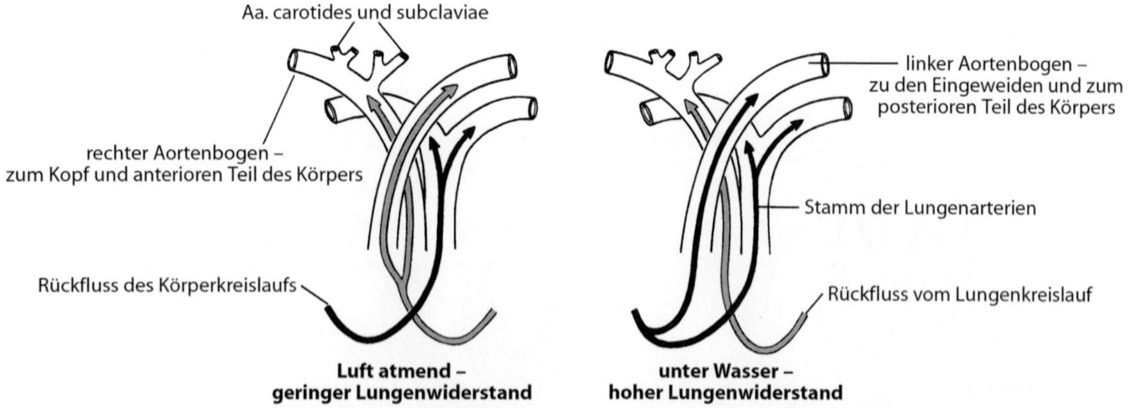


**Abb. 14.5.** Diagramm des Blutflusses aus dem fakultativen Herzen einer Schildkröte. Ventralansichten, verzerrt durch die zweidimensionale Darstellung. Die Arterienstämme bilden eine dreidimensionale Spirale. Vgl. mit Abb. 14.19

Der Blutfluss durch den komplexen Ventrikel unter verschiedenen physiologischen Bedingungen ist kompliziert und schwierig darzustellen. Dieser Abschnitt und Abb. 14.5 stellen nur die Folgen dieses Flusses dar. (Verschiedene Artikel, die im Literaturverzeichnis aufgelistet sind, liefern zusätzliche Einzelheiten.) Wenn Reptilien Luft atmen, werden die Lungengefäße erweitert und der Lungenwiderstand wird erniedrigt. Dadurch fließt Blut zu den Lungen, und bei Reptilien außer den Krokodilen ist der Kreislauf so, wie er auf der linken Zeichnung in Abb. 14.5 gezeigt ist. Wenn es nachteilig wird, viel Blut durch die Lungen zu treiben, z. B. wenn die Atmung unterbrochen ist, dann steigt der Lungenwiderstand, der Blutfluss nimmt ab oder hört sogar auf, und der Ausstoß des Blutes aus dem Herzen wird verlagert, wie es in der rechten Zeichnung dargestellt ist. (Wahrscheinlich treten intermediäre Muster auf und auch eine Variation zwischen den Spezies ist zu erwarten.) Krokodile erreichen ähnliche Ergebnisse als Antwort auf einen veränderten Lungenwiderstand, allerdings auf einem etwas anderen Weg: Während der Luftatmung tritt oxygeniertes Blut aus dem rechten Aortenstamm durch das Foramen interaorticum in den linken Aortenstamm über. Während Tauchgängen tritt wenig Blut durch das Foramen, stattdessen strömt das Blut vom rechten Ventrikel in den linken Aortenstamm.

### 14.2.4 Herzen von Endothermen: eine Doppelkreislaufpumpe

Adulte **Vögel** und **Säugetiere** haben vollständig getrennte Kreisläufe:

- einen Lungenkreislauf mit geringem Druck, den das rechte Herz versorgt,
- einen Körperkreislauf mit hohem Druck, den das linke Herz versorgt (Abb. 14.6).

Der Druck in der Lungenarterie ist niedrig, um Ödeme und Verletzung des empfindlichen Lungengewebes zu vermeiden. Der Druck in den Aortenbögen ist hoch, um das Blut durch die Gewebe zu treiben, die (wie z. B. ein kontrahierender Muskel) ihren eigenen Innendruck haben können.

Der Sinus venosus ist bei Vögeln rudimentär, bei adulten Säugetieren fehlt er ganz, weil der embryonale Sinus venosus mit dem rechten Atrium verschmilzt. Das Atrium ist unterteilt und im Verhältnis kleiner als bei vielen Fischen. Der Ventrikel ist unterteilt und auf der linken Seite aufgrund des größeren Widerstands, gegen den er anpumpen muss, unproportional verdickt. Der embryonale Conus arteriosus teilt sich in einen Lungenstamm, der mit dem rechten Ventrikel in Verbindung steht, und einen Aortenstamm, der mit dem linken Ventrikel in Verbin-

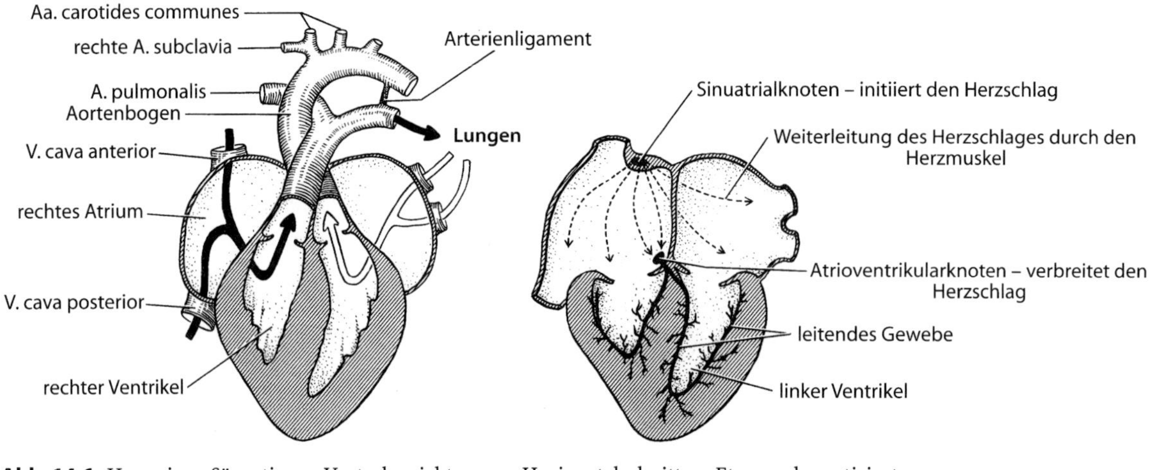


**Abb. 14.6.** Herz eines Säugetieres. Ventralansichten von Horizontalschnitten. Etwas schematisiert

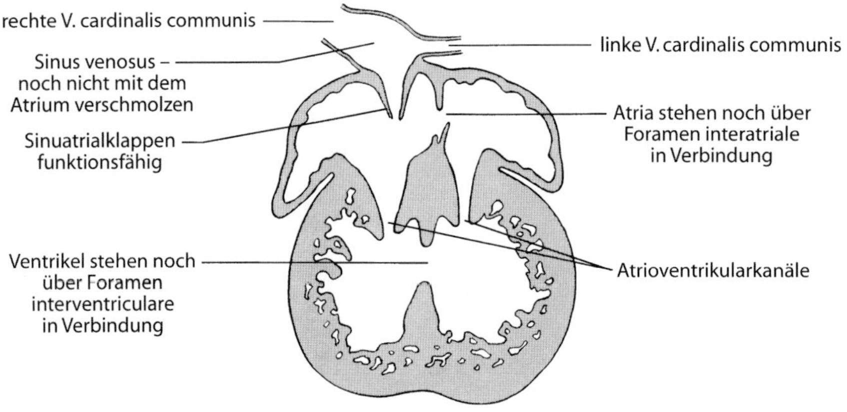


**Abb. 14.7.** Rekapitulationen im Herzen eines Säugerfötus in der Ventralansicht eines beinahe horizontalen Schnittes. In dieser Schnittebene sind die kleinen Pulmonalvenen und der Conus, der sich in Pulmonal- und Aortenbögen zu unterteilen beginnt, nicht zu sehen

dung steht. Im Gegensatz zum Zustand bei niederen Vertebraten ist der adulte Aortenbogen unpaar. Er verläuft bei Vögeln zur rechten, bei Säugetieren zur linken Seite.

Das sich entwickelnde Herz der Säugetiere rekapituliert Stadien der Evolution: Es hat einen Sinus venosus, der mit dem rechten Atrium in Verbindung steht, unvollkommene Interatrial- und Interventrikularsepten und einen ungeteilten Conus arteriosus (Abb. 14.7).

### 14.2.5 Regulation des Herzschlags

Das Schlagen des adulten Herzen der Amnioten wird durch das autonome Nervensystem, manche Hormone und die Temperatur beeinflusst. Der Herzmuskel hat allerdings die endogene Fähigkeit, sich rhythmisch zu kontrahieren. Der embryonale Ventrikel ist die erste Herzkammer, die zu schlagen anfängt. Wenn das Atrium beginnt, gibt es seinen eigenen schnelleren Rhythmus an den Ventrikel weiter, und wenn schließlich auch der Sinus venosus zu pulsieren beginnt, folgt das gesamte Herz seinem noch schnelleren Rhythmus. Bei niederen Vertebraten und bei Embryonen entwickelt sich im Sinus venosus ein **Sinusknoten** oder **Sinuatrialknoten** und initiiert den Herzschlag, der dann über das gesamte Herz durch das Muskelgewebe selbst, nicht durch Nervengewebe weitergeleitet wird. Der Knoten stammt von Muskelzellen ab, unterscheidet sich aber sowohl von Muskel- als auch von Nervengewebe. Sein komplizierter Schrittmachermechanismus ist weitgehend aufgeklärt (DiFrancesco 1993).

Wenn der embryonale Sinus venosus der Endothermen mit dem rechten Atrium verschmilzt, nimmt er den Sinuatrialknoten mit und zusätzlich bildet sich ein zweiter **Atrioventrikularknoten** (Abb. 14.6). Dieser Knoten leitet den Schlag an den gesamten Ventrikel weiter und regelt die vaskuläre Kontraktionsfähigkeit im Aortenstamm. Im Gegensatz zum Sinuatrialknoten hat er ein spezielles leitendes Gewebe, um seine Funktion auszuführen.

### 14.2.6 Zusammenfassung der Herz-Evolution

Das ursprungliche Vertebratenherz mag gestreckt gewesen sein, aber alle bekannten Herzen sind so gefaltet, dass das Atrium dorsal oder anterior zum Ventrikel liegt. Das Herz des Einzelkreislaufs ist beinahe symmetrisch. Andere haben eine ausgeprägte Asymmetrie. Der Sinus venosus von intermediären Herzen steht mit dem rechten Atrium oder mit der rechten Seite eines unvollkommen getrennten Atriums in Verbindung. Bei Vögeln und Säugetieren verschmilzt er mit der Wand des rechten Atriums, steuert dabei seinen Knoten und seine Klappen bei und bildet möglicherweise einen Teil des Coronarsinus, der Blut aus dem Herzmuskel ableitet.

Das Atrium ist bei Dipnoi und Urodela teilweise, bei anderen Tetrapoden vollkommen geteilt. Das unvollkommene Interventrikularseptum mancher Dipnoi ist anscheinend nicht homolog zum Septum der Tetrapoden. Der Ursprung des vollständigen Septums der Krokodile, Vögel und Säugetiere ist umstritten.

Bei Dipnoi und Anura ist der Conus arteriosus durch eine Spiralfalte teilweise unterteilt. Bei Reptilien ist er komplett in drei Stämme, bei Vögeln und Säugetieren in zwei Stämme unterteilt. Dies schien für manche Morphologen eine Schwierigkeit bei der Ableitung der Vögel und Säugetiere von bekannten Reptilienstammeslinien darzustellen. Der embryonale Conus arteriosus all dieser Tiere ist aber zunächst ungeteilt, dann teilt er sich in zwei und, bei Reptilien, schließlich in drei Gefäße. Der adulte Zweikanalzustand könnte sich von einem Dreikanalzustand durch Neotenie oder durch das Weglassen des letzten Entwicklungsschrittes abgeleitet haben.

## 14.3 Blut und blutbildende Gewebe

Das Blut der Vertebraten besteht aus verschiedenen Typen von Blutzellen, die in einer Flüssigkeit, dem **Plasma**, suspendiert sind. Plasma ist eine wässrige Lösung aus Nährstoffen, Stoffwechselendprodukten, Salzen, Hormonen und Proteinen. Blutproteine werden wahrscheinlich in der Leber gebildet. Sie enthalten überwiegend Albumen, gefolgt von Fibrinogen, das zu der komplizierten Gerinnungsreaktion beiträgt, und verschiedenen Globulinen (Antikörpern), die auf das Eindringen bestimmter Fremdmaterialien in den Körper reagieren. Lymphe ist im Prinzip Plasma mit einem reduzierten Proteingehalt. Serum ist die Flüssigkeit, die übrigbleibt, wenn das Blut geronnen ist.

Es gibt drei Haupttypen von Blutzellen: die roten Blutkörperchen oder **Erythrocyten**, weiße Blutkörperchen oder **Leukocyten** und **Thrombocyten**. Erythrocyten kommen nur in Blutgefäßen vor. Sie sind in der Regel kleiner als Leukocyten, variieren aber beträchtlich in ihrer Größe und sind z.B. bei Amphibien relativ groß, bei Säugetieren dagegen klein (Abb. 14.8). Sie sind meistens flach, oval oder rund und enthalten einen Kern; bei fast allen ausgewachsenen Säugetieren sind sie dagegen rund und kernlos. Erythrocyten enthalten viel Hämoglobin, das eine hohe Affinität für Sauerstoff hat und für die Effizienz dieser Zellen beim Sauerstofftransport verantwortlich ist. Sie transportieren auch Kohlendioxid.

Die Anzahl der Leukocyten im Blutkreislauf beträgt nur 1% (bei Säugern) bis 10% (bei Fi-

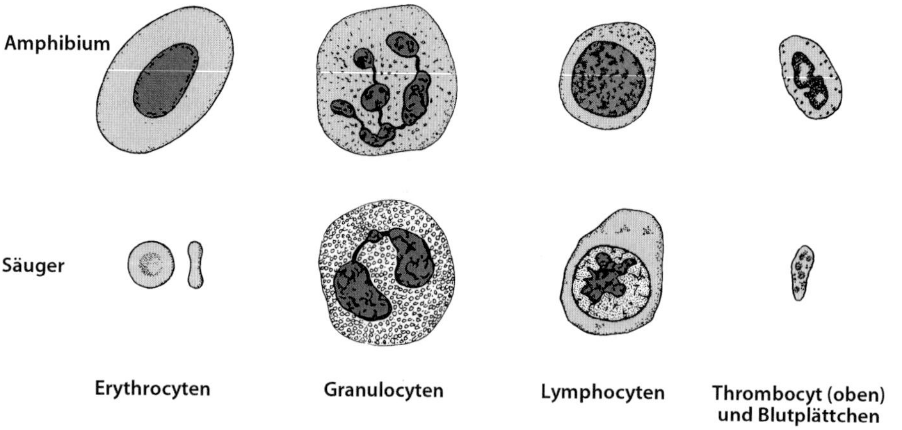


**Abb. 14.8.** Typische Blutzellen der Vertebraten

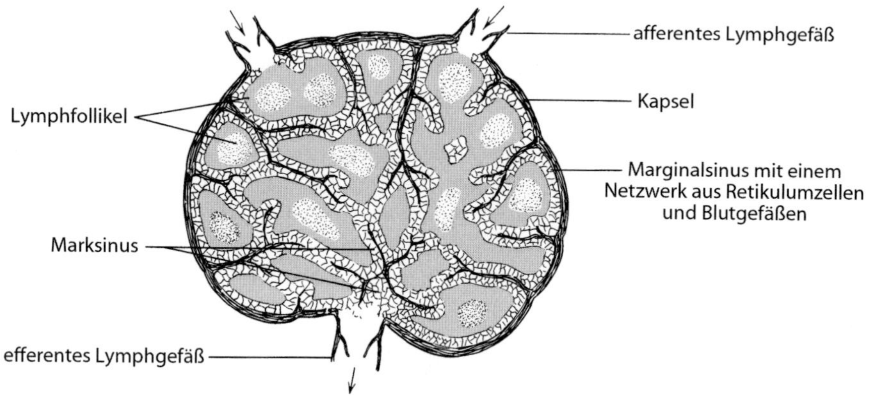


**Abb. 14.9.** Schema eines Schnittes durch einen Lymphknoten

schen) der Anzahl der Erythrocyten, aber nur Leukocyten kommen im lymphatischen System vor. Diese Zellen bewegen sich aktiv durch die Kapillarwände und sammeln sich schnell an Stellen lokaler Infektionen. Manche Leukocyten zerstören Fremdkörper, indem sie diese auffressen, ein Vorgang, der **Phagocytose** genannt wird. Diese Zellen sind auch an der Immunantwort beteiligt. Anscheinend können Leukocyten, die in die Gewebe einwandern, ihre Funktion ändern und typische Bindegewebszellen werden. Blut wird gemeinhin als eine Spezialform von Bindegewebe angesehen.

Viele Typen von Leukocyten wurden bei den verschiedenen Vertebraten identifiziert, Zwischenstufen machen eine Klassifizierung schwierig. Zwei Haupttypen sind die Granulocyten und lymphoide Zellen. **Granulocyten** sind große Zellen. Der Kern ist in zwei oder mehrere Lappen unterteilt, das Cytoplasma ist hochgradig granulär. Lymphoide Zellen haben einen zentralen, nicht gelappten Kern und keine cytoplasmatischen Granulae. Der kleine **Lymphocyt** ist die häufigste Art der lymphoiden Zellen bei allen Vertebraten.

Thrombocyten sind kleine, kernhaltige und spindelförmige Zellen des Blutstroms. Sie treten bei allen Vertebraten mit Ausnahme der Säugetiere auf, die stattdessen kernlose Zellfragmente enthalten, die **Blutplättchen** genannt werden.

Wenn Thrombocyten oder Blutplättchen durch einen Schnitt in einem Blutgefäß entweichen, haften sie an anderem Gewebe und lösen sich auf. Dabei wird ein Stoff freigesetzt, der den Gerinnungsvorgang in Gang setzt.

Im Gegensatz zu anderen Zellen sind Blutzellen in der Regel sehr kurzlebig. Sie überleben nur Tage, Wochen oder mehrere Monate und werden dann aus irgendwelchen Gründen zerstört. Deshalb werden sie kontinuierlich vom frühen embryonalen Leben bis zum Tod gebildet und entfernt. Meistens finden die Zellbildung, die **Haemopoëse**, und die Zerstörung in den gleichen Geweben statt. Viele dieser Gewebe tragen auch zur Antikörperproduktion bei und reinigen das Blut durch Filtration und Entfernen vieler verschiedener Pathogene.

Bei den meisten Vertebraten bilden sich feste, isolierte Mesodermmassen, die **Blutinseln**, auf dem Dottersack des frühen Embryos. Aus ihnen entsteht das erste Blut. Blut wird auch im Zusammenhang mit den Blutgefäßen des Körpers gebildet und bei adulten Fischen produzieren Blutgefäße rote Blutkörperchen. Der Verdauungstrakt, der Thymus, die Niere, Leber und Teile des Nasopharynx produzieren Blut nur bei den Embryonen von manchen Vertebraten und bei Embryonen und Adulten von manchen anderen.

**Lymphknoten** kommen vereinzelt bei bestimmten Wasservögeln vor, ansonsten sind sie auf Säugetiere beschränkt, wo sie in bestimmten Regionen entlang der Lymphgefäße häufig auftreten (Abb. 14.9). Es sind weißliche Organe unterschiedlicher Größe und Form, die große Mengen von Lymphocyten produzieren.

Kleine Inseln und Stränge von Milzgewebe treten unter der Submucosa des Darms von Schleimaalen und innerhalb der länglichen Darmfalte von Neunaugen auf. Bei anderen Vertebraten ist die **Milz** ein abgesetztes rötliches Organ, das im dorsalen Mesenterium liegt. Es kann länglich oder kompakt, relativ klein (bei Vögeln) oder groß (bei Säugetieren) sein. Bei Säugetieren bildet sie Lymphocyten, zerstört Erythrocyten und speichert auch größere Mengen von Erythrocyten, um sie bei Bedarf in den Körper zu entlassen. Bei allen anderen Klassen bildet die Milz alle Arten von Blutzellen. Ungulaten und einige andere Säugetiere haben außerdem **Haemalknoten**, dies sind kleine Knötchen aus Milzgewebe, die entlang von Blutgefäßen des Darms, der Niere und der Leber angeordnet sind.

Es gibt zwei Arten von Knochenmark: gelbes Knochenmark tritt in den größeren Hohlräumen der Röhrenknochen auf und ist fettig. Das rote Knochenmark tritt in den Rippen, den Wirbelzentren und den Epiphysen von Röhrenknochen auf. Diese Knochenmarktypen sind nicht immer völlig trennbar. Das rote Knochenmark ist bei Tetrapoden haemopoëtisch.

Im Allgemeinen besteht haemopotisches Gewebe aus einer Matrix von Bindegewebe in enger Verbindung mit einer reichen Blutversorgung. Das stützende Netzwerk schließt oft **retikuläres Gewebe** ein, dessen Sternzellen phagocytotisch sind und sich in verschiedene Arten von Blutzellen differenzieren können. Meistens wird das Blut durch solche Gewebe in **Sinusoiden** transportiert, die sich von Kapillaren unterscheiden, weil sie größer und unregelmäßiger sind. Sie bilden oft Anastomosen und befördern venöses Blut. Eine **Anastomose** ist eine netzartig verzweigte Verbindung von Blutgefäßen. Ähnliche Sinusoide befördern die Lymphe in die Lymphknoten (lymphatische Sinusoide).

## 14.4 Blutgefäße

### 14.4.1 Entwicklung und Struktur

Die erste sichtbare Andeutung der Ausbildung eines Gefäßsystems ist das Erscheinen von Blutinseln auf dem Dottersack. Die peripheren Zellen benachbarter Inseln berühren sich allmählich und bilden ein Netzwerk winziger Gefäße. Die tieferen Zellen trennen sich voneinander und werden zu Blutzellen.

Blutgefäße bilden sich dann bald auch aus dem Mesenchym innerhalb der Körpergewebe. Zunächst sind sie alle ungefähr gleich groß und bilden zusammen ein kontinuierliches Netzwerk in Bezug auf Organe, die schnell wachsen, wie

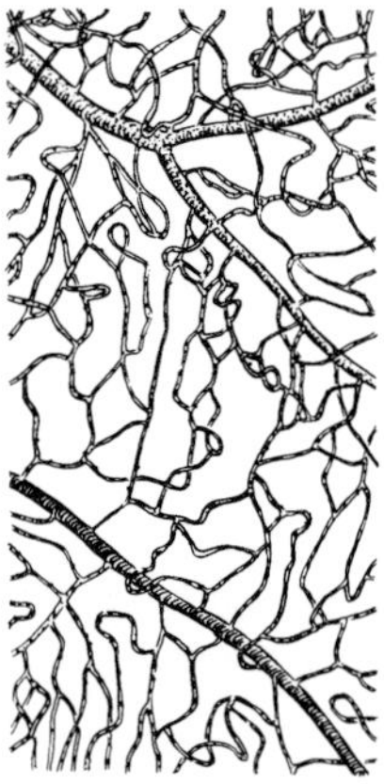

**Abb. 14.10.** Arteriolen, Venolen und Netzwerk von Kapillaren

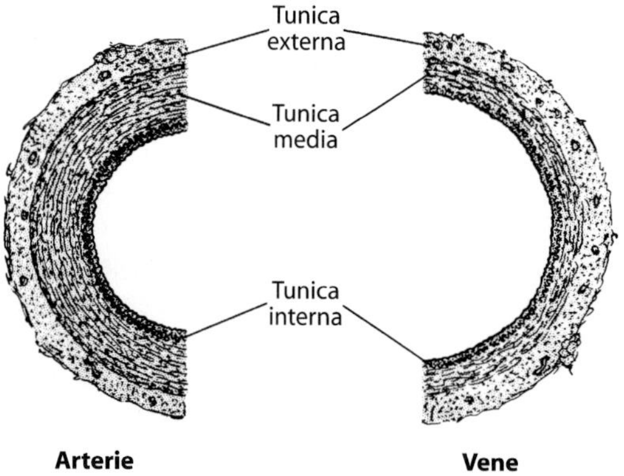


**Abb. 14.11.** Struktur von Blutgefäßen im Querschnitt

z.B. das Zentralnervensystem und die Augen. Nach und nach werden bestimmte Kanäle größer oder verschmelzen und werden so zu den ersten Arterien und Venen. Alle Teile des Systems sind ursprünglich paarig und symmetrisch. Die Primordien des Herzens und bestimmter Arterien verschmelzen allerdings in der Mittellinie sehr bald nach ihrem Erscheinen und Asymmetrien werden bei bestimmten Venen sehr früh etabliert. Manche der größeren Lymphgefäße entwickeln sich in Verbindung mit Venen und werden anschließend unabhängig.

Arterien, Venen und Kapillaren sind zunächst histologisch nicht voneinander zu unterscheiden. Alle sind Röhren aus dünnen flachen Endothelzellen, die von außen locker in ein Netzwerk von Bindegewebe eingebettet sind. Dies ist die endgültige Struktur der Kapillaren (Abb. 14.10). Arterien und Venen behalten diese Gewebe als **Tunica interna** (Tunica intima) bei, fügen aber mehr peripheres Gewebe hinzu, wenn sie heranreifen (Abb. 14.11). Arterien entwickeln eine dicke **Tunica media**, die gewöhnlich aus ringförmig angeordneten glatten Muskelfasern, bei den größten Arterien (v.a. in Herznähe) aber aus gelben elastischen Fasern besteht. Diese verleihen die nötige Stärke und Elastizität, um das Blut unter hohem Druck am Fließen zu halten. Arterien werden vervollständigt durch eine dünnere **Tunica externa**, die aus längs angeordnetem Bindegewebe besteht. Im Rasterelektronenmikroskop kann man erkennen, dass zumindest manche Arterien bei manchen Säugetieren von einem Netzwerk von unregelmäßigen Ausläufern ausgekleidet sind, die ihre Oberfläche enorm vergrößern.

Venen haben gewöhnlich einen größeren Durchmesser und sind dünnwandiger als entsprechende Arterien. Dies steht mit ihrer Funktion in Zusammenhang: Sie enthalten den Hauptteil des Blutes im Körper und transportieren es unter relativ geringem Druck. Venen sind auch in ihrer Struktur variabler und ähneln manchmal Arterien. Ihre Tunica media ist typischerweise dünn und kann sehr unauffällig sein. Die Tunica externa dagegen ist so dick wie die der Arterien oder sogar noch dicker. Im Tod drücken die muskulöseren Arterien das meiste Blut in die Venen. Wenn sie angeschnitten werden, sind die Arterien dann zwar offen, aber leer, während die Venen meistens entweder voller Blut oder kollabiert sind.

Lymphatische Kapillaren ähneln den Blutkapillaren, sind aber größer, unregelmäßiger geformt und durchlässiger. Ihre Endothelzellen sind relativ groß. Lymphgefäße sind ähnlich konstruiert wie Venen, obwohl die drei Schichten meistens weniger gut zu unterscheiden sind.

### 14.4.2 Das anfängliche Muster der Arterien

Das Muster der Gefäße, die das erste funktionierende System des Embryos bilden, ist bei allen Vertebraten praktisch gleich. Ein nahezu identisches Muster tritt beim adulten *Branchiostoma*

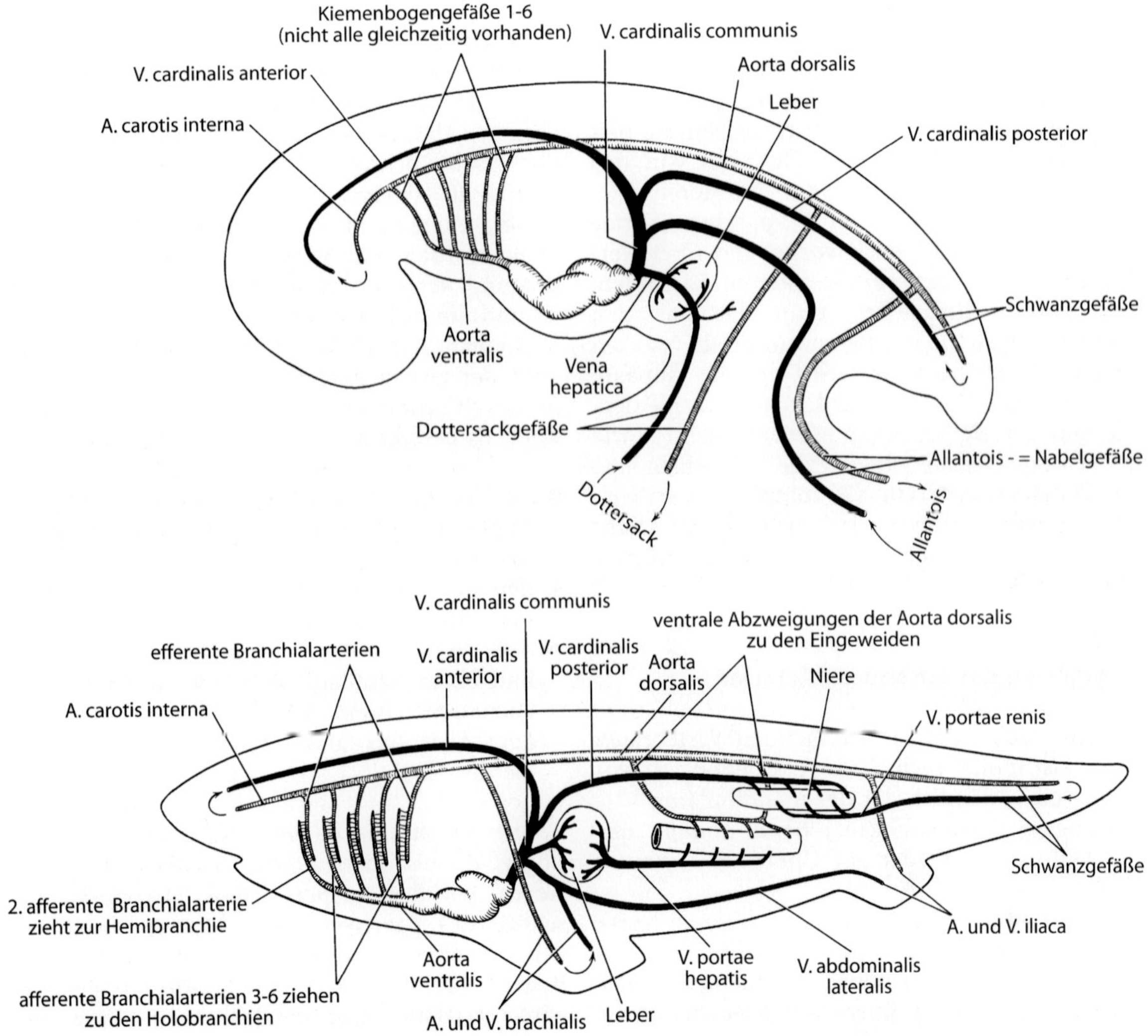


**Abb. 14.12.** Grundmuster des Kreislaufsystems der Vertebraten, am Beispiel eines Amniotenembryos (*oben*) und eines adulten Fisches auf der Entwicklungsstufe des Haies (*unten*). Nicht gezeigt sind Subcardinal- und Supracardinalvenen und die dorsalen und lateralen Zweige der Aorta dorsalis. Alle Blutgefäße sind paarig, mit Ausnahme der Aorta dorsalis und der Aorta ventralis, der Vena caudalis und den Blutgefäßen des Darms

auf. Man kann es deshalb mit Zuversicht als ursprünglich für die Vertebratenphylogenie wie auch für die Ontogenie ansehen (Abb. 14.12). Es soll uns als Ausgangspunkt dienen.

Das Herz pumpt das Blut unter dem Pharynx in der **Aorta ventralis**, die auch **Truncus arteriosus** genannt wird, nach vorne. Dieses Gefäß ist unpaar, wenn es das Herz verlässt, kann aber manchmal unter den anterioren Branchialbögen auch paarig sein. Im Embryo verteilt die Aorta ventralis ihr Blut zu den paarigen **Kiemenbogengefäßen (Arterienbögen)**, die dann durch die Visceralbögen nach oben laufen. Bei Adulten von niederen Vertebraten haben sich die Kiemenbogengefäße in proximale (zum Herzen hin) **afferente Branchialarterien**, die **Kiemenkapillaren** und distale **efferente Branchialarterien** differenziert.

Das Hauptverteilungsgefäß des Körpers ist die **Aorta dorsalis.** Dieses Gefäß ist über seine gesamte Länge paarig, während es sich differenziert. Es kann dorsal vom Pharynx paarig bleiben, aber weiter posterior verschmelzen die beiden Äste in der Mittellinie. Blut, das von den anterioren Arterienbögen (oder anterioren efferenten Branchialarterien) in die paarigen Aortae dorsales fließt, wird nach vorne und über Verlängerungen der Aorten, die inneren **Carotiden**, zum Kopf weitergeleitet. Blut, das aus den hinteren Bögen oder Efferenzen in die Aorten gelangt, fließt nach posterior in die unpaare Aorta dorsalis. Von dort wird es auf paarige dorsale und laterale Verzweigungen aufgeteilt sowie auf ventrale Verzweigungen, die mit Ausnahme der **Dottersackarterien** (A. omphalomesenterica), die zum Dottersack ziehen, und der **Allantoisarterien**, die zur Allantois ziehen, unpaar sind.

### 14.4.3 Evolution der anterioren Arterien

Die Embryonen der kiefertragenden Vertebraten haben fast immer sechs Paar Arterienbögen, wobei der erste, nämlich der des mandibulären Visceralbogens (Kiemenbogens) beim Adulten immer verloren geht oder auf Überreste reduziert wird.

**Cyclostomata** haben eine lange ventrale Aorta und acht oder mehr Kiemenbogengefäße. Die Aorta dorsalis verläuft unpaar (Neunaugen) oder paarig (Schleimaale) über den Kiemen. Unter den **kiefertragenden Fischen** behalten die Chondrichthyes, Dipnoi und Chondrostei den zweiten Arterienbogen bei, um die Hyoidhemibranchie zu versorgen. Bei anderen Fischen ist der zweite Bogen modifiziert oder geht verloren (Abb. 14.13). Deshalb haben die Knorpelfische meist fünf Branchialafferenzen, wogegen die Actinopterygier nur vier haben, die ihre vier Holobranchien versorgen (Abb. 14.3). Den Actinopterygiern fehlen außerdem die branchialen Bögen und Verbindungen, die den Kiemenkreislauf bei Knorpelfischen komplizieren (Abb. 14.13). Die luftatmenden Dipnoi haben Lungenarterien, die von den efferenten Abschnitten der sechsten Arterienbögen abzweigen. Des Weiteren zweigen die fünften und sechsten Kiemenafferenzen von der Aorta ventralis direkt anterior zum teilweise unterteilten Conus arteriosus ab, der in sie den relativ unoxygenierten Blutstrom ableitet (Abb. 14.4). Die paarigen Aortae dorsales der Fische dehnen sich nach vorne unter das Gehirn als Arteriae (Aa.) carotides internae aus. Kiefer, Augenhöhlen, Mund und Pseudobranchien werden von Arterien verschiedener Ausprägung versorgt, deren Homologie zweifelhaft ist und die viele Namen tragen.

Adulten **Tetrapoden** fehlt sowohl der erste als auch der zweite Arterienbogen. Ein charakteristisches Carotidensystem leitet das Blut zum Kopf. Es besteht aus:

- den Aa. carotides communes, die aus den Abschnitten der ursprünglichen (und embryonalen) paarigen Aortae ventrales entstehen,
- den Aa. carotides externae, welche die Kehle und den ventralen Teil des Kopfes versorgen,
- den Aa. carotides internae, die das Gehirn und einen Großteil des Kopfes versorgen. Sie entstammen dem dritten Arterienbogen und den anterioren Auswüchsen der paarigen Aortae dorsales.

Adulte **Amphibien** behalten auch paarige vierte Bögen, die als Aortenbögen das Blut zum posterioren Teil des Körpers leiten. Der kurze Abschnitt der paarigen Aortae dorsales zwischen den dorsalen Wurzeln des dritten und vierten Bogens (der auch **Ductus caroticus** genannt wird) ist daher eine nutzlose Verbindung zwischen divergierenden Blutströmen. Obwohl er bei den meisten Urodela beibehalten wird, geht er bei den Anura verloren. Salamander, die als Adulte ihre Kiemen behalten, behalten auch den fünften und sechsten Arterienbogen (alle ihre Bögen haben afferente und efferente Branchialarterien). Die Anura verlieren den fünften Bogen. Die Lungenarterien zweigen von den sechsten Bögen ab, die zu ihren Basen werden. Der nutzlose (gewöhnlich nachteilige) Teil des sechsten Bogens, der zwischen der Lungenarterie und der Aorta liegt und **Ductus Botalli** genannt wird, geht verloren. (*Necturus*, der oft im Labor seziert wird, ist bezüglich des Musters der anterioren Arterien leider untypisch.)

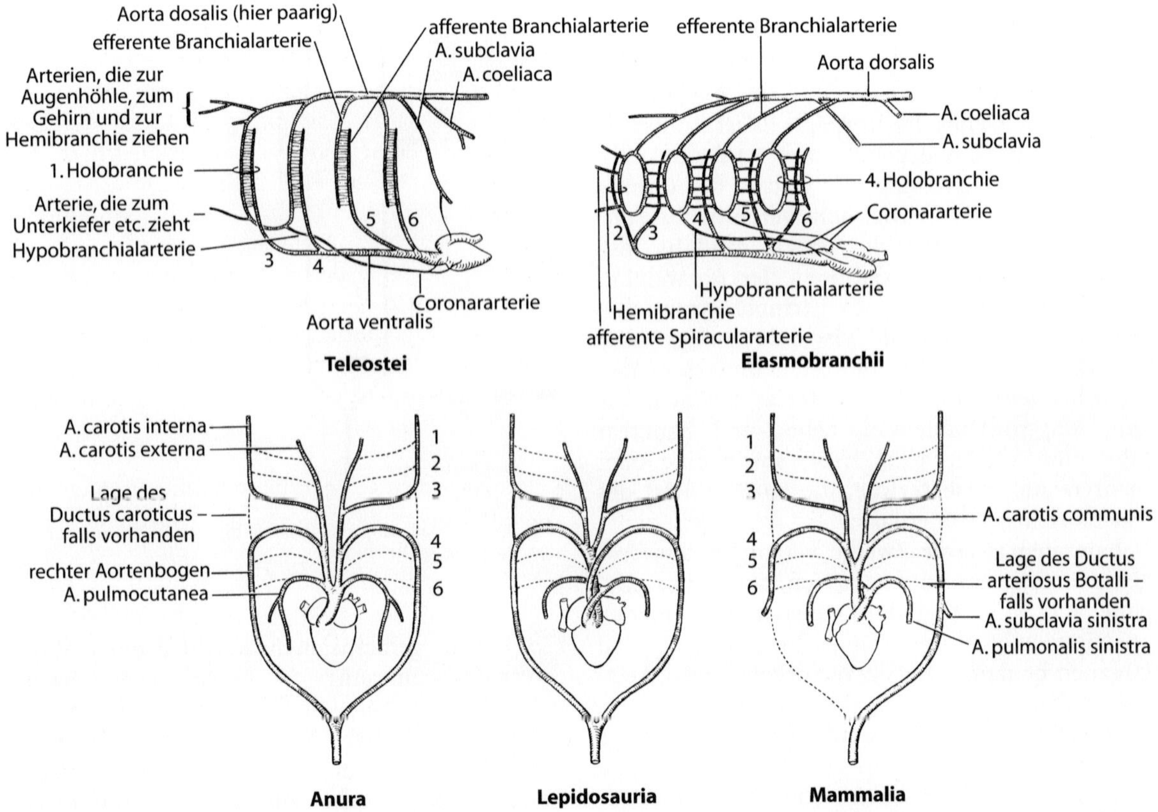


**Abb. 14.13.** Derivate der Kiemenbogengefäße und damit in Verbindung stehende Blutgefäße repräsentativer Vertebraten. Halbschematisch. Lateralansichten von links (*oben*) und Ventralansichten (*unten*). Die Kiemenbogengefäße sind nummeriert

Das grundlegende Muster der Arterienbogenderivate bei modernen **Reptilien** entspricht dem der Anura mit dem bedeutenden Unterschied, dass der Conus arteriosus in drei anstatt in zwei Stämme aufgeteilt ist (Abb. 14.5 und 14.19). Die Verteilung des Blutes auf diese Gefäße wurde oben bei der Besprechung des Herzens dargestellt. Das Carotidensystem (das bei den verschiedenen Gruppen unterschiedlich modifiziert ist), steht nur mit dem rechten Bogen in Verbindung, der das sauerstoffreichere Blut enthält. Es ist eigenartig, dass der Ductus caroticus bei manchen Lepidosauriern und der Ductus Botalli bei *Sphenodon* und mehreren anderen Gattungen noch persistiert.

**Vögel** modifizieren das Carotidensystem insofern, dass die Aa. carotides internae die Aa. carotides communes in dem langen Hals ersetzen (Abb. 14.21). Rechte und linke Gefäße liegen beim Hühnchen Seite an Seite, und es ist für Systematiker interessant, dass entweder beide oder nur eines von beiden in den verschiedenen Ordnungen erhalten bleiben. Vom vierten Arterienbogen bleibt bei Vögeln nur der rechte Bogen erhalten. Charakteristische Brachiocephalarterien, die vom Aortenbogen abzweigen, geben die Carotiden und die Aa. subclaviae ab, wobei das Verzweigungsmuster variabel sein kann.

**Säugetiere** behalten nur den linken vierten Arterienbogen bei (Abb. 14.22). Das Carotidensystem ist weniger modifiziert als bei Vögeln, aber die proximalen Verbindungen der Aa. carotides communes zu den Aortenbögen und den Aa. subclaviae sind oft asymmetrisch. Der Ductus Botalli spielt beim fötalen Kreislauf der Säuger eine wichtige Rolle.

### 14.4.4 Evolution der posterioren Arterien

Posterior zum Pharynx ist die Aorta dorsalis das konstanteste Gefäß des Körpers. Es ist immer eine große, median liegende, in Körperlängsrichtung verlaufende Arterie, die ventral der **Chorda dorsalis** oder der Wirbelsäule verläuft. Sie setzt sich in den Schwanz als **Arteria caudalis** fort. Außerdem sind die Variationen der Abzweigungen von der Aorta von nur geringer evolutionärer Bedeutung. **Ventrale viscerale Zweige** können zahlreich sein (Amphibien), umfassen aber typischerweise nur eine **Arteria coeliaca,** die zum Magen, Duodenum, Leber und Pancreas (also zum Vorderdarm) zieht, sowie eine oder mehrere **Aa. mesentericae,** die zu dem Rest des Darms ziehen (Hinterdarm).

**Laterale viscerale Zweige** versorgen die Urogenitalorgane. Sie sind zahlreich, wenn diese Organe lang sind (bei den meisten Anamniern), ansonsten gibt es nur wenige. Sie sind nach den Organen benannt, die sie versorgen – also Arteria renalis, A. ovariae, A. spermatica.

**Dorsale somatische Zweige** der Aorta dorsalis versorgen das Rückenmark, die Muskeln und die Haut. Sie sind bei Fischen segmental, bei Tetrapoden aber meist aus funktionellen Gründen, die unten besprochen werden, abgewandelt. Die großen **Arteriae subclaviae** ziehen als **Brachialarterien** (nicht zu verwechseln mit Branchialarterien) in die Vorderextremität; die entsprechenden **Arteriae iliacae** ziehen als **Arteriae femorales** in die Hinterextremitäten.

### 14.4.5 Das Grundmuster der Venen

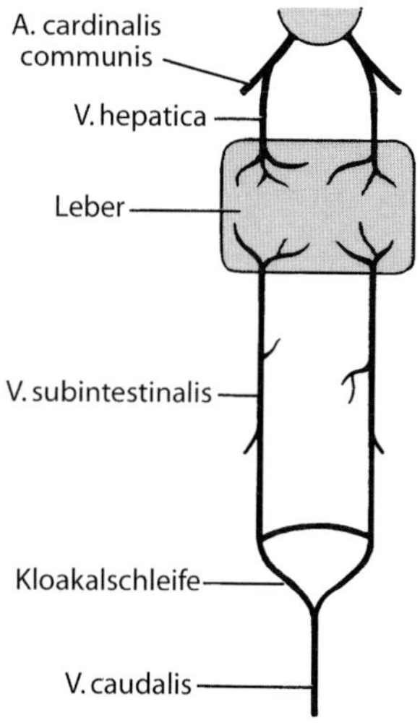


**Abb. 14.14.** Das ursprüngliche Subintestinalsystem der Venen. Ventralansicht

Das ursprüngliche ontogenetische und phylogenetische Venenmuster besteht aus drei mehr oder weniger unabhängigen Systemen. Das erste, das **subintestinale-vitelline System** leitet Blut aus dem Schwanz, dem Verdauungstrakt und dem Dottersack ab (Abb. 14.14). Eine **Vena caudalis** zieht nach vorne zur Kloakenregion. Die **Venae subintestinales** setzen die Ableitung nach vorne fort, erhalten Zuläufe aus dem Verdauungstrakt und entleeren sich, nachdem sie durch die Leber hindurchgezogen sind, nahe beim Herzen in die gemeinsamen Kardinalvenen Venae cardinales communes (s. unten). Dies vervollständigt die subintestinale Komponente des Systems, wie sie bei ursprünglichen Vertebraten ausgebildet gewesen sein könnte. Eine vitelline Komponente besteht aus großen **Dottersackvenen**, die vom Dottersack kommen und in die Venae subintestinales münden (Abb. 14.12). Morphologen finden es am einfachsten, die Dottersackvenen als große, frühreife Abzweigungen der Vv. subintestinales zu deuten. Embryologen dagegen betrachten die Vv. subintestinales eher als spätreife Zweige der Dottersackvenen.

Ein zweites Venensystem ist das **Kardinalsystem**, welches das Blut aus dem Kopf, der dorsalen Körperwand und den Nieren ableitet (Abb. 14.12). Seine Hauptgefäße sind die

- **Venae cardinales anteriores** (vordere Kardinalvenen), die lateral zu den inneren Carotiden verlaufen,
- die **Venae cardinales posteriores** (posteriore Kardinalvenen), die in oder neben dem dorsalen Abschnitt der Nieren liegen,
- die kurzen **Venae cardinales communes** (gemeinsame Kardinalvenen, **Ductus Cuvieri**), die durch den Zusammenfluss der vorgenannten Gefäße entstehen.

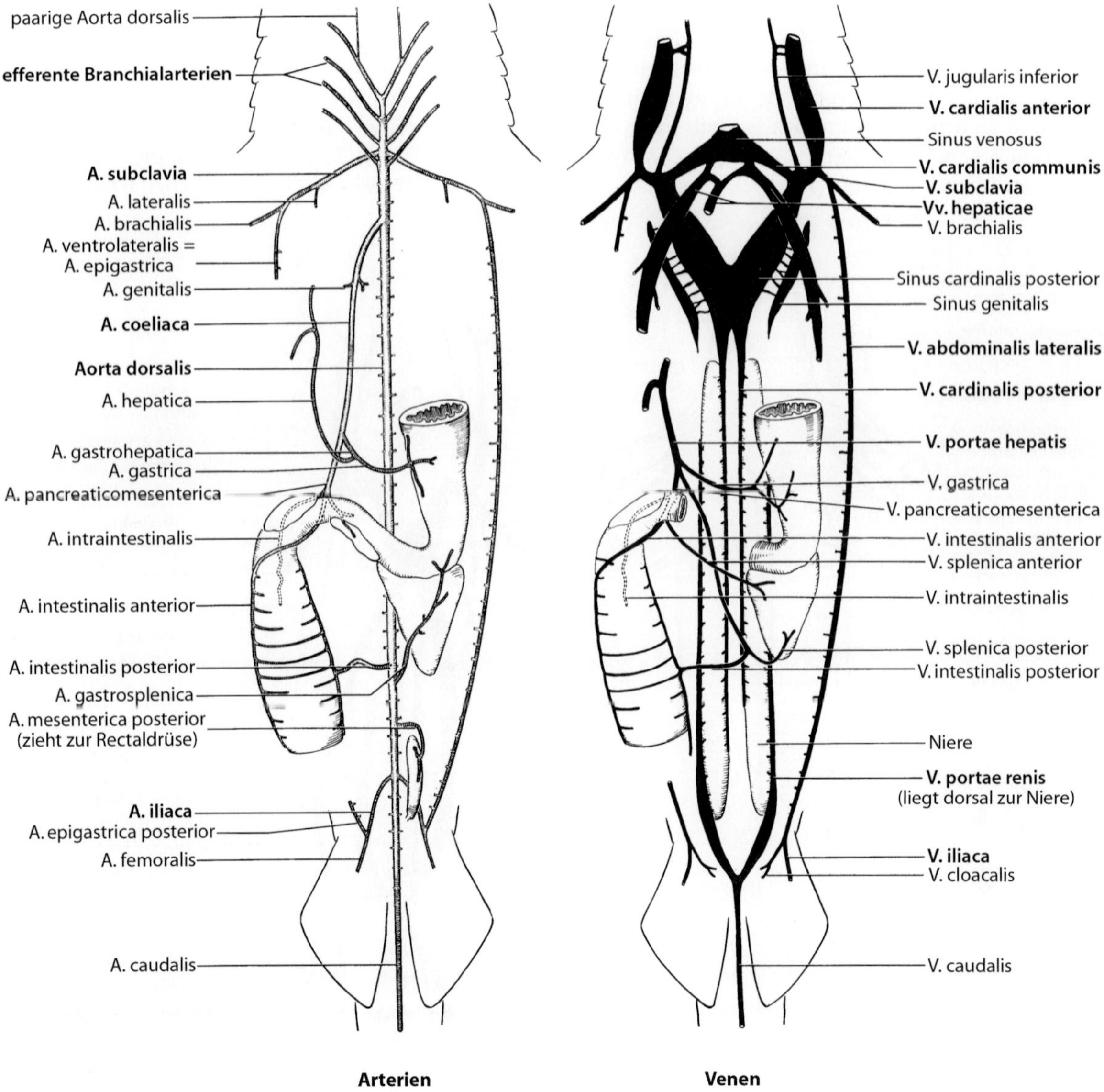


**Abb. 14.15.** Kreislaufsystem des Haies, *Squalus*. Ventralansichten. Die Hauptgefäße sind fett gedruckt. Für die Aorta ventralis und die Kiemengefäße s. Abb. 14.3 und 14.13

Nachdem sie das Blut aus den anderen Systemen aufgenommen haben, befördern sie dieses gesamte Blut zurück zum Herzen. (Mehrere zusätzliche längsverlaufende Venenpaare stehen in Verbindung zur embryonalen Niere. Diese bilden viele Anastomosen miteinander und leiten das Blut in die posterioren Kardinalvenen ab. Zwei Gefäße, die zum dritten Venensystem beitragen, sind die Venae subcardinales und die Vv. supracardinales.)

Das dritte Venensystem ist das **Abdominalsystem**, welches das Blut aus der ventralen Körperwand und den paarigen Extremitäten ableitet. Es besteht aus paarigen **lateralen Abdominalvenen**, welche die Venae **iliacae** und Vv. **subclaviae** aus den hinteren und vorderen Extremitäten aufnehmen und sich in der Nähe des Eintritts der Subintestinalvenen in die Vena cardinalis communis entleeren (Abb. 14.12 und 14.15).

### 14.4.6 Evolution der anterioren Venen

Gefäße, die das Blut aus dem anterioren Teil des Körpers ableiten, haben sich wenig verändert. Sie stellen einen Teil des ursprünglichen Kardinalvenensystems und seiner assoziierten Venen

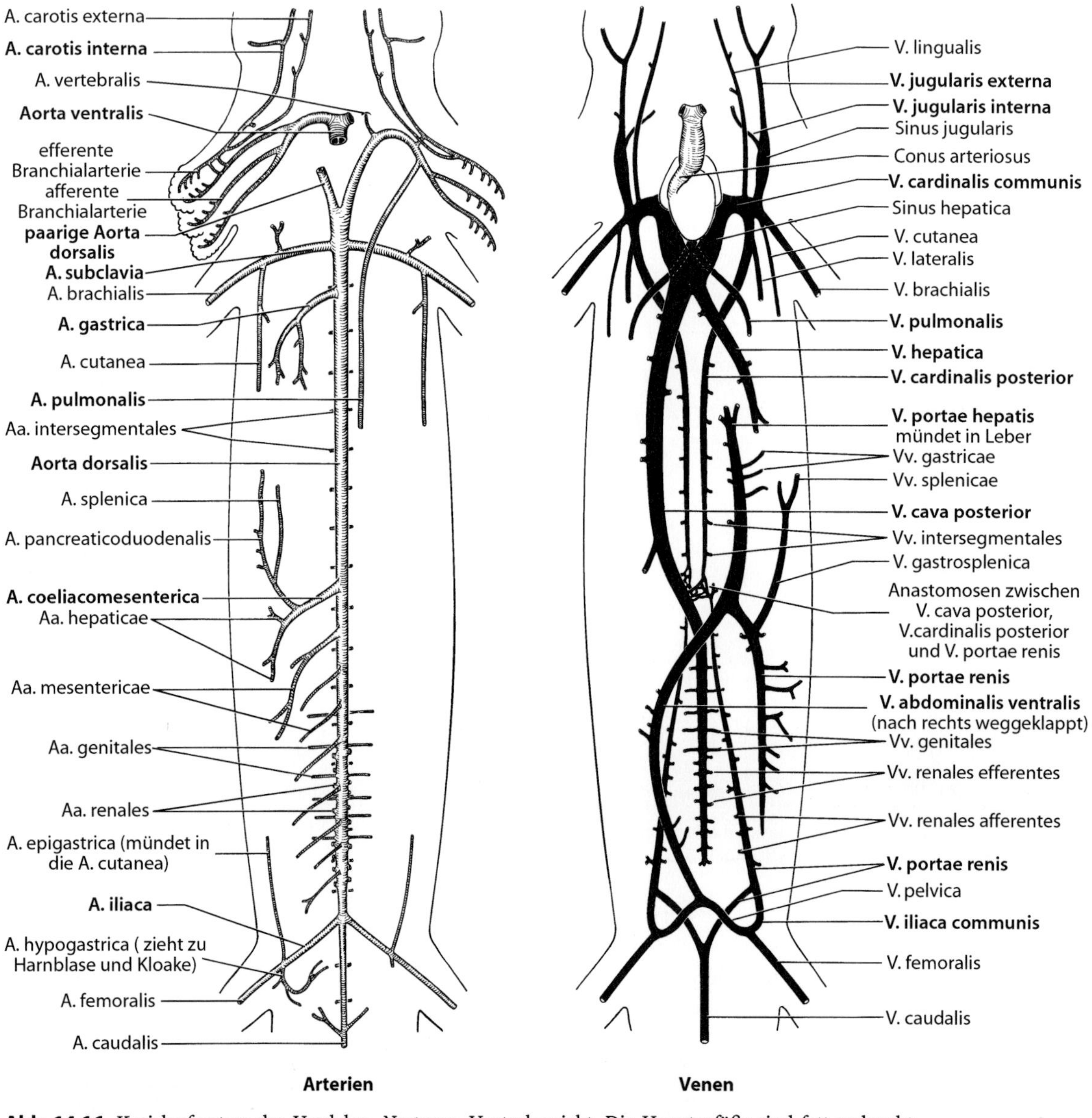


**Abb. 14.16.** Kreislaufsystem des Urodelen, *Necturus*. Ventralansicht. Die Hauptgefäße sind fett gedruckt

dar. Die anterioren Kardinalvenen leiten bei Cyclostomata und Fischen das Blut aus dem Gehirn und einem Teil des Kopfes ab (Abb. 14.15). Bei Tetrapoden heißen die gleichen Gefäße **innere Jugularvenen** (Vv. jugulares internae) und sind peripher durch verschiedene Kombinationen der Elterngefäße mit ihren embryonalen Zuflüssen etwas abgewandelt (Abb. 14.16, 14.17 und 14.18). Der mehr ventral gelegene und äußere Teil des Kopfes wird bei Fischen von Venen unsicherer Homologie abgeleitet, die innere Jugularvenen genannt werden. Die gleichen Regionen werden bei den Tetrapoden von den **externen Jugularvenen** (Vv. jugulares externae) dräniert, die mit den inneren Jugularvenen im Hals verschmelzen. Die Vv. cardinales communes sind bei Fischen

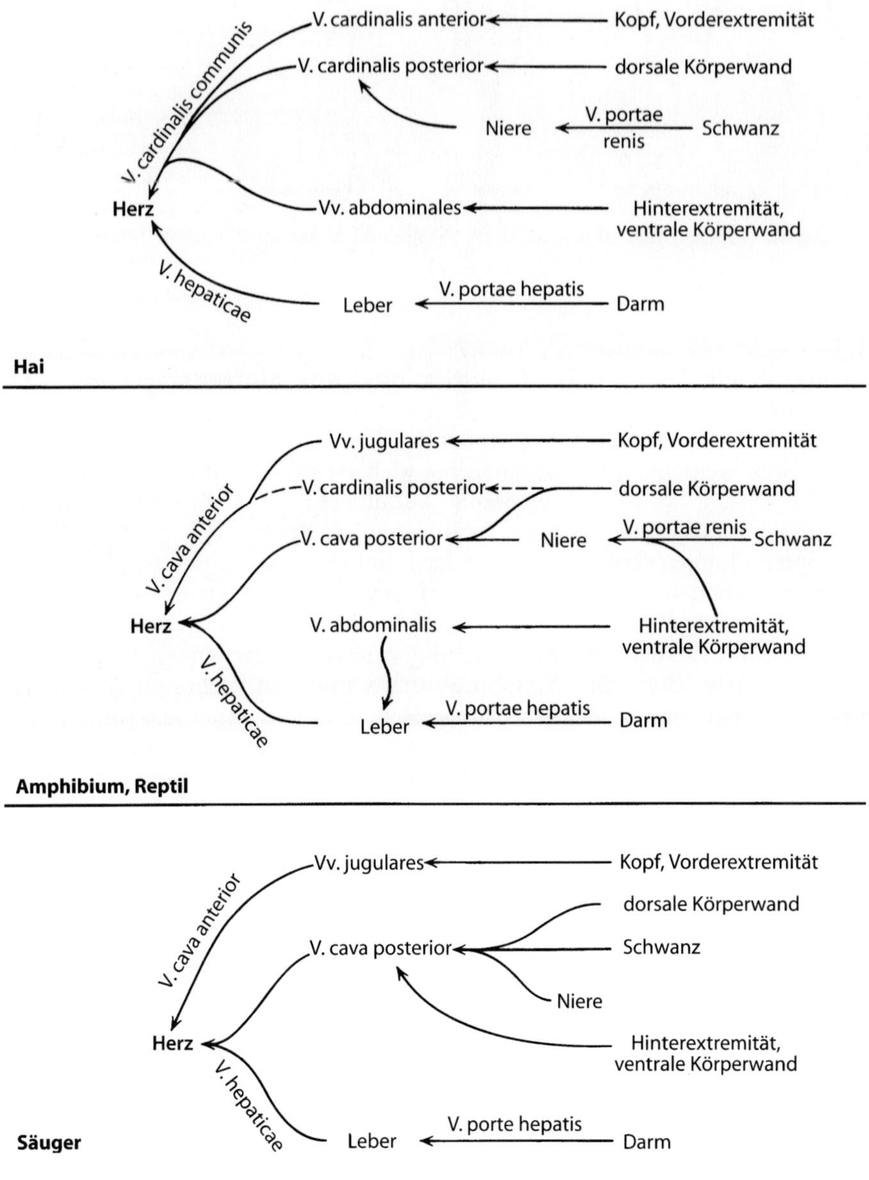


**Abb. 14.17.** Diagramm der Evolution des venösen Blutflusses

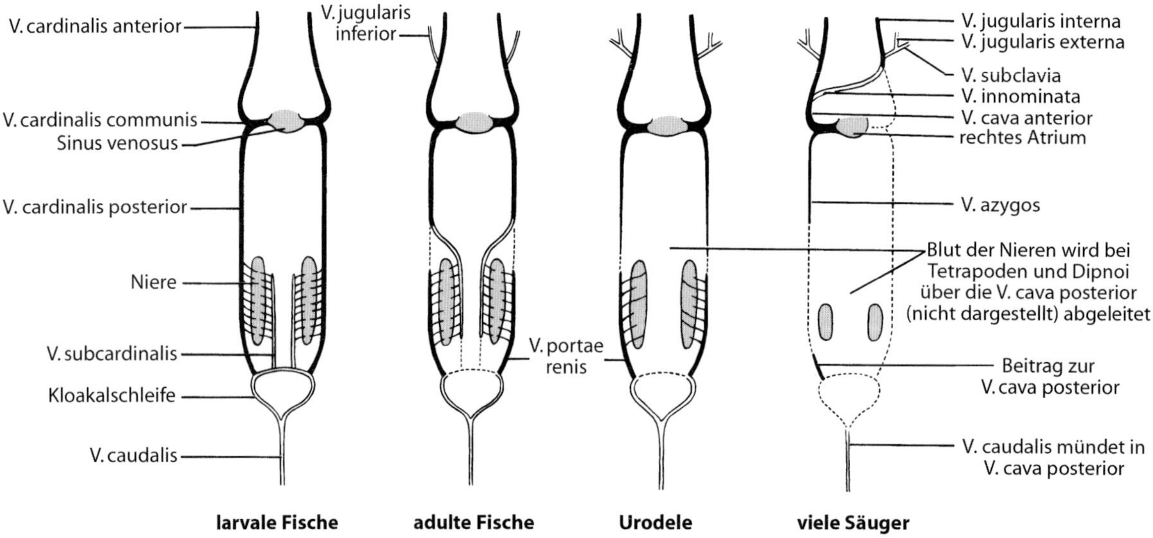


**Abb. 14.18.** Evolution der Kardinalvenen (*schwarz*) und einiger damit in Verbindung stehender Blutgefäße (*offen*). Ventralansichten

paarig; die eine oder andere geht bei adulten Cyclostomata verloren. Venöse Sinus kommen häufig bei den Ableitungen aus den Kardinal- und Jugularvenen vor, vor allem bei Cyclostomata, Knorpelfischen und (nahe des Gehirns) bei Säugern.

Zwischen dem Herzen und dem Zusammenfluss der inneren und äußeren Jugularvenen werden die Derivate der Kardinalvenen bei Tetrapoden **Venae cavae anteriores** genannt. Diese Gefäße sind bei allen Tetrapoden, mit Ausnahme der Säugetiere, bis zum Herzen paarig. Dies gilt auch für einige ursprüngliche Säugetiere (die meisten Marsupialia und Rodentia, Insectivora und einige andere). Bei anderen Säugetieren führt eine Verbindung, die **Vena brachiocephalica** oder **innominata,** das Blut aus den linken Jugularvenen zur rechten Vena cava anterior. Die linke V. cava anterior geht dann bis auf einen Beitrag zum Coronarsinus verloren (Abb. 14.23).

Das Blut aus den Vorderextremitäten wird durch die Vv. subclaviae abgeleitet, die in die anteriore oder die gemeinsame Kardinalvene oder ihre entsprechenden Strukturen, die Venae cavae anteriores oder V. brachiocephalica, münden.

## 14.4.7 Evolution des Leberpfortadersystems

Die Ableitung des Blutes aus den Verdauungsorganen hat sich ebenfalls während der Evolution wenig verändert. Sie steht in Verbindung zum subintestinalen System des ursprünglichen Kreislaufs (Abb. 14.14). Bei allen adulten Vertebraten wird eine einzelne große **Vena portae hepatis** gebildet. Sie entsteht durch eine selektive Beibehaltung von Teilen der linken und rechten V. subintestinalis und von mehreren Anastomosen, die zwischen ihnen, innerhalb und direkt posterior zur Leber auftreten. In der Leber teilt sich das System in Sinusoide auf und wird anterior zur Leber bis zum Herzen als eine oder mehrere das Blut aus der Leber ableitenden **Venae hepaticae** fortgeführt (Abb. 14.23).

Ursprünglich hat die Vena portae hepatis nicht nur das Blut aus dem Verdauungstrakt, sondern auch aus dem Schwanz abgeleitet. Dieser Zustand ist bei Schleimaalen und manchen Teleosteern erhalten. Bei anderen Vertebraten verliert die Leberpfortader ihre Verbindung zum Schwanz. Deshalb muss das Blut aus dem Schwanz in ein anderes System abfließen (s. unten). (Wie später betont werden wird, kann die

Leber bei Amphibien und Reptilien auch Pfortaderblut über das abdominale Venensystem erhalten.)

### 14.4.8 Evolution des Nierenpfortadersystems

Das Nierenpfortadersystem entwickelte sich aus den ursprünglichen posterioren Kardinalvenen und mit ihnen in Verbindung stehenden Gefäßen. Cyclostomata und Fischlarven behalten den ursprünglichen Zustand bei: Die posterioren Kardinalvenen verlaufen von der Analgegend bis zur Vena cardinalis communis und nehmen Zuströme aus den Urogenitalorganen und der Körperwand auf.

Bei **Fischen** entwickelt sich eine Unterbrechung in den posterioren Kardinalvenen direkt anterior zu den Nieren (Abb. 14.18). Blut aus dem posterioren Teil des Körpers fließt gewöhnlich in die **posterioren** Abschnitte der posterioren Kardinalvenen, die nun **Nierenpfortadern (Venae portae renis)** heißen, gelangt in das Gewebe der Nieren und fließt dann in Subkardinalvenen zu den **anterioren** Abschnitten der posterioren Kardinalvenen ab. Das **Nierenpfortadersystem** ist somit angelegt (wie wir später sehen werden, ist dies von großer physiologischer Bedeutung).

**Dipnoi** und **Urodela** behalten das gleiche Blutgefäßmuster bei, entwickeln aber ein neues Gefäß, die Vena cava posterior (s. unten), die das meiste Blut aus den Nieren aufnimmt. Die reduzierten anterioren Abschnitte der posterioren Kardinalvenen führen das Blut aus der Körperwand ab. **Anura** und **Reptilien** sind insofern weiterentwickelt, als die anterioren Abschnitte der posterioren Kardinalvenen gewöhnlich nur noch durch variable **Vv. vertebrales** repräsentiert sind, die das Blut aus dem anterioren Teil des Thorax ableiten. Das gesamte Blut in den Nierenpfortadern strömt nun in die Nieren, aber bei einigen Spezies wird ein Teil des Blutes durch das Organ in die Vena cava posterior geleitet, ohne eine Kapillarverzweigung zu durchlaufen.

Bei **Vögeln** ist das gleiche Muster verwirklicht, mit der Ausnahme, dass fast das gesamte Blut durch die Niere in die Vena cava posterior fließt, ohne an einer kapillaren Verzweigung teilzunehmen. Es fließt nur in Nierengewebe, wenn sich eine Klappe schließt und die direkte Route versperrt. **Säugetiere** haben kein Nierenpfortadersystem mehr. Eine **Vena azygos**, und bei manchen Spezies eine Vena hemiazygos, die einen Teil des Blutes aus dem Thorax ableiten, sind die einzigen Derivate der anterioren Abschnitte der posterioren Kardinalvenen.

### 14.4.9 Evolution der posterioren somatischen und placentalen Venen

Das Blut aus dem Schwanz, den Hinterextremitäten und der Körperwand wird durch Venen abgeleitet, die eine relativ unterschiedliche Evolutionsgeschichte haben. Wir haben bereits festgestellt, dass Blut aus dem Schwanz in das **subintestinale System** von Schleimaalen und manchen Teleosteern abgeleitet wird, aber dass diese ursprüngliche Verbindung ansonsten verloren geht. Wir haben auch gesehen, dass die hinteren Abschnitte der **hinteren Kardinalvenen** als Nierenpfortadern Blut aus dem Schwanz bei allen Vertebraten mit Ausnahme der Cyclostomata und Säugetiere zu den Nieren führen. Die Nierenpfortadern der Tetrapoden erhalten auch einen Teil des Blutes aus der Hinterextremität. Außerdem leiten die anterioren Abschnitte der hinteren Kardinalvenen (oder Derivate der einen oder beider Seiten) Blut aus einem Teil der Körperwand ab.

Ein anderes Ableitungssystem, das **abdominale System**, leitet Blut aus den Bauchflossen und der ventralen Körperwand von Haien ab. Dies scheint der ursprüngliche Zustand zu sein (Abb. 14.15 u. 14.17). Interessanterweise fehlt dieses System bei Cyclostomata und Strahlenflossern. Bei adulten Dipnoi, Amphibien und Reptilien sind Abdominalvenen (einzeln oder paarig) vorhanden, allerdings stehen sie posterior mit dem caudalen Kreislauf in Verbindung und treten anterior, mit Ausnahme der Dipnoi, in die Leber ein. Blut aus den Hinterextremitäten von Amphibien und Reptilien kann also entweder in die Nierenpfortadern zu den Nieren **oder** in die Abdominalvenen eingeleitet werden, wo es dann zur Leber transportiert wird (Abb. 14.17 und 14.20).

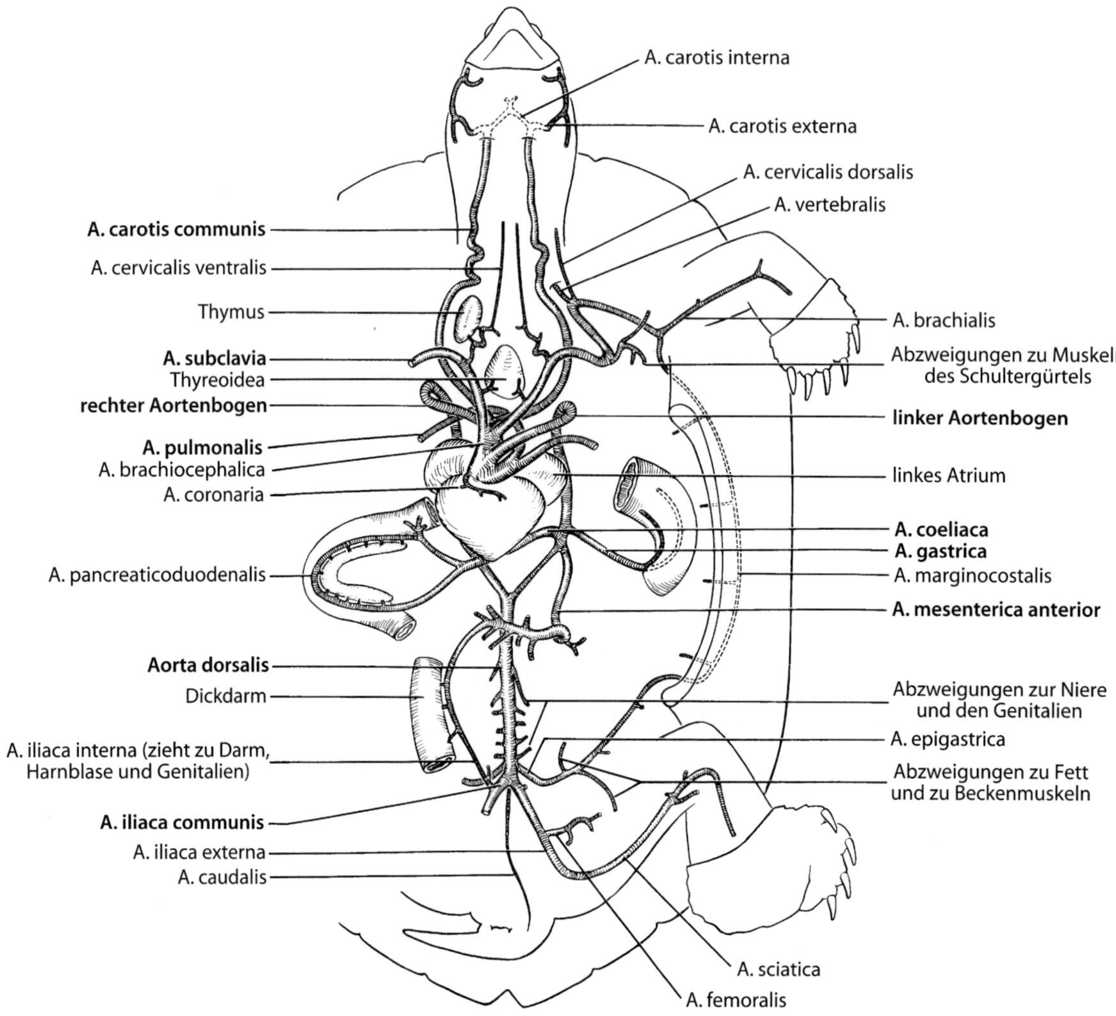


**Abb. 14.19.** Arterien einer Schildkröte, Familie Testudinidae. Die Hauptgefäße sind durch Fettdruck gekennzeichnet

Adulten Vögeln und Säugetieren fehlt das Abdominalsystem, aber embryonale Amnioten haben noch paarige Abdominalvenen. Föten behalten beide (bei Reptilien) oder nur die linke als **Vena allantois** oder **Vena umbilicalis.** Wie ihre Vorläufer bei den ursprünglichen Amphibien, treten diese Gefäße in die Leber ein. In der Leber jedoch verbindet sie ein **Ductus venosus** gewöhnlich direkt mit den Venae hepaticae, so dass der fötale Kreislauf funktionell kein Pfortaderkreislauf ist.

Schließlich ist es bedeutsam, dass es eine weitere große, posteriore, somatische Vene gibt, die **Vena cava posterior.** Sie tritt bei Dipnoi, den rezenten Coelacanthen und den Tetrapoden auf. Dies ist kein neues Gefäß im Sinne der Evolution, sondern ist stattdessen aus Abschnitten eines bereits existierenden Systems entstanden. Bei den Dipnoi bildet sie sich aus Teilen der rechten posterioren Kardinalvene und der benachbarten Subcardinalvene. (Die Vena cava posterior wird bei anderen Fischen durch Asymmetrien in die-

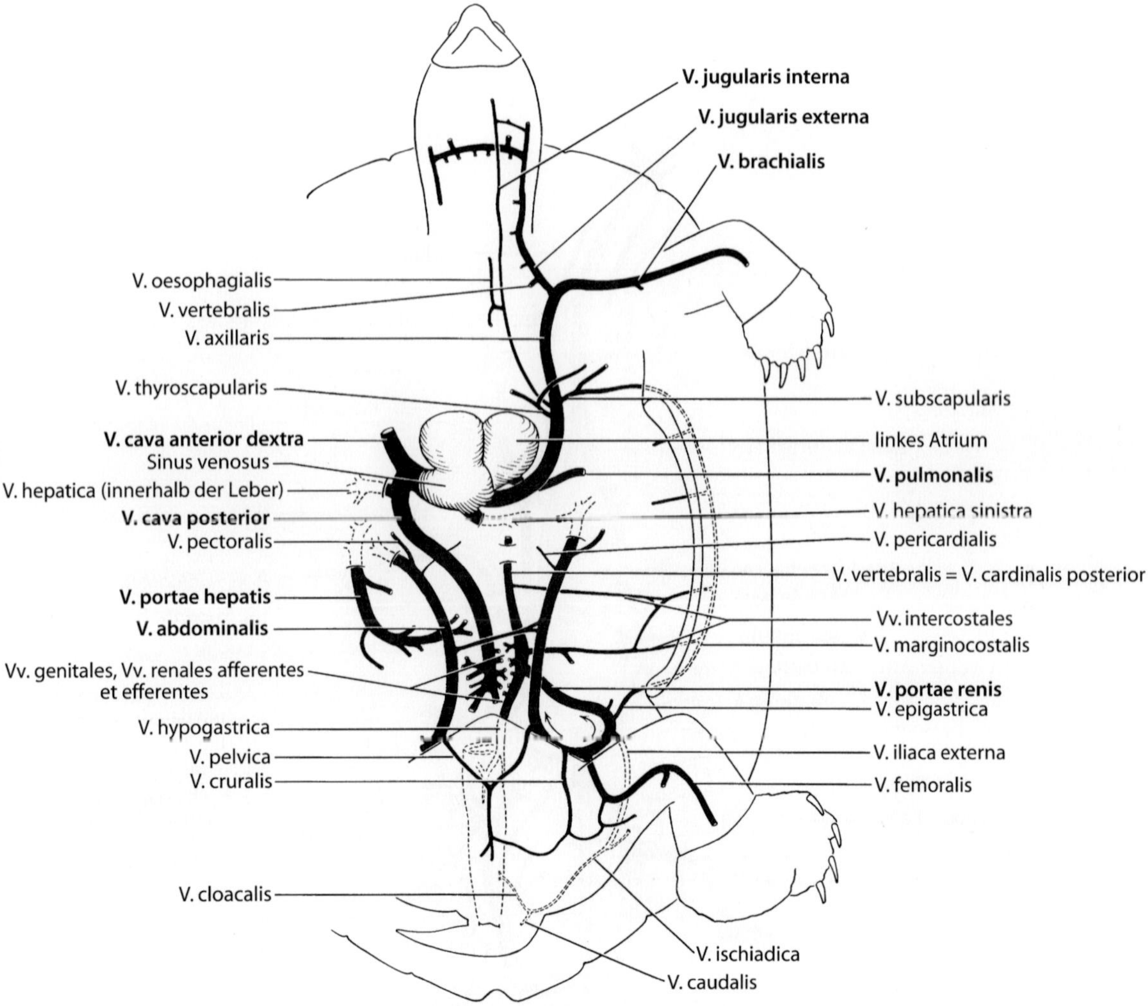


**Abb. 14.20.** Venen einer Schildkröte, Familie Testudinidae. Die Hauptgefäße sind durch Fettdruck gekennzeichnet

sen Kanälen bereits angedeutet.) Bei Säugetieren sind außerdem die rechte Vena hepatica und rechte Vena supracardinalis sowie Anastomosen zwischen deren Primordien beteiligt (Abb. 14.24). Bei Amphibien, Reptilien und Vögeln reicht die Vena cava posterior nur bis zum posterioren Ende der Niere (Abb. 14.16 und 14.20). Da bei Säugetieren kein Nierenpfortadersystem ausgebildet wird, sammelt die Vena cava posterior das Blut direkt aus dem Schwanz und den Hinterbeinen (Abb. 14.23). Wenn man ihre komplizierte Ontogenese und Phylogenese bedenkt, überrascht es nicht, dass bei der Vena cava posterior und den mit ihr in Verbindung stehenden Gefäßen eine hohe individuelle Variation besteht.

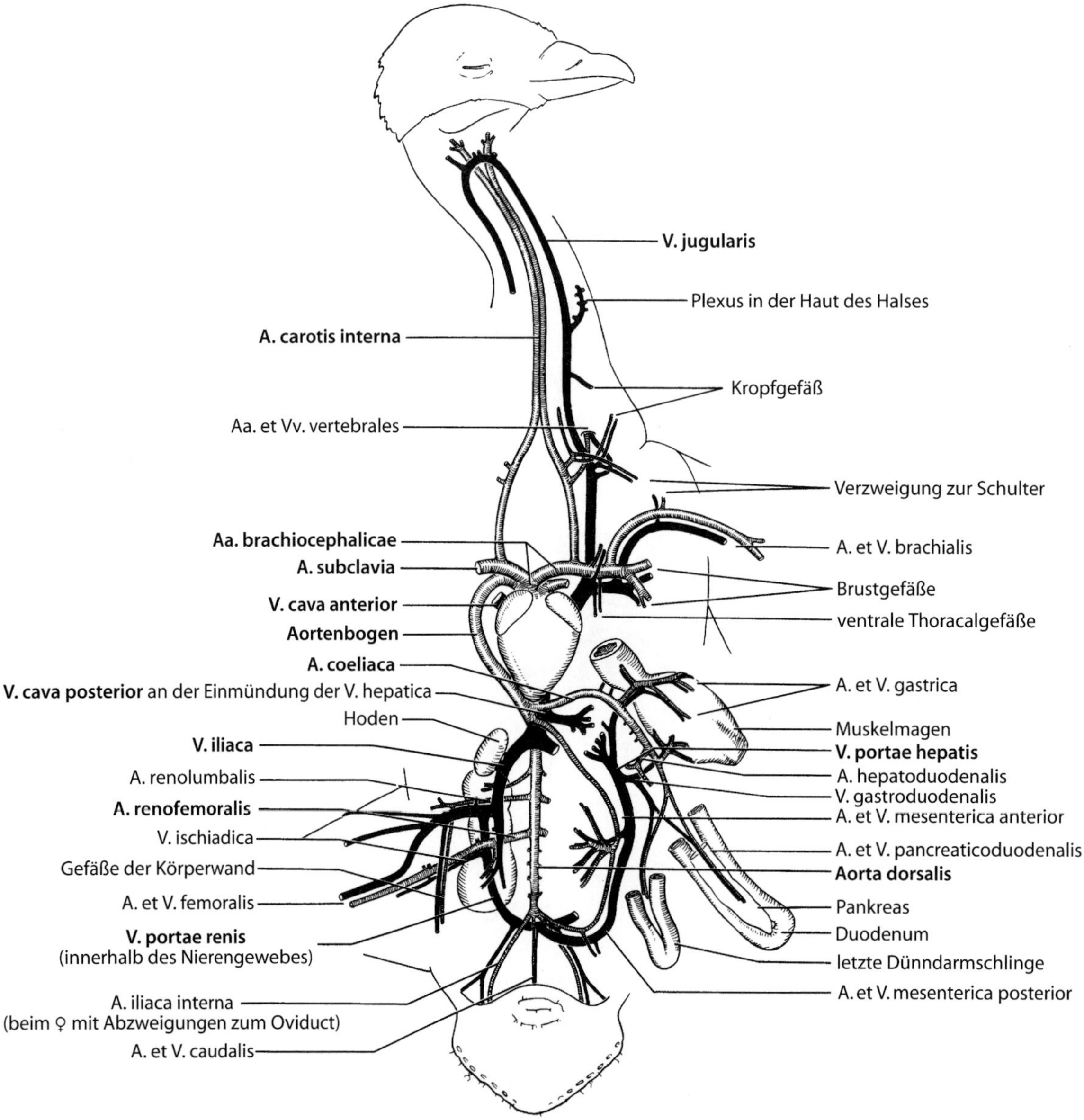


**Abb. 14.21.** Kreislaufsystem der Taube. Hauptgefäße sind durch Fettdruck gekennzeichnet

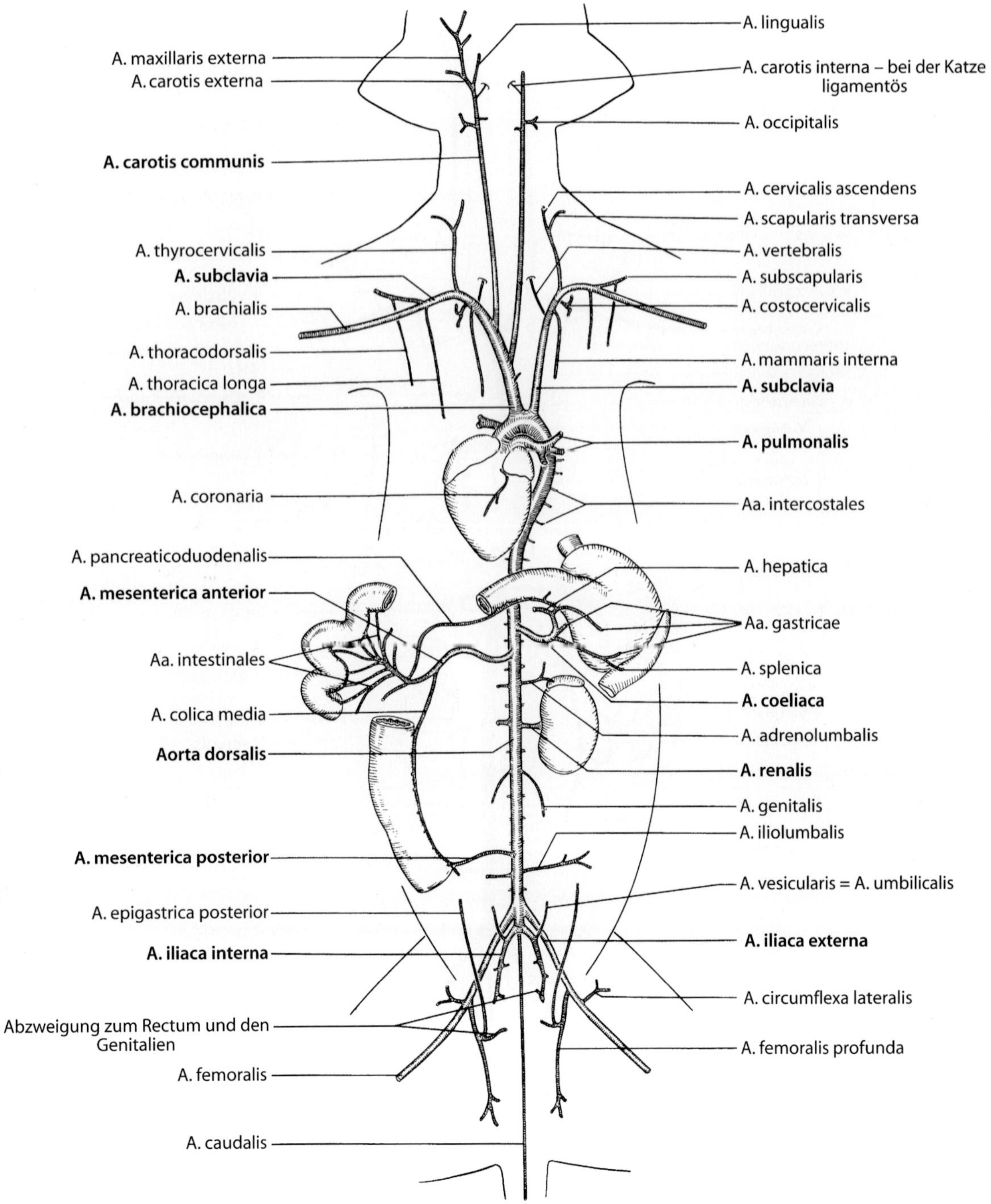


**Abb. 14.22.** Arterien der Katze. Ventralansicht. Hauptgefäße sind durch Fettdruck gekennzeichnet

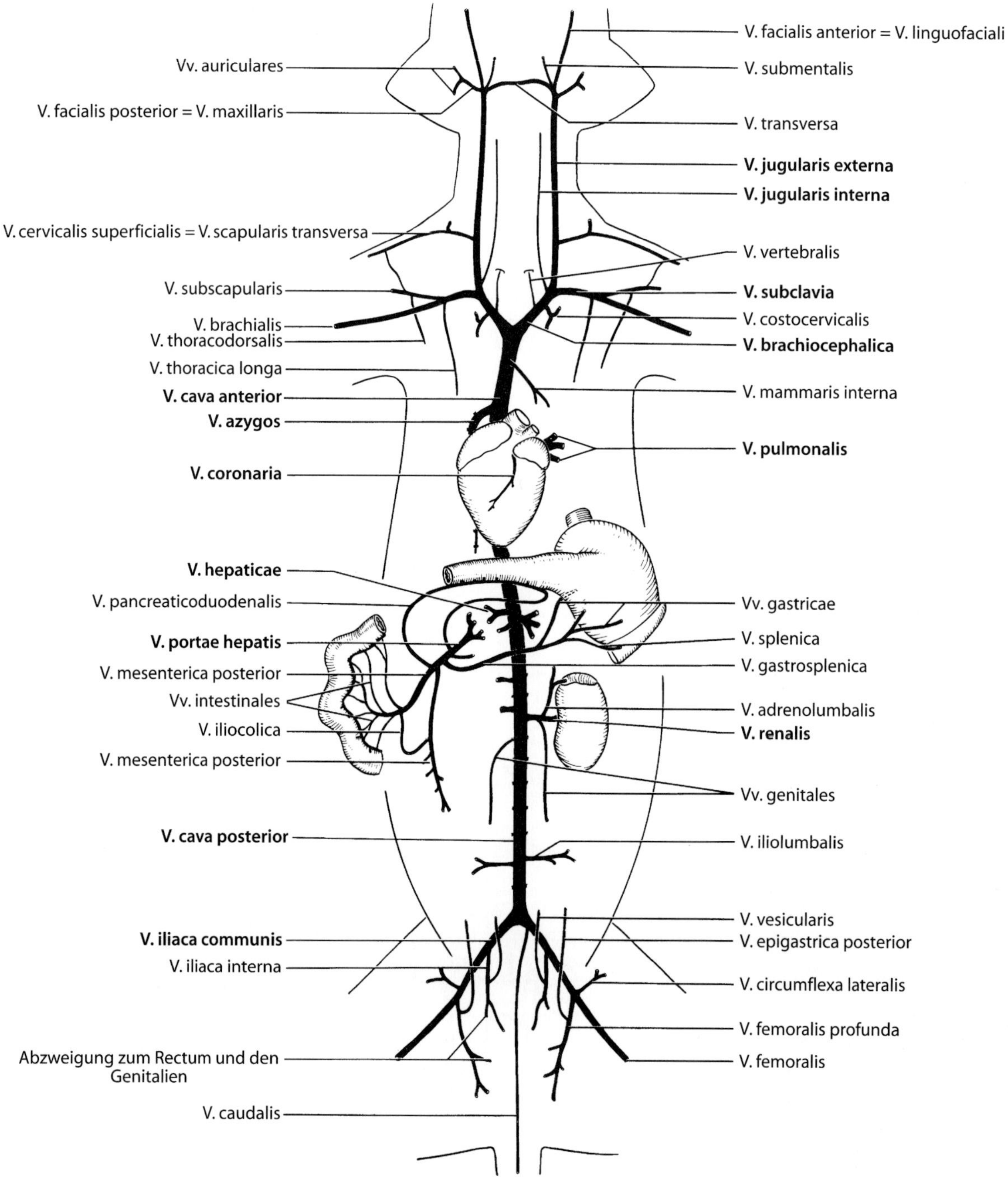


**Abb. 14.23.** Venen der Katze. Ventralansicht. Hauptgefäße sind durch Fettdruck gekennzeichnet

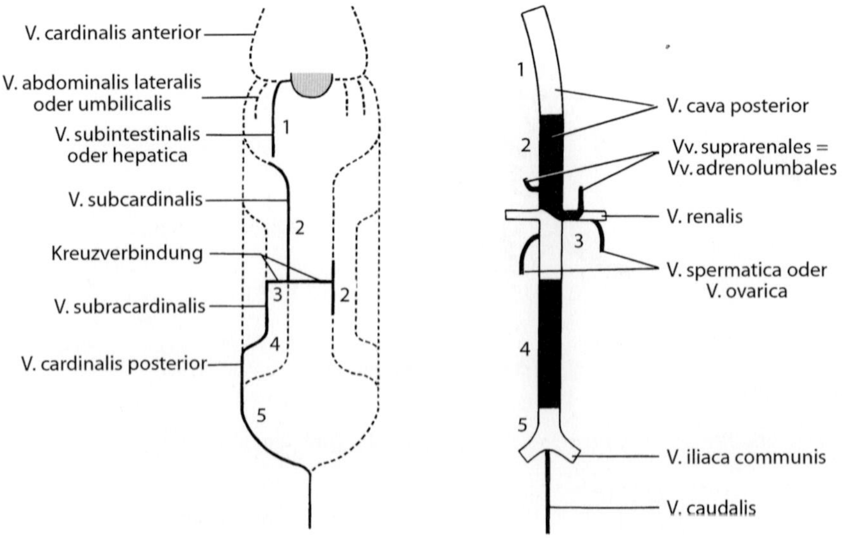


**Abb. 14.24.** Bildung der Vena cava posterior in einem Säugetier. *Links*: embryonale und evolutionsgeschichtliche Primordia; *rechts*: adulte Derivate. Ventralansichten. Die Beiträge der verschiedenen Primordien variieren bei den verschiedenen Tetrapoden

## 14.5 Einige funktionelle Betrachtungen

Es ist wichtig, dass Herz und Blutgefäße nicht nur als ein Muster von Kanälen, sondern auch als ein funktionelles System betrachtet werden. Eine Vorgehensweise ist dabei, zwei beliebige Organe eines Vertebraten auszuwählen und die Gefäße und Herzkammern aufzuzählen, die durchströmt werden, wenn Blut von einem Organ zum anderen fließt. Diese Übung kann für die entsprechenden Organe verschiedener anderer Vertebraten wiederholt werden.

Es ist auch lehrreich, funktionelle Erklärungen für bestimmte Konfigurationen des Systems zu suchen.

### 14.5.1 Antwort auf spezielle Bedürfnisse von Geweben und Organen

Als erstes Beispiel nennen wir die konservative **Blutversorgung der Leber.** Die Leber erhält immer das gesamte Blut aus dem Verdauungstrakt und kann (bei Amphibien und Reptilien) auch venöses Blut aus dem Schwanz und den Hinterextremitäten erhalten. Die Versorgung mit arteriellem Blut dagegen ist nur ein Rinnsal. Warum so viel Blut und warum ist das meiste davon venös? Die vielfältigen Funktionen der Leber (s. S. 243) erfordern, dass sie große Mengen von Blut verarbeitet. Sie erhält das Blut aus dem Darm, weil manche der Nährstoffe, die dort resorbiert werden, im allgemeinen Kreislauf nicht nützlich oder sogar schädlich wären, wenn sie nicht zuerst in der Leber umgewandelt würden. Außerdem wäre es eine Energieverschwendung, wenn große Mengen von oxygeniertem Blut mit hohem Druck zur Leber flössen. Die Leber braucht für ihre Funktionen nur wenig arterielles Blut.

Wenn wir den **Kreislauf der Nieren** betrachten, stellen wir fest, dass die meisten Vertebraten ein Nierenpfortadersystem haben, dass es aber den Säugetieren fehlt und dass manche andere Tiere einen Teil oder ihr gesamtes Pfortaderblut direkt in die Vena cava posterior leiten. Außerdem leiten manche Vertebraten große Mengen arteriellen Blutes zu den Nieren, andere tun es nicht. Wie sind diese Unterschiede zu erklären?

Die Vertebratenniere hat gewöhnlich zwei Kapillarsysteme. Eines besteht aus kleinen Knoten, den Glomerula, die innerhalb der Nierenkapsel liegen und mit der Filtrationsphase der Nierenfunktion in Zusammenhang stehen. Das andere ist als Netz organisiert, das die Nierentubuli umgibt und mit der Exkretion und selektiver Re-

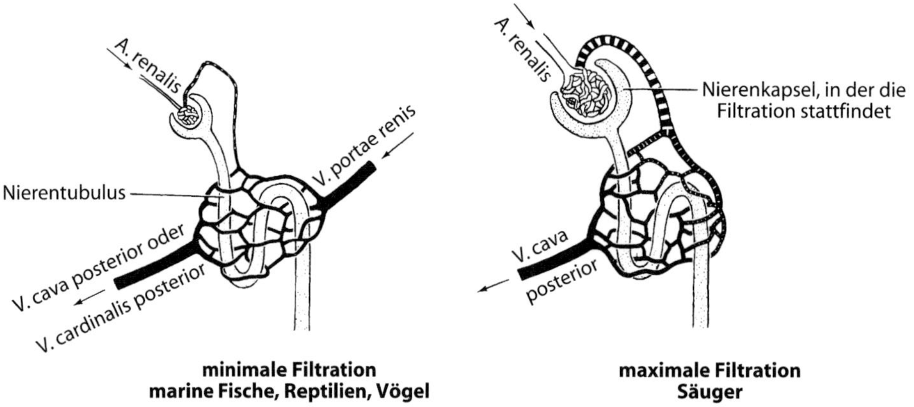


**Abb. 14.25.** Gefäßversorgung der exkretorischen Einheiten der Niere in Bezug auf die Funktion

sorption in Verbindung steht (Abb. 14.25). Tiere, die große Mengen Urin produzieren (Süßwasserfische, Amphibien, Säugetiere), müssen einen starken Blutfluss mit hohem Druck (arteriell) zu den Glomerula haben, weil dieser Druck die treibende Kraft für den Filtrationsprozess ist. Diese Tiere können entweder das gleiche Blut für die Tubuli (Säugetiere) oder stattdessen Pfortaderblut benutzen. Der Sauerstoffgehalt dieses Blutes ist unwichtig. Wichtig ist dagegen der geringe Druck, der benötigt wird, damit Reabsorption stattfinden kann. Tiere, die Wasser und Salze sparen (Salzwasserfische, Reptilien und Vögel) haben nur einen geringen Blutfluss mit hohem Druck zu den Glomerula (oder keinen bei manchen Fischen), so dass die Filtration eng begrenzt ist. Um genügend Blut mit geringem Druck zu den Tubuli zu führen, ist ein Nierenpfortadersystem nötig. Die Funktion der Niere in der Osmoregulation wird weiter auf S. 310 diskutiert.

Wie auf S. 273 u. in Ab. 14.13 festgestellt wurde, unterscheidet sich der **Coronarkreislauf** sehr stark zwischen Vertebraten, die Kiemen benutzen, und anderen, die Lungen haben. Der Herzmuskel von Fischen kann nicht mit Blut aus benachbarten größeren Gefäßen versorgt werden, weil dieses Blut sauerstoffarm und kohlendioxidreich ist. Er wird stattdessen durch das zirkulierende Blut oder über lange Coronararterien versorgt, die von branchialen Efferenzen, der A. subclavia oder der Aorta dorsalis abzweigen (Abb. 14.13). Die Coronararterien von Vertebraten, die oxygeniertes Blut von den Lungen zum Herzen führen, können dagegen kurze Gefäße sein, die von der Basis des Aortenbogens (des rechten Aortenbogens, wenn es beide gibt) abzweigen.

Damit der **respiratorische Kreislauf** maximal effektiv sein kann, würde man annehmen, dass Blut, das zum Atmungsorgan geleitet wird, einen minimalen Sauerstoffgehalt und einen maximalen Kohlendioxidgehalt haben sollte. Das Blut, welches das Organ verlässt, sollte die stoffwechseltreibenden Organe erreichen, ohne vorher mit sauerstoffarmem Blut durchmischt zu werden. Diese Konfiguration tritt oft, aber nicht immer auf, und die Abweichungen sind für die betroffenen Tiere offensichtlich kein Nachteil. Das in den Kiemen der Fische und kiementragender Amphibien oxygenierte Blut wird direkt in die Körpergewebe geleitet. Eine Folge davon ist allerdings, dass der Blutdruck in der Aorta dorsalis nur ungefähr die Hälfte oder ein Viertel des Drucks in der Aorta ventralis erreicht. Das ist für Fische ausreichend, weil ihre Herzen nicht gegen die Schwerkraft anpumpen müssen und ihre Stoffwechselrate niedrig ist. Außerdem helfen die Schwimmmuskeln oder Atemmuskeln mancher Fische dabei, das Blut zu bewegen.

Man könnte erwarten, dass Luft atmende Fische Blut aus der Aorta ventralis oder den afferenten Branchialarterien zu ihren Lungen leiten, da diese Gefäße sauerstoffarmes Blut führen. Es ist erstaunlich, dass sie es nicht tun. Stattdessen versorgen sie ihre Lunge mit Blut, das entweder aus der Aorta dorsalis oder aus den Efferenzen des fünften oder sechsten Kiemenbogengefäßes kommt. Beide Anordnungen können nur effektiv sein, wenn die mehr posterior liegenden Kiemen nicht bereits eine signifikante Oxygenierung dieses Blutes vollzogen haben, bevor es zu den Lungen geleitet wird. Dieser Zustand würde in sauerstoffarmem Wasser eintreten oder wenn sehr viel Blut nicht über die Kiemenkapillaren geleitet wird. (Luft atmende Fische eliminieren das meiste Kohlendioxid über die Kiemen, nicht über die Lunge. Ihre Kiemen benötigen sie fortlaufend, ihre Lungen benötigen sie dagegen nur ab und zu.)

Dieser allgemeine Bauplan deckt auch die Bedürfnisse der Embryonen und Föten der Amnioten. Das Atmungsorgan ist der Dottersack oder die Allantois (oder Placenta, die zum Teil aus dem Dottersack oder der Allantois entsteht). Die Dottersackarterie (A. omphalomesenterica), die zum Dottersack zieht, und die Allantois- oder Nabelschnurarterien, die zur Allantois oder zur Placenta ziehen, sind wie die Lungenarterien mancher Fische Abzweigungen der Aorta dorsalis. Es gilt also auch für Föten, dass der posteriore Teil des Körpers mit Blut auskommen muss, das den gleichen Sauerstoffgehalt hat wie jenes, das zum Atmungsorgan geführt wird. Offensichtlich kommen Föten, genauso wie die Fische, sehr gut damit zurecht.

Föten ändern diese Situation, indem sie ihr fötales Atmungsorgan bei der Geburt oder beim Schlüpfen aufgeben. Adulte Tetrapoden erreichen dies, indem sie sauerstoffreiches und sauerstoffarmes Blut im Herzen getrennt (oder beinahe getrennt) halten und letzteres dann über das sechste Kiemenbogengefäß nur zu den Lungen leiten (Abb. 14.13).

Die Evolution eines effektiven Atmungskreislaufes beinhaltete bei Luft atmenden Vertebraten eine weitere Veränderung: Blut, das von den Lungen zum Herzen zurückkam, musste vom Körperblut getrennt gehalten werden. Die meisten Fische leiten das Blut von der Schwimmblase oder der Lunge in die V. cardinalis posterior oder in die Leberpfortader ab, die weit vom Herzen entfernt sind. Blut, das von der Hautatmung der Amphibien zurückkommt, wird ebenfalls mit dem Körperblut vermischt. Erst die Lungenvenen der Dipnoi und Tetrapoden treten direkt in die linke oder „sauerstoffreiche Seite" des Herzens ein.

Einige Merkmale des **Blutflusses zu und von den Geweben** müssen noch erwähnt werden. Fische behalten eine beinahe konstante Körperform bei; Gefäße können durch Verletzung unterbrochen, aber nicht zufällig durch Körperhaltungen verschlossen werden. Außerdem beeinflusst die Schwerkraft aufgrund des Auftriebs des umgebenden Wassers den Blutkreislauf der Fische nicht. Tetrapoden verengen oder verschließen Gefäße vorübergehend, wenn die Körperhaltung verändert wird. Außerdem beeinflusst die Schwerkraft die Verteilung des Blutes. Mehrere Vorkehrungen werden getroffen, um sicherzustellen, dass Gewebe nicht unterversorgt werden. Der arterielle Blutdruck ist in der Regel höher als bei Fischen, das Blutvolumen ist verhältnismäßig größer. Die meisten Körperteile haben eine doppelte Blutversorgung durch Gefäße, die parallel verlaufen (z.B. die A. ulnaris, A. radialis und A. interosseus des Vorderarms) oder die Verteilungsschleifen bilden, indem sie an jedem Ende einen Zufluss haben (z.B. Volarbögen, die Blut zu den Fingern führen, Bögen um die Kurven des Magens und der Eingeweide, der Zusammenfluss der A. mammaria interna und der A. epigastrica in der Körperwand, der Zusammenfluss der A. carotis interna und der A. vertebralis in einer gemeinsamen Verteilungsschleife ventral zum Gehirn). Außerdem werden überall im Körper größere benachbarte Arterien durch häufige, kleine, anastomosierende Gefäße verbunden und isolierte große Arterien haben oft kleine Abzweigungen, die gewissermaßen mäandernde und überkreuzende benachbarte Kanäle bilden. Diese kleinen Gefäße bilden den **kollateralen Kreislauf**. Sie sind Reservekanäle für den Fall eines Verschlusses oder einer Verletzung der Hauptkanäle. Auch Fische haben einen solchen Kollateralkreislauf, aber er ist bei Tetrapoden stärker ausgebildet.

Der venöse Abfluss aus den aktiveren Geweben ist bei Fischen ähnlich ursprünglich. Die Venen haben nicht über ihre ganze Länge Klappen (parietale Klappen), sondern nur dort, wo Nebengefäße in sie eintreten (ostiale Klappen). Der Grund dafür ist offensichtlich, dass die Kanäle relativ direkt verlaufen, da es keine langen Hälse oder Extremitäten gibt, und der Blutfluss nicht durch die Schwerkraft kompliziert wird. Dennoch scheint der venöse Druck bei einigen Fischen zu niedrig zu sein; diese haben akzessorische venöse Pumpmechanismen entwickelt. Die Schwanzmuskulatur der Elasmobranchier drückt Blut von segmentalen Venen durch solche Ostialklappen in die Vena caudalis, die, da sie in dem festen Haemalkanal liegt, von den Muskeln nicht zusammengedrückt wird. Bei Schleimaalen (und möglicherweise auch bei anderen Fischen) beschleunigen respiratorische Bewegungen den venösen Blutfluss in naheliegende Gefäße.

Die Venen der Tetrapoden unterscheiden sich darin, dass sie, wie die Arterien, dazu neigen, eine reichhaltige kollaterale Zirkulation zu entwickeln. Parietalklappen sind meistens vorhanden. Die Schwerkraft trägt dazu bei, dass sie benötigt werden.

### 14.5.2 Weitere Antworten auf die Schwerkraft

Die meisten Tetrapoden können ihren Kreislauf sowohl während der Ruhephase als auch während Haltungsänderungen durch selektive Vasokonstriktion und Anpassung der Herzfunktion an die Schwerkraft anpassen. Größere Spezies mit einer vertikalen Orientierung ihres langgestreckten Körpers oder mit langen Hälsen und Gliedmaßen benötigen weitere Anpassungen, um Blut an Stellen zu leiten, die weit über dem Herzen liegen, und es von Körperteilen zurückzuleiten, die weit unter dem Herzen liegen. Schlangen, die Baumstämme erklimmen, sind dafür ein Beispiel. Lillywhite (1988) zeigte, dass kletternde Schlangen, verglichen mit bodenlebenden Schlangen und vor allem mit Seeschlangen, einen hohen Blutdruck haben und ihre Herzen sehr weit vorne liegen (nahe dem Kopfe, wenn sie einen Baum erklimmen). Der Körper ist schlank und die Haut ist sehr fest, so dass Blut sich nicht schwanzwärts ansammeln kann. Die Körpermuskeln helfen dabei, das venöse Blut zurück zum Herzen zu drücken. Das Gefäßgewebe der Lunge ist nur herznahe lokalisiert, um Ödeme zu vermeiden (es ist bei Seeschlangen über die gesamte Länge der Körperhöhle verteilt).

Die Giraffe zeigt ähnliche Anpassungen, bleibt aber nach wie vor eine Quelle angeregter Uneinigkeit zwischen Funktionsmorphologen und Strömungstechnikern. Bei der Giraffe ist der arterielle Druck nahe dem Herzen doppelt so hoch wie beim Menschen, ihre Herzmasse beträgt mehr als 2% der Körpermasse, verglichen mit ungefähr 0,5% der Körpermasse der meisten Tiere. Diese Anpassungen scheinen nötig zu sein, um das Blut zum Gehirn zu treiben, das 1,5 m über dem Herzen liegt (Seymour et al. 1993). Hicks und Badeer (1992) dagegen argumentieren, dass normale Schwerkrafteffekte hier nicht greifen, da das Kreislaufsystem der Vertebraten ein geschlossenes System ist. Teilweise aufgrund der Gleichung von Hagen-Poiseuille (s. Exkurs 14.1) sind diese Autoren davon überzeugt, dass das Siphon-Prinzip das Herz von der zusätzlichen Arbeit befreit, die damit verbunden wäre, das Blut zu einem höhergelegenen Kopf zu pumpen, allerdings nicht von der Arbeit, den Widerstand langer Strecken im Kreislaufsystem zu überwinden. Diese entgegengesetzten Argumente machen die Notwendigkeit weiterer Untersuchungen offenkundig. Wenn z. B. Schwerkraft ein Faktor ist, verschlimmert dann der hohe durchschnittliche Aortendruck am Herzen den erhöhten Druck in den Beinen und Füßen? (Die Füße sind 2–3 m unterhalb des Herzens!) Bei Giraffen sind die Haut und das Bindegewebe der Beine sehr eng (wie Stützstrümpfe), wahrscheinlich, um ein Anschwellen zu verhindern, und die Blutgefäße in den Beinen haben außergewöhnlich dicke Wände. Lymphatische Gefäße sind in den Beinen sehr gut ausgebildet, elastische Fasern sind in den langen Jugularvenen besonders dicht gepackt. Auch hier wirken die Muskeln als Pumpen und Giraffen haben (im Gegensatz zu den Venen der Schlangen) eine Vielzahl von Klappen entlang der Extremitätenvenen. Aufgrund dieser Beobachtungen können wir annehmen, dass die riesigen sauropoden Dinosaurier ähnliche Lösungen für die Verteilung von Blut gefunden haben (Gunga et al. 1999).

## Exkurs 14.1

### Einblicke in die Form und Funktion des Kreislaufs aus der Sicht der Strömungslehre

Der Blutfluss kann **laminar** oder **turbulent** sein. Wenn er laminar ist, bewegen sich Blutpartikel an allen Stellen im Gefäß parallel zueinander und zu den Gefäßwänden. Der Fluss ist glatt und gleichmäßig. Wenn der Fluss turbulent ist, gibt es überall Strudel und Vermischungen. Die Energie, welche die Strudel auslöst, muss das Herz zusätzlich liefern; deshalb ist der laminare Fluss energetisch effizienter. Die Wahrscheinlichkeit, dass der Fluss einer Flüssigkeit in einer Röhre turbulent sein wird, wurde 1883 von dem Engländer Osborne Reynolds quantifiziert. Sein Index, jetzt **Reynoldssche Zahl** genannt, ist gleich der Flussgeschwindigkeit multipliziert mit dem Durchmesser der Röhre und der Dichte der Flüssigkeit, geteilt durch ihre Viskosität; deshalb ist Turbulenz für Flüssigkeiten mit geringer Viskosität, die sich schnell durch große Röhren bewegen, am wahrscheinlichsten. Bei Vertebraten, die bisher untersucht wurden, liegt der Index meist unterhalb der Schwelle, bei der Turbulenz beginnt. Kurzfristige Stöße von Turbulenz treten im Herz und in den größten Gefäßen auf, aber ansonsten ist der Fluss laminar. Ein solcher Fluss hilft mit Sicherheit zu verhindern, dass sich oxygeniertes und desoxygeniertes Blut in dem ungeteilten Ventrikel der Dipnoi und Amphibien vermischt (s. unten). Da die Entwicklung von Turbulenzen Zeit benötigt, begünstigt die pulsierende Art des arteriellen Blutes einen laminaren Fluss. (Wir werden auf die Turbulenz und die Reynoldssche Zahl in den Kapiteln über Schwimmen und Fliegen zurückkommen.)

Die ultradünne Flüssigkeitsschicht, die mit der Gefäßwand in Kontakt ist, fließt überhaupt nicht. Aufeinanderfolgende konzentrische, zylinderförmige Schichten von Flüssigkeit, die zunehmend weiter von der Wand entfernt sind, fließen immer schneller aneinander vorbei. Die Maximalgeschwindigkeit wird im Zentrum des Gefäßes erreicht. Legt man eine Parabel von einer Gefäßwand zur anderen zugrunde, dann ist die Strömungsgeschwindigkeit an jeder gegebenen Position über den Querschnitt des Gefäßes proportional zur Höhe der Parabel bei diesem Abstand von der Gefäßwand. Rote Blutzellen werden bevorzugt im schneller fließenden Strom im Zentrum des Gefäßes transportiert, vor allem bei kleinen Gefäßen. Deshalb zirkulieren die Zellen etwas schneller als das Plasma und die Viskosität des Blutes nimmt zum Axialstrom hin leicht zu.

Die Variablen, die den laminaren Fluss von Flüssigkeiten in festen, nicht verzweigten Röhren beeinflussen, werden durch die **Hagen-Poiseuille-Gleichung** dargestellt, benannt nach dem deutschen Physiker Hagen (1839) und dem französischen Arzt Poiseuille (1842, 1846): Der Volumenfluss (F) variiert mit dem Abfall des Drucks (p) über eine Einheitslänge (l) einer Röhre $\Delta$ p/l, dem Radius (r) der Röhre und der Viskosität ($\eta$) der Flüssigkeit. Die Beziehung heißt:

$$F = \Delta\, p\, \pi\, r^4/8\, l\, \eta.$$

Die Gleichung ist für Blut in Gefäßen nicht genau, da diese Gefäße weder starr noch unverzweigt sind, hilft uns aber trotzdem bei der Interpretation des Gefäßsystems. In einem geschlossenen System muss der Volumenfluss konstant bleiben. Das heißt: Das Produkt aus mittlerer Strömungsgeschwindigkeit und Querschnittsfläche aller Gefäße auf einer Ebene des Kreislaufs (verzweigende Arterien, Kapillaren, konvergierende Venen) muss konstant sein. Wenn der Radius des Elterngefäßes $r_1$ ist, und $r_2$ und $r_3$ die Radien seiner Verzweigungen, dann muss, um einen konstanten Volumenfluss beizubehalten, $\mathbf{r_1^3 = r_2^3 + r_3^3}$ sein. Die Verhältnisse im Körper stimmen gut mit dieser Beziehung überein. Daraus folgt, dass auf jeder Ebene der arteriellen Verzweigung die mittlere Strömungsgeschwindigkeit abnimmt, die Gefäße kleiner werden und ihre Gesamtquerschnittsfläche ansteigt. Aus morphologischen Messungen ist bekannt, dass sich bei einer Zweiteilung eines Gefäßes die Summe der beiden Querschnittsflächen der beiden Äste im Vergleich zur Querschnittsfläche des Elterngefäßes um den Faktor 1,26 erhöht. Bei den Venen wird diese Abfolge umgekehrt wiederholt, wenn sich Tochtergefäße vereinen.

Der Druck in einem geschlossenen Zylinder ist gleich der Tangentialspannung in seiner Wand geteilt durch den Radius seiner Krümmung. Dies erklärt, warum große Arterien dickere Wände benötigen als

**Exkurs 14.1 (Fortsetzung)**

kleine, auch wenn der Blutdruck in den entsprechenden Gefäßen sich nicht stark unterscheidet (es erklärt auch, warum Fahrradreifen zu einem Mehrfachen des Drucks von Autoreifen aufgeblasen werden müssen, um eine vergleichbare Steifheit zu erreichen). Wenn ein zylindrischer Ballon aufgeblasen wird, entwickelt er eine lokale Beule, bevor er sich anderswo ausdehnt. Gesunde Blutgefäße würden dasselbe tun (und ein Aneurysma bilden), wenn nicht ihre Wände so konstruiert wären, dass sie um so steifer werden, je mehr sie sich dehnen. Wellige elastische und vor allem kollagene Fasern werden zunächst gerade und dehnen sich dann, wenn ein Widerstand einwirkt.

Es gibt viele Bücher über Haemodynamik. Zwei Beispiele (Milnor 1982 und Vogel 1992) sind im Literaturverzeichnis genannt.

### 14.5.3 Rolle bei der Thermoregulation

Das Kreislaufsystem ist an den meisten Vorgängen der Thermoregulation beteiligt, indem es selektiv Wärme im Körper konserviert, ableitet und verteilt. Wärme, die in den Körper durch Leitung (eine Schlange, die auf einem warmem Felsen ruht), durch Konvektion (eine Walfluke, die sich durch kaltes Wasser bewegt), durch Strahlung (eine sonnenbadende Eidechse) oder die Kombination, die durch Verdunstungskälte entsteht (ein hechelnder Vogel oder ein schwitzendes Säugetier), eindringt oder ihn verlässt, verändert die Temperatur der Haut oder des Epithels der Zunge, des Mundes, des Pharynx, der Nasenkammer, des Lungenbaumes oder der Kiemen. Reichlich Wärme wird durch aktive Muskeln produziert und viele Säugetiere haben ein spezielles Fettgewebe, das braune Fett, das auch Wärme produzieren kann (zitterfreie Wärmebildung). Das Kreislaufsystem kann den Wärmeaustausch mit anderen Körperteilen durch die Erweiterung kleiner Blutgefäße in der betroffenen Region und den Transport angewärmten Blutes in andere Körperteile ausdehnen. Es kann den Wärmeaustausch auf ein bestimmtes Areal einengen, indem die lokalen Blutgefäße verengt werden. Verschiedene Beispiele sollen die Wirksamkeit der Mechanismen illustrieren.

Viele Arten von Säugetieren, zum Beispiel Katzen und Paarhufer, kühlen, wenn sie unter Hitzestress stehen, das Nasenepithel durch schnelles, flaches Atmen. Die Oberfläche des vaskulären Epithels kann durch die Komplexität der Turbinaria erhöht werden. Blut aus der Nasenkammer fließt zu einem **Rete carotis.** Dort verzweigt sich die Arteria carotis, die das Blut zum Gehirn transportiert, in Blutgefäße, die nur 200 bis 300 μm Durchmesser haben. Diese werden von Blut umströmt, das aus der Nasenkammer kommt. Die beiden Blutströme fließen in entgegengesetzte Richtungen und bilden so einen Gegenstromwärmeaustauscher, der sehr effektiv sein kann: das Blut im Gehirn einer wüstenlebenden Gazelle kann um 2,9 °C kühler sein als das Blut, welches das Herz verlässt. Dinosaurier aus der Gruppe der **Ceratopsia** haben möglicherweise einen ähnlichen Mechanismus besessen. Umgekehrt halten Schwertfische und ihre Verwandten während ihrer Tauchgänge zu tiefen, kalten Wasserschichten das Gehirn um bis zu 10 °C wärmer als das Wasser, indem sie Wärme von einem calciumabhängigen, wärmeproduzierenden Organ in der Nähe des Auges (ein modifizierter äußerer Augenmuskel) über das Blut zum Gehirn leiten.

Die Finnen, Flossen und Schwanzflossen der Wale sind potentielle Wärmeaustauscher, da sie enorme Oberflächen besitzen. Ein aktiver Wal leitet überschüssige Wärme ab, indem er Blut in kleine Oberflächengefäße umleitet, wo es durch das Wasser gekühlt werden kann. Ein weniger aktives Tier in sehr kaltem Wasser muss dagegen Wärmeverlust vermeiden. Arterien, die in die Schwanzflossen eintreten, teilen sich in kleine Arteriolen auf, die durch ein Geflecht paralleler, in die entgegengesetzte Richtung ziehender Venolen laufen (schematisch gezeigt in Abb. 14.26). In diesem Gegenstromaustauscher wird

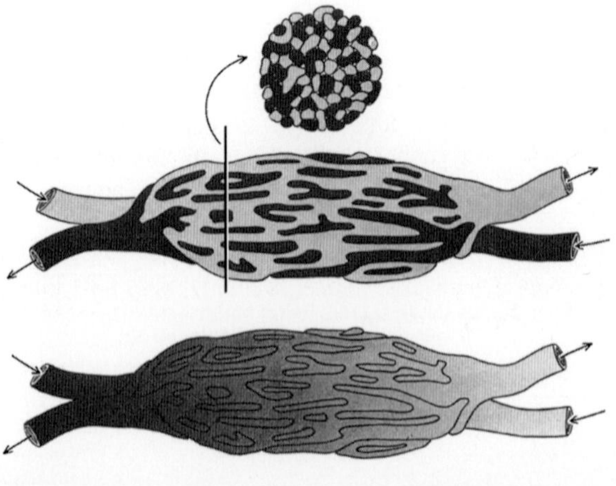

**Abb. 14.26.** Vaskulärer Gegenstromaustauscher. *Oben*: Die Schattierung unterscheidet Arteriolen von Venolen. *Unten*: Die Schattierung deutet den Wärmetransfer oder aber den Transfer einer bei ausreichend dünner Barriere diffundierbaren Substanz an

das Blut, das in die Flosse eintritt, durch das zurückströmende Blut gekühlt; entsprechend wird das rückfließende Blut durch das ausfließende Blut angewärmt. Die Folge davon ist, dass die Schwanzflosse, aber nicht der Körper, durch die arktische See gekühlt wird. Der Grauwal hat außerdem Wärmeaustauscher in seiner riesigen Zunge, um Körperwärme während der Nahrungsaufnahme in eisigem Wasser zu konservieren. Ganz ähnlich gibt es Gegenstrom-Wärmeaustauscher in den Beinen von Pinguinen und vielen anderen Vögeln, in den Schwänzen von Bibern und in den Beinen mancher Primaten. Immer kann der Austauscher je nach Bedarf entweder benutzt oder umgangen werden.

Bestimmte Fische (z.B. Thunfisch und Makohai) schwimmen kontinuierlich, indem sie rote Muskeln tief im Körper benutzen (s. S. 200 bzgl. roter Muskelfasern). Die Stoffwechselwärme, die von diesen Muskeln produziert wird, wird durch Gegenstromaustauscher zurückgehalten. Der zentrale Teil des Körpers kann 10 °C bis sogar 20 °C wärmer sein als das Wasser. Die erhöhte Temperatur ermöglicht es den Muskeln, sich schneller und wahrscheinlich auch kräftiger und effizienter zu kontrahieren. Der Fisch kann den Mechanismus je nach Bedarf regeln.

Antarktische Fische, manche Süßwasserschildkröten und verschiedene Frösche ertragen Temperaturen unter dem Gefrierpunkt, indem sie in ihren Geweben Gefrierschutzproteine einlagern, die an die Oberfläche von Eiskristallnuclei binden und dadurch deren Wachstum inhibieren.

## 14.6 Evolution des Lymphsystems

*Branchiostoma* hat kein Lymphsystem. **Cyclostomata, Chondrichthyes** und **Chondrostei** haben Netzwerke feiner Gefäße, die lymphatischen Gefäßen ähneln, sich von ihnen aber dadurch unterscheiden, dass sie rote Blutkörperchen enthalten und mit den Venen und venösen Sinus an vielen Stellen in Verbindung treten. Der Ausdruck **haemolymphatisches System** ist für diese Gefäße angebracht. Die oberflächlicheren Kanäle ähneln eher Venen, die visceralen Kanäle ähneln mehr lymphatischen Gefäßen. **Haemolymphantriebe** sind bei Schleimaalen vorhanden, fehlen aber bei den anderen der genannten Fische. Diese Reservoirs, die Klappen enthalten, treiben die Haemolymphe passiv voran, wenn extrinsische Muskeln auf sie einwirken. Das Haemolymphsystem dieser Vertebraten stellt höchstwahrscheinlich ein frühes Stadium in der Evolution des echten Lymphsystems dar.

Das Lymphsystem ist bei Dipnoi unvollkommen, aber bei den **Neopterygii** dann voll entwickelt (Abb. 14.27). Vier **subcutane Kanäle** sind typisch: ein dorsaler, ein ventraler und zwei laterale. Ein oder meistens zwei **subvertebrale Gänge**, die auch Kardinalgänge genannt werden, dehnen sich über die Länge der Körperhöhle aus. Craniale und viscerale Netzwerke vervollständigen das System. Kleine Paare von **Lymphantrieben** sind gewöhnlich im Schwanz und nahe des Pharynx vorhanden. Es gibt keine Klappen in den Gefäßen. Die Lymphe tritt gewöhnlich in das venöse System durch ein Paar von Öffnungen in den anterioren Kardinalvenen und ein weiteres Paar in der Nähe der Venae iliacae ein.

**Amphibien** und **Reptilien** haben, ähnlich wie die Teleosteer, ein gut entwickeltes Lymphsystem

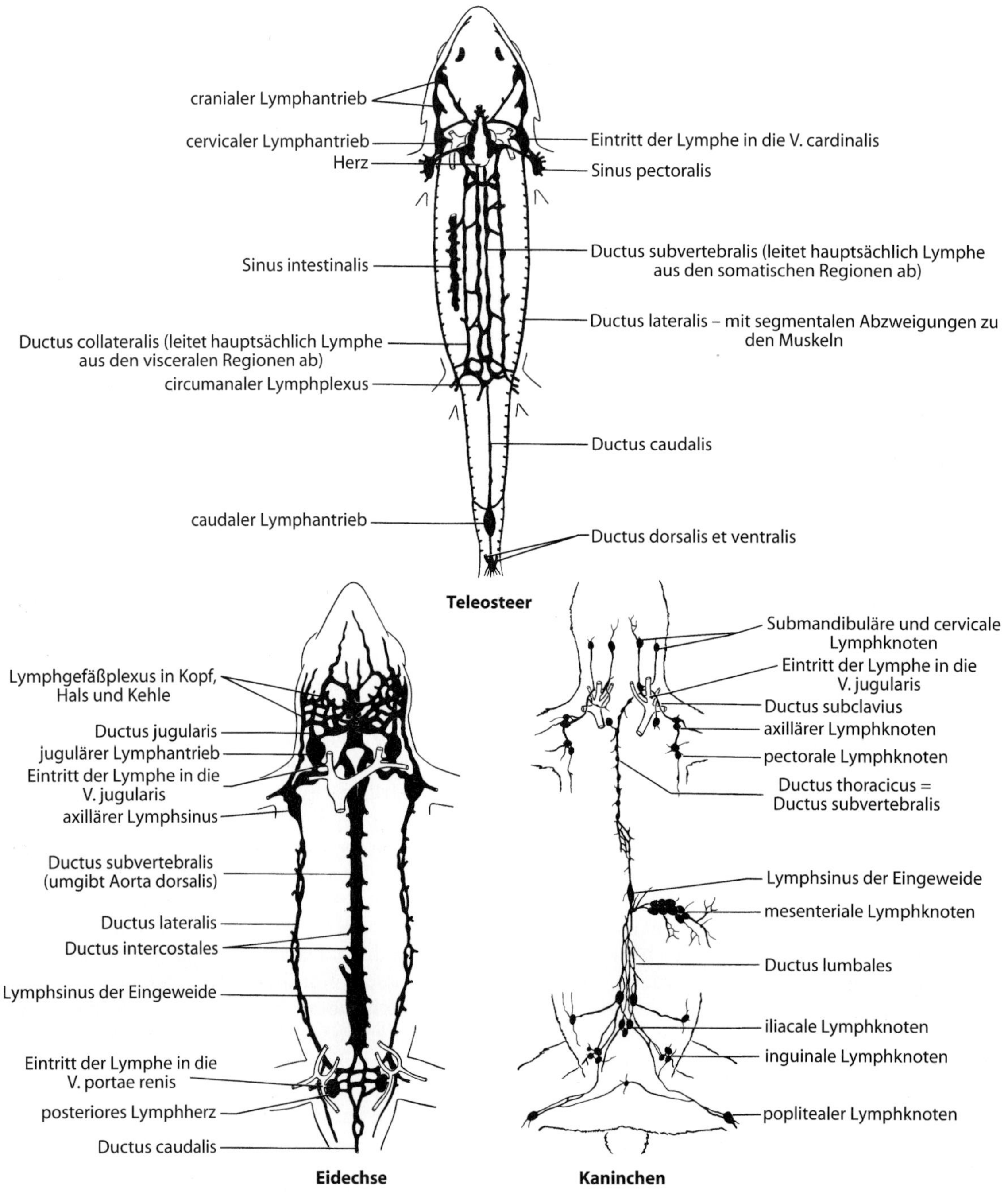


**Abb. 14.27.** Lymphgefäßsystem. Ventralansichten. Der Teleosteer und die Eidechse sind zusammengesetzte Zeichnungen. Modifiziert nach Kampmeier (1969)

mit subcutanen, subvertebralen und visceralen Gefäßen ohne Klappen. Urodelen haben gewöhnlich eine Vielzahl kleiner Paare segmental angeordneter Lymphherzen mit ihrer eigenen intrinsischen Muskulatur, außerdem je ein größeres Paar in der Nähe der Hinter- und Vorderextremitäten. Anuren haben weniger kleine Herzen, aber behalten die beiden größeren Paare. Sie haben große Lymphsinus unter der Haut. Reptilien haben das posteriore Paar von Herzen, die sich in die Nierenpfortadern entleeren. Sie liegen an den Enden der Processus transversi der basalen Schwanzwirbel.

Die subvertebralen Gänge der **Vögel** heißen auch **Ductus thoracici**. Sie leiten in die Vena cava anterior ab. Kleinere Gänge können in die Vv. iliacae eintreten. Klappen können vorhanden sein, sind aber nicht zahlreich. Kleine Lymphherzen treten beim Fötus auf, sind aber beim Adulten nur noch selten vorhanden.

Die meisten **Säugetiere** haben einen großen, einzelnen Ductus thoracicus. Er ist von den subvertebralen Gängen abzuleiten, leitet fast den gesamten Körper ab und tritt in die linke V. jugularis oder V. subclavia ein. Ein kleiner Gang auf der rechten Seite leitet die Vorderextremität und Schulter dieser Seite ab und tritt in die rechte V. subclavia ein. Zahlreiche Segelklappen sind in den Gefäßen vorhanden. Lymphherzen fehlen. **Lymphknoten** (Abb. 14.9), die in den anderen Tetrapodenklassen nur selten vorkommen, sind bei Säugetieren zahlreich, vor allem zwischen den Eingeweiden, im Hals und an der Basis der Extremitäten. Das System hat viele Anastomosen und parallele Kanäle. Lymphgefäße durchdringen die meisten Gewebe, fehlen aber im Zentralnervensystem, im Knochenmark, in den tieferen Teilen von Leber und Milz, im Epithel der Haut, im Knorpel und in der Placenta.

Der **Thymus** kommt bei allen Vertebraten vor, möglicherweise mit Ausnahme der Cyclostomata (Abb. 20.6). Er entsteht aus dem Epithel einer oder gewöhnlich mehrerer Schlundtaschen und liegt in der Kiemenregion, im Hals oder im anterioren Thorax. Er kann diffus oder abgegrenzt sein. Der Thymus produziert T-Lymphocyten und ist für das immunologische Potential des jungen Tieres verantwortlich.

## Literatur


Baker MA (1979) A brain cooling system in mammals. Sci Am 240:130–139 Behandelt die Beziehung zwischen nasalen Venen, Rete carotis und Hirntemperatur

Block BA (1991) Endothermy in fish: thermogenesis, ecology and evolution. In: Hochacka PW, Mommsen TP (eds) Biochemistry and molecular biology of fishes. vol 1. Elsevier Science, New York, pp 269–311. Eine faszinierende Übersicht über die Kreislauf- und Muskelanpassungen bei Thunfischen und Haien, die mit der Aufrechterhaltung einer hohen Hirn- und Körpertemperatur in Zusammenhang stehen

Bourne GH (eds) (1980) Hearts and heart-like organs (vol 1: Comparative anatomy and development). Academic Press, New York

Burggren WW (1987) Form and function in reptilian circulations. Am Zool 27:5–19

Burggren WW, Keller BB (eds) (1997) Development of cardiovascular systems. Cambridge Univ Press, Cambridge New York. Teil II gibt eine verständliche Behandlung der Vertebratenherzen

DiFrancesco D (1993) Pacemaker mechanisms in cardiac tissue. Ann Rev Physiol 55:451–467

Farmer C (1997) Did lungs and the intracardiac shunt evolve to oxygenate the heart in vertebrates? Paleobiology 23:358–372

Graham JB (1997) Air-breathing fishes: evolution, diversity, and adaptation. Academic Press, New York. Verständliche phylogenetische Behandlung der vergleichenden Morphometrie und funktionellen Morphologie der Fischlungen und respiratorischen Gasblasen incl. Mikrozirkulation (Kap. 3), allgemeiner Kreislauf (Kap. 4) und Atmungseigenschaften des Blutes (Kap. 7)

Gunga HC et al (1999) Body size and body volume distribution in two sauropods from the upper jurassic of tendaguru (Tanzania). Mitt Mus Natkd Berl, Geowiss Reihe 2:91–102. Nach einer Abschätzung der Körpergröße von *Brachiosaurus* und *Dicraeosaurus* (Stereophotographie und Lasermessungen) werden Herzvolumen und -druck abgeschätzt, die nötig waren, einen 8 m hohen Abstand zwischen Herz und Gehirn zu überwinden

Hicks JW (1998) Cardiac shunting in reptiles: mechanisms, regulation and physiological function. In: Gans C, Gaunt AS (eds) The biology of the reptilia, Vol 19. The visceral organs. Soc for the study of amphibians and reptiles. Academic Press, New York, pp 425–483

Hicks JW, Badeer HS (1992) Gravity and the circulation: "open" versus "closed" systems. Am J Physiol 262 (Regul Integ Comp Physiol 31):R725–R732

Holmes EB (1975) A reconsideration of the phylogeny of the tetrapod heart. J Morphol 147:209–228

Kampmeier OF (1969) Evolution and comparative morphology of the lymphatic system. Thomas, Springfield/IL

King AS, McLelland J (1989) Form and function in birds, Vol 4. Academic Press, New York

LaBarbera M (1990) Principles of design of fluid transport systems in zoology. Science 249:992–1000

Lillywhite HB (1988) Snakes, blood circulation, and gravity. Sci Am 259:92–98

Milnor WR (1982) Haemodynamics. Williams & Wilkins, Baltimore

Pedley TJ, Brook BS, Seymour RS (1996) Blood pressure and flow rate in the giraffe jugular vein. Philos Trans R Soc Lond Biol 351:855–866

Rennick BR, Gandia H (1954) Pharmacology of smooth muscle valve in renal portal circulation of birds. Soc Exp Biol Med Proc 85:234–236

Rowlatt U (1990) Comparative anatomy of the heart of mammals. Zool J Linnean Soc 98:73–110

Satchell GH (1991) Physiology and form of fish circulation. Cambridge Univ Press, New York

Sedmera D et al (2000) Developmental patterning of the myocardium. Anat Rec 258:319–337. Gibt eine Übersicht über die Entwicklung des trabekulären Netzwerks bei verschiedenen Vertebratenarten und diskutiert seine Bedeutung in einem funktionellen Zusammenhang; hervorragende Abbildungen

Seymour RS, Hargens AR, Pedley TJ (1993) The heart works against gravity. Am J Physiol 265 (Regul Integ Comp Physiol 34):R715–R720

Vogel S (1992) Vital circuits: On pumps, pipes, and the workings of circulatory systems. Oxford Univ Press, New York. Eine nicht-technische Einführung

Wood SC et al (eds) (1992) Physiological adaptations in vertebrates: Respiration, circulation, and metabolism. Marcel Dekker, New York

# 15 Exkretionssystem und Osmoregulation

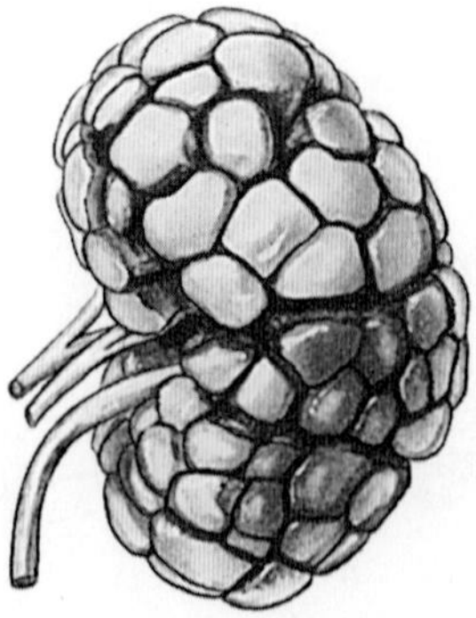

## 15.1 Allgemeiner Aufbau und Entwicklung der Nieren

### 15.1.1 Funktion und Charakteristika

Nieren sind die primären adulten Exkretionsorgane. Andere Organe, die zur Beseitigung von Stoffwechselendprodukten aus dem Körper beitragen können, sind die Kiemen, die Lungen, die Haut, Teile des Verdauungssystems und verschiedene Salzdrüsen. Zusammen übernehmen diese Organe zwei miteinander in Verbindung stehende und essentiell wichtige Funktionen:

- Sie entfernen die stickstoffhaltigen Stoffwechselendprodukte des Proteinstoffwechsels und viele andere schädliche Substanzen.
- Sie eliminieren kontrollierte Mengen von Wasser und Salzen und halten so das innere Milieu innerhalb enger Grenzwerte, die für das Leben wichtig sind.

Wie der Pharynx und das Kreislaufsystem, so ist auch das Nierensystem auffällig in Hinblick auf die Rekapitulation, die während der Entwicklung stattfindet. Das System wurde vor mehreren Generationen in einem fast fruchtlosen Versuch, die Ursprünge der Vertebraten aufzuklären, sehr intensiv untersucht. Außerdem ist das Nierensystem interessant, weil es beeindruckende Beispiele von Gradienten liefert. Embryonen und Vorfahren bilden beide eine Serie von exkretorischen Strukturen mit wachsender Komplexität, die einander in einer geordneten Reihenfolge in Zeit und Position ersetzen.

Die Nieren der Vertebraten sind kompakte Organe, die sich aus dem Mesoderm herleiten und aus vielen **Nierentubuli** bestehen, die sich entweder in das allgemeine Coelom oder aber in becherförmige Hohlräume, die **Nierenkapseln (Bowmansche Kapseln)**, öffnen, die Coelomderivate sind (Abb. 15.1). Größere Mengen von Wasser und anderen Plasmabestandteilen verlassen das Blut durch Filtration aus kleinen Kapillarknoten, die **Glomerula** genannt werden. Wenn ein Kapillarsystem von einer Nierenkapsel umgeben ist, nennt man es ein **inneres Glomerulum**. Glomerulum und Kapsel zusammen bilden ein **Nierenkörperchen (Malpighisches Körperchen)**. Wenn das Kapillarsystem stattdessen mit einem Nephrostom in das allgemeine Coelom mündet, wird es als **äußeres Glomerulum** bezeichnet und das Filtrat erreicht die Tubuli indirekt. Ein zweites Kapillarsystem verzweigt sich um jeden Tubulus, wo viele Bestandteile des Filtrats selektiv reabsorbiert und wieder in den Blutstrom aufgenommen werden (Abb. 14.25). Ein Tubulus mit dem damit in Verbindung stehenden Glomerulum ist die funktionelle Einheit der Vertebratenniere und wird **Nephron** genannt. Adulte Nieren enthalten Tausende oder sogar Millionen von Nephronen. Urin, das Exkretionsprodukt der Nieren, fließt aus allen Tubuli in ein langes Paar von **Nierengängen**, die in die Kloake oder ein Derivat der Kloake münden.

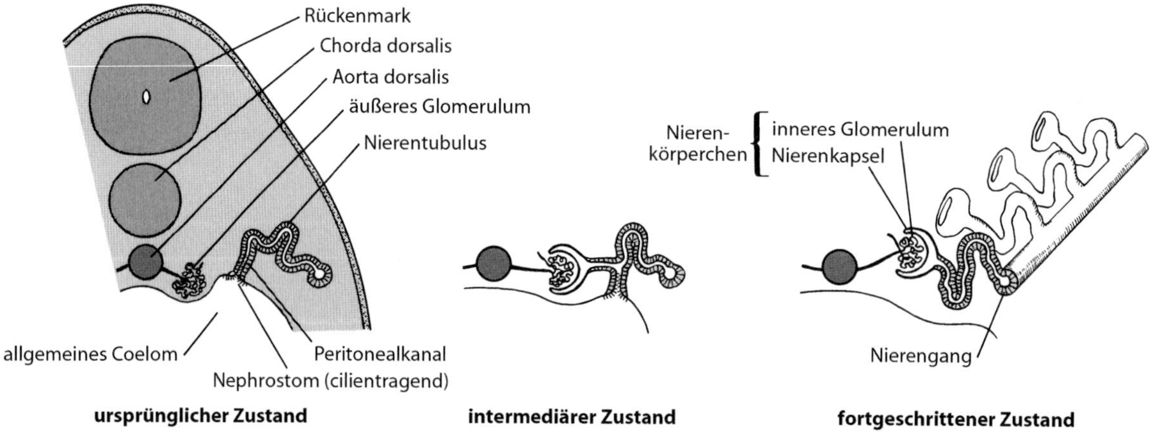


**Abb. 15.1.** Beziehung des Nierentubulus zum Glomerulum und dem allgemeinen Coelom. Frontalschnitte. *Rechts*: eine perspektivische Darstellung

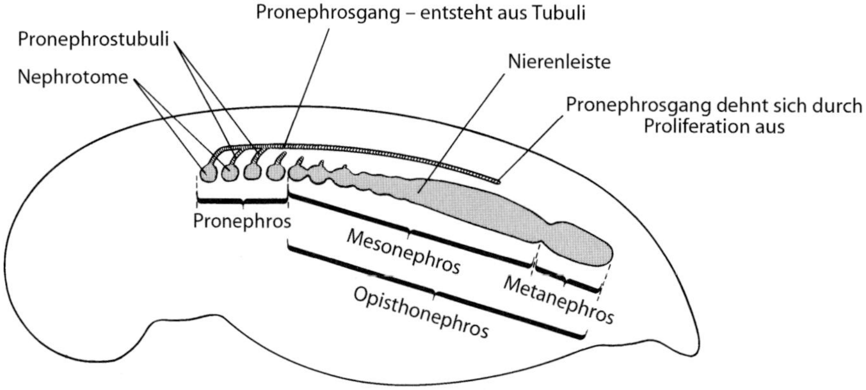


**Abb. 15.2.** Herkunft der Elemente des Exkretionssystems während der Entwicklung. Lateralansicht von links eines generalisierten Vertebratenembryos. (Der Ausführgang des Pronephros liegt tatsächlich lateral und nicht dorsal zum nephrogenen Strang)

## 15.1.2 Entwicklung

Das embryonale Mesoderm differenziert sich auf jeder Körperseite in ein segmentiertes, dorsales Epimer, ein kleines Mesomer in einer intermediären Position und ein unsegmentiertes, ventrolaterales Hypomer (Abb. 5.9). Frühere Kapitel haben die Derivate von Epimer und Hypomer dargestellt. Wir kommen nun zu dem relativ unauffälligen, aber wichtigen Mesomer.

Das Mesomer ist so lang wie das allgemeine Coelom oder sogar etwas länger. Nach und nach trennt es sich von dem darüber liegenden Epimer. Anterior bleibt es relativ dünn und wird in Einheiten, die **Nephrotome**, aufgeteilt. Posterior ist es nicht segmentiert und wird **nephrogener Gewebsstrang** genannt. Nephrotome und der nephrogene Strang verschmelzen miteinander in einem Bereich, der von Art zu Art variiert und für die folgende Entwicklung nicht wichtig ist (Abb. 15.2). In der Mitte und posterior wölbt sich die sich entwickelnde Niere etwas ins Coelom aus und bildet eine **Nierenleiste** (Abb. 16.1).

Die Differenzierung des Mesomers wird durch Induktion kontrolliert: Wenn das benachbarte Epimer oder das Hypomer fehlt, bildet das Mesomer keine normalen Organe. Undifferenziertes Mesoderm von anderen Körperstellen wird dagegen Urogenitalorgane bilden, wenn es an die Position des Mesomers transplantiert wird.

Das allgemeine Coelom oder Splanchnocoel tritt im Hypomer auf. Es bildet zunächst mit den kleinen Coelomräumen oder **Nephrocoelen** in den Nephrotomen ein Kontinuum. Die engen Kanäle, die das Splanchnocoel mit den Nephrocoelen verbinden, werden **peritoneale Kanäle** genannt, ihre Öffnungen in das Splanchnocoel sind die **Nephrostomata** (Abb. 15.1). Funktionelle peritoneale Kanäle und Nephrostomata sind mit Cilien besetzt. Posterior, auf Höhe des nephrogenen Strangs, können Peritonealkanäle vorhanden sein, fehlen aber bei den meisten Amnioten. Wenn dies der Fall ist, bilden sich im Strang durch Kavernenbildung Hohlräume, die als Nephrocoele angesehen werden. Nephrocoele sind wichtig, weil sie in der ausgereiften Niere zu den Nierenkapseln werden.

Nierentubuli entwickeln sich entweder als Auswüchse der Wände des Nephrocoels (das ist wahrscheinlich die ursprüngliche Situation) oder aus kleinen soliden Mesenchymmassen. Sie werden nach und nach länger und mehr oder weniger aufgeknäuelt. Die anterioren Tubuli reifen als erste, ihre äußeren Enden verbinden sich und bilden einen Nierenkanal (Harnleiter) auf jeder Seite des Körpers, der sich dann durch terminale Proliferation nach caudal ausdehnt, bis er über die ganze Distanz zur Kloake hin ausgewachsen ist (Abb. 15.2). Wenn die mehr posterior liegenden Tubuli ausreifen, verbinden sie sich einfach mit dem präexistierenden Gang. Tatsächlich ist es so, dass der Gang ihre Entwicklung induziert.

(Die gerade beschriebenen Entwicklungsschritte sind zwar typisch, aber nicht immer konstant.)

## 15.2 Evolution und Struktur der Vertebratennieren

### 15.2.1 Holonephros: Ursprüngliche Niere

Der allgemeine Aufbau der frühen Vertebratenniere kann aus embryologischen und vergleichend morphologischen Hinweisen abgeleitet werden. Dieses mehr oder weniger hypothetische Organ wird **Holonephros** genannt (ein älterer Name ist Archinephros). Es leitet sich vom gesamten Mesomer ab und war deshalb lang. Es war über seine gesamte Länge oder zumindest den größten Teil davon segmentiert und hatte ein Paar Nephrocoele und ein Paar Tubuli pro Paar Nephrotome. Die Glomerula waren groß. Es ist nicht sicher, ob sie zuerst innen oder außen waren. Nephrostomata waren auf jeden Fall vorhanden.

Ein Holonephros findet sich heute nur bei den Larven der Schleimaale und der Gymnophiona. Gewöhnlich hat das sich entwickelnde Mesomer eine starke Tendenz, in verschiedene Regionen unterteilt zu werden. Die Entwicklung schreitet immer entlang des Mesomers von anterior nach posterior fort, aber die Welle wird an zwei Stellen unterbrochen, so dass sich die anterioren, die mittleren und die posterioren Nieren nacheinander bilden. Die mehr anterioren Regionen degenerieren meistens, wenn die posterioren Regionen funktionsfähig werden. Außerdem entwickeln sich zwischen benachbarten Regionen oft keine Tubuli, so dass Lücken entstehen. Die weiter posterior liegende Unterbrechung kann aber fehlen, so dass zwei statt drei Paare von Nieren nacheinander gebildet werden. Die so entstehenden verschiedenen Nierentypen werden jetzt nacheinander besprochen.

### 15.2.2 Pronephros: Larvale Niere oder spezialisierter Überrest

Die am meisten anterior liegende Niere, die sich auch als erste bildet, ist der **Pronephros** (Abb. 15.2). Relativ wenige Nephrotome sind in diesen Pronephros integriert, nämlich je nach Spezies ein bis zwölf Paare, aber selten mehr als vier. Alle beteiligten Segmente bilden in der frühen Larve mancher Spezies (vor allem bei Schleimaalen und Gymnophiona) abgetrennte Einheiten. Bevor der Pronephros jedoch funktionsfähig wird, wird er meistens durch die Degeneration der ersten und letzten Tubulipaare und durch die teilweise oder vollständige Verschmelzung der verbleibenden Segmente, die dann ein riesiges Körperchen oder **Glomus** auf jeder Seite des Körpers bilden, modifiziert. Die rechten und linken Primordien verschmelzen bei vielen Actinopterygii sogar in der Mittellinie und bilden einen einzelnen Glomus. Pronephrostubuli sind relativ einfach, wenn sie nicht in Verbindung zu einem Glomus stehen. Stehen sie in Verbindung zu einem Glomus, können sie lange und aufgewunden sein. Glomerula sind intern (Gymnophiona und die meisten Knochenfische), extern (Amphibien außer Gymnophiona) oder können sogar intermediär sein (manche Vögel und Reptilien). Cilientragende Nephrostomata sind oft vorhanden und können sich in den Teil des anterioren Splanchnocoels öffnen, der beim adulten Organismus zur Pericardhöhle wird.

Der Pronephros erscheint zumindest in rudimentärer Form bei allen Vertebraten. Er ist bei freilebenden Larven von Knochenfischen und Amphibien und möglicherweise über eine kurze Periode bei Embryonen von Reptilien funktionsfähig. Nierenkörperchen bilden sich bei Knorpelfischen nicht. Ein etwas modifizierter Pronephros, der meistens zu einem Glomus verdichtet ist, bleibt bei Adulten von Schleimaalen und verschiedenen Knochenfischen funktionsfähig, wo er **Kopfniere** genannt wird, weil er normalerweise nicht die einzige funktionierende Niere bei diesen Tieren ist. Wenn er beim Adulten nicht funktionsfähig ist, kann der Pronephros während der fortschreitenden Entwicklung verschwinden (Knorpelfische, die meisten Amphibien, Vögel) oder kann lymphatische oder drüsige Derivate hinterlassen. Der Ausführgang des Pronephros, der als **primärer Harnleiter oder Wolffscher Gang** bezeichnet wird, ist der konstanteste Teil des Organs und geht auch nicht verloren, wenn die Tubuli degenerieren.

Man sieht also, dass der Pronephros sowohl in seiner Entwicklung als auch in seinem Aufbau sehr variabel ist. Dies ist die Folge eines sehr alten Ursprungs und einer reduzierten Funktion. Nur wenige phylogenetische Schlussfolgerungen können daraus gezogen werden, und der Laie wird es wenig nützlich finden, sich individuelle Besonderheiten zu merken.

### 15.2.3 Opisthonephros: Niere der Anamnioten

Wir haben gerade erklärt, dass es eine zeitliche wie auch räumliche anteriore Unterbrechung in der Entwicklung eines jeden Mesomers gibt und dass die Niere, die sich anterior zu dieser Unterbrechung bildet, der Pronephros ist. Wenn sich eine zweite Unterbrechung im Mesomer bildet, dann entwickeln sich die mittleren und die posterioren Nieren nacheinander. Die mittlere Niere wird **Mesonephros** genannt und ist nur bei Föten von Tieren vorhanden, die als Adulte ausschließlich die posteriore Niere oder den **Metanephros** beibehalten. Dies sind die Amnioten. Wenn stattdessen das gesamte Mesomer oder zumindest ein Großteil des Mesomers posterior zum Pronephros eine Niere bildet, dann wird diese Niere **Opisthonephros** genannt. Eine solche Niere ist typisch für spätlarvale und adulte Anamnioten (Abb. 16.2 und 16.3).

[Trotz der Unterscheidung, die wir gerade gemacht haben, werden die Bezeichnungen Mesonephros und Opisthonephros manchmal mehr oder weniger austauschbar verwendet und auch nicht ganz ohne Grund. Manche Vertebraten verkomplizieren das Konzept multipler Nieren, indem sie einen Opisthonephros haben, der den größten Teil des posterioren Segments des Mesomers ausschließt (Anura) oder der unvollkommen in anteriore und posteriore Teile unterteilt ist (Dipnoi, viele Urodelen, manche Elasmobranchier und manche Teleosteer). Manche andere Teleosteer haben vollständig getrennte mittlere und posteriore Nieren und behalten auch beide als Adulte bei. Diese Organe werden nicht als Mesonephros und Metanephros identifiziert, wie es eigentlich logisch wäre, sondern werden stattdessen als Opisthonephros bezeichnet, der in eine Rumpfniere und eine Schwanzniere unterteilt ist. Die mehr posterior gelegenen Nieren sind in der Regel größer und komplexer als die anterioren Nieren, aber es gibt keine einzige strukturelle Unterscheidung zwischen den benachbarten Organen. Nephrone, die an entgegengesetzten Enden des Opisthonephros liegen, können einander unähnlicher sein als Nephrone, die am anterioren Ende des Opisthonephros und im Pronephros liegen. Die paarigen Organe von

Embryonen von Teleosteern verschmelzen manchmal und bilden eine einzelne mediane Niere. Ferner kann das anteriore Ende lymphoid und nicht exkretorisch sein. Studierende sollten sich darüber im Klaren sein, dass eine variable, aber dennoch graduelle Entwicklung entlang der Länge des Mesomers auftritt, und sie sollten über die Vielfalt der Bezeichnungen und die Schwierigkeit in ihrer Definition nicht übermäßig erstaunt sein.]

Der Opisthonephros entwickelt sich also später als der Pronephros und bildet sich aus einem Großteil oder aus den gesamten, langen, mittleren und posterioren Teilen des Mesomers. Er ist ursprünglich zumindest im anterioren Teil segmentiert und bleibt bei Schleimaalen auch so. Bei anderen Vertebraten entwickeln sich eine bis zwanzig Generationen sekundärer Tubuli aus den Primärtubuli, so dass das Organ jeglichen segmentalen Charakter verliert. Die Tubuli des Opisthonephros sind in der Regel mehr aufgewunden als nichtfusionierte Tubuli des Pronephros. Das gesamte Organ wölbt sich mehr ins Coelom vor. Im anterioren Bereich können die Glomerula extern sein, gewöhnlich sind sie aber intern und stehen mit Nierenkapseln in Verbindung. Nephrostomata sind gewöhnlich in der frühen Entwicklung vorhanden. Manche von ihnen können beibehalten werden (manche Haie, mehrere ursprüngliche Knochenfische und manche Amphibien), aber meistens gehen alle verloren.

Die Tubuli des Opisthonephros entleeren sich gewöhnlich in den bereits vorhandenen primären Harnleiter, der dann als **Opisthonephrosgang** bezeichnet wird (oder bei Amnioten als Mesonephrosgang). Bei Cyclostomata, einigen Amphibien und manchen Knochenfischen dagegen tragen die Tubuli des Opisthonephros zur Bildung des posterioren Teils des primären Harnleiters bei, bei Gymnophionen sendet er Knospen aus, welche die auswachsenden Tubuli treffen und sich mit ihnen verbinden. Unsicher ist noch, welche Entstehungsweise ursprünglicher ist.

Der kürzere, aber ansonsten gleichwertige Mesonephros ist bei Föten von Amnioten und sogar kurz nach dem Schlüpfen oder der Geburt bei manchen Reptilien, Monotremata, Marsupialia und manchen Ungulaten funktionsfähig. Das Organ variiert von klein (manche Nagetiere) über mittelgroß (Carnivoren und Primaten) zu groß (manche Ungulaten) und seine Entwicklung ist umgekehrt proportional zur exkretorischen Wirksamkeit der Placenta.

### 15.2.4 Metanephros: Niere der Amnioten

Der Metanephros ist der am meisten posterior gelegene Teil der Nieren und entwickelt sich sowohl während der Ontogenese als auch der Phylogenese zuletzt. Der Teil des nephrogenen Strangs, aus dem er sich entwickelt, liegt gegenüber von nur einem oder zwei Körpersegmenten. Das Organ selbst ist niemals segmental und Hunderttausende von Nephronen bilden sich durch Knospung in aufeinanderfolgenden Generationen. Die Glomerula sind immer intern, Nephrostomata fehlen. Der Metanephros unterscheidet sich von anderen Nieren dadurch, dass er zweierlei Ursprungs ist. Früh in der Entwicklung wächst eine **Ureterknospe** aus jedem Mesonephrosgang nahe seines Eintritts in die Kloake aus und wächst auf den sich differenzierenden nephrogenen Strang zu (Abb. 15.3). Der sich verlängernde Hals der Knospe wird der Gang des Metanephros oder **Ureter (sekundärer Harnleiter)**, und das Ende verzweigt sich in der Niere und bildet die **Sammeltubuli**, die in die Nierentubuli übergehen, die aus dem nephrogenen Strang entstehen. Das gesamte Organ wandert, besonders bei Säugetieren, während der weiteren Reifung etwas nach vorne. Es ist interessant, dass die Schwanznieren der Teleosteer und auch der posteriore Teil des Opisthonephros mancher anderer Anamnioten in unabhängige Gänge abgeleitet werden. Diese werden **akzessorische Gänge** und nicht Ureteren genannt, aber sie sind trotzdem wahrscheinlich homolog zum Ureter der Amnioten.

Der Metanephros der Reptilien ist unterschiedlich unregelmäßig geformt und kann gelappt sein. Die Nieren der Vögel passen in Höhlungen des Synsacrums und sind gewöhnlich dreilappig (Abb. 16.9). Die Nieren der Säugetiere haben ein Sammelbecken, das **Nierenbecken**, in welches der Urin aus einer oder mehreren **Nierenpapillen** einströmt, die in das Becken hinein-

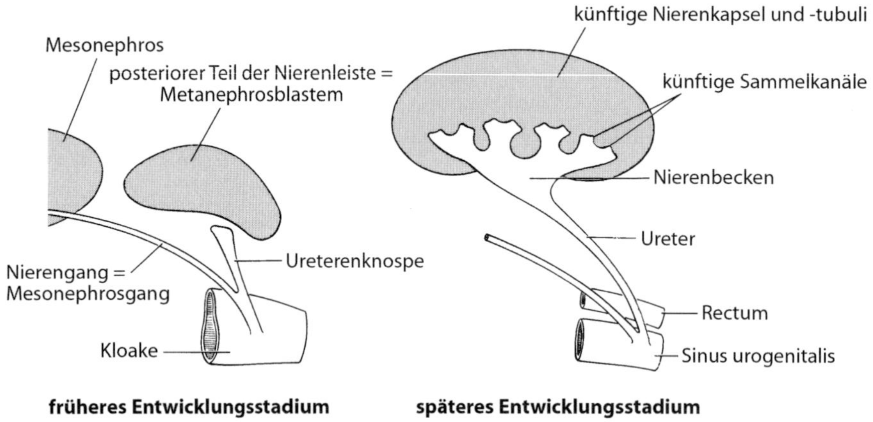


**Abb. 15.3.** Entwicklungsstadien des Metanephros und des Ureters

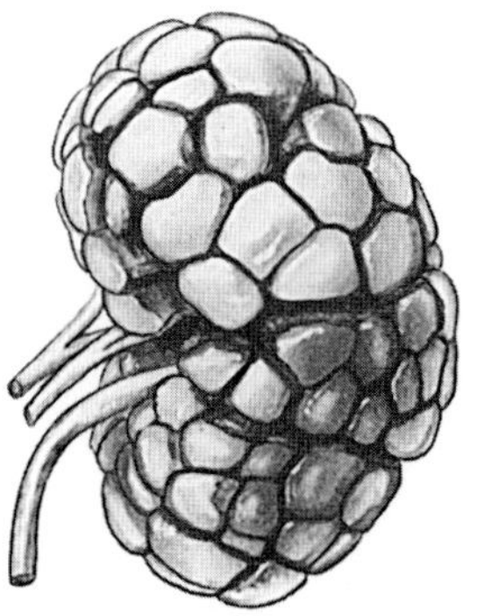

**Abb. 15.4.** Die zusammengesetzte Niere eines Seeotters, *Enhydra*

ragen. Die Organe sind bohnenförmig, einfach und glatt bei ursprünglichen und kleinen Säugetieren sowie bei Primaten und den meisten Carnivoren (Abb. 16.10). Bei manchen anderen Spezies sind sie außen glatt, haben aber innen mehrere Lappen und multiple oder anderweitig komplizierte Papillen. Bei marinen Säugetieren, manchen Ungulaten und anderen großen Spezies werden sie zusammengesetzte Organe, die Gruppen von Rattennieren ähneln (Abb. 15.4). Die Entwicklung zusammengesetzter Nieren bei großen Tieren scheint ein Weg zu sein, sehr lange Sammeltubuli zu vermeiden, die einen außergewöhnlichen Druck erfordern würden, um die darin enthaltene Flüssigkeit vorwärts zu treiben.

Zusammenfassend gehören zu den Evolutionstendenzen der Vertebratenniere der Verlust von Nephrostomata und externen Glomerula, das Auftreten von zahlreicheren und nichtsegmentierten Nephronen und die Entwicklung aus einem immer mehr posterioren und schließlich kürzeren Teil des Nephrotoms.

## 15.3 Nierenstruktur in Zusammenhang mit der Osmoregulation

Eine detaillierte Beschreibung der Nierenstruktur ist nun angebracht, um eine Grundlage für die Interpretation der Beziehung zwischen Anatomie und Funktion zu haben. Das Glomerulum ist ein Knäuel aus Kapillarschleifen und Anastomosen, das in die Nierenkapsel hineinhängt. Die Kapsel ist daher becherförmig mit einer äußeren oder **parietalen Wand** und einer inneren oder **visceralen Wand** (Abb. 15.5). Die parietale Wand hat ein plattes oder isoprismatisches Epithel. Sie dämmt das Filtrat ein und lenkt es zum proximalen Tubulus. Bei höheren Vertebraten umfasst die viscerale Wand die Kapillaren des Glomerulums. Ihre Zellen, die Podocyten, haben zahlreiche fingerförmige Auswüchse, die **Pedikel** oder Füßchen. Zwischen ineinandergreifenden Pedikeln bleiben kleine Freiräume und es treten sehr feine Poren im Kapillarendothel auf. Deshalb ist die einzige ununterbrochene Barriere zwischen dem Blut in den Kapillaren und dem Hohlraum der Nierenkapsel die glomeruläre Basalmembran. Diese Membran ist der Ultrafilter der Niere. Sie ist durchlässig für Wasser, Ionen,

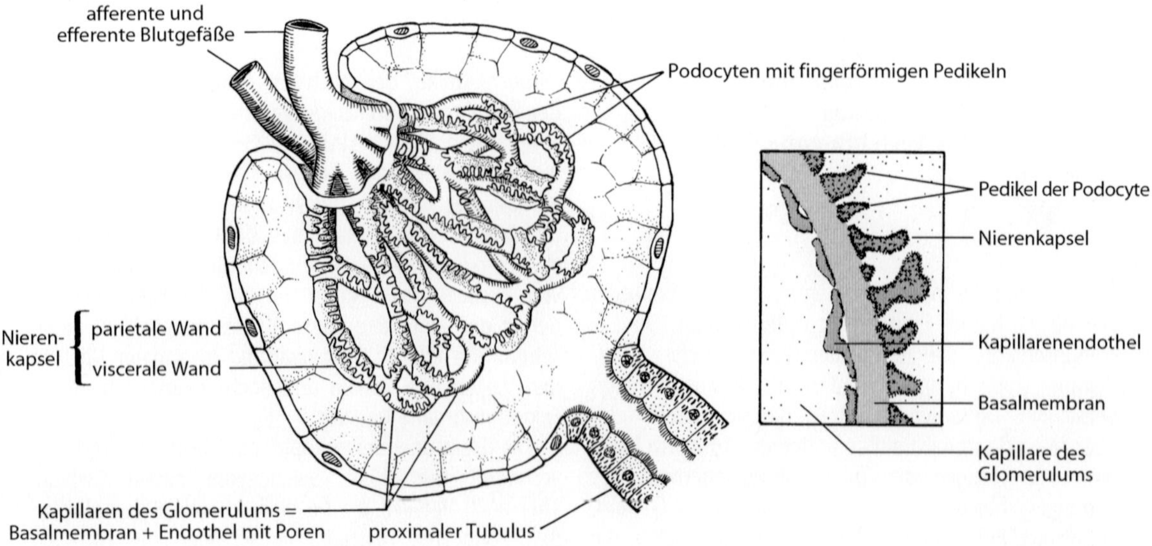


**Abb. 15.5.** Nierenkörperchen eines Säugetieres (*links*) und ein stark vergrößerter Querschnitt durch die Blut-Nierenkapsel-Barriere (*rechts*). Für die Beziehung zur Gesamtniere s. Abb. 15.8

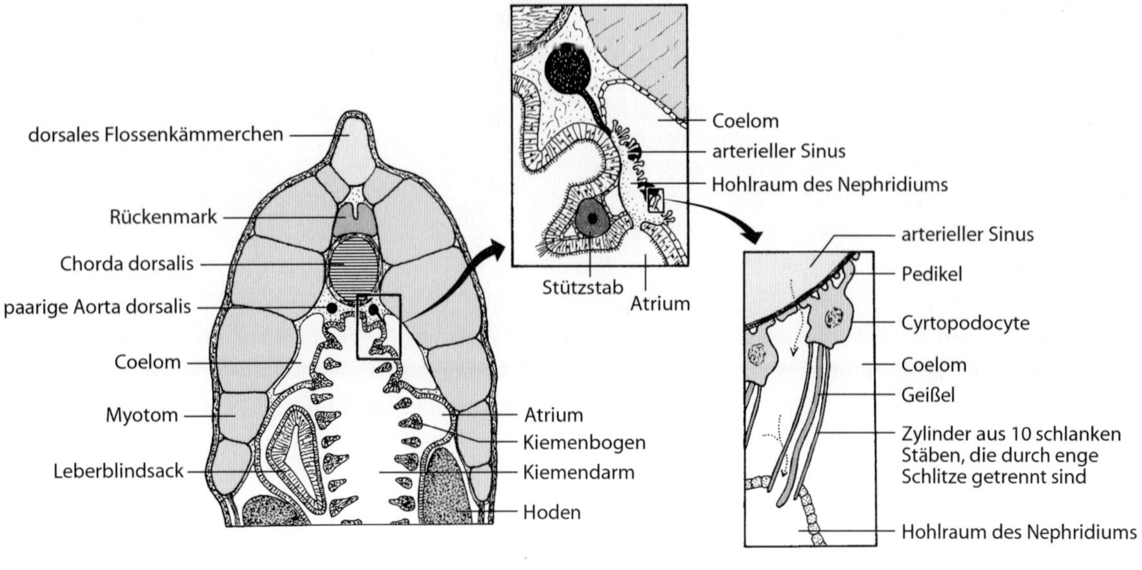


**Abb. 15.6.** Ein Nephridium und damit in Verbindung stehende Strukturen von *Branchiostoma*, in einem Querschnitt durch die Körpermitte. Vgl. mit Abb. 2.2

Zucker, Aminosäuren, Hormone und verschiedene Abfallprodukte, die zusammen den **Primärharn** ausmachen. Der Filter hält Proteine, Zellen und Fette zurück. Die treibende Kraft des Filters ist der relativ hohe Druck des arteriellen Blutes (Übersicht s. S. 295). Bei Säugetieren ist die gesamte Filtrationsoberfläche mindestens so groß wie die halbe Körperoberfläche und die tägliche Produktion von Filtrat entspricht einem Vielfachen des Blutvolumens des gesamten Körpers.

## Exkurs 15.1

### *Branchiostoma* und der Ursprung des Vertebratennephrons

Der Ursprung des Vertebratennephrons in der Evolution war für ein halbes Jahrhundert völlig nebulös. Die Exkretionsorgane, die für bilateralsymmetrische Invertebraten typisch sind, wurden als Protonephridien bezeichnet. Diese haben Tubuli, die sich direkt oder über einen Gang nach außen entleeren. An ihrem inneren Ende endigen die Tubuli blind innerhalb des Körpergewebes oder in einem Pseudocoel oder Coelom. Sie werden von Terminalzellen bedeckt, die sich in die Tubuli ausdehnende Cilien tragen. Der Cilienschlag – und nicht der Blutdruck – bewirkt den Druckgradienten, der benötigt wird, um das System zu aktivieren. Protonephridien entstehen aus dem Ectoderm.

Die Nieren der Vertebraten sind Metanephridien. Wie im Haupttext beschrieben, entleeren sich diese in ein Derivat des Coeloms, nämlich die Nephrocoele. Es gibt keine Terminalzellen und keine Cilien. Spezialisierte Zellen, die Podocyten, bilden einen Ultrafilter, der durch den Blutdruck in den Glomerula aktiviert wird. Metanephridien entwickeln sich aus dem Mesoderm.

Wie hat die Evolution diese Unterschiede überbrückt? Für Hinweise wendet man sich natürlich an *Branchiostoma*, den nächsten bekannten Verwandten der Vertebraten. *Branchiostoma* hat Terminalzellen, die Solenocyten ähnlich sind und *Cyrtopodocyten* genannt werden. Diese tragen Geißeln. Das Organ mündet außerhalb des Körpers und zwar indirekt über die Atriumhöhle. Das Keimblatt, aus dem sie entstehen, ist das Ectoderm. Deshalb wurden die Exkretionsorgane von *Branchiostoma* aufgrund der Ähnlichkeiten mit denen der Anneliden lange als Protonephridien angesehen. Wie konnte *Branchiostoma* in anderer Hinsicht den Vertebraten ähneln und doch so unterschiedliche Exkretionsorgane besitzen?

Die Elektronenmikroskopie hat diese Unterschiede verringert (Abb. 15.6). Solenocyten haben Geißeln, aber auch Pedikel, die sie wahrscheinlich homolog zu den Podocyten machen. Sie scheinen die Filtration doch aufgrund des arteriellen Blutes zu vollziehen und stehen offensichtlich funktionell mit dem Coelom, das sie überbrücken, in Verbindung. Ruppert (1994) glaubt, dass auch die Keimblattfrage kein Hindernis ist. Die Beiträge von Ectoderm und Mesoderm zur Bildung der Exkretionsorgane und der Gänge variieren zwischen den Tieren sehr stark. Position und Funktion können für die Etablierung der Homologie wichtiger sein als das Keimblatt. Viele Invertebraten mit einem Coelom scheinen für die Filtration Exkretionssysteme mit Zellen zu haben, die wahrscheinlich Vorläufer der Podocyten sind. *Branchiostoma* muss sich also seiner Nieren nicht länger schämen.

Nierenkapseln endothermer Vertebraten werden gewöhnlich von ihren aufgewundenen Nierentubuli durch enge cilientragende **Halssegmente** getrennt (Abb. 15.8). Nierentubuli sind charakteristischerweise in einen **proximalen Tubulus** und einen **distalen Tubulus** unterteilt, die durch ein kurzes, aber scharf abgetrenntes intermediäres Segment voneinander getrennt sind. Der proximale Tubulus hat kubische oder niedrige, säulenförmige Zellen mit Mikrovilli. Das **intermediäre Segment** ist dünn und cilientragend. Zellen der distalen Tubuli sind kubisch und haben entweder wenige oder gar keine Mikrovilli. Der proximale Tubulus gibt Zucker, Aminosäuren, Vitamine und verschiedene Salze an den Blutstrom zurück und kann bestimmte Fremdmaterialien in das Filtrat sezernieren. Der distale Tubulus säuert das Filtrat an und entfernt Natrium- und Chloridionen. Wasser kann dem Blut aus beiden Tubuli wieder zugeführt werden. Die Einzelheiten der Tubulusfunktion sind vielfältig und kompliziert. Die Exkretion wird zumindest bei manchen Klassen durch Hormone beeinflusst.

Die meisten marinen Invertebraten haben isotonische Körperflüssigkeiten, d.h. ihre Körperflüssigkeiten sind in ihrer osmotischen Konzentration gleichwertig mit dem umgebenden Seewasser. Nur wenig Wasser tritt in ihre Körper ein oder verlässt sie. Ihre Exkretionsorgane ha-

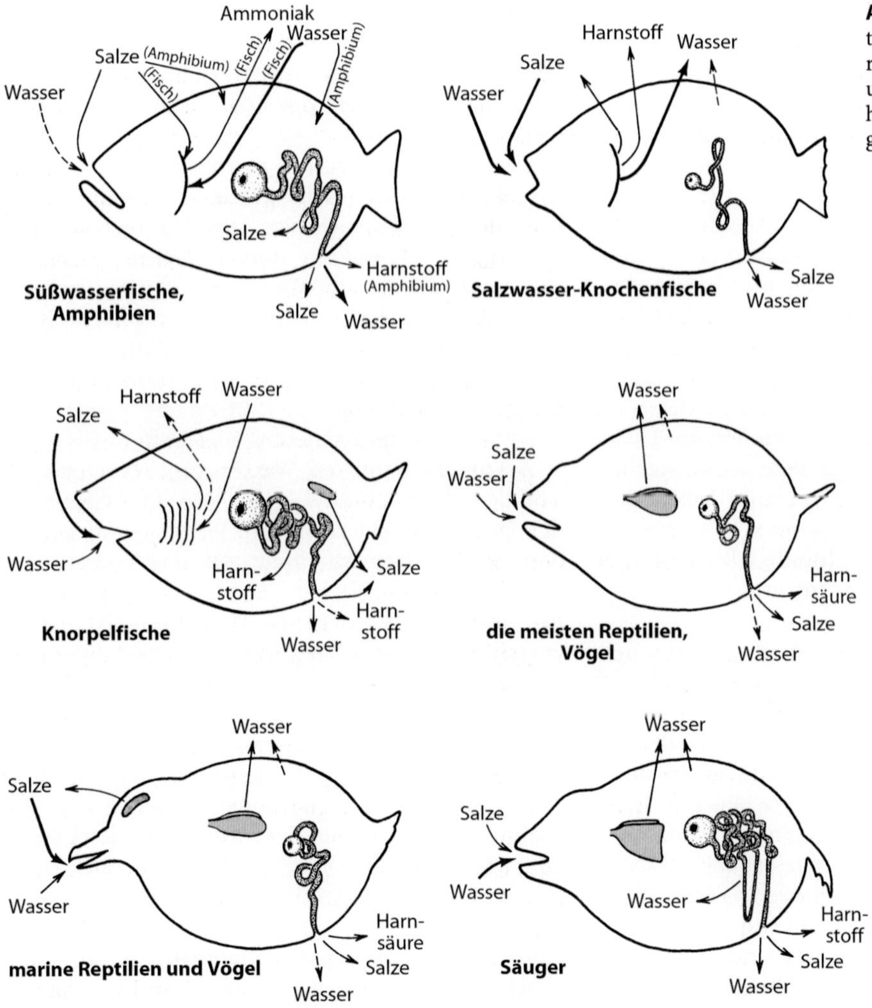


**Abb. 15.7.** Schema der Struktur und Funktion des Nephrons in Bezug auf Exkretion und Osmoregulation (innerhalb der abgebildeten Gruppen gibt es Variationen)

ben keine Filtervorrichtungen, die Wasser aus ihren Körperflüssigkeiten entfernen. Die meisten Vertebraten haben, unabhängig vom Habitat, hypotonische Körperflüssigkeiten (die osmotische Konzentration ist niedriger) in Bezug auf Seewasser, aber hypertonische Körperflüssigkeiten (höher konzentriert) in Bezug auf Süßwasser. Betrachten wir zunächst die **Süßwasserfische** und **Amphibien**. Aufgrund des osmotischen Gradienten tritt unaufhörlich Wasser aus der Umgebung in ihre Körper ein (Abb. 15.7). Die Haut kann mäßig wasserabweisend sein, aber die Kiemen und die Mundmembranen lassen viel Wasser durch. Auch ihre Nahrung enthält Wasser. Obwohl diese Tiere kaum jemals trinken, müssen sie deshalb große Mengen an Urin ausscheiden, um ihr Wassergleichgewicht aufrechtzuerhalten. Deshalb haben sie gut ausgebildete Nierenkörperchen. Kurze proximale und distale Tubuli führen gelöste Stoffe in den Blutstrom zurück, aber obwohl die distalen Tubuli Salze resorbieren, ist der Urin salzhaltiger als die Umgebung, die Aufnahme von Salzen ist also notwendig. Ein Teil des Salzes wird mit der Nahrung aufgenommen. Viele Amphibien können Salze selektiv über die Haut, die meisten Fische können mit ihren Kiemen Salze aus dem Süßwasser aufnehmen. Stickstoff wird aus dem Körper über die Kiemen als Ammoniumionen bzw. Ammoniak (Fische, larvale Amphibien) oder von den Nieren als Harnstoff (adulte Amphibien) eliminiert.

**Marine Knochenfische** haben das umgekehrte Problem mit der Osmoregulation. Wasser aus ihren Körperflüssigkeiten tendiert ununterbrochen dazu, in das Meerwasser auszuströmen, vor allem über die Kiemen. Um Wasser zu sparen, müssen sie wenig Urin abgeben und haben deshalb relativ kleine und wenig vaskularisierte Nierenkörperchen. Manche Spezies haben nur rudimentäre Nierenkörperchen oder gar keine mehr. Um Wasser zu ersetzen, trinken diese Fische sehr viel, was wiederum zu einem Überschuss an Salzen führt. Spezielle Chloridzellen in den Kiemen scheiden einwertige Ionen aus, die proximalen Tubuli der Nieren scheiden zweiwertige Ionen aus. Distale Tubuli fehlen in aller Regel. Die Kiemen scheiden außerdem aktiv Harnstoff aus.

Die meisten **Knorpelfische** sind ebenfalls marin, haben aber das Problem des Wassergleichgewichts anders gelöst. Stickstoffhaltige Stoffwechselendprodukte der Wirbeltiere werden in verschiedenen Formen gebildet und ausgeschieden, aber im Blut tauchen diese Endprodukte vor allem als Harnstoff auf. Harnstoff wird über die Nieren der Amphibien, vieler Schildkröten und der Säugetiere ausgeschieden. Diese Tiere scheiden Harnstoff aus, weil sie ihn nicht benötigen, aber er ist kaum toxisch und kann zum Teil eliminiert werden, weil er schnell diffundiert und nicht zurückgehalten werden kann. Die einzigen Vertebraten, die Harnstoff zurückhalten, sind die Knorpelfische (auch marine Kröten und der rezente Crossopterygier *Latimeria*). Ein noch unbekannter Mechanismus macht ihre Kiemen für diese Substanz nicht permeabel und ihre großen, auffälligen Nierentubuli können Harnstoff aus dem Filtrat in das Blut zurückführen. So kommt es, dass das Blut genügend Harnstoff enthält, um geringfügig hyperosmotisch gegenüber Seewasser zu sein. Geringe Wassermengen treten über die Kiemen ein. Es wird wenig Wasser getrunken, das Urinvolumen ist mäßig. Die Nierenkörperchen sind dennoch groß. Überschüssiger Harnstoff wird über die Nieren und Kiemen ausgeschieden. Überschüssige Salze werden ebenfalls über die Nieren ausgeschieden, die allerdings bei der Ausscheidung einwertiger Ionen weniger effektiv sind. Diese werden dann über die Rectaldrüse ausgeschieden, die sich in das Rectum entleert.

**Cyclostomata** sind hauptsächlich marin. Schleimaale haben sehr große, segmental angeordnete Nierenkörperchen. Ihre Nierentubuli bestehen nur aus kurzen Halssegmenten. Schleimaale kontrollieren die Wasseraufnahme durch eine einzigartig hohe Salzkonzentration im Blut. Manche Neunaugen wandern ins Süßwasser. Sie haben längere Tubuli mit allen üblichen Segmenten, resorbieren im Süßwasser etwas Salz über die Haut und scheiden viel Urin aus.

**Amnioten** benützen Wasser, um exkretorische Abfallprodukte auszuwaschen und die Oberfläche der Lungen feucht zu halten. Sie verlieren außerdem Wasser über die Haut. Da das Trinken die einzige Möglichkeit zur Wasserversorgung in einer gewöhnlich trockenen Umgebung ist, ist es vorteilhaft für das Tier, Wasser zurückzuhalten. Dies erfolgt über unterschiedliche Wege, vor allem aber durch die Nieren. Die Nieren der Säugetiere haben dafür einen anderen Mechanismus entwickelt als die Nieren der Reptilien und Vögel.

Harnstoff ist hochgradig wasserlöslich. Er strömt im Wasser aus dem Körper und tritt aus aquatischen Embryonen in die Umgebung aus. (Manche Haie müssen ihre Embryonen mit wasserundurchlässigen Hüllen umgeben, um Harnstoff für ihre speziellen Bedürfnisse zu speichern.) Die meisten **Vögel** und **Reptilien** haben nicht genügend Wasser zur Verfügung, um einen verdünnten Urin auszuscheiden, und ihre terrestrischen Eier haben keine Möglichkeit, löslichen Harnstoff zu entsorgen. Sie scheiden stattdessen wasserunlösliche Harnsäure aus, die in halbfestem Zustand mit sehr wenig Wasser aus dem Körper abgesondert werden kann. Da die Bildung größerer Mengen von Filtrat schädlich sein könnte, haben diese Tiere kleine und wenig vaskularisierte Nierenkörperchen. Die Nierentubuli sind bei Reptilien kurz, bei Vögeln mäßig lang. Die meisten dieser Tiere können überschüssige Salze im Urin ausscheiden. Verschiedene marine Reptilien- und Vogelspezies nehmen größere Mengen Salze mit der Nahrung auf und haben auch nur Seewasser zum Trinken zur Verfügung (wenn sie überhaupt trinken). Viele dieser Tiere (Seeschlangen, marine Leguane, Seeschildkröten, Kormorane, Albatrosse, Sturmvögel, Möwen, Seeschwalben, Seeenten usw.) haben Salzdrüsen, die eine sehr hoch konzentrierte Lake ausscheiden. Diese Drüsen können aus Tränendrüsen, Nasen- oder Orbitaldrüsen entstehen und sind unterschiedlich in der Nähe der Augen, der Kiefer, der Zunge oder in der Nasenkammer angeordnet. Ihre Funktion unterliegt einer komplexen neuronalen und hormonalen Kontrolle.

**Säugetiere** scheiden Harnstoff aus, der aus dem Blut durch gut ausgebildete Nierenkörperchen entfernt wird. Dadurch werden große Mengen verdünnten Filtrats produziert. Die Säugerniere ist jedoch effektiver als alle anderen, wenn es darum geht, Wasser aus dem Filtrat dem Blut wieder zuzuführen. Nur ungefähr ein Prozent des Filtrats wird als Urin ausgeschieden. Die Konzentrierung hängt von den unverwechselbaren **Henleschen Schleifen** ab (Abb. 15.8), die aus Teilen der proximalen und distalen Tubuli entstehen und sich zum Becken der Niere hin ausdehnen. Es gibt kein intermediäres Segment. Manche Schleifen sind lang, manche sind nur mäßig lang. Der dünne absteigende und der dickere aufsteigende Schenkel einer einzelnen Schleife sind gerade und liegen direkt nebeneinander. Dies ist von funktioneller Bedeutung, weil eine Methode, den Urin zu modifizieren, darin besteht, Natrium über das Gegenstromprinzip zwischen den Schenkeln hin und her zu pumpen. (Das Gegenstromprinzip ist auf S. 252 erklärt.) Säugetiere sind die einzigen Vertebraten, die Urin ausscheiden, der konzentrierter ist als das Blut. Vögel haben ebenfalls Henlesche Schleifen, die sich anscheinend unabhängig entwickelt haben, aber ihre Schleifen sind kurz und nur bei einem kleinen Teil der Nephrone vorhanden.

Nierenkörperchen und aufgeknäuelte Teile des Tubulus liegen im **Cortex**, der äußeren Zone der Niere (Nierenrinde). Die Henleschen Schleifen liegen in der **Medulla**, der inneren Zone (Nierenmark). Wüstenlebende Säugetiere, die einen besonders hoch konzentrierten Urin ausscheiden müssen, betonen das medulläre Gewebe, so dass es gemeinhin in das Nierenbecken als eine oder mehrere **Papillen** hineinragt (Abb. 15.9).

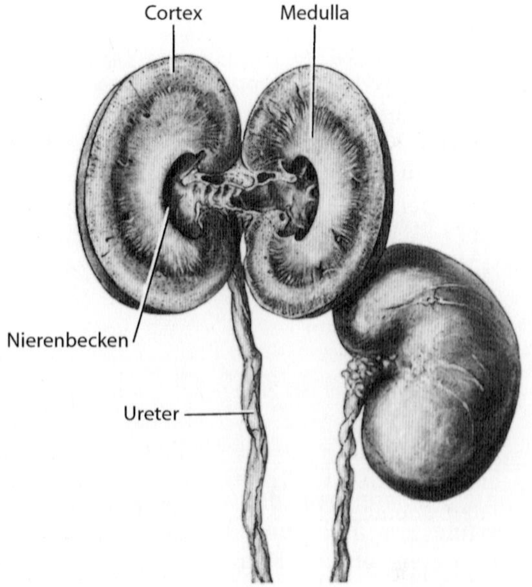


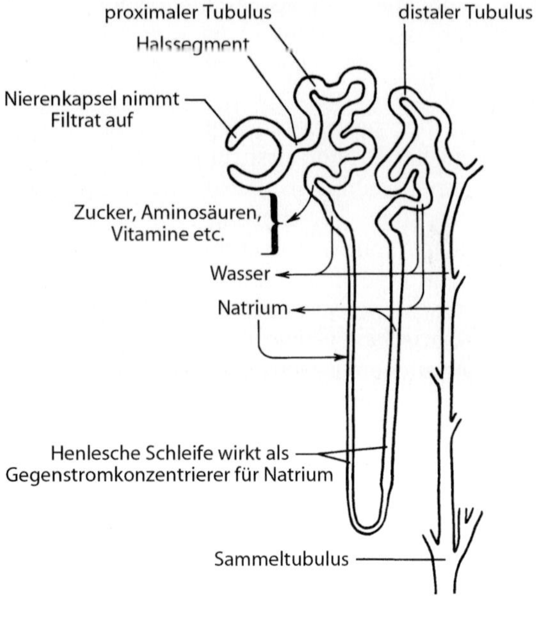


**Abb. 15.8.** Struktur und Funktion der Säugerniere und des Nephrons am Beispiel des Hundes. Nierenkapseln und aufgewundene Tubuli liegen im Cortex, die Henlesche Schleife und die Sammelkanäle liegen in der Medulla. Vgl. mit Abb. 15.9

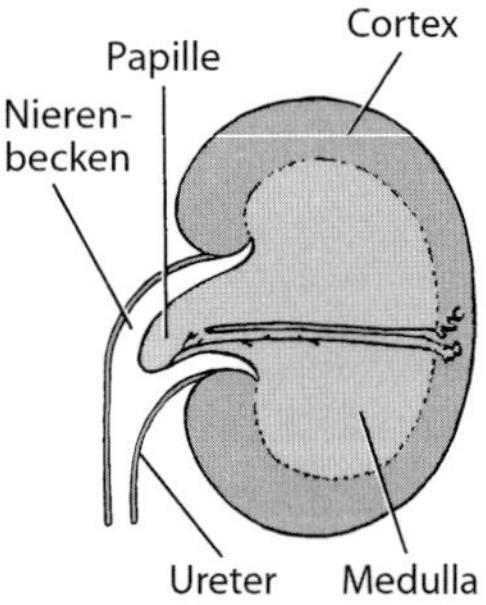


**Abb. 15.9.** Niere eines kleinen Säugetieres aus einem trockenen Habitat. Die Position eines Nephrons ist eingezeichnet

## 15.4 Harnblasen

Die Harnblase dient der vorübergehenden Speicherung von Urin und modifiziert, außer bei Säugetieren, oft die Konzentration und die Zusammensetzung des Urins durch selektive Resorption oder Sekretion.

Die meisten **Fische** haben Harnblasen, aber selbst wenn viel Urin ausgeschieden wird, sind ihre Harnblasen meistens klein oder mittelgroß, weil die aquatische Umgebung ein langes Zurückhalten des Urins unnötig macht. Eine Vergrößerung der posterioren Segmente der Harnleiter dient bei Dipnoi, ursprünglichen Strahlenflossern und weiblichen Elasmobranchiern der vorübergehenden Speicherung von Urin. Die beiden Gänge können verschmelzen und so eine einzelne mediane Blase bilden. Bei männlichen Elasmobranchiern vergrößern sich stattdessen die akzessorischen Gänge und bilden so Harnblasen. Ähnliche Ausweitungen der posterioren Enden der Harnleiter dienen bei Neunaugen und Teleosteern als Harnblasen, wobei hier eine Tasche der embryonalen Kloake anscheinend an der Bildung der adulten Blase beteiligt ist, die daher hauptsächlich eine mediane Struktur ist.

**Amphibien** haben eine andere Art von Harnblase von evolutionärer Bedeutung entwickelt. Es sind große ventrale Austaschungen der Kloake. Harnleiter münden dorsolateral in die Kloake, so dass der Urin die Kloake durchqueren muss, bevor er in die Blase gelangt. Es ist fast sicher, dass die Vergrößerung und die frühreife Entwicklung dieser Blase die Allantois der Amnioten hervorgebracht hat. Anuren, die in trockenen Habitaten leben (z. B. Wüstenkröten), können größere Mengen von Wasser in der Harnblase als verdünnten Urin speichern und das meiste davon resorbieren, wenn es benötigt wird.

Manche **Reptilien** (Schildkröten, manche Eidechsen und *Sphenodon*) haben eine identische kloakale Harnblase, aber diesmal wird sie durch das Beibehalten der Basis des fötalen Allantoisschaftes (proximaler Teil der Allantois) beim Adulten gebildet. Andere Reptilien und **Vögel** haben verständlicherweise keine Harnblasen, weil sie einen eingedickten Urin, der Harnsäure enthält, ausscheiden. Die Ureteren münden seitlich in die Kloake und der Urin vermischt sich mit fäkalem Material, bevor er abgegeben wird.

Die Ureteren der **Säugetiere** treten in die ventrolateralen Oberflächen der embryonalen Kloake ein und sind deshalb mit dem Urodaeum (dem ventralen Teil der Kloake) assoziiert, wenn sich die Kloake teilt (Abb. 16.12). Teile des Urodaeums und des Allantoisschafts bilden gemeinsam die Harnblase. Die Harnblase wird durch ein einzigartiges Epithel ausgekleidet, das dünner wird, wenn es gedehnt wird. Glatte Muskeln in den Wänden der Harnblase kontrahieren, um das Organ zu entleeren.

Einige der Gänge, die dem Exkretionssystem dienen, dienen auch dem Fortpflanzungssystem. Deshalb werden die Urogenitalgänge im nächsten Kapitel beschrieben.

### Literatur

Bentley PJ (1971) Endocrines and osmoregulation: a comparative account of the regulation of water and salt in vertebrates. Springer, New York

Beuchat CA (1996) Structure and concentrating ability of the mammalian kidney: correlations with habitat. Am J Physiol 271 (Regul Integr Comp Physiol 40):R157–R179. Vergleichende Anatomie und Physiologie der Nieren von der Spitzmaus bis zum Wal mit der Betonung darauf, wie wenig wir wissen

Braun EJ (1993) Renal function in birds. In: Brown JA, Balment RJ, Rankin JC (eds) New insights in vertebrate kidney function. Seminar series (Society for Experimental Biology) no 55. Cambridge Univ Press, New York, pp 167–188

Dantzler WH (1989) Comparative physiology of the vertebrate kidney. Springer, New York

Fox H (1977) The urogenital system of reptiles. In: Gans C, Parsons TS (eds) Biology of the reptilia, Vol 6. Academic Press, New York, pp 1–157

Hentschel H (1987) Renal architecture of the dogfish *Scyliorhinus caniculus* (Chondrichthyes, Elasmobranchii). Zoomorphology 107:115–125

Hicks RM (1975) The mammalian urinary bladder: An accommodating organ. Biol Rev 50:215–246

Holmes WN, Phillips JG (1985) The avian salt gland. Biol Res 60:213–256

Lacy ER, Reale E (1985) The elasmobranch kidney: Gross anatomy and general distribution of the nephrons. Anat Embryol 173:23–34

Moffat DB (1975) The mammalian kidney. Cambridge Univ Press, New York

Pang PKT, Griffith RW, Atz JW (1977) Osmoregulation in elasmobranchs. Am Sci 17:365–377

Ruppert EE (1994) Evolutionary origin of the vertebrate nephron. Am Zool 34:542–553

Ruppert EE, Smith PR (1988) The functional organization of filtration nephridia. Biol Rev 63:231–258

Skadhuage E (1981) Osmoregulation in birds. Springer, New York

Wake MH (1986) Urogenital morphology of dipnoans, with comparison to other fishes and to amphibians. J Morphol (Suppl 1):199–216. Zeigt auf, wie wenig vergleichende Daten für diese Gruppe existieren, und weist den Weg für künftige Untersuchungen

# 16 Fortpflanzungssystem und Ausführgänge des Urogenitalsystems

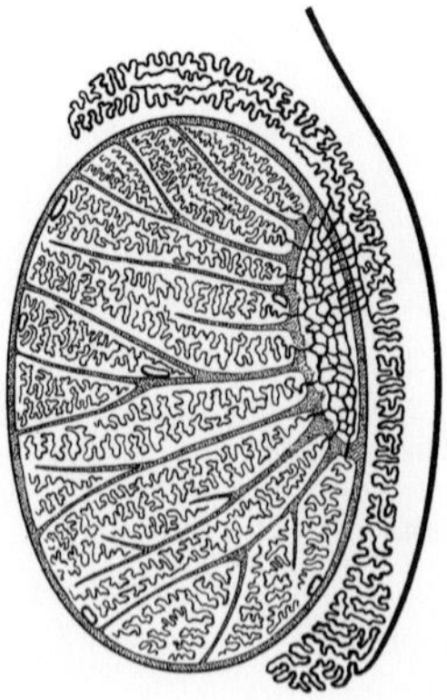

Die Aufgaben des Fortpflanzungssystems sind die Produktion der Geschlechtszellen oder **Gameten**, das Zusammenbringen von Ei und Spermium, die Ernährung des Embryos oder Fötus bis zum Schlüpfen oder bis zur Geburt, und die Abgabe von Eiern oder Jungtieren aus dem mütterlichen Körper. Strukturelle Anpassungen anderer Körperteile und Verhaltensanpassungen können anschließend die Verteidigung, die Fürsorge, die Ernährung oder das Wärmen der Eier oder Jungtiere übernehmen.

## 16.1 Frühe Entwicklung und Abstammung der Gonaden

Die embryonalen Primordien der Geschlechtsorgane, der **Gonaden**, entstehen aus zwei verschiedenen Quellen. Die erste ist das Mesomer. Nachdem der Opisthonephros bzw. der Mesonephros ausgebildet ist, bilden sich an seinen medialen Oberflächen die **Genitalfalten**. Diese Falten sind kürzer als die Nierenfalten, die ihnen vorangehen, sind aber vor allem bei Amnioten länger als die endgültigen Gonaden. Anteriore und posteriore Teile der Genitalfalten, die nicht zu Gonaden werden, bilden stattdessen Fettkörper und Mesenterien, welche die Gonaden halten. Letztere werden bei männlichen Tieren **Mesorchia,** bei weiblichen Tieren **Mesovaria** genannt. Wo die Auskleidung des Coeloms die Genitalfalten überzieht, verdickt sie sich und wird zum **embryonalen Keimepithel.** In der Mitte des sich entwickelnden Organs liegt ein anderer Gewebetyp, das **Blastem** (Abb. 16.1). Das Keimepithel liegt bald den **primären Genitalleisten** gegenüber, Gewebeschichten, die in das Blastem hineinragen.

Die zweite Quelle des Gonadengewebes ist erstaunlich und zeigt uns eine der faszinierenderen Geschichten der Embryologie. Mehrere tausend Zellen in der Nähe der Basis des Dottersacks werden außergewöhnlich groß. Manche von ihnen bleiben zurück, aber andere wandern einzeln und aktiv in das splanchnische Mesoderm des Darms, an der Nabelschnur und den Mesenterien entlang nach oben und lateral zu den Genitalleisten. Dies sind die **Urkeimzellen.** Sie teilen sich während der Wanderung, aber manche gehen unterwegs verloren. Die verbliebenen Zellen verteilen sich im Keimepithel und den Genitalleisten, wo sie, wie wir unten besprechen werden, wichtige Derivate bilden. Sie sind sehr gut untersucht, aber der Grund für ihre Migration und die Bedeutung ihres entfernten Ursprungs während der Individualentwicklung und der Evolution bleiben unbekannt.

Insgesamt besteht die frühe Gonade also aus einem oberflächlichen Keimepithel und einem tieferliegenden Blastem. Genitalleisten penetrieren das Blastem und Urkeimzellen sind innerhalb des Epithels und der Genitalleisten verteilt. Der äußere Teil des Organs wird **Cortex** genannt. Der innere Teil, der das Blastem und die Genitalleisten enthält, ist die **Medulla**. Obwohl das Geschlecht eines Individuums bei der Be-

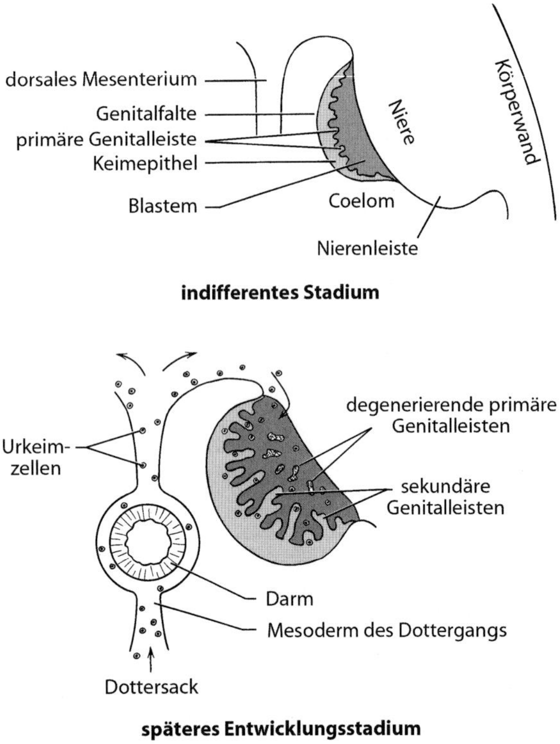


**Abb. 16.1.** Entwicklungsstadien des Ovars eines Amnioten. Querschnitte durch den Körper

fruchtung bestimmt wird, ist die Entwicklung der beiden Geschlechter bis zu diesem Punkt identisch. Diese Phase der Entwicklung wird deshalb als **indifferentes Stadium** bezeichnet. Das indifferente Stadium kann früh in der Embryonalentwicklung abgeschlossen (Säugetiere) oder so lange hinausgezögert sein, bis die adulte Körpergröße beinahe erreicht ist (Schleimaale).

Die Gonaden der ursprünglichen Vertebraten dehnten sich wahrscheinlich über die gesamte Länge des Coeloms aus. Sie können Gonocoele (Coelomhöhlen) gehabt haben, obwohl solche Höhlen bei den adulten Organen der bekannten Vertebraten fehlen. Außerdem waren die ursprünglichen Gonaden möglicherweise zumindest teilweise segmental, wie sie es bei *Branchiostoma* und manchen embryonalen Urodelen und Apoda noch sind. Schließlich könnten die ursprünglichen Organe zweigeschlechtlich gewesen sein. Dominanz des Cortex produziert ein Weibchen, Dominanz der Medulla produziert ein Männchen. Am Ende des indifferenten Stadiums stehen Cortex und Medulla in einer potentiellen physiologischen Rivalität. Das genetisch determinierte Geschlecht maskiert in der Regel das andere, aber unter abnormen oder experimentellen Bedingungen kann das nicht genetisch determinierte Geschlecht hervortreten.

## 16.2 Struktur der Gonaden

Die Struktur der Gonaden variiert innerhalb mancher Taxa (Teleostei, Reptilia), ist aber im Allgemeinen für jede Klasse gleichförmig und zu konservativ, um Hinweise auf evolutionäre Stammeslinien zu liefern.

### 16.2.1 Ovar

Das Keimepithel des Ovars im indifferenten Stadium wird zur dünnen peritonealen Bedeckung des Organs und dem wichtigen adulten **Keimepithel**. Letzteres ist eine Zellschicht dick und enthält Tausende von **Oogonien**, von denen einige während eines jeden aufeinanderfolgenden Fortpflanzungszyklus unter die Oberfläche einsinken, sich vergrößern, Reifungsteilungen durchmachen und so zu **Eiern (Ova)** werden. Wahrscheinlich bilden die Urkeimzellen innerhalb des Epithels alle endgültigen Gameten. Die primären Keimstränge degenerieren und werden durch **sekundäre Keimstränge** ersetzt (Abb. 16.1). Diese bilden **Follikelzellen**, welche die reifenden Eier umgeben, ernähren und unterstützen, und **Theca** (Umhüllungen), welche die Follikel einschließen. Nach der Ovulation werden die Follikel der Säugetiere (und wahrscheinlich auch mancher Elasmobranchier und Vögel) vorübergehend in **Gelbkörper** (Corpora lutea) umgewandelt. Die inneren Theca und Corpora lutea haben endokrine Funktionen (s. S. 427). Aus dem Blastem entsteht nur das **Stroma** oder die Matrix des Bindegewebes und der Blutgefäße innerhalb des Ovars.

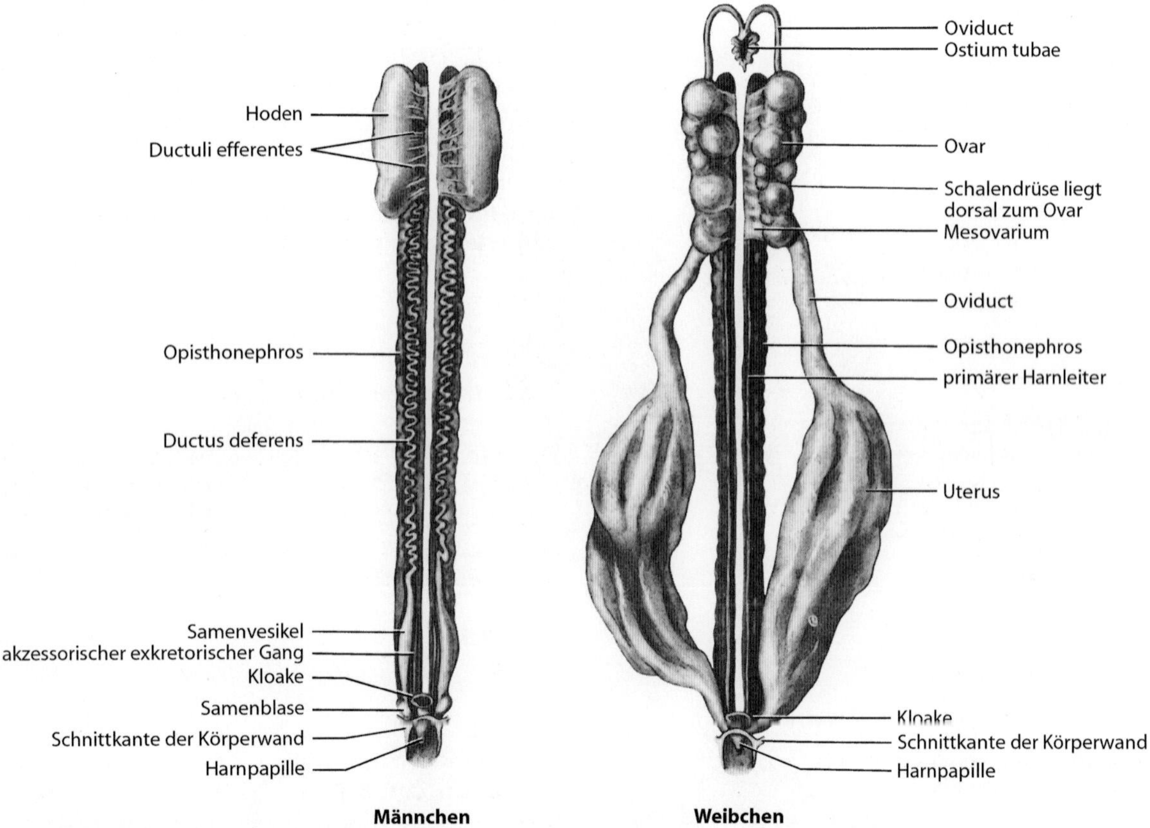


**Abb. 16.2.** Urogenitalsystem des Elasmobranchiers, *Squalus*. Ventralansichten. Beim Männchen wird das Sperma von der Kloake über Rinnen in den Fortpflanzungsorganen übertragen (Abb. 9.16)

Ovarien können je nach Spezies sehr unterschiedlich ausgebildet sein, lang oder kurz, kompakt oder flach, glatt oder mit unregelmäßiger Oberfläche, solide oder schwammig (Abb. 16.2 und 16.3). Die Eier unterscheiden sich in ihrer Größe im Verhältnis zur vorhandenen Dottermenge. Relativ wenige Eier reifen dann gleichzeitig heran, wenn die Eier groß sind (Knorpelfische, Reptilien, Vögel) oder das Tier die Eier im Körper behält, bis die Jungen schlüpfen (viele Fische, manche Apoda und manche Reptilien), oder wenn das Tier lebende Junge gebärt (Säugetiere). Die Eiproduktion ist immer zyklisch und die Größe der Ovarien mancher Vertebraten fluktuiert stark in Abhängigkeit vom Fortpflanzungszustand. Amphibien mit langen Körpern haben lange und schlanke Ovarien. Dennoch ist es nicht einfach, große paarige Ovarien in einem stromlinienförmigen Körper unterzubringen. Deshalb verschmelzen die beiden embryonalen Organe mancher Tiere beim Adulten mehr oder weniger vollständig (Neunauge, viele Teleosteer), während andere Tiere teilweise oder vollkommen das linke (viele Knorpelfische) oder das rechte Organ (Schleimaale, viele Vögel) unterdrücken.

Die Ovarien der Krokodile, Schildkröten, Vögel und Säugetiere sind solide und haben relativ viel Stroma. Diejenigen der Cyclostomata, Knorpelfische, Dipnoi und einiger ursprünglicher Strahlenflosser sind ebenfalls solide, aber weniger kompakt. Bei Amphibien hinterlässt die

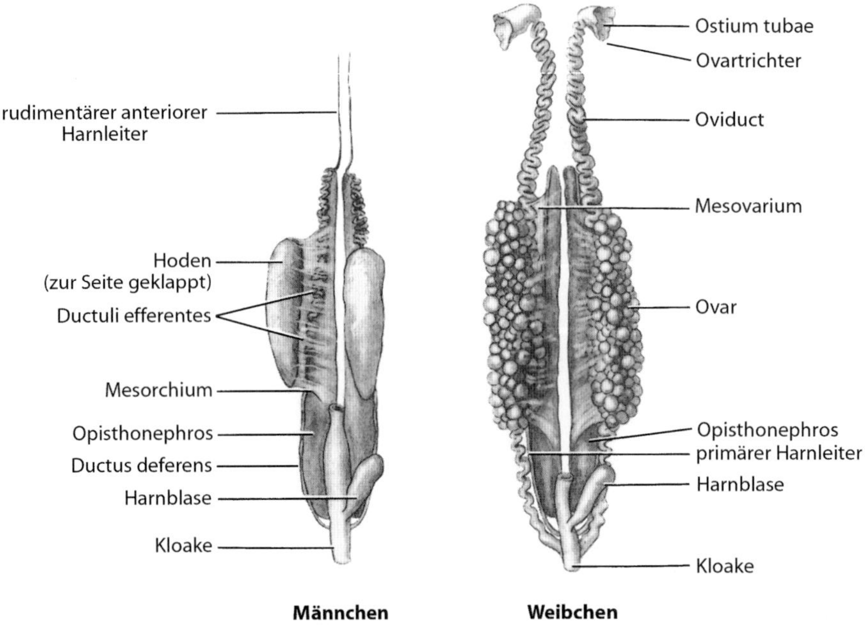


**Abb. 16.3.** Urogenitalsystem des Amphibiums, *Necturus*. Ventralansichten

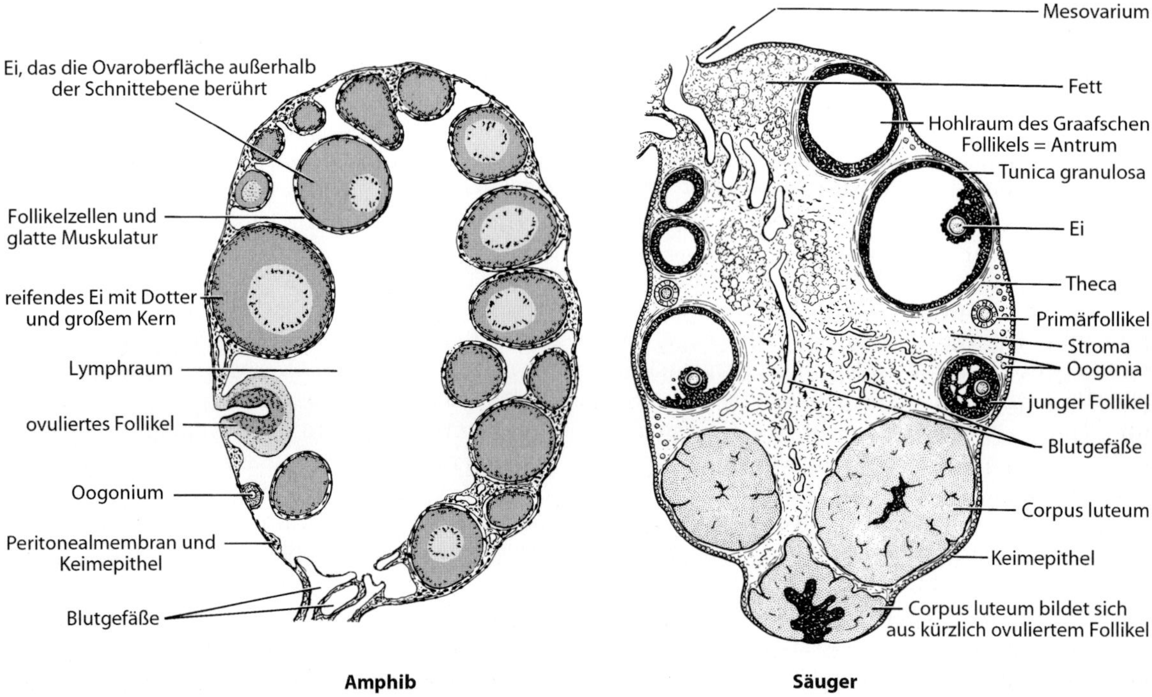


**Abb. 16.4.** Schnitte durch unterschiedliche Typen von Ovarien (es ist unwahrscheinlich, dass alle Entwicklungsstadien gleichzeitig im Reproduktionszyklus vorhanden sind)

**Abb. 16.5.** Querschnitt durch ein Samenkanälchen eines Säugetieres

Rückbildung des Blastems einen (Urodelen) oder mehrere (Apoda und Anura) große Lymphräume innerhalb des Ovars (Abb. 16.4). Das Stroma fehlt dann praktisch, und das Organ ist weich und gefaltet. Die heranreifenden Eier hängen in die zentrale Höhlung, brechen aber bei der Ovulation nach außen ins Coelom durch. Kleinere zentrale Lymphräume treten auch in den Ovarien der Lepidosaurier auf.

Die meisten Teleosteer haben hohle Ovarien, aber der Hohlraum entsteht anders. Ein dünner Rand des sich entwickelnden Organs klappt um und verschmilzt entweder mit der Körperwand oder mit dem Ovar selbst und trennt so einen Teil des allgemeinen Coeloms ab. Die Ovulation findet in den so entstehenden Hohlraum statt. Wenn man es genau betrachtet, erscheint das Ovar nur hohl. Der innere Hohlraum des Ovars bildet mit den speziellen Oviducten dieser Fische ein Kontinuum, so dass die Eier niemals das nichtmodifizierte Coelom erreichen.

Eine wiederum andere Art von Hohlraum tritt in den Ovarien der Säugetiere auf. Andere Vertebraten haben solide Follikel, aber bei Säugetieren tritt innerhalb eines jeden reifenden Follikels ein Hohlraum auf, der dann **Graafscher Follikel** genannt wird. Die Corpora lutea sind bei Säugetieren auffälliger als bei Ovarien anderer Vertebraten und die Ovarien wandern häufig nach posterior, während sie heranreifen.

### 16.2.2 Hoden

Die Hoden entwickeln sich meist etwas früher als die Ovarien. Ihre Entwicklung betont die Derivate der Medulla der Gonade im indifferenten Stadium. Das Keimepithel des embryonalen Organs bildet nur die peritoneale Bedeckung des adulten Hodens. Die primären Keimstränge degenerieren nicht wie bei weiblichen Tieren, sekundäre Keimstränge werden nicht gebildet. Die primären Stränge trennen sich von dem darüber liegenden Keimepithel, werden hohl und produzieren schlanke, aufgewundene **Samenkanälchen** (Amnioten), sackförmige **Hodenbläschen** (Cyclostomen, Urodelen) oder intermediäre Strukturen.

Samenkanälchen verzweigen sich in der Regel und können blind enden (Reptilien) oder in der Peripherie anastomosieren (Säugetiere). Es gibt Dutzende bis sogar Hunderte solcher Kanälchen in jedem Hoden. Im Fortpflanzungszustand bestehen ihre Wände aus einem geschichteten Epithel, das Geschlechtszellen in unterschiedlichen Reifestadien enthält (Abb. 16.5). Undifferenzierte **Spermatogonien** liegen peripher. Wenn die **Spermien** heranreifen, werden sie für eine bestimmte Zeit von unterstützenden Zellen, die zwischen den Geschlechtszellen eingestreut sind, zurückgehalten. Schließlich wird das reife Spermium in das Gangsystem des Fortpflanzungstrakts entlassen.

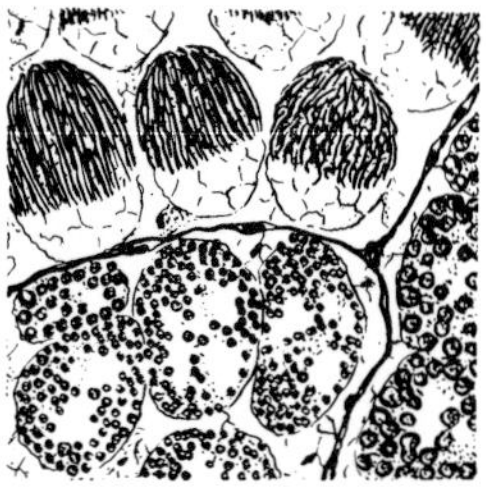

**Abb. 16.6.** Schnitt durch den Hoden eines Salamanders, der Ampullen mit primären Spermatozyten (klein, rundlich), sekundären Spermatozyten (groß, rundlich) und Spermatiden (linear) zeigt

Die Spermatogenese in Hodenbläschen unterscheidet sich insofern, als dass potentielle Geschlechtszellen aus dem benachbarten Gewebe in ein Bläschen eindringen, sich dann mehrfach teilen und Zellgruppen bilden, die alle gleichzeitig heranreifen (Abb. 16.6). Das Ergebnis sind Spermienmassen, die alle gleichzeitig abgegeben werden. Danach sind die Ampullen leer und kollabiert.

Wie beim Ovar spielen die Urkeimzellen wahrscheinlich auch hier eine kritische Rolle bei der Bildung der Gameten. Das Blastem der Gonade im indifferenten Stadium bildet unterstützendes Gewebe, bei Tetrapoden auch Stränge, die hohl werden und vor allem bei Säugern zum **Rete testis** werden (Abb. 16.7). Diese bilden ein Kontinuum mit den Samenkanälchen. Sie anastomosieren innerhalb des Hodens und leiten die Spermien zum Rand des Organs.

Die Hoden sind gewöhnlich glatter, fester und kleiner als die Ovarien derselben Spezies. In der Regel treten sie paarig auf, die beiden Organe können aber bei Elasmobranchiern teilweise verschmelzen und sind bei erwachsenen Cyclostomata vollständig verschmolzen. Bei schlanken Vertebraten sind die Hoden länglich (Cyclostomata, die meisten Fische, Apoda, Urodela), aber bei manchen Knorpelfischen, Anuren und Amnioten sind sie kompakt und eiförmig. Eine gewisse Asymmetrie in der Größe und Lage der beiden Hoden ist nicht ungewöhnlich.

Die Hoden der Säugetiere sind wegen des Ausprägungsgrades bestimmter Merkmale auffällig: Das Organ ist in eine feste Hülle aus Bindegewebe eingeschlossen, die **Tunica albuginea.** Die innere Lappung ist stärker ausgeprägt als bei den meisten anderen Vertebraten und **Septen** trennen benachbarte Läppchen. **Interstitiale Zellen** liegen in den Interstitien zwischen den Samenkanälchen und produzieren männliche Hormone (Abb. 16.5). Niedere Vertebraten haben auch männliche Hormone und sicher auch interstitiales Gewebe. Allerdings ist bei ihnen dieses Gewebe nie so ausgeprägt wie bei Säugetieren, bei manchen ist es überhaupt nicht identifiziert worden.

Die Spermatogenese findet in Hoden mit einer Temperatur von ungefähr ≥36,5 °C nicht

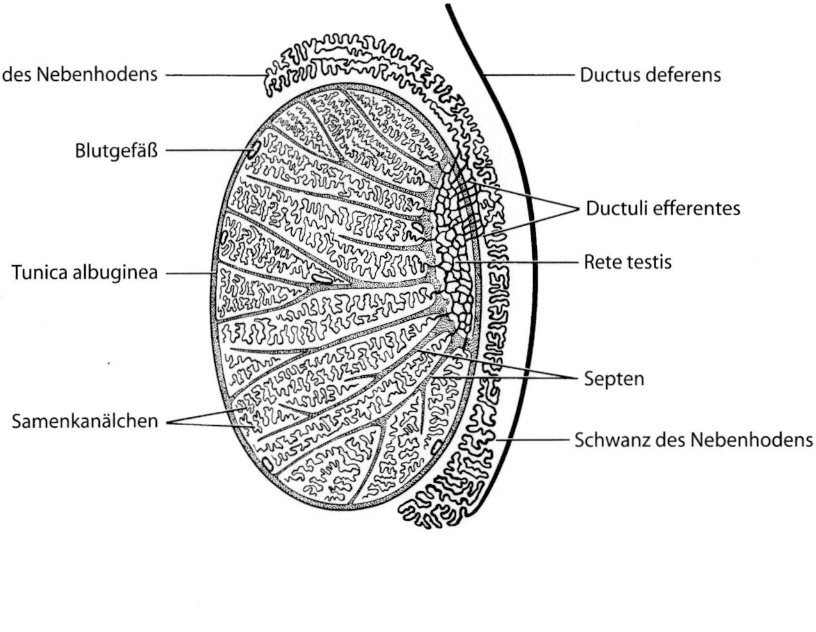


**Abb. 16.7.** Struktur des Hodens eines Säugetieres. Schematischer Längsschnitt

mehr statt. Die Tagestemperaturen der Vögel sind gewöhnlich um einige Grad höher, aber nachts kühlt der Körper ab und sogar untertags werden die Hoden wahrscheinlich durch die abdominalen Luftsäcke gekühlt. Die Hoden der Säugetiere liegen abdominal oder im Beckenbereich, wenn die Körpertemperatur relativ niedrig ist (Monotremata, Edentata, Wale, Elefanten). Bei vielen Säugern (Primaten, die meisten Carnivora, die meisten Ungulaten und andere) steigen die Hoden mit Erreichen der Geschlechtsreife aus der Abdominalhöhle in eine kühlere Hauttasche in der Leistengegend, das **Scrotum** (Hodensack) ab. Kleine Coelomtaschen dehnen sich in das Scrotum aus (Processus vaginalis), um den Hoden etwas Bewegungsfreiraum innerhalb ihres Sackes zu gewährleisten. Die paarigen Leistenkanäle, über die Hoden und Nebenhoden in das Scrotum absteigen, schließen sich gewöhnlich. Bei Tieren mit saisonaler Fortpflanzung jedoch, wie manchen Nagetieren und Carnivora, können sie offen bleiben, so dass der Hoden während der Fortpflanzungszeit absteigen und anschließend in die Abdominalhöhle zurückkehren kann. Eine gewisse Temperaturkontrolle wird durch scrotale Muskeln, die den Hoden anheben oder absenken und durch Gegenstromaustausch in der Blutversorgung erreicht. Die adaptive Bedeutung des Scrotums und die Evolution des Hodenabstiegs bei Säugetieren sind seit langem von Interesse. Eine ausführliche phylogenetische Analyse veranlasste Werdelin und Nilsonne (1999) zu dem Schluss, dass nicht die Anwesenheit des Scrotums bei verschiedenen Gruppen von Säugetieren erklärt werden muss (der Fokus vieler Untersuchungen), sondern stattdessen, warum das Scrotum bei so vielen Gruppen verloren ging. Die Autoren schließen, dass das Scrotum zusammen mit der Endothermie evolvierte, bevor sich die Säugetiere entwickelten. Die äußeren Geschlechtsorgane, wie auch die Gonaden und die Ausführgänge von Männchen und Weibchen zeigen sexuelle Homologien. Bei Weibchen sind die **großen Labia**, welche die Genitalregion bei manchen Arten umgeben, sexuelle Homologe des Scrotums.

## 16.3 Urogenitalkanäle und akzessorische Organe

### 16.3.1 Ursprünge

Cyclostomata sind bemerkenswert, weil sie Nierenkanäle, aber keine Genitalkanäle haben. Eier und Spermien werden in das Coelom abgegeben, von wo aus sie über ein Paar von **Genitalporen** in die Kloake oder den Urogenitalsinus gelangen. Ähnliche Öffnungen, die auch **Abdominalporen** genannt werden, sollen bei verschiedenen höheren Vertebraten vorhanden, aber nicht funktionsfähig sein: bei einigen Haien, Dipnoi und mehreren ursprünglichen Strahlenflossern. Der evolutionäre Ursprung der Abdominalporen ist unklar. Manche Anatomen glauben, dass sie ein posteriores Paar alter, segmental angeordneter Genitalöffnungen repräsentieren. Wenn das stimmt, ist ihre Anwesenheit ein ursprünglicher und nicht ein spezialisierter Zustand, eine Ansicht, die durch ihre weite Verbreitung unterstützt wird.

Alle anderen Vertebraten haben zwei Paare von Urogenitalgängen, die bei beiden Geschlechtern bis zum Ende des indifferenten Stadiums der Entwicklung identisch bleiben und dann je nach Geschlecht und Taxon modifiziert werden. Ein Paar sind die **Nierenausführgänge** (primäre Harnleiter, Wolffsche Gänge), die bereits als Gänge fötaler Nieren, die nicht Metanephren sind, beschrieben wurden (Abb. 16.8). Das andere Paar sind die **paramesonephrischen** Gänge. Der phylogenetische Ursprung dieser paramesonephrischen Gänge ist wiederum unklar. Bei Haien und Urodelen bilden sie sich durch eine Längsabgliederung aus den früher reifenden Nierenausführgängen. Bei anderen Vertebraten entwickeln sie sich entweder aus langen soliden Leisten an der Oberfläche der Nierenfalten oder bilden kürzere anteriore Primordien, die sich dann selbst bis zur Kloakenregion nach hinten ausdehnen. Es ist unmöglich zu sagen, welche Methode der Entstehung die ursprüngliche ist.

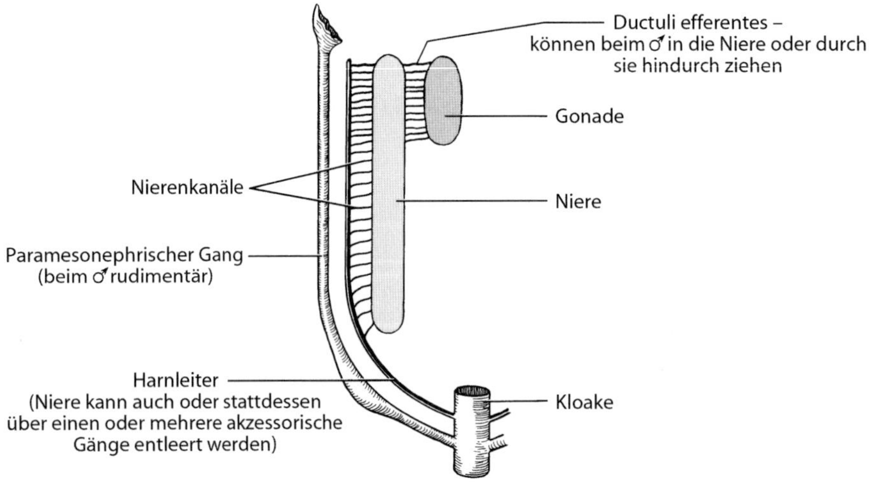


**Abb. 16.8.** Die Haupturogenitalkanäle, wie sie früh in der Ontogenese als auch in der Phylogenese vorkommen. Ventralansicht nur der rechten Seite

Andere Strukturen, die zu den Urogenitalgängen der Adulten beitragen, sind die anterioren opisthonephrischen oder mesonephrischen Tubuli, die Ureter der Amnioten, die akzessorischen Gänge bestimmter Anamnioten und bei Teleosteern noch andere Strukturen, die weiter unten beschrieben werden.

Die Beibehaltung, der Verlust oder die Modifikation dieser fötalen Strukturen, welche die adulten männlichen und weiblichen Gangmuster bei den verschiedenen Taxa bilden, werden nun zusammengefasst. Es kann eine verwirrende und nutzlose Übung sein, sich die verschiedenen Anordnungen zu merken, aber eine Übersicht über diese Art von Anordnungen mit einem Augenmerk auf einige illustrierte Prinzipien ist die Mühe wert. Erstens muss man beeindruckt sein vom Erfindungsreichtum der Natur, mit dem diese „Rohmaterialien" an verschiedene Bedürfnisse angepasst werden. Evolution ist opportunistisch und bei diesem Beispiel hat sie eine Vielfalt von Mustern ausgewählt, die in ihrer Funktion annähernd gleichwertig sind. Zweitens wird der Entwicklungsmechanismus des hormonalen Einflusses am Beispiel der Reifung der Urogenitalgänge sehr gut illustriert: Die Gänge des indifferenten Stadiums werden unter dem Einfluss von Geschlechtshormonen modifiziert, die in den fötalen Gonaden gebildet werden. Männliche und weibliche Muster können experimentell verändert oder sogar umgekehrt werden, und eine Variation zwischen den beiden Normen ist durchaus üblich. Schließlich wird das Konzept der **sexuellen Homologie** veranschaulicht. Organe der beiden Geschlechter, die aus identischen Primordien des indifferenten Stadiums entstehen, aber in Struktur und Funktion unterschiedlich werden, haben eine Äquivalenz, die sich von der phylogenetischen Homologie unterscheidet (s. Kap. 1).

## 16.3.2 Männliche Ausführgänge

Die fötalen paramesonephrischen Gänge der Männchen entwickeln sich immer zurück. Es bleiben Überreste zurück, die prominent sein können (Elasmobranchier und Amphibien – vor allem Apoda), aber es normalerweise nicht sind.

Außer bei Cyclostomata werden die Spermien nicht in das Coelom entlassen. Stattdessen werden sie in einem geschlossenen Gangsystem befördert, das zumindest teilweise aus dem Harnsystem übernommen ist. In diesem Fall treten die Spermien, die jeden Hoden verlassen, in etwa ein Dutzend **Ductuli efferentes** ein, die aus anterioren Nierentubuli entstehen. Diese cilientragenden Gänge sind klein, kreuzen das Mesorchium und münden in den Nierenausführgang (Wolffscher Gang). Der Nierenausführgang erhält nun den neuen Namen **Ductus deferens**, wenn er nur Spermien (Samenleiter) oder so-

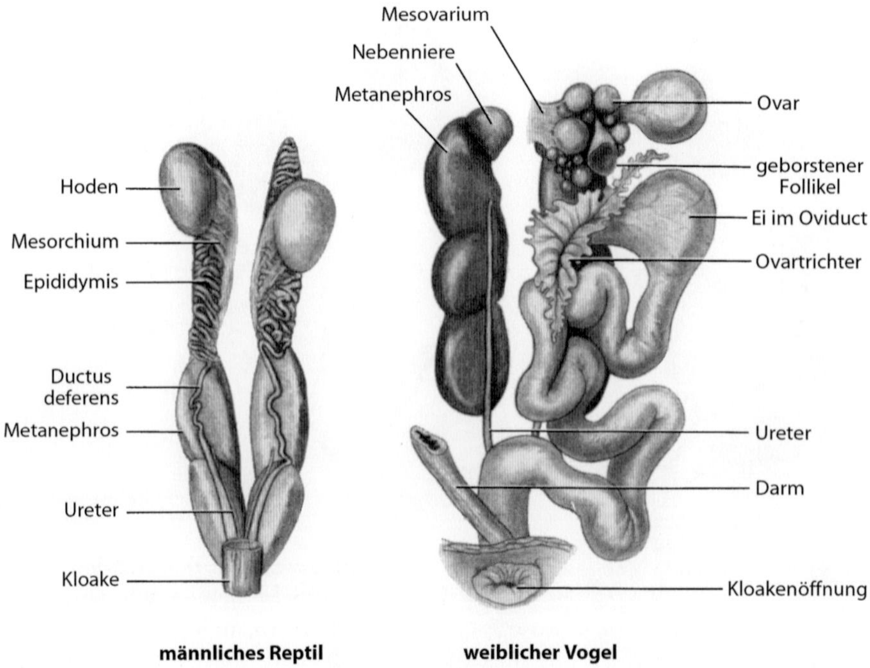


**Abb. 16.9.** Urogenitalsystem des Lepidosauriers, *Crotaphytus* und des Vogels, *Gallus*. Ventralansichten

wohl Spermien als auch Harn (Harnsamenleiter) befördert. Er hat ein cilientragendes, kubisches oder säulenartiges Epithel und Wände aus glatter Muskulatur. Er leitet die Spermien ab, speichert sie vorübergehend und kontrahiert sich während der Kopulation, um seinen Inhalt zu ejakulieren. Verschiedene akzessorische Organe werden durch Modifikation von Teilen des Ductus deferens ausgebildet.

Typische **Chondrichthyes** haben paarige Ductus deferentes, die nur Spermien befördern, also reine Samenleiter sind (Abb. 16.2). Das anteriore Ende eines jeden Ductus ist aufgewunden und bildet einen Nebenhoden (**Epididymis**), wo Spermien gespeichert und Flüssigkeiten abgesondert werden können. Das posteriore Ende eines jeden Ductus deferens erweitert sich zu einer **Samenblase**, die ebenfalls Spermien speichert. Die beiden Vesikel können verschmelzen, bevor sie sich in die Kloake entleeren. Urin wird in mehreren akzessorischen Gängen transportiert.

Bei **Osteichthyes** treten verschiedene Muster auf. Mehrere ursprüngliche Strahlenflosser und ein Dipnoer leiten die Spermien in das anteriore Ende des Ductus deferens, der sowohl Spermien als auch Urin befördert. Andere ursprüngliche Strahlenflosser und Dipnoi haben kurze paarige Samenleiter, die anscheinend nur bei diesen Vertebraten auftreten und die zum posterioren Ende des Opisthonephros ziehen. Dort münden die Ductuli efferentes in den Wolffschen Gang, der nur über einen Teil seiner Länge sowohl Urin als auch Spermien transportiert. Bei Teleosteern dehnen sich dieselben auffälligen Samenleiter (Ductus spermatici), die durch Falten des Peritoneums gebildet werden, posterior zu den Nieren aus und münden entweder in die Nierenkanäle kurz vor deren Ausgang aus dem Körper oder treten unabhängig von ihnen aus. Die Samenleiter können sogar in das Rectum münden und so eine Kloake bilden.

Alle **Amphibien** haben Ductus deferentes, die bei manchen Spezies einer jeden Hauptgruppe reine Harnleiter, bei anderen Harnsamenleiter sind (Abb. 16.3). Akzessorische Gänge sind je nach Bedarf vorhanden oder fehlen. Wenn sie vorhanden sind, leiten sie in erster Linie die posterioren Teile der Niere ab. Samenbläschen sind meistens ausgebildet. Nebenhoden können vorhanden sein.

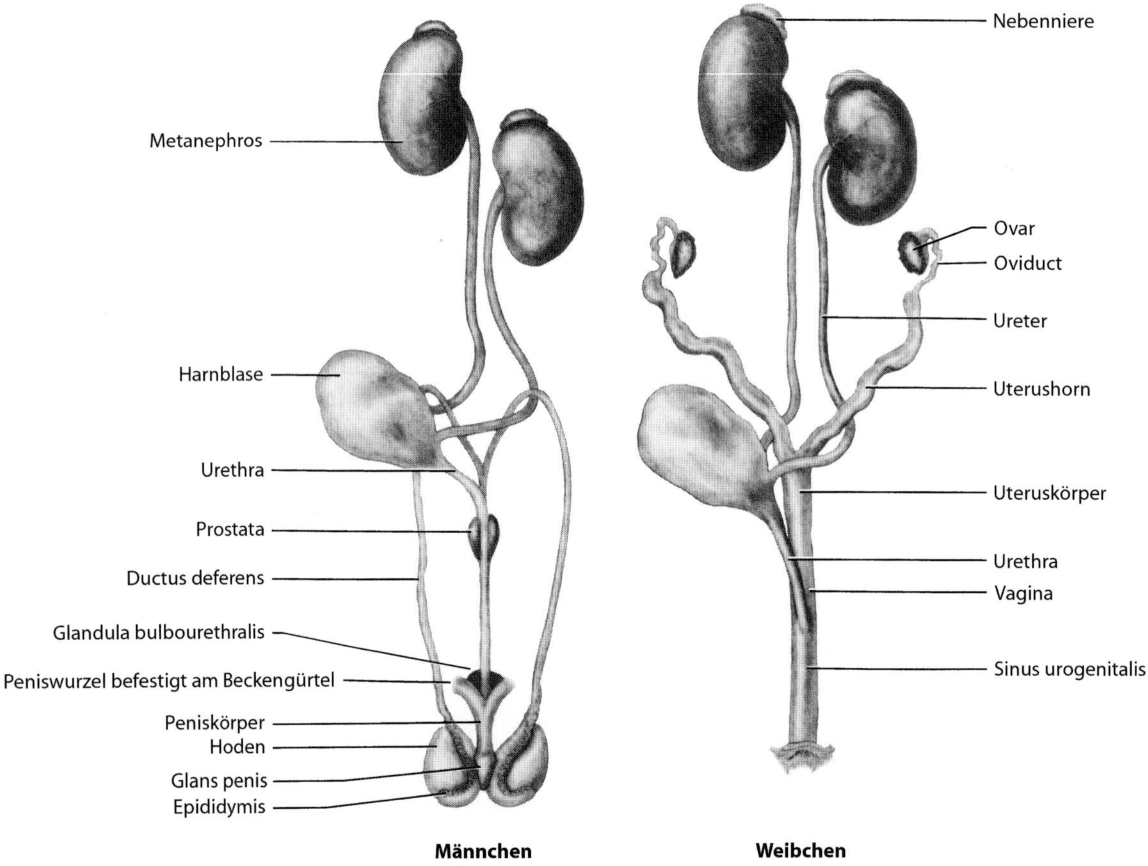


**Abb. 16.10.** Urogenitalsystem der Katze. Ventralansichten

Die Ductus deferentes der **Amnioten** sind reine Samenleiter (Abb. 16.9 und 16.10). Jeder Ductus bildet einen Nebenhoden, wobei dieses Organ bei Vögeln reduziert ist. Samenbläschen treten bei Reptilien und Vögeln auf. Säugetiere haben drüsige Auswüchse der Ductus deferentes, die zur Samenflüssigkeit beitragen, aber kein Sperma speichern. Sie werden meistens Samenbläschen genannt, werden aber besser als **Glandula vesicularis** bezeichnet. Sie unterscheiden sich in Größe und Form und fehlen manchmal. Bei Säugetieren ist die **Prostata**, die ein Auswuchs der Harnröhre ist, ebenfalls an der Produktion der Samenflüssigkeit beteiligt.

### 16.3.3 Weibliche Ausführgänge

Die Variation im Muster der Ausführgänge ist bei Weibchen weniger extrem, Harn- und Genitalsystem sind unabhängiger voneinander.

Die Gänge des Opisthonephros (primärer Harnleiter, Wolffscher Gang) und die Ureteren sind bei den Weibchen reine Harnleiter, aber die Ableitung des Opisthonephros wird eigenartigerweise bei manchen Haien und Urodelen durch akzessorische Gänge ergänzt. Die mesonephrischen Gänge sind bei den Adulten mancher Amnioten noch als Reste vorhanden.

Es wurde oben erwähnt, dass die sich entwickelnden Ovarien der **Teleosteer** umklappen und Coelomtaschen umschließen, in welche die

Eier abgegeben werden. Eine ähnliche Abfaltung der Teile der Genitalleisten, die posterior zu den Ovarien liegen, erweitern die gleichen Räume als kurze Oviducte, die offensichtlich eine Sonderbildung der Teleosteer sind. Diese Bildung steht in Zusammenhang mit der enormen Anzahl kleiner Eier, die von den meisten dieser Fische abgegeben werden.

Die Eier anderer Gnathostomen brechen ins Coelom durch, bevor sie in ein Gangsystem eintreten, das aus den paramesonephrischen Gängen entsteht. Die anterioren Teile der Gänge erweitern sich zu **Ovartrichtern**, die als **Ostia tubae** (**Ostia abdominales**) bezeichnete Öffnungen haben. Zumindest bei manchen Arten sollen die Trichter ein anteriores Paar pronephrischer Tubuli repräsentieren, die Ostien sollen die Nephrostome dieser Tubuli darstellen. Ein Großteil der paramesonephrischen Gänge, auch der gesamte anteriore Teil, werden zu **Eileitern** (**Oviduct = Müllerscher Gang**). Diese sind von einem cilientragenden Säulenepithel ausgekleidet, das eingestreute Becherzellen enthält. Die Eier werden durch peristaltische Kontraktionen der glatten Muskulatur in den Gangwänden bewegt. Die posterioren Teile der paramesonephrischen Gänge werden gewöhnlich muskulöser, um Eier austreiben zu können, und drüsiger, um Eier mit Nährstoffen oder schützenden Hüllen zu versorgen oder um ungeborene Junge zu ernähren. Die physikalische und physiologische Bereitschaft des weiblichen Trakts, diese Funktionen auszuüben, variiert stark mit dem Fortpflanzungszyklus.

Die Ovartrichter der **Chondrichtyes** liegen relativ weit vorne im Körper und verschmelzen oft in der Mittellinie (Abb. 16.2). Die Oviducte führen in **Schalendrüsen**, welche die Eier in Albumen und bei manchen Spezies in eine hornige Schale hüllen. Manche Haie halten ihre sich entwickelnden Eier in erweiterten **Eisäcken** oder **Uteri** zurück. Die Ernährung des Embryos mit Dotter kann durch eine einfache Dottersackplacenta ergänzt werden.

**Dipnoi** und einige ursprüngliche **Actinopterygii** haben paarige Oviducte, die offensichtlich aus paramesonephrischen Gängen abgeleitet sind, obwohl es Zweifel bezüglich der Homologien der Gänge der meisten Knochenfische gibt.

**Amphibien** haben drüsige und etwas aufgewundene Oviducte. Die Auskleidung des Coeloms trägt Cilien, die in Richtung der Ostia schlagen. Posteriore Teile des Oviducts versorgen die gewöhnlich vorübergehend in Eisäcken aufbewahrten Eier mit Gallerthüllen, obwohl manche Apoda lebende Junge gebären, die sich im Oviduct entwickeln.

Die Genitalgänge weiblicher **Reptilien**, Vögel und **Monotremata** unterscheiden sich stark in der Feinstruktur, aber da alle große Eier produzieren, haben sie eine ähnliche allgemeine Form. Die rechte Seite des Genitalsystems ist bei Reptilien meistens größer, bei Vögeln ist sie dagegen rudimentär (Abb. 16.9). Ovartrichter sind groß und gefaltet. Der drüsige obere Teil des Oviducts versorgt die Eier mit Eiklar, während sie sich spiralig im Oviduct entlangbewegen. Nahe der Kloake erweitert sich der Oviduct in eine kombinierte Schalendrüse und Uterus.

Bei weiblichen **therischen Säugetieren** ist der Genitaltrakt in drei Regionen unterteilt. Die erste Region sind die Oviducte. Ihr cilientragendes Epithel ist aufgefaltet, aber äußerlich sind die Gänge relativ gerade und schlank. Dies steht in Zusammenhang mit den kleinen Eiern, die weder Albumen noch Schalen haben. Die zweite Region ist der **Uterus** (oder Uteri), der den Fötus während der Schwangerschaft beherbergt und den mütterlichen Beitrag zur Placenta leistet. Er ist von einer mukösen Membran ausgekleidet, dem **Endometrium**. Im aktiven Zustand ist das Endometrium dick, weich, drüsig und stark vaskularisiert. Nach jeder Schwangerschaft und nach jeder Fortpflanzungsperiode bildet es sich durch Abstoßung oder Resorption zurück. Der Uterus hat eine dicke Wand, das **Myometrium**, das aus glatten Muskeln zusammengesetzt ist, die zirkuläre, longitudinale und schräge Fasern enthalten. Dem Myometrium liegt ein Peritonealüberzug auf, das **Perimetrium**. Nach hinten wird der Uterus durch einen muskulösen Hals, den **Cervix**, verschlossen. Die dritte Region des Trakts ist die **Vagina**, die den Penis während der Kopulation aufnimmt und als Geburtskanal dient. Die Vagina ist weich und dehnbar. Ihre mehrschichtige epitheliale Auskleidung kann drüsig oder verhornt sein, je nach Fortpflanzungsbedingung und Taxon.

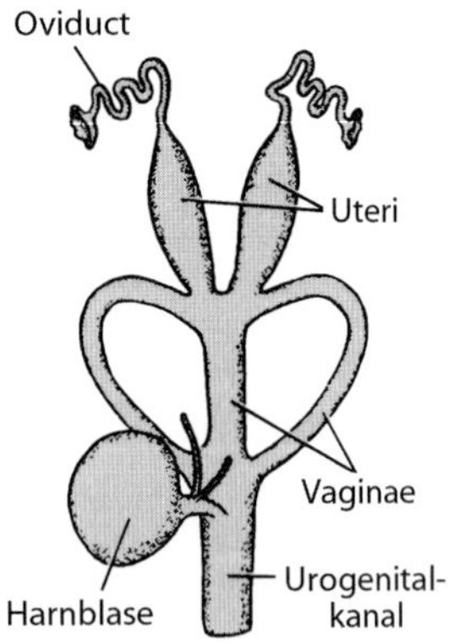


**Abb. 16.11.** Reproduktionstrakt eines weiblichen Marsupialiers. Gezeigt ist die dreiteilige Vagina. Ventralansicht

Der gesamte Genitaltrakt bleibt bei Monotremata paarig. Bei Marsupialia verschmilzt der terminale Teil des Trakts und bildet einen einzelnen Urogenitalkanal. Anterior bleiben die beiden embryonalen Uteri und Vaginae erhalten, zusätzlich wächst eine dritte oder eine Pseudovagina aus der Nähe der Cervices zum Urogenitalkanal aus (Abb. 16.11). Bei anderen Säugetieren schließt die Verschmelzung der embryonalen Primordia die gesamte Vagina ein und dehnt sich gewöhnlich bis zum Uterus aus. Wenn der Uterus insgesamt doppelt ist und es zwei Cervices gibt, wird er **Uterus duplex** genannt, wie er bei Monotremata, Marsupialia, Elefanten, vielen Nagetieren und einigen anderen Gruppen auftritt. Wenn der Uterus äußerlich Y-förmig, innerlich aber fast getrennt ist (mit Ausnahme des Cervix), wird er als **Uterus bipartitus** bezeichnet (die meisten Ungulaten, die meisten Carnivoren und andere). Wenn die Verschmelzung fast komplett ist, aber das anteriore Ende des Organs nicht mit einschließt, spricht man von einem zweihörnigen oder **Uterus bicornis** (manche Ungulaten, manche Carnivoren, Wale). Schließlich, wenn es nur noch eine einzelne Uteruskammer gibt, heißt das Organ **Uterus simplex** (die meisten Primaten und manche Edentaten). Das Ausmaß der Verschmelzung folgt keinen klaren evolutionären Linien und Abweichungen von der Regel sind innerhalb der Arten nicht ungewöhnlich.

Der Östruszyklus placentaler Säugetiere ist der periodische Zyklus von Wachstum, Heranreifen und Abgabe des Eies oder der Eier, der unter hormonaler Kontrolle steht (Kap. 20). Beim Menschen und einigen anderen Primatenarten wird das Ende des Ovulationszyklus von einem Zerfall des Endometriums und einer Blutung begleitet, ein Vorgang, der als **Menstruation** bekannt ist. Der Vorgang der Menstruation hat viel historische Aufmerksamkeit erhalten, seine biologische Bedeutung ist allerdings umstritten. Theorien, die ihren Ursprung erklären sollen, z.B. Pathogenkontrolle, Energieeinsparung und Gründe der Immunität wurden vorgeschlagen und kürzlich von Strassmann und Finn (1996) zusammengefasst.

Samenbläschen und vesikuläre Drüsen wurden als übliche männliche Derivate der Nierenkanäle genannt, ähnlich wurden Albumen- und Schalendrüsen als Anhänge der Oviducte erwähnt. Zusätzliche akzessorische Drüsen des Fortpflanzungssystems (die unglücklicherweise manchmal die gleichen Namen tragen) können aus der Harnröhre, dem Urogenitalsinus und benachbarten Geweben entstehen. Produkte dieser Drüsen vermehren die Samenflüssigkeiten, machen die Genitalorgane weich und schlüpfrig, um die Kopulation zu erleichtern, und liefern Düfte, die der sexuellen Anziehungskraft dienen.

## 16.4 Die Kloake und ihre Derivate

Der embryonale Hinterdarm bildet sich vor den Urogenitalgängen. Wenn der Pronephros ausgebildet ist, dehnen sich die Nierenkanäle nach hinten aus und treten in den Hinterdarm ein; später tun die paramesonephrischen Gänge das Gleiche. Der gemeinsame Ausführgang für Produkte des Verdauungssystems, des Nierensystems und des Fortpflanzungssystems wird dann **Kloake** genannt. Diese ursprüngliche Anordnung wird bei adulten Schleimaalen, Elasmobranchiern, Dipnoi, Amphibien, Reptilien und Vögeln beibehalten (Abb. 16.12). Der hintere Teil des Darmkanals adulter Neunaugen, Chimären und Knochenfische dagegen verbindet sich nicht mehr mit den Urogenitalgängen und wird deshalb **Rectum** genannt. Ihre Nieren- und Genitalausführgänge münden entweder unabhängig voneinander aus dem Körper oder aber sie ver-

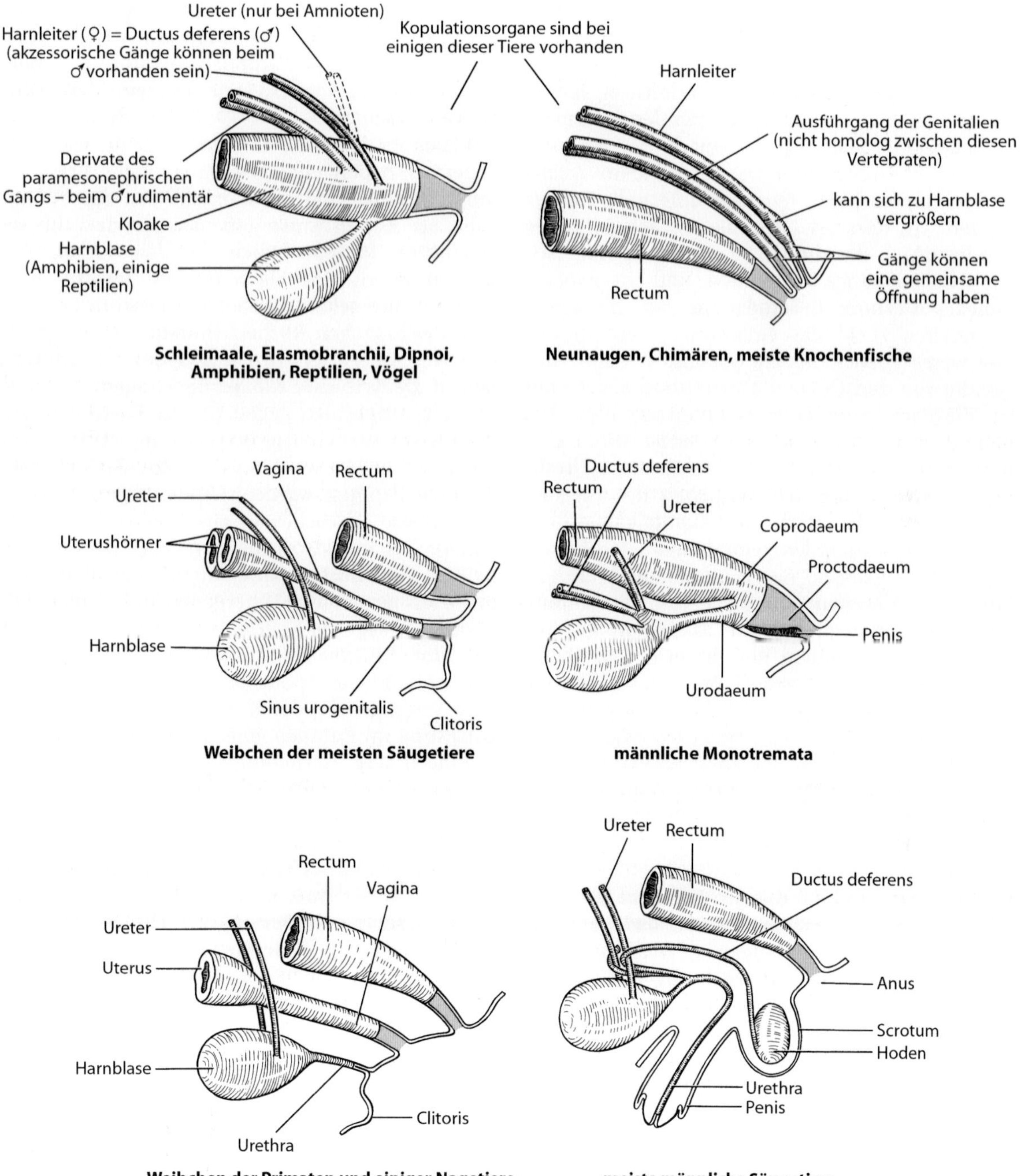


**Abb. 16.12.** Repräsentative Unterteilungen der Kloake und ihr Bezug zu den Urogenitalkanälen und der Harnblase. Lateralansichten von links

binden sich und münden auf einer gemeinsamen Papille. In beiden Fällen werden Urin und Gameten posterior zum Anus entlassen.

Einen unterschiedlichen Evolutionsweg haben die Säugetiere eingeschlagen. Bei Monotremata ist die embryonale Kloake durch ein Septum, das sich zwischen dem Darm und dem Allantoisstrang einschiebt, teilweise unterteilt. Daraus entsteht ein dorsales **Coprodaeum**, ein ventrales **Urodaeum**, in das die Ureter und die paramesonephrischen Gänge einmünden, und ein gemeinsames posteriores **Proctodaeum**. Bei therischen Säugetieren rückt das embryonale Septum immer weiter zurück, bis ein dorsales Rectum vollständig von den Urogenitalstrukturen abgetrennt ist, die dann anterior zum Anus austreten. Bei Männchen werden Urin und Sperma durch eine gemeinsame Harnsamenröhre (männliche **Urethra**) ausgeleitet. Bei den Weibchen der meisten Säugetiere werden Harn- und Genitalgänge über einen gemeinsamen **Urogenitalsinus** (Vestibulum vaginae) ausgeleitet. Bei Primaten und einigen Nagetieren dagegen eliminiert eine fötale Ausstülpung des gemeinsamen Ausführgangs den Urogenitalsinus, indem eine anteriore urethrale Öffnung von einer posterioren Vaginalöffnung abgetrennt wird.

## 16.5 Kopulationsorgane

**Cyclostomata** und die meisten **Knochenfische** legen ihre Eier ins Wasser ab, wo das wartende Männchen sofort seine Spermien über ihnen abgibt. Eine erfolgreiche Befruchtung hängt mehr von Verhaltensanpassungen als von Strukturanpassungen ab. Kopulationsorgane fehlen, obwohl die beiden Geschlechter einiger Arten ihre Körper während der Eiablage umeinanderwinden. Selten ist sogar eine Art von Halteorgan vorhanden. Teleosteer, die ihre Eier während der Entwicklung zurückhalten oder lebende Jungtiere gebären, brauchen jedoch eine innere Befruchtung. Die Männchen der meisten dieser Arten haben einen Rand der Analflosse zu einem Kopulationsorgan, dem **Gonopodium** umgewandelt. Es ist vergrößert, fest und beweglich. Wenn es in den weiblichen Trakt eingeführt wird, überträgt es das Sperma durch einen Gang oder eine Rinne. Einige Groppen (Cottidae) haben stattdessen eine vergrößerte Genitalpapille, die als Penis dient.

**Elasmobranchier** (und eine Gruppe von Placodermi) haben ebenfalls eine innere Befruchtung. Diesmal sind die Bauchflossen der Männchen als Kopulationsorgane ausgebildet, die so genannten **Myxopterygien** (s. Abb. 9.16). Sie werden durch das Flossenskelett gestützt und können eine sehr ausgefeilte Konfiguration haben. Bei manchen Rochen enthalten sie erektiles Gewebe. Auch hier wird das Sperma über Rinnen in die weibliche Kloake übertragen.

Viele **Amphibien** gehen für die Fortpflanzung ins Wasser zurück. Die Befruchtung ist bei Anuren gewöhnlich extern, so dass Kopulationsorgane nicht benötigt werden. Urodelen haben meist eine innere Befruchtung, aber auch hier fehlen äußere Geschlechtsorgane. Entweder pressen die beiden Geschlechter ihre Kloaken aufeinander, um die Spermien zu übergeben, oder aber das Männchen legt ein Spermienpaket ab, das später von der Kloake des Weibchens aufgenommen wird. Männliche Apoda benutzen eine ausstülpbare Verlängerung der Kloake für die innere Befruchtung im Rahmen einer Kopulation.

Eine innere Befruchtung ist notwendig, wenn die Kopulation außerhalb des Wassers stattfindet, wenn es zu einer Entwicklung der Jungen im Mutterleib kommt oder wenn die Eier vor der Ablage mit Schalen versehen werden. Mit wenigen Ausnahmen müssen Amnioten aus dem ersten Grund und entweder aus dem zweiten oder dritten Grund eine innere Befruchtung haben. **Reptilien** haben zwei Arten von Kopulationsorganen entwickelt: Männliche Lepidosaurier haben paarige Strukturen, die **Hemipenis** genannt werden. Sie liegen in langen Säcken verborgen, die sich beiderseits der Kloake nach außen öffnen (Abb. 10.15). Während der Kopulation wird ein Hemipenis ausgestülpt (die Seiten wechseln sich bei aufeinanderfolgenden Kopulationen ab) und in die weibliche Kloake eingeführt. Die meisten anderen Reptilien haben einen **Penis** entwickelt, der in dieser Klasse ein rinnenförmiges Organ ist, das innen auf dem Boden der Kloake liegt. Es wird hauptsächlich durch zwei lange, schwammige, vaskularisierte Gebilde, die **Corpora cavernosa**, gebildet. Eine **Glans penis** bedeckt das Ende des Organs. Während sexueller Stimulation reduzieren Sphinctermuskeln den Ausfluss von Blut aus diesen Strukturen und bewirken so ein Anschwellen und eine Vergrößerung. Die Rinne schließt sich dann, der Penis tritt aus der Kloake aus und dient als Kopulationsorgan. Weibliche Schildkröten und Krokodile haben eine kleine **Clitoris**, die das sexuelle Homolog des Penis ist. Der Penis der **Monotremata** ähnelt dem der Reptilien, mit der Ausnahme, dass der Spermienkanal permanent von der Kloake abgetrennt ist.

Die meisten **Vögel** kopulieren, indem sie die Kloaken für den Spermientransfer aufeinanderpressen. Die Vorfahren der Vögel hatten dagegen zweifellos einen Penis, weil der Strauß und seine Verwandten sowie Enten und Gänse, die alle verhältnismäßig ursprüngliche Vögel sind, einen Penis haben.

Im indifferenten Stadium der Entwicklung haben **therische Säugetiere** anterior zur Kloakenöffnung ein Genitaltuberkel. Wenn die Kloake unterteilt wird, trägt ihr ventraler Teil vorne zur Harnblase bei und bildet hinten den weiblichen Urogenitalsinus oder die männliche Beckenharnröhre. Das Genitaltuberkel der Weibchen wird zur Clitoris und wird nicht von der Urethra durchdrungen. Bei Männchen wird der Beckenteil der Harnröhre durch einen Phallusteil erweitert, der in das Tuberkel einwächst. Das Tuberkel vergrößert sich und wird zum Penis. Corpora cavernosa und Glans penis sind vorhanden (Abb. 16.13). Das Organ kann unter der Haut verborgen liegen, ist aber gewöhnlich zumindest teilweise extern, auch wenn es nicht erigiert ist. Die Glans ist unterschiedlich geformt und bei Monotremata und Marsupialia gegabelt, um der unterteilten Vagina der Weibchen zu entsprechen. Der Penis kann durch einen Knochen, das Baculum (= Os penis), versteift sein (Abb. 9.30).

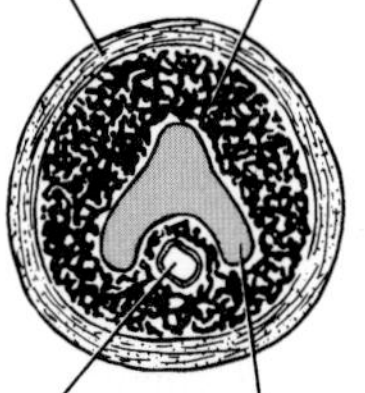


**Abb. 16.13.** Querschnitt durch den Penis eines Hundes

## 16.6 Fortpflanzungsstrategien

Die unterschiedlichen Fortpflanzungsstrategien der Vertebraten stehen oft direkt oder indirekt mit der Struktur in Zusammenhang.

Beinahe alle Vertebraten sind **getrenntgeschlechtlich**, d.h. sie haben getrennte männliche und weibliche Individuen, aber Schleimaale und manche Teleosteer sind **Zwitter**, d.h. beide Geschlechter sind im gleichen Individuum funktionsfähig ausgebildet. Eier und Spermien werden dann in unterschiedlichen Teilen der Gonaden und meistens zu unterschiedlichen Zeiten produziert, um so eine Eigenbefruchtung zu verhindern. Verschiedene Teleosteer dagegen sind Selbstbefruchter. Manche Barsche, Seebarsche, Flussbarsche und Eidechsen sind **parthenogenetisch**, d.h. die Eier reifen ohne das Eindringen eines Spermiums.

Die meisten Vertebraten sind **ovipar**, d.h. sie legen Eier, die außerhalb des mütterlichen Körpers heranreifen. Dazu gehören die Cyclostomata, die meisten Knochenfische, Holocephali, einige Elasmobranchier, die meisten Amphibien, die meisten Reptilien, Vögel und Monotremata. Die Anzahl der Eier, die pro Saison abgelegt werden, reicht von 1 bis 20 (einige Vögel), 100 (Python) bis sogar 28 Mio. (verschiedene Teleosteer). Die Anzahl der Eier steht dabei in Zusammenhang mit den Gefahren während der Entwicklung. Das Ablegen weniger Eier ist meist mit einer großen Eigröße, viel Dotter, frühreifen Schlüpflingen und elterlicher Fürsorge gekoppelt.

Das **Ausbrüten** von Eiern ist weit verbreitet. Es gibt den Eiern in der Regel Schutz vor Fressfeinden und kann, je nach Art, auch Belüftung (manche Fische), Feuchtigkeitskontrolle (terrestrische Amphibien, einige Squamaten), Schutz vor Schimmel (einige Amphibien), Temperaturkontrolle (einige Reptilien, Vögel, Schnabeltier) und das Umdrehen, um Anlagerungen zu vermeiden (Vögel), umfassen. Die meisten Vögel bilden einen nackten, stark vaskularisierten **Brutfleck** auf der Brust oder unter dem Körper.

Manche Arten halten die Eier im weiblichen Fortpflanzungstrakt zurück, bis die Entwicklung fast abgeschlossen ist, und verringern dadurch die Zeit, während der die Eier einer wechselhaften Umwelt ausgesetzt sind. **Ovovivipare** Spezies halten ihre Eier bis zum Schlüpfen im Körper zurück. Die Embryonen werden durch den Dotter im Ei ernährt, aber die Eier werden nicht abgelegt. Beispiele dafür findet man bei den Fischen, bei jeder Ordnung der Amphibien und bei Squamaten. Da bei solchen Tieren eine Tendenz besteht, die ursprünglichen Eihüllen zu reduzieren oder aufzugeben, sind sie nicht scharf von **viviparen** Spezies abgetrennt, die den Embryo durch den physiologischen Austausch mit mütterlichem Gewebe ernähren und ebenfalls lebende Junge zur Welt bringen.

Eine nahezu vollständige **Viviparie** hat sich mehrere Dutzend Mal unter den Teleosteern entwickelt, charakterisiert aber nur zwei bis drei Prozent der Knochenfische (z.B. Drachenköpfe, Seebarsche, Blennies und Zahnkärpflinge; echte Viviparie bei der Aalmutter *Zoarces viviparus*). Viviparie tritt bei 55% der Elasmobranchier auf, bei manchen Amphibien (viele Apoda, verschiedene Beutelfrösche), bei vielen Eidechsen und Schlangen und bei allen therischen Säugetieren. Diese Fortpflanzungsstrategie belastet das Weibchen, garantiert aber eine maximale Überlebenschance für die Larven oder den Fötus. Die Evolution der Viviparie wirft interessante Fragen auf (Packard et al. 1989, Wake 1992).

Vivipare Teleosteer ernähren den Fötus entweder im hohlen Ovar oder im Ovarfollikel. Andere vivipare Vertebraten halten ihre Föten im Oviduct und im Uterus zurück. Atemgase und Wasser werden immer zwischen Fötus und Mutter ausgetauscht, die Ernährung erfolgt gewöhnlich über „Milch", die vom weiblichen Fortpflanzungstrakt gebildet wird (einige Fische), über Säfte, die durch Lyse mütterlicher Epithelien oder Blut abgegeben werden (frühe Stadien in der Säugetierentwicklung) oder durch physiologischen Austausch zwischen fötalen und mütterlichen Blutströmen. Der letztgenannte Mechanismus wird durch eine **Placenta** erleichtert. Eine Placenta ist ein Organ mit einer engen Gegenüberstellung fötaler und mütterlicher Gewebe in einer Art und Weise, die sicherstellt, dass eine große Kontaktfläche entsteht (Abb. 5.12). Eine große Vielfalt von Falten, Fältchen, Filamenten und Villi haben sich zu diesem Zweck entwickelt. Der Dottersack ist meistens auf der fötalen Seite involviert, obwohl die Allantois ihn bei den meisten Säugetieren ergänzt oder ersetzt.

Verschiedene Fische und Säugetiere haben Möglichkeiten entwickelt, Spermien im männlichen Körper lange, nachdem die Hodenfunktion saisonbedingt eingestellt wurde, oder im weiblichen Körper für bis zu zehn Monate nach der Kopulation zu speichern. Manche Säugetiere in mindestens fünf Ordnungen verzögern die Entwicklung stattdessen durch eine verzögerte Implantation der Blastocyste, die der Blastula anderer Vertebraten entspricht (Diapause). Diese Mechanismen synchronisieren die Geburt mit saisonbedingter Nahrung, Winterschlaf oder Rückkehr zu den Jungenaufzuchtsgebieten.

Vertebraten mit kurzen Brutperioden (11 Tage für verschiedene Vögel) oder Gestationsperioden (13 Tage bei manchen Marsupialia), haben meist kleine, abhängige Schlüpflinge oder Junge, andere Tiere haben lange Brutperioden (ungefähr 79 Tage bei einem Albatross) oder Gestationsperioden (22 Monate beim Elefanten) und haben dann meistens größere und aktivere Junge (Enten, Raufußhühner, Ungulaten, Cetaceen). Die Geschlechtsreife wird von verschiedenen Fischen zur Zeit des Schlüpfens erreicht, beim Menschen und manchen großen Vertebraten erst nach vielen Jahren.

## Literatur

Blüm V (1986) Vertebrate reproduction. Springer, Heidelberg New York

Duellman WE (1992) Reproductive strategies of frogs. Sci Am 267:80–87

Duellman WE, Trueb L (1994) Biology of amphibians. Johns Hopkins Univ Press, Baltimore

Finn CA (1998) Menstruation: a nonadaptive consequence of uterine evolution. Quart Rev Biol 73:163–164. Gibt eine Übersicht über die Evolution des weiblichen Fortpflanzungssystems der Vertebraten und hebt die Bedeutung der Immunität in der Evolution der Menstruation hervor

Fox H (1977) The urogenital system of reptiles. In: Gans C (ed) Biology of the reptilia, vol 6. Academic Press, New York, pp 1–157

Hogarth PJ (1978) Biology of reproduction. Wiley, New York

Jones RE (eds) (1978) The vertebrate ovary: Comparative biology and evolution. Plenum, New York

Nagahama Y (1978) The functional morphology of teleost gonads. In: Hoar WS, Randall RJ, Donaldson ME (eds) Fish Physiology, vol 11A. Academic Press, New York, pp 223–227

Packard GC, Tracy RC, Roth JJ (1977) The physiological ecology of reptilian eggs and embryos, and the evolution of viviparity within the class Reptilia. Biol Rev 52: 71–105

Packard GC et al (1989) How are reproductive systems integrated and how has viviparity evolved? In: Wake DB, Roth G (eds) Complex organismal functions: Integration and evolution in vertebrates. Wiley, New York, pp 281–293

Potts GW, Wooten RJ (eds) (1984) Fish reproduction: Strategies and tactics. Academic Press, New York

Setchell BP (1978) The mammalian testis. Cornell Univ Press, Ithaca/NY

Seymour RS (1999) Respiration of aquatic and terrestrial amphibian embryos. Am Zool 39:261–270. Zeigt, wie die Bedürfnisse des Gasaustausches die Evolution der Eier und der Eimassen bei den Amphibien beeinflusst haben

Strassmann BI (1996) The evolution of endometrial cycles and menstruation. Quart Rev Biol 71:181–220

van Tienhoven A (1983) Reproductive physiology of vertebrates, 2nd edn. Cornell Univ Press, Ithaka/NY. Beinhaltet vergleichende Morphologie

Wake M (1992) Evolutionary scenarios, homology and convergence of structural specializations for vertebrate viviparity. Am Zool 32:256–263. Eine anschauliche Übersicht darüber, wie Methoden der modernen vergleichenden Biologie benutzt werden, um Fragen nach dem evolutionären Ursprung zu untersuchen

Werdelin L, Nilsonne A (1999) The evolution of the scrotum and testicular descent in mammals: A phylogenetic view. J Theor Biol 196:61–72

Wourms JP, Callard IP (eds) (1992) A retrospect to the symposium on evolution of viviparity in vertebrates. Am Zool 32:251–255. Eine wohlüberlegte Übersicht darüber, wie integrative Untersuchungen der Fortpflanzung der Vertebraten unser Verständnis der anatomischen und physiologischen Vielfalt unterstützen

Wourms JP, Lombardi J (1992) Reflections on the evolution of piscine viviparity. Am Zool 32:276–293

# 17 Nervensystem: Allgemeines, Rückenmark und periphere Nerven

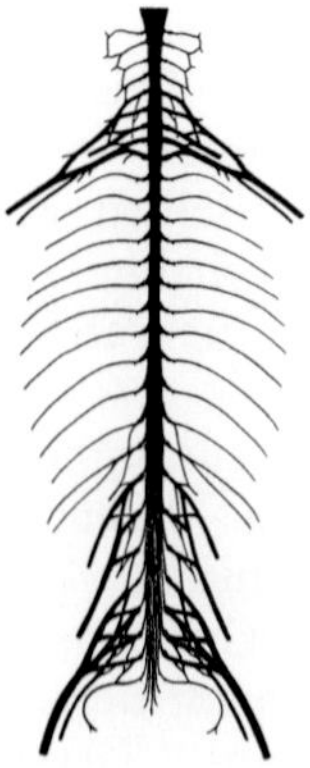

Nervenzellen oder **Neurone** bilden ein wirklich erstaunliches Netzwerk im Körper der Vertebraten, um Information von einem Ort zu einem oder vielen anderen Orten weiterzuleiten. Im Allgemeinen wird die Information sowohl aus der Umgebung als auch dem Körperinneren durch spezialisierte Rezeptorzellen aufgenommen. Diese Information wird über sensorische Neurone zum Rückenmark und zum Gehirn weitergeleitet. Hier aktivieren die sensorischen Neurone entweder motorische Neurone, welche die Muskeln innervieren, oder – weit häufiger – Interneurone, die Information innerhalb des Nervensystems weiterleiten. Sie können andere Interneurone in einem unglaublich komplexen Muster aktivieren, bevor Kommandosignale zu motorischen Neuronen gesendet werden, die eine gerade stattfindende Aktivität verändern oder eine Aktion initiieren, indem sie Effektoren, also Muskeln oder Drüsenzellen, aktivieren (Abb. 17.1). Die Kommunikation von Neuronen mit anderen Neuronen oder mit Effektorzellen findet durch einen Vorgang statt, der als **synaptische Übertragung** bezeichnet wird. Das Nervensystem bestimmt also (mit Hilfe der Muskeln und der endokrinen Drüsen) die Antworten des Körpers auf Veränderungen in seinem Inneren und in seiner Umgebung. Es ist somit das Boten- und Koordinationssystem des Körpers für die meisten Aktivitäten und vor allem für alle Aktivitäten, die schnell und komplex sind.

Die Neurowissenschaften haben sich in den letzten Jahrzehnten als ein sehr integratives und interdisziplinäres Fach entwickelt, das eine steigende Anzahl von Wissenschaftlern anzieht. Das Nervensystem ist für Morphologen von besonderem Interesse, weil es das komplexeste System des Körpers ist, obwohl es in struktureller Hinsicht bemerkenswert konservativ bleibt. Studenten der vergleichenden Anatomie, die sich auf die Gesundheit von Tier oder Mensch spezialisieren, sind besonders von der anatomischen Ähnlichkeit der Strukturen zwischen den Arten beeindruckt. Untersuchungen der Atmung, der Nahrungsaufnahme und der Fortbewegung haben sogar gezeigt, dass in manchen Fällen (aber nicht in allen) die neuromotorischen Muster (gemessen mit Elektromyographie) während größe-

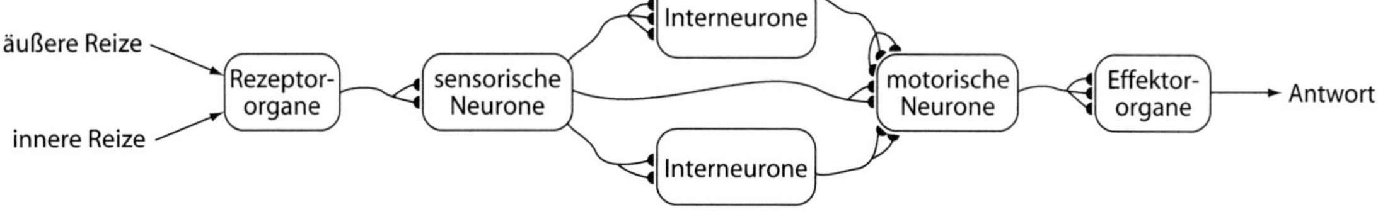


**Abb. 17.1.** Grundlegendes Flussdiagramm des Nervensystems

rer morphologischer und funktioneller Umwandlungen beibehalten werden (zum Beispiel bei Atmung und Nahrungsaufnahme unter Wasser und in der Luft). Obwohl das Gehirn zu weich ist, um direkt im Fossilbeleg erhalten zu sein, ist seine Größe, seine Form und die Verteilung der Hirnnerven erstaunlich gut an fossilen Schädeln dokumentiert. Dieser Beleg, zusammen mit vergleichenden Untersuchungen rezenter Vertebraten und mit Entwicklungsstudien, ermöglicht es dem Morphologen, die Grundrisse der Phylogenie des Systems zu rekonstruieren. Die allgemeinen Verhaltensweisen eines Tieres können ebenfalls anhand des Nervensystems bestimmt werden (wenn angemessene Information vorliegt).

## 17.1 Elemente des Nervensystems

### 17.1.1 Neurone und Neuroglia

**Neurone** sind entweder kurz oder einzigartig lang, sind aber immer relativ klein. Jedes hat einen **Zellkörper (Soma)**, dessen Umriss oval oder unregelmäßig sternförmig sein kann (Abb. 17.2). Innerhalb des Nervenzellkörpers befinden sich der Nucleus und viele klar erkennbare Nisslschollen (raues endoplasmatisches Reticulum), die zu der sehr hohen Rate der Proteinsynthese beitragen, die für Nervengewebe charakteristisch ist. Die meisten Nervenzellkörper, vor allem diejenigen des Gehirns und des Rückenmarks, haben viele filamentartige Auswüchse und werden als multipolar bezeichnet. Neurone, die mit der Nase, dem Auge, dem Ohr und dem Seitenliniensystem in Verbindung stehen, haben meist nur zwei Ausläufer (d.h. sie sind bipolar). Die sensorischen Neurone, welche die Information über die Spinalnerven in das Rückenmark übertragen, haben auch zwei primäre Fortsätze, die jedoch, aufgrund von Besonderheiten in ihrer Entwicklung, an der gleichen Stelle aus dem Nervenzellkörper austreten (pseudounipolar). Sie werden als spezialisierte bipolare Zellen angesehen.

Jedes Neuron hat einen bis viele sich verjüngende Ausläufer, die **Dendriten** genannt werden. Diese übermitteln die Information in der Regel zum Zellkörper hin und erhalten Information von anderen Neuronen oder, im Falle der sensorischen Neurone der Spinalnerven, direkt von den Rezeptoren. Die Dendriten von Motoneuronen oder von Interneuronen können zahlreich mit komplexem Verzweigungsmuster sein und sind relativ kurz. Der einzige Dendrit eines spezialisierten sensorischen Neurons kann dagegen sehr lang sein. Impulse werden meist vom Nervenzellkörper weg über einen einzelnen Ausläu-

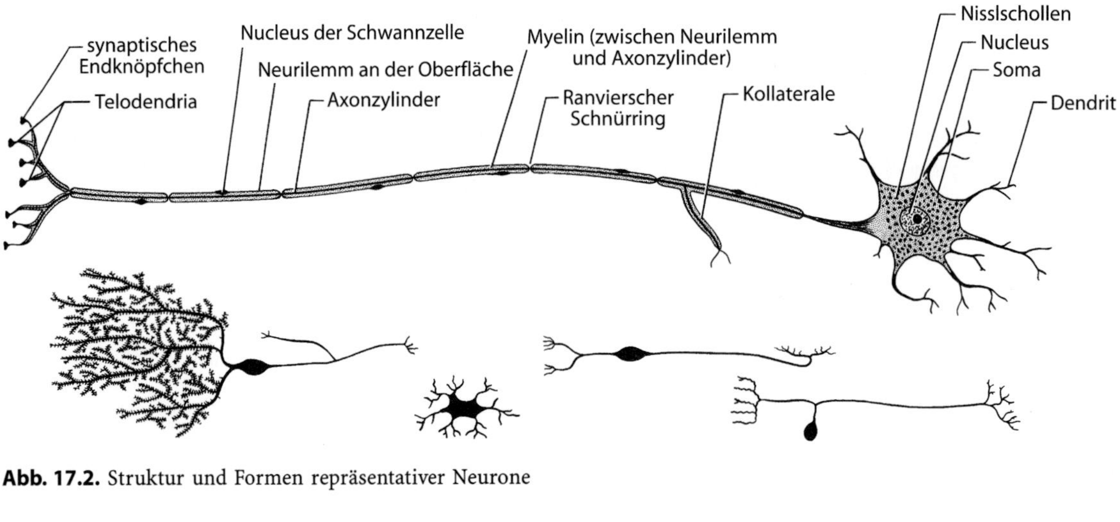


**Abb. 17.2.** Struktur und Formen repräsentativer Neurone

fer, das **Axon**, weitergeleitet (es gibt auch eine Impulsweiterleitung im Dendriten). Axone können kurz oder lang sein. Manche durchlaufen die gesamte Distanz vom Rückenmark zu den Muskeln des Fußes. Axone sind in der Regel weniger verzweigt als Dendriten, aber in manchen Regionen geben sie Kollateralen ab und haben an ihren Endregionen Verzweigungen, sog. Telodendria, mit denen sie mit anderen Zellen kommunizieren. Axonen fehlen die Organellen (Ribosomen), die Proteine synthetisieren. Neu synthetisierte Makromoleküle werden im Zellkörper in Organellen verpackt und durch den axoplasmatischen Transport entlang des Axons zu den Terminalen transportiert. Revolutioniert wurde die Neuroanatomie durch die Entdeckung, dass einzelne Axone bestimmte Pflanzenproteine (Meerrettich-Peroxidase ist weit verbreitet), Bakterientoxine und fluoreszierende Farbstoffe an ihren terminalen Endigungen aufnehmen und diese retrograd zu ihren Zellkörpern und den kleinsten dendritischen Fortsätzen transportieren. Vor der Entdeckung dieser anatomischen Farbstoffe war es extrem schwierig, Verarbeitungswege und Verbindungen zwischen Neuronen darzustellen.

Zwischen ihrem kurzen Initialsegment und ihren terminalen Verzweigungen sind die meisten Axone umhüllt. **Schwannsche Zellen** ordnen sich entlang von sich entwickelnden Axonen an, die außerhalb des Gehirns und des Rückenmarks liegen. Eine Falte jeder Zelle wickelt sich dann um das Axon, ähnlich wie ein Rollladen sich um eine hölzerne Achse windet. Es kommt zu bis zu 70

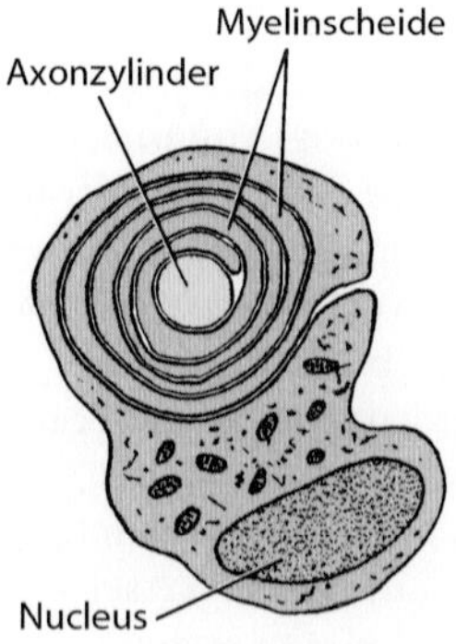


**Abb. 17.3.** Schwann-Zelle, die ein Axon mit Myelin umgibt

Windungen. Das Axon ist also von Lamellen umhüllt, die aus den Zellmembranen der Schwannschen Zellen entstehen (Abb. 17.3 und 17.4). Diese enthalten Lipide und Proteine. Die gesamte Hülle wird **Myelin** genannt. Myelin ist ausschlaggebend für eine schnelle Erregungsfortleitung und die Aufrechterhaltung eines gesunden Axons. Es wird im Abstand von 50–1000 μm entlang des eingeschlossenen protoplasmatischen Stranges, dem **Axonzylinder**, unterbrochen und bildet **Ranvierschen Schnürringe**. Außerhalb des Gehirns und des Rückenmarks werden Axone durch eine zweite Hülle bedeckt, die außen dem Myelin anliegt. Diese dünne transparente Basallamina wird ebenfalls von den Schwann-Zellen gebildet und heißt **Neurilemm.** (Es gibt einige lange unmyelinisierte Fasern im peripheren Nervensystem – vor allem in den Hautnerven.)

Innerhalb des Gehirns und des Rückenmarks können Neurone in Kontakt mit Zellen stehen,

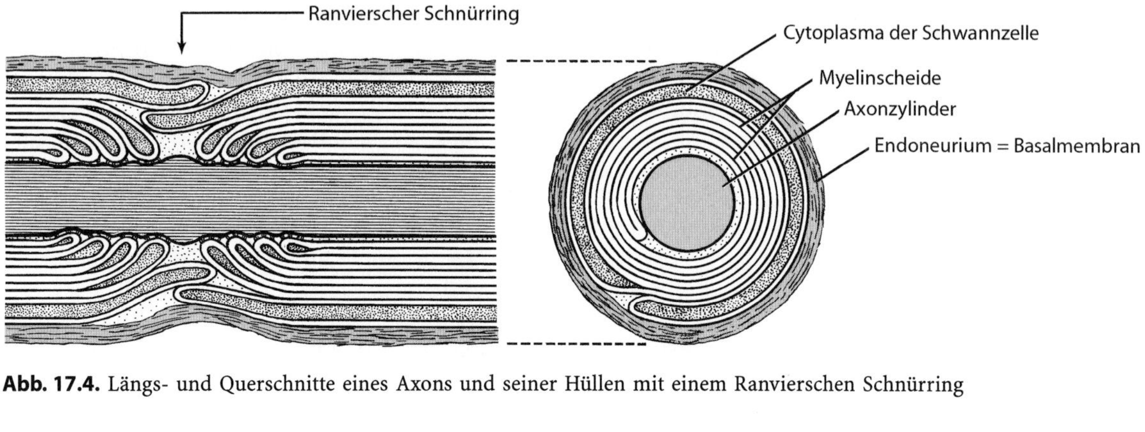


**Abb. 17.4.** Längs- und Querschnitte eines Axons und seiner Hüllen mit einem Ranvierschen Schnürring

die **Neuroglia** genannt werden. Drei Arten von Neuroglia - Astrocyten, Oligodendroglia und Mikroglia - werden histologisch voneinander unterschieden. Sie füllen die Zwischenräume zwischen den Neuronen, binden Faser an Faser und tragen zum Energiestoffwechsel der Neurone in unterschiedlicher Weise bei, z. B. durch Ionentransport, Ernährung, Exkretion, Regeneration und Reparatur. Astrocyten, die stark verzweigt sind, erhalten u. a. das Kaliumgleichgewicht aufrecht und tragen zum Stoffwechsel des Neurotransmitters **Glutamat** bei (s. unten). Sie bilden Füßchen auf Blutgefäßen aus und sind an der Blut-Hirn-Schranke beteiligt. Oligodendroglia bildet die Myelinscheide der Axone des zentralen Nervensystems. Mikroglia ist phagocytotisch. Ungefähr die Hälfte der Masse des Gehirns besteht aus Neuroglia.

### 17.1.2 Nervenimpuls und Synapse

Ein Nervenimpuls ist ein elektrisches Phänomen, das wie eine Welle an der Oberflächenmembran einer Nervenfaser entlang läuft. Die Flüssigkeiten innerhalb und außerhalb der Membran unterscheiden sich chemisch. Der ausschlaggebende Unterschied ist, dass auf der Innenseite der ruhenden Membran ungefähr 30-mal so viel Kalium ist, und auf der Außenseite ungefähr 10-mal so viel Natrium. Das Kalium leckt durch die Membran nach außen; für Natrium ist die Membran jedoch nahezu impermeabel. Die Folge davon ist ein **Potentialunterschied** von ungefähr 75 mV über der ruhenden Membran, wobei die Innenseite negativ geladen ist. Eine lokale Veränderung des Ruhepotentials kann die Nervenfaser entweder erregen oder inhibieren. Wenn die Faser lokal erregt wird, kann Natrium kurzzeitig einströmen; an der Innenseite der Membran entsteht ein positives Potential von ungefähr 50 mV. Dieser erregte Teil der Membran unterscheidet sich nun von benachbarten Teilen und ein winziger Stromwirbel entwickelt sich zwischen dem erregten Teil und den benachbarten Teilen der Membran. Dies wiederum depolarisiert die nicht erregte Membran. Auf diese Weise wird der Impuls entlang der Faser fortgeleitet. Er kehrt die Ladung vor sich um und führt sie hinter sich in den ursprünglichen Zustand zurück. Die Fortleitung eines Impulses ist entlang von unmyelinisierten Fasern kontinuierlich. Wenn Ranviersche Schnürringe vorhanden sind, springen die Wellen der Depolarisation von Knoten zu Knoten (**saltatorische Erregungsleitung**). Eine isolierte Faser kann Tausende von Impulsen weiterleiten, ohne ihre gespeicherte Energie aufzubrauchen. Über die Zeit würde jedoch ausreichend Natrium in die Faser einströmen, um den Mechanismus zu zerstören. Um dies zu vermeiden, pumpt die Membran Natrium über eine $Na^+/K^+$-ATPase nach außen. Dieser Vorgang benötigt Energie.

Nervenfasern von Vertebraten haben einen Durchmesser von ungefähr 0,5 bis 22 μm. Die **Leitungsgeschwindigkeit** eines Impulses steigt mit dem Durchmesser der Faser und der Temperatur. Bei Säugetieren liegen die Geschwindigkeiten im Bereich von 1–120 m $s^{-1}$, wobei Werte unter 1,5 m $s^{-1}$ charakteristisch für nichtmyelinisierte Fasern sind.

Ein Impuls wird ohne Dekrement weitergeleitet oder er wird überhaupt nicht weitergeleitet; und alle weitergeleiteten Impulse sind gleich (**Alles-oder-Nichts-Prinzip**). Das System entschlüsselt die Botschaften über die Frequenz der Impulse in jeder Faser, die Anzahl der aktiven Fasern und die Verbindungen, die von den Neuronen gemacht werden. Andere elektrische Ladungen werden nicht weitergeleitet, vor allem in den Dendriten im Gehirn, beeinflussen stattdessen aber die Erregung. Diese können graduierte Antworten haben.

Es gibt keine cytoplasmatische Kontinuität zwischen den Neuronen. Die funktionelle Verbindung eines Axons des einen Neurons mit einem Dendriten oder dem Soma eines anderen Neurons wird **Synapse** genannt. Manche Neurone haben wenige Synapsen, aber andere haben Tausende. Die Synapse überträgt die Impulse nur vom Soma weg und nur, wenn ein Schwellenwert der Erregung erreicht wird. An seinem Terminal vergrößert sich das Axon und bildet einen **Endknopf** (**Bouton**) (Abb. 17.5). Dieser Bouton ist von dem benachbarten Dendriten oder Nervenzellkörper durch einen engen Spalt (10–30 nm breit) getrennt. In dem Bouton liegen Mitochondrien und **präsynaptische Vesikel**, die

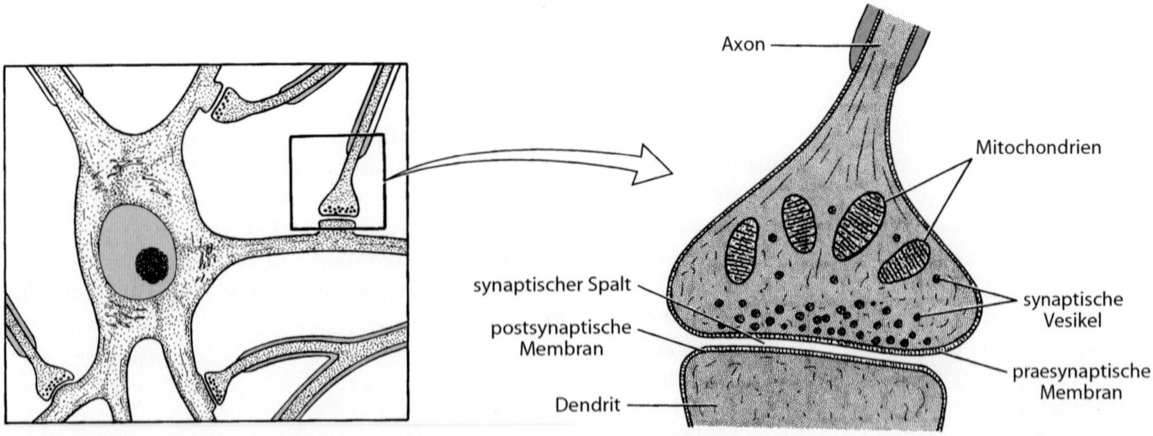


**Abb. 17.5.** Synaptisches Endknöpfchen und Synapse

chemische Substanzen, die als **Neurotransmitter** bezeichnet werden, enthalten. Wenn der Transmitter durch die Ankunft eines Nervenimpulses am synaptischen Endknopf in den Spalt entlassen wird, ändert er die Permeabilität der postsynaptischen Membran für die Ionen, die sie umgeben. Wenn die Wirkung des Transmitters auf die postsynaptische Membran excitatorisch ist, bewirkt er eine Weiterleitung des Nervenimpulses im nachfolgenden Neuron. Wenn die Wirkung des Transmitters inhibitorisch ist, wird die Schwelle für Depolarisation der postsynaptischen Membran des nachfolgenden Neurons erhöht (und damit die Depolarisation vermieden). Viele Neurotransmitter sind identifiziert worden (die Neurochemie ist ein aktives Feld), darunter Acetylcholin, Noradrenalin, Serotonin, Dopamin, Morphin, Glutamat, Adenosintriphosphat, Stickoxid und viele Peptide. Jeder Transmitter ist mit bestimmten Teilen des Systems assoziiert. Manche Transmitter haben auch endokrine Funktionen (s. auch S. 420).

Die Synapse zwischen Axon und Muskelzelle (neuromuskuläre Endplatte) oder Drüsenzelle ist in der Regel breiter als die zwischen Neuronen, aber offensichtlich funktionieren die beiden ähnlich.

Säugetiere (und vielleicht auch andere Vertebraten) behalten zeitlebens die Fähigkeit, die Anzahl, den Aufbau und den Aktivitätslevel ihrer Synapsen zu modifizieren. Diese Plastizität

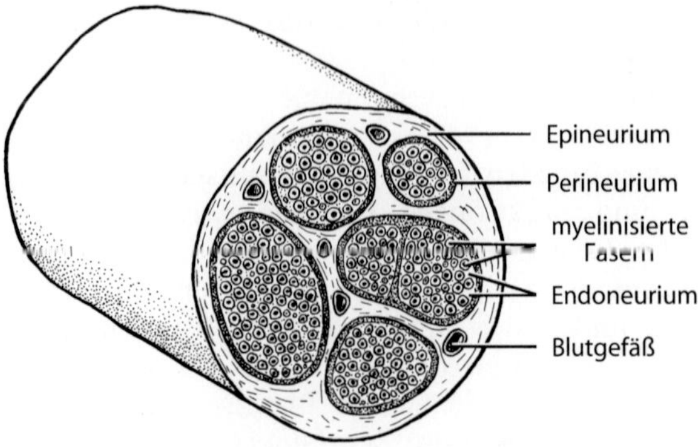


**Abb. 17.6.** Querschnitt durch einen peripheren Nerven

wird vor allem nach Verletzung deutlich, aber ein *turnover* von Synapsen ist ein ständig ablaufender Vorgang.

### 17.1.3 Trakte, Nerven und Ganglien

Somata funktionell ähnlicher Neurone liegen meistens in Gruppen und ihre Fasern verlaufen, wenn sie lang sind, meistens parallel zueinander in Bündeln. Innerhalb des Rückenmarks und des Gehirns werden solche Bündel **Trakte** genannt. Myelinisierte Trakte sind weißlich und bilden zusammen die **weiße Substanz**, während Somata und damit in Verbindung stehende nichtmyelinisierte Neuriten (Dendriten) dunkler erscheinen und gemeinsam die **graue Substanz** bilden.

Außerhalb des Gehirns und des Rückenmarks werden Nervenfasern mit ihrem Myelin von einer Basallamina umgeben. Gruppen oder Faszikel von Fasern sind von einem **Perineurium** umgeben. Schließlich bilden Bündel von Faszikeln **Nerven**, die von einem festen **Epineurium** umgeben sind (Abb. 17.6). Ansammlungen von Nervenzellkörpern bewirken deutliche Anschwellungen an den Nerven und werden **Ganglien** genannt. Auf der Ebene der Extremitäten können mehrere Spinalnerven zusammenkommen, Faserbündel austauschen und sich so ineinander verflechten, dass sie einen **Plexus** bilden (Abb. 17.11).

### 17.1.4 Einige Unterteilungen des Systems

Die Teile des Nervensystems stehen funktionell bemerkenswert stark miteinander in Verbindung. Trotzdem ist es ganz praktisch, strukturelle und funktionelle Unterteilungen vorzunehmen. Gehirn und Rückenmark bilden das **Zentralnervensystem** (ZNS), die Nerven und Ganglien bilden das **periphere Nervensystem. Afferente** oder **sensorische Fasern** des peripheren Nervensystems leiten die Impulse von den Rezeptororganen zum Zentralnervensystem. **Efferente** oder **motorische Fasern** leiten Impulse vom Zentralnervensystem zu den Effektororganen. Nerven können vollkommen sensorisch oder motorisch oder aber gemischt sein, d.h. beide Arten von Fasern enthalten. Innerhalb des Zentralnervensystems gibt es außerdem **Interneurone** (die auch **Assoziationsneurone** genannt werden), welche die lokalen Verschaltungen bilden und selbst nicht afferent oder efferent sind. Es gibt wesentlich mehr Interneurone als sensorische und motorische Neurone.

**Somatische Fasern** (sensorische und motorische) stehen in Verbindung zur Haut und ihren Derivaten und zu willkürlichen Muskeln. **Viscerale Fasern** (wiederum sensorische und motorische) stehen in Verbindung mit unwillkürlichen Muskeln und den Drüsen der verschiedenen Organsysteme. Es ist nützlich, die Fasern als somatosensorisch, viscerosensorisch, somatomotorisch oder visceromotorisch einzuordnen, weil diese Fasertypen oft strukturell unabhängig sind.

Die meisten Organe, die von Visceralnerven innerviert werden, erhalten zwei komplette Sätze von Fasern, die entgegengesetzte Antworten hervorrufen. Diese Fasern sind gewissermaßen strukturell und funktionell vom Rest des peripheren Nervensystems unabhängig und werden zusammen als das **autonome Nervensystem** bezeichnet.

## 17.2 Entwicklung des Rückenmarks und der peripheren Nerven

Die Neurulation, also der Vorgang, der das zentrale Nervensystem bildet, wurde auf S. 90 und 91 beschrieben. Jeder Schritt setzt zunächst am anterioren Ende des Embryos ein und erreicht das posteriore Ende immer später. Dies ist einer der vielen Entwicklungsgradienten des Körpers. Im Kopf des Embryos wird das Neuralrohr relativ groß und wird bald in Hirnbläschen unterteilt, welche die Regionen des Gehirns ahnen lassen. Eine weitere Besprechung der Entwicklung des Gehirns wird auf das nächste Kapitel verschoben.

Wie man in Querschnitten sehen kann, bildet das embryonale Neuralrohr drei Schichten, die sich sehr unterschiedlich anfärben lassen. Vom Neurocoel nach außen sind dies die **ependymale Schicht**, der **Mantel** und die **marginale Schicht** (Abb. 17.7). Einige Zellen der ependymalen Schicht bleiben vor Ort und bilden die dünne, cilientragende Auskleidung des adulten Zentralkanals. Die meisten Ependymzellen migrieren jedoch nach außen und bilden mit den Mantelzellen Neurone und – etwas später – die Neuroglia. Diese werden zur grauen Substanz des adulten Rückenmarks. Die marginale Schicht bildet Neuroglia und wird von Nervenfasern durchdrungen, die aus den tieferen Schichten auswachsen. Sie wird zur weißen Substanz des Rückenmarks.

Wenn das Rückenmark im Durchmesser zunimmt, vergrößert es sich überall mit Ausnahme des dünnen Daches und des Bodens des Neuro-

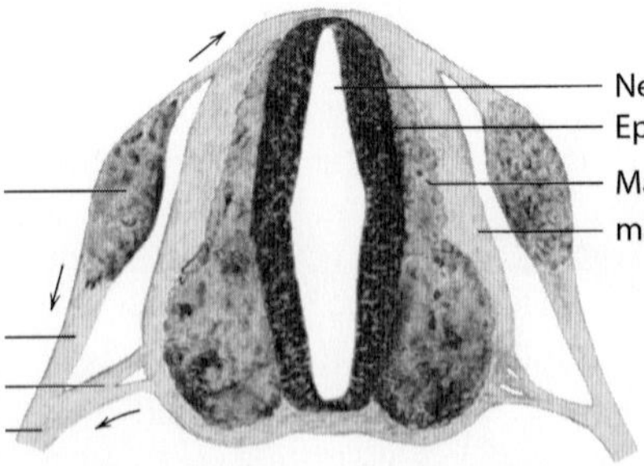


**Abb. 17.7.** Entwicklungsstadium des Rückenmarks, der Spinalnerven und der Ganglien eines Säugetieres. Querschnitt. Die *Pfeile* deuten auf die Richtung des Faserwachstums

coels. Das Wachstum bildet also längliche Oberflächenrinnen an den Orten, die beim Adulten als der **dorsale Mediansulcus** und die **ventrale Medianfissur** bezeichnet werden (Abb. 17.9).

Die Somata der sensorischen Fasern der Spinalnerven liegen in Spinalganglien in der Nähe des Rückenmarks. Sie stammen aus Neuralleistenzellen. Fasern der sich entwickelnden Ganglien wachsen nach außen zu den Rezeptororganen und nach innen zum Rückenmark. Sensorische Fasern der Hirnnerven und ihrer Ganglien entwickeln sich genauso, mit der Ausnahme, dass es dort eine Beteiligung der ectodermalen Plakoden gibt, die bestimmte Sinnesorgane des Kopfes bilden (s. S. 91). Das autonome Nervensystem hat ebenfalls Ganglien. Diese stammen teilweise von Neuralleistenzellen und wahrscheinlich teilweise von Zellen, die aus dem Rückenmark auswandern, ab. Die Fasern der motorischen Nerven wachsen aus der Mantelschicht des Gehirns und des Rückenmarks aus.

Auch Zellen der vielseitigen Neuralleisten wandern und tragen zur Bildung der Schwann-Zellen, des Myelins und des Neurilemms bei.

Zeitlebens bildet der Nervenzellkörper Cytoplasma, das langsam entlang der Axone und Dendriten nach außen fließt. Während des Wachstums degenerieren manche Neurone und axonale Verzweigungen in einem Vorgang, der dazu beiträgt, die Nervenverzweigung an die Zielstrukturen anzupassen. Man hat lange gedacht, dass es im adulten Nervensystem nur wenig Plastizität gibt und dass sich adulte Neurone nicht mehr teilen können. Inzwischen ist bekannt, dass es einen *turnover* von Neuronen in den Gehirnen verschiedener Vertebraten gibt und dass es zumindest nach Verletzung in der Regel zu einer Proliferation von Axonkollateralen kommt. Wenn ein Nerv durchtrennt ist, degenerieren die Fasern, die von ihren Somata abgetrennt sind, während Fasern, die noch ernährt werden, sich langsam regenerieren. Meistens ertasten sie ihren Weg entlang von leeren Hüllrohren und können ihre normale Zielstruktur erreichen. Wenn diese Röhren jedoch ebenfalls zerstört sind, finden die regenerierenden Fasern ihre ursprünglichen Endorgane nicht mehr.

## 17.3 Rückenmark

### 17.3.1 Funktion und Struktur

In dem einfachsten Reflexbogen werden Botschaften von Rezeptororganen innerhalb des Rückenmarks direkt von afferenten Fasern auf efferente Fasern verschaltet, die dann passende Botschaften zu den Effektororganen senden. Fast immer sind jedoch ein oder mehrere Interneurone zwischen die afferenten und efferenten Neurone zwischengeschaltet (Abb. 17.8). Da jede afferente Faser mit vielen Interneuronen in synaptischem Kontakt steht, können Verschaltungen auf jede von sehr vielen Effektorfasern stattfinden. Diese können auf der gleichen (ipsilateral) oder auf der entgegengesetzten Seite (contralateral) des Rückenmarks wie die afferente Faser, auf der gleichen oder auf einer unterschiedlichen Ebene des Rückenmarks oder im Gehirn liegen. Die Funktion des Rückenmarks ist es also, ankommende Impulse aufzunehmen, zu integrieren und zu koordinieren, sie dorthin weiterzuleiten, wohin sie innerhalb des Zentralnervensystems

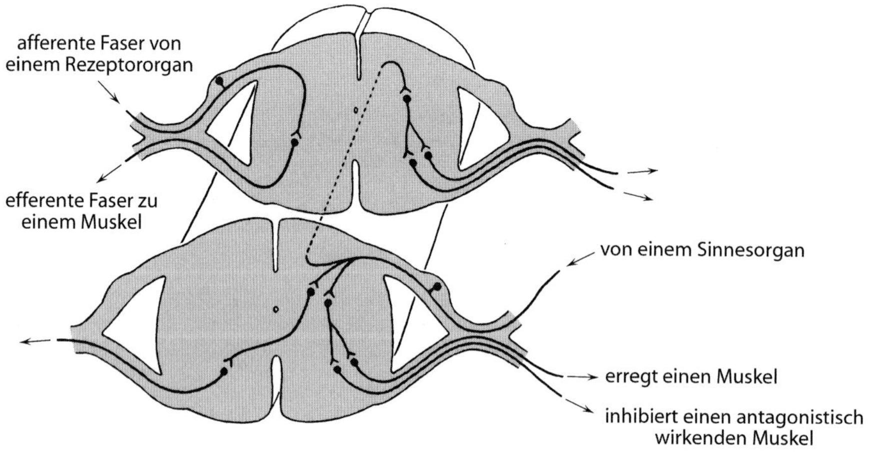


**Abb. 17.8.** Beispiele von Reflexbögen. *Oben links* ein Zweineuronbogen. Ansonsten Reflexbögen mit Interneuronen

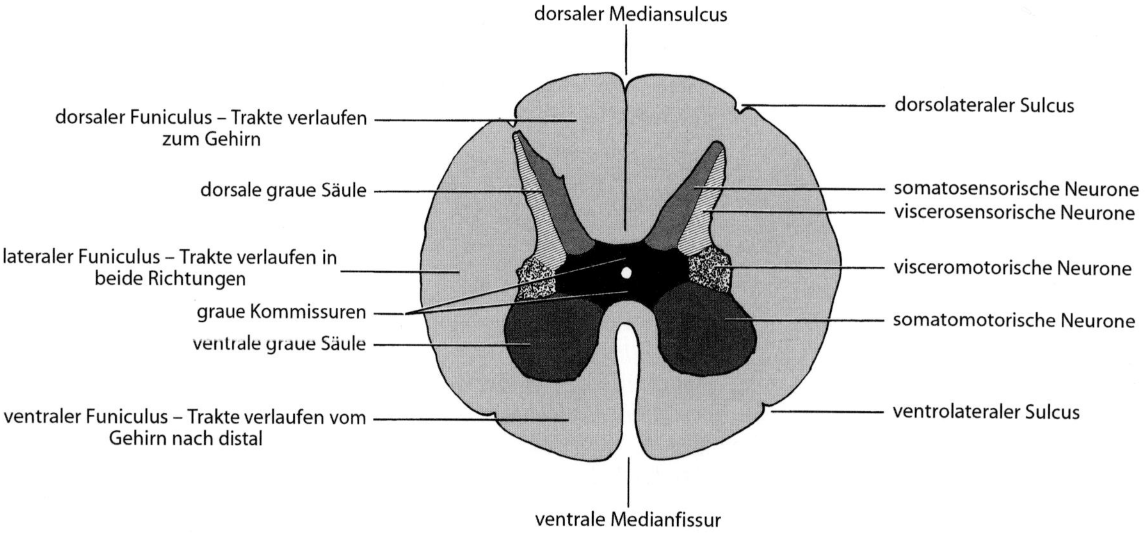


**Abb. 17.9.** Struktur des Rückenmarks eines Säugetiers

gehen sollen, und gegebenenfalls Antworten an das periphere Nervensystem zu senden.

Der allgemeine Aufbau des Rückenmarks wird am besten an einem Querschnitt durch das Rückenmark eines Amnioten gezeigt. Die graue Substanz liegt innen und hat eine unregelmäßige Form, die dem Buchstaben H ähnelt (Abb. 17.9). Die oberen Arme des H sind die **dorsalen grauen Säulen** (oder Hörner), und die kürzeren, breiteren unteren Arme sind die **ventralen grauen Säulen** (oder Hörner). Die Somata der Interneurone, die im synaptischen Kontakt mit den somatosensorischen Fasern stehen, liegen auf der medialen Seite des Dorsalhorns. Die Zellkörper von Interneuronen, die mit viscerosensorischen Fasern in synaptischem Kontakt stehen, liegen in einem kleineren, lateralen und etwas ventraleren Teil des Dorsalhorns. Somata der somatomotorischen Neurone füllen die Ventralhörner. Die Somata der visceromotorischen Neurone liegen an einer kleinen, intermediären und lateralen Stelle. Die **graue Kommissur** direkt

## Exkurs 17.1

### Auf der Spur von Evolutionstendenzen im Rückenmark

Untersuchungen der vergleichenden Morphologie des Nervensystems der Vertebraten profitieren ungemein, wenn man sie in einen phylogenetischen Rahmen stellt. Dies wird durch eine Serie von Untersuchungen von Fetcho und Kollegen (1992) gezeigt. Wir haben in Kapitel 10 gelernt, dass die Axialmuskulatur aus einer Serie von Blöcken oder Myomeren besteht, die auf jeder Seite der Wirbelsäule liegen und epaxiale sowie hypaxiale Teile haben (deren Grenzen bei adulten Vögeln und Säugetieren etwas verwischt sind). Innerhalb der ventralen grauen Säulen des Rückenmarks gibt es zwei verschiedene Anordnungen der Motoneurone, die diese Myomere innervieren. Bei Neunauge, Goldfisch und *Necturus* (einem vollaquatischen Molch) sind die Neurone, die zu den epaxialen und hypaxialen Muskeln ziehen, locker vermischt. Bei repräsentativen Schlangen, Ratten und Affen dagegen sind epaxiale Motoneurone räumlich von hypaxialen Motoneuronen getrennt, wobei beide in einem besonderen Teil der grauen Säulen liegen. Die Evolution hat also nicht nur die graue Substanz von der weißen getrennt (Abb. 17.10), sondern hat auch Neuronengruppen innerhalb der grauen Substanz geordnet.

Als Fetcho und seine Kollegen (1992) ihre Daten auf ein Kladogramm übertrugen, wurde klar, dass alle untersuchten Arten, die nichtunterteilte Motoneurone haben, Anamnier sind, während alle Arten mit unterteilten Motoneuronen Amnioten sind. Man hat allerdings auch gesehen, dass die Gruppe mit den nicht getrennten Motoneuronen vollaquatisch ist und die Gruppe mit getrennten Neuronen terrestrisch. War der Unterschied in der neuronalen Struktur primär evolutionsbedingt oder primär die Folge der Fortbewegungsweise? Um diese Frage zu beantworten, haben die Forscher die ventralen grauen Säulen des Tigersalamanders untersucht, eines permanent terrestrischen Anamniers. Das Ergebnis: nicht unterteilte epaxiale und hypaxiale Neurone. Es scheint also, dass sich die Unterteilung der Motoneurone in Verbindung mit dem Ursprung der Amnioten entwickelt hat. Eine Bestätigung dieser Daten durch eine größere Datenbasis wäre zu wünschen.

oberhalb und unterhalb des Zentralkanals bildet den Querarm des H, in dem Fasern von einer Seite des Rückenmarks auf die andere kreuzen.

Die äußere weiße Substanz wird durch den dorsalen Mediansulcus und die ventrale Fissur des Rückenmarks in eine linke und eine rechte Seite geteilt. Jede Hälfte wird durch die Zellmassen weiter in drei **Funiculi** unterteilt:

- Der **dorsale Funiculus** liegt zwischen dem Dorsalhorn und dem dorsalen Mediansulcus. In ihm verlaufen die Axone zum Gehirn.
- Der **ventrale Funiculus** liegt zwischen der ventralen Fissur und dem Ventralhorn. In ihm verlaufen Axone vom Gehirn weg.
- Der **laterale Funiculus** liegt zwischen dem Dorsal- und dem Ventralhorn. In ihm verlaufen Fasern in beide Richtungen, wobei diejenigen, die zum Gehirn hin verlaufen, meistens oberflächlicher liegen.

Die Lage der spezifischen Faserverbindungen variiert zwischen den Wirbeltieren. Viele der Fasern zum und vom Gehirn kreuzen von einer Seite zur anderen. Diese Kreuzung findet entweder im Rückenmark oder im Hirnstamm statt. Der Grund für diese Überkreuzung ist nicht bekannt.

Im Rückenmark mancher Vertebraten (oder vielleicht aller) gibt es neuronale Netze, die in der Lage sind, für jede Extremität ein zyklisches Befehlsmuster für die Fortbewegungsmuskeln zu generieren, z. B. für die rhythmischen Undulationen beim Schwimmen oder für Routinebewegungen der Beine. Diese **zentralen Mustergeneratoren** werden durch Eingänge vom Gehirn und den sensorischen Rezeptoren beeinflusst, setzen aber ihre Funktion fort, wenn ein solcher Einfluss blockiert wird.

Das Rückenmark wird von mehreren Gewebsschichten, den **Meningen**, umhüllt und ge-

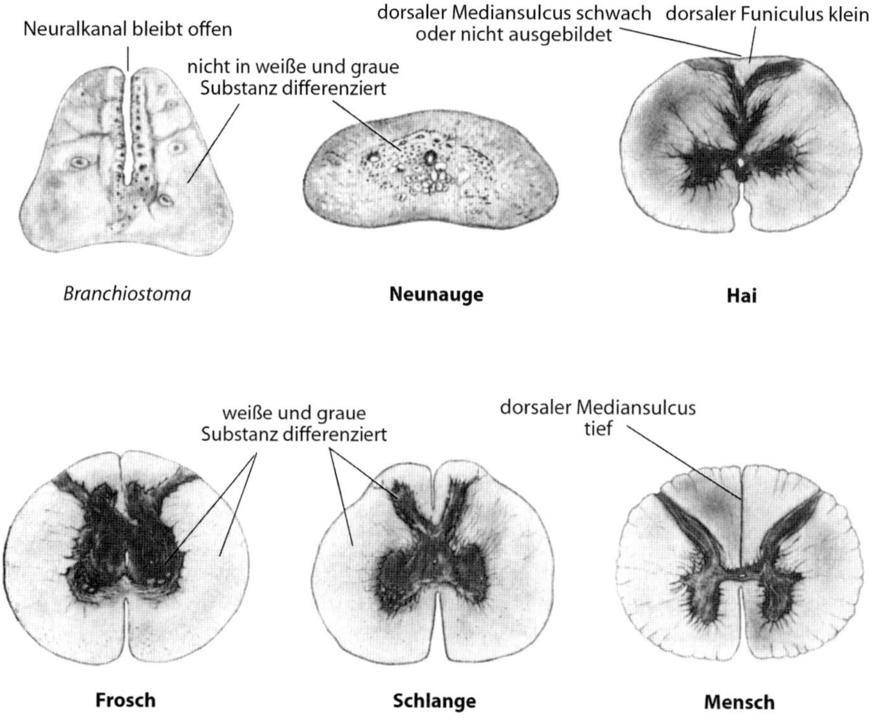


**Abb. 17.10.** Vergleichende Anatomie des Rückenmarks

schützt. Diese ähneln den Meningen des Gehirns und bilden mit ihnen ein Kontinuum. Sie werden im nächsten Kapitel beschrieben.

## 17.3.2 Evolution des Rückenmarks

Das Rückenmark von *Branchiostoma* ist anscheinend ursprünglich, da die embryonalen Neuralfalten nicht komplett miteinander verschmelzen (Abb. 17.10). Deshalb steht der adulte Neuralkanal mit dem Raum um das Rückenmark über eine schlitzförmige Rinne in Verbindung. Graue und weiße Substanz können nicht unterschieden werden, da die Nervenfasern bei *Branchiostoma* noch nicht myelinisiert sind.

**Cyclostomata** vervollständigen den Neurulationsvorgang wie andere Vertebraten und schließen den Zentralkanal. Die Grenze zwischen grauer und weißer Substanz bleibt undeutlich. Das Rückenmark ist breit und seine ventrale Oberfläche ist konkav, wo es der Chorda dorsalis anliegt.

Das Rückenmark der **Fische** und **Amphibien** ist im Querschnitt beinahe rund. Graue und weiße Substanz können jetzt unterschieden werden. Der Aufbau der grauen Substanz ist unterschiedlich. Ventralhörner sind in der Regel deutlich. Der dorsale Mediansulcus und die ventrale Medianfissur beginnen bei diesen Tieren, sich zu bilden, da die wachsende Komplexität der Nuclei und Trakte dazu führen, dass das Rückenmark größer wird. Der Durchmesser des Rückenmarks vergrößert sich etwas auf der Höhe der Extremitäten, wo ein größerer Bedarf für neuronale Integration herrscht.

**Amnioten** haben einen tiefen Sulcus und eine Fissur. Das Rückenmark vergrößert sich wiederum auf Höhe der Extremitäten, wobei die **cervicale Vergrößerung** ausgeprägter ist, wenn die Vordergliedmaßen besonders wichtig sind (Fledermäuse, Affen). Die **lumbale Vergrößerung** ist ausgeprägter, wenn die Hinterextremitäten wichtiger sind (Strauß und bipede Dinosaurier). In Querschnitten sieht die graue Substanz jetzt wie ein H mit dicken Armen aus.

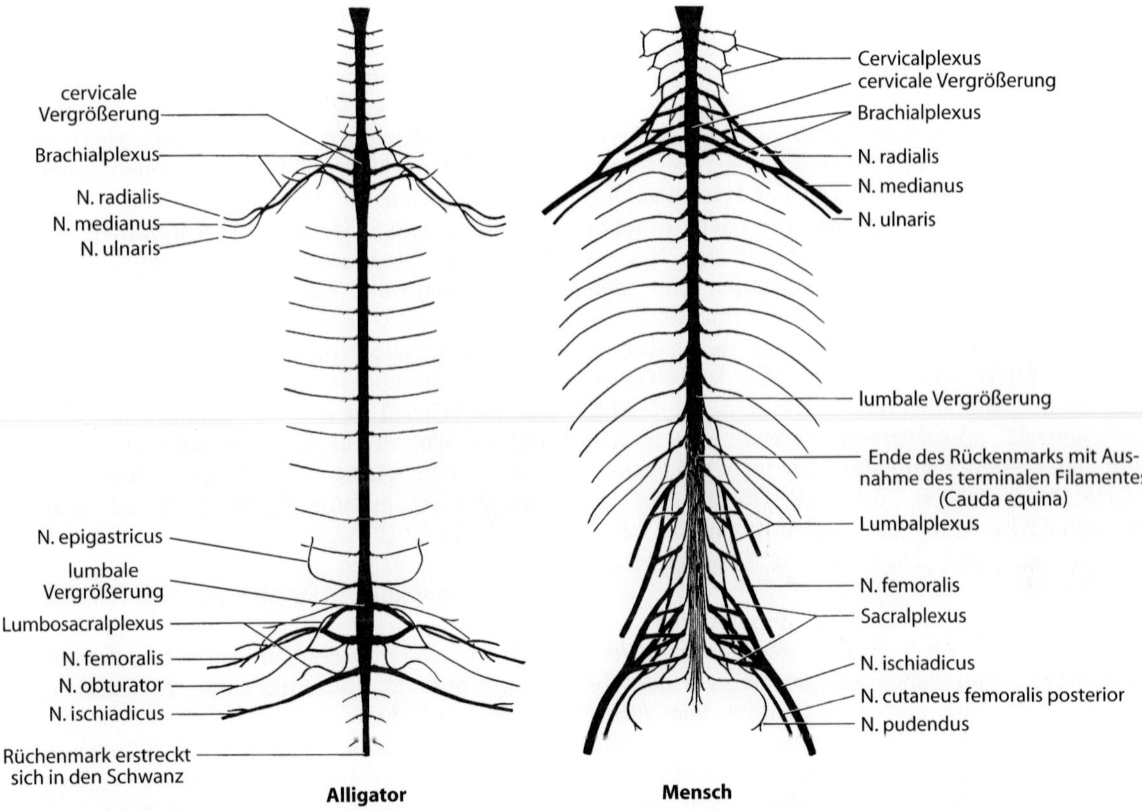


**Abb. 17.11.** Rückenmark, Hauptnerven und Plexus eines Reptils und eines Säugetiers. Dorsalansichten

Im lumbosacralen Bereich der **Vögel** finden sich Besonderheiten, die neuerdings als **extralabyrinthäres Gleichgewichtsorgan** angesehen werden. Der Wirbelkanal ist hier stark erweitert, von den Neuralbögen werden bogengangähnliche Strukturen gebildet, die sich über Erweiterungen des Rückenmarks, den akzessorischen Loben, öffnen. Die aus Neuronen und zu Glykogenzellen differenzierten Gliazellen bestehenden Loben ragen in einen weiten Liquorraum. Man nimmt an, dass die Neurone der Loben ähnlich wie Haarzellen im Innenohr durch Bewegung des Körpers ausgelöste Liquorbewegungen registrieren. Glykogenzellen bilden eine weitere Besonderheit, den **Glykogenkörper.** Dieser ist in einen Sinus rhomboidalis eingebettet, der sich durch Auseinanderweichen des dorsalen Mediansulcus bildet. Diese auffällige Struktur hat wahrscheinlich nur Füllfunktion (kaum Stoffwechselaktivität), um den für das Gleichgewichtsorgan ausgeweiteten Wirbelkanal zu füllen.

Das Rückenmark der *Säugetiere* hat häufig einen **dorsolateralen** und einen **ventrolateralen Sulcus** (Abb. 17.9). Die dorsalen und ventralen Spinalnervenwurzeln treten entlang dieser Rinnen ins Rückenmark ein. Das Rückenmark der Anuren und mancher Fische ist kürzer als der Kanal innerhalb der Wirbelsäule. Dieser Zustand wird bei Reptilien und Vögeln nicht gefunden, tritt aber bei Säugetieren mit Ausnahme der Monotremata wieder auf. Das embryonale Rückenmark füllt seine knöcherne Höhle aus, wächst aber langsamer als die Wirbelsäule, so dass beim Erwachsenen das Rückenmark in der Lumbalregion endet (mit Ausnahme eines terminalen Filaments). Die weiter posterior liegenden Nerven müssen nach hinten ziehen (Abb. 17.11), um ihr Zielgebiet zu erreichen (Pferdeschwanz oder Cauda equina).

## 17.4 Evolution der Spinalnerven

*Branchiostoma* hat eine Reihe paariger „dorsaler“ Spinalnerven, die drei Arten von Fasern enthalten: somatosensorische von der Haut und den Muskeln, viscerosensorische von den inneren Organen und visceromotorische. Diese Nerven liegen intersegmental und verlaufen mit den Myosepten zwischen den Muskelsegmenten. Alle Somata der sensorischen Neurone liegen innerhalb des Rückenmarks. Es gibt also keine Ganglien an den Spinalnerven. Strukturen, die früher als ventrale Spinalnerven bezeichnet wurden, sind tatsächlich segmental angeordnete spezialisierte Muskelfasern, die zur Oberfläche des Rückenmarks verlaufen, wo ihre motorischen Endplatten liegen. Dies ist eine Sonderbildung von *Branchiostoma.*

Die weitere Evolution der Spinalnerven folgt einem relativ einfachen und geradlinigen Verlauf. **Neunaugen** haben intersegmentale dorsale Spinalnerven, die den Spinalnerven von *Branchiostoma* ähneln. Allerdings liegen die Somata einiger sensorischer Neurone außerhalb des Rückenmarks (Abb. 17.12). Neunaugen haben außerdem segmentale ventrale Spinalnerven, die nur somatomotorische Fasern enthalten. Jeder Ventralnerv tritt anterior zu seinem entsprechenden Dorsalnerv aus dem Rückenmark aus. Dorsale und ventrale Spinalnerven vereinigen sich bei Neunaugen (oder Cephalaspida) nicht, sondern verlaufen unabhängig voneinander zu ihren Zielorten.

**Schleimaale, Fische** und **Amphibien** zeigen die nächste strukturelle Entwicklung. Die dorsalen und ventralen Nerven jedes Körpersegments vereinigen sich außerhalb der Wirbelsäule. Auf jeder Seite des Körpers entsteht pro Segment ein einzelner Spinalnerv. Der Nerv tritt als getrennte **dorsale Wurzel** in das Rückenmark ein und als **ventrale Wurzel** aus. Jede Wurzel teilt sich meistens in eine Reihe benachbarter Bündel. Kurz nach der Vereinigung der Wurzeln teilt sich der Spinalnerv in

- einen **dorsalen Ast**, der zu den Strukturen epaxialen Ursprungs zieht,
- einen relativ großen **ventralen Ast**, der zu den Extremitäten und Strukturen hypaxialen Ursprungs zieht,
- einen **visceralen Ast**, der zu Strukturen zieht, die aus dem Hypomer entstehen (Visceral- und Branchialmuskeln und Drüsen).

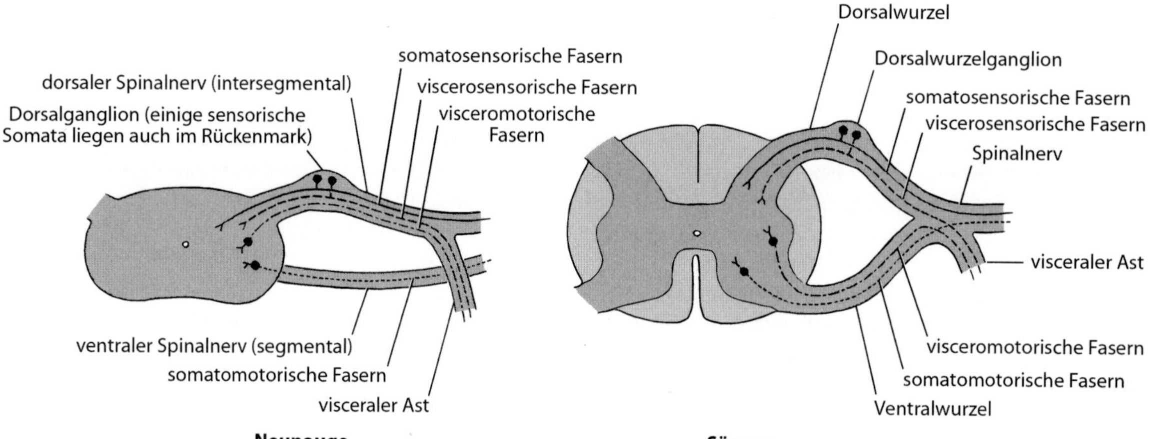


**Abb. 17.12.** Verteilung der Nervenkomponenten im Rückenmark und den Nerven auf zwei Ebenen der Evolution. Weitere Details der Verzweigung der Spinalnerven und der Verteilung der visceromotorischen Fasern sind in Abb. 17.15 gezeigt. Die Größe der Nerven ist übertrieben dargestellt

Auf der Ebene der paarigen Extremitäten bilden die ventralen Äste Plexus unterschiedlicher Komplexität.

Die Somata der sensorischen Neurone liegen alle im **Spinalganglion** der dorsalen Wurzel eines jeden Nerven. Die Faserverteilung in den dorsalen und ventralen Wurzeln entspricht derjenigen der dorsalen und ventralen Nerven des Neunauges, allerdings treten einige visceromotorische Fasern über beide Wurzeln aus (z. B. Lissamphibia).

Einige weitere Fortschritte findet man bei den **Amnioten.** Die dorsalen und ventralen Wurzeln der Spinalnerven verbinden sich innerhalb der Wirbelsäule. Jede Dorsalwurzel tritt in das Rückenmark auf der gleichen Ebene ein, auf der die entsprechende Ventralwurzel austritt, statt posterior zu ihr. Gewöhnlich verlassen alle visceromotorischen Fasern das Rückenmark über die ventrale Wurzel. Dies vervollständigt die allmähliche Verlagerung dieser Fasern aus dem dorsalen Spinalnerv und bewirkt, dass die dorsale Wurzel nur noch sensorische Axone enthält. Der **brachiale** und der **lumbosacrale Plexus** werden komplexer als bei Anamnioten, aber die Muster der Verflechtungen unterscheiden sich (Abb. 17.11).

## 17.5 Hirnnerven

### 17.5.1 Ursprung und Aufbau

Spinalnerven sind angenehm einheitlich bezüglich ihres Auftretens, der Konfiguration der Wurzeln und Zweige, in den Nervenfaserkomponenten und in ihrer Beziehung zum Zentralnervensystem. Dies trifft auf die Hirnnerven, die direkt aus dem Hirn austreten, nicht zu. Obwohl ihre Anzahl im Allgemeinen konstant ist, gibt es doch eine gewisse Variation. Ein Hirnnerv kann bei manchen Vertebraten vorhanden sein und bei anderen fehlen (z. B. Nervus terminalis). Ein Nerv kann sich im Laufe der Evolution in zwei aufspalten (z. B. der spinale N. accessorius vom N. vagus). Andererseits können auch zwei Nerven zu einem verschmelzen (die Evolution des N. trigeminus der Amnioten). Der gleiche Nerv, der bei einem Vertebraten ein cervicaler Spinalnerv ist, kann bei einem anderen Vertebraten ein Hirnnerv sein (z. B. der N. hypoglossus). Außerdem können Faserkomponenten, von denen man annimmt, dass sie bei einem ursprünglichen Nerven vorhanden waren, verloren gehen.

Ein weiterer Unterschied zwischen Spinalnerven und Hirnnerven ergibt sich aus der Entstehung der Segmentation des Zentralnervensystems. Die Somiten sind bereits segmentiert, wenn sie zum ersten Mal im Embryo auftauchen, das Zentralnervensystem ist es nicht. Motorische Nerven wachsen aus dem Rückenmark in bestimmten Abständen aus, um segmentierte Somitenderivate zu durchdringen. Sensorische Nerven und Ganglien stammen aus den Neuralleisten, die intersegmental zu liegen kommen, wenn sie zwischen die aufgetriebenen Somiten eingefügt werden. Daher ist die Segmentierung der Spinalnerven zwar regelmäßig, scheint aber sekundär zu sein. Im Kopf zeigen die vorübergehende Natur der Somitomeren, ihre fragliche Beziehung zu den Neuromeren und die unterschiedlichen Migrationsmuster der cranialen Neuralleisten deutlich, dass die serielle Natur der Hirnnerven sowohl sekundär (bezüglich der innervierten Struktur) als auch unregelmäßig ist. Außerdem ist der Kopf ventral teilweise in einer unabhängigen Serie segmentiert, die in Zusammenhang mit den Visceralbögen steht (s. die zusätzliche Behandlung der Kopfsegmentation in Exkurs 8.1 und Abb. 8.2). Deshalb ist eine serielle Homologie bei den Hirnnerven weniger offensichtlich als bei den Spinalnerven. Es gibt mindestens 3 Serien von Hirnnerven, welche die ontogenetischen Beiträge der Neuralleisten, der Neuromeren, sowie des Gewebes aus den Plakoden und Somitomeren, das zur Entwicklung des Kopfes beiträgt, aufzeigen (Northcutt 1993). Die Hirnnerven sind in einer räumlichen Reihenfolge nummeriert, aber es sollte klar sein, dass in Bezug auf den grundlegenden Aufbau diese Zuordnung von Zahlen ziemlich willkürlich ist.

Diese Schwierigkeiten waren eine willkommene Herausforderung für Morphologen im späten 19. und frühen 20. Jahrhundert, als viel Aufmerksamkeit auf die Analyse der Hirnnerven

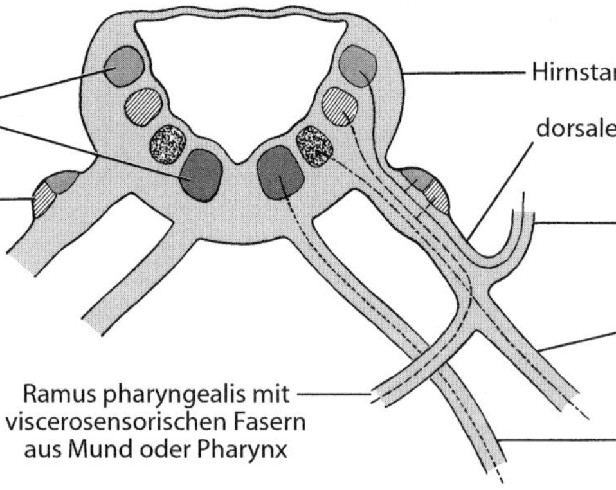


**Abb. 17.13.** Die postulierte ursprüngliche Verteilung der Nervenkomponenten im Hirnstamm und den Hirnnerven der dorsalen und ventralen Serie. Die *Schattierung* der Nuclei entspricht der Abb. 17.9

gerichtet wurde und Konzepte ihrer Organisation und Evolution formuliert wurden. Es entwickelte sich sogar ein allgemeiner Konsens über die Evolution der Hirnnerven, aber mit zunehmender Verfeinerung der funktionellen, entwicklungsbiologischen und anatomischen Studien wurde dieser Konsens in Frage gestellt und neu untersucht (Boord 1993). Unterschiedliche Arten von Hinweisen wurden benutzt. Vergleichende anatomische Hinweise zeigen, dass der N. trigeminus der Amnioten ein zusammengesetzter Nerv ist: einer seiner Hauptäste tritt bei manchen Fischen unabhängig ins Gehirn ein. Entwicklungsstudien dieser Tiere zeigen, dass auch der spinale N. accessorius ein zusammengesetzter Nerv ist: eine Komponente seiner motorischen Nerven scheint aus dem N. vagus zu stammen, während eine zweite, viel ältere Komponente nicht aus dem N. vagus stammt (Wake 1993). Physiologische Hinweise zeigen die Einzigartigkeit mancher Nerven (nur aquatische Vertebraten haben ein Seitenliniensystem und es wird nur vom N. lateralis innerviert).

Um die Hirnnerven einzuordnen (man sollte dabei aber bedenken, dass dieses Schema gerade überarbeitet wird), kann man sie in drei Hauptkategorien einteilen:

- In der **ersten Kategorie** gibt es sieben Nerven (die Nummern 0, V in zwei oder drei Teilen, VII, IX, X und XI), die **in Serie mit Dorsalwurzeln der Spinalnerven** zu stehen scheinen, oder genauer, mit den dorsalen Spinalnerven der Neunaugen, die sich, wie zuvor beschrieben, nicht mit ihren entsprechenden ventralen Spinalnerven verbinden (Abb. 17.13). Diese Nerven treten alle lateral und nicht ventral in den Hirnstamm ein. Es wird postuliert, dass ursprünglich jeder Nerv die gleichen Komponenten wie die dorsalen Spinalnerven enthielt: somatosensorische, viscerosensorische und visceromotorische. Ein sensorisches Ganglion war in der Nähe der Eintrittsstelle eines jeden Nerven ins Gehirn vorhanden. Außerdem wird postuliert, dass bei dem entfernten Vertebratenahn diese Nerven die branchialen und pharyngealen Regionen versorgt haben. Jeder Nerv hatte einen Hauptast zu jeder Hemibranchie, die an einen Kiemenschlitz anschloss und kleinere Zweige, die zu den benachbarten Pharyngealwänden und der Haut zogen.
- Die **zweite Kategorie** beinhaltet vier Hirnnerven (Nummer III, IV, VI und XII), die **in Serie mit ventralen Spinalnerven** zu liegen scheinen. Mit einer Ausnahme treten alle an der erwarteten ventralen Position aus dem Hirnstamm aus (die Ausnahme betrifft nur einen Teil des Systems; die Zellkörper der Motoneurone des N. trochlearis (IV) liegen ventral im Hirnstamm, aber die meisten Fasern kreuzen innerhalb des Gehirns und treten auf der gegenüberliegenden dorsalen Seite aus.) Diese Nerven ent-

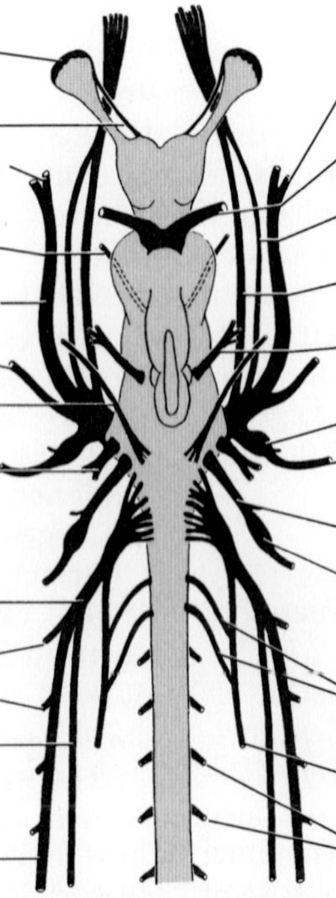


**Abb. 17.14.** Hirnnerven des Haies, *Squalus*. Ventralansicht (N. trigeminus und N. facialis sind hier unabhängiger als bei den meisten anderen Vertebraten)

halten nur somatomotorische Fasern. Ganglien fehlen in der Regel. Die Nerven innervieren Hypobranchialmuskeln und Derivate der Kopfsomiten oder Somitomere.

- Die **dritte Kategorie** hat keine entsprechende Struktur in der Spinalserie, weil ihre Nerven Strukturen versorgen, die einzigartig für den Kopf bzw. im Kopf zentriert sind: die Nase, das Auge, das Ohr und das Seitenliniensystem. Die Nerven I, II, VII, VIII, IX, X und der Nervus lateralis sind in dieser Kategorie. Diese Nerven sind sensorisch. Ihre Ganglien leiten sich im Gegensatz zu denen anderer sensorischer Nerven zumindest teilweise aus den ectodermalen Plakoden ab. Diese Nerven werden gewöhnlich als somatisch betrachtet, obwohl die Zuordnung gewissermaßen arbiträr und vielleicht überflüssig ist. Sie werden gemeinhin unter Berücksichtigung ihres besonderen Aufbaus als **spezialisierte sensorische Nerven** bezeichnet (aber: Finger 1993). Zu einem bestimmten Grad ist dies eine Kategorie der Übriggebliebenen, weil die Nerven der Nase und des Auges weder miteinander noch mit anderen Nerven der Kategorie seriell homolog sind.

Es gibt eine weitere Komplikation. Die visceromotorischen Nerven des Körpers sind in verschiedener Hinsicht so einzigartig, dass sie zusammen das **autonome Nervensystem** bilden, das am Ende des Kapitels beschrieben wird. Selbst auf der Ebene des Rückenmarks waren es die visceromotorischen Fasern, die am wenigsten stabil waren, die manchmal aus der Dorsalwurzel und manchmal aus der Ventralwurzel austreten. Im Kopf verbinden sich die visceromotorischen Fasern des autonomen Nervensystems mit vier Hirnnerven (III, VII, IX und X). Diese beinhalten Nerven sowohl der dorsalen als auch der ventralen Kategorien.

Wenn man sieben Nerven in der dorsalen Serie, vier in der ventralen Serie, sechs in der spezialisierten Serie und vier mit autonomen Fasern zählt und wenn man weiß, dass es insgesamt 13 Hirnnerven gibt, ist klar, dass hier gewissermaßen eine Verdoppelung vorliegt. So ist z. B. der N. oculomotorius in der ventralen Serie, enthält aber auch autonome Fasern. Der N. facialis ist in der dorsalen Serie, kann aber sowohl durch spezielle als auch durch autonome Komponenten verstärkt werden.

Diese allgemeine Information bietet die Grundlage für eine spezifischere Behandlung der Evolution eines jeden Hirnnerven. Die folgende Besprechung wird durch Abb. 17.14, 8.26 und 18.15 erklärt.

### 17.5.2 Struktur und Evolution der Hirnnerven

Der **Nervus terminalis** wurde erst entdeckt, als den anderen Hirnnerven bereits Zahlen zwischen I und XII zugeordnet worden waren. Deshalb hat er die Nummer 0. Er wird der dorsalen Serie zugeordnet und entsteht im Nasenepithel und manchmal im Vomeronasalorgan. Er scheint Antworten auf Sexualpheromone zu vermitteln. Da er ein oder mehrere Ganglien besitzt, wird er als somatosensorischer Nerv klassifiziert, jegliche ancestralen visceralen Fasern sind verloren gegangen. Der Nerv ist, mit Ausnahme der Cyclostomata, Latimeria, der Vögel und mancher Säugetiere (auch der Menschen), bei allen Vertebraten vorhanden. Er ist bei den Elasmobranchiern am größten.

Der **Nervus olfactorius** (I) gehört zur speziellen Serie. Er verläuft vom Riechepithel und dem Vomeronasalorgan (wenn es vorhanden ist) zum Bulbus olfactorius des Gehirns. Er ist insofern einzigartig, als seine Fasern Ausläufer der Rezeptorzellen sind. Deshalb hat er kein Ganglion, obwohl er sensorisch ist. Dieser Nerv ist bei allen Vertebraten vorhanden, seine Größe steht in Beziehung zur Leistungsfähigkeit des olfaktorischen Sinnes. Er ist lang, wenn das Rostrum lang ist und die olfaktorischen Trakte des Gehirns kurz sind. Ansonsten ist der Nerv kurz. Er ist oft in viele Zweige unterteilt. Bei Cyclostomata ist er paarig, obwohl bei diesen Tieren die Nasenhöhle unpaar ist.

Der **Nervus opticus** (II) gehört ebenfalls zur speziellen Serie. Er verläuft vom Auge zum Gehirn und ist insofern einzigartig, als er sich als Trakt des embryonalen Gehirns entwickelt (s. S. 409). Die assoziierten Ganglienzellen liegen in der Retina. Der Nerv ist bei allen Vertebraten konstant. Die beiden optischen Nerven können sich unter dem Gehirn vollständig kreuzen (Teleosteer, Vögel und einige andere Vertebraten), aber oft kreuzen manche Fasern und andere tun es nicht (alle Säugetiere). Bei manchen Säugetieren (Primaten) kreuzt etwa die Hälfte der Fasern eines Nerven auf die andere Seite, eine Anordnung, die in dieser Klasse wahrscheinlich zum dreidimensionalen Sehen und zur Koordination von Augenbewegungen beiträgt.

**Nervus oculomotorius** (III), **Nervus trochlearis** (IV) und **Nervus abducens** (VI) gehören zur ventralen Serie. Sie innervieren die extrinsischen Muskeln des Auges. Alle sind somatomotorisch, obwohl der N. oculomotorius von autonomen Fasern begleitet wird, die zu den Muskeln der Iris und des Ciliarapparates des Auges ziehen. Diese Nerven sind bei praktisch allen Vertebraten vorhanden.

Der **tiefe Nervus ophthalmicus** (oder profundus) ($V_1$) ist der zweite Nerv der dorsalen Serie, obwohl er, wie der Nervus terminalis, bei keinem rezenten Vertebraten mit einer Kiemenöffnung in Verbindung steht. Er verläuft zur Haut des Rostrums. Er ist ausschließlich somatosensorisch; jegliche visceralen Fasern, die er jemals besessen haben mag, gingen mit der mit ihm assoziierten Kiemenöffnung verloren. Der Nerv tritt bei allen Vertebraten auf, ist aber nur bei Ostracodermata, Placodermi und einigen primitiven Knochenfischen ein unabhängiger Nerv mit eigenem Ganglion. Bei anderen Vertebraten wird er zu einem Zweig des nächsten Nerven, den wir beschreiben.

Der große **Nervus trigeminus** (V) hat bei den Vertebraten, die einen unabhängigen tiefen Nervus ophthalmicus haben, zwei Zweige. Bei anderen Vertebraten sind der tiefe Nervus ophthalmicus (bei Säugetieren einfach Nervus ophthalmicus genannt) ($V_1$), der Nervus maxillaris ($V_2$) und der Nervus mandibularis ($V_3$) die drei Zweige (Rami), die dem Nervus trigeminus seinen Namen geben. (Zusätzlich kann ein oberflächlicher Ramus ophthalmicus des Trigeminus auftreten und unglücklicherweise hat der Nervus facialis auch einen Zweig mit dem gleichen Namen). Die Rami maxillaris und mandibularis repräsentieren möglicherweise einen Kiemenbogennerven, der früher die prämandibulare Kiemenöffnung versorgte. Der Ramus maxillaris enthält nur somatosensorische Fasern von den Zähnen, dem Gaumen und der Haut des Oberkiefers. Der Ramus mandibularis versorgt entsprechend den Unterkiefer. Er enthält auch motorische Fasern, die zu den verschiedenen Kiefermuskeln ziehen, die aus dem Mandibularbogen entstehen. Dies sind quergestreifte, willkürliche Muskeln. Da sie aber phylogenetisch mit dem Pharynx in Verbindung stehen (s. S. 204), werden die damit in Verbindung stehenden Nerven als visceral eingestuft. Das große **Ganglion semilunare** (Ganglion Gasseri, Ganglion trigeminale) liegt dort, wo all diese Zweige sich vereinigen, bevor sie in das Gehirn eintreten.

Der **Nervus facialis** (VII) ist zum Teil der Nerv in der dorsalen Serie, der mit der Spiracularöffnung und den Derivaten des Hyoidbogens in Verbindung steht. Es ist der erste Nerv in dieser Serie, der alle Komponenten der ursprünglichen Dorsalnerven beibehält. Somatosensorische Fasern ziehen zu den entsprechenden Hautarealen, viscerosensorische Fasern ziehen zu einem Großteil des Mundes und der Geschmacksknospen, und visceromotorische Fasern ziehen zu allen Muskeln, die aus dem Hyoidbogen entstehen. Dazu gehören auch die Muskeln, die für die Gesichtsmimik der Menschen verantwortlich sind – daher kommt auch der Name des Nervs. Schließlich gibt es eine Komponente aus dem autonomen Nervensystem, welche die Tränendrüsen und verschiedene Speicheldrüsen versorgt. Der zusammengesetzte Nerv ist groß. Sein Ganglion ist das **Ganglion geniculati.**

Der **Nervus statoacusticus** (VIII) (auch vestibulocochleärer oder auditorischer Nerv genannt) versorgt das Innenohr. Er gehört deshalb in die spezielle Serie und steht entwicklungsgemäß und phylogenetisch mit den Nerven des Seitenliniensystems (N. lateralis) in Verbindung. Er hat immer zwei Hauptzweige. Bei den meisten Vertebraten versorgt der anteriore Zweig hauptsächlich das Gleichgewichtsorgan, der posteriore Zweig versorgt sowohl das Gleichgewichtsorgan als auch das Gehörorgan. Bei eutherischen Säugetieren ist der posteriore Zweig funktionell nur mit dem Hören verknüpft.

Der **Nervus glossopharyngeus** (IX) ist zum Teil der Nerv der dorsalen Serie, der mit dem ersten branchialen Kiemenschlitz und Kiemenbogen der Fische assoziiert ist. Bei manchen Vertebraten sind somatosensorische Fasern vorhanden. Viscerosensorische Fasern verlaufen zu einem Teil des Pharynx und zu manchen Geschmacksknospen. Visceromotorische Fasern versorgen einige kleine Muskeln. Es gibt eine Komponente aus dem autonomen System, die diesmal eine Speicheldrüse versorgt. Der zusammengesetzte Nerv ist normalerweise klein. Jegliche somatosensorischen Fasern haben ein **Ganglion superius**. Die viscerosensorischen Fasern haben ein größeres **Ganglion petrosum.**

Der **Nervus vagus** (X) und der **Nervus accessorius** (XI) werden am besten gemeinsam behandelt, weil letzterer, der bei Amnioten und manchen Salamandern auftritt, zumindest zum Teil durch Abspaltung aus dem ursprünglichen N. vagus entsteht. (Ein anderer Teil ist bei verschiedenen Amphibien spinalen Ursprungs.) Der N. vagus greift über die Ebenen mehrerer ursprünglicher Kopfsomiten und tritt über eine lineare Serie von Verzweigungen in den Hirnstamm ein. Diese Nerven sind zumindest teilweise die letzten der dorsalen Serie und sind daher mit allen verbleibenden branchialen Strukturen verbunden. Ein kleiner somatosensorischer Zweig des N. vagus versorgt die Haut der Kiemen und der Ohrregion. Viscerosensorische Fasern kommen aus den posterioren Geschmacksknospen und dem Pharynx. Sensorische Fasern des N. accessorius reifen nicht aus. Visceromotorische Zweige versorgen die Muskeln der Branchialbögen und ihrer Derivate (und manche Muskeln der Schulter). Schließlich bildet der große, lange und wichtige **viscerale Zweig** des N. vagus die autonome Komponente dieses Nervs. Seine Fasern versorgen Herz, Lungen (sofern sie vorhanden sind) und Darm. Somatosensorische Fasern haben ein **Ganglion jugulare**; viscerosensorische Fasern haben ein großes **Ganglion nodosum.**

Der **Nervus hypoglossus** (XII) liegt in der ventralen Serie der Nerven. Er ist ein ausschließlich somatomotorischer Nerv und innerviert die Hypobranchialmuskeln der Kehle und der Zunge. Er ist bei Amnioten und manchen Labyrinthodontiern ein Hirnnerv und bei Cyclostomata und Fischen ein Cervicalnerv (der Hypobranchialnerv genannt wird). Er ist aus verschiedenen postotischen Somiten abgeleitet (die gleichen, für die der N. vagus der dorsale Nerv ist) und tritt als eine lineare Serie von Bündeln aus dem Zentralnervensystem aus.

Die Seitenliniennerven der speziellen Serie werden nicht nummeriert, weil sie ursprünglich nicht als eigene Nerven erkannt wurden, sondern den Hirnnerven VII, IX und X zugeordnet wurden, zu deren Fasern sie größtenteils parallel verlaufen. Die **Nervi laterales** und ihre Ganglien entstehen aus ectodermalen Plakoden, die anterior und posterior zu der Plakode liegen, aus der das Innenohr der Anamnioten entsteht.

## 17.6 Autonomes Nervensystem

Das autonome Nervensystem ist weder strukturell noch funktionsmäßig vom Zentralnervensystem oder vom peripheren Nervensystem isoliert. Daher ist es schwierig, seine Grenzen zu setzen. Es steht ausschließlich mit unwillkürlichen Funktionen des Körpers in Verbindung. Deshalb enthält das System nur viscerale Fasern, wobei viscerale Fasern, welche die quergestreiften Branchialmuskeln innervieren, ausgeschlossen sind. Strukturen, die vom autonomen Nervensystem innerviert werden, sind daher das Herz und die Blutgefäße, manche Atmungsorgane, Drüsen, das Darmrohr, die Urogenitalorgane, Pigmentzellen, Fettgewebe und die intrinsischen Muskeln des Auges und der Haut. Diese Strukturen werden natürlich sowohl von sensorischen als auch von motorischen Fasern versorgt. Bei den sensorischen Neuronen gibt es dabei nichts Aufregendes: wie somatosensorische Neurone liegen ihre Somata in den Dorsalwurzelganglien und in bestimmten cranialen Ganglien. Die sensorischen Fasern werden deshalb von der weiteren Diskussion ausgeschlossen.

Was ist denn so Besonderes an den visceromotorischen Neuronen, welche die unwillkürlichen Organe innervieren? Erstens enthält jede Projektion ein Neuron, das seinen Zellkörper innerhalb des Zentralnervensystems hat, und zusätzlich (mit Ausnahme des Nebennierenmarks) ein Neuron (in manchen Fällen mehrere Neurone), deren Zellkörper außerhalb des Zentralnervensystems liegen (Abb. 17.15). Zellkörper der letzteren Kategorie liegen in den prävertebralen motorischen Ganglien. Fasern zwischen den Ganglien und dem Zentralnervensystem werden als **präganglionär**, Fasern zwischen den Ganglien

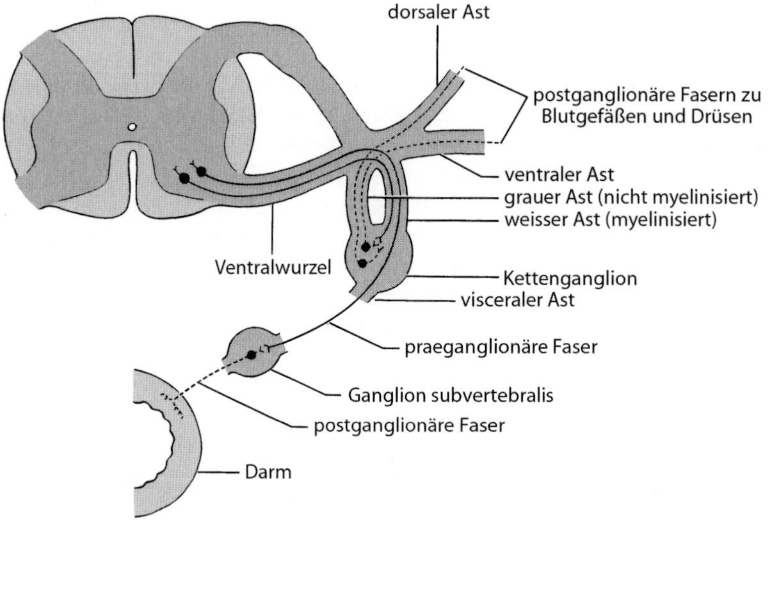


**Abb. 17.15.** Typische Verschaltung des sympathischen Teils des autonomen Systems von Amnioten. Querschnitt auf der Höhe des posterioren Thorax. Andere Fasern verlaufen von den Kettenganglien in Längsrichtung im Körper. Größe der Nerven ist übertrieben dargestellt

und den Zielorganen werden als **postganglionär** bezeichnet. Präganglionäre Fasern sind myelinisiert, postganglionäre Fasern enthalten wenig oder kein Myelin.

Ein zweites augenfälliges Merkmal des autonomen Nervensystems ist, dass es in Gruppen von Fasern unterteilt werden kann. Bei Amnioten werden gemeinhin **sympathische** und **parasympathische Gruppen** unterteilt, die anatomisch unterschiedlich sind und meistens antagonistische Antworten in den innervierten Organen auslösen. Die funktionellen Unterscheidungen zwischen den postcranialen Teilen dieser Gruppen sind aber bei Amnioten nicht immer scharf und brechen bei niederen Vertebraten ganz zusammen. Die vergleichsweise vernachlässigte **enterische Gruppe** des autonomen Systems besteht aus dem komplexen Netz aus ungemein zahlreichen Neuronen, die in der Darmwand liegen. Diese Neurone scheinen direkt durch lokale physikalische und chemische Stimuli erregt zu werden und lokale Reflexe zu vermitteln.

Die folgende Beschreibung der beiden allgemein bekannten Gruppen des autonomen Systems basiert auf den Amnioten (vor allem den Säugetieren). Einige Bemerkungen zum System niederer Vertebraten werden das Kapitel abrunden.

- Der **sympathische Teil** des Systems hat einen **thoracolumbalen Ausgang.** Dieser Ausdruck bezeichnet die Ebenen, auf denen seine präganglionären Neurone aus dem Zentralnervensystem in Spinalnerven austreten (Abb. 17.16). Die präganglionären Fasern sind relativ kurz. Sie erreichen die sympathischen Ganglien über die visceralen Äste der Spinalnerven (oder den myelinisierten Teil der Verbindung; Abb. 17.15). Die meisten der kleinen, aber festen Ganglien sind **Kettenganglien**, die wie zwei parallele Perlenketten die **sympathischen Grenzstränge** bilden, die direkt ventral zur Wirbelsäule liegen. Es gibt außerdem drei Paare von **Cervicalganglien** neben den Carotiden des Halses und ungefähr drei unpaare **Prävertebralganglien** an der Basis der Hauptarterien der Eingeweide.

Eine präganglionäre Faser kann mit einer postganglionären Faser in einem Grenzstrangganglion in synaptischen Kontakt treten, das am nächsten zum Austritt aus dem Spinalnerven liegt, oder sie kann durch dieses Ganglion zu einem Grenzstrangganglion der anderen Körperseite, zu einem Grenzstrangganglion auf einer anderen Ebene der Wirbelsäule oder einem cervicalen oder subvertebralen Ganglion ziehen. Postganglionäre Fasern sind relativ lang. Die meisten, die aus Grenzstrangganglien austreten, verbinden sich wieder mit einem Spinalnerven und verlaufen mit ihm und seinen Verzweigungen zu ihren Zielorganen. Die meisten postganglionären Fasern, die aus den cervicalen oder subvertebralen Ganglien austreten, verlaufen parallel zu Blutgefäßen zu ihren Zielgebieten.

Postganglionäre Fasern setzen, wie das Nebennierenmark, **Noradrenalin** frei und werden deshalb als adrenerg bezeichnet. Es gibt weniger Terminalfasern als Muskel- und Drüsenzellen, die beeinflusst werden müssen. Diese Nervenendigungen setzen deshalb relativ große Mengen an Noradrenalin frei, das dann zu benachbarten Effektorzellen diffundiert.

Im Allgemeinen vermittelt der sympathische Teil des autonomen Nervensystems Antworten der Aufmerksamkeit, der Aufregung, des Alarms und der Freisetzung von Energie, die benötigt wird, um Notfällen zu begegnen. Vegetative Funktionen werden in der Regel gehemmt.

- Der **parasympathische Teil** des autonomen Nervensystems hat einen **craniosacralen Ausgang**, weil er mit den Hirnnerven III, VII, IX und X und mit ungefähr 3 sacralen Spinalnerven aus dem Zentralnervensystem austritt. Präganglionäre Fasern sind relativ lang. Es gibt etwa vier Paare kleiner parasympathischer Ganglien im Kopf. Diese liegen in der Nähe der Zielorgane (Auge, Speicheldrüsen, Tränendrüsen). Andernorts sind die Ganglienzellen in den Geweben der Eingeweide verstreut und werden bei der Präparation nicht gefunden. Postganglionäre Fasern sind sehr kurz.

Die postganglionären Fasern der parasympathischen Neurone ähneln den meisten somatischen Fasern und präganglionären Fasern beider Teile des autonomen Nervensystems,

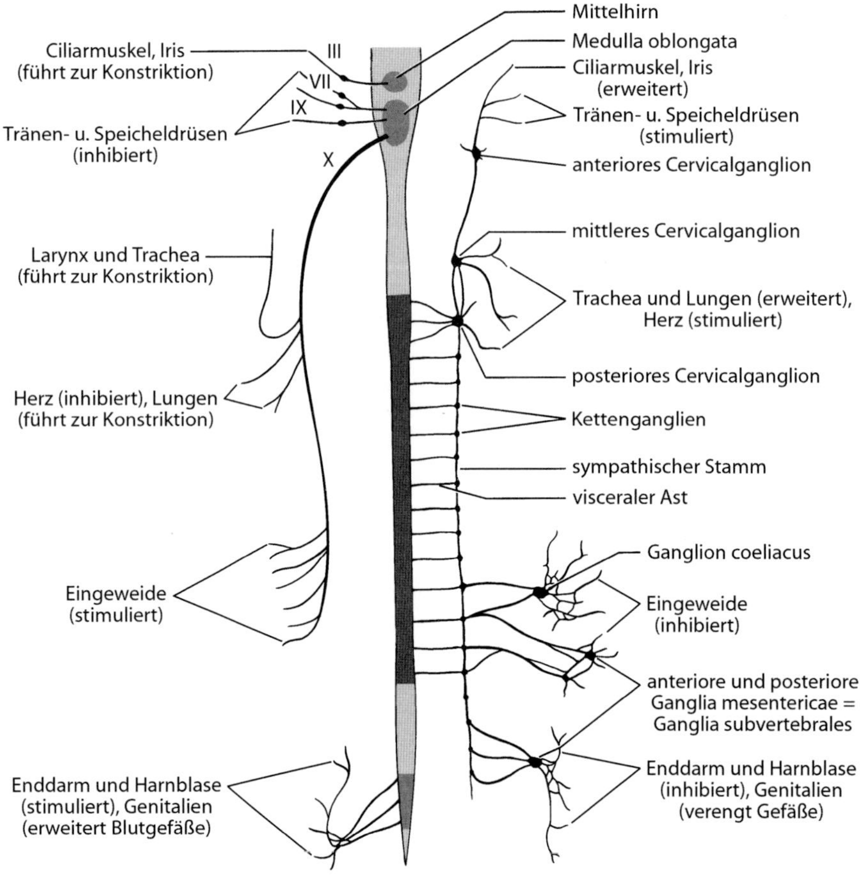


**Abb. 17.16.** Schema des autonomen Nervensystems eines Säugetieres. Die allgemeine Verteilung der Fasern zu den Gefäßen und Haut ist nicht gezeigt

indem sie Acetylcholin freisetzen (sie sind cholinerg), obwohl wiederum die Menge des abgegebenen Acetylcholins sehr groß ist. (Gegenwärtig werden verschiedene Neurotransmitter des autonomen Nervensystems untersucht, die weder adrenerg noch cholinerg sind, z. B. Stickoxid NO.)

Der parasympathische Teil des Systems ruft Antworten hervor, die ruhigen, vegetativen Aktivitäten wie der Verdauung und der Aufrechterhaltung der Ruhekonzentration von Blutzucker entsprechen.

Die obige Beschreibung trifft auf die meisten **Amnioten** zu. Das System hat sich nur langsam entwickelt. *Branchiostoma* hat visceromotorische Fasern, die von jedem Spinalnerven zum Darm ziehen, aber es gibt außerhalb der Eingeweide keine Ganglien. **Cyclostomata** haben autonome Fasern im N. vagus, ansonsten ist das System rudimentär. **Knorpelfische** senden visceromotorische Fasern über die erwarteten Hirn- und Spinalnerven zu Blutgefäßen und zu den Eingeweiden. Es gibt unterhalb der Wirbelsäule autonome Ganglien, aber keine abgetrennten Ganglionketten. Bei **Knochenfischen** dehnen sich gut entwickelte sympathische Ganglionketten weit in den Kopf hinein aus, bei **Amphibien** verbinden Ausläufer die anterioren Kettenganglien mit den autonomen Ganglien des Kopfes. Deshalb ist der craniale Ausgang bei diesen Gruppen limitiert.

## Literatur


Boord RL (ed) (1993) Symposium – Structure, development and phylogeny of cranial nerves. Acta Anat 148:67–168

Cotman CW, Nieto-Sampedro M (1984) Cell biology of synaptic plasticity. Science 225:1287–1294

Fetcho JR (1987) A review of the organization and evolution of motor neurons innervating the axial musculature of vertebrates. Brain Res Rev 12:243–280

Fetcho JR (1992) The spinal motor system in early vertebrates and some of its evolutionary changes. Brain Behav Evol 40:82–97

Fetcho JR, Reich NT (1992) Axial motor organization in postmetamorphic tiger salamanders (*Ambystoma tigrinum*): A segregation of epaxial and hypaxial motor pools is not necessarily associated with terrestrial locomotion. Brain Behav Evol 39:219–228

Finger TE (1993) What's so special about special visceral? Acta Anat 148:132–138

Iwaniuk AN, Pellis SM, Whishaw LQ (1999) Brain size is not correlated with forelimb dexterity in fissiped carnivores (Carnivora): A comparative test of the principle of proper mass. Brain Behav Evol 54:167–180

Jacobson M (1991) Developmental neurobiology, 3rd edn. Plenum, New York

Keynes RD, Aidley DJ (1991) Nerve and muscle, 2nd edn. Cambridge Univ Press, New York. Die Grundlagen der Chemie und der Physik der neuronalen Aktivität

Krstić RV (1985) General histology of the mammal: an atlas for students of medicine and biology. Springer, New York. Enthält 47 dreidimensionale Rekonstruktionen von Nervengewebe

Nauta WJH, Feirtag M (1986) Fundamental neuroanatomy. Freeman, New York

Necker R (1999) Specializations in the lumbosacral spinal cord of birds: morphological and behavioural evidence for a sense of equilibrium. Eur J Morphol 37:211–214

Nieuwenhuys R, ten Donkelaar HJ, Nicholson C (eds) (1998) The central nervous system of vertebrates, 3 vols. Springer, New York. Enorm detailliert, umfassend; hervorragende Abbildungen

Nilsson S (1983) Autonomic nerve function in the vertebrates. Springer, New York

Nishikawa KC (eds) (1997) Symposium – Evolution of neural ontogenies: the ontogeny and phylogeny of invertebrate and vertebrate nervous systems. Brain Behav Evol 50:5–59. Zeigt auf, wie die Synthese von vergleichender Neuroanatomie, Entwicklungsneurobiologie und phylogenetischer Analyse Einblicke in die Evolution von Nervensystemen geben kann

Noback CR, Demarest RJ (1996) The human nervous system: Introduction and review, 5th edn. McGraw-Hill, New York, 386 S. Eine klare, gut bebilderte Beschreibung des menschlichen Nervensystems mit Hauptaugenmerk auf Verbindungen

Northcutt RG (1993) A reassessment of Goodrich's model of cranial nerve phylogeny. Acta Anat 148:71–80

Northcutt RG, Bemis WE (1993) Cranial nerves of the coelacanth *Latimeria chalumnae* (Osteichthyes; Sarcopterygii; Actinistia), and comparisons with other craniata. Brain Behav Evol 42:1–75. Eine außergewöhnlich vollständige Abhandlung und Modellstudie in vergleichender Morphologie

Sarnat HB, Netsky MG (1981) Evolution of the nervous system, 2nd edn. Oxford Univ Press, New York. Eine hervorragende Quelle für vergleichendes und funktionelles Material

Smith K (1994) Are neuromotor systems conserved in evolution? Brain Behav Evol 43:293–305. Eine besonnene Übersicht über die „neuromotor conservation"-Hypothese

Snyde SH, Bredt DS (1992) Biological roles of nitric oxide. Sci Am 266:68–77

Wake DB (1993) Brainstem organization and branchiomeric nerves. Acta Anat 148:124–131

# 18 Nervensystem: Gehirn

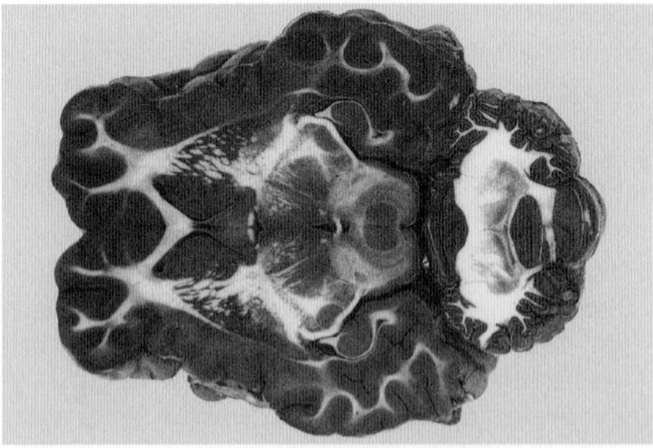

Das Gehirn ist das komplizierteste und auch das faszinierendste Organ des Körpers. Es wird von vielen Forschern aus verschiedenen Fachrichtungen untersucht. Ein Verständnis seiner Funktion beruht letztlich vor allem auf seiner wunderbar komplizierten Struktur. Daher spielt der Morphologe eine große Rolle bei der Analyse dieses Meisterorgans.

Um sich entsprechendes Hintergrundwissen über die Hirnstruktur für die Lehre oder aber für fortgeschrittene Studien zu verschaffen, ist es erstrebenswert, das Gehirn ausreichend genau zu studieren, damit man sich das grundlegende Vokabular aneignet, allgemeine Beziehungen lernt und die hauptsächlichen funktionellen Komponenten kennenlernt.

## 18.1 Wie das Gehirn untersucht wird

Das Gehirn wird auf vielfältige Weise untersucht. Die Grobstruktur wird an ganzen oder sezierten Gehirnen beschrieben, die Feinstruktur an Serienschnitten und die Ultrastruktur mit elektronenmikroskopischen Aufnahmen. Dicke Schnitte des Gehirns werden gefärbt, um in einem beeindruckenden Farbkontrast die myelinisierten Fasertrakte von unmyelinisierten Zellschichten und Kernen zu unterscheiden (s. oben). Histologische Techniken und auch verschiedene anatomische Tracertechniken können individuelle Neurone im Detail darstellen. Die Herausforderung, eine individuell identifizierte Nervenzelle, die durch anatomische Tracerstudien dargestellt wird, in einen funktionellen Kontext des Gehirns und anderer Teile des Nervensystems zu stellen, wird von mehreren Seiten her angegangen. Der Einsatz neurotroper Viren, die sich in einem Neuron replizieren können und transsynaptisch transportiert werden, um benachbarte Neurone zu infizieren (Card 1998), und die Darstellung von intrazellulären Kalziumkonzentrationsänderungen, um die Aktivität einzelner Neurone im Gehirn und im Rückenmark z. B. des intakten Zebrafisches optisch zu messen (Cox und Fetcho 1996), sind nur zwei Vorgehensweisen, mit denen das Gehirn erforscht wird. Die Entwicklung verschiedener nichtinvasiver Tomographietechniken für *In-vivo*-Untersuchungen des menschlichen Gehirns haben zu enormen Fortschritten in unserem Verständnis der Hirnfunktion geführt (Exkurs 18.1).

Manche Untersuchungen bedürfen der wiederholten Manipulation eines spezifischen Zelltyps oder einer anatomisch definierten Hirnregion, die gerade untersucht wird. Ein stereotaktisches Instrument wird dazu benutzt, den Kopf und das Gehirn in eine präzise Standardposition zu bringen. Die Lage eines jeden kleinen Teils des Gehirns kann dann mit drei Raumkoordinaten beschrieben werden. Mit Hilfe der stereotaktischen Atlanten, die inzwischen für viele Versuchstierarten zur Verfügung stehen, kann der

---

*Oben:* gefärbter Horizontalschnitt durch das Gehirn eines Schafes

## Exkurs 18.1

### Nichtinvasive Studien des Gehirns versprechen Fortschritt

Verschiedene nichtinvasive Techniken für das Studium der Struktur und Funktion des Gehirns sind in den letzten Jahren entwickelt worden. Diese basieren auf der Technik der Tomographie, die durch die Verwendung von Bildern, die aus vielen verschiedenen Winkeln aufgenommen werden, eine Struktur zwei- oder dreidimensional rekonstruiert. Computer-unterstütztes (axiales) Tomographie- Scanning (CT-Scanning) ermöglicht es den Forschern, ein rekonstruiertes Bild einer Scheibe durch das Gehirn (oder sogar durch harte Strukturen; s. Exkurs 8.2) ohne invasive Prozeduren aufzunehmen. CT-Scanning beruht auf konventionellen Röntgenstrahlen kombiniert mit Computertechnologie. Bündel von Röntgenstrahlen werden von verschiedenen Winkeln durch das Objekt gesandt, dann wird ein Bild, das auf den geringfügigen Dichteunterschieden benachbarter Gewebe beruht, zusammengesetzt.

Positions-Emissionstomographie (PET) funktioniert ähnlich, aber zusätzlich zur Information über die Hirnstruktur liefert PET auch Daten über die Hirnaktivität. Die Probanden erhalten radioaktiv markierte 2-Deoxy-D-Glukose (2-DG), ein Analogon der Glukose. Aktive Neurone, die mehr Glukose verbrauchen als ruhende Neurone, nehmen 2-DG zusammen mit der Glukose auf. Die 2-DG kann jedoch nicht metabolisiert werden, reichert sich daher in den aktiven Neuronen an und markiert so aktive Hirnregionen. Eine andere Technik beruht darauf, dass radiomarkierte Substanzen ins Blut injiziert werden; man kann dann Veränderungen im Blutfluss durch das Gehirn messen. Da der Blutfluss in aktiven Hirnarealen verstärkt ist, können so Änderungen in der Hirnaktivität festgestellt werden.

Magnetresonanz-Imaging (MRI) ist eine Technik, welche die magnetischen Eigenschaften des Wasserstoffkerns nutzt, wenn er durch Radiofrequenzstrahlung angeregt wird, die durch eine Spule, die den Probanden umgibt, abgegeben wird. Die angeregten Wasserstoffkerne emittieren ein Signal, das von einer Empfängerspule detektiert und wie bei einem PET-Scan von Computern analysiert wird, um ein Bild zu produzieren (Abb. 18.1). Manche Gewebe (Myelin) enthalten mehr Wasser (und daher mehr Wasserstoff) als andere Gewebe. Deshalb erzielt MRI eine hervorragende Differenzierung zwischen den Geweben des Gehirns. Als MRI eingeführt wurde, wurde es mit PET kombiniert, um ein strukturelles und funktionelles Bild der Hirnaktivität zu liefern. Forscher können inzwischen ein funktionelles Imaging mit dem MR-Scanner durchführen, indem sie den vorübergehenden lokalen Anstieg im Verhältnis von oxygeniertem zu nichtoxygeniertem Hämoglobin ausnutzen, der im Blut in der Region von stoffwechselaktivem Nervengewebe auftritt. Dieses veränderte Verhältnis ändert die magnetischen Eigenschaften der Region und erlaubt damit die Detektion von aktivem Gewebe zur gleichen Zeit, zu der ein Bild der Hirnstruktur erstellt wird. Diese Kombination von funktionellen und anatomischen Bildern ist als funktionelles MRI oder fMRI bekannt.

PET und MRI-Tomographie ist teuer, deshalb dominieren Studien über die menschliche Hirnfunktion die Literatur. Dennoch sind auch einige Studien an Modellspezies von Tieren durchgeführt worden, und diese Techniken versprechen Fortschritte für weitere vergleichende Untersuchungen.

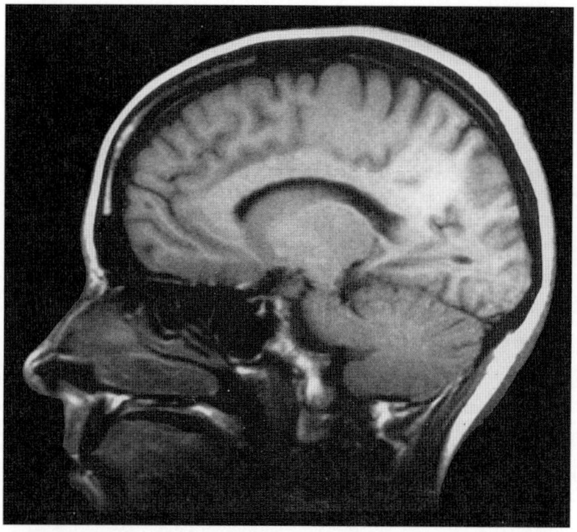

**Abb. 18.1.** Magnetresonanzbild eines menschlichen Kopfes im Sagittalschnitt (mit Erlaubnis von M. Ridlen, MD)

Forscher Mikroinstrumente in jeden beliebigen Teil des lebenden Gehirns einführen. Sobald dies getan ist, werden verschiedene Techniken benutzt: Begrenzte Areale werden durch Elektrokoagulation, Kühlen oder eine chemische Substanz zerstört, oder winzig kleine Gewebeteile werden durch Ansaugen entnommen. Eine Funktionsbeeinträchtigung wird dann registriert, nach einer bestimmten Zeit wird das Tier eingeschläfert. Geeignete Färbemethoden werden eingesetzt, um an Hirnschnitten die Zerstörung (Läsion) und die Verläufe degenerierender Nervenfasern darzustellen. In anderen Versuchsansätzen werden normale Reize, Mikroelektroden oder Chemikalien benutzt, um spezifische Hirnteile zu aktivieren und das daraus resultierende Verhalten zu beobachten. Tiere können darauf trainiert werden, ihre eigenen Gehirne zu stimulieren, um mit dieser Stimulation eine Belohnung in Form einer angenehmen Empfindung zu empfangen. Patienten, bei denen während Operationen lokale Hirnstimulationen vorgenommen wurden, haben über ihre dadurch ausgelösten Empfindungen und Gedanken berichtet.

Die Funktionsbeeinträchtigungen, die auf einen Unfall oder eine pathologische Veränderung folgen, werden ebenfalls untersucht. Teile des Gehirns von Versuchstieren werden abgetrennt und die Verhaltensveränderungen analysiert. Unterschiede in den Gehirnen verschiedener Vertebraten werden mit ihren weitgehend unterschiedlichen Anpassungen in Beziehung gesetzt. Die fortschreitende Reifung des fötalen Gehirns wird mit dem Beginn bestimmter Funktionen korreliert. Natürliche elektrische Entladungen des Gehirns (Hirnwellen) werden während verschiedener Aktivitäten registriert. Kulturtechniken werden benutzt, um das Wachstum und die Physiologie isolierter Neurone zu untersuchen. Die Antwort des Gehirns auf systemische und auf lokale Verabreichung von Drogen gibt ebenfalls Aufschlüsse. Schließlich passt die *computational Neuroscience* mathematische Modelle an Hirnfunktionen an, um so die zugrunde liegenden Mechanismen besser verstehen zu können.

Aus all diesen Ansätzen ergeben sich überlappende Ebenen des Verständnisses beim Studium dieses herausfordernden Organs. Die erste Ebene ist deskriptiv. Obwohl sie für keine Spezies abgeschlossen ist und für manche noch nicht einmal begonnen wurde, hat diese notwendige Ebene der Untersuchung Hunderte von technischen Bezeichnungen und Unmengen von vielbeschrifteten Zeichnungen hervorgebracht. Die Untersuchung des Gehirns kann sehr öde sein, wenn es hauptsächlich um die Beschreibung geht, aber das Verständnis der Anatomie ist als erster Schritt bei der Interpretation, wie sich das Hirn entwickelte und wie es funktioniert, unerlässlich. Aber auch die bestens präparierten anatomischen Beschreibungen der Hirnkomponenten werden nicht alle Antworten liefern können. Bei einigen der anatomisch genauestens bekannten Schaltkreise (z. B. dem des Sehens) ist keine Funktion ausschließlich in einem einzigen bestimmten Teil des Systems lokalisiert. Von allen Organen des Vertebratenkörpers zeigt das Gehirn am besten die „emergenten Eigenschaften“: Das Ganze ist oft mehr als die Summe seiner Bestandteile (vor allem so lange wie wir ihr Zusammenwirken nicht verstanden haben). Theodore Bullock (1993) erinnert uns daran, dass es nicht nur eine begrenzte Zahl detaillierter vergleichender Studien des Vertebratengehirns gibt, sondern auch, dass unser Unwissen selbst dann profund ist, wenn es nur darum geht, zu verstehen, auf welche Weise sich komplexere Gehirne von weniger komplexen unterscheiden. Das Gehirn übermittelt, verwirft oder speichert nicht nur die Information in den 3 Milliarden Impulsen, die seine $10^{10}$ Zellen im wachen Zustand in jeder Sekunde erreichen. Es transformiert die Information, passt das Verhalten an und wählt aus verschiedenen möglichen Antworten eine bestimmte aus, über Mechanismen, die zur Zeit völlig unverstanden sind.

## 18.2 Entwicklung des Gehirns

Zu der Zeit, wenn sich die Neuralfalten in den späteren Stadien der Neurulation über dem Neurocoel schließen, hat das künftige Gehirn bereits einen größeren Durchmesser als das Rückenmark. Sobald das Rohr geschlossen ist, dehnt sich das sich entwickelnde Gehirn in drei Ab-

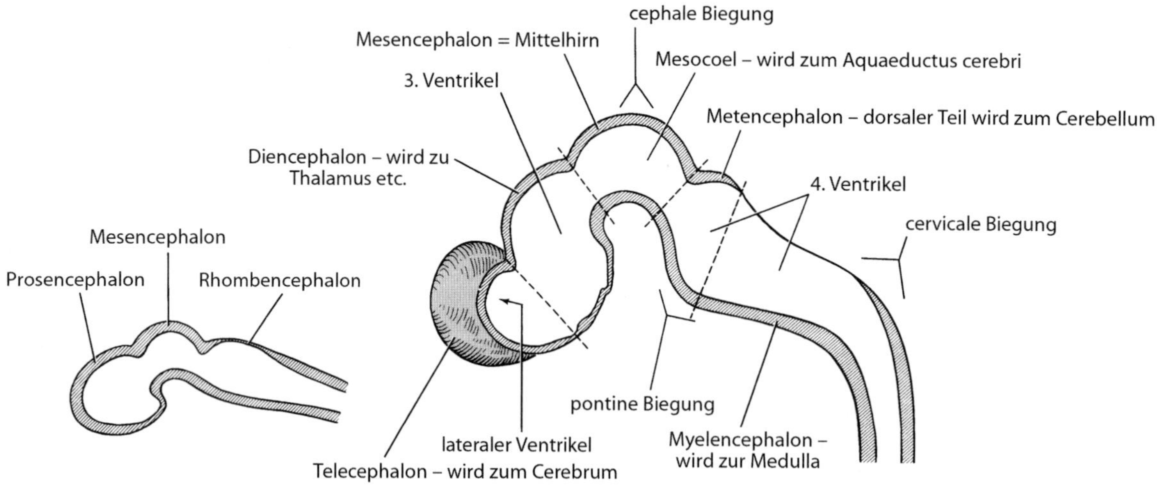


**Abb. 18.2.** Entwicklung des Säugetiergehirns. Stadium der primären Vesikel (*links*), Stadium der sekundären Vesikel (*rechts*). Die Gehirne sind in der Sagittalebene geschnitten

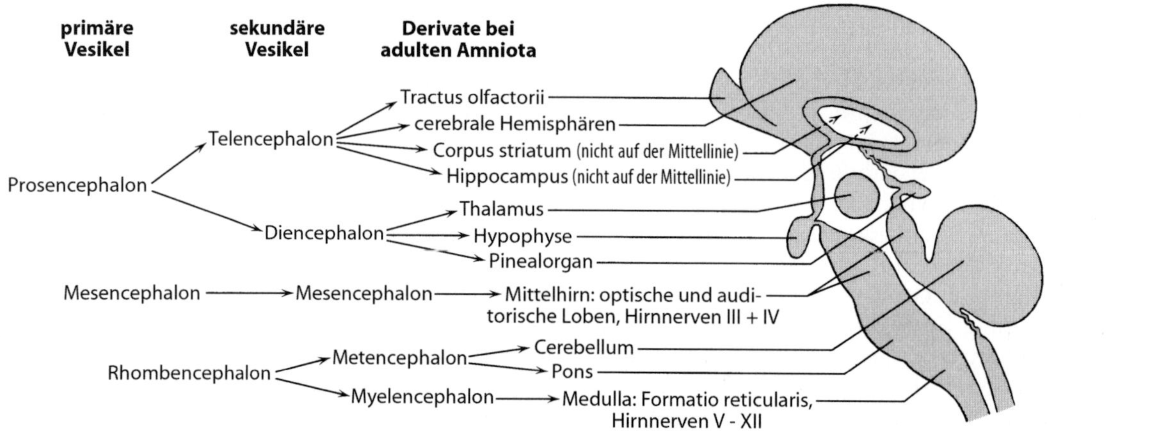


**Abb. 18.3.** Grundlegende Organisation des adulten Amniotengehirns in Beziehung zu den embryonalen Hirnvesikeln. Vgl. mit Abb. 18.7 und 18.12

schnitten aus und bildet Vesikel, die durch Einschnürungen voneinander getrennt sind. Diese **primären Vesikel** sind das **Vorderhirn (Prosencephalon)**, das **Mittelhirn (Mesencephalon)** und das **Hinterhirn (Rhombencephalon)** (Abb. 18.2). Das Prosencephalon (griechisch: encephalon = Gehirn; die meisten Vorsilben wie di-, mes-, met-, pros-, tel- bezeichnen die Position) liegt anterior zur Chorda dorsalis; die anderen Vesikel liegen dorsal zur Chorda dorsalis.

Im nächsten Stadium der Entwicklung teilen zusätzliche Einschnürungen das Gehirn in fünf **sekundäre Vesikel.** Der anteriore Teil des Prosencephalon wird vor allem durch eine Expansion seiner seitlichen Wände zum **Telencephalon.** Diese Ausbuchtungen werden beim Adulten die **cerebralen Hemisphären** bilden. Der posteriore Teil des Prosencephalon wird zum **Diencephalon.** Das Mesencephalon bleibt ungeteilt. Das Rhombencephalon bildet ein anteriores **Metencephalon,** aus dem das adulte **Cerebellum** entsteht, und ein posteriores **Myelencephalon.**

Unterteilungen zwischen manchen dieser sekundären Vesikel sind nur oberflächlich und es gibt nur eine geringe funktionelle und evolutionäre Grundlage, sie zu unterscheiden. Dennoch ist es günstig, das Gehirn für den Unterricht in diese Abschnitte einzuteilen. Die embryonalen Gehirnvesikel werden in Abb. 18.3 auf die Grundstruktur des adulten Amniotengehirns bezogen.

Das embryonale Neurocoel ist im Gehirn größer als im Rückenmark. Innerhalb der Vesikel bildet es Erweiterungen, die **Ventrikel.** Die **lateralen Ventrikel (1 und 2)** liegen in den cerebralen Hemisphären des Telencephalons. Wenn die Hemisphären, wie bei Fischen, zum Teil verbunden sind, teilen sie sich einen gemeinsamen Ventrikel. Der **dritte Ventrikel** liegt im Diencephalon. Der Zentralkanal dehnt sich innerhalb des Mesencephalons der meisten Vertebraten aus, aber er ist bei Säugetieren relativ eingeschränkt und röhrenförmig und wird dann **Aquaeductus cerebri** genannt. Der **vierte Ventrikel** liegt im Metencephalon und im Myelencephalon.

Die meisten Gehirne haben annähernd gerade Achsen. Die Gehirne der Vögel und Säugetiere dagegen bilden im Embryo drei **Biegungen.** Die Schärfe jeder Biegung hängt von der Körperhaltung und der Kopfarchitektur ab und steht nicht direkt mit der Funktion in Zusammenhang. Die **cephale Biegung** liegt im Mesencephalon und ist ventral konkav. Die **pontine Biegung** liegt in dem Teil des Metencephalons, der Pons genannt wird, und ist dorsal konkav. Die **cervicale Biegung** liegt innerhalb des posterioren Teils des Myelencephalons und öffnet sich wiederum nach ventral. Diese Biegung ist bei Bipeden, die den Kopf in einem bestimmten Winkel zum Hals halten, am deutlichsten.

Es ist nützlich, Querschnitte des röhrenförmigen embryonalen Gehirns (und Rückenmarks) in Quadranten zu unterteilen. Die dorsolateralen Quadranten werden **Flügelplatten** genannt, die ventrolateralen Quadranten **Basalplatten.** Im Rückenmark entwickeln sich die dorsalen grauen Säulen (Abb. 17.9) mit ihren Interneuronen und Axonen der sensorischen Neurone aus den Flügelplatten, während die ventralen grauen Säulen mit ihren Motoneuronen aus den Basalplatten entstehen. Im Gehirn hängen Flügelplatten und Basalplatten nicht mehr zusammen, doch sie bilden Neurone wie die entsprechenden Teile im Rückenmark (wie weiter unten erklärt wird). Die Basalplatte endet am Diencephalon.

Die drei Gewebeschichten des embryonalen Rückenmarks (Ependymal-, Mantel- und Marginalschicht) sind auch im Gehirn vorhanden. Die Mantelschicht ist dick. In den cerebralen Hemisphären und im Cerebellum der Amnioten wandern die meisten ihrer inneren Zellen nach peripher in die marginale Schicht. Die so freigemachte Region wird zur weißen Substanz, die Oberfläche des Gehirns wird zur grauen Substanz. Diese räumliche Beziehung ist im Vergleich mit dem Rest des Zentralnervensystems, wo die graue Substanz innen liegt, vertauscht. Die Myelinisierung ist ein langsamer Vorgang. Sie beginnt erst, wenn die Faserverbindungen gut etabliert sind und wird erst einige Zeit nach der Geburt vollendet.

Wie im Rückenmark wachsen die Fasern von ihren entsprechenden Zellkörpern weg. Die spezialisierten Spitzen oder Wachstumskegel der sich entwickelnden Axone erkennen und folgen den korrekten Wegen. Sie werden dabei von einer Vielfalt spezifischer Moleküle gelenkt, welche von den Zellen exprimiert werden, die entlang des Weges liegen. Das Zielorgan kann ebenfalls molekulare Lockstoffe abgeben. Für die normale Ausbildung der Netzwerke wird sensorische Stimulation und elektrische Aktivität benötigt.

Im hohen Alter schrumpfen die Zellen des menschlichen Gehirns oder sterben und das Gewebe verliert Wasser, so dass das Gehirn an Gewicht verliert.

## 18.3 Mehr über die Organisation des Gehirns

Im vorigen Abschnitt wurde das Gehirn, basierend auf seiner Entwicklung, in fünf Regionen unterteilt. Eine andere Unterteilung in drei Regionen, nämlich **Hirnstamm, Cerebellum (Kleinhirn),** und **Cerebrum (Vorderhirn)** ist ebenfalls nützlich. Die zentrale Achse des Gehirns ist der

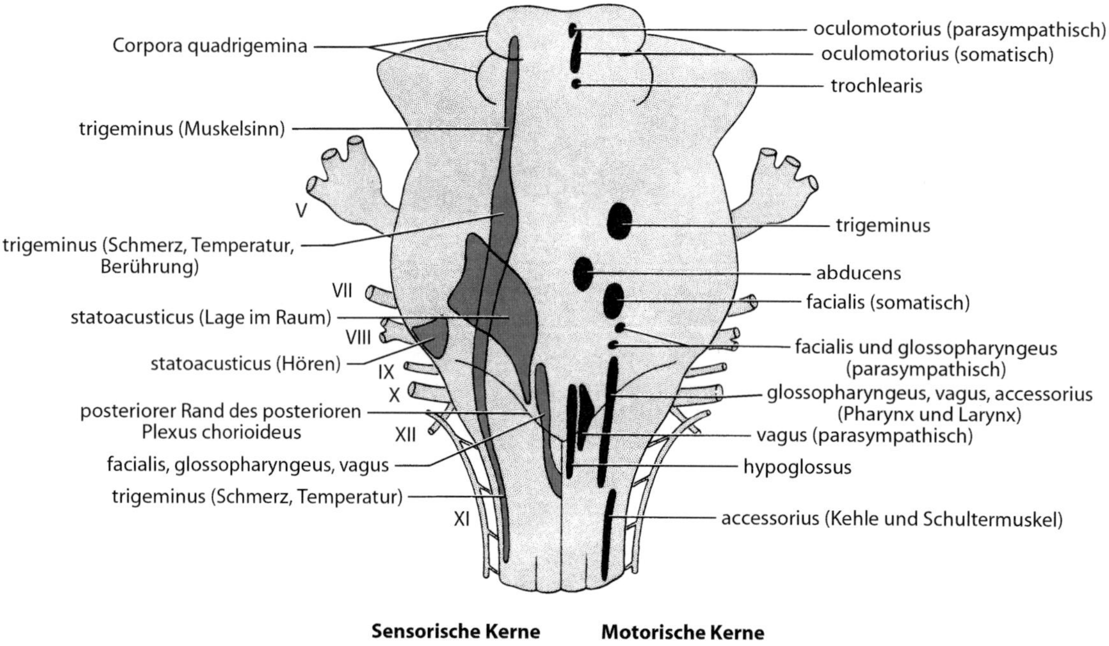


**Abb. 18.4.** Kerne der Hirnnerven im Hirnstamm des Menschen. Dorsalansicht. Die Beschriftung gibt die Nervenzuordnung der Kerne an, nicht ihre technischen Namen

Hirnstamm. Er wird als erste Region während der Ontogenese gebildet, ist am wenigsten variabel und ist in seiner Struktur dem Rückenmark am ähnlichsten. Alle Hirnnerven, mit Ausnahme der atypischen N. terminalis und N. olfactorius treten in ihn ein oder aus ihm aus, seine Fasertrakte leiten Impulse zu den anderen beiden Regionen weiter, und er kontrolliert unabhängig verschiedene vegetative Funktionen des Körpers. Ein Teil des adulten Metencephalon sowie das gesamte Diencephalon, Mesencephalon und Myelencephalon sind im Hirnstamm enthalten. Das adulte Mesencephalon wird in der Regel **Mittelhirn**, das adulte Myelencephalon wird **Medulla oblongata** genannt.

Das Cerebellum und die mit ihm in Verbindung stehende Pons (wenn sie vorhanden ist) sind die Hauptderivate des Metencephalons beim Adulten. Sie tragen zur Koordination der motorischen Funktionen bei. Das Cerebellum der Amnioten und einiger Fische ist ein auffälliger Anhang des Hirnstamms, und bedeckt einen Großteil des hinteren Teils seiner dorsalen Oberfläche.

Das Cerebrum (Vorderhirn) ist das adulte Derivat des Telencephalons. Nach und nach wird diese Hirnregion vergrößert und es werden neue Teile und Funktionen hinzugefügt, bis es bei Säugetieren das restliche Gehirn bezüglich der Größe und der Kontrolle dominiert.

Innerhalb des Rückenmarks liegen Nervenzellkörper in den dorsalen und ventralen grauen Säulen, die sich kontinuierlich durch die ganze Länge des Rückenmarks erstrecken. Beim Gehirn dagegen sammeln sich funktionell miteinander in Verbindung stehende Somata entweder an der Oberfläche des Cerebrums oder des Cerebellums, wo sie den **Cortex** dieser Organe ausmachen, oder sie bilden nichtkontinuierliche Ansammlungen innerhalb des Gehirns. Eine solche Ansammlung wird gemeinhin **Nucleus (Kern)** genannt, kann aber auch als Zentrum oder Körper bezeichnet werden (Abb. 18.4 und 18.12).

Entsprechend werden im Rückenmark Bündel funktionell miteinander in Verbindung stehender Nervenfasern gewöhnlich **Trakt** genannt. Im Gehirn wird ein solches Bündel ebenfalls meistens Trakt genannt. Unglücklicherweise haben aber viele Faserverbindungen je nach Größe, Form und Beziehungen andere Namen (Fasciculus, Kapsel, Brachium, Pedunkel, Lemniscus).

Sensorische Fasern treten aus dem Rückenmark und den Hirnnerven in das Gehirn ein und endigen in einem Kern des Hirnstamms oder im Cortex des Cerebellums (Abb. 18.12). Eingehende Impulse werden gewöhnlich von einem ersten Kern zu einem oder mehreren anderen Kernen im Hirnstamm oder zu den cortikalen Arealen (incl. dem cerebralen Cortex) weitergeleitet. Jeder eingehende Impuls wird von vielen (in der Regel von Tausenden) Neuronen in der grauen Substanz des Gehirns registriert. In diesem Prozess der Verarbeitung empfangener Nachrichten sind die Kerne nicht nur Übertragungsstationen, die Impulse weiterleiten. Vielmehr ist jeder Kern ein Assoziationszentrum, der die Nachricht in einer bestimmten Art verarbeitet, verändert und verteilt. Je komplizierter und je weniger automatisch die endgültige Antwort, desto wahrscheinlicher ist es, dass die entsprechenden Signale den anterioren Teil des Hirnstamms und das Cerebrum erreichen. Signale, die an die Peripherie geleitet werden, können auch von Kernen des unteren Hirnstamms verarbeitet werden, bevor sie vom Gehirn in das Rückenmark oder zu den Kernen der Hirnnerven weitergeleitet werden. Außerdem ziehen Trakte, die **Kommissuren** genannt werden, von einer Seite des Gehirns zu entsprechenden Teilen der anderen Seite. Diese erlauben die Integration von Empfindungen und Lernerfahrungen aus den beiden Seiten des Körpers. Überkreuzungen sensorischer oder motorischer Fasern von einer Seite des Gehirns oder des Rückenmarks zu verschiedenen Teilen auf der anderen Seite werden **Decussationen** genannt.

## 18.4 Posteriorer Hirnstamm: Medulla bis Mittelhirn

### 18.4.1 Kerne der Hirnnerven

Es ist auch hier sinnvoll, sich auf die Struktur des Rückenmarks als Referenzsystem zu beziehen. Dort entstehen die somatomotorischen Neurone aus den embryonalen Basalplatten, während die anderen Neurone aus den Flügelplatten entstehen. Dasselbe gilt für den Hirnstamm. Im Rückenmark gibt es eine mehr oder weniger genaue dorsoventrale lineare Anordnung der somatosensorischen, viscerosensorischen, visceromotorischen und somatomotorischen Neurone in den grauen Säulen. Diese lineare Anordnung wird im Hirnstamm grob beibehalten. Allerdings führt das Auseinanderweichen der dorsalen Teile der Flügelplatten der Medulla für die Unterbringung des vierten Ventrikels dazu, dass sich die Orientierung der linearen Reihe von dorsoventral (Rückenmark) nach lateromedial (Hirnstamm) ändert (Abb. 17.13). Außerdem werden diese Neurone bis unter den Boden des vierten Ventrikels nach dorsal geschoben, wenn andere Strukturen den ventralen Teil der Medulla okkupieren. Schließlich sind die genannten Komponenten in den grauen Säulen des Rückenmarks kontinuierlich, sind aber im Gehirn in nichtkontinuierliche Kerne unterteilt. Außerdem gibt es im Hirnstamm Kerne, zu denen keine entsprechende Struktur im Rückenmark existiert und die mit den speziellen Sinnen des Kopfes in Verbindung stehen. Diese drängen sich in eine Lage nahe ihrer nichtspeziellen Äquivalente.

Aus diesem allgemeinen Plan folgt, dass jeder Hirnnerv in der Regel für jede Faserkomponente, die er führt, einen Kern im Hirnstamm hat und dass, obwohl die Kerne der verschiedenen Nerven an unterschiedlichen anterior-posterior-Positionen im Hirnstamm liegen, sie meistens in äquivalenten lateromedialen und dorsoventralen Positionen angeordnet sind.

Diese allgemeinen Beziehungen sind für die Interpretation der Anatomie der Kerne der Hirnnerven bei spezifischen Tieren nützlich. Allerdings strebt die Natur danach, die Sache etwas komplizierter zu machen: Ein Kern kann für zwei oder mehr benachbarte Nerven zuständig sein, ein ursprünglicher Kern kann sich in mehrere Kerne unterteilen. Manche Kerne sind lang, manche kurz; manche groß und manche klein. Von benachbarten Kernen und Trakten hin- und hergeschoben, kann ein Kern etwas von seiner postulierten ursprünglichen Position abweichen.

Der motorische Nervus oculomotorius und der N. trochlearis treten aus dem Mittelhirn aus, ihre Kerne sind auf diese Hirnregion beschränkt. Die Nerven V bis XII treten in die Medulla ein bzw. aus (sensorische Fasern treten ein, motorische aus) und die meisten haben auch ihre Kerne dort. Die Kerne der mehr anterior gelegenen dieser Nerven liegen ebenfalls (oder stattdessen) im Metencephalon, ein Kern des N. trigeminus liegt sogar im Mittelhirn.

Es würde über die Ziele dieses Buches hinausgehen, die verschiedenen Kerne der Hirnnerven zu nennen und ihre Anzahl und Lage bei verschiedenen Vertebraten zu vergleichen. Mehrere repräsentative Nerv-Kern-Beziehungen werden jedoch dargestellt, um den strukturellen Plan, den wir bereits aufgezeigt haben, zu verdeutlichen: Der Nervus oculomotorius hat einen medial unter dem Aquaeduct gelegenen Kern für seine somatomotorischen Neurone und einen zweiten, kleineren Kern für seine autonomen (visceromotorischen, parasympathischen) Fasern (Abb. 18.4). Der einzelne Kern des Nervus trochlearis liegt, wie erwartet, direkt posterior zum somatomotorischen Kern des Nervus oculomotorius, obwohl der Nerv selber an einer ungewöhnlich dorsolateralen Position aus dem Hirn austritt. Der große Nervus trigeminus hat einen langen somatosensorischen Nucleus in dem erwarteten dorsolateralen Teil der Medulla. Die visceromotorischen Fasern seines mandibulären Zweiges (der die Kiefermuskeln branchialen Ursprungs innerviert) haben einen Kern im Mittelhirn, der bei Tieren, die ihre Nahrung kauen, relativ groß ist. Der Nervus facialis, der verschiedene Komponenten hat, hat mehrere Kerne im Hirnstamm. Der Nervus statoacusticus hat separate spezielle Kerne oder Kerngruppen für seine vestibulären und akustischen Zweige. Der spinale Nervus accessorius teilt einen seiner Kerne mit dem Nervus vagus, aus dem er entsteht.

### 18.4.2 Formatio reticularis

Die Formatio reticularis tritt bei allen Vertebraten auf. Sie entsteht aus den Basalplatten und erstreckt sich im zentralen Teil des Hirnstammes zwischen Mittelhirn und Medulla und, in reduzierter Form, auch im anterioren Teil des Rückenmarks (Abb. 18.12 unten rechts). Sie besteht aus einer diffusen, gemischten Masse aus Somata und Fasern; sie ist also eine Mischung aus grauer und weißer Substanz. Ihre Grenzen sind verschwommen (Abb. 18.6). Mehr oder weniger scharf definierte Kerngruppen bilden sich auf verschiedenen Ebenen des Hirnstamms.

Die Formatio reticularis erhält sensorischen Eingang aus praktisch allen Körperteilen und aus allen Sinnessystemen. Sie projiziert wiederum zum Cerebrum, Cerebellum, verschiedenen Nuclei der Hirnnerven und zum Rückenmark. Sie ist für die Aufmerksamkeit essentiell. Stimulation der Formatio reticularis weckt ein schlafendes Tier und macht ein waches Tier aufmerksamer. Sie trägt zu den Aktivitäten von willkürlichen wie auch unwillkürlichen Muskeln bei, indem sie fördert, hemmt, Rauschen unterdrückt und Stimuli koordiniert. Sie trägt außerdem zur Kontrolle des cardiovaskulären und des Atmungssystems bei.

### 18.4.3 Andere Kerne des posterioren Hirnstamms

Es gibt außer den Kernen, die direkt mit den Hirnnerven in Verbindung stehen, noch zahlreiche paarige Kerne im posterioren Hirnstamm. Einige der auffälligeren werden hier dargestellt. Die **olivären Kerne** entstehen aus den Flügelplatten, wandern aber während der Entwicklung nach unten zur ventrolateralen Wand der Medulla. Dieser Kernkomplex ist bei allen Vertebraten vorhanden. Er ist bei den aktivsten Vertretern, nämlich bei Säugern, Vögeln und einigen Fischen, am besten entwickelt. Die größte Komponente ist die **Oliva inferior**, die eine leichte

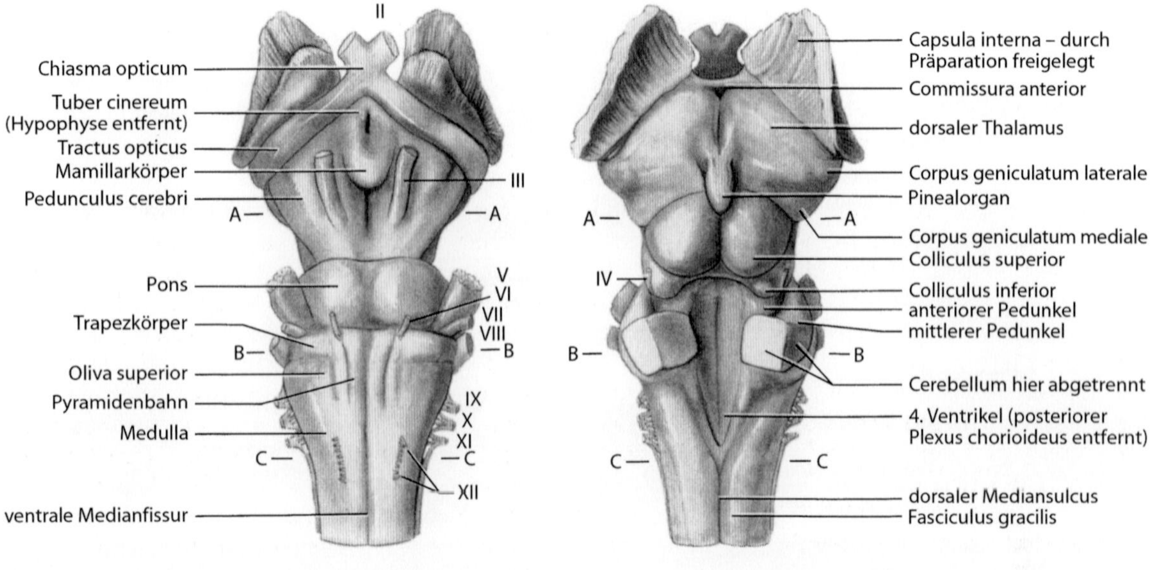


**Abb. 18.5.** Hirnstamm der Kuh in Ventralansicht (*links*) und Dorsalansicht (*rechts*). Cerebrum und Cerebellum wurden präparatorisch entfernt. Die Buchstaben zeigen die Ebenen der Frontalschnitte in Abb. 18.6. (Das Schafsgehirn, das oft im Labor untersucht wird, ähnelt dem Gehirn der Kuh)

Beule an der Seitenwand der Medulla bilden kann (Abb. 18.5 links und 18.6 unten). Beim Menschen hat die Oliva inferior, die ein motorisches Koordinationszentrum ist, die Größe und die Form einer verschrumpelten Rosine, erhält Eingang aus einigen anderen Kernen des Hirnstamms und propriorezeptive (Muskelsinn-) Impulse aus dem Rückenmark (und manch anderem Eingang) und projiziert nach dorsal ins Cerebellum. Die Oliva superior gehört zum akustischen System.

Der **Nucleus ruber** und die **Substantia nigra** (die bei manchen Säugern pigmentiert ist) liegen tief im Mesencephalon (und können sich sogar ins Diencephalon ausdehnen) (Abb. 18.6 oben). Der Nucleus ruber kommt bei allen Vertebraten vor, ist bei den Säugetieren jedoch am besten entwickelt. Die Substantia nigra tritt zum ersten Mal bei Reptilien auf und ist bei Primaten am besten entwickelt. Beide Kerne könnten sich aus der Formatio reticularis entwickelt haben. Beim Menschen ähnelt der Nucleus ruber einer Erbse, die Substantia nigra einer Bohne. Beides sind Schaltstationen zwischen dem Vorderhirn und dem posterioren Hirnstamm und dem Rückenmark. Der Nucleus ruber spielt eine Rolle bei der Koordination von motorischen Funktionen, vor allem von Flexoren (z.B. distale Muskeln der Extremitäten). Die Substantia nigra ist in das extrapyramidale motorische System und Gedächtnis erlernter Aufgaben involviert. Außerdem ist der Verlust ihrer dopaminerger Zellen mit der Parkinsonschen Krankheit assoziiert.

Das Dach des Mittelhirns wird **Tectum** genannt. Bei allen Vertebraten, mit Ausnahme der Säugetiere, besteht es in erster Linie aus einem bilateralen Paar auffälliger halbkugelförmiger Aufwölbungen, die **Lobi optici** genannt werden (Abb. 18.13). Wiederum mit Ausnahme der Säugetiere, sind die Lobi optici die Hauptzentren für die Sehwahrnehmung (obwohl sogar bei Fischen die Retina, das Diencephalon und andere Areale des Mesencephalons ebenfalls in diesen komplexen Sinn involviert sind). Die Lobi optici sind auffällig geschichtet, das visuelle Bild wird Punkt für Punkt auf die Hemisphären projiziert (Retinotopie). Die Lobi optici sind die auffälligste Struktur der Gehirne von Fischen, die Nahrung über den Gesichtssinn lokalisieren. Sie bleiben auch bei Reptilien und Vögeln auffällig.

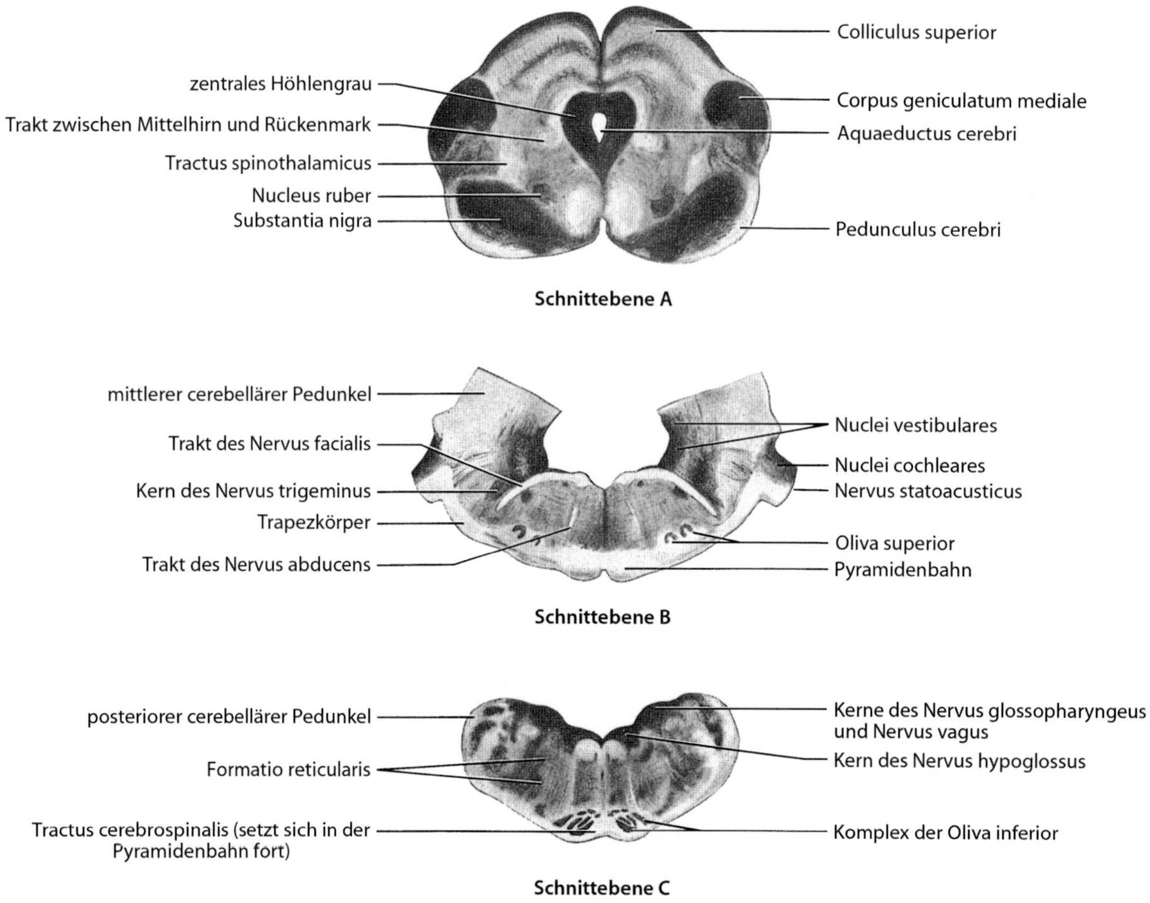


**Abb. 18.6.** Querschnitte durch den Hirnstamm der Kuh auf den Ebenen, die durch Buchstaben in Abb. 18.5 gezeigt sind. Der Unterschied zwischen Kernen und Trakten wurde durch Färbung verstärkt

Die Sehwahrnehmung wird bei Säugern in erster Linie zum Cerebrum verlagert, obwohl das Tectum des Mittelhirns immer noch eine wichtige Funktion hat: Es teilt niederen Säugetieren mit, wo im Raum ein visuelles Objekt ist und steuert die Orientierungsreaktion (visueller Greifreflex), während das Cerebrum sagt, was dieses Objekt ist. Die relativ viel kleineren Lobi optici werden hier **Colliculi superiores** (Colliculi anteriores) genannt (Abb. 18.5). Dahinter liegen die **Colliculi inferiores** (Colliculi posteriores), die alle akustische Information nach anterior leiten und möglicherweise an der Koordination auditorischer Reflexe beteiligt sind. Zusammen heißen diese vier Hügel die **Corpora quadrigemina** (Vierhügelplatte). Zwischen den Loben eines jeden Paares gibt es Kommissuren.

Manche dieser Hirnstammkerne und andere, die wir nicht erwähnt haben, reichen aus, um verschiedene vegetative Funktionen unter normalen Umständen zu gewährleisten. Sogar, wenn andere Teile des Gehirns entfernt werden, halten Versuchstiere den Herzschlag, die Atmung, Schlucken und die Verdauung aufrecht.

### 18.4.4 Weitere Merkmale des posterioren Hirnstamms

Der Hirnstamm übermittelt alle Impulse zu und von anderen Teilen des Gehirns. Offensichtlich muss ein Großteil seiner Substanz aus Trakten von Nervenfasern bestehen. Die Verarbeitungswege sind komplex, aber für viele Vertebraten gut bekannt. Verschiedene Trakte, die groß und gewöhnlich an der Oberfläche des Gehirns zu sehen sind, werden hier dargestellt.

Außergewöhnlich große paarige Trakte motorischer Fasern verlaufen direkt vom cerebralen Cortex der Säugetiere ohne Unterbrechung zum Rückenmark. Ähnliche, aber weniger auffällige Trakte werden auch bei anderen Tetrapoden und Haien gefunden. Bei Säugetieren tauchen sie an der Oberfläche des Gehirns an der ventrolateralen Wand des Mittelhirns auf, wo sie konvergieren und die **cerebralen Pedunkel** bilden. Die Fasern verschwinden von der Oberfläche ins Metencephalon, setzen sich aber bei den meisten Säugetieren an der ventralen Oberfläche der Medulla als prominente **Pyramidentrakte** fort, die zu den lateralen und ventralen Funiculi des Rückenmarks ziehen (Abb. 18.5).

Der **Trapezkörper**, der bei Säugetieren äußerlich sichtbar sein kann, vermittelt Fasern vom Nervus statoacusticus zur Oliva superior und andernorts. Große paarige Kolumnen sensorischer Fasern, die mit leichter Berührung und Druck assoziiert sind, treten von den dorsalen Funiculi des Rückenmarks in die Medulla ein. Dieser **Fasciculus gracilis** und (weiter lateral) der **Fasciculus cuneatus** flankieren den dorsomedianen Sulcus des Rückenmarks und der posterioren Medulla, bis sie im **Nucleus gracilis** und **Nucleus cuneatus** endigen. Diese Kerne projizieren nach vorne ins Diencephalon.

Das Cerebellum, das sich über dem vierten Ventrikel wölbt, ist mit dem Hirnstamm über drei Paare von Pedunkeln (oder Brachia), die den Ventrikel flankieren, verbunden. Wenn das Cerebellum groß ist, sind die Pedunkel prominente Oberflächenstrukturen. Im **posterioren Pedunkel** verlaufen Fasern zwischen dem Cerebellum und dem Rückenmark, der Oliva inferior und den Vestibulariskernen. Der **mittlere Pedunkel** der Säugetiere ist der größte und lateralste Pedunkel, der die anderen teilweise verdeckt (Abb. 18.5). Er vermittelt Fasern zwischen den beiden Seiten des Cerebellums und zwischen Cerebrum und Cerebellum. Der **anteriore Pedunkel** enthält Fasern, die das Cerebellum mit dem Nucleus ruber und dem Diencephalon verbinden.

Das Dach des vierten Ventrikels ist vom **posterioren Plexus chorioideus** bedeckt. Dies ist eine dünne, stark aufgefaltete und hochvaskularisierte Membran, zu der das Gehirn nur seine dünne ependymale Schicht beiträgt. Die Funktion der Plexus chorioidei wird am Ende des Kapitels beschrieben.

## 18.5 Anteriorer Hirnstamm: Diencephalon

Die Evolution des Diencephalons und des Telencephalons erregt immer noch viel Interesse (über eine neue Serie von Veröffentlichungen zu diesem Thema s. Braford 1995). Der anteriore Teil des Hirnstamms unterscheidet sich vom posterioren Teil dadurch, dass er vollständig aus den embryonalen Flügelplatten abstammt, dass er keine Kerne von Hirnnerven und auch keine Formatio reticularis enthält und dass er mit höher evolvierten Funktionen in Verbindung steht. Das embryonale Telencephalon bildet das Cerebrum, das bei den meisten Vertebraten paarig ist und außer verschiedenen Kommissuren und der dünnen anterioren Wand des Ventrikels keine Mittellinienstrukturen enthält. Das Diencephalon bildet also den größten Teil des anterioren Hirnstamms. Es ist sinnvoll, das Diencephalon in drei Teile zu unterteilen:

- Der schmale dorsale Teil des Diencephalons ist der **Epithalamus**, der in seiner Funktion zum großen Teil nicht neuronal ist. Am weitesten anterior liegt der **anteriore Plexus chorioideus** des dritten Ventrikels (Abb. 18.7). Posterior zu diesem Plexus liegt eine Ausstülpung ähnlicher Struktur, die Paraphyse, die sich jedoch bei Menschen nicht ausbildet. Daran schließen sich die **Nuclei habenulae**

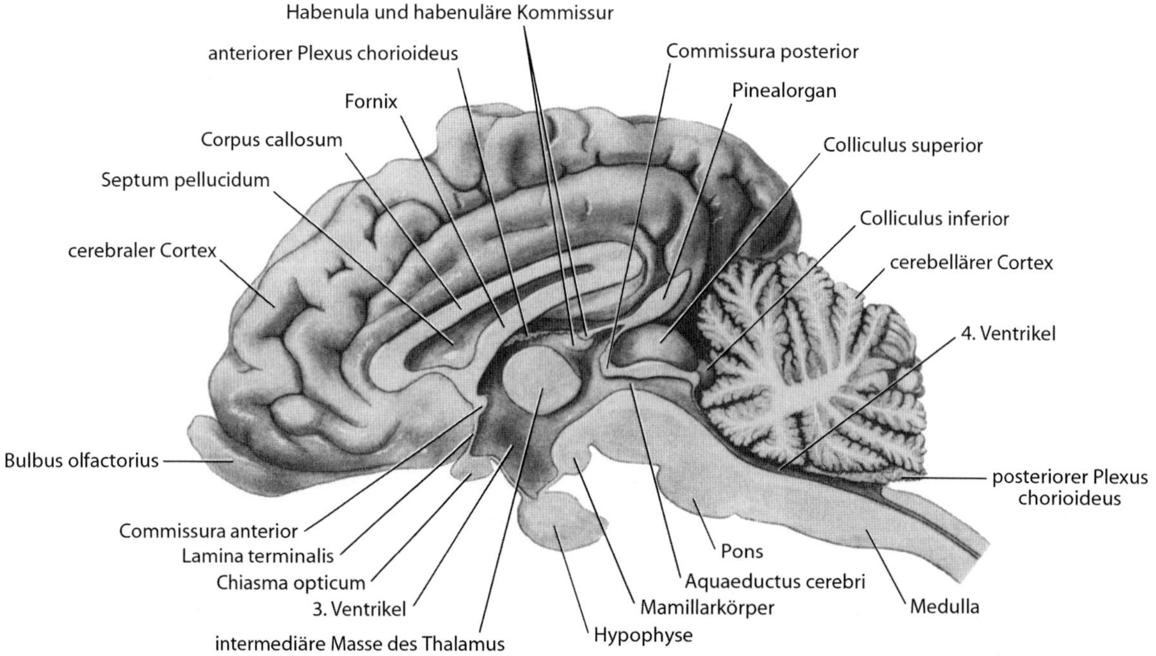


**Abb. 18.7.** Sagittalschnitt durch das Gehirn der Kuh

oder ganz einfach **Habenulae** (die oft auf der linken und rechten Seite unterschiedlich groß sind) an. Sie kommen bei allen Vertebraten vor und sind an der Koordination olfaktorischer Reflexe beteiligt. Hinter den Habenulae liegen zwei Ausstülpungen, das **Parietalorgan** und das **Pinealorgan**. Diese Strukturen passen nicht in die Organisation der Kapitel nach Organsystemen. Sie werden hier wegen ihres Ursprungs und ihrer Beziehungen erwähnt. In Kapitel 19 werden sie wieder aufgegriffen, weil beide als Sinnesorgan fungieren können, und in Kapitel 20, weil eine von ihnen als endokrine Drüse fungieren kann. Die Habenulae haben eine schmale Kommissur, eine größere **Commissura posterior** bildet die posteriore Grenze des Epithalamus. Ihre Fasern verbinden manche Nuclei auf den beiden Seiten des Diencephalons, möglicherweise auch des Mesencephalons.

- Die dicken lateralen Wände des Diencephalons werden **Thalamus** genannt. Dies ist der größte Teil des anterioren Hirnstamms und ist beim Menschen 4 cm lang. Die beiden Thalami werden zum Teil von den lateralen Ventrikeln begrenzt und sind voneinander, außer an der Stelle, wo die große intermediäre Masse oder die **mittlere Kommissur** diese Höhlung durchquert, durch den dritten Ventrikel getrennt (Abb. 18.7 und 18.8). Jeder Thalamus ist eine kompakte längliche Ansammlung vieler Kerne – 30 oder mehr wurden identifiziert. Eine ventrale Gruppe von Nuclei (der **ventrale Thalamus**) tritt bei allen Vertebraten auf und sendet motorische Fasern nach posterior ins Gehirn. Eine dorsale Gruppe (**dorsaler Thalamus**) sendet (mit Ausnahme olfaktorischer Fasern) sensorische Fasern, die unten definiert werden, zum Cerebrum (sowohl zum Striatum als auch zum Cortex). Die dorsalen Nuclei sind bei Tetrapoden, vor allem bei Säugetieren, am besten entwickelt.

Zwei der dorsalen Nuclei sind besonders wichtig. Sie liegen am posterioren Ende des Thalamus in der Nähe des Tectums des Mittelhirns: Das **Corpus geniculatum mediale**, eine Station des auditorischen Verarbeitungsweges, erhält seine Projektion aus den Colli-

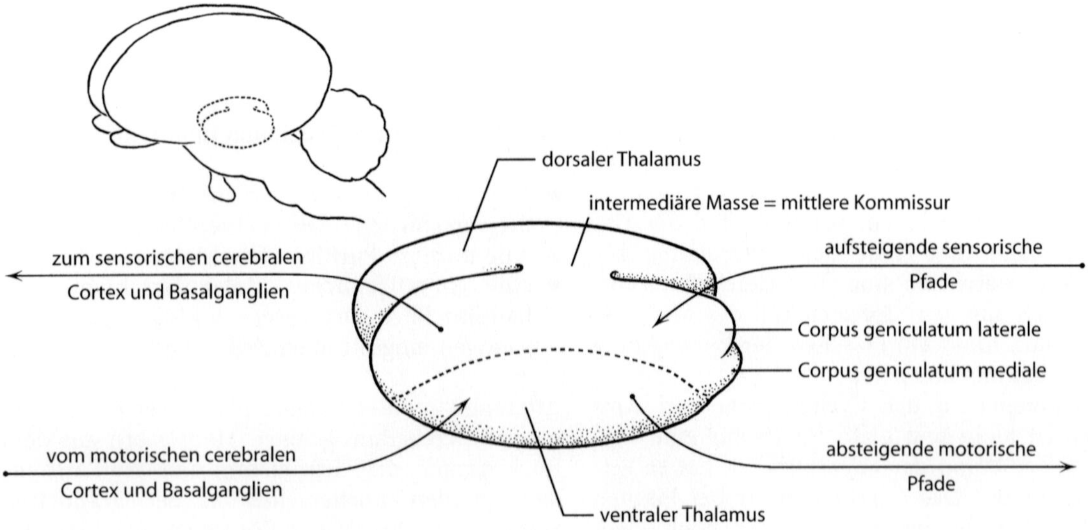


**Abb. 18.8.** Der Thalamus der Säugetiere, gesehen von links und etwas von oben

culi inferiores des Mittelhirns und projiziert in den akustischen Cortex des Cerebrums (Abb. 18.5 und 18.6). Das **Corpus geniculatum laterale**, eine Schaltstation im primären visuellen Verarbeitungsweg, erhält direkte retinale Projektionen und sendet seine Axone u.a. in den visuellen Cortex. In histologische Schnitten ist das Corpus geniculatum laterale mancher Säugetiere (wie die Lobi optici vieler Vertebraten) geschichtet. Bei Primaten ist es in sechs auffällige Schichten unterteilt. Das Gesichtsfeld der beiden Augen wird getrennt auf diese Schichten projiziert.

Der Thalamus ist eine Umschaltstation zum Cerebrum und außerdem das letzte Zentrum vor dem Cerebrum, wo Körperfunktionen moduliert werden. Es gibt Hinweise, dass bei verschiedenen Klassen von Vertebraten eine Stufe des Bewusstwerdens, z.B. die Wahrnehmung von Schmerz und Vergnügen, im Thalamus lokalisiert ist.

- Der ventrale Teil des Diencephalons ist der **Hypothalamus**. Er enthält ungefähr ein Dutzend Paare von Kernen, die zusammen die autonomen Funktionen des Körpers integrieren und weitgehend kontrollieren, z.B. die Osmoregulation, die Temperaturregulation, Appetit und Verdauung, Blutdruck, Schlafen und Wachen, Sexualverhalten und Emotionen. In Übereinstimmung mit dem dualen Aufbau des autonomen Systems hat jede Funktion im Hypothalamus zwei Zentren: eine für Fazilitation, eine für Hemmung.

Unter der ventralen Oberfläche des Hypothalamus liegt das **Chiasma opticum**, wo die Nervi optici konvergieren und sich kreuzen (gewöhnlich mit einer teilweisen Dekussation ihrer Fasern), bevor sie sich an den Seiten des Gehirns als **optische Trakte** nach oben fortsetzen (Abb. 18.5 und 18.7). Die Tractus optici endigen u.a. im Corpus geniculatum laterale. Direkt posterior zum Chiasma opticum liegt eine Region, das Tuber cinereum, das mehrere Kerne des parasympathischen Systems enthält und der Hypophyse gegenüberliegt. Die wichtige Hypophyse ist zum Teil neuronalen Ursprungs, fungiert aber (zum Teil unter dem Einfluss von Kernen des Hypothalamus) als endokrine Drüse. Daher wird sie in Kapitel 20 beschrieben. Posterior zur Hypophyse liegt ein Paar kleiner, aber deutlicher Verdickungen, die Mamillarkörper. Darin liegen Kerne des gleichen Namens, die mit dem Riechen assoziiert sind. Sie sind bei allen Tetrapoden und möglicherweise auch bei Fischen vorhanden.

## 18.6
## Cerebellum und Pons

Das Cerebellum ist ein uralter Teil des Gehirns, hat sich aber im Laufe der Evolution viel mehr vergrößert und verändert als der Hirnstamm. Daraus folgt, dass es ein variabler Teil des Gehirns ist und dass Teile des Cerebellums der Säugetiere relativ neu sind. Das Cerebellum entwickelt sich aus dem dorsalen Teil des Metencephalons und hinkt ein bisschen der Entwicklung des Hirnstamms hinterher.

Das Cerebellum der Cyclostomata und Amphibien ist klein und glatt. Da es nur eine Verdickung der Wand des Hirnrohrs ist, hat es keinen Hohlraum. Das Cerebellum ist bei Fischen und Reptilien in der Regel immer noch glatt, aber es ist bei ihnen auffälliger und schließt einen Teil des vierten Ventrikels ein. Bei Vögeln und Säugetieren ist das Organ sehr groß, gelappt und in enge **Gyri** (konvexe Falten) und **Sulci** (konkave Rinnen) aufgefaltet (Abb. 18.9). Seine festen Wände beziehen dann den vierten Ventrikel nicht mit ein.

Im Gegensatz zu Rückenmark und Hirnstamm liegt die graue Substanz des Cerebellums in einem dünnen, oberflächlichen Cortex. Die zentrale weiße Substanz verzweigt sich in jeden Lobus und Gyrus. Wegen seines Erscheinungsbildes in Längsschnitten wird diese verzweigte weiße Substanz als **Arbor vitae** (= Baum des Lebens) bezeichnet.

Der cerebelläre Cortex aller Vertebraten ist histologisch in drei Regionen unterteilt:

- eine tiefe **granuläre Schicht (Körnerschicht)**, die verschiedene Zelltypen enthält,
- eine mittlere **Purkinjezellschicht**,
- eine oberflächliche **Molekularschicht**, die hauptsächlich aus Fasern und Synapsen und wenigen eingestreuten Zellen besteht.

Afferente Impulse werden über zwei Fasersysteme ins Cerebellum geleitet. Moosfasern aus dem Rückenmark, dem Hirnstamm und der Pons enden an den Körnerzellen in der granulären Schicht. Die Axone der Körnerzellen bilden das Parallelfasersystem, über das sich die Impulse weit ausbreiten und die Purkinjezellen erregen. Die Kletterfasern stammen alle aus der Oliva inferior und enden direkt auf den Purkinjezellen (s. das am stärksten verzweigte Neuron in der Abb. 17.2 links unten).

Das **Cerebellum** ist an der Kontrolle der motorischen Koordination und an der Aufrechterhaltung des Gleichgewichtes beteiligt. Es initiiert keine motorischen Aktivitäten, verarbeitet aber diejenigen, die anderswo initiiert werden. Es gibt eine unbewusste Zeitfolge und eine Inte-

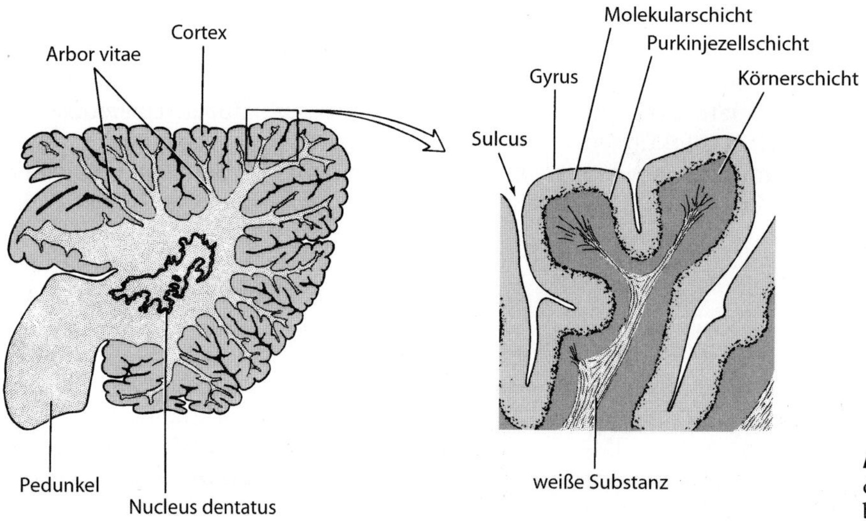


**Abb. 18.9.** Parasagittalschnitt durch das menschliche Cerebellum

gration für Muskeln vor, die zusammen oder in einer bestimmten Reihenfolge kontrahieren, und für deren Antagonisten, die sich gleichzeitig entspannen müssen. Wenn das Cerebellum geschädigt ist, verliert die Muskelaktivität an Kontrolle und Genauigkeit. Manche Schaltkreise für Gedächtnisspuren können auch im Cerebellum lokalisiert sein.

Um seine Funktion erfüllen zu können, benötigt das Cerebellum einen starken Eingang aus dem sensorischen System. Bei niederen Vertebraten hat das Cerebellum zwei Teile:

- Einer ist das **Archicerebellum**. Sein Haupteingang kommt (nach Verschaltung in den entsprechenden Kernen im Hirnstamm) aus dem Labyrinth des Innenohrs und aus dem Seitenliniensystem, obwohl auch Verbindungen aus dem Rückenmark existieren können. Das Archicerebellum ist bei Amnioten als aurikuläre oder flocculäre Loben des evolvierteren Organs erhalten (Abb. 18.15).
- Der andere Teil ist das **Palaeocerebellum**, das in der Mittellinie des Organs liegt. Sein Eingang kommt hauptsächlich von den Propriorezeptoren des Rumpfes und wird vom Rückenmark und der Oliva inferior vermittelt. Dieser Teil des Cerebellums ist bei Fischen wichtig für die Kontrolle des Schwimmens.

Als schließlich mit der Evolution der Amnioten die Extremitätenmuskeln stärker ausgebildet wurden und der cerebrale Cortex größer und dominanter wurde, antwortete das Cerebellum, indem es ein assoziiertes **Neocerebellum** entwickelte. Obwohl es nicht scharf abgegrenzt ist, bildet das Neocerebellum die Hemisphären des Organs. Eingang zum Cerebellum kommt außerdem aus den Sinnesmodalitäten Mechanorezeption, Sehen und Hören und aus der Formatio reticularis.

Das Cerebellum hat weniger Efferenzen als Afferenzen. Efferente Impulse stammen aus den Purkinjezellen und haben einen hemmenden Einfluss auf Neurone in den **cerebellären Kernen**. Die Lage dieser Kerne ist bei Anamniern variabel und komplex. Sie liegen an der Basis des großen Cerebellums der Amnioten, bei Säugetieren sind sie in drei oder, bei Primaten, in vier getrennte Paare von Kernen aufgeteilt. Der größte und am besten abgesetzte Kern ist der **Nucleus dentatus**, der (wie die Oliva inferior der Medulla) eine verschrumpelte Kontur hat. Es gibt eine topographische Beziehung zwischen den cerebellären Kernen und den Regionen des cerebellären Cortex. Efferente Projektionen verlaufen von diesen Kernen zu den Vestibulariskernen, zur Formatio reticularis, zum Nucleus ruber und zum dorsalen Thalamus.

Afferente und efferente Verbindungen zwischen Cerebellum und cerebralem Cortex entwickeln sich parallel zu den neueren und dominanteren Teilen des cerebralen Cortex. Mit dieser Veränderung ist bei manchen Vögeln das Auftreten und bei Säugetieren die deutliche Ausbildung der **Pons** assoziiert. Diese zusätzliche Struktur am ventralen Teil des Hirnstamms auf der Ebene des Cerebellums erhält in ihren **pontinen Kernen** Fasern aus dem cerebralen Cortex und vermittelt Impulse über die mittleren Pedunkel als Moosfasern zum Cerebellum (die Pedunkel, die das Cerebellum unterstützen, wurden oben mit dem posterioren Hirnstamm beschrieben). Die Pons vermittelt auch Impulse von einer Seite des Cerebellums zur anderen.

## 18.7 Cerebrum (Vorderhirn)

### 18.7.1 Allgemeine Struktur

Das Cerebrum ist das adulte Telencephalon. Der am meisten anterior gelegene Teil des Cerebrums ist immer bilateral geteilt. Beinahe das ganze Organ ist bei Amnioten zweigeteilt, wobei jede Hälfte dann als cerebrale Hemisphäre bezeichnet wird.

Ähnlich wie das Cerebellum ist auch das Primordium des Cerebrums sehr alt, vergrößert sich aber und verändert sich im Laufe der Evolution. Die Veränderungen im Cerebrum sind jedoch ausgeprägter und bilden nicht eine einzelne Progression, sondern folgen stattdessen verschiedenen Entwicklungslinien, die bei Teleosteern, Vögeln und Säugetieren zu verschiedenen

Endstadien führen. Die Phylogenie des Cerebrums ist eine der interessantesten innerhalb der Evolution des Vertebratengehirns.

Am anterioren Ende jeder Hemisphäre liegt der **Bulbus olfactorius**, der die olfaktorischen Nerven aufnimmt. Die verbleibenden Hemisphären sind in zwei Hauptteile unterteilt:

- Das **Corpus striatum** liegt ventral. Es ist aus verschiedenen auffälligen Kernen zusammengesetzt, schwillt oft an und wird groß und rundlich.
- Der **Cortex**, oder Pallium, bildet das Dach und die Seitenwände des Cerebrums. Seine Assoziationszentren breiten sich meist flächenartig aus.

Bei Vertebraten, mit Ausnahme der Actinopterygia, sind Corpus striatum und Cortex teilweise durch die lateralen Ventrikel getrennt. Wo Cortex und Corpus striatum ineinander übergehen, kann diese Grenze undeutlich sein. Homologien der verschiedenen Kerne werden über strukturelle, vergleichende, funktionelle und histochemische Nachweise gesucht. Das Cerebrum wird vervollständigt durch verschiedene Fasertrakte und Kommissuren. Diese Teile werden jetzt nacheinander diskutiert.

### 18.7.2 Bulbus olfactorius und Tractus olfactorius

Axone der erregungsleitenden Rezeptoren des Nasenepithels ziehen zu den Bulbi olfactorii (Abb. 18.7). Dort konvergieren sie und treten innerhalb von kugelförmigen Verflechtungen von Nervenendigungen, den **Glomeruli**, mit den Dendriten der Mitralzellen und der interglomerulären Neurone in synaptischen Kontakt. Axone dieser Mitralzellen, Neurone zweiter Ordnung, verlaufen im Tractus olfactorius und leiten Impulse aus den Bulbi an viele Stationen des olfaktorischen Systems weiter. Eine andere Art von Neuron sorgt für lokale Feedback-Verschaltungen innerhalb der Bulbi. In den efferenten Trakten verlaufen weniger Fasern als in den afferenten Nerven, die Bulbi nehmen also eine Summation der sensorischen Eingänge vor. Dabei konvergieren Axone spezifischer Rezeptorzelltypen auf einzelne Glomeruli. Neurone dritter und vierter Ordnung an anderen Stellen im Gehirn sind ebenfalls an der komplizierten Verarbeitung der olfaktorischen Information beteiligt.

Die Größe dieser Strukturen relativ zum Rest des Gehirns variiert sehr stark mit der Wichtigkeit des olfaktorischen Sinnes im Leben des Tieres (Abb. 18.15).

### 18.7.3 Corpus striatum und Basalkerne

Das Corpus striatum wird nach dem Erscheinungsbild benannt, das seine Substanz bei einigen Vertebraten im Frontalschnitt zeigt. Bei Säugetieren sind die **Basalkerne** in etwa ein Synonym. Der Ausdruck **Basalganglien** wird ebenfalls benutzt. Das Corpus striatum hat drei Hauptteile, die nach ihrer Funktion benannt sind. Man sollte jedoch bedenken, dass historische Fehleinschätzungen über die Sequenz ihrer Evolution ihre Unterscheidungen hervorgehoben haben. Auch die Homologisierungen dieser Teile bei den verschiedenen Klassen der Vertebraten sind teilweise nicht endgültig geklärt.

Ein Teil des Striatums wird **Archistriatum** genannt (Abb. 18.10). Es integriert olfaktorische und allgemein somatische Sinneseindrücke. Das Archistriatum der Fische besteht aus verschiedenen, schlecht getrennten Kernen, dem **amygdaloiden Komplex**. Tetrapoden behalten diese Struktur bei, bei Säugetieren ist die entsprechende Amygdala eine rundliche Masse, die in der Regel ventral zu den anderen Basalkernen liegt. Sogar bei Säugetieren bleibt sie z.T. ein Assoziationszentrum für olfaktorische Information, trägt aber auch zur Nahrungsaufnahme, Erregung, zu Emotionen (auch Furcht) und emotionalen Aspekten des Gedächtnisses bei.

Das **Palaeostriatum** kommt bei allen Vertebraten vor, wobei seine Teile unterschiedliche Namen erhalten haben. Der homologe basale Kern der Primaten ist der **Globus pallidus**, dessen Funktion weiter unten besprochen wird.

Der Name **Neostriatum** spiegelt die alte Annahme wider, dass dieser Teil des Striatums sich erst bei den Amnioten entwickelt hat. Dies wird heute nicht mehr so gesehen. Manche Strukturen, die mit diesen Namen benannt wurden,

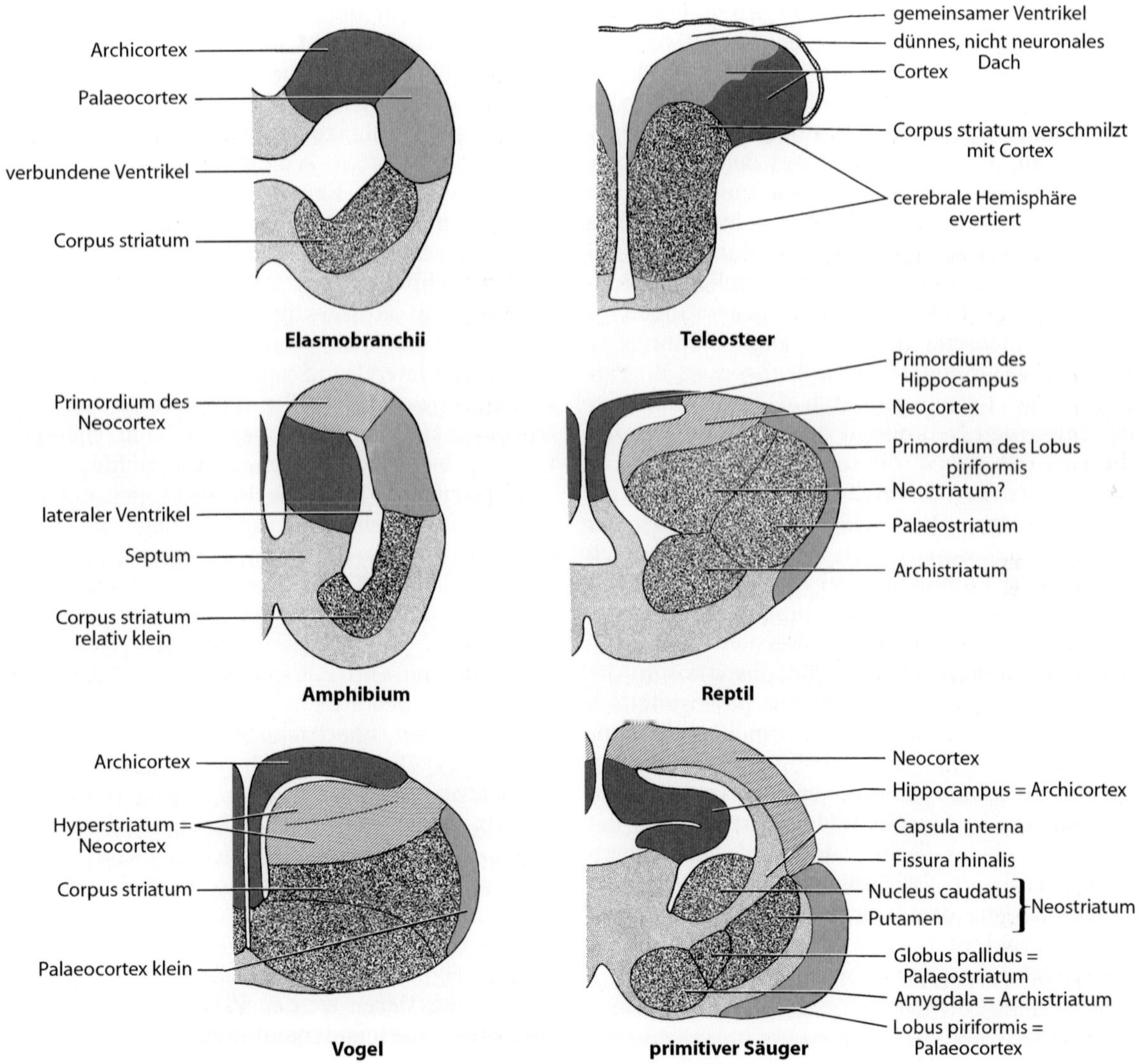


**Abb. 18.10.** Schematische Querschnitte der cerebralen Hemisphären, welche die vergleichenden Strukturen des Corpus striatum und des Cortex zeigen

sind möglicherweise nicht homolog (vor allem bei Vögeln), aber die aus ihm abgeleiteten Basalkerne der Säugetiere sind der lange **Nucleus caudatus**, der sich über die anderen Basalkerne wölbt, und das **Putamen**.

Das Corpus striatum ist das höchste Integrationszentrum der Fische (obwohl, wie wir später sehen werden, der Cortex nicht völlig ausgeschlossen werden sollte). Das Striatum scheint bei Reptilien riesig zu sein und wird im Allgemeinen als ihr höchstes Integrationszentrum angesehen, obwohl es mittlerweile auch als wahrscheinlich gilt, dass ein Teil des Cortex tatsächlich im Striatum inkorporiert ist. Palaeostriatum und Neostriatum sind auch bei Vögeln groß. Darüber liegt ein einzigartiges, dickes, vierschichtiges **Hyperstriatum**. Dies ist wiederum aus dem Cortex abgeleitet.

Entgegen ihrer strukturellen Auffälligkeit ist die Funktion der Basalkerne bei Säugetieren relativ wenig verstanden. Der Nucleus caudatus, das Putamen und der Globus pallidus werden hier vom cerebralen Cortex dominiert. Sie erhalten Fasern aus dem Cortex und dem Thalamus. Sie projizieren zueinander sowie zum Thalamus und zur Substantia nigra. Man nimmt an, dass sie zusammen zur Funktion der Muskulatur beitragen, im Gegensatz zur Feinkontrolle individueller Muskeln. Läsionen oder Degenerationen eines oder mehrerer der Basalganglien führen zu spezifischen motorischen Störungen (z. B. Parkinsonsche Krankheit durch Degeneration der dopaminergen Neurone in der Substantia nigra), die sich von denen, die durch Läsionen des Cerebellums oder des cerebralen Cortex hervorgerufen werden, unterscheiden. Außerdem hat der erhöhte Glukoseverbrauch in den Basalkernen bei visueller Stimulation bei Affen die Kerne mit dem Sehen in Verbindung gebracht.

[Zwei zusätzliche Kerne werden gemeinhin bei Abhandlungen über das Corpus striatum der Säugetiere genannt. Obwohl sie phylogenetisch und funktionell enger mit dem Nucleus caudatus zusammenhängen, kann das Putamen strukturell mit dem Globus pallidus verschmelzen und so den Nucleus lentiformis bilden. Ebenfalls als Basalkern wird das flache, lateral gelegene Claustrum klassifiziert. Es könnte tatsächlich eher vom Cortex als aus dem Corpus striatum abgeleitet sein. Obwohl es bei Reptilien und Säugetieren vorhanden ist, ist seine Funktion unklar].

### 18.7.4 Cortex

Drei Hauptteile des Cortex werden unterschieden: **Palaeocortex, Archicortex** und **Neocortex.** Mit Ausnahme der Actinopterygier und Säugetiere liegt der Palaeocortex lateral, der Archicortex dorsal oder median zum Ventrikel. Der Neocortex kann zwischen den anderen Teilen oder, offenbar bei Reptilien und Vögeln, ventral oder lateral zum Ventrikel in Assoziation mit dem Striatum liegen.

Früher nahm man an, dass Palaeocortex und Archicortex nur mit dem Riechen in Verbindung stehen und die einzigen Cortexteile der Fische darstellen. Man weiß inzwischen, dass der Cortex vieler Fische **nicht** mit dem Riechen assoziiert ist. Experimente haben gezeigt, dass Teile des Cortex zur Schwarmbildung, zur Aggression und zum Fortpflanzungsverhalten beitragen und erlernte Antworten ermöglichen. Entsprechend scheint auch der Neocortex wahrscheinlich ursprünglich zu sein, obwohl seine Abgrenzung auf der Fischebene der Evolution nicht klar ist.

Die Architektur des Cerebrums der **Actinopterygier** ist einzigartig. Cortex und Corpus striatum sind dick, verschmelzen miteinander und liegen lateral und ventral zu einem gemeinsamen unpaaren Ventrikel. Palaeocortex und Archicortex sind sicher vorhanden, wahrscheinlich ist auch der Neocortex bereits ausgebildet.

Bei **Reptilien** und **Vögeln** wölbt sich ein weit ausgebreiteter dünner Cortex über das vergrößerte Corpus striatum. Wie oben bereits erwähnt, scheint es inzwischen jedoch wahrscheinlich, dass Teile des großen Striatums (das Hyperstriatum der Vögel) tatsächlich Neocortex sind (Medina und Reiner 2000). Vögel scheinen nicht stark beeinträchtigt zu sein, wenn man ihren dünnen oberflächlichen Cortex entfernt, obwohl es Hinweise dafür gibt, dass manche Gedächtniskapazitäten verloren gehen. Im Gegensatz zur allgemeinen Meinung sind manche Vögel intelligenter als viele nichtprimaten Säugetiere und man konnte zeigen, dass ihre Fähigkeit, Probleme zu lösen und sich daran zu erinnern, wie man ähnlich gelagerte neue Probleme löst, im Hyperstriatum lokalisiert ist.

Bei **Säugetieren** werden Palaeocortex und Archicortex auseinandergedrängt, wenn sich der evolvierende Neocortex zwischen ihnen vergrößert. Anterior schließt der Palaeocortex die Tractus olfactorii ein. Posterior wird er entlang der Seitenwand der Hemisphäre in eine Position neben dem anterioren Hirnstamm verlagert. Der so entstehende **piriforme Cortex** ist bei Säugetieren, die einen sehr gut entwickelten Geruchssinn haben, stark entwickelt. Er wird von dem darüber liegenden Neocortex durch die **Fissura rhinalis** getrennt. Die Lobi piriformes repräsentieren den olfaktorischen Cortex.

Der Archicortex wird vom Neocortex in die andere Richtung zur Krone des Gehirns nahe der Mittellinie (Reptilien, Monotremata, Marsu-

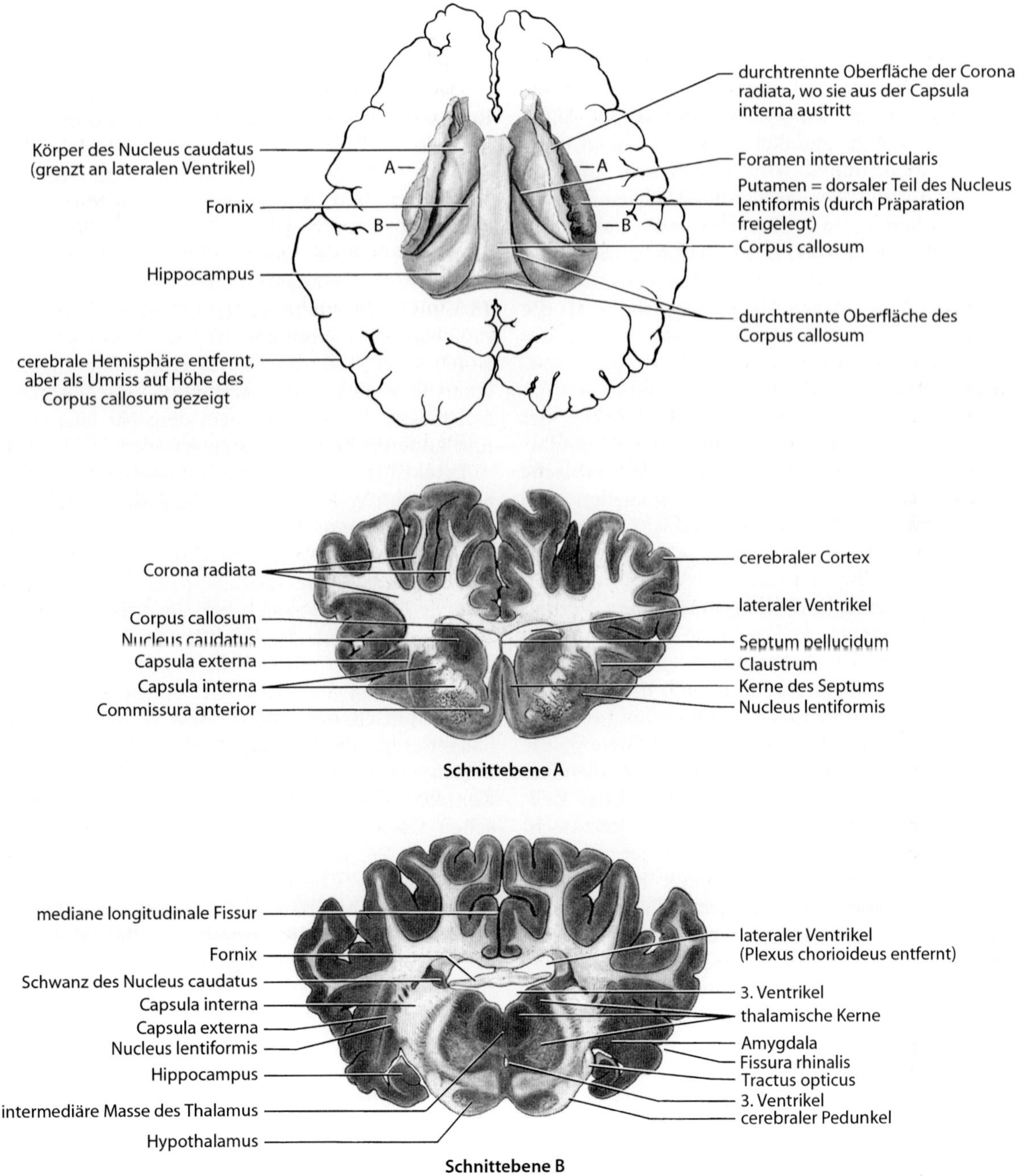


**Abb. 18.11.** Vorderhirn und Thalamus der Kuh, gezeigt durch eine Präparation in Dorsalansicht (*oben*) und in Querschnitten (*unten*) in den Ebenen, die durch Buchstaben gekennzeichnet sind. In den Schnitten wurde der Kontrast zwischen Kernen und Trakten durch Färbung verstärkt

pialia) oder über den Rand zur medialen Wand der Hemisphäre (andere Säugetiere) gedrängt. Während dieser Bewegung rollt er sich längs ein, sinkt weitgehend unter die Oberfläche ab und bildet so ein langes, sich wölbendes Band, das sich an den lateralen Ventrikel anlegt. Sein Name **Hippocampus** wird durch sein Erscheinungsbild (wie der aufgerollte Schwanz eines Seepferdchens) in Querschnitten nahegelegt (Abb. 18.10 und 18.11). Der Hippocampus der Säugetiere wird für räumliches Gedächtnis benötigt. Die Gedächtnisstörung, die mit der Alzheimer-Krankheit assoziiert ist, könnte aus der Pathologie entstehen, die den Hippocampus von anderen Teilen des Gehirns isoliert.

Zusammen mit dem Hypothalamus, der Amygdala, den Habenulae und den Mamillarkörpern bildet der Hippocampus das **limbische System**, das bei Aspekten des sexuellen und emotionalen Verhaltens, des Gedächtnisses, des Lernens und der Motivation eine wichtige Rolle spielt. Es scheint ursprünglichere Teile des Gehirns durch eine Inhibition stereotypen Verhaltens zu regulieren und so eine Anpassung an neue Gegebenheiten zu erlauben.

Alle großen Säugetiere und auch manche kleinere haben einen gefurchten Neocortex (oder cerebralen Cortex oder ganz einfach Cortex); die Gyri und tiefen Sulci vergrößern die absolute Oberfläche und damit auch die Anzahl der Zellkörper und Synapsen enorm. Intelligenz steht mit der absoluten Hirngröße, mit der relativen Hirngröße und mit dem Grad der Furchung in Verbindung, allerdings nur sehr allgemein. Das menschliche Gehirn ist weder das absolut größte, noch das größte in Relation zum Körpergewicht, noch ist es am stärksten aufgewunden.

Die graue Substanz liegt beim Cortex der Anamnioten innen, bei dem der Amnioten aber außen. Die verschiedenen Teile des Cortex können histologisch voneinander unterschieden werden. Charakteristische Zellschichten unterscheiden sich in der Dichte, der Größe, der Zusammensetzung, den Verbindungen und den Färbeeigenschaften ihrer Neurone. Zellen der sechs aufeinander folgenden Cortexschichten bei Primaten sind in der Regel in vertikalen Säulen angeordnet, wobei zelluläre Säulen bis zu 100, funktionelle Säulen jedoch mehrere tausend Zellen enthalten können. Kleine Säugetiere haben mehr Zellen pro Volumeneinheit Gehirn als große Säugetiere.

Der Primatencortex wird von Anatomen in Regionen unterteilt, um die Orientierung zu erleichtern (z. B. frontal, temporal, parietal und occipital) und Spezialisten haben standardisierte Methoden, um Subregionen abzugrenzen. In einem dorsalen Band am posterioren Rand des Frontalcortex des menschlichen Gehirns liegt der primäre somatomotorische Cortex (Abb. 18.12). Die bewusste Kontrolle von willkürlichen motorischen Aktivitäten ist hier lokalisiert, obwohl dieser Teil des Cortex von anderen Cortexarealen und vom Cerebellum, der Formatio reticularis, den Basalkernen, dem Nucleus ruber und anderen Zentren instruiert wird.

Direkt hinter dem somatomotorischen Cortex, am anterioren Rand des Parietalcortex, liegt der primäre somatosensorische Cortex. Entsprechend liegt der primäre auditorische Cortex an der Spitze des Temporallappens, der primäre visuelle Cortex (der sich bei Säugetieren parallel zum Zurücktreten der Funktionen der Lobi optici im Mittelhirn entwickelt) liegt in der Occipitalregion. Die Funktion ist in diesen Arealen topographisch organisiert (obwohl bei manchen Säugetieren eine Überlappung zwischen benachbarten Punkten stattfindet): Die motorische Kontrolle des Daumens liegt im somatomotorischen Cortex an einem spezifischen Ort direkt unterhalb der des Zeigefingers und oberhalb der des Nackens. Töne werden in einer Sequenz von Oberstimme bis Bass auf benachbarten Neuronen des akustischen Cortex, visuelle Reize werden in einer zweidimensionalen Karte des Gesichtsfelds im visuellen Cortex repräsentiert. Wenn das Gesicht relativ empfindlich ist (wie beim Menschen), sind auch die entsprechenden Areale im Cortex relativ groß. Wenn die Hände relativ empfindlich sind (z. B. beim Waschbär), dann sind die Handareale groß. Wenn Tiere eine Fovea in der Retina besitzen, ist diese in der visuellen Karte vergrößert.

Obwohl das oben Gesagte zutrifft, geht die Beschreibung bei weitem nicht weit genug, um die Komplexität der corticalen Funktion aufzuzeigen. Aus unbekannten Gründen sind die beiden Hemisphären beim Menschen und bei

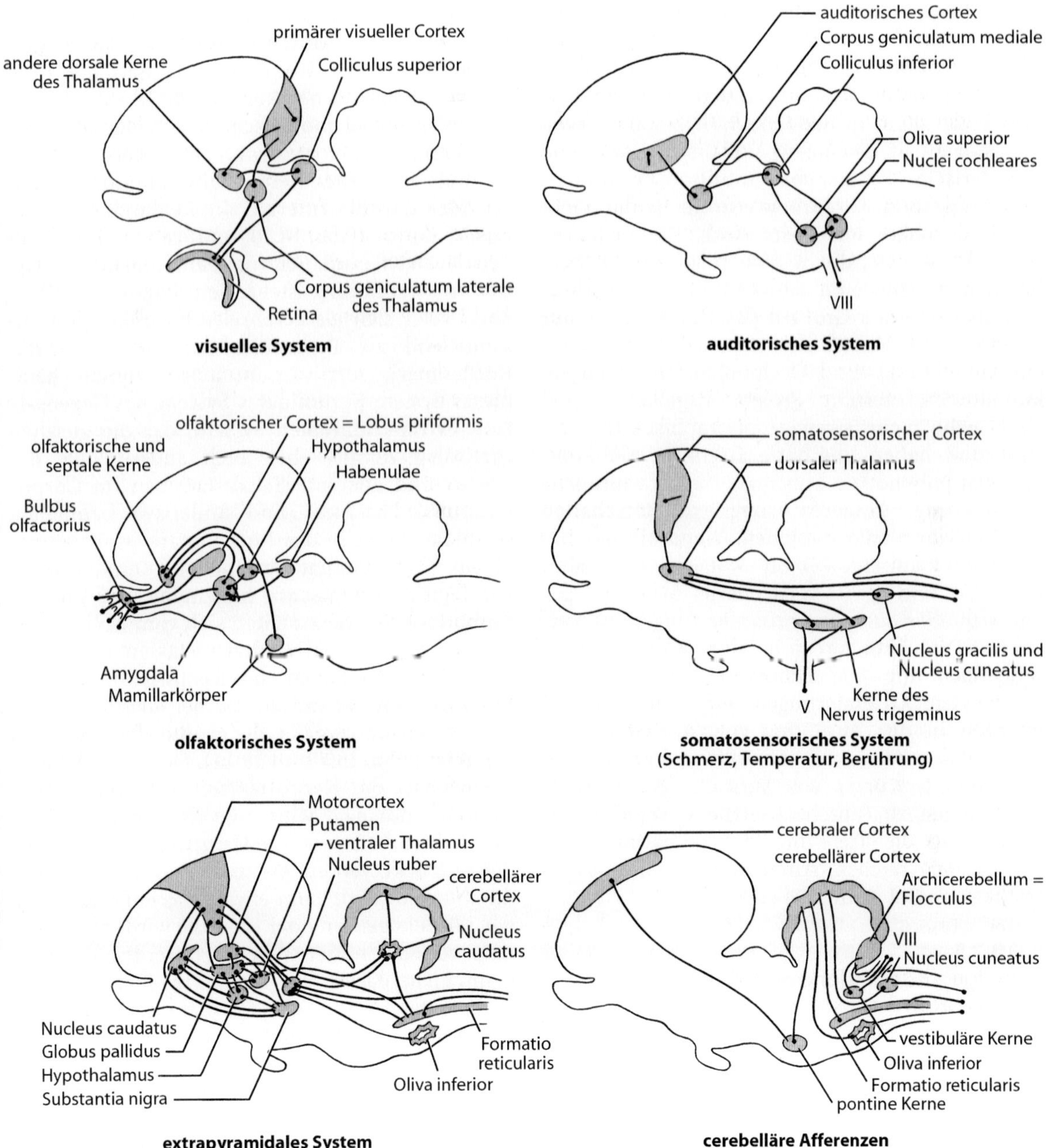


**Abb. 18.12.** Schematische Diagramme einiger Hauptkomponenten einiger funktionellen Systeme des Säugergehirns

vielen Tieren nicht symmetrisch, weder in ihrer Struktur noch in ihrer Kontrolle der verschiedenen Funktionen. So sind z.B. Sprache, Lesen, Schreiben sowie rationales und praktisches Verhalten vor allem in der linken Hemisphäre (von rechtshändigen Personen) lokalisiert, während künstlerische Fähigkeiten, Intuition, räumliche Erkennung und Körperbewusstsein in der rechten Hemisphäre lokalisiert sind. Die primären corticalen Areale, die wir oben genannt haben, nehmen bei niederen Säugetieren (Marsupialia, Insectivora) einen Großteil des Cortex, aber nur ungefähr ein Viertel des menschlichen Cortex ein. Im Parietal- und Occipitalcortex liegen sekundäre und tertiäre Projektionsgebiete. Diese sind nicht mehr streng topographisch organisiert und haben unscharfe Grenzen. Sie kombinieren polymodale Eingänge, liefern räumliche Orientierung, kodieren komplexe Botschaften und speichern Informationen. Wenn sie beschädigt sind, kann eine Person zwar gut sehen, aber z.B. links und rechts verwechseln. Sie kann laufen, sich aber auch in gewohnter Umgebung verirren. Die Frontalregion des Cortex steht schließlich mit dem Planen von Programmen, Intentionen, Orientierungen auf Ziele und Sequenzen in der Ausübung von Aktivitäten im Augenblick oder in der Zukunft in Verbindung. Der gesamte Cortex von Versuchstieren nimmt an Volumen zu (durch zusätzliche Verschaltungen), wenn die Tiere in einer verhältnismäßig abwechslungsreichen, stimulierenden und „angereicherten" Umgebung leben.

### 18.7.5 Einige andere Merkmale des Großhirns (Cerebrums)

Die Trakte des Cerebrums sind mindestens so konstant wie die Kerne. Kurze und lange Interneurone bilden zwischen den verschiedenen Teilen des Cortex Verbindungen. Die Tractus olfactorii unterteilen sich in verschiedene Projektionen, wenn sie in das Gehirn eintreten: Eine dieser Projektionen kreuzt zum anderen Bulbus olfactorius. Eine andere endet in den **olfaktorischen Kernen**, welche Neurone dritter Ordnung zu den Habenulae und Mamillarkörpern des Diencephalons entsenden. Eine weitere Projektion verläuft zu den amygdaloiden Kernen und den Lobi piriformes. All diese Strukturen haben eine Funktion bei der Wahrnehmung und der Integration olfaktorischer Reize (Abb. 18.12).

Der auffällige motorische Trakt, der aus dem primären Motorcortex der Säugetiere austritt, zieht als ein breites weites Band, die **innere Kapsel** oder **Capsula interna**, direkt durch das Corpus striatum (Abb. 18.10 und 18.11). Er trennt den Nucleus caudatus von dem funktionell damit in Verbindung stehenden Putamen. Dieses Band setzt sich als cerebraler Pedunkel und anschließend als Pyramidenbahn direkt in das Rückenmark fort. Zusammengenommen heißt dieses System **pyramidales System**, im Gegensatz zum **extrapyramidalen System**, das die gleichen corticalen Areale, aber auch andere Teile des Cortex und efferente Schaltstationen im Corpus striatum, Thalamus und anderswo beinhaltet, die nicht direkt in das Rückenmark projizieren.

Das Cerebrum hat verschiedene Kommissuren. Die kleine **Commissura habenulae** und größere **Commissura anterior** leiten sich vom Archicortex ab und treten in den niederen Klassen auf. Therische Säugetiere haben eine Kommissur, das **Corpus callosum** entwickelt, die bei allen, mit Ausnahme der Marsupialia, die größte aller Kommissuren ist (Abb. 18.7 und 18.11). Sie verbindet eine Hemisphäre des Neocortex mit der anderen und ist an der dorsalen Mittellinie als eine horizontale Brücke sichtbar, wenn die Hemisphären auseinander gedrückt werden. Wenn das Corpus callosum durchtrennt wird, kann etwas, was auf einer Seite des Körpers gelernt oder erfahren wird, nicht adäquat von der anderen benutzt werden oder sie kann nicht darauf reagieren. (Eigenartigerweise variiert das menschliche Corpus callosum in seiner Größe in Abhängigkeit von dem Geschlecht und der Händigkeit, kann aber sogar bei eineiigen Zwillingen verschieden sein). Die **Fornix** ist ein auffällig bogenförmiger Faserverlauf, der vorne ventral zum Corpus callosum und hinten lateral zum Hippocampus liegt. In ihr verlaufen Fasern zwischen dem Hippocampus, dem Septum und dem Hypothalamus.

Jeder laterale Ventrikel schließt einen großen Plexus chorioideus ein, der mit dem kleineren Plexus des dritten Ventrikels am Dach des Diencephalons verwurzelt ist.

## 18.8 Schaltkreise, Vielseitigkeit und Gedächtnis

In der Darstellung der grundlegenden Struktur des Gehirns haben die vorherigen Abschnitte auf manche funktionellen Beziehungen und gegeneinander abgehobene Strukturen unter den Vertebratenklassen hingewiesen. Trotzdem war die Organisation des Kapitels bisher regional. Bestimmte Teile werden jetzt etwas ausführlicher durch die Darstellung verschiedener funktioneller Schaltkreise des Gehirns und (im nächsten Abschnitt) durch die Darstellung der Struktur bei den Taxa vorgestellt.

Die corticalen Areale und Kerne des Gehirns sind durch Faserverbindungen miteinander verbunden, die im Detail bei Säugetieren dargestellt wurden und bei den anderen Klassen immer besser bekannt werden. Entsprechend haben Neurologen Schaltkreise für die verschiedenen Funktionen des Körpers entworfen. Abb. 18.12 zeigt sechs Beispiele. Solche Diagramme stellen die Realität dar. Verletzung, Krankheit oder experimentelle Manipulation eines jeden Teils eines Schaltkreises resultieren in vorhersagbaren Veränderungen in der Funktion.

Nachdem dies dargelegt ist, ergibt sich jedoch die Notwendigkeit, wichtige Qualifikationen vorzunehmen. Wahrscheinlich kann unter optimalen Umständen jedes Neuron, wenn auch indirekt, mit den meisten anderen Neuronen des Gehirns interagieren. Deshalb könnte jegliches Diagramm (wenn wir das Wissen hätten) viel detaillierter sein. Wenn ein Neuron ausfällt, übernimmt ein anderes seine Funktion und die Einzelheiten von Schaltkreisen können auch durch Konditionierung verändert werden. Sie variieren also zwischen Individuen und auch innerhalb des gleichen Individuums zu unterschiedlichen Zeiten. Es gibt keine absolute Spezifität von Schaltkreisen im Gehirn. Sie sind nicht hart verdrahtet, sondern variabel und plastisch. Das Gehirn wählt aus einem großen Repertoire von Alternativen aus und generalisiert. Wahrnehmung ist die Folge der simultanen kooperativen Aktivität von Millionen von weitverteilten Neuronen, die zu einer gemeinsamen Antwort vereinigt werden.

Gedächtnis ist immer noch ein Mysterium, aber nicht mehr so sehr wie früher. Es charakterisiert alle Vertebraten, vor allem den Menschen. Wir erinnern uns an Fähigkeiten, an Sinneswahrnehmungen, an Gewohnheiten, Fakten, Vorgänge und Gedanken. Wir haben klar unterschiedene Kurzzeit- und Langzeitgedächtnisse. Der Mechanismus beinhaltet Veränderungen in den Zielneuronen und in den synaptischen Effektivitäten, die durch Konditionierung hervorgerufen werden. Das gesamte Gehirn macht lernabhängige Veränderungen durch. Bestimmte Regionen sind aber direkter involviert, obwohl in diesem Beispiel die Schaltkreise nicht klar sind. Das limbische System (Hippocampus, Hypothalamus, Amygdala, Mamillarkörper, Habenulae) spielt eine Rolle beim Gedächtnis. Pyramidenzellen des Hippocampus assoziieren unabhängige relevante Reize und spielen eine Rolle bei der kurzzeitigen Speicherung einfacher Information. Der mediale Temporallappen des Cortex ist eine Stelle der Konvergenz von Informationen aus verschiedenen Gehirnregionen und spielt eine führende Rolle bei der Etablierung von Langzeitgedächtnis. Der Neocortex schließlich ist das endgültige Speicherorgan.

## 18.9 Evolution des Gehirns

Wie hat sich das Gehirn der Vertebraten entwickelt? Bis vor kurzem konnten wir diese Frage nur sehr allgemein angehen, weil wir wenig Daten hatten, die man einer Hypothese zugrundelegen konnte. Mit dem Verständnis der *Hox*-Gene, der Realisierung der Potenz der phylogenetischen Analysen und einem besseren Verständnis der Entwicklung haben sich testbare Hypothesen entwickelt. Zwei Übersichtsartikel aus der letzten Zeit über die Evolution des Vertebratengehirns aus dem Gehirn der Cephalochordaten (*Branchiostoma*) stimmen weitgehend bezüglich der Hauptvorgänge überein (Butler 2000 und Northcutt 1996). Es besteht darin Übereinstimmung, dass die Gehirne der Craniota eine Erweiterung eines Hirnbläschens sind, das dem von *Branchiostoma* ähnlich ist, aber mit neuen Ebenen

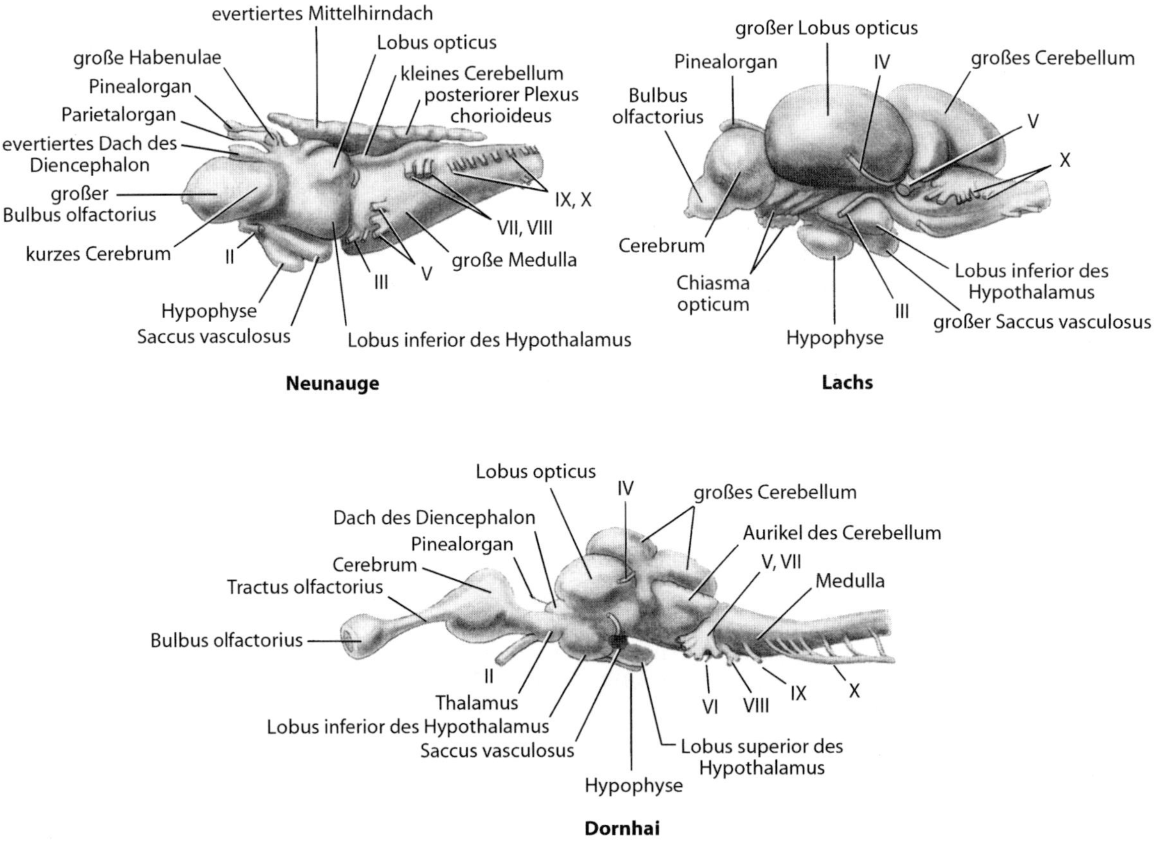


**Abb. 18.13.** Gehirne von Vertretern der drei Klassen der Fische. Lateralansicht

der neuronalen Organisation, welche die Grundlage für evolutionäre Fortschritte bilden. Die einfachste Erklärung für den Ursprung des Gehirns der Craniota ist, dass die Verdoppelung mehrerer unterschiedlicher Homeobox-Gene bei ursprünglichen Formen viel komplexere Gewebs-Gewebs-Interaktionen erlaubt hat. Man erinnere sich an die Rolle der *Hox*-Gene bei der Spezifizierung der Gehirnorganisation, die am besten für die Hinterhirnsegmentation dokumentiert ist (Exkurs 5.1 und Abb. 8.2). Die Verdoppelung der *Hox*-Gene führte zu der Bildung der Neuralleisten und der neurogenen Plakoden (Tabelle 5.1). Diese Merkmale liegen der Entwicklung der Skelettelemente einer neuen Pharynxpumpe und, wie von Northcutt (1996) hervorgehoben wird, neuer Rezeptoren zugrunde, die für einen aktiveren Lebensstil vorteilhaft waren. Diese Veränderungen passen zu der Annahme, dass der Ursprung der Vertebraten eine ökologische Verlagerung vom Filtrieren zum aktiven Beutegreifen darstellt. Es scheint, dass das ursprüngliche Wirbeltier ein Gehirn hatte, das paarige cerebrale Hemisphären, ein Diencephalon, ein Tectum opticum und eine Medulla besaß, Strukturen, die sowohl bei Schleimaalen als auch bei Neunaugen, nicht aber bei *Branchiostoma* vorhanden sind.

Das Gehirn der **Cyclostomata** ist ursprünglich, aber in mancher Hinsicht auch spezialisiert und degeneriert. Der anteriore Teil des Gehirns erscheint durch das Zusammendrängen durch den terminalen Mund und die dorsale Nasenkammer verkürzt (Abb. 18.13). Die großen Bulbi olfactorii sind nur durch eine oberflächliche Einengung von den dicken cerebralen Hemisphären getrennt. Corpus striatum, Palaeocortex und Archicortex sind nur vage abgegrenzt. Ein Parietalorgan, ein Pinealorgan und große Habenulae sind am Dach des Diencephalons zu sehen. Lobi optici sind bei Neunaugen offensichtlich, aber klein bei blinden Schleimaalen. Die Medulla ist relativ groß und trägt einen großen, evertierten, posterioren Plexus chorioideus. Das Cerebellum ist rudimentär, wie man es bei diesen trägen Tieren auch erwarten würde.

Das Gehirn der **Elasmobranchier** ist gut entwickelt und groß, das Verhältnis von Hirngewicht zu Körpergewicht überlappt eher mit dem von Vögeln und Säugetieren als mit dem von Knochenfischen. Die Bulbi olfactorii sind groß, weit abgetrennt und schließen Ausstülpungen der lateralen Ventrikel ein. Tractus olfactorii sind vorhanden. Die cerebralen Hemisphären sind dadurch auffällig, dass sie in der Mitte breit miteinander vereint sind und einen gemeinsamen Ventrikel teilen. Das Corpus striatum und corticale Areale sind gut ausgebildet. Im Diencephalon sind Pinealorgan (aber kein Parietalorgan), ein Plexus chorioideus, Habenulae, ein Thalamus mit einem Corpus geniculatum laterale und ein großer Hypothalamus vorhanden. Der Hypothalamus hat paarige **Lobi inferiores**, die seitlich der Hypophyse anliegen und einen dünnen **Saccus vasculosus**, der bei der Perzeption der Wassertiefe und damit in Verbindung stehendem Verhalten, sowie bei transzellulärem Ionentransport zwischen Blut und Cerebrospinalflüssigkeit eine Rolle spielen soll. Diese beiden Strukturen sind für Fische im Allgemeinen charakteristisch, vor allem für Tiefseefische, und fehlen bei Tetrapoden. Lobi optici sind gewöhnlich gut ausgebildet und umgeben eine Ausdehnung des Mittelhirnventrikels. Der Nucleus ruber hat sich entwickelt. Das Cerebellum ist bei aktiven Spezies groß, liegt medial, ist bei großen Haien etwas gefurcht und enthält eine Ausdehnung des vierten Ventrikels. Archicerebellum und Palaeocerebellum können unterschieden werden, der Cortex hat sich bereits in die drei Schichten, die für höhere Vertebraten charakteristisch sind, differenziert. Dem Cerebellum kommt eine wichtige Rolle bei der Elektrorezeption zu. Oliväre Kerne und die Formatio reticularis sind in der Medulla vorhanden.

Die Gehirne von **Knochenfischen** sind sehr unterschiedlich. Die Gehirne der Dipnoi ähneln denen der Elasmobranchii, während die Gehirne der Actinopterygii eine Vorderhirnarchitektur haben, die von keinem anderen Vertebraten geteilt wird. Das Gehirn der rezenten Vertreter der Crossopterygii ist intermediär.

Die cerebralen Hemisphären der Dipnoi evaginieren auf die übliche Weise und werden an ihrer äußeren Oberfläche konvex. Diejenigen der Actinopterygier evertieren stattdessen: Die dorsale Lippe der Hemisphäre wölbt sich nach außen, so dass die Hemisphäre an ihrer äußeren Oberfläche konkav wird. Cortex und Corpus striatum grenzen aneinander und sind dick. Die Homologien der Teile des Cortex sind ungewiss.

Auffällige Lobi inferiores und Saccus vasculosus sind wie bei den Knorpelfischen unter dem Diencephalon vorhanden. Nervi optici kreuzen im Chiasma opticum oder vermischen sich miteinander in unterschiedlichen Mustern. Vorgewölbte Lobi optici sind gewöhnlich der auffälligste Teil des Gehirns der Knochenfische. Das Cerebellum ist glatt, aber meistens groß. Es ist kompakter als das von Knorpelfischen. Das Cerebellum der Actinopterygii hat eine auffällige anteriore Auswölbung, die **Valvula**, die in den Ventrikel des Mittelhirns vorstößt und zur Trennung der Lobi optici beiträgt.

Große Projektionen, die mit dem Geschmackssinn in Verbindung stehen, sind in der Medulla vorhanden. Wenn die Nahrung vor allem an Barteln und Lippen geschmeckt wird, bildet sich ein **Lobus facialis** hinter dem Cerebellum, um die Nuclei der Nervi faciales unterzubringen. Wenn Nahrung vor allem im Mund und im Pharynx geschmeckt wird, bilden sich laterale **Lobi vagi**, welche die Nuclei des Nervus glossopharyngeus und Nervus vagus beherbergen. In der Medulla der Actinopterygier (und Urodelen) gibt es ein einzelnes Paar von riesigen Neuronen, die **Mauthner-Zellen**, die in Verbindung zum Ohr und Seitenliniensystem stehen. Sie vermitteln Fluchtreflexe zu den Muskeln, die beim Schwimmen benutzt werden. Die Plexus chorioidei sind bei Fischen evertiert.

Das Gehirn der **Amphibien** ist bemerkenswert unspezialisiert (vor allem bei Urodelen) und ist kaum weiter entwickelt als das der Knorpelfische

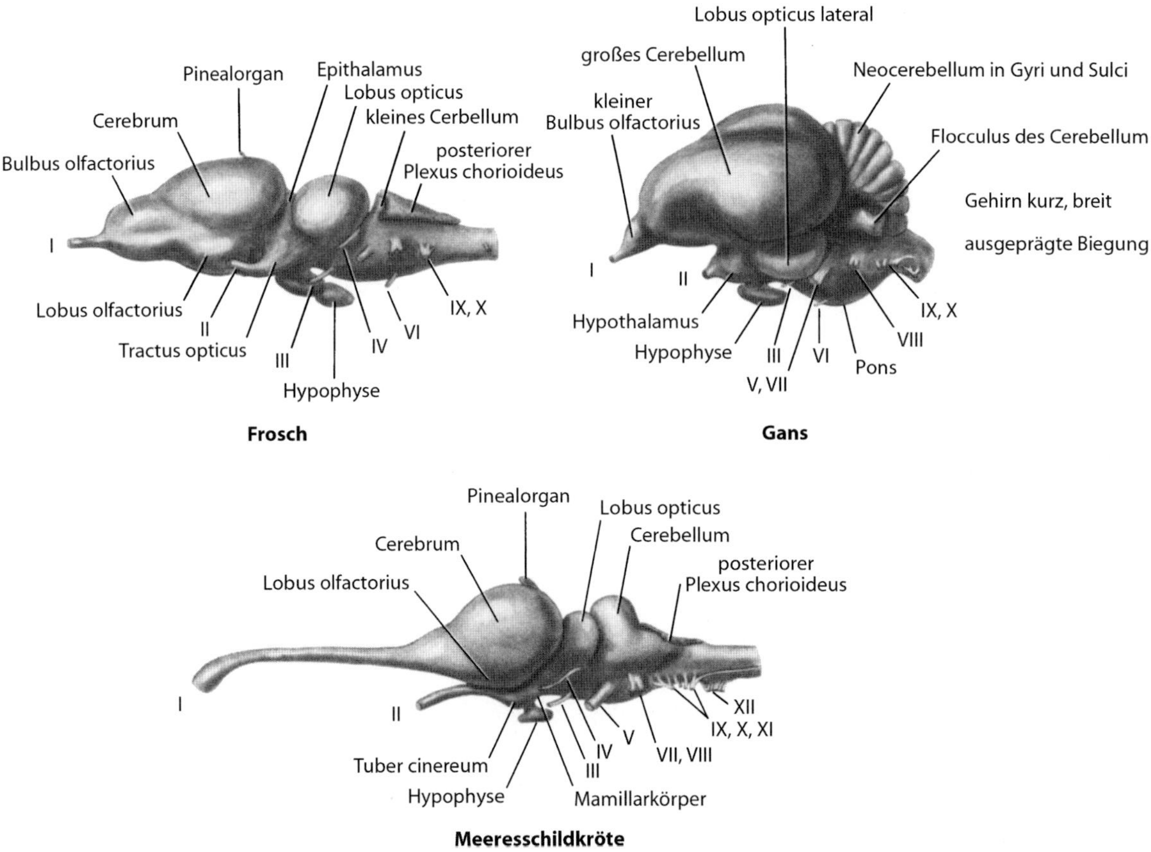


**Abb. 18.14.** Gehirne von Repräsentanten von drei Klassen der Tetrapoden. Lateralansicht

und Dipnoi (Abb. 18.14) (Roth et al. 1993). Die cerebralen Hemisphären sind weiter voneinander getrennt als bei Fischen, so dass sie nur einen kleinen gemeinsamen Ventrikel teilen. Primitive Hippocampusareale und piriforme Areale haben sich jeweils aus dem Archicortex und dem Palaeocortex gebildet. Das Corpus striatum ist klein. Der Pinealkörper ist bei Anuren gut ausgebildet. Der dorsale Thalamus beginnt sich zu vergrößern. Vorläufer von Mamillarkörpern sind im Hypothalamus vorhanden. Die Lobi optici sind mittelgroß (Anura) oder klein (Urodela). Das Cerebellum ist rudimentär.

Das Gehirn der **Reptilien** ist schmal, länglich und beinahe gerade. Bulbi olfactorii sind meistens kleiner als bei Fischen. Die Tractus olfactorii sind lang. Das Cerebrum ist aufgrund der Ausdehnung des Corpus striatum und des assoziierten Neocortex groß. Die oberflächlichen Teile des Cortex sind dünn, die graue Substanz liegt außen. Die relative Größe und Lage der Teile von Cortex und Corpus striatum deuten darauf hin, dass es zwei Evolutionstendenzen beim Vorderhirn der Reptilien gegeben hat: eine Linie (repräsentiert von Schildkröten) in Richtung auf die Säugetiere und eine andere (repräsentiert durch Krokodile) in Richtung auf die Vögel.

Das Parietalorgan ist bei Eidechsen funktionsfähig (s. Kap. 19). Der dorsale Thalamus ist größer und komplexer als bei den niederen Klassen und der ventrale Thalamus hat alle Kerne, die gemeinhin bei Säugetieren erkannt werden. Da die meisten Reptilien ein sehr gutes Sehvermögen haben, sind die Lobi optici sehr

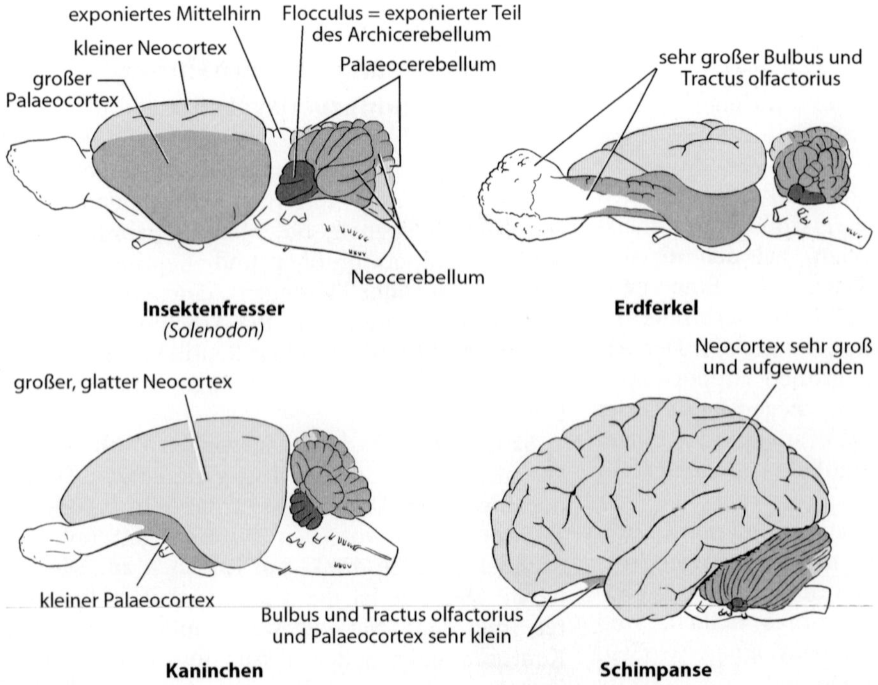


**Abb. 18.15.** Unterschiede in der Struktur des Säugetiergehirns (Derivate des Archicortex sind in der Lateralansicht verborgen)

gut ausgebildet. Das Mittelhirn schließt, wie bei Anamnioten, immer noch einen ausgedehnten Ventrikel ein.

Das Cerebellum der Reptilien ist glatt. Es ist bei Schwimmern am größten und bei Schlangen rudimentär. Die cerebellären Kerne liegen jetzt eher innerhalb als unterhalb des Organs. Die Plexus chorioidei sind invertiert.

Das Gehirn der **Vögel** ist relativ groß, einheitlich und für die Klasse typisch. Es ist kurz und breit. Es gibt auffällige craniale, pontine und cervicale Biegungen. Bulbi und Tractus olfactorii sind bei Aasfressern ausgebildet, aber im Allgemeinen kleiner als bei anderen Vertebraten. Die cerebrale Hemisphäre der Vögel wird in ihrer Größe nur von der mancher Säugetiere übertroffen. Der Grund dafür ist die enorme Entwicklung des Corpus striatum mit seinem „Hyperstriatum" oder Neocortex. Die Teile des Cerebrums haben bei Vögeln, die auf Hören spezialisiert sind (Eule), eine andere Konfiguration als bei Vögeln, die auf Berührung und Manipulation mit dem Schnabel spezialisiert sind (Ente, Schnepfe, Papagei). Die oberflächlichen Teile des Cortex sind außergewöhnlich dünn und haben spezifische Funktionen (z.B. Wulst für das Sehen).

Der dorsale Thalamus ist sogar noch stärker entwickelt als bei Reptilien. Nervi optici, Chiasma opticum und Tractus optici sind groß. Die Lobi optici sind besonders groß und geschichtet. Sie stehen mit allen Sinnesorganen und mit dem Cerebrum in Verbindung. Da sie zwischen das Cerebrum und das Cerebellum eingequetscht sind, haben die Lobi optici eine einzigartig laterale Lage.

Das Cerebellum ist größer als bei anderen Vertebraten, mit Ausnahme mancher Säugetiere. Das Organ ist hoch und schmal und eng aufgewunden. Verbunden mit der auffälligen Entwicklung des Cerebellums sind das Erscheinen der Pons unter dem Hirnstamm und die Vergrößerung der olivären Kerne innerhalb der breiten Medulla.

Die Bulbi und Tractus olfactorii der **Säugetiere** reichen von riesig (Erdferkel, Gürteltier, Ameisenbär) bis zu sehr klein (Primaten) (Abb. 18.15). Das Corpus striatum ist gut ausgebildet, wenn auch relativ kleiner als bei Reptilien und Vögeln. Es wird durch die Basalkerne repräsentiert, von denen das Caudatum und das Putamen, die aus dem Neocortex entstehen, relativ groß sind. Der sehr groß ausgebildete Neocortex ist das Kennzeichen der Klasse. Er dominiert das gesamte Gehirn sowohl strukturell als auch funktionell. Die Hemisphären sind bei den meisten kleinen Säugetieren glatt, bei den meisten großen Säugetieren aufgewunden. Eine neue Kommissur, das Corpus callosum, verbindet die Hemisphären der therischen Säugetiere. Der Archicortex wird durch den großen Hippocampus repräsentiert. Lobi piriformes liegen lateral oder ventral. Sie sind sehr stark ausgebildet, wenn der Riechsinn sehr empfindlich ist, andernfalls sind sie begrenzt.

Thalamus und Hypothalamus sind stark differenziert. Das Mittelhirn ist nur bei wenigen Säugetieren exponiert. Die Lobi optici, die jetzt Colliculi superiores oder anteriores heißen, sind klein, weil der cerebrale Cortex einen Großteil ihrer Funktion übernommen hat. Die Colliculi posteriores oder inferiores sind vorhanden und vervollständigen die Corpora quadrigemina des Mittelhirndaches. Der Ventrikel des Mittelhirns ist auf einen engen Aquaeductus cerebri begrenzt.

Das Cerebellum der Säugetiere ist groß, stark aufgewunden und relativ breit. Der cerebelläre Kernkomplex hat sich in drei oder vier voneinander abgetrennte Paare von Kernen differenziert. Eine Pons ist stark ausgebildet.

## 18.10 Unterstützung und Ernährung des Zentralnervensystems

Das Zentralnervensystem der Cyclostomata und Fische wird locker von einer schützenden fibrösen Hülle umgeben, die **Meninx primitiva** genannt wird. Amphibien und Reptilien haben zwei Hüllen (oder Meningen), eine äußere, zähere **Dura** und eine innere **Pia-Arachnoidea.** Vögel stehen strukturell zwischen Reptilien und Säugetieren, indem sie die Anfänge einer dritten Schicht haben.

Säugetiere haben drei Meningen (Abb. 18.16). Die starke **Dura mater** liegt ganz außen. Sie ist mesodermalen Ursprungs. In der Wirbelsäule ist sie durch Fett von den Wirbeln getrennt. Im Schädel liegt sie direkt am Knochen an. Die innerste Meninge ist die dünne vaskuläre **Pia mater**, die dem Nervengewebe anliegt und den Konturen einer jeden Fissur und Sulcus folgt. Zwischen Dura und Pia ist die nichtvaskuläre **Arachnoidea**, die feine Fasern enthält und Stränge zur Pia mater sendet. Pia und Arachnoidea entstehen beide zum Teil aus den Neuralleisten und zum Teil aus Mesenchym. Zwischen Arachnoidea und Pia liegt ein breiterer **subarachnoidaler Raum.**

Der Zentralkanal des Rückenmarks, die Ventrikel des Gehirns und (bei Säugetieren) der subarachnoidale Raum sind mit einer beträchtlichen Menge von **Cerebrospinalflüssigkeit** gefüllt. Diese Flüssigkeit ist klar, farblos und ähnelt dem Blutplasma mit der Ausnahme, dass sie mehr Chlorid und praktisch kein Protein enthält. Sie

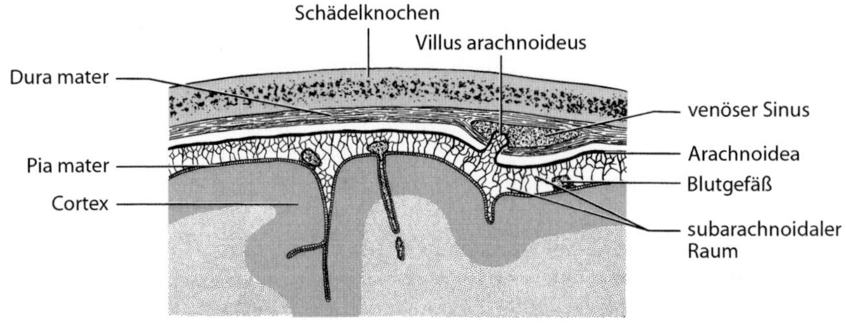


**Abb. 18.16.** Meningen des Säugergehirns

fließt langsam infolge von Sekretionsdruck und der Aktion der cilientragenden Ependymzellen. Die Bewegung geht sowohl von den anterioren Ventrikeln als auch vom Zentralkanal des Rückenmarks auf den vierten Ventrikel zu. Die Flüssigkeit tritt durch Löcher im Dach der Medulla in den subarachnoidalen Raum über. Von dort fließt sie an verschiedenen Stellen, vor allem durch venöse Sinus nahe des Gehirns, in den Blutstrom zurück. Ein Teil der Cerebrospinalflüssigkeit fließt auch in das lymphatische System ab.

Das Muster und das Ausmaß dieses Kreislaufs muss bei Nichtsäugern etwas unterschiedlich sein, da dort kein subarachnoidaler Raum auftritt. Solche Vertebraten haben allerdings auch Cerebrospinalflüssigkeit außerhalb des Zentralnervensystems. (Die Plexus chorioidei sind gewöhnlich in dünne flüssigkeitsgefüllte Säcke ausgestülpt, anstatt in ihre entsprechenden Ventrikel eingestülpt zu sein).

Man erinnere sich, dass in den lateralen Ventrikeln und am Dach des vierten Ventrikels Plexus chorioidei liegen. Diese bestehen aus reich vaskularisierter und aufgewundener Pia mater und der daran anliegenden Ependymschicht der Hirnvesikel. Die Plexus produzieren schnell einen Hauptteil der Cerebrospinalflüssigkeit (eine kleine Menge wird wahrscheinlich von den Ependymzellen des Rückenmarks produziert). Die Flüssigkeit badet und dämpft das Zentralnervensystem und schützt es damit vor Verletzung, wenn ein Schlag auf den Kopf oder den Rücken erfolgt. Zusammen spielen Plexus und Cerebrospinalflüssigkeit auch eine wichtige Rolle bei der Aufrechterhaltung der chemischen Stabilität des Zentralnervensystems.

Die Ernährung erfolgt auf zwei Arten:

- Wo Kapillaren in direkten Kontakt mit Nervengewebe kommen (an der **Blut-Hirn-Schranke**), werden viele Materialien inklusive großer Moleküle und Drogen daran gehindert, die Blut-Hirn-Schranke zu überwinden. Es gibt jedoch einen schnellen Transport von Substanzen ins Gehirn, die schnell verbraucht werden (z.B. Atemgase, Glukose, Aminosäuren, Lactat). Der Transport geschieht durch eine fazilitierte Diffusion, die keine Energie benötigt.
- Jeder Plexus chorioideus bildet eine selektive Barriere zwischen Blut und Cerebrospinalflüssigkeit. Verschiedene Nährstoffe (einschließlich Vitamine C und B) werden über aktiven Transport in die Cerebrospinalflüssigkeit transportiert. Dieser Transport benötigt Energie. Die Cerebrospinalflüssigkeit wiederum hat durch die Pia mater freien Zugang zur Interstitialflüssigkeit des Gehirns. Die Plexus fungieren auch gewissermaßen als Nieren für das Gehirn, indem sie Stoffwechselabfallprodukte von der Cerebrospinalflüssigkeit ins Blut befördern.

Struktur und Funktion des Kreislaufsystems stellen eine reiche Blutzufuhr zum Zentralnervensystem sicher. Die daran beteiligten Gefäße sind gewöhnlich groß und zahlreich. Kollaterale Systeme sind vorhanden und in Notsituationen wird diesem System Vorrang vor anderen gegeben. Das Gehirn und das Rückenmark brauchen aus zwei Gründen viel Blut:

- Sie haben eine hohe Stoffwechselrate und einen konstanten und großen Bedarf an Sauerstoff.
- Der Austausch zwischen Blut und Gewebe kann dort weniger effektiv sein als anderswo. Das Nervengewebe ist dicht, interstitiale Räume sind winzig, und es gibt keine lymphatischen Gefäße.

## Literatur


Alkon DL (1989) Memory storage and neural systems. Sci Am 26:42–50

Braford MR (ed) (1995) Evolution of the forebrain. Brain Behav Evol 46:181–338 (Gesamter Band!)

Bullock TH (1993) How are more complex brains different? Brain Behav Evol 41:88–96

Burt AM (1993) Textbook of neuroanatomy. Saunders, New York. Gibt eine grundsätzliche Übersicht mit Hauptaugenmerk auf dem Menschen

Butler AB (2000) Chordate evolution and the origin of craniates: An old brain in a new head. Anat Rec (New Anat) 261:111–125. Liefert ein Modell für die Evolution des Gehirns durch aufeinanderfolgende Schritte, die durch Verlagerungen in der Genexpression, welche die Entwicklung des Nervensystems aus dem Ectoderm festlegt, bedingt werden

Butler AB, Hodos W (1996) Comparative vertebrate neuroanatomy: Evolution and adaptation. Wiley-Liss, New

York. Ein informativer, detaillierter Bericht über die Neuroanatomie der Chordaten, die in Zusammenhang mit der Evolution diskutiert wird

Card JP (1998) Exploring brain circuitry with neurotropic viruses: New horizons in neuroanatomy. Anat Rec (New Anat) 175:176–185

Cox JA, Fetcho JR (1996) Labeling blastomeres with a calcium indicator: A noninvasive method of visualizing neuronal activity in zebrafish. J Neurosci Methods 68:185–191

Deacon TW (1990) Rethinking mammalian brain evolution. Am Zool 30:629–705

Delcomyn F (1996) Foundations of neurobiology. Freeman, New York. Präsentiert und diskutiert die Neuroanatomie in Zusammenhang mit Physiologie und Verhalten. Hervorragende Abhandlung

Freeman WJ (1991) The physiology of perception. Sci Am 264:78–85

Isaacson RL (1982) The lymbic system, 2nd edn. Plenum, New York

Kandel ER, Hawkins RD (1992) The biological basis of learning and individuality. Sci Am 267:78–86

Kimelberg HK, Norenberg MD (1989) Astrocytes. Sci Am 260:66–76

Kimura D (1992) Sex differences in the brain. Sci Am 267:118–125

Krubitzer L (1995) The organization of neocortex in mammals: Are species differences really so different? Trends Neurosci 18:408–417. Stellt eine kritische Analyse des Ursprungs und der Evolution der Hirnareale auf der Grundlage von Untersuchungen am sensorischen Cortex verschiedener Säugetiere vor

Medina L, Reiner A (2000) Do birds possess homologues of mammalian primary visual, somatosensory and motor cortices? Trends Neurosci 23:1–12. Hinweise darauf, dass einige wichtige strukturelle und funktionelle Komponenten des Gehirns von Vögeln und Säugern, die man lange für ähnlich hielt, sich unabhängig entwickelt haben könnten

Nieuwenhuys R, ten Donkelaar HJ, Nicholson C (eds) (1998) The central nervous system of vertebrates, 3 vols. Springer, New York. Enorm, detailliert, umfassend; hervorragende Abbildungen

Nieuwenhuys R, Voogd J, van Huijzen C (1998) The human central nervous system: A synopsis and atlas. 3rd edn. Springer, New York. Sehr gute Darstellungen von Struktur und Verbindungen

Northcutt GR (1996) The agnathan ark: The origin of craniate brains. Brain Behav Evol 48:237–247

Paulin MG (1993) The role of the cerebellum in motor control and perception. Brain Behav Evol 41:39–50. Allgemeiner Überblick über Cyclostomata, Elasmobranchii, Amphibien, Reptilien, Vögel und Säuger; kommt zu dem Schluss, dass das Cerebellum die Eigenbewegungen des Tieres, sowie Objektbewegungen um das Tier verfolgt

Roth G et al (eds) (1993) Paedomorphosis and simplification in the nervous system of salamanders. Brain Behav Evol 42:137–170. Eine umfassende Analyse des anscheinenden Paradoxons, dass das Salamandergehirn weniger komplex ist, als man aufgrund seiner phylogenetischen Stellung erwarten würde

Selkoe DJ (1992) Aging brain, aging mind. Sci Am 267:134–142

Spector R, Johanson CE (1989) The mammalian choroid plexus. Sci Am 261:68–74

Wake DB (1994) Brainstem organization and branchiomeric nerves. Acta Anat 148:124–131

# 19 Sinnesorgane

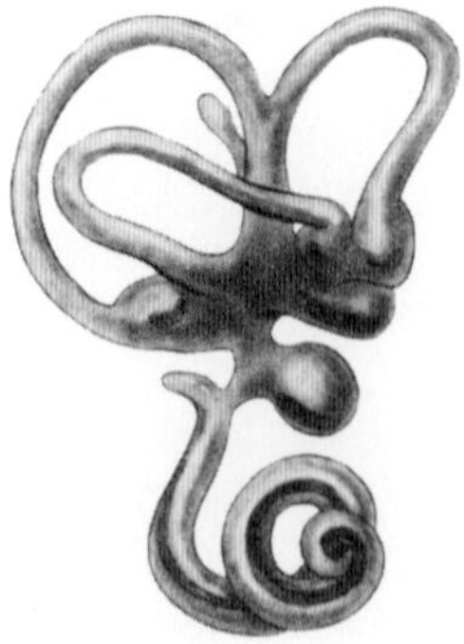

Alle Zellen des Körpers werden von ihrer Umgebung beeinflusst. Darüber hinaus bilden bestimmte spezialisierte Zellen und Organe ein sensorisches System. Sie sind darauf spezialisiert, die nahe wie auch die ferne Umgebung zu überwachen. Sie aktivieren das Zentralnervensystem, und erst dort wird eine Empfindung wahrgenommen, integriert und ggf. eine Aktion initiiert.

Sensorische Rezeptoren reichen in ihrer Komplexität von einfachen Nervenendigungen über einfache, mikroskopisch kleine Körperchen bis hin zu den großen und komplexen Augen. Verschiedene Klassifizierungen dieser unterschiedlichen sensorischen Organe werden benutzt:

- allgemein (großflächig verteilt wie z. B. Druckrezeptoren) gegenüber speziell (lokalisiert, wie z. B. das Ohr),
- somatisch (bewusste Wahrnehmung relativ oberflächlicher Reize) gegenüber visceral (unbewusste Wahrnehmung tiefer Reize),
- von inneren Quellen stimuliert (Muskeltonus oder Gleichgewicht) gegenüber von äußeren Quellen (Kälte, Licht),
- adäquat aktiviert durch mechanische Reize (Berührung und Schall), durch elektromagnetische Reize (Wärme und Licht) oder durch chemische Reize (Geschmack und Geruch).

Keines dieser Schemata ist wirklich befriedigend für unser Ziel, die hauptsächlichen Weiterentwicklungen der Strukturen bei Vertebraten zu analysieren. Die komplizierteren Sinnesorgane liefern interessante Beiträge zur Vertebratenevolution und werden in einer ungefähren Reihe zunehmender Komplexität dargestellt, nachdem wir zunächst die relativ einfachen Rezeptoren beschrieben haben.

## 19.1 Einige verschiedene kleine Rezeptoren

Die strukturellen Grundlagen für die Wahrnehmung unserer menschlichen Empfindungen wie Hunger, Erschöpfung, Geschlechtstrieb und Angst sind unbekannt. Ferner haben viele Vertebraten Sinnesorgane, die beim Menschen nicht auftreten und deren Funktionen nicht annähernd aufgeklärt sind. Wir können niemals wissen, wie es sich anfühlt, ein Fisch zu sein, und es bleibt noch viel über die Sinneswahrnehmung, vor allem bei niederen Vertebraten, zu erforschen.

Verschiedene Empfindungen, wie z. B. Berührung, Druck, Dehnung, Wärme, Kälte und allgemeiner chemischer Sinn werden zumindest teilweise von freien Nervenendigungen aufgenommen. Über ihre Phylogenie ist wenig zu sagen. Vielfältige Arten von **Sinneskörperchen** werden in Epithelien und Bindegewebe der Tetrapoden gefunden. Sie bestehen aus unterschiedlich modifizierten Nervenendigungen, die von kleinen, einfachen Kapseln umgeben sind, welche vielfältige Konfigurationen aufweisen. Sie scheinen auf Hitze, Kälte, Berührung, Druck und Verletzungen anzusprechen. Es ist schwierig, die Funktion jeder Art von Sinneskörperchen herauszufinden und möglicherweise ant-

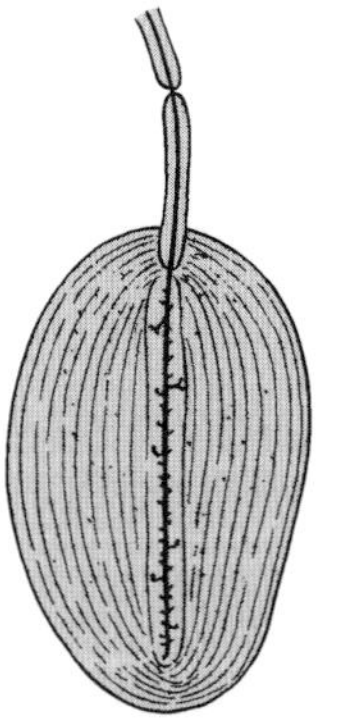

**Abb. 19.1.** Pacinikörperchen, ein Drucküberträger

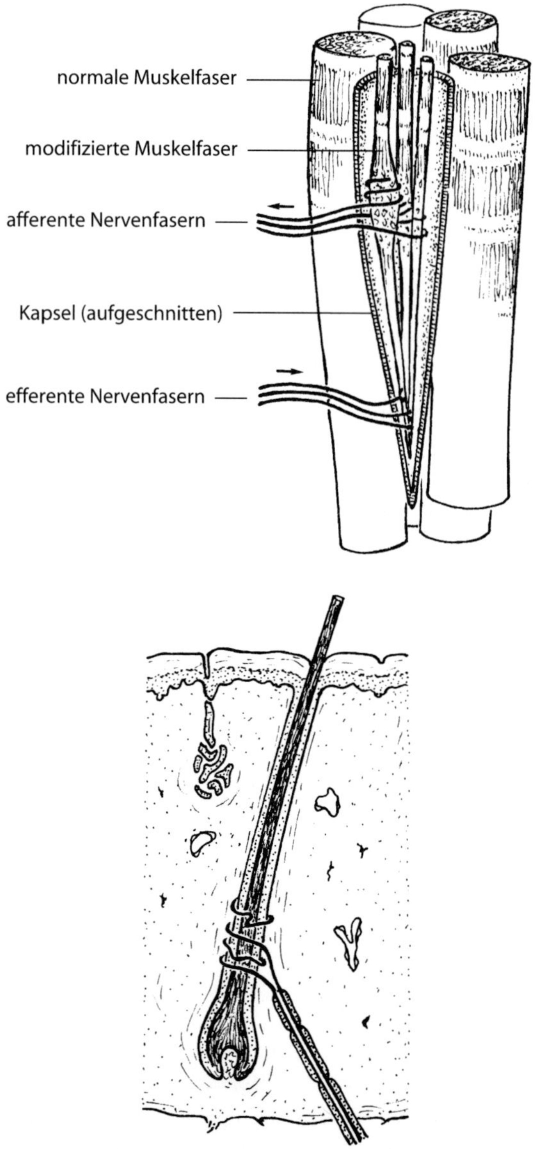


**Abb. 19.2.** Zwei Mechanorezeptoren: Muskelspindel (*oben*) und Bewegungssensor eines Haarfollikels (*unten*)

worten manche auf mehr als einen Reiz. Über ihre Phylogenie ist so gut wie nichts bekannt und Homologien können nur selten aufgestellt werden. Das am besten bekannte Sinneskörperchen ist das **Pacinische Körperchen**, das ein unglaublich effektiver kleiner Drucküberträger ist (Abb. 19.1). Eine leichte Verzerrung der 30–50 zwiebelähnlichen Lamellen der Kapsel führt zu einem **graduierten Potential** in der Nervenendigung innerhalb des Organs. Wenn das Potential Schwellenintensität erreicht, wird der Impuls am ersten Ranvierschen Schnürring massiv verstärkt. Das resultierende **Aktionspotential** wird dann entlang des Axons weitergeleitet.

Der **propriozeptive Sinn** informiert ein Tier über die relative Lage seiner Körperteile. Wenn man halb aus tiefem Schlaf erwacht, weiß man manchmal für einen Augenblick nicht, wie die Beine gebeugt oder die Arme positioniert sind, aber das leichteste Anspannen der Muskeln klärt einen über die Position auf. Drei Arten von Propriozeptoren, die alle auf Spannung antworten und zu Haltungsreflexen beitragen, sind daran beteiligt. Sie scheinen bei allen Tetrapoden vorzukommen. **Gelenkrezeptoren** haben komplexe Nervenendigungen innerhalb des Bindegewebes der Gelenkkapseln. Zwei Typen von Muskelrezeptoren, am besten bekannt durch Untersuchungen an Säugetieren, sind die **Sehnenorgane** und die **Muskelspindeln** (Abb. 19.2). Diese Rezeptoren überwachen die Muskellänge und Muskelkraft. Beide sind vor allem in quergestreiften Muskeln häufig vertreten, die eine relativ große Kraft entwickeln und unvorhersagbaren Belastungen ausgesetzt sind. Sehnenorgane liegen in den Aponeurosen der Sehnen sowohl am Muskelursprung als auch am Muskelansatz sowie in Aponeurosen, die in den Muskelbauch hineinragen (aber in der Regel nicht in den Sehnen selbst). Sehnenorgane besitzen ein sensorisches afferentes Neuron und sind einfach gebaut. Auch die Muskelspindeln können relativ einfach gebaut sein, werden aber von manchen Forschern als komplex betrachtet. Die Muskelspindeln liegen sowohl im gesamten Muskelbauch als auch nahe der Aponeurosen des Ursprungs und des Ansatzes. Eine typische Muskelspindel in einem Säugermuskel ist aus zwei Typen modifizierter Muskelfasern, einer bindegewebigen Kapsel und afferenten (sensorischen) und efferenten (motorischen) Nervenfasern zusammengesetzt. Muskelspindeln und in einem geringeren Maß auch Sehnenorgane sind sehr genau untersucht worden, aber ihre genaue Rolle bei der Kontrolle der Fortbewegung bleibt unklar (Stuart und McDonagh 1997).

Einige sehr unterschiedliche Arten von Sinnesorganen sind mit bloßem Auge zu sehen, aber dennoch relativ einfach in ihrem Aufbau. Der **Carotidenkörper** ist eine kleine Ansammlung von Zellen unklaren Ursprungs, die in der Gabelung zwischen den inneren und äußeren Carotiden der Tetrapoden liegt. Er ist reich sowohl mit Nerven als auch mit Blut versorgt, registriert Schwankungen in den Kohlendioxid- und Sauerstoffkonzentrationen im Blutstrom und sendet Impulse über den IX. Hirnnerv zu den Teilen des Gehirns, die den Kreislauf und die Atmung kontrollieren. **Otolithen** sind harte Objekte innerhalb des Innenohres einiger Vertebraten. Zusätzlich zu ihrer Funktion beim Gleichgewicht (s. unten) fungieren sie wahrscheinlich als Beschleunigungsmesser. Außerdem wurden bei den großen Otolithen verschiedener Teleosteer piezoelektrische Eigenschaften nachgewiesen (d. h. dass Kraft in elektrische Potentiale umgewandelt wird). Theoretisch könnten sie als Tiefenmesser fungieren. **Grubenorgane** verleihen bestimmten Schlangen, den Grubenottern (z. B. Klapperschlangen), ihren Namen. Die auffälligen Gruben liegen zwischen der Nasenöffnung und dem Auge. Der Boden der blind endigenden Grube ist vaskularisiert und stark durch oberflächliche Nervenendigungen des V. Hirnnervs innerviert. Das Organ ist ein ausnehmend empfindlicher Thermorezeptor. Die Hintergrundaktivität wird modifiziert, wenn die Temperatur um nur 0,003 °C ansteigt oder absinkt. Dies ermöglicht es der Schlange, in Sekundenbruchteilen die Anwesenheit und exakte Position warmblütiger Beute zu erkennen, die sich innerhalb der Zugriffsentfernung aufhält. Pythons und Boas haben entweder eine Serie ähnlicher, aber kleinerer und weniger empfindlicher Gruben in den Schuppen, die den Mund umgeben, oder sie haben wärmeempfindliche Hautareale.

Verhaltensexperimente haben gezeigt, dass viele Vertebraten das Erdmagnetfeld wahrnehmen und sich daran orientieren, wenn sie wandern oder nach Hause finden. Bisher konnten jedoch weder der physiologische Mechanismus, mit dem der **Magnetsinn** funktioniert, noch die dafür verantwortlichen anatomischen Rezeptoren identifiziert werden. Der Nachweis der biologischen Grundlage des Magnetsinns bleibt eine faszinierende Herausforderung (Lohmann und Johnsen 2000, Wiltschko und Wiltschko 2002). Verschiedene Mechanismen, die zum Teil stark theoretisch gefordert werden, aber nur durch geringe empirische Beweise nachgewiesen sind, wurden für die Wahrnehmung magnetischer Felder und die Informationsübertragung vorgeschlagen. Sie schließen elektromagnetische Induktion und Empfindlichkeit für winzige Bewegung magnetischer Kristalle ein. Ein oder mehrere Mechanismen können von einer individuellen Art benutzt werden. Elektromagnetische Induktion wurde als der Mechanismus angenommen, über den Elasmobranchier ihre Lorenzinischen Ampullen in Kombination mit Elektrorezeptoren in der Haut zur Detektion von Spannungsänderungen benutzen, die durch Orientierungsveränderungen des Körpers bei Bewegung durch das Erdmagnetfeld entstehen. Schlüpfende Seeschildkröten finden zunächst ihren Weg vom Strand zum Wasser, indem sie auf das Licht der Sterne oder des Mondes, das vom Ozean reflektiert wird, zulaufen. Sie schwimmen gegen die herankommenden Wellen, um sich von der Küste zu entfernen. Wenn sie die benötigte Strömung im Ozean erreichen, hat ihr Magnetkompass bereits eingesetzt. Anscheinend bestimmen sie ihren Breitengrad, indem sie den Inklinationswinkel des Erdmagnetfelds wahrnehmen (der an den Polen vertikal und in der Nähe des Äquators horizontal wird).

Das Mineral Magnetit wurde bei Forellen und Lachsen, bei Vögeln, Seeschildkröten und manchen anderen Tieren, die sich nachweislich am

Erdmagnetfeld orientieren, nachgewiesen. Bei der Forelle z.B. hat man angenommen, dass 50 nm große Magnetitpartikel in der Schnauze Druck oder Drehmoment auf sekundäre Rezeptoren ausüben (Dehnungsrezeptoren, Haarzellen oder Mechanorezeptoren), wenn die Partikel versuchen, sich im geomagnetischen Feld auszurichten. Alternativ könnte die Bewegung der Kristalle selbst die Ionenkanäle direkt öffnen.

Das bemerkenswerte Heimfindevermögen der Tauben scheint das Ergebnis verschiedener Orientierungsmethoden zu sein. Die Vögel benutzen den visuellen Sinn, möglicherweise auch den Gehörsinn und den Geruchssinn, um eine Landkarte zu konstruieren, die in der Nähe des Heimathorstes am genauesten ist, aber bis zu 1000 km weit reichen kann. Diese Karte wird durch einen zeitkorrigierten Sonnenkompass, der entweder auf der Sonnenscheibe oder der Polarisation des Himmels beruht, ergänzt. Experimente zeigen, dass Tauben dann den Magnetkompass benutzen, wenn die beiden erstgenannten Orientierungsmöglichkeiten umständehalber nicht adäquat sind. Der Flug von Zugvögeln wird gestört, wenn sie über magnetische Anomalien in der Erdkruste fliegen.

## 19.2 Organe der Chemorezeption

### 19.2.1 Geruchsorgane

Anscheinend unspezialisierte Nervenendigungen an verschiedenen Orten der Körperoberfläche vieler Vertebraten reagieren auf die chemische Umgebung. Das Tränen des menschlichen Auges auf Smog und Zwiebeln ist hierfür ein Beispiel. Die hauptsächlichen spezialisierten chemischen Sinne sind Geruch, Pheromonwahrnehmung und Geschmack. Geruch ist ein ursprünglicher Sinn. Die frühesten Vertebraten scheinen schon einen sehr ausgeprägten Geruchssinn gehabt zu haben und Fossilien legen nahe, dass das Vorderhirn auf die Verarbeitung olfaktorischer Signale spezialisiert war.

Das **Riechepithel** liegt in den Nasengruben der Fische und in geschützten Ausstülpungen der Atemwege bei Luftatmern. Nur ein Teil und gewöhnlich ein kleiner innenliegender Teil des Epithels, das die Nasenhöhle oder den Atemweg auskleidet, enthält olfaktorische Zellen. Es handelt sich um säulenartige Zellen mit jeweils ungefähr acht haarförmigen Filamenten an ihrer freien Oberfläche (Abb. 19.3). Diese Zellen sind einzigartig, da ihre Axone in den Bulbus olfactorius des Zentralnervensystems projizieren (**primäre Sinneszellen**). Sie sind auch insofern ungewöhnlich, als sie zeitlebens ersetzt werden.

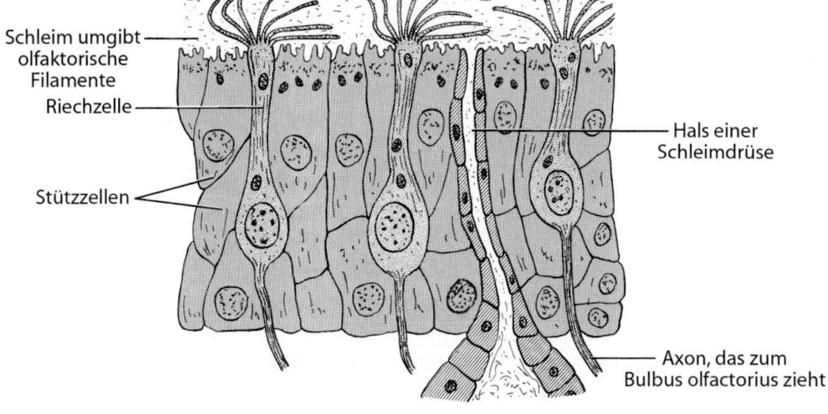


**Abb. 19.3.** Schnitt durch das Riechepithel eines Tetrapoden

Stützzellen liegen zwischen den Tausenden oder Millionen von Riechzellen.

Die kombinierte Fläche aller Filamente des Riechepithels kann größer sein als die gesamte Körperoberfläche und eben dort an diesen Filamenten werden gelöste chemische Stoffe detektiert. Der Geruchssinn ist so wundervoll empfindlich, dass viele Tiere die theoretische Grenze erreichen: Jedes Filament kann auf ein einzelnes Molekül bestimmter riechender Stoffe antworten und so die Riechzelle erregen. Jede Tierart hat ihr eigenes Duftstoffspektrum und ist sehr empfindlich für manche Gerüche und wenig empfindlich für andere. Gerüche werden detektiert, wenn Geruchsstoffe (kleine, flüchtige, fett- oder wasserlösliche Moleküle) an Rezeptorproteine auf den Filamenten der Riechzellen binden. Jede Riechzelle exprimiert nur einen Rezeptortyp. Es gibt bis zu 1000 verschiedene Rezeptoren (dies wurde durch die Aufdeckung der Gene, die für sie codieren, herausgefunden). Säugetiere können ungefähr 10 000 Gerüche unterscheiden, was durch Kombinatorik der Rezeptoren und zentrale Auswertung erreicht wird. Die Rezeptortypen werden in spezifischen Regionen des Riechepithels in bestimmten Mustern exprimiert und die Axone des gleichen Typus konvergieren auf einen bestimmten Glomerulus im Bulbus olfactorius (s. S. 374). Spezifische Düfte aktivieren ein definiertes Muster von Glomeruli im Bulbus olfactorius, das dann als zweidimensionale Repräsentation der wahrgenommenen Gerüche zum olfaktorischen Cortex projiziert wird.

Ein Geruchssinn wurde bei *Branchiostoma* nicht mit Sicherheit nachgewiesen. **Cyclostomata** haben einen medianen Nasensack, der durch Wasser, das durch die einzelne Nasenöffnung ein- und ausströmt, ventiliert wird. Es ist jedoch wahrscheinlich, dass die Geruchsstrukturen der Vorfahren dieser Tiere und zweifellos auch der Anaspida und Cephalaspida paarig wie bei anderen Vertebraten waren. Dies wird durch den zweilappigen Aufbau des Sackes, seine Innervation und seine Ontogenese angedeutet.

**Fische** nehmen Wasser in jede Nasenhöhle durch eine zusammengerückte Öffnung (Selachii) oder durch zwei Öffnungen (die meisten Teleostei) auf, die so konstruiert sind, dass ein kontinuierlicher Wasserstrom über das Riechepithel streicht. Die Nasenhöhle der Knorpelfische liegt im Atmungsstrom, so dass die Ventilation sichergestellt ist, auch wenn der Fisch sich nicht bewegt. Die inneren Nasenöffnungen der Sarcopterygii haben sich möglicherweise zumindest teilweise deshalb entwickelt, um das Riechen im Wasser (über eine verstärkte Ventilation) zu erleichtern, anstatt um Luft zu atmen. Die Auskleidung jeder Nasenhöhle ist gefaltet (Abb. 19.4). Die Anzahl und die Form der Falten ist art- und altersspezifisch. Das Riechepithel ist weitgehend auf die Rinnen zwischen den Falten beschränkt.

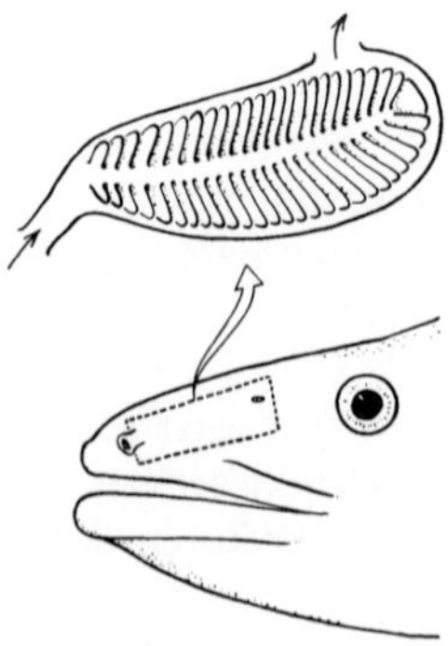

**Abb. 19.4.** Schnitt durch die Nasenhöhle eines Aales, *Anguilla*

**Luft atmende Vertebraten** haben zusätzlich Schleimzellen im Riechepithel. Dies ist wichtig, um die wahrzunehmenden Partikel zu lösen, aber auch, um Stoffe wegzuwaschen, die bereits detektiert wurden, so dass frische Luftproben untersucht werden können.

Die Größe der Nasenkammer nimmt zu und ihre Struktur wird komplexer, wenn sich der sekundäre Gaumen entwickelt. Die meisten Amnioten vergrößern die Oberfläche des Nasenepithels, indem sie es über mehrere Paare von Turbinaria (oder Conchae) oder Knochenrollen falten, die von den lateralen Wänden in die Nasenkammern hineinragen. Die Turbinaria sind bei den meisten Vertebraten relativ einfach, werden aber bei manchen Säugetieren sehr komplex. Die Oberfläche des Riechepithels kann so vergrößert werden, aber die Hauptfunktion des gefalteten Nasenepithels ist es, die eingeatmete Luft zu reinigen, anzufeuchten und manchmal ihre Temperatur zu verändern, bevor sie die Lungen erreicht. Der Geruchssinn wurde früher bei Vögeln als rudimentär angesehen, aber man weiß inzwischen, dass die meisten Vögel auf

Gerüche reagieren. Der Geruchssinn trägt bei heimkehrenden Tauben zur Erkennung heimischer Umgebung, bei Hühnern zur Vermeidung schlecht schmeckender Insekten, bei Staren zur Auswahl von Nistmaterial, bei Sturmvögeln zur Lokalisierung pelagischer Nahrung und bei Geiern zum Auffinden von Aas bei. Der Geruchssinn ist bei aquatischen Säugetieren relativ schwach ausgebildet, die (im Gegensatz zu Fischen) das Riechepithel nicht ventilieren können, während sie tauchen.

### 19.2.2 Pheromonrezeptoren

Pheromone sind chemische Stoffe, die von einem Tier abgegeben werden und Verhaltensantworten bei Artgenossen hervorrufen. Die chemischen Signale werden im **Vomeronasalorgan**, das an der Basis des Nasenseptums liegt, wahrgenommen. Das Vomeronasalorgan tritt nur bei Tetrapoden auf und ist entweder rudimentär oder funktionsunfähig bei Schildkröten, Krokodilen, Vögeln, aquatischen Säugern und höheren Primaten inclusive des Menschen. Bei Säugetieren führt Aktivierung des Vomeronasalorgans andernorts zu einer Hormonproduktion und dient dazu, das Sexual- und Sozialverhalten zu modifizieren. Bei Schlangen dient das Vomeronasalorgan zur Identifikation von Beute und zur Verfolgung ihrer Spuren. Dieses rätselhafte kleine Organ wird im Exkurs 19.1 weiter beschrieben.

### 19.2.3 Geschmacksorgane

Geschmacksorgane, die ein drittes chemosensorisches System bilden, ähneln den Riechorganen darin, dass sie Chemorezeptoren mit epithelialen Haarzellen besitzen. Sie unterscheiden sich von Geruchsorganen darin,

- dass sie um Größenordnungen weniger empfindlich sind,
- dass sie eine eingeschränktere Antwort haben (es gibt weniger verschiedene Geschmacksrichtungen als Gerüche),
- dass sie mit unterschiedlichen Teilen des Gehirns in Beziehung stehen,
- dass sie entodermalen statt ectodermalen Ursprungs sind,
- dass die Rezeptorzellen in Gruppen, den sog. **Geschmacksknospen**, zusammengefasst sind.

Jede Geschmacksknospe besteht aus Stützzellen und 30–40 säulenförmigen Geschmackszellen, die in fassähnlichen Gruppen angeordnet sind (Abb. 19.6). Die Knospen können weit verteilt oder in kleinen Hügeln des Epithels, den Papillen, gruppiert sein. Papillen unterscheiden sich in Größe und Form und können in unterschiedlichen Mustern angeordnet sein. Inwieweit dies ihre Funktion beeinflusst, ist unbekannt. Geschmacksknospen sind im Gegensatz zum Riechepithel exponiert und einer Abnutzung ausgesetzt. Deshalb sind ihre Zellen kurzlebig und werden kontinuierlich ersetzt. Jede Geschmackszelle ist für eine oder mehrere der vier grundlegenden Geschmacksrichtungen besonders empfindlich: salzig, sauer, süß und bitter. Dennoch sehen alle Geschmacksknospen gleich aus. Die verschiedenen Vertebraten sind für all diese Geschmacksrichtungen nicht gleich empfindlich. Da sie aus dem Epithel auf der Höhe verschiedener Visceralbögen abstammen, werden die Geschmacksknospen von mehreren Hirnnerven innerviert, nämlich dem siebten, dem neunten und dem zehnten.

Geschmacksknospen kommen in großer Zahl im Mund und Pharynx von Cyclostomata und Fischen vor, sie können aber auch an der Körperoberfläche liegen, vor allem an den Köpfen und Mundfühlern von Fischen, die ihre Nahrung im Sand, Schlamm oder trüben Wasser finden. Amphibien haben Geschmacksknospen auf der Zunge, dem Pharynx und in der Haut. Frösche haben Geschmacksknospen, die so liegen, dass sie von den Gaumenzähnen abgeschabte und durch die enzymatische Wirkung oraler Sekrete aufgelöste Gewebeteile schmecken. Bei Reptilien und Vögeln, die eine trockene Haut und gewöhnlich auch keratinisierte Zungen haben, liegen die meisten Geschmacksknospen im Pharynx. Diese Tiere, vor allem die Vögel, haben einen relativ schlechten Geschmackssinn. Säugetiere haben Geschmacksknospen überall im Mund und im Pharynx, konzentrieren sie aber auf der fleischigen Zunge.

## Exkurs 19.1

### Vomeronasalorgan: Kein Mysterium mehr, aber Fragen bleiben offen

Das Vomeronasalorgan wurde 1813 von dem dänischen Anatom L. Jacobson beschrieben, blieb aber für die nächsten 150 Jahre rätselhaft. Es wurde lange als ein etwas abgesetzter Teil des Riechepithels angesehen, wobei der Grund für seine Abtrennung unklar war. Das Vomeronasalorgan unterscheidet sich allerdings vom Riechorgan in seiner Feinstruktur, in den Molekülen, auf die es antwortet, ferner darin, dass es eigene Nerven hat, die in einem Bulbus enden, der benachbart, aber getrennt vom Bulbus olfactorius liegt, und indem es unabhängig zur Amygdala und dem neuroendokrinen Hypothalamus projiziert. Bei Säugetieren führt die Stimulation des Organs zur Abgabe von Hormonen, die mit dem luteinisierenden Hormon und Prolaktin in Verbindung stehen und im Endeffekt das Paarungsverhalten, die Fortpflanzung, die mütterliche Fürsorge und Aggression beeinflussen. Schlangen, Amphisbaenia und manche Eidechsen haben eine zweizipflige Zunge, die rein- und raus-, auf- und abbewegt wird und oft das Substrat berührt. Die weit voneinander getrennten Zungenspitzen prüfen die chemische Umgebung an unterschiedlichen Punkten und geben ihre Stimuli unabhängig an den Eingang des Mundes weiter, wo sie das paarige Vomeronasalorgan erreichen. Dies befähigt das Tier, die Ränder einer Geruchsspur zu lokalisieren und zu verfolgen, die von Beuteobjekten oder von Artgenossen gelegt wurde.

Das Organ liegt an der Basis des nasalen Septums, rechts und links in einem Tunnel im Vomer oder in einem Knorpel (Abb. 19.5). Jede Seite hat ein mondförmiges Lumen. Das Sinnesepithel liegt auf der konkaven Seite des Lumens. Es ist auffällig darin, dass es Mikrovilli enthält. Das nichtsensorische (?) Epithel auf der konvexen Seite trägt Cilien. Jedes Lumen ist an seiner Hinterseite blind und öffnet sich nach vorne über schmale Gänge in die Nasenkammer, in die Mundkammer oder in beide. Der Reiz (der bei Säugetieren meistens aus Urin oder Vaginalsekret stammt) wird in Nasen- oder Mundflüssigkeiten gelöst und gelangt dann zum Vomeronasalorgan. Das Epithel wird begrenzt durch venöse Sinus, die von glatten Muskeln umgeben sind. Gefäße und Muskeln sind stark durch autonome Nerven innerviert. Alternierende Vasokonstriktion, die Kontraktion mit Erweiterung und die Entspannung bilden zusammen offensichtlich eine Pumpe, welche die Flüssigkeit in das Organ hinein- und herausführt.

Die chemische Struktur der Reizsubstanzen bedarf einer Klärung. Wie schnell kann die Drüse geleert und wieder stimuliert werden? Der Mechanismus der Rezeption und der Transduktion ist nicht klar. Es gibt zwei Klassen von Rezeptoren, die im Epithel vermischt auftreten, die aber auf unterschiedliche Teile des Bulbus vomeronasalis projizieren. Warum? Viele Säugetiere heben den Kopf, biegen die Oberlippe auf und unterbrechen das Atmen während des Fühlens (Flehmen). Wie hilft das? Ist die Wahrnehmung oder die Antwort bewusst?

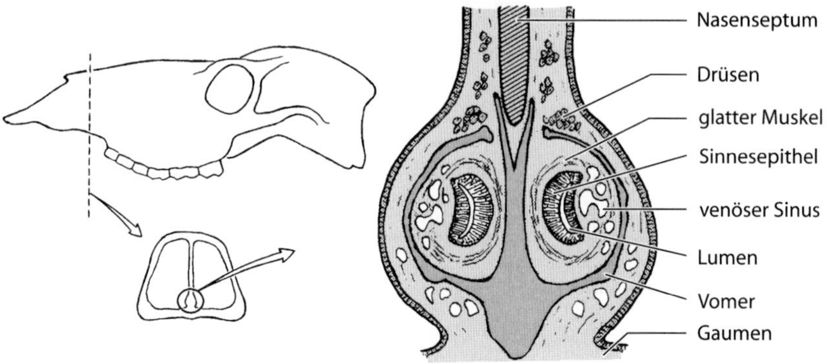


**Abb. 19.5.** Querschnitt durch das Vomeronasalorgan eines Säugetieres (die Turbinaria der Nasenhöhle sind nicht gezeigt)

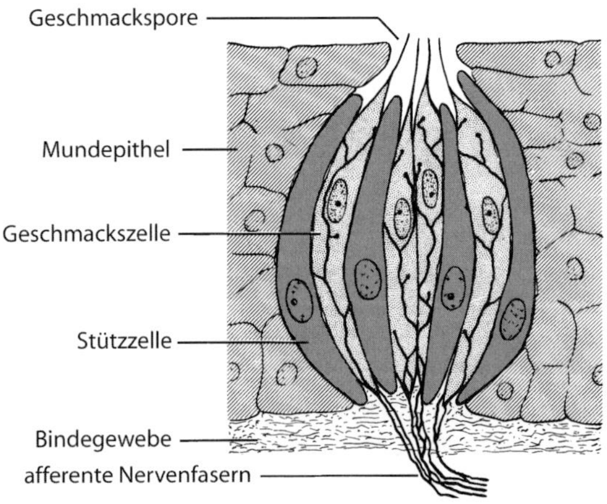


**Abb. 19.6.** Schnitt durch eine Geschmacksknospe

## 19.3 Seitenliniensystem: Elektrorezeption

Das Seitenliniensystem und das Innenohr sind so eng über ihre Struktur, die Funktion und die Ontogenese miteinander verbunden, dass sie zusammen als **Octavolateralis-System** (oder Acusticolateralis-System) bezeichnet werden. Bei den meisten Fischen, mit Ausnahme der Teleosteer, hat das Seitenliniensystem wiederum zwei Komponenten. Die eine besteht aus Elektrorezeptoren, die andere aus Mechanorezeptoren, die Wasserbewegung messen.

Die beiden Komponenten des Seitenliniensystems haben während der Entwicklung einen ähnlichen Ursprung. Im Embryo bilden sich mehrere ectodermale Plakoden auf jeder Seite des Kopfes und des Halses. Zellen aus der Neuralleiste können sich mit den Plakoden verbinden oder ihre Entwicklung beeinflussen. Eine Plakode auf jeder Seite bildet das Innenohr. Die Zellen bewegen sich von den anderen Plakoden weg und werden zum Seitenliniensystem und den Ganglienzellen der Nerven, die dieses System innervieren werden. Dies sind die präotischen und postotischen Anteile des **Nervus lateralis.**

Die **mechanorezeptive Komponente** des Systems kommt bei allen Fischen und sowohl bei larvalen als auch aquatischen adulten Amphibien vor. Sie besteht aus Tausenden mikroskopisch kleiner Organe, die **Neuromasten** genannt werden. Diese sind immer frei auf der Hautoberfläche verteilt und liegen außerdem auch in der Regel in seichten Oberflächenhöhlungen entlang von Kanälen in der Haut (Abb. 19.7) oder entlang horizontaler Röhren, die unter der Haut verlaufen und manchmal sogar durch Dermalknochen ziehen. Solche Tunnel stehen immer mit der Oberfläche über Poren in Verbindung, die entlang ihres Verlaufs angeordnet sind. Die längste und konstanteste Röhre (oder Kanal) ist der **Seitenlinienkanal** – daher auch der Name des Systems (der Begriff **Sensorisches Kanalsystem** wird ebenfalls benutzt). Diese Möglichkeiten, die Neuromasten zu verteilen und zu schützen, gehen ineinander über. Elasmobranchier können Neuromasten auch an einem Organ innerhalb des Spritzloches haben.

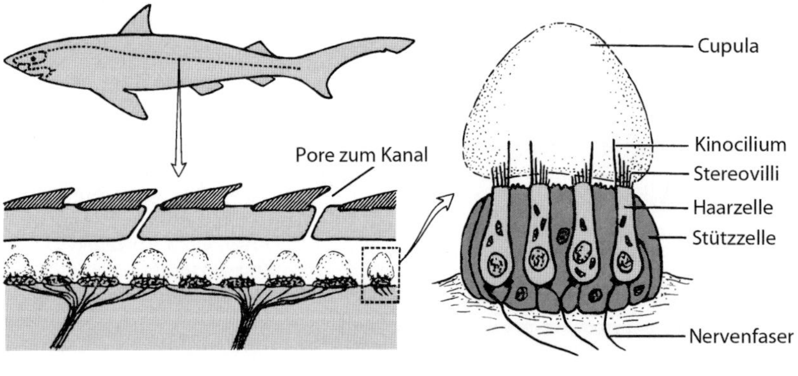


**Abb. 19.7.** Lage des Seitenliniensystems unter der Haut, Längsschnitt durch einen Kanal und Struktur eines Neuromastenorgans

Ein Neuromast ähnelt in seinem Erscheinungsbild einer Geschmacksknospe. Es ist ein Klumpen aus sensorischen Haarzellen und Stützzellen, die nur bei Vertebraten auftreten. Jede Sinneszelle hat an ihrer exponierten Oberfläche ein Bündel von 20–50 unterschiedlich langen Sinneshaaren, die **Stereovilli** genannt werden, und zusätzlich ein größeres **Kinocilium**, das auf einer Seite der Stereovilli steht. Jeder Neuromast, der frei an der Hautoberfläche steht, wird von einem großen empfindlichen und transparenten Hügel aus extrazellulärem Material bedeckt, der ins Wasser hineinragt. Diese Struktur ist die **Cupula**. Alle Sinneshaare des Neuromasten sind an der Basis der Cupula eingebettet. Neuromasten, die sich in Kanäle unter der Haut öffnen, haben in der Regel auch Cupulae, manche sind statt dessen aber von einer geleeartigen Substanz bedeckt, die den umgebenden Raum ausfüllt. Jegliche hochfrequente Wasserbewegung, wie sie z.B. durch potentielle Beute ausgelöst wird, verursacht eine Ablenkung der Cupula, wodurch die eingebetteten Sinneshaare in die Bewegungsrichtung geschert werden. Jede Haarzelle ist ein Mechanorezeptor, der elektrische Signale in einer Grundfrequenz entlädt, die ansteigt, wenn die Haare in einer Richtung geschert werden, und absinkt, wenn die Ablenkung in die andere Richtung erfolgt. Es gibt zwei Gruppen von Haarzellen. Die eine wird durch die Flüssigkeitsbewegung entlang des Kanals in eine Richtung, die andere durch Bewegung in die entgegengesetzte Richtung positiv aktiviert.

Zusammen bilden die freien Neuromasten sowie die Neuromasten in den Kanälen und Hohlräumen ein System des Ferntastsinns, das so gut koordiniert ist, dass es sowohl räumliche als auch zeitliche Information vermittelt. Das System trägt zur Vermeidung von Hindernissen und zur Orientierung des Körpers in Bezug auf Strömungen und Strudel bei. Sogar, wenn Fische geblendet werden, können sie die Lage und Bewegungen naher Beutefische und anderer Fische bestimmen. Sie können außerdem die relative Bewegung ihrer eigenen Körper und des Wassers wahrnehmen. Ein Fisch einer Schule kann seine präzisen, koordinierten Bewegungen ausführen, wenn ihm sein Seitenliniensystem oder seine Augen fehlen, benötigt aber beide, um einen normalen Abstand zu den anderen Fischen einzuhalten. Schallwellen von einer entfernten Quelle werden vom Seitenliniensystem nicht wahrgenommen. Niederfrequente Schallwellen aus einer nahe gelegenen Quelle dagegen führen zu einer relativ großen Wasserbewegung und werden deshalb wahrscheinlich gehört (wie auch immer sie sich für einen Fisch anhören mögen).

Cyclostomata und Amphibien haben keine sensorischen Kanäle am Kopf oder am Körper. Ihre Neuromasten sind frei oder in Gruben, die meistens linear angeordnet sind. Das Seitenliniensystem ist von den Panzern von Ostracodermata und Placodermi gut bekannt. Fische haben Seitenlinienkanäle (manchmal doppelt oder verzweigt) und ein kompliziertes, aber ziemlich konstantes System von Kopfkanälen. Die Kanäle sind bei aktiven Fischen am besten ausgebildet und von der Oberfläche am wenigsten geschützt bei Fischen, die ruhiges Wasser bewohnen. Die meisten Kanäle der Chimären sind zur Oberfläche offen (Abb. 3.7).

**Elektrorezeption** bei Fischen wird über Neuromasten geleistet, die gewöhnlich am Grund von **Ampullenorganen**, tiefen röhrenförmigen Gruben, liegen, die in der Haut und im subcutanen Gewebe des Kopfes lokalisiert sind. Cupulae fehlen; die Neuromasten sind mit Gallerte bedeckt. Das System detektiert schwachelektrische Reize. Sie können von nahe gelegenen Objekten reflektiert sein, wobei die ursprünglichen Pulse manchmal wie eine Art Radar vom Fisch selbst generiert wurden (s. S. 219). Das System kann auch Muskelpotentiale von nahen Fischen und thermale, mechanische oder magnetische Reize wahrnehmen. Das System kommt bei Neunaugen, Knorpelfischen, *Polypterus*, Chondrostei und einigen Amphibien vor. Ein ähnliches System ist bei einigen Teleosteern vorhanden. Das elektrorezeptive System im Schnabel des Schnabeltieres, eines tauchenden prototherischen Säugetieres, ist von gänzlich unabhängigem Ursprung. Die Sensoren werden vom Nervus trigeminus innerviert und umgeben die Poren von Schleimdrüsen. Sie nehmen schwachelektrische Felder wahr, die durch die Aktivitäten von Invertebraten generiert werden, von denen sich der Platypus ernährt.

## 19.4 Ohr

### 19.4.1 Gleichgewichtsorgan

Einzelheiten über den Ursprung des Ohrs sind in der Vergangenheit verloren, aber die Geschichte kann mit einiger Sicherheit rekonstruiert werden. Wahrscheinlich hat sich das Seitenliniensystem vor dem Ohr entwickelt und von den beiden grundlegenden Funktionen des Ohrs, nämlich Gleichgewichtssinn und Hören, war die erstere bereits perfekt ausgebildet, als die zweite gerade initiiert wurde. Ein Gleichgewichtsorgan sollte am Kopf liegen, wo es nahe des Nahrungsaufnahmeapparates und anderer spezieller Sinne liegt und weit entfernt von den oszillatorischen lokomotorischen Mechanismen. Außerdem sollte das Organ nicht an der Körperoberfläche liegen, wo Signale von der Art, die vom Seitenliniensystem wahrgenommen werden, nur Verwirrung stiften würden. Anscheinend ist ein Teil des Octavolateralis-Systems an der Seite des Kopfes unter die Haut abgesunken, wurde modifiziert und wurde so ein neues Organ.

Diese wahrscheinliche Phylogenie scheint bei Embryonen rekapituliert zu werden, bei denen sich das Innenohr aus einer ectodermalen Plakode bildet, welche bei Fischen in der Mitte der Serie der Plakoden liegt, die das Seitenliniensystem bilden. Diese otische (oder auditorische) Plakode entwickelt sich unter dem induktiven Einfluss des Hinterhirns, wodurch ihre Lage am Hinterkopf sichergestellt wird. Die Plakode sinkt ein, bildet eine Grube, die sich dann vom Hautectoderm abtrennt und zum hohlen **otischen Vesikel** wird. Nach und nach nimmt das Vesikel die komplizierte Form an, die seinen adulten Namen **Labyrinth** rechtfertigt (Abb. 19.8). Ganglienzellen des damit assoziierten VIII. Hirnnerven leiten sich ebenfalls aus dem Vesikel ab.

Der Körper des Labyrinths wird mehr oder weniger in eine dorsale Kammer, den **Utriculus**, und eine ventrale Kammer, den **Sacculus**, unterteilt. Ein Divertikel des Utriculus wird **endolymphatischer Sack**, ein Divertikel des Sacculus wird **Lagena** genannt (die zur Cochlea der Säugetiere wird). Das Labyrinth wird durch drei bogenförmige **semicirculäre Kanäle** (**Bogengänge**) vervollständigt, von denen sich jeder an beiden Enden mit dem Utriculus verbindet. Das Labyrinth und seine Kanäle sind mit Flüssigkeit, der **Endolymphe**, gefüllt.

Sowohl im Utriculus als auch im Sacculus gibt es mindestens eine Ansammlung von Sinnes- und Stützzellen, eine **Macula**. Jede Macula ähnelt einem Neuromastenorgan des Seitenliniensystems, ist aber etwas größer. Jede Sinneszelle hat die wohlbekannte Gruppe von Stereovilli und ein einzelnes, asymmetrisch angeordnetes Kinocilium. Die Haare einer jeden Macula sind in eine modifizierte Cupula eingebettet, die durch Calciumablagerungen beschwert wird. Bei manchen Gruppen kommen die Calciumablagerungen als Kristalle vor, bei anderen in der Form solider Körper, die **Otolithen** genannt werden. Größe und Form der Otolithen sind für viele Vertebraten ein Bestimmungsmerkmal.

Wenn der Kopf des Tieres sich in eine neue Lage bewegt, bewegen sich die Cupulae oder Otolithen als Antwort auf die Schwerkraft über die Maculae und liefern so die Scherkraft, auf welche die Haarzellen reagieren. Dies macht das Labyrinth zu einem ausgezeichneten Positionsmesser.

Das Labyrinth hat eine damit in Verbindung stehende Funktion entwickelt, nämlich die Wahrnehmung von Winkelbeschleunigung oder Rotation des Kopfes. Um die dabei wirksamen Mechanismen zu verstehen, stelle man sich einen geraden Gartenschlauch, der mit Wasser gefüllt ist, vor. Wenn man den Schlauch in seiner Längsrichtung ruckartig bewegt, würde die lange Säule des darin enthaltenen Wassers aufgrund der Trägheit stationär bleiben, während der Schlauch selber sich bewegt. Deshalb würde sich der Druck am Ende des Schlauches weg von der Bewegung vergrößern und Wasser würde dort austreten. (Wenn der Schlauch seitwärts bewegt wird, entsteht an keiner Stelle des Schlauches ein Druck, der mit dem am Ende des Schlauchs vergleichbar wäre, weil nirgends eine lange Säule von Wasser in dieser Ebene vorkommt.) Ganz ähnlich ist es, wenn ein Bogengang in seiner eigenen Ebene in Rotation versetzt wird: der Kanal bewegt sich leicht an

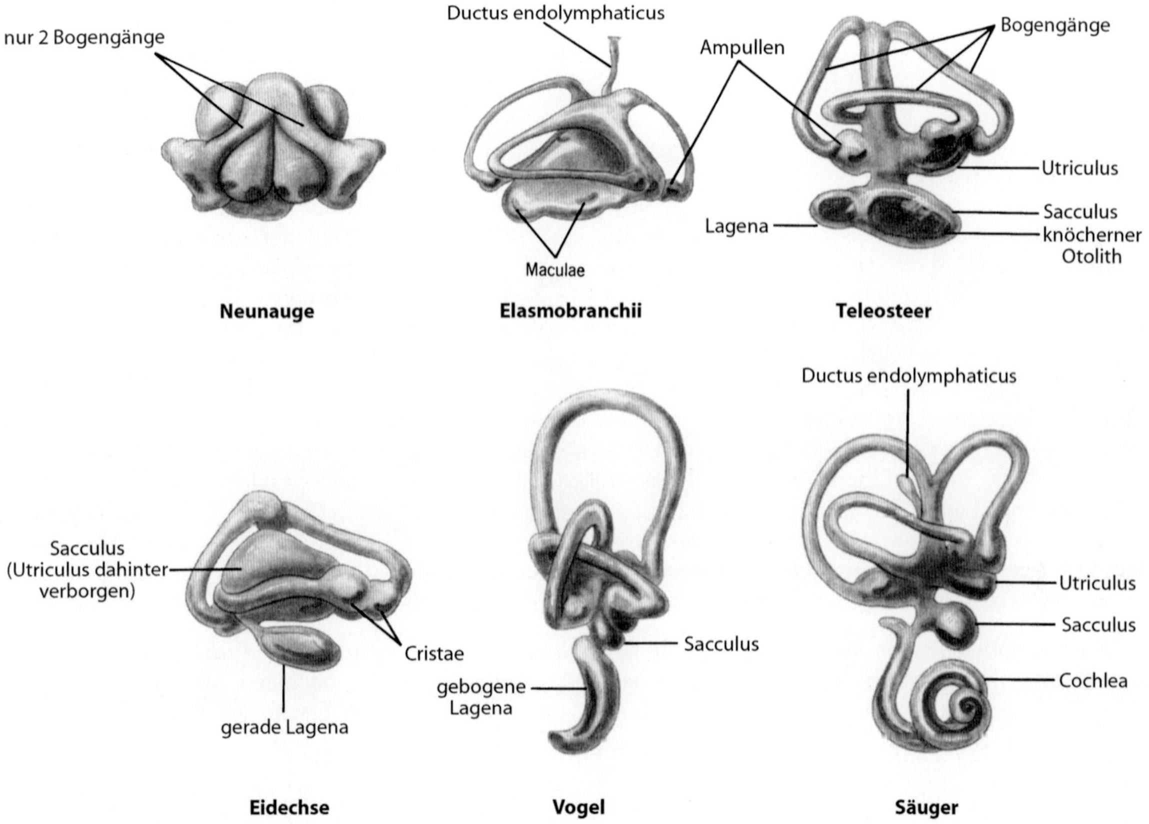


**Abb. 19.8.** Vergleichende Anatomie des Labyrinths. Seitenansicht des rechten Organs

der in ihm enthaltenen Endolymphe vorbei. An einem Ende eines jeden Kanals ist eine Anschwellung, die **Ampulle**, in der eine Gruppe von Sinneszellen liegt, welche hier **Crista** genannt wird, die auf diese Bewegung antwortet. Cristae haben hohe, kuppelförmige Cupulae, die sich in die Kanäle ausdehnen und ihr Lumen vollständig blockieren. Die Haarzellen sind alle so orientiert, dass sie auf Bewegung in die passende Richtung reagieren. (Haarzellen der Maculae sind in unterschiedliche Richtungen orientiert.) Da einer der drei Bogengänge in jeder Raumebene liegt, wird jegliche Rotationsbewegung wahrgenommen.

Um das empfindliche Labyrinth zu schützen und Verformungen durch unwichtige Quellen auszuschließen, ist die gesamte Struktur von Knorpel oder Knochen umgeben. Allerdings passt das Labyrinth nicht genau in seine knöcherne Behausung. Der dünne Raum zwischen Labyrinth und Skelett wird, zumindest an manchen Stellen, von der Flüssigkeit **Perilymphe** ausgefüllt, die das Organ gegen Stoß abpolstert und eine Rolle bei der Hörfunktion des Ohrs bei terrestrischen Vertebraten spielt.

## 19.4.2 Hörorgan

Hören bei Vertebraten ist die Antwort des Ohrs auf Schallvibrationen. Es schließt Druckwellen und (im Wasser) die Ablenkung kleiner Partikel ein, aber schließt Antwort auf Schmerz, Berührung und Ströme und auch auf Vibrationen, welche die akustischen Rezeptoren nicht aktivieren, aus.

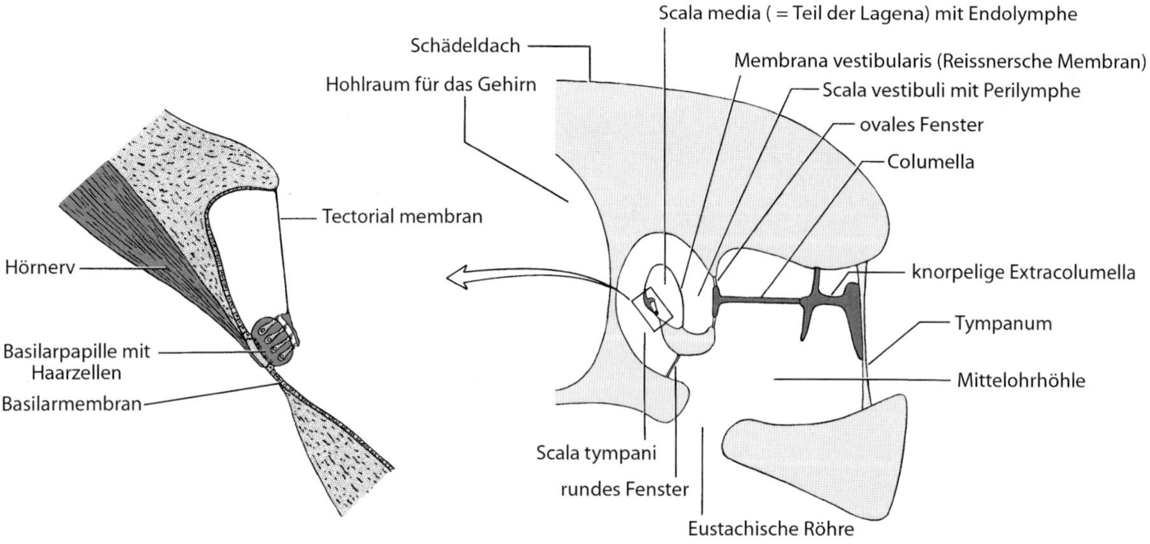


**Abb. 19.9.** Schematischer Schnitt durch den auditorischen Apparat einer Eidechse

Wenn Schallwellen im Wasser ihre Quelle verlassen, fällt ihre Amplitude zunächst sehr steil über die Distanz ab, später dann mehr graduell. Nahe Signale oder **Nahfeldsignale** sind deshalb leichter wahrzunehmen als Quellen, die weiter weg sind (**Fernfeldsignale**). Fische, die keine Schwimmblase haben, können nur Teilchenbewegung, aber keine Druckwellen wahrnehmen. Fernfeld-Schallwellen, die sich unter Wasser ausbreiten, können von einem Tier einheitlicher Dichte nicht erkannt werden, weil die Wellen einfach den Körper durchdringen und dabei kein Gewebe sich relativ zu einem anderen bewegt. Die Haarzellen des Innenohrs jedoch können sich relativ zu einem großen, dichten, knöchernen Otolithen bewegen, weil dieser eine größere Trägheit hat. Dies scheint bei vielen Fischen die Grundlage für das Hören und die Schalllokalisation zu sein. Schall kann unter Wasser auch gehört werden, wenn Druckwellen durch ein begrenztes kompressibles Medium (z.B. ein Gas) aufgenommen und verstärkt und dann in Bewegungsänderungen der Endolymphe, welche die Haarzellen umgibt, übersetzt werden. Die Schwimmblase der Knochenfische war ein vorgefertigter Resonator und zwei Gruppen von Fischen haben unabhängig voneinander Mechanismen zur Übersetzung der Druckwellen von der Schwimmblase zum Labyrinth entwickelt, wie sie im nächsten Abschnitt beschrieben werden. Diese Fische können sehr gut bei Frequenzen bis zu 1000 Hz hören.

Die meisten Schallwellen in der Luft treffen nicht mit ausreichender Kraft auf den Körper auf, um durch das weiche Gewebe zu einem tiefer liegenden Resonator wie der Schwimmblase zu gelangen (ein Großteil der Kraft wird einfach reflektiert). Wenn also ein Tier außerhalb des Wassers hören will, muss zunächst ein Mechanismus vorhanden sein, um die Schallwellen aufzunehmen. Die meisten haben eine dünne Oberflächenmembran, das **Tympanum (Trommelfell)**, das frei gegen den geringen Widerstand einer Luftkammer, dem Mittelohr, an seiner Innenseite vibriert. Die Evolutionsgeschichte ist jedoch komplex. Ein Tympanum und ein **Mittelohr** haben sich mehrfach entwickelt, doch zahlreiche kleine, bodenlebende Amphibien und Reptilien hören sehr gut, obwohl sie kein Tympanum und kein Mittelohr haben. Bei ihnen werden die Schallwellen von der Körperwand und vom Skelett aufgenommen.

Es gibt eine zweite Voraussetzung, nämlich die Übertragung der Bewegung der Schallwellen auf einen Teil des Labyrinths. Selbst wenn eine Mittelohrhöhle vorhanden ist (was ja die Regel

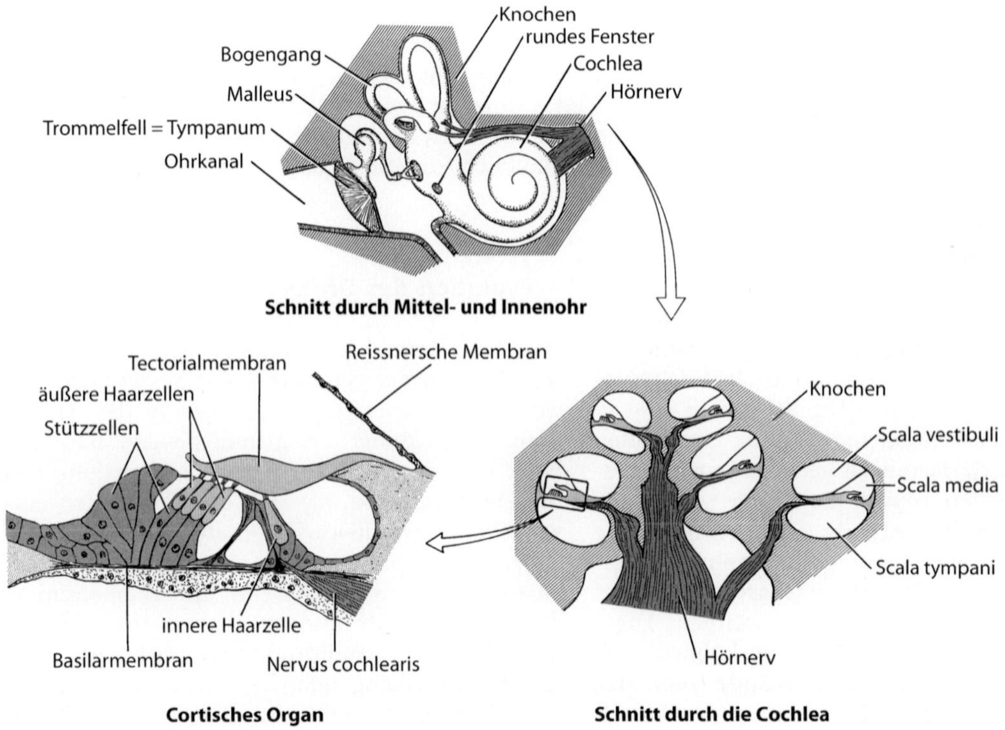


**Abb. 19.10.** Struktur des Ohrs eines Säugetiers

ist), reicht es nicht aus, die Höhle an das Labyrinth angrenzen zu lassen, da Schallwellen durch die weichen Wände der eustachischen Röhre gedämpft würden und die meiste Energie der Wellen an ihrem Berührungspunkt mit der dichteren Flüssigkeit im Labyrinth zurück in die Luft im Innenohr reflektiert werden würde. Deshalb übertragen ein oder mehrere Knöchelchen mechanisch die Wellen über den Hohlraum. Die Fußplatte des Gehörknöchelchens (oder des innersten Gehörknöchelchens, wenn es drei gibt) vibriert gegen das **ovale Fenster**, das eine Öffnung in der knöchernen Umhüllung des Labyrinths ist (Abb. 19.9). Die Fläche des ovalen Fensters ist immer viel kleiner als die Fläche des Trommelfells, wodurch der Druck oder die Kraft der Vibration pro Flächeneinheit, der benötigt wird, um eine entsprechende Verlagerung der Flüssigkeit zu erreichen, um das 14–60fache (bei verschiedenen Säugetieren) erhöht wird. Außerdem sind die äußeren Gehörknöchelchen der Säugetiere (Incus und Malleus) so konstruiert, dass sie die Amplitude erniedrigen, aber die Kraft erhöhen, wenn sie schwingen. Wenn eine Mittelohrhöhle fehlt, können Schallwellen über eine Kombination aus Knochen, Ligament und Muskel direkt zum Labyrinth geleitet werden.

Nun bleibt noch, die Bewegung des innersten Gehörknöchelchens in eine Scherkraft über den Haarzellen umzusetzen. Wenn die Fußplatte gegen das ovale Fenster vibriert, ruft sie Kompressionswellen in der dahinterliegenden Perilymphe hervor. Diese Perilymphe befindet sich in einer Röhre, der **Scala vestibuli**, die sich vom ovalen Fenster weg ausdehnt und dann scharf umkehrt und schließlich als eine parallele Röhre, die **Scala tympani**, zurückkehrt. Zwischen diesen beiden Röhren liegt eine Erweiterung der Lagena, die **Scala media**. Die drei aneinander hängenden Kanäle verlängern sich und winden sich bei Vögeln leicht, bei Säugetieren ganz ausgeprägt und werden dann **Cochlea** genannt (Abb. 19.8

und 19.10). Innerhalb der Scala media liegt eine spezielle auditorische Macula, die **Papilla basilaris**, oder (wenn sie in eine Cochlea verlängert ist) ihr Derivat, das **Cortische Organ.**

Die Papilla basilaris oder das Cortische Organ liegt einer **Basilarmembran** auf, welche die Scala media von der Scala tympani trennt. Dieses Organ hat einige bis viele Reihen von Haarzellen, die wiederum jeweils Dutzende von Stereovilli unterschiedlicher Länge haben, aber kein Kinocilium. Feine extrazelluläre Spitzenverbindungen (*tip links*) schlingen sich von der Spitze eines jeden Stereovillus nach oben zur Wand seines nächstlängeren Nachbarn. Die Stereovilli sind in ein Derivat der urtümlichen Cupula eingebettet, die jetzt **Tectorialmembran** genannt wird. Vibrationen am ovalen Fenster bewirken wandernde Wellen in der Scala vestibuli, die über die dünne Membrana vestibularis zur Endolymphe der Scala media und dann über die Basilarmembran auf die Scala tympani übertragen werden. Diese nicht kompressiblen Flüssigkeiten können sich innerhalb ihrer knöchernen Wände bewegen, weil die Scala tympani die Höhlung des Mittelohrs an einer dünnen Membran trifft, die das **runde Fenster** bedeckt. Wenn also das Tympanum und das ovale Fenster sich nach innen bewegen, bewegt sich das runde Fenster nach außen. (**Impedanzabgleich** ist der Ausdruck für die Anpassung einer Schallvibration in der Luft am Tympanum an die Vibrationen, die im steiferen und dichteren Innenohr benötigt werden).

Die Basilarmembran und die Tectorialmembran schwingen an verschiedenen Punkten, so dass ihre Bewegungen Scherkräfte zwischen den beiden Membranen erzeugen, welche dann die Haarzellen aktivieren. Man nimmt an, dass die geringste Relativbewegung zweier benachbarter Stereovilli in der entsprechenden Richtung an ihren gemeinsamen *tip links* zieht, die einen mechanisch aktivierten Ionenkanal an jedem Ende haben und damit einen sensorischen Impuls auslösen. Außerdem verstärken „äußere" Haarzellen die Kraft der Vibration auf eine Weise, die bisher unbekannt ist, aber derzeit untersucht wird. Entlang des Cortischen Organs tritt eine systematische Änderung des Musters der Haarzellen, der Anordnung der Stereovilli und der Breite des Organs auf. Dies ist die strukturelle Basis für die unterschiedlichen Antworten in unterschiedlichen Bereichen entlang des Organs. Hohe Frequenzen werden an der Basis der Cochlea, niedere Frequenzen an der Spitze der Cochlea wahrgenommen. Insgesamt ist dies eine unglaublich komplexe, aber höchst effektive Struktur.

### 19.4.3 Evolution des Ohres

Das Labyrinth oder Innenohr entwickelte sich sehr früh in der Geschichte der Vertebraten und wurde, mit vielen Abwandlungen in der Anordnung, aber keiner im grundlegenden Bau und Funktion, von allen Vertebraten beibehalten. Das Mittelohr entstand, als sich die Tetrapoden entwickelten, das äußere Ohr findet sich (außer bei Säugetieren) fast nirgends. Es gibt Fossilbelege, dass das erste wirkliche Ohr mit Tympanum in der Trias auftritt und möglicherweise mit der Evolution von Schallproduktion durch Insekten in Zusammenhang steht.

**Cyclostomata** und zumindest manche Ostracodermata haben weniger als drei Bogengänge (Abb. 19.8). Es ist nicht sicher, ob dies eher ein ursprünglicher oder ein degenerativer Zustand ist. Utriculus und Sacculus sind noch nicht getrennt und das Organ ist kompakt.

**Kiefertragende Fische** haben alle drei Bogengänge sowie Utriculus, Sacculus und Lagena. Elasmobranchier können im Gleichgewichtsorgan feine Sandkörner haben, die durch einen Endolymphgang eintreten (wo das embryonale otische Vesikel vom Hautectoderm getrennt wird; Abb. 19.8). Knochenfische haben stattdessen harte calciumreiche Otolithen, die auf den Maculae liegen, von denen es drei oder vier geben kann. Der Otolith des Sacculus ist entweder klein oder so groß, dass er fast die gesamte Kammer ausfüllt. Die meisten Fische können hören und manche hören sehr gut. Zwei Gruppen von Knochenfischen haben ein Entfernungshören von niederfrequenten Tönen erreicht, indem sie die Schwimmblase als einen Resonator angepasst haben. Eine Gruppe (Dorsche, Heringsartige) haben ein Paar langer Ausstülpungen der Schwimmblase, welche die Schädelkapsel durchdringen und an Ausläufern der endolymphatischen Säcke des Labyrinths ansetzen. Die andere Gruppe (Elritzen, Welse, Karpfenfische) haben modifizierte Ausläufer benachbarter Wirbel in paarige Ketten aus drei oder vier Knöchelchen (**Webersche Knöchelchen**) umgewandelt, die sich an der Wirbelsäule drehen und so Vibrationen von der Schwimmblase zum endolymphatischen Sack weiterleiten. Es gibt experimentelle Hinweise, dass viele Fische durch die Übertragung von Teilchenbewegung vom Wasser auf das Ohrgewebe Richtungshören entwickelt haben. Der genaue Mechanismus ist nicht bekannt. In Wasser ist die Geschwindigkeit von Schall 4,5-mal höher als in Luft und die Wellenlänge des Schalls viel größer. Deshalb kann die Zeitdifferenz in der Wahrnehmung an den beiden Ohren nicht als Basis für Richtungshören genutzt werden. Regen, Wellen, Wind und das Knirschen von Material über dem Substrat kann die Unterwasserumgebung sehr geräuschvoll machen. Fische müssen die Töne herausfiltern, die für sie relevant sind.

Die Ohren **lebender Amphibien** liegen neben der Hauptabstammungslinie. Apoda, Urodela und manche Anura haben kein Tympanum oder Mittelohrhöhle, haben allerdings eine Columella, die am Schultergürtel oder der Haut ansetzt. Diese Ohren sind vor allem für Hören von niederfrequenten Bodenvibrationen geeignet. Manche Salamander scheinen sowohl in Luft als auch im Wasser gut hören zu können. Die meisten adulten Anuren haben tympanische Mittelohren, und da sie selbst stark vokalisieren, hören sie in Luft gut. Dennoch sind ihre Ohren besonders ausgebildet. Zusätzlich zu einer Columella (die in Kontakt mit dem großen Tympanum steht) gibt es ein zweites Gehörknöchelchen, das Operculum, das mit der Hilfe eines kleinen Muskels den Schultergürtel mit dem ovalen Fenster verbindet. Die Columella leitet hochfrequente Schallwellen, das Operculum (vor allem bei kleinen Fröschen) niederfrequente Schallwellen weiter. Zusätzlich zu der Papilla basilaris gibt es eine zweite, größere **Papilla amphibiae**, die für die Klasse einzigartig ist, obwohl beide (laut Fritsch und Wake 1998) einen gemeinsamen Ursprung gehabt haben könnten. Die Papilla basilaris ist für Frequenzen von etwa 1200 bis 1600 Hz, die Papilla amphibiae für Frequenzen im Bereich zwischen 200 und 800 Hz empfindlich.

Die meisten **Reptilien** (und vielleicht auch die großen ausgestorbenen Amphibien) haben ein großes Tympanum, das entweder in einer Ebene mit der Oberfläche des Kopfes liegt oder durch einen Hautlappen geschützt ist (Abb. 19.9). Die eustachische Röhre kann zum Pharynx hin weit offen sein. Das einzige Gehörknöchelchen, die Columella, ist in der Regel eine schlanke, aber komplizierte Struktur, die einen knorpeligen Teil mit Armen an seinem Außenende hat. Diese Arme heißen **Extracolumella**. Die Lagena ist etwas verlängert, windet sich aber nur bei säugerähnlichen Reptilien auf. Die Papilla basilaris ist länglich und wie die Tectorialmembran auf unterschiedliche Weise, oft beträchtlich von dem Zustand bei den Säugetieren abweichend, konstruiert. Die Anzahl der Haarzellen entlang der Papille gibt einen Hinweis auf den Frequenzbereich, der detektiert werden kann, und auf die allgemeine Empfindlichkeit des Ohres. Schlangen, Amphisbaenia und manche Eidechsen haben kein Tympanum oder Mittelohr. Ihre Columella setzt am Unterkiefer oder Quadratum an, was die Wahrnehmung von Vibrationen vom Substrat erleichtert.

Die Membrana vestibuli ist bei **Säugetieren** sehr fein, bei **Vögeln** aber derb. Die Basilarmembran der Vögel ist viel kürzer und breiter als die der Säugetiere. Das Cortische Organ hat immer eine innere und drei bis vier äußere Reihen von Haarzellen bei Säugetieren, aber etwa zehnmal so viele bei Vögeln. Eine aufgewundene (und dadurch verlängerte) Cochlea ist bei beiden Klassen vorhanden (mit Ausnahme von Multituberculata und Monotremata) und bildet bei Säugetieren bis zu fünf Windungen. Die Ohren der Säugetiere sind in mancherlei Hinsicht einzigartig. Ein äußeres Ohr oder **Pinna** ist gewöhnlich vorhanden. Diese Struktur hilft, Schallwellen auf das Tympanum zuzuleiten, kann aber auch andere Funktionen (Kühlen und Erkennung) haben. Für verschiedene Frequenzen können die beiden Pinnae unterschiedlich effiziente Trichter sein und damit das Richtungshören unterstützen. Das Mittelohr ist in einer knöchernen **Bulla tympanica** untergebracht, und Auswölbungen der Mittelohrhöhle können be-

**Abb. 19.11.** Schematischer Schnitt durch den auditorischen Apparat eines Säugetieres. Etwas verzerrt durch die zweidimensionale Darstellung. Die Bulla tympanica kann, relativ gesehen, viel größer sein

nachbarte Knochen als Sinus mastoideus durchdringen.

Die Bullae tympanicae können von dem verbleibenden Schädel abgetrennt sein, um Knochenleitung von äußeren Quellen einzuschränken (wie z.B. beim Larynx der Fledermäuse mit Echoortung) oder um Schallintensität mit zwei unabhängigen Ohren messen zu können (möglicherweise die Basis fürs Richtungshören bei Cetacea). Große aufgeblasene Bullae tympanicae verstärken die Empfindlichkeit für niederfrequente Töne (wie z.B. bei der Kängururatte unter der Erde), indem sie die Steifheit des Systems reduzieren. Es gibt natürlich drei Gehörknöchelchen (Abb. 19.11). Säugetiere hören in der Regel über einen weiten Bereich zwischen 20 und 20000 Hz. Hunde hören bis 40000 Hz, und manche fliegenden und aquatischen Arten emittieren Schall mit viel höheren Frequenzen und nehmen ihn als Mittel zur Echoortung wahr (Ultraschall bis über 100000 Hz). Am anderen Extremende können Elefanten, Rhinozerosse und manche Wale (aber auch Vögel) Schall mit nur 12 Hz (Infraschall) hören. Die Gehörknöchelchen der Cetacea sind massiv. Die Vibration kann sie über den auditorischen Kanal (gewöhnlich gewunden und verschlossen) oder eine dünne Region am Kieferknochen, der mit einem Fettpolster gekoppelt ist, erreichen. Die Lautstärke des Schalls wird über mehr als zehn Größenordnungen wahrgenommen. Sehr starke Vibrationen werden durch winzige Muskeln und durch ein Abknicken der Knochenkette gedämpft, um Verletzung zu vermeiden. Vögel und Säugetiere haben eine bemerkenswerte Fähigkeit, Schallquellen zu lokalisieren, immerhin auf bis zu 2–3° genau bei Eulen und Fledermäusen. Verschiedene Hinweise werden benutzt, um die akustische Wellenform an den beiden Ohren gegeneinander auszuwerten. Vögel benutzen wahrscheinlich dabei den breiten Verbindungskanal zwischen den beiden Innenohren, und manche Säugetiere benutzen die Struktur und Funktion ihrer äußeren Ohren.

## 19.5 Augen

Alle Vertebraten haben ein Paar laterale Augen und manche haben zusätzlich ein unpaares Dorsalauge. Die lateralen Augen sind komplexe Präzisionsinstrumente. In seiner Adaptationsbreite sucht das Auge seinesgleichen: es kann für das Sehen in Wasser und in Luft, bei Tag oder bei Nacht, auf kurze oder auf große Entfernung und für das Sehen in Habitaten, die vom Himmel bis

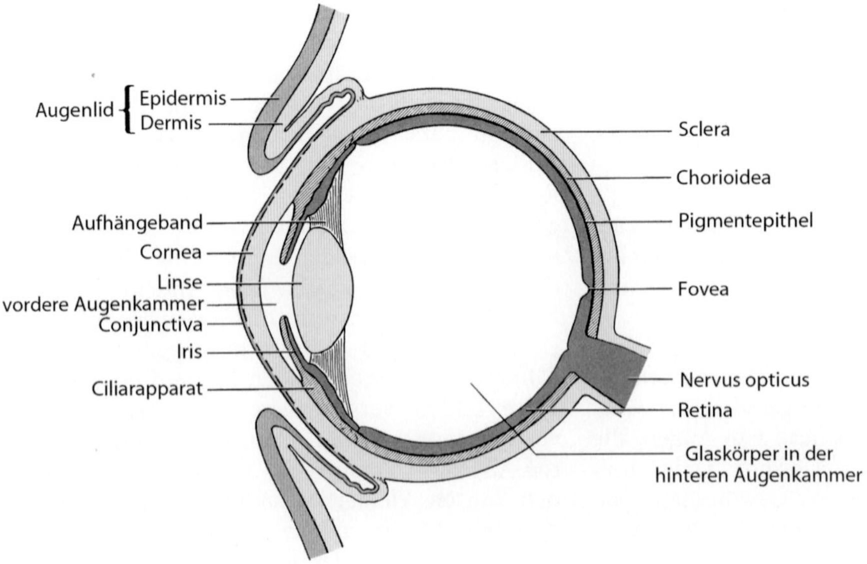


**Abb. 19.12.** Allgemeine Struktur des Auges eines tagaktiven Säugetieres

in die Tiefen des Ozeans reichen, abgewandelt sein. Das Auge allein sagt dem Morphologen viel über die Lebensgewohnheiten eines jeden Wirbeltiers. Evolutionstendenzen lassen sich weniger leicht von der Augenstruktur her ableiten, obwohl manche Tendenzen offensichtlich sind. Manchmal hilft die Kenntnis der Phylogenie dabei, ansonsten rätselhafte Charakteristika des Auges zu erklären.

## 19.5.1 Struktur und Funktion

Struktur und Funktion können am besten untersucht werden, wenn man die Anforderungen an das Auge als optisches Instrument betrachtet. Eine erste Anforderung ist eine feste Unterbringung. Scharfe Bilder können unmöglich auf einer Filmplatte festgehalten werden, wenn die Kamera weiche Wände hat. Der Augapfel wird durch seine äußerste Hülle, die **Sclera**, verfestigt, die durch Knorpel, Knochen, ein festes Netz aus kollagenen Fasern oder eine Kombination aus diesen versteift wird (Abb. 19.12). Der Druck der Flüssigkeit innerhalb des Auges trägt ebenfalls dazu bei, diese Hülle aufgespannt und fest zu halten.

Eine andere Anforderung ist die Kontrolle der Lichtmenge, die in das Auge einfällt. Dies wird durch einen Vorhang bewerkstelligt, die **Iris**, welche das Lichtfenster oder die **Pupille** umgibt. Eine Kontraktion des feinen, radiären M. dilatator pupillae innerhalb der Iris vergrößert die Pupille bei niedriger Lichtstärke, eine Kontraktion des konzentrischen M. sphincter pupillae bewirkt die Verengung der Pupille zu einem kleinen Kreis oder Schlitz bei hohen Lichtstärken.

Es dürfen keine zufälligen Lichtreflexionen innerhalb des Auges entstehen; daher ist der Augapfel gewöhnlich von einem nichtreflektierenden, schwarzen Pigment ausgekleidet. Diese **Pigmentschicht** liegt direkt hinter den lichtempfindlichen Zellen, wo sie bei manchen Vertebraten die Endigungen dieser Zellen vorübergehend umgeben können, um sie vor zu viel Licht zu schützen (Retinomotorik der Fische). (Es gibt bei manchen Augen eine gerichtete Lichtreflexion, s. unten).

Eine wichtige Voraussetzung ist das Entstehen eines Bildes. Wenn ein Lichtstrahl von einem Material in ein anderes mit einem anderen Brechungsindex übertritt, ändert er am Übergang zwischen den Materialien seine Richtung. Die Richtung und die Größe der Veränderung hängt von den Materialien und vom Einfallswinkel des Lichtstrahls ab. Eine **Linse** ist ein transparentes Objekt, das so geformt ist, dass Licht in ein unver-

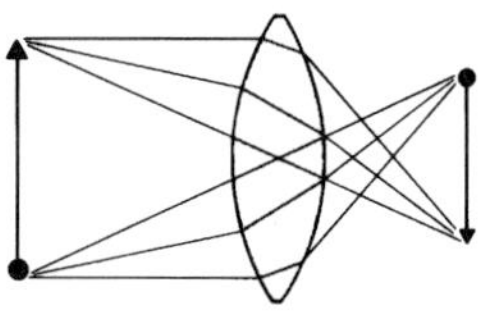

**Abb. 19.13.** Entstehung eines Bildes durch eine Linse

zerrtes Bild gebündelt wird. Dieses Bild steht „auf dem Kopf", sowohl auf der Filmplatte als auch auf der Retina (Abb. 19.13). Das Gehirn kompensiert dies, oder so empfinden wir es zumindest.

An der Vorderseite des Auges geht die Sclera in die transparente **Cornea** über. Die Cornea hat ungefähr den gleichen Brechungsindex wie Wasser. Deshalb beugen die Corneae von Augen, die unter Wasser funktionieren, kein Licht und können jegliche Form haben. Gewöhnlich sind sie flach oder stromlinienförmig. Lichtstrahlen, welche die Cornea von der Luft aus durchstrahlen, werden scharf gebeugt. Daher muss die Cornea terrestrischer Tiere genau gekrümmt sein, um eine Verzerrung des Bildes, die **Astigmatismus** genannt wird, zu vermeiden. Die Linse vervollständigt den Bildaufbau, der von der Cornea begonnen wurde.

Zentrale Strahlen und Randstrahlen haben, wenn sie durch eine normale Linse fallen, leicht unterschiedliche Fokuspunkte, die dann eine **sphärische Aberration** verursachen. Linsenhersteller lösen dieses Problem, indem sie feine Linsen aus verschiedenen, aufeinander gelegten Elementen bauen. Das Auge löst dieses Problem dadurch, dass die Cornea an ihren Rändern etwas weniger gekrümmt und dass die Linse im Zentrum dichter ist. Außerdem werden Lichtstrahlen unterschiedlicher Wellenlängen unterschiedlich gebeugt, wenn sie durch eine normale Linse fallen, und verursachen so eine **chromatische Aberration.** Die Hersteller hochwertiger Linsen kombinieren Kronen- und Flintglas, die kompensierende Eigenschaften haben. Das Auge, das ein scharfes Farbbild benötigt, filtert das Licht mit der kürzesten Wellenlänge (violett und blau) mit Hilfe eines Farbfilters aus. Gelbes Pigment wird in die Linse oder die Retina eingebaut oder es werden gelbe oder rote Öltröpfchen in den Photorezeptoren verteilt.

Es muss Vorsorge getroffen werden, damit das Bild dort fokussiert wird, wo es von den Rezeptoren aufgenommen wird. Im Auge nennt man dies **Akkommodation.** Manche Wirbeltiere (wie auch der Photograph) bewegen die Linse von einer fernsichtigen Ruheposition nach außen, um auf nahe gelegene Objekte zu fokussieren. Andere bewegen sie von einer nahsichtigen Ruheposition nach innen, um auf weiter entfernt gelegene Objekte zu fokussieren. Amnioten fokussieren stattdessen durch eine Formveränderung einer stationären Linse, indem sie sie für Nahsicht abrunden und für Fernsicht abflachen. Dies wird durch eine Spannungsänderung im **Ciliarapparat** erreicht, der die Aufhängung der Linse bildet. Verschiedene Amnioten benutzen verschiedene Mechanismen, die in einem späteren Abschnitt beschrieben werden. Die sehr kleinen Linsen kleiner Vertebraten haben natürlicherweise einen relativ großen Tiefenschärfebereich und nahe Nahpunkte, so dass nur wenig Akkommodation nötig ist.

Die nächste Anforderung ist die **Wahrnehmung** des Bildes. Es gibt zwei Typen von Photorezeptoren, **Stäbchen** und **Zapfen.** Beide haben einen nervenzellähnlichen Fuß, ein inneres Segment mit Nucleus und Mitochondrien und ein äußeres Segment, das bei Stäbchen lang und zylindrisch, bei Zapfen aber kürzer und konisch ist (Abb. 19.14). Das Außensegment, das über einen engen Hals mit dem ernährenden Innensegment verbunden ist, ist auf komplizierte Weise in einen Stapel von Hunderten von Lamellen gefaltet.

In diesen Lamellen liegt das **Sehpigment,** das durch Licht sofort chemisch verändert wird. Diese Veränderung wird über eine sehr komplexe Kaskade in ein Rezeptorpotential übersetzt (Dudel, Menzel, Schmidt 2001). Die Stäbchen sind alle ähnlich. Ihr Pigment ist das **Rhodopsin** (oder bei Süßwasserfischen und Kaulquappen ein damit verwandtes Pigment), wobei jedes Molekül auf ein einzelnes Lichtquant reagiert. Dies ist die theoretische Grenze. Es gibt drei Typen von Zapfen, die unterschiedliche Pigmente haben und Licht unterschiedlicher Wellenlänge absorbieren. Die Zapfen sind also die Grundlage für das Farbsehen. Manche Vertebraten haben Doppelzapfen, die unterschiedliches Pigment besitzen, und manche haben Zwillingszapfen, die das gleiche Pigment besitzen. Alle Zapfentypen

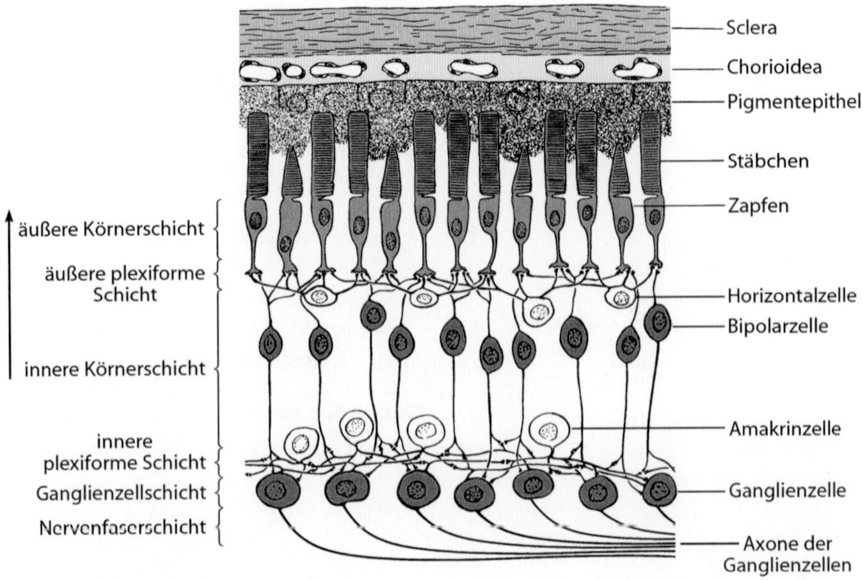


**Abb. 19.14.** Histologie der Säugerretina im Querschnitt

sind gleichmäßig über die Retina in einem regelmäßigen, artspezifischen Mosaikmuster verteilt; in der menschlichen Fovea gibt es jedoch keine Zapfen für kurzwelliges Licht. Stäbchen sind ungefähr zwei Größenordnungen empfindlicher als Zapfen, aber nicht wellenlängenselektiv. Nachtaktive Tiere haben nur Stäbchen. Manche Fische, Schildkröten, Vögel und Nagetiere haben Sehpigmente, die für ultraviolettes Licht empfindlich sind.

Nach den Stäbchen und Zapfen (in Richtung zur Innenseite des Augapfels) liegen **Bipolarzellen** und nach diesen die **Ganglionzellen**, deren Axone den optischen Nerv bilden. Es gibt außerdem zwei plexiforme Schichten, in denen zusätzlich zu den Ausläufern der Bipolarzellen die Neuriten von Horizontalzellen (äußere plexiforme Schicht) und Amakrinzellen (innere plexiforme Schicht) liegen. Dieser Komplex aus Nervenzellen ermöglicht eine Summation von Reizen von verschiedenen Photorezeptoren (vor allem von Stäbchen) und verbindet die Zapfen in einer Art und Weise, die für integriertes Farbsehen nötig ist.

Damit das Auge eine hohe Auflösung hat, wie es die Regel ist für tagaktive Tiere, die bei der Nahrungsaufnahme, bei der Orientierung und bei der Gefahrvermeidung auf das Sehsystem angewiesen sind, muss die Retina das Bild hochauflösend aufnehmen. Photorezeptoren müssen dichtgepackt liegen, so dass verschiedene Zellen unterschiedlich auf benachbarte Teile des kleinen Bildes reagieren können. Bei den meisten tagaktiven Vertebraten, die farbtüchtig sind (die meisten Teleosteer, die Frösche, die meisten Reptilien und Vögel, manche Säugetiere), wird das schärfste Bild an einem Ort in der Retina, der **Area centralis** aufgenommen. Dort sind die Zellen am schlanksten und am dichtesten gepackt (bis zu $10^6$ $mm^{-2}$), es kommen nur Zapfen vor und viele Tiere haben dort eine Einsenkung (die **Fovea**), an der das Bild gedehnt und somit zusätzlich vergrößert wird. Menschen haben eine ziemlich gute Fovea (wir bewegen unsere Augen, wenn wir lesen, um das Gedruckte dort abzubilden), aber nicht die beste. Wir benötigen ein Fernglas mit niedriger Vergrößerung, um die Sehschärfe eines Habichts zu erreichen!

Wenn sich die Augen unabhängig voneinander in ihren Augenhöhlen bewegen, kann ihr Gesichtsfeld unabhängig sein oder zumindest teilweise überlappen. Wenn sie überlappende Gesichtsfelder haben, wird Tiefenwahrnehmung oder stereoskopisches Sehen möglich. Bei Säugetieren verhindert eine neuronale Koordination die unabhängige Bewegung der Augen.

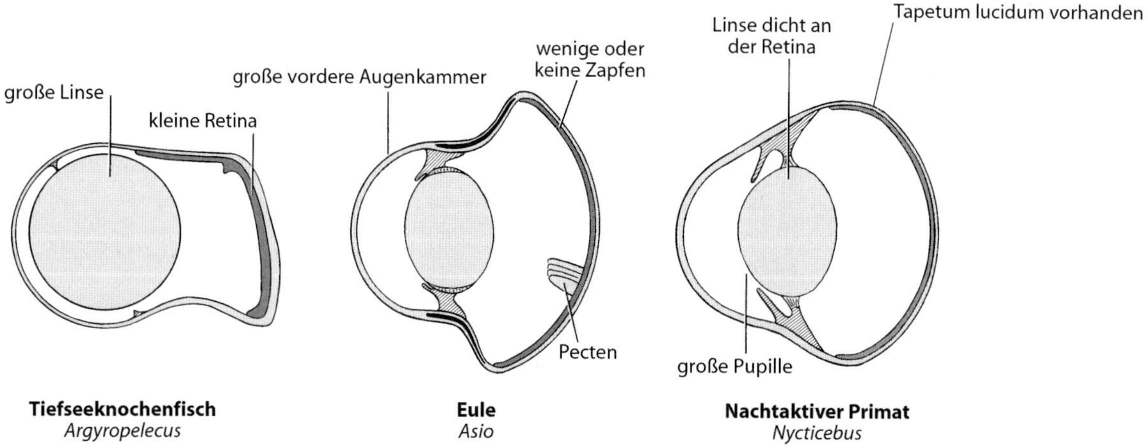


**Abb. 19.15.** Anpassungen des Auges an das Sehen bei geringen Lichtstärken

Schließlich benötigt das Auge einige Strukturen, die zu seinen optischen Funktionen beitragen. Eine gefäßreiche **Chorioidea** ernährt die Retina. Extrinsische Muskeln drehen den Augapfel in seiner Augenhöhle (Abb. 10.12). Drüsen und Lider (manchmal auch ein drittes Augenlid oder **Nickhaut**) befeuchten und schützen das Auge in der Luft. Das Auge scheint durch ein Loch in der Haut zu schauen, aber die Lidränder sind tatsächlich Hautfalten, keine Unterbrechungen, und die Haut setzt sich über der Cornea als eine dünne transparente **Conjunctiva** fort.

Dieses Buch kann nicht die vielen Spezialisierungen des Vertebratenauges behandeln, aber zwei grundlegende Anpassungen werden aufgegriffen: Die allgemeine Struktur von Augen, die an das Sehen unter Wasser angepasst sind, wird in Kap. 27 dargestellt, und Anpassungen an das Sehen bei sehr geringer Lichtstärke werden hier behandelt.

Die vielen Amphibien und Säugetiere und einige Reptilien und Vögel, die nachtaktiv sind, einige Fische, die sich in schlammigem Wasser aufhalten, und viele der Fische, die tief im Ozean leben (wohin Sonnenlicht nicht vordringt, wo aber Tiere leuchten (lumineszieren), müssen in der Lage sein, bei niedriger Lichtstärke zu sehen. Ihre Augen sind sehr groß und liegen vorne, um möglichst viel Licht von einer Quelle aufnehmen zu können (Abb. 19.15). Die Pupille öffnet sich sehr weit (obwohl sie sich bei Tag zu einem engen Schlitz verengen kann). Die Linse ist groß, rundlich und weit nach hinten verlagert und liegt daher nahe der Retina. Die Retina ist relativ klein, so dass das gesamte Auge eine lange optische Achse hat oder sogar tubulär ist. Diese Anordnung ahmt der Diaprojekteur nach, der dadurch ein helles Bild erzielt, dass er seinen Projektor nahe an einen kleinen Schirm stellt.

Zapfen sind selten oder fehlen. Die empfindlicheren Stäbchen sind schlank und dicht gepackt. Durch die Verschaltung der Ganglienzellen wird eine so hohe Summation erreicht, dass Licht, das 1000 oder mehr Stäbchen trifft, einen Impuls an einer einzigen Nervenfaser auslösen kann. Dies erhöht zwar die Empfindlichkeit bei geringer Lichtstärke ungeheuer, lässt aber das Bild leicht verschwimmen. Eine Area centralis fehlt oft, so dass das Auge, welches zu groß sein kann, um in seiner Höhle bewegt zu werden, nicht genau auf die Objekte, die wahrgenommen werden, orientiert werden muss. Wenn nötig, wird der gesamte Kopf gedreht. Manche Eulen, die keine Augenbewegungen machen, sind in der Lage, den Kopf um 270° zu drehen!

Schließlich haben die meisten nachtaktiven Vertebraten einen Spiegel oder **Tapetum lucidum** hinter den Stäbchen, der das Licht zurück in das Auge reflektiert, so dass das Licht zweimal durch die Stäbchen dringt statt nur einmal (Katzenauge). Analoge Spiegel haben sich mehrfach

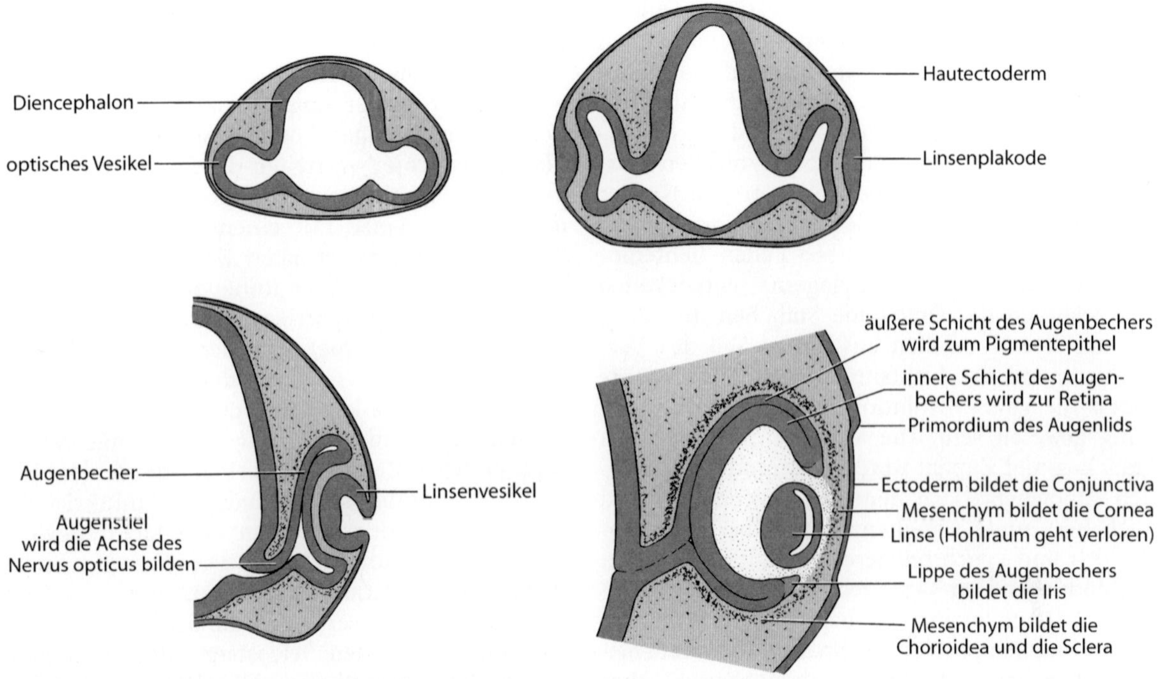


**Abb. 19.16.** Entwicklung des Auges. Querschnitte durch den Kopf

entwickelt; die Reflexion kann an Guaninkristallen, Lipidpartikeln oder anderen pigmentierten Schichten oder Stützgewebe erfolgen.

## 19.5.2 Ursprung und Entwicklung

Entwicklungsgeschichtlich hat das Auge drei Hauptteile: Retina mit Pigmentschicht, Linse und unterstützendes Gewebe. Als erstes erscheint das Primordium der Retina, das eine Ausstülpung der Seitenwand des Diencephalons ist. Diese Erweiterung oder **optisches Vesikel** rückt zum Hautectoderm hin und zieht dabei einen **Augenstiel** hinter sich her (Abb. 19.16). Dann sinkt die laterale Oberfläche des Vesikels in die Höhlung des Vesikels ein und bildet so einen doppelwandigen Becher, welcher dem Gummiball einer Pipette ähnelt, der auf einer Seite mit dem Daumen eingedrückt wird. Die äußere Wand des Bechers wird zur Pigmentschicht, die innere Wand zur Retina. Die Lippe des Bechers bildet die Iris. Der Augenstiel wird Teil des optischen Nervs. Die Axone der Ganglienzellen aus der Retina wachsen durch den Augenstiel zurück zum Gehirn. Im Prinzip ist die Retina ein Kern des Gehirns und der Nervus opticus ein Trakt des Gehirns.

Die Linse bildet sich aus einer Plakode des Hautectoderms, die sich nur durch den induktiven Einfluss des darunter liegenden optischen Vesikels entwickelt. Die **Linsenplakode** wird ein hohles **Linsenvesikel**, aber der Hohlraum wird schnell verkleinert und geht verloren, wenn sich die innere Wand des Vesikels verdickt.

Mesenchym, das den optischen Becher umgibt, differenziert in Chorioidea, Sclera, Cornea und zum Ciliarapparat. Entwicklungsgeschichtlich gehen diese in die Meningen des Gehirns über und sind ihnen offensichtlich auch homolog.

Der phylogenetische Ursprung des Vertebratenauges ist unbekannt; bei den ersten bekannten Vertebraten war das Organ bereits perfektioniert. Dies hat aber die Morphologen nicht davon abgehalten zu spekulieren; ungefähr ein

Dutzend Theorien sind seit den 1870er Jahren vorgestellt worden. Die eingängigste von ihnen wird durch die Ontogenie stark und durch histologische und vergleichend anatomische Hinweise schwach gestützt. Das Neurocoel und die Ventrikel des Gehirns sind mit Ependymzellen ausgekleidet, die in der Regel Cilien tragen. In der Kopfregion vieler Chordaten von *Branchiostoma* bis zu den Vögeln sind diese Zellen lichtempfindlich. Nach dieser Phylogenie entwickelten sich während der Ontogenie Stäbchen und Zapfen aus Ependymzellen aus einem Teil des Vorderhirns und das Lichtsinnesorgan Auge könnte durch die ganze Evolution hindurch funktionsfähig gewesen sein. Die äußeren Segmente von Stäbchen und Zapfen werden als modifizierte Cilien angesehen. Nach neuesten Ergebnissen sind auch bestimmte Ganglienzellen selbst lichtempfindlich und synchronisieren über ihre axonalen Verbindungen den Tag-Nacht-Rhythmus.

(Ein Hautlichtsinn ist bei Cyclostomata, Fischen und Amphibien verbreitet. Bei manchen Beispielen ist der Rezeptor unbekannt, aber lichtempfindliche Zellen wurden in der Haut einiger Arten nachgewiesen. Dies ist wahrscheinlich ein ursprünglicher Zustand.)

### 19.5.3 Evolution der seitlichen Augen

Der **Schleimaal**, ein Aasfresser in tiefem Wasser, hat degenerierte Augen und ist blind. Die gutentwickelten Augen des **Neunauges** sind in zweierlei Hinsicht ursprünglich: Die Conjunctiva ist nicht mit der Cornea verschmolzen und die Ependymschicht wird im Zentrum des Nervus opticus beibehalten. Andere auffällige Merkmale könnten ursprünglich sein: Die Größe der Pupille ist unveränderlich. Die Sclera wird nicht durch Knorpel oder Knochen versteift. Akkommodation wird dadurch erreicht, dass ein extrinsischer Muskel die Cornea abflacht und so die Linse nach innen drückt. Die Linse wird nur durch Druck in Position gehalten und nicht durch einen Aufhängeapparat. Wie bei primären Schwimmern im Allgemeinen ist das Auge groß und kurz entlang seiner optischen Achse, die Linse ist groß und rundlich, Augenlider und Drüsen fehlen und die extrinsischen schrägen Muskeln rotieren den Augapfel um seine optische Achse.

Bei der großen Vielfalt der Fische gibt es eine weite Variation der Augenstruktur, aber manche Verallgemeinerungen können angegeben werden. **Elasmobranchier** versteifen die Sclera mit Knorpel (Abb. 19.17). Sie akkommodieren etwas, indem sie die Linse mit einem kleinen intrinsischen Muskel ectodermalen Ursprungs (M. protractor lentis) aus ihrer Ruheposition nach vorne ziehen. Ein einzigartiges knorpeliges Füßchen stemmt den Augapfel von der Hinterseite der Augenhöhle weg, so dass das Auge um sein Zentrum rotieren kann und durch die kontrahierenden Augenmuskeln nicht in die Augenhöhle gezogen wird. Zapfen sind selten oder fehlen. Eine Area centralis ist vorhanden. Guaninkristalle in der Chorioidea bewirken eine Lichtreflexion wie ein Tapetum lucidum. Die Kammer zwischen Linse und Cornea ist klein.

**Knochenfische** versteifen die Sclera mit Knorpel und die meisten Teleosteer mit verschiedenen knöchernen Platten. Die Cornea ist flach oder stromlinienförmig. Zapfen sind gewöhnlich vorhanden, so dass Farbsehen typisch ist (wie Angler, die gerne mit künstlichen Fliegen fischen, wissen sollten). (Pigmentzellen wurden im Panzer eines Placodermen entdeckt, was darauf hindeutet, dass Farbsehen bereits im Devon evolviert war.) In der Regel zieht ein intrinsischer mesodermaler Muskel (M. retractor lentis) die Linse nach innen, um auf Fernsicht zu akkommodieren (Chondrostei). Manch andere Fische haben keine Akkommodation. Teleosteer haben eine Ernährungsstruktur, die aus der Chorioidea entsteht, **Processus falciformis** genannt wird und in die Höhle des Augapfels hineinragt. Viele Teleosteer haben eine Area centralis, manche haben eine Fovea.

Als Larven haben **Amphibien** fischähnliche Augen. Bei der Metamorphose entwickeln sie Augenlider und Drüsen und eine gleichmäßig gekrümmte Cornea. Ein kleiner mesodermaler Muskel innerhalb des Augapfels bewegt die Linse für Nahsicht nach vorne. Die Augen der Anuren sind besser entwickelt als die der Urodelen. Manche haben Farbsehen, wie es auch aller Wahrscheinlichkeit nach viele Labyrinthodontier hatten (Apoda und manche Salamander sind blind).

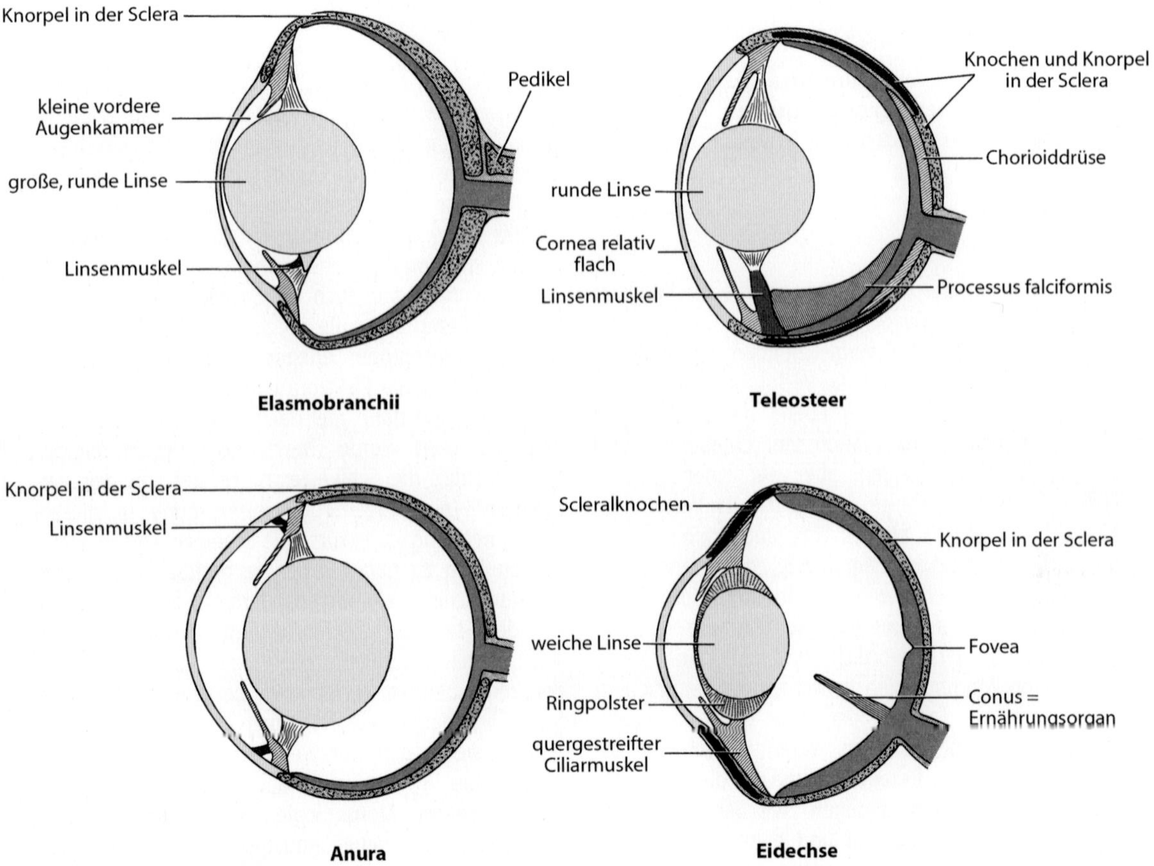


**Abb. 19.17.** Vergleichende Anatomie des Auges

**Reptilien** und **Vögel**, die meist tagaktiv sind, haben die beste Sehschärfe und Akkommodation von allen Vertebraten. Das Ausmaß, mit dem das Binokularsehen der Vögel (Überlappung der Gesichtsfelder der beiden Augen) zur Tiefenwahrnehmung beiträgt, war das Thema vieler Forschung und Diskussion (Martin und Katzir 1999). Das Auge ist groß, vor allem bei Vögeln. Die Augen mancher Habichte sind größer als die des Menschen. Die Sclera ist hinten durch eine knorpelige Kapsel und an der vorderen Wand durch einen Ring von ungefähr 15 überlappenden Knochen versteift und zwar dort, wo der Augapfel ansonsten durch die Ciliarmuskeln verformt werden würde. Diese Muskeln sind quergestreift (obwohl sie ectodermalen Ursprungs sind) und sind deshalb schneller als die anderer Vertebraten. Die kleine, weiche, etwas abgeflachte Linse hat ein peripheres **ringförmiges Polster**, das in festem Kontakt mit dem Ciliarapparat steht. Die Akkommodation ist aktiv und sehr schnell. Die Muskelkontraktion bewirkt, dass die Linse sich nach vorne auswölbt. Zapfen sind gewöhnlich zahlreich, das Farbsehen ist ausgezeichnet (außer bei Schlangen und Krokodilen). Eine Area centralis ist vorhanden und es gibt eine, bei manchen Vögeln und manchen Eidechsen zwei Foveae (eine in der zentralen Retina und eine in der temporalen Retina, letztere für das binokulare räumliche Sehen). Es gibt einen vaskulären Fortsatz in den Hohlraum des Augapfels. Dieser ist bei Vögeln besonders groß und komplex gefaltet und wird dort **Pecten** genannt (Abb. 19.15). Von den vielen Funktionen, die für

## Exkurs 19.2

### Konservation und Innovation: Orientierungspunkte für zukünftige Studien

Die Entdeckung der Grundlagen für die evolutionäre Vielseitigkeit der Vertebraten bildet natürlich ein grundlegendes Ziel der vergleichenden Morphologie. Die Sinnessysteme sind für die Verfolgung dieses Ziels geeignet, weil sie auf einer Ebene der strukturellen und funktionellen Organisation viel Erneuerung und strukturelle Vielfalt zeigen, aber auf einer anderen Ebene durch die gesamte Geschichte der Vertebraten hindurch konservativ blieben (Fay und Popper 1998). Vergleichende Studien zeigen z. B., dass sensorische Endorgane, die peripheren sensorischen Komponenten, die für die Aufnahme und Weiterleitung verschiedener Stimuli verantwortlich sind, oft eine weite Vielfalt von Morphologien zwischen den Mitgliedern derselben Klasse, Familie oder sogar Ordnung zeigen. Die zentralen Komponenten, verantwortlich für die Transduktion in den Rezeptoren und für die neuronale Verarbeitung, scheinen dagegen zwischen den Vertebraten ganz ähnlich zu sein und daher einen phylogenetischen Konservatismus widerzuspiegeln. Letzteres wurde für Riechen, Sehen, Geschmack und für das vestibuläre und mechanosensorische Seitenliniensystem gezeigt, wenn wir die Hirnnerven betrachten. Die zentralen Verarbeitungswege sind bei allen Vertebraten ähnlich.

Hodos und Butler (1997) weisen darauf hin, dass mit dem Auftauchen neuer sensorischer Systeme wie der Elektrorezeption oder der Infrarotdetektion neue Nuclei auch in den zentralen Verarbeitungswegen auftauchen. Außerdem zeigt die Entwicklung sensorischer Spezialisten, also Formen, die ein ungewöhnlich breites Spektrum von Stimuli detektieren und außergewöhnlich feine Unterscheidungen zwischen verschiedenen sensorischen Qualitäten machen können (Fledermäuse fürs Hören, Vögel für Farbsehen und visuelle Diskrimination), auch entsprechende Veränderungen im Zentralnervensystem.

Offenkundig war auch die Entwicklung neuer sensorischer Rezeptoren, die durch Modifikation aus existierenden Rezeptoren entstanden zu sein scheinen. Ein Beispiel ist die Elektrorezeption, ein Sinn, der verloren ging und dann mehrfach in verschiedenen Taxa neu entwickelt wurde (New 1997). Die Myxinoidea (Schleimaale), die Schwestergruppe der „übrigen Vertebraten" (eine eigenartige Bezeichnung in diesem Zusammenhang, s. Exkurs 2.1) scheinen keinen elektrischen Sinn zu haben, aber sie besitzen ein mechanosensorisches Seitenliniensystem, also das System, aus dem sich der elektrische Sinn entwickelt haben soll. Neunaugen (Petromyzontidae), die primitivsten der verbleibenden Vertebraten, besitzen beide Sinne. Schließlich haben alle Teleosteer ein mechanosensorisches System, aber nur wenige besitzen ein elektrosensorisches System, und bei diesen gibt es zwei unterschiedliche Morphologien in den Rezeptororganen. Wenn diese neuen und beibehaltenen Merkmale von Rezeptormechanismen sowie von peripherem und zentralem Nervensystem auf ein phylogenetisches Konstrukt übertragen werden, kann man überprüfbare Hypothesen bezüglich der Evolution spezifischer Morphologien und ihrer evolutionären Geschichte bilden. Wie entwickeln sich neue sensorische Kerne? Wie entwickeln sich neue sensorische Systeme? (Da die meisten Beispiele, die wir hier geben, auf einer geringen Zahl von Untersuchungen bei nur wenigen Organismen beruhen, bleibt noch viel zu tun).

diese Struktur postuliert wurden, ist die Ernährungsfunktion die wahrscheinlichste. Tränendrüse und Nickhaut sind vorhanden. Die Irismuskulatur ist quergestreift. Ein Tapetum lucidum ist selten. Ein gewisses Binokularsehen ist typisch, vor allem bei Raubvögeln. (Die Augen der Schlangen sind in mancher Hinsicht atypisch, weil sie von grabenden Vorfahren abstammen, für die das Sehsystem nicht wichtig war. Amphisbaenia, einige Eidechsen und manche Schlangen sind blind.)

**Säugetiere** haben sich zuerst als kleine nachtaktive Kreaturen entwickelt und in diesem Stadium die perfekte Augenstruktur ihrer Reptilienvorfahren verloren. Ein Teil des Verlustes wurde später wieder aufgeholt, aber nicht vollständig. Es gibt keinen Knorpel oder Knochen in der Sclera. Die Muskeln des Ciliarapparates und der Iris sind glatt und daher relativ langsam. Die Form der Linse ist daran angepasst, das Bild zu fokussieren, aber der Mechanismus ist schlechter als der, welcher von Reptilien und Vögeln benutzt wird. Eine Kontraktion der Ciliarmuskeln verringert die Spannung im Aufhängeapparat und erlaubt so der Linse, sich durch die ihr eigene Elastizität abzurunden. Dieser Vorgang ist relativ langsam, vor allem in höherem Alter; dann kann er auch nicht mehr vollständig sein, so dass Nahsehen ohne Brille unmöglich wird (Altersweitsichtigkeit). Es gibt keinen Pecten oder ein entsprechendes ernährendes Organ. Ein Tapetum lucidum ist auf bestimmte Ordnungen beschränkt. Eine Nickhaut ist selten. Farbsehen wurde zumindest zum Teil von tagaktiven Spezies verschiedener Ordnungen wiedererlangt und ist bei Primaten und manchen Nagetieren hochentwickelt. Eine Area centralis ist bei manchen Ordnungen vorhanden. Eine Fovea ist nur bei den höheren Primaten ausgebildet. Binokularsehen ist häufig und die Koordination der Augen ist sehr gut ausgeprägt. (Die Augen der Monotremata sind in mancher Hinsicht atypisch für die Klasse.)

### 19.5.4 Dorsalaugen

Über dem Diencephalon liegen in der Mittellinie zwei kleine Ausstülpungen, ein anterior gelegenes **Parietalorgan** (oder Parapinealorgan) und ein posterior gelegenes **Pinealorgan** (oder **Epiphyse**). Eine oder beide von diesen Strukturen können photorezeptiv sein und werden dann als drittes Auge bezeichnet.

Die Asymmetrie dieser Strukturen bei adulten Neunaugen und embryonalen Eidechsen und die Konformation des Kopfpanzers der Ostracodermata weisen darauf hin, dass das Parietal- und das Pinealorgan phylogenetisch aus einem bilateralen Paar von Organen entstanden sein könnten, wobei sich die linke Hälfte nach vorne auf die Mittellinie und die rechte nach hinten verlagert hat.

Das Pinealorgan ist bei fast allen Vertebraten vorhanden. Es hat photorezeptive Zellen bei Neunaugen bis hin zu den Vögeln, endokrine Eigenschaften sind bei den meisten Vertebraten bekannt. Ursprünglich zumindest standen diese endokrinen Funktionen in Verbindung mit Licht (s. S. 420). Das Parietalorgan hat bei Neunaugen ebenfalls Photorezeptoren, ist aber bei diesen Tieren dem Pinealorgan untergeordnet. Das Parietalauge ist bei Kaulquappen und Salamanderlarven und bei vielen Eidechsen funktionsfähig, wo es eine Linse, eine Retina und einen winzigen Nerven haben kann (Abb. 19.18). Histolo-

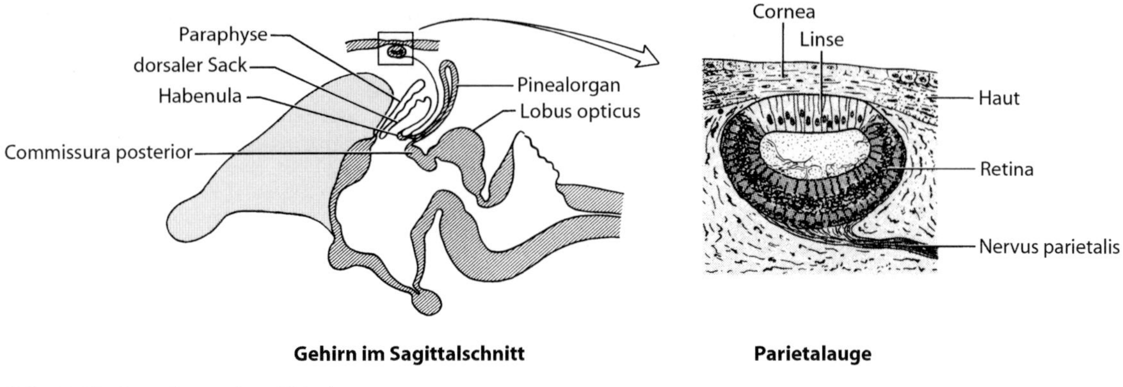


**Abb. 19.18.** Dorsalauge einer Eidechse

gisch gesehen sind seine Photorezeptoren sehr ähnlich den Zapfen der Lateralaugen. Lichtassoziiertes Verhalten wie Thermoregulation und Aktivitätsrhythmen werden bei manchen Eidechsen durch dieses Organ beeinflusst.

Aus dem weitverbreiteten Vorhandensein eines Foramen parietale (oder pineale) in den Schädeln von Ostracodermata, Placodermi und frühen Vertretern der Knochenfische, Labyrinthodontier und Reptilien wird offensichtlich, dass ein drittes Auge in der Evolution der Vertebraten immer vorhanden war.

## Literatur


Able KP (1991) Common themes and variations in animal orientation systems. Am Zool 31:157–167

Ali MA, Klyne MA (1985) Vision in vertebrates. Plenum, New York

Axel R (1995) The molecular logic of smell. Sci Am 273: 154–159

Barinaga M (1991) How the nose knows: Olfactory receptor cloned. Science 252:209–210

Bertmar G (1981) Evolution of vomeronasal organs in vertebrates. Evolution 35:359–366

Blaxter JHS (1987) Structure and development of the lateral line. Biol Rev 62:471–514

Borg E, Counter SA (1989) The middle-ear muscles. Sci Am 261:74–80

Clack JA (1997) The evolution of tetrapod ears and the fossil record. Brain Behav Evol 50:198–212

Crescitelli F (1977) The visual system in vertebrates. Springer, New York. Enthält Kapitel über Anpassungen an die Tiefsee, Sehen bei Schildkröten, das Pinealsystem, das Vogelauge und vergleichende Optik der Säugetiere

Doving KB, Trotier D (1998) Structure and function of the vomeronasal organ. J Exp Biol 201:2913–2925. Ein Übersichtsartikel

Dudel J, Menzel R, Schmidt RF (Hrsg) (2001) Neurowissenschaft. Vom Molekül zur Kognition, 2. Aufl. Springer, Heidelberg

Eakin RM (1970) A third eye. Sci Am 58:73–80

Fay RR, Popper AN (1985) The octavolateralis system. In: Hildebrand et al (eds) Functional vertebrate morphology. Harvard Univ Press, Cambridge/MA, pp 291–316

Fay RR, Popper AN (eds) (1997) Symposium: evolution of vertebrate sensory systems. Brain Behav Evol 50:187–259

Fay RR, Popper AN (eds) (1998) Comparative hearing: Fish and amphibians. Springer, New York. Jedes Kapitel ist ein Übersichtsartikel

Fritsch B, Wake MH (1988) The inner ear of gymnophione amphibians and its nerve supply: A comparative study of regressive events in a complex system (Amphibia, Gymnophiona). Zoomorphology 108:201–217

Gamow RI, Harris JF (1973) The infrared receptors of snakes. Sci Am 228:94–100

Halpern M (1987) The organization and function of the vomeronasal system (review). Annu Rev Neurosci 10: 325–362

Halpern M, Holtzman D (eds) (1993) Symposium: Chemosensing and chemosignaling in reptiles. Brain Behav Evol 41:119–268. Tiefgehende Übersichtsartikel über das Riechen, Vomeronasalorgane und andere chemische Sinnessysteme

Hodos W, Butler AB (1997) Evolution of sensory pathways in vertebrates. Brain Behav Evol 50:189–197

Hudspeth AJ (1985) The cellular basis of hearing: The biophysics of hair cells. Science 230:745–752

Jacobs GH (1992) Ultraviolet vision in vertebrates. Am Zool 32:544–554

Knudsen EI (1981) The hearing of the barn owl. Sci Am 245:113–125

Land MF, Fernald RD (1992) The evolution of eyes. Annu Rev Neurosci 15:1–30

Levine JS (1985) The vertebrate eye. In: Hildebrand M et al (eds) Functional vertebrate morphology. Harvard Univ Press, Cambridge/MA, pp 317–337

Lohmann KJ, Johnsen S (2000) The neurobiology of magnetoreception in vertebrate animals. Trends Neurosci 23:153–159

Lombard RE (1991) Experiment and comprehending the evolution of function. Am Zool 31:743–756. Über das Ohr der Tetrapoden

Lombard RE, Hetherington TF (1993) Structural basis of hearing and sound transmission. In: Hanken J, Hall BK (eds) The skull, vol 3. Univ Chicago Press, Chicago, pp 241–302

Martin GR, Katzir G (1999) Visual fields in short-toed eagles, *Circaetus gallicus* (Accipitridae), and the function of binocularity in birds. Brain Behav Evol 53:55–56. Die Diskussion und das Literaturverzeichnis dient als gute Einführung in die Kontroverse, ob Vögel und Säugetiere mit Binokularsehen dreidimensionales Diskriminationsvermögen besitzen

New JG (1997) The evolution of vertebrate electrosensory systems. Brain Behav Evol 50:244–252

Newman EA, Hartline PH (1982) The infrared "vision" of snakes. Sci Am 246:116–127

Northcutt RG (1992) Distribution and innervation of lateral line organs in the axolotl. J Comp Neurol 325:95–123

Popper AN, Fay RR (1993) Sound detection and processing by fish: Critical review and major research questions. Brain Behav Evol 41:14–38. Ein eindringlicher Hinweis, dass Studien aus dem Feld der vergleichenden Morphologie unbedingt benötigt werden

Schnapf JL, Baylor DA (1987) How photoreceptor cells respond to light. Sci Am 256:40–47

Schwentk K (1994) Why snakes have forked tongues. Science 263:1573–1577

Stuart DG, McDonagh JC (1997) Muscle receptors, mammalian. In: Adelman G, Smith B (eds) Encyclopedia of neuroscience, vol 1–2. Elsevier Science, New York, pp 1249–1253

von der Emde G (1999) Active electrolocation of objects in weakly electric fish. J Exp Biol 202:1205–1215. Zeigt durch eine Kombination von Verhaltensuntersuchungen und anatomischen und physiologischen Studien an isolierten Neuromasten die Unterschiede in den neuronalen Mechanismen für die Wahrnehmung bei zwei Gruppen schwach elektrischer Fische

Webster DB, Fay RR, Popper AN (eds) (1992) The evolutionary biology of hearing. Springer, New York. Ein Nachschlagewerk mit 36 Kapiteln von 78 Autoren. Mit Index und umfangreichem Literaturverzeichnis

Wever EG (1985) The amphibian ear. Princeton Univ Press, Princeton/NJ

Zeigler HP, Bischof H-J (eds) (1993) Vision, brain and behavior in birds. MIT Press, Cambridge/MA

Wiltschko W, Wiltschko R (2002) Magnetic compass orientation in birds and its physiological basis. Naturwissenschaften 89:445–452

# 20 Endokrine Drüsen

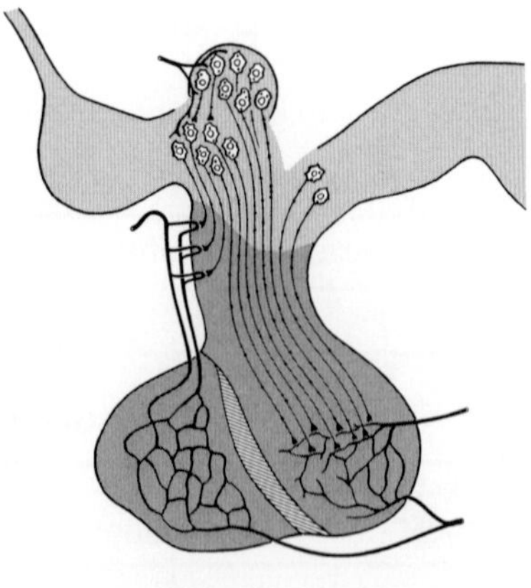

## 20.1 Chemische Vermittlung

Wenn eine chemische Substanz an einem Ort des Körpers freigesetzt wird und die biologische Aktivität an einem anderen Ort beeinflusst, hat eine chemische Vermittlung stattgefunden. Dieser Vorgang ist so allgegenwärtig, dass man einige der Variationen darstellen sollte. Eine chemische Substanz (z. B. ein Metabolit), die von einer Zelle gebildet wird, kann direkt die nachfolgende Aktivität der gleichen Zelle beeinflussen (ein Weg, der **intrakrin** genannt wird). Sie kann auch zuerst aus der Zelle herausdiffundieren und dann wieder eintreten und die Aktivität, möglicherweise die der Zellmembran, verändern (der **autokrine Pfad**). Außerdem kann eine chemische Substanz aus einer Zelle herausdiffundieren und dann die Aktivität einer anderen Zelle verändern (**parakriner Pfad**). Die Zellen können dem gleichen Typ angehören. Neurotransmission über eine Synapse gehört zu diesem Beispiel. Die Zellen können auch unterschiedlichen Typen angehören. Die embryonale Induktion (z. B. der Neuralplatte durch das benachbarte Chordamesoderm) fällt in diese Gruppe. Von hier ist es nur noch ein kleiner Schritt zum endokrinen Pfad.

## 20.2 Allgemeiner Aufbau des Hormonsystems

### 20.2.1 Struktur und Gliederung des Hormonsystems

Nervensystem und Hormonsystem regulieren zusammen eine ganze Reihe physiologischer Prozesse. Die Kommandozentrale liegt dabei im Hypothalamus des Diencephalons, wo von neurosekretorischen Zellen **Releasing**- und **Inhibiting-Hormone** gebildet werden, die auf die Hormonausschüttung in Hormondrüsen I. Ordnung bahnend oder hemmend wirken. Diese Hormondrüsen I. Ordnung geben Hormone (glandotrope Hormone) ab, die auf die Hormonproduktion von Hormondrüsen II. Ordnung fördernd wirken. Sie können auch Hormone produzieren, die wie die Hormone der Drüsen II. Ordnung direkt auf das Zielorgan wirken. Außerdem gibt es sog. autonome Hormondrüsen, die direkt vom Nervensystem und nicht von Releasing-, Inhibiting- oder glandotropen Hormonen beeinflusst werden. Auf allen Stufen des Systems können endogene Reize modulierend wirksam werden. Eine schematische Übersicht über das Hormonsystem ist in Abb. 20.1 dargestellt. Entsprechend werden die unterschiedlichen Hormone in Neurohormone, Drüsenhormone, Gewebshormone und Parahormone eingeteilt.

## Das "Konstruktionsprinzip" des Wirbeltier-Hormonsystems

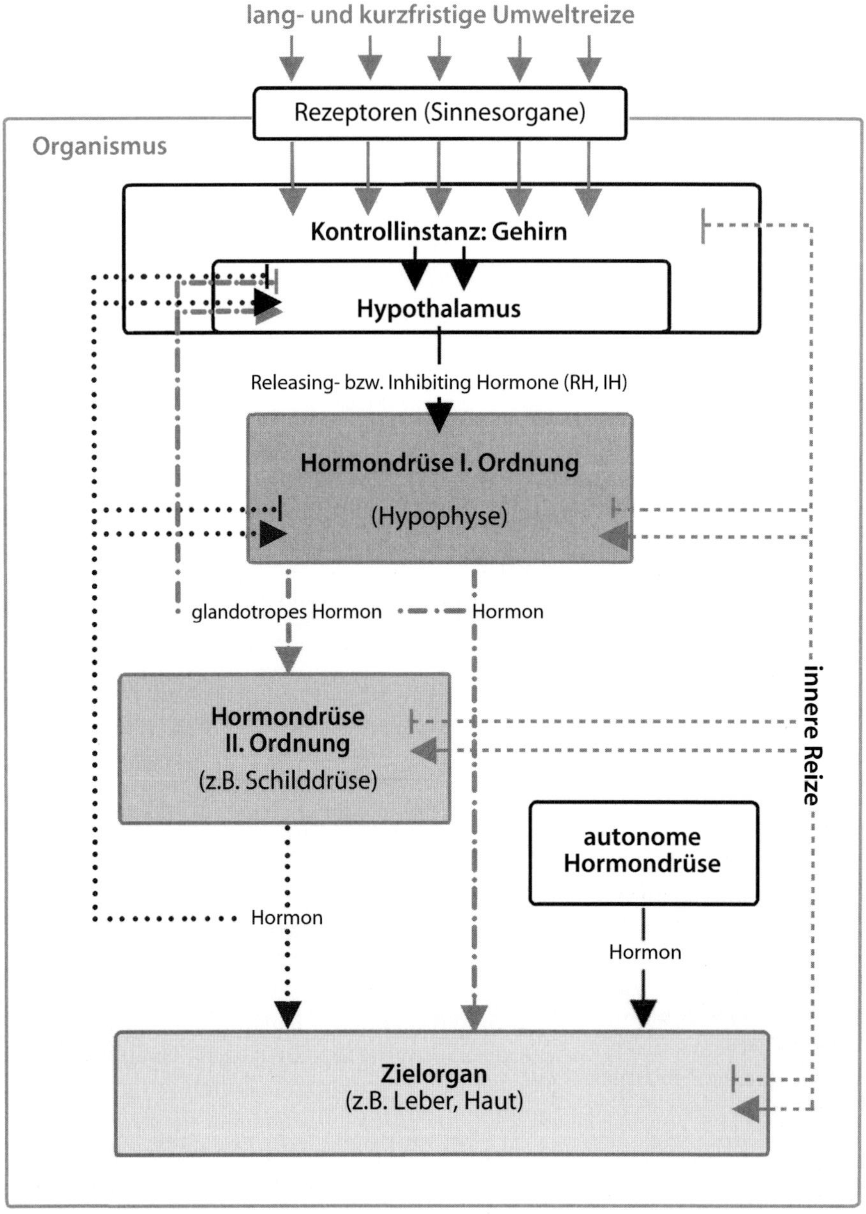


**Abb. 20.1.** Schema der Organisation des Hormonsystems bei Vertebraten (Original Blüm)

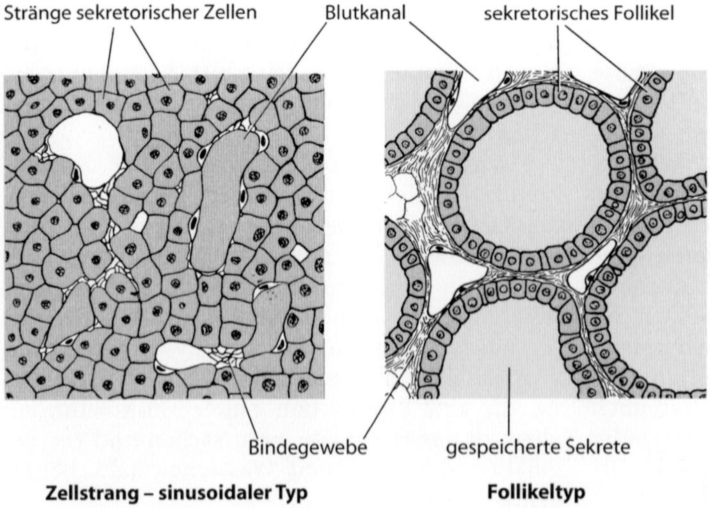


**Abb. 20.2.** Zwei histologische Typen endokriner Drüsen

## 20.2.2 Allgemeiner Aufbau endokriner Drüsen

Die **endokrinen Drüsen** sind ausführganglose Drüsen, welche Sekrete, nämlich **Hormone** produzieren, die in das Blut (oder in manchen Arten in die Lymphe oder die Cerebrospinalflüssigkeit) abgegeben und so an andere Stellen des Körpers zu Geweben transportiert werden, die auf sie reagieren. Hormone können einen Großteil des Körpers beeinflussen (z.B. Wachstumshormon, Schilddrüsenhormone), aber gewöhnlich sind nur bestimmte Zielgewebe für jedes Hormon empfänglich. Die Antwort kann morphologisch sein, wie bei Geschlechtshormonen, welche die Entwicklung der sekundären Geschlechtsmerkmale beeinflussen, oder physiologisch, wie bei einem Nebennierenhormon, das die Nierenfunktion bestimmt. Viele Hormone wirken direkt auf die Gewebe, die für ihre Botschaften empfänglich sind. Oft ist die Wirkung aber indirekt. So bewirkt ein im Hypothalamus gebildetes Hormon die Freisetzung von Gonadotropinen aus der Hypophyse, die auf das Ovar wirken. Dieses wird dadurch angeregt, bestimmte Hormone (Östrogene und Progesteron) zu bilden, die u.a. die Ausbildung der Uterusschleimhaut beeinflussen.

Ganz allgemein funktionieren die endokrinen Drüsen in mancher Hinsicht ähnlich wie das Nervensystem: Beide kontrollieren und integrieren Körperfunktionen, beide vermitteln die Kontrolle durch die Abgabe von chemischen Substanzen (oft sogar der gleichen Substanzen) und beide können über negative Rückkopplung eine Interaktion mit ihrem eigenen System erreichen und so ihre Aktivitäten koordinieren. Die endokrine Kontrolle unterscheidet sich von der neuronalen Kontrolle dadurch, dass sie meist langsamer und länger anhaltend ist. Beide Systeme gehen jedoch ineinander über.

Alle endokrinen Drüsen sind klein und stark vaskularisiert. Bei niederen Vertebraten sind sie oft diffus, bei Tetrapoden sind sie aber in der Regel abgesetzt. Die meisten sind aus Strängen mehr oder weniger cuboider Zellen aufgebaut, die um Sinusoide angeordnet sind und von einer Matrix aus Bindegewebe gestützt werden (Abb. 20.2). Bestimmte endokrine Drüsen (Neurohypophyse und Urophyse, s. unten) bestehen stattdessen aus Axonen mit modifizierten synaptischen Endbläschen, die mit Blutkapillaren in Verbindung stehen. Ein anderer Typ (die Thyreoidea) ist aus Follikeln zusammengesetzt. Die Hormone der Drüsen mesodermalen Ursprungs (Gonaden, Nebennierenrinde, Placenta) sind Steroide, während die Hormone der Drüsen ectodermalen oder entodermalen Ursprungs Proteine, Peptide oder andere Derivate von Aminosäuren sind.

Da die endokrinen Drüsen das Kreislaufsystem benutzen, um die Signale zu übermitteln, ist ihre Form wenig bedeutend und eine Drüse kann meist einzeln, multipel oder diffus sein, ohne dass dies die Funktion beeinflussen würde. Nur das Gesamtvolumen der Zellen ist kritisch. Das System ist sehr alt (das endokrine und das Nervensystem haben sich wahrscheinlich zusammen entwickelt) und seine Sekrete waren über die Zeit erstaunlich konstant, wenn es auch manche Ausnahmen gibt und die Antworten auf die Sekrete variieren. Endokrine Drüsen entstehen während der Entwicklung aus unterschiedlichen Primordien, stehen meistens räumlich nicht und auch funktionell nur unvollständig miteinander in Verbindung. Sie bilden kein Organsystem im landläufigen Sinne.

Obwohl das allgemeine Wissen über die endokrine Organisation und Hormonfunktion über die letzten Jahre einigermaßen stabil blieb, muss man bedenken, dass in sehr kurzer Zeit immer neue Hormone, Vermittlungswege und feine Abwandlungen der Zellinteraktion entdeckt und beschrieben werden. Die Immunhistochemie und das Radioimmunoassay als Techniken sowie die Erkenntnis, dass das endokrine und das Nervensystem eng zusammenarbeiten, haben zu diesen Fortschritten beigetragen. Aber sogar in diesen Zeiten, in denen wir sehr schnell viel Neues lernen, bleibt noch viel vergleichende Arbeit zu tun, da bisher nur wenige Wirbeltierspezies untersucht wurden.

## 20.3 Neurohormone

Wir wollen noch einmal auf die enge Verbindung zwischen bestimmten Teilen des Nervensystems und bestimmten endokrinen Organen hinweisen. Neurone in zwei oder mehr Kernen des Hypothalamus senden ihre Ausläufer in die Neurohypophyse und bilden sie. Diejenigen, welche die Pars nervosa erreichen, bilden die Hormone, die in diesem Teil der Drüse gespeichert werden. Diese Hormone werden in den allgemeinen Kreislauf entlassen. Die Neurone, welche die Eminentia mediana erreichen, geben Hormone ab, die Releasing- und Inhibiting-Hormone, die in ein winziges Pfortadersystem eintreten, das von der Eminentia mediana zur Adenohypophyse verläuft. Dieses Pfortadersystem fehlt bei Fischen.

Fische, nicht aber Tetrapoden, haben neurosekretorische Zellen im caudalen Teil des Rückenmarks. Bei Teleosteern stehen diese mit einer vaskularisierten ventralen Anschwellung, der **Urophysis caudalis**, in Verbindung. Die Hormone, die von den Nerven produziert, in deren Axonendigungen in der Urophysis gespeichert und ans Blut abgegeben werden, sind **Urotensine**, die eine Kontraktion glatter Muskulatur, vor allem in der Harnblase, verursachen und zur Regulation des Salz- und Wasserhaushalts beitragen können.

Das winzige **Pinealorgan** im dorsalen Diencephalon (Abb. 19.18) enthält bei Vertebraten mit Ausnahme der Säuger funktionsfähige Photorezeptoren. Bei Tetrapoden übernimmt es endokrine Funktionen, die gewöhnlich den Zusammenhang zwischen Temperaturkontrolle und Fortpflanzung einerseits und Beleuchtung andererseits involvieren. Bei den meisten Tetrapoden sezerniert die Drüse **Melatonin**. Seine Produktion hat einen Tagesrhythmus (sie wird bei Dunkelheit stimuliert und von Licht gehemmt) und kann wahrscheinlich die saisonale Fortpflanzung oder Wanderaktivitäten auslösen. Melatonin wirkt auf die Melanophoren der Frösche und unterdrückt die Gonadenaktivität bei Säugetieren. Tiere, die in der Arktis leben, sind zehn Wochen langen Perioden totaler Dunkelheit und zehn Wochen der Mitternachtssonne ausgesetzt. Forscher nutzen diese klimatischen Extreme aus und untersuchen die täglichen und saisonalen Konzentrationen von einer Anzahl von Hormonen, z. B. von Melatonin (Deviche und Barnes 1995). Untersuchungen der Melatoninkonzentration beim Ren in Nordfinnland z. B. zeigen eine bemerkenswert enge Korrelation zwischen Melatoninkonzentration und Veränderungen in der Tageslänge (Eloranta et al. 1995). Bei Arten wie dem Rentier wird die äußere photoperiodische Umgebung also in ein chemisches Signal (Melatonin) übersetzt, das wiederum die Fortpflanzungsfunktionen reguliert. Eine Bindungsstelle für das Melatonin ist der **Nucleus suprachiasma-**

**ticus** im Hypothalamus, wo die biologische Uhr lokalisiert ist. (Eine zweite zirkadiane Uhr, die mit der Produktion von Melatonin in Verbindung steht, wurde in der Iris von Ratten und in der Retina von Hamstern nachgewiesen.) Das Pinealorgan von zumindest manchen Säugetieren gibt sein Hormon durch Stimulation des autonomen Nervensystems ab.

Bereits vor der Entdeckung natürlich vorkommender analgetischer Hormone im Nervensystem war bekannt, dass das Opiat Morphin Schmerz reduziert. Nach intensiver Suche wurden zwei größere Gruppen von opiatähnlichen Peptiden isoliert: die **Endorphine** (endogene Morphine) und die **Enkephaline**. Diese werden in der Hypophyse und im Zentralnervensystem (vor allem in der Medulla oblongata) als Antwort auf Schmerzreize produziert und sind ein Schwerpunkt intensiver Forschung. Man nimmt an, dass sie mit dem *runner's high* in Verbindung stehen.

Das Nebennierenmark und anderes chromaffines Gewebe ähnelt dem Nervengewebe histologisch nicht; aber sie funktionieren, als hätten sie sich aus postganglionären Fasern des autonomen Nervensystems entwickelt. Eine nervöse Stimulation bewirkt, dass das Nebennierenmark sezerniert.

Neurosekretion ist auch von Crustaceen, Insekten und anderen Invertebraten bekannt.

## 20.4 Die Hypophyse

Die **Hypophyse** liegt unter dem Hypothalamus des Gehirns (Abb. 18.7, 18.8 und 18.14). Bei Säugetieren liegt sie in einer knöchernen Tasche des Basisphenoids. Obwohl sie klein ist, ist diese Drüse sowohl strukturell als auch funktionell eines der kompliziertesten Organe des Körpers. In Bezug auf die Entwicklung hat sie erstaunlicherweise einen doppelten Ursprung: Die adulte **Neurohypophyse** bildet sich aus einem Teil des Bodens des embryonalen Diencephalons, dem **Infundibulum** (Hypophysenstiel). Das Infundibulum ist die dorsale Untereinheit (die bei Tieren unterhalb der Lungenfische ausschließlich die Neurohypophyse bildet). Bei Tetrapoden kommt ein neuer Teil, die **Pars nervosa**, hinzu. Dies ist der Neurallappen der Drüse oder die posteriore oder ventrale Untereinheit (Abb. 20.4).

Der Rest der Hypophyse, die **Adenohypophyse**, bildet sich aus einer Evagination des ectodermalen Teils der embryonalen Mundhöhle (des Stomodaeums), die **Hypophysentasche** oder **Rathkesche Tasche** genannt wird (Abb. 20.3). (Bei Cyclostomata entsteht die Adenohypophyse aus einer Evagination der Riechgrube.) Die Hypophysentasche und ihre Derivate sind bei den verschiedenen Vertebraten unterschiedlich gelappt. Die Verbindung zum Mund geht meistens während der Reifung verloren.

Die **Adenohypophyse** hat mehrere Teile. Der größte, konstanteste und aktivste Teil ist die **Pars distalis** oder der anteriore Lappen. Eine

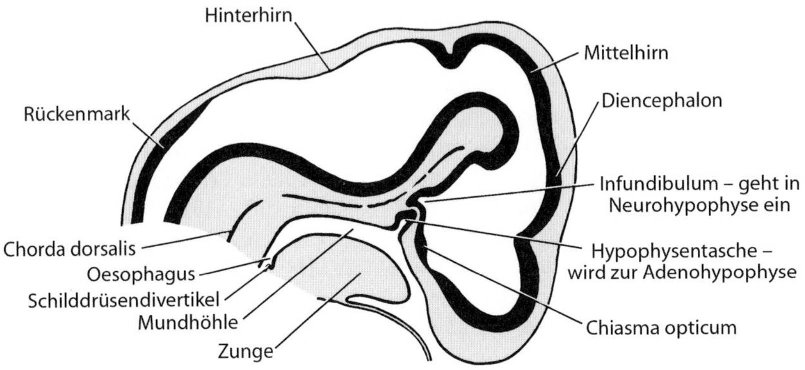


**Abb. 20.3.** Embryonaler Ursprung der Hypophyse, gezeigt in einem Sagittalschnitt durch den Kopf eines Säugerembryos

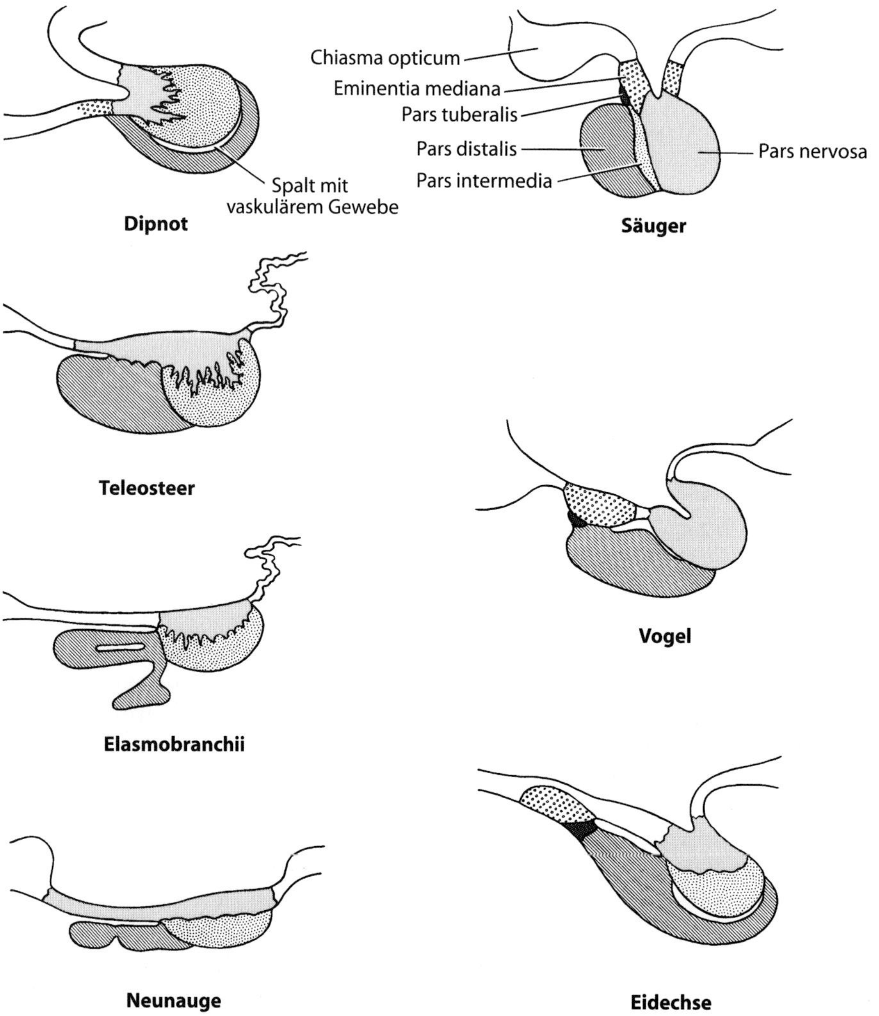


**Abb. 20.4.** Vergleichende Anatomie der Hypophyse in Sagittalschnitten. Anterior liegt *links*

**Pars intermedia** ist meistens vorhanden, fehlt aber bei Vögeln, Walen und Delphinen. Tetrapoden haben eine dünne **Pars tuberalis (Pars infundibularis)** zwischen der Eminentia mediana und der Pars distalis. Ihre Funktion ist unklar. Die Teile der Hypophyse unterscheiden sich bei den verschiedenen Vertebraten sehr stark und Homologien können, wenn überhaupt, nur durch die Kombination von embryologischen und histochemischen Hinweisen aufgestellt werden. Eminentia mediana und Pars distalis haben eine gemeinsame Blutversorgung, den Primärplexus. Die Pars nervosa hat bei Tetrapoden eine unabhängige Blutversorgung.

## 20.4.1 Die Neurohypophyse: eine autonome Hormondrüse

Die Neurohypophyse ist für endokrine Drüsen atypisch, weil sie weitgehend aus langen parallelen Nervenfasern besteht, die vom Hypothalamus ausgehen (Abb. 20.5). Tatsächlich liegt die Funktion dieses Teils der Hypophyse in der Speicherung und der Abgabe von Hormonen in den Blutstrom, die im Hypothalamus gebildet wurden und zur Neurohypophyse durch Neurosekretion übertragen werden. Sie ist daher ein typisches **Neurohämalorgan**. Die **Pars nervosa**

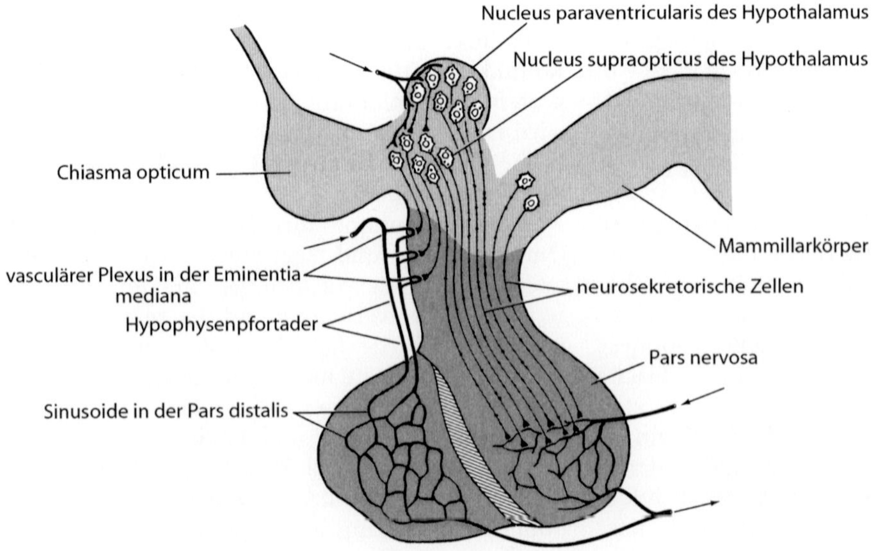


**Abb. 20.5.** Lagebeziehungen der neurosekretorischen Zellen der Hypophyse. Anterior liegt *links*

sondert das Polypeptid **antidiuretisches Hormon (ADH,** Vasopressin) ab, das für den Wasserhaushalt landlebender Tetrapoden essentiell ist, da es die Niere veranlasst, Wasser zurückzugewinnen. Es verursacht außerdem Vasokonstriktion. Bei Säugetieren enthält die Pars nervosa **Oxytocin** (alle anderen Vertebraten haben chemisch sehr ähnliche Analoga), welches das Einschießen der Milch und die Kontraktion des Uterus vor der Geburt initiiert.

## 20.4.2 Die Adenohypophyse: eine Hormondrüse I. Ordnung

Ganz unterschiedlich ist die Adenohypophyse, die epithelartige Lagen aus verschiedenen sekretorischen Zellen besitzt, deren funktionelle Typen bei Tetrapoden ohne erkennbares Ordnungsprinzip zwischen Sinusoiden liegen (Abb. 20.5).

Die **Pars intermedia** sezerniert das **Melanocyten-stimulierende Hormon,** welches dazu führt, dass sich bei Amphibien das Melanin in den Pigmentzellen verteilt und so die Haut dunkler macht. Die **Pars distalis** bildet mindestens sechs Hormone, von denen vier andere endokrine Drüsen stimulieren. **Thyreoidea-stimulierendes Hormon (Thyreotropin TSH)** wirkt auf die Thyreoidea, das **Nebennierenrinden-stimulierende Hormon (Adrenocorticotropin ACTH)** wirkt auf die Nebennierenrinde. Das **Follikel-stimulierende Hormon (FSH)** regt im Ovar das Oocytenwachstum an, das **luteinisierende Hormon (LH)** induziert im Follikelepithel die Bildung von Sexualsteroiden und bei einigen Arten die Bildung und Erhaltung des Corpus luteum. Die Hormone, die von diesen Zielorganen produziert werden, unterdrücken wiederum die Produktion der auf die Adenohypophyse einwirkenden Releasing- bzw. Inhibiting-Hormone im Hypothalamus (*negative feedbacks*). Die Pars distalis sezerniert außerdem **Wachstumshormon (Somatotropin, STH, GH),** das einen starken Einfluss auf das Wachstum (Proteinbiosynthese) hat und auch den Fettstoffwechsel beeinflussen kann, und das **Prolactin (lactogenes oder luteotropes Hormon PRL),** das für die Laktation der Säugetiere benötigt wird, das aber bei anderen Vertebraten eine breite Palette von Funktionen hat. (Seine ursprüngliche Funktion ist die Natriumretention.)

## 20.4.3 Evolution der Hypophyse

Es wurde postuliert, dass verschiedene Strukturen von *Branchiostoma* homolog zur Hypophyse der Vertebraten sein könnten, aber mit definitiven Schlussfolgerungen sollte man vorsichtig sein. Bei Cyclostomata ist die Neurohypophyse der mehr oder weniger flache Boden des Gehirns über anderen Teilen des Neurohämalorgans. Eine Pars nervosa kann nicht klar abgegrenzt werden. Die atypische Adenohypophyse der Schleimaale ist in Form kleiner Inseln in anderes Gewebe eingestreut. Die Adenohypophyse der Selachier ist einzigartig darin, dass sie einen ventralen Lappen unbekannter Homologie besitzt. Fische, vor allem Strahlenflosser, sind insofern bemerkenswert, weil die Adenohypophyse und die Neurohypophyse über eine breite Fläche ineinander greifen.

Bei Dipnoi und Tetrapoden geht das Ineinandergreifen von Neurohypophyse und Adenohypophyse verloren. Eine Pars nervosa bildet sich aus dem Saccus vasculosus, der jetzt gewöhnlich vom Boden des Gehirns ausgestülpt ist. Dies führt dazu, dass die Drüse noch mehr vom Gehirn abgeschnürt ist. Die Pars intermedia ist bei Reptilien groß, bei Säugetieren klein oder fehlend und bei Vögeln und Walen nicht ausgebildet. Wenn sie fehlt, kann ihr Hormon, das Melanocyten-stimulierende Hormon, von der Pars distalis produziert werden.

## 20.5 Hormondrüsen II. Ordnung

### 20.5.1 Thyreoidea

Die Thyreoidea liegt meist in der Kehlregion. Ihre sekretorischen Zellen stammen aus einer mittventralen Evagination des Entoderms des embryonalen Pharynx in etwa auf Höhe der zweiten Schlundtasche (Abb. 20.3). Das umgebende Mesenchym steuert Stützgewebe bei. Die Drüse besteht immer aus einer Gruppe rundlicher Follikel. Jedes Follikel ist von einer einzelnen Schicht von Zellen ausgekleidet, die in der Regel cuboid sind (manchmal sind sie säulenartig, wenn sie sehr aktiv sind) und Microvilli an ihren freien Oberflächen tragen (Abb. 20.2). Die Thyreoidea hat für ihre Größe eine ungeheuer gute Blutversorgung. Sie ist die einzige endokrine Drüse, die eine extrazelluläre Speicherung ihres Sekrets aufweist. Dieses Sekret, das **Kolloid**, füllt die Follikel und enthält das Glykoprotein **Thyroglobulin**. Dieses jodreiche Protein wird in die Zellen reabsorbiert und enzymatisch in die Hormone **Thyroxin** ($T_4$) und **Trijodthyronin** ($T_3$) umgebaut.

Die Drüse nimmt ihre Funktion früh in der Ontogenese auf und trägt zur Kontrolle der Differenzierung, des Wachstums, der Metamorphose, der Pigmentverteilung und der sexuellen Entwicklung bei. Sie hat einen starken Effekt auf die Stoffwechselrate und kann die Häutung (Amphibien und Reptilien), die Form der Federn, die Körpertemperatur und Funktionen des Nerven-, Verdauungs- und Exkretionssystems beeinflussen. Die Thyreoidea interagiert mit dem Hypothalamus und mit der Hypophyse über negatives Feedback. Die Drüse vergrößert sich, wenn sie krank ist (z.B. Kropfbildung bei Jodmangel).

Alle Vertebraten haben eine Thyreoidea, ihr Ursprung geht auf die Cephalochordaten zurück. Das Endostyl am Boden des Pharynx von *Branchiostoma* und auch des larvalen Neunauges Ammocoetes (Abb. 3.2) spielt bei der Produktion und der Bewegung des Schleims für das Filtrieren eine wichtige Rolle. Dennoch gibt es Hinweise, dass ein Teil des Endostyls der phylogenetische Vorläufer der Thyreoidea ist:

- Das Endostyl bildet sich wie die Thyreoidea aus einer mittventralen Evagination des Pharynx.
- Ein Teil des Endostyls konzentriert wie die Thyreoidea Jod aus dem Blut.
- Bei Ammocoetes-Larven existiert ein Subpharyngealorgan, das exokrin Thyroxin und Trijodthyronin in den Vorderdarm abgibt.

Bei Cyclostomata und vielen Teleosteern ist die Thyreoidea relativ diffus und unterschiedlich in der Nähe der Aorta ventralis, der afferenten Branchialarterien, dem Herzen, den Kiemen, der Kopfniere, der Milz, des Gehirns oder des Auges verteilt. Bei anderen Vertebraten ist sie abgegrenzter, kann aber paarig (Amphibien, Eidechsen, Vögel), zweilappig (Dipnoi, viele Säugetiere) oder einzeln (Knorpelfische, die meisten Reptilien) sein (Abb. 20.6, 10.10 und 14.19). Die Thy-

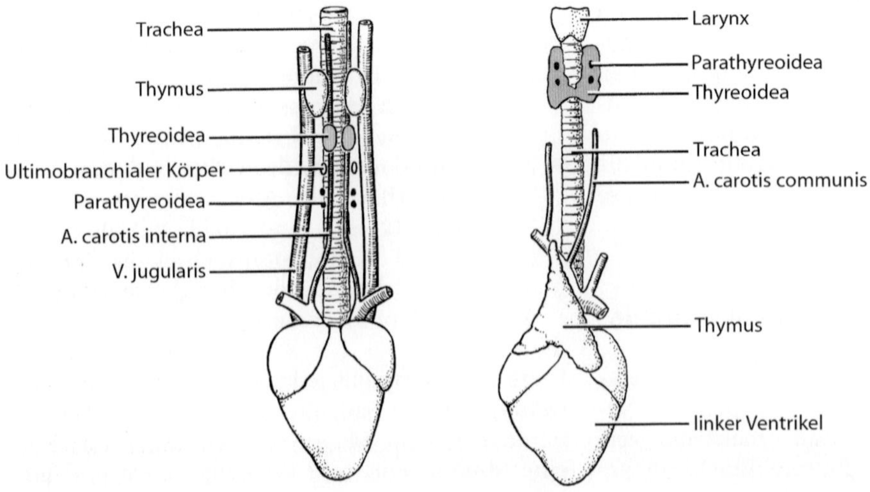


**Abb. 20.6.** Einige anteriore endokrine Drüsen und der Thymus eines Vogels (*links*) und eines Säugetieres (*rechts*). Ventralansichten (die Lagebeziehungen können sich bei verschiedenen Genera unterscheiden)

reoidea der Tetrapoden liegt gewöhnlich in der Nähe des Larynx, der Trachea oder der Bronchien.

## 20.5.2 Parathyreoidea

Der sekretorische Teil der Parathyreoidea entsteht aus dem Epithel der dritten und vierten (bei Reptilien auch der zweiten) Schlundtasche. Erstaunlicherweise bilden bei Säugetieren die dorsalen Teile der Taschen, bei anderen Vertebraten aber die ventralen Teile der Taschen die Parathyreoidea. Aus diesem und anderen Hinweisen folgt, dass die Schlundtaschen das Potential teilen, Drüsengewebe zu bilden, aber die Art von Drüse, die von einer spezifischen Region gebildet wird, ist nicht konstant.

Die Drüse besteht aus dichtgepackten Zellen, die in Strängen und Klumpen angeordnet sind. Das Hormon der Parathyreoidea (das **Parathormon**) ist ein Polypeptid. Es beeinflusst die Konzentration von Calcium und indirekt auch den Gehalt von Phosphor im Blut. Fehlt das Hormon, verschwindet Calcium im Laufe weniger Stunden aus dem Blut, ein Tetanus entsteht in den Muskeln und der Tod tritt ein. Ein Mangel an diesem Hormon führt zu Missbildungen von Knochen und Zähnen.

Drüsengewebe unbekannter Funktion, das homolog zur Parathyreoidea sein könnte, wurde bei Cyclostomata und Fischen identifiziert. Die Drüse ist allerdings mit Sicherheit nur bei Tetrapoden belegt und ist daher relativ spät entstanden. Sie ist gewöhnlich in ein oder zwei Paare kleiner Drüsen unterteilt. Diese können linear (Vögel) sein, sind aber meistens mehr oder weniger globulär. Sie liegen in der Kehlregion, meistens nahe oder sogar eingebettet in den Thymus oder die Thyreoidea (Abb. 20.5).

## 20.5.3 Ultimobranchiale Körper und parafollikuläre Zellen

Alle Vertebraten mit Ausnahme der Säugetiere und der Cyclostomata haben **ultimobranchiale Körper**. Sie entstehen aus dem am meisten posterior liegenden Paar der Schlundtaschen (obwohl es experimentelle Hinweise gibt, dass Kopfmesenchym, das aus der Neuralleiste entsteht, bei der Wachtel zu ihrer Bildung beiträgt). Die ultimobranchialen Körper können einzeln oder paarig vorkommen und liegen in der Nähe des Oesophagus (Abb. 20.6). Bei Reptilien und Vögeln kann ein Teil ihrer Gewebe auch innerhalb der Thyreoidea, der Parathyreoidea oder des Thymus liegen. Bei Säugetieren gibt es keine abgrenzbaren Drüsen, aber die **parafollikulären Zellen** (die sog. C-Zellen) innerhalb der Thyreoidea sind homolog zu den ultimobranchialen Körpern. Das Hormon dieses Gewebes, wo immer es auch liegen mag, ist **Calcitonin**, das in einem Antagonismus mit dem Parathormon die Calcium- und Phosphathomöostase im Körper gewährleistet.

### 20.5.4 Interrenales Organ und Nebennierenrinde

Die Nebennieren der Amnioten liegen benachbart zu den Nieren. Es gibt zwei Typen von Nebennierengewebe. Diese sind meistens vermischt, können aber bei Elasmobranchiern getrennt sein und sind bei Säugetieren in die **Nebennierenrinde** und das **Nebennierenmark** unterteilt. Die beiden Gewebe unterscheiden sich in ihrer Funktion und in ihrem embryonalen Ursprung. Der corticale Gewebetyp wird hier besprochen, das Markgewebe im nächsten Abschnitt. Bei Knochenfischen wird das Gewebe, das dem der Nebennierenrinde entspricht, **interrenales Gewebe** genannt.

Diese Strukturen ähneln den Gonaden bezüglich des Steroidaufbaus ihrer Hormone und ihres embryonalen Ursprungs. Nebennierenrindengewebe entsteht aus der mesodermalen Auskleidung der Coelomhöhle in der Nähe des Ursprungs der Genitalleisten.

Die sekretorischen Zellen des Rinden- und interrenalen Gewebes bilden Stränge, die bei Säugetieren in vier Schichten angeordnet sind, bei anderen Vertebraten aber nur wenig oder gar keine Organisation zeigen. Viele Nebennierenrindenhormone sind bei Säugetieren bekannt, aber einige von diesen werden anderswo im Körper produziert, manche werden einfach in andere umgewandelt und nur ungefähr ein Dutzend von ihnen sind nachweislich physiologisch aktiv. Zusammen werden diese Hormone **Adrenocorticosteroide** genannt. Sie werden bei Säugetieren auf Grund ihrer Funktion in zwei Gruppen unterteilt:

- Die **Glucocorticoide** (z. B. Cortison und Cortisol) wirken entzündungshemmend und spielen eine wichtige Rolle im Kohlenhydratstoffwechsel, indem sie die Gluconeogenese stimulieren und so den Proteinkatabolismus fördern. Diese Hormone spielen eine wichtige Rolle bei der Anpassungsphase des *General Adaptation Syndrome* (GAS, Stress).
- Die **Mineralocorticoide** wirken auf den Salz- und Wasserhaushalt. Aldosteron ist nur für Säugetiere typisch und steht mit dem Natrium- und Kaliumstoffwechsel in Verbindung. Nur die Glucocorticoide interagieren mit dem Hypothalamus.

Diese Einteilung gilt jedoch, wie bereits oben erwähnt, nur für Säugetiere. Bei anderen Wirbeltieren kann ein Säuger-Glucocorticoid durchaus eine Mineralocorticoid-Wirkung haben und umgekehrt.

Das interrenale Gewebe der Cyclostomata ist zwischen den posterioren Kardinalvenen und anderen Gefäßen verteilt. Bei Teleosteern kann das interrenale Gewebe diffus oder abgegrenzt sein, bildet aber meistens viele kleine Flecken, die in der Nähe oder innerhalb der Kopfnieren liegen. Charakteristischerweise ist die Drüse bei Elasmobranchii länglich und liegt zwischen den Nieren (Abb. 20.6), bei Anura ist sie länglich, bei Urodela diffus und liegt bei beiden Amphibiengruppen den Nieren an. Das Nebennierenrindengewebe der Amnioten bildet ein Paar kompakter Körper, die auf oder in der Nähe des anterioren Endes der Nieren liegen (Abb. 16.9 und 16.10).

### 20.5.5 Chromaffine Körper und Nebennierenmark

Gewebe, das dem Nebennierenmark entspricht, ist bei manchen Vertebraten diffus verteilt und wird dann wegen seiner Färbeeigenschaften **chromaffines Gewebe** genannt. Chromaffines Gewebe und Nebennierenmarksgewebe werden von den präganglionären Neuronen des autonomen Nervensystems innerviert. Diese Nerven und Drüsen entstehen alle aus den ectodermalen Neuralleisten des Embryos und sezernieren alle die Catecholamine **Epinephrin (Adrenalin)** und **Norepinephrin (Noradrenalin)**, wobei die Drüsen viel mehr Catecholamine (vor allem Adrenalin) produzieren als das Nervensystem. Nach der

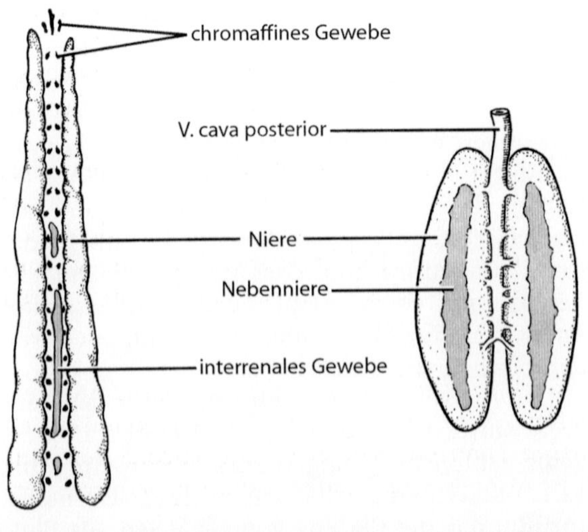


**Abb. 20.7.** Nebennieren eines Elasmobranchiers (*links*) und eines Frosches (*rechts*). Ventralansichten (die Lagebeziehungen können sich zwischen verschiedenen Genera unterscheiden)

Produktion werden diese Hormone in Granula gespeichert, bis sie benötigt werden. Sie werden nicht ununterbrochen freigesetzt, wie es bei vielen anderen Hormonen der Fall ist. Der Körper antwortet auf diese Hormone mit Mechanismen, die ihm ermöglichen, besser auf plötzliche Notfälle reagieren zu können (z.B. erhöhter Blutzucker und Blutdruck sowie Inhibierung der glatten Muskeln).

Die Verteilung von chromaffinem Gewebe im Körper entspricht der des interrenalen Gewebes, ist aber oft vor allem bei Fischen noch diffuser. Dort kann es entlang der hinteren Kardinalvenen und in der Nähe der Nieren, auf oder in ihnen vorkommen. Chromaffines Gewebe kann nahe, aber getrennt vom interrenalen Gewebe liegen (manche Fische und manche Lepidosaurier; Abb. 20.7), kann mit interrenalem oder Nebennierenrindengewebe vermischt sein (manche Fische, die meisten Amphibien und Reptilien, Vögel), oder es kann als eine Medulla von Nebennierenrindengewebe umgeben werden (meiste Säugetiere). Sogar Säugetiere haben allerdings chromaffine Körper (**Paraganglia**), die mit einigen sympathischen Ganglien assoziiert sind.

## 20.5.6 Gonaden und Placenta

Die Entwicklung und der Aufbau der Gonaden wurden schon in Kapitel 16 vorgestellt, aber diese Organe sollen jetzt auch als endokrine Drüsen genannt werden. Das Ovar bildet verschiedene **Östrogene** (die Hauptform ist Östradiol 17$\beta$), **Progesteron** und, bei Säugetieren, **Relaxin**. Östrogene kontrollieren das Wachstum und die Entwicklung des weiblichen Fortpflanzungssystems und sind für die Fortpflanzung unerlässlich. Sie initiieren und erhalten außerdem die sekundären Geschlechtsmerkmale aufrecht, die bei manchen Vertebraten sehr ausgeprägt, bei anderen sehr unauffällig sein können. Der Ort der Östrogensekretion ist bei Säugetieren die Tunica granulosa (Abb. 16.4). Seine Vorstufe ist Testosteron, das bei Säugern in der Theca interna und bei Nicht-Säugern von speziellen „Thecazellen" gebildet wird. In der Tunica granulosa wird es durch einen „Aromatase-Komplex" zu Östradiol 17$\beta$ umgewandelt.

Nach der Ovulation wird der geplatzte Säugetierfollikel in eine temporäre, aber stark ausgeprägte Drüse, das **Corpus luteum**, umgewandelt. Diese Struktur sezerniert dann Progesteron, ein Hormon, das für die abschließende Differenzierung des weiblichen Fortpflanzungstrakts als Vorbereitung für die Schwangerschaft und ihre Aufrechterhaltung unerlässlich ist. Strukturen, die dem Corpus luteum der Säuger ähnlich sind, bilden sich in den Ovarien verschiedener anderer Vertebraten (Haie, Teleosteer, Urodelen, Vögel, manche Reptilien), aber anscheinend bei anderen nicht. **Alle** Vertebraten, die darauf untersucht wurden, produzieren jedoch ein oder mehrere Progestine, was sehr verwirrend ist.

**Relaxin** ist das einzige Geschlechtshormon, das kein Steroid ist. Bei manchen Säugetieren zumindest wirkt es auf die Symphyse des Beckens und bereitet sie für ihre Funktionen während und nach der Geburt vor.

Die interstitiellen Zellen des Hodens (Abb. 16.5) bilden die männlichen Hormone, die insgesamt **Androgene** genannt werden. Das Hauptandrogen ist das **Testosteron**. Androgene werden für das Wachstum, die Differenzierung und die Funktion der männlichen Genitalkanäle und des

Kopulationsorgans (falls vorhanden) sowie für die Kontrolle der sekundären Geschlechtsmerkmale und des Fortpflanzungsverhaltens benötigt. Alle Vertebraten haben Androgene. Ein interstitielles Gewebe wurde nicht bei allen Vertebraten identifiziert, aber homologe Zellen können um die Hodentubuli/-ampullen herum liegen. Um die Lage noch zu komplizieren, produzieren Männchen Östrogene und Weibchen produzieren Androgene als essentielle Vorstufe der Östrogene.

Die **Placenta** der Säugetiere ist eine reiche Quelle nicht nur für Östrogen und Progesteron, sondern auch für ein Gonadotropin (Mensch, Pferd) und für ein prolactinähnliches Proteohormon (Primaten), das ansonsten von der Adenohypophyse produziert wird. Prolactin wird bei Säugetieren für die Milchproduktion benötigt.

Alle Geschlechtshormone haben komplexe Interaktionen mit dem Hypothalamus. Manche stehen mit der interrenalen oder der Nebennierenrindenfunktion oder mit den Aktivitäten der Thyreoidea in Verbindung. Die Funktion der Gonaden ist oft zyklisch und/oder saisonal, wobei der exogene Kontrollmechanismus oft die Photoperiode ist, die über die Neurohormone des Hypothalamus vermittelt wird.

## 20.6 Gewebshormone

Das Gewebshormon **Sekretin**, das als Antwort auf Magensäure vom Zwölffingerdarm produziert wird, bewirkt eine Ausschüttung von Natriumhydrogencarbonat aus dem Pankreas und war das erste Hormon, das von Bayless und Starling im frühen 20. Jahrhundert beschrieben wurde. Seitdem wurden eine Anzahl von chemischen Vermittlungssubstanzen, die als **Gastrointestinale Hormone (GH)** bezeichnet werden und von Zellen des Magens, des Darms oder des Pankreas gebildet werden, isoliert. Der Magen bildet außerdem Gastrin und das Jejunum Cholecystokinin, zwei weitere Hormone, die an der Koordination des Verdauungsprozesses mitwirken. Erstaunlicherweise werden viele der gastrointestinalen Hormone auch von Zellen des Nervensystems abgegeben und wirken wiederum auf Zielzellen, die entweder in einiger Entfernung oder in der Nähe des Produktionsortes liegen. Das meiste, das wir über diesen Komplex von Hormonen wissen, stammt aus Untersuchungen an Säugetieren (Sheridan und Sower 2000). Viga (2000) dagegen liefert Hinweise darauf, dass Cholecystokinin bereits bei den Ahnen der Chordaten auftrat und dass sich gastrinähnliche Peptide aus einem ursprünglichen Cholecystokinin bei der Abspaltung der Tetrapoden von den Fischen entwickelt haben.

Der Aufbau und die exokrine Natur des Pankreas wurden im Kapitel 12 bereits beschrieben. Seine zahlreichen Langerhansschen Inseln (Abb. 12.12) sezernieren zwei sehr wichtige Hormone: **Insulin**, das die Bildung von Glykogen aus Blutglucose v.a. in der Leber verursacht, und **Glucagon**, das den umgekehrten Vorgang kontrolliert. Bei Fischen können wenige Inseln oder eine einzige größere innerhalb des Pankreas oder entlang des Gallengangs liegen. Bei der Regulation der Blutzuckerhomöostase sind noch andere Faktoren beteiligt, z.B. Cortisol, Wachstumshormon und Schilddrüsenhormone.

Die Dehnung der Arterien bewirkt, dass in den Atrien der Säugetiere das Peptidhormon **atrialer natriuretischer Faktor** gebildet wird, das in Granulae in den Herzmuskelzellen gespeichert wird und das mit Blutgefäßen, Nieren, Nebennieren und Gehirn eine modulierende Wirkung auf die komplexe Regulierung des Blutdrucks und die Exkretion von Wasser und Natrium haben kann.

## 20.7 Parahormone

Parahormone sind Signalstoffe, die nicht in die am Anfang gegebene Definition von Hormonen passen. Hier einige Beispiele: Als Antwort auf ein Absinken des Blutdrucks setzen **juxtaglomeruläre Zellen** in den afferenten Arteriolen der Nierenglomerula **Renin** frei. Renin ist ein Enzym, keine vasoaktive Substanz, das auf ein zweites Plasmaprotein, das Angiotensinogen, wirkt. Renin wandelt Angiotensinogen in **Angio-**

**tensin I** um, das in den Lungen und in der Anwesenheit von konvertierendem Enzym in **Angiotensin II** umgewandelt wird. Angiotensin II ist ein wirkungsvoller Vasokonstriktor, der durch die Konstriktion der peripheren Arteriolen den peripheren Widerstand erhöht und so den arteriellen Blutdruck in der Niere normalisiert. Das Angiotensin II kann als Parahormon bezeichnet werden, weil es nicht in einer Zelle gebildet wird.

Man nimmt an, dass der **Thymus** endokrine Funktionen hat. Bisher sind etwa 50 biologisch aktive Thymusfaktoren nachgewiesen, die alle im Bereich der Immunabwehr wirksam sind.

Harnstoff und Kohlendioxid, die aus nichtendokrinem Gewebe stammen, werden über das Blut verteilt und vermitteln Nachrichten an Organe, die weit vom Bildungsort entfernt liegen.

## Literatur

Bentley PJ (1998) Comparative vertebrate endocrinology, 3rd edn. Cambridge Univ Press, New York. Breit angelegter und auch detaillierter Bericht, der die endokrine Funktion als Antwort auf Erfordernisse der Umwelt darstellt

Bern HA (1985) The elusive urophysis: Twenty-five years in pursuit of caudal neurohormones. Am Zool 25:763–769

Bern HA (1990) The "new" endocrinology: Its scope and its impact. Am Zool 30:877–885

Blüm V (1986) Vertebrate reproduction. Springer, Heidelberg, New York

Callard I, Callard G (1990) Symposium: Unconventional vertebrates as models in endocrine research. J Exp Zool 4:1–218. Kanalwels, Krallenfrösche und Dickschwanzspitzmaus – eine informative Reihe von Texten, die das Konzept von „Modell"tierarten und ihre Bedeutung für die Untersuchung spezifischer Fragen klar aufzeigen

Deviche P, Barnes BM (1995) Introduction to the symposium: Endocrinology of arctic birds and mammals. Am Zool 35:189–190. Verschiedene Artikel, welche die endokrinen Herausforderungen und Antworten diskutieren, denen Vertebraten mit großen saisonalen Tageslängen- und Temperaturveränderungen ausgesetzt sind

Eloranta E et al (1995) Seasonal onset and disappearance of diurnal rhythmicity in melatonin secretion in female reindeer. Am Zool 35:203–214

Gorbman A et al (1983) Comparative endocrinology. Wiley, New York

Guyton AC, Hall JE (1996) Textbook of medical physiology. 9th edn. Saunders, Philadelphia

Matsumoto A, Ishii S (eds) (1992) Atlas of endocrine organs: Vertebrate and invertebrate. Springer, New York. Wunderschön und informativ

Norris DO (1997) Vertebrate endocrinology, 3rd edn. Academic Press, New York. Ein breit angelegtes und instruktives phylogenetisches Herangehen an die vergleichende Endokrinologie mit einem Kapitel über Methoden in der endokrinologischen Forschung. Informative Abbildungen, Zusammenfassungen der Kapitel

Pang PKT, Schreibman MP (1986) Vertebrate endocrinology: Fundamentals and biomedical implications. Academic Press, New York.

Reiter RJ (1981) The mammalian pineal gland: Structure and function. Am J Anat 162:287–323

Sheridan MA, Sower SA (2000) A tribute to Erika M. Plisetskaya: New insights on the function and evolution of gastroenteropancreatic hormones. Am Zool 40:161–308

Sower SA, Kunimasa S, Reed KL (2000) Perspective: research activity of enteropancreatic and brain/central nervous system hormones across invertebrates and vertebrates. Am Zool 40:165–178

Viga SR (2000) Evolution of the cholecystokinin and gastrin peptides and receptors. Am Zool 40:287–295

# Teil 3 Strukturelle Adaptation:

## Evolution in Verbindung zu Lebensweise und Habitat

# 21 Strukturelemente des Körpers

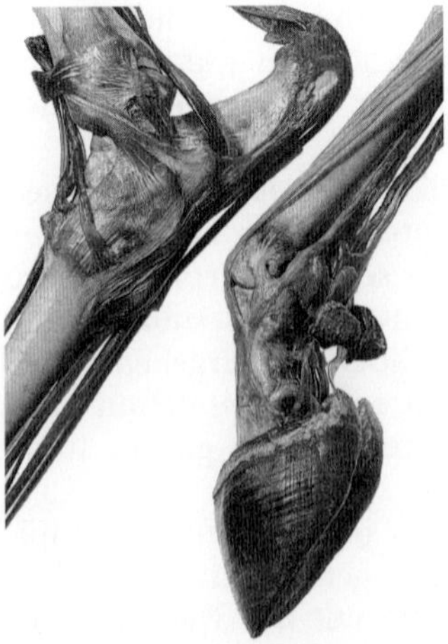

## 21.1 Tiere als Spezialisten

Teil II dieses Buches enthält sehr viel funktionelle Interpretation von Strukturen, vor allem bezüglich des Atmungs-, Kreislauf- und Exkretionssystems, des Auges und des Gehirns. Das Hauptaugenmerk liegt jedoch auf der Analyse der Morphologie in Verbindung mit dem langen Verlauf der Phylogenie, nämlich auf beibehaltenen evolutionären Veränderungen, die allen Tieren in so großen Taxa wie Klassen und Unterklassen gemein sind. Ursprüngliche und unspezialisierte Merkmale werden dargestellt. Strukturen, die für Tiere mit unterschiedlichen Lebensweisen nützlich sind, werden hervorgehoben: Kiefer sind allgemein von Vorteil; zwei Paare von Extremitäten haben sich ebenfalls als ein guter allgemeiner Bauplan erwiesen. Ein Kreislaufsystem, das in einen Lungen- und einen Körperkreislauf unterteilt ist, ist für Tetrapoden besonders günstig.

Teil III beschäftigt sich mit dem parallelen oder konvergenten Einfluss funktioneller Anpassung auf verschiedene Vertebraten. Besonderes Augenmerk wird auf den Fortbewegungsapparat und die Nahrungsaufnahmemechanismen gelegt, bei denen Parallelen am deutlichsten zu sehen sind. Tiere mit ähnlichen Spezialisierungen findet man in vielen systematischen Kategorien. Hier werden sie zusammengebracht, ihre gemeinsamen Probleme werden identifiziert und ihre verschiedenen Anpassungen auf der Basis der funktionellen Morphologie interpretiert.

Die Analyse wird durch verschiedene Faktoren erschwert. Verschiedene Tiere können ähnliche Dinge auf unterschiedliche Weise tun: Eichhörnchen und Pottos klettern beide, aber Pottos ergreifen die Zweige langsam, während Eichhörnchen auf den Zweigen rennen oder sich mit scharfen Krallen an sie anklammern. Kein einziges Tier hat alle strukturellen Modifikationen, die mit seiner allgemeinen Lebensweise zusammenhängen. Außerdem kann eine einzelne Art verschiedene Spezialanpassungen haben. Frösche springen und schwimmen. Flughörnchen klettern und gleiten, Kormorane fliegen, schwimmen und tauchen. Außerdem werden die Aktivitäten von Tieren nicht nur von morphologischen Merkmalen, sondern auch von verhaltensphysiologischen Faktoren bestimmt. So klettern z. B. Graufüchse auf Bäume, während Rotfüchse dies nicht tun. Durch Präparation kann man nicht herausfinden, welcher klettert, oder auch nur, dass einer von ihnen klettert. Sogar ohne spezielle morphologische Anpassungen können viele Tiere rennen, schwimmen, klettern und graben. Andererseits können sich Tiere manchmal nicht in einer Art und Weise bewegen, für die sie aufgrund ihrer Morphologie

---

*Seite 431:* Luftgetrocknetes Präparat des Armes eines Seehundes

*Oben:* Luftgetrocknetes Präparat des rechten Tibiotarsalgelenks und der linken vorderen Zehen einer Kuh geeignet zu sein scheinen. So hat der adulte Gorilla zwar die Morphologie, die mit Klettern durch Hangeln korreliert ist, aber weil er sehr groß ist, tut er es selten.

Trotz dieser Komplikationen ist es jedoch selten schwierig, die hauptsächlichen Lebensweisen eines Wirbeltieres aus seiner Morphologie zu bestimmen. Manche Hinweise sind subtil, andere sind offensichtlich, aber alle ergeben einen Sinn. Ihre Identifikation und Interpretation kann sehr fesselnd sein. Tiere sind so gut in ihren Spezialitäten!

Dieser Teil des Buches beginnt mit drei Kapiteln, welche die grundlegenden mechanischen Prinzipien darstellen, die mit der Nahrungsaufnahme, der Körperhaltung und der Fortbewegung im Allgemeinen in Verbindung stehen. Die folgenden Kapitel analysieren spezifische Anpassungen.

Obwohl alle hauptsächlichen Adaptationen an Fortbewegung und Nahrungsaufnahme dargestellt werden, kann kein Buch (oder Student oder Professor) solche breiten Themen vollständig abdecken. Sogar in Gebieten, die für die nähere Beschreibung ausgewählt wurden, musste zusammengefasst werden. Nebensächliche Themen wurden weggelassen. Deshalb erwähnen wir manche Adaptationen in Klammern, die auf den folgenden Seiten nicht dargestellt werden, die aber Thema für ergänzende Studien oder spezielle Berichte sein könnten.

Es gibt morphologische wie auch physiologische und verhaltensphysiologische Anpassungen an das Leben in großen Höhen, in der Tiefsee oder in Höhlen. Manche Vertebraten sind daran angepasst, im Schnee, im Schlamm oder auf schwimmender Vegetation zu laufen. Anpassungen für die pränatale Entwicklung und die Geburt umfassen die Morphologie der Placenta, die Länge und die Struktur der Nabelschnur sowie die Form der Uterushöhle in Verbindung zur Form, Flexibilität und Dichte verschiedener Teile des Fötus. Larynx, Syrinx und andere schallproduzierende Mechanismen wie auch das Ohr zeigen ausgeprägte Spezialisierungen. Vorkehrungen für Verteidigung und Flucht umfassen eine Vielfalt von Strukturen und Funktionen, unter denen Schutzpanzer, Zähne, Klauen, Hörner, Geweihe, Stoßzähne, Schnäbel, Dornen, Stacheln, Tarnung und Mechanismen zum Stechen, Vergiften, Zermalmen, den Körper aufzublasen, den Schwanz abzuwerfen und Schleim, Reizstoffe oder widerliche Gerüche zu produzieren, zu nennen sind.

Wir Menschen erhalten in diesem Buch keine spezielle Aufmerksamkeit, aber auch wir haben ausgeprägte lokomotorische Fähigkeiten. Sogar wenn andere Tiere den Ehrgeiz hätten, solche künstlichen Aktivitäten wie z. B. Gymnastik, Tauchen, Skifahren, Eislaufen und Eisstockschieben zu versuchen, und auch die Geduld, sie zu erlernen, könnte keines an menschliche Athleten heranreichen. Außerdem sind Menschen nicht nur als Einzige Experten im Werfen, sondern sie sind auch beeindruckend gut dabei.

## 21.2 Eigenschaften der unterstützenden Materialien

Die Materialien des Körpers, welche Unterstützung und Bewegung zustande bringen, sind Knochen, Knorpel, Muskel, Sehne und Ligament. (Weiche Organe werden außerdem durch Netzwerke aus kollagenen Fasern verstärkt.) Die Eignung dieser Baustoffe für die verschiedenen Anforderungen des Körpers hängt von ihren Eigenschaften ab. (Hydrostatische Systeme sind ebenfalls ausgebildet, wie z. B. in Zunge und Genitalien; sie sind die Grundlage für Stützung und Fortbewegung bei vielen Invertebraten.)

Drei wichtige Eigenschaften lebenden Stützgewebes werden von keinem Material geteilt, das Architekten oder Ingenieuren zugänglich ist:

- Alle zeigen **Wachstum** ohne Unterbrechung der Funktion. Sie haben eine bemerkenswerte Fähigkeit für Reparaturen sowohl größerer Brüche als auch geringfügigerer Beschädigung. Diese Eigenschaft schützt diese Gewebe bei wiederholter Belastung vor Ermüdung oder Kraftverlust, die charakteristisch für nichtlebende Stützmaterialien sind, und minimiert die Anhäufung von Verletzungen im Laufe der Zeit. Die Reparaturgeschwindigkeit ist bei Muskel und Knochen schneller als bei Knorpel, und bei all diesen Geweben verringert sich diese Fähigkeit mit zunehmendem Alter.

- Alle besitzen eine beeindruckende Fähigkeit, sich an die **Umstände anzupassen**, indem sie ihre Substanz und Konfiguration entsprechend der Anforderungen langsam verändern. Es ist allgemein bekannt, dass die Muskelstärke durch Sport zunimmt. Die Anpassungsfähigkeit anderer Stützgewebe wird später in diesem Kapitel dargestellt.
- Diese Eigenschaften zusammen stellen eine angemessene **Haltbarkeit** für lebenslangen, ununterbrochenen Gebrauch sicher. Kein von Menschen gebauter Apparat, der auch nur eine im entferntesten vergleichbare Komplexität bewegbarer Teile enthält, kommt dem Körper in dieser Hinsicht gleich.

Die Verstärkung der Stützgewebe, die aus ihrer Heterogenität und der Anwesenheit von mikroskopisch kleinen, inneren Lakunen resultiert, wurde auf S. 132 dargestellt. Bevor wir die Festigkeit der Strukturelemente des Körpers weiter betrachten, ist es nötig, einige Konzepte und Begriffe darzustellen oder einzuführen. Das wichtige Konzept der **Kraft** wurde auf S. 199 und 200 dargestellt und soll hier wiederholt werden. Das Gewicht eines Tieres, das auf den Boden drückt, ist eine Kraft, der Zug eines Muskels an seiner Ansatzstelle ist eine Kraft und der Druck eines Fischschwanzes gegen das Wasser ist eine Kraft. Da Kräfte im Körper an Orten wie Sehnenansatzstellen und Kontakten zwischen Knochen konzentriert sind, ist es nützlich, die Kraft pro Flächeneinheit zu betrachten, die **Spannung** genannt wird, wenn die Kraft in eine Richtung wirkt (Sehnen und Knochen), und **Druck**, wenn die Kraft in alle Richtungen wirkt (Gas innerhalb der Lunge). Im allgemeinen Sprachgebrauch wird das Wort Druck jedoch auch für Belastungen gegen Oberflächen (Zähne, Knochen, Schlamm, Schnee) benutzt und bedeutet dann eine Flächenpressung. Spannung und Druck werden in Newton pro Quadratmeter oder Pascal ausgedrückt.

**Last** ist ein allgemeiner Begriff, der sich auf jegliche Kraft bezieht, die auf ein kompaktes Objekt ausgeübt wird. Benachbarte Knochen des Beines und der Wirbelsäule belasten sich gegenseitig. Aktive Muskeln belasten die mit ihnen in Verbindung stehenden Knochen. Damit belastete Objekte im Gleichgewicht bleiben, müssen gleichwertige Kräfte in entgegengesetzte Richtungen wirken (dies ist eine Anwendung von Newtons 3. Gesetz). Wenn ein Vierbeiner ruhig steht, ist die nach unten gerichtete Kraft seines Gewichts durch eine gleichwertige, aufwärts gerichtete Kraft vom Untergrund ausgeglichen. Das Gewicht wird durch die Knochen der Beine auf den Boden übertragen. Wenn Objekte Belastungen übertragen, entstehen in einem Teil des Objektes innere Kräfte, die auf benachbarte Teile wirken. Die innere Übertragung einer Last ist wiederum eine Belastung. Äußere Lasten bewirken innere Belastungen.

Wenn eine Last auf ein Objekt ausgeübt wird, kommt es zu einer Verformung. Es gibt eine Veränderung der Länge, des Volumens oder des Winkels. Eine relative Verformung wird **Dehnung** genannt. Für die Länge ist also die Dehnung gleich der Längenänderung geteilt durch die ursprüngliche Länge. Da die Dehnung ein Verhältnis ist, ist sie dimensionslos. Für harte Materialien wie Knochen ist die Dehnung direkt proportional zur Belastung. Wenn die eine verdoppelt wird, wird auch die andere verdoppelt (man sagt, sie folgen dem Hookeschen Gesetz). Die Regressionslinie, die diesen Zusammenhang darstellt, ist linear (bis kurz vor der Schädigung des Materials) (Abb. 21.1 links). Außerdem ist die Kurve für die Belastung und die Entlastung gleich. Die Fläche unter der Kurve ist proportional zur Arbeit, die benötigt wird, um die Dehnung zu erzielen. Diese **Dehnungsenergie** wird so lange gespeichert, wie die Last ausgeübt wird, und wird abgegeben, wenn die Last entfernt wird (wie bei einer Feder).

Bei Sehnen und Ligamenten (im Gegensatz zu Stahl) sind Dehnung und Beanspruchung nicht direkt proportional (d.h. das Hookesche Gesetz trifft nicht zu). Die Regression ist nichtlinear. Sie macht während der Belastung einen Bogen nach oben und während der Entlastung einen Bogen nach unten (und bildet so eine Hystereseschleife) (Abb. 21.1 rechts). Die Arbeit, die beim Dehnen einer Sehne verrichtet wird, und die Arbeit, die wiedergewonnen wird, wenn sie entspannt wird, sind wiederum proportional zur Fläche unter der entsprechenden Kurve, aber die Kurven sind nicht gleich. Die Fläche zwischen den Kurven ist proportional zu der Dehnungsenergie, die als Wärme verloren geht. Wie wir

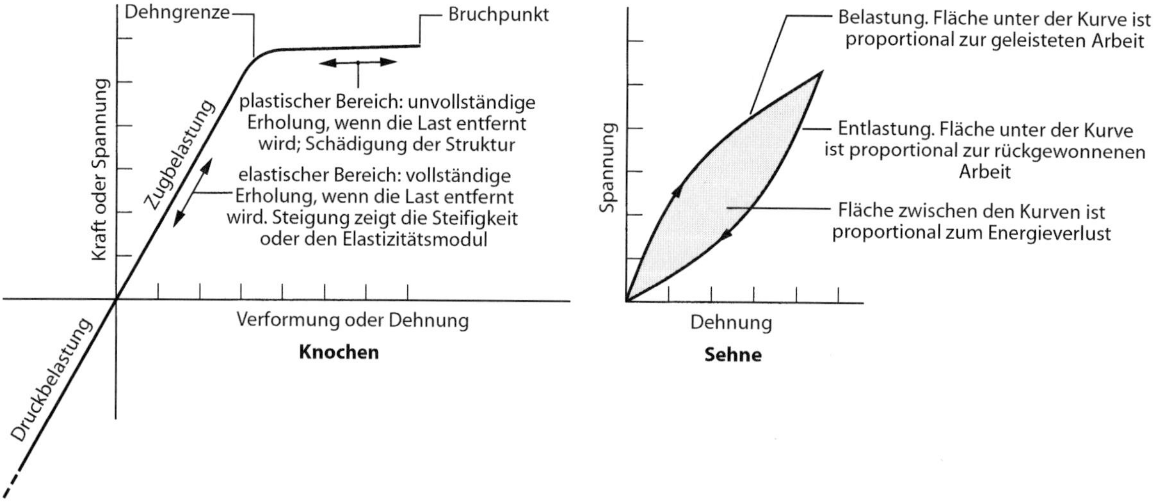


**Abb. 21.1.** Last-Verformungskurven

sehen werden, benutzen sich bewegende Vertebraten die Sehnen als Federn. Diese Analyse zeigt, warum ein gewisser Teil der Energie immer verloren geht.

Eine Verformung kann dauerhaft oder vorübergehend sein. Sogar mäßige Lasten bewirken eine permanente Verformung, wenn man Ton modelliert. Solche Materialien könnten den Tierkörper kaum unterstützen. Wenn die Verformung vorübergehend ist, kann die Erholung beinahe sofort stattfinden, wie bei Knochen, oder etwas langsamer, wie bei Knorpel, Sehne und Ligament. Die Fähigkeit eines Materials, vollständig zu seiner ursprünglichen Form zurückzukehren, nachdem eine Last entfernt wird, nennt man **Elastizität.** (Dies ist nicht das Gleiche wie der Gebrauch des Wortes durch einen Laien, der damit eine Dehnbarkeit meint!). Die strukturellen Baustoffe des Körpers haben eine praktisch perfekte Elastizität innerhalb der gewöhnlichen Belastungsgrenzen. Manche elastischen Materialien, wie Gummi, werden schon durch mäßige Kraft stark verformt, während andere, wie Stahl oder Knochen, selbst durch große Kraft nur leicht verformt werden. Sehnen besitzen eine intermediäre Steifheit. Das Verhältnis von Belastung zu Beanspruchung und damit auch die Steigung ihrer Regressionslinie ist ein Maß für diese Steifheit und wird **Elastizitätsmodul** oder **Young's Modulus** genannt. Für ihn gilt die gleiche Einheit wie für die Belastung, nämlich Kraft pro Flächeneinheit.

Die wichtige Eigenschaft der **Festigkeit** ist bei Stützmaterialien die Fähigkeit, einer Kraft ohne Bruch oder permanente Verformung zu widerstehen. Die Festigkeit variiert natürlich mit dem Material und ist proportional zur Querschnittsfläche des Objektes (d.h. je mehr Knochen, desto größer ist die Festigkeit). Wie auf S. 132 und 133 erklärt wurde, variiert die Festigkeit von heterogenem Material mit der relativen Orientierung der Krafteinwirkung auf die Feinstruktur. Die Festigkeit variiert außerdem bedeutend mit der Einwirkrichtung der ausgeübten Kraft auf eine Oberfläche. Das bedeutet, dass die Interaktion zwischen benachbarten Objekten von der Richtung der Kräfte, die zwischen ihnen auftreten, abhängt. Dies gilt sowohl für eine Last, die auf eine tatsächliche äußere Oberfläche eines Objekts wirkt, als auch für eine Spannung, die an einer imaginären inneren Oberfläche wirkt. Es gibt nur zwei Arten von Kräften: senkrecht zur Oberfläche oder parallel zur Oberfläche. Sie können natürlich in intermediären Winkeln einwirken, aber die in Kapitel 22 dargestellte Analyse zeigt, dass solche Kräfte immer in eine senkrechte und eine parallele Komponente zerlegt werden können.

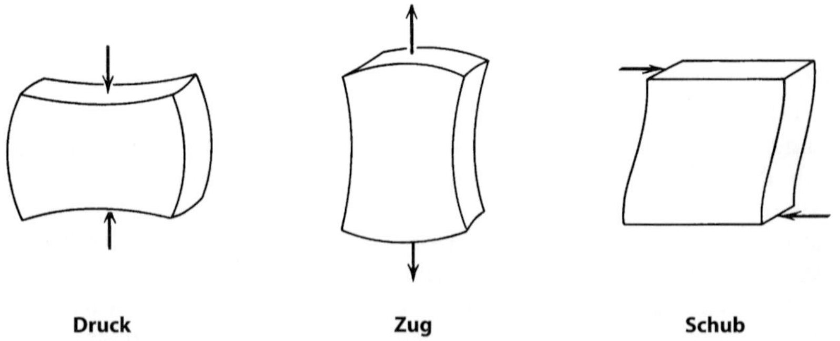


**Abb. 21.2.** Die drei Hauptarten von Kraft und die Verformungen, die sie bei festen Objekten auslösen

Es gibt wiederum zwei Arten von senkrechten Kräften:

- Die **Druckkraft (Kompression)** resultiert aus einer Kraft, die auf ein Objekt **hin** gerichtet ist. Sie verkürzt das Objekt meistens in der Richtung der angewandten Kraft (die Dehnung wird dann negativ genannt) (Abb. 21.2).
- Die **Zugkraft (Dehnung)** resultiert aus einer Kraft, die von einem Objekt **weg** gerichtet ist. Sie macht ein Objekt in der Regel länger (die Dehnung ist positiv).

Säulen und Stützpfeiler widerstehen einer Druckkraft. Haltedrähte und Seile, an denen Objekte hängen, widerstehen Zugkräften. Druck und Zug können zusammen, aber im rechten Winkel zueinander auftreten. Kräfte, die parallel zu einer Oberfläche, aber in entgegengesetzten Richtungen auftreten, bewirken eine **Scherung (Schub)**. Scherung verlagert einen Teil des Materials gegenüber benachbarten Teilen. Scheren schneiden durch Abscheren. Wenn ein geschlossenes Buch zwischen den Handflächen gehalten wird und ein Deckel relativ zum andern verschoben oder verdreht wird, wird das Buch durch Schub verformt, wenn die Seiten übereinander rutschen.

Ausgestattet mit diesen Konzepten, können wir nun die Festigkeit der Stützmaterialien des Körpers betrachten. Frischer kompakter Knochen (nicht trockener oder fixierter oder spongiöser Knochen), der parallel zu seiner Struktur (bestimmt durch die Orientierung der Osteone) belastet wird, hat eine Druckfestigkeit von 1330–2100 kg $cm^{-2}$ (die internationale Einheit für Druck ist Pascal oder Newton $m^{-2}$; daraus ergibt sich eine Druckfestigkeit von 13300–21000 N $cm^{-2}$) Ungefähr 30 Studenten müssen irgendwie auf einem einzelnen Kubikzentimeter kompakten Knochens stehen, um ihn zu zertreten. Die Werte für Knorpel schwanken, sind aber geringer als die für Knochen. Sehnen und Ligamente werden wie ein Faden einfach zusammengedrückt, wenn sie in ihrer Längsrichtung komprimiert werden.

Frischer kompakter Knochen, der parallel zu seiner Substanz belastet wird, hat eine Zugfestigkeit von 620–1050 kg $cm^{-2}$ oder ungefähr die Hälfte seiner Druckfestigkeit. Die Zugfestigkeit von Knorpel ist wiederum geringer als die von Knochen. Sehne und Ligament dagegen haben ungefähr die gleiche Zugfestigkeit wie Knochen, obwohl sie weicher und leichter sind.

Der Widerstand von kompaktem Knochen gegenüber Schub kann nur 500 kg $cm^{-2}$ betragen, wenn er parallel zum Aufbau belastet wird und bis zu 1176 kg $cm^{-2}$, wenn er quer zum Aufbau belastet wird. Knorpel, Sehne und Ligament haben einen geringeren Widerstand gegenüber Schub.

Man könnte meinen, dass der Widerstand von Sehne und Ligament gegenüber Zugkräften und von Knochen gegenüber allen Kräften viel größer ist als nötig. Das trifft für die Aufrechterhaltung der Körperhaltung und das Gewährleisten einer mäßigen Aktivität zu. Bei erhöhter Aktivität dagegen können die Kräfte, die bei menschengroßen Tieren über individuelle Sehnen auf das Skelett wirken, mehrere tausend Newton erreichen und außergewöhnliche Belastungen, wie bei einem Sturz, können gelegentlich ein Reißen oder einen Bruch bewirken. Aus den oben genannten Zahlen wird klar, dass Scherkräfte im Körper limitierend wirken würden, wenn sie die gewöhnlich auftretenden Druck- und Zugkräfte annähernd erreichten. Tatsächlich ist eine reine Scherung ungewöhnlich, aber Knochen können durch Rotation zur gleichen Zeit geschert werden, zu der sie komprimiert werden und Biegekräfte, z. B. beim Krümmen oder Biegen, die im Skelett sehr häufig auftreten, kombinieren Schub, Druck und Zug. Die relative Größe der Belastungsarten des Skeletts scheinen gewöhnlich proportional zu der Fähigkeit des Knochens zu sein, ihnen zu widerstehen. Druckkräfte sind am größten, Scherkräfte sind am kleinsten. Wenn Knochen brechen, kann jede Art von Kraft dafür verantwortlich sein, obwohl Kompressionsfrakturen am seltensten sind.

## 21.3 Spannung und Spannungslinien

Die Konstruktion der strukturellen Elemente des Körpers für maximale Effektivität wird leichter verständlich sein, nachdem wir die Kraftübertragung innerhalb homogener Objekte betrachtet haben. Wenn ein solider Zylinder, der auf dem Boden steht, durch eine einheitliche Last komprimiert wird, wird die nach unten gerichtete Kraft der Last durch eine gleichwertige und entgegengesetzt nach oben gerichtete Kraft aus dem Boden ausgeglichen. Diese Kräfte werden durch große Pfeile in Abb. 21.3 a repräsentiert. Wenn die entgegengesetzten Kräfte stattdessen durch viele Pfeile dargestellt werden, die jeweils eine Krafteinheit repräsentieren, wird mehr Information vermittelt, weil gleichmäßige Abstände der Pfeile dann zeigen, dass der Druck gleichmäßig auf die Enden des Zylinders wirkt (Abb. 21.3 b). Innerhalb des Zylinders haben die Spannungseinheiten die gleiche Größe und Richtung wie der äußere Druck. Daher können sie in jeder beliebigen Ebene ebenfalls durch Pfeile repräsentiert werden, wobei die Anzahl der Pfeile proportional zu der in Anspruch genommenen Fläche ist. Die Linien, welche die Wege der Krafteinheiten durch ein Objekt repräsentieren, werden **Spannungslinien** genannt. In diesem Beispiel sind die Linien gerade und gleichmäßig verteilt, weil die Belastung gleichförmig ist (Abb. 21.3 c). Sie repräsentieren nur die Kompression und können auch **Druckspannungslinien** genannt werden. Die Größe der Druckbelastung in der Darstellungsebene ist proportional zur Höhe des schattierten Rechtecks (die Einheiten sind willkürlich gewählt). An den Oberflächen des Zylinders und an vertikalen Ebenen im Zylinder tritt kein Zug oder Schub auf. (In diesem und den folgenden Beispielen wird die Belastung, die aus dem Gewicht des Objekts resultiert, der Einfachheit wegen vernachlässigt. Es wird außerdem angenommen, dass die Last nicht ausreicht, um die Säule zu verbiegen oder zu knicken.)

Die Zugkraft, die gleichmäßig auf ein Ende eines Zylinders oder eines Stabes einwirkt und die der Last am anderen Ende entgegengesetzt ist, kann ebenfalls durch Pfeile dargestellt werden, die Krafteinheiten repräsentieren. Wiederum zeigen gerade Linien die Verlaufsrichtung der Kräfte innerhalb des Objekts, aber diesmal sind es **Zugspannungslinien** (repräsentiert durch gestrichelte Linien in Abb. 21.3 d). Die Größe der Zugspannungsbelastung ist wiederum proportional zur Höhe des schattierten Rechtecks. Dieses Modell entspricht sehr gut belasteten Sehnen und Ligamenten.

Knochen sind niemals Zylinder, die gleichmäßig über ihre Enden in Richtung ihrer Längsachsen komprimiert werden. Wenn das Ende eines Zylinders über eine begrenzte Fläche komprimiert wird, dann ist die Spannung im belasteten Bereich groß und wird durch Druckspannungslinien, die eng beieinander liegen, repräsentiert (Abb. 21.3 e). Wenn sich die Linien vom Punkt der Krafteinwirkung entfernen, breiten sie sich aus, bis sie gleichmäßig verteilt sind. Die oberen äußeren Teile des Zylinders sind nicht belastet, aber an den Grenzen zwischen belasteten und unbelasteten Flächen und auch direkt unter der Last sind die Belastungen sehr kompliziert (und nicht dargestellt). Dieses Modell entspricht dem nahezu soliden, zylindrischen, zwei Meter langen Femur des großen, 54 500 kg schweren Dinosauriers *Apathosaurus*, aber aus Gründen, die unten genannt werden, sind die

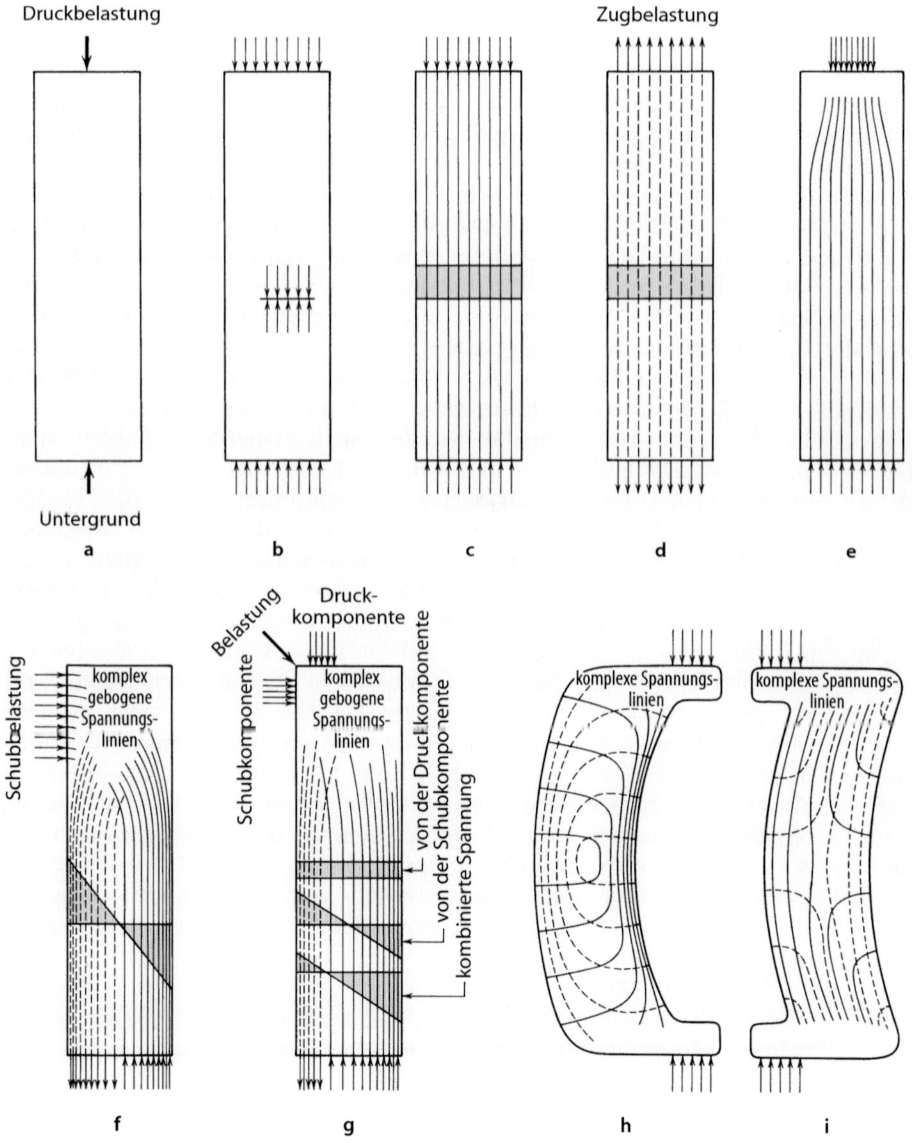


**Abb. 21.3 a-i.** Diagramme von Spannungslinien innerhalb zylindrischer Objekte

langen Knochen der Tetrapoden selten solide Zylinder. Wir gehen deshalb zu weiteren Anwendungen des Konzepts der Spannungslinien.

Wenn eine Last nicht senkrecht zu den Enden eines Zylinders aufgebracht wird (wie in den oben genannten Beispielen), sondern stattdessen entlang des oberen Randes senkrecht zur Achse des Zylinders, dann muss die resultierende Spannung dem Biegen Widerstand leisten. Druckspannungslinien wölben sich von der Last weg und verlaufen in einigem Abstand von der Last in Längsrichtung auf der entgegengesetzten Seite des Zylinders (Abb. 21.3f). Zugspannungslinien verlaufen ebenfalls in Längsrichtung, aber auf der lastnahen Seite des Zylinders. Die Anordnung der Druck- und Zugspannungslinien in der Nähe der Last ist kompliziert, hängt zum Teil vom Material ab und ist deshalb nicht dargestellt. Schub ist ebenfalls vorhanden. Merke, dass Druck und Zug jeweils an ihren entsprechenden Rändern des Zylinders am größten sind (die Spannungslinien liegen dort am engsten beieinander) und dass beide in der Zentralachse des Zylinders auf Null reduziert werden. Die Belastung an jedem Punkt zwischen Rand und Zentrum ist proportional zur Höhe des entsprechenden Dreiecks an diesem Punkt (Abb. 21.3 f). Wenn eine Zugbelastung die Druckbelastung ersetzt, bleibt das Belastungsmuster das gleiche, aber die Spannungsarten sind umgekehrt. Diese Modelle gelten annähernd für die Beiß- und Kaukraft auf den Kiefer (Druckbelastung) und für die Muskelkraft, die an den vertikalen Dornfortsätzen der Wirbelkörper angreift (Zugbelastung), obwohl diese Knochen aus Gründen, die im nächsten Abschnitt erklärt werden, nicht zylindrisch sind.

Die meisten Lasten, die auf Röhrenknochen einwirken, sind weder parallel noch senkrecht zu ihren Längsachsen, sondern wirken stattdessen in einem intermediären Winkel, wenn z. B. ein Knochen einen anderen über ein gebeugtes Gelenk belastet oder eine Sehne schräg an einem Knochen ansetzt. Solche Lasten können jedoch in longitudinale (Druck- und Zugspannungen) und transverse (scherende) Spannungen umgewandelt werden (s. S. 459 f). Abb. 21.3 g zeigt diese allgemeinere Situation, wenn sowohl Druck als auch Schub vorhanden sind. Die Größen dieser Spannungen in der gezeigten Ebene können wie zuvor unabhängig durch die Höhe des Rechtecks und ein Paar kongruenter Dreiecke dargestellt werden. Die gesamte Spannung kann repräsentiert werden, wenn man diese Abbildungen, wie gezeigt, kombiniert. Man sieht, dass die Druckspannung stärker ist als die Zugspannung und dass die Achse der Nullspannung (neutrale Faser) nicht mehr die Zentralachse des Zylinders ist.

Obwohl der Zylinder bisher ein angenehm einfaches Modell war, sind nur wenige Knochen annähernd zylindrisch mit geraden parallelen Seiten. Die meisten großen Knochen haben etwas vergrößerte Enden und gebogene Schäfte. Solide Modelle dieser allgemeinen Form können entweder durch Druck oder durch Zug belastet werden, die dazu tendieren, sie weiter zu beugen (s. Abb. 21.3 h) oder sie gerade zu machen (Abb. 21.3 i). Die Muster der Spannungslinien in den gebogenen Schäften sind dargestellt. Diejenigen in der Nähe der Angriffsstellen der Lasten sind kompliziert und weggelassen. Beachte, dass die Belastung über den ganzen Schaft verteilt ist (mit Ausnahme eines zentralen Fokuspunktes in jedem Schaft), dass sie aber in der Nähe der konvexen und konkaven Bereiche des Schaftes am größten ist.

Kleine Höhlungen, Vertiefungen und Kanäle schwächen das Material, weil sie lokale Spannungskonzentrationen bewirken (Abb. 21.4). Knochen sind so konstruiert, dass ein solcher Festigkeitsverlust minimiert wird. Die Schäfte, nicht die Enden, sind der größten Belastung ausgesetzt und sind meistens sehr glatt. Kanäle für Blutgefäße verlaufen gewöhnlich in einem Winkel zur Längsachse eines Knochens, und die Lakunen, welche die Osteocyten beherbergen, haben ihre kürzesten Achsen rechtwinklig zur Längsachse des Knochens. Diese Anordnungen reduzieren die Spannungskonzentration. (Die Anwesenheit von Lakunen in zellulärem Knochen ist auch vorteilhaft, um die Ausbreitung von Mikrofrakturen aufzuhalten. Mikrofrakturen verheilen durch die konstante Erneuerung des Knochengewebes.) Außerdem haben Knochen meistens zumindest kleine Erhebungen oder

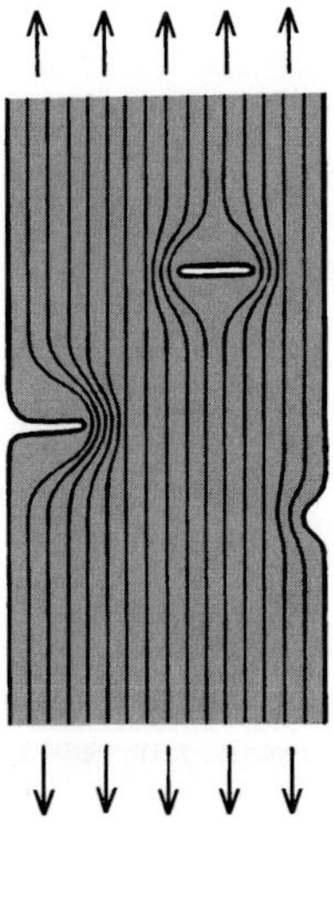

**Abb. 21.4.** Spannungslinien innerhalb eines Objekts werden durch Brüche und Unregelmäßigkeiten konzentriert

## Exkurs 21.1

### Biegespannung kann kompliziert sein

Wenn eine Biegekraft nahe des Kopfes eines glatten Zylinders aus steifem Material ausgeübt wird, wie es in Abb. 21.3f und g gezeigt ist, dann verläuft eine **neutrale Achse** in der Längsrichtung innerhalb des Zylinders (in seinem Zentrum oder etwas außerhalb), wo es weder Druck noch Zug gibt. Y sei die senkrechte Distanz zwischen der neutralen Achse und dem Punkt des Zylinders, an dem wir die Biegespannung betrachten möchten (der Radius des Zylinders, wenn die neutrale Achse zentral verläuft), und $M_y$ sei das Moment der ausgeübten Kraft um die neutrale Achse an der Position *y*. Die Biegespannung entspricht $M_y/I$, wobei *I* das **Flächenträgheitsmoment oder das Flächenmoment zweiter Ordnung** des Querschnitts des Zylinders ist. $I = \int(y^2\,dA)$, wobei dA ein infinitesimales Flächenelement ist. *I* ist also ein Maß für die Verteilung von Material auf den Querschnitt in Bezug auf die festgelegte Achse. Da das Quadrat vom jeweiligen *y* mit jedem Flächenelement multipliziert wird, steigt der Wert von *I* sehr stark an, wenn von der neutralen Achse das Material einen größeren Abstand bekommt, und unterstützt so die Deutung, die im Haupttext gemacht wurde. Bei runden und ovalen, bei kompakten und hohlen Querschnitten erlaubt die Geometrie ihrer Flächen relativ einfache Formeln für die Berechnung von *I* (für Beispiele und weitere Analyse Swartz 1993).

Wenn man von einem perfekten Zylinder zu einem lebenden Beinknochen übergeht, stößt man auf Komplikationen. Es gibt gewöhnlich multipel wirkende Kräfte, die wahrscheinlich in unterschiedlichen Ebenen wirken und sich in der Regel über die Zeit verändern. Die neutrale Achse ist wahrscheinlich nicht exakt im Zentrum des Schnittes und könnte sich verlagern. Querschnitte des Knochens sind etwas unregelmäßig in Umriss und Dicke. Bei der Berechnung solcher Querschnittsflächen ist es am besten, wenn die Formen digitalisiert und ihre Eigenschaften mit Hilfe von Computeralgorithmen bestimmt werden, die Flächenelemente bezüglich einer gewählten Achse (z.B. anterioposterior, mediolateral oder die, welche den maximalen Wert für *I* ergibt) aufsummieren. (Anweisungen und viele damit in Verbindung stehende Informationen sind aus Biewener 1992 zu entnehmen).

Experimentalforscher nehmen oft „Abkürzungen", indem sie Dehnungsmesser *in vivo* benutzen, um die Spannung direkt zu messen. Die übrigen stellen vielleicht fest, dass die allgemeine Formel, die oben angegeben ist, zumindest dabei hilft, die Variablen klarzustellen.

Kämme, an denen Sehnen ansetzen. Dies bewirkt eine geringere Spannungskonzentration innerhalb des Knochenkörpers, als sie ansonsten auftreten würde.

## 21.4 Gebrauch und Design struktureller Elemente

### 21.4.1 Sehnen, Ligamente und Knorpel

**Sehnen** übertragen den Zug der Muskeln auf Knochen, eine Funktion, für die sie durch ihre Flexibilität und ihren enormen Widerstand gegenüber Zugspannung sehr gut geeignet sind (Abb. 21.5). Sie bestehen aus dichtgepackten, parallelen Bündeln kollagener Fasern. Ihre Eigenschaften variieren mit der Funktion. Beugerseh-

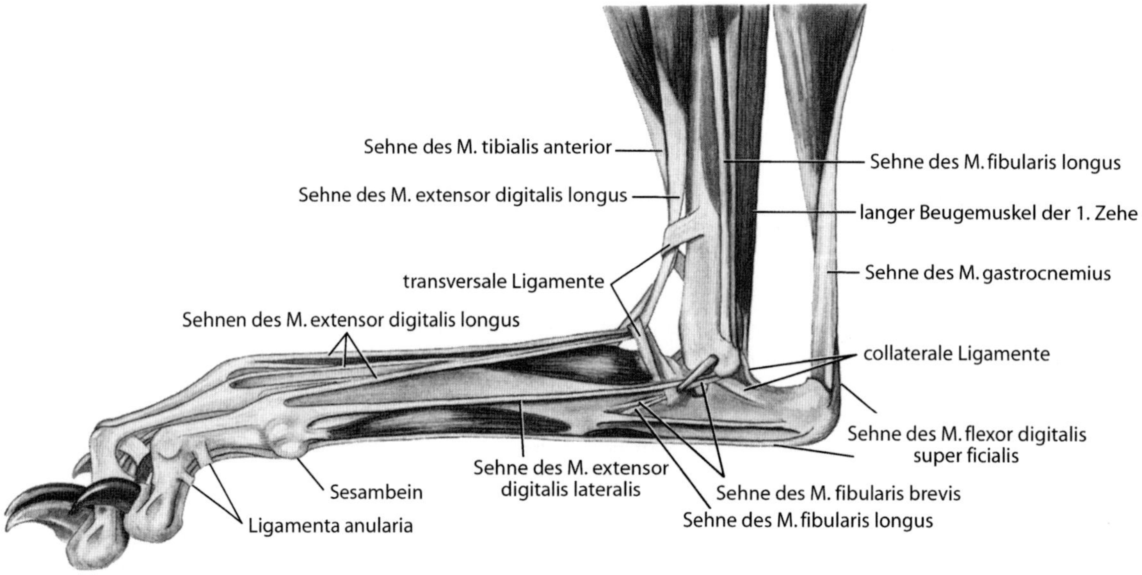


**Abb. 21.5.** Beispiel der Beziehung zwischen Sehnen, Ligamenten und Knochen, gezeigt durch eine Lateralansicht des linken Knöchels und Fußes des Graufuchses *Urocyon* (gezeichnet nach einem gefriergetrockneten Präparat und deshalb etwas geschrumpft)

nen sind in der Regel stärker und steifer als Extensorsehnen. Sehnen, die sich deutlich gegenüber dem benachbarten Gewebe bewegen müssen, haben Scheiden. In manchen Fällen ziehen sie durch gleitfähig gemachte Kanäle, die den Räumen ähneln, die bewegliche Gelenke des Skeletts umgeben.

Die Kontraktionskraft auch großer Muskeln wird gewöhnlich durch die zugehörige Sehne auf eine kleine Fläche am Skelett konzentriert. Dies trägt zur Genauigkeit der Bewegung bei und ermöglicht, dass verschiedene Muskeln in unterschiedlicher Weise in etwa am gleichen Ort wirken. Es ist wichtig, dass Muskeln über Sehnen Skelettteile bewegen können, die in einigem Abstand zu ihrer eigenen Position liegen. Gewichtsverteilung und Körperkonturen werden so auf eine Weise kontrolliert, die zu Geschwindigkeit, Ausdauer und Beweglichkeit (die in den folgenden Kapiteln weiter diskutiert werden) beiträgt. Die menschlichen Finger wären nutzlos, wenn sie mit all ihren Muskeln belastet wären.

Manche Sehnen übertragen, ähnlich wie Seile über eine Rillenscheibe, eine Zugkraft über Kanten von beweglichen Gelenken. Die lebende Rillenscheibe kann ein Knochentunnel sein (z. B. wo die Sehnen der Fingerbeuger um das proximale Ende des Tarsometatarsus einiger Vögel ziehen), eine knöcherne Auskragung, die einen Kanal bildet (z. B. wo Sehnen der Fußabduktoren an der Außenseite des Knöchels bei vielen Säugetieren verlaufen), oder eine Ligamentschlaufe (wie bei den Sehnen der Fingerextensoren, die vor dem Knöchel abbiegen). Belastete gerade Sehnen erfahren nur Zugkräfte, aber wo eine Sehne abbiegt, treten auch Schubkräfte auf. Deshalb werden die Sehnen an solchen Stellen dicker und inkorporieren etwas Faserknorpel, der dem Druck widersteht. Wenn außer der Zugkraft (z. B. dort, wo die Sehne des M. quadriceps vor dem Knie verläuft) andere Kräfte besonders stark sind, unterbrechen kleine Knochen, die solchen Kräften besser widerstehen können, die Sehnen. Sie werden **Sesambeine** genannt.

Manche **Ligamente** haben praktisch die gleiche Struktur und Eigenschaften wie Sehnen. Andere dagegen enthalten weniger regelmäßig angeordnete, kollagene Fasern und außerdem elastische Fasern in unterschiedlichen Verhältnissen. Da Sehnen immer mit Muskeln in Verbindung

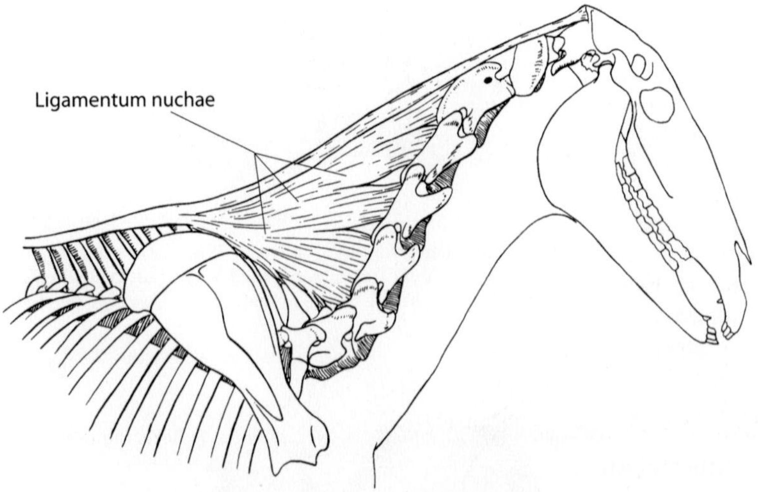


**Abb. 21.6.** Das nuchale Ligament des Pferdes, ein Antischwerkraftmechanismus

stehen, wirken sie nur, wenn sich Muskeln kontrahieren. Ligamente dagegen funktionieren passiv, ohne Energie zu verbrauchen und sind deshalb dort günstiger, wo eine konstante Spannung benötigt wird. Wie Gurte, Schnüre und Gummibänder binden sie das Skelett zusammen, schränken die Bewegung in manchen Gelenken ein und tragen zu Antischwerkraftmechanismen bei.

Manche Ligamente sind lediglich verdickte Teile der Kapseln um bewegliche Gelenke. Diese verschmelzen mit benachbartem Bindegewebe und haben keine scharf abgegrenzten Ränder. Andere Ligamente, die ebenfalls bewegliche Gelenke verbinden, sind fest und hervortretend. Ligamentöse Schleifen und Hüllen führen Sehnen, vor allem an Gelenken. Manche von diesen verschmelzen mit den Sehnenscheiden.

Das **nuchale Ligament** (Ligamentum nuchae) ist ein Beispiel für einen Antischwerkraftmechanismus. Dieses starke und dehnbare Ligament (d.h. es hat einen geringen Elastizitätsmodul) ist bei großen Tieren mit schweren Köpfen und langen Hälsen stark ausgebildet (Abb. 21.6). Wie man aus den Ansatzspuren an den Dornfortsätzen der Wirbel schließen kann, war es auch bei langhalsigen sauropoden Dinosauriern vorhanden. Es verläuft von den Kronen der vorderen thoracalen Dornfortsätze zur Hinterseite des Schädels und zu den Dornfortsätzen der vorderen Cervicalwirbel. Kopf und Hals werden ohne muskuläre Anstrengung in einer normalen Ruheposition gehalten. Ein kleiner muskulärer Zug drückt den Kopf auf den Boden und dehnt gleichzeitig das Ligament. Wenn sich der Muskel entspannt, verkürzt sich das Ligament und hebt so den Kopf.

Huftiere haben einen Aufhängemechanismus, der ihr Auftreten abmildert. Jeder Fuß wird durch eine elastische ligamentöse Schlinge unterstützt. Dieser Mechanismus wird auf S. 618 beschrieben. Die Krallen der Katzen werden passiv durch elastische Ligamente zurückgezogen.

Man findet **Knorpel** dort, wo mäßiger Widerstand gegen Druck, Zug und Schub (je nach Situation in verschiedenen Kombinationen) mit Festigkeit und einer gewissen Flexibilität kombiniert werden muss. Er hat gegenüber Knochen den Vorteil, dass er leichter ist. Die verschiedenen Knorpeltypen (s. S. 132) können in unterschiedlicher Weise verformt werden, aber alle kehren in ihre ursprüngliche Form zurück, wenn sie losgelassen werden. **Elastischer Knorpel**, der flexibelste Typus, stützt das äußere Ohr, die Nase und die Epiglottis der Säugetiere. **Faserknorpel** bildet ein zähes, aber relativ flexibles Kissen. Er bildet die intervertebralen Scheiben (Bandscheiben) und die Beckensymphyse mancher Tetrapoden. Er findet sich außerdem an den Ansatzstellen einiger Sehnen. **Hyaliner Knorpel** bildet die Skelette der Embryos und der Elasmobranchier und einen Teil des Skeletts von vielen adulten Vertebraten. Bei Tetrapoden kann er dort Knochen ersetzen, wo die größere Kraft des Knochens nicht benötigt wird (z. B. im Carpus und Tarsus von Salamandern). Er versteift auch die Trachea und bedeckt die Gelenkflächen beweglicher Gelenke, wo seine Härte, Glätte und das Abgeben von Wasser unter Druck die Reibung reduziert und die Schmierung unterstützt. Die Haupttypen von Knorpel können ineinander übergehen. Verkalkung unterschiedlicher Ausprägung kann den hyalinen Knorpel der Brustrippen von Säugetieren, der Epiphysen von Amphibien und der Skelette der Elasmobranchier verhärten.

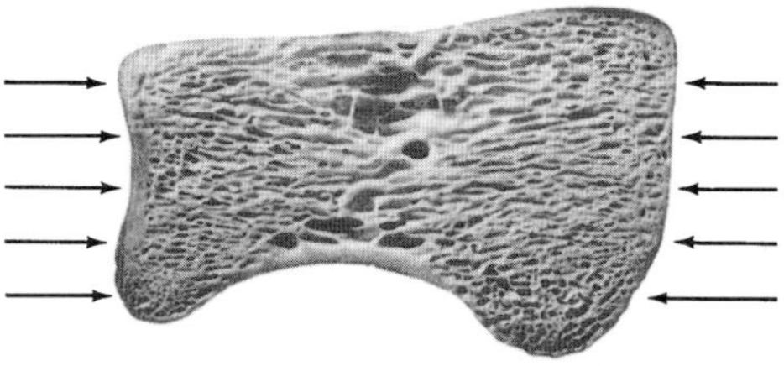

**Abb. 21.7.** Längsschnitt durch ein Wirbelzentrum, das die Orientierung der Trabeculae parallel zu den Druckkräften zeigt. Das Präparat ist ein Lumbalwirbel eines Karibu, *Rangifer*

### 21.4.2 Knochen, die Druck oder Zug widerstehen

Um Gewicht, Masse und Anforderungen an den Stoffwechsel einzusparen, sind die Stützelemente des Körpers so gebaut, dass sie adäquate Festigkeit bei minimalem Materialaufwand bieten. Dieses Prinzip ist wichtig für die Analyse des Skeletts.

Eine angemessene Festigkeit, um allen Belastungen zu widerstehen, erreicht eine Maus sogar mit einem schlanken Skelett. Aus Gründen, die in Kapitel 23 erklärt werden, könnten sehr große Tetrapoden dagegen die resultierenden Belastungen nicht aushalten, wenn sie wie riesige Mäuse proportioniert wären. Elefanten, verschiedene ausgestorbene, gigantische Säugetiere und manche Dinosaurier müssen (oder mussten) ihre Morphologie, ihre Körperhaltung und ihr Verhalten modifizieren, um die Skelettbelastungen zu minimieren und um den verbleibenden Belastungen effektiv widerstehen zu können. Die in Kap. 21.2 angegebenen Zahlen zeigen, dass Knochen mehr Druckkraft pro Einheit Querschnittsfläche aushalten kann als jede andere Art von Kraft. Ein Tier könnte sich mit einem Minimum an Knochen (und Gewicht und Masse) stützen, wenn es alle seine Belastungen auf die Druckkraft beschränken könnte. Dies ist nicht einmal für einen ruhenden Tisch möglich und schon gar nicht für ein sich bewegendes Tier, dennoch minimieren die größten Landtiere die Belastungen außer der Druckkraft auf eine Weise, die durch Studium der Abb. 21.3 vorhergesagt werden kann. Die säulenartigen Beine solcher Tiere haben relativ zylindrische Knochen mit Köpfen, die weitgehend in einer Linie mit ihren Schäften liegen und so die Biegekräfte reduzieren (Abb. 23.4).

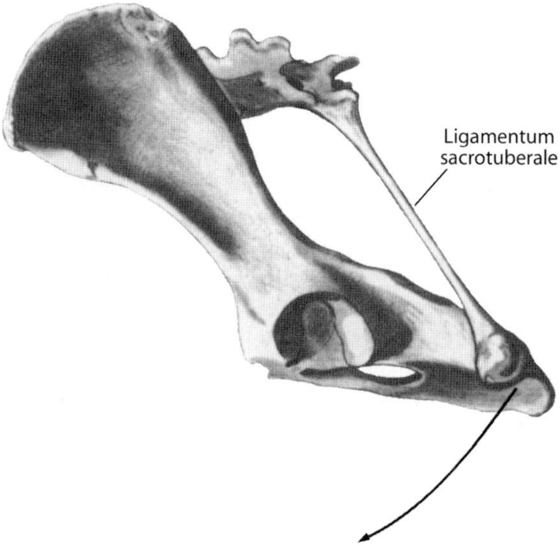


**Abb. 21.8.** Ein Beispiel eines Ligaments, das häufigem Zug widersteht, ist das sacrotuberale Ligament des Hundes, das der Tendenz des Os cruris entgegenwirkt, am Sacrum in die Richtung, die von dem *Pfeil* gezeigt wird, zu rotieren, wenn Muskeln, die das Bein nach hinten schwingen, am Ischium ziehen

In Kapitel 22 wird erklärt, dass die Wirbelzentren der meisten Landtetrapoden hauptsächlich Druckkräften ausgesetzt sind, die an ihren gegenüberliegenden Enden wirken. Wenn sie kompakt und groß genug für die nötigen Muskelansatzstellen und Hebel wären, dann müssten sie viel stärker (und schwerer) sein als nötig. Sie sind zwar nicht kompakt, aber auch nicht hohl. Knochenbälkchen, die **Trabeculae**, durchziehen das Innere eines jeden Zentrums. Sie sind weitgehend in Längsrichtung in der Richtung der vorhergesagten Druckspannungslinien ausgerichtet (Abb. 21.7).

Die Armknochen der Gibbons werden in erster Linie durch Zugkräfte belastet, wenn die Tiere unter den Ästen hangeln. Allerdings werden nur wenige Knochen von wenigen Tieren hauptsächlich durch Zug belastet. Wenn einer konstanten oder häufigen Zugspannung widerstanden werden muss, wird der Knochen durch ein Ligament ersetzt, das für sein Gewicht ebenso stark ist wie dünner Knochen, aber weniger leicht bricht, wenn es seitwärts gebogen wird. Ein Beispiel ist das Ligamentum sacrotuberale, das in Abb. 21.8 gezeigt wird. Knochen werden am stärksten dort durch Zugkräfte belastet, wo Sehnen an ihnen ansetzen. Dies geschieht meist in der Nähe der Knochenenden, wo auch Biegekräfte häufig auftreten.

### 21.4.3 Knochen, die der Biegung in einer Ebene widerstehen

Wenn ein kompakter Zylinder einer Biegekraft, die in einer Ebene einwirkt, widersteht (z. B. die Ebene des Papiers in Abb. 21.3 f, g), sind die resultierenden Belastungen in dieser Ebene konzentriert. Sie sind an der Oberfläche des Zylinders am größten. Obwohl ein Zylinder für den Widerstand gegen Druck allein oder Zug allein geeignet ist, ist es nicht ökonomisch, diese Form gegen Biegung in einer Ebene einzusetzen. Zu viel Material wird nicht belastet und daher verschwendet. Ein Ingenieur benutzt stattdessen einen I-Balken als Träger. Dieser Balken hat obere und untere Gurte aus Stahl, die belastet werden, wenn eine Last einwirkt, und einen Steg, der die Gurte auseinander hält. (Welcher Gurt komprimiert und welcher gestreckt wird, hängt von der Beziehung der Last zur Stütze ab; Abb. 21.9). Knochen sind niemals als einfache I-Balken konstruiert, aber das gleiche Konstruktionsprinzip erklärt die hantelförmige Verteilung von Material, die manchmal in Querschnitten von Knochen zu sehen ist.

Balken und Träger des Zimmermanns liefern eine andere nützliche Analogie. Es wird Holz mit rechteckigem, aber nicht quadratischem Querschnitt verwendet und es wird immer so ausgerichtet, dass die längere Seite parallel zur Belastung verläuft (also meistens vertikal). Der Grund dafür ist, dass der Widerstand gegen Biegung proportional zur Breite des Balkens (die Ausdehnung quer zur Last) multipliziert mit dem Quadrat seiner Höhe (der Ausdehnung parallel oder in Richtung der Belastung) ist. Wenn eine Seite doppelt so lang ist wie die andere, dann ist der Balken hochkant doppelt so stark, als wenn er flach liegt. Wenn eine Seite dreimal so lang ist wie die andere, dann ist der Balken hochkant dreimal stärker. Ganz offensichtlich sollte der Tierkörper darüber „Bescheid wissen" und er weiß es auch. Der Jochbogen ist ein Knochenbalken, der hochkant zu den Muskeln steht, die an ihm wirken. Das Gleiche gilt für die meisten Dornfortsätze. Das Pygostyl der Vögel ist eine knöcherne Klinge, die parallel zum Luftwiderstand ausgerichtet ist, der auf sie von den Schwanzfedern übertragen wird. Der Unterkiefer auf der Ebene der Zähne ist ein abgewandelter Balken, dessen erwartete Orientierung in Zusammenhang mit den Belastungen steht, die durch die Zähne und Muskeln ausgeübt werden.

Der Widerstand eines Balkens gegenüber Biegung variiert umgekehrt mit dem Quadrat seiner Länge. Deshalb sind knöcherne Balken nicht lang. Andere Konstruktionsweisen widerstehen Belastungen, die in einem gewissen Abstand von der Stütze des Mechanismus gehalten werden müssen. Das Ligamentum nuchae ist ein Beispiel. Andere werden später beschrieben.

### 21.4.4 Knochen, die der Biegung in verschiedenen Ebenen widerstehen

Wir haben gesehen, dass ein flacher Balken effektiv einem Abbiegen widersteht, wenn er hochkant belastet ist, dass er aber schwach ist, wenn er breitseitig belastet wird. Die langen Knochen der Extremitäten der Tetrapoden müssen einem Abbiegen in vielen Richtungen widerstehen. Deshalb können sie nicht flach sein. Der Zylinder, der verschwenderisch bezüglich Material ist,

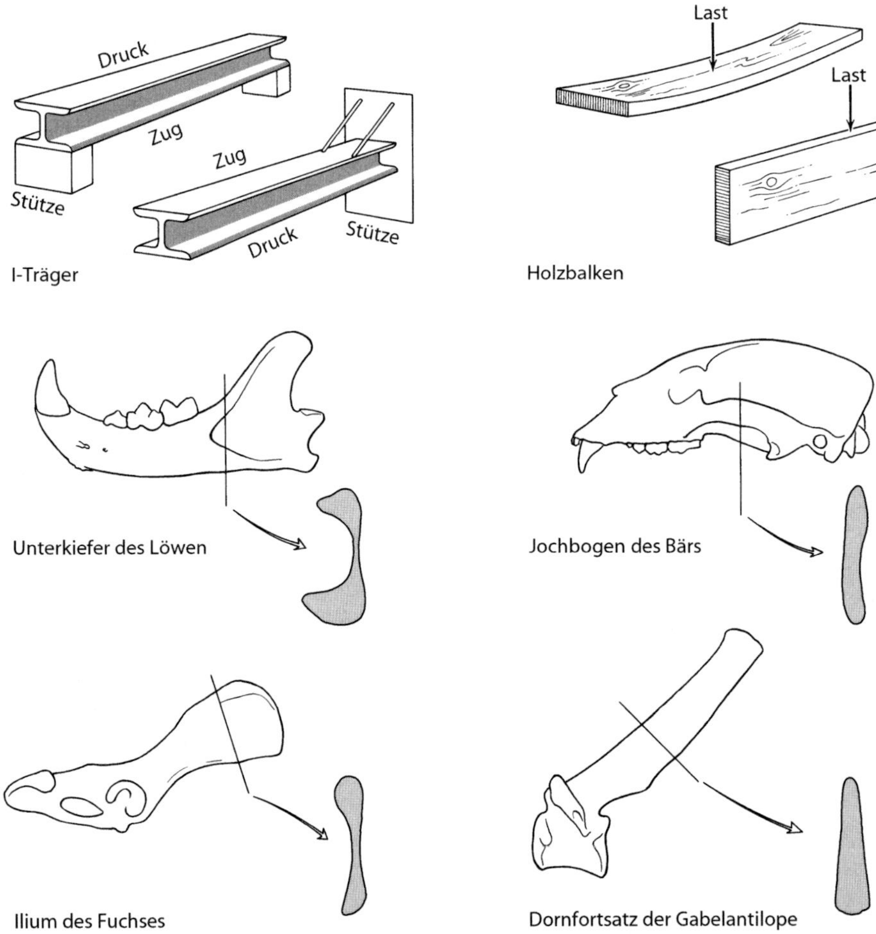


**Abb. 21.9.** Knochenstruktur analog zu einem I-Träger (*links*) und einem Balken (*rechts*)

wenn die Biegekräfte nur in einer Ebene auftreten, ist hier ein effektives Modell, weil die Druck- und Zugkräfte auf entgegengesetzte Seiten des Zylinders konzentriert sein können, gleichgültig, in welcher Richtung die Belastung erfolgt. Tatsächlich sind die Belastungen in Richtung der Zentralachse des Zylinders am geringsten (Abb. 21.3 f–i). Deshalb wird die größte Festigkeit bei geringstem Materialaufwand durch einen hohlen Zylinder erreicht. Dies erklärt den hohlen Schaft der Röhrenknochen.

Ein kontrolliertes Biegen der Wirbelsäule eines Fisches tritt an den intervertebralen Gelenken auf. Die Zentren selbst müssen den Biegekräften, die von den Axialmuskeln produziert werden, widerstehen. Die Wirbelsäule als Ganzes funktioniert wie eine etwas flexible, knöcherne Röhre, deren nicht-kontinuierlicher Hohlraum die Räume zwischen den ausgeprägt amphicoelen Zentren darstellen.

Zurück zu den Tetrapoden: Da der Widerstand einer Röhre gegenüber Biegung umgekehrt proportional dem Quadrat ihrer Länge ist und da die Röhrenknochen durch Muskeln stabilisiert werden, die an ihren Enden wirken, wären sie im Zentrum ihrer Schäfte sehr bruchgefährdet, wenn hier nicht Vorsorge getroffen würde. Bei den Schäften solcher Knochen wird einem Bruch dadurch vorgebeugt, dass sie auf halber Länge etwas dickwandiger sind, dass ihr Durch-

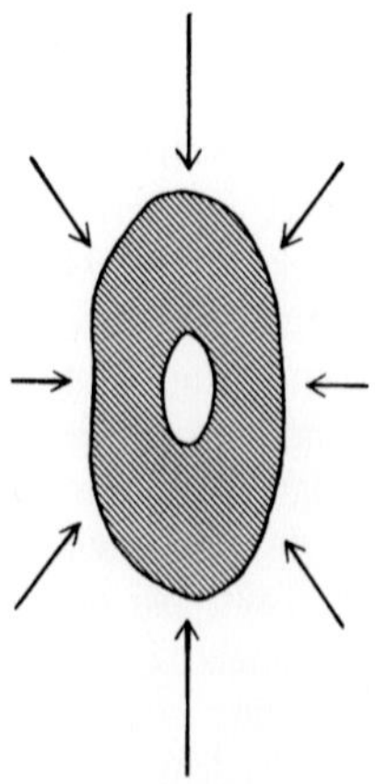

**Abb. 21.10.** Querschnitt durch eine Phalanx der Fledermaus, welche die Struktur in Verbindung zu den gewöhnlich auftretenden Kräften zeigt

messer vergrößert ist, oder dass beide Mechanismen zum Einsatz kommen (Abb. 9.24).

Obwohl Röhrenknochen Biegekräften in verschiedenen Richtungen ausgesetzt sind, kann die Kraft in einer bestimmten Ebene am größten sein. Der Knochen kann dann einen Kompromiss zwischen Balken und Röhre bilden: Er wird im Querschnitt oval, wobei die lange Achse des Ovals in Richtung der dominanten Belastung zeigt, die Wände an den Seiten zur und von der Belastung weg sind verdickt. Die Phalangen der Fledermäuse und Pterosaurier haben meistens eine solche Konfiguration (Abb. 21.10). Manchmal ist die Belastung auf der konkaven Seite eines gebogenen Knochens am größten (Abb. 21.3h). Die Wand des Knochens kann dann dort am dicksten sein.

Wie Abb. 21.3f–i verdeutlicht, wölben sich die Belastungslinien über die Enden solcher Knochen, da die meisten Muskeln in der Nähe der Enden der Röhrenknochen ansetzen und da die Kräfte, die von einem Knochen zum anderen über ein gebeugtes Gelenk übertragen werden, selten parallel zum Schaft eines der beiden Knochen wirken. Daraus folgt, dass die Enden der Röhrenknochen keine Röhren sein sollten. Da kompakte Enden stärker (und schwerer) wären als nötig, wäre das wirtschaftlichste Design ein Netzwerk aus miteinander in Verbindung stehenden Trabeculae und dünnen Schichten aus Knochen, die den Belastungslinien folgen. Dies ist auch tatsächlich die Struktur, die wir vorfinden. Belastungslinien verändern sich etwas, wenn sich die Belastung verändert. Daher verwirklicht der Körper Linien, die einen Kompromiss zwischen den häufigsten Belastungen darstellen. (Die Wölbung der Trabeculae ist wie bei den unteren Trabeculae der Abb. 21.11 meistens

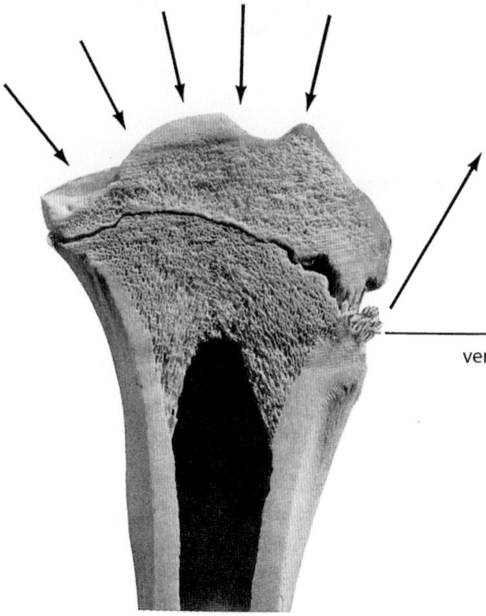


**Abb. 21.11.** Längsschnitt durch das proximale Ende einer Tibia der Kuh, der die Orientierung der Trabeculae in Abhängigkeit zu einigen der Kräfte zeigt, die auf den Knochen wirken

## Exkurs 21.2

### Umstrukturierung von Knochen: Vorgang und Stimulus

Die Umstrukturierung von Knochen ist der Vorgang, bei dem Knochen an manchen Orten abgebaut wird, während er anderswo hinzugefügt wird. Umstrukturierung ist essentiell für das Wachstum (Abb. 9.25), das Verheilen von Mikrobrüchen, die Reparatur von Brüchen und die Anpassung an Lasten. An jedem Ort tritt sie nur episodisch auf, aber insgesamt ist sie ein konstanter und lebenslanger Prozess.

Dieser Umbau wird durch **grundlegende multizelluläre Einheiten** geleistet, die aus Gruppen von knochenresorbierenden Zellen (**Osteoklasten**) und knochenbildenden Zellen (**Osteoblasten**) bestehen. Erstere höhlen Tunnel im existierenden Knochen aus (und entfernen jegliche Beschädigung), letztere folgen nach und bilden neuen Knochen, bis die Tunnel nur noch groß genug sind (Durchmesser eines menschlichen Haares), um die Hawersschen Kanäle neuer Osteone unterzubringen. Osteoblasten werden hier und da in der Matrix gefangen und werden zu neuen Osteocyten.

Wahrscheinlich kann das Signal, das die Umstrukturierung einleitet, chemischer, mechanischer oder elektrischer Natur sein. Elektrische Reize sind am besten untersucht und bestimmen wahrscheinlich den Umbau, der die Knochenform als Antwort auf Belastung verändert. Eine Verformung bewirkt auf zwei Wegen eine belastungsverursachte Polarität: Ein **piezoelektrisches Potential** entsteht, wenn Druck auf eine kristalline Substanz ausgeübt wird. Ein **Strömungspotential** (das wahrscheinlich das dominante Signal ist) resultiert, wenn eine ionisierte Flüssigkeit in Kanälen mit geladenen Oberflächen fließt. Die effektiven Kanäle sind offensichtlich die Canaliculi, die von den Knochenlakunen ausgehen. Der Fluss ist proportional zur Belastung. Kompression (welche die Flüssigkeit wegdrückt) erzeugt negative Ladung und resultiert dadurch in einem Nettozuwachs von Knochengewebe. Dehnung (die Flüssigkeit einsaugt) produziert positive Spannung, die zu einem Knochenverlust führt. Eine zyklische Belastung ist ein viel effektiverer Stimulus als eine konstante Belastung. Diese Antworten veranlassen gebogene Knochen dazu, sich zu strecken (wie bei einer Fraktur, die nicht gerade zusammengewachsen ist), aber die meisten Knochen sind normalerweise gebogen und werden nicht gerade. Anscheinend sind es nur überschwellige Belastungen, welche die normale Biegung des Knochens verändern. (Dieser allgemeine Vorgang erklärt, wie Zahnspangen nach und nach die Zähne bewegen.)

Ganz offensichtlich bleibt noch viel zu lernen über die Feinheiten dieses dynamischen Systems (Martin, Burr und Sharkey 1998).

klar erkennbar, aber selten ist sie so regelmäßig wie im Kopf des menschlichen Femurs, das gewöhnlich für die Illustration dieses Phänomens benutzt wird, oder wie in den schematisch dargestellten Knochen in Abb. 21.13.) Der spongiöse Aufbau der Enden der Röhrenknochen dient außerdem dazu, dass sie als Stoßdämpfer fungieren können.

Wo verschiedene Knochen eine funktionelle Einheit bilden, um normale Belastungen auszuhalten, durchziehen die Belastungslinien und damit auch die Trabeculae diese Knochen als eine Einheit. Der menschliche Tarsus ist ein Beispiel. Er funktioniert als Balken, der in der Mitte durch die Tibia belastet wird (obwohl wir später sehen werden, dass dies nicht die ganze Geschichte ist).

Wir haben gesehen, dass die Form der Knochen in der Regel adaptiv ist. Balkenähnliche Knochen widerstehen der Biegung in einer Ebene. Hohle, zylindrische Knochen widerstehen der Biegung in verschiedenen Ebenen. Innere Trabeculae sind entlang von Belastungslinien ausgerichtet. Jedes Tier ererbt die allgemeine Form seines Skeletts, aber die detaillierte Form wird durch den Gebrauch bestimmt. Die Konfiguration und Dicke der Knochen und die Muster ihrer Trabeculae werden nur ausgebildet, wenn sich das junge Tier bewegt und reift, und sie werden modifiziert, wenn Änderungen in der Verteilung der Masse oder im Verhalten (auch alle Veränderungen, die von Verletzungen herrühren) die gewöhnlichen Belastungen verändern. Anpassungsfähigkeit basiert auf Umstrukturieren von bereits existierenden Knochen, wie weiter in Exkurs 21.2 beschrieben wird.

## 21.5 Verbindungen struktureller Elemente

### 21.5.1 Sehne mit Muskel; Sehne und Ligament mit Knochen

Die Zugfestigkeit der Sehnen ist ungefähr viermal so groß wie die maximalen Belastungen, die auf sie über ihre entsprechenden Muskeln einwirken. Die Verbindung von Sehne und Muskel ist manchmal etwas weniger stark als der Muskel, aber nur wenig. Die Sehne kann anscheinend dort enden, wo der Muskel beginnt, aber sie verzweigt sich und dringt in den Muskel ein und ihre Fasern verschmelzen mit denen des Perimysiums und des Endomysiums. Indem der Muskel an seinem eigenen fasrigen Rahmen zieht, zieht er auch an seiner Sehne.

Muskeln, die an großen Knochenflächen ansetzen (z.B. M. supraspinatus), können eine ausreichend feste Anheftung erreichen, indem ihr Bindegewebe mit dem Periost des Knochens verschmilzt. Sehnen und Ligamente jedoch konzentrieren so viel Kraft auf so kleine Flächen, dass eine stärkere Anheftung benötigt wird. Man stelle sich die Schwierigkeit vor, das Ende einer flexiblen Schnur mit Leim an ein hartes glattes Material mit einer solchen Festigkeit anzuheften, dass Belastungen von 9000 N $cm^{-2}$ (900 kg $cm^{-2}$) getragen werden, obwohl sich der Anheftungswinkel ändert! Die Ansatzstellen der Ligamente und Sehnen sind oft schwache Punkte im Knochen-Muskel-System, aber der Körper übertrifft die menschliche Technologie bei der Lösung dieses Problems.

Die kollagenen Fasern der Sehnen sind nicht am Knochen angeheftet, sie verschmelzen mit ihm (Abb. 21.11). Fibröser Knochen bildet das gesamte Skelett kleiner Tiere. Große Tiere haben Osteone in den meisten Teilen des Skeletts, wo Druckkräfte dominieren, behalten aber fibrösen Knochen an den Ansatzstellen der Sehnen bei. Fasern der Sehnen dringen in den Knochen ein und sind dort nicht mehr von dessen Fasern zu unterscheiden. (Faserknorpel kann dazwischen liegen. Außerdem kann eine Kalzifizierung der Sehne an der Sehnen-Knochen-Verbindung eintreten.)

Es bleibt ein offensichtlicher Schwachpunkt. Man betrachte eine große Sehne mit rundem Querschnitt, die rechtwinklig an der Oberfläche eines Knochens ansetzt. Wenn alle Bündel der Sehne gleich lang sind, teilen sie die auftretende Zugbelastung gleichmäßig. Wenn sich der Ansatzwinkel verändert, wie zu erwarten ist, wenn der Zug eine Bewegung bewirkt, verkürzt sich die relative Distanz von Muskel zu Knochen auf der Seite, auf der die Sehne jetzt einen spitzen Winkel mit dem Knochen bildet, und sie vergrößert sich auf der Seite, auf der sie einen stumpfen Winkel bildet. Man könnte erwarten, dass die Fasern auf der langen Seite der Sehne die gesamte Belastung tragen und nacheinander geschädigt werden. Dies geschieht nicht, vor allem, weil die kollagenen Fasern einer Sehne, obwohl sie im Körper der Sehne parallel liegen, sich an ihrer Ansatzstelle verflechten und so die Belastung über die ganze Ansatzstelle verteilen. Außerdem hat die Festigkeit einer Sehne gewöhnlich einen großen Sicherheitsbereich. Nicht alle ihre Teile müssen den Zug des assoziierten Muskels unterstützen. Fasern von ruhenden Sehnen sind etwas gewellt; ein Zug, der sie auf der langen Seite streckt, vermittelt auch etwas Spannung auf die kurze Seite, wenn der Längenunterschied gering ist. Zudem verändert sich der Ansatzwinkel nur selten sehr stark.

Die elastischen Fasern der Ligamente werden an ihren Ansatzstellen weitgehend durch kollagene Fasern ersetzt. Daher sind die Ansatzstellen der Ligamente ähnlich wie die der Sehnen, obwohl sie sich im Detail je nach Größe des Tieres, dem allgemeinen Ansatzwinkel und der spezifischen Lage unterscheiden können.

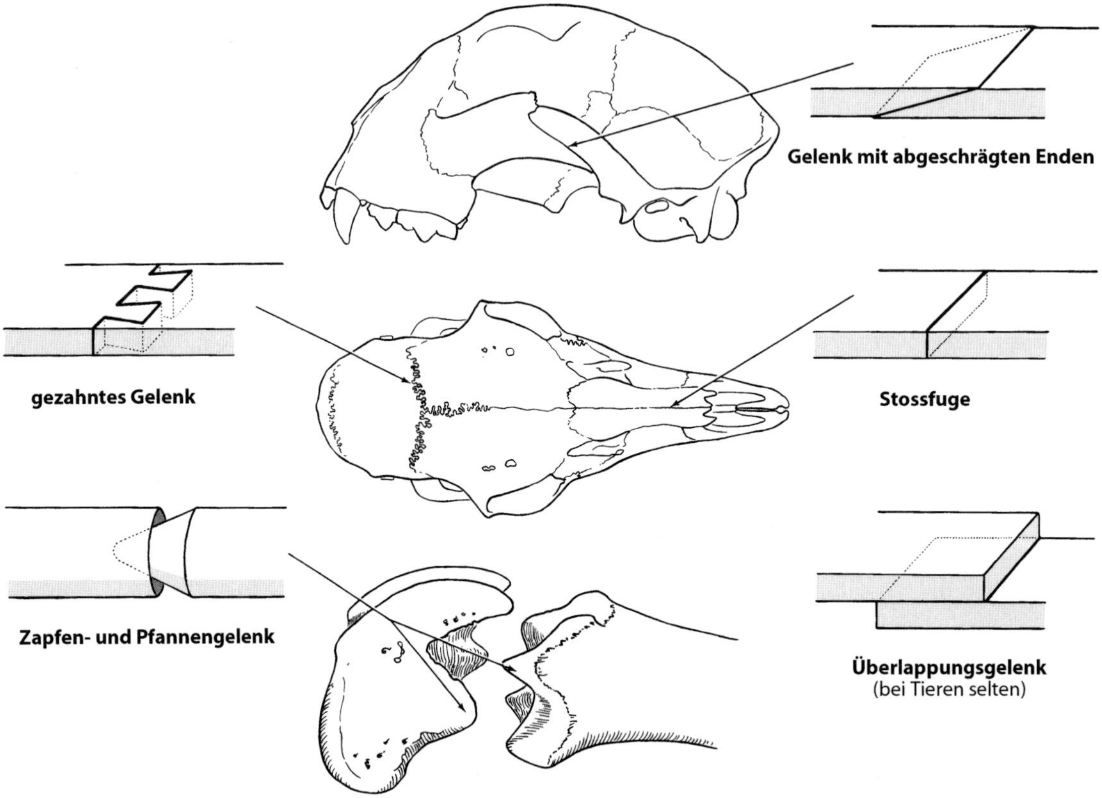


**Abb. 21.12.** Einige Arten von Synarthrosen. *Oben*: Schädel eines Geparden *Acinonyx*. *Mitte*: Schädel eines Hirsches *Odocoileus*. *Unten*: Distale Epiphyse und der Schaft des Femurs eines jungen Wolfes, *Canis*

## 21.5.2 Arten und Funktionen von Gelenken

Gelenke zwischen Knochen werden auf der Grundlage von Morphologie und Funktion klassifiziert, obwohl die beiden natürlich miteinander in Verbindung stehen. Eine erste strukturelle Kategorie ist das unbewegliche Gelenk oder die **Synarthrose**. Die Knochen können nur durch Bindegewebe miteinander verbunden sein, was die Regel bei Bindegewebsknochen ist (z.B. am Dach des Schädels), oder nur durch Knorpel, was für Ersatzknochen die Regel ist (z.B. an der Schädelbasis und zwischen den Schäften und Epiphysen von Röhrenknochen). Die Spalten zwischen den Knochen, die durch Synarthrosen verbunden sind, heißen **Nähte**. Obwohl sie „unbeweglich" sind, sind manche Nähte flexibel genug, um eine gewisse Stoßdämpfung zu leisten, vor allem als Antwort auf Dehnung. Diese Gelenke sind Wachstumszonen. Nähte müssen offen bleiben, damit Wachstum auftreten kann. Wenn die Wachstumsperiode zu Ende geht, verknöchern die Synarthrosen der Vögel und Säugetiere in der Regel und gehen so eine nach der anderen in einem artspezifischen Ablauf verloren. Die meisten Knochennähte der Marsupialia dagegen und einige Knochennähte bei vielen anderen Säugetieren bleiben zeitlebens offen.

Synarthrosen werden weiterhin durch die Konfiguration der Knochennaht charakterisiert, die mit der Funktion in Verbindung steht. Wenn die Naht annähernd gerade ist und die Knochen annähernd gerade Kanten haben, dann wird eine **Stoßfuge** (*butt joint*) gebildet, wie zwischen den beiden Nasalia sowie zwischen Knochen des Basicraniums der meisten Säugetiere (Abb. 21.12). Stoßfugen können Druck, aber nur wenig Scherung oder Beugung widerstehen.

Wenn die gleichen geradkantigen Knochen stattdessen durch Überlappung verbunden sind, kann die Verbindung, ein **Überlappungsgelenk** (*lap joint*), etwas stärker sein. Allerdings wird die Kontaktfläche nicht gleichmäßig belastet, wenn ein überlapptes Gelenk komprimiert oder gedehnt wird, wie auch Handwerker gelernt haben. Wenn Klebstoff benutzt wird, löst er sich meist an den Vorderkanten und bricht in der Mitte. Wenn die überlappenden Kanten stattdessen auslaufen, so dass die beiden Gelenkteile in einer Linie bleiben, wird die Verbindung als **Gelenk mit abgeschrägten Enden** (*scarf joint*) bezeichnet. Hier wird die gesamte Kontaktfläche bei den meisten Lasten gleichmäßig belastet und die Belastbarkeit wird stark erhöht. Solche Gelenke mit abgeschrägten Enden (oder squamöse Gelenke) verbinden oft dünne, flache Knochen. Sie treten bei manchen Knochen im Unterkiefer der Reptilien auf und verbinden bei den meisten Vertebraten verschiedene Schädelknochen.

Eine Synarthrose, die sehr effektiv ist im Widerstand gegenüber Druck und Schub zwischen harten Strukturen, die nicht dünn und flach sind, ist das **Zapfen- und Pfannengelenk** (*peg and socket joint*) (auch Gomphose genannt). Solche Gelenke verbinden thecodonte Zähne mit den Kieferknochen und oft das Jugale mit dem Maxillare. Die meisten Epiphysen der Röhrenknochen verbinden ihre Schäfte über komplexe Gelenke, die verschiedene Zapfen und Gelenkflächen enthalten, die manchmal relativ tief (das distale Ende des Femurs der Säugetiere) und manchmal oberflächlich sind (proximales Ende der Tibia). Eine andere Synarthrose ist das **gezahnte Gelenk** (*serrate joint*), das eine solch unregelmäßige Naht hat, dass die angrenzenden Knochen wiederholt über die gesamte Verbindung miteinander verzahnt sind. Dieser starke Gelenkstyp tritt bei den Dachknochen des Craniums mancher Tetrapoden, vor allem der Amphisbaeniae (die mit dem Kopf graben) und der Artiodactyla (die Hörner oder Geweihe damit stützen) auf. Der Bau der ineinander verzahnten Oberflächen steht mit der Art von Kraft, der widerstanden wird, in Beziehung. Solche Gelenke sind sehr effektiv bei der Absorption von Energie. Je mehr eine Naht belastet wird, desto stärker ist die Verzahnung und desto später verknöchert sie.

Eine zweite, intermediäre strukturelle Kategorie ist die **Amphiarthrose** (Füllgelenk), die eine gewisse Bewegung als Antwort auf Druck, Zug oder Drehung erlaubt, die aber trotzdem fest ist. Die Oberflächen der aneinandergrenzenden Knochen können mit hyalinen Knorpeln bedeckt sein, die wiederum über ein Polster kollagener Fasern oder fibrösen Knorpels miteinander in Verbindung stehen. Die Verbindung zwischen den Knochen eines solchen Gelenks wird nicht mehr Naht, sondern **Symphyse** genannt. Beispiele sind die Unterkiefersymphyse vieler Vertebraten, die Beckensymphyse (die bei Weibchen gegen Ende der Schwangerschaft mehr Bewegung zulässt als bei Männchen) und die Gelenke zwischen den meisten Wirbelzentren (welche die Bewegungen der Wirbelsäule zulassen). Die Funktion der Gelenke zwischen den Wirbelzentren wird durch deren Bau bedingt (zur Terminologie, s. S. 164). Gelenke zwischen procoelen und zwischen opisthocoelen Zentren erlauben eine adäquate Bewegung in jede Richtung, widerstehen Druck und verhindern ein Ausrenken besser als gerade Zentren. Procoele und opisthocoele Wirbel treten deshalb gewöhnlich in den Hälsen der Tetrapoden und in ihren Schwänzen auf, wenn der Schwanz stark ist. Geradflächige Zentren sind gewöhnlich auf den Rumpf beschränkt, wo Scherkräfte minimal sind.

Eine andere Art der Amphiarthrose ist die **Syndesmose**, bei der die Knochen durch mäßig dicke Zonen kollagener Fasern oder durch Ligamente verbunden sind. Hier besteht eine etwas größere Bewegungsfreiheit. Beispiele sind die Gelenke zwischen Radius und Ulna sowie zwischen Fibula und Tibia bei bestimmten Säugetieren, die ein gewisses Spiel zwischen diesen Knochenpaaren haben. Syndesmosen sind jedoch für verschiedene andere Klassen typischer. So sind solche Gelenke oft zwischen Knochen der vorstreckbaren Oberkiefer und der beweglichen Opercula von Knochenfischen zu finden.

Die letzte allgemeine strukturelle Kategorie von Gelenken ist das freibewegliche Gelenk oder die **Diarthrose**. Die artikulierenden Oberflächen

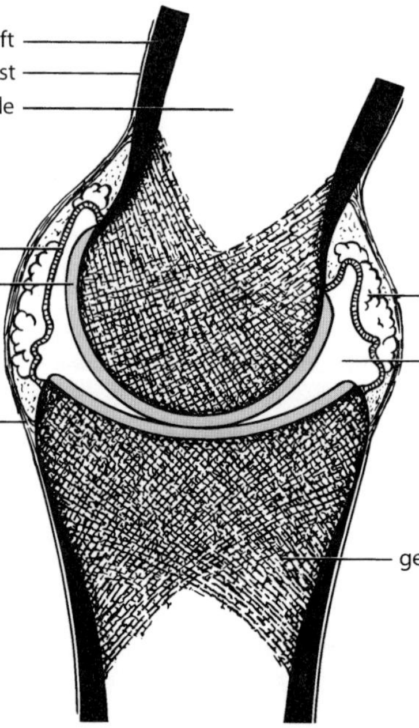


**Abb. 21.13.** Struktur einer Diarthrose

der Knochen sind mit glattem, hyalinem Knorpel bedeckt (Abb. 21.13). Während der Embryonalentwicklung bildet sich die **Gelenkhöhle,** die für die Bewegung eines Knochens auf einem anderen notwendig ist. Wenn sie nicht von knorpelbedeckten Knochen umgeben ist, wird die Höhle von einer **Gelenkkapsel** umschlossen. Die Kapsel kann dünn und membranös sein, ist aber gewöhnlich zumindest teilweise zäh und fibrös und enthält sowohl kollagene als auch elastische Fasern. Die Kapsel wird durch eine zelluläre **Synovialmembran** ausgekleidet, die mehr oder weniger aufgefaltet ist. Sie enthält Fettzellen, in manchen Gelenken auch Fettpolster, die an die Höhle anschließen und dabei helfen, ihre sich während einer Bewegung des Gelenks verändernde Konfiguration abzupolstern. Ligamente, die eine Diarthrose verbinden, können innerhalb oder teilweise außerhalb der Kapsel liegen, oder sie können innerhalb der Gelenkshöhle liegen, wie z. B. an der Hüfte und am Knie der Säugetiere. Feste Polster aus fibrösem Knorpel, die **Menisci** (Einzahl Meniscus), sind in den Höhlen verschiedener Gelenke verankert. Sie können die sich bewegenden Knochen leiten, wo die knöchernen Oberflächen ansonsten schlecht aufeinander passen, wie z. B. beim Knie. Bei manchen Gelenken erhöht ein Meniscus die möglichen Bewegungsfreiräume. So kommt bei manchen Säugetieren eine Rotation zwischen dem Unterkiefer und einem fibrösen Polster (Discus articularis), außerdem aber eine Translation zwischen dem Polster und dem Schädel zustande (Abb. 21.14). Durch Implantation eines Überträgers mit variablem Widerstand in die Menisci von Zwergschweinen haben Forscher an der Universität von Washington die Verlagerung des Polsters während verschiedener Kieferbewegungen erfasst und gezeigt, dass es, je nach Funktion, unter Druck oder Zug steht.

Eine kleine Menge von **Synovialflüssigkeit,** die anscheinend von der Synovialmembran gebildet wird, füllt die Gelenkhöhlen. Diese klare oder gelbliche Flüssigkeit ähnelt Gewebeflüssigkeiten und enthält Mucin. Sie ist je nach Gelenk mehr oder weniger zähflüssig. Ihre Funktion ist es, den hyalinen Knorpel zu ernähren (der keine Blutgefäße enthält) und, ganz wichtig, das Gelenk zu schmieren. Weiße Zellen in der Synovialflüssigkeit entfernen aus der Gelenkskapsel alle mikroskopisch kleinen Knorpelfragmente, die durch die Oberflächenkontakte entstehen.

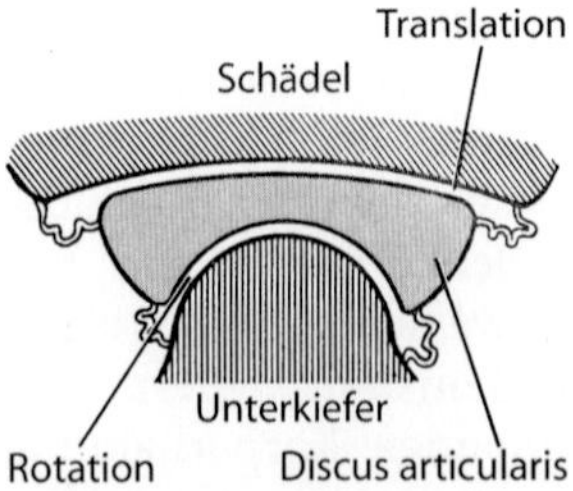


**Abb. 21.14.** Diagramm des Temporomandibulargelenks, das in Lateralansicht die wahrscheinliche Funktion des Discus articularis zeigt

Gleichgültig, wie kongruent zwei Oberflächen geformt sind und wie sorgfältig poliert sie sind (z.B. zwei flache Glasstücke), wenn sie aufeinander liegen, berühren sie sich nur an mikroskopisch kleinen Erhebungen. Wenn die trockenen Oberflächen übereinander gleiten, reiben diese winzigen Erhebungen aneinander und produzieren so Wärme, Reibung und Abrieb. Wenn ein Schmiermittel zwischen die Oberflächen eingeführt wird, treten weniger Festkörperkontakte auf und der Druck auf ihnen ist geringer. Ein Großteil der Scherkräfte tritt zwischen Molekülen des Schmiermittels auf, so dass Reibung und Abrieb reduziert sind. Diese Art der Schmierung, die für Maschinen typisch ist, wird **Grenzschmierung** (*boundary lubrication*) genannt. Wenn ein Schmiermittel dick genug erhalten werden kann, um zwei Oberflächen komplett voneinander fern zu halten, obwohl sie beide unter beträchtlichem Druck stehen, dann gleiten sie aneinander vorbei, die einzigen Scherkräfte treten innerhalb des Schmiermittels auf und es entsteht kein Abrieb. Dies ist eine **Flüssigfilmschmierung** (*fluid film lubrication*). Um sie (ohne eine externe Pumpe) zu erreichen, dürfen die Oberflächen (wie Gelenke bei Tieren) nicht ganz kongruent sein. Daher ist die schmierende Oberfläche wie ein Keil geformt. Wenn sich das Gelenk dreht, rollen die Oberflächen auf einem Schmiermittelfilm von zunehmender Dicke und kompensieren so das Schmiermittel, das weggequetscht wird.

Manche Forscher haben angenommen, dass die Schmierung lebender Gelenke außer bei Bewegungsbeginn und -ende eine Flüssigfilmschmierung ist. Inzwischen scheint es jedoch, dass die außerordentlich geringe Reibung in lebenden Gelenken hauptsächlich auf einer Kombination aus Grenzschmierung und einer anderen Art, der **Depotschmierung** (*weeping lubrication*) beruht. Gewebsknorpel besteht zu 20–40% aus Kollagen (das bei Zug steif ist), aus Proteoglycan (das bei Druck steif ist), aus Zellen, Lipiden und anderen Proteinen. Diese bilden eine schwammartige Matrix. Der restliche Knorpel besteht aus Synovialflüssigkeit, die den Schwamm ausfüllt. Bei Druckeinwirkung wird die Flüssigkeit durch die Poren gedrückt (wobei die Belastung verteilt wird) und aus dem Knorpel in den belasteten Teil des Gelenks abgegeben, wo sie schmiert. Wenn die Last von einem Teil des Gelenks entfernt wird, wie es gewöhnlich während einer Drehung geschieht, wird die Flüssigkeit durch die Elastizität der Matrix und durch elektrische Bindung des Wassers an Proteoglykane zurück in den Knorpel gesaugt. Die nicht perfekte Passform der Gelenksoberflächen erleichtert diesen Wiederaufladeprozess.

Die Schmierung lebender Gelenke ist bemerkenswert effektiv. Wie auf S. 538 weiter erklärt wird, ist die Reibung in einem Gelenk gleich der Kraft, die das Gelenk belastet, multipliziert mit einem Reibungskoeffizienten. Für einen gewachsten Ski, der auf trockenem Schnee gleitet, ist der Koeffizient ungefähr 0,18. Für Eis, das auf Eis gleitet, ist er ungefähr 0,02, für bewegliche Gelenke liegen übliche Werte zwischen 0,002 und 0,04.

Diarthrosen werden aufgrund der Funktion und der Form der artikulierenden Oberflächen klassifiziert. Funktion und Form sind korreliert, aber verschiedene Formen können ähnliche Funktionen haben, und eine allgemeine Form kann verschiedene Funktionen ausüben. Daher sind Terminologien meist entweder unpassend oder nicht konsistent. Außerdem gibt es Zwischenstufen und Kombinationen. Die Nomenklatur ersetzt nicht die Interpretation.

Ein **Scharniergelenk** (*hinge joint*) hat einen mehr oder weniger zylindrischen Kopf, der in einer entsprechenden Gelenkspfanne rotiert. Die Bewegung erfolgt wie bei einem Türscharnier hauptsächlich um eine Achse. Die Artikulation des Unterkiefers am Schädel der Carnivoren ist

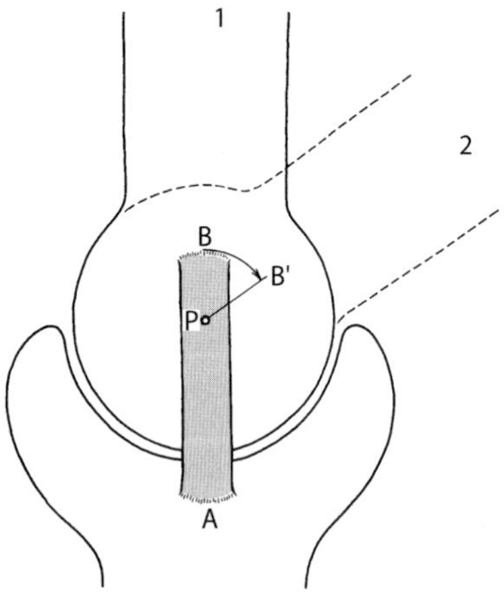


**Abb. 21.15.** Mechanik eines Schnappgelenkes. Wenn der obere Knochen von Position 1 nach Position 2 wie ein Scharnier auf dem unteren, fixierten Knochen rotiert, bewegt sich die Ansatzstelle B des Ligamentes AB nach B′ in einem Bogen um den Drehpunkt der Bewegung, P. Da die Distanz AB′ kürzer ist als AB, ist das Gelenk in Position 1 instabil

ein einfaches Scharniergelenk. Der Kopf des Scharniergelenks kann Nuten, umgebogene Ränder oder Auswölbungen haben, die sich mit entsprechenden Vertiefungen oder Verengungen in der Gelenkspfanne verbinden (Abb. 24.16). Diese Ausbildungen begrenzen die Bewegung weiter auf eine Ebene und widerstehen einer Ausrenkung. Beispiele sind das Ellbogengelenk, das Knöchelgelenk vieler Säugetiere und Gelenke zwischen Phalangen, vor allem bei Lauftieren.

Manche Scharniergelenke können ferner als **Schnappgelenke** (*snap joints*) ausgebildet sein (Abb. 21.15). Diese werden durch ihre Ligamente in der offenen und geschlossenen Position stabilisiert und sind in intermediären Positionen instabil. Jedes Scharniergelenk dreht sich um eine Achse, die innerhalb des konvexen Gelenkteils liegt und quer zur Bewegungsebene orientiert ist. Die Ligamente, die das Gelenk zusammenhalten, liegen in einer lateralen Position. Wenn ein Ende eines solchen Ligaments genau am Drehpunkt inseriert, bleibt seine Länge konstant, wenn sich das Gelenk bewegt, und die Zugspannung ändert sich nicht. Wenn ein Ligament jedoch über den Drehpunkt hinweg verläuft und etwas darüber hinaus ansetzt, dann wird seine Länge und seine Zugspannung reduziert, wenn sich das Gelenk in jegliche Richtung aus einer intermediären Position herausbewegt. Das Gelenk schnappt dann in die offene oder geschlossene Position. Schnappgelenke treten am Ellbogen und am Knöchel verschiedener großer Säugetiere auf. Der Mechanismus liefert eine passive Stütze in der stehenden Körperhaltung. Um die Verbindung noch besser zu sichern, haben Schnappgelenke gewöhnlich auf jeder Seite des Scharniers entweder zwei Ligamente, die sich kreuzen, oder ein einzelnes breites Ligament, das sich dreht. (Können Sie sagen, wie die Ligamente eines Scharniergelenks angeordnet sein könnten, um das Gelenk in eine bestimmte gegebene Position, offen, geschlossen oder intermediär zu bringen?)

Ein **Kugelgelenk** (*ball and socket joint*) hat einen hemisphärischen Kopf, der sich in einer annähernd kongruenten Gelenkspfanne dreht. Ein weiter Bereich von Bewegungen, einschließlich Rotation, ist möglich. Schulter- und Hüftgelenke sind übliche Beispiele (Abb. 9.28 und 9.29). Die Verbindung der Hinterhauptscondylen mit dem Atlas der Archosaurier kann ebenfalls angeführt werden. Eine flache Gelenkspfanne (Schulter) lässt eine größere Bewegungsfreiheit zu als eine tiefe Gelenkspfanne (Hüfte). Gelenke zwischen procoelen und zwischen opisthocoelen Wirbelzentren haben eine Kugelgelenksstruktur, aber sie haben einen geringeren Bewegungsfreiraum und sind gewöhnlich auch nicht dafür ausgewiesen, selbst wenn das Gelenk eine Synarthrose ist. Eine Abwandlung des Kugelgelenks ist die Zapfen- und Pfannendiarthrose, die nur eine Rotation um die Längsachse des Zapfens zulässt. Dieser ungewöhnliche Gelenktyp verbindet das Quadratojugale der Vögel mit dem Quadratum und spielt bei dem Mechanismus eine Rolle, der den oberen Teil des Schnabels bewegt (s. S. 633).

Funktionell ähnlich wie das letztgenannte Gelenk ist das **Drehgelenk** (*pivot joint*), das eine Rotation eines Knochens um seine eigene Längsachse erlaubt. Während Pronation und Supinaton der Hand dreht sich das proximale Ende des Radius um die Ulna; sein scheibenförmiger Kopf dreht sich in einer Vertiefung am Humerus. Ähnlich dreht sich die Hand um den Processus styloideus der Ulna.

Wenn der konvexe Kopf eines Knochens biaxial statt rundlich ist und in eine bikonkave Gelenkpfanne passt, entsteht ein **ellipsoides Gelenk** (*ellipsoid joint*). Die Bewegung erfolgt um zwei Achsen (z.B. Beugung – Streckung und Adduktion – Abduktion), eine Bewegung um die dritte Achse ist nicht möglich – dies unterscheidet es von einem Drehgelenk. Das Gelenk zwischen Radius und Carpus des Menschen ist dafür ein Beispiel. Funktionsgleich, aber unterschiedlich in der Struktur, ist das **Sattelgelenk** (*saddle joint*), das man zwischen den heterocoelen Cervicalwirbeln der Vögel findet (s. den Pelikan in Abb. 9.2). Die artikulierende Oberfläche des anterioren Wirbels (d.h. am hinteren Ende des Centrums) ist horizontal konvex und vertikal konkav, während die des posterioren Wirbels horizontal konkav und vertikal konvex ist.

Eine andere Familie von Gelenken trägt den Namen **Schiebegelenk** (*plane joint*). Die artikulierenden Oberflächen sind mehr oder weniger flach und erlauben verschiedene Bewegungen, die weitgehend vom Bau der damit in Verbindung stehenden Ligamente abhängen. Der Kontakt zwischen den Knochen kann aufrechterhalten werden, wenn sie übereinander gleiten, wie es z.B. die Prä- und Postzygapophysen der Wirbel tun. Gewöhnlich sind die artikulierenden Oberflächen nicht ganz flach, so dass gleitende Bewegungen sie auseinander drängen. Manche Bewegungen trennen flach endende Knochen erstaunlich weit. Die Gelenke zwischen den Carpalia großer Säugetiere sind ein beeindruckendes Beispiel (s. den Vicuna in Abb. 24.17).

Die Patella (Kniescheibe) hat eine gebogene Oberfläche, die in der patellaren Senke des Femurs gleitet. Lumbalwirbel von Artiodactyla haben rollenförmige Postzygapophysen und trogförmige Präzygapophysen. Diese Gelenke limitieren manche Arten von Bewegungen. Sie sind nicht mehr so eben, haben aber trotzdem keinen speziellen Namen.

Weitere Gelenkstypen haben bisher keinen eigenen Namen, verdienen aber Aufmerksamkeit. So hat die Natur das Kniegelenk der Säugetiere ohne Rücksicht auf eine geordnete Klassifikation konstruiert. Die Condylen des Oberschenkels rotieren weitgehend auf der Plattform des Tibiakopfes, aber sie rollen auch darüber. Die Bewegung verläuft hauptsächlich, aber nicht vollständig, wie bei einem Scharniergelenk um eine Achse. Außerdem erfolgt eine leichte Rotation der Tibia um ihre Achse. Viele Vögel können den Oberschnabel am Hirnschädel bewegen (dies wird weiter in Kap. 30 diskutiert). Das Gelenk besteht in der Regel lediglich aus einer Zone aus dünnem, flexiblem Knochen, einem Typ, der in Büchern zur Anatomie des Menschen nicht benannt wird. Anura haben entweder Syndesmosen oder Diarthrosen zwischen den Sacralwirbeln und den Armen des Beckengürtels. Das Gelenk kann in der vertikalen Ebene wie ein Scharnier funktionieren oder auch ein seitliches Abbiegen erlauben. Bei manchen Fröschen sind solche Bewegungen zu einem gewissen Grad möglich und die Wirbelsäule kann sich auch unter der Kontrolle der angelagerten Muskelgruppen nach vorne und nach hinten am Beckengürtel zusammenschieben.

## Allgemeine Literatur zu Teil III


Alexander RMcN (1967) Functional design in fishes. Hutchinson, London. Behandelt Schwimmen, Auftrieb, Atmung, Nahrungsaufnahme und Sinnesorgane

Alexander RMcN (1983) Animal mechanics, 2nd edn. Blackwell Scientific Publications, Boston. Weitreichende Anwendung mechanischer Prinzipien auf Funktionen bei Tieren

Alexander RMcN, Goldspink G (eds) (1977) Mechanics and energetics of animal locomotion. Wiley, New York

Biewener AA (ed) (1992) Biomechanics (structures and systems): A practical approach. Oxford Univ Press, New York

Feder ME, Bennett AF, Burggren WW, Huey RB (eds) (1987) New directions in ecological physiology. Cambridge Univ Press, New York

Gans CL (1974) Biomechanics: An approach to vertebrate biology. Lippincott, Philadelphia

Gans CL, Gaunt AS, Webb PW (1997) Vertebrate locomotion. In: Dantzler WH (ed) (1997) Handbook of physiology, Sec 13: Comparative physiology. Am Physiol Soc, Oxford Univ Press, New York, pp 56–213. Umfassende Übersicht über alle Gruppen

Gordon JE (1976) The new science of strong materials, or why you don't fall through the floor. Penguin, New York

Gordon JE (1978) Structures, or why things don't fall down. Plenum, New York

Hertel H (1963) Structure, form, and movement. Krausskopf, Mainz. Englische Ausgabe 1966, Reinhold, New York. Eine Analyse der Körpermechanik durch einen Ingenieur. Das Hauptaugenmerk liegt auf Schwimmen und Fliegen

Hildebrand M, Bramble DM, Liem KF, Wake DB (eds) (1985) Functional vertebrate morphology. Harvard Univ Press, Cambridge/MA. Ein hervorragender Quelltext auf einer nächsthöheren Ebene als das vorliegende Buch

Nachtigall W (2000) Biomechanik. Grundlagen, Beispiele, Übungen. Vieweg, Braunschweig

Nowak RM (1999) Walker's mammals of the world, 2 vols, 6th edn. Johns Hopkins, Baltimore. Alle Gattungen sind beschrieben und illustriert. Wertvoll, um sich die Körperform vorzustellen

Rayner JMV, Wotton RJ (eds) (1991) Biomechanics in evolution. Cambridge Univ Press, New York

Thomason JJ (ed) (1995) Functional morphology in vertebrate paleontology. Cambridge Univ Press, Cambridge.

Vogel S (1988) Life's devices. Princeton Univ Press, Princeton/NJ

Wainwright PC, Reilly SM (1994) Ecological morphology. Integrative organismal biology. Univ Chicago Press, Chicago

Wainwright SA, Biggs WD, Currey JD, Gosline JM (1976) Mechanical design in organisms. Wiley, New York

Weibel ER, Taylor CR, Bolis L (1998) Principles of animal design. Cambridge Univ Press, New York

## Literatur zu Kapitel 21

Alexander RMcN, Bennett MB (1987) Some principles of ligament function, with examples from the tarsal joints of the sheep (*Ovis aries*). J Zool Lond 211:487–504

Alexander RMcN, Dimery NJ (1985) The significance of sesamoids and retro-articular processes for the mechanics of joints. J Zool Lond 205:357–371

Biewener AA (ed) (1992) Biomechanics – structures and systems: a practical approach. Oxford Univ Press, New York

Bennett MB, Ker RF, Dimery NJ, Alexander RMcN (1986) Mechanical properties of various mammalian tendons. J Zool Lond 209:537–548

Bock WJ, Kummer B (1968) The avian mandible as a structural girder. J Biomechanics 1:89–96

Currey J (1984) The mechanical adaptations of bones. Princeton Univ Press, Princeton/NJ

Currey JD (1999) The design of mineralised hard tissues for their mechanical functions. J Exp Biol 202:3285–3294. Eine gut durchdachte Diskussion der „evolutionären Ansicht" der mineralisierten harten Gewebe von Invertebraten und Vertebraten

Dimery NJ, Alexander RMcN, Deyst KA (1985) Mechanics of the ligamentum nuchae of some artiodactyls. J Zool Lond 206:341–351

Gardner E (1950) Physiology of movable joints. Physiol Rev 30:127–176. Übersichtsartikel mit ausführlicher Bibliographie

Hall MC (1966) The architecture of bone. Thomas, Springfield/NJ. Illustriert Knochenschnitte, die die innere Struktur zeigen

Hermanson JW, Macfadden BJ (1992) Evolutionary and functional morphology of the shoulder region and stay-apparatus in fossil and extant horses (Equidae). J Vert Paleontol 12:377–386

Hermanson JW, Macfadden BJ (1996) Evolutionary and functional morphology of the knee in fossil and extant horses (Equidae). J Vert Paleontol 16:349–357

Herring SW (1972) Sutures – a tool in functional cranial analysis. Acta Anat 83:222–247

Ker RF, Zioupos P (1997) Creep and fatigue damage of mammalian tendon and bone. Comments Theor Biol 4:151–181

Kier WM (1985) Tongues, tentacles and trunks: The biomechanics of movement in muscular hydrostats. Zool J Linn Soc 83:307–324

Kummer B (1976) Biomechanics of the mammalian skeleton. Problems of static stress. Fortschritte der Zool 24:57–73

Lanyon LE, Rubin CT (1985) Functional adaptation in skeletal structures. In: Hildebrand M et al (eds) Functional vertebrate morphology. Harvard Univ Press, Cambridge/MA, pp 1–25

Martin RB, Burr DB, Sharkey NA (1998) Skeletal tissue mechanics. Springer, New York

McCutchen CW (1983) Lubrication of and by articular cartilage. In: Hall BK (ed) Cartilage, vol 2. Academic Press, New York, pp 87–107

Myers ER (1983) Biomechanics of cartilage and its response to biomechanical stimuli. In: Hall BK (ed) Cartilage, vol 1. Academic Press, New York, pp 313–341

Swartz SM (1991) Strain analysis as a tool for functional morphology. Am Zool 31:655–669

Swartz SM (1993) Biomechanics of primate limbs. In: Gebo DL (ed) Postcranial adaptation in nonhuman primates. N Illinois Univ Press, DeKalb, pp 5–42

Vis JH (1957) Histological investigations into the attachment of tendons and ligaments to the mammalian skeleton. Koninkl Ned Akad van Wetenschappen, Proc Ser C 60:147–157

Weiner S, Wagner HD (1998) The material bone: structure – mechanical function relations. Annu Rev Mat Sci 28:271–298. The Autoren präsentieren Knochen als zusammengesetztes Material, das aus sieben hierarchischen Ebenen besteht, deren Zusammensetzung seine mechanischen Eigenschaften bestimmt

# 22 Mechanik von Stützung und Bewegung

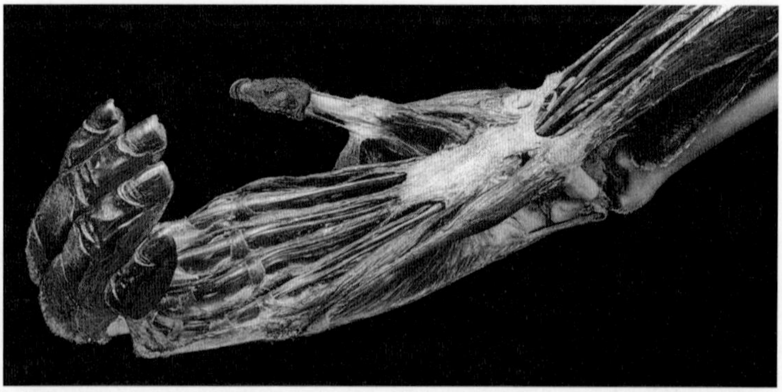

## 22.1 Größe und Richtung von Kräften

### 22.1.1 Kraftvektoren und ihre Zerlegung

Kraft wurde auf S. 437 definiert. Kräfte sind Vektorgrößen, d.h. sie haben sowohl eine Größe als auch eine Richtung. Beide Eigenschaften sind wichtig für die Analyse des Knochen-Muskelsystems und beide können graphisch durch einen Pfeil, den **Vektor**, dargestellt werden. Der Pfeil wird gewöhnlich so platziert, dass sein Ursprung am Punkt der Kraftwirkung, z.B. an der Ansatzstelle einer Sehne, liegt (man könnte auch die Pfeilspitze an die Ansatzstelle legen). Die Orientierung des Pfeils repräsentiert die Richtung der Kraft, seine Länge repräsentiert die Größe der Kraft in Bezug auf eine willkürliche Skala (z.B. 1 cm = 10 N). Abb. 22.1a zeigt den langen Kopf des M. triceps, der am Ellbogenfortsatz der Säugerulna ansetzt. Wenn die Kontraktionskraft annähernd der Querschnittsfläche des Muskels entspricht, oder besser, durch direkte Messung am lebenden Muskel ermittelt wird, dann kann die Kontraktionskraft durch den Vektor $\mathbf{F}_1$ (Abb. 22.1b) repräsentiert werden.

Der mediale Kopf des M. triceps (Abb. 22.1c) inseriert am gleichen Ort über die gleiche Sehne und kann in ähnlicher Weise durch den Vektor $\mathbf{F}_2$ in Abb. 22.1d repräsentiert werden. (Wenn der zweite Muskel zwar in Nähe des ersten inserieren würde, aber nicht über eine gemeinsame Sehne, könnten die Kräfte dennoch so betrachtet werden, als ob sie an einem gemeinsamen Punkt wirken würden, falls sich ihre Wirkungslinien in der Verlängerung schneiden.)

Wenn zwei Muskeln am gleichen Punkt ziehen, aber in verschiedenen Richtungen und mit verschiedenen Spannungen, wird es wichtig, die Größe und Richtung ihrer gemeinsamen Kraft oder Nettowirkung zu bestimmen. Wie ist der Vektor des einzelnen hypothetischen Muskels, der, wenn er alleine wirken würde, seine Ansatzstelle genau so belasten würde wie die tatsächlichen Muskeln, die gemeinsam wirken? Die gesuchte Kraft ist die **Resultierende** der gegebenen Kräfte, ihre Bestimmung wird Addition der Kräfte genannt. Die Resultierende wird gewöhnlich graphisch bestimmt, indem man ein **Parallelogramm der Kräfte** zeichnet, wie es in Abb. 22.1e gezeigt ist: $\mathbf{F}_1$ und $\mathbf{F}_2$ bilden zwei Seiten eines Parallelogramms, das durch die gestrichelten Linien vervollständigt wird. Die Diagonale, $\mathbf{R}_1$, ist der gesuchte Vektor der resultierenden Kraft.

Da gegenüberliegende Seiten eines Parallelogramms gleich sind, besteht eine andere graphische Lösung darin, $\mathbf{F}_2$ so zu legen, dass der Vektorursprung an der Spitze von $\mathbf{F}_1$ liegt (oder umgekehrt), und dann die Linie zu ziehen, welche die dritte Seite eines Dreiecks bildet (d.h. des Dreiecks, das die Hälfte des Parallelogramms, das oben konstruiert wurde, darstellt). Die dritte Seite ist wiederum der gesuchte Vektor $\mathbf{R}_1$ (Abb. 22.1f).

Ein dritter Muskel, der M. anconeus, inseriert ebenfalls am gleichen Ort (Abb. 22.1g), sein Vektor ist $\mathbf{F}_3$. Um die resultierende Kraft, $\mathbf{R}_2$, al-

---

*Oben:* Luftgetrocknetes Präparat der Hand eines Schimpansen

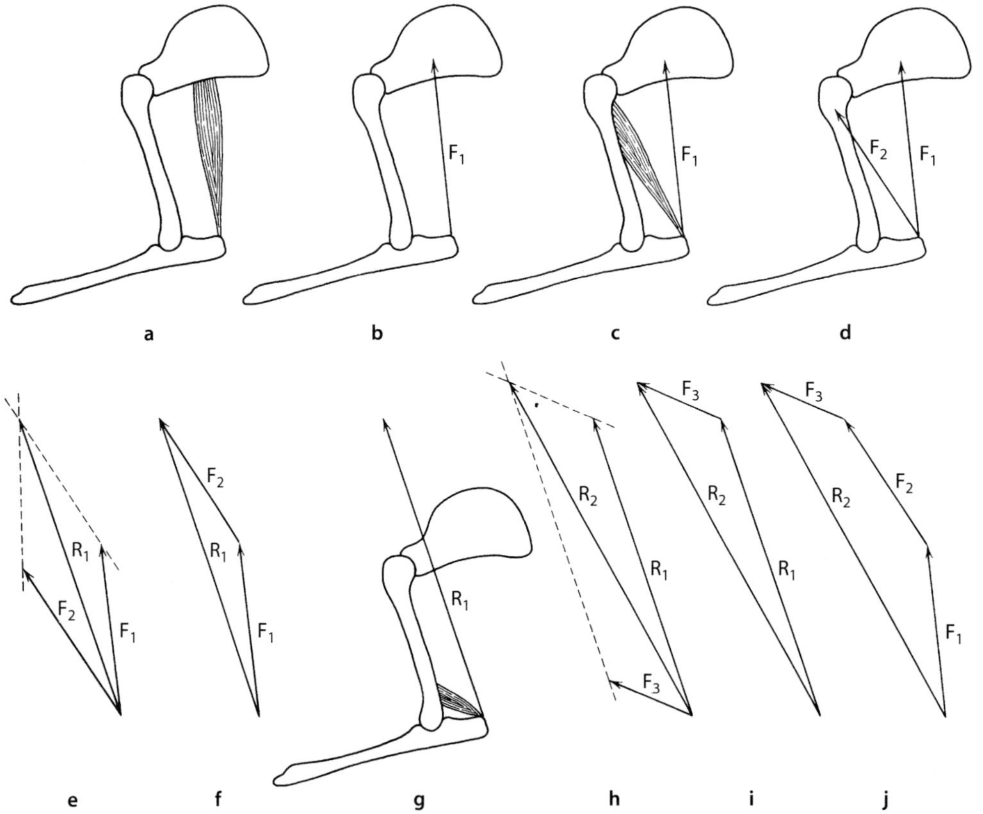


**Abb. 22.1 a–j.** Kraftvektoren und das Addieren von Kräften

ler drei Muskeln bei gleichzeitiger Kontraktion zu ermitteln, kann man entweder die Diagonale des Parallelogramms, das die Vektoren $\mathbf{R}_1$ und $\mathbf{F}_3$ als Seiten hat, zeichnen oder das Dreieck schließen, das $\mathbf{R}_1$ und $\mathbf{F}_3$ als Seiten hat (Abb. 22.1 h und i). Beide Methoden sind Zweischrittlösungen, weil zunächst $\mathbf{R}_1$ aus $\mathbf{F}_1$ und $\mathbf{F}_2$ ermittelt werden muss. Das Problem kann auch in einem Schritt gelöst werden, indem man die Vektoren $\mathbf{F}_1$, $\mathbf{F}_2$ und $\mathbf{F}_3$ Ursprung an Spitze (in jeglicher Reihenfolge) verbindet und dann das Polygon schließt (Abb. 22.1 j). Die schließende Linie ist wiederum $\mathbf{R}_2$ oder der Vektor der resultierenden Kraft aller drei Muskeln, die zusammenwirken.

Die Größe und die Richtung der resultierenden Kraft kann, wenn nötig, durch trigonometrische Methoden etwas präziser errechnet werden.

Die Größe und Richtung der Kontraktionskraft eines gefiederten Muskels wird durch Addieren von Kräften bestimmt. Man betrachte den stilisierten, flachen, gefiederten Muskel, der in Abb. 22.2 a gezeigt ist. Er kann als aus zwei Muskeln bestehend angesehen werden, die in verschiedenen Richtungen an einer gemeinsamen zentralen Sehne ziehen. Die Kontraktionskraft auf jeder Seite allein wirkt in der Verlaufsrichtung der Fasern auf dieser Seite und ist ungefähr proportional zur Querschnittsfläche aller Fasern auf dieser Seite (oder zum Abstand AB oder AC, wenn der Muskel einheitlich dick ist). Die Vektoren $\mathbf{F}_R$ und $\mathbf{F}_L$ (Abb. 22.2 b) repräsentieren die Kräfte der rechten und der linken Seite des Muskels. Wenn man ein Kräfteparallelogramm vervollständigt, findet man $\mathbf{R}$ als den Vektor der resultierenden Kraft. (Eine Alternative ist $\mathbf{R} = 2\mathbf{F} \cos\theta$). Der Wert von $\mathbf{R}$ ist am größten, wenn die Muskelfasern auf jeder Seite an der zentralen Sehne mit einem Winkel von ungefähr

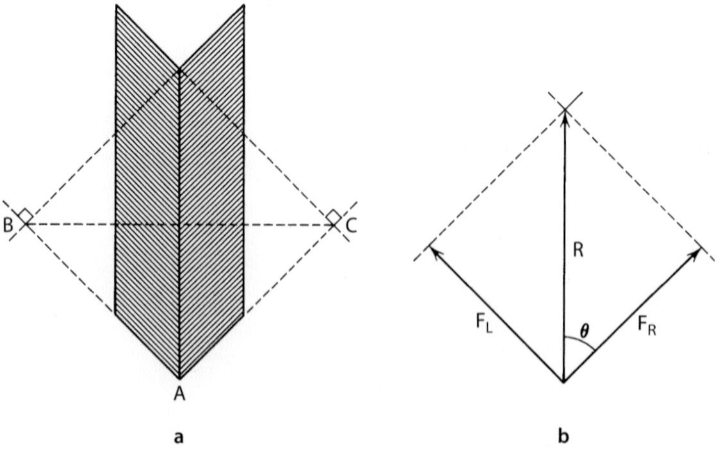


**Abb. 22.2 a, b.** Anwendung der Zerlegung von Kräften auf einen schematischen, flachen, gefiederten Muskel

45° ansetzen. (Bei einem steileren Winkel würden weniger Muskelfasern Platz finden, was zu einer geringeren Kraftentwicklung führen würde.) Zu beachten ist jedoch, dass der Ansatzwinkel sich verändern muss, wenn der Muskel kürzer wird.

Um die gleiche Kontraktionskraft wie dieser gefiederte Muskel zu erreichen, würde ein riemenförmiger Muskel mit parallelen Fasern die viel größere Breite BC benötigen (Abb. 22.2 a). Ein solcher Muskel würde bei gleicher Gesamtlänge wie der gefiederte Muskel viel längere Fasern benötigen und seine Ansatzstelle weiter bewegen. Offensichtlich kann ein gefiederter Muskel über seine gesamte Breite eine große Kraft ausüben, aber er hat eine kurze Kontraktionsstrecke. Gefiederte Muskeln werden im Gegensatz zu Muskeln, deren Fasern parallel zu ihren Sehnen verlaufen, während der Kontraktion nicht dicker: ein Vorteil, wenn der Muskel in einem begrenzten Raum funktionieren muss. Außerdem erlaubt die Fiederung, dass ein Muskel eine unregelmäßige Form hat.

Bei Säugetieren tritt Fiederung meist in den Flexoren der Beine und im M. mylohyoideus auf. Der menschliche M. deltoideus ist ein komplex gefiederter Muskel, wie auch der M. subscapularis mancher anderer Säugetiere (Abb. 25.8). Die zentralen Sehnen mancher gefiederter Muskeln werden durch Verknöcherung versteift. Ein Beispiel dafür ist der Trommelschlegel des Truthahns. Ähnliche Verknöcherungen sind in den Hals- und Kiefermuskeln bestimmter Vögel und im Rücken mancher großer Dinosaurier zu finden.

## 22.1.2 Kraftkomponenten

Wie zwei oder mehr Kräfte miteinander zu einer resultierenden Kraft zusammengefasst werden können, so kann eine gegebene Kraft auch in zwei oder mehr Komponenten zerlegt werden. Und wie eine unendliche Anzahl von Kräftepaaren die gleiche resultierende Kraft haben kann, so kann auch eine gegebene Kraft in eine unbegrenzte Anzahl von Paaren von Komponenten zerlegt werden. Es ist jedoch in der Regel günstig, die Richtung jeder Komponente zu spezifizieren und dann gibt es nur eine Lösung.

Man betrachte den Vektor des M. triceps der Säugetiere (ein Muskelkopf oder alle Köpfe zusammen), der in Abb. 22.3 a gezeigt wird. Wenn sich der Muskel kontrahiert, dreht sich die Ulna entgegen dem Uhrzeigersinn auf dem Humerus. Die Ansatzstelle des Muskels schwingt in einem Bogen um den Drehpunkt der Bewegung. Der Radius des Bogens ist der Abstand vom Drehpunkt zur Ansatzstelle. Zu jedem Zeitpunkt bewegt sich die Ansatzstelle in Richtung der Tangente am Bogen, der durch die Ansatzstelle verläuft. (Eine Tangente an einem Kreis berührt den Umriss des Kreises in einem Punkt und steht senkrecht zum Radius, der zu diesem

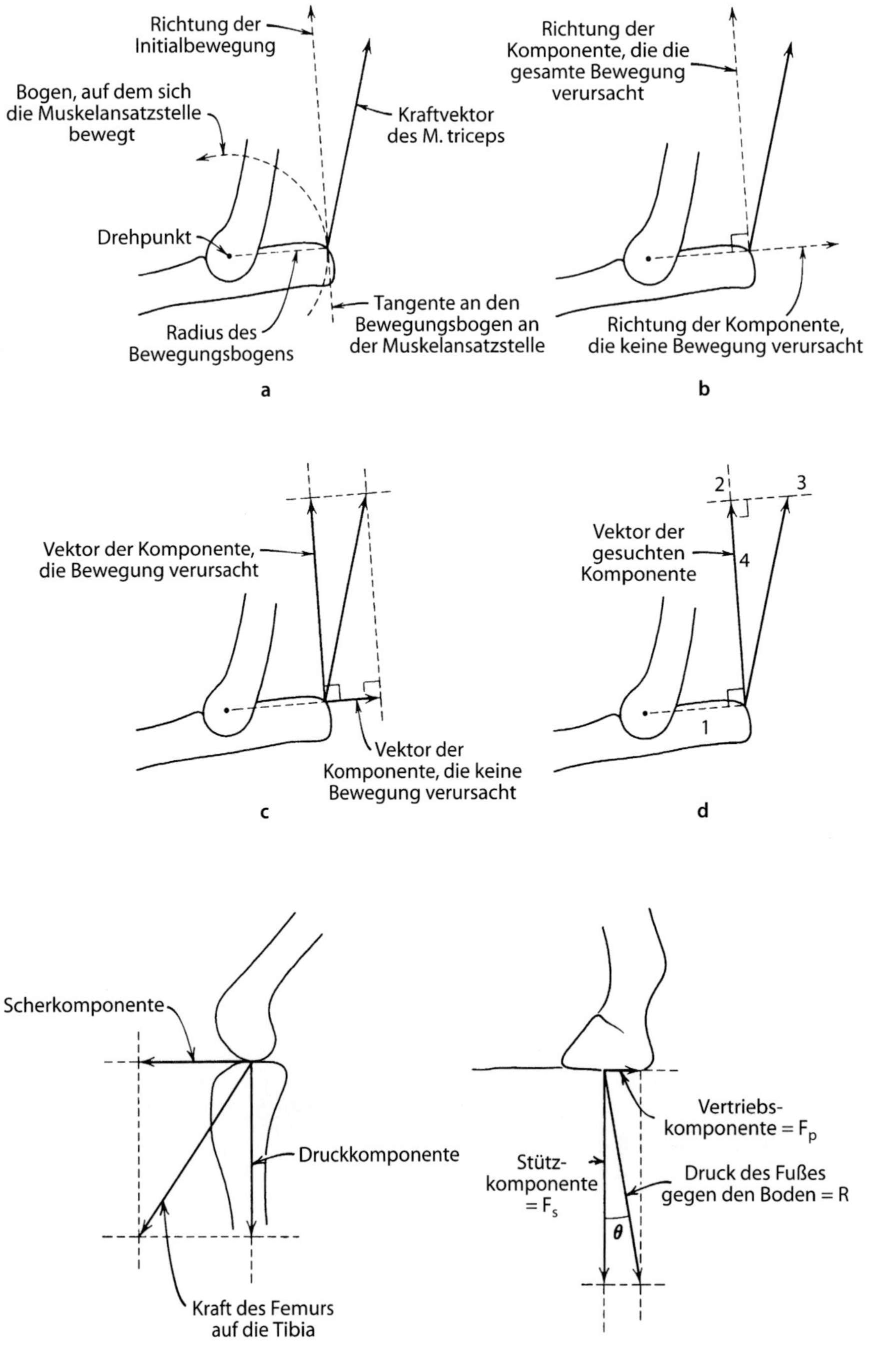


**Abb. 22.3 a–f.** Bestimmung einer gesuchten Komponente einer gegebenen Kraft

Punkt gezeichnet wird. An aufeinander folgenden Zeitpunkten verändert sich die Tangente, wenn sich das Gelenk bewegt, weil sich die Ansatzstelle entlang des Bogens bewegt.)

Da sich die Ansatzstelle gewöhnlich nicht genau in der Richtung des Muskelzuges bewegt, ist es wichtig, die Größe des Teils oder der Komponente der Zugkraft zu bestimmen, die tatsächlich in Bewegungsrichtung wirkt. Zwei Komponenten müssen so gewählt werden, dass ihre Resultierende die gegebene Kraft des M. triceps ist. Eine Komponente wird so gewählt, dass sie die gesamte Kraft in der Bewegungsrichtung enthält, die, wie gerade erklärt wurde, entlang der Tangente durch die Ansatzstelle verläuft. Die andere Komponente muss so ausgewählt werden, dass sie überhaupt keine Bewegung auslöst, weder im Uhrzeigersinn noch gegen ihn. Nur eine Richtung genügt dieser Anforderung, nämlich die Normale oder Senkrechte zum Bewegungsbogen am Punkt der Ansatzstelle (Abb. 22.3 b). (Der Vektor dieser Komponente ist eine Verlängerung des Radius des Bogens an der Ansatzstelle.) Wenn man die Richtungen der beiden Komponenten kennt, ist es einfach, ihre Größen graphisch durch die Vervollständigung des Kräfteparallelogramms darzustellen, das den Kraftvektor des M. triceps als Diagonale hat. Da die Komponenten so ausgesucht wurden, dass sie senkrecht aufeinanderstehen, ist das Parallelogramm ein Rechteck (Abb. 22.3 c).

Da momentan nur die Komponente in Bewegungsrichtung von Interesse ist und da das gewünschte Parallelogramm nur rechte Winkel enthält, kann das Problem auch direkter gelöst werden (Abb. 22.3 d):

1. Ziehe eine Linie vom geschätzten Drehpunkt der Bewegung zur Ansatzstelle des Muskels. Dies ist der Radius des Bewegungsbogens.
2. Zeichne eine senkrechte Linie zu diesem Radius, die durch die Ansatzstelle läuft. Dies ist die Tangente, die die Richtung der gewünschten Komponente angibt.
3. Zeichne die Linie senkrecht zur Tangente, die von der Tangente zur Spitze des Vektors einer gegebenen Kraft verläuft. Diese Linie ist die Seite des Kräfterechtecks, die der Kraftkomponente gegenüberliegt (und daher so groß ist wie diese) und ausgesucht wurde, weil sie keine Rotation der Ulna am Humerus verursacht.
4. Der Vektor der gewünschten Komponente in Bewegungsrichtung ist jetzt Teil der Tangente zwischen der Muskelansatzstelle und der Kreuzung mit der Senkrechten, die im vorherigen Schritt gezeichnet wurde. Es klingt nur kompliziert; man kann das Diagramm in weniger Zeit zeichnen, als man benötigt, darüber zu lesen.

In Kapitel 21 wurde beschrieben, dass eine Last, die diagonal auf das Ende eines Röhrenknochens wirkt, in eine längsgerichtete Druckkomponente und eine quergerichtete Schubkomponente zerlegt werden kann. Letztere tendiert dazu, den Knochen zu biegen. Die Richtungen der gesuchten Komponenten werden durch die Art des Problems bestimmt und stehen im rechten Winkel zueinander. Die Vervollständigung des Kräfterechtecks zeigt ihre Größe (Abb. 22.3 e).

Wenn der Fuß eines laufenden Tieres auf den Grund aufsetzt, stützt er das Tier und ermöglicht ihm Vortrieb. Die Richtung der stützenden Komponente ist senkrecht (der Schwerkraft entgegengerichtet), die Richtung der Vortriebskomponente ist horizontal in der Fortbewegungsebene. Wenn der Druck des Fußes zu einem bestimmten Zeitpunkt bestimmt werden kann, dann ist es einfach, die Größe der Komponenten zu errechnen (Abb. 22.3 f). In ähnlicher Weise kann man die Komponenten einer ausgeübten Kraft berechnen, die notwendig sind, um eine zentrifugale Kraft (Abb. 24.18), die laterale Wellenbewegung der Schlangen (s. Abb. 25.12), Reibung (Abb. 26.4) und die vorwärts gerichteten und lateralen Komponenten des diagonalen Schwanzschlages eines Fisches gegen das Wasser zu analysieren (Abb. 27.6).

Kräftekomponenten können trigonometrisch wie auch graphisch ermittelt werden. In diesem Beispiel sind die Berechnungen einfacher und direkter als für die Bestimmung der Kräfte, weil nur rechtwinklige Dreiecke benutzt werden müssen. Deshalb ist in Abb. 22.3 f $\mathbf{F}_P = \mathbf{R} \sin \theta$, und $\mathbf{F}_S = \mathbf{R} \cos \theta$.

Beachte, dass sich die Größe einer Komponente von der Größe der gegebenen Kraft auf

Null verkleinert, wenn sich der Winkel zwischen der gegebenen Kraft und der Komponente von 0° auf 90° vergrößert. Hinsichtlich der Mechanik können die Muskeln Knochen am effektivsten drehen, wenn sie in die Bewegungsrichtung ziehen. Durch den Ansatz an einer zentralen Sehne in einem bestimmten Winkel vergrößert ein gefiederter Muskel die Anzahl seiner Fasern und dadurch seine Kontraktionskraft. Wenn der Winkel des Ansatzes jedoch größer wird, wird die effektive Komponente der Kraft kleiner. Der optimale Winkel (gewöhnlich etwas weniger als 45°) stellt einen Kompromiss zwischen diesen entgegengesetzten Faktoren dar.

## 22.2 Knochen-Muskelsysteme als Maschinen

Eine Maschine ist ein Mechanismus, der Kraft von einem Ort zu einem anderen überträgt und dabei gewöhnlich auch ihre Größe verändert. Wenn zum Beispiel ein Schraubendreher benutzt wird, um den Deckel einer Dose aufzustemmen, produziert eine mittelmäßige, nach unten gerichtete Kraft auf den Handgriff eine große aufwärtsgerichtete Kraft an der Spitze des Werkzeugs gegen den Deckel. In ähnlicher Weise wird eine nach unten gerichtete Kraft am Vorderfuß erzeugt, wenn der M. triceps am Ellbogenfortsatz nach oben zieht (Abb. 22.4 a, b). Alle Knochen-Muskelsysteme sind Maschinen. Es ist nützlich, jegliche Eingangskraft, die auf eine Maschine ausgeübt wird, als eingeleitete **Kraft $F_i$**

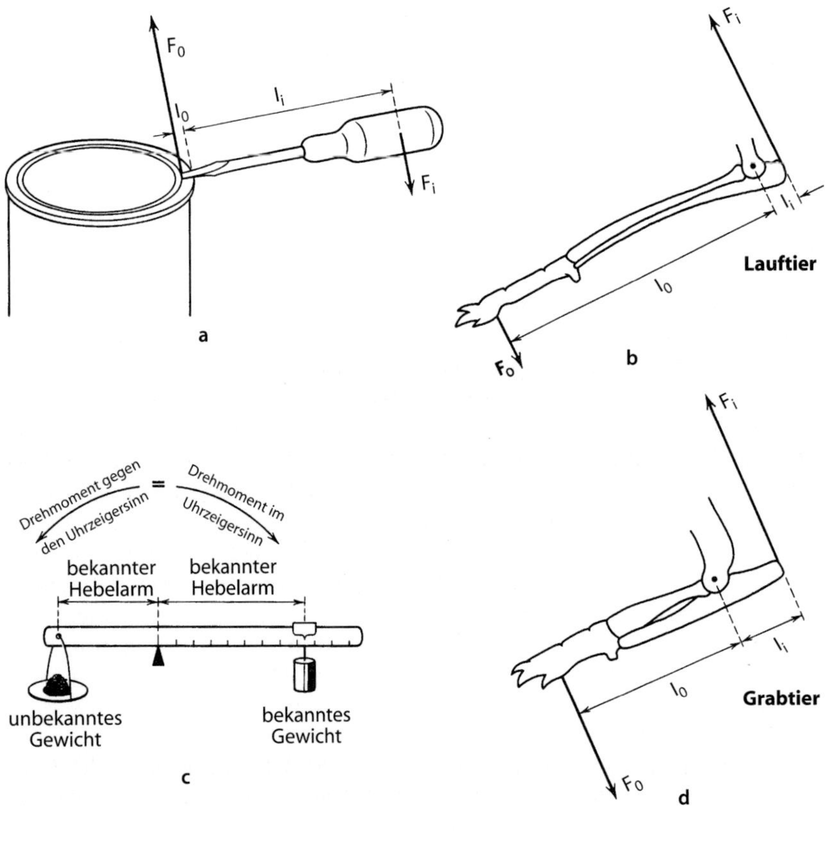


**Abb. 22.4 a–d.** Grundsätzliches über eingeleitete und ausgeleitete Kraft, Hebelarme und Drehmoment (die Drehmomente an den Angriffspunkten von eingeleiteter und ausgeleiteter Kraft sind nicht so angeglichen, dass sie im Gleichgewicht sind)

(*in-force*) und jegliche ausgeleitete Kraft, die aus einer Maschine kommt, als **Last** $F_o$ (*out-force*) zu definieren. Im Körper werden Kräfte durch den Zug von Sehnen oder gespannten Ligamenten, durch die Schwerkraft und durch externe Lasten ausgeübt. Nützliche Lasten treten schließlich an den Zähnen, Füßen, Fingern und anderswo auf. Für den Moment werden wir nur einfache Maschinen berücksichtigen, die eine Kraft und eine Last besitzen.

### 22.2.1 Hebelarme und Drehmomente

Eine eingeleitete Kraft kann über eine Kurbelwelle, eine hydraulische Vorrichtung, einen Flaschenzug, einen Hebel oder einen anderen Mechanismus in eine ausgeleitete Kraft umgeformt werden. Die meisten Nahrungsaufnahme- und Fortbewegungssysteme des Körpers übertragen Kräfte über Hebel und nur solche werden hier betrachtet. Ein **Hebel** ist eine steife Struktur wie eine Brechstange oder ein Knochen, die Kräfte überträgt, indem sie um einen Drehpunkt dreht (oder versucht, sich zu drehen). Jede Kraft ist vom Drehpunkt durch einen Abschnitt des Hebels, der **Hebelarm** genannt wird, entfernt. Der **Kraftarm** $l_i$ (*in-lever*) erstreckt sich vom Angriffspunkt der eingeleiteten Kraft zum Drehpunkt, der **Lastarm** $l_o$ (*out-lever*) erstreckt sich vom Drehpunkt bis zum Angriffspunkt der ausgeleiteten Kraft. Im Beispiel des Schraubendrehers, der benutzt wird, um einen Deckel aufzuhebeln, erstreckt sich $l_i$ von der Hand am Handgriff bis zur Kante der Dose, $l_o$ erstreckt sich von der Kante der Dose bis zur Spitze des Werkzeugs, das gegen den Deckel drückt. Im anderen Beispiel ist $l_i$ der Fortsatz des Ellenbogens und $l_o$ der Unterarm vom Ellbogengelenk bis zum Fuß.

Das Produkt aus einer Kraft und ihrem Hebelarm wird Drehkraft oder **Drehmoment** ($\tau$) genannt. Jeder wirksame Hebel hat mindestens zwei Drehmomente, eines für das Eingangssystem und eines für das Ausgangssystem. Deshalb ist, wie unten dargestellt wird, $\tau_i = F_i l_i$ und $\tau_o = F_o l_o$. Drehmomente werden in Newton-Zentimeter ausgedrückt. Wenn $F_i \cdot l_i > F_o \cdot l_o$, so dreht der Hebel in der Richtung von $F_i$. Wenn $F_i \cdot l_i < F_o \cdot l_o$, so dreht sich der Hebel in Richtung von $F_o$; wenn $F_i \cdot l_i = F_o \cdot l_o$, so ist das System im Gleichgewicht und es tritt keine Bewegung auf.

Wenn ein Hebelsystem im Gleichgewicht ist, kann natürlich jede Variable leicht berechnet werden, wenn die anderen Variablen bekannt sind. Dies ist das Prinzip einer Balkenbalance: Das Produkt aus einem bekannten Gewicht multipliziert mit seinem Hebelarm (der kalibrierte Maßstab) wird so eingestellt, dass es dem Produkt des unbekannten Gewichts multipliziert mit einem bekannten Hebelarm entspricht (Abb. 22.4 c). Wenn Tetrapoden stehen, werden die Kräfte aller Haltemuskeln entsprechend so eingestellt, dass die Drehmomente des Eingangssystems gleich den Drehmomenten des Ausgangssystems sind und eine Stütze ohne Bewegung aufrechterhalten wird. Andere Beispiele werden später in diesem Kapitel gegeben.

Es ist wichtig, dass der Student der Mechanik in der Lage ist, die Gleichung $F_i l_i = F_o l_o$ für alle Variablen zu lösen und die Beziehung dieser Variablen zueinander zu verstehen. Wenn es für ein grabendes Säugetier günstig ist, eine große Kraft am Vorderfuß zu produzieren, wenn der M. triceps kontrahiert, dann kann man ausrechnen, dass das Tier die ausgeleitete Kraft durch eine erhöhte $F_i$ oder großes $l_i$, oder ein erniedrigtes $l_o$ erhöhen kann, da $F_o = F_i l_i / l_o$ ist. Die Anpassungen vieler Grabtiere enthalten all diese Komponenten (vgl. Abb. 22.4 b und d).

### 22.2.2 Tatsächliche Kräfte und Hebelarme gegenüber effektiven Kräften und Hebelarmen

Es gibt eine weitere Voraussetzung. Das Produkt aus Kraft und Hebelarm ist nur dann gleich dem Drehmoment des Systems, wenn Kraft und Hebelarm im rechten Winkel zueinander stehen. Es gibt zwei Möglichkeiten sicherzustellen, dass diese Bedingung erfüllt wird. Beide sind einfach und beide können leicht auf ein Präparat oder ein zu untersuchendes Tier angewendet werden, so dass wir beide hier vorstellen.

Die tatsächliche Länge des Hebelarms einer eingeleiteten Kraft ist der geradlinige Abstand zwischen der Ansatzstelle des relevanten Muskels

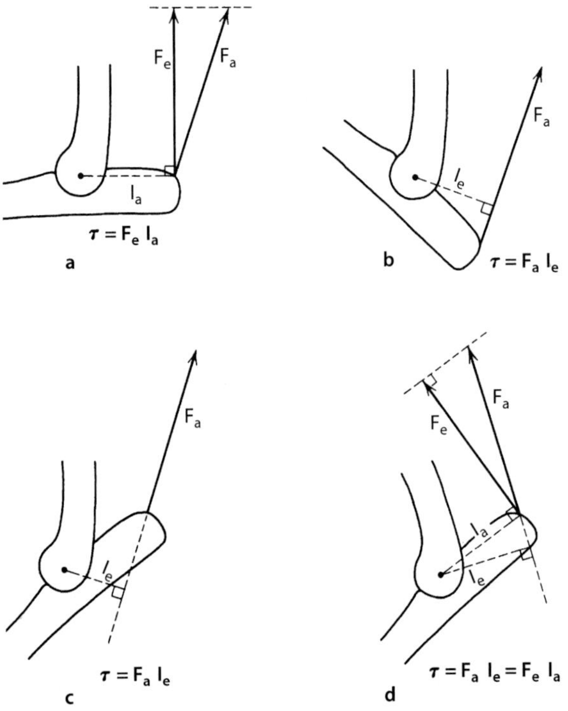


**Abb. 22.5 a–d.** Nutzung der tatsächlichen und effektiven Kräfte und Hebelarme für die Berechnung des Drehmoments

vom Drehpunkt der Bewegung, die durch Kontraktion des Muskels verursacht wird. Dies wird als **tatsächlicher Hebelarm $l_a$** bezeichnet. Wie in dem Abschnitt über die Komponenten der Kräfte besprochen, steht diese Linie (ein Radius des Bogens, der von der Ansatzstelle während der Bewegung beschrieben wird) im rechten Winkel zur effektiven Kraftkomponente, die in der Bewegungsrichtung wirkt. Wenn wir die Kraft des Muskels die **tatsächliche Kraft $F_a$** nennen, und die Kraft der effektiven Komponente der tatsächlichen Kraft die **effektive Kraft $F_e$**, dann wird die geforderte Bedingung erfüllt, wenn $\tau = F_e l_e$ (Abb. 22.5 a). (Um anzudeuten, dass sich diese Variablen auf das Drehmoment des Eingangssystems beziehen, können wir schreiben: $\tau_i = F_{ie} l_{ia}$). Mit dieser Methode muss man immer zuerst die effektive Kraft berechnen, bevor man das Drehmoment bestimmt.

Die andere Methode benutzt stattdessen die tatsächliche Kraft, unabhängig von der Beziehung ihrer Wirkungslinie zu ihrer effektiven Komponente. Der geeignete oder **effektive Hebelarm $l_e$** ist dann die Senkrechte, die von der Wirkungslinie des Muskels zum Drehpunkt zieht. Diese Senkrechte trifft $F_a$ kurz vor der Muskelansatzstelle, wenn der Winkel zwischen $F_a$ und $l_a$ spitz ist; er trifft eine Verlängerung von $F_a$ hinter der Ansatzstelle, wenn der Winkel zwischen $F_a$ und $l_a$ stumpf ist (Abb. 22.5 b und c). Jetzt ist $\tau = F_a l_e$ und auch für jede gegebene Stellung des Gelenks ist $F_e l_a = F_a l_e$. Die beiden Methoden werden in Abb. 22.5 d verglichen. Können Sie die Kräfte so anordnen, dass $F_a = F_e$ und $l_a = l_e$?

### 22.2.3 Beziehungen zwischen eingeleiteter und ausgeleiteter Kraft

Bisher haben unsere Beispiele gezeigt, dass der Drehpunkt zwischen der eingeleiteten und der ausgeleiteten Kraft liegt. Die Drehmomente wirken dann in unterschiedlichen Richtungen um den Drehpunkt, eines im Uhrzeigersinn und eines gegen den Uhrzeigersinn. Diese Beziehung ist im Körper oft realisiert und tritt bei Extensoren meistens auf (Abb. 22.6 a). Zwei weitere Anordnungen sind möglich, wobei die eingeleitete Kraft und die ausgeleitete Kraft jeweils auf derselben Seite des Drehpunkts liegen und in die gleiche Richtung wirken: entweder wirkt die ausgeleitete Kraft näher am Drehpunkt als die eingeleitete Kraft (eine weniger gebräuchliche Anordnung, aber zwei Beispiele sind dargestellt) oder sie kann weiter vom Drehpunkt entfernt sein als die eingeleitete Kraft (eine übliche Anordnung bei Flexoren, Abb. 22.6 c). Beachte, dass in der ersten Anordnung (oder Hebel erster Ordnung) die Hebelarme unabhängig sind und jeder Arm der längere sein kann, obwohl im Körper der Lastarm meistens länger ist. In den anderen Anordnungen beinhaltet der längere Hebelarm (welcher der Kraftarm für Hebel zweiter Ordnung und der Lastarm für Hebel dritter Ordnung ist) auch den kürzeren Hebelarm. Sie „teilen“ die Bereiche des Hebels.

Abbildung 22.6 zeigt, dass ein Gelenk und ein Muskel als unterschiedliche Arten von Hebel fungieren können. Wenn man auf trockenem

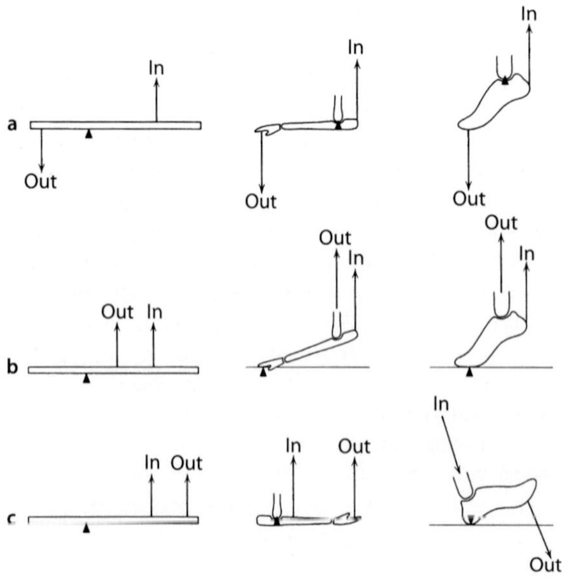


**Abb. 22.6 a–c.** Drei Möglichkeiten, eingeleitete Kräfte (Kräfte, *in-forces*) und ausgeleitete Kräfte (Lasten, *out-forces*) in Hebelsystemen anzuordnen

Sand läuft, funktioniert der Fuß (zu unserem Bedauern) sogar gleichzeitig wie zwei Hebelarten. Wichtig ist, sich nicht Diagramme zu merken, sondern zu lernen, den Drehpunkt, die eingeleiteten und die ausgeleiteten Kräfte und die Kraft- und Lastarme in jedem spezifischen Knochen-Muskelsystem zu identifizieren.

### 22.2.4 Summation von Drehmomenten: Zweigelenk-Systeme

Es können auch mehrere eingeleitete Kräfte denselben Hebel drehen. Um den Nettoeffekt zu bestimmen, bestimmt man das Drehmoment einer jeden Kraft unabhängig, addiert alle, die den Hebel in eine Richtung drehen und zieht die Summe derer ab (wenn es solche gibt), die dazu tendieren, den Hebel in die andere Richtung zu drehen. Multiple Lasten, wenn z. B. verschiedene Zähne gleichzeitig Nahrung zermahlen, werden genauso behandelt.

Wenn das Gewicht eines Teiles einer lebenden Maschine betrachtet wird, wie man es für eine genaue Berechnung tun sollte, dann muss man zusätzlich zu den Drehmomenten, die aus der Aktion von Muskeln entstehen, ein weiteres Drehmoment aus der Wirkung der Schwerkraft am Hebel betrachten (z. B. Unterarm oder Unterschenkel). Der Hebel reagiert auf die Schwerkraft, als ob sein gesamtes Gewicht in seinem Massenzentrum konzentriert wäre. Das Gewicht des Hebels multipliziert mit seinem effektiven Hebelarm, der über das Massenzentrum berechnet wird, ist das gesuchte Drehmoment. Das Massenzentrum eines unregelmäßig geformten Objekts ist durch Berechnung schwierig zu bestimmen. Experimentell ist es jedoch einfach, wenn das Objekt isoliert werden kann: Das Objekt wird (z. B. mit einem Faden) nacheinander an zwei Punkten seiner Oberfläche aufgehängt und der Punkt, an dem sich die Verlängerungen der Haltelinien schneiden, ist das Massenzentrum.

Zweigelenksmuskeln, die über zwei Diarthrosen verlaufen, sind weit verbreitet (z. B. M. gastrocnemius, M. gracilis, M. biceps, der lange Kopf des M. triceps). Jeder Muskel kann, je nach Aktion anderer Muskeln und Lasten, entweder ein Gelenk, beide oder keines bewegen. In jedem Fall führt Kontraktion zumindest ansatzweise dazu, beide Gelenke zu bewegen, so dass der Muskel gleichzeitig Kraft auf beide Hebelarme ausübt. Sehnen mancher Fingerflexoren verlaufen über drei oder mehrere Gelenke. Solche Systeme können im Prinzip weder theoretisch noch experimentell und nicht einmal für einen kurzen Zeitabschnitt detailliert analysiert werden. Praktische Approximationen an die Mechanik einer Aktivitätseinheit dagegen (eine Grabbewegung, ein Laufzyklus) wurden durch Aufzeichnung der Hauptlasten, durch Bestimmung der annähernden Kräfte und Aktivitäten relevanter Muskeln (durch Elektromyographie, durch Aufzeichnen von Spannungskurven und in anderer Weise), durch Bestimmung der üblichen Körperhaltungen (durch verschiedene Methoden einschließlich Röntgen-Kinematographie) und durch die Messung der Hebelarme unternommen. Wir sollten nicht erwarten, dass etwas so wundervoll Kompliziertes wie der sich bewegende Körper einer einfachen Analyse zugänglich ist.

## 22.3 Mechanik der Körperstützung

### 22.3.1 Balance und Gegenmoment

Der Rumpf der Tetrapoden wird nach verschiedenen mechanischen Prinzipien unterstützt. Die Wirbelsäulen sehr kleiner Säugetiere, wie z. B. der Mäuse und Spitzmäuse, sind stark gebogen und können, nach Art und Weise einer gewölbten Brücke, eine gewisse Stützung verleihen. Eine Fachwerkbrücke dagegen hat eine Hauptstruktur (oder Unterstruktur) aus Streben, die an den rigiden Körper von Vögeln erinnert. Ähnlich wie Sparren wirken auch die verlängerten Dornfortsätze über den Schultern vieler Säugetiere, zusammen mit dem Ligament, das ihre Spitzen verbindet (Abb. 22.9).

Eine generell anwendbare Analogie ist die Auslegerbrücke (Abb. 22.7). Die Straße kann mit der Wirbelsäule gleichgesetzt werden (beide stehen unter Druck), das obere Profil der Brücke ist mit den langen epaxialen Muskeln vergleichbar. Die überkreuzten Streben der Brücke entsprechen den Dornfortsätzen und den kurzen epaxialen Muskeln. Hier hört die Analogie zum Teil auf, weil die geeigneten Strukturen nicht so konstruiert sind, dass sie genügend Festigkeit für eine konstante Stützung liefern können. Dies bedeutet aber nicht, dass über diesen Weg keine Stützung erfolgen kann, wenn die Muskelaktivität Spannung beiträgt.

Ein anderes Merkmal der Auslegerbrücke trifft auf die Körperstützung vieler Tetrapoden zu. Die funktionelle Einheit einer Auslegerbrücke reicht von der Mitte eines Bogens zur Mitte des nächsten Bogens. Während des Baues werden überstehende Träger gleichmäßig auf beiden Seiten eines jeden Turmes gebaut. (Ein Ausleger ist ein vorstehendes Glied, das nur an einem Ende gehalten wird.) So wird die Last auf einer Seite durch die Last auf der anderen Seite ausbalanciert (Gegenmoment). Anders gesagt, ist die Masse des einen Auslegers multipliziert mit der Distanz seines Massenzentrums vom Turm ein Drehmoment, das die gleiche Größe, aber die entgegengesetzte Richtung wie das entsprechende Drehmoment des gegenüberliegenden Auslegers hat. Dadurch entsteht ein Gleichgewicht und der Turm fällt nicht um. Das Prinzip von Balance und Gegenmoment wird von Tetrapoden weit verbreitet genutzt (Abb. 22.8).

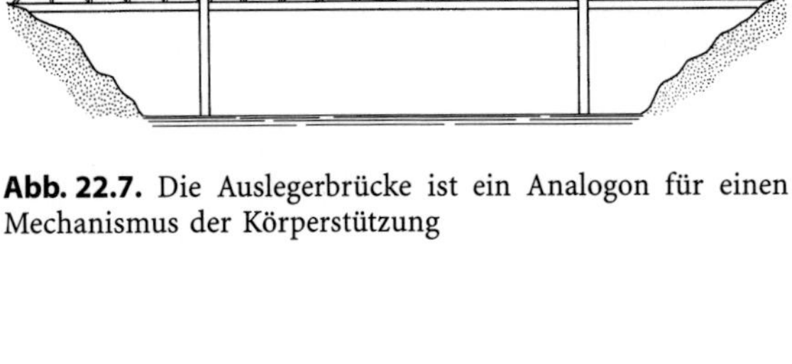

**Abb. 22.7.** Die Auslegerbrücke ist ein Analogon für einen Mechanismus der Körperstützung

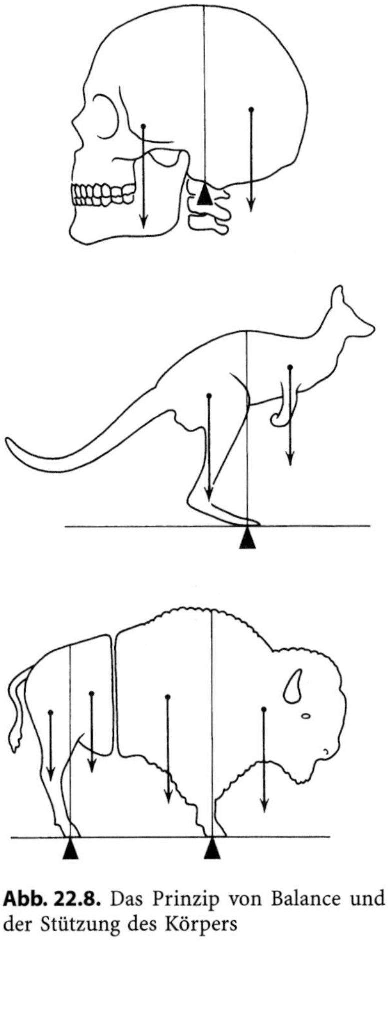

**Abb. 22.8.** Das Prinzip von Balance und Gegenmoment bei der Stützung des Körpers

### 22.3.2
### Bögen und Bogensaiten aus Knochen und Fasern

Eine andere Analogie für die Unterstützung des Körpers ist hilfreicher als alle Brückenanalogien. Sie setzt die Rumpfwirbel einem Bogen gleich, der entweder wie der Bogen eines Bogenschützen (viele kleine Säugetiere) oder beinahe gerade mit nach unten gebogenen Enden wie ein Violinenbogen geformt sein kann (Salamander, Krokodile, Eidechsen, viele große Säugetiere) (Abb. 22.9 a, b). Die Hauptsaite dieses lebenden Bogens ist die ventrale Rumpfmuskulatur, der M. scalenus und damit in Verbindung stehende Muskeln und das dazwischenliegende Sternum. Der M. psoas und M. quadratus unter den Lumbalwirbeln bilden eine zweite, sekundäre Bogensaite. Die Wirbelsäule kann nicht durchhängen, wenn Spannung in diesen Bogensaiten aufrechterhalten wird.

Die Cervicalwirbel großer Säugetiere bilden einen anderen Bogen, der diesmal umgedreht ist. Die Stränge des nuchalen Ligaments bilden multiple Saiten. Das Ligament kann durch Muskeln gedehnt werden, so dass die Wölbung des Bogens vermindert und der Kopf abgesenkt wird.

Alle vorgeschlagenen Analoga haben den Nachteil, dass sie passive statische Systeme sind, während der Körper aktiv und dynamisch ist. Der Rumpf kann auf den Beinen nicht wie eine Brücke auf ihren Pfeilern ausbalanciert bleiben. Länge und Orientierung der Ausleger unterliegen bei Tieren einer Veränderung, auch die Lasten auf Bögen und Saiten variieren in Größe und Richtung.

Außerdem ist es besser, Analoga zu kombinieren, als zwischen ihnen zu wählen. Man kann sagen, dass der Rumpf einen Bogen hat, nämlich die Wirbelsäule, der durch muskuläre Saiten am Kollabieren gehindert wird. Diese Saiten wiederum werden zum Teil durch das Gegenmoment eines geraden Auslegers (ein schwerer, ausgestreckter Schwanz) und zum Teil durch das Gegenmoment eines Auslegers in Form eines umgekehrten Bogens (der Hals), der an seinem äußersten Ende durch den Kopf belastet ist, entlastet (Abb. 22.9 c). Wenn ein Vierbeiner ruhig steht, ist dieses komplizierte System wahrscheinlich bei nur leicht aufrechterhaltener Spannung

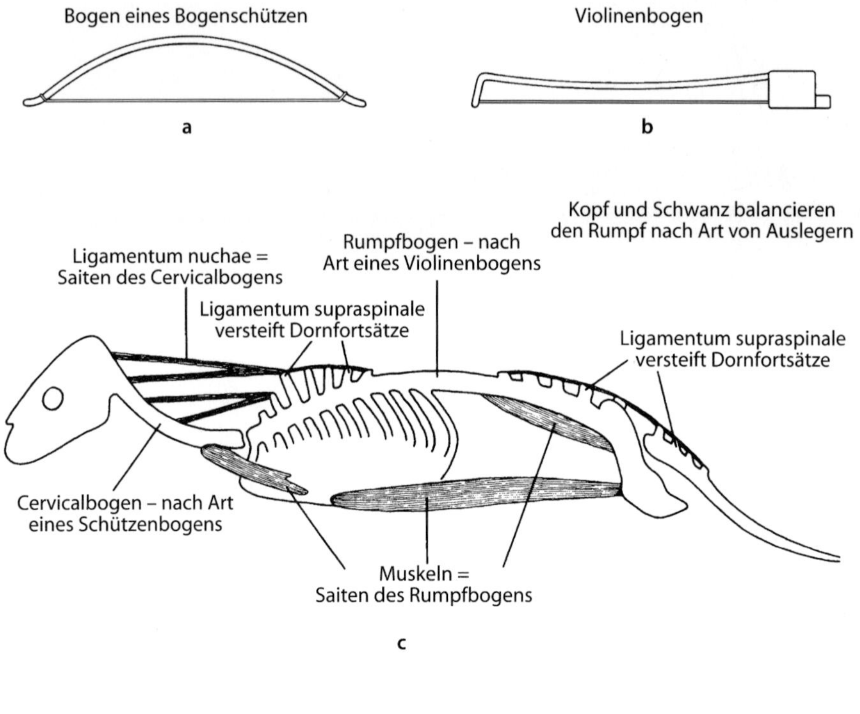


**Abb. 22.9 a–c.** Bogenanaloga und kombinierte Faktoren für die Stützung des Körpers

in wenigen Muskeln und periodisch auftretender, regulierender Spannung in einigen anderen Muskeln im Gleichgewicht.

Auf S. 448 wurde der menschliche Fuß mit einem Balken verglichen, der im Zentrum belastet ist. Das trifft so zu, aber er ist auch ein Bogen, der den Untergrund mit dem Fußballen und dem Hacken berührt und der durch Muskeln und durch eine Saite (die plantare Aponeurose), die durch ein Anheben der Zehen gespannt werden kann, am Kollabieren gehindert wird. Auf S. 445 wurde der Jochbogen mit einem Balken verglichen, und auch das trifft zu, aber er ist oft auch ein Bogen, der auf beiden Enden fest verankert ist und durch einen knöchernen Strang, die basicraniale Achse, manchmal auch durch ein postorbitales Ligament verstärkt wird, das den Bogen am darüberliegenden postorbitalen Fortsatz aufhängt.

## 22.3.3 Sperren, Schlingen und Schlösser

Die bisher angesprochenen Faktoren, die zur Körperstützung beitragen, beziehen sich hauptsächlich auf die Längsachse des Körpers. Da die Beine keine festen vertikalen Säulen sind, sondern aufgehängte und gewöhnlich gebeugte Pfeiler, ist es wichtig zu wissen, wie sie den Körper stützen können. Während Aktivitätsperioden verleihen die Muskeln sowohl Stütze als auch Bewegung. Während Ruhephasen kann das Tier die unterstützende Rolle der Beine dadurch vermeiden, indem es auf seiner ventralen Oberfläche ruht (Amphibien, Reptilien), sich zusammenkauert (Nager, Kaninchen), durch Sitzen (Primaten) oder durch Hinlegen (Carnivoren, viele Artiodactyla). Dennoch stehen manche große Tetrapoden über längere Zeit; ihre Beine müssen sie dann ohne allzu großen Aufwand an Muskelkraft tragen. Verschiedene Faktoren spielen hier eine Rolle.

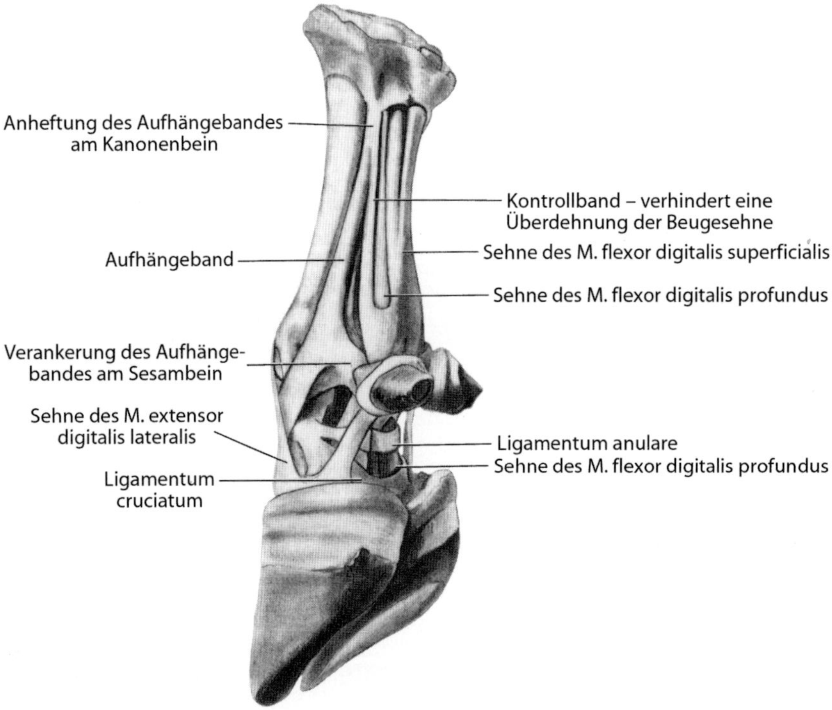


**Abb. 22.10.** Morphologie des rechten Vorderfußes der Kuh mit dem Schlingenmechanismus (gezeichnet nach einem gefriergetrockneten Präparat und deshalb leicht geschrumpft)

Wie in Kapitel 21 beschrieben, sind Gelenke zusammen mit ihren Ligamenten so konstruiert, dass sie sowohl die Art als auch das Ausmaß der zugelassenen Bewegung begrenzen. Bei großen Säugetieren kann sich kein Gelenk distal zur Schulter oder Hüfte (und diese auch nur in einem begrenzten Ausmaß) in der transversalen Ebene beugen. Eine passive Stütze wirkt gegen laterale Beugung. Auch Hyperextension in der Sagittalebene wird entweder durch ligamentöse oder knöcherne Sperren verhindert: Ellbogen, Knie, Sprunggelenke und Finger können nicht durch „Zurückbiegen" kollabieren.

Die Tendenz, durch Beugung zu kollabieren, kann außer durch Muskelkontraktion auf verschiedenen Wegen vermindert oder vermieden werden. Die größten Tetrapoden (lebende und ausgestorbene) stehen (oder standen) mit weitgehend vertikal ausgerichteten Beinsegmenten, wobei ein Knochen auf dem nächsten balanciert und beugende Drehmomente reduziert werden (mehr davon im nächsten Kapitel).

Das menschliche Knie (und wahrscheinlich einige aufrechte Beingelenke anderer Tiere) kann etwas über die Vertikalachse hinaus gestreckt werden. Wenn es belastet wird, kommt es zu einem leichten Drehmoment in eine Richtung, in die das Gelenk sich nicht weiter beugen kann. Dies verhindert ein Beugen in die entgegengesetzte Richtung und verleiht dem stehenden Körper ein Schloss gegen Beugung. Ein gewisser Widerstand gegenüber Beugung wird auch durch Schnappgelenke (s. die Beschreibung S. 454) geliefert. Dieser Widerstand kann dazu beitragen, eine Instabilität eines Gelenks zu verhindern, das ansonsten beinahe im Gleichgewicht ist.

Huftiere haben einen Schlingenmechanismus, der verhindert, dass das Fesselgelenk zwischen dem Metapodium (dem Kanonenbein) und dem proximalen Fingerglied kollabiert. Dieses Gelenk ist bei Belastung immer gebeugt. Der Beugungswinkel hängt von der Größe der Last ab. Es ist deshalb ein wichtiger Stoßdämpfer. Weil das Gelenk gebeugt ist, muss es unterstützt werden. Dies wird durch eine bemerkenswerte Ligamentschlinge erreicht, die sich von der posterioren Oberfläche des proximalen Endes des Metapodiums nach unten unter das Fesselgelenk (wo es mit Sesambeinen verankert ist) und dann um das proximale Fingerglied herum ausdehnt und schließlich an den anterioren Oberflächen der distalen Fingerglieder ansetzt (Abb. 22.10). Wenn der Fuß in Ruhe durch Gewichtsverlagerungen und während der Bewegung durch Aufprall stark belastet ist, dehnt sich das Ligament und erlaubt so dem Gelenk, sich stark zu beugen. Dadurch speichert das Ligament potentielle Energie, die wieder abgegeben wird, wenn das Gelenk bei Abnahme der Last wieder in einen neutralen Beugungswinkel zurückkehrt (s. auch Abb. 29.2).

Im Gegensatz zu Elefanten haben Huftiere meistens gebeugte Kniegelenke (die dem menschlichen Knie entsprechen) und mäßig gebeugte Sprunggelenke (oder Fersengelenke). Bei Perissodactyla und manchen Artiodactyla wird eine passive Stütze, welche die Streckmuskeln entlastet, durch einen Mechanismus erreicht, der effektiv,

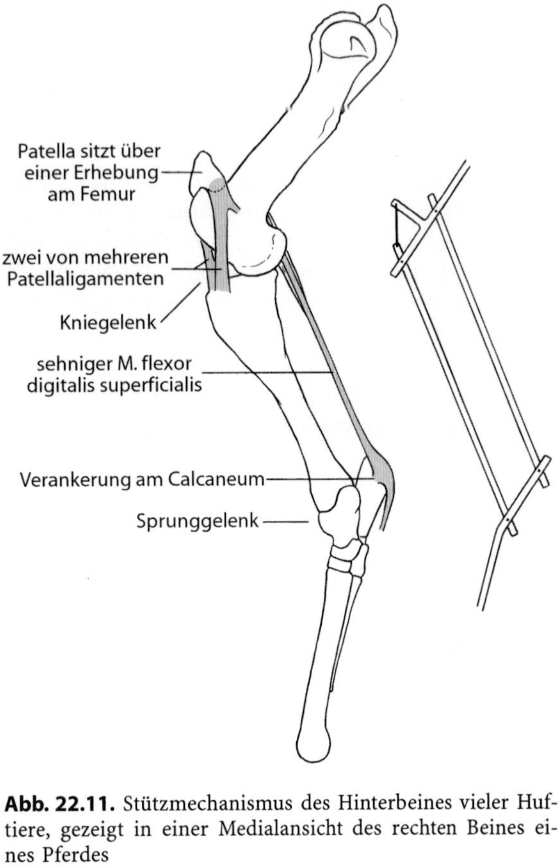


**Abb. 22.11.** Stützmechanismus des Hinterbeines vieler Huftiere, gezeigt in einer Medialansicht des rechten Beines eines Pferdes

einfach und willkürlich kontrolliert ist. Die Tibia einerseits und der beinahe vollkommen sehnige, oberflächliche Flexor des Fingers (oder der Finger) andererseits bilden die langen Arme eines Parallelogramms, das oben durch das distale Ende des Femurs und unten durch die Ferse und andere Fußwurzelknochen vervollständigt wird (Abb. 22.11). Alle Winkel in diesem Parallelogramm müssen sich gleichzeitig verändern. Das Knie- und das Sprunggelenk können sich nicht unabhängig voneinander beugen, und wenn einer der Winkel daran gehindert wird, sich zu verändern, bleibt das gesamte System fest. Dies wird durch einen Verschlussmechanismus am Knie gewährleistet. Der Wulst, der die Kniescheibengrube auf der medialen Seite flankiert, ist vergrößert und endet proximal in einer Erhebung. Die Patella ist mit der Tibia durch mehrere starke Ligamente verbunden, die nur erlauben, dass die Patella vom M. quadriceps hinter diese Erhebung gezogen wird, wenn das Gelenk gestreckt wird. Wenn die Patella hinter dieser Erhebung sitzt, verhindern die Ligamente eine Beugung des Gelenks. Die Patella muss seitwärts und nach unten in die Kniescheibengrube gezogen werden, bevor das Bein gebeugt werden kann.

Diese Stützmechanismen sind typisch. Eine ganze Reihe anderer sind bekannt (manche, die sich auf spezifische Anpassungen beziehen, werden in den folgenden Kapiteln beschrieben), und ohne Zweifel gibt es noch mehr Mechanismen, die noch zu identifizieren sind.

## 22.4 Mechanik der Bewegung

### 22.4.1 Geschwindigkeiten und Hebelarme

Bewegung ist eine Positionsänderung. Schnelligkeit ist die Rate der Positionsänderung in unterschiedlichen Richtungen. **Geschwindigkeit** (**v**) ist Schnelligkeit in einer gegebenen Richtung. Man sagt, ein Tier kann mit einer bestimmten Schnelligkeit schwimmen oder laufen, weil es sich in jede Richtung bewegen kann. Bei Muskeln und Knochen dagegen sagt man, dass sie bestimmte Geschwindigkeiten erreichen, weil ihre Bewegungsrichtungen relativ zu den assoziierten Strukturen immer eingeschränkt sind. Geschwindigkeit wird in Zentimeter pro Sekunde oder entsprechenden Einheiten ausgedrückt, die Richtung ist entweder angegeben oder angedeutet. Geschwindigkeit, ähnlich wie Kraft, ist deshalb eine Vektorgröße und kann durch einen Pfeil repräsentiert werden (s. S. 457).

Parallelogramme können nicht nur zur Addition verschiedener, miteinander wirkender Kräfte, sondern auch zur Addition verschiedener, konstanter oder momentaner Geschwindigkeiten, die miteinander wirken, gezeichnet werden. Wenn eine Person gerade vom Flussufer wegschwimmt, wirken ihre Geschwindigkeit relativ zum Wasser und die Geschwindigkeit der Strömung relativ zum Ufer zusammen und bewegen sie diagonal stromabwärts mit einem Betrag, der beide Geschwindigkeiten alleine übertrifft. Wenn in einem ähnlichen Beispiel das distale Ende des Humerus eines laufenden Tieres mit einer Momentangeschwindigkeit $\mathbf{v}_1$ an der Scapula gestreckt wird (Abb. 22.12 a), sobald sich der Körper relativ zum Boden mit einer Geschwindigkeit $\mathbf{v}_2$ bewegt, dann ist $\mathbf{R}$ ($\mathbf{v}_R$), die Diagonale des Parallelogramms, die resultierende Geschwindigkeit des distalen Endes des Humerus relativ zum Boden.

Entsprechend kann eine Geschwindigkeit in Komponenten zerlegt werden. Durch die Konstruktion eines Rechtecks der Geschwindigkeiten werden, wie bei Kräften, für eine brauchbare Anwendung die Komponenten im rechten Winkel zueinander festgelegt (siehe das Gleiten eines Zwergdornschwanzhörnchens in Abb. 22.12 b).

Es ist oft nützlich, Kräfte (oder Drehmomente) zu kombinieren, die unabhängig voneinander auf den gleichen Hebel wirken. Zwei Muskeln können stärker ziehen als einer. Geschwindigkeiten dagegen können nicht unabhängig voneinander auf verschiedene Teile des gleichen Hebels ausgeübt werden. Wenn man von der Trägheit des Systems absieht (was eine zu starke Vereinfachung sein kann), können zwei Muskeln nicht schneller ziehen als einer. Die Geschwindigkeit an einem Punkt eines Hebels wird nur durch die Distanz vom Drehpunkt und die Winkelgeschwindigkeit oder die Geschwindigkeit der Hebeldrehung als Einheit bestimmt. Bei gerin-

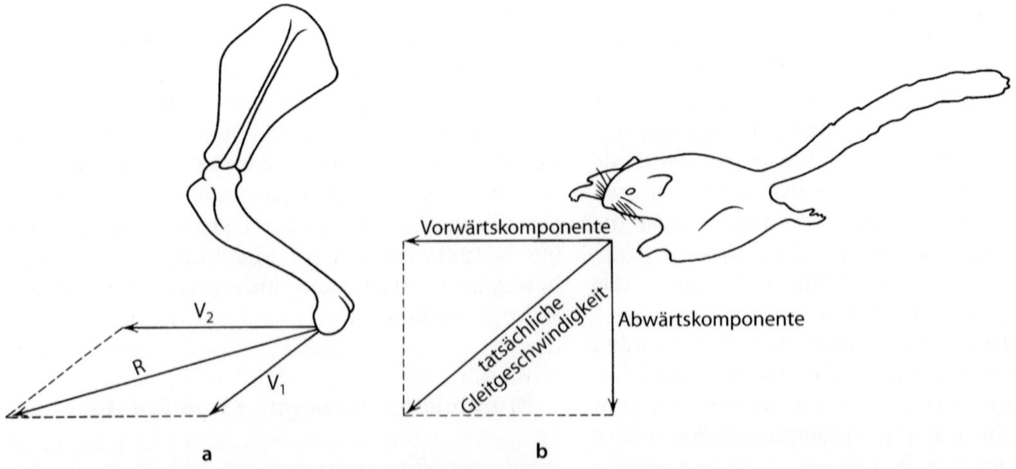


**Abb. 22.12 a, b.** Die Berechnung der Resultierenden und Komponenten der Geschwindigkeiten

gen Lasten werden die relativen Geschwindigkeiten verschiedener Ansatzstellen, die zusammen auf einen knöchernen Hebel wirken, hauptsächlich durch ihre Lage und nicht durch eigene Unterschiede in der Verkürzungsgeschwindigkeit der beteiligten Muskeln bestimmt. (Man erinnere sich jedoch, dass die Verkürzungsgeschwindigkeit mit zunehmender Last abnimmt und eine Verkürzung eines Hebelarms des Muskels seine Last erhöht.)

Wir haben gelernt, dass die Wirkung von Kraft und Last auf ihre entsprechenden Hebelarme durch die Formel $\mathbf{F_i l_i = F_o l_o}$ ausgedrückt wird. Deshalb ist $\mathbf{F_i = F_o l_o / l_i}$ und $\mathbf{F_o = F_i l_i / l_o}$. Die ausgeleitete Kraft nimmt mit zunehmender Länge des Kraftarms zu, mit zunehmender Länge des Lastarms aber ab: Ein Grabtier benötigt einen langen Ellbogen und einen kurzen Unterarm. Aus dem vorherigen Absatz folgt, dass die **Geschwindigkeit des Angriffspunktes der eingeleiteten Kraft** (*in-velocity*) und die **Geschwindigkeit des Angriffspunktes der ausgeleiteten Kraft** (*out-velocity*) ($\mathbf{v_i}$ und $\mathbf{v_o}$) ebenfalls von ihren entsprechenden Hebelarmen abhängen, aber in einer umgekehrten Beziehung: $\mathbf{v_i l_o = v_o l_i}$, so dass $\mathbf{v_i = v_o l_i / l_o}$ und $\mathbf{v_o = v_i l_o / l_i}$. Um hohe Geschwindigkeit am Fuß zu erreichen, sollte der Ellbogen kurz und der Unterarm lang sein (Abb. 22.4). Der gleiche Hebel kann nicht die Kraft **und** die Geschwindigkeit des gleichen Muskels vergrößern. Das Problem, einem Tier sowohl langsame als auch schnelle „Gangarten" zu verleihen, wird auf S. 494 und im Exkurs 24.1 diskutiert. (Die optimale Struktur wird nicht nur durch diese mechanischen Faktoren, sondern auch durch damit in Verbindung stehende physiologische Faktoren bestimmt.)

Oft möchte man die Schnelligkeit eines Tieres als Einheit kennen. Es kann auch nützlich sein, die maximale Geschwindigkeit eines Körperteils (z.B. des Massenzentrums eines Springers beim Absprung) oder die Geschwindigkeit zu einem bestimmten Zeitpunkt (z.B. des Fußes eines Lauftieres beim Aufsetzen auf den Boden) zu kennen, aber die Körperteile sich bewegender Tiere erreichen selten konstante Geschwindigkeiten, und mittlere Geschwindigkeiten sind oft nicht nützlich. Deshalb müssen andere Variable ebenfalls betrachtet werden.

## 22.4.2 Masse und Beschleunigung

Objekte bleiben in Ruhe oder in gleichförmiger Bewegung, wenn nicht äußere Kräfte einwirken. (Dies ist Newtons erstes Gesetz.) Sie neigen dazu, in Ruhe oder in Bewegung mit konstanter Geschwindigkeit zu verbleiben. Diese Tendenz wird **Trägheit** genannt. Sie wird nicht numerisch ausgedrückt, aber die Erfahrung lehrt uns, dass schwere Objekte eine höhere Trägheit haben als leichte Objekte. Tatsächlich ist der kritische Faktor nicht das Gewicht, das durch den Einfluss der Schwerkraft bestimmt wird, sondern die **Masse** (*m*), die eine Quantität von Materie repräsentiert und im Weltraum wie auf der Erde gleich ist. Vertebraten leben auf der Erde, wo Masse durch Wiegen gemessen wird, so dass die Unterscheidung von Masse und Gewicht praktisch unwichtig ist. Dennoch sollte man das Konzept der Masse benutzen.

Die Fähigkeit eines Objekts, in einer geraden Linie einen Widerstand zu überwinden, wird **Bewegungsgröße** (*linear momentum*; *M*) genannt und entspricht $m\mathbf{v}$. Die Bewegungsgröße bleibt erhalten. Wenn ein System an Bewegungsgröße verliert, gewinnt ein anderes System eine gleich große Bewegungsgröße. Wenn also ein Vogel auf eine Sitzstange fliegt, wird die Bewegungsgröße, die der Vogel verliert, durch die Sitzstange gewonnen. Diese Bewegungsgröße kann dazu führen, dass die Sitzstange schwankt.

Die Beziehung von Masse (*m*) zu Kraft (**F**) und Geschwindigkeitsänderung pro Zeiteinheit oder der Beschleunigung (*a*) wird durch Newtons zweites Gesetz festgelegt und ist ganz einfach $\mathbf{F}=ma$, wenn die entsprechenden Einheiten gewählt werden. Beschleunigung wird in Zentimeter pro Sekunde im Quadrat oder in entsprechenden Einheiten angegeben, und steht offensichtlich mit Geschwindigkeit (**v**), Zeit (*t*) und Distanz (*s*) in Beziehung. Wenn ein Objekt zum Zeitpunkt der äußeren Einwirkung in Ruhe ist, dann lauten die grundlegenden Beziehungen $\mathbf{v}=at$, $s=\mathbf{v}t$ und $\mathbf{F}t=m\mathbf{v}$. Andere Gleichungen können durch Ersetzen abgeleitet werden. Wenn ein Objekt zum Zeitpunkt der äußeren Einwirkung bereits in Bewegung ist, müssen die Gleichungen etwas verändert werden. Die Ableitungen und Interpretationen können in Lehrbüchern über elementare Mechanik nachgelesen werden.

Diese Beziehungen zeigen, dass ein Objekt leicht sein sollte, wenn es schnell beschleunigt oder abgebremst werden muss (z. B. der Körper eines Vogels beim Start oder die Zunge eines Chamäleons bei der Nahrungsaufnahme), um zu starke Kräfte zu vermeiden. Wenn ein Objekt schwer ist (der Körper eines Elefanten), wird entsprechend mehr Zeit benötigt, um eine Maximalgeschwindigkeit zu erreichen. Eine größere Geschwindigkeit wird erreicht, wenn eine Kraft auf ein Objekt für eine relativ lange Zeit einwirkt (ein Grund für die sehr langen Hinterbeine der springenden Frösche und Koboldmakis).

Diese Formeln und Beispiele gelten nur für geradlinige Bewegung. Da Tiere und ihre beweglichen Körperteile sich oft nicht in geraden Linien bewegen, müssen noch andere Faktoren berücksichtigt werden.

### 22.4.3 Krummlinige Bewegung und Rotation

Wenn ein Vierbeiner springt oder beim Laufen kurzfristig alle Füße vom Boden hebt oder ein Vogel seine Flügel während des Flugs für einen Moment einfaltet, dann neigt sein Massenzentrum (wenn man von dem Windwiderstand absieht) dazu, sich mit der ursprünglichen Richtung und Geschwindigkeit weiter zu bewegen (entsprechend Newtons erstem Gesetz). Gleichzeitig wird er aber durch die Schwerkraft in eine andere Richtung beschleunigt. Eine Komponente seiner Bewegung, nämlich die Fallgeschwindigkeit, ist nicht konstant. Deshalb ist die resultierende Bewegung nicht geradlinig. Während er nicht unterstützt wird, bewegt sich ein springender Körper als Ganzes auf einer Parabelbahn, egal wie sich seine Extremitäten bewegen.

Wenn ein rennendes Tier scharf seine Richtung ändert, verändert sich auch seine Geschwindigkeit, obwohl die Schnelligkeit konstant bleiben kann (weil die Geschwindigkeit sowohl Größe als auch Richtung hat). Es tritt dann eine seitliche oder zentrifugale Kraft aus der Kurvenkrümmung auf, die durch eine einwärts gerichtete, zentripetale Kraft ausgeglichen werden muss, um ein Ausrutschen zu verhindern.

Dies sind Beispiele für krummlinige Bewegung. Solche Bewegungen treten vor allem beim Springen, Ausweichen, Abbiegen im Flug und beim Werfen auf und werden in den folgenden Kapiteln weiter besprochen.

Da Vertebraten keine Räder haben, nutzen sie bewegliche Körperteile (Beine, Flossen) zur Stütze und zum Vortrieb. Solche Körperteile können als Teile eines Rades betrachtet werden, die ununterbrochen ihre Rotationsrichtung umkehren. Dies ist nicht effektiv, weil die Extremitäten ununterbrochen beschleunigt und abgebremst werden müssen. Oszillierende Körperteile haben aber den Vorteil der Flexibilität: Die funktionelle Länge und die Oszillationsperiode eines Beines kann willkürlich verändert und so einem unebenen Untergrund oder der Steigung des Terrains angepasst werden.

Drehende Räder und die oszillierenden Hebel sich bewegender Tiere rotieren um Achsen; die Mechanik von Rotationsbewegung findet also ihre Anwendung. Man betrachte ein gestrecktes Bein, das während der Standphase eines Laufzyklus schnell an der Hüfte oder der Schulter gedreht wird. Seine **Winkelgeschwindigkeit** ($\omega$) ist ein Maß für die Rotation und meint die Winkelgrade, um die pro Zeiteinheit gedreht wird. Seine **Winkelbeschleunigung** ($a$) ist ein Maß für die Veränderung der Winkelgeschwindigkeit. Sein **Massenträgheitsmoment** ($l$), das der Masse bei geradliniger Bewegung entspricht, ist ein Widerstandswert des Beins gegenüber Beschleunigung. Dies entspricht der Masse ($m$) des Beines multipliziert mit dem Quadrat einer Konstanten ($k$), die Drehradius genannt wird und deren Wert der Massenverteilung des Beines entspricht. Der Wert ist für längere Beine größer als für kurze und für Beine, die distal schwerer sind, größer als für Beine, die proximal schwerer sind. Das Moment ($\tau$) des Beines ist $la$. Der **Drall** ($L$) entspricht $l\omega$ und, wie die Bewegungsgröße, geht er nicht verloren. Durch Beugung eines Beines oder der Wirbelsäule oder des Schwanzes, welche die Masse näher an der Rotationsachse konzentriert, werden $k$ und dadurch auch $l$ vermindert. Da $L$ sich nicht verändert, wird $\omega$ größer. Menschliche Turmspringer und Turner lernen, dadurch ihre Körperdrehung zu kontrollieren. Katzen, Springmäuse und Gibbons machen es ganz ähnlich.

Komplizierende Faktoren machen es extrem schwierig, diese und ähnliche Formeln bei der quantitativen Analyse tatsächlicher Tierbewegungen anzuwenden: Miteinander artikulierende Körperabschnitte rotieren oft zur gleichen Zeit, zu der sie sich auch als Einheit bewegen, um unabhängige Achsen. Jeder Abschnitt hat dann für jede Variable seine eigenen Werte und die Werte der Variablen für das Gesamttier verändern sich unaufhörlich. Außerdem kann ein Abschnitt gleichzeitig um mehr als eine Achse rotieren (z. B. Extension mit Supination oder Flexion mit Adduktion).

Im Allgemeinen erleichtert aber das Studium der Formeln $l=mk^2$, $\tau=la$, und $L=l\omega$ die Interpretation vieler morphologischer Anpassungen. Man sieht, dass die Masse und die Massenverteilung einer oszillierenden Struktur kritisch für ihre Funktion sind, es sei denn, dass der Körperteil wenig Masse hat (Beine und Kiefer von sehr kleinen Vierbeinern) oder sich langsam bewegt (Beine des Faultieres) oder wenn der Körperteil den äußeren Widerstand, der viel größer ist als der Widerstand, der durch seine eigene Masse geboten wird, überwindet (Vorderbein eines grabenden Säugetieres). Wenn sich eine oszillierende Struktur schnell bewegt, dann sollten die Muskeln, die sie bewegen, wegen ihres Gewichtes nicht an dem Teil der Struktur liegen, der sich am schnellsten bewegt (der distale Teil des Beines oder des Flügels). Stattdessen sollten sie ihre Kräfte über Hebel oder lange Sehnen von der Region mit relativ langsamer Bewegung übermitteln (Schulter der Antilope, Brust des Vogels). Kräfte können reduziert und Winkelgeschwindigkeiten können erhöht werden, wenn die distalen Teile oszillierender Strukturen leicht und schlank sind. Sehr große Tiere verhindern solche Oszillationen, wann immer sie können (z. B. Beugung und Streckung der Wirbelsäule).

## 22.5 Freikörperdiagramme

Für das Lösen von Problemen der funktionellen Morphologie ist es oft hilfreich, ein **Freikörperdiagramm** („freigemachter Körper“) zu benutzen. Man isoliert das untersuchte System, lokalisiert sein Massenzentrum, misst alle äußeren Kräfte, die auf das System einwirken, zeichnet dann das System und stellt alle Kräfte durch Vektoren dar (Abb. 22.13). Es gibt maximal sechs äußere Kräfte: eine Translationskraft in jeder Ebene des Raums (die das gesamte System meist als Einheit bewegt) und eine Rotations-

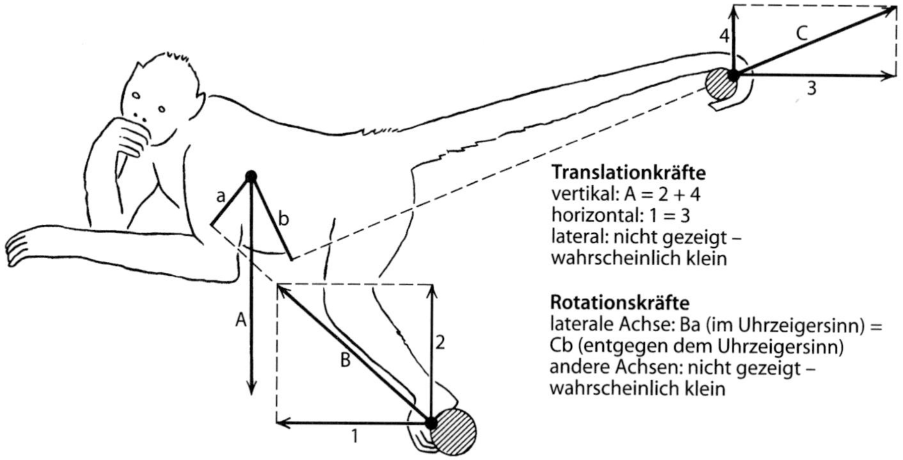


**Abb. 22.13.** Freikörperdiagramm eines Affen im Gleichgewicht. A, B und C sind äußere Kräfte, die auf das Tier einwirken; 1 bis 4 sind Komponenten dieser Kräfte; a und b sind die Hebelarme der Kräfte, die den Körper um sein Massenzentrum drehen

kraft um jede Achse im Raum (die das System um sein Massenzentrum bewegt). Wenn das System in Ruhe ist, muss die Summe aller translatorischen Kräfte Null sein und entsprechend muss auch die Summe aller Rotationskräfte Null sein. Dies ist ein sehr wirkungsvolles Werkzeug, um zu untersuchen, ob alle Kräfte identifiziert wurden und ob keine überrepräsentiert wurde.

Die isolierte mechanische Einheit muss nicht ein ganzes Tier sein, wie in dem gezeigten Beispiel, sondern kann stattdessen ein Bein oder ein Beinabschnitt, ein Kiefer, ein Zahn oder ein anderer morphologischer Komplex sein. Man kann auch, wenn die Variablen identifiziert und gemessen werden können, ein dynamisches Freikörperdiagramm eines sich bewegenden Systems zu einem bestimmten Zeitpunkt konstruieren (z. B. für einen menschlichen Turmspringer). Dies ist allerdings eine schwierigere Aufgabe.

## Literatur


Alexander RMcN (1983) Animal mechanics, 2nd edn. Blackwell Scientific, Boston

Altringam JD (1994) How do fish use their myotomal muscles to swim? In vitro simulations of in vivo activity patterns In: Maddock L, Bone Q, Rayner JMV (eds) Symposium on mechanics and physiology of animal swimming. Cambridge Univ Press, New York, pp 99–110

Altringam JD, Ellerby DJ (2000) Fish swimming: Patterns in muscle function. J Exp Biol 202:3397–3403. Gute Übersicht über bisherige Untersuchungen darüber, wie Muskeln Schwimmbewegungen bei Fischen antreiben; künftige Forschungsrichtungen werden vorgeschlagen

Assmann B (2002) Technische Mechanik. 3 Bde. Oldenbourg, München

Biewener AA (1998) Muscle function in vivo: A comparison of muscles used for elastic energy savings versus muscles used to generate mechanical power. Am Zool 38:703–717

Dempster WT, Duddles RA (1964) Tooth statics: Equilibrium of a free-body. J Am Dental Assoc 68:652–666. Erklärung und Anwendung des Gebrauchs von Freikörperdiagrammen

Frohlich C (1980) The physics of somersaulting and twisting. Sci Am 242:155–164

Girgenrath M, Marsh RL (1999) Power output of sound-producing muscles in the tree frogs *Hyla versicolor* and *Hyla chrysoscelis*. J Exp Biol 202:3225–3237

Hill AV (1950) The dimensions of animals and their muscular dynamic. Sci Prog 38 (150):209–230

Kreighbaum E, Barthels KM (1996) Biomechanics: A qualitative approach for studying human movement, 4th edn. Burgess, Minneapolis

Kummer B (1959) Bauprinzipien des Säugerskelettes. Thieme, Stuttgart. Stützmechanik des statischen Skeletts mit Hauptaugenmerk auf Wirbelsäule und Femur

Marsh RL (2000) How muscles deal with real-world loads: The influence of length trajectory on muscle performance. J Exp Biol 202:3377–3385. Durchdachte Diskussion der Komplexitäten, auf die man stößt, wenn Muskellänge und Umweltlasten (Widerstand) in Muskelleistung eingehen (oder nicht)

Preuschoft H, Christian A (1999) Statik und Dynamik bei Tetrapoden. In: Gansloßer U (Hrsg) Spitzenleistungen – was Tiere alles können. Filander, Fürth

Slijper EJ (1946) Comparative biologic-anatomical investigations on the vertebral column and spinal musculature of mammals. Akad van Wetenschappen, Afd Natuurkunde, Tweede sectie 42(5)

Swartz SM (1993) Biomechanics of primate limbs. In: Gebo DL (ed) Postcranial adaptation in nonhuman primates. N Illinois Univ Press, DeKalb

Tricker RAR, Tricker BJK (1967) The science of movement. American Elsevier, New York. Einfache Vorstellung von Prinzipien der Mechanik, die auf Athleten angewandt werden

# 23 Form, Funktion und Körpergröße

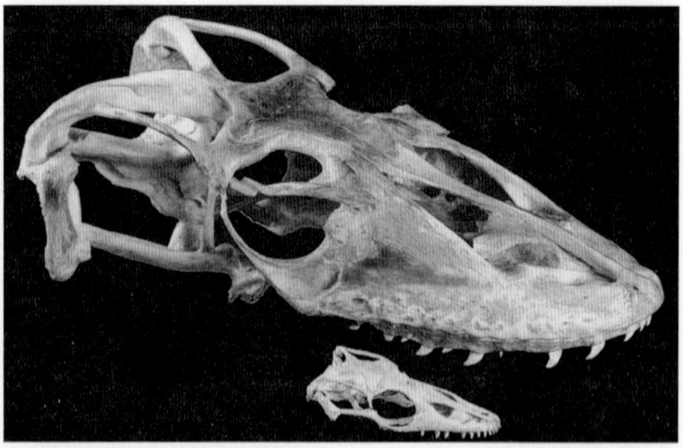

Das größte Landwirbeltier ist ungefähr eine Million Mal schwerer als das kleinste, und Vertreter der gleichen Wirbeltierfamilie variieren in ihrer Körpergröße häufig um eine Größenordnung. Ganz offensichtlich haben Tiere mit sehr verschiedenen Körpergrößen unterschiedliche Anforderungen an Unterkunft, Nahrung und Schutz, obwohl sie miteinander verwandt sind: Der winzige Pudu kann nicht einen Meter unter der Wasseroberfläche grasen wie ein Elch. Der frisch geschlüpfte Waran kann sich verstecken, wo der drei Meter lange Adulte es nicht kann und es auch nicht braucht. Manchmal ist es weniger offensichtlich, dass Größe auch einen starken Einfluss auf Form und Funktion hat. Dies liegt darin begründet, dass Oberfläche und Volumen nicht in dem Maße ansteigen wie lineare Dimensionen, und viele Körperfunktionen hängen von dem Verhältnis von Oberfläche zu Volumen ab. Der **Maßstab** (*scaling*) ist die Beziehung von Körperproportionen und Körpergröße bei miteinander verwandten und ähnlich geformten Tieren.

## 23.1 Proportionales Wachstum und Oberflächen-zu-Volumen-Verhältnis

Betrachten wir zunächst den einfachsten Fall: wenn ein Tier oder eine ganze Stammeslinie größer wird, ist das gesamte Wachstum **isometrisch** (also gleichmäßig). Die großen und kleinen Tiere haben dann eine **geometrische Ähnlichkeit**. Das kleine Tier wird dem großen durch eine Multiplikation aller linearer Dimensionen mit dem gleichen Faktor gleichgemacht. Man betrachtet praktisch eine photographische Vergrößerung des anderen Tiers (Abb. 23.1). Um dies weiter zu vereinfachen, soll unser kleines Tier durch den schattierten Kubus in Abb. 23.2 repräsentiert werden.

Wenn jede seiner Kanten eine Länge von einer Einheit (z.B. 1 cm) hat, dann hat jede Seite eine Oberfläche von $1 \cdot 1$ Einheit$^2$ und da der Kubus sechs Seiten hat, ist seine Gesamtoberfläche $1 \cdot 1 \cdot 6 = 6$ Einheiten$^2$. Sein Volumen ist $1 \cdot 1 \cdot 1 = 1$ Einheit$^3$. Das wichtige Verhältnis von Oberfläche zu Volumen ist 6:1. Der größere Kubus in Abb. 23.2, der die doppelte lineare Größe ($L$) hat, hat eine Oberfläche ($O$) von $2 \cdot 2 \cdot 6 = 24$ Einheiten$^2$, ein Volumen $V$ von $2 \cdot 2 \cdot 2 = 8$ Einheiten$^3$ und ein reduziertes Verhältnis $O:V$ wie 3:1. Ähnlich ist es, wenn $L$ fünfmal größer wird (vergleiche eine Hauskatze mit einem Löwen), dann hat $O$ bis zu 150 Einheiten$^2$, $V$ springt auf 125 Einheiten$^3$, und das Verhältnis von $O:V$ fällt auf 1,2:1. Wenn $L$ zehnmal größer wird, wird $O$ 600 Einheiten$^2$, $V$ 1000 Einheiten$^3$, und $O:V$ ist lediglich 0,6 : 1. Sogar noch erheblichere Größenschwankungen sind relevant. Das Gewicht verschiedener Warane (die eine ungefähre, aber keine exakte geometrische Ähnlichkeit haben) schwankt ungefähr um den Faktor 100000 (das Eingangsphoto zu diesem Kapitel illustriert diesen Bereich zum Teil).

Man muss bei Tieren weniger präzise sein als bei gleichförmigen Kuben. Menschliche Schwim-

---

*Oben:* Schädel zweier Vertreter einer Gattung: Komodo-Waran und Mangrovenwaran

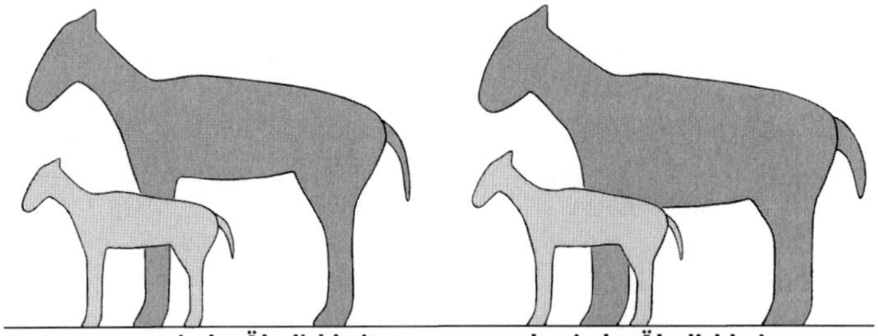


**Abb. 23.1.** Zwei Arten von maßstäblicher Zunahme der Körpergröße

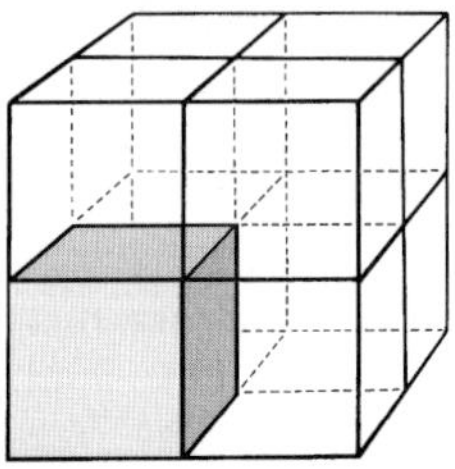

**Abb. 23.2.** Würfel, welche die Beziehung zwischen Oberfläche und Volumen bei steigender Größe zeigen

mer lernen, dass $V$ nicht nur mit $L$ variiert, sondern auch mit Fett- und Knochengehalt (manche schwimmen, andere nicht), und das Verhältnis $O:V$ variiert mit der Körperform. Es ist für schlanke Tiere mit langen Extremitäten (Klammeraffe) höher als für kompakte Tiere der gleichen Größe (Zwergschwein). Für Tiere werden die Beziehungen besser mit dem Zeichen $\sim$ repräsentiert (das bedeutet ähnlich oder proportional) als mit dem =Zeichen. Im Allgemeinen entspricht $V \sim L^3$ und $O \sim L^2$.

Die Folgen dieser Beziehungen sind sehr weitreichend für das Design und die Funktion der Vertebraten. Ein Säugetier produziert Stoffwechselwärme proportional zur Anzahl der aktiven Zellen in seinem Körper und damit proportional zu seinem Volumen. Der Wärmeverlust ist stattdessen proportional zur Gesamtoberfläche. Wenn dies nicht kompensiert wird (durch Isolierung, Aktivität, Stoffwechselrate usw.), können kleine Säugetiere also Schwierigkeiten haben, warm zu bleiben, und größere, die geringe $O:V$ Verhältnisse haben, können Schwierigkeiten haben, kühl zu bleiben. (Wir kommen auf diesem Punkt im Exkurs 23.1 zurück.) Weitere Beispiele sind folgende: Die Kräfte, die Muskeln ausüben können, und die Lasten, die Knochen tragen können, sind ungefähr proportional zu ihrer Querschnittsfläche (eine Oberflächendimension) (s. S. 201). Dennoch bewegen und stützen Muskeln und Knochen die Masse des Körpers. Da Körperdimensionen isometrisch mit einem Faktor $\chi$ größer werden, übertreffen die Lasten auf dem muskuloskelettalen System die Festigkeit mit einem Faktor von $\chi^3:\chi^2=\chi$. Wenn Form und Funktion nicht modifiziert werden (wie es unten für Elefanten und andere Giganten beschrieben und illustriert wird), verliert der Körper die Fähigkeit für Stützung und Bewegung. Ganz ähnlich wird Sauerstoff durch Oberflächen absorbiert, aber durch das gesamte Körpervolumen verbraucht. Grobe Nahrung wird durch die Oberflächen der Zähne zermahlen und über die Oberfläche des Darms absorbiert, ernährt aber den ganzen Körper. Die Flügeloberfläche eines Fliegers muss sein gesamtes Gewicht tragen. Eine geometrische Ähnlichkeit wird während der Ontogenie und der Evolution von Stammeslinien oft beobachtet, vorausgesetzt, dass die Größenunterschiede mäßig bleiben. Letztendlich müssen aber bei zunehmender Größe Anpassungen in Form und Funktion vorgenommen werden, um die Körperstützung und die metabolischen Anforderungen aufrechtzuerhalten.

## 23.2 Nichtproportionales Wachstum

Ein Weg, sich an Größenzunahme anzupassen, ist eine Reduktion des Bedarfs an oberflächenabhängigen Funktionen. Die Raten des Gasaustausches in den Lungen, der Resorption im Darm und der Exkretion aus der Niere hängen alle von der Stoffwechselrate ab. Es ist deshalb nicht überraschend, dass der Grundumsatz der Vertebraten nicht isometrisch verändert, sondern mit zunehmender Körpergröße verringert wird. Er ist ungefähr proportional zum Körpergewicht$^{3/4}$.

Große Tiere passen sich durch morphologische Modifikationen an, welche die Oberfläche unproportional vergrößern, so dass sie mit dem Volumen Schritt halten können, wenn die Gesamtgröße zunimmt. Stoffwechselendprodukte werden in den oberflächlichen Schichten oder im Cortex der Säugerniere aus dem Blutstrom entfernt. Um genügend Abfallprodukte entfernen zu können, wird ein entsprechend grosser Cortex dadurch gebildet, dass die Nieren großer Säugetiere aus Gruppen kleiner glatter Nieren zusammengesetzt sind. Ähnlich liegt die graue Substanz des Telencephalons der Säugetiere (wo Neurone und Synapsen konzentriert sind) an der Oberfläche dieses Organs. Um ausreichend graue Substanz zu haben, haben große Säuger ein stark aufgewundenes Telencephalon. Die occlusalen Oberflächen der Backenzähne großer Pflanzenfresser sind unproportional groß und haben besonders komplizierte Auffaltungen des Schmelzes.

Wir haben gesehen, dass die geometrische Ähnlichkeit des Stützsystems nicht über einen weiten Bereich von Körpergrößen aufrechterhalten werden kann; die Knochen und Muskeln größerer Tiere würden unter ihren schweren Lasten versagen. Dies könnte verhindert werden, wenn die unterstützenden Glieder proportional zu ihren Lasten vergrößert würden (Abb. 23.1). Solche Tiere hätten eine **elastische Ähnlichkeit** (ein Prinzip, das von McMahon entwickelt wurde). Einige der benötigten Beziehungen werden $L \sim M^{1/4}$, die Durchmesser von Beinen und Knochen $\sim M^{3/8}$ und die maximale Muskelkraft $\sim M^{7/8}$. (Die Ableitung dieser Proportionalitäten ist zu komplex, um sie hier darzustellen. Siehe die Zusammenfassung bei Alexander 1985 und die Quellen, die er zitiert.) Dieses Prinzip zeigt auch eine Obergrenze für Körpergröße an. Sehr große Tiere hätten so dicke Beine, dass die Bewegung an ihren Gelenken eingeschränkt wäre. Als ein Konstruktionsprinzip unterliegt die elastische Ähnlichkeit einer gewissen Kritik, da sie sich auf statische Zustände bezieht, während Belastungen (und die Struktur, die man für deren Unterstützung braucht) während der Aktivität viel größer sind.

Die Dimensionen der Knochen brauchen sich nicht auf Grund eines einzigen Prinzips anzupassen: bei manchen Gruppen von Säugetieren behält die Breite der lumbalen Wirbelzentren eine geometrische Ähnlichkeit, während ihre Höhe eine elastische Ähnlichkeit hat. Außerdem, und das ist sehr wichtig, passen viele Gruppen von Säugetieren die Skelettdimensionen nur wenig an, um eine große Körpergröße zu kompensieren. Stattdessen passen sie die Spitzenkräfte, die auf das Skelett wirken, an. Dies führt zu einem Verlust von Beweglichkeit, wie er bei großen Wirbeltieren beobachtet wird. Sie haben nicht einfach Skelette, die eine geometrische Ähnlichkeit (zu schwach) oder eine elastische Ähnlichkeit (zu lästig) mit Skeletten kleinerer Verwandter haben. Sie modifizieren ihre Körperhaltung und Aktivitäten (wie es von Biewener 1989 beschrieben wird), um Sicherheitsfaktoren (meistens zwischen zwei und vier), die ähnlich wie bei kleineren Tieren sind, sicherzustellen. Dies nennt man eine **dynamische Deformationsähnlichkeit** oder **Beanspruchungsähnlichkeit**.

Eine **kinematische Ähnlichkeit** bezieht sich auch auf die Bewegung: Bewegungen kleiner Tiere werden denen großer Tiere ähnlich, wenn man die linearen Abmessungen der Beine und anderer oszillierender Teile mit einer Konstanten und Zeitfaktoren mit einer anderen Konstanten multipliziert. Wenn daher Beine länger werden, werden ihre Oszillationsperioden langsamer und die Gelenkswinkel, die von den bewegten Teilen beschrieben werden, bleiben die gleichen.

Offensichtlich stehen Form, Funktion und Größe nicht nur durch ein Prinzip miteinander in Beziehung. Die Untersuchung der Alternativen gibt einen Einblick in die Faktoren, zwischen denen die Natur versucht, einen Kompromiss zu finden.

## 23.3 Allometrie

Unproportionales Wachstum kann auch **allometrisch** genannt werden. In der Praxis weiß man

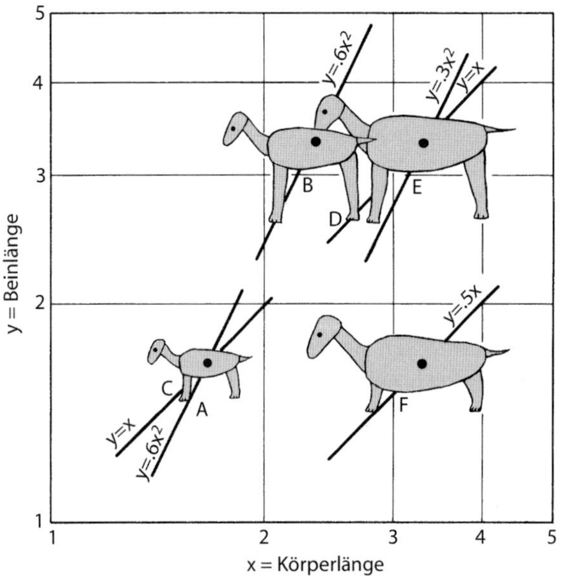


**Abb. 23.3.** Beziehung zwischen Körpergröße und Körperproportionen, gezeigt durch die graphische Auftragung der Beinlänge gegen die Körperlänge auf logarithmischen Achsen. Jede Regressionslinie repräsentiert viele geplottete Punkte (nicht gezeigt) einer Population. Die Zeichnungen zeigen die Körpergröße und Proportionen von Tieren in der Nähe des Zentrums der entsprechenden Verteilungen

jedoch nicht, ob das relative Wachstum zweier Körperteile isometrisch oder allometrisch ist, bevor eine Analyse erfolgt. Dabei wird eine Methode auf jeden Fall benutzt. Die **Allometrie** ist das Studium der Korrelation zwischen Form und Größe. Es ist die Methode, um die maßstäbliche Veränderung zu analysieren.

Wenn zwei Strukturen unterschiedlich wachsen, dann verändern sich mit der Größe auch die Körperproportionen. Die Allometrie bezieht sich sowohl auf die Ontogenie (Fohlen haben relativ längere Beine als adulte Pferde) als auch auf die Phylogenie (moderne Pferde haben relativ längere Beine als ihre kleineren entfernten Vorfahren). Entweder die veränderte Größe oder die veränderte Form oder beide werden als adaptiv betrachtet, so dass die Allometrie für den Morphologen bei der Interpretation der Struktur wichtig ist.

Wenn die Länge einer Struktur $x$ (z. B. die Beine) gegen die Länge der Struktur $y$ (z. B. die Wirbelsäule) für viele Tiere einer Art aufgetragen wird, verteilen sich die individuellen Datenpunkte im Graphen so, dass eine Regressionslinie oder eine Linie bester Annäherung gezeichnet werden kann, welche die Beziehung zwischen $x$ und $y$ beschreibt. Die Gleichung $y=bx^a$ gibt eine adäquate Anpassung, ist einfach und liefert bei einer logarithmischen Auftragung eine gerade Regressionslinie. Eine Veränderung im Wert $b$ verlagert die Linie parallel zu sich selbst. Eine Veränderung im Wert $a$ verändert die Steigung der Linie. Wenn $x$ und $y$ beide lineare Messungen sind (oder beide Oberflächen oder beide Massen sind), dann ist bei isometrischem relativem Wachstum $a=1$ und die Steigung der Linie ist 45°. Wenn $x$ (aufgetragen auf der Abszisse) langsamer wächst als $y$ (aufgetragen auf der Ordinate), dann ist $a>1$ und die Steigung der Linie ist $>45°$. Wenn $y$ langsamer wächst als $x$, dann ist $a<1$ und die Steigung $<45°$.

In Abb. 23.3 repräsentieren die sechs Regressionsgeraden die allometrischen Gleichungen für sechs Populationen, die sich in Alter oder in ihren Vorfahren unterscheiden. Populationen A und C haben ungefähr die gleiche durchschnittliche Körpergröße und relative Beinlänge, allerdings wachsen in C Beine und Wirbelsäule gleich schnell, während in A die Beine schneller wachsen. Die Analyse zeigt, dass in Hinsicht auf die Evolution die Populationen weniger ähnlich sind, als sie scheinen. Dasselbe gilt für die Populationen D und E. Diese Tiere sind größer als A und C, haben aber die gleichen Proportionen. Die Analyse zeigt jedoch, dass C von E unterschiedlicher ist als von D, weil C und E sich auch in der relativen Wachstumsrate von Beinen und Wirbelsäule unterscheiden. Wie würden Sie die Beziehung zwischen A und B, oder B und C, oder C und F interpretieren?

Im Allgemeinen verändern sich Skelettmuskeln, Blutvolumen, Herz und Lungen der Säugetiere ungefähr isometrisch, während Skelett und Fettgehalt verhältnismäßig mehr, Haut und Hirn verhältnismäßig weniger zur Körpermasse großer Tiere beitragen. Die Beinproportionen verändern sich je nach Funktion unterschiedlich.

23.4
## Miniaturen und Giganten

Kleine Vertebraten verbrauchen ihre Energie schneller, atmen schneller, haben höhere Herzschlagfrequenzen, werden schneller reif und sterben jünger als ihre größeren Vettern. Das Verhältnis zwischen Körpermasse und Energie ist jedoch komplex und es gibt ganz klar selektive Vorteile für kleine Körpergröße, welche die energetischen Nachteile aufwiegen. Sehr kleine Vertebraten können extreme Nischen besetzen und ein bestimmtes Mikroklima, sichere Unterschlupfe und Nahrungsquellen finden, die ansonsten nicht zugänglich sind. In den meisten Fällen unterscheidet sich die Körperform winziger Vertebraten nicht stark von derjenigen verwandter, größerer Tiere.

Miniaturisierung ist bei Teleosteern weit verbreitet. Viele wiegen weniger als 5 g und manche weniger als 0,01 g. Sie haben meist relativ große Kiemen (anscheinend paedomorph, s. S. 81) und große Verhältnisse aus Körperoberfläche zu Masse (erhöhter Wasserwiderstand). Die kleinsten Amphibien sind Apoda, Salamander (bis zu 17 mm Mund-Afterlänge) und Frösche (bis 11 mm). Sie haben Vorteile beim Verstecken, beim Wassersparen, und sie können leichter in Spalten kriechen oder graben. Die kleinsten Reptilien sind 1 g schwere nachtaktive Eidechsen (Geckos).

Kolibris wiegen 2–10 g. Der kleinste andere Vogel wiegt 4 g. Geringe Körpergrößen bei Vögeln können durch die Flügelschlagfrequenz und die Auftriebserzeugung limitiert sein. Die meisten Fledermäuse (mit Ausnahme der fruchtfressenden Fledermäuse) wiegen 5–10 g. Fledermäuse müssen wahrscheinlich klein sein, um den Ultraschall für die Echoortung zu produzieren. Die kleinsten Fledermäuse rufen mit der höchsten Frequenz und ernähren sich von den kleinsten Insekten. Ungefähr 8% der terrestrischen Säugetiere wiegen weniger als 15 g. Die meisten dieser Zwerge sind Spitzmäuse (1,5–6 g) oder Mäuse. Sie kommen meist in tropischen oder subtropischen Regionen vor und ernähren sich von Insekten oder Samen.

Eine Evolutionstendenz zu wachsender Körpergröße hin war unter den Stammeslinien der Vertebraten weit verbreitet, vor allem bei denen, die einen mittelgroßen Vorfahren hatten. Wenn das Körpergewicht eines terrestrischen Tieres ungefähr 900 kg erreicht, werden deutliche Anpassungen der Stützung nötig. Tiere mit solchen Adaptationen werden **graviportal** („schwer tragend") genannt.

Die selektiven Vorteile einer großen Körpergröße umfassen:

- ein scheinbares Fehlen von Raubfeinden (mit Ausnahme des Menschen),
- die Fähigkeit, auf der Suche nach Futter, Wasser, Schutz oder Fortpflanzungsplätzen über große Areale zu wandern,
- die Fähigkeit, Energie langsamer zu verbrauchen und zu produzieren als kleine Tiere, so dass relativ wenig Nahrung pro Einheit Körpergewicht benötigt wird und eine nährstoffarme Nahrung ausreicht,
- ein geringes Oberflächen-zu-Volumen-Verhältnis und eine hohe Kapazität zur Wärmeproduktion, welche die großen Tiere befähigen, sich langsam zu erwärmen und abzukühlen.

Gigantismus ist nicht charakteristisch für Amphibien, aber der größte Labyrinthodontier war untersetzt und ungefähr 4,5 m lang. Es gab bei vielen Stammeslinien der Reptilien Giganten: Eine ausgestorbene marine Echse (ein Mosasaurier) war 10 m lang. Die längsten Schlangen erreichten wahrscheinlich 12 m. Ein Krokodil erreichte ungefähr 13 m und viele Dinosaurier der Ordnung Saurischia waren gigantisch: Längenschätzungen erreichen bis zu 35 m und Gewichtsschätzungen mehr als 80 000 kg.

Vier ausgestorbene Säugetierordnungen (Amblypoda, Embrithopoda, Notoungulata, Astrapotheria) enthalten große Landpflanzenfresser. Das Flusspferd erreicht nur selten 4500 kg. Das rezente indische Nashorn erreicht 4000 kg und ein ausgestorbenes hornloses Nashorn war das größte aller Landsäugetiere. Es hatte eine Schulterhöhe von ungefähr 5 m. Der männliche afrikanische Elefant, der das größte rezente Landtier ist, ist 4 m hoch und wiegt ungefähr 7000 kg. Die menschliche Unersättlichkeit hat den größten aller Vertebraten, den Blauwal, beinahe ausgerottet und es gibt nur noch wenige Exem-

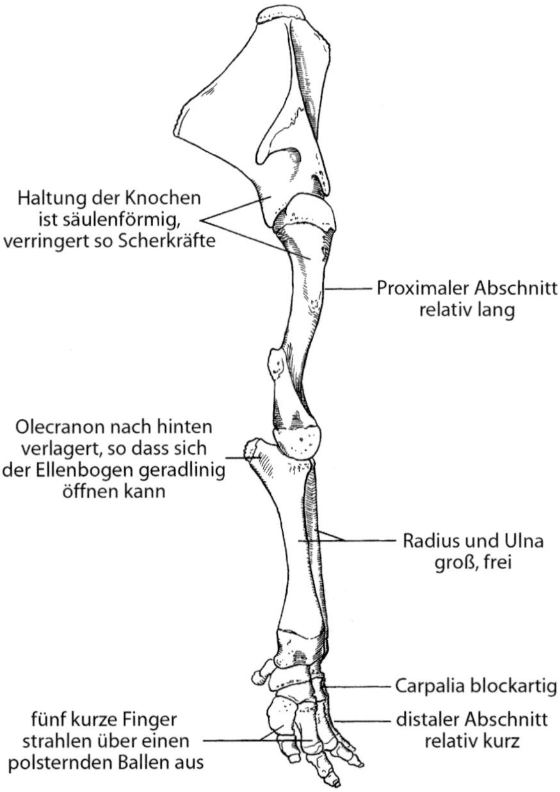


**Abb. 23.4.** Einige graviportale Anpassungen des rechten Vorderbeins eines 12 Jahre alten indischen Elefanten, *Elephas*

plare. Diese großartige Kreatur erreicht 23–30 m Körperlänge. Ein 27 m langes Exemplar wog 136 400 kg.

Die Körper aquatischer Giganten werden ohne Anstrengung durch den Auftrieb getragen. Terrestrische Giganten reduzieren ihre Anforderungen an die Stützung, indem sie unnötige Oszillationen vermeiden (die Wirbelsäule ist meistens steif), indem sie Stöße vermeiden (sie springen oder galoppieren nur selten) und indem sie Anstrengung vermeiden (die Beine werden während der Fortbewegung nur wenig gebeugt). Außerdem reduzieren sie die Anforderungen an ihr Skelett, indem sie die Struktur und die Körperhaltung modifizieren, so dass Druckkräfte, denen mit minimalem Gewebeaufwand widerstanden werden kann, verstärkt und Biegekräfte verringert werden. Die Beinknochen sind vertikal orientiert (Abb. 23.4). Ihre säulenförmigen Schäfte sind gerade und die Gelenkoberflächen liegen in einer Linie mit den Schäften. Der Ellbogenfortsatz ist nach hinten gedreht, so dass das Ellbogengelenk vollständig öffnen kann. Die Köpfe von Humerus und Femur zeigen mehr nach oben als bei kleineren Tetrapoden, und das Acetabulum zeigt mehr nach unten. Sogar die Scapula und das Ilium sind meistens breit und vertikal ausgerichtet. Proximale Beinabschnitte sind lang; distale Abschnitte sind kurz. Radius und Fibula sind groß und frei. Die Füße sind breit. In der Regel werden alle fünf Zehen beibehalten, die ungefähr gleich lang sind, über ein federndes Kissen ausstrahlen und das große Gewicht gleichmäßig verteilen. Diese Abwandlungen verlagern einen Teil der Stützrolle vom Muskel zum Knochen. Schlingen und Halteseile aus Ligament und Modifikationen der Muskelmechanik, die Kraft begünstigen und Geschwindigkeit reduzieren, tragen weiter zur Ökonomie bei.

Zu Spekulationen über manche physiologischen Konsequenzen der Körpergröße großer Dinosaurier, siehe den folgenden Exkurs.

**Exkurs 23.1**

### Die Debatte über den Stoffwechsel der Dinosaurier

Tiere, die ihre Körperwärme hauptsächlich von der äußeren Umgebung aufnehmen, werden ectotherm oder „kaltblütig" genannt. Sie haben relativ niedrige Stoffwechselraten. Ihr Verhalten kann sie etwas aufwärmen (Aktivität, Sonnenbaden), aber ihre Körpertemperatur schwankt mit der Umgebungstemperatur. Sie werden deshalb meistens **poikilotherm** („wechselwarm") genannt. Tiere, die eine höhere Körpertemperatur beibehalten, indem sie relativ hohe Stoffwechselraten gekoppelt mit einer Kontrolle über Wärmeverlust (Isolierung und Schwitzen) haben, sind **endotherm** oder „warmblütig". Ihre Körpertemperatur ist gewöhnlich beinahe konstant. Sie sind meistens **homoeotherm** („ähnlich warm") – meistens, weil es auch andere Möglichkeiten gibt. Ein benthischer Fisch ist sowohl ectotherm als auch homoeotherm. Vögel oder Säugetiere, die saisonale oder tägliche Perioden von Kältestarre durchmachen, sind sowohl endotherm als auch fakultativ poikilotherm. Wo passen die Dinosaurier hinein?

Es wurde lange angenommen, dass Dinosaurier ectotherm wie die meisten Reptilien waren und sich nur langsam bewegten, mit Ausnahme von kurzen Aktivitätsausbrüchen, um Beute zu schlagen oder die Flucht zu ergreifen. Dann argumentierte Robert Bakker (1986), dass Dinosaurier endotherm waren, eine Idee, die vor allem den Illustratoren von Dinosaurierbüchern gefiel, die damit begannen, sie als rennende, sich aufbäumende und wütende Giganten darzustellen. Bakker beruft sich auf ihre aufrechte Körperhaltung, ihre weite Verbreitung, das schnelle Wachstum und die mikroskopische Struktur ihrer Knochen, die selten und bestenfalls schwach die saisonalen Wachstumsringe zeigen, die für die Knochen rezenter Ectothermen typisch sind. Besonders interessant ist seine vorsichtige Analyse des Räuber-Beute-Verhältnisses. Endotherme Räuber brauchen 15–30-mal so viel Nahrung (Masse für Masse) wie ectotherme Räuber. Es ist schwierig, für ausgestorbene Tiere Populationsdichten zu bestimmen, aber Bakker glaubt, dass das Verhältnis von carnivoren zu herbivoren Dinosauriern die Hypothese unterstützt, dass sie endotherm waren.

Andere (z.B. Alexander 1989, McGowan 1994 sowie O'Connor und Dodson 1999) stellen diese Hypothese in Frage oder relativieren sie. Wenn Dinosaurier einen säugetierähnlichen Stoffwechsel hatten, dann, so wird argumentiert, hätten sich kleine Dinosaurier, die keine Isolierung hatten, nicht warm halten können. Große Dinosaurier dagegen wären nicht in der Lage gewesen, genügend Stoffwechselwärme abzugeben, um zu vermeiden, sich selber zu kochen. Wenn stattdessen Dinosaurier die Stoffwechselrate von Krokodilen gehabt hätten, dann hätten Tiere jeglicher Größe überleben können, aber die größeren hätten trotz der niedrigen Stoffwechselrate eine erhöhte und beinahe konstante Körpertemperatur gehabt. Es hätte Tage gedauert, bevor solche Geschöpfe als Folge von Veränderungen in der Umgebungstemperatur zu heiß oder zu kalt wurden und eine Überhitzung durch physische Aktivität wäre durch eine behäbige Lebensweise kontrolliert worden. Wenn man schon von Behäbigkeit spricht: Ein Elefant muss ungefähr 75 Prozent der Zeit fressen, um seine Körpermasse zu erhalten; ein großer pflanzenfressender Dinosaurier mit dem Stoffwechsel eines Elefanten hätte vier- bis achtmal so viel Nahrung benötigt (es sei denn, das Futter wäre nährstoffreicher gewesen oder wäre effizienter verstoffwechselt worden). Hätte er überhaupt genug fressen können? Noch ein Punkt: Vögel und Säugetiere haben Turbinaria (Rollen aus Knochen und Epithel in den Nasengängen), welche die Luft auf ihrem Weg zu den Lungen anwärmen. Diese scheinbaren Anzeichen für Endothermie wurden bei Dinosauriern nicht gefunden.

Möglicherweise haben kleine Dinosaurier, wie die meisten Reptilien, ihre Körpertemperatur hauptsächlich durch Verhaltensanpassungen kontrolliert und sie vorübergehend durch den Stoffwechsel verstärkt, wenn es nötig war. Vielleicht haben manche mittelgroße Dinosaurier ihre Körpertemperatur über den Stoffwechsel angehoben, zumindest auf mäßige Niveaus und zumindest zeitweise.

## Literatur

Alexander RMcN (1985) Body support, scaling, and allometry. In: Hildebrand M et al (eds) Functional vertebrate morphology. Harvard Univ Press, Cambridge/MA

Alexander RMcN (1989) Dynamics of dinosaurs and other extinct giants. Columbia Univ Press, New York

Bakker RT (1986) The dinosaur heresies: New theories unlocking the mystery of the dinosaurs and their extinction. Morrow, New York. Spektakuläre Abbildungen vom Autor

Biewener AA (1989) Scaling body support in mammals: Limb posture and muscle mechanics. Science 245:45–48

Calder TJ (1984) Size, function, and life history. Harvard Univ Press, Cambridge/MA

Christiansen P (1999) Scaling of the long bones to body mass in terrestrial mammals. J Morphol 239:167–190

Emerson SB, Bramble DM (1993) Scaling, allometry, and skull design. In: Hanken J, Hall BK (eds) The skull, vol 3. Univ Chicago Press, Chicago, pp 384–421

Gregory WK (1912) Notes on the principles of quadrupedal locomotion and on the mechanism of the limbs of hoofed animals. NY Acad Sci Ann 22:267–294. Hervorragend für graviportale Anpassungen

McGowan C (1994) Diatoms to dinosaurs: The size and scale of living things. Island, Washington/DC. Eine populäre Übersicht im Erzählstil

Miller PJ (ed) (1996) Miniature vertebrates: The implications of small body size. Oxford Univ Press, New York

O'Connor MP, Dodson P (1999) Biophysical constraints on the thermal ecology of dinosaurs. Paleobiology 25: 341–368

Peters RH (1983) The ecological implications of body size. Cambridge Univ Press, London

Rubin CT, Lanyon LE (1984) Dynamic strain similarity in vertebrates: An alternative to allometric limb bone scaling. J Theor Biol 107:321–327

Schmidt-Nielsen K (1984) Scaling: Why is animal size so important? Cambridge Univ Press, London

West GB, Brown JH, Enquist BJ (1997) A general model for the origin of allometric scaling laws in biology. Science 276:122–126. Technisch, s. aber auch die Übersicht auf S. 34 des Bandes

# 24 Rennen und Springen

Bodenbewohnende Vertebraten, die meistens auf dem Boden laufen und morphologisch adaptiert sind, um die Schnelligkeit oder die Ausdauer zu erhöhen, werden als **Lauftiere** bezeichnet. Die meisten Lauftiere sind entweder Räuber oder mittelgroße bis große Pflanzenfresser. Nicht-Lauftiere sind z. B. die vielen Tiere, die viel laufen, aber selten rennen, außerdem die kleinen Formen, die zwar rennen, aber nur wenige Adaptationen in der Körperhaltung oder ihrer Morphologie haben, die mit Schnelligkeit assoziiert sind (z. B. verschiedene Eidechsen, Insectivora und Rodentia). (Manche Definitionen umfassen nur vierbeinige Tiere und schließen so schnelle und morphologisch adaptierte Renner wie Strauße und bestimmte Dinosaurier aus. Eine andere Definition setzt Lauftiere mit Vertebraten gleich, die senkrecht gestellte Gliedmassen haben. Alle Lauftiere haben eine aufrechte Haltung der großen Gelenke, aber diese Definition schließt auch „graviportale" Tetrapoden ein, die, wie im vorigen Kapitel beschrieben wurde, in erster Linie an das Tragen von großem Körpergewicht angepasst sind.)

Tiere, die springen oder hüpfen, werden summarisch als **Springer (saltatorische Anpassung)** bezeichnet. Springer sind oft biped und wenn die Hinterbeine gleichzeitig für eine Abfolge von Sprüngen benutzt werden, wie z. B. beim Känguru, wird diese Gangart als **Hüpfen** bezeichnet. Springer finden sich vielfach unter kleinen vegetarischen Tetrapoden, die in relativ offenen Lebensräumen leben, und unter kleinen baumlebenden Vertebraten. Die meisten Lauftiere sind auch brauchbare Springer. Springer bewegen sich entweder bevorzugt auf dem Boden oder sind exzellente Kletterer.

Die Anpassungen an Rennen und Springen können unter verschiedenen Gesichtspunkten betrachtet werden. Unser Interesse kann sich auf die maximale Schnelligkeit richten, auf die Ausdauer oder aber auf die Wendigkeit, auf die Art, wie der Fuß aufgesetzt wird, auf die Evolution und die Leistungsfähigkeit schneller Gangarten oder auf die neuronale Kontrolle der Muskeln.

Ein erster Schritt für die meisten Studien und ein gemeinsamer Anfangspunkt für alle, die gerade beginnen, sich mit dem Thema zu beschäftigen, ist eine Analyse der **Kinematik** (d. h. der Bewegungsabläufe). Seit dem späten 19. Jahrhundert, als Edward Muybridge die Bewegungen galoppierender Pferde für Leland Stanford auf einer Ranch in Palo Alto, Kalifornien, einfing, indem er 12 Kameras über eine Uhr so koppelte, dass sie in schneller Sequenz auslösten, haben wir unsere Fähigkeit, photographisch eine Sequenz einer Fortbewegung für die Analyse einzufrieren, stark weiterentwickelt. Für relativ schnelle Bewegungen von Beinen (oder Kiefern) kann eine konventionelle oder eine Hochgeschwindigkeitsvideo- oder photographische Ausrüstung benutzt werden. Die speziellen Bewegungsmerkmale oder die Ereignisse, die gemessen werden sollen (z. B. Gelenkwinkel, Schnelligkeiten der Bewegungsbahnen, Kontaktzeitpunkt, Muskelaktivitätsmuster), hängen von der zu testenden Hypothese ab. Aber manchmal ist es sehr instruktiv (und befriedigend), vorläufige Aufnahmen eines interessanten Verhaltens zu machen und das, was man beobachtet hat, als Anregung für die Formulierung von Fragen zu benutzen, die man untersuchen möchte.

Die Entwicklung von Computern und digitalen Kameras hat unsere Fähigkeit, Bilder von sich bewegenden Tieren zu handhaben, sehr verbessert. Noch vor ein paar Jahren waren wir darauf beschränkt, die Lage knöcherner Landmarken oder anderer erkennbarer Merkmale des Bildes von Hand zu digitalisieren, um daraus einfache Strichzeichnungen zu konstruieren, welche die Bewegungen eines Tieres repräsentierten. Aber mit jeder Generation von Computern, die höhere Verarbeitungsgeschwindigkeit, größeres Gedächtnis und Speicherkapazität haben, wird es einfacher, komplexe Bewegungen von Tieren in zwei oder drei Dimensionen zu erfassen. Wir können auch die Dynamik der Muskelaktivität mit der visuellen Aufnahme, die über ein Videoband geliefert wird, verbinden. Diese Herangehensweise ermöglicht nicht nur die Untersuchung rezenter Formen, sondern über Modellierung auch die ausgestorbener Formen. Sobald die Bewegungen der Skelettelemente während eines einzigen Schrittes bei einer rezenten Form bekannt sind, können die Beine ausgestorbener Formen, wie z.B. der Dinosaurier, entsprechend skaliert und in Bewegung gesetzt werden.

- Beutetiere rennen, um den Räubern zu entkommen. Sie sind in der Regel ungefähr so schnell wie ihre Verfolger (die letztgenannten verlassen sich zum Teil auf Überraschungsangriffe) und können eine bessere Ausdauer haben. Kleine Beutetiere können hervorragende Ausweicher sein; wenn eine Kängururatte verfolgt wird, springt sie bei beinahe jedem Hüpfer in eine andere Richtung. Wenn ein Frosch an Land überrascht wird, kann er die Sicherheit des Wassers mit wenigen Sprüngen erreichen.
- Tiere können springen, um Hindernissen auszuweichen oder um über Hindernisse hinwegzusehen. Es wird vermutet, dass die langen federnden Beine des peruanischen Mähnenwolfs ihn in die Lage versetzen, Mäuse im hohen Pampasgras im Auge zu behalten. Kaninchen machen Orientierungssprünge, um nach Verfolgern zu schauen.
- Baumlebende Springer springen, um zu klettern und sind in der Lage, sich mit großer Behendigkeit von Zweig zu Zweig zu bewegen.

## 24.1 Vorteile von Schnelligkeit und Ausdauer

Laufende und springende Tiere haben eine ganze Anzahl selektiver Vorteile:

- Lauftiere können ihre Nahrung in großen Gebieten suchen. Ein Rudel afrikanischer Wildhunde kann sich über 3800 $km^2$ bewegen, ein Puma jagt in einem Umkreis von 160 km.
- Lauftiere können neue Nahrungsquellen und Wasser aufsuchen, wenn die bisher benutzten Ressourcen versiegen. Das Großwild Afrikas kann weite Entfernungen zurücklegen und individuelle Eisfüchse sind 1300 km gewandert.
- Lauftiere können die saisonale Variation von Klima und Nahrungsquellen ausnützen. Manche Karibuherden wandern jedes Jahr 2500 km.
- Räuber rennen, um ihre Beute zu überholen und nutzen dazu je nach Lebensweise eine höhere Schnelligkeit oder Jagdtaktiken.

## 24.2 Lauftiere, Springer und ihre Fähigkeiten

### 24.2.1 Schnelligkeit

Alle Lauftiere und viele Springer sind schnelle Renner. Mehr als 50 Eidechsenarten sind biped, wenn sie schnell rennen, manche erreichen dabei 25 $km\,h^{-1}$. Viele thecodonte Dinosaurier waren exzellente Läufer. Manche Hühnervögel und der Roadrunner (Erdkuckuck) schaffen ungefähr 25 $km\,h^{-1}$. Dem Strauß wurden 80 $km\,h^{-1}$ zugeschrieben, was wohl die Spitzenleistung für bipede Tiere ist (Abb. 24.1).

Die Maximalgeschwindigkeit eines Kängurus liegt bei etwa 65 $km\,h^{-1}$. Der Beutelwolf und die kaninchenähnlichen Bandicoots (Nasenbeutler) sind auch ganz schön schnell. Menschen sind wahrscheinlich die schnellsten Primaten; Spitzensportler erreichen ungefähr 37 $km\,h^{-1}$

**Abb. 24.1.** Beispiele eines Springers (*oben links*), zweier bipeder Lauftiere und eines vierbeinigen Lauftieres (*unten rechts*). Gezeigt sind die langen Hinterbeine und bei den bipeden Lauftieren die Balance des Körpers über den Beinen

auf 200 m. Jackrabbits (Eselhasen) können 64–72 km $h^{-1}$ schnell rennen und manche der größeren Nagetiere (Agouti und Pampashase Mara) sind auch gute Lauftiere. Kängururatten und Mäuse, Springmäuse, Springhasen und manch andere Nagetiere bewegen sich durch Hüpfen, außer, wenn sie sich langsam bewegen. Diese Fortbewegungsweise hat sich vier- oder fünfmal innerhalb der Säugetiere entwickelt (Abb. 24.2 und 24.3).

Hunde und Katzen sind Lauftiere und für viele andere Carnivoren trifft dies zumindest weitgehend zu. Whippets (Windspiel) erreichen 55 km $h^{-1}$, Kojoten 69 km $h^{-1}$ und Rotfüchse 72 km $h^{-1}$. Geparden laufen selten weiter als einen halben Kilometer, sind aber auf kurze Distanzen die schnellsten Tiere und erreichen wahrscheinlich 105 km $h^{-1}$. Pferde haben in Rennen kurzfristig 70 km $h^{-1}$ erreicht, verschiedene Antilopen rennen 85-95 km $h^{-1}$ schnell und die Gabelantilope wurde von einem Auto aus mit 98 km $h^{-1}$ gemessen.

## 24.2.2 Ausdauer

Eine zweite Fähigkeit vieler Lauftiere, nämlich die Ausdauer, ist nicht so gut dokumentiert, aber trotzdem beeindruckend. Menschen laufen 30 km mit 19,5 km $h^{-1}$. Ein Fuchs, der vor einer Hundemeute davonlief, legte 240 km in 1½ Tagen zurück. Ein Pferd lief 80 km mit 18,2 km $h^{-1}$. Von einem mongolischen Wildesel wird berichtet, dass er 26 km mit 48 km $h^{-1}$ durchlief und eine Gabelantilope rannte 11 km weit mit 59 km $h^{-1}$. Ein Kamel legte 186 km in 12 Stunden zurück.

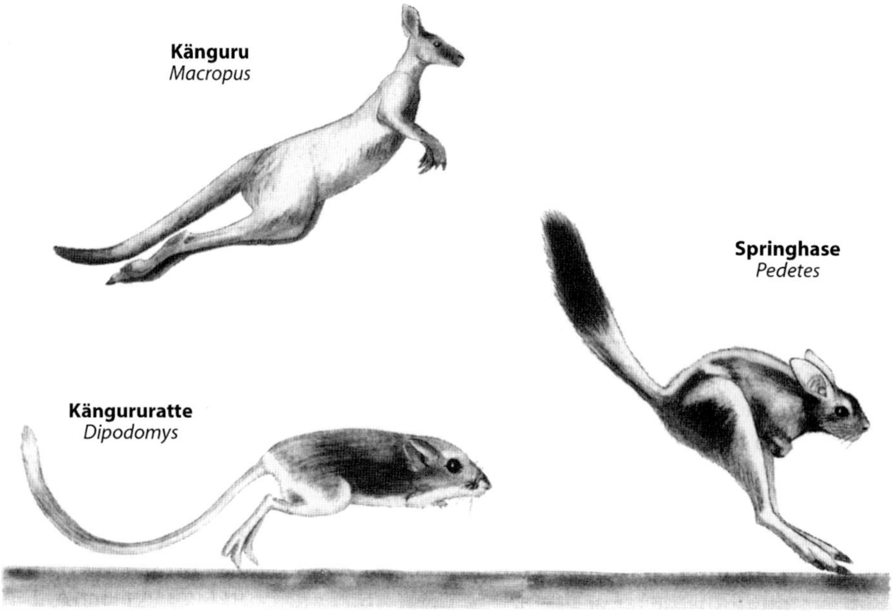


**Abb. 24.2.** Beispiele hüpfender Säugetiere, die beim Absprung und bei der Landung sowie in der Mitte eines sehr hohen Sprunges gezeigt sind. Beachte die Proportionen des Rumpfes und der Beine und den Gebrauch des Schwanzes für die Balance

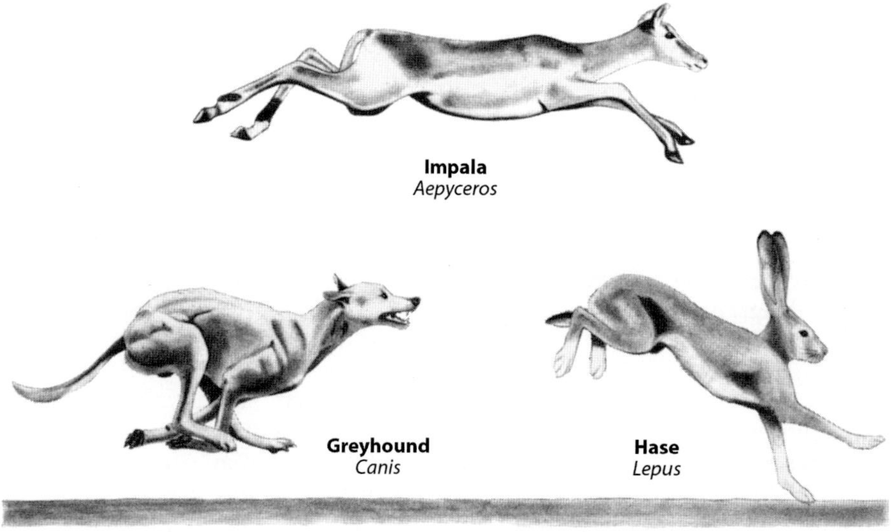


**Abb. 24.3.** Beispiele von laufenden Säugetieren, die zeigen, wie die Wirbelsäule und die Beine gebeugt und gestreckt werden, wie die Hinterbeine außen an den Vorderbeinen vorbeigeführt werden und wie unterschiedlich die Schulter positioniert ist

#### 24.2.3 Springfähigkeit

Es gibt einen Bericht über einen südafrikanischen Frosch, der bei drei aufeinanderfolgenden Sprüngen im Mittel 3,28 m erreichte. Ein Känguru sprang über einen 2,70 m hohen Zaun. Der Koboldmaki, der nur ungefähr 120 g wiegt, ist mit 5 m Weite ein außerordentlicher Springer und der kleine Galago kann vertikal mehr als 2 m hoch springen. Ein Sprung eines Kaninchens maß mehr als 7 Meter und ein Impala springt 2,40 m hoch. Der Hochsprungrekord für Pferde unter dem Reiter liegt bei ca. 2,35 m.

#### 24.2.4 Beschleunigung und Wendigkeit

Die Fähigkeit von Lauftieren und Springern, schnell zu starten, über unebenes Terrain schnell zu laufen, Haken zu schlagen und auszuweichen, wurde nicht quantifiziert; aber es ist bekannt, dass diese Fähigkeit bei vielen kleinen Lauftieren und hüpfenden Säugetieren außergewöhnlich gut ausgebildet ist.

### 24.3 Allgemeine Anforderungen an Lauftiere

Springer und bipede Lauftiere scheinen in der Regel morphologisch mehr spezialisiert als vierbeinige Lauftiere. Deshalb werden wir mit einer Analyse der Anpassungen ans Laufen mit vier Beinen beginnen. Um gut laufen zu können, muss ein Tier

- die Trägheit seines Körpers überwinden, um Schnelligkeit zu erlangen,
- die Bewegung und die Trägheit der Beine und aller anderen oszillierenden Körperteile bei jeder Richtungsumkehr ihrer Bewegung überwinden,
- den Körper gegen die Schwerkraft stützen,
- die abbremsenden Kräfte wie Windwiderstand und die Bodenreaktionskraft gegen die Füße beim Auftreten kompensieren,
- seine Laufrichtung kontrollieren,
- all diese Funktionen so lange wie nötig aufrechterhalten.

Ein kompletter Bewegungsablauf eines gehenden Tieres wird **Schritt**, eines rennenden Tieres **Zyklus** genannt. Schnelligkeit im Schritt ist das Produkt aus Schrittlänge und Schrittfrequenz. Die Giraffe hat eine größere Schrittlänge, das Warzenschwein eine höhere Schrittfrequenz. Große Schnelligkeit benötigt beide Mechanismen. Ausdauer ist Schnelligkeit, die durch Ökonomie des Energieverbrauchs aufrechterhalten wird. Diese Energieersparnis hängt von der Körperform ab und von der Art und Weise, wie sich die Körperteile bewegen, sowie von der Größe und Verteilung der Massen. Der Einfachheit halber werden wir diese miteinander in Verbindung stehenden Faktoren nacheinander betrachten.

### 24.4 Strecke pro Zyklus

Bei schnelleren Gangarten passt der Ausdruck Schritt nicht mehr, aber innerhalb jedes Zyklus werden große Strecken zurückgelegt. Ein galoppierendes Rennpferd legt ungefähr 7 Meter pro Galoppsprung zurück. Der schnellere, aber kleinere Gepard legt eine mindestens ebenso große Distanz pro Galoppsprung zurück. Dies entspricht ungefähr dem Zehnfachen seiner Schulterhöhe. Wie erreichen Lauftiere solch großen Raumgewinn?

#### 24.4.1 Länge und Proportionen der Beine

Je länger das Bein, desto länger ist der Schritt. Man könnte also denken, dass Schnelligkeit einfach dadurch erhöht werden könnte, dass man den Körper gleichmäßig in allen Dimensionen vergrößert. Viele Lauftiere sind tatsächlich groß. Das muss jedoch andere Gründe haben, da durch eine Zunahme der Körpergröße die Schnelligkeit auch auf mancherlei Weise vermindert wird. Um zur Schnelligkeit beitragen zu können, müssen die **Beine** im Vergleich zu ande-

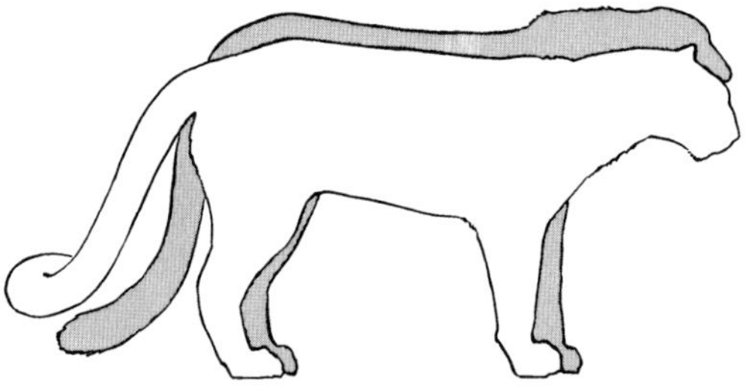

**Abb. 24.4.** Die relativ längeren Beine des Lauftieres, gezeigt an dem extrem schnellen Gepard, *Acinonyx*, der hinter dem bei weitem nicht so schnellen Puma, *Felis* steht

ren Teilen des Körpers **relativ lang** sein (Abb. 24.4).

Aus Gründen, die auf S. 473 erklärt wurden und auf die wir später in diesem Kapitel zurückkommen werden, sind die distalen Segmente des Beines gewöhnlich länger als die proximalen Segmente. Man kann keine exakte Formel angeben, aber laufende Huftiere haben in der Regel einen Radius, der ebenso lang ist wie der Humerus oder etwas länger, und eine Tibia, die so lang ist wie der Femur oder manchmal sogar wesentlich länger. Das Fußskelett, das bei Gehern und Kletterern kürzer ist als das entsprechende mittlere Beinsegment, ist bei laufenden Huftieren ungefähr so lang wie oder sogar länger als das mittlere Beinsegment. Die Metacarpalia oder die Metatarsalia verlängern sich am stärksten (Abb. 24.5). Die Carpalia verlängern sich niemals, die Tarsalia verlängern sich nur bei manchen Springern (Abb. 26.6).

(Bei Vögeln kann man die Fähigkeiten im Laufen nicht einfach von der Länge oder den Proportionen der Beine ableiten. Bei Watvögeln und nicht bei Lauftieren sind die Beine am längsten. Obwohl laufende Eidechsen relativ lan-

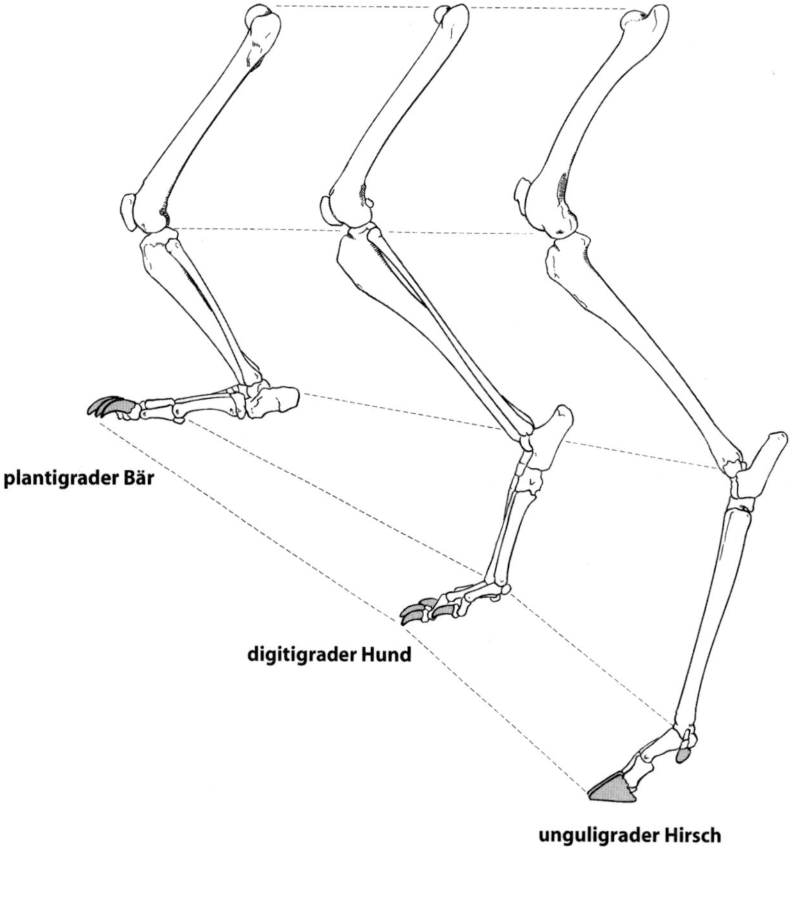


**Abb. 24.5.** Gegenüberstellung der Proportionen und der Fußhaltung im linken Hinterbeinskelett eines Nicht-Lauftieres (*links*), eines mittelmäßigen Lauftieres (*Mitte*) und eines hochspezialisierten Lauftieres (*rechts*)

ge Hinterbeine haben, entsprechen ihre Beinproportionen nicht der gerade vorgestellten allgemeinen Regel. Anscheinend ist der Grund dafür ihre geringe Körpergröße und die Tatsache, dass sich ihre Beine auf elliptischen Bahnen seitlich des Körpers bewegen. Dies scheint mit an ihrer Vielseitigkeit der Substratnutzung zu liegen, für welche die langen Zehen und die mehr oder weniger plantigrade Lauftechnik nötig sind und die daher keine morphologische Spezialisierung der Beinabschnitte zulässt.)

### 24.4.2 Fußhaltung

Wir haben gerade gesehen, dass Lauftiere relativ lange Beinknochen haben. Das Wichtige dabei ist aber die **effektive** Länge des Beines, also der Teil, der zur Schrittlänge beiträgt. Diese effektive Länge kann auf verschiedene Weise weiter vergrößert werden. Der menschliche Fuß trägt wenig zur Länge des Beines bei, wenn man sich nicht auf die Zehenspitzen erhebt. Die Ferse ist auf dem Boden, wenn man steht, und berührt bei jedem Schritt den Boden zuerst. Bären, Opossums, Waschbären und die meisten anderen Vertebraten, die bevorzugt im Schritt gehen, aber selten traben, haben ähnliche Füße. Solche Füße heißen **plantigrad.**

Schnell laufende Dinosaurier, Vögel, Carnivoren und ausgestorbene Vorfahren von Huftieren erhöhen die effektive Beinlänge, indem sie auf den Zehenballen stehen. Diese Tiere sind **digitigrad.**

Einhufer, Paarhufer und die laufenden Vertreter verschiedener ausgestorbener Säugetierordnungen haben wie Balletttänzer die effektive Beinlänge noch weiter erhöht, indem sie auf den Zehenspitzen stehen. Diese Fußhaltung heißt **unguligrad.** Das ist auch der Grund, warum diese Tiere Ungulaten heißen.

Wenn die Fußhaltung und die Beinproportionen für die laufende Lebensweise modifiziert sind, ist die Länge und Schlankheit des Beinskeletts beeindruckend (Abb. 24.5).

### 24.4.3 Rolle der Schulter

Die effektive Länge des Vorderbeins vieler Lauftiere wird durch eine Veränderung der Struktur und der Funktion der Schulter weiter erhöht. Bei Amphibien und Vögeln und bei manchen Reptilien und Säugetieren ist die Position des Schultergelenks durch die Clavicula und das Procoracoid (wenn es vorhanden ist), die wie Streben vom Sternum zur Scapula verlaufen, praktisch unveränderbar. Bei manchen Eidechsen dagegen wird der Schritt dadurch verlängert, dass das Procoracoid entlang einer Rinne im Sternum vor und zurück gleitet. Die Scapula der meisten Säugetiere hat eine gewisse Bewegungsfreiheit und Lauftiere erweitern diese Freiheit, indem sie

- die Clavicula zu einem kleinen Rest reduzieren (Carnivoren) oder sie komplett aufgeben (Ungulaten),
- die Scapula so umorientieren, dass sie nicht flach dem Rücken der breiten Brust aufliegt (wie beim Menschen), sondern flach an der Seite einer tiefen, schmalen Brust liegt, so dass sie frei in der gleichen Ebene rotieren kann, in der auch das Bein schwingt. Das Schultergelenk bewegt sich dann in der Sagittalebene, was einer Verlängerung des Beines durch die Verlagerung seines Drehpunkts vom Schultergelenk zu einem Punkt auf oder oberhalb der Scapula entspricht (Abb. 24.6 und 24.11). Die Unfähigkeit der Dinosaurier, die Schulter in dieser Art und Weise zu nutzen, kann dazu beigetragen haben, dass sie die bipede Fortbewegungsweise bevorzugten.

### 24.4.4 Rolle der Wirbelsäule

Bei laufenden Eidechsen führt das Rückgrat beim Gehen oder Rennen in der Horizontalebene Wellen- oder Schlängelbewegungen aus (Amphibien und zu einem geringeren Grad manche Säugetiere tun dasselbe beim Gehen). Das Drehen eines jeden Extremitätengürtels ist zeitlich so abgestimmt, dass es dazu beiträgt, das entsprechende unbelastete Bein vorwärts und das belastete Bein nach hinten zu schwingen.

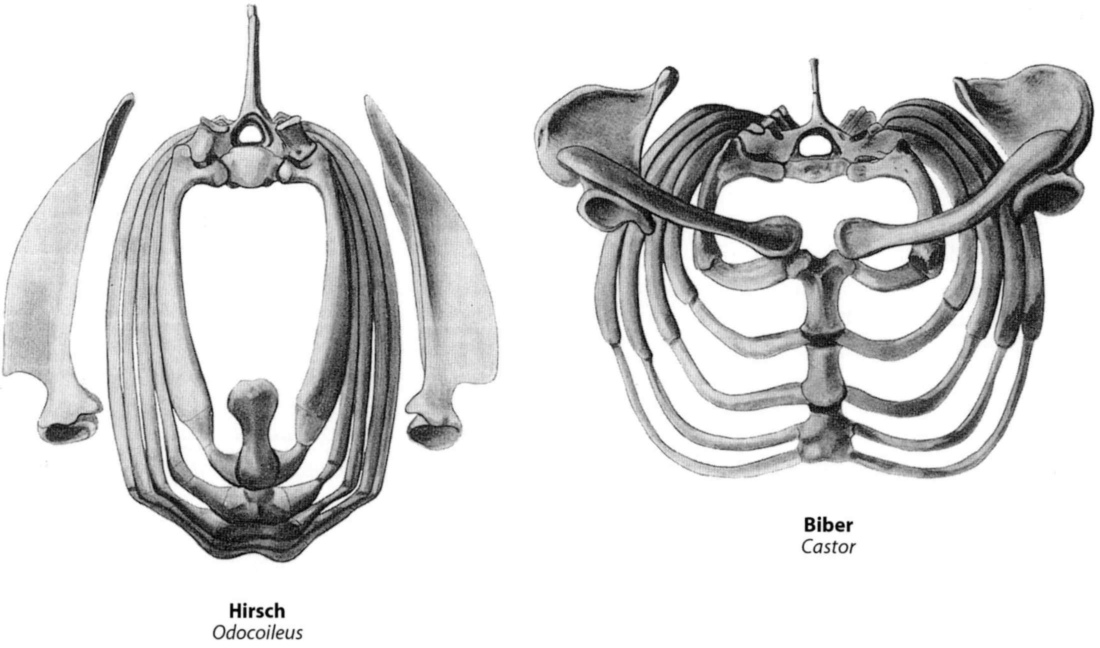


**Abb. 24.6.** Gegenüberstellung der Form des Thorax, der Position der Scapulae und der Ausbildung der Claviculae bei einem Lauftier (*links*) und einem Nicht-Lauftier (*rechts*). Nur die ersten fünf Thoracalsegmente sind gezeigt

Die kleineren und flinkeren Vierbeiner unter den Säugetieren haben ihre Beine unter statt neben den Körper gestellt und bewegen die Wirbelsäule deshalb in der Vertikalebene. Der Rücken krümmt und streckt sich wie der Körper einer Spannerraupe im gleichen Rhythmus, in dem die Beine vor- und zurückschwingen. Der Körper des Tieres ist länger, wenn der Rücken gestreckt als wenn er gebeugt ist. Würde das Tier seinen Rücken strecken, während sein Körper in der Luft schwebt, würde sich das Hinterteil nach hinten und das Vorderteil nach vorne bewegen, und das Zentrum der Körpermasse würde nicht beeinflusst werden (ein Ausdruck von Newtons Drittem Gesetz). Das hoppelnde Tier streckt seinen Rücken jedoch nur, während

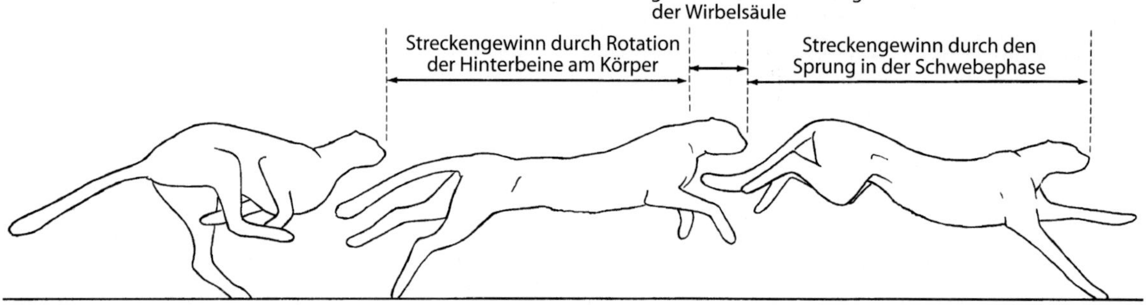


**Abb. 24.7.** Gründe für die enorme Länge des Galoppsprunges bei einem schnell rennenden Geparden, gezeigt für einen halben Zyklus. Jede Phase wird in der zweiten Hälfte des Zyklus wiederholt, allerdings wird die Flexion (Beugung des Körpers) durch eine Extension (Streckung) ersetzt

seine Hinterbeine am Boden sind. Die Muskeln der Beine, die Bodenhaftung haben (und die Reibung auf dem Untergrund), verhindern, dass das Hinterteil nach hinten bewegt, also abgebremst wird. Damit wird die gesamte Vergrößerung der Rumpflänge zur Zyklusstrecke addiert. In ähnlicher Weise vermindern die Vorderbeine das Abbremsen des Vorderteils, wenn der Rücken gekrümmt wird. Deshalb wird die Verkürzung des Körpers ebenfalls zur Zykluslänge addiert. Der Gepard kann auf diese Weise beinahe 10 km $h^{-1}$ laufen, ohne seine Beine einzusetzen (Abb. 24.7). Die Beugung und Streckung der Wirbelsäule und ihre zeitliche Abfolge relativ zum Abstoßen der Beine stellen auch sicher, dass die Schnelligkeit des Tieres, d.h. seines Massenzentrums, etwas größer ist als die Schnelligkeit der entsprechenden Extremitätengürtel während der Zeit, zu der ein Paar Beine den Körper vorantreiben.

Die zusätzliche Rotation der Hüften und des Schultergürtels, die durch Beugung und Streckung der Wirbelsäule entsteht, vergrößert den Schwung der Beine selbst, so dass die Beine vorne und hinten weiter ausgreifen und den Boden in spitzeren Winkeln treffen und verlassen, als wenn die Wirbelsäule unbeweglich wäre. Auch dies erhöht die Zykluslänge.

### 24.4.5 Nichtunterstützte Bewegungsphasen

Es gibt einen weiteren wirkungsvollen Weg, die Wegstrecke in jedem Zyklus zu verlängern. Schnellere Gangarten schließen gewöhnlich **Schwebephasen** ein, in denen alle Füße vom Boden abgehoben sind. Die Distanz, über die der Körper sich nach vorne bewegt, während er nicht unterstützt ist, wird zur Länge der Wegstrecke addiert und ergibt so die Zykluslänge. Bären (die relativ schnell rennen, aber wohl kaum Lauftiere sind), heben selten alle Füße gleichzeitig vom Untergrund. Die meisten Huftiere haben in jedem Zyklus eine nicht-unterstützte Phase. Dies nennt man „Trab". Galoppierende Caniden haben zwei Schwebephasen, eine, wenn der Körper gebeugt ist, und eine zweite, wenn er gestreckt ist. Der Anteil des Zyklus, während dessen alle Füße vom Boden abgehoben sind, ist beim Geparden fast doppelt so groß wie beim Pferd. Bipede Lauftiere sind ebenfalls für einen Großteil der Dauer eines Zyklus ohne Unterstützung. Der hüpfende afrikanische Springhase hat in 85% der Zeit beide Beine vom Boden abgehoben.

### 24.4.6 Muskelmechanik: Die meiste Bewegung für die geringste Verkürzung

Muskeln können die Gelenke über weitere Winkel bewegen, wenn sie gelenksnah ansetzen, als wenn sie weiter distal ansetzen. So bewegt in Abb. 24.8 der Muskel A den Fuß nur über eine Distanz a, während der Muskel B, der sich über einen gleichen Weg kontrahiert, den Fuß über die größere Distanz b bewegt. Wenn die Last nicht zu groß ist, ist diese Anordnung auch für die Schrittfrequenz günstig (s. unten) und befä-

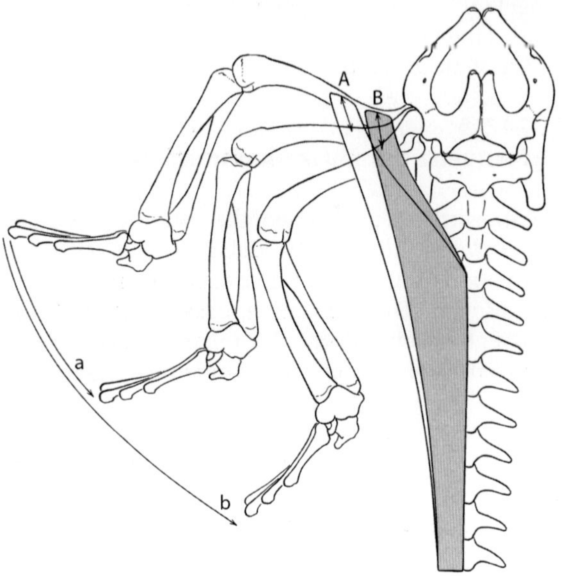


**Abb. 24.8.** Der Abstand der Muskelansatzstelle von dem bewegten Gelenk beeinflusst die Geschwindigkeit und das Ausmaß der Bewegung am distalen Ende. Die Zeichnung zeigt in der Ventralansicht den M. caudofemoralis, die Basis des Schwanzes, das Becken und das rechte Beinskelett des Teju, *Tupinambis* (Position B entspricht annähernd dem tatsächlichen Zustand. Eine kleine Ansatzstelle des gleichen Muskels am Knie ist weggelassen)

higt den Muskel, mit geringerer Verkürzung zu funktionieren. Daher haben laufende Tiere charakteristischerweise Beinmuskeln, die relativ nahe am Gelenk ansetzen. Genau die gleiche Überlegung kann man anstellen, um zu zeigen, dass eine Verlängerung der distalen Segmente besonders wirksam ist.

## 24.5 Schrittfrequenz

Die kurzbeinige Maus kann schneller vorwärtskommen als der langbeinige Frosch. Schnelligkeit ist das Produkt aus Zykluslänge und Zyklusfrequenz, und die Maus macht viele Schritte für jeden Sprung des Frosches. Schnelle Lauftiere müssen lange Schritte machen, aber sie müssen sie schnell machen. Das galoppierende Rennpferd macht beinahe 3 Galoppsprünge pro Sekunde, der schnell rennende Gepard macht ungefähr 3½ Galoppsprünge pro Sekunde. Wie sind laufende Tiere daran angepasst, schnelle Schritte zu machen?

### 24.5.1 Frequenz der Muskelkontraktion

Wenn ein Tier an Schnelligkeit gewinnt, erhöht es zunächst die Schrittfrequenz, indem es seine Muskeln veranlasst, sich schneller zu kontrahieren. Man könnte annehmen, dass Lauftiere Muskeln entwickelt hätten, die relativ kürzere Kontraktionszeiten oder unterschiedlich geformte Kraft-Geschwindigkeitskurven haben als Nicht-Lauftiere entsprechender Körpergröße, aber dies scheint nicht der Fall zu sein. Wir müssen anderswo nach Möglichkeiten suchen, die Schrittfrequenz signifikant zu erhöhen.

### 24.5.2 Muskelmechanik: Die höchste Geschwindigkeit für die geringste Verkürzung

Es wurde oben festgestellt, dass Muskeln Gelenke über größere Winkel bewegen können, wenn sie in der Nähe der Gelenke als wenn sie weiter distal ansetzen. Wenn man den Prinzipien folgt, die auf S. 471 vorgestellt wurden, ist $\mathbf{v}_o = \mathbf{v}_i \mathbf{l}_o / \mathbf{l}_i$. Deshalb sind die Umfangsgeschwindigkeiten am freien Ende der bewegten Gliedmaße ebenfalls erhöht, wenn die Ansatzstellen in die Nähe der Gelenke verlagert werden (das heißt, der Wert für $\mathbf{l}_i$ wird reduziert). Wie in Abb. 24.8 gezeigt, bewegt der Muskel B, der sich mit der gleichen Frequenz und bei gleicher Last kontrahiert wie Muskel A, den Fuß über eine Distanz b im gleichen Zeitintervall, das Muskel A benötigt, um den Fuß über die kürzere Distanz a zu bewegen. Da er näher am Gelenk ansetzt, kann der Muskel B den Fuß über eine größere Distanz in der gleichen Zeit oder über eine gleiche Distanz in weniger Zeit bewegen. Der Muskel gewinnt außerdem einen wichtigen physiologischen Vorteil, indem er die Arbeit verrichtet, ohne sich so stark zu verkürzen.

Das Verhältnis $\mathbf{l}_o/\mathbf{l}_i$ ist für die Beinmuskeln von Lauftieren und Springern in der Regel größer als für die entsprechenden Muskeln unspezialisierter Tetrapoden und viel größer als für die entsprechenden Muskeln von Gräbern und Schwimmern. „Größer" und „viel größer" sind nur dann nützliche Begriffe, wenn man von allgemeinen Gegebenheiten spricht; wenn bestimmte Knochen analysiert werden, benötigt man spezifischere Werte. Abbildung 24.9 zeigt charakteristische Unterschiede bezüglich einiger ausgewählter Knochen-Muskelsysteme bei Lauftieren und Nicht-Lauftieren.

Weil verschiedene Arten von Tieren unterschiedliche Mechanismen bevorzugen, um ähnliche Resultate zu erzielen, ist es für die Einschätzung der Fähigkeiten eines Lauftieres vorteilhaft, die mechanischen Vorteile mehrerer Muskeln zu betrachten oder die gleichen Hebelarme bei verwandten Tieren zu vergleichen, wie es in Abb. 24.9 geschieht. Für den M. teres major hat das schnelle Pferd einen geringeren $\mathbf{l}_o/\mathbf{l}_i$-Wert als das langsame Stachelschwein, aber für den M. gastrocnemius hat es sogar einen höheren Wert als das Känguru.

Wie auf S. 471 gezeigt, gibt es eine reziproke Beziehung zwischen der Geschwindigkeit und der Kraft, die ein gegebener Muskel über eine Reihe hintereinander geschalteter Hebel des Skeletts erzeugen kann. Wie ein Auto, das in einem

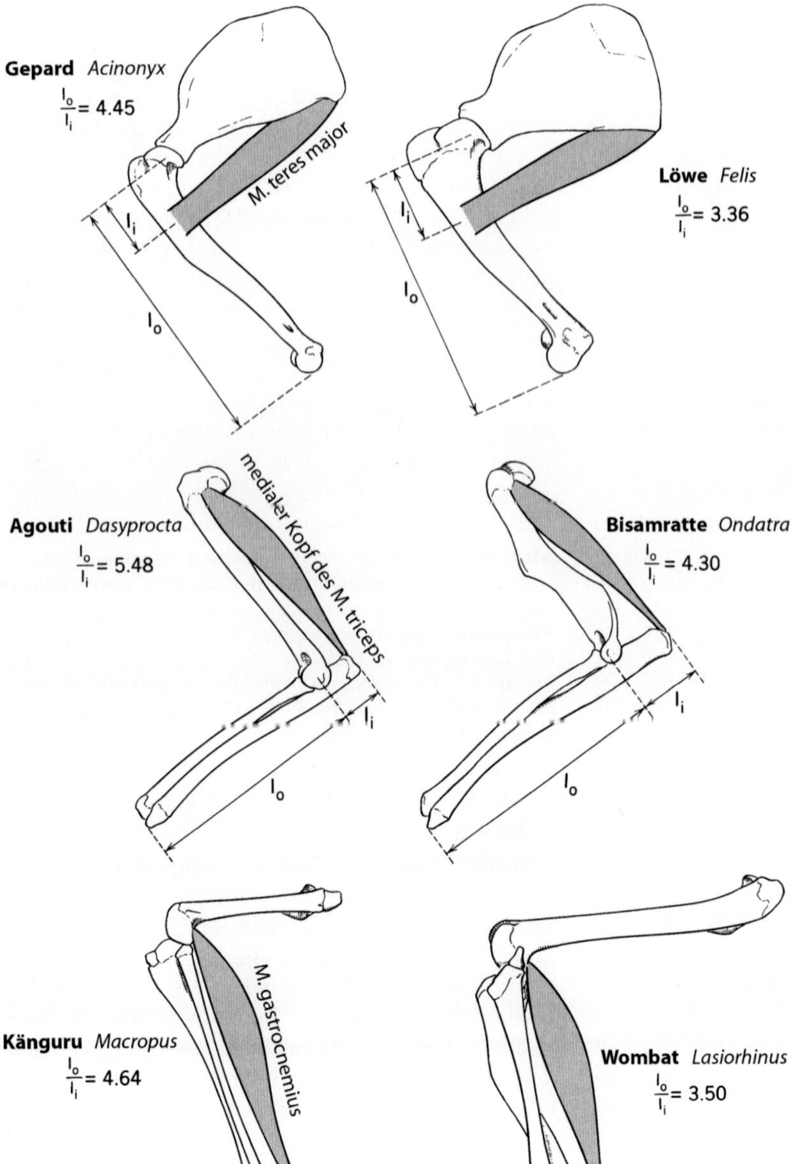


**Abb. 24.9.** Gegenüberstellung von drei Knochen-Muskelsystemen von laufenden Säugetieren (*links*) und von Nicht-Lauftieren der gleichen Ordnungen (*rechts*). Das Verhältnis des Lastarmes $\mathbf{l_o}$ zum Kraftarm $\mathbf{l_i}$ ist bei den Lauftieren größer

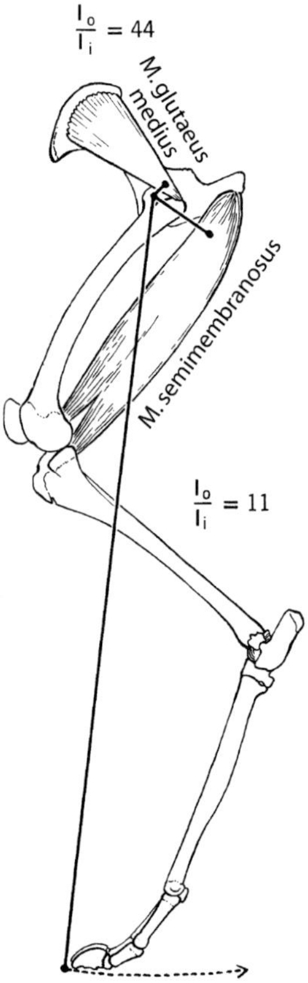


**Abb. 24.10.** Große Übersetzung und kleine Übersetzung von Muskelkontraktion in Bewegungsausschläge, gezeigt in der Lateralansicht des linken Hinterbeines des Vicuna, *Vicugna*. Die Muskeln sind schematisch angedeutet

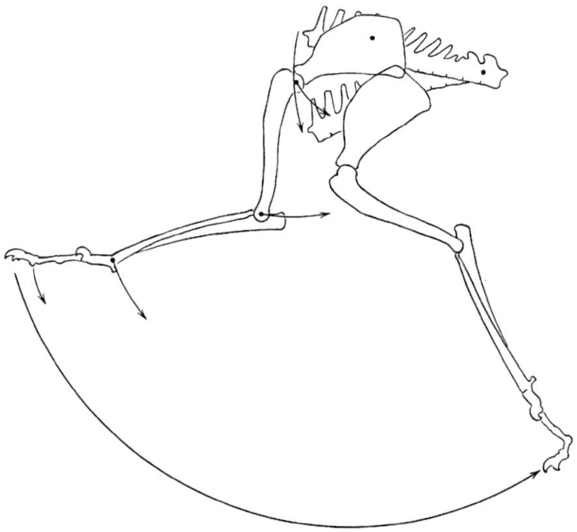

**Abb. 24.11.** Prinzip der Summation unabhängiger Geschwindigkeiten, gezeigt an der Bewegung des führenden Vorderbeines eines rennenden Geparden vom Beginn der Rückwärtsbewegung bis zu dem Moment, an dem der Fuß den Untergrund verlässt. Die Bögen zeigen den ungefähren Betrag der Kreisbewegung um die entsprechenden Drehpunkte (*gezeigt durch Punkte*), nicht relative Geschwindigkeiten

hohen Gang schnell fahren kann, aber an Steigungen entsprechend beeinträchtigt ist, so kann ein laufendes Tier zusätzliche Schnelligkeit nur erlangen, indem es auf die Kraft der Bewegung verzichtet. Allerdings behalten Lauftiere, ähnlich wie Rennautos, einige relativ niedrige Gänge bei. Zum Beispiel zeigt Abb. 24.10, dass der M. semimembranosus mit seinem relativ langen, effektiven Hebelarm ein System mit „niedrigem Gang" im Vergleich zum System des M. glutaeus medius ist, das zwar die gleiche Wirkung, aber einen viel kürzeren effektiven Hebelarm hat. Schließlich haben Lauftiere die Anforderungen an Kraft reduziert, indem sie die Lasten auf ihren Muskeln reduzieren. Wir werden gleich darauf zurückkommen, aber erst ist da noch ein anderer Weg, die Schrittfrequenz zu erhöhen.

## 24.5.3 Summation von Geschwindigkeiten

Wenn die für Schnelligkeit optimale Hebelwirkung erreicht ist, kann die Muskulatur, die an einem einzelnen Gelenk wirkt, die Geschwindigkeit einer bestimmten Bewegung, die sie kontrolliert, kaum mehr erhöhen. Wenn diese Muskeln größer werden oder wenn zusätzliche Muskeln dazugenommen werden, um ihnen zu helfen, wird zwar die Kraft erhöht, aber die Geschwindigkeit der Bewegung bleibt ungefähr gleich. (Mehrere Männer können zusammen mehr Gewicht heben als einer allein, aber mehrere gleich gute Sprinter können zusammen nicht schneller laufen als einer von ihnen allein.) Wenn jedoch verschiedene Beinmuskeln verschiedene Gelenke in die gleiche Richtung bewegen, um eine größere Gesamtbewegung zu erzielen, werden die unabhängigen Geschwindigkeiten, die sie produzieren, addiert; daraus ergibt sich die Gesamtgeschwindigkeit des Fußes

## Exkurs 24.1

### Gangschaltung? Ja, vielleicht, und es kommt darauf an

Ein hoher Gang wird benutzt, wenn ein Auto schnell gefahren wird, ein niedriger Gang wird benutzt zum Anfahren, um eine Last zu ziehen oder einen Hang hinaufzufahren. Haben Wirbeltiere eine Gangschaltung? Es gibt mehrere Wege, diese Frage anzugehen. Wir haben in Abb. 24.9 gesehen, dass Lauftiere relativ hohe Werte von $\mathbf{l_o/l_i}$ bei vielen lokomotorischen Muskeln haben. Im nächsten Kapitel wird erklärt, dass Gräber niedrige Werte aufweisen. Also, ja: Tiere mit unterschiedlichen Spezialisierungen tendieren zur Ausbildung verschiedener mechanischer Hebelverhältnisse. Man beachte jedoch, dass im Haupttext diese Aussage dadurch abgeschwächt war, dass Muskeln genannt wurden, die eine gleiche Kraft entfalten und eine gleiche Kontraktionsgeschwindigkeit haben. Lauftiere, die ja perfektionierte Tiere sind, können Muskeln mit relativ kleiner Querschnittsfläche (und daher mit einer reduzierten Fähigkeit zum Beschleunigen von Lasten) und einer kürzeren Länge (und dadurch einem geringeren Hub) haben. Insgesamt haben Tiere in der Regel Gänge, die ihren Lebensgewohnheiten entsprechen, aber die wahre Spannweite zwischen Spezialisten kann nicht dadurch befriedigend dargestellt werden, dass man repräsentative Hebelverhältnisse gegenüberstellt.

Wie auf S. 200 erwähnt, haben Muskeln „langsame" und „schnelle" Fasern (in unterschiedlichen Verhältnissen). Ein ruhig schwimmender Fisch benutzt die ersteren, ein erschreckter Fisch die letzteren. Bei einem Karpfen wurde gezeigt, dass während eines schnellen Starts die langsamen Fasern den schnellen nicht einmal helfen. Sie können einfach nicht mithalten. Das ist eine intramuskuläre Gangschaltung.

Können innerhalb einer Spezies synergistische Muskeln niedrigere und höhere Gänge liefern, um die gleiche Wirkung herbeizuführen? Wenn man die in Abb. 24.10 gezeigten Muskeln gegenüberstellt (ein extremes Beispiel), scheint es so zu sein, aber man muss vorsichtig sein. Der Muskel, der anscheinend den höheren Gang bewerkstelligt (der M. glutaeus medius) und kleiner ist als der andere, kann einen Teil seines mechanischen Effektes dadurch verlieren, dass er sich nicht so schnell verkürzt. Kontrahieren sich die beiden Muskeln während Spitzenleistungen nacheinander und wechseln so den Gang?

Ein anderer Weg, Gänge zu analysieren, besteht in der Messung der Veränderungen, die während des Gangwechsels an spezifischen Gelenken beobachtet werden, wenn sie sich während der Stützphase strecken. Bei Lauftieren würde eine günstige Veränderung in einer Zunahme des Hebelverhältnisses während der Streckphase bestehen (wenn das Verhältnis abnimmt, müssen die Muskeln durch immer schnelleres Kontrahieren kompensieren). Carrier und seine Kollegen (1998) haben dieses Konzept des dynamischen Gangwechsels bei trabenden und galoppierenden Hunden getestet. Sie fanden kein einheitliches Ergebnis: Die Hebelverhältnisse nahmen an vier Gelenken ab und an zweien zu. Die Forscher kommen zu der Ansicht, dass das Hebelverhältnis aus mechanischen Gründen unmöglich an allen Gelenken gleichzeitig größer werden kann. Die unterschiedlichen Anforderungen von Beschleunigung, Fortbewegung in einer Ebene und Steigen machen zudem ein solches zwangsläufiges Gangschalten unerwünscht. Die Autoren weisen außerdem darauf hin, dass eine Interpretation durch die Speicherung elastischer Federenergie (s. Kap. 29) und zusätzlich durch den Transfer von Energie über zwei Gelenkmuskelsysteme kompliziert wird.

---

(Abb. 24.11). (Wenn eine Person eine Rolltreppe hinunter läuft, wird ihre Bewegung relativ zu den Stufen und die Bewegung der Stufen relativ zum Gebäude addiert und ergibt so ihren Fortschritt bezüglich des Gebäudes.) Der Trick dabei ist, so viele Gelenke wie möglich in die gleiche Richtung und zur gleichen Zeit zu bewegen, ohne dabei die Rolle der Beine im Unterstützen des Körpergewichts zu schwächen. Wir haben bereits gesehen, dass die Lauftiere in ihren Beinen ein zusätzliches Gelenk nutzbar machen, indem sie die plattfüßige plantigrade Fußhaltung zugunsten einer digitigraden oder unguligraden Haltung aufgeben. Außerdem können ihre Scapulae um 20° bis 25° am Brustkorb rotieren. Schließlich wählen laufende Carnivoren den Zeitpunkt der Beugung der Wirbelsäule so, dass Brust bzw. Hüfte immer in Abstimmung mit der Richtung der schwingenden Beine bewegt werden. Der Gewinn für die Schnelligkeit ist beträchtlich.

(Abbildung 24.11 zeigt die Gesamtrotation. Es kann nicht möglich oder nicht wünschenswert sein, dass alle Gelenke simultan rotieren. Das Handgelenk und der Ellbogen müssen sich möglicherweise während eines Teils der Stützphase des Beines beugen, bevor sie sich wieder strecken können.)

## 24.6 Masse, Ausdauer und Design für Ökonomie

Die Beziehung zwischen Körpergröße und den Anforderungen an die Festigkeit des Körpergerüstes wurde in Kapitel 23 dargestellt: wenn die Körpergröße steigt, ohne dass die Körperproportionen verändert werden, steigt die Belastung des Bewegungsapparates schneller als seine Fähigkeit, Stützung zu bieten und Kraft zu liefern. Dieses Prinzip ist für die Analyse der Konstruktion großer laufender Vertebraten sehr wichtig. Es erklärt, warum Elefanten (und die größeren Dinosaurier) nicht galoppieren oder springen können, warum manche kleine Lauftiere, wie z. B. Füchse, so schnell laufen können wie Rennpferde, ohne ausgeprägte morphologische Adaptationen für Schnelligkeit aufzuweisen, warum kein spezialisierter Springer so groß wird wie die meisten Ungulaten und warum die größeren Lauftiere spezielle Anpassungen für Geschwindigkeit und Ausdauer haben müssen, um ihre Leistungen zu erbringen. Die Adaptationen der größeren Lauftiere müssen nicht nur viele einschließen, die wir bereits diskutiert haben, sondern auch andere, welche die Belastung des Bewegungsapparates reduzieren, so dass die Leistungen auf ökonomische Weise erzeugt werden. Die Evolution war bei der Erfüllung dieser Anforderungen so effektiv, dass die Energiekosten der Fortbewegung tatsächlich umgekehrt proportional zum Körpergewicht sind und große Lauftiere über eine höhere Ausdauer verfügen. Worin bestehen die Konstruktionsmerkmale für Ökonomie?

Erstens reduzieren oder eliminieren große Lauftiere viele **oszillierende Bewegungen.** Die Beine müssen vor- und zurückschwingen, aber die Füße werden nicht so hoch angehoben, der Rücken ist relativ unbeweglich (Abb. 24.12) und das Massenzentrum erfährt nur eine geringe vertikale Verlagerung. Nichtunterstützte Schwebephasen können nur nach einer vertikalen Beschleunigung auftreten. Dies ist teuer und des-

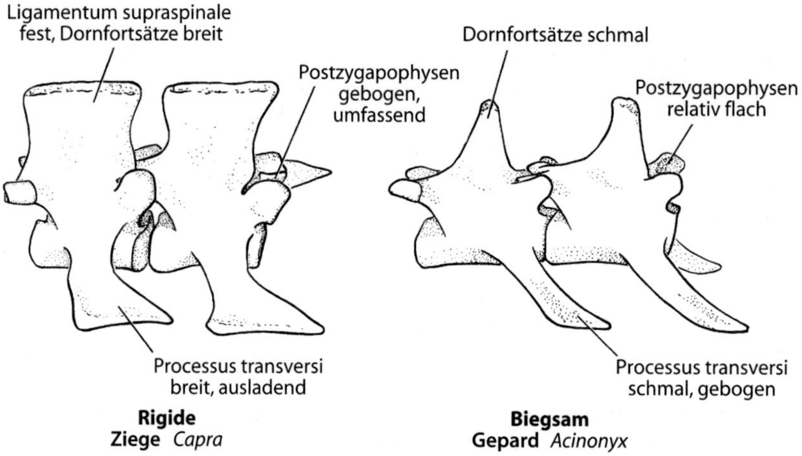


**Abb. 24.12.** Lumbalwirbel von starren (*links*) und beweglichen (*rechts*) Wirbelsäulen

halb werden Schwebephasen verkürzt oder ganz vermieden.

Auch die **Masse der Beine** wird auf verschiedene Weise vermindert. Adduktoren und Abduktoren der Beine sind reduziert oder werden so umgebaut, dass sie die Beine in der Fortbewegungsrichtung bewegen. Muskeln, welche die Finger bewegen, den Unterarm bzw. den Unterschenkel rotieren oder die ganzen Beine nach innen oder außen drehen, werden ebenfalls verkleinert oder sogar eliminiert. Ulna und Fibula, die bei anderen Tieren an Umwendbewegungen der Hand oder des Fußes beteiligt sind, werden rückgebildet, wenn diese Funktionen verloren gehen. Ein Teil der Ulna muss beibehalten werden, da sie das Ellbogengelenk vervollständigt. Ihr distaler Abschnitt kann aber sehr dünn werden und mit dem Radius verschmelzen (Abb. 24.13). Die Fibula kann ein schwacher Stab werden (sogar bei kleinen Lauftieren) und ist bei Paarhufern manchmal nur noch durch einen kleinen Knochenrest am Knöchel repräsentiert (Abb. 24.14).

Da die Kräfte, die in oszillierenden Systemen bei jeder Richtungsumkehr erforderlich sind, auch proportional zum Quadrat ihrer Winkelgeschwindigkeit sind (S. 473 und 618), können die Beanspruchungen der Muskeln, die solche Bewegungen verursachen, nicht einfach durch eine bloße Reduktion der Masse, sondern auch durch Verminderung ihrer **Geschwindigkeiten** klein gehalten werden. Dies ist der Hauptgrund, warum während der Evolution bei den Lauftieren gerade die distalen Segmente der langen Bei-

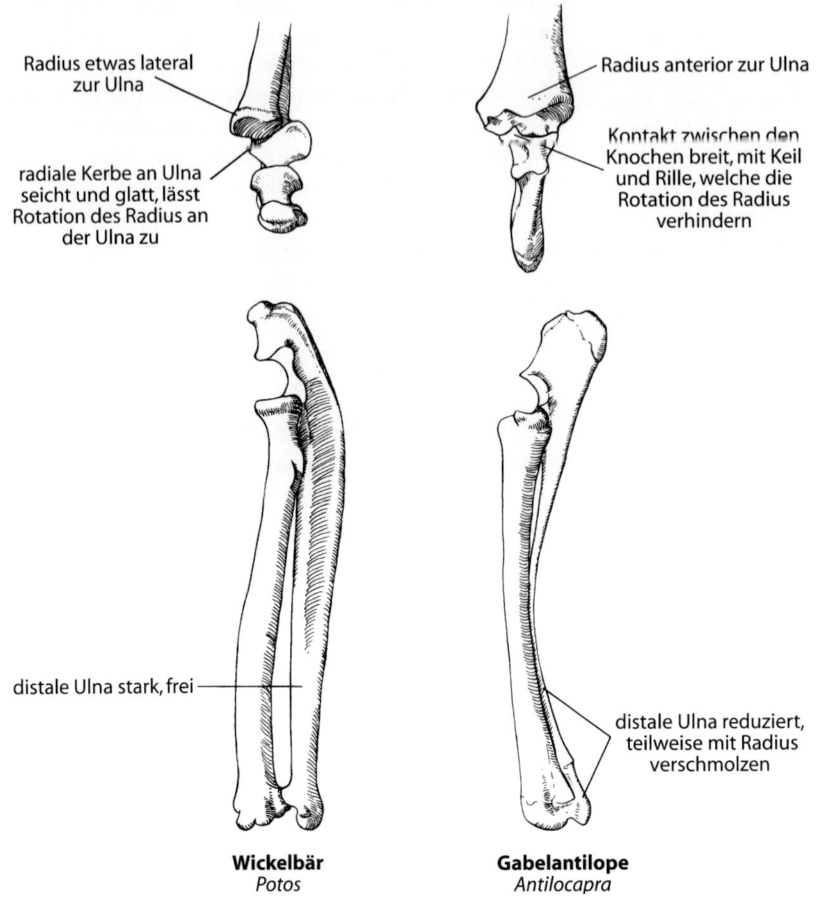


**Abb. 24.13.** Gegenüberstellung des Unterarmskeletts eines Nicht-Lauftieres (*links*) und eines Lauftieres (*rechts*), gezeigt am linken Radius und Ulna in der Lateralansicht (*unten*), sowie am Ellbogengelenk in Ansicht von oben und von hinten (*oben*)

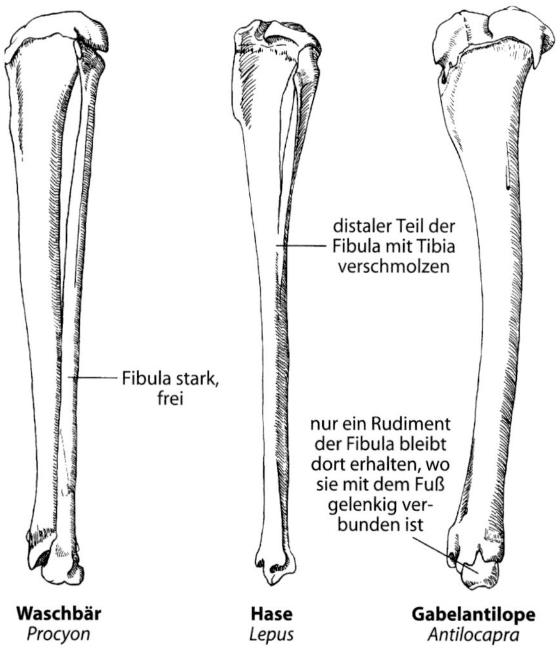


**Abb. 24.14.** Gegenüberstellung der Fibulae eines Nicht-Lauftieres (*links*) und zweier Lauftiere (*Mitte* und *rechts*), gezeigt am linken Bein in der Lateralansicht

ne verlängert wurden. Wenn die Muskeln und Knochen fehlen, die mit Drehen, Rotieren und Fingerbewegungen in Zusammenhang stehen, sind diese Segmente relativ leicht. Die fleischigen Teile der Beine liegen rumpfnah, wo sie sich nicht so weit und deshalb auch nicht so schnell bewegen wie die distalen Segmente. Vor allem während der Beschleunigung bringt dies entscheidende Vorteile.

Weitere Möglichkeiten für die Energieersparnis liefert die **Gewichtsreduktion ohne Festigkeitsverlust.** Die Füße unspezialisierter Vertebraten sind in der Regel breit und biegsam. Ihre Metapodien sind im Querschnitt gerundet und gut voneinander abgegrenzt. Manche Lauftiere (manche Dinosaurier, Carnivoren) verschmelzen diese Knochen zu einer kompakten Einheit; jeder Knochen wird dabei im Querschnitt ungefähr quadratisch. Einige der besten Renner und Springer (Kängurus, Springmäuse, Einhufer, Paarhufer) und vor allem die großen darunter tendieren dazu, die lateralen Zehen zu verlieren und die basalen Elemente der verbleibenden Zehen in einem einzelnen Knochen zusammengesetzten Ursprungs zu verschmelzen. Dieser Vorgang hat das Metapodium (Kanonenbein) der

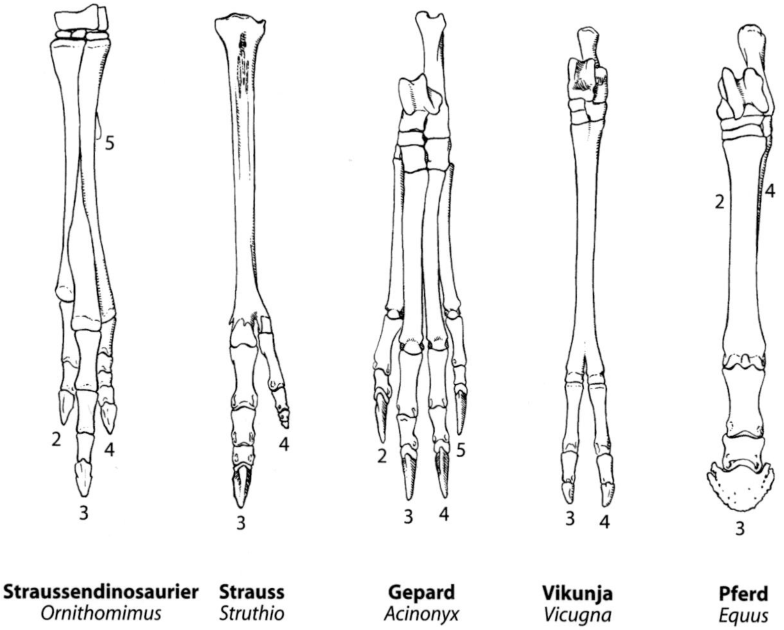


**Abb. 24.15.** Verlängerung, Verbindung und Fusion von Metatarsalia, Verlust von lateralen Zehen und Verschmelzen von Tarsalia im linken Hinterbein ausgesuchter Lauftiere aus drei Klassen. Die Finger sind nummeriert

Ungulaten erzeugt und, als Antwort auf eine hüpfende Fortbewegungsweise, den Tarsometatarsus der Vorfahren aller Vögel. Das Resultat ist ein schlanker, leichter und starker Fuß (Abb. 24.15 und 1.5).

Um den Festigkeitsverlust auszugleichen, wenn Knochen und Muskeln der distalen Segmente rückgebildet oder ganz eliminiert werden, und um Verrenkungen vorzubeugen, haben die Lauftiere Gelenke entwickelt, die als Scharniere funktionieren, die nur noch Bewegungen in der Fortbewegungsrichtung zulassen. Dies wurde erreicht, indem ineinandergreifende Vorwölbungen

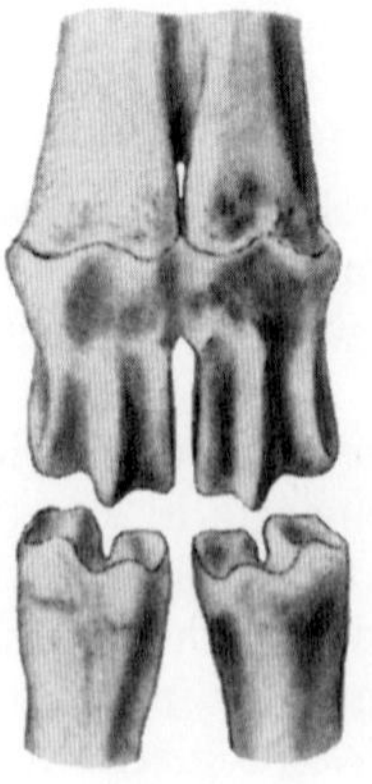

**Abb. 24.16.** Sprunggelenk einer Gabelantilope, *Antilocapra*, das die Sicherung eines Scharniergelenks durch Führungsleisten und Furchen zeigt

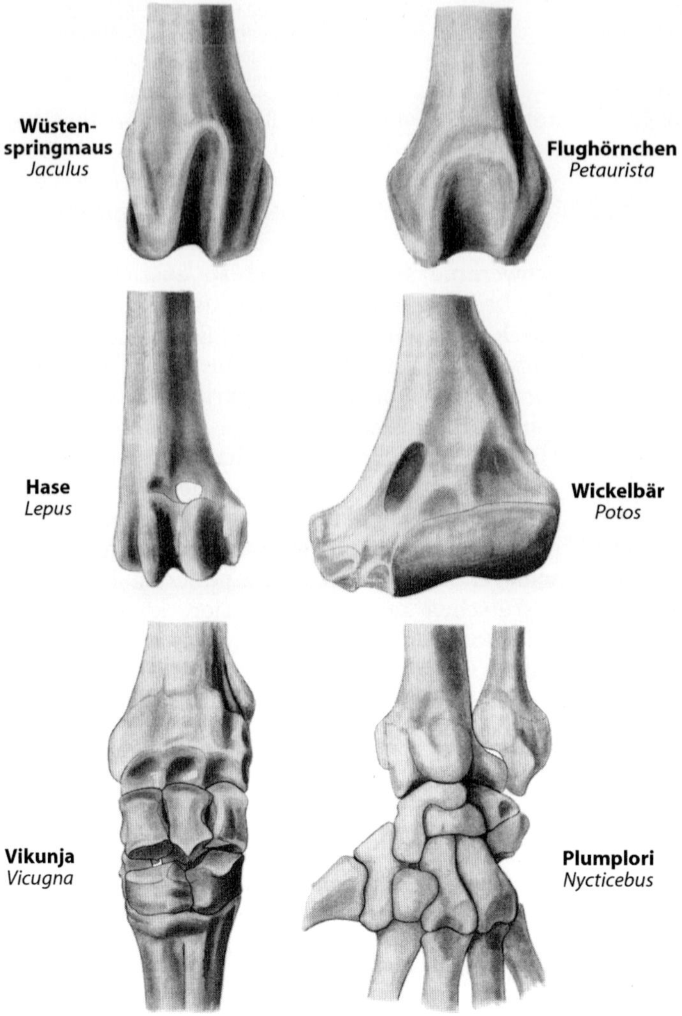


**Abb. 24.17.** Gegenüberstellung ausgesuchter Gelenke von Springern und Lauftieren (*links*) sowie von Kletterern (*rechts*). Man sieht, dass die zuerst genannten am distalen Ende des Femurs eine tiefere Rinne für die Kniescheibe haben (*oben*), eine ausgeprägtere Trochlea und Führungsleisten am distalen Ende des Humerus (*Mitte*) und mehr blockartige Carpalia in der Mittelhand (*unten*). Jede Zeichnung zeigt eine Vorderansicht der linken Seite des Körpers

und Rinnen in den Gelenken entwickelt (oder vergrößert) wurden (Finger, Knöchel oder Sprunggelenk, Ellbogen) (Abb. 24.16), oder indem kugelige Formen durch flache oder zylindrische Formen an den Gelenken ersetzt wurden (Handgelenk oder, zu einem geringeren Grad, Schulter) (Abb. 24.17).

Laufende Tetrapoden sparen außerdem viel Energie, indem sie potentielle Energie in kinetische Energie umwandeln oder indem sie elastische Federenergie abwechselnd speichern und freisetzen. Dieses wichtige Thema wird in Kapitel 29 diskutiert. Außerdem sind **physiologische Anpassungen** entscheidend für die Ausdauer. Die überlegene Ventilation bei Vögeln wurde auf S. 262 angesprochen. Unter den Säugetieren haben Distanzläufer wie Gabelantilopen und Springhasen im Verhältnis enorme Lungen, weite Luftröhren, große Herzen, viel Hämoglobin im Blut und viele Mitochondrien in den Muskeln.

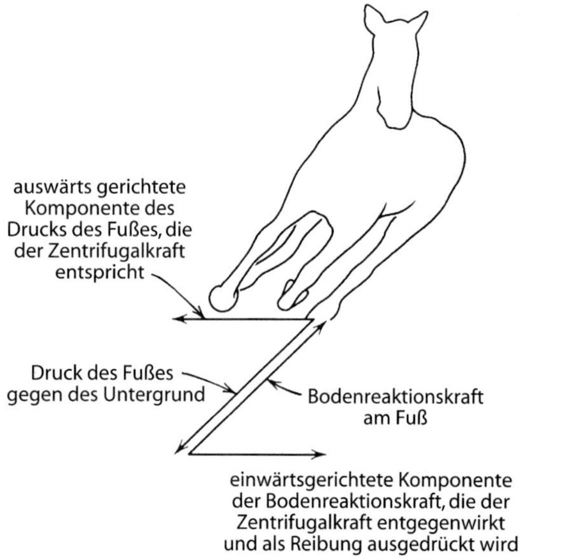


**Abb. 24.18.** Kräfte, die mit der Stabilität zu tun haben, wenn man die Richtung ändert (Kippmoment)

## 24.7 Beharrungsvermögen und Wendigkeit

Große Grasfresser und Weidegänger, die praktisch keine Feinde haben, müssen nicht besonders agil sein. Wasserbüffel, Kamele, Giraffen und Rhinozerosse können nicht schnell davonstürmen, herumwirbeln, ausweichen oder anhalten. Kleine Antilopen und bestimmte Carnivoren dagegen sind unglaublich wendig. Ein relativ leichter und geschmeidiger Körper, Aufmerksamkeit und eine schnelle neuromuskuläre Koordination sind die Hauptvoraussetzungen dafür.

Eine Konsequenz der Mechanik von Bewegungen auf gekrümmten Linien ist, dass in jeder Kurve eine nach außen gerichtete oder **zentrifugale Kraft** auftritt, die durch eine einwärts gerichtete oder **zentripetale Kraft** ausgeglichen werden muss, wenn das Objekt nicht von seinem gebogenen Kurs abkommen soll (Abb. 24.18). Die Zentrifugalkraft ist direkt proportional zur Masse und dem Quadrat der Geschwindigkeit und ist umgekehrt proportional zum Radius der Kurve. Um scharf wenden zu können, muss sich ein laufendes Tier in die Kurve legen und die Schwerlinie seines Körpers so ausrichten, dass die Resultierende aus Gewichts- und Fliehkraft durch die Kontaktzone der Füße auf dem Boden läuft. Die Fliehkraft kann durch die entgegengerichtete Bodenreaktionskraft ausgeglichen werden. Es muss ausreichend Reibung zwischen Füßen und Untergrund vorhanden sein, um ein Ausrutschen zu vermeiden – eine Voraussetzung, die durch Hufe und Klauen auf rauem Untergrund leicht erfüllt wird, obwohl eine Haken schlagende Maus auf einem polierten Boden arg ausrutschen kann. Manche Tiere können innerhalb weniger Körperlängen um 180° wenden, selbst wenn sie schnell rennen. Ihre Körper schließen mit dem Untergrund nur einen Winkel von 25° bis 30° ein, wenn sie die Richtung ändern.

Jegliche Kraft **F**, die gegen die Seite eines Tieres wirkt (Zentrifugalkraft, Winddruck oder das Drängeln eines anderen Tieres) bringt das Tier mit einem Drehmoment von **F***h* aus dem Gleichgewicht, wobei *h* die Höhe seines Massenzentrums über dem Untergrund ist (Abb. 24.19). Um Stabilität aufrechtzuerhalten, muss **F***h* kleiner sein als das Drehmoment **M***w*, wobei **M** das Ge-

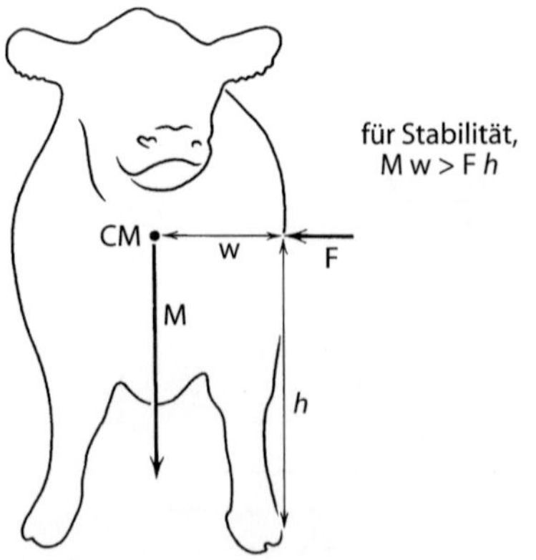


**Abb. 24.19.** Faktoren, welche die Stabilität beeinflussen (CM = Massenzentrum) (Standmoment)

wicht des Tieres und *w* die halbe Standbreite des Tieres ist. Daraus folgt, dass ein Tier, das steht oder sich geradeaus bewegt (wobei Füße auf beiden Seiten des Körpers gleichzeitig auf dem Boden sind) am sichersten ist, wenn es breitbeinig geht oder steht und kurzbeinig ist wie ein Flusspferd. Lauftiere müssen aber langbeinig sein und müssen auch oft beide rechten oder beide linken Beine gleichzeitig vom Boden heben, um hohe Geschwindigkeiten zu erreichen. Außerdem müssen sie sich, wie gerade erklärt wurde, in die Kurve legen, wenn sie rennen. Dies ist für ein sehr breitbeinig stehendes Tier schwierig. Daraus folgt, dass bei der Stabilität Abstriche zugunsten der Wendigkeit gemacht werden müssen. Agile Lauftiere kontrollieren die Seitenkräfte aktiv, indem sie die Bewegung und Stellung ihrer Gelenke anpassen und nicht passiv durch ihre Körperproportionen.

Um scharf abdrehen zu können, muss ein galoppierendes Tier außerdem mit seinem inneren Vorderbein führen. Das heißt, dass der Fuß auf der Innenseite der Kurve bei jedem zweiten Auftreten den Grund nach seinem Gegenüber berühren muss. Dies sorgt dafür, dass aufeinanderfolgendes Auftreten in Richtung der Kurve geht und das Tier über seine Stütze balancieren kann. Die glücklose Antilope kann dem Angriff des Geparden durch Ausweichen nicht entkommen, weil der Gepard praktisch in ihren Spuren folgt.

## 24.8 Gangarten

Eine sich regelmäßig wiederholende Abfolge und Art, die Beine bei der Fortbewegung zu bewegen, nennt man eine **Gangart**. Die Wahl der jeweiligen Gangart steht in Verbindung mit dem Energieaufwand, der Reisegeschwindigkeit, der Wendigkeit, der Stabilität und der Größe und Gestalt des Körpers. Wenn jedes Beinpaar, also die Vorder- oder die Hinterbeine, im gleichen Zeitabstand aufgesetzt wird, wie z. B. im Passgang, im Schritt oder im Trab, dann heißt die Gangart **symmetrisch**. Beim **Gehen im Schritt** ist jeder Fuß über die Hälfte der Zeit auf dem Boden; beim Rennen ist jeder Fuß für weniger als die Hälfte der Zeit auf dem Boden. So entsteht der Trab oder der Pass. Schwebephasen ohne Bodenkontakt verlängern die Trittlänge, so dass Trab und Pass schneller sind als der Schritt.

Im **Passgang** schwingen die beiden Beine einer Körperseite mehr oder weniger gleichzeitig, was eine Interferenz zwischen Vorder- und Hinterbeinen vermeidet. Die Familie der Kamele und manche großen Hunde bewegen sich natürlicherweise im Passgang, wenn sie sich mäßig schnell bewegen, und manche Pferde werden darauf trainiert, im Pass zu gehen (Abb. 24.20). Alle Passgänger sind langbeinig (bei kurzbeinigen Tieren wäre die Gangart unstabil).

Beim **Trab**, der wie der Passgang gewöhnlich bei mäßiger Geschwindigkeit benutzt wird, schwingen ein Hinterfuß und ein Vorderfuß auf entgegengesetzten Körperseiten ungefähr im Gleichtakt. Da die Linie zwischen den stützenden Beinen beinahe senkrecht unter dem Massenzentrum verläuft, ist diese Gangart günstig für Tiere mit breitem Körper oder, wie beim Beispiel der Eidechsen, mit Beinen, die seitlich des Körpers gehalten werden.

Beim gewöhnlichen **Gehen** sind die vier Fußtritte unabhängig. Ein Vorderfuß berührt bei den meisten Tetrapoden (mit Ausnahme der Primaten) den Untergrund direkt nachdem der Hinterfuß der gleichen Körperseite aufgesetzt hat (**laterale Sequenz**), weil dann eine Interferenz zwischen Vorder- und Hinterbein vermie-

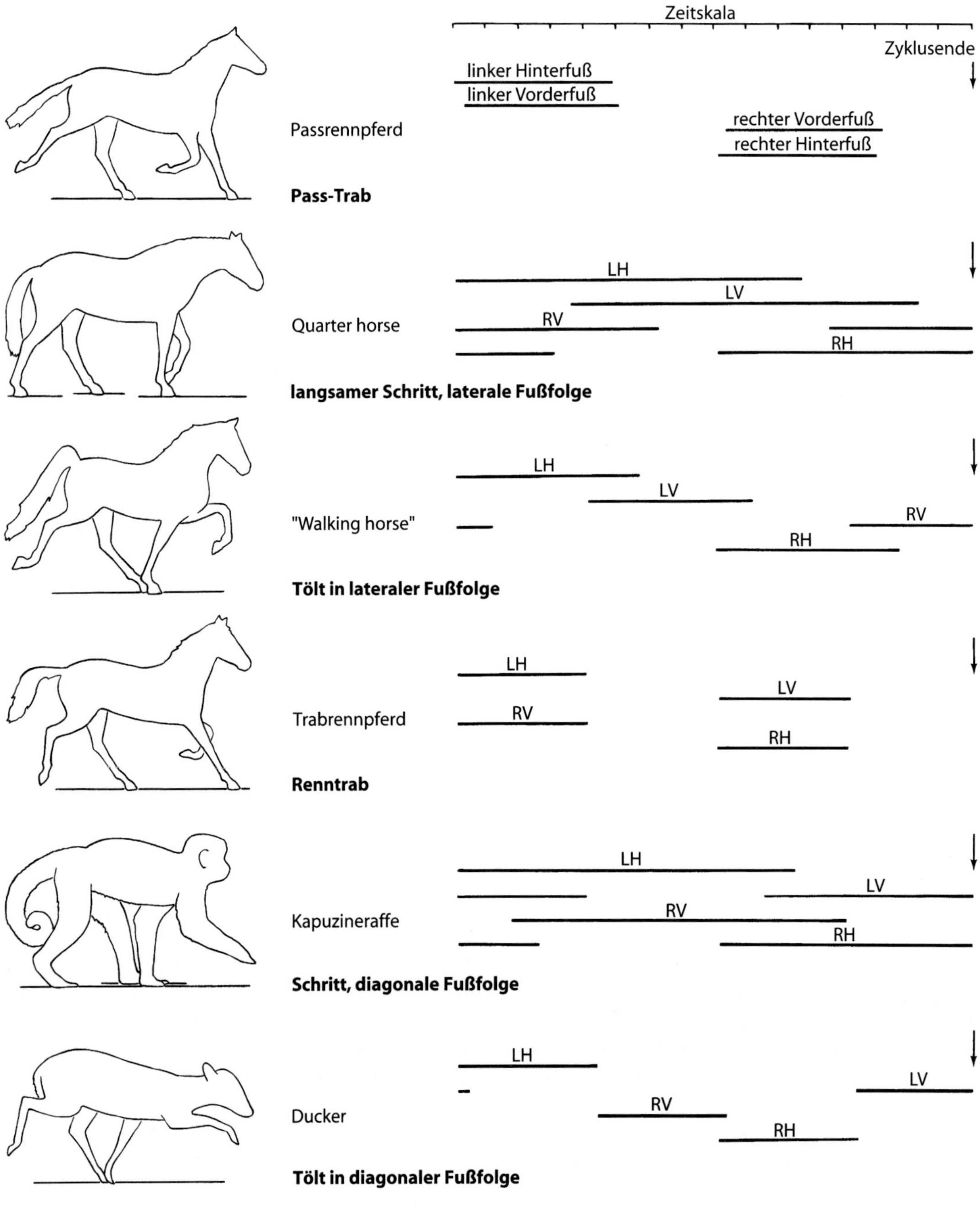


**Abb. 24.20.** Repräsentative symmetrische Gangarten von Tetrapoden. Alle Zeichnungen zeigen die Position des Körpers zu dem Zeitpunkt, wenn der linke Hinterfuß den Untergrund berührt. Wenn man sich von oben nach unten bewegt, rotieren die beiden Vorderbeine entgegen dem Uhrzeigersinn relativ zu den Hinterbeinen. Die Gangart-Diagramme zeigen durch die Länge der Linien die Kontaktdauer der entsprechenden Beine mit dem Boden. Jedes Diagramm zeigt einen kompletten Zyklus, der beginnt, wenn der linke Hinterfuß den Untergrund berührt

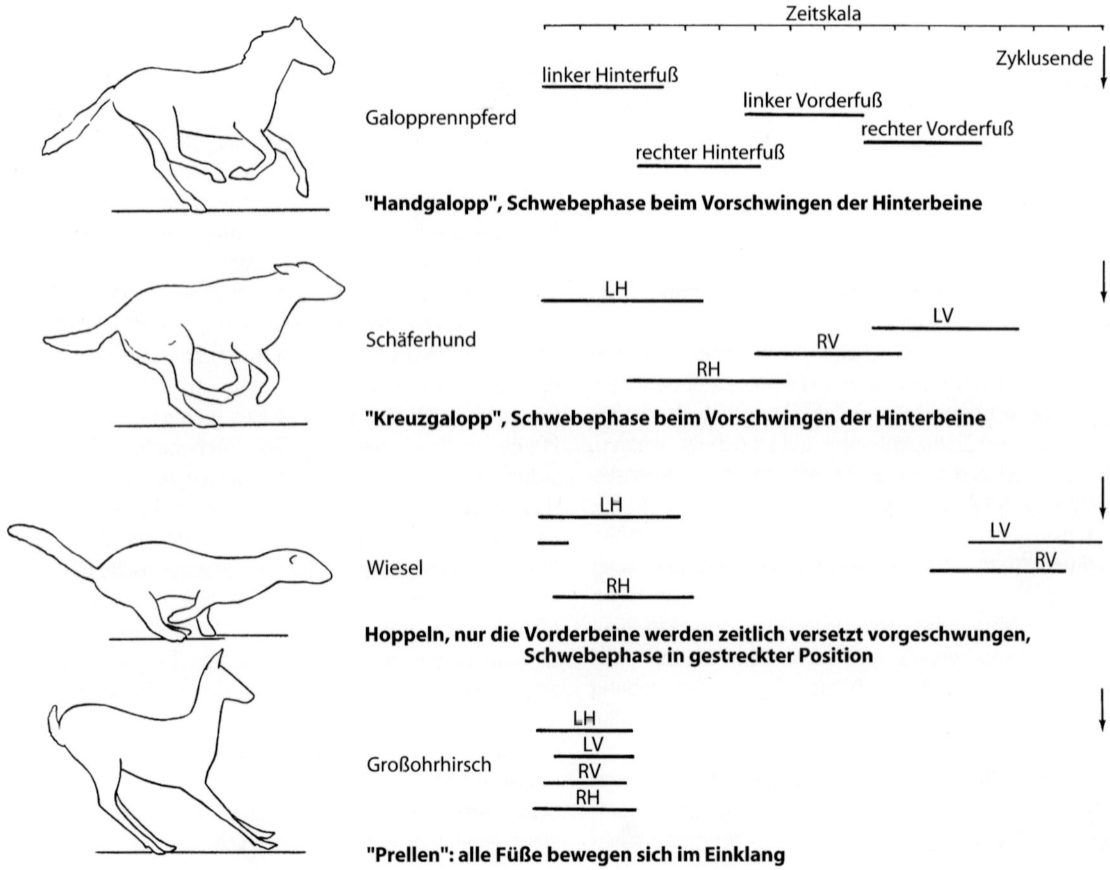


**Abb. 24.21.** Repräsentative asymmetrische Gangarten von Säugetieren. Alle Zeichnungen zeigen die Position des Körpers zu dem Zeitpunkt, wenn der linke (oder nachfolgende) Hinterfuß den Untergrund berührt. Für die Erklärung der Gangart-Diagramme siehe Abb. 24.20

den wird. Die gleiche Gangart kann auch bei hohen Geschwindigkeiten beibehalten werden, ist aber außer bei bestimmten Gangpferden ungewöhnlich. Gangarten mit unabhängigen Bodenkontakten liefern die größte Stabilität.

Die meisten Primaten und einige wenige andere Tetrapoden gehen in eher **diagonaler Sequenz**. Ein Vorderfuß berührt den Boden direkt nachdem der Hinterfuß der entgegengesetzten Seite aufgesetzt hat. Der Hinterfuß schwingt seitlich am Vorderfuß vorbei und vermeidet so eine Interferenz. Manche Lemuren und kleine Paarhufer tun dies auch beim Rennen, so dass eine trabähnliche Gangart entsteht, allerdings ohne Schwebephase.

Galoppähnliche oder springende Gangarten werden **asymmetrisch** genannt, weil die beiden Beine eines Paares mit ungleichmäßigen Intervallen aufgesetzt werden (Abb. 24.21). Der Fuß eines jeden Paares, der den Untergrund als erster erreicht, wird der „folgende" Fuß genannt; der andere ist der „führende" Fuß. Wenn die Führung vorne und hinten die gleiche ist, ist die Gangart ein **Hand- („transversaler") Galopp** (Pferd); wenn sie vorne und hinten unterschiedlich ist, ist die Gangart der wendigere, aber weniger stabile, **Kreuz- („rotierende") Galopp** (Gepard). Wenn sie nicht langsam ausgeführt werden, erhöhen asymmetrische Gangarten die Schrittlänge, indem sie Schwebephasen einfüh-

## Exkurs 24.2

### Wie viele Gangarten gibt es?

Reiter wissen, welche Gangart ihr Pferd benutzt. Pferde wissen es ebenfalls, da sie die Gangart prompt wechseln, wenn sie vom Reiter oder Lenker dazu aufgefordert werden, und in vorhersehbaren Situationen, wenn sie nicht geritten werden. Wenn jedoch die Bewegungen in Zeitlupentempo aufgezeichnet werden, um das Aufsetzen der Füße wie bei den nebenstehenden Darstellungen gegen die Zeit aufzutragen, findet man, dass aufeinanderfolgende Zyklen nur selten identisch sind, dass unterschiedliche Individuen einer Art sich oft unterschiedlich bewegen und dass, wenn man alle Tetrapoden betrachtet, die Gangarten ineinander übergehen. Es gibt nicht „das Gehen" oder „den Galopp". Jedes Schema der Namensgebung muss mit einem Kontinuum umgehen. Warum sollte man das Kontinuum in Päckchen schnüren?

Als Grundlage für die Unterscheidung bestimmter Gangarten wurden die aufeinanderfolgenden Kombinationen stützender Füße in einem lokomotorischen Zyklus benutzt. In dem Gangartendiagramm für einen Hund in Abb. 24.21 sieht man, dass es acht Stützkombinationen gibt (LH, LH+RH, RH, RH+RV, RV, RV+LV, LV, und Schwebe). **Alle** quadrupeden Gangarten (symmetrische und asymmetrische, Vorder- und Hinterbeinkontakte gleich oder ungleich) haben acht Kombinationen pro Zyklus, wenn nicht zwei oder mehr Beine den Untergrund gleichzeitig treffen oder verlassen (siehe den Ducker und das Trabrennpferd in Abb. 24.20). Man hat ausgerechnet, dass die verschiedenen Vierbeiner insgesamt mehr als 200 Kombinationen von Stützung pro Zyklus benutzen könnten. Pferde allein können ungefähr 70 benutzen. Das ist sicher keine Grundlage, um Gangarten zu benennen.

Geübte Beobachter können mit dem Auge (auf der Basis von Schnelligkeit und dem relativen Zeitgang des Fußaufsetzens) ungefähr 45 symmetrische Gangarten und etwas weniger asymmetrische Gangarten (die variabler und schneller sind) unterscheiden. Spezialisten haben beschreibende Namen für viele Gangarten geliefert, aber die meisten Beschreibungen sind umständlich und ungebräuchlich. Wer braucht sie? Das bringt uns zurück zu den Reitern (auch zu den Hundezüchtern, den Kamelreitern, den Elefantentrainern und Naturliebhabern), die nur so viele Gangarten erkennen, wie für sie nützlich sind.

ren, in denen alle Füße vom Boden abgehoben sind. Die Schwebephase kann eintreten, wenn die Beine unter dem Tier sind (Pferd), wenn sie nach hinten bzw. vorne ausgestreckt sind (Hirsch) oder in beiden Situationen (Gepard und Gabelantilope).

Kaninchen, Wiesel und viele andere Säugetiere vergleichbarer Größe setzen die Vorderfüße abwechselnd, die Hinterbeine aber mehr oder weniger gleichzeitig auf den Boden. Diese Gangart nennt man Hoppeln. Wir schlagen den Ausdruck **„asymmetrisches Hoppeln"** vor. Viele Hörnchen, Mäuse und andere kleine Säugetiere setzen auch die vorderen und die hinteren Beinpaare gleichzeitig auf und reihen so einzelne Sprünge aneinander. Wir nennen diese Fortbewegung **Paarsprung** oder **„symmetrisches Hoppeln"**. Springende Gangarten sind für kleine Säugetiere auf rauem Untergrund günstig. Beim asymmetrischen und beim symmetrischen Hoppeln muss jeder Hinterfuß lateral von seinem gleichseitigen Vorderfuß aufgesetzt werden, um so eine Interferenz auszuschließen. Das bedeutet, dass die Hinterbeine eine breitere Spur hinterlassen als die Vorderbeine. Verschiedene Paarhufer schnellen sich gelegentlich mit allen vier Beine gleichzeitig hoch in die Luft. Diese Gangart wird **„Prellen"** genannt.

Kommentare zur Wahl der Gangart in Bezug auf den Energieaufwand werden auf S. 618–620 gegeben.

## 24.9 Springen und bipedes Laufen

Springende Säugetiere können schneller aus der Ruhe (aus dem Stehen oder Sitzen) beschleunigen und sowohl die Geschwindigkeit als auch die Bewegungsrichtung schneller ändern als ihre vierbeinigen Verwandten. Dies sind wichtige Fähigkeiten, die auf Kosten der Ausdauer gehen. Da der Körper wiederholt gegen die Schwerkraft angehoben werden muss, wird viel Energie benötigt. Springer behalten ihre schnelle Fortbewegung nur selten über längere Zeit bei (obwohl sich manche Federmechanismen zunutze machen können – s. S. 618–620).

Die **Höhe** *h*, die ein Tier im Sprung erreicht, entspricht $h = \mathbf{v}^2 \sin^2\theta\, 2\, g^{-1}$, wobei **v** die aufwärtsgerichtete Geschwindigkeit beim Absprung, $\theta$ der Absprungswinkel und *g* die Erdbeschleunigung ist. $\mathrm{Sin}^2\,\theta = 1$, was maximal ist, wenn $\theta = 90°$ ist. Für einen vertikalen Sprung gilt also $h = \mathbf{v}^2\ \ 2\, g^{-1}$. Ein 250 g schwerer Galago wurde genau dabei beobachtet, als er aus der Hocke 2,26 m vertikal nach oben sprang. Da sein Körperschwerpunkt mehr als zwei Meter angehoben wurde, ist diese Leistung bemerkenswert und für jedes Tier rekordverdächtig. Immerhin ist eine Kängururatte, die 2,40 m hoch springt, ungefähr gleich gut. Ein menschlicher Hochspringer nimmt vor dem Absprung Anlauf und überführt die horizontale in eine vertikale Geschwindigkeit. Dabei hebt er aber trotzdem den Körperschwerpunkt nur um wenig mehr als 1 m an. Die Absprungsgeschwindigkeit, die benötigt wird, um den Körperschwerpunkt um 2 m anzuheben, ist 625 cm $s^{-1}$. Für eine Anhebung um 1 m sind nur 442 cm $s^{-1}$ erforderlich.

Die **Sprungweite** (R) eines Tieres hängt von der Absprungsgeschwindigkeit und vom Absprungwinkel ab: $R = (\mathbf{v}^2 \sin^2\theta)\ g^{-1}$. Theoretisch wird die maximale Weite erreicht, wenn $\theta = 45°$ ist (dann ist $R = \mathbf{v}^2\ g^{-1}$), ein Winkel also, der von Fröschen und Galagos bei langen Sprüngen tatsächlich gewählt wird. Der vertikale Sprung des Galagos, der oben beschrieben wurde, entspricht einem Weitsprung aus dem Stand von ungefähr 4,25 m. Ein menschlicher Weitspringer nimmt vor dem Absprung Anlauf. Weil er aber bei maximaler Schnelligkeit die Bewegungsrichtung nicht ausreichend ändern kann, um mit 45° abzuspringen, springt er stattdessen mit 25° bis 35° ab. Känguruatten und Springhasen schnellen sich ebenfalls gewöhnlich mit einem Absprungwinkel von weniger als 35° ab. Dieser suboptimale Absprungwinkel lässt sich dadurch erklären, dass es für die Tiere wichtiger ist, eine bestimmte Strecke hinter sich zu bringen, als die energetisch günstigere, aber höhere und langsamere Flugbahn zu wählen.

Die Beschleunigung, die benötigt wird, um die Absprungsgeschwindigkeit zu erreichen, ist $\mathbf{v}^2\ 2\, s^{-1}$, wobei *s* die Distanz ist, über welche die ausgeübte Kraft wirkt. Dies wiederum ist die funktionelle Längendifferenz des springenden Hinterbeines zwischen seiner ursprünglichen gebeugten und seiner endgültigen gestreckten Position. Wie ihre Proportionen bezeugen, sind lange Hinterbeine ein großer Vorteil für kleine Springer.

Die **Masse** *m* des Körpers geht nicht direkt in die Formeln für die Höhe und die Weite eines Sprunges ein. Die Kraft dagegen, die auf den Untergrund ausgeübt werden muss, um den Körper auf die Absprungsgeschwindigkeit zu beschleunigen, entspricht $m\mathbf{v}^2\ 2\, s^{-1}$. Wenn die Masse zunimmt, nimmt auch die Kraft ungefähr proportional zu, so dass innerhalb bestimmter Grenzen Tiere verschiedener Größe, aber gleicher Proportionen ungefähr gleich gut springen können. Trotzdem kann der Körper exzessive Kräfte nicht aushalten und wenn Tiere, die sich stark in ihrer Größe unterscheiden, verglichen werden, müssen kompliziertere physiologische Faktoren berücksichtigt werden. Man kann nicht entscheiden, ob die Heuschrecke oder das Känguru der bessere Springer ist.

Die relative Verlängerung der Hinterbeine und ihrer distalen Segmente ist bei Springern extremer als bei Lauftieren (Abb. 24.22). Die Tibia kann 1 ½-mal oder sogar doppelt so lang sein wie der Femur (s. Känguru, Abb. 24.9). Verschiedene Tarsalknochen können sich verlängern (Frösche, Koboldmakis, Galago, Abb. 26.6). Die Verlängerung der Hinterbeine von springenden Säugetieren ist umso beeindruckender, weil deren Vorderbeine nicht für Schnelligkeit gebaut sind. Sie werden gewöhnlich für die langsame

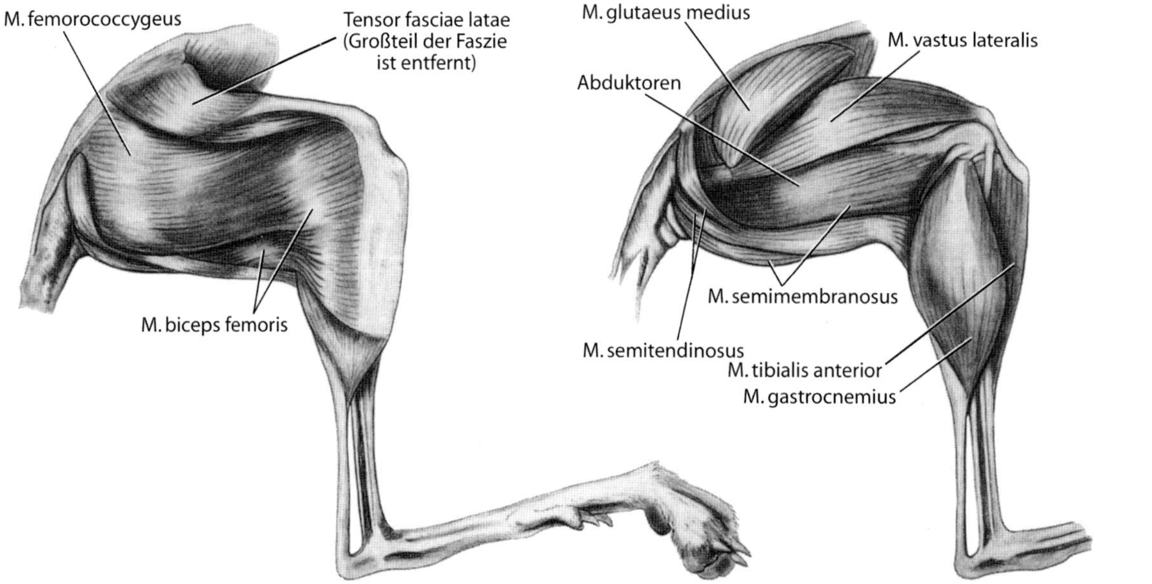


**Abb. 24.22.** Rechtes Hinterbein eines hüpfenden Nagetieres, der Springmaus, *Allactaga*, das die proximale Anordnung der Muskulatur, die verlängerten distalen Beinsegmente, die rückgebildeten lateralen Zehen und einige wichtige oberflächliche (*links*) und tiefere Muskeln (*rechts*) zeigt

Fortbewegung und für das Aufnehmen von Nahrung benutzt, so dass sie zwar nicht rudimentär werden, aber oft in der Größe reduziert sind. Manche Zweibeiner, die ihre Beine alternierend vor und zurück schwingen lassen, vergrößern die Schrittlänge durch Oszillation des Beckens um die Längsachse der Wirbelsäule. Menschen sind dafür ein bemerkenswertes Beispiel.

Bipede Reptilien haben mit springenden Säugetieren den langen Schwanz gemeinsam. Er wird während des Rennens angehoben, so dass er den Vorderteil des Körpers ausbalancieren kann und so den Körperschwerpunkt über die Hinterbeine verlagert. Eidechsen können nicht mehr biped rennen, wenn ein Teil des Schwanzes amputiert wird. Kaninchen könnten wahrscheinlich mit ihrem kurzen Schwanz nicht zu zweibeinigen Hüpfern werden. Das Fehlen eines Schwanzes korreliert mit unserer aufrechten Körperhaltung. Die meisten hüpfenden Säugetiere benutzen den Schwanz auch als Stütze und gewinnen so eine dritte Stützung, wenn sie auf den Hinterbeinen stehen. Obwohl sich das Massenzentrum eines Springers auf einer vorbestimmten Parabelkurve bewegen muss, sobald er den Bodenkontakt verloren hat und bevor er ihn wiedergewinnt, kann ein besonders angepasster Springer die Orientierung seines Körpers mitten im Sprung durch ein Schlagen mit dem Schwanz ändern. Die Kängururatte kann sogar ihre Richtung in der Luft umkehren und so beim nächsten Hüpfer in ihrer eigenen Spur zurückspringen. Der Schwanz hat oft eine Haarquaste. Sein größeres distales Gewicht und der Luftwiderstand wirken sich dann vorteilhaft auf die Effektivität bei der Kontrolle des Sprungs aus.

Vor allem bei Fröschen und Säugetieren wird eine Konzentration der Körpermasse in einer Linie mit den mächtig anschiebenden Hinterbeinen außerdem durch eine gewisse Verkürzung des praesacralen Teiles der Wirbelsäule erreicht. (Wenn Frösche springen, streckt sich die Körperachse am Iliosacralgelenk; s. Jenkins und Shubin 1998.) Die Lumbalregion der Wirbelsäule von springenden Säugetieren ist robust und hat prominente Dornfortsätze. Die Brustregion ist leicht und hat kleine Dornfortsätze. In Verbindung mit diesen Proportionen steht die relativ

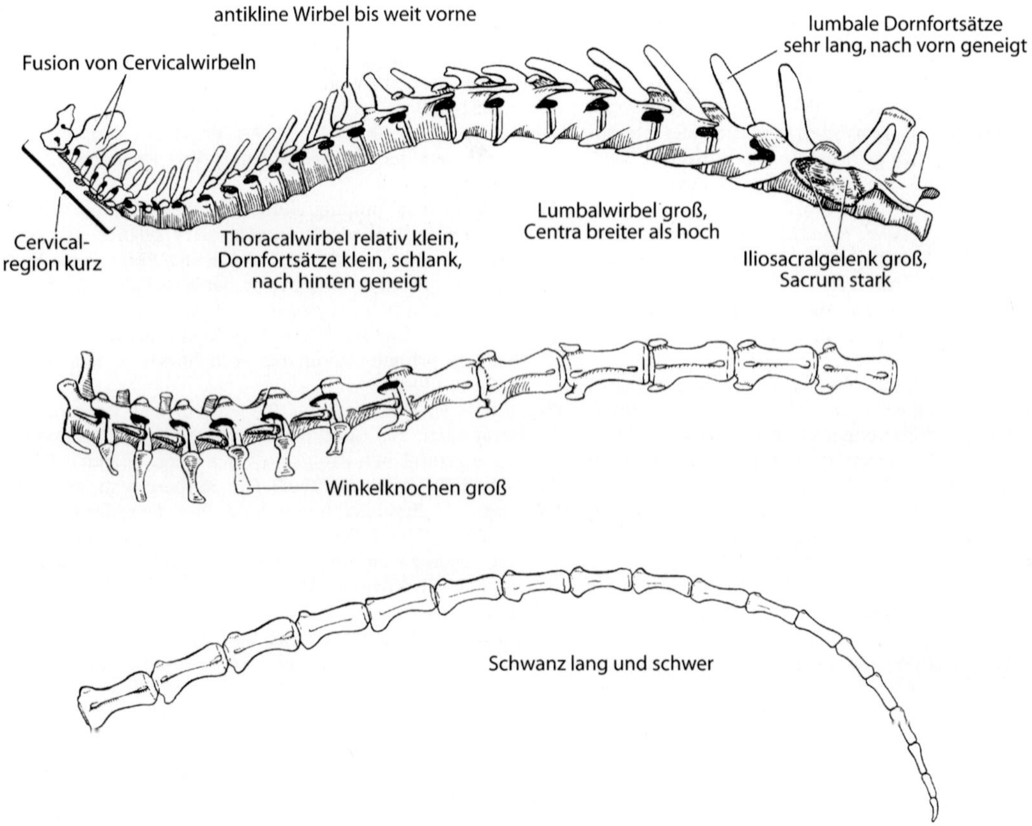


**Abb. 24.23.** Einige Charakteristika der Wirbelsäule eines hüpfenden Säugetieres, gezeigt am Springhasen, *Pedetes*

weit vorne gelegene Position der **antiklinen Wirbel** (Abb. 24.23), die einen Übergang darstellt zwischen Wirbeln mit nach hinten geneigten Dornfortsätzen und solchen mit nach vorne geneigten Dornfortsätzen. Die Cervicalwirbel springender Nagetiere verschmelzen oft, anscheinend um eine Bewegung des Kopfes zu vermindern.

Nagetiere, die hüpfen oder springen, entwickeln oft zwei ligamentöse Stoßdämpfer, die eine Peitschenschnurbewegung der Wirbelsäule limitieren. Einer ist das fächerförmige Nackenband (Ligamentum nuchae), das von den Spitzen der verlängerten Dornfortsätze der vorderen Brustwirbel nach vorne und unten verläuft, um die Cervicalwirbel an ihrem Platz zu halten. Der andere ist ein verstärktes supraspinales Ligament (Ligamentum supraspinale), das von dem vorwärtsgeneigten Dornfortsatz des letzten Lumbalwirbels zu dem nach hinten geneigten Dornfortsatz des ersten (oder zweiten) Sacralwirbels verläuft (Abb. 24.23).

## Literatur


Alexander RMcN (1991) How dinosaurs ran. Sci Am 264: 130–136

Bennet-Clark HC (1977) Scale effects in jumping animals. In: Pedley TJ (ed) Scale effects in animal locomotion. Academic Press, New York, pp 185–201

Biewener AA (1990) Biomechanics of mammalian terrestrial locomotion. Science 250:1097–1103

Biewener AA, Thomason J, Lanyon LE (1983) Mechanics of locomotion and jumping in the forelimb of the horse (*Equus*): *in vivo* stress developed in the radius and metacarpus. J Zool Lond 201:67–82

Camp CL, Smith N (1942) Phylogeny and function of the digital ligaments of the horse. Univ Calif Mem 13:69–124

Carrier DR, Gregerson CS, Silverton NA (1998) Dynamic gearing in running dogs. J Exp Biol 201:3185–3195

Emerson SB (1978) Jumping and leaping. In: Hildebrand M et al (eds) Functional vertebrate morphology. Harvard Univ Press, Cambridge/MA, pp 58–72. Liefert einen theoretischen Rahmen und wertvolle Diskussion der Methoden, mit denen Sprünge gemessen werden. Bezieht Morphologie, Biomechanik und die Größe der Springer mit ein

Gambaryan PP (1974) How mammals run: Anatomical adaptations. Wiley, New York (ursprünglich 1972 in russischer Sprache veröffentlicht)

Hall-Craggs ECB (1965) An analysis of the jump of the lesser Galago (*Galago senegalensis*). Zool Soc Lond Proc 147:20–29

Hatt RT (1932) The vertebral columns of ricochetal rodents. Am Mus Nat Hist Bull 63, Article 6:599–738. Eine gründliche Übersicht mit funktioneller Interpretation

Hildebrand M (1980) The adaptive significance of tetrapod gait selection. Am Zool 20:255–267

Hildebrand M (1985) Walking and running. In: Hildebrand M et al (eds) Functional vertebrate morphology. Harvard Univ Press, Cambridge/MA, pp 38–57

Howell AB (1965) Speed in animals: their specialization for running and leaping. Hafner, New York (ursprünglich 1944 veröffentlicht)

Irschick DJ, Jayne BJ (1999) Comparative three-dimensional kinematics of the hindlimb for high-speed bipedal and quadrupedal locomotion in lizards. J Exp Biol 202: 1047–1065. Modellstudie der Beinkinematik. Zeigt die Korrelation zwischen Beinlänge und Schrittlänge und Schnelligkeit des Tieres

Jenkins FA, Camazine SM (1977) Hip structure and locomotion in ambulatory and cursorial carnivores. J Zool Lond 181:351–370

Jenkins FA Jr, Shubin NH (1998) *Prosalirus bitis* and the anuran caudopelvic mechanism. J Vert Paleontol 18:495–510

Marsh RL (1994) Jumping ability of anuran amphibians. In: Jones JH (ed) Advances in veterinary science and comparative medicine, vol 38B. Academic Press, New York, pp 51–111. Umfassende Studie der Kinematik, Mechanik und Leistung beim Springen

Preuschoft H, Günther HH (1994) Biomechanics and body shape in primates compared with horses. Z Morph Anthrop 80:149–165

Preuschoft H, Christian A (1999) Statik und Dynamik bei Tetrapoden. In: Gansloßer U (Hrsg) Spitzenleistungen: Die unglaublichen Fähigkeiten der Tiere. Filander, Fürth

Preuschoft H, Witte H (2002) Die Körpergestalt des Menschen als Ergebnis biomechanischer Erfordernisse. In: Voland E (Hrsg) Evolution und Anpassung. Warum die Vergangenheit die Gegenwart erklärt. Hirzel, Stuttgart

Seyfarth A, Blickhan R, Van Leeuwen JL (2000) Optimum take-off techniques and muscle design for long jump. J Exp Biol 203:741–750. Zeigt, wie man die muskuloskelettalen Beiträge zur menschlichen Leistung beim Springen herausdestilliert

Snyder RC (1962) Adaptations for bipedal locomotion of lizards. Am Zool 2:191–203

# 25 Graben und Kriechen ohne Extremitäten

Vertebraten, die ihr gesamtes oder den größten Teil ihres Lebens unter der Erdoberfläche verbringen, werden als **subterran** bezeichnet. Die meisten dieser Tiere graben Tunnel und werden deshalb auch **Gräber** genannt. Viele andere Vertebraten sind oberhalb der Erdoberfläche aktiv, sind aber genauso stark an das Graben nach Nahrung oder für einen Unterschlupf angepasst. All diese Tiere nennt man **spezialisierte Gräber** bzw. **fossorial**. Manche Vertebraten leben in Bauen, die von anderen Tieren gegraben wurden und viele Tetrapoden können auch ohne ausgeprägte morphologische Anpassung etwas graben. So gräbt sich z. B. die Alligatoreidechse in Laubstreu, um sich zu verstecken, die Drossel kratzt Laub weg, um Nahrung zu finden, das Karibu kratzt den Schnee von den Flechten, die es frisst, und der Elefant schabt mit einem Vorderfuß Löcher, um an das Grundwasser zu gelangen, wenn die Oberflächenquellen ausgetrocknet sind. Dieses Kapitel wird vor allem die deutlich angepassten Gräber behandeln.

Die grabende Lebensweise hat sich möglicherweise in jeder Klasse der Vertebraten entwickelt, obwohl über das Graben bei Ostracodermata und Placodermi wenig bekannt ist. Anpassungen an das Graben haben sich unabhängig bei vielen Ordnungen von Fischen und Säugetieren entwickelt, in manchen Ordnungen auch mehr als einmal. Fortbewegung an Land ohne Beine ist oft mit dem Graben verbunden und wird am Ende des Kapitels beschrieben.

*Oben:* Gefriergetrocknetes Präparat des Vorderbeines eines Dachses

## 25.1 Vorteile des Grabens

Grabende Wirbeltiere haben verschiedene Vorteile:

- Graben schafft Mikrohabitate, die zum Ausruhen, zur Sommerruhe oder zum Winterschlaf geeignet sind. Ein Bau ist kühler und feuchter als die Wüstenluft (die meisten wüstenlebenden Nagetiere sind nur während der Nacht an der Erdoberfläche aktiv, andere müssen sich immer wieder zurückziehen, um sich abzukühlen). Der Bau ist wärmer als ein Wintersturm (Bergstreifenhörnchen könnten oberhalb des Schnees nicht schlafen, ohne zu erfrieren) und er ist relativ sicher vor Feuer (viele kleine Waldbewohner überleben die Flammen).
- Viele Gräber, v. a. kleine Vertreter finden im Boden Nahrung, wie z. B. Insekten, Insektenlarven, Regenwürmer, Wurzeln und Knollen. Manche Räuber graben solche kleinen Gräber als ihre Nahrung aus.
- Gräber können Nahrung unter der Erde horten, wo sie vor anderen Tieren und dem Wetter sicher ist und auch noch während einer anderen Jahreszeit zugänglich sein wird. Pfeifhasen und viele Arten von Nagetieren, wie z. B. Hamster legen große Lager aus trockenem Gras oder Körnern an. Der Eisfuchs vergräbt Vorräte aus Vögeln und Eiern.
- Beinahe alle grabenden Vertebraten entkommen ihren Räubern, indem sie sich unter die Erdoberfläche zurückziehen. Viele entfernen

sich nicht weit von ihren Löchern und huschen bei dem leisesten Anzeichen von Gefahr sofort zurück.

- Graben schafft geschützte Nester und Verstecke zur Eiablage oder zur Jungenaufzucht. Viele Wirbeltiere, vom 10 g schweren Ohrenspitzmausmaulwurf bis zum 60 kg schweren Erdferkel, ziehen ihren Nachwuchs unter der Erde auf.

## 25.2 Grabende Vertebraten

### 25.2.1 Agnatha und Fische

Die abgeflachten Körper und dorsal liegenden Augen der Cephalaspida und Antiarchi deuten darauf hin, dass sie sich am Boden aufgehalten und dort ihre Nahrung gesucht haben. Vielleicht haben manche gegraben, um Nahrung zu finden oder sich zu verstecken. Rochen sind dorsoventral abgeflacht und können sich selbst leicht mit Substrat bedecken, wobei nur die Augen und die Spritzlöcher frei bleiben. Plattfische sind bilateral abgeflacht und liegen ständig auf einer Seite. Das Auge der unteren Seite wandert während der Ontogenese auf die obere Seite. Ein flaches Eingraben kann die schützende Färbung ergänzen und macht diese Fische fast unsichtbar. Unter den stärker fossorialen Knochenfischen sind einige Grundeln, Welse, der Kieferfisch (Opisthognathidae) und verschiedene Aale. Buntbarsche (Cichlidae) und Sonnenbarsche (Centrarchidae) graben Brutlöcher oder Mulden in das Substrat. Kiemenschlitzaale (Synbranchiformes) graben tiefe und ausgedehnte Baue. Dipnoi graben vertikale Röhren in den Schlamm, wo sie während Trockenzeiten ausharren.

### 25.2.2 Amphibien

Die besten und am stärksten abgewandelten Gräber unter den Amphibien sind die Apoda (Abb. 4.2). Ihre Anpassungen umfassen den Verlust der Extremitäten, eine schlanke, schlangenähnliche Körperform, einen stumpfen oder abgeflachten und keilförmigen Kopf, einen relativ festen Schädel und starke Muskeln zum Anheben und Drehen des Kopfes, wenn er zum Graben eines Baues gegen das Substrat gedrückt wird. Manche kurzbeinigen Urodelen schlängeln sich durch Laubstreu und lockere Erde. Andere, z. B. auch die Ambystomidae (Querzahnmolche, „Maulwurfsalamander“), haben untersetzte Körper und kräftige Beine, mit denen sie graben. Anura graben oft im Schlamm und verschiedene Spezies graben mit ihren Hinterbeinen oder (seltener) ihren Vorderbeinen und Köpfen Löcher in die Erde.

### 25.2.3 Reptilien und Vögel

Viele Schlangen sind Gräber. Amphisbaenia und beinlose Eidechsen (Abb. 25.1) haben ähnliche Lebensgewohnheiten und eine konvergente Struktur entwickelt. Auch viele Skinke und andere Eidechsen graben oder bedecken sich mit Erde. Auch die Brückenechse zieht sich unter die Erdoberfläche zurück. Alle Seeschildkröten vergraben ihre Eier, indem sie die Hinterbeine als Schaufeln benutzen. Landschildkröten haben die Vorderbeine in effektive Grabgeräte umgewandelt.

Kein Vogel hat offensichtliche anatomische Anpassungen an das Graben, aber Sturmtaucher, Papageientaucher, manche Pinguine, eine Eule und verschiedene andere Vögel bauen ihre Nester in Höhlen oder in Bauten, die sie entweder von Säugetieren übernehmen oder selbst mit viel Arbeit unter Benutzung von Schnabel und Füßen bauen.

### 25.2.4 Monotremata und Marsupialia

Das Schnabeltier (Platypus) und die Schnabeligel (Echidna) sind sehr kräftige Gräber. Das Platypus legt seine Klauen frei, indem es die Interdigitalhäute, die zum Schwimmen benutzt werden, wegklappt. Der Beutelmaulwurf gehört zu den am stärksten angepassten subterranen Säugetieren (Abb. 25.2). Ein Nasenbeutler gräbt und der Wombat, der ungefähr ein Drittel des Gewichts von einem Menschen hat, kann einen 30 Meter langen Bau ausheben.

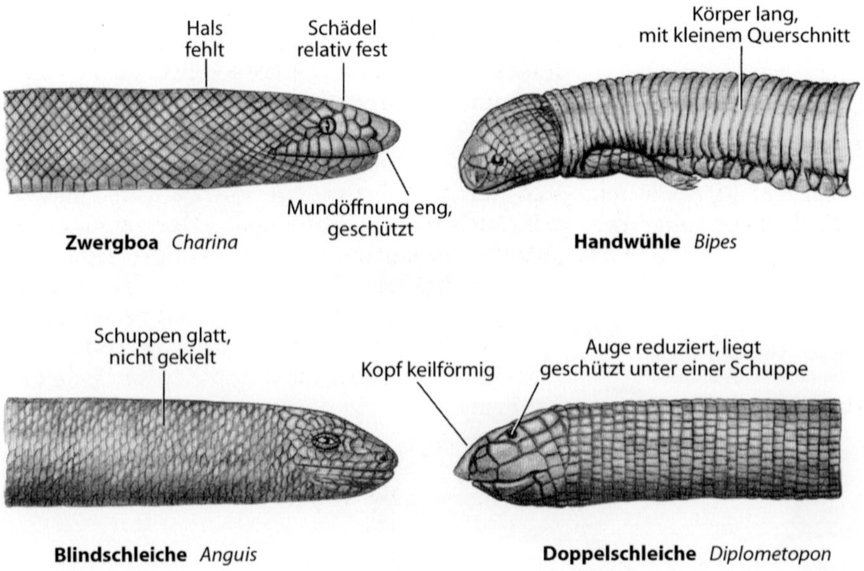


**Abb. 25.1.** Auswahl von Reptilien, die durch die Erde kriechen und Anpassungen an diese Art des Grabens zeigen

### 25.2.5 Insectivora

Ungefähr ein Dutzend Gattungen echter Maulwürfe (Familie Talpidae) sind außergewöhnlich effektive Gräber. Maulwürfe können direkt unter der Oberfläche in der von ihnen bevorzugten feuchten Erde mit 2 Körperlängen pro Minute und 200 Körperlängen pro Tag vorwärtskommen. Die nicht mit ihnen verwandten Goldmulle (Familie Chrysochloridae) gehören zu den am stärksten spezialisierten subterranen Gräbern, welche die Erde mit starken Klauen wegkratzen. Igel, Wühlspitzmäuse (*Anourosorex*) und Tanreks graben ebenfalls Baue.

### 25.2.6 Edentata, Schuppentiere, Erdferkel und Carnivora

Gürteltiere (neun Gattungen), Schuppentiere und das Erdferkel sind die stärksten Kratzgräber (wie unten definiert wird). Ameisenbären graben nicht, sondern reißen die Termitennester und die Erde auf, um Insekten zu fangen. Der große Ameisenbär soll sich aber in Erdlöcher zurückziehen. Die sechs Gattungen von Dachsen und der Honigdachs sind Gräber. Manche von ihnen buddeln grabende Nagetiere als Nahrung aus. Verschiedene Canidae (Hundeartige) heben Verstecke aus oder graben, um Nahrung zu horten, haben aber trotzdem kaum morphologische Anpassungen ans Graben.

### 25.2.7 Hasenartige und Nagetiere

Die Steppenpfeifhasen und die weniger ans Laufen angepassten Kaninchen sind mäßig gute Gräber. Die Ordnung Rodentia enthält mehr grabende Vertreter als jede andere Ordnung, aber nur wenige werden hier erwähnt. Das Stummelschwanzhörnchen gräbt in den Uferbänken von Bächen. Erdhörnchen, Murmeltiere und Präriehunde (sie alle gehören zur Familie Sciuridae) sind hervorragende Gräber. Viele von ihnen graben ausgedehnte Bausysteme in harte Erde. Taschenratten (acht Gattungen in der Familie Geomyidae) sind unterirdische Nagetiere aus Amerika, die weitläufige Gangsysteme bauen. Kängururatten, Springmäuse und Springhasen sind alle Springer, bringen es aber fertig, Tagesverstecke in sandige Erde zu graben. Afrikanische Blessmulle (Familie Bathyergidae) sind Experten darin, mit ihren Zähnen zu

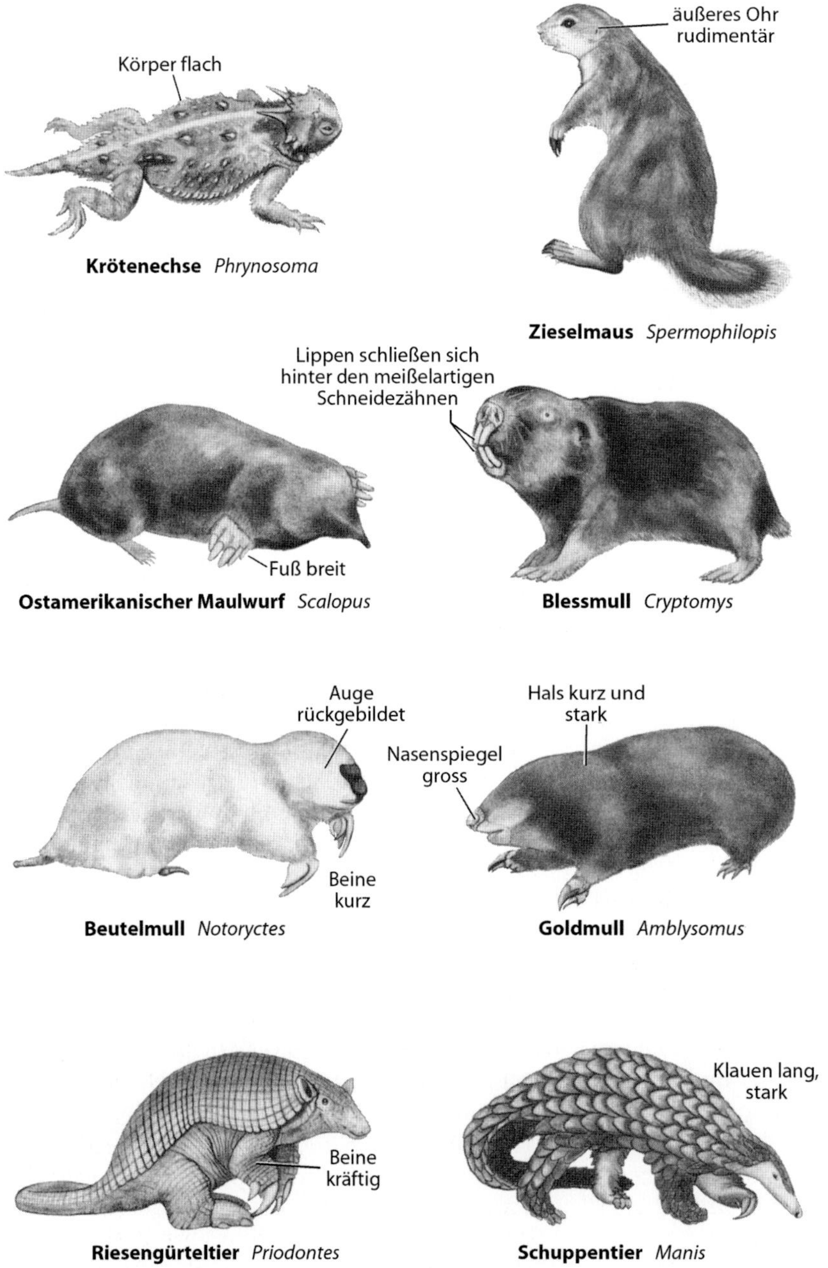


**Abb. 25.2.** Weitere Beispiele von Gräbern; ihre Anpassungen sind hervorgehoben

graben. Die mediterrane Blindmaus (Spalacidae), die Bambus- und Wurzelratten (Rhizomyidae) und alle außer einem der Mulllemminge (Muridae) graben ebenfalls mit ihren Zähnen. Der asiatische Blindmull oder Zokor (Cricetidae) hat enorme Vorderklauen und ist ein Kratzgräber. Der mit ihm verwandte Wühlhamster (*Blarinomys*), die Grabmäuse (*Oxymycterus*), der Blindmull (*Geoxus*) und der nicht näher verwandte Tuco-Tuco (Ctenomyidae), alle aus Südamerika, sind ebenfalls Kratzgräber. Ihr Nachbar, der Coruro (Octodontidae) benutzt wahrscheinlich seine Zähne.

Um die Fähigkeiten grabender Tiere besser würdigen zu können, stelle man sich einen sportlichen Wettbewerb vor, der bestimmen würde, welcher menschliche Wettkämpfer als erster das 30fache seines Körpergewichts an Erde nur unter Verwendung der Fingernägel lockern und dann mit Händen und Füßen 10 Meter weit transportieren und auf einen Haufen aufstapeln kann, der so hoch ist, dass er ihn gerade noch erreichen kann. Der kleine Tuco-Tuco leistet dies nicht im Wettkampf, sondern im Rahmen seiner täglichen Aktivität. Und wer weiß, bei einer Olympiade der Tiere würde der Tuco-Tuco es vielleicht nicht einmal an den Taschenratten, Blindmullen und Blessmullen vorbei bis ins Finale schaffen.

## 25.3 Allgemeine Anforderungen an Gräber

Grabende Vertebraten müssen bestimmte Anforderungen erfüllen:

- Alle Gräber müssen Sand, Staub und Erde von dem Mund, den Augen, den Ohren, den Atemwegen sowie von der Kloake oder dem Anus fernhalten.
- Die meisten Gräber müssen in der Erde oder innerhalb sehr eng begrenzter Räume manövrieren. Viele müssen in kompletter Dunkelheit ihren Weg finden, Räuber entdecken und vermeiden, und manche müssen ihre Geschlechtspartner lokalisieren und die Eier schützen.
- Alle, die nicht in Sand, Streu oder weichem Schlamm graben, benötigen Werkzeuge, um harte Erde aufzubrechen und aufzulockern.
- Die meisten Gräber müssen je nach Grabtechnik große Kräfte gegen die Erde ausüben.
- Alle Gräber brauchen riesige Finger- und Zehenbeuger und entsprechend große Gelenkflächen.
- Alle, die permanent durchgängige Baue anlegen, müssen die Erde entweder verfestigen oder sie wegtransportieren und entsorgen.
- Da der Energieaufwand beim Graben sehr hoch ist, müssen auch die besten Gräber Energie sparen und Wärme abgeben. Diejenigen, die sich in geschlossenen Bausystemen anstrengen, müssen mit sehr wenig Sauerstoff auskommen (die Besprechung der zuletzt Genannten wird auf Kap. 29 verschoben).

## 25.4 Verschiedene Arten des Grabens

Wirbeltiere graben auf viele verschiedene Arten:

- Eine erste Methode kann **Bedeckungsgraben** (*Cover-up*-Graben) genannt werden. Das Tier bedeckt sich lediglich selbst mit Sand oder weichem Schlamm. Es macht kein offenes Loch, bewegt sich auch nicht durch das Substrat fort und gräbt nur selten tief. Das Tier kann sich selbst bedecken, um in seinem Biotop unter der Oberfläche zu verschwinden, aber meistens gräbt es sich ein, um auf Beute zu lauern (mit vorstehenden, nicht bedeckten Augen) oder um Räubern zu entkommen oder sich vor ihnen zu verstecken. Der Gräber kann sich in lockeren Sand oder Schlamm schieben (manche Fische und Anura), seinen Körper für einige Sekunden vibrieren lassen, bis er im Sand abgetaucht ist (manche Wüsteneidechsen), schnell rennen oder schwimmen und dann in den Sand eintauchen (mehrere Eidechsen, verschiedene Fische), seinen Körper undulieren, um in ein weiches Substrat einzudringen (*Branchiostoma*, *Ammocoetes*, einige Knochenfische) oder er kann seinen Körper von Seite zu Seite schwingen und so einen Trichter bilden, in den er versinkt (mehrere Schlangen). Die meisten dieser Tiere haben flache Körper und etwas abgewandelte Sinnesorgane. Dennoch sind ihre Anpassungen in erster Linie verhaltensphysiologisch, und Bedeckungsgräber werden normalerweise nicht als spezialisierte Grabtiere bezeichnet.
- **Erdkriechen** ist die Bezeichnung, die wir für eine zweite allgemeine Technik verwenden, die von Kiemenschlitzaalen, Apoda, manchen Salamandern, Amphisbaenia, beinlosen oder kurzbeinigen Eidechsen und grabenden Schlangen benutzt wird (Abb. 25.1). Das Tier

bewegt sich meist durch weichen oder sandigen, z.T. aber auch ziemlich festen Boden. Oft schließt sich das Substrat hinter dem Tier wieder, so dass kein permanenter Bau entsteht. Die Erde kann stattdessen auch verdichtet bleiben und so eine Röhre bestehen lassen. Eine sehr ausgeprägte Spezialisierung wird dafür benötigt. Der Körper ist lang und schlank, was die Menge an Erde reduziert, die verlagert werden muss. Beine sind reduziert oder fehlen vollständig. Der Kopf dient in der Regel als Grabinstrument. Er ist meist keilförmig, der Schädel ist kompakt und stark verknöchert.

- Verbreitet ist die dritte Methode des Grabens, das **Kratzgraben**. Durch abwechselndes Beugen und Strecken der Beine in der Art eines Hundes, der einen Knochen vergräbt, reißt und lockert das Tier die Erde mit seinen Klauen auf und drückt oder schleudert sie nach hinten. Manche Schildkröten, manche Vögel, Gürteltiere, Schuppentiere, Carnivora, Erdhörnchen und verschiedene andere Säugetiere graben auf diese Weise. Auch in hartem Boden werden so oft Nester, Höhlen und Baue ausgehoben.
- Eine vierte Methode, das **Zahngraben**, wird von Taschenratten, Blindmullen und verschiedenen anderen Nagetieren angewandt. Riesige nagende Schneidezähne und kräftige Kiefer- und Halsmuskeln werden dazu benutzt, die Erde zu lockern, die dann mit Kopf oder Füßen bewegt wird. Feuchte oder ansonsten bewegliche Erde wird gewöhnlich bevorzugt, aber auch in harter Erde kann auf diese Weise ein Gang ausgehoben werden.
- Eine fünfte Methode ist das **Oberarmgraben.** Die Methode wird am besten am Beispiel der echten Maulwürfe gezeigt. Ein Maulwurf, der an die Oberfläche gesetzt wird, kann sich innerhalb von sechs Sekunden in die von ihm bevorzugte feuchte Erde eingraben. Diese unterirdischen Grabmaschinen haben breite schaufelartige Vorderfüße und sehr kurze, kräftige Vorderbeine. Weder Pronation noch Supination des Unterarms tritt auf. In scharfem Gegensatz zu Kratzgräbern positioniert eine leichte Bewegung am Ellbogen lediglich die Hand, ohne einen kräftigen Schlag auszuführen. Der Ellbogen liegt hoch oberhalb der Schulter und die Kraft für das Graben kommt aus der Rotation des einzigartig kurzen, aber breiten Humerus um seine eigene Längsachse (Abb. 25.3). Dies wird bei Maulwürfen in erster Linie durch den vergleichsweise riesigen M. teres major erreicht. Der Schnabeligel hält seinen breiten Humerus horizontal zum Boden und rotiert den Knochen um seine Längsachse, wenn er läuft. Wahrscheinlich sind diese starken Tiere ebenfalls Oberarmgräber.

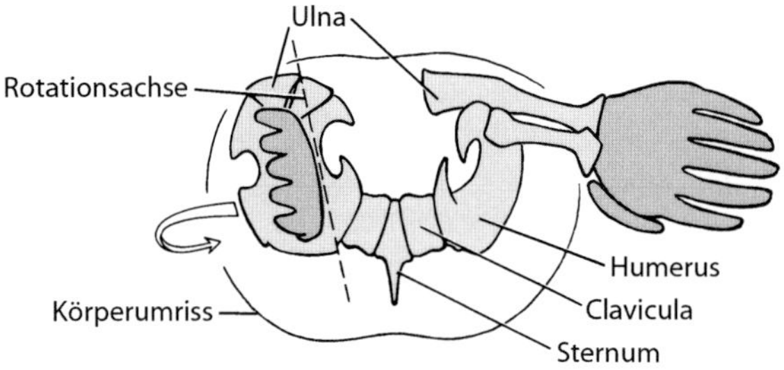


**Abb. 25.3.** Der Mechanismus des Oberarmgrabens, gezeigt am Maulwurf *Scapanus*, in Frontalansicht

- Goldmulle und andere Nagetiere benutzen **Kopfgraben**, um flache Tunnel zu machen oder lockere Erde zu verfestigen. Manche dieser Geschöpfe können das 15–20fache ihres eigenen Körpergewichts mit ihren Köpfen heben. Die Halsmuskeln und die Extensoren des Armes sind überaus kräftig.
- **Graben durch Einhaken und Reißen** ist die Methode, die von Ameisenbären benutzt wird. Sie haken ihre riesigen Klauen in eine Fuge in einem Termitenhügel oder in einem Ameisennest ein und reißen es auseinander. Die Flexoren und Supinatoren des Armes sind vergrößert.

Manche Vertebraten graben mit mehr als einer Methode. Viele Nagetiere sind sowohl Kratzer als auch Zahngräber. Mehrere Reptilien kratzen entweder mit ihren kurzen Vorderbeinen oder legen sie nach hinten und benutzen das Erdkriechen. Außerdem passen verschiedene Gräber nicht in diese Klassifikation (z.B. der Lungenfisch, der im Schlamm mit Körper und Flossen gräbt, der Kieferfisch, der Steine mit seinen kräftigen Kiefern bewegt und anordnet, und das junge Krokodil, das Tonbrocken aus einer schlammigen Uferbank herausbeißt). Manche Vertebraten nisten sich als ungebetene Gäste in Bauten (leer oder besetzt) ein, die von ihren mehr graborientierten Vettern gegraben wurden, und sorgen selber nur für Hausputz und leichte Umbauten.

## 25.5 Wie man Schmutz vom Mund, den Sinnesorganen und den Lungen fernhält

Große Gräber (Wombat, Erdferkel, Dachs) können ihren Mund wahrscheinlich zumindest die meiste Zeit aus der Erde heraushalten. Bei grabenden Amphibien, Reptilien und Insectivoren haben die geschlossenen Kiefer eine sehr enge Passform. Der Rand des einen Kiefers passt oft in eine Rinne im anderen und bildet so einen dichten Verschluss. Der Unterkiefer mancher grabenden Reptilien ist hinter den Oberkiefer zurückgesetzt. Die vorstehenden, meißelartigen Schneidezähne der Zahngräber liegen vor den behaarten Lippen, so dass der Schmutz während des Nagens aus dem Mund ferngehalten wird.

Tagaktive Vertebraten, die graben, um Nester zu bauen, Junge aufzuziehen oder ihren Winterschlaf zu halten, die aber an der Erdoberfläche ihre Nahrung suchen, haben normal große Augen (Schildkröten, Igel, Erdhörnchen, Caniden). Nachtaktive Nagetiere, die im Bau der Tageshitze entkommen, haben große Augen (Kängururatten und Springmäuse). Wahrscheinlich schließen diese Tiere ihre Augen bei Bedarf, wenn sie graben. Möglicherweise haben einige von ihnen besondere Mechanismen entwickelt, um die Augen zu reinigen. Schlangen und bestimmte Eidechsen haben verwachsene, aber durchsichtige Augenlider. Verschiedene Gattungen grabender Schlangen haben „Hörner", die über die Augen hinausragen und sie wahrscheinlich schützen. Die echten Grabspezialisten haben kleine bis winzige Augen (Monotremata, Gürteltiere, Schuppentiere, Taschenratten, afrikanische Blessmulle, Wurzelratten und Tuco-Tuco) oder rudimentäre Augen, die hell und dunkel unterscheiden, aber kein Bild formen können und die oft unter der Haut verborgen bleiben (Apoda, Amphisbaenia, Beutelmaulwurf, echte Maulwürfe, Goldmulle und der Mittelmeerblindmull).

Viele grabenden Amphibien und Reptilien haben keinen äußeren Ohrkanal. Wenn ein Tympanum vorhanden ist, ist es dick. Die Schallwahrnehmung wird oft über einen speziellen Mechanismus vermittelt, der die Haut, die Kiefer oder andere Strukturen einschließt und der für die Wahrnehmung von niederfrequenten Vibrationen des Untergrunds geeignet ist. Der äußere Ohrkanal grabender Säugetiere ist in der Regel eng. Wahrscheinlich können manche Gräber diesen Kanal sogar verschließen.

Die äußeren Nasenöffnungen der Gräber sind ebenfalls eng. Bei grabenden Reptilien ist der äußere Teil der Nasenpassage eng und richtet sich von den Nasenlöchern nach oben. Feuchtigkeit um die Nasenlöcher kann zum Anhaften von Sand führen und das Einatmen einzelner Sandkörner verhindern. Die Öffnungen können durch muskuläre Klappen oder erektiles Gewebe verschlossen oder zumindest verkleinert werden, und sie können durch eine Hautfalte bedeckt sein. Das Gürteltier kann für drei bis vier Minuten aufhören zu atmen, wenn es eifrig im Staub oder Sand gräbt. Manche Spitzmäuse haben eigenartige Diverticula der Lungen, die in gewissem Umfang geeignet erscheinen, Fremdmaterial aufzufangen und zu entsorgen.

## 25.6 Manövrieren im Untergrund

Das Manövrieren in den Grenzen einer engen Röhre wird durch verschiedene Merkmale erleichtert. Manche grabenden Amphibien und Reptilien und alle grabenden Säugetiere sind kurzbeinig. Die Wirbelsäule ist relativ steif bei grabenden Schlangen, aber flexibel bei grabenden Säugetieren. Manche von ihnen können auf engstem Raum wenden, indem sie sich zu einem Ball zusammenrollen und dann in der neuen Richtung entrollen. Mehrere grabende Vertebraten haben eine so lockere Haut, dass sich das

Tier bis zu einem bestimmten Grad innerhalb seiner Haut umwenden kann und dann die Haut nachzieht. Alle Gräber können sehr gut rückwärts gehen.

Manche Gräber haben spezielle Gründe, um lange Schwänze zu erhalten: Springer benutzen ihren Schwanz, um ihre Lage im Raum während der Flugphase beeinflussen zu können, das Schuppentier benutzt seinen als Greiforgan beim Klettern und zahlreiche Spezies benutzen den ihren als Stütze beim Graben. Ansonsten scheint ein Schwanz dem Evolutionsprozess unter der Erde eher im Weg gewesen zu sein. In der Regel ist der Schwanz sogar bei grabenden Schlangen und manchen anderen beinlosen Gräbern kurz (wobei manche Amphibien und Eidechsen allerdings Ausnahmen bilden). Manche kleinen fossorialen Wirbeltiere haben kurze oder überhaupt keine Schwänze (Apoda, Goldmull, mediterraner Blindmull und verschiedene andere).

Wie subterrane Tiere ihren Weg in der absoluten Dunkelheit eines tiefen Baues finden, ist nur unvollständig bekannt. Ein besonderer Sinn für Richtung und die Erinnerung an eine genaue Karte des Heimatterritoriums wurde bei verschiedenen Gräbern nachgewiesen. Der Tastsinn ist bei manchen Gräbern sehr gut entwickelt. Tasthaare finden sich gewöhnlich am Kopf und können auch an den Seiten der Füße, am Schwanz und anderswo auftreten. Viele Gräber sind besonders empfindlich für niederfrequente Schallwellen, die sie durch das Erdreich erreichen können. Die Blindmaus *Spalax* kommuniziert unter der Erde durch schnelles Trommeln mit dem Kopf gegen die Erde.

## 25.7 Grabwerkzeuge

Wenn ein Mensch trockenen Sand oder Waldboden schaufelt, muss er Energie aufwenden, um das Material zu transportieren, aber praktisch keine, um es aufzubrechen oder zu lockern. Dasselbe gilt für Gräber, die sich auf lockere Erde oder Sand beschränken. Entsprechend brauchen sie keine Werkzeuge, um kompakten Boden aufzubrechen.

Wenn man feuchte Erde schaufelt, muss man zunächst Portionen losbrechen, bevor man sie bewegen kann, aber das ist nicht besonders schwierig. Eine große Schaufel reicht dafür durchaus. So beschränken Maulwürfe ihre Aktivitäten auf mäßig feste Erde. Sie verdichten, brechen und scharren die Erde, indem sie mit ihren festen Klauen drücken oder schaben. Auch hier ist eine große „Schaufelfläche" effektiv. Maulwürfe haben breite Klauen und sehr breite Vorderfüße (Abb. 25.3 und 25.9). Ganz ähnlich graben Amphisbaenia, indem sie den keilförmigen Kopf in die Erde rammen und dann – je nach Art – den Kopf heben, um die Erde in die Wand des Baues zu drücken.

Wer in trockener, verdichteter Erde gräbt, muss viel Energie aufwenden, um die Erde aufzubrechen, bevor sie bewegt werden kann. Die „Schaufel" kann nicht in unbehandeltes Material gestemmt werden, deshalb wird zunächst eine „Hacke" benutzt, um sie aufzulockern. Die Effektivität der Hacke beruht darauf, dass sie große Kraft auf eine begrenzte Fläche ausübt; das bedeutet, dass mit jedem Schlag ein hoher Druck ausgeübt wird. Meißelzahn- und Kratzgräber unter den Vertebraten vermeiden in der Regel felsige und ansonsten undurchdringbare Böden, aber viele von ihnen graben in bemerkenswert harter Erde. Sie nagen mit ihren Schneidezähnen oder kratzen mit ihren scharfen Klauen und üben so großen Druck an einer bestimmten Stelle aus, bevor sie sich einem anderen Ort zuwenden. Die Klinge muss für diese Arbeit lang und stark sein. Der Dachs hat fünf Krallen, wobei die längste halb so lang ist wie der Unterarm zwischen Ellbogen und Handgelenk. Der Tuco-Tuco, das Stummelschwanzhörnchen, Taschenratten und Erdhörnchen haben drei bis vier lange Krallen, wobei die längste (bei manchen Taschenratten) drei Viertel der Länge des Unterarms haben kann. Die Ameisenbären, Beutelmulle und Goldmulle haben nur eine oder zwei lange Klauen, wobei die längste (bei manchen Goldmullen) länger sein kann als der Unterarm (Abb. 25.7). Die „Schaufeln" der Maulwürfe können gegen weiche Erde mehr Kraft in Relation zum Körpergewicht ausüben als die „Klingen" der Erdhörnchen, aber ein Erdhörnchen bringt gegenüber härterem Boden

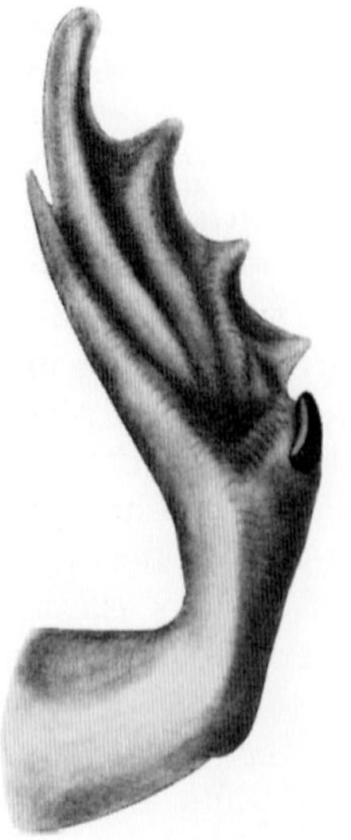

**Abb. 25.4.** Fuß des Krötenfrosches *Scaphiopus* mit dem Tuberkel für das Graben

ungefähr doppelt so viel Druck auf wie der Maulwurf.

Die Werkzeuge der Gräber sind einer immensen Abnutzung ausgesetzt. Grabende Reptilien werden mit diesem Problem fertig, indem sie aufeinanderfolgende Generationen der Epidermis öfter häuten und so dem Abrieb neue Oberflächen bieten. Die oberen Schneidezähne mancher Taschenratten wachsen mit einer Geschwindigkeit von 248 mm pro Jahr. Die unteren Schneidezähne, die mehr bewegt werden, da sich der Unterkiefer gegen den Oberkiefer und Kopf vor und zurück bewegt, können sogar 445 mm pro Jahr wachsen. Diese Wachstumsraten sind zweieinhalb bis dreimal so groß wie diejenigen von nichtgrabenden Nagetieren vergleichbarer Größe. Ganz ähnlich kann die mittlere Vorderklaue einer Taschenratte ungefähr 90 mm pro Jahr wachsen und die eines Tuco-Tuco 72 mm pro Jahr.

Die Schneidezähne von Nagetieren, Hasenartigen und Wombats haben nur an ihrer Vorderseite Schmelz. Das weichere Dentin wird hinten schneller abgenützt. So schärfen sich die Zähne beim Nagen immer wieder selbst.

Der Krötenfrosch gräbt mit einem anderen Gerät. Er trägt an der Außenseite des Hinterfußes ein horniges, epidermales Tuberkel, das benutzt wird, wenn sich das Tier rückwärts in die lockere Erde schiebt (Abb. 25.4). Der Beutelmull, die Goldmulle und verschiedene Nagetiere haben raue Nasenpolster, mit denen sie Erde lockern und bewegen. Mehrere Gräber benutzen auch die Krone des breiten Kopfes (Abb. 25.10).

## 25.8 Konstruktionen zur Erzeugung großer äußerer Kräfte

Grabende Wirbeltiere, besonders wenn sie in festem Boden graben, müssen in der Lage sein, große Kraft gegen das Substrat auszuüben. Deshalb sind sie im Gegensatz zu Läufern und Kletterern so konstruiert, dass ihre betreffenden musculoskelettalen Apparate (vor allem des Vorderbeins) große ausgeleitete Kräfte $\mathbf{F_o}$ hervorbringen. In Kapitel 22 wurde gezeigt, dass $\mathbf{F_o} = \mathbf{F_i l_i / l_o}$ ist, wobei $\mathbf{F_i}$ die eingeleitete Kraft und $\mathbf{l_i}$ und $\mathbf{l_o}$ jeweils die Hebelarme der inneren und äußeren Kräfte sind.

Ganz offensichtlich besteht ein Weg, $\mathbf{F_o}$ zu erhöhen, darin, ihren Hebelarm $\mathbf{l_o}$ zu reduzieren. Folglich haben die besseren Gräber alle kurze Beine und kurze Hälse. Im scharfen Gegensatz zu den Beinen eines Läufers haben die Beine von Gräbern relativ kurze distale Segmente. Der Radius ist fast immer kürzer als der Humerus, und die Hand, mit Ausnahme des Endgliedes der Zehe mit ihrer Klaue, ist wesentlich kürzer als der Radius. Obwohl die Metacarpalia stark sind, können sie sehr kurz sein (Schildkröten, Echidna, Maulwürfe) (Abb. 25.5) und die proximalen Fingerglieder können sogar breiter als lang sein (Echidna, Schuppentiere, Ameisenbären, Maulwürfe).

Ein zweiter Weg, eine ausgeleitete Kraft zu erhöhen, besteht darin, den Hebelarm der inneren Kraft zu vergrößern. Deshalb setzen Muskeln, die zum Graben benutzt werden, in der Regel relativ weit entfernt von den Gelenken an, die sie bewegen. Die Ansatzstelle des M. deltoideus dehnt sich bei grabenden Säugetieren meist über mehr als die halbe Länge des Humerus aus (vom Schultergelenk aus gemessen) (Abb. 25.6, untere Zeichnung). Ein Teil des M. latissimus dorsi des Goldmulls vergrößert seinen (inneren) Hebelarm am Schultergelenk, indem er seine

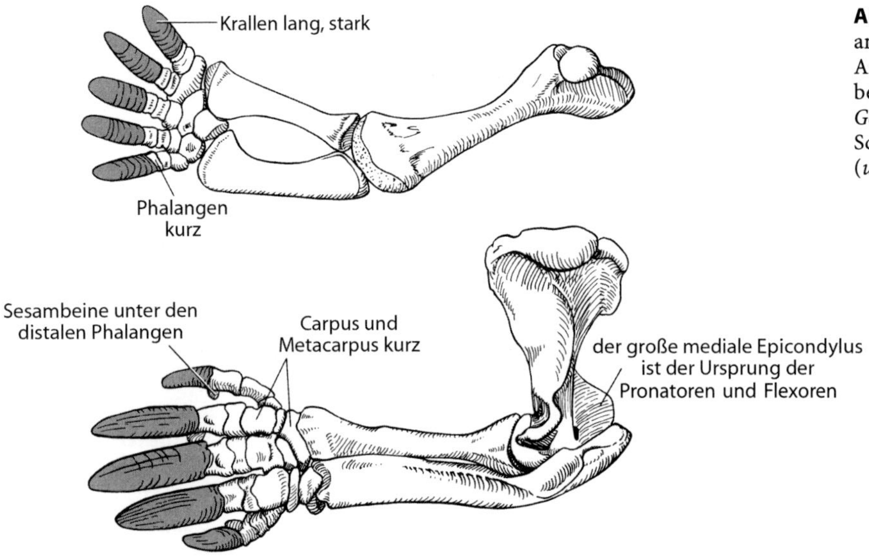


**Abb. 25.5.** Einige Anpassungen an das Graben in Dorsolateral-Ansichten des linken Vorderbeinskeletts einer Schildkröte *Gopherus* (*oben*) und eines Schnabeligels *Tachyglossus* (*unten*)

Ansatzstelle vom proximalen Teil des Humerus (die normale Position) bis fast zum Ellbogen verschiebt (Abb. 25.7). Der breite mediale Epicondylus des Humerus, der ein Merkmal aller Kratzgräber ist, vergrößert den inneren Hebelarm des Pronators des Unterarms. Ein relativ proximaler Ursprung des langen M. supinator am Humerus erhöht seinen inneren Hebelarm und ermöglicht es, den Unterarm zu supinieren und gleichzeitig auch die Hand zu beugen (Abb. 25.8). Ein relativ langes Os pisiforme am Carpus vergrößert den Hebelarm eines der Handbeuger. Ausschlaggebend für den speziellen Mechanismus des Oberarmgrabens der Maulwürfe ist ein sehr ausgedehnter, breiter Tuberkel als Ansatzstelle des enormen M. teres major am Humerus. Dies verlagert die Ansatzstelle von der Längsachse des Knochens weg, vergrößert so den Hebelarm und ermöglicht unerhört kräftige Rotationen des Humerus um seine eigene Längsachse (Abb. 25.9).

Diese Anpassungen von Gräbern sind besonders beeindruckend, wenn innere Hebelarme als Bruchteile ihrer entsprechenden äußeren Hebelarme ausgedrückt werden. Man hat eine repräsentative Auswahl von Beispielen aus 27 Gattungen von sehr guten Gräbern aus sieben Säugetierordnungen vermessen. An den Skeletten betrug der Ellbogenfortsatz (als Hebel der Muskelkraft des M. triceps) ungefähr ein Fünftel (ein Erdhörnchen), ein Drittel (Taschenratte, afrikanischer Blindmull), die Hälfte (Erdferkel, Schuppentier, Maulwurf), zwei Drittel (mediterraner Blindmull, Gürteltiere) oder sogar drei Viertel (Beutelmull, Goldmulle) der Ulnalänge distal vom Drehpunkt am Ellbogengelenk (als Hebel der äußeren Kraft) (Abb. 25.7). Eine vollständige Zusammenstellung (wenn die Daten zur Verfügung stehen würden) würde ohne Zweifel zeigen, dass Gräber sich durchweg von ihren nichtgrabenden Verwandten dadurch unterscheiden, dass sie größere $l_i/l_o$-Werte für jeden muskuloskelettalen Apparat, der beim Graben benutzt wird, haben.

Ein dritter Weg, die ausgeleitete Kraft zu erhöhen, ist die Erhöhung der inneren (Muskel-) Kraft. Die zum Graben eingesetzten Muskeln der Gräber sind enorm. Um solche Muskeln unterzubringen, müssen Ursprünge und Ansatzstellen groß sein. Dies, zusammen mit ihren Proportionen, macht die Vorderbeinknochen von Gräbern durch Vorsprünge und Knochenauswüchse an den Muskelansätzen derb und rau. Der mediale Epicondylus des Humerus (als Ursprung der Fingerbeuger) und der Processus deltoideus (Ansatzstelle der Mm. deltoidei) springen beson-

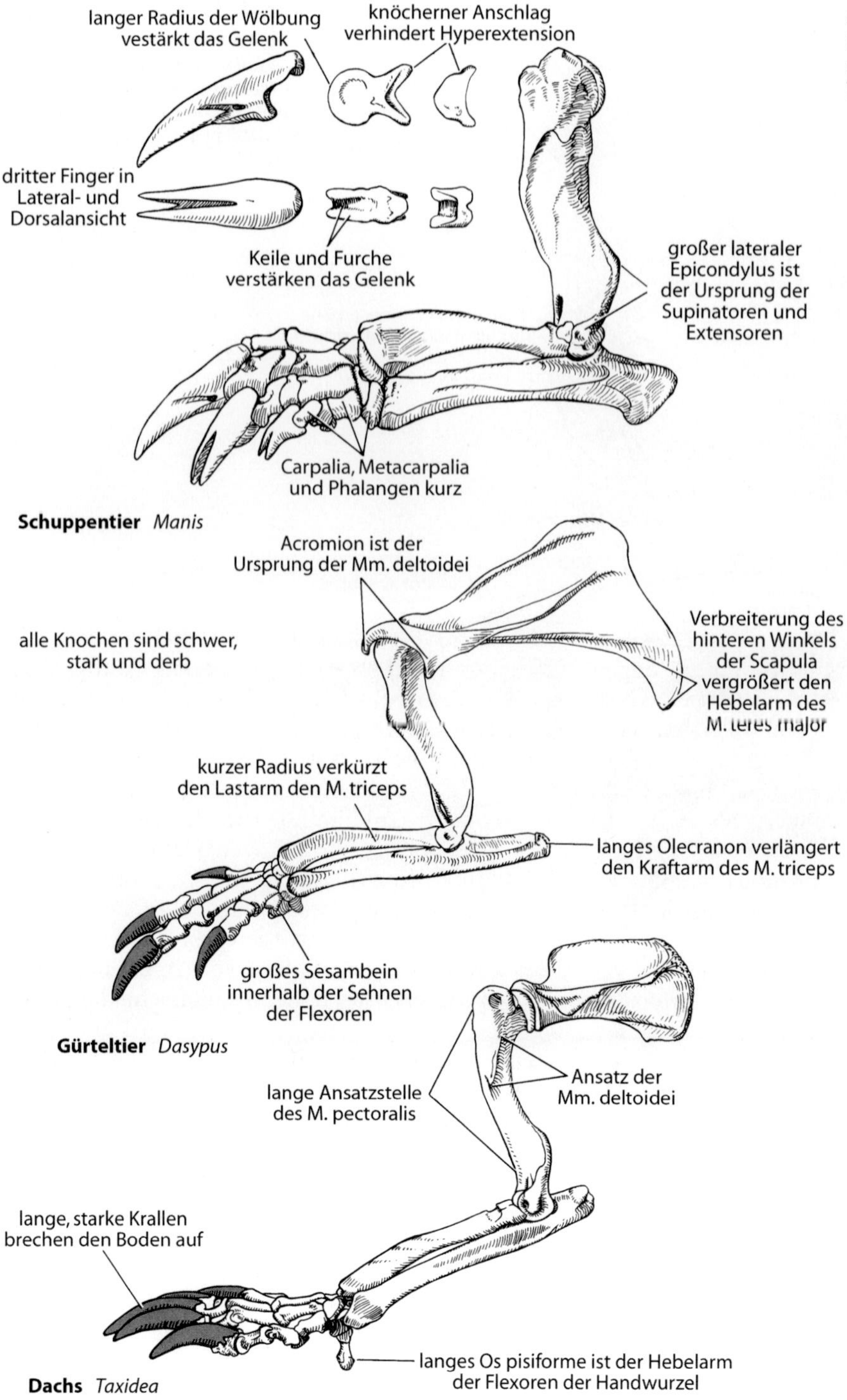


**Abb. 25.6.** Einige Anpassungen für das Kratzgraben in Lateralansichten des linken Vorderbeinskeletts

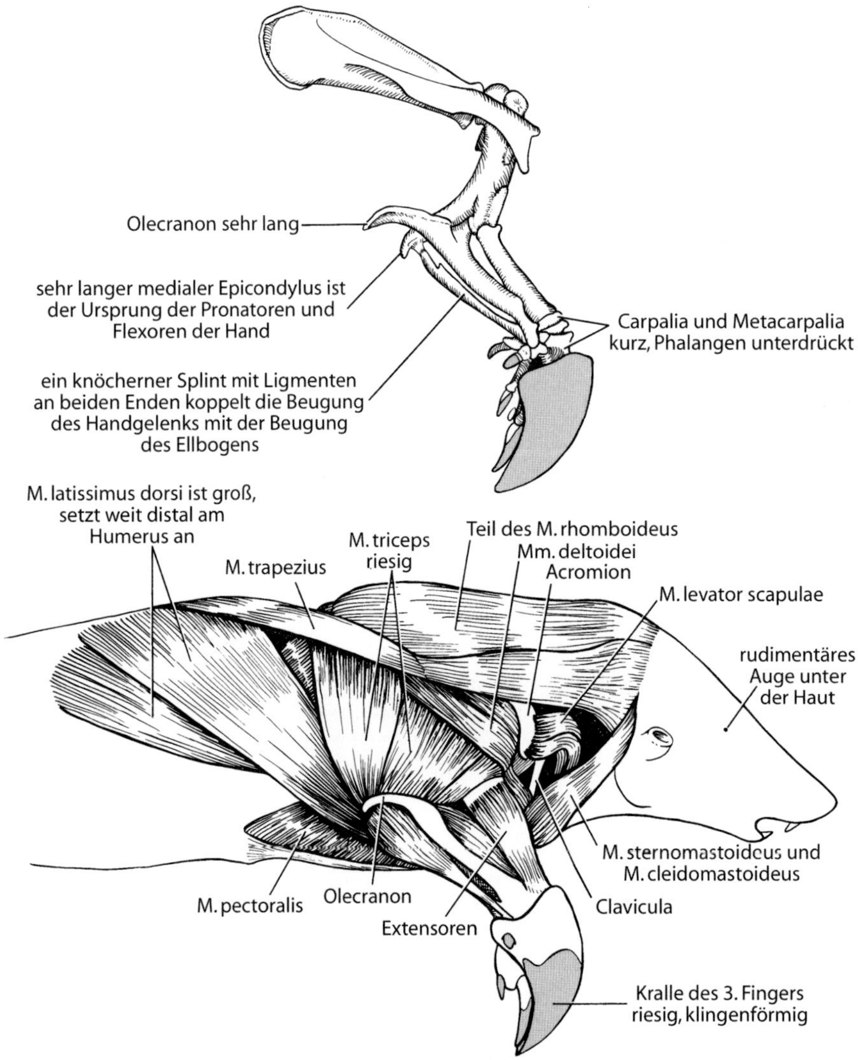


**Abb. 25.7.** Skelett (*oben*) und Muskulatur (*unten*) des Goldmulles *Amblysomus*, eines effektiven Kratzgräbers

ders weit vor. Der posteriore Winkel der Scapula kann vergrößert sein, um die Ursprünge des M. teres major und des langen Kopfes des M. triceps unterzubringen. Das anteriore Segment des Sternums der echten Maulwürfe und Goldmulle ist lang und hoch, um ihre großen Brustmuskeln unterzubringen (Abb. 25.9). Zahngräber haben große Ursprungs- und Ansatzflächen für ihre kräftigen Kiefermuskeln. Gräber, welche die Erde mit ihren Köpfen bewegen, haben eine große, flache Hinterhauptsfläche für den Ansatz der mächtigen Halsmuskeln (Abb. 25.10).

Es gibt noch ein anderes Konstruktionsmerkmal für große äußere Kräfte. Um zu verhindern, dass Grabbewegungen sie einfach von der Erde wegdrücken, müssen Gräber ihre Körper gegen ihre Grabwerkzeuge drücken. Manche Erdkriecher stemmen, wenn sie anfangen, einen Bau zu graben, ihren Körper über den Kopf und beschweren ihn so, damit er in den Boden gedrückt werden kann. Große Kratzgräber krümmen sich über die Vorderbeine und können auch den Körper mit dem Schwanz aufrichten, so dass das Körpergewicht auf die Grabwerkzeuge

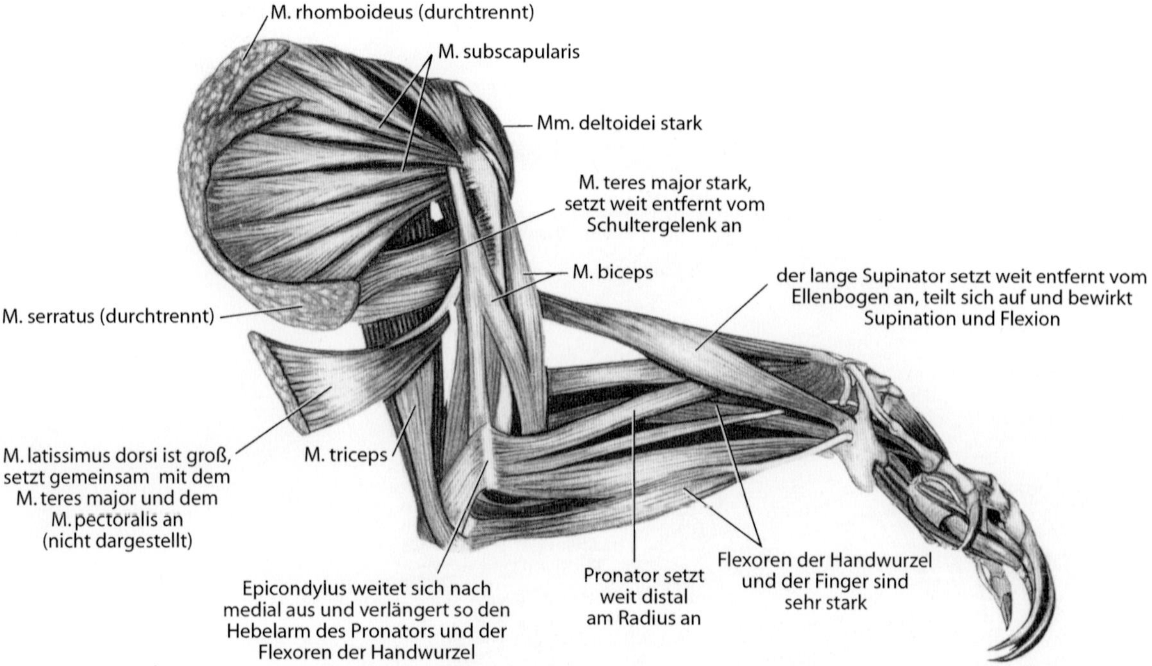


**Abb. 25.8.** Muskelsystem des linken Vorderbeins des großen Ameisenbärs, *Myrmecophaga*, in Medialansicht. Es ist geeignet für das Graben durch Einhaken und Ziehen (gezeichnet nach einem luftgetrockneten Präparat und daher etwas geschrumpft)

wirkt. Unterirdische Gräber dagegen sind in der Regel klein und daher leicht. (Sie können also leichter Wärme abgeben, sich von den kleinen Nahrungspartikeln ernähren, die sich in der Erde finden, in einer Erdschicht bleiben und Steine und große Wurzeln umgehen). Oberarmgräber stemmen sich mit einer Vorderpfote gegen eine Seite des Baues, während sie mit der anderen graben. Um dies zu ermöglichen, stehen die Vorderbeine lateral und einander gegenüber. Menschliche Gewichtheber stemmen etwas mehr als das Zweifache ihres eigenen Körpergewichts über den Kopf. Man hat gezeigt, dass ein Maulwurf bis zum 32fachen seines eigenen Körpergewichts gegen den Boden drücken kann.

Wenn eine Doppelschleiche mit ihrem Kopf nach oben drückt, presst sie mit ihrer „Brust" nach unten. Wenn Zahngräber mit ihren unteren Schneidezähnen nach oben drücken, stemmen sie sich mit ihren Vorderbeinen gegen die Unterlage. Kleine Gräber verankern sich außerdem mit ihren Hinterbeinen. Krallenfrösche können gleichzeitig den Rücken am Iliosacralgelenk verlängern und so den Kopf vorwärts in den Schlamm drücken. Da die Hinterbeine zum Abstemmen benutzt werden, sind die Beckenhälften der Säugetiere meist beinahe horizontal (in einer Linie mit der vorwärts gerichteten Druckkraft). Das Hüftgelenk liegt relativ weit dorsal in einer Ebene mit der Wirbelsäule. Dies reduziert die Druckkräfte in der Beckensymphyse, die fast immer schwach ist und manchmal fehlt (Maulwürfe, Ameisenbären, Schuppentiere und manche Taschenratten) (Abb. 25.11). Die Beckenhälften sind fest mit einer relativ großen Anzahl von Wirbeln verbunden, das Sacrum ist deshalb lang.

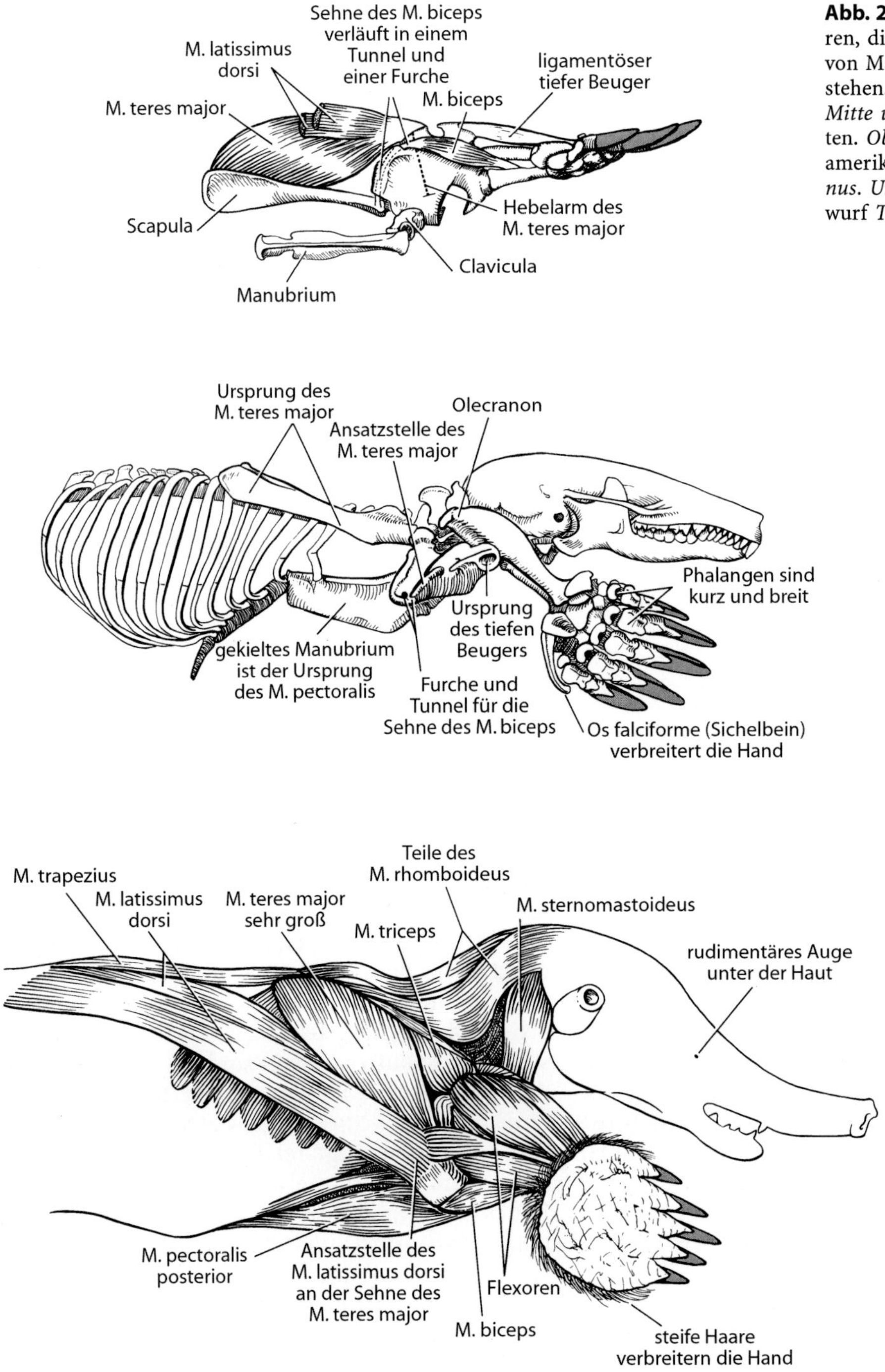


**Abb. 25.9.** Anatomische Strukturen, die mit dem Oberarmgraben von Maulwürfen in Verbindung stehen. *Oben*: Ventralansicht. *Mitte und unten*: Lateralansichten. *Oben und Mitte*: Der westamerikanische Maulwurf *Scapanus*. *Unten*: Der Altwelt-Maulwurf *Talpa*

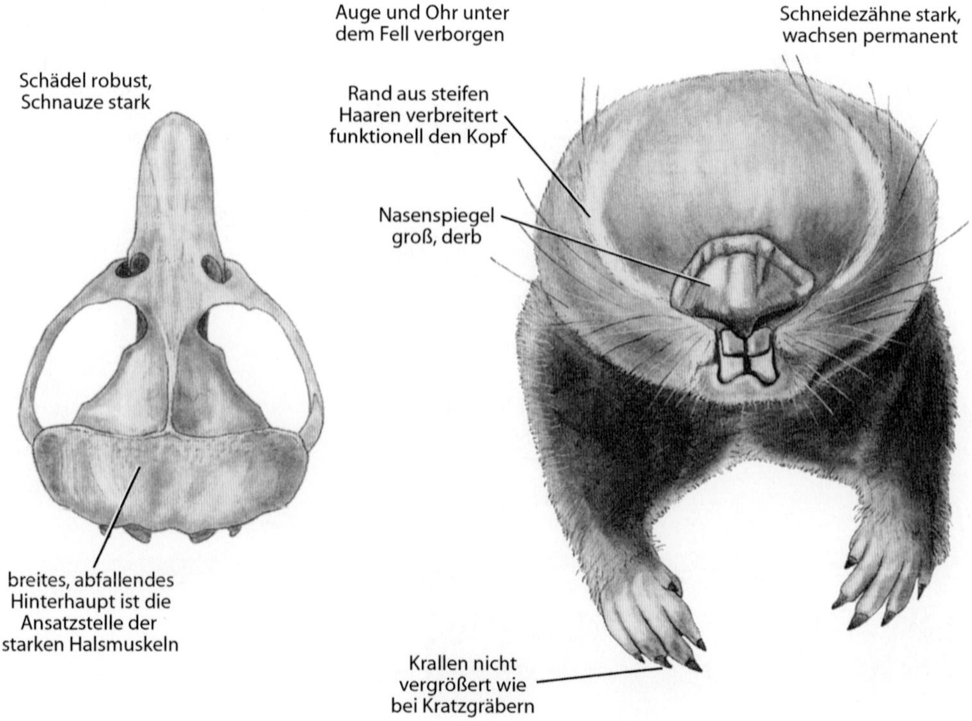


**Abb. 25.10.** Einige Baumerkmale eines Zahngräbers, der die losgebissene Erde mit seinem Kopf bewegt. Gezeigt ist der mediterrane Blindmull *Spalax*

## 25.9 Widerstandskräfte zwischen Boden und Körper

Bodenkriecher vermindern die Reibungskraft des Bodens gegen ihren Körper in unterschiedlicher Weise. Die Haut grabender Fische ist in der Regel besonders reich an Schleimdrüsen. Schuppen fehlen (verschiedene Fische, Amphibien) oder, wenn sie vorhanden sind, sind sie glatt und nicht gekielt (Reptilien), um so die Reibung des Bodens gegen den Körper zu vermindern. Bei bestimmten Schlangen (Uropeltidae, Schildschwänze) wird die Reibung weiterhin durch mikroskopisch kleine Aufwölbungen reduziert, die das Benetzen in feuchter Erde vermindern. Der Kopf ist kurz und schmal. Der Schädel ist relativ fest. Die meisten Knochennähte sind verschmolzen, andere sind verzahnt. Eine Einschnürung durch Hals oder Schultern ist nicht ausgebildet. Die Reduktion und der Verlust der Beine ist in sich selbst als eine wirksame Anpassung an einen stromlinienförmigen Körperbau zu verstehen. Um so wenig Erde wie möglich zu bewegen, wird der Rumpf lang und schlank – in anderen Worten, schlangenförmig. Unspezialisierte Eidechsen haben ungefähr 23 praesacrale Wirbel, während grabende Eidechsen bis zu 60 und Amphisbaenia mehr als 100 haben können. Gymnophionen und Schlangen können 250 oder mehr solcher Wirbel besitzen. Cervical- und Lumbalrippen sind in der Regel ausgebildet.

Vertebraten, die sich in engen Bauen bewegen, müssen vermeiden, an den Röhrenwänden hängen zu bleiben und sich abzuschürfen. Unterirdische Gräber haben deshalb kleine äußere Ohren oder gar keine. Das Fell ist locker, oft kurz und manchmal fast aufrecht, so dass die Haare in jede Richtung umgelegt werden können. Zumindest manche dieser Säugetiere reinigen ihr Fell, indem sie den Körper schütteln wie ein Hund.

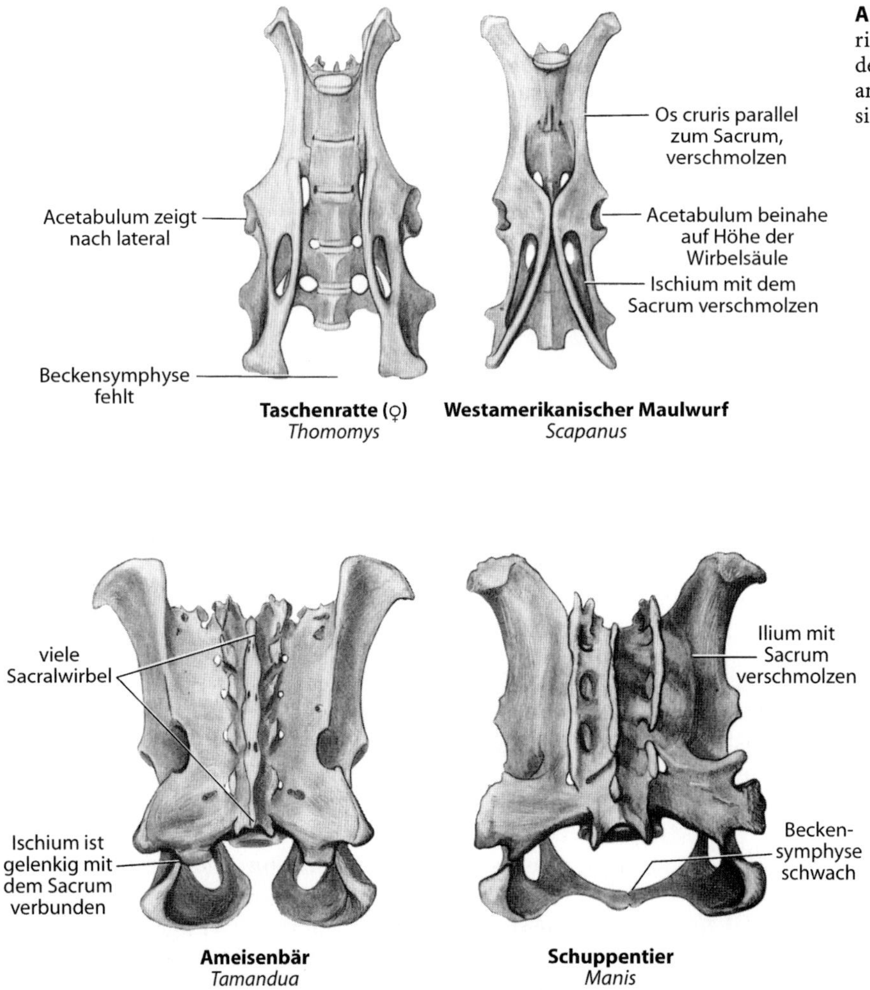


**Abb. 25.11.** Einige Charakteristika des Beckens bei grabenden Säugetieren. *Oben*: Ventralansichten. *Unten*: Dorsalansichten

Andere striegeln Schlamm und Schmutz mit den Pfoten aus.

Es muss Vorkehrung getroffen werden gegen Verrenkung und Überstreckung der Gelenke des Vorderbeins und der Hand, wenn ein Finger überraschend an einem Fels oder einer Wurzel hängen bleibt. Einer Überstreckung der Fingergelenke wird bei Schnabeligeln, Schuppentieren und Ameisenbären durch quadratische artikulierende Oberflächen oder knöcherne Sperren, welche die Rotation der Gelenke begrenzen, vorgebeugt (Abb. 25.6). Eine Verrenkung der Finger wird bei Schuppentieren und Ameisenbären durch große Knochenkontakte an den Gelenken und durch tief ineinandergreifende Vorsprünge und Höhlungen in den Gelenken verhindert, die an die Zehen von Huftieren erinnern. Die Scapulae von Gopher-Schildkröten sind gegen das Plastron (der ventrale Teil des Panzers) fester verspannt als bei anderen Schildkröten. Schutz wird auch durch allgemein schwere und raue Konstruktion erreicht und bei manchen Tieren durch strukturelle Einheit (d.h. gemeinsame Festigkeit) der Handfläche (Schildkröten, Schnabeligel, Maulwürfe). Auch ligamentöse Sicherungen gegen Verrenkung sind beschrieben worden.

## 25.10 Transportieren und Wegschaffen von Erde

Gräber, die Höhlen oder Baue ausheben, müssen die Erde transportieren und wegschaffen, nachdem sie sie gelockert haben. Viele Schlangen benutzen Körperwindungen, um Sand und anderen Abfall aus dem Bau zu kehren. Eidechsen und Schildkröten schaufeln mit ihren Füßen. Manche Reptilien schaffen übrigens auch einen Luftraum unter ihrem Körper, so dass sie trotz einer Überlastung atmen können. Wenn Säugetiere die Erde mit den Vorderfüßen oder mit den Zähnen aufbrechen, drücken sie den Abraum unter oder neben den Körper. Von Zeit zu Zeit schiebt das Tier diese lose Erde mit den Hinterbeinen nach hinten aus dem Weg. Wenn der Bau hinter dem Tier mit Erde verstopft wird, ist es Zeit, sie hinauszuschaffen. Mehrere Methoden werden dabei angewandt. Manche Gräber bewegen sich rückwärts im Bau und kicken den Abraum mit Wucht nach hinten. Die Hinterbeine werden simultan (Tuco-Tuco, afrikanische Blessmulle und Gürteltier) oder alternierend benutzt (Igel). Andere Gräber drehen sich um und schieben den Abraum vorwärts aus der Röhre. Dabei benutzen sie nur die Vorderfüße (Maulwürfe), Vorderfüße, Brust und Kinn (Taschenratten) oder Nase und Kopfoberfläche (Gopher-Schildkröten und mediterraner Blindmull). Blattnasige und schweinenasige Schlangen benutzen wahrscheinlich ihre Köpfe als Schaufeln, so wie es auch Kiemenschlitzaale und Amphisbaenia tun. Ein Großteil der Erde wird zur Oberfläche befördert, aber ein Teil wird dazu benutzt, um verlassene Seitentunnel des Bausystems zu verschließen.

Egal ob der Vorder- oder der Hinterfuß zum Bewegen der Erde benutzt wird, er wird auf irgendeine Weise verbreitert: Die Zehen können mit Interdigitalhäuten verbunden sein (Kröten, Seeschildkröten und andere, Maulwürfe, Goldmulle), das Fußpolster kann durch Knorpel oder Knochen, die neben dem ersten Finger liegen, verbreitert werden (Stummelschwanzhörnchen, Maulwürfe, Taschenratten, Tuco-Tuco usw.) oder das Fußpolster kann mit steifen Haaren besetzt sein (beinahe alle unterirdischen Säugetiere). Der mediterrane Blindmull erhöht ganz ähnlich die Effektivität seines breiten flachen Kopfes zum Erddrücken, indem er seitlich am Kopf Bürsten aus steifen Haaren entwickelt (Abb. 25.10).

## 25.11 Kriechen ohne Extremitäten

Terrestrische Fortbewegung ohne Beine hat sich bei Amphibien und Eidechsen mehrfach unabhängig voneinander entwickelt, ist aber am besten bei Schlangen und Amphisbaenia zu sehen. Mehrere tausend Arten haben sich entwickelt, so dass die Anpassung als äußerst erfolgreich betrachtet werden muss. Wahrscheinlich haben die Vorfahren dieser Tiere zunächst lange schlanke Körper entwickelt, die sie dazu befähigten, in Spalten zu kriechen oder sich durch Undulation fortzubewegen, und erst anschließend ihre Beine verloren.

Es gibt vier prinzipielle Verfahren, mit denen sich beinlose Vertebraten in natürlicher Umgebung bewegen können, obwohl mehr als eines gleichzeitig benutzt werden kann. (Eine zusätzliche Gleitdruckmethode (*slide-pushing*) wurde auf sehr glatten Oberflächen beobachtet und Abwandlungen davon, Um-sich-Schlagen und sogar Springen kann ebenfalls vorkommen.)

Das häufigste Prinzip ist die **laterale Wellenbewegung oder Undulation**. Der Körper wird in wellenartige Krümmungen nach rechts und links geworfen. Das Tier findet mit seinen Buchten verschiedenerlei Unebenheiten, wie z. B. Steinchen oder Pflanzenstängel als Halt. Der Körper presst sich dann seitlich (nicht nach unten) gegen diese Objekte, in einer Richtung, die gegen die intendierte Bewegungsrichtung der Schlange schräg nach hinten gerichtet ist. Die mechanische Analyse der Kräfte an jedem vorstehenden Objekt ähnelt der der Aktion eines Fischschwanzes: Der Druck der Schlange gegen ein Objekt ($\mathbf{F}_t$ in Abb. 25.12) steht einer gleichwertigen und entgegengesetzten Kraft ($\mathbf{F}_o$), die von dem Objekt gegen den Körper ausgeübt wird, entgegen. Diese Kraft hat eine Vorwärtskomponente ($\mathbf{F}_f$) in der Richtung, in welche die Schlange sich als

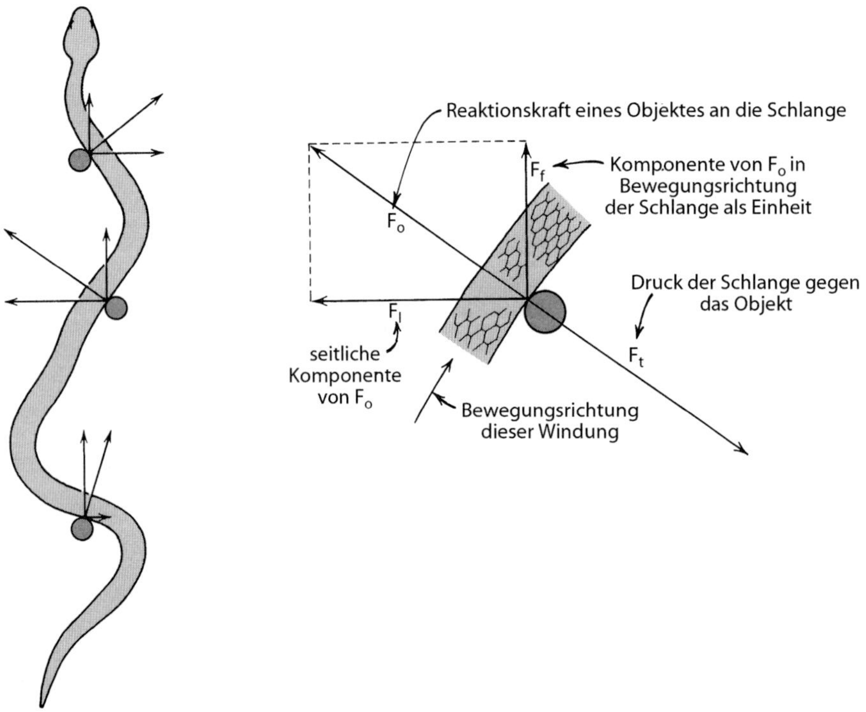


**Abb. 25.12.** Schema der lateralen Wellenbewegung (Undulation) einer Schlange (der Wert für $\mathbf{F}_f$ ist durch die Gleitreibung etwas reduziert)

Ganzes bewegt, und eine laterale Komponente ($\mathbf{F}_l$). (Der Wert von $\mathbf{F}_f$ wird durch Reibung etwas reduziert – s. unten.) Die Bewegung ist kontinuierlich, wenn sich die Wellen entlang des Körpers fortpflanzen. Jede Windung bleibt am gleichen Platz, der Körper folgt der Spur, die vom Kopf festgelegt ist.

Eine Schlange kann sich nicht vorwärtsbewegen, indem sie eine Körperwindung an einem einzigen, Widerstand leistenden Objekt entlang schiebt, gegen das sie bei der Vorwärtsbewegung drückt. Der Grund dafür ist, dass diese spezielle Körperwindung sich nicht in der Richtung bewegt, in der sich die Schlange als Ganzes bewegt, sondern stattdessen entlang ihrer eigenen Längsachse nach hinten geschoben wird, wie es Abb. 25.12 zeigt. Da diese Richtung im rechten Winkel zu $\mathbf{F}_o$ steht, kann $\mathbf{F}_o$ keine Komponente in der Bewegungsrichtung der Windung haben. Für eine kontinuierliche Bewegung benötigt die Schlange drei oder mehr raumfeste Widerstände, die sich nicht alle auf der gleichen Seite des Körpers befinden dürfen. Die Aktion ist effektiver, wenn wenige Objekte benutzt werden (drei bis fünf, es sei denn, die Schlange ist sehr lang und schlank). Die lateralen Komponenten der verschiedenen Drücke addieren sich zu Null und die Summe der vorwärts gerichteten Komponenten (minus des Reibungswiderstandes) ist die Vortriebskraft des Tieres. Man sieht, dass all die Kräfte miteinander in Verbindung stehen.

Wenn der „Hals“ neue Objekte kontaktiert und der Schwanz von anderen weggleitet und wenn ein Objekt wegrutscht, muss das Tier sofort sowohl die Größe als auch die Richtung der äußeren Kräfte aller aktiven Windungen anpassen. Man kann die Kompliziertheit der Feedback-Mechanismen und der dafür benötigten neuronalen Kontrolle nur bewundern.

In engen Röhren können sich Schlangen nicht durch laterale Undulation fortbewegen, weil sie mit ihren Windungen nicht schräg nach hinten drücken können. Außerdem können sie mit dieser Methode nicht auf glatten Oberflächen vorwärtskommen, weil sie seitwärts drücken müssen und nicht nach unten drücken können. Es gibt natürlich eine vertikale Kraft durch das Gewicht des Tieres. Diese verursacht Reibung, die

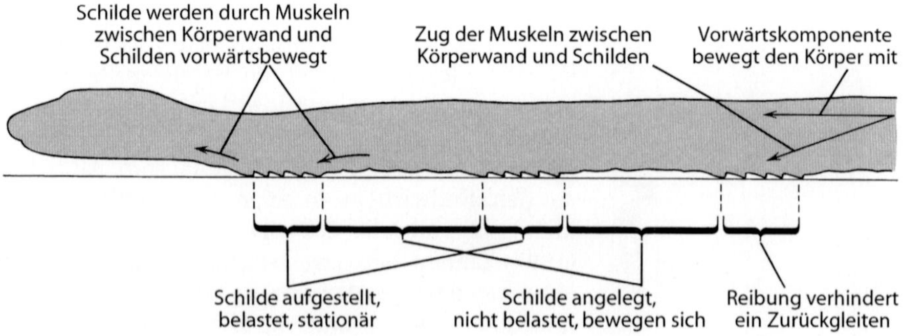


**Abb. 25.13.** Schema der geradlinigen Fortbewegung einer Schlange

in diesem Moment unerwünscht ist. Der Reibungskoeffizient (s. S. 538) wird durch die glatten Oberflächen der Bauchschilder der Schlange minimiert. Es gibt dennoch eine Gleitreibung gegen die Unebenheiten, gegen welche die Schlange drückt. Dies wirkt ebenfalls der Vortriebskraft entgegen. Zwischen rotierenden Pflöcken können sich Schlangen sehr gut auf rutschigem Glas bewegen.

Die zweite Methode beinloser Fortbewegung ist **geradlinige Bewegung**. Sie wird von verschiedenen Schlangen und allen Amphisbaenia, vor allem von solchen mit kurzen Körpern, benutzt. Die Haut liegt dem ventralen Teil des Körpers nur lose an und ist sehr dehnbar. Muskeln, die nach hinten und unten von den Rippen zu den Schuppen ziehen, bewirken, dass die ventrale Haut sich in verschiedenen Regionen zusammenzieht, so dass sich die Schuppen überlappen und ihre hinteren Ränder aufrichten (Abb. 25.13). Zwischen diesen Regionen ist die Haut gedehnt. Wo Schuppen zusammengezogen sind, liegen sie dem Untergrund an. Wo sie in gedehnter Haut liegen, sind sie vom Grund abgehoben. Nach und nach werden von hinten in jeden aufgerauten Abschnitt zusätzliche Schuppen einbezogen, während andere vorne flachgelegt werden. So bewegen sich die Schuppen ganz ähnlich wie die Füße (oder Vorfüße) von Raupen – jede beginnt und stoppt, während sie geht. Die zusammengeschobenen Schuppen pressen schräg nach hinten gegen das Substrat und erzeugen durch ihre scharfen Ränder Reibung am Boden, die ein Ausrutschen verhindert. Muskeln, die nach hinten und oben von den Schuppen zu den Rippen ziehen, ziehen den Körper innerhalb seiner Haut in kontinuierlicher Bewegung mit. Der Körper wird in einer geraden Linie gehalten. Die Bewegung ist symmetrisch und direkt geradeaus gerichtet, aber sie ist langsam. Diese Art von Bewegung kann fürs Anschleichen an Beute oder für die Bewegung in einem engen Tunnel benutzt werden.

Die dritte Art, sich ohne Beine zu bewegen, die **Ziehharmonika-Bewegung**, ist besonders in engen Röhren vorteilhaft. Sie wird meistens von Gymnophionen, Schlangen und Amphisbaenia benutzt. Das Tier zieht sich in eine oder mehrere s-förmige Kurven zusammen. Die hinteren Kurven pressen sich nach unten und nach hinten gegen das umgebende Substrat und nutzen die Reibung, um ein Rutschen nach hinten zu vermeiden (Abb. 25.14). Die Vorwärts-Komponente dieses Druckes wird benutzt, um den Kopf und den Vorderkörper nach vorne zu strecken. Dieser Vorderteil ist vom Grund abgehoben, um Widerstand durch Gleitreibung zu vermeiden und um die (statische) Haftreibung der stationär bleibenden hinteren Windungen zu verstärken, indem diese einen größeren Teil des Körpergewichts tragen. Bevor das Gleichgewicht verloren geht, wird der Vorderkörper wieder am Untergrund abgelegt. Er bildet neue Windungen, die sich nicht weiterbewegen, sondern Reibung an der Tunnelwand erzeugen. Dann zieht der Vorderteil den hinteren Teil des Körpers nach, bevor der Zyklus wiederholt wird. Die Festigkeit der Basis, welche die stationären Windungen liefern,

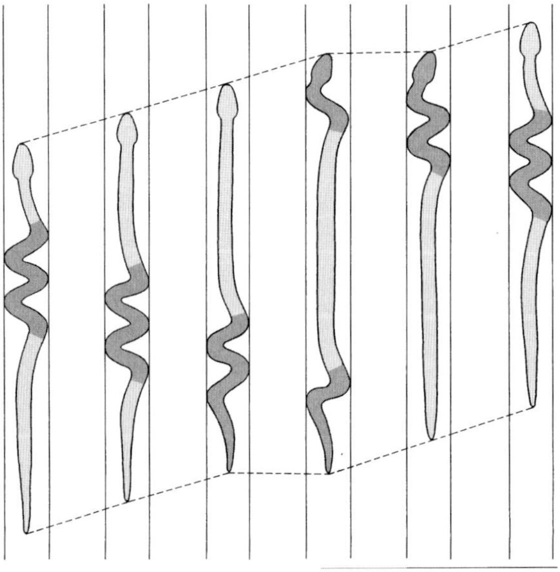

**Abb. 25.14.** Schema der aufeinanderfolgenden Positionen in der Ziehharmonika-Fortbewegung einer Schlange, die sich durch einen Tunnel bewegt. Die *dunkel schattierten* Teile des Körpers sind stationär; die *leicht schattierten* Teile bewegen sich

wird verstärkt, wenn die Windungen nach außen gegen die Wände gedrängt werden, um das Tier innerhalb eines Tunnels oder zwischen Felsen oder Spalten in der Rinde zu verkeilen, oder wenn sie nach innen gezogen werden, um einen Zweig zu umschließen, gewissermaßen zu erfassen. Ziehharmonika-Bewegung ist vor allem bei kletternden und grabenden Spezies häufig und oft mit lateraler Undulation kombiniert.

Gans und seine Kollegen (1978) beschrieben eine Variante der Ziehharmonika-Bewegung (die „innere Ziehharmonika"), die von manchen Schlangen zum Graben genutzt wird. Das anteriore Drittel der Wirbelsäule windet oder ballt sich in dem lockeren Integument zusammen, das in Kontakt mit der Bauwand bleibt, und die Körperkontur wird breiter, krümmt sich aber nicht. Die so verbreiterte Region stützt den Körper in der Tunnelröhre und liefert einen Halt für den Kopf, der dann vorwärts gegen die Erde vor dem Tier gedrückt wird. Beim Vergleich zweier Gymnophionen, einer terrestrischen und einer aquatischen Art, fanden Summers und O'Reilly (1997), dass nur die terrestrische Form in der Lage ist, diese modifizierte Ziehharmonika-Methode zum Graben zu benutzen. Statt wie Schlangen nur das anteriore Drittel der Wirbelsäule in Buchten zu legen, werfen die Gymnophionen die gesamte Wirbelsäule vom Atlas bis zu den Endwirbeln in enge, kurze Wellen mit kleiner Amplitude. O'Reilly und seine Kollegen (1997) fanden bei terrestrischen Gymnophionen eine eigenartige Anordnung der Rumpfwandmuskulatur. Diese läuft in sich überkreuzenden Zügen um den Rumpf und bildet so ein räumliches Scherengitter. Diese Anordnung erlaubt wegen der volumenkonstanten Füllung durch die Eingeweide eine kontrollierte Änderung der Dicke des Körpers auf Kosten der Länge. Wird die Dicke vermindert, wird das Tier länger, wird das Tier kürzer, muss seine Dicke zunehmen. Die Autoren nehmen an, dass die Tiere mit Hilfe dieses hydrostatischen Mechanismus sowohl auf die Wände ihrer Röhren, als auch auf das Erdreich vor ihrem Kopf wesentlich höhere Kräfte ausüben können als grabende Schlangen. Anschließende Röntgenvideographie kombiniert mit strategisch günstig platzierten Markern ergab, dass sich bei der grabenden Gymnophione die Muskelmasse in Bezug auf die Marker bis zu fünf Wirbelsegmente nach vorne im subdermalen Gewebe schieben kann, wenn sich die vorderen Windungen bilden. Diese Untersuchung deutet also darauf hin, dass eine lockere Verbindung zwischen der Wirbelsäule (Axialmuskulatur) und der Haut (Körperwandmuskulatur) ein morphologisches Anzeichen für die Fähigkeit ist, eine innere Ziehharmonika-Bewegung auszuführen. Summers und O'Reilly (1997) haben vorgeschlagen, dass die innere Ziehharmonika-Fortbewegung sich bei den Vorfahren aller lebenden Gymnophionen entwickelt hat und bei den aquatischen Formen sekundär verloren ging.

Die letzte Lokomotionsart ist das **Seitenwinden** (*sidewinding*), eine Fortbewegungsmethode, die sich wahrscheinlich aus der Ziehharmonika-Methode entwickelte und eine schnelle und effiziente Fortbewegung über lockere oder sandige Erde ermöglicht. Abb. 25.15 zeigt, dass die Schlange eine Serie von Spuren hinterlässt, die aus mehr oder weniger geraden, parallel zueinander liegenden Linien bestehen. Diese sind in

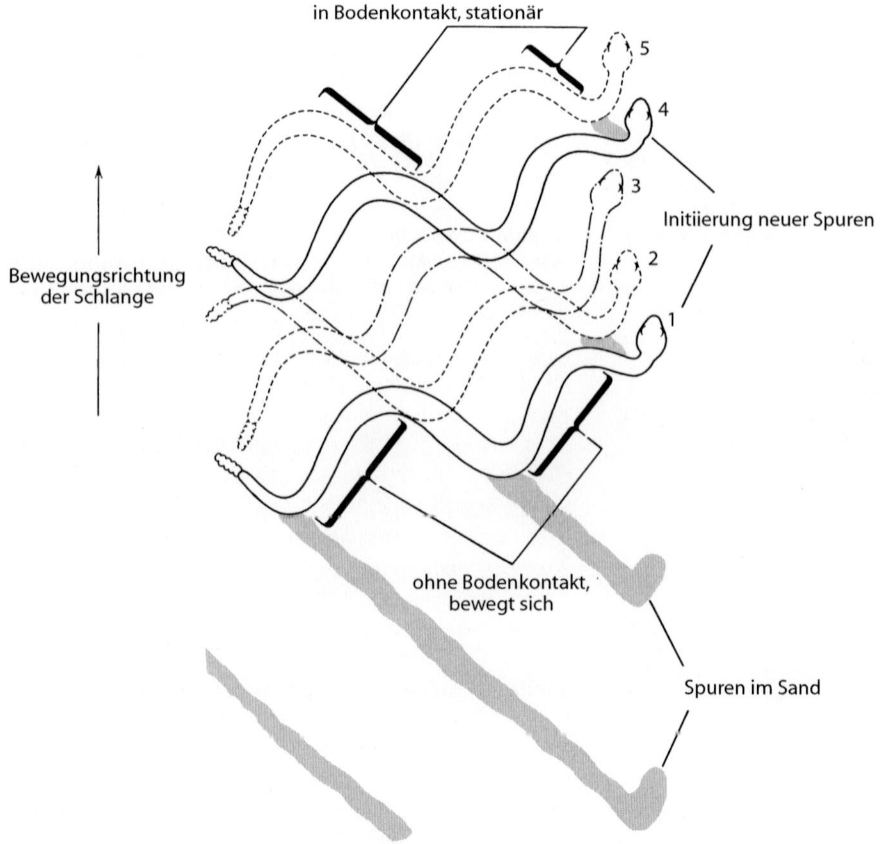


**Abb. 25.15.** Schema der aufeinander folgenden Positionen im Seitenwinden einer Schlange

die Fortbewegungsrichtung gewinkelt und jede ist ungefähr so lang wie das Tier. Die Schlange berührt den Untergrund auf zwei oder drei Spuren gleichzeitig. Teile ihres Körpers liegen längs in den Spuren, andere Teile überbrücken den Raum zwischen den Spuren. Die Körperabschnitte in den Spuren erscheinen stationär, während sich diejenigen, die zwischen den Spuren überbrücken, bewegen und dem Boden (der heiß sein kann) nicht aufliegen. In periodischen Abständen greifen Kopf und Hals nach vorne, um neue Spuren zu beginnen. Die gesamte Aktion erfolgt überraschend schnell. Die meisten Schlangen können sich so bewegen, aber Wüstenformen sind die besten Seitenwinder.

## Literatur

Agraval VC (1967) Skull adaptations in fossorial rodents. Mammalia 31:300–312

Chapman RN (1919) A study of the correlation of the pelvic structure and the habits of certain burrowing mammals. Am J Anat 25:185–219

Edwards JL (1985) Terrestrial locomotion without appendages. In: Hildebrand M et al (eds) Functional vertebrate morphology. Harvard Univ Press, Cambridge/MA, pp 159–172

Ellerman JR (1959) The subterranean mammals of the world. Roy Soc S Africa Trans 35:11–20

Emerson SB (1976) Burrowing in frogs. J Morphol 149:437–458

Gans C (1975) Tetrapod limblessness: Evolution and functional corollaries. Am Zool 15:455–467

Gans C (1984) Slide-pushing – a transitional locomotor method of elongate squamates. Symp Zool Soc Lond 52: 13–26

Gans C, Dessaur HC, Baic D (1978) Axial differences in musculature of uropeltid snakes: The freight-train approach to burrowing. Science 199:189–192

Gasc JP, Jouffroy FK, Renous S (1986) Morphological study of the digging system of the Namib Desert golden mole (*Eremitalpa granti namibensis*): Cineflourographical and anatomical analysis. J Zool Lond 208:9–35

Gupta BB (1966) Fusion of cervical vertebrae in rodents. Mammalia 30:25–29

Hildebrand M (1985) Digging of quadrupeds. In: Hildebrand M et al (eds) Functional vertebrate morphology. Harvard Univ Press, Cambridge/MA, pp 89–109

Lehmann WH (1963) The forelimb architecture of some fossorial rodents. J Morphol 113:59–76

Nevo E (1979) Adaptive convergence and divergence of subterranean mammals. Ann Rev Ecol Syst 10:269–308

O'Reilly JC, Ritter DA, Carrier DR (1997) Hydrostatic locomotion in a limbless tetrapod. Nature 386:269–272

Reed CA (1951) Locomotion and appendicular anatomy in three soricid insectivores. Am Midland Nat 45:513–671

Rose KD, Emry RJ (1983) Extraordinary fossorial adaptations in the Oligocene palaeanodonts *Epoiocotherium* and *Xenocranium*. J Morphol 75:33–56

Summers AP, O'Reilly JC (1997) A comparative study of locomotion in the caecilians *Dermophis mexicanus* and *Typhlonectes natans* (Amphibia: Gymnophiona). J Linnean Soc 121:65–76

Taylor BK (1978) The anatomy of the forelimb in the anteater (*Tamandua*) and its functional implications. J Morphol 157:347–368

Wake MH (1993) The skull as a locomotor organ. In: Hanken J, Hall BK (eds) The skull, vol 3. Univ Chicago Press, Chicago, pp 197–240

Yalden DW (1966) The anatomy of mole locomotion. J Zool Lond 149:55–64

# 26 Klettern

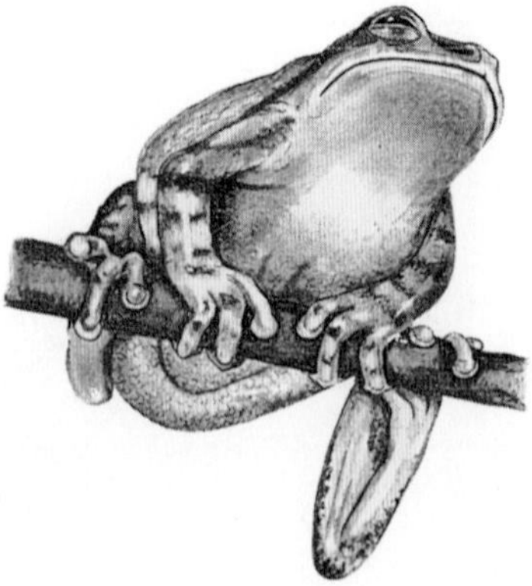

Tiere, die sehr gut klettern können, werden auch **Kletterer** genannt. Kletterer sind oft **arboreal**, aber dieser Begriff bedeutet baumlebend und bezeichnet nicht direkt die Fortbewegungsweise. Die meisten Vögel sind arboreal, aber nur wenige klettern.

Viele Tetrapoden sind hervorragende Kletterer, und noch mehr klettern zu bestimmten Gelegenheiten einigermaßen gut. Die kletternde Lebensweise hat sich unabhängig mehrfach entwickelt, sogar mehrere Male innerhalb einzelner Ordnungen. Die Anpassungen an das Klettern sind bei Primaten und bei einigen anderen Kletterern mit deutlichen Anpassungen analysiert worden. Die Anpassungen vieler kleiner kletternder Tetrapoden sind jedoch kaum untersucht.

## 26.1 Vorteile des Kletterns

Die selektiven Vorteile des Kletterns sind folgende:

- Kletterer können in Büschen und Bäumen Nahrung wie Blätter, Triebe, Blüten, Früchte, Kambium, Honig, Spinnen, Insekten und Vogeleier erbeuten.
- Viele Kletterer entgehen Räubern, indem sie den Boden meiden oder indem sie in die Sicherheit von Felsen oder Vegetation zurückkehren, wenn Gefahr droht. Außerdem erschließt das Klettern Aussichtspunkte, von denen aus nach Gefahr Ausschau gehalten werden kann.
- Verschiedene Räuber folgen ihrer Beute in die Bäume. Der nordamerikanische Fischmarder fängt Baumhörnchen, die arboreale Viper lauert auf kletternde Nagetiere. Wenn der Leopard seine Beute auf einen Baum zieht, schützt er sie damit u.a. in seiner Abwesenheit vor Schakalen und Hyänen.
- Durch das Klettern finden viele Tiere geschützte Plätze, an denen sie, wenn sie inaktiv sind, ausruhen können. Sie können auch ihre Jungen in sicheren, abgeschirmten Nestern oder Höhlen aufziehen.
- Wo eine dichte Untergrundvegetation herrscht, können sich Kletterer viel freier und schneller im oberen, offenen Stockwerk der Bäume fortbewegen, als sie es auf dem Boden könnten.
- Tiere, die gleiten, müssen klettern, um Startpunkte zu erreichen.

## 26.2 Kletternde Vertebraten

### 26.2.1 Fische und Amphibien

Verschiedene Arten von Luft atmenden Fischen bewegen sich an Land und können mit starken, beweglichen Flossen und vielleicht auch mit Flossendornen in niedrige Vegetation klettern.

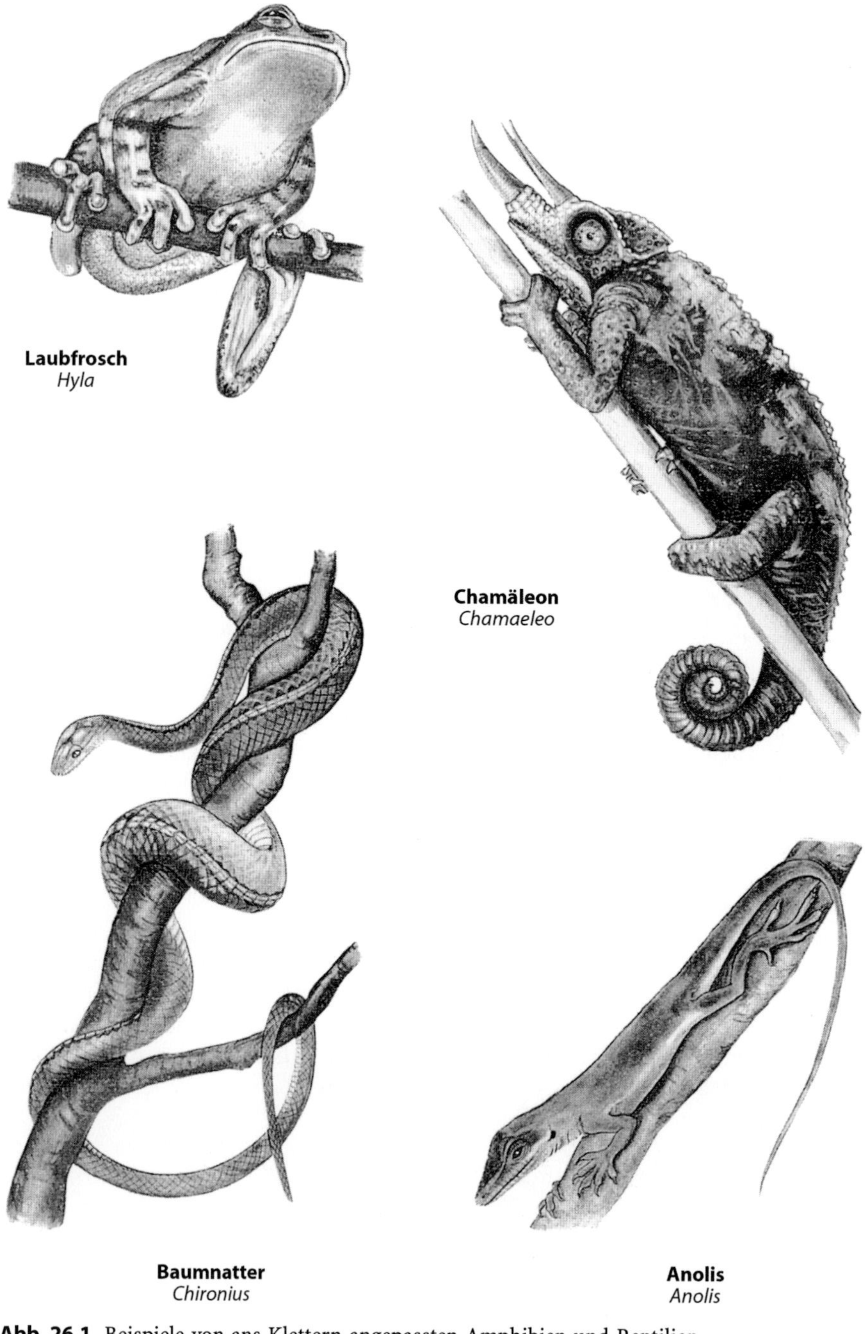


**Abb. 26.1.** Beispiele von ans Klettern angepassten Amphibien und Reptilien

**Abb. 26.2.** Repräsentative kletternde Vögel

Keiner ist jedoch wirklich ein Kletterer. Unter den Amphibien sind die vielen Arten der Baumfrösche in mindestens sieben Familien hervorragende Kletterer (Abb. 26.1). Es gibt zahlreiche arboreale Salamander (Familie Plethodontidae), von denen einige so geschickt sind, dass sie auf einer Saite entlang laufen können.

## 26.2.2 Reptilien und Vögel

Viele Eidechsen und Schlangen sind Kletterer. Manche steigen nur selten von den Büschen oder Bäumen herab. Besonders hervorzuheben sind die Chamäleons (Familie Chamaeleontidae), Geckos (Gekkonidae), verschiedene Warane (Iguanidae), die Anolis-Eidechsen und die tropischen Baumschlangen.

Wenn man die Vögel außer Acht lässt, die nur auf den Bäumen sitzen oder Nahrung suchen, indem sie von Zweig zu Zweig flattern, bleiben einige, die wirklich ans Klettern angepasst sind (Abb. 26.2). Dies sind die Spechte, Baumsteiger, Baumläufer (aus zwei Familien), die Kleiber (aus drei Familien), Papageien, Kreuzschnäbel, einige Töpfervögel und der Hoatzin. Außerdem klettern Felsenkleiber und Wandbaumläufer an Felsen. Kleiber klettern nur mit den Füßen, Spechte mit Füßen und Schwanz, Papageien mit Füßen und Schnabel und der Hoatzin mit Füßen und Flügeln.

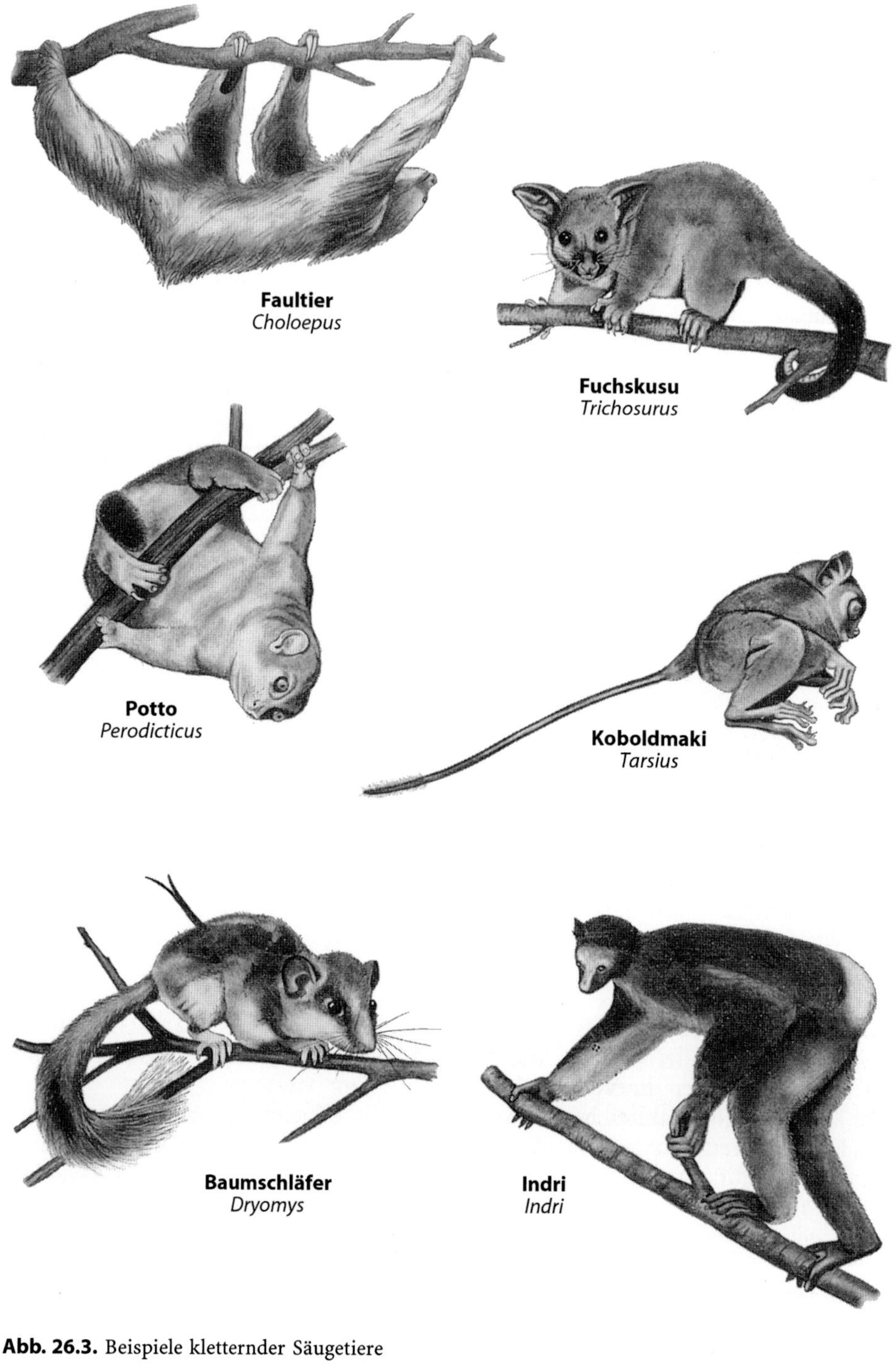


**Abb. 26.3.** Beispiele kletternder Säugetiere

### 26.2.3 Beuteltiere (Marsupialia) und Spitzhörnchen

Elf der zwölf Gattungen von Opossums sind gute Kletterer, und alle 17 Gattungen der Kletterbeutler klettern gewandt (Abb. 26.3). Einige Beutelmäuse können klettern, und erstaunlicherweise wurde auch eine Gattung von Kängurus sekundär zu Kletterern. Alle fünf Gattungen der Spitzhörnchen sind sehr stark ans Klettern angepasst.

### 26.2.4 Malayengleitflieger, Fledermäuse und Primaten

Wie andere Gleiter ist der Colugo (Malayengleitflieger) ein arborealer Kletterer (Abb. 28.1). Viele Fledermäuse hängen in den Bäumen, ohne viel zu klettern, aber verschiedene Gattungen sind geschickte Kletterer.

Beinahe alle Primaten sind sehr gute Kletterer und die wenigen, die nur wenig oder gar nicht klettern (Paviane, einige Lemuren, Gorillas, Menschen) hatten baumlebende Vorfahren. Besonders auffallend bezüglich ihrer morphologischen Anpassungen oder ihres Kletterverhaltens sind bestimmte Lemuren (Familie Lemuridae), Indris (Indridae), Loris, Pottos und Galagos (Lorisidae), Koboldmakis (Tarsiidae), Klammeraffen und Wollaffen (Cebidae), Languren (Cercopithecidae) sowie Gibbons und der Orang-Utan (Pongidae).

### 26.2.5 Edentata, Schuppentiere und Nagetiere

Die beiden kleineren Gattungen der Ameisenbären sind ausgesprochen spezialisierte Kletterer, wie auch die beiden Gattungen der Faultiere. Manche Schuppentiere leben ganz und gar in Bäumen.

Kletternde Nagetiere weisen im allgemeinen weniger morphologische Anpassungen auf als die besseren Kletterer anderer Ordnungen. Dennoch enthält diese Ordnung mehr Kletterer als jede andere. Die allgemeinen Namen vieler dieser Tiere sind nur wenig geläufig. Kletternde Nagetiere umfassen u. a. Baumhörnchen, Gleithörnchen (*Glaucomys*) und Streifenhörnchen (*Tamias*) (Sciuridae), Dornschwanzhörnchen (*Anomalurus*) (Anomaluridae), Dämmerungsratten (*Nyctomys*), eurasiatische Zwergmäuse (*Micromys*), Langohrmäuse (*Malacothrix*), Rotnasenmäuse (*Wilfredomys*), Klettermäuse (*Dendromus*) und Buschratten (*Neotoma*) (Cricetidae), kletternde Ratten (*Hapalomys*) und Mäuse (Dendromurinae), Waldmäuse (*Apodemus*), Borkenratten (*Crateromys*) (Muridae), Bilche (Gliridae), Neuweltstachelschweine (Erethizontidae) und Stachelratten (Echimyidae).

### 26.2.6 Carnivora, Schliefer und Ungulaten

Kletternde Carnivoren sind für diese Lebensweise morphologisch nur wenig angepasst. Sie umfassen alle Mitglieder der Waschbärenfamilie, einige Mitglieder der Marder-, Bären-, Schleichkatzen- und Katzenfamilien und zwei Arten von Füchsen. Eine Gattung von Schliefern ist bemerkenswert geschickt darin, glatte Baumstämme zu erklettern, und andere klettern zwischen Felsen. Mit Ausnahme gelegentlicher akrobatischer Leistungen einiger Ziegen klettert kein Huftier auf Bäume, aber Bergziegen und -schafe, Gemsen, Tahre und der Klippspringer sind hervorragende Felskletterer.

## 26.3 Anforderungen und grundlegende Mechanismen der Fortbewegung in drei Dimensionen

Kletterer müssen mit zwei grundlegenden Anforderungen fertig werden: Sie müssen

- sich auf einem diskontinuierlichen und dreidimensionalen Substrat vorwärtsbewegen,
- auf jeden Fall vermeiden, von ihrem Substrat abzustürzen, wenn sie sich bewegen und wenn sie ruhen.

Läufer und Gräber müssen sich ebenfalls auf einem etwas unebenen Substrat vorwärtsbewegen und müssen auch vermeiden zu fallen. Es überrascht also nicht, dass sich die morphologischen und Verhaltensanpassungen von Kletterern zwar quantitativ, aber gewöhnlich nicht grundsätzlich von den Anpassungen vieler anderer Tiere unterscheiden. Tatsächlich sind viele Kletterer für ihre lokomotorische Lebensweise morphologisch nicht besonders angepasst. Die Klettermaus sieht ungefähr so aus wie eine terrestrische Maus, die kletternden und die terrestrischen Arten von Zwergbeutelratten (*Marmosa*) sehen sich ähnlich, und der kletternde Fennek und der nichtkletternde Rotfuchs haben beinahe den gleichen Körperbau. Außerdem wird die Fähigkeit zu klettern mit vielen anderen Spezialisierungen kombiniert: Der kletternde Leopard kann auch sprinten, das Baumkänguru hüpft auch, der kleine Ameisenbär gräbt, der Baumfrosch schwimmt, der Colugo gleitet und der Papagei fliegt. Dennoch benutzen manche Kletterer (Baumfrösche, verschiedene Salamander, Geckos, Anolis und verschiedene Fledermäuse) einzigartige Mechanismen, und sehr viele andere haben verbreitete Merkmale in einem beeindruckenden Maße modifiziert.

Die Anforderung, dass Kletterer sich über ein diskontinuierliches Substrat vorwärtsbewegen müssen, führt zu Anpassungen an das Springen, Schwingen, Recken und Ziehen. Die Anforderung, dass Kletterer auch unter schwierigen Umständen nicht herunterfallen dürfen, führt zu Anpassungen an das Greifen, das Balancieren, Abstemmen, Ansaugen, Klammern, Einhaken und Ankleben und zur Ausbildung von Haftpolstern. Diese Anpassungen werden analysiert, aber da sie sehr zahlreich sind und in unterschiedlicher Weise kombiniert werden (Springen mit Greifen, Schwingen mit Einhaken, Rennen mit Klammern, Gehen mit Anheften, Rennen und Springen mit Greifen und Abpolstern, usw.), wird es günstig sein, zunächst die Prinzipien zu diskutieren, die ein Kletterer nutzen kann, um den Kontakt mit steil abfallenden Felsen, Ästen oder Zweigen aufrechtzuerhalten. Aus praktischen Gründen spricht man von Reibung und meint das nicht näher definierte Haften von Oberflächen aneinander. Das zweite Prinzip ist die Verzahnung.

### 26.3.1 Die Rolle der Reibung

Wenn ein Affe auf einem horizontalen Ast steht, wobei sich jeder Fuß direkt unter seinem Extremitätengürtel befindet, wird die nach unten gerichtete Kraft des Körpers durch eine gleichwertige aufwärtsgerichtete Kraft der Stütze ausgeglichen. Es gibt eine Kompression an der Kontaktfläche zwischen Fuß und Ast, aber praktisch keine Scherkraft parallel zur Oberfläche. Daher rutscht der Fuß nicht. Der Druck des Fußes gegen den Ast (**T**) wirkt senkrecht (d.h. im rechten Winkel) zur Oberfläche des Astes. Hier ruft er eine Reaktionskraft (**N**) in gleicher Höhe hervor (**T** = **N**) (Abb. 26.4a). Das Gleiche würde für ein stehendes Pferd gelten und der Affe hat zu diesem Zeitpunkt nicht mehr von einem Kletterer als das Pferd.

Wenn der Affe auf dem horizontalen Ast läuft, dann drückt sein Fuß in einem Winkel zur Vertikalen gegen die Oberfläche. Die ausgeübte Kraft kann in eine Komponente senkrecht zur Oberfläche und in eine andere, parallel zur Oberfläche ausgerichtete Komponente zerlegt werden (**P** in Abb. 26.4b). Wenn der Affe nicht ausrutschen soll, muss **P** durch eine gleichgroße Reibungskraft **F** ausgeglichen werden, die dem mechanischen Widerstand gegen die Bewegung des Fußes entlang seiner Stütze entspricht. Ähnlich kann auch das Pferd nur laufen, weil eine Reibungskraft den vorantreibenden Kräften entlang des Untergrunds entgegenwirkt.

Wenn der Affe auf einem Zweig steht, der gegen die Horizontale geneigt ist, dann kann **T** in **N** und **P** unterteilt werden, auch wenn keine Bewegung stattfindet (Abb. 26.4c), und Reibung wird benötigt, um den Fuß daran zu hindern, den Zweig entlang nach unten zu rutschen. Wenn der Affe den ansteigenden Ast hinaufläuft, wird **N** kleiner und **P** größer (Abb. 26.4d). Deshalb muss auch die Reibung größer werden, wenn der Affe nicht abrutschen soll. Der kletternde Affe und das auf der ebenen Fläche lebende Pferd unterliegen jetzt verschiedenen Bedingungen. Es ist offensichtlich, dass Anpassungen an das Klettern Mechanismen für die Maximierung von Reibung enthalten. (Alle Variablen, die hier betrachtet werden, sind Kräfte. Kraft

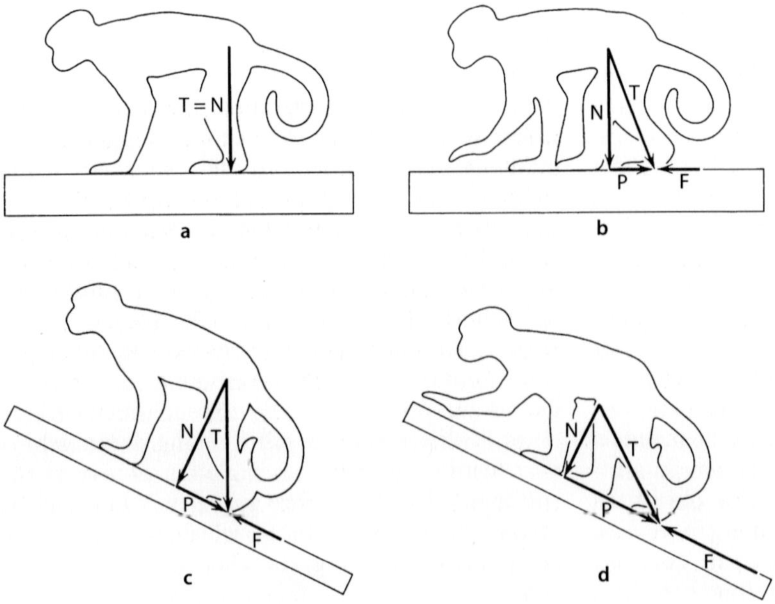


**Abb. 26.4 a–d.** Die Rolle der Reibung beim Vermeiden von Abrutschen

wird normalerweise durch F symbolisiert. Entsprechend können diese Variablen auch als $F_T$, $F_N$, $F_P$ und $F_F$ dargestellt werden.)

Wie kann man das erreichen? Reibung ist ein kompliziertes Phänomen, das nur schwer exakt analysiert werden kann. Die maximale Reibung, die entwickelt werden kann, bevor das Abgleiten beginnt, hängt von der Art und der Textur der Materialien ab, die in Kontakt miteinander stehen, sowie von der Kraft, die zwischen ihnen wirkt. Die ungefähre Beziehung für trockene und feste Oberflächen ist $\mathbf{F} = \mu\mathbf{N}$, wobei $\mu$ der Reibungskoeffizient ist, der für alle Materialkombinationen empirisch bestimmt werden muss. Wenn allerdings eine der Oberflächen gebogen und viskoelastisch ist (d.h. sowohl visköse als auch elastische Eigenschaften hat), wie z.B. Fußballen und Fingerballen, dann ist $\mathbf{F} = \mu\mathbf{N}^{\alpha}$, wobei $\alpha < 1$ ist. Wenn jetzt die Kraft **N** zunimmt, nimmt $\mu$ ab und ein Ausrutschen wird wahrscheinlicher. Unter diesen Umständen kann das Tier einen Fall nur verhindern, indem es fester zugreift. Wie auch Autofahrer lernen können, nimmt $\mu$ auch ab, wenn das Rutschen beginnt. Es ist einfacher, Rutschen zu vermeiden als aufzuhalten.

Aus der Formel $\mathbf{F} = \mu\mathbf{N}$ wird auch klar, dass Kletterer **F** erhöhen sollten, indem sie

- Substrate mit hohen Werten für $\mu$ auswählen,
- Hautoberflächen entwickeln, die $\mu$ vergrößern,
- Mechanismen entwickeln, die **N** erhöhen.

Die beiden ersten Methoden erfordern weitere Untersuchungen. Wahrscheinlich ist man besonders vorsichtig, wenn das Substrat nass ist, weil Nässe die Reibung stark reduziert (und die Formel für ihre Berechnung verändert). Wie wir noch sehen werden, können Kletterer auf verschiedene Weise **N** sehr effizient vergrößern. Dies schließt jedoch eine deutliche Gewichtszunahme aus. Kletterer sind mittelgroß bis klein, damit sie die Zweige, von welchen sie unterstützt werden müssen, nicht abbrechen, und damit sie wendig sein können.

Wie die Formel zeigt, ist die maximale Reibung unabhängig von der Größe der Kontaktfläche. Deshalb kann der Klippspringer (eine Antilope) Wunder beim Felsenklettern auf den Spitzen wirklich winziger Hufe vollbringen. Dennoch haben manche Kletterer große Füße. Dies reduziert den Abrieb des Integuments pro Flächeneinheit. Da große flexible Ballen das Substrat meistens in verschiedenen Ebenen berühren, erhöht dies die Stabilität auch dadurch, dass der Fuß darauf vorbereitet wird, zu einem gewissen Grad mit Reibung den störenden Kräften, die von verschiedenen Raumrichtungen wirken, zu widerstehen. Große Ballen können auch das Verzahnen erhöhen (s. unten).

### 26.3.2 Die Rolle der Verzahnung

Wenn die flache Oberfläche zwischen einem Objekt und seiner Stütze gegen die Horizontale geneigt ist, dann besteht (wie oben festgestellt wurde) eine Kraft **P** parallel zur Oberfläche, der eine gleichwertige Reibungskraft **F** entgegenwirken muss, wenn ein Abrutschen vermieden werden soll. Die Kraft **P** hat jedoch eine horizontale Komponente (**H** in Abb. 26.5a) und ein Ausrutschen könnte auch durch eine Gegenkraft **H**′ vermieden werden. Wenn der Untergrund eine Seitenwand hat, steht diese Gegenkraft zur Verfügung (Abb. 26.5b). Die Verzahnung hat dann die Reibung bei der Erzeugung von Stabilität ersetzt. Wenn die Klaue eines Warans, eines Papageis oder eines Streifenhörnchens in einer Felsspalte oder in einem Astspalt sitzt, ist diese Methode der Abstützung wirksam.

Wenn das Objekt stattdessen seinen Untergrund auf einem Dutzend oder mehr kleiner, sich neigender Oberflächen und an genauso vielen Seitenwänden kontaktiert, dann gilt wieder das gleiche Verzahnungsprinzip (Abb. 26.5c). Die zahlreichen steifen Schwanzfedern des Spechtes und die hornigen Platten unter dem Schwanz eines Dornschwanzhörnchens sind Beispiele für diese Art von Halt, wenn sie sich gegen die raue Borke pressen (Abb. 26.2).

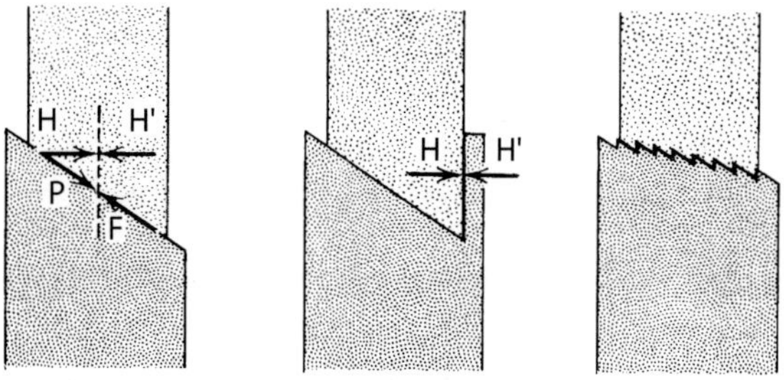


**Abb. 26.5a–c.** Die Rolle des Verzahnens beim Vermeiden von Abrutschen

Bei sehr fein strukturierten, verzahnten Oberflächen (z.B. die Schuppen am Fuß einer kleinen Eidechse oder die Leisten an den Fingerkuppen eines Galago) verschwimmt die Grenze zwischen Reibung und Verzahnung als Stützmethoden. Eine Verzahnung in feinsten Dimensionen ist ebenfalls eine Grundlage für Reibungskraft. Ein kissenähnlicher Fußballen, der sich sowohl an mikroskopische als auch an makroskopische Unebenheiten auf einem Ast anschmiegt, nutzt sowohl Reibung als auch Verzahnung, um ein Abgleiten zu verhindern. Die hakenähnliche Klaue eines Faultiers kann durch Reibung daran gehindert werden, entlang einer glatten Stange abzurutschen, aber wenn ihre scharfen Kanten leicht in die Stange einschneiden würden, dann würde auch die Verzahnung zur Unterstützung beitragen.

### 26.3.3 Die Rolle des Haftens

Haften ist die Folge molekularer Anziehung. Zwei Möglichkeiten werden von Kletterern genutzt. Die **kapillare Adhäsion** (oder nasse Adhäsion) tritt auf, wenn zwei aufeinander liegende Oberflächen durch ein geeignetes Adhäsiv verbunden werden. So haftet eine Glasscheibe an einer vertikalen Fensterscheibe, wenn sich dazwischen ein dünner Wasserfilm befindet. Die allgemeine Erfahrung lehrt uns, dass klebrige Materialien bessere Klebstoffe sind als Wasser, und die Fingerkuppen mancher Amphibien sezernieren ein klebriges Material, das ihnen erlaubt, sogar an vertikalen Blättern, die glänzend und glatt sind, zu haften.

Die andere Art des Haftens ist die **trockene Adhäsion.** Wenn ein glattes Metall über ein anderes gleitet, können großer Druck und hohe Temperatur an den mikroskopisch kleinen Kontaktpunkten dazu führen, dass molekulare Zusammenhalte gebildet werden. Dies ist eine andere Grundlage für Reibungskraft. Normalerweise können jedoch trockene Materialien, sogar wenn sie poliert und sauber sind, nicht an genügend Punkten eng genug zusammengebracht werden, dass intermolekulare Kräfte einen sig-

**Exkurs 26.1**

**Glücklicherweise brauchen Kletterer das Phänomen der Reibung nicht verstehen, um es zu benutzen**

Die Variablen, welche die Reibung in den makroskopischen Dimensionen von Fußpolstern und Hufen beeinflussen, werden im Haupttext vorgestellt und sind seit mehreren hundert Jahren bekannt. Trotzdem war damals die Bedeutung der Oberflächenrauheit und der molekularen Adhäsion für die Reibung nicht klar. Die Erforschung der Sachverhalte in atomaren Dimensionen musste auf die Entwicklung besonderer Instrumente warten und steckte noch in ihren Kinderschuhen, als dieser Text zum erstenmal veröffentlicht wurde. Sie bleibt ein herausforderndes Forschungsgebiet. Sogar wenn aufeinander gleitende Oberflächen perfekt charakterisiert werden können, ist es bisher nicht möglich, die auftretende Reibung genau vorherzusagen. Manche experimentellen Beobachtungen führen zu unerwarteten Ergebnissen oder widersprechen sogar den Erwartungen.

Die Erfahrung zeigt zunächst einmal, dass die Reibung proportional zur Anpresskraft ist, aber nicht proportional zur scheinbaren Kontaktfläche. Sogar flache, glatte Oberflächen berühren sich tatsächlich nur an mikroskopisch kleinen Erhebungen, die nur einen kleinen Prozentsatz der sichtbaren Kontaktfläche ausmachen. Wenn die sichtbare Fläche bei konstanter Last abnimmt, wächst der Druck auf die verbleibende Fläche und mehr mikroskopische Punkte werden aufeinandergedrückt, so dass ungefähr die gleiche Fläche von tatsächlicher Interaktion zwischen den Oberflächen beibehalten wird. Reibung ist also **proportional** zur **tatsächlichen** Kontaktfläche.

Man hat lange gedacht, dass die Reibung gleitender Oberflächen unabhängig von der Geschwindigkeit sei. Auf der Nanoskala sollte dies zutreffen, wenn die tatsächlichen Kontaktpunkte nicht warm werden; aber in der makroskopischen Welt von Autobremsen nimmt die Reibung bei sehr geringen Geschwindigkeiten zu. Ganz ähnlich ist allgemein bekannt, dass Schmiermittel die gleitende Reibung herabsetzen, doch auf der Nanoskala erhöht eine ausreichend dünne Schicht von Schmiermittel die Reibung. Wir wissen alle, dass trockene Gleitreibung immer zu Abrieb führt; aber zumindest theoretisch könnten geeignete Materialien mit entsprechend kleiner Partikelgröße ohne Abrieb gleiten, weil die Vibrationen der Atomgitter synchron sind. Kletterer vermeiden diese Komplikationen, indem sie makroskopisch sind und indem sie ein Abrutschen von vornherein vermeiden.

Schließlich muss Reibung auch in Hinblick auf molekulares Verhalten an den Kontaktoberflächen erklärt werden. Wie kommt es, dass Reibung zwischen zwei Oberflächen manchmal geringer ist, wenn eine der Oberflächen rauer ist als die andere? Oder dass Reibung zunehmen kann, wenn die Oberflächen glatter gemacht werden? Es scheint, dass Reibung weniger mit der Stärke der adhäsiven Bindungen korreliert als damit, wie leicht die Oberflächen zusammenhalten bzw. wie leicht sie sich trennen. Es ist ein kompliziertes Thema.

nifikanten Zusammenhalt zwischen ihnen bilden. Die Fähigkeit der Geckos und Anolis, trockenfüßig kopfüber sogar an Glasscheiben entlangzulaufen, hat sich lange Zeit einer Erklärung entzogen. Inzwischen gibt es experimentelle Hinweise darauf, dass die hochspezialisierte Struktur ihrer Zehen (s. unten) sie befähigt, intermolekulare Anziehungskräfte (Van der Waalssche Kräfte) am Substrat zur Wirkung zu bringen. Dies ist eine Adhäsion ohne Klebstoff oder klebrige Substanzen.

## 26.4 Anpassungen für den Vortrieb

### 26.4.1 Gehen, Rennen, Hüpfen und Springen

Tiere, die meistens auf mehr oder weniger horizontalen Zweigen gehen oder rennen (Warane, Klettermäuse, Ameisenbären), haben keine Vortriebsprobleme, die sie nicht mit ihren bodenlebenden Verwandten teilen würden. Die Füße und manchmal auch der Schwanz können entsprechend modifiziert sein, um am Substrat Halt zu finden, aber der Rest des Körpers ist nicht besonders abgewandelt.

Manche Kletterer bewegen sich oft, aber nicht ausschließlich, indem sie von einem Stützpunkt zum nächsten hüpfen. Der Sprung kann aufwärts gerichtet sein, manchmal auch nach unten, in der Regel bleibt das Tier aber auf einer Höhe. Das Tier kann sich während des Sprungs bewegen und sein Körper ist in Absprungsrichtung orientiert. Beispiele dafür sind bestimmte Baumschlangen, zahlreiche Eidechsen, Baumhörnchen, Kapuziner-, Brüll- und Nasenaffen und grüne Meerkatzen, Languren und baumlebende Mangaben. Diese Kletterer (mit Ausnahme der Schlangen) haben meist lange Beine, schlanke Knochen und eine Muskelmechanik, die derjenigen von Lauftieren ähnelt, obwohl ihnen die relative Verkürzung der proximalen Beinsegmente fehlt. Der Rücken ist relativ lang, stark und flexibel.

Verschiedene Primaten bewegen sich in erster Linie durch Springen fort. Wenn sie ruhen, halten sie den Körper meist in einer vertikalen Position. Oft springen sie aus völliger Ruhe ab. Der Sprung kann in jede Richtung gehen, auch steil nach oben. Zu diese hochspezialisierten Tieren zählen die Koboldmakis, die Galagos, Indris und zwei Gattungen von Lemuren. Die kleineren dieser sehr effektiven Springer können 2 m nach oben springen, die größeren können 10 m nach vorne und unten von einem Baum zum nächsten springen. Alle haben lange Hinterbeine, eine gebeugte Kniehaltung und die allgemeine Beinmechanik von Springern (s. S. 507–509), obwohl der Femur nicht kürzer als die Tibia ist. Der Fuß muss (im Gegensatz zu dem der Springmäuse und Kängururatten) in der Lage sein, sich am Substrat festzuhalten. Bei Koboldmakis und Galagos ist er außerdem in Anpassung ans Springen sehr stark verlängert, indem das Naviculare und der Calcaneus verlängert sind (Abb. 26.6).

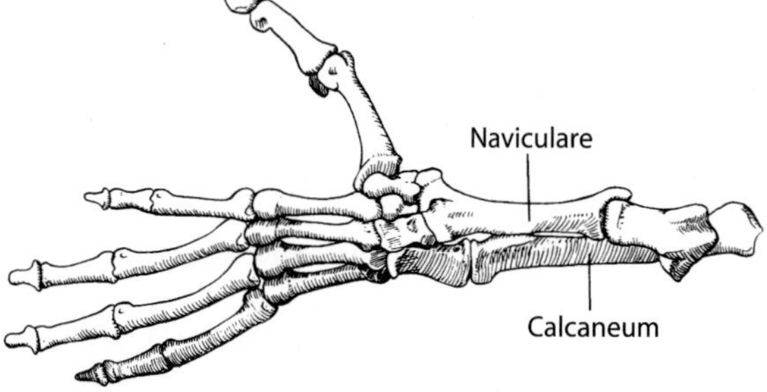


**Abb. 26.6.** Der verlängerte Tarsus eines Springers, gezeigt am linken Fuß des Primaten *Galago*

### 26.4.2 Greifen, Ziehen und Überbrücken

Viele der besseren Kletterer bewegen sich vollständig oder teilweise dadurch fort, dass sie von einem Halt zum nächsten greifen und die Körpermasse nachziehen. Große Lücken können so glatt, ohne Aufgabe einer sicheren Stütze, überbrückt werden. Orang-Utan, Potto, Loris, (in ihrer Kopf-Unter-Position) die Faultiere und Chamäleons sind besonders bekannte Beispiele, obwohl manche Frösche, Opossums, Kletterbeutler, verschiedene Affen, der Colugo, Stachelratten und viele andere ebenfalls diese Methode der Fortbewegung benutzen. Es gibt einige Hinweise, dass Orang-Utan-artiges Klettern in der Ahnenreihe der Menschen vorkam.

All diese Kletterer müssen drei hauptsächliche Anforderungen erfüllen:

- **Große Reichweite.** Daher sind (mit Ausnahme der Vögel) die Beine länger als bei Anpassungen an andere Fortbewegungsweisen außer dem Gleiten, Springen (Hinterbeine) und Fliegen (Vorderbeine). Die proximalen und mittleren Beinabschnitte sind beinahe gleich lang. Die Füße sind groß, müssen aber mehr an das Festhalten als an den Vortrieb angepasst sein. Sie sind also nicht wie bei Läufern und terrestrischen Springern verlängert. Der Thorax ist in der Regel ebenfalls lang.
  Verschiedene Baumschlangen sind auf ganz andere Weise an das Greifen angepasst. Die Morphologie der vorderen Wirbel, zusammen mit einer komplexen Muskulatur, verhindert, dass sich die Wirbelsäule durchbiegt, wenn sie von einer Stütze zur nächsten ausgestreckt wird.

- **Flexibilität und Beweglichkeit.** Um Bewegungen über einen weiten Bereich zuzulassen, sind die Köpfe von Humerus und Femur nicht nur einfach gewölbt, sondern haben eine vollständigere Kugelform angenommen als bei anderen Tieren. (Insofern unterscheiden sie sich von den Formen bei Läufern, Gräbern und Fliegern.) Die Extremitätengürtel sind sogar bei einigen kletternden Reptilien derart abgewandelt, dass sie Bewegungsfreiraum zulassen. Bei Säugetieren werden Scapula und Clavicula in einer Weise modifiziert, die im nächsten Abschnitt beschrieben wird, da sie bei Hanglern noch extremer ist. Um maximale Pronation und Supination des Unterarms sicherzustellen, sind Ulna und Radius frei und ungefähr gleich stark entwickelt. Der proximale Kopf des Radius ist rund, die Gelenkfläche der Ulna, auf welcher der Radius rotiert, ist gleichmäßig gebogen und liegt lateral (nicht anterior wie bei vielen Lauftieren; Abb. 24.13). Ein Griffelfortsatz (Processus styloideus) am distalen Ende der Ulna bildet in der Regel einen Drehpunkt, um den sich der Carpus dreht. Entsprechend ist die Fibula frei und relativ groß. Das Handgelenk ist von ellipsoider Form und nicht scharnierartig. Innerhalb des Tarsus kann eine beträchtliche Rotation, Adduktion und Abduktion möglich sein. Vorsprünge und Kerben sind an den Bein- und Fußgelenken relativ wenig entwickelt (Abb. 24.17).
- **Entsprechende Knochen-Muskelmechanik.** Eine besondere Festigkeit wird nicht benötigt, so dass die Muskeln und die Muskelansatzstellen nicht vorspringen, die Knochen sind leicht und schlank. Viele dieser Tiere (vor allem die Faultiere) nehmen meist Haltungen ein, bei denen die Extensormuskeln der Schwerkraft nicht in der normalen Art und Weise entgegenwirken. Deshalb sind diese Muskeln weniger entwickelt und ihr Kraftarm ist kürzer, als für terrestrische Säugetiere charakteristisch ist. So bewegt sich der Krafthebel des M. triceps (der Ellbogenfortsatz) zwischen 1/8 (ein Opossum) bis zu 1/12 oder noch weniger (Loris, Faultiere) des längstmöglichen Hebels der Last (die Länge des Restes der Ulna). Flexoren, Pronatoren, Supinatoren und Abduktoren sind besser entwickelt.

### 26.4.3 Hangeln

Manche Primaten bewegen sich durch **Hangeln** unter den Ästen fort. Im Gegensatz zu anderen Vortriebsmethoden werden nur die Vorderbeine zum Tragen des Körpergewichts benutzt. Es sind die Gibbons und die verwandten Siamangs, die das Hangeln zur Perfektion entwickelt haben, obwohl es auch gelegentlich von Klammer-, Woll-, Brüllaffen, Languren, Stummel- und Nasenaffen, vom Schimpansen, Orang-Utan und ganz selten auch mal vom Gorilla benutzt wird.

Der Kletterer schwingt pendelartig, wenn eine Hand einen Halt vor und oberhalb des Körpers in der Fortbewegungsrichtung erfasst hat, über die Senkrechte hinaus, bis er beinahe die Ausgangshöhe erreicht hat. Die nicht belastete Schulter wird nach vorne bewegt. Am Ende des Aufschwungs streckt er den anderen Arm vor zum nächsten Halt. Der freie Arm und (beim Siamang) auch die Beine können beim Abschwung nach unten bewegt werden und so den Schwerpunkt des Tieres vom Drehpunkt der unterstützenden Hand weg verlagern. Dies maximiert die Geschwindigkeit und führt zu einem Gewinn an kinetischer Energie. Beim Aufschwung sind der freie Arm (z.T. auch der Haltearm) und die Beine gebeugt, um das Pendel zu verkürzen, sein Trägheitsmoment zu vermindern und seine Winkelgeschwindigkeit zu erhöhen. Ähnlich wie bei einem Kind, das auf einer Schaukel schwingt, kommt es zu einem Nettogewinn an Drehimpuls. Bei schneller Fortbewegung kann eine Phase des freien Fluges vor dem Ergreifen des nächsten Haltes eingeschaltet sein. Andere Geheimnisse der komplexen Physik des Hangelns müssen noch erforscht werden. Die Leistungen dieser bemerkenswerten Akrobaten sind noch immer nicht vollkommen verstanden (Preuschoft und Demes 1984).

Hangler, wie auch Springer, sind an ihre spezielle Leistung morphologisch deutlich angepasst. Sie haben die gleichen Anpassungen ans Greifen und die Beweglichkeit wie auch andere Kletterer und sie setzen ihre Arme gleichfalls Zug- und nicht Druckspannungen aus. Der Unterschied besteht in der Länge und dem geringen Gewicht der Arme (Abb. 26.7). Die Hinter-

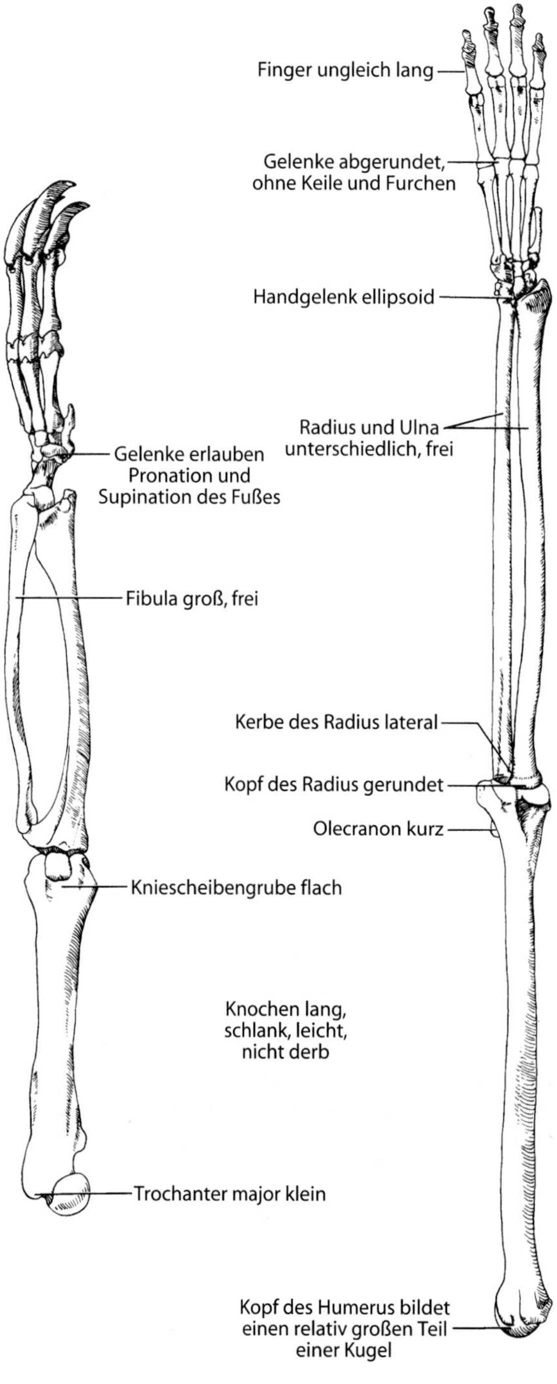


**Abb. 26.7.** Merkmale des Extremitätenskeletts bestimmter Kletterer, gezeigt am linken Bein eines Faultiers, *Choloepus* (*links*) und am linken Arm eines Klammeraffen, *Ateles* (*rechts*)

beine sind, verglichen mit dem Rumpf, relativ lang, vor allem bei Gibbons und Klammeraffen, aber die Vorderbeine sind unproportional lang und werden beim Orang-Utan, Gibbon und Siamang sogar zweimal so lang wie der Rumpf oder noch länger. Da die Arme unter Belastung vor allem gedehnt werden, können sie schlanker sein als die Knochen anderer Primaten, die nicht nur durch die Muskelkraft, sondern auch durch das Körpergewicht zusammengepresst werden.

Die Grube am Humerus, die den sehr kurzen Ellbogenfortsatz aufnimmt, ist tief, so dass der Ellbogen komplett gestreckt werden kann.

Eine Supination des haltenden Unterarms zusammen mit einer Rotation des Rumpfes bringen die (führende) Schulter des freien Armes während eines Vorschwungs nach vorne und verleihen ihm zusätzliche Reichweite. Deshalb ist der Supinator stark, sein Kraftarm wird durch ein Beugen des Radius vergrößert, das Sternum ist breit, die Brust ist eher breit als tief (Abb. 26.8) und ein Intercarpalgelenk, das Drehbewegungen erlaubt, ist ausgebildet.

Die Clavicula ist lang und reicht über die breite Brust zum großen Acromionfortsatz. Die Scapula liegt relativ flach am Rücken statt an der Seite des Thorax, wie bei nicht hangelnden Tieren. Die Fossa glenoidea ist kopfwärts und seitlich orientiert, nicht bauchwärts (Abb. 26.9). Der M. latissimus dorsi, M. pectoralis, M. biceps und der lange Kopf des M. triceps verspannen die Schulter gegen das Körpergewicht. Auch der M. trapezius, der den Acromionfortsatz in Richtung Hals zieht, und der M. serratus anterior, der den vertebralen Rand der Scapula nach außen zur Seite der Brust zieht, sind stark. Die Ansatzstelle und Orientierung dieser Muskeln ist gegenüber anderen Affen abgewandelt, so dass sie zusammen die Scapula am Rumpf in einem einzigartigen Ausmaß bewegen. Dies hebt den Arm am Körper und rotiert wahrscheinlich den Körper während des Schwungs am ausgestreckten Arm.

Im Gegensatz zu Lauftieren und quadrupeden Hüpfern haben Hangler einen kurzen, kompakten Rumpf mit einer verminderten Zahl von Lumbalwirbeln, so dass der Rumpf als Einheit schwingt. Die Lumbalregion trägt am wenigsten zur Fortbewegung bei (Abb. 26.8). Die Zygapo-

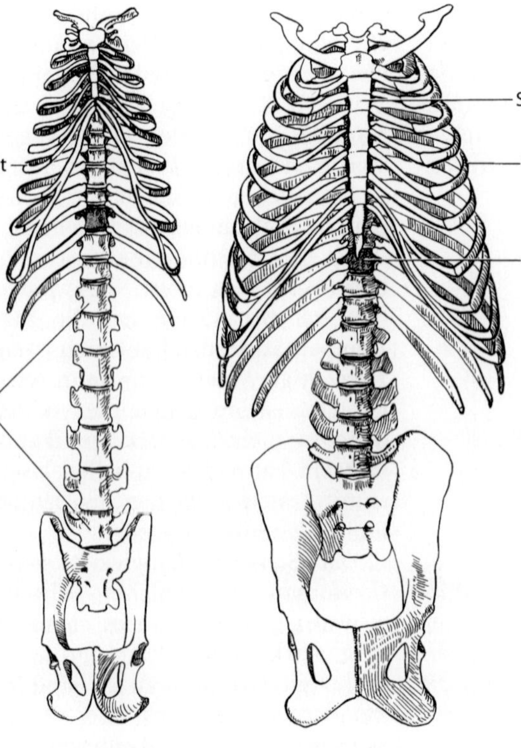


**Abb. 26.8.** Unterschied zwischen dem Rumpfskelett eines springenden Affen (grüne Meerkatze, *links*) und eines hangelnden Affen (Klammeraffe, *rechts*)

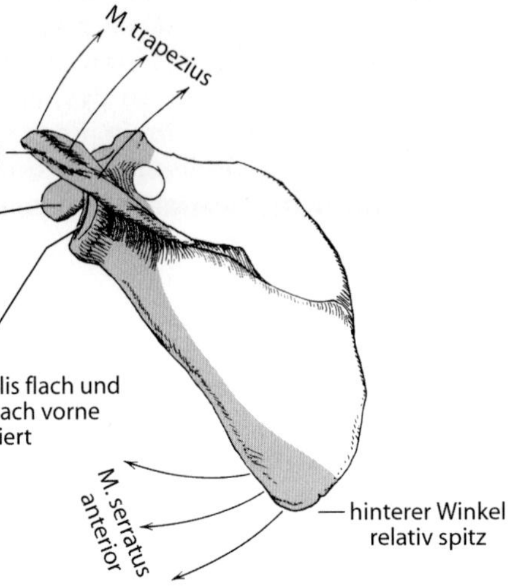


**Abb. 26.9.** Anpassungen der Scapula an das Strecken und Hangeln, gezeigt am Klammeraffen, *Ateles*. *Schattierte Bereiche* zeigen Areale mit relativ kompakten Knochen, an denen die Muskeln wirken, welche die Scapula drehen

physen der Lumbalwirbel der Säugetiere sind so konstruiert, dass sie Beugung und Streckung erlauben, aber eine Rotation der Wirbelsäule um ihre Längsachse begrenzen. Die Zygapophysen der anterioren Thoracalwirbel erlauben eine Rotation. Der Übergang findet innerhalb eines Wirbels statt. Dieser Wirbel (der **Diaphragma-Wirbel**) liegt bei Hanglern (welche die Wirbelsäule bei jedem Schwung rotieren) weiter posterior als bei Lauftieren und Hüpfern (welche die Wirbelsäule beugen und strecken, aber nicht rotieren).

Manche Kletterer bewegen sich langsam (Chamäleons, Loris), während viele Läufer, Hüpfer und Hangler sehr schnell sind. Letztere benötigen bemerkenswert schnelle und präzise neuromuskuläre Reaktionen. Die morphologische Basis für eine solche Kontrolle schließt wahrscheinlich die relativ große Ausbildung des Cerebellums, der Olivenkerne, des Nucleus ruber, überhaupt des gesamten extrapyramidalen motorischen Systems sowie des primären motorischen und somatosensorischen Cortex und des Sehsystems ein. Die Augen sind groß und nach vorne gerichtet, um überlappende Gesichtsfelder und damit auch Tiefenwahrnehmung zu ermöglichen.

## 26.5 Anpassungen an das Aufrechterhalten von Kontakt mit dem Substrat

### 26.5.1 Festhalten

Wenn die Finger- und Handflächen eines Chamäleons, eines Pottos oder eines Menschen einen Zweig oder Stab umgreifen und fest zupacken, erzeugen die Muskeln Kräfte, die senkrecht auf die Oberfläche des Untergrundes wirken. Diese Kräfte erhöhen den Reibungswiderstand gegenüber Abrutschen: je fester der Griff, desto höher ist der Widerstand. Ein Tier mit starken Fingerbeugern kann so die normalen Kräfte ergänzen, die es mit Hilfe seines Körpergewichtes entwickelt. Außerdem kann es durch Greifen verhindern, dass es in irgendeine Richtung abrutscht.

Festhalten ist ein ausgesprochen vielseitiger und effektiver Weg, den Kontakt mit dem Substrat aufrechtzuerhalten, und die verschiedenen Kletterer haben unabhängig voneinander viele Haltemechanismen entwickelt. Verschiedene Schlangen halten Zweige mit Windungen des Körpers fest, um sich darauf stützen zu können. Der erste Finger eines oder beider Extremitätenpaare ist bei manchen Baumfröschen, Salamandern, Vögeln, Opossums und vielen Primaten opponiert (Abb. 26.10). Der zweite Finger der Hand ist meist nicht sehr effektiv für einen kräftigen Griff (sogar bei Menschen) und wurde bei Pottos und Loris kurz und schwach. Der Koala und manche anderen Kletterbeutler halten die Zweige zwischen dem zweiten und dritten Finger ähnlich wie Chamäleons mit dem Hinterfuß. Der Vorderfuß dieser Eidechsen hält das Substrat zwischen dem dritten und vierten Finger, Stachelratten tun das Gleiche. Papageien und manche anderen kletternden Vögel stellen die Finger 2 und 3 den Fingern 1 und 4 gegenüber. Die Handflächen, Sohlen und Finger von Greifern sind nackt und haben feines Tastempfinden.

Bodenlebende Säugetiere verlieren oft unwiederbringlich einen oder mehrere laterale Finger. Wenn ihre Nachkommen sekundär zum Baumleben übergehen, fehlen diese Finger zum Festhalten. An ihrer Stelle hat die Natur interessante Kompensationsmechanismen entwickelt. Der zweizehige Ameisenbär kann seine Ferse in starker Opposition gegen die verbleibenden Finger drücken; ein zentralamerikanisches Stachelschwein kann die Fußballen längs einfalten und somit kräftig zwischen den lateralen Kanten des Fußsohlenpolsters greifen.

Der Schwanz entwickelt sich oft zu einem Greiforgan. Ein solcher Schwanz wird **Greifschwanz** genannt und ist charakteristischerweise lang, stark, empfindsam und am Ende eingerollt. Tiere mit Greifschwänzen sind z. B. einige Salamander, Chamäleons und verschiedene andere Eidechsen, manche Baumschlangen, einige Kletterbeutler, Opossums, Kapuziner-, Klammer- und Wollaffen, Ameisenbären, Schuppentiere, der Wickelbär, verschiedene Ratten und Mäuse und ein Stachelschwein. Die meisten dieser Tiere rollen den Schwanz bauchwärts ein, das Stachelschwein aber windet ihn zum Rücken hin ein. Greifschwänze sind meist an der Basis besonders flexibel und haben an ihrem Ende kurze breite Wirbel. Oft haben Greifschwänze dort, wo sie in Kontakt mit dem Substrat kommen, nackte, tastempfindliche Polster.

### 26.5.2 Balancieren, Abstützen, Polstern und Ansaugen

Kletterer, die sich schnell bewegen, müssen auch sehr gute Balancierer sein. Daraus folgt aus Grundsätzen, die auf S. 502 dargestellt wurden, dass kletternde Säugetiere, die oben auf Zweigen gehen oder rennen, ihre Stabilität erhöhen können, indem sie ihren Schwerpunkt absenken. Baumlebende Salamander, Schlangen und Eidechsen halten ihren Schwerpunkt sehr niedrig.

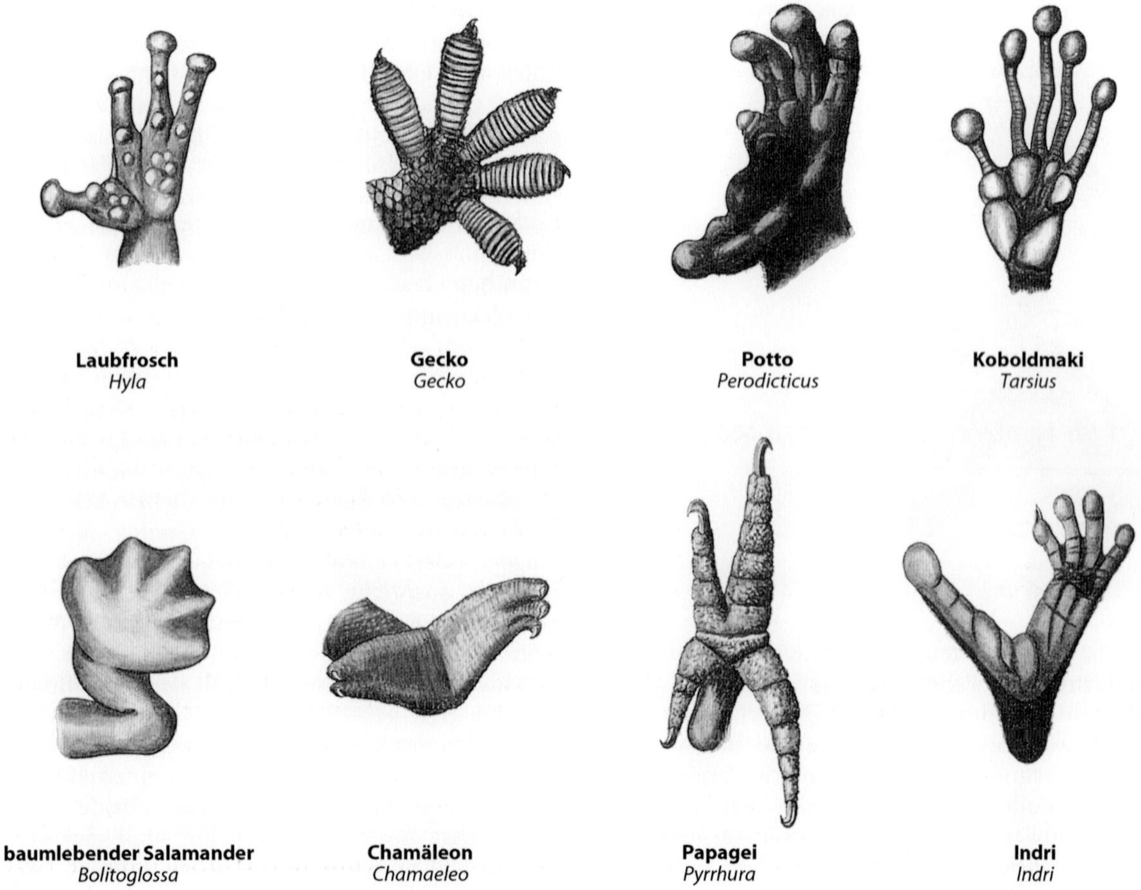


**Abb. 26.10.** Linke Hände (*oben*) und Füße (*unten*) einiger Kletterer

Baumhörnchen, Ratten und Mäuse, Weißbüschelaffen und der Wickelbär haben entweder kurze Beine oder beugen die Beine, um den Körper niedrig zu halten. Vögel, die auf Baumstämmen ihre Nahrung suchen, haben kurze Beine (der Tarsometatarus verkürzt sich dabei am meisten), um ihren Schwerpunkt in der Nähe ihres Untergrunds zu halten. Die Extremitätengürtel des Chamäleons erlauben, dass die Beine vertikal unter den Körper gestellt werden (was für Reptilien ungewöhnlich ist), so dass das Tier auf schmalen Halmen balancieren kann. Kletterer, die mit hakenartigen Anhängen unter ihrem Halt schwingen oder hängen (s. unten), sind in einem stabilen Gleichgewicht. Wie Schaukelstühle tendieren sie dazu, ihre Position immer wieder einzunehmen. Die meisten Kletterer haben lange Schwänze, die zum Aufrechterhalten der Balance beitragen. Kletterer ohne Schwänze schwingen (Gibbon), hängen (Schlankaffen) oder bewegen sich langsam (Loris).

Viele Kletterer benutzen ihre Schwänze auch als Pfeiler oder Stütze. Spechte, Baumsteiger und Baumläufer stützen sich mit ihren steifen Schwänzen ab. Der Endabschnitt der Wirbelsäule (das Pygostyl) und seine Muskulatur sind zu diesem Zweck vergrößert. Manche Arten der Koboldmakis haben eine nackte und raue Region an der Basis des Schwanzes, die den Schwanz so zu einer haftfähigen, energiesparenden Stütze macht. Das Dornschwanzhörnchen hat an seinem Schwanz hornige, ventrale Schuppen.

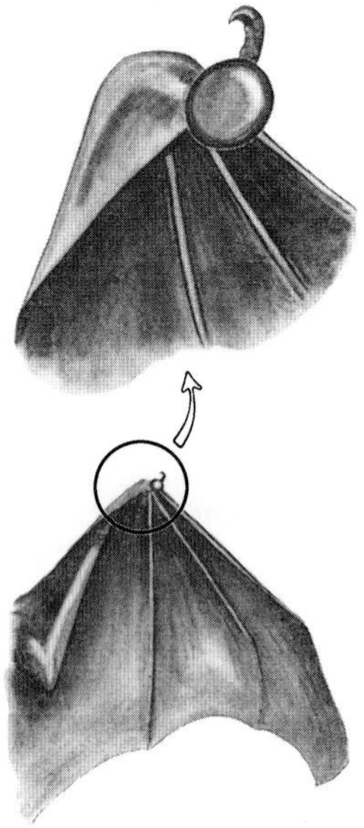

**Abb. 26.11.** Saugscheibe am Flügel einer Fledermaus, *Thyroptera*

Die Extremitäten der meisten Kletterer besitzen breite, weiche, kissenartige Ballen. Diese werden oft durch kleine Einkerbungen oder Hautleisten aufgeraut, welche die Reibung und das Verzahnen mit dem Substrat begünstigen. Solche Ballen sind vor allem bei Primaten, Ameisenbären und Stachelschweinen besonders gut entwickelt. Bei Baumfröschen, manchen baumlebenden Salamandern, Opossums, Kletterbeutlern, Indris, Pottos, Galagos und Koboldmakis sind die Ballen an den Fingern besonders auffällig. Kletterer mit Greifschwänzen haben auch am Schwanz solche Polster. Füße mit solchen Kissen sind meist breit und schmiegsam. Die Metapodien haben einen weiten Abstand, sind im Querschnitt rund, an ihren distalen Enden abgerundet und haben keine Fortsätze in den Gelenken. Die Phalangen sind meist queroval, mit der Ausnahme, dass die Endphalanx manchmal etwas spatelförmig verbreitert sein kann. Klauen oder Nägel sind so angeordnet, dass sie nicht mit den Polstern interferieren.

Die in der Technik verwendeten Saugnäpfe sind meist flache Becher aus Gummi, deren Rand gegen eine glatte Oberfläche gepresst wird. Die Elastizität des Gummis hält den Rand eng gegen die Oberfläche gepresst und reduziert so den Druck innerhalb des Napfes, so dass atmosphärischer Druck den Saugnapf gegen die Oberfläche drückt. Die Reibung verhindert eine Verschiebung parallel zur Oberfläche. Haftscheibenfledermäuse zweier Gattungen haben Saugnäpfe an den Hand- und Fußknöcheln, welche auf die gleiche Weise funktionieren (Abb. 26.11). Hier ist es elastisches Gewebe und nicht Muskelspannung, wodurch der feste Halt der Saugscheibe zustande kommt.

## 26.5.3 Festhängen und Einhaken

Die meisten Kletterer, die nicht greifen, benutzen starke, sichelförmig gekrümmte Klauen, um sich am Substrat festzuhängen. Die Spitzen der Klauen greifen in kleine Sprünge, Risse und Unebenheiten des Substrats. An dicken Stämmen sind Klauen sicherer als das Greifen mit den Fingern oder Zehen. Wenn das Gewicht des Tieres nicht ausreicht, um ein festes Verzahnen von Sohle und Substrat zu erreichen, kann durch Anspannen der Zehenbeuger ein höherer Anpressdruck erzeugt werden, mit dessen Hilfe ein sicherer Halt geschaffen wird. An dicken Ästen oder Stämmen kann die Spannweite der Hände bzw. Füße unzureichend sein, um einen Halt zu sichern. Hier werden die beiden Hände (bzw. Füße) weit auseinandergespreizt und der Anpressdruck zwischen den Händen erzeugt. Dies kommt v. a. bei kleinen Tieren mit Krallen vor (Eidechsen, Nager, Krallenaffen). Beim Abwärtsklettern mit dem Kopf voran können die Hinterfüße mit den Zehen nach hinten gewendet werden, so dass die Hinterkrallen gegen die Vorderkrallen oder, in der Kopf-unten-Position, gegen die Schwerkraft ziehen können. Ein solches Umdrehen des Hinterfußes sieht man bei Hörnchen, verschiedenen Marsupialiern, niederen Primaten, Spitzhörnchen und verschiedenen Carnivoren. Diese wichtige Fähigkeit entsteht durch Anpassungen der Hüfte und der Knöchelgelenke und durch Gelenke innerhalb des Tarsus. Außerdem ziehen kletternde Vögel mit ein oder zwei Klauen des Fußes gegen die anderen Klauen des gleichen Fußes. Die Zehenflexoren sind stark und das Endgelenk der Zehen ist so gebaut, dass es einen guten Krafthebelarm liefert (Abb. 26.12).

Manche Kletterer bauen die Extremitäten ganz und gar zu Haken um und schwingen oder

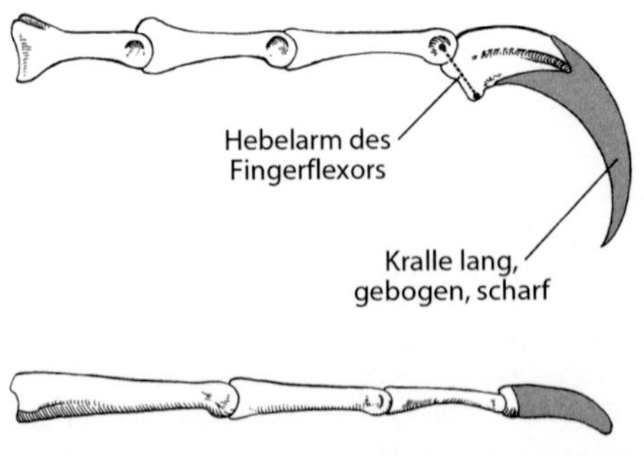


**Abb. 26.12.** Anpassungen eines Vogelfußes ans Klettern, gezeigt am dritten Zeh eines Goldspechts, *Colaptes* (*oben*) und des nicht kletternden und auch nicht auf Zweigen sitzenden Sägers, *Mergus* (*unten*)

hängen unter ihrer Stütze. Faultiere und Schuppentiere benutzen eine bis drei sehr lange, starke, gebogene Klauen als Haken. Fledermäuse und der Malayengleitflieger benutzen fünf beinahe gleich große Krallen. Hangelnde Primaten benutzen die vier Finger der Hand zusammen als einen Haken. Die Hand ist sehr lang, die Phalangen sind gebogen und so dem runden Querschnitt der Zweige angepasst. Greifschwänze können als einfache Haken wie auch als Greiforgane benutzt werden. Bei all diesen Beispielen sind die Flexorsehnen des Hakens kurz genug, um den Haken passiv daran zu hindern, sich zu öffnen. Ein toter Gibbon kann an einem nach oben gestreckten Arm, ein toter Klammeraffe kann am Ende seines Schwanzes aufgehängt werden. Manche Fledermäuse haben einen ratschenartigen Verschlussmechanismus zwischen Flexorensehnen der Klauen und ihren Scheiden, der verhindert, dass sich die Klauen öffnen, wenn die Fledermaus schläft.

### 26.5.4 Haften

Die ausgedehnten Fingerballen der Baumfrösche haben Drüsen, die ein klebriges Sekret absondern, mit dem sich diese kleinen Frösche an Felsen, Blättern oder Halmen ankleben. Sie pressen meistens auch noch ihre feuchten Bäuche gegen das Substrat, so dass diese ebenfalls haften.

Viele tropische Salamander haben Interdigitalhäute zwischen ihren weit ausgebreiteten Zehen. Das Ergebnis ist eine große einheitliche Haftfläche. Um den Kontakt aufzuheben, wird das Polster von seinem Rand her aufgerollt oder von hinten her angehoben. Frösche können ein zusätzliches Element aus Knorpel oder Knochen direkt proximal zum terminalen Fingerglied haben. Dies scheint dem Tier dabei zu helfen, mit den Zehenspitzen den besten Ort zu finden, um einen sicheren Kontakt mit dem Substrat herzustellen.

Ein Gecko hat scharfe Krallen, mit denen er sich an rauem Substrat festhält. Wenn eine glatte

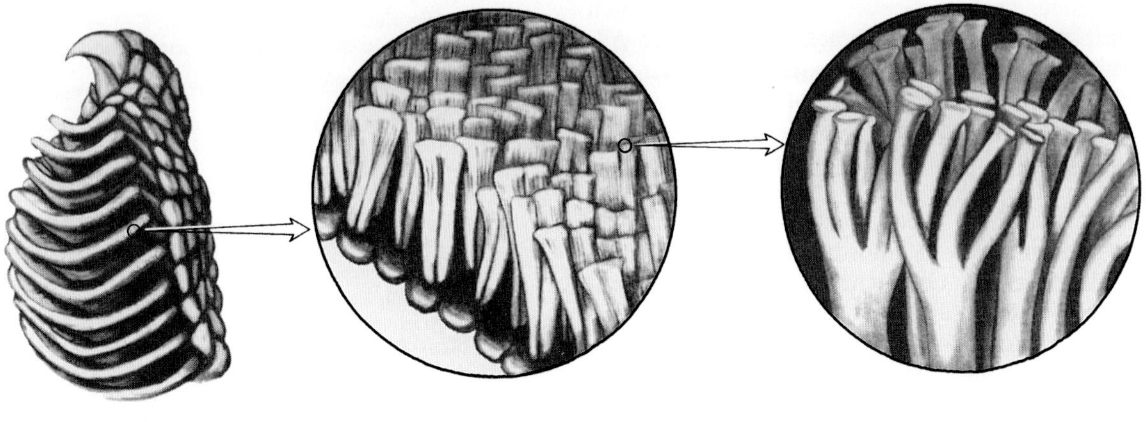


**Abb. 26.13.** Anpassungen an das Klettern durch trockene Adhäsion, gezeigt durch einen Zeh des Geckos

Stütze nur etwas schräg ist, kann das Tier seine Position einfach durch Reibung beibehalten. An steilen glatten Oberflächen und Überhängen dagegen benutzt der Gecko einen der bemerkenswertesten Anpassungsmechanismen, den die Natur hervorgebracht hat. Unter jedem Zeh liegen 16 bis 21 breite überlappende Lamellen (Abb. 26.13). An den exponierten Oberflächen der Lamellen eines jeden Zehs liegen bis zu 150000 haarähnliche Setae, die 30–130 μm lang sind. Jede Seta verzweigt sich in ungefähr 2000 Bürstchen und jedes von diesen hat eine untertassenförmige Endplatte, die ungefähr 0,2 μm im Durchmesser misst. Insgesamt berühren ungefähr 100 Mio. solcher Endplatten an ihren Rändern das Substrat. (All diese Zahlenangaben variieren je nach Spezies erheblich.) Die Kontaktpunkte sind so eng, dass intermolekulare Anziehungskräfte (van der Waalssche Kräfte) eine Rolle spielen und eine sehr starke Verbindung zwischen Zehen und Substrat bilden. Eine Untersuchung von Autumn und seinen Mitarbeitern (2000) quantifizierte die Adhäsionskräfte einer einzelnen Seta und zeigte, dass die Setae zur Herstellung der Verbindung zunächst gegen die unterstützende Oberfläche gedrückt und dann parallel zu ihr gezogen werden müssen. Blutsinus unter den Lamellen polstern die Zehen und verteilen den Druck, so dass eine maximale Anzahl von Endplatten (aber niemals alle gleichzeitig) in die Unregelmäßigkeiten der Oberfläche greifen können.

Der Kontakt ist fest. Als ein Forscher versuchte, einen großen Gecko von einer vertikalen Glasplatte zu ziehen, zerbrach das Glas. Die Adhäsion an vertikalem Glas wird sogar aufrechterhalten, wenn das Tier tot ist und der Körper sich in einem Vakuum befindet. Geckos haben jedoch Schwierigkeiten, sich an Material anzuheften, das eine geringe Oberflächenspannung hat (z.B. Teflon). Auch wenn die Setae schmutzig werden oder in Unordnung geraten, ist die Kletterfähigkeit eingeschränkt, bis die Haut durch Häutung erneuert wird und neue Setae die alten ersetzen. Um die Kontakte zu lösen, schält der Gecko seine besonders flexiblen Zehen vom Substrat, indem er sie rückwärts, nämlich von den Spitzen zur Mitte hin, abrollt.

Die nicht näher verwandten Anolis haben kürzere, nicht verzweigte Setae, aber sie funktionieren genauso. Dies ist ein bemerkenswertes Beispiel konvergenter Evolution.

## Literatur


Autumn K et al (2000) Adhesive force of a single gecko foot-hair. Nature 405:681–685

Bertram JEA et al (1999) A point-mass model of gibbon locomotion. J Exp Biol 202:2609–2617

Bock WJ, Miller WD (1959) The scansorial foot of the woodpeckers, with comments on the evolution of perching and climbing feet in birds. Am Mus Novit 1931:1–45

Bock WJ, Winkler H (1978) Mechanical analysis of the external forces on climbing mammals. Zoomorphologie 91:49–61. Freikörperanalyse kletternder Tiere im Gleichgewicht

Buck C, Bär H (1993) Investigations on the biomechanical significance of dermatoglyphic ridges. In: Preuschoft H, Chivers DJ (eds) Hands of Primates. Springer, Wien, pp 285–306

Cartmill M (1974) Pads and claws in arboreal locomotion. In: Jenkins FA Jr (ed) Primate locomotion. Academic Press, New York, pp 45–83

Cartmill M (1979) The volar skin of primates: its frictional characteristics and their functional significance. Am J Phys Anthropol 50:497–510

Cartmill M (1985) Climbing. In: Hildebrand M et al (eds) Functional vertebrate morphology. Harvard Univ Press, Cambridge/MA, pp 73–88

Emerson SB, Diehl D (1980) Toe pad morphology and mechanisms of sticking in frogs. Biol J Linnean Soc 13: 199–216

Fleagle JG (1974) Dynamics of brachiating siamang [*Hylobates (Symphalangus) syndactylus*]. Nature 248:259–260

Green DM (1981) Adhesion and the toe-pads of treefrogs. Copeia 1981:790–796

Hiller U (1986) Untersuchungen zum Feinbau und zur Funktion der Haftborsten von Reptilien. Z Morphol Tiere 62:307–362. Diese Studie stellt das Klettern mit trockener Adhäsion auf eine fundierte physikalische Grundlage. Gute Abbildungen

Jenkins FA Jr, Dombrowski PJ, Gordon EP (1978) Analysis of the shoulder in brachiating spider monkeys. Am J Phys Anthropol 48:65–76

Jenkins FA Jr, McClearn D (1984) Mechanism of hind foot reversal in climbing mammals. J Morphol 182:197–219

Jones FW (1953) Some readaptations of the mammalian pes in response to arboreal habits. Zool Soc Lond Proc 123:33–41. Anpassungen bei Stachelschweinen und Ameisenbären

Krim J (1996) Friction at the atomic scale. Sci Am 275: 74–80

Napier JR, Walker AC (1967) Vertical clinging and leaping – a newly recognized category of locomotor behavior of primates. Folia Primatol 6:204–219

Preuschoft H, Demes B (1984) Biomechanics of brachiation. In: Preuschoft H, Brockelman WY, Chivers DJ, Creel N (eds) The lesser apes. Evolutionary and behavioral biology. Edinburgh Univ Press, Edinburgh, pp 96–118

Preuschoft H, Demes B (1985) Influence of size and proportions on biomechanics of brachiation. In: Jungers WL (ed) Size and scaling in primate biology. Plenum, New York, pp 383–398

Preuschoft H (1990) Gravity in primates and its relation to body shape and locomotion. In: Jpouffroy F, Stack H, Niemitz C (eds) Gravity, posture and locomotion in primates. Il Sedicesimo, Florenz, pp 109–127

Preuschoft H (2002) What does arboreal locomotion mean exactly and what are the relationships between climbing, environment and morphology? Z Morph Anthrop 83:171–188

Richardson R (1942) Adaptive modifications for tree-trunk foraging in birds. Univ Calif Publ Zool 46:317–368

Russell AP (1981) Descriptive and functional anatomy of the digital vascular system of the tokay, *Gecko gecko*. J Morphol 169:293–323

Spring LW (1965) Climbing and pecking adaptations in some North American woodpeckers. Condor 67:457–488

Walker J (1989) How to get the playground swing going: A first lesson in the mechanics of rotation. Sci Am 260: 106–109

Williams EE, Peterson JA (1982) Convergent and alternative designs in the digital adhesive pads of scincid lizards. Science 215:1509–1511

Wimsatt WA, Villa B (1970) Locomotor adaptations in the disc-winged bat, *Thryoptera tricolor*. I. Functional organization of the adhesive discs. Am J Anat 129:89–119

# 27 Schwimmen und Tauchen

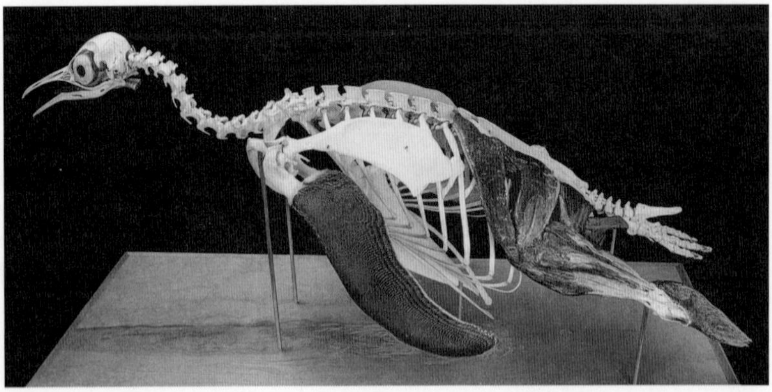

Vertebraten, die im Wasser leben, werden als **aquatisch** bezeichnet. Leider gibt es keine besonderen Bezeichnungen für die Experten unter ihnen, die mit besonderer Gewandtheit, Geschwindigkeit oder Ausdauer schwimmen. Alle Fische sind **primäre Schwimmer** – ihre Vorfahren sind ebenfalls geschwommen. Andere schwimmende Vertebraten sind **sekundäre Schwimmer** – ihre Vorfahren haben ein terrestrisches Stadium durchlaufen. Deshalb haben sie morphologische und physiologische Einschränkungen, welche die meisten von ihnen daran gehindert haben, wieder vollständig aquatisch zu werden.

Beinahe alle Vertebraten können irgendwie schwimmen, und in jeder Klasse gibt es viele hervorragende Schwimmer. Es gibt keine scharfe Unterteilung in Schwimmer und Nichtschwimmer. Allerdings suchen die meisten, die wir hier behandeln wollen, Nahrung und Zuflucht im Wasser und können auch unter der Oberfläche schwimmen.

Über das Schwimmen ist relativ viel veröffentlicht worden, aber eine detaillierte Analyse ist schwierig und es gibt immer noch viele lohnenswerte Themen für zukünftige Untersuchungen. Wir berichten nicht nur über Ergebnisse quantitativer Untersuchungen von Morphologie und Leistung, sondern auch über allgemeine Merkmale schwimmender und tauchender Vertebraten, von denen man annimmt, aber nicht nachgewiesen hat, dass sie mit der Funktion zusammenhängen. Für sich allein betrachtet kann die Morphologie irreführen (Exkurs 27.1), was die Detektivarbeit um so interessanter macht.

*Oben:* Skelett eines Kaiserpinguins mit gefriergetrocknetem Bein und Flügeln

## 27.1 Vorteile des Schwimmens und Tauchens

Es ist von ausschließlich akademischem Interesse, nach dem Überlebenswert einer aquatischen Lebensweise für primäre Schwimmer zu fragen: Es ist eine von Anfang an vorhandene, erfolgreiche Lebensweise, und die Natur hat für die meisten dieser Tiere keine Alternative vorgesehen. Wie wir im Teil II dieses Buches gesehen haben, war die Veränderung zum terrestrischen Leben so grundlegend, dass es ungefähr 100 Mio. Jahre gedauert hat, bis der Übergang bewerkstelligt war. Der umgekehrte Übergang zurück zum Wasser war „leichter“ und hat mehrere Male stattgefunden. Sekundäre Schwimmer und Taucher können jeden der folgenden Vorteile gegenüber Nichtschwimmern haben:

- Sie haben Zugang zu einer großen Vielfalt aquatischer Nahrungsressourcen, wie z. B. Fisch, Plankton, größeren Invertebraten und Pflanzen.
- Sie entgehen terrestrischen Räubern. Natürlich sind sie stattdessen aquatischen Räubern ausgesetzt, aber der Vorgang der Evolution hat sich in spezifischen Beispielen in Richtung auf

größere Sicherheit bewegt. Zu dem Zeitpunkt, zu dem eine bestimmte Form zur terrestrischen bzw. sekundär aquatischen Lebensweise überging, wich sie einem höheren Feinddruck aus.
- Die Ozeane und großen Inlandswasserwege sind günstige Routen für die Ausbreitung und Wanderung.
- Wasser bietet oft eine relativ konstante Umgebung.

## 27.2 Die besonderen Fertigkeiten von Schwimmern und Tauchern

Viele Aspekte der Leistung tragen zum Überleben von Schwimmern und Tauchern bei. Schnelligkeit, Ausdauer und Wendigkeit können notwendig sein, auch wenn sie sehr teuer sind.

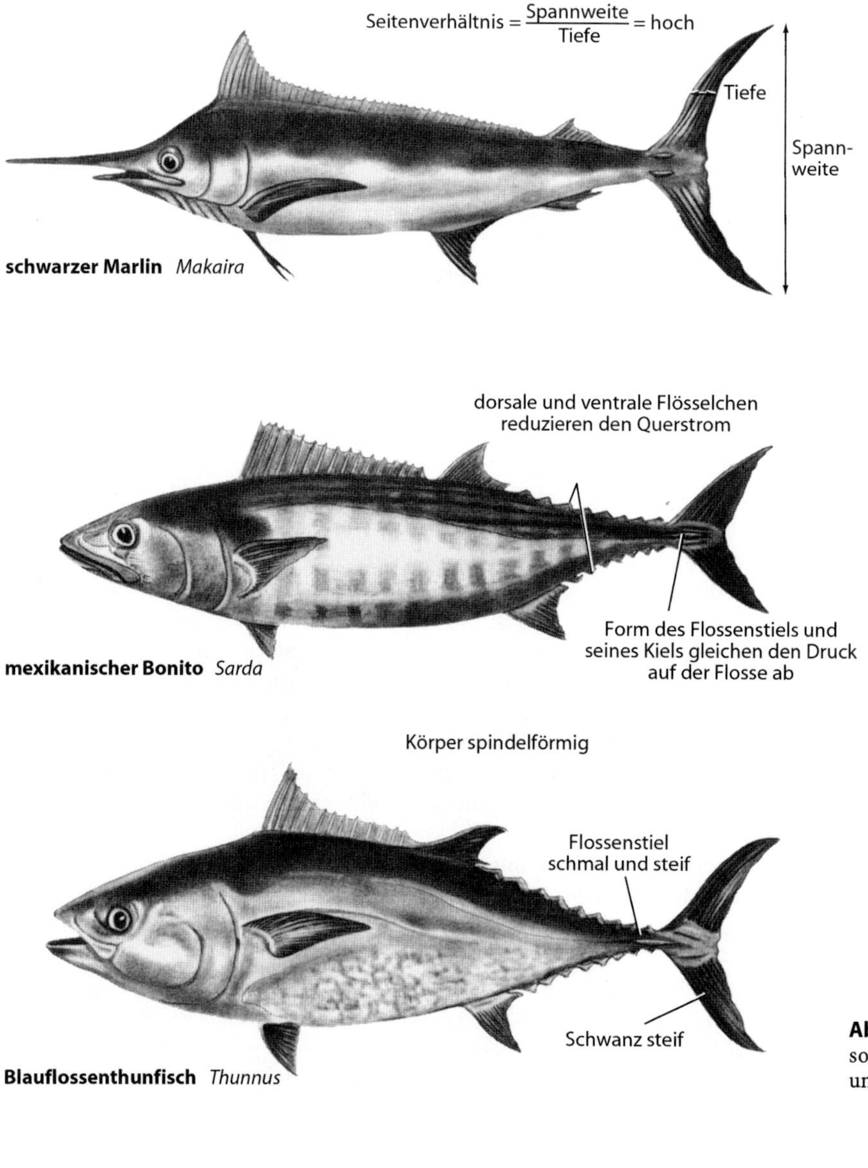


**Abb. 27.1.** Beispiele von besonders schnellen Schwimmern unter den Fischen

### 27.2.1 Schnelligkeit

Eine erste Fähigkeit, die viele aquatische Vertebraten auszeichnet, ist Schnelligkeit. Der Makohai ist wahrscheinlich der schnellste Knorpelfisch und die Familien der Thunfische und Makrelen (Sombridae), Marline (Istiophoridae) und Schwertfische (Xiphiidae) halten die Rekorde für die Knochenfische (Abb. 27.1). Genaue Informationen sind für die Maximalleistungen schwer zu gewinnen, aber der Marlin, der Wahoo (*Acanthocybium*) und der Thunfisch greifen nach Ködern, die mit ungefähr 28 km $h^{-1}$ geschleppt werden; man nimmt an, dass alle drei zu Sprints mit mehr als doppelt so hoher Geschwindigkeit fähig sind. Ihre Reisegeschwindigkeiten liegen in der Regel zwischen 3 und 5 km $h^{-1}$.

Viele rezente Amphibien und Reptilien sind aquatisch, aber keines ist besonders schnell. Die ausgestorbenen Echsen der Meere, die Mosasaurier und die delphinähnlichen Ichthyosaurier (Abb. 4.8) waren wahrscheinlich viel schneller. Manche Pinguine erreichen 36 km $h^{-1}$ (Abb. 27.2).

Unter den aquatischen Säugetieren sind in den meisten Ordnungen sogar die besten Schwimmer nicht besonders schnell. Dies gilt

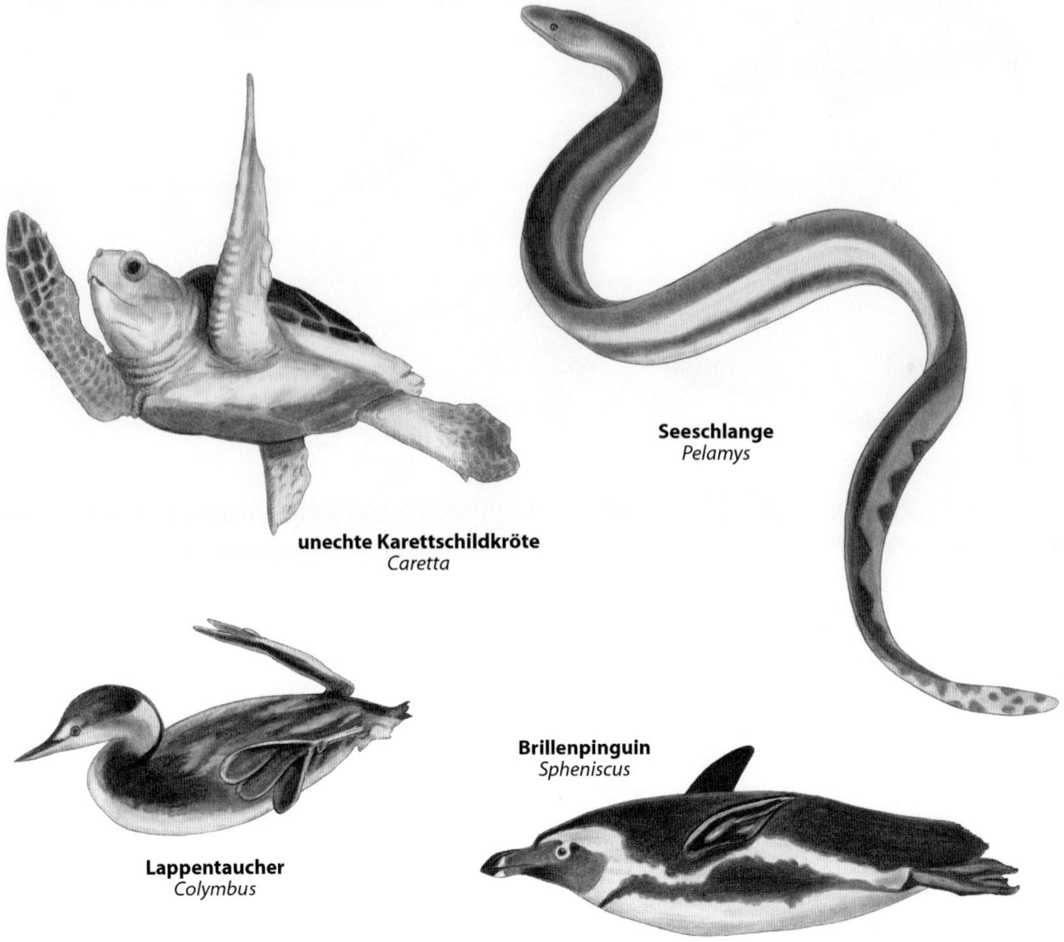


**Abb. 27.2.** Beispiele von Unterwasserschwimmern unter den Reptilien und Vögeln

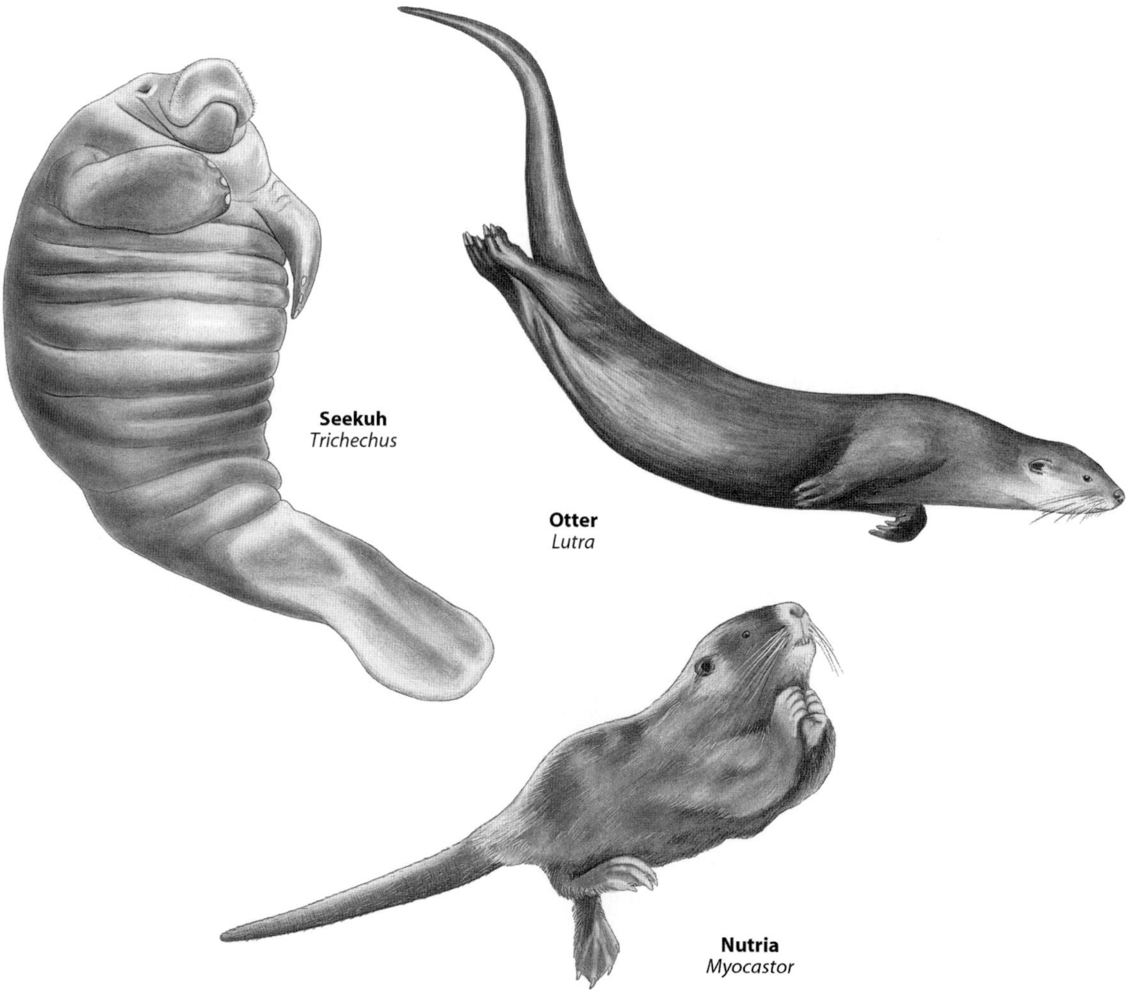


**Abb. 27.3.** Beispiele aquatischer Säugetiere aus drei Ordnungen: Sirenia (*oben links*), Carnivora (*oben rechts*) und Rodentia (*unten*)

für das Platypus, das Wasseropossum, Wasserspitzmäuse, Tanrek und Desmane, Biber, Capybara und Nutria (Abb. 27.3), Seekuh und Flusspferd. Seelöwen und der verwandte Seebär können mit 22 km $h^{-1}$ sprinten. Der Fleckendelphin (*Stenella*) erreicht 40 km $h^{-1}$; noch schneller können wahrscheinlich der Finnwal und andere Furchenwale sprinten. Auch hier sind die Reisegeschwindigkeiten viel langsamer.

## 27.2.2 Tauchen

Verschiedene primäre Schwimmer tauchen bis auf den Grund des Ozeans. Obwohl sekundäre Schwimmer an der Oberfläche Luft holen müssen, tauchen viele von ihnen auch sehr tief und bleiben für lange Zeitspannen untergetaucht. Die grüne Seeschildkröte taucht bis auf 290 m, und Seeschlangen bleiben bis zu 2 Stunden lang unter Wasser. Lederschildkröten tauchen viel tiefer, nämlich bis 1200 m und können für mehr als eine halbe Stunde unter Wasser bleiben.

Der Königspinguin taucht routinemäßig auf 400 m, ein Tauchgang auf 534 m Tiefe wurde aufgezeichnet. Er verringert seine Kerntemperatur auf langen Tauchgängen um bis zu 11°, was Sauerstoff und Energie spart. Seetaucher und Papageientaucher tauchen mindestens auf 55 m und Lummen auf 180 m Tiefe. Pelikane, Tauchsturmvögel, Tropikvögel, Tölpel und Seeschwalben tauchen aus dem Flug. Pinguine benutzen ihre paddelähnlichen, zum Fliegen nicht geeigneten Flügel unter Wasser. Alken, Lummen, Papageientaucher und Tauchsturmvögel können mit ihren schmalen Flügeln sowohl schwimmen als auch fliegen. Kormorane, Seetaucher, Lappentaucher und manche Enten benutzen unter Wasser ihre Füße zum Schwimmen.

Verschiedene Nagetiere können 6–10 Minuten unter Wasser bleiben, eine Seekuh (Manati) kann 16 Minuten lang tauchen (Abb. 27.3). Waldhund, Otterziwette, Wassermanguste, Flussotter und Seeotter gehören zu den tauchenden Carnivoren. Seelöwen können bis auf 300 m tauchen, die Sattelrobbe bis 273 m und die Wedellrobbe bis 600 m. Die Letztere kann sich unter dem Eis mindestens 12 km von ihrem Atemloch entfernen, bleibt gewöhnlich 30 Minuten unter Wasser, kann aber mindestens 70 Minuten unter Wasser bleiben. Der bemerkenswerte Seeelefant taucht ungefähr 64-mal am Tag bis auf 300 m und kann bis zu 1200 m Tiefe erreichen. Zwischen den Tauchgängen bleibt er nur ungefähr 3 Minuten an der Oberfläche. Delphine können für 10–20 Minuten tauchen. Weitere Rekorde sind 50 Minuten für den Blauwal, 90 Minuten für den Pottwal und 120 Minuten für den Entenwal. Finnwale tauchen mindestens 345 m tief. Pottwale haben sogar 1100 m erreicht, wo der Druck 110 Atmosphären beträgt, und ein Entenwal, der ein Tiefenmessgerät trug, tauchte in einen Meeresgraben in der Nähe von Nova Scotia 1453 m tief.

### 27.2.3 Ausdauer

Ein Lachs schwamm 1000 km einen Fluss hinauf, mit einem Energieaufwand, der einer Durchschnittsgeschwindigkeit von 4,2 km $h^{-1}$ in ruhigem Wasser entsprach. Die meisten Makrelen (Scombridae) und der Makohai schwimmen ununterbrochen. Seebären wandern in der Regel 12000 km im Jahr. Grauwale legen auf ihrer jährlichen Rundreise ungefähr 19000 km mit etwa 5,5 km $h^{-1}$ zurück. Der Blauwal soll 2 Stunden lang (mit einer Harpunenwunde) mit 27 km $h^{-1}$ schwimmen können.

### 27.2.4 Beschleunigung und Wendigkeit

Andere Fertigkeiten aquatischer Vertebraten sind weniger gut dokumentiert. Eine Forelle kann mit 40 m $s^{-2}$ beschleunigen und so eine Maximalgeschwindigkeit von 9 Körperlängen pro Sekunde in 0,1 s erreichen. Der Fleckendelphin kann 40 km $h^{-1}$ in nur 2 s erreichen. Die Wendigkeit von schulenbildenden Fischen, Rifffischen, Seeschlangen, Pinguinen, Ottern, Seelöwen und vielen anderen Schwimmern ist sowohl wunderschön als auch erstaunlich.

## 27.3 Allgemeine Anforderungen an Schwimmer und Taucher

Alle tüchtigen Schwimmer und Taucher müssen

- den Widerstand reduzieren, den das Wasser der Bewegung eines Körpers entgegenstellt,
- sich in einem relativ dichten Medium vorwärts bewegen,
- ihre Lage bzgl. der Wassertiefe kontrollieren,
- die Orientierung behalten und den Körper steuern.

Sekundäre Schwimmer müssen außerdem

- Wasser aus ihren Atemwegen und Ohren fernhalten,
- Schaden durch das Zusammendrücken von gasgefüllten Räumen vermeiden,
- Ohren und Augen so verändern, dass sie auch unter Wasser funktionieren,
- ihre Atmungs- und Kreislaufphysiologie modifizieren, damit sie den Atem anhalten können und vermeiden, dass sich Gasblasen

im Blut bilden, wenn sie nach einem Tauchgang an die Oberfläche zurückkehren (Taucherkrankheit).

Aquatische Vögel und Säugetiere müssen außerdem

- ihre Körpertemperatur in einem Medium kontrollieren, das eine hohe Wärmeleitfähigkeit hat,
- ihre Fortpflanzungsbiologie an das Leben im Wasser anpassen.

Wie haben die verschiedenen Schwimmer und Taucher diesen vielen Anforderungen entsprochen?

## 27.4 Wasserwiderstand

### 27.4.1 Ursprung und Natur des Wasserwiderstandes

Die Widerstandskraft, mit der ein Fluid (hier Wasser) die Bewegung eines Objektes behindert, wird **Strömungswiderstand** genannt. Es gibt verschiedene Ursachen oder Arten von Strömungswiderstand. Alle agieren parallel und entgegengesetzt zur Richtung der Bewegung, und um eine jede von ihnen zu überwinden, muss Energie aufgewendet werden. Die unterschiedlichen Arten von Strömungswiderstand hängen zusammen, können aber am besten nacheinander vorgestellt werden.

Zunächst ist da der **Druckwiderstand** (auch inerter Strömungswiderstand genannt). Man stelle sich ein glattes, spindelförmiges, festes Objekt vor, das sich durch Wasser bewegt (Abb. 27.4). Die Wassermoleküle selbst besitzen eine Kohäsion untereinander. Die Bewegung des Objektes durch sie hindurch übt einen Druck aus, der ihre Trägheit beeinflusst und eine Ablenkung der Moleküle oberhalb und unterhalb der Oberflächen des Objekts bewirkt. Genauer gesagt führt das Objekt, da es Flüssigkeit verlagert, dem Flüssigkeitssystem kinetische Energie zu. Diese Energie wird aus dem Objekt entnommen, das deshalb immer langsamer wird. Der Druck ist am vorderen Ende des Objektes am größten und hinter dem Objekt am geringsten. Der Druckwiderstand variiert mit der Dichte der Flüssigkeit (mehr oder weniger Moleküle werden verlagert), mit der Geschwindigkeit des Objekts (mehr oder weniger Verlagerungen pro Zeiteinheit) und mit der Form des Objektes (stromlinienförmig oder nicht).

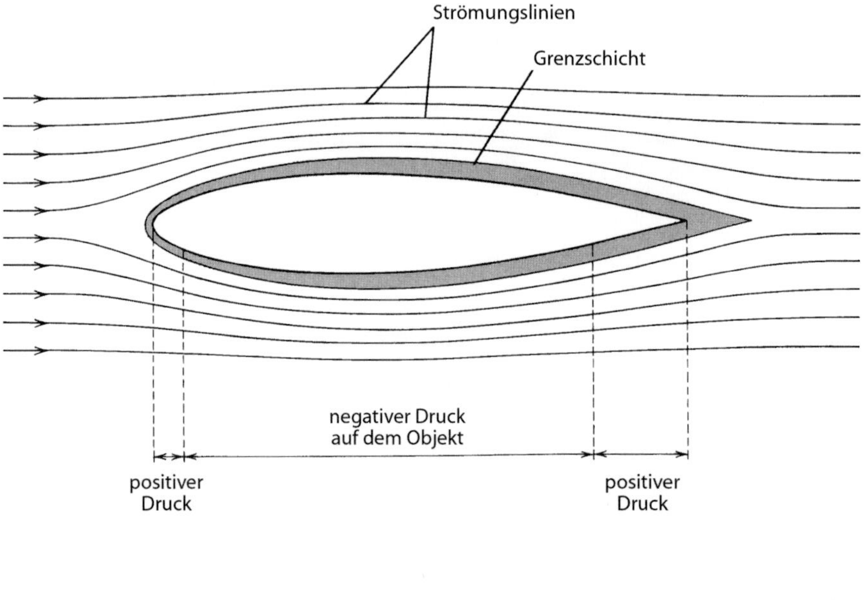


**Abb. 27.4.** Strömungslinien, Grenzschicht und Druckverteilung bei laminarem Fluss um ein stromlinienförmiges Objekt

Die zweite Art von Strömungswiderstand ist der **Reibungswiderstand** (auch visköser Strömungswiderstand genannt). Die Oberfläche des Objekts und die Viskosität oder „innere Klebrigkeit“ oder Zähigkeit der Flüssigkeit sind von grundlegender Bedeutung. Wenn sich das Objekt durch das Wasser bewegt, benetzt ein Film aus Wasser seine Oberfläche (hängt daran fest) und bewegt sich mit dem Objekt. In kurzem Abstand von der Oberfläche hingegen scheint das Wasser still oder ungestört zu sein und bewegt sich überhaupt nicht mit dem Objekt. Die Übergangszone zwischen dem Objekt und dem stillen Wasser ist die **Grenzschicht**, in der benachbarte Wasserschichten aneinander vorbeigleiten. Diejenigen, die dem Objekt am nächsten sind, bewegen sich fast so schnell wie das Objekt und diejenigen, die immer weiter von ihm entfernt sind, werden immer langsamer im Vergleich zum Objekt, was zu Geschwindigkeitsgradienten führt (Abb. 27.4). Die Grenzschicht wird gegen das Hinterende des bewegten Objektes dicker. Die viskösen (intermolekularen) Kräfte führen dazu, dass Strömungswiderstand zwischen benachbarten Schichten jeder Flüssigkeit entsteht (bei Sirup mehr, bei Wasser weniger). Sie sind die Quelle des Reibungswiderstandes. Reibungs- oder visköser Widerstand variiert nicht so sehr mit der Dichte (wie es der Druckwiderstand tut), sondern in erster Linie mit der insgesamt benetzten Oberfläche des Objekts, der Viskosität der Flüssigkeit und ihrer Geschwindigkeit relativ zum Objekt.

Wenn sich das Objekt schließlich an der Wasseroberfläche bewegt, wie ein Schiff oder eine Ente, oder so nahe an der Oberfläche, dass es Oberflächenwellen erzeugt, dann wird dem Objekt Energie entzogen, um Wellen zu bilden und es tritt ein **Wellenwiderstand** auf. Dieser Widerstand ist am größten, wenn sich das Objekt direkt unter der Oberfläche bewegt. Die Variablen, die den Wellenwiderstand beeinflussen, sind nicht gut bekannt.

Zusammen wirken diese Arten von Widerstand auf jedes Objekt, das sich durch ein Medium bewegt, widerstehen dieser Bewegung, summieren sich unabhängig und ergeben den **Gesamtströmungswiderstand**. Bei Organismen, die dafür konstruiert sind, sich durch eine Flüssigkeit zu bewegen, hat die relative Größe dieser Kräfte einen erheblichen Einfluss auf die Morphologie.

Wir wollen jetzt die **Grenzschicht** näher betrachten. Wenn ein glattes, spindelförmiges Objekt mit dickem Vorder- und dünnerem Hinterende (Laminarspindel) sich langsam durch das Wasser bewegt, gleiten aufeinander folgende Schichten oder Laminae der Grenzschicht aneinander vorbei, ohne Verwerfungen zu bilden. Man sagt, die Strömung ist **laminar**. Wenn sich ein Objekt jedoch schnell bewegt, dann windet sich das Wasser in komplexe und feine Wirbel (Mikroverwirbelungen), wenn die Grenzschicht eine bestimmte Dicke erreicht oder wenn auch nur eine leichte Rauheit an der Oberfläche des Objekts besteht (Abb. 27.5). Die Energie, welche das Wasser in diesen feinen Verwirbelungen bewegt, kommt aus dem sich bewegenden Objekt. Alle Wirbel erhöhen den Gesamtwiderstand deutlich. Eine solche Umströmung wird **turbulent** genannt. Turbulente Strömung führt zu einer dickeren Grenzschicht und zu einem viel höheren Gesamtwiderstand als laminarer Fluss. Viele Fische haben annähernd laminare Umströmung, wenn sie sich langsam bewegen, aber wenn sie schnell werden, wird die Strömung

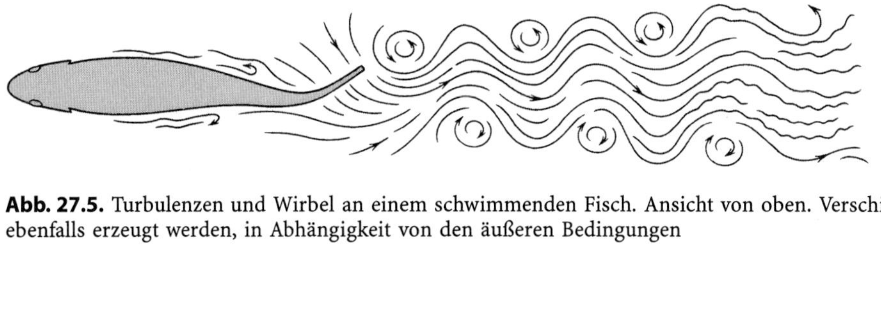

**Abb. 27.5.** Turbulenzen und Wirbel an einem schwimmenden Fisch. Ansicht von oben. Verschiedene andere Muster können ebenfalls erzeugt werden, in Abhängigkeit von den äußeren Bedingungen

über dem hinteren Teil des Körpers turbulent. Turbulenz wird in aller Regel als unerwünscht betrachtet, aber wir werden sehen, dass sie auch von Vorteil sein kann.

Um der Realität nahe zu kommen, wollen wir die Variablen im Detail untersuchen, bevor wir eine Vereinfachung suchen. Druck- und visköser Strömungswiderstand (der in Newton ausgedrückt wird), sind beide abhängig von der relativen Strömungsgeschwindigkeit (oder der Schnelligkeit des Objekts im Fluid) und von den Dimensionen des Objekts (z. B. seiner Querschnittsfläche oder Länge), unterscheiden sich aber in ihrer Abhängigkeit von der Flüssigkeitsdichte und der Viskosität. Um also Schwimmer mit verschiedenen Morphologien und lokomotorischen Gewohnheiten zu vergleichen, ist es günstig, eine Kennziffer zu haben, die das Verhältnis der Trägheitskräfte zu den viskösen Kräften, die auf das Objekt wirken, beschreibt. Die einfachste Kennziffer, welche diese Parameter enthält, ist die **Reynolds-Zahl**, also das Verhältnis aus Trägheits- und viskösen Kräften, das mit der Dichte und der Viskosität der Flüssigkeit variiert und die Dimensionen des Objekts und seine Geschwindigkeit relativ zur umgebenden Flüssigkeit berücksichtigt. Es ist eine dimensionslose Zahl, die bei großen, schnellschwimmenden Vertebraten im Wasser sehr große Werte annimmt (ungefähr $10^{5,5}$–$10^{7,5}$).

Es gibt spezielle Formeln für die Berechnung der Reynolds-Zahl und die verschiedenen Arten von Strömungswiderstand (Vogel 1981). Einige von ihnen werden in Kapitel 28 berücksichtigt. Alle Parameter zu jedem Zeitpunkt zu berechnen, kann allerdings sehr aufwendig sein und tatsächlich stimmt die Theorie nicht immer mit unseren empirischen Beobachtungen überein. Obwohl die Theorie oft angemessen ist, um Modelle zu konstruieren und Voraussagen zu treffen, muss man bedenken, dass Ingenieure immer noch neue Konstruktionen für die Segelschiffe für den America's Cup und für biomimetische Unterwasserfahrzeuge erforschen. Sie tun das nicht, weil sie die Theorie nicht verstehen, sondern weil sogar von Menschen gemachte Objekte, die nach sehr spezifischen Vorgaben gebaut werden, sich nicht immer so verhalten, wie man vorausgesagt hat.

Der Strömungswiderstand kann empirisch für Objekte unterschiedlicher Form und Größe gemessen werden, indem sie an Kraftmessgeräten befestigt und in einem Strömungskanal dem Fluid ausgesetzt werden. Dies ist nicht immer möglich, wenn das Objekt ein lebendes Tier ist, aber wir können vernünftige Hypothesen bilden, um die Morphologien zu erklären, die wir vorfinden. Die relative Geschwindigkeit des umgebenden Fluids ist wichtig für die Berechnung des Strömungswiderstandes und der Reynolds-Zahl. Daraus folgt (bereits intuitiv), dass langsam schwimmende Vertebraten einen vernachlässigbar kleinen Strömungswiderstand haben, unabhängig davon, wie sich die anderen Variablen verändern. Man betrachte nur die nichtstromlinienförmigen Körper des langsamen Seepferdchens und des Kofferfisches. Dagegen wird der Strömungswiderstand bei schnellen Schwimmern sehr viel größer. Um den Anstieg des Strömungswiderstandes zu kompensieren, muss die Stoffwechselrate jedes Mal verdoppelt werden, wenn die Schnelligkeit um eine Körperlänge pro Sekunde ansteigt. Anscheinend nähern sich die schnellsten Schwimmer sehr nahe an die biologische Grenze an, die durch ihren Stoffwechsel bestimmt ist. Außerdem müssen die Experten, um schnell zu schwimmen, möglichst viele der Faktoren, die den Strömungswiderstand erhöhen, reduzieren, natürlich mit Ausnahme der Schnelligkeit.

Die Schwimmer können wenig oder nichts tun, um die Dichte oder Viskosität des Wassers zu verändern, so dass diese Elemente der Formel gewöhnlich vernachlässigt werden können. Auch hier gibt es einige Ausnahmen. Der Strömungswiderstand erhöht sich mit der Körpergröße, aber dasselbe gilt auch für die Leistung des Kraftwerks, das dem Tier zur Verfügung steht. Diese Faktoren heben sich beinahe auf. Die Konsequenz aus einigen ziemlich komplizierten, physiologischen Betrachtungen scheint zu sein, dass mittelgroße Schwimmer einige Vorteile haben. Die schnellsten Schwimmer sind große Fische und bestimmte Wale. Es bleiben die wichtigen Variablen der Körpergestalt und des Aufbaues der Körperoberfläche. Da Schwimmer nicht rigide sind, kann Wasserwiderstand außerdem durch bestimmte Verhaltensweisen reduziert werden.

### 27.4.2 Reduktion von Strömungswiderstand durch Adaptationen der Körperform

Der Druckwiderstand ist gering, wenn der Körper lang und schlank ist wie der einer Schlange oder eines Aals, weil dann wenig Verlagerung und Zurückströmen des Wassers auftritt. Der Reibungswiderstand ist aber minimal, wenn der Körper kurz und plump ist, weil dann die Oberfläche klein ist. Der beste Kompromiss ist eine Spindelform (Laminarspindel), die im Querschnitt kreisförmig und im Zentrum ihrer Länge am dicksten ist, wo ihr Durchmesser ein Viertel bis ein Fünftel ihrer Länge beträgt. Die Körper von Thunfischen, Schwertfischen und Delphinen kommen dieser Form sehr nahe. Das Fehlen eines funktionellen Halses (primäre Schwimmer, Cetacea, Sirenia), die Symmetrie des Kopfes, ein Verschmelzen der Brust- und Rumpfmuskulatur und die Verteilung von Fett und Blubber können zu einer stromlinienförmigen Körperform beitragen.

Alle Teile, die aus der grundlegenden Spindelform herausragen, verursachen gewöhnlich Turbulenzen und Wirbel und erhöhen den Strömungswiderstand. Deshalb reduzieren sehr gute Schwimmer alle größeren Vorsprünge oder eliminieren sie vollständig, wenn sie nicht für den Antrieb und fürs Steuern benötigt werden: Schwimmer, mit Ausnahme der Säugetiere, haben keine äußeren Ohren oder äußeren Genitalien in ihrer Ahnenreihe. Aber auch aquatische Säugetiere verlieren sekundär ihre äußeren Ohren und verlagern den Hoden zurück ins Abdomen. Brustwarzen oder Zitzen und der Penis können ebenfalls in die Körperkontur eingezogen werden, wenn sie nicht in Funktion stehen. Schnelle Primärschwimmer haben kein Beinsegment zwischen ihren Flossen und dem Körper. Schnelle sekundäre Schwimmer verlieren den Stiel der Flossenplatte, d.h. sie haben sehr kurze proximale Beinsegmente, wodurch sie die Füße oder die Flossen nahe an den Körper heranbringen. Der Oberarm der Cetacea ist meist nur ungefähr so lang wie breit. Der Oberschenkel der Pinnipedia ist oft weniger als doppelt so lang wie breit. Das Femur tauchender Vögel ist kurz und der Großteil der Beinmuskulatur liegt innerhalb der Körperkontur. Cetacea und Sirenia haben die Hinterextremitäten bis auf Überreste im Inneren des Körpers reduziert und manche anderen Schwimmer halten die Hinterbeine so, dass sie nicht vorstehen, sondern stattdessen die Kontur des stromlinienförmigen Körpers verlängern. Die Kniegelenke der Robben, Biber und vieler tauchenden Vögel sind so konstruiert, dass sie die notwendige, stark auswärts rotierte Stellung des Beines zulassen.

Salamander, Krokodile und aquatische Eidechsen halten ihre Beine an den Körper gelegt, wenn sie mit Schwanz- und Rumpfbewegungen (oder -undulationen) schwimmen. Laterale Flossen jedoch, die den Körper vorantreiben, müssen dagegen aus der Rumpfkontur herausragen und dem Wasser eine flache Oberfläche bieten. Bei den meisten Schwimmern mit lateralen Paddeln wechselt eine Antriebsbewegung mit einer Rückführbewegung ab. Der Strömungswiderstand wird während der Rückholbewegung auf unterschiedliche Weise kleingehalten. Die Rotation der gesamten Gliedmaße an ihrer Basis kann dazu führen, dass die Gliedmaße das Wasser mit der Vorderkante durchschneidet (wie die Flossen des Seelöwen). Die medialen Lappen an den Zehen von Tauchern werden ganz ähnlich beim Rückholzug rotiert, die lateralen Lappen dagegen werden passiv zusammengefaltet. Solche Flossen und Lappen, sowie mediane Flossen und paarige Extremitäten, die in erster Linie zum Steuern benutzt werden, sind in ihrem Querschnitt stromlinienförmig. Wenn sie dem Wasser mit der Kante voran präsentiert werden, ist die Wasserströmung um sie herum beinahe laminar. Die Brustflossen der Robben, die Flügel der meisten tauchenden Vögel und die paarigen Flossen der Fische sind an den Körper gepresst, wenn das Tier gleitet. Knochenfische können die Fläche ihrer Flossen auch durch Zusammenfalten reduzieren. Dorsal- und Analflossen (einschließlich der Segel des Segelfisches) können während des schnellen Schwimmens in Gruben an der Körperoberfläche zurückgeklappt werden. Tetrapoden mit Schwimmhäuten beugen ihre Beine und adduzieren und krümmen ihre Zehen während des Rückholzuges.

### 27.4.3 Verminderung des Wasserwiderstands durch geeignete Körperoberflächen und Verhalten

Für die meisten Schwimmer ist es von Vorteil, über einem möglichst großen Teil der Körperoberfläche eine laminare Umströmung zu erzielen. Um die laminare Strömung aufrechtzuerhalten, entwickeln Fische kleine glatte Schuppen oder bilden sie ganz zurück und überziehen den Körper mit Schleim. Die kleinen, schuppenartigen Federn der Pinguine und die Haare der Robben und Otter bilden bemerkenswert glatte Körperbedeckungen. Cetacea und Sirenia (und wahrscheinlich Ichthyosaurier) sind (oder waren) sekundär nackt und glatthäutig.

Größere und schnellere Schwimmer können eine turbulente Strömung über einem Großteil ihres Körpers nicht vermeiden und ziehen sogar Nutzen daraus, weil eine mäßige Turbulenz die Ablösung der Grenzschicht und den Rückfluss des Wassers hinter dem Körper stark reduziert. Die „Strategie“ der Schwimmer besteht also darin, Turbulenzen zu verursachen, aber zu kontrollieren. In scharfem Gegensatz zu den großen Wirbeln, die mit Druckwiderstand in Verbindung stehen, sind die Verwirbelungen der erwünschten Turbulenz sehr klein und dicht am Körper. Wie bei den Grübchen auf einem Golfball wird die Zunahme im Reibungswiderstand, die von einer solchen Turbulenz verursacht wird, durch die Reduktion im Druckwiderstand mehr als ausgeglichen. Es scheint zahlreiche Merkmale zu geben, die damit in Verbindung stehen, aber die experimentelle Überprüfung dieser Annahme ist zur Zeit noch nicht ausreichend.

Viele Fische haben an ihren Schuppen Vorsprünge, von denen man nachrechnen kann, dass sie groß genug sind, um Turbulenz zu erzeugen. Solche Bildungen finden sich sogar am Schwert des Schwertfisches. Andere Schuppen haben üblicherweise ein Mikrorelief, das longitudinale Ablaufrinnen bildet, die vermutlich den Fluss in der Grenzschicht beeinflussen. Die Haut der Wale und des Riesenhaies hat eine spongiöse Schicht, die elastisch verformt werden kann und wahrscheinlich die Pulsationen der Turbulenz dämpft. Die kleinen Flösselchen am Schwanzstiel vieler schnellschwimmender Fische (Abb. 27.1) und die lateralen Kiele an ihren Schwanzflossen werden als Dämpfschirme und Ablenker beschrieben, die den Wasserfluss an der Schwanzflosse leiten.

Es ist nicht nur die Glätte des Fischschleimes, die den Wasserwiderstand reduziert. Schleim ist wasserlöslich, aber nur, wenn er gerührt wird. Daher ist er nicht leicht abzuwaschen. In Konzentrationen von nur ungefähr 1% reduziert er die Reibung um bis zu 60%, d. h. er vermindert die Viskosität des Wassers in der Grenzschicht. Fische, die schnell beschleunigen, wie z. B. die Forelle, haben am meisten Schleim.

Von großer Bedeutung sind auch Verhaltensanpassungen, mit denen schnelle Schwimmer Unterseeboote und Torpedos schlagen. Die Faktoren sind komplex und nur in ganz allgemeinen Begriffen verstanden. Wir haben festgestellt, dass die Trennung der Grenzschicht einen Sog verursacht, der dazu führt, dass das Wasser einem Schwimmer folgt. Beim Vorantreiben des Körpers drückt die Schwanzflosse aber das Wasser zurück, so dass diese Quelle von Strömungswiderstand ausgeglichen wird. Die Kiemendeckel der schnellsten Knochenfische öffnen sich alternierend und im Gleichtakt mit der Körperundulation. Die Folge davon ist, dass das Wasser aus den Kiemen schnell genug ausgestoßen wird, um den Strömungswiderstand zu reduzieren, und langsam genug, um eine (erwünschte?) Turbulenz auszulösen. Junge Enten reduzieren den Strömungswiderstand, indem sie in Formation schwimmen.

Wenn Tiere direkt unter der Oberfläche schwimmen, erhöht der Wellenwiderstand den Gesamtwiderstand bis auf das Fünffache des Minimalwerts. Vertebraten versuchen in einer solch geringen Tiefe wohl gar nicht, schnell zu schwimmen. Die „spielerischen“ Sprünge der Delphine werden vielleicht zum Teil deshalb gemacht, um während des Atmens ein Schwimmen nahe der Oberfläche zu vermeiden.

## 27.5 Form, Funktion und Art des Vortriebs

Schwimmende Vertebraten treiben sich nur mit undulierenden oder oszillierenden Bewegungen voran. Sie haben keine Analoga von Segeln, Schraubenpropellern oder Düsenmaschinen (mit Ausnahme von kleinen Kräften, die an den Kiemen wirken). Der Antrieb bei Schwimmern ist ein fruchtbares und herausforderndes Forschungsgebiet, in dem Anatomie, Physiologie und Biomechanik integriert werden müssen.

### 27.5.1 Quelle der Vortriebskraft

Alle undulierenden und die meisten oszillierenden Schwimmer bewegen sich vorwärts, indem sie einen Propulsor (d.h. eine Flosse, ein Paddel oder ein Körpersegment) diagonal gegen das Wasser drücken. Diese Bewegung entsteht als Folge zahlreicher Kräfte, die auf den Schwimmer wirken. Abb. 27.6 zeigt einige der Kräfte, die auf einen Fischschwanz wirken, wenn eine Vorwärtsbewegung initiiert wird. Die Flosse ist breit und flach, so dass Wasser nicht leicht um sie herumfließen kann, sondern stattdessen ihrer Seitwärtsbewegung widersteht. In anderen Worten, sie hat einen hohen Strömungswiderstand, wenn sie dem Wasser mit der Breitseite ausgesetzt wird. Das seitliche Schwenken der Schwanzflosse an ihrer Basis und des Schwanzstiels (Abb. 27.6 a, b) sind zeitlich so abgestimmt, dass die Schwanzflosse außer bei maximaler Reisegeschwindigkeit fortwährend schräg gegen das Wasser gedrückt wird (Abb. 27.6 c), und zwar mit einer Kraft $\mathbf{F}_t$ (Abb. 27.6 d). Die Trägheit des Wassers bewirkt, dass es mit einer gleichwertigen Kraft in die entgegengesetzte Richtung drückt ($\mathbf{F}_w$ in Abb. 27.6). Diese Kraft kann in eine Vorwärtskomponente ($\mathbf{F}_f$) und eine laterale Komponente ($\mathbf{F}_l$) zerlegt werden. Wegen der stromlinienförmigen Gestalt des Fisches bietet das Wasser wenig Widerstand gegenüber $\mathbf{F}_f$, so dass der Körper vorwärts gleitet. Die Kraft $\mathbf{F}_l$ bewirkt auch, dass sich der Fisch um sein Massenzentrum, also seinen Schwerpunkt dreht. Der hintere Teil des Fisches bewegt sich (in der Abbildung) nach rechts, der vordere Teil bewegt sich nach links (das innere Drehmoment entspricht dem äußeren Drehmoment). Das Wasser setzt der Seitwärtsbewegung des Körpers jedoch einen beträchtlichen Widerstand entgegen. Zwar bewegt sich der ganze Körper von Seite zu Seite, aber die laterale Bewegung des schwereren, steiferen und flacheren Vorderteils des Körpers ist viel geringer als die Seitwärtsbewegung des Schwanzstieles.

Die Funktion des Schwanzes wird tatsächlich durch die Vorwärtsbewegung des Fisches, durch die Änderung in der Geschwindigkeit der Flosse, durch die Bewegung der Wassersäule, die vom Schwanz hervorgerufen wird, durch Auftrieb (wie er weiter unten erklärt wird), durch Reibungskräfte und durch Druckfelder kompliziert. Diese sind schwierig zu quantifizieren und können von beträchtlicher Größe sein.

### 27.5.2 Undulierender Vortrieb, wandernde Wellenbewegung

Beim undulierenden Schwimmen bewegen sich wandernde Wellen entlang des Körpers von vorne nach hinten und zwar etwas schneller, als sich das Tier vorwärts bewegt. Antriebsorgan (oder Propulsor) ist hier der axiale Teil des Rumpfes und des Schwanzes oder lange Dorsal- und Ventralflossen oder beides, wobei die Flossen dann als Erweiterungen des Körpers wirken. Jeder Teil des Antriebsorgans drückt wiederum gegen das Wasser. Der ganze Körper kann auffällige Wellenbewegungen ausführen, wie z.B. bei Neunaugen, Aalen (Abb. 27.7) und Seeschlangen (Abb. 27.2). Der vordere Körperteil kann nur mäßige Ausschläge ausführen, wie bei Karpfen und Forelle (Abb. 27.8), oder die Wellenbewegung kann scheinbar auf die Schwanzflosse und ihren Flossenstiel beschränkt sein, wie z.B. bei Thunfisch und Marlin (was den Strömungswiderstand auf den Körper reduziert, wenn der Fisch schnell schwimmt).

Undulierendes Schwimmen wird als entweder über längere Perioden andauernd oder als vorübergehend beschrieben. Beim **Dauerschwimmen** behält das Tier den Vortrieb für zumindest einige Sekunden und oft für Minuten oder Stunden

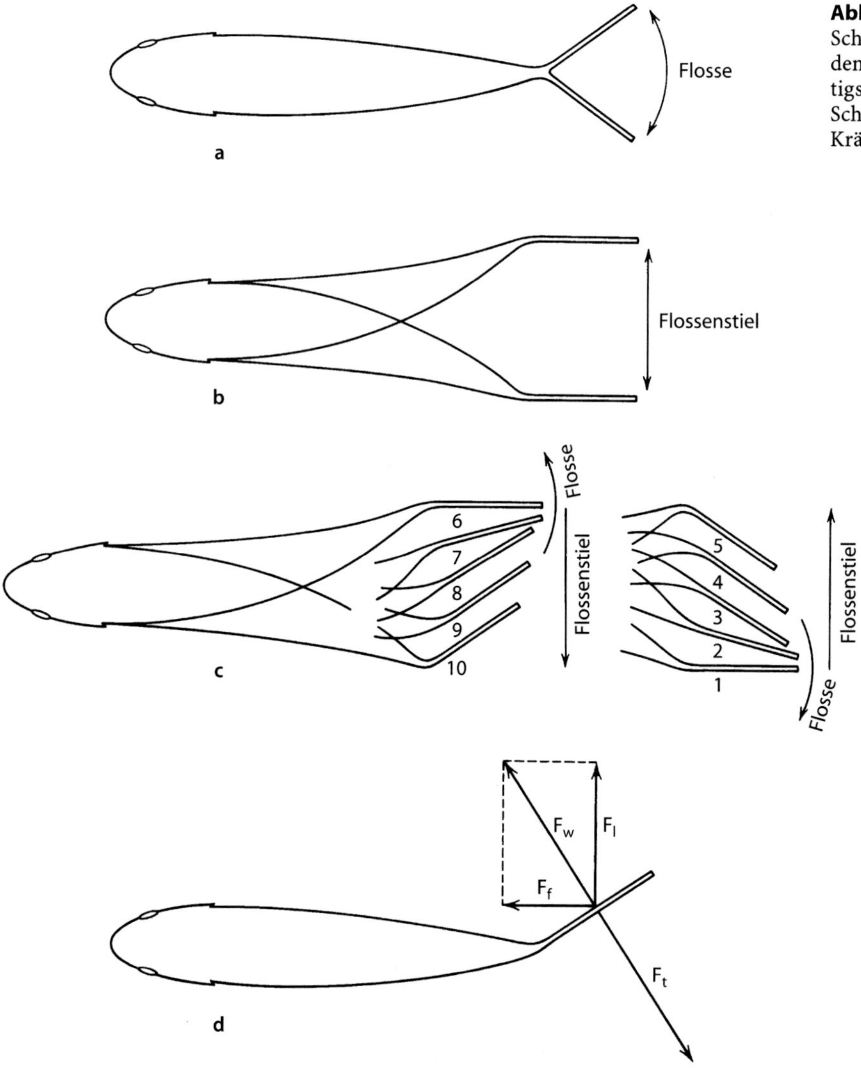


**Abb. 27.6a–d.** Bewegung der Schwanzflosse eines schwimmenden Fisches und einige der wichtigsten Kräfte, die auf die Schwanzflosse wirken (andere Kräfte können ebenfalls auftreten)

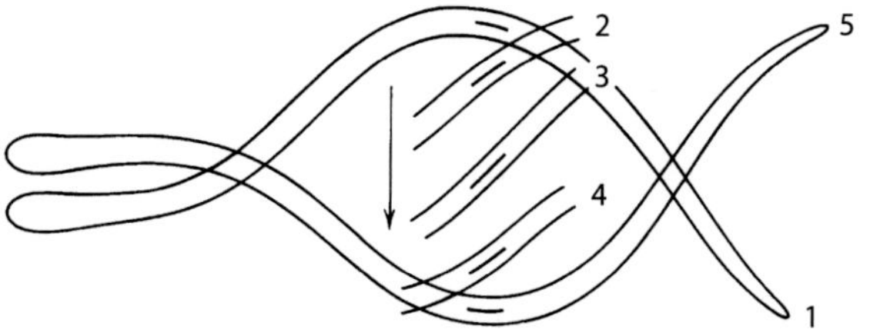


**Abb. 27.7.** Bewegung eines schwimmenden Aals während eines halben Zyklus. Ansicht von oben

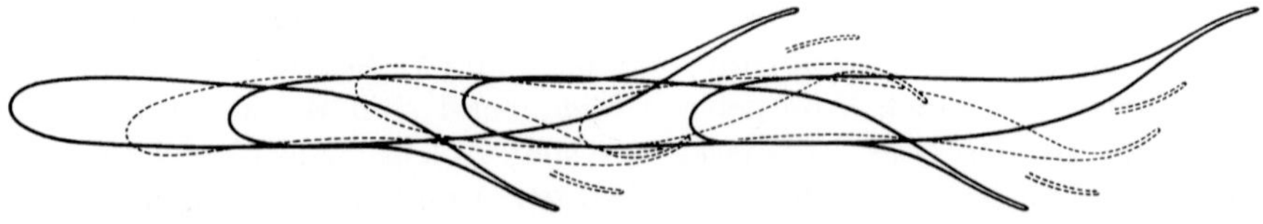

**Abb. 27.8.** Bewegungsbahn einer schwimmenden Forelle. Ansicht von oben

aufrecht. Manche Makrelenartigen und Haie hören nie auf zu schwimmen. Der vorderste Teil des Propulsors drückt gegen ruhendes Wasser und verleiht dem Wasser dabei eine Bewegung in die entgegengesetzte Richtung. Deshalb muss ein nachfolgendes Segment des Propulsors gegen das zurückweichende Wasser drücken und eine größere Geschwindigkeit haben, wenn dieser Druck ausreichend sein soll. Deshalb muss die Amplitude der Pendelbewegung fortschreitend von vorne nach hinten größer werden. So entsteht der weitere Ausschlag des hinteren Teiles des undulierenden Körpers oder der Schwanzflosse. Zur Analyse benutzt man die **Tragflügeltheorie:** Die Kräfte, die auf aufeinanderfolgende Elemente (oder Segmente) des Propulsors wirken, müssen, da sie unterschiedlich sind, unabhängig berechnet und dann integriert werden, um die gesamten Kräfte zu bestimmen.

Wir beginnen mit der weniger komplizierten von zwei Kategorien. Manche **periodisch undulierenden Schwimmer** benutzen die medianen dorsalen und ventralen Flossen. Beispiele dafür sind manche Sensenfische, das Seepferdchen und Messerfische. Diese Formen können in den eingeengten Verhältnissen von Unterwasservege-

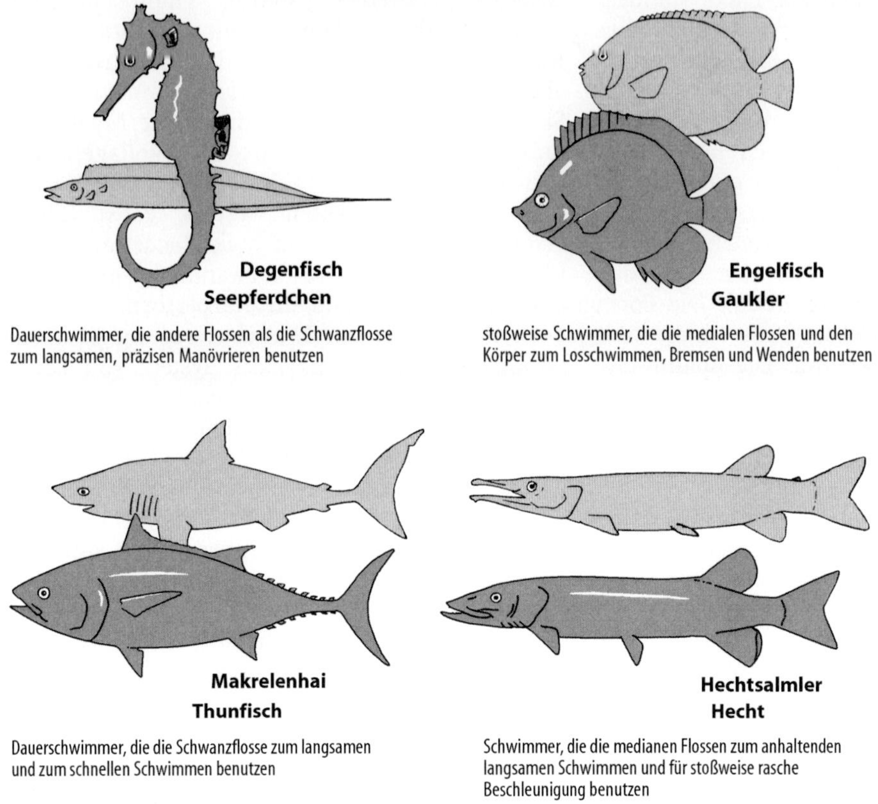


**Abb. 27.9.** Varianten der Körperformen undulierender Schwimmer unter Berücksichtigung der Vortriebsart und der Lebensweise

tation oder Korallen sehr präzise manövrieren. Durch Richtungsumkehr der wandernden Wellen können diese Tiere auch rückwärts schwimmen. Die Bewegung ist sehr langsam, so dass der Strömungswiderstand vernachlässigbar ist. Daher besteht auch kein Bedürfnis für eine stromlinienförmige Körperform (Abb. 27.9).

Die meisten **dauerhaft undulierenden Schwimmer** treiben sich stattdessen mit Körper und Schwanz voran. Diese (sehr unterschiedlichen) Formen sind für anhaltendes Schwimmen, manchmal kurzzeitig mit hoher Geschwindigkeit, geeignet. Die Leistungsfähigkeit mancher makrelenartigen Fische, schneller Haie und Wale wurde bereits am Anfang des Kapitels dargestellt. Andere Schwimmer dieser Kategorie sind Salamander, Krokodile, Seeschlangen und manche aquatischen Nagetiere. Hundsrobben ziehen die Hinterfüße hinter dem Körper her und benutzen sie, als wären sie eine einzige vertikale Flosse. Die Schwanzflosse bewegt sich normalerweise symmetrisch von Seite zu Seite, bei Cetacea und Sirenia bewegt sich die Fluke stattdessen auf und ab. Möglicherweise entspricht dies besser ihrem Bedürfnis, an der Oberfläche zu atmen und zu tauchen.

Der Strömungswiderstand ist bei ausdauernden und sprintenden Schwimmern hoch. Deshalb haben die besten unter ihnen einen stromlinienförmigen Körper, der im Querschnitt rundlich und hinten manchmal aufgeraut ist. So erzeugen sie die kontrollierte Turbulenz, die den Druckwiderstand klein hält (s. oben). Die Form des pendelnden Antriebsorgans, hier der Schwanzflosse, ist sehr wichtig. Die Spannweite der Flosse von Spitze zu Spitze geteilt durch die durchschnittliche Breite in Richtung der Vorwärtsbewegung wird das **Seitenverhältnis** genannt (Abb. 27.1). (Wenn es einfacher zu berechnen ist, kann die gleichwertige Formel: Spannweite im Quadrat geteilt durch Fläche benutzt werden.) Die schnellsten Schwimmer haben ein Seitenverhältnis des Antriebsorgans von 4 bis 6, während langsame Schwimmer Werte von 1 bis 2 erreichen (Schlammfisch, Abb. 3.10). Durch die große Spannweite erzielt ein Großteil der Schwanzflosse Wirkung, indem sie sich oberhalb und unterhalb der Turbulenz, die dem Schwimmer folgt, ausdehnt. Die Schwanzflossen schneller Schwimmer sind im Querschnitt stromlinienförmig, haben im Verhältnis zum Körper eine geringe Masse und sind vor allem an ihren Vorderkanten steif. Solche Schwanzflossen pendeln mit niedriger Amplitude. Die Frequenz der Bewegung, nicht aber die Amplitude, steigt mit der Geschwindigkeit. Während kurzer Hochgeschwindigkeitsphasen scheint der Schwanz zu vibrieren (12 Hz sind für einen 2 m langen Thunfisch die Regel). Der Schwanzstiel ist schmal und kleine Flossen und Kiele können das Wasser vorteilhaft über die Flosse hinwegleiten.

Schnelle Schwimmer, die sich mit dem Schwanz vorantreiben, haben in der Regel steife Wirbelsäulen: die Wirbelzentren können lang sein, was die Anzahl der intervertebralen Gelenke reduziert (Segelfisch), die Wirbelzentren können groß und platyan sein und so die Flexibilität an den Gelenken reduzieren (manche Cetacea), bei den Fischen können die ventralen oder die dorsalen Zygapophysen (oder beide) ungewöhnlich breit und stark sein und so die Gelenke verstreben (Marlin, Thunfisch, Abb. 27.10). Steifheit gekoppelt mit Biegsamkeit des Rumpfes ist wichtig für pendelnde Schwimmer, aber beides ist sehr schwierig zu messen. Die Steifheit kann bei Fischen durch die Myosepten und bei Haien und Walen durch kollagene Fasern in der Haut, die in Spiralen um den Körper gewunden sind, erhöht werden. Pabst (2000) zeigt, dass Delphine und makrelenartige Fische (Thunfische und ihre Verwandten) nicht nur den Schwimmstil und die Körperform, sondern auch das Muster der Kraftübertragung über ein komplexes dreidimensionales System von kollagenen Fasern teilen. Die Eigenelastizität dieser Fasern kann eingesetzt werden, um die Extremitäten zurückzustellen. Dieses Kraftübertragungssystem erhöht sowohl die Verdrängung als auch den Hebelarm bei der Kontraktion der Axialmuskeln. Long und Nipper (1996) kommen zu dem Ergebnis, dass der Forellenbarsch (*Micropterus*) die mechanischen Kosten des Beugens minimiert, indem er seinen Körper versteift, um die Eigenfrequenz des Körpers der Frequenz des Schwanzschlages anzupassen.

Es muss jedoch eine angemessene Flexibilität an der Basis der Schwanzflosse und des Schwanzstiels vorhanden sein. Knochenfische haben ge-

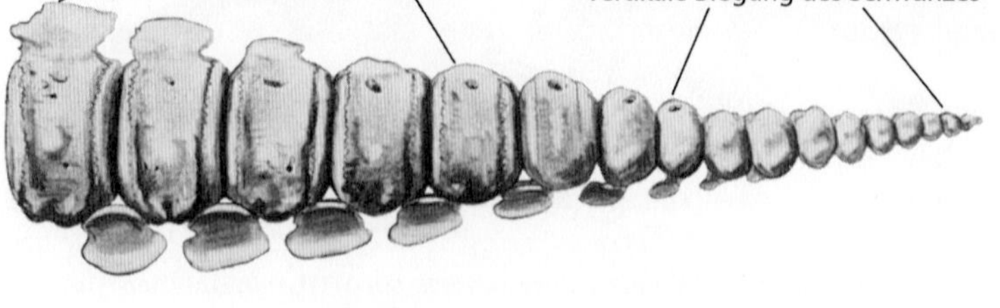


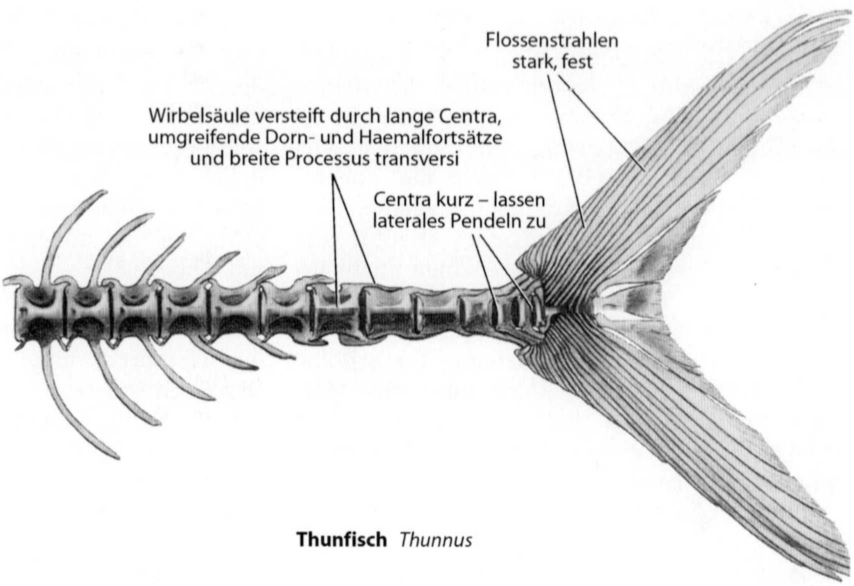


**Abb. 27.10.** Schwanzskelette zweier sehr unterschiedlich gebauter, schneller Schwimmer

wöhnlich Diarthrosen, wo die Schwanzflosse sich mit der Wirbelsäule verbindet. Die Wirbelsäule der Cetacea ist in der Analregion dorsoventral abgeflacht und lässt dort eine vertikale Flexibilität zu.

Die Myomeren der Fische falten sich auf und bilden Zickzack-Muster, die an der Körperoberfläche zu sehen sind. Bei dreidimensionaler Betrachtung sieht man eine Serie von untereinander verbundenen Tüten (Abb. 27.11). Die Struktur und Mechanik dieser Myomere ist komplex und wurde bisher nur in wenigen Spezies untersucht. Ihre Funktion wird immer noch debattiert. Die Form der Myomere kann entlang des Körpers sowohl innerhalb eines einzelnen Individuums als auch bei verschiedenen Spezies variieren (Jayne und Lauder 1999 sowie Westneat et al. 1993). Die Tüten können die Kontraktionskraft eines Muskelsegments über mehrere Skelettsegmente ausdehnen. Sie bewirken, dass sich Muskelfasern, die in unterschiedlicher Entfernung von der Körperachse liegen, bei der Biegung des Körpers gleichmäßig verkürzen. Sie stellen außerdem sicher, dass die Muskelfasern an den Myosepten in einem schrägen Winkel ansetzen und so einige der Vorteile von gefiederten Muskeln bieten. Bei vielen Fischen sind die roten, „aeroben" Muskelfaserbündel oberflächlich und parallel direkt unterhalb der Seitenlinie an-

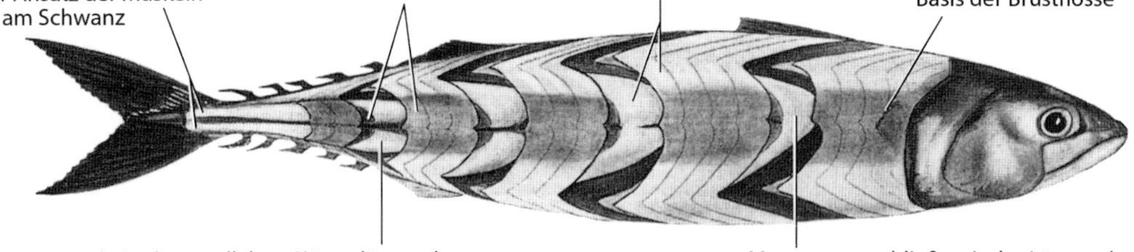


**Abb. 27.11.** Axialmuskulatur der schnellschwimmenden Makrele, *Scomber*. In verschiedenen Körperabschnitten sind die Myomere entfernt

geordnet. Die häufigeren, aber tiefer liegenden, weißen, „anaeroben" Fasern bilden die Hauptmasse der Axialmuskulatur und verlaufen in einer spiraligen Orientierung näher an der Wirbelachse. Alexander (1967) stellte die Theorie auf, dass diese helicale Architektur allen weißen Fasern auf einer Seite des Fisches erlaubt, eine annähernd konstante Sarcomerenlänge unabhängig von ihrem Abstand vom Rückgrat beizubehalten. Außerdem resultiere die spiralige Anordnung in einer großen Übersetzung für erhöhte Kraft (Arbeit pro Zeit). Rome und seine Kollegen (1994) haben beide Vorhersagen am schwimmenden Karpfen verifiziert. Sie zeigten, dass während langsamen Dahinschwimmens die relativ langsam kontrahierenden, roten Muskelfasern kleine Längenänderungen durchmachen. Sie kontrahieren sich auf Längen, die derjenigen Überlappung der Myofilamente entspricht, die mit der Erzeugung von 96% oder mehr ihrer maximalen isometrischen Spannung einhergeht. Während einer Fluchtreaktion (oder eines Sprints) dagegen, wenn schnelle Bewegungen des Rückgrats mit großer Amplitude ausgeführt werden, werden die weißen Fasern rekrutiert. Sie ändern im Durchschnitt die Länge ihrer Sarcomeren nur um ein Viertel der Längenänderung, welche die roten Fasern durchmachen. Daher arbeiten die weißen Fasern mit einer Myofilamentüberlappung, die mit mehr als 90% der maximalen Kraftproduktion einhergeht. Zusätzlich operieren beide Fasern am oder nahe am optimalen $V/V_{max}$. Kleine Knochen, die am Esstisch sehr lästig sind, können in den Myosepten von der Spitze einer „Tüte" zur Spitze einer anderen „Tüte" verlaufen. Die Spitzen der Tüten der weiter posterior gelegenen Myomere setzen sich bei den schnellsten Fischen als longitudinale Sehnen in den Schwanz fort. Der Schwanzstiel ist daher schlank und sehnig, statt breit und fleischig wie bei anderen Fischen (vgl. Abb. 27.11 mit Abb. 10.8).

Die andere Art des undulierenden Schwimmens ist das **stoßweise Schwimmen**. Hier leistet der Tierkörper in erster Linie Beschleunigung. Der Fisch spurtet los, macht dabei meistens eine scharfe Kurve, gleitet, stoppt und beginnt wieder. Solche Schwimmer sind z. B. Sonnenbarsche, beschuppte Schleimfische und viele Rifffische. Wie bei einem Auto im Stadtverkehr verbraucht die Überwindung der Trägheit und nicht die des Strömungswiderstandes die meiste Energie. Deshalb ist die Körperform für Wendigkeit konstruiert und nicht stromlinienförmig. Solche Körper sind seitlich abgeflacht, aber hoch und haben Flossen, die den Körper oft in der Vertikalen ausdehnen (Abb. 27.9). Sie sind außerdem kurz und wendig, was ihnen einen kleinen Wendekreis verleiht. Da der Fisch aus der Ruhe und nur für einen Sekundenbruchteil pro Spurt beschleunigt, drücken alle Teile des Antriebsorgans gegen Wasser, das in Ruhe ist. Deshalb gilt die Tragflügeltheorie nicht.

Die meisten pendelnden Schwimmer gehen, je nach Lebensweise, einen Kompromiss ein zwischen einer Körperform, die optimal für länger andauerndes Dahinschwimmen, und einer Körperform, die optimal für kurzzeitige Spurts ist.

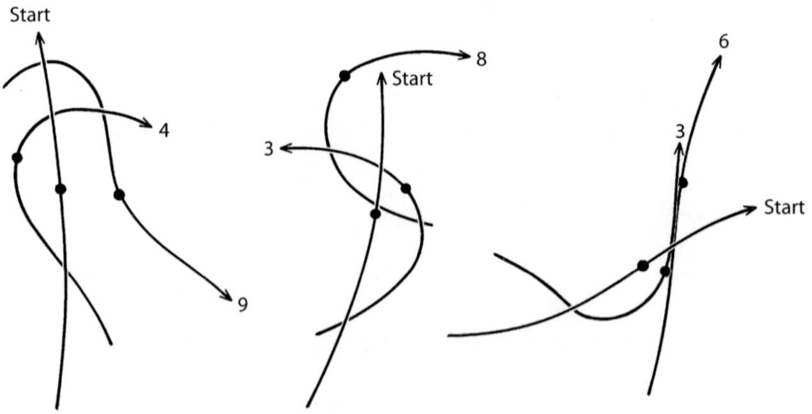


**Abb. 27.12.** Schnelle Starts einer Forelle in verschiedene Richtungen aus einer einheitlichen Startposition. Die *Pfeile* zeigen die Symmetrieebene des Fisches in Ansicht von oben. Der *Punkt* zeigt den Schwerpunkt. Die *Zahlen* geben die Anzahl der 0,015-s-Intervalle an, die seit Bewegungsbeginn vergangen sind (nach Webb)

Deshalb ist der Hecht in der Lage, sehr schnell zu beschleunigen, aber auch längere Strecken mit nur mäßiger Geschwindigkeit zu schwimmen (Abb. 27.9). Der Körper ist länger und stromlinienförmiger als der eines Spezialisten für stoßweises Schwimmen, aber wendiger und mit einem breiteren Schwanzstiel, einem geringeren Seitenverhältnis der Schwanzflosse und weiter posterior gelegenen Dorsal- und Analflossen als bei spezialisierten Dauerschwimmern. Forellen sind ähnlich gebaut und in der Lage, außergewöhnlich schnelle Starts in jegliche Richtung auszuführen, um Beute zu fangen oder vor Gefahr zu fliehen. Eine scharfe Biegung des Körpers in eine C-Form geht dem schnellen Start voran. Die blitzartige Streckung katapultiert den Fisch in jede beliebige Richtung (Abb. 27.12). Da das schnelle Startmanöver sowohl bei aquatischen Amphibien als auch bei Fischen sehr wichtig für das Überleben ist, wurde seine Ausführung bezüglich der neuronalen Kontrolle (Fetcho 1991) und unter dem Aspekt der Evolution untersucht. Hale (1996) untersuchte die Auswirkung von Körpergröße auf die Kinematik des schnellen Starts während des Wachstums bei drei Spezies von Salmoniden und fand, dass Geschwindigkeit und Beschleunigung abhängig vom Entwicklungsstadium jeder Spezies sind. Diese Variablen sind am Ende der Dottersackabsorption maximal, also zu einem Zeitpunkt, wenn das Suchverhalten nach Nahrung beginnt, und in einem Lebensabschnitt, in dem das Tier am meisten gefährdet ist.

## 27.5.3 Oszillierender Antrieb durch Paddeln

Oszillierendes (pendelndes) Schwimmen wird meistens von sekundären Schwimmern ausgeführt, die ihre paarigen Extremitäten als Antrieb benutzen. Diese werden als Einheit ohne wandernde Wellen geschwenkt. Pendelnder Antrieb kann auf Stauwiderstand oder auf Auftrieb basieren.

Bei dem **auf Stauwiderstand basierenden Pendelantrieb** fungieren die Gliedmaßen wie Riemenblätter oder Paddel. Im Gegensatz zu undulierenden Antrieben haben sie einen Ruderschlag und einen Rückholzug. Beim Ruderschlag besteht ein großer Anstellwinkel, d.h. das Paddel ist mit seiner Breitseite beinahe senkrecht zur Bewegungsrichtung gestellt. (Ein Paddel kann nicht während des gesamten Zuges in die gleiche Richtung drücken, da es um seine Basis geschwenkt wird. Es beschreibt daher einen Bogen.) Schwimmer mit auf Stauwiderstand basierendem, pendelndem Schwimmen sind z.B. Frösche, die meisten Schildkröten, Enten und andere Vögel, die an der Oberfläche schwimmen, Biber, Capybara, Eisbär und verschiedene andere Säugetiere. Die meisten dieser Tiere sind sehr wendig, schwimmen aber nicht schnell. Manche Fische benutzen ihre Brustflossen als pendelnde Antriebsorgane, wenn sie sich langsam bewegen. Solche Flossen sind meist mäßig lang und an der Basis schmal.

Beim Ruderschlag muss das Paddel groß, breit und steif genug sein, um dem Wasserdruck

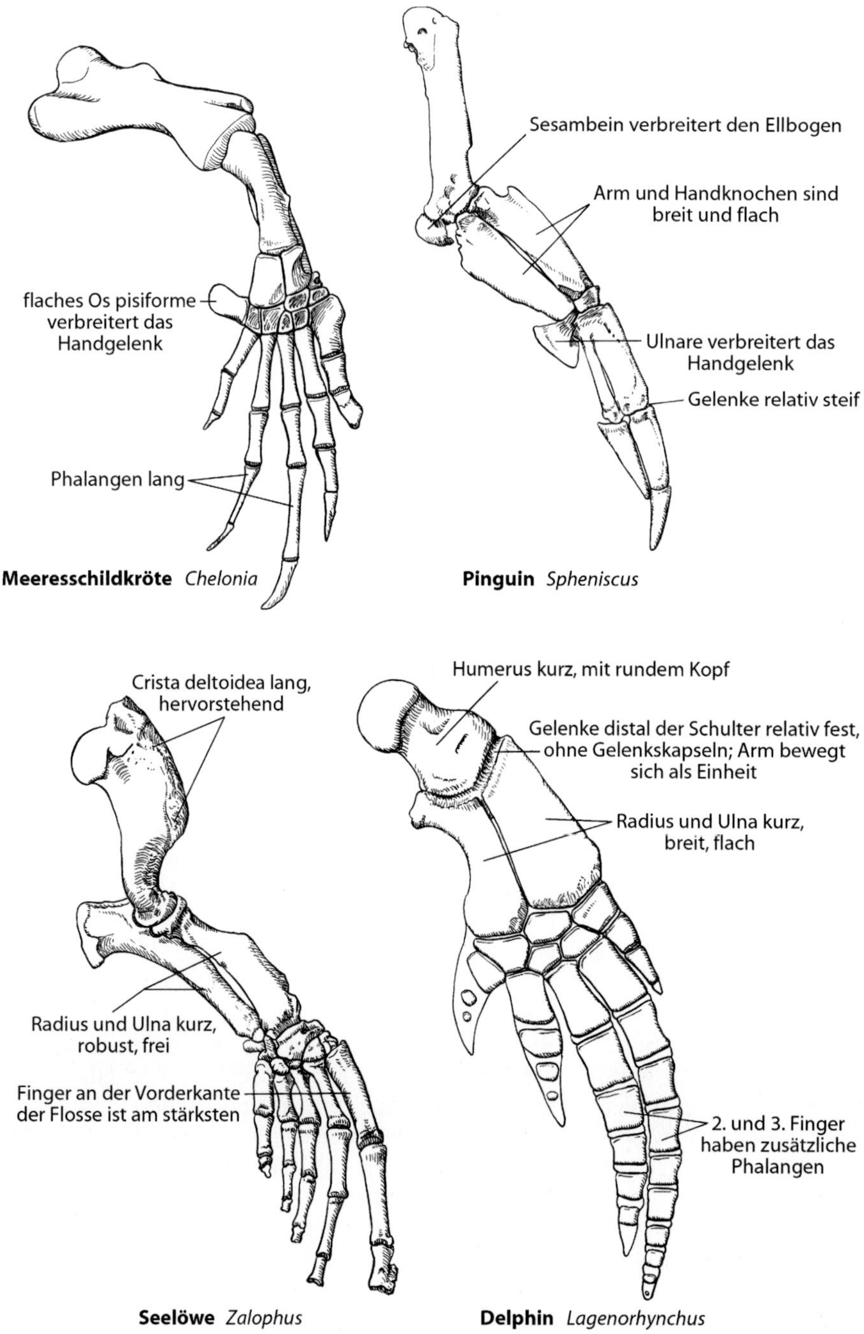


**Abb. 27.13.** Armskelette einiger aquatischer Vertebraten, welche die Vorderextremitäten für den Pendelantrieb nutzen. Dorsal- (Lateral-) Ansichten der rechten Extremität

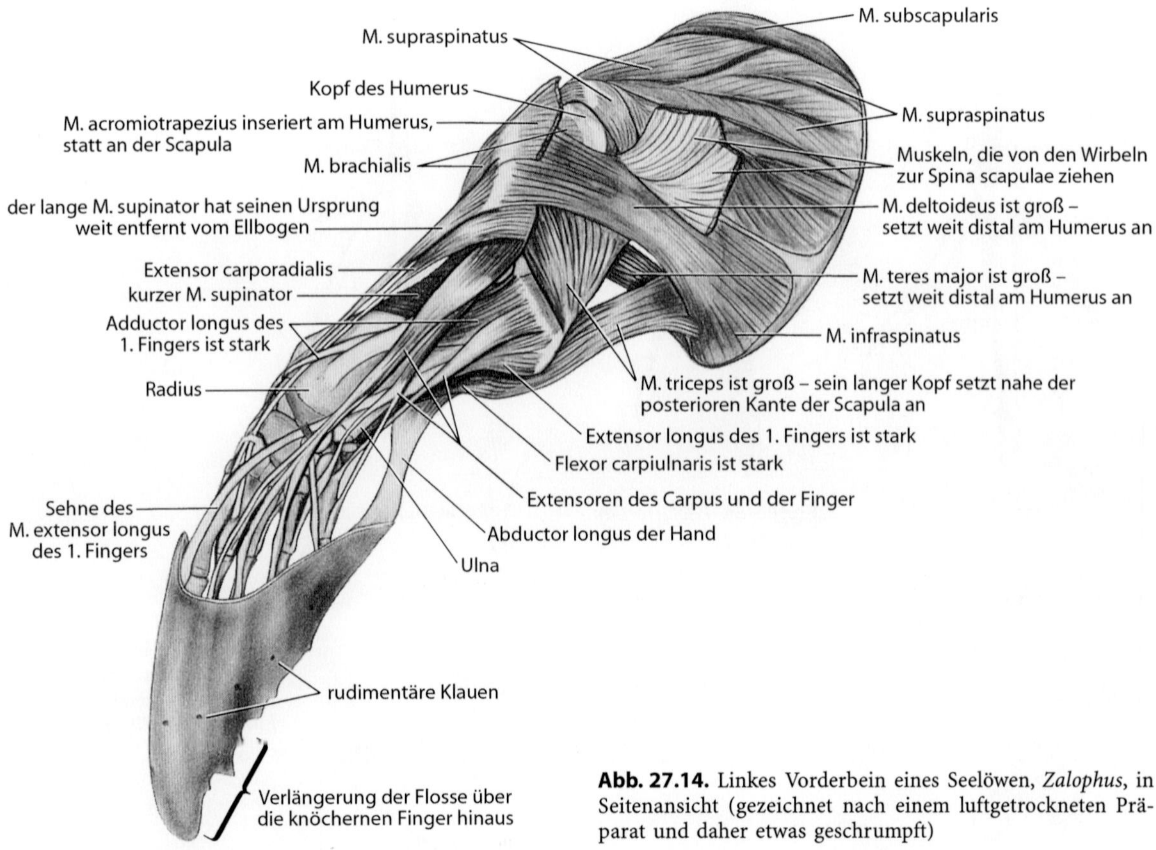


**Abb. 27.14.** Linkes Vorderbein eines Seelöwen, *Zalophus*, in Seitenansicht (gezeichnet nach einem luftgetrockneten Präparat und daher etwas geschrumpft)

ohne Muskelkraft zu widerstehen. Pinnipedia haben abgeflachte und stark verlängerte Metapodien und Phalangen, vor allem an der Vorderkante der Flosse (Abb. 27.13). Ichthyosaurier haben zusätzliche Finger entwickelt, um das Paddel zu verbreitern; eine Art hatte immerhin neun Finger. Ichthyosaurier, Plesiosaurier und Cetacea fügen Phalangen bei einem oder mehreren Fingern an, so dass Strahlen von 4 bis zu 26 Einheiten entstehen. Pinnipedia verlängern einige der knöchernen Finger durch knorpelige Elemente. Zwischen den Skelettstrahlen der Flossen mancher Pinnipedia dehnt sich eine Schwimmhaut aus (Abb. 27.14). Tauchende Vögel und Wale beziehen den Unterarm in das Paddel mit ein. Radius und Ulna werden kurz und flach und sind in einer Ebene angeordnet. Kleine aquatische Säugetiere haben meistens Fransen aus langen steifen Haaren, die den Fuß funktionell verbreitern. Diese Paddel werden auf unterschiedliche Weise verfestigt, obwohl eine gewisse Elastizität bleibt. Bei den Flossen der Cetacea ersetzen Füllgelenke (Amphiarthrosen) die echten Gelenke (Diarthrosen) und die Knochen sind durch ebene Flächen begrenzt. Die Räume zwischen den knöchernen Fingern sind mit festem Bindegewebe ausgefüllt. Dies führt zu einer festen Verbindung der Finger und zur Glättung der Oberflächenkontur des Paddels.

Bei der Rückstellbewegung kann das Paddel mit der Vorderkante schräg zum Wasserstrom gestellt sein. Es ist dann im Querschnitt stromlinienförmig und rotiert von der Basis aus um seine Längsachse. Alternativ kann sich das Paddel beim Rückholzug falten. Dies wird durch Schwimmhäute begünstigt, zwischen

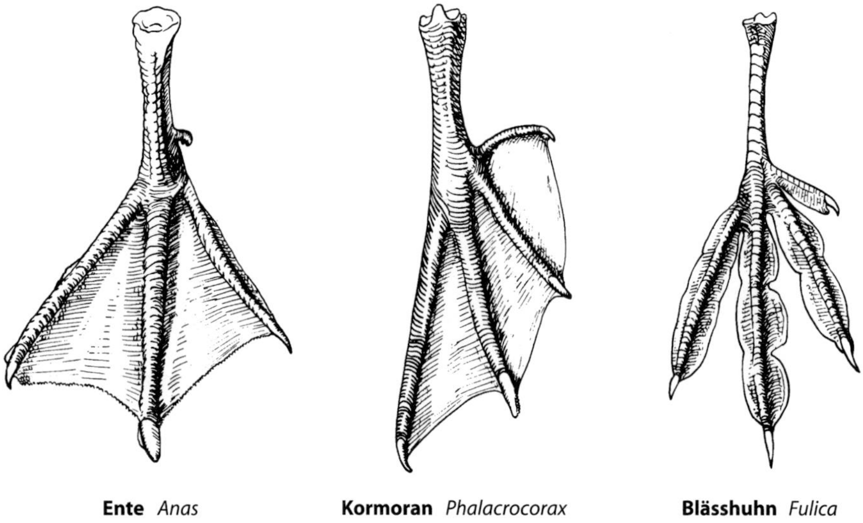


**Abb. 27.15.** Füße einiger aquatischer Vögel

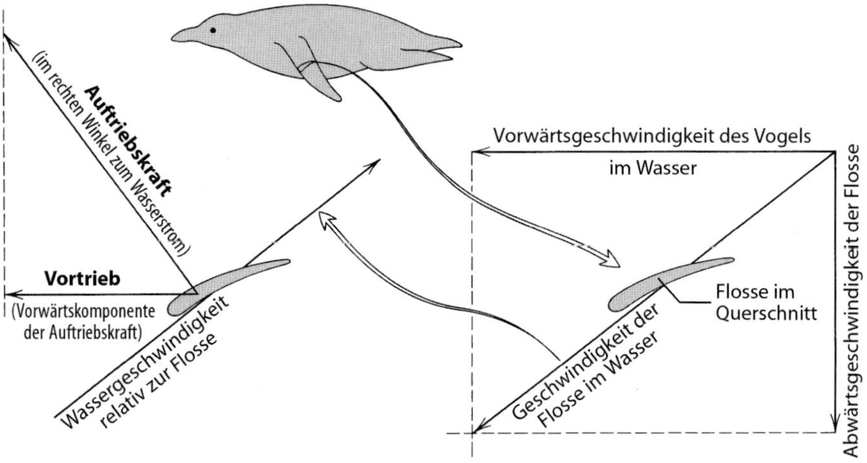


**Abb. 27.16.** Entstehung des Vortriebs bei der auf Auftrieb basierenden Pendelbewegung, gezeigt am Abschlag des Flügels eines Pinguins

- drei Zehen der Enten, Flamingos, Möwen, Alken, Seetaucher und Pinguine,
- vier Zehen der Kormorane, Tölpel und Pelikane,
- allen fünf Zehen der Frösche, Süßwasserschildkröten, Platypus, Biber und Seeotter.

Lappentaucher, Blesshühner und Binsenhühner haben stattdessen Lappen an den Zehen, die sich zusammenfalten können (Abb. 27.15).

Die andere Art des oszillierenden Vortriebs ist **die auf Auftrieb basierende Pendelbewegung.** Die Funktion der Extremität ist ähnlich wie die eines Flügels in der Luft, aber hier wird keine Unterstützung gegen die Schwerkraft benötigt und gewöhnlich erfolgt der Vortrieb sowohl beim Aufschlag als auch beim Abschlag. Der Anstellwinkel zwischen Paddel und dem anströmenden Wasser ist relativ klein. Tiere, die mit auf Auftrieb basierender Pendelbewegung schwimmen, sind z.B. Rochen, Teleosteer aus verschiedenen Familien, Seeschildkröten, Plesiosaurier, einige Mosasaurier, Pinguine, Zwergalken, Lummen, Papageientaucher, Tauchsturmvögel und (manchmal) Seelöwen.

Beim Abschlag strömt Wasser das Paddel an, wie Abb. 27.16 zeigt. Dies führt zu einer Auftriebskraft senkrecht zum Wasserstrom in einer Art, die im nächsten Kapitel beschrieben wird. Der Auftrieb hat eine Vorwärtskomponente, die den Schwimmer nach vorne bringt. Der Mechanismus wird beim Aufschlag wiederholt (das Kraftdiagramm wird einfach umgedreht). Wie beim auf Stauwiderstand basierenden Pendelantrieb ist das Paddel steif und breit, obwohl es meistens länger, schmaler und an der Basis weniger eingeengt ist und sich zum Ende hin deutlicher verjüngt. Der Flügel der Pinguine wird durch Sesambeine am Ellbogen und durch eine laterale Erweiterung des Ulnare am Handgelenk verbreitert. Das Pisiforme der Seeschildkröten ist ähnlich verbreitert (Abb. 27.13).

[Es kann schwierig sein zu entscheiden, ob ein oszillatorischer Vortrieb auf Stauwiderstand oder auf Auftrieb basiert, und die Methoden, mit denen man an das Problem herangeht, variieren. So haben sich Reiss und Frey (1991) hauptsächlich auf die Schwimmbewegungen rezenter Schildkröten und auf die vergleichende Morphologie gestützt, um die Übergangsstadien von einem auf Stauwiderstand basierenden Rudern zum „Unterwasserflug“ bei ausgestorbenen mesozoischen Plesiosauriern zu rekonstruieren. Um den sekundären Übergang der Säugetiere von terrestrischen zu aquatischen Lebensräumen nachzuvollziehen, benutzte Fish (1996) rezente semiaquatische (mit auf Stauwiderstand basierendem Schwimmen) Formen als Analoga und verglich ihre Morphologie mit vollkommen aquatischen Säugetieren (die den Auftrieb zum Schwimmen nutzen). Durch einen Vergleich dieser Tiere bezüglich ihrer Leistung (Schnelligkeit und Energieersparnis) war Fish in der Lage, wahrscheinliche Übergangsstadien zu hypothetisieren. Wir haben festgestellt, dass bei manchen Knochenfischen, vor allem bei der großen Gruppe riffbewohnender, barschartiger Fische (Lippfische, Riffbarsche, Brandungsbarsche) in erster Linie die Brustflossen für die Fortbewegung benutzt werden. In einer integrativen Studie eines hoch spezialisierten Schwimmers, des Vogellippfisches, von dem man annimmt, dass er auf Stauwiderstand basierenden Antrieb benutzt, untersuchte Westneat (1996) die Flossenmorphologie, die Flossenkinematik und die elektromyographischen Muster der entscheidenden Muskeln bei verschiedenen Geschwindigkeiten. Er wendete dann mechanische Modelle der Flossenstruktur an, um festzustellen, wie die Flossen benutzt werden. Erstaunlicherweise entdeckte er, dass der Vogellippfisch nicht den erwarteten, auf Widerstand basierenden Vortrieb nutzt (vor allem bei hohen Geschwindigkeiten), sondern stattdessen auf den Auftrieb setzt.]

### 25.5.4 Kraftfreies Schwimmen (*Freeloading*)

Eine andere Art des Vortriebs wird gelegentlich von manchen Schwimmern genutzt.

Wenn das Tier Wasser finden kann, das entweder Bewegung (ein Geschwindigkeitsfeld) oder einen geeigneten Druckgradienten (Druckfeld) hat, dann kann es dies zumindest teilweise ausnutzen („*freeload*“, „nassauern“). Ein Fisch oder ein Wal kann neben und ein bisschen hinter einem anderen, oft größeren Fisch oder Wal schwimmen und so von dem Druckwiderstand, den das führende Tier hervorruft, profitieren. Wahrscheinlich werden Wellen, die vom Wind verursacht werden, manchmal kurzfristig in ähnlicher Weise genutzt.

Das spektakulärste Beispiel von aquatischem *freeloading* ist das Wellenreiten der Delphine. Gruppen von Delphinen können anscheinend ohne Anstrengung über viele Kilometer in der Bugwelle eines Schiffes mitschwimmen. Das Druckfeld im Frontanstieg der Welle ist parallel zur Wasseroberfläche, nicht zur Horizontalen ausgerichtet und hat daher eine Vorwärtskomponente. Aufwellendes Wasser, das gegen die schräg orientierten Schwanzfluken der Delphine drückt, liefert ebenfalls einen Vorwärtsschwung. Die Tendenz, nach vornüber zu rotieren, die von diesem Druck auf den Schwanz hervorgerufen wird, kann durch die Brustflossen kompensiert werden. Es ist klar, dass das Tier bemerkenswert empfindlich auf den Druck und die Geschwindigkeitsfelder seiner direkten Umgebung reagiert und sofort jede Änderung kompensiert.

## 27.6 Kontrolle der Position in der Vertikalen

Vertebraten, die nur an der Oberfläche schwimmen, sind leicht, so dass sie hoch im Wasser treiben wie Schwäne und Möwen. Nichttauchende Enten haben ein spezifisches Gewicht von nur ungefähr 0,6. Ein leichtes Skelett, Fettablagerungen, Luft in den Luftsäcken oder Lungen sowie Luft, die in den Federn oder im Fell eingeschlossen ist, tragen zum Auftrieb bei. Vertebraten, die auf dem Grund ruhen, müssen dagegen dichter sein als das Wasser, um ihre Position beizubehalten. Plattfische und Rochen, die keine Schwimmblasen besitzen, haben ein spezifisches Gewicht von ungefähr 1,09. Die Knochen tauchender Vögel sind weniger pneumatisiert. Ihre Luftsäcke sind kleiner (Seetaucher, Pinguine). Sie pressen ihre Federn an den Körper, um die Luft herauszudrücken. Alken geben ununterbrochen Luftblasen ab, wenn sie unter Wasser sind, und die Federn einiger tauchender Vögel werden nass und damit schwer (Kormorane). Pinguine erreichen eine spezifische Dichte von 0,98.

Säugetiere, die tief tauchen, können vor dem Abtauchen hyperventilieren, aber sie füllen ihre Lungen nicht. Sie können sogar ausatmen, bevor sie tauchen. Tieftauchende Wale haben relativ kleine Lungen. Seekühe, die fressen können, während sie auf dem Boden ruhen oder auf ihren Schwänzen stehen, haben ungewöhnlich schwere Skelette; ihre Rippen sind geschwollen und kompakt. Ähnlich ist auch das Skelett des Flusspferdes ungewöhnlich schwer.

Schwimmer, die unterschiedliche Tiefen im Wasser wählen, können ihre Tiefe auf unterschiedlichen Wegen einstellen. Die hydrostatische Funktion der Schwimmblase der Knochenfische wurde auf S. 258 besprochen. Manche Haie können eine gewisse Kontrolle durch selektive Produktion zweier Stoffwechselprodukte in der Leber ausüben, die unterschiedliche Dichten haben. Eine ähnliche selektive Lipidproduktion zur Speicherung in Muskel, Haut oder im Schädel tritt bei einer Reihe von Teleosteern und bei dem rezenten Coelacanthen *Latimeria* auf, der eine fettgefüllte Lunge hat. Verschiedene Haie und Knochenfische, die keine Schwimmblasen haben und etwas dichter sind als das Wasser (z. B. Leopardhaie, Makrele), halten ihre Position, indem sie ununterbrochen langsam schwimmen, so wie Tetrapoden ununterbrochen atmen. Die Quelle ihres Auftriebs wird weiter unten diskutiert.

## 27.7 Stabilität, Bremsen und Steuern

Jede Rotation eines Schwimmers (oder Schiffes) um seine Längsachse wird **Rollen** genannt, Rotation um seine Querachse **Neigung** und Rotation um seine Vertikalachse **Gieren.** Der Körper gilt als stabil, wenn er dazu tendiert, Verlagerungen aus einer Idealposition passiv zu korrigieren. Er gilt als instabil, wenn sich eine kleine Verlagerung verstärkt und zu einer größeren Verlagerung wird. Wie bei Läufern (s. S. 502) reduziert eine hohe Stabilität auch bei Schwimmern die Muskelanstrengung, verringert aber gleichzeitig die Wendigkeit.

Von verschiedenen Faktoren, welche die Stabilität beeinflussen, ist einer unabhängig von der Vorwärtsbewegung. Zwei Kräfte wirken auf jedes untergetauchte Objekt. Die Schwerkraft veranlasst es zu sinken und der Auftrieb veranlasst es aufzusteigen. Wenn das Objekt die gleiche Dichte hat wie Wasser, dann sind die beiden Kräfte gleichwertig und das Objekt sinkt nicht noch steigt es auf. Die Schwerkraft wirkt auf ein Objekt, als ob seine ganze Masse im **Schwerpunkt** (SP) läge. Der Auftrieb wirkt, als ob der gesamte Auftrieb im **Auftriebsmittelpunkt** (AM) des Objekts ausgeübt würde. Der AM liegt dort, wo der SP liegen würde, wenn das Objekt durchgehend gleichmäßig dicht wäre (so, wie das verdrängte Wasser). Vertebraten sind allerdings nicht von einheitlicher Dichte. Knochen, Knorpel und Muskel sind dichter als Wasser, während Fett, Öl und Luft in den Lungen oder Schwimmblasen weniger dicht sind. Die SP und AM sind daher gewöhnlich an unterschiedlichen Stellen und Schwerkraft und Auftrieb bewirken eine Drehung des Objekts im Wasser (Abb. 27.17).

Das Diaphragma der Wale liegt diagonal unter langgestreckten Lungen, die nahe der Wirbelsäu-

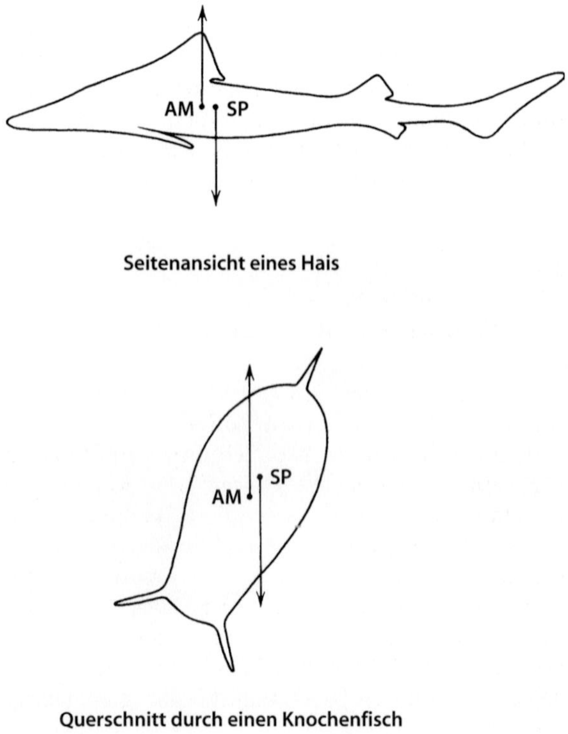


**Abb. 27.17.** Instabilität durch unterschiedliche Positionen des Schwerpunkts (SP) und des Auftriebsmittelpunkts (AM)

le liegen, und nicht hinter kurzen Lungen, die vorne im Körper liegen. Diese Anordnung hebt den AM relativ zum SP, verlagert ihn in die Nähe des SP und meistens ein bisschen oberhalb, verleiht dem Tier somit eine leicht positive Stabilität. SP und AM sind bei Haien ungefähr auf gleicher vertikaler Höhe, so dass es kaum eine Tendenz zum Rollen gibt, aber der AM kann etwas mehr anterior liegen, so dass er dazu tendiert, den Kopf zu heben. Die Schwimmblasen von Knochenfischen liegen dorsal in der Coelomhöhle, aber die schwere Wirbelsäule und die epaxialen Muskeln liegen noch höher, so dass der SP in der Regel über dem AM liegt und der Fisch gegen das Rollen instabil ist. Tote Fische treiben folglich mit dem Bauch nach oben.

Alle Flossen können abgespreizt werden, um als Bremsen zu dienen, aber am häufigsten werden die Brustflossen für diesen Zweck benutzt. Wenn sie unterhalb des SP liegen, dann neigt sich der Kopf beim Bremsen in der Regel nach unten. Dieser Tendenz kann durch eine schräge Neigung der Brustflossen, die Auftrieb bewirkt (der ganze Körper steigt dann, wenn er abgebremst wird), durch ein Aufrichten der Dorsalflosse oder durch Wirkungen anderer Flossen entgegengewirkt werden. Die Schwanzflosse kann als effektive Zusatzbremse zu einem Haken gebogen werden.

Unterschiedliche Formen von Schwanzflossen werden in Abb. 9.14 in Hinblick auf evolutionäre Beziehungen benannt. Nach vielen Experimenten wurden die unterschiedlichen Schwanzformen auch bezüglich ihrer Funktion klassifiziert (Exkurs 27.1). Angenommen, die Chorda dorsalis oder die Wirbelsäule ist angemessen fest und die Flossenflächen sind passiv und gleichmäßig flexibel, dann verursachen symmetrische (und bestimmte asymmetrische) Schwanzflossen keine Schrägneigung (Abb. 27.18 a–d). Schwanzflossen mit einer nach unten geneigten Wirbelachse, mit Lappen, die unterhalb der Längsachse des Körpers größer sind als oberhalb oder mit einem dorsalen Lappen, der steifer ist als der ventrale Lappen, bewirken, dass der Schwanz ansteigt und der Kopf sich nach unten neigt (Abb. 27.18 e–g). Umgekehrt geformte Schwanzflossen haben die umgekehrte Funktion (Abb. 27.18 h–j).

Die traditionelle Ansicht war, dass die Schwanzflossen der Haie der Abb. 27.18 g ähneln. In diesem Fall wird ein konstanter Auftrieb durch die Brustflossen benötigt, um einer Tendenz des Kopfes, sich nach unten zu neigen, entgegenzuwirken. Wenn eine Kante der Flossenfläche nicht notwendigerweise passiv im Wasser hängt, sondern stattdessen vorübergehend fester gemacht bzw. mit oder vor der Achse des Schwanzes aktiv vorwärtsbewegt werden kann (Abb. 27.18 k, l und Abb. 27.19), dann könnte der Schwanz entweder keine Neigung oder aber eine Neigung nach oben oder nach unten verursachen. Die Formen in Abb. 27.18 d, g, l heben den Schwanz und führen dazu, dass er nicht stört, wenn der Fisch dicht über den Gewässergrund schwimmt. Die meisten Haie sind etwas schwerer als Wasser, so dass die meiste Zeit etwas Auftrieb benötigt wird (Exkurs 27.1).

Die Dichte der Knochenfische, die hydrostatische Schwimmblasen haben, entspricht beinahe

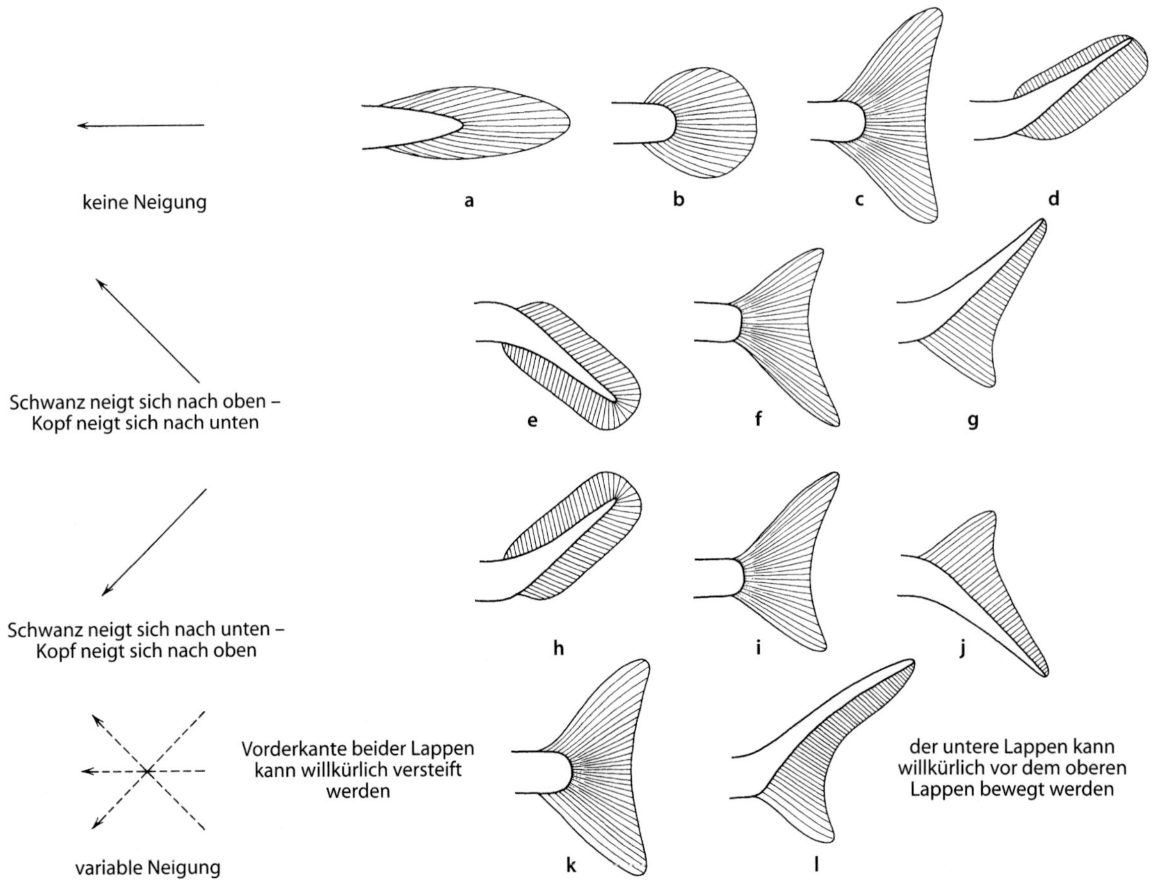


**Abb. 27.18 a–l.** Wirkung der Schwanzflosse in Abhängigkeit von der Form und anderen Variablen. In **a** bis **j** wird der Lappen als passiv angenommen, in **k** und **l** wird seine Form aktiv verändert

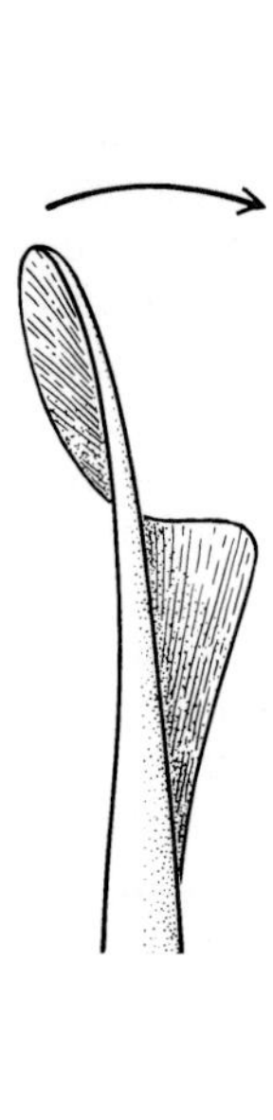

**Abb. 27.19.** Dorsalansicht eines heterocerken Schwanzes, der die Form seiner Lappen aktiv ändert

der des Wassers. Deshalb muss der Schwanz nicht dazu konstruiert sein, einen konstanten Auftrieb zu liefern. Ganz ähnlich brauchen auch die Brustflossen keinen konstanten Auftrieb zu liefern, so dass sie sich an den Körper anlegen können, um den Strömungswiderstand zu reduzieren. Obwohl die Dichte dieser Fische ungefähr so groß ist wie die des Wassers, ist ihr Gleichgewicht meistens instabil, so dass leichte Korrekturen ununterbrochen nötig sind. Diese Fische können die Fläche, die Ausbreitung, die Krümmung, die Form, die Schlagfrequenz und die Amplitude aller ihrer Flossen in subtiler Weise verändern; ihre Sinnesorgane und Nervensysteme führen in kürzester Zeit Berechnungen durch, die zu approximieren Menschen schwierig finden würden.

Für das Manövrieren ist Beweglichkeit des gesamten Körpers vorteilhaft. Robben haben bewegliche Wirbelsäulen. Pinguine haben sekundär einen Großteil der Flexibilität des Rumpfes zurückerworben, die in der Ahnenreihe der Vögel bereits verlorengegangen war. Wie oben erklärt wurde, sind die beweglichsten Fische die stoßartigen Schwimmer, die zwischen Pflanzen und in Korallenriffen leben. Ihre Körper sind kurz, hoch, bilateral zusammengedrückt und biegsam.

## 27.8 Andere Merkmale sekundärer Schwimmer

### 27.8.1 Schutz von Haut, Ohren und Atmungssystem

Viele aquatische Säugetiere und Vögel halten genügend Luft im Fell oder im Gefieder zurück, um die Haut vor dem Nasswerden zu schützen. Die Talgdrüsen der Robben sezernieren große Mengen von wasserabstoßendem Talg und aquatische Vögel haben große Öldrüsen. Die Haut der Wale ist resistent gegen Wasser, aber nicht gegen Austrocknen. Man sagt, dass sogar der Beutel des Wasseropossums wasserdicht ist.

Kormorane und Pelikane haben die äußeren Nasenöffnungen verloren. Die äußeren Nasenöffnungen anderer aquatischer Tetrapoden, von den Fröschen und Alligatoren bis hin zu den Bibern, Flusspferden und Delphinen, liegen immer weit dorsal und der Besitzer scheint immer zu wissen, ob sie gerade außerhalb des Wassers sind. Ein Wulst leitet das Wasser vom Spritzloch vieler Wale ab. Unter Wasser werden die Nasenlöcher automatisch dicht geschlossen. Das wird gewöhnlich durch Sphinctermuskeln erreicht, aber Bartenwale benutzen einen großen, klappenähnlichen Stopfen und Zahnwale haben zusätzlich ein kompliziertes System von pneumatischen Säcken, so dass großen Druckdifferenzen in jeder Richtung widerstanden werden kann. Der Gaswechsel kann erstaunlich schnell vonstatten gehen: mittelgroße Wale benötigen nur ein bis zwei Sekunden zum Ausatmen und Einatmen. Das bewegte Luftvolumen ist groß, das Restluftvolumen relativ gering.

Verschiedene aquatische Tetrapoden, von den Krokodilen bis zu den Nagetieren, haben den Gaumen und die Glottis so modifiziert, dass Schlucken und Kauen unter Wasser gewährleistet sind, ohne mit dem Atemweg in Konflikt zu geraten. Die Epiglottis liegt bei Bibern und bei Delphinen oben innerhalb der Nasenhöhle. Der Pelikan, der im Sturzflug ins Wasser stürzt, hat den Kehlkopf so modifiziert, dass er Wasser auch unter hohem Druck nicht durchlässt.

Der äußere Ohrkanal kann bei Pinnipedia verstöpselt oder eingerollt sein. Cetacea lassen Wasser in den äußeren Teil des Kanals, der innere Teil wächst bei Bartenwalen zu. Schutz des Mittelohrs vor Kollabieren wird im nächsten Abschnitt besprochen.

Seekühe sowie Wale und Robben, die nur mäßig tief tauchen, haben eine Serie von 8 bis 40 Klappen aus glattem Muskel in jeder Bronchiole, um die Luft gegen äußeren Druck in den Alveolen zu halten. Lungengewebe von Walen und Seekühen ist durch die Anwesenheit von Knorpel und Muskel relativ fest. Ihre Tracheen und Bronchien sind dick und stark. Die Tracheen der Pinguine, einiger Sturmtaucher, Seelöwen und des Dugong (Sirenia) werden durch eine longitudinale Unterteilung verstrebt.

Tieftauchende Säugetiere nehmen nicht viel Luft mit nach unten. Die Lungen sind kein Sauerstoffspeicher. Wenn Sauerstoff ausgetauscht würde, würde sich Stickstoff im Blut lösen, beim Aufsteigen zu perlen beginnen und große Probleme bei der Rückkehr an die Oberfläche verursachen (Taucherkrankheit). Der vollständige Kollaps der Lungenalveolen tritt bei der Wedellrobbe wahrscheinlich bei 30 m und beim großen Tümmler bei 70 m ein. Dabei wird die Luft in größere, stärkere und nicht-respiratorische Luftwege gedrängt. Wale haben ein kurzes Sternum und wenige feste Rippen. Die verbleibenden Rippen haben nur einen Kopf, aber keine Verbindung zu den Querfortsätzen der Wirbel. Daher kann der Thorax, ohne Schaden zu nehmen, ebenfalls kollabieren.

## 27.8.2 Anpassungen der Sinnesorgane

Der **Geschmackssinn** scheint bei den meisten aquatischen Vertebraten „normal“ zu sein, ist aber bei Cetacea rudimentär. Der **Geruchssinn** wird bei Pinnipedia als schlecht und bei Cetacea als sehr schlecht ausgebildet angesehen. Die Struktur des Nervensystems deutet klar auf die Rückbildung dieser Sinne hin. Tieftauchende Säugetiere haben kleine craniale Sinus oder gar keine.

Der **Hörsinn** ist bei den stärker adaptierten aquatischen Tetrapoden sehr scharf. Viele Wale haben ein unglaubliches Repertoire von Tönen, das von niederfrequentem Brummen und Hupen zu hohen, flötenähnlichen Tönen reicht. Unter günstigen Umständen können Wale wahrscheinlich über Distanzen von 160 km oder mehr kommunizieren, obwohl über ihre „Sprache“ wenig bekannt ist. Zumindest die meisten Zahnwale und Pinnipedia sind zu einer bemerkenswert unterscheidungsfähigen Echoortung befähigt. Sie erzeugen Töne bis zu 200 000 Hz, die in kurzen Intervallen zwischen 16 und 400 Pulsen pro Sekunde ausgestoßen werden. Es gibt indirekte Hinweise dafür, dass Pinguine die Kavitationsgeräusche, die durch die Turbulenz ihres eigenen Schwimmens entstehen, als Schallquelle für die Echoortung nutzen. (Sie können sogar in absoluter Dunkelheit Fisch sehr schnell lokalisieren.)

Unterwasserhören hängt nicht von einem oberflächlich gelegenen Tympanum oder einem äußeren Ohrkanal ab, vorausgesetzt, dass ein luftgefüllter Raum als Resonator zur Verfügung steht (s. Kap. 19). Der zähe, fibröse Ohrkanal der Cetacea kann teilweise verschlossen sein. Die ölgefüllten Hohlräume der Köpfe (Melonen) bestimmter Cetaceen können Schall bündeln und wahrscheinlich auch den Schall über spezifische Wege zum Ohr zurück übermitteln.

Das Tympanum und die Gehörknöchelchen der Cetacea funktionieren auf die gewöhnliche Art und Weise, haben aber eine besondere Struktur: Das ligamentöse Tympanum ist auf einem hornigen Kegel aufgespannt und die Gehörknöchelchen sind groß, schwer und fest. Es ist essentiell, dass das Tympanum gegen einen Luftraum im Mittelohr vibriert und dass dieser Luftraum natürlich während des Tauchens nicht zusammengedrückt wird. Das Mittelohr der Pinnipedia (und möglicherweise Teile des äußeren Ohrkanals) und Luftsinus, die mit dem Innenohr der Cetacea kommunizieren, sind mit stark vaskularisiertem Gewebe ausgekleidet, das während der Tauchgänge anschwillt. Das Volumen, das durch Kompression verloren geht, wird so durch Blut ersetzt. Außerdem sind bei Cetacea die Sinus und Teile des Mittelohrs, die nicht der Paukenhöhle anliegen, mit einem Schaum aus kleinen Luftblasen in einer Öl-Schleim-Emulsion gefüllt. Experimente zeigen, dass diese Blasen nicht einmal unter einem Druck von 100 atm kollabieren. Schließlich wird die Bulla tympanica der Wale durch einen der dicksten und dichtesten Knochen, die bekannt sind, verstärkt. Die Bullae stehen locker mit dem Restschädel in Verbindung und werden von Schaum und Blutsinus abgepolstert. Dadurch können sie unabhängig voneinander und vom restlichen Körper funktionieren. Das Richtungshören aquatischer Säugetiere ist exzellent und basiert wahrscheinlich auf der Unterscheidung von Schallintensitäten.

Sirenia haben einen schlecht entwickelten **Sehsinn**, wie man es auch von ihrer trägen Lebensweise, ihrer stationären Nahrung (Pflanzen) und der oft trüben Umgebung erwarten könnte. Bartenwale haben einen mäßig guten Gesichtssinn, aber ein begrenztes Gesichtsfeld. Ihre Beutetiere sind passiv und manche Bartenwale tauchen tiefer, als das Licht vordringen kann. Die Beutetiere der Zahnwale und Robben sind aktiv und so haben diese Räuber einen hervorragenden Gesichtssinn, sowohl unter als auch über Wasser.

Die Augen aquatischer Tetrapoden mit gutem Gesichtssinn haben sekundär Merkmale der Augen ihrer weit entfernten Vorfahren unter den primären Schwimmern wiedererlangt: Der Augapfel ist groß und entlang seiner optischen Achse kurz, die Linse ist groß und rund und die Cornea ist flach oder elliptisch. Tränendrüsen sind reduziert (Pinnipedia) oder fehlen ganz (Sirenia, Cetacea). Um das Auge vor Salzwasser zu schützen, ist die Cornea verhornt und durch die Sekrete von großen Drüsen in den Lidern gebadet. Um dem Wellendruck zu widerstehen, ist die Sclera der Cetacea sehr dick und zäh. Pinnipedia können die Form der Linse stärker als gewöhnlich verändern, um das Sehen sowohl innerhalb als auch außerhalb von Wasser zu ermöglichen.

### 27.8.3 Thermoregulation und Reaktionen des Kreislaufsystems

Da die Wärmeleitfähigkeit des Wassers ungefähr 20-mal größer ist als die von Luft, müssen sich endotherme aquatische Vertebraten gegen Wärmeverlust schützen, vor allem, wenn sie inaktiv sind und wenn sie in kalten Meeren leben. Luft, die im Gefieder oder in trockener Unterwolle gefangen ist (wie beim Seeotter, beim Biber oder bei Pelzrobben), schützt wirksam gegen Wärmeverlust. Große Säugetiere verlieren wegen ihres niedrigen Oberflächen-zu-Volumen-Verhältnisses relativ wenig Wärme. Blubber (Unterhautfett) ist bei ihnen ein wirksamer Isolator und kann in Extremfällen ein Viertel des Körpergewichts ausmachen. Die Flossen der Cetacea haben eine geringe Durchblutung mit einem Gegenstromaustauscher: Warmes, nach außen strömendes Blut gibt seine Wärme an das kalte, zurückströmende Blut ab (s. S. 300). Wahrscheinlich benötigen manche Wale eine Mindestaktivität, um ihre Körpertemperatur im arktischen Gewässer aufrechterhalten zu können.

Im Gegensatz dazu müssen Schwimmer während Aktivitätsperioden auch in der Lage sein, Wärme, deren Produktion in diesen Phasen auf das Zehnfache ansteigen kann, abzugeben. Die Gegenstromaustauscher können in diesem Fall umgangen werden und die großen flachen Flossen, die wenig Blubber enthalten, dienen dann als Kühler. Ferner geben stark vaskularisierte Leisten von Papillen in der Haut der Wale Wärme ab, wenn dies nötig ist.

Der Kreislauf luftatmender Vertebraten beschränkt sich während der Tauchgänge darauf, das Gehirn und das Herz mit Blut zu versorgen und an anderen Stellen Stress durch Sauerstoffmangel oder durch zu hohe Konzentrationen von Kohlendioxid und Lactat zu vermeiden. Eine Herabsetzung der Herzfrequenz (Bradykardie) ist weit verbreitet und beginnt mit dem Abtauchen. Die Herzfrequenz wird meistens auf ein Zehntel oder ein Fünfzehntel des normalen Wertes reduziert, der Beginn dieser Absenkung ist zum Teil präventiv; sein Beginn erfolgt schneller, wenn ein tiefer Tauchgang vorgesehen wird. Die Aorta erweitert sich nahe am Herzen, um den Blutdruck während der Bradykardie aufrechtzuerhalten, aber alle Arteriolen mit Ausnahme derer im Gehirn und im Herzen ziehen sich zusammen. Die Exkretion wird eingestellt. Die Venen der Pinnipedia und Cetacea haben (wie diejenigen der Fische) keine Klappen. Das Blutvolumen dieser Schwimmer und mancher tauchender Schildkröten und Vögel ist doppelt so groß (beim Seeelefanten sogar 2,5-mal so groß) wie bei vergleichbaren terrestrischen Wirbeltieren. Das Leberpfortadersystem ist groß und im Thorax und im Abdomen können venöse Sinus vorhanden sein. Dies führt dazu, dass große Blutmengen im Körper stehen bleiben.

Tieftaucher sind gewöhnlich nicht sehr aktiv. Ihre Herzen sind meist relativ klein (obwohl das Herz eines Blauwals immerhin 600 kg wiegen kann!). Die Stoffwechselrate fällt etwas ab (Robben, Wale, Alligatoren, Enten). Das Blut schnellschwimmender und tieftauchender Delphine kann bis zu dreimal so viel Sauerstoff binden wie das ihrer weniger aktiven Verwandten. Der Myoglobingehalt ist bei Muskeln von Tauchern hoch. Sie tolerieren doppelt so viel Kohlendioxid im Blut wie Menschen. Lactat wird in den Muskeln gespeichert, bis das Atmen wieder einsetzt. All diese Anpassungen sind bei Seeelefanten so effektiv, dass ihre langen Tauchgänge unter aeroben Bedingungen erfolgen. Lactat sammelt sich nicht an, und sie benötigen nur drei Minuten zwischen zwei Tauchgängen für den Gasaustausch.

Die Kreislaufsysteme von Schwimmern zeigen auch noch andere Konvergenzen, die rätselhaft bleiben. Warum ist die Vena cava posterior verdoppelt (eine Schildkröte, Pinnipedia, Cetacea und Sirenia, aber auch bei den nichtaquatischen Edentata und langsamen Loris)? Warum haben Pinnipedia einen Sphinctermuskel in der Vena cava posterior auf der Ebene des Zwerchfells? Warum sind die intervertebralen Blutgefäße vergrößert und die Jugularvenen reduziert (Pinnipedia, Cetacea)? Warum gibt es einen venösen Plexus in der Ableitung aus der Niere oder ein Rete, das den Blutfluss zum Gehirn verlangsamt (Cetacea)?

## Exkurs 27.1

### Neue Ansichten über die Evolution und Funktion der Schwanzflosse

Die herkömmlichen Ansichten über die Evolution und Wirkung des Fischschwanzes werden durch experimentelle Studien in Frage gestellt und modifiziert. Lauder (2000) untersuchte die Wirkung von unterschiedlichen Schwanzformen bei freischwimmenden Fischen. Dazu setzte er gleichzeitig eine dreidimensionale kinematische Analyse zur Aufzeichnung der Schwanzbewegungen und Elektromyographie zur Registrierung der Muskelaktivität ein. Zudem führte er mit digitaler Geschwindigkeitsmessung durch Bildverfolgung von markierten Partikeln quantitative Messungen des Wasserflusses durch, der vom Schwanz verursacht wird. Wirbel, die vom Schwanz erzeugt werden, verursachen Flüssigkeitsbewegungen, die proportional zu den Kräften sind, die das Tier ausübt. Wenn man also die Richtung und Geschwindigkeit individueller Moleküle (oder im Wasser treibender Partikel), die vom Schwanz in Bewegung gesetzt werden, messen kann, kann man ihre Vektoren bestimmen und die Kräfte ausrechnen, die benötigt werden, um sie zu erzeugen. Kleine, auftriebsneutrale, reflektierende Glasperlen werden dem Wasser beigemengt, ein Laser lässt die Perlen in einem Querschnitt durch das Kielwasser aufleuchten, der auf Video aufgenommen wird. Eine schnelle Computerverarbeitung des zeitvarianten Musters der Bewegungen der einzelnen reflektierenden Perlen erlaubt dann eine quantitative Analyse der Wirkung der Schwanzflosse während stetigen Schwimmens. Lauders Studien eines Knorpelfisches (Leopardhai) und zweier Strahlenflosser (Stör und Sonnenfisch), die in einem Strömungskanal schwimmen (Abb. 27.20), ergaben, dass die Schwanzflosse des Leopardhaies so funktioniert, wie es das klassische Modell zur Funktion heterocerker Schwanzflossen angenommen hat: zusätzlich zum positiven Vortrieb generiert sie vertikale Auftriebskräfte und Drehmomente, denen vorne durch den Körper und die Brustflossen entgegengewirkt werden muss. Obwohl der Schwanz des Störs ebenfalls heterocerk ist, ist er dagegen extrem flexibel und der obere Lappen zieht den unteren während der Schlagbewegung hinter sich her. Und obwohl der Schwanz des Störs während des ganzen Schlages ebenfalls einen positiven Vortrieb produziert, scheint er keine Vertikalkräfte zu erzeugen. Die funktionelle Analyse des homocerken Schwanzes des Sonnenfisches war ebenfalls erstaunlich: Die dorsalen und ventralen Loben arbeiten nicht symmetrisch, wie man zunächst annahm. Stattdessen macht der Dorsallappen eine größere laterale Ablenkung durch und bewegt sich mit höherer Geschwindigkeit als der ventrale Lappen, was darauf hindeutet, dass diese Asymmetrien aktiv produziert werden. Ableitungen der elektrischen Aktivität der Muskeln, die vom Schwanzskelett zu den ersten vier Strahlen des dorsalen Lappens ziehen, bestätigen diese Voraussage. Diese Daten haben Lauder zu der Meinung gebracht, dass auch der homocerke Schwanz Auftrieb und Drehmoment in einer Weise generiert, wie sie von einem heterocerken Schwanz erwartet wird. Die Ergebnisse dieser Studie weisen weiter darauf hin, dass die morphologische Charakterisierung von Schwanzflossen nicht genau die Funktion widerspiegelt und dass wahrscheinlich weitere Studien beträchtliche funktionelle Unterschiede zwischen morphologisch ähnlichen Schwänzen an den Tag bringen werden.

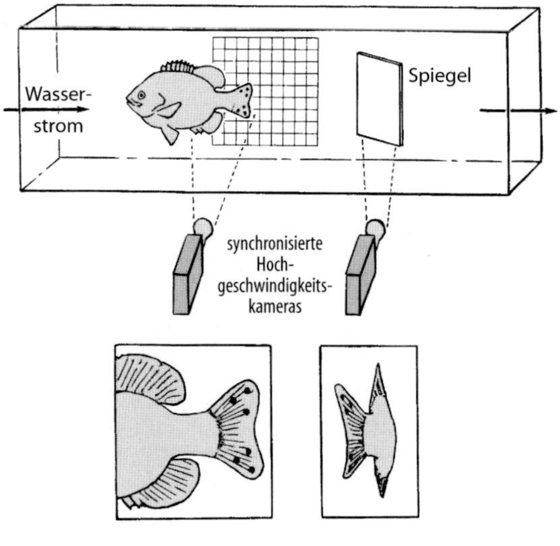


**Abb. 27.20.** Experimenteller Aufbau von G. V. Lauder für die Untersuchung der Dynamik der Schwanzfunktion bei schwimmenden Fischen. Die *Markierungen am Schwanz* sind Registrierpunkte. Der Apparat für die Elektromyographie ist hier nicht gezeigt (gezeichnet nach Lauder 2000)

### 27.8.4 Reproduktionsbiologie

Die meisten Seeschlangen sind vivipar und gebären im Meer, wie es auch die Ichthyosaurier taten. Andere Reptilien und alle Vögel legen ihre Eier an Land ab oder gebären an Land. Unter den aquatischen Säugetieren gebären Walrosse und Flusspferde manchmal, Wale und Seekühe immer im Wasser. Ein einzelnes, großes, frühreifes Junges wird geboren. Cetacea gebären sehr schnell. Das Kalb erscheint mit dem Schwanz voran. Die Mutter wirbelt im Wasser herum und reißt so die relativ kurze Nabelschnur an einem vorbestimmten Schwachpunkt ab. Das Neugeborene schwimmt zur Oberfläche, um zu atmen, wobei ihm die Mutter manchmal hilft. Die Fluken sind bei Geburt weich und gebogen, härten aber innerhalb von zwei Tagen aus; zu dieser Zeit kann das Kalb dann mit der Herde mithalten.

Walmilch ist dick und fettreich. Sie sammelt sich in Sinus und wird portionsweise während des Unterwassersaugens ausgepresst. Das Wachstum junger Robben und Wale erfolgt sehr schnell. Das Kalb des Blauwals, das bei Geburt 7 m lang ist, nimmt ungefähr 90 kg pro Tag durch Ernährung mit der Muttermilch zu!

## Literatur

Alexander R McN (1967) Functional design in fishes. Hutchinson, London

Bannasch R (1994) Functional anatomy of the "flight" apparatus in penguins. In: Maddock L, Bone Q, Rayner JMV (eds) Mechanics and physiology of animal swimming. Cambridge Univ Press, New York, pp 163–192. Ausführliche Übersicht über die Flügelanatomie der Pinguine und wie sie mit der Flügelkinematik beim Schwimmen in Verbindung steht

Black BA (1992) Direct measurement of swimming speeds and depth of blue marlin. J Exp Biol 166:267–284

Daniel TL, Jordan C, Grunbaum D (1992) Hydromechanics of swimming. In: Alexander RMcN (ed) Advances in comparative and environmental physiology, vol 11. Springer, Berlin, pp 17–49

Denison DM, Kooyman GL (1973) The structure and function of the small airways in pinniped and sea otter lungs. Resp Physiol 17:1–10

Drucker EG, Lauder GV (1999) Locomotor forces on a swimming fish: three-dimensional vortex wake dynamics quantified using digital particle image velocimetry. J Exp Biol 202:2393–2412. Eine umfassende Übersicht und Analyse der Kräfte, die von Antrieben im Wasser hervorgerufen werden, und eine detaillierte Erklärung der Prinzipien der digitalen Teilchen-Bild-Velocimetrie

Feldkamp SD (1987) Swimming in the California sea lion: morphometrics, drag and energetics. J Exp Biol 131:117–135

Fetcho JR (1991) Spinal network of the Mauthner cell. Brain Behav Evol 37:298–316. Behandelt die Rolle der Mauthner-Zelle bei der Initiierung des schnellen Fluchtverhaltens schwimmender Fische und Amphibien

Fish FE (1996) Transitions from drag-based to lift-based propulsion in mammalian swimming. Am Zool 36:628–641

Fish FE (1998) Comparative kinematics and hydrodynamics of odontocete cetaceans: Morphological and ecological correlates with swimming performance. J Exp Biol 201:2867–2877. Vergleicht Körper- und Flossenmorphologie bei drei Arten von Cetacea und untersucht ihre Auswirkung auf die Leistung

Hale ME (1996) The development of fast-start performance in fishes: Escape kinematics of the chinook salmon (*Oncorhynchus tshawytscha*). Am Zool 36:695–709

Jayne BC, Lauder GV (1994) Comparative morphology of the myomeres and axial skeleton in four genera of centrarchid fishes. J Morphol 220:185–205. Hervorragende Morphologie

Kooyman GL et al (1992) Diving behavior and energetics during foraging cycles in king penguins. Ecological Monographs 62:143–163. Übersicht über die Tauchbiologie der Pinguine und den Einsatz von Technologie bei der Durchführung von Feldmessungen

Lauder GV (2000) Function of the caudal fin during locomotion in fishes: Kinematics, flow visualization, and evolutionary patterns. Am Zool 40:101–122

Lauder GV, Jayne BC (1996) Pectoral fin locomotion in fishes: Testing drag-based models using three-dimensional kinematics. Am Zool 36:567–581

LeBoeuf BJ (1989) Incredible diving machines. Nat Hist 1989:35–40. Über See-Elefanten

Long JH Jr, Nipper KS (1996) The importance of body stiffness in undulatory propulsion. Am Zool 36:678–694

Pabst DA (2000) To bend a dolphin: Convergence of force transmission designs in cetaceans and scombrid fishes. Am Zool 40:146–155

Reiss J, Frey E (1991) The evolution of underwater flight and the locomotion of plesiosaurs. In: Rayner JMV, Wooten RJ (eds) Biomechanics in evolution. Cambridge Univ Press, New York, pp 131–144

Rome L (1994) The mechanical design of the fish muscular system. In: Maddock L, Bone Q, Rayner JMV (eds) Mechanics and physiology of animal swimming. Cambridge Univ Press, New York, pp 75–98

Rosenberger LJ, Westneat MW (1999) Functional morphology of undulatory pectoral fin locomotion in the stingray *Taeniura lymma* (Chondrichthyes: Dasyatidae). J Exp Biol 202:3523–3539. Informative Untersuchung der kinematischen Muster und der Muskelaktivitätsmuster der Brustflosse des blaufleckigen Stechrochens. Enthält eine

umfassende Übersicht über diese faszinierende Fortbewegungsweise
Vogel S (1981) Life in moving fluids: the physical biology of flow, 2nd edn. Princeton Univ Press, Boston
Wainwright SA, Vosburgh F, Hebrank JH (1978) Shark skin: function in locomotion. Science 202:747–749
Webb PW (1984) Form and function in fish swimming. Sci Am 251:72–82
Webb PW (1988) Simple physical principles and vertebrate aquatic locomotion. Am Zool 28:709–725
Webb PW (1994) The biology of fish swimming. In: Maddock L, Bone Q, Rayner JMV (eds) Mechanics and physiology of animal swimming. Cambridge Univ Press, New York, pp 45–62. Eine hervorragende allgemeine Übersicht über die verschiedenen Fortbewegungsarten bei Fischen. Mögliche Richtungen für weitergehende Forschung werden aufgezeigt
Webb PW, Blake RW (1995) Swimming. In: Hildebrand M et al (eds) Functional vertebrate morphology. Harvard Univ Press, Cambridge/MA, pp 110–128
Westneat MW (1996) Functional morphology of aquatic flight in fishes: Kinematics, electromyography, and mechanical modelling of labriform locomotion. Am Zool 36:582–598
Westneat MW et al (1993) The horizontal septum: Mechanisms of force transfer in locomotion of scombrid fishes (Scombridae, Perciformes). J Morphol 217:183–204. Eine Kombination aus Präparation und Modellierung, um zu bestimmen, wie Kräfte auf das Rückgrat und den Schwanz übertragen werden
Zapol WM (1987) Diving adaptations of the Weddell seal. Sci Am 256:100–105

# 28 Fliegen und Gleiten

Wenn ein Tier in der Lage ist, sich in der Luft zu halten, sagen wir, dass es **fliegen** kann und **flugfähig** ist. Die Prinzipien des Fluges der Vertebraten sind im Grunde verstanden, aber die Analyse ist kompliziert und Vereinfachungen sind auf beinahe jeder Ebene nötig. Viel von dem, was wir über die Aerodynamik des Fluges wissen, stammt aus unserem Verständnis von Flugzeugen mit starren Flügeln, und wenn diese Prinzipien auf Tiere mit schlagenden Flügeln angewandt werden, schleichen sich unweigerlich Fehler ein. Sogar, wenn Wirbeltiere unter relativ einheitlichen Bedingungen fliegen (im Freien oder in einem Windkanal), müssen sie häufig leichte Korrekturen durchführen, um Veränderungen der äußeren Bedingungen zu kompensieren. Wenn eine Möwe in wechselhaftem Wind manövriert, müssen ununterbrochen und sehr schnell größere Korrekturen vorgenommen werden, von denen viele von einem Flugzeug, das vom Menschen gebaut ist, nicht ausgeführt werden könnten. Es ist eine Herausforderung, die morphologische und verhaltensphysiologische Basis einer solchen Leistung zu untersuchen. Dank genialer Methoden haben wir in den letzten Jahrzehnten große Fortschritte gemacht. Es ist zu erwarten, dass genaue Beobachtung und die einfallsreiche Anwendung ausgefeilter Technologien uns weiterhin mit Entdeckungen über diese komplizierten Aktivitäten belohnen werden.

Manche kleinen Kletterer können einen Sturz abbremsen und ihre Flugstrecke in der Horizontalen verlängern, während sie nach unten fallen. Wenn die Kontrolle der Flugbahn minimal ist und die gerade Linie zwischen Start- und Landepunkt steiler als 45° zur Horizontalen geneigt ist, dann sagt man, dass das Tier **wie mit einem Fallschirm schwebt**. Wenn ein gewisses Manövrieren in der Luft möglich ist und die Linie zwischen Start und Landung weniger als 45° gegen die Horizontale geneigt ist, sagt man, dass das Tier **gleitet**.

## 28.1 Ursprung und Vorteile von Fliegen und Gleiten

Obwohl die ersten bekannten Vögel (Unterordnung: Archaeornithes) viel primitiver waren als moderne Vögel, waren sie anscheinend bereits einigermaßen gute Flieger (Abb. 4.9). Es gibt mehrere Theorien zum Ursprung des Vogelfluges:

- Eine besagt, dass sich Vögel aus kleinen, bipeden, baumlebenden Archosauriern entwickelt haben, die von Zweig zu Zweig hüpften und mit dem Vorstrecken der Vorderextremitäten balancierten und auch einen Teil ihrer Masse vorab beschleunigten. Als die Federn sich an den Rändern der Vorderextremitäten vergrößerten, wurden die einzelnen Sprünge ausgedehnt. Die Tiere können die Schwerkraft genutzt haben, um die Geschwindigkeit des Luftstroms zu erhöhen, wenn sie zu einem tiefer gelegenen Ast schwebten.
- Eine zweite Theorie besagt, dass die Vorfahren der Vögel kleine, bipede, laufende Dino-

---

*Oben:* Kämpfende Adler (gezeichnet nach V. Gargett, 1990, The black eagle, Academic Press) saurier waren, die mit ausgestreckten Armen die Lage ihres Rumpfes im Raum stabilisiert haben. Eine Alternative ist, dass die nichtfliegenden, bodenlebenden Vorfahren durch ihre Protoflügel Stabilität und zusätzliche Manövrierfähigkeit erlangten, wenn sie in die Luft sprangen, um fliegende Insekten zu fangen.

Der Ursprung des Vogelflugs wird in Exkurs 4.1 zum Ursprung der Vögel in Beziehung gesetzt. Die erste bekannte Fledermaus lebte vor 50 Mio. Jahren, zeigte aber bereits ein modernes Erscheinungsbild und besaß aller Wahrscheinlichkeit nach volle Flugfähigkeit. Wahrscheinlich haben sich Fledermäuse aus kleinen, agilen Säugetieren entwickelt, die in den Bäumen herumturnten und Insekten jagten. Die fliegenden Reptilien oder Pterosaurier (eine Ordnung der Infraklasse Archosauria) überlebten von vor 180 Mio. Jahren bis vor 65 Mio. Jahren. Die ersten bekannten Vertreter waren bereits fähige Flieger, so dass über den Ursprung ihrer Flugfähigkeit nichts Genaues bekannt ist.

Wie wir sehen werden, unterscheiden sich Vögel, Fledermäuse und Pterosaurier ganz erheblich in ihrer Anatomie. Allerdings müssen bestimmte Bedingungen erfüllt werden, damit Fliegen überhaupt möglich ist, und deshalb zeigen diese drei Gruppen in vieler Hinsicht eine konvergente Evolution. Flieger gehören zu den am meisten spezialisierten Vertebraten.

„Fallschirmspringer" können sich vom Baum auf den Boden fallen lassen, um weniger behenden Räubern zu entkommen oder um schnell an einen anderen Ort zu gelangen. Außerdem schädigt ein zufälliger Sturz das Tier nicht. Bei Gleitern sind die gleichen Vorteile noch stärker ausgeprägt. Durch das Gleiten können sie schneller und in einem größeren Areal Nahrung suchen, als ansonsten möglich wäre. Sie haben den Vorteil gegenüber den Fliegern, dass die wenig spezialisierten Vorderbeine für das Klettern und die Manipulation von Nahrung nützlich bleiben.

Die verschiedenen Flieger ziehen aus dem Flug unterschiedlichen Nutzen. Potentielle Vorteile sind die folgenden:

- Flieger können Nahrung erreichen, die sich selbst in der Luft befindet (fliegende Insekten), die nur von der Luft aus erreichbar ist (endständige Blüten) oder die aus der Luft besser lokalisiert werden kann als von einem Standpunkt dicht über der Oberfläche (Nagetiere, Fische).
- Eine große Mobilität und Manövrierfähigkeit ermöglicht es Fliegern, schnell und effizient nach Nahrung und Unterschlupf zu suchen.
- Flieger können nichtfliegenden Räubern entkommen.
- Durch den Vogelzug können Flieger je nach Saison in Regionen ausweichen, in denen das Klima, das Nahrungsangebot und die Niststätten günstiger sind.
- Ihre Verbreitung ist über Entfernungen und geographische Barrieren hinweg möglich, die ansonsten unüberwindbar wären.

## 28.2 Fallschirmspringende und gleitende Wirbeltiere

Alle **Fallschirmspringer** sind baumlebend. Verschiedene **Baumfrösche** zählen zu dieser Kategorie. Sie springen mit einem Satz ab, halten die Beine weit zur Seite und kontrollieren ihre Orientierung in der Luft so, dass ihre flache ventrale Oberfläche dem Luftstrom ausgesetzt ist. Bei einer Art (Familie Hylidae) ist dies die einzige Anpassung, um ihren Fall abzubremsen, sie erreichen aber immerhin einen Gleitwinkel von ungefähr 60°. Verschiedene andere Baumfrösche (Familie Rhacophoridae) sind besser angepasst und nähern sich einem Gleitwinkel von 45°. Ihre riesigen Füße sind mit großen Flughäuten versehen und dünne Membranen bilden Ränder an den Armen und überbrücken den Winkel zwischen den Schenkeln und der Körperwand (Abb. 28.1).

Eine Gattung von **Baumschlangen** ist zu einem kontrollierten Fallschirmspringen mit relativ flachen Gleitwinkeln fähig. Der Körper wird horizontal gehalten, die Rippen spreizen sich zur Seite und die Bauchseite wird eingezogen. Dadurch bietet sie dem Luftstrom eine konkave Oberfläche.

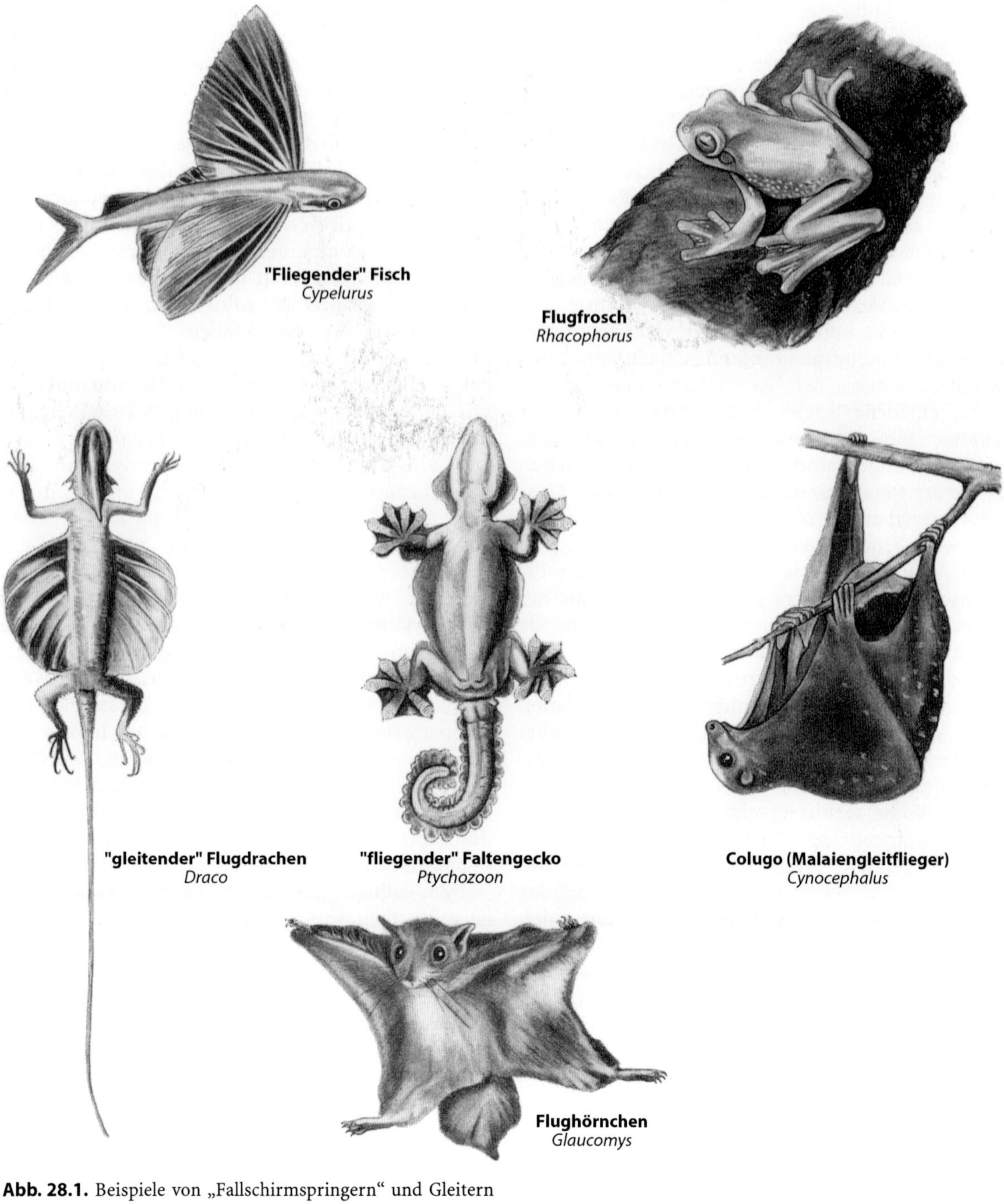


**Abb. 28.1.** Beispiele von „Fallschirmspringern“ und Gleitern

Manche **Eidechsen** können mit ungefähr 70° abwärts sinken, was sie hauptsächlich durch Verhaltensanpassungen erreichen. Andere, die Schwänze mit besonders ausgebildeten Rändern haben, sind etwas leistungsfähiger. Verschiedene Gattungen von Geckos (Familie Geckonidae) haben Zehen mit breiten Zwischenzehenhäuten und spezielle Ränder am Kopf und Rumpf. Sie können in einem Winkel von beinahe 45° zur Horizontalen sinken und dabei eine beträchtliche Manövrierfähigkeit haben. Verschiedene kleine **Baumhörnchen** springen ebenfalls wie mit einem Fallschirm. Sie hemmen den Fall mit gespreizten Beinen und Schwanz und landen flach zum Luftstrom.

Verschiedene Fische, mindestens drei Gattungen von Eidechsen und Vertreter von drei Säugetierordnungen sind **Gleiter**. Alle Gleiter haben Strukturen entwickelt, die es erlauben, den Luftstrom nutzbar zu machen. Gleiten funktioniert nur, wenn eine angemessene Luftgeschwindigkeit erreicht wird. Um sie zu erlangen, klettern Eidechsen und Säugetiere auf einen Baum. Aus der erforderlichen Höhe springen sie dann ab. Sie fallen steil, bis durch die Schwerkraft eine ausreichende Geschwindigkeit erreicht ist, dann segeln sie auf einer parabolischen Kurve weiter. Eine Verdoppelung der Höhe des Startpunkts führt zu einem mehr als doppelt so weiten Horizontalflug.

Die **Fische** erreichen eine angemessene Luftgeschwindigkeit auf eine ganz andere Weise. Ein „fliegender" Fisch (Familie Exocoetidae) schwimmt zunächst schnell direkt unter der Oberfläche und taucht dann auf, bis nur noch der große untere Lappen seines hypocerken Schwanzes im Wasser ist. Die Brustflossen, die bei einer Gattung so lang sind wie der Körper, werden zur Seite gespreizt, während der Schwanz im Wasser schnell hin und her schlägt. Der Fisch gleitet auf diese Weise über 1 bis 6 m schnell dahin, bis die Strömungsgeschwindigkeit auf ungefähr 40–70 km $h^{-1}$ angestiegen ist. Dann breitet er auch die kleineren Bauchflossen aus und erhebt sich aus dem Wasser, gewöhnlich für 2–4 Sekunden, aber gelegentlich auch für 10 Sekunden oder länger, und legt so manchmal bis zu 100 m zurück. Beim Landen taucht der Fisch entweder unter oder bleibt in der Luft, wobei nur der Schwanz im Wasser ist, als Vorbereitung zu einem nächsten „Flug". Zwei bis zwölf Gleitgänge können nacheinander ausgeführt werden. Ohne Wind können die Fische nicht gleiten, aber bei einer guten Brise können sie mehrere Meter hoch über dem Wasser segeln. Die Flossen sind während der meisten Zeit des Gleitens festgestellt, aber man kann sie beim Start und bei der Landung vibrieren sehen und hören.

Manche Fische einer anderen Familie (Characinidae) springen hoch in die Luft und spreizen dann ihre großen Brustflossen steif aus, wenn sie zum Wasser zurückfallen. So springen sie manchmal in Boote. Andere Mitglieder der gleichen Familie haben vergrößerte Brustflossen, mit denen sie unter Benutzung riesiger Ventralmuskeln flattern, wenn sie sich in langen Bögen aus dem Wasser erheben. Die Aerodynamik dieses nahezu vollständigen Fluges ist unbekannt.

Gleitende **Eidechsen** der Gattung *Draco* haben ausgedehnte Hautfalten, die sich auf jeder Seite vom Thorax bis zur Basis der Hinterbeine erstrecken. Die Hautfalten werden von sechs Paaren stark verlängerter Rippen gestützt. Wenn sie nicht zum Gleiten oder zum Imponieren benutzt werden, sind sie am Körper angelegt. Diese Eidechsen gleiten in der Regel mit 20° bis 30° zur Horizontalen, können aber sogar an Höhe gewinnen, wenn sie in einen Aufwind geraten. Gleitvorgänge von 24 m sind beobachtet worden. Schon im Perm gab es gleitende Lepidosaurier, die wahrscheinlich ebenfalls mit Rippen unterstützte Hautfalten besaßen.

Der **Colugo** (Säugetierordnung Dermoptera) ist ein katzengroßer Gleiter; er hat von allen die größten Flugmembranen. Sie erstrecken sich von der Kehle über die Handgelenke zu den Knöcheln und dann bis zur Spitze des Schwanzes. Sogar die Zehen tragen Flughäute. Ein Tier segelte 136 m weit in einem Winkel von nur 5° zur Horizontalen.

Fünf Arten von **Kletterbeutlern** (Ordnung Marsupialia) aus drei Gattungen sind Gleiter. Ihr Gewicht schwankt zwischen 14 g und ungefähr 1360 g. Alle sind agile Waldbewohner mit weichem Fell, langen buschigen Schwänzen und Hautfalten, die sich vom Ellbogen bis zum Knie erstrecken. Sie springen mit einem großen Satz ab und gleiten meistens bis zu 100 m weit.

Unter den **Nagetieren** sind fünfzehn Gattungen hervorragende Gleiter. Ihre Größe schwankt zwischen der von Streifenhörnchen und Katzengröße. Die sehr großen Hautfalten der Dornschwanzhörnchen (Familie Anomaluridae) werden zum Teil durch lange knorpelige Streben (oder „Dorne") an den Ellbogen gestützt. Manche „Flughörnchen" (Familie Sciuridae) haben kürzere Streben an den Handgelenken. Die gleitend zurückgelegten Wege sind gewöhnlich 6 bis 10 m lang und haben einen Winkel von 30° bis 50° zum Boden. Eine amerikanische Art wurde jedoch bei einem Gleitflug von 50 m Weite und einem Höhenverlust von nur 18 m beobachtet. Solche Zahlen bedeuten ziemlich wenig – unter gewöhnlichen Umständen scheinen alle Gleiter so weit gleiten zu können, wie sie „wollen".

Die meisten **Vögel** wechseln zwischen Fliegen und Gleiten, manchmal mit geöffneten Schwingen und manchmal mit gefalteten Flügeln. Die Energieersparnis kann beträchtlich sein.

## 28.3 Flieger und ihre Fertigkeiten

Pterosaurier hatten kurze Körper, lange Hälse, große vogelähnliche Köpfe und lange schmale Flügel, die von den Armen und den verlängerten vierten Fingern unterstützt wurden (Abb. 28.2 und 28.3). Augen und Gehirn waren ebenfalls vogelähnlich.

Sie hatten keine Schuppen. Man nimmt an, dass manche Vertreter Haare hatten, aber ein relativ gutes Fossil, das 1994 beschrieben wurde, war offenbar haarlos. Die Flughaut wurde durch dünne Fasern stabilisiert, die möglicherweise fälschlich für Haare gehalten wurden. Wahrscheinlich konnten Pterosaurier zumindest während des Flugs ihre Körpertemperatur anheben. Eine Gruppe der Flugsaurier hatte lange Schwänze und viele homodonte Zähne. Die andere Gruppe besaß kurze Schwänze und wenige oder gar keine Zähne. Die mehr als 25 bekannten Gattungen reichten von Sperlingsgröße bis zu dem größten aller Flieger, der über eine geschätzte Flügelspannweite von 11–12 m verfügte. Die meisten Pterosaurier lebten entlang der Meeresküsten und ernährten sich von Fisch. Wahrscheinlich konnten manche direkt aus dem Wasser auffliegen und sich in den Wind erheben. Vielleicht konnten manche sogar mit ihren Flügeln etwas schwimmen. Obwohl viele Fossilien existieren, ist die Biologie der Pterosaurier keineswegs unstrittig. Meist wird ihre Morphologie in einem vogelähnlichen oder fledermausähnlichen Rahmen interpretiert. Es wurde zum Beispiel vorgeschlagen, dass die Pterosaurier bipede, vogelähnliche Geschöpfe waren, deren Beine unterhalb des Knies nicht durch die Flughaut verbunden waren (Padian und Rayner 1993). Andere (Unwin 1999) plädieren für ein vierbeiniges, eher fledermausartiges Tier, das zu Langstreckenflügen in der Lage war.

**Fledermäuse** sind sehr erfolgreiche Flieger. Es gibt ungefähr 175 rezente Gattungen und mehr Arten als in jeder anderen Säugetierordnung, mit Ausnahme der Nagetiere. Die kleinsten Fledermäuse wiegen nur 4 g. Die größten wiegen 900 g und haben eine Flügelspannweite von 1,7 m. Fledermäuse sind unterschiedlich an eine Ernäh-

**Abb. 28.2.** Rekonstruktion eines riesigen Flugsauriers, *Pteranodon*

rung von Insekten, Früchten, Blüten, Nektar und Pollen, Blut und Fisch angepasst. Hautartige Flugmembranen werden von den Armen, stark verlängerten zweiten bis fünften Fingern, den Hinterbeinen und gewöhnlich vom ganzen oder zumindest einem Teil des Schwanzes aufgespannt. Manche Fledermäuse haben einen schnellen und direkten Flug, andere sind langsam und ungemein wendig.

**Vögel** sind in ihrer Anatomie, verglichen mit anderen Vertebratenklassen, relativ einheitlich, doch sie unterscheiden sich sehr stark in ihrer Lebensweise und im Habitat. Der kleinste Vogel ist der 2 g schwere Bienenkolibri. Mit Ausnahme der flugunfähigen Vögel waren die ausgestorbenen geierähnlichen Teratornithidae die größten Vögel. Sie erreichten möglicherweise ein Gewicht von 80 kg und eine Flügelspannweite von ungefähr 7 m.

Flugfedern werden durch die langen Arme und einen robusten Finger gestützt. Die Federn, die von der Hand getragen werden, sind die **Handschwingen** oder Primärfedern, die am Un-

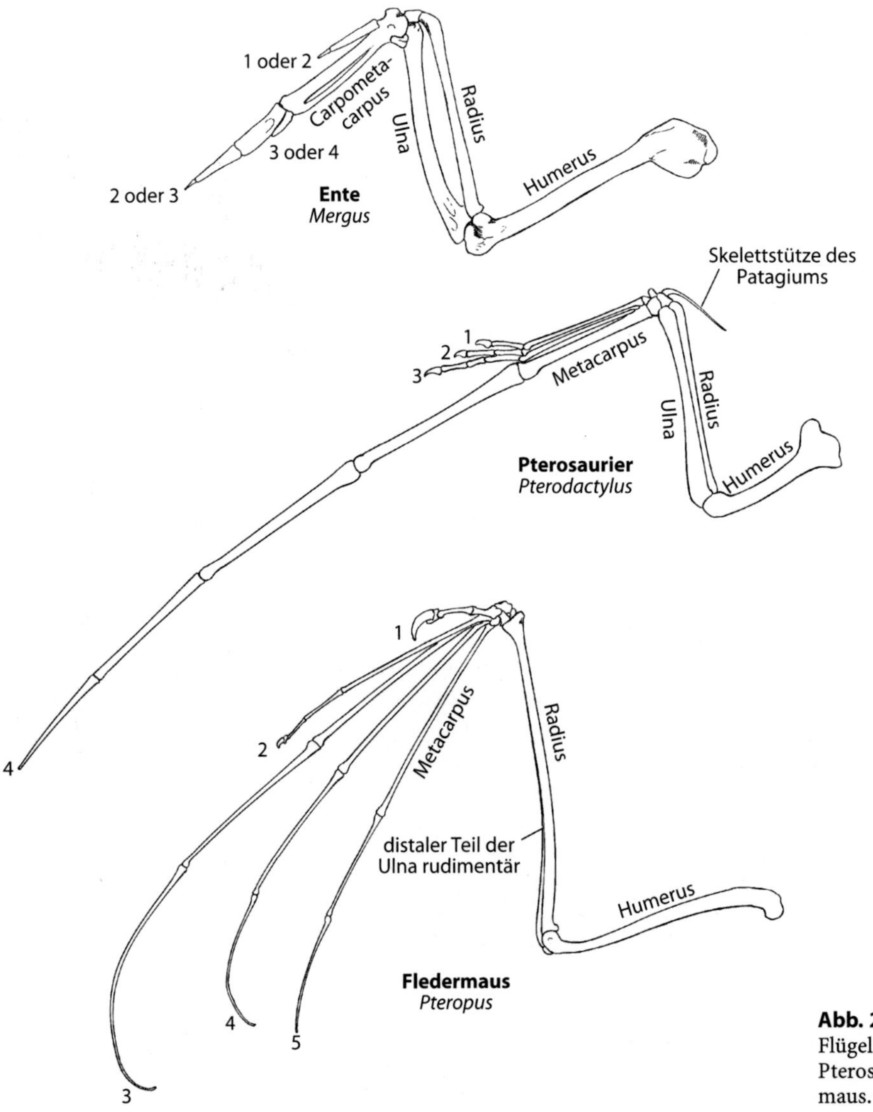


**Abb. 28.3.** Vergleich des rechten Flügelskeletts eines Vogels, eines Pterosauriers und einer Fledermaus. Die Finger sind nummeriert

terarm sind die **Armschwingen** oder Sekundärfedern. Eine befiederte Membran, das **Patagium**, ist zwischen Ober- und Unterarm im Winkel des Ellbogens aufgespannt.

### 28.3.1 Schnelligkeit

Viele Flieger sind in der Lage, sehr schnell zu fliegen, doch ihre tatsächlichen Fähigkeiten sind schwierig zu messen. Die schnellste, zuverlässig gemessene Geschwindigkeit ist 58 $m\,s^{-1}$ (210 $km\,h^{-1}$) bei einem Gerfalken im Stoßflug auf Beute. Singvögel fliegen 16–40 $km\,h^{-1}$, Enten erreichen auf ihren Wanderungen 50–65 $km\,h^{-1}$ und manche Arten können wahrscheinlich 100 $km\,h^{-1}$ fliegen, wenn sie dazu gezwungen werden. Bezogen auf Körperlängen/Sekunde kann sich ein Singvogel fünfmal schneller bewegen als ein Gepard und 20-mal schneller als ein Mensch.

### 28.3.2 Ausdauer

Im Gegensatz zu Läufern und Schwimmern sind es die kleinen bis mittelgroßen Flieger, welche die größte Ausdauer haben. Die Bulldog-Fledermaus bleibt kontinuierlich 6 Stunden oder länger in der Luft. Der Rußsturmtaucher und der Sanderling wandern 11 000 bis 13 000 km (eine Strecke) zwischen dem arktischen Amerika und Patagonien. Der Goldregenpfeifer fliegt 3800 km ohne Unterbrechung von Labrador bis Südamerika. Ein wandernder Albatros (der über Satellit verfolgt wurde) flog auf einem Nahrungssuchetrip 15 000 km. Verschiedene Arten können während ihrer Wanderungen 90 Stunden in der Luft bleiben. Es wurde berechnet, dass, wenn der Fettvorrat des amerikanischen Waldsängers (*Dendroica striata*) gewichtsmäßig in Benzin umgesetzt würde, der kleine Vogel gut 300 000 km mit einem Liter Treibstoff schaffen müsste.

### 28.3.3 Flughöhe und Tragfähigkeit

Bestimmte Fledermäuse fliegen mindestens 3000 m hoch. Die meisten Vögel fliegen unter 1500 m, aber Zugvögel wandern gelegentlich in bis zu 6400 m Höhe. Im Himalaja wurden Vögel über 9000 m hoch beobachtet. Säugetiere hingegen werden sogar in Ruhe bereits bei geringeren Höhen bewusstlos. Sie hyperventilieren, um den geringen Sauerstoffgehalt auszugleichen. Dies entfernt Kohlendioxid aus dem Körper, wodurch das Blut alkalisch wird. Dies wiederum bewirkt eine Konstriktion der Blutgefäße, die zum Gehirn und anderswo hin führen. Ein bisher unbekannter Mechanismus befähigt die Vögel, ohne Gefäßverengung zu hyperventilieren.

Zahlreiche Fledermäuse können fliegen und Junge tragen, die bis zu 50% ihres eigenen Gewichts ausmachen. Eine Art kann dabei sogar 73% ihres eigenen Gewichtes heben. Verschiedene Vögel können Lasten wie Beute oder Fettvorräte tragen, die ihrem eigenen Gewicht entsprechen.

### 28.3.4 Beschleunigung und Wendigkeit

Mit neuer Technologie beginnen wir gerade, diese bemerkenswerten Fähigkeiten der Flieger zu dokumentieren. Bestimmte Fledermäuse und Vögel können mit beeindruckender Schnelligkeit starten, stoppen und Kurven fliegen. Schwarmvögel tun dies gemeinsam. Viele Fledermäuse und Vögel können auf der Stelle rütteln und Kolibris können sogar rückwärts fliegen.

## 28.4 Allgemeine Bedürfnisse von Fliegern

Flieger bewegen sich wie Schwimmer in einem Fluid. Aerodynamik und Hydrodynamik sind nahe verwandte Gebiete, so dass die Bedürfnisse von Fliegern parallel zu denen von Schwimmern sind. Da Luft jedoch wesentlich weniger dicht ist als Wasser, ist die relative Bedeutung der Variablen anders und Flieger erfahren keine Unterstützung durch statischen Auftrieb. Alle Flieger müssen deshalb

- eine ausreichende, nach oben gerichtete Kraft aus ihren Muskeln oder aus der Umgebung gewinnen, um die Schwerkraft auszugleichen,

- den Luftwiderstand klein halten, vor allem, wenn sie lange oder schnell fliegen,
- sich mit unterschiedlichen Schnelligkeiten und manchmal auch in engen Räumen vorwärtsbewegen,
- je nach Lebensweise ihre Fluglage stabil halten, manövrieren, bremsen und landen.

Diese grundlegenden Bedürfnisse liegen einigen sehr rigiden, sekundären Erfordernissen zugrunde, die

- erhebliche Kraftentfaltung bei leichtem Gewicht,
- Festigkeit des Rumpfes,
- effiziente Produktion und Nutzung von Energie verlangen.

## 28.5 Wichtiges über den dynamischen Auftrieb

Da Flieger dichter sind als die Luft, muss eine nach oben gerichtete Kraft auf sie wirken, damit der Flug aufrechterhalten wird. Während des Horizontalfluges muss diese Kraft gerade die Schwerkraft ausgleichen, d.h. sie muss so groß sein wie das Gewicht des Fliegers. Während des Steigfluges, des Fliegens in einem Fallwind und des Fluges, bei dem Junge oder Beute getragen werden, muss die nach oben gerichtete Kraft sogar größer sein als das Gewicht des Fliegers. Wo kommt diese aufwärtsgerichtete Kraft her?

Wir werden zunächst nur den Flug in gleichbleibender Höhe in ruhiger Luft und ohne Flügelschlag betrachten. Diese Bedingungen werden gewählt, damit wir klar die nach oben gerichtete Kraft (Auftrieb) von der nach hinten gerichteten Kraft (Luftwiderstand) und der vorwärtsgerichteten Kraft (Vortrieb) unterscheiden können, die in den folgenden Abschnitten behandelt werden.

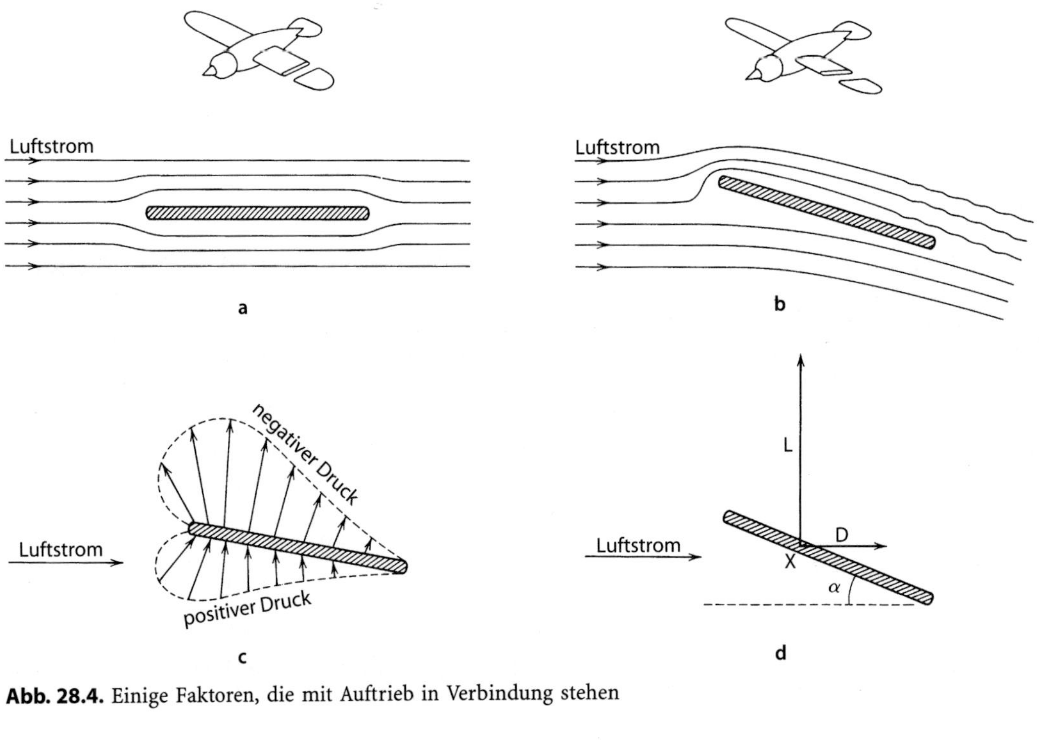


**Abb. 28.4.** Einige Faktoren, die mit Auftrieb in Verbindung stehen

In erster Näherung stelle man sich ein grobes Modell eines fliegenden Vogels mit Flügeln aus dünnen Holzbrettern vor. Wenn es in einem Luftstrom so bewegt wird, dass der Wind genau von vorne auf die Flügel trifft, dann fließt die Luft gleichmäßig über und unter dem Flügel und es entsteht keine nach oben gerichtete Kraft (Abb. 28.4 a).

Nun stellen wir uns das Modell dergestalt verbessert vor, dass die Vorderkante des Flügels angehoben und die Flügelfläche geneigt wird. Der Flügel schließt mit dem Luftstrom den **Anstellwinkel** $\alpha$ ein. Wenn $\alpha$ klein ist, fließt die Luft so über den Flügel, wie in Abb. 28.4 b gezeigt wird. Luft, die über dem Flügel strömt, fließt einen weiteren Weg und deshalb schneller als die Luft unter dem Flügel. Deshalb (infolge von Bernoullis Theorem, das die Geschwindigkeit mit dem Druck in idealen Fluiden in Beziehung setzt) ist der Druck über dem Flügel geringer als der darunter. Der gestörte Teil des Luftstroms ist in der Nähe der Vorderkante eines jeden Flügels am dünnsten. Die Luft bewegt sich dort am schnellsten und erzeugt den geringsten Druck. Kräfte, die auf alle anderen Teile des Flügels wirken, sind ebenfalls proportional zu den benachbarten Luftdrücken (Abb. 28.4 c). Alle auf den Flügel wirkenden Kräfte, die von seiner Bewegung herrühren, können in zwei Komponenten unterteilt werden. Die erste Komponente ist der **Luftwiderstand D**, der *per definitionem* in einer Linie mit dem Luftstrom und entgegengesetzt zur Flugrichtung ist, die zweite Komponente ist der **Auftrieb L**, der im rechten Winkel zu **D** steht (Abb. 28.4 d). Diese Kräfte wirken auf das **Auftriebszentrum X**, das gewöhnlich bei einem Viertel bis der Hälfte der Flügelbreite liegt. In anderen Worten, alle wirksamen Kräfte zusammen haben den gleichen Effekt auf den Flügel wie **D** und **L**, die in **X** angreifen.

Im Flug auf gleichbleibender Höhe und in ruhiger Luft ist **L** direkt nach oben gerichtet und repräsentiert die Kraft, die benötigt wird, um die Schwerkraft auszugleichen. Im Steig- oder Sinkflug mit starren Flügeln ist der Auftrieb nicht vertikal im Raum, sondern im rechten Winkel zum Luftstrom. Er hat aber immer eine im Raum vertikale Komponente (es sei denn, der Flieger fliegt mit dem Bauch nach oben oder stellt die Vorderkante des Flügels nach unten, so dass $\alpha$ negativ wird), und er hat auch immer eine im Raum horizontale Komponente, die vorwärts (Sinkflug) oder nach hinten gerichtet sein kann (Steigflug).

Wenn $\alpha$ über 0° hinausgeht, steigt auch **L** (Abb. 28.5 links) und das Auftriebszentrum bewegt sich nach vorne bis zu ungefähr einem Viertel der Wegstrecke hinter die Vorderkante der Tragfläche. Wenn der Anstellwinkel $\alpha$ jedoch über 15° ansteigt, entfernt sich der Luftstrom über dem Flügel plötzlich von der Vorderkante des Flügels, hört auf, glatt zu fließen, und bildet

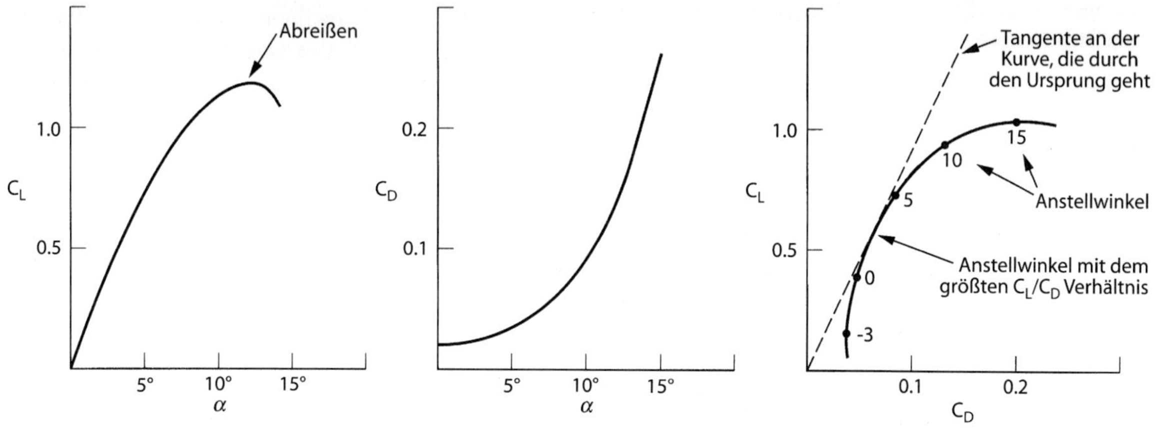


**Abb. 28.5.** Beziehungen zwischen dem Auftriebskoeffizienten $C_L$, dem Luftwiderstandskoeffizienten $C_D$ und dem Anstellwinkel $\alpha$. Die Kurven variieren je nach Größe und Form der Tragfläche

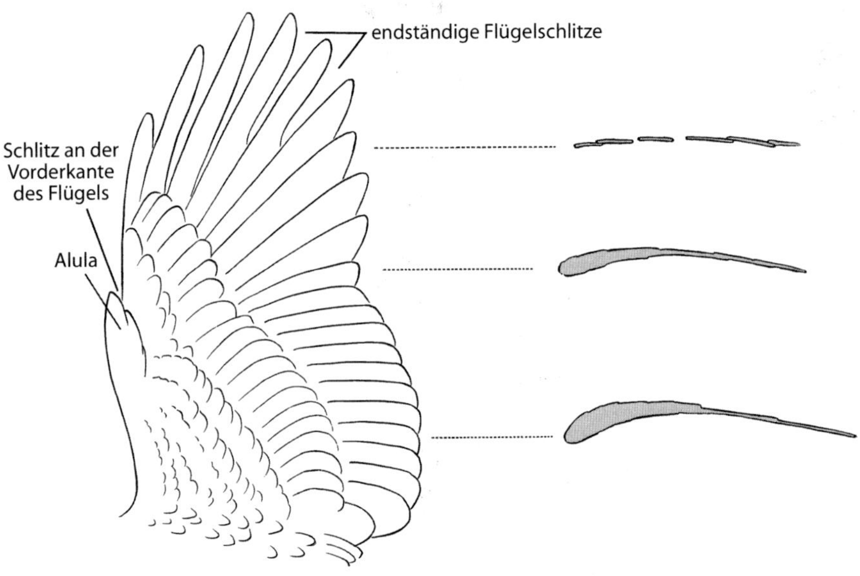


**Abb. 28.6.** Wölbung und Stromlinienform eines Vogelflügels in ausgewählten Querschnitten

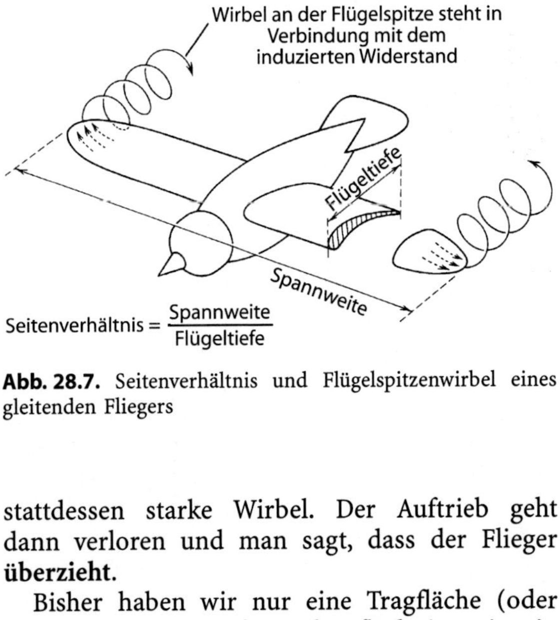


**Abb. 28.7.** Seitenverhältnis und Flügelspitzenwirbel eines gleitenden Fliegers

stattdessen starke Wirbel. Der Auftrieb geht dann verloren und man sagt, dass der Flieger **überzieht.**

Bisher haben wir nur eine Tragfläche (oder einen Flügel) betrachtet, der flach ist wie ein dünnes Stück Holz. Die Flügel von Flugzeugen und Fliegern unter den Wirbeltieren sind stattdessen an ihrer oberen Fläche konvex, wie man an Querschnitten sieht (Abb. 28.6). Diese **Wölbung** erhöht die Luftgeschwindigkeit oberhalb des Flügels (im Vergleich zu derjenigen unterhalb des Flügels) und vergrößert dadurch den Auftrieb erheblich. Die gerade Linie, welche die Vorder- und Hinterkante eines gewölbten Flügels verbindet, wird **Flügeltiefe** genannt (Abb. 28.7). Knochen und Weichteile sind am Flügel eines Vertebraten immer so angeordnet, dass er an der Vorderkante dicker ist als anderswo, so dass der Flügel im Querschnitt stromlinienförmig wird. Das gilt insbesondere für Vogelflügel (Abb. 28.6). Wenn schließlich eine zweite kleine Tragfläche direkt oberhalb der Vorderkante der ersten positioniert wird, entsteht ein **Flügelspalt.** Dieser Spalt drückt den Luftstrom an der oberen Oberfläche des Hauptflügels zusammen, verleiht so der Region nahe der Grenze Energie und verhindert einen Abriss der Strömung. Dadurch wird **L** größer und $\alpha$ kann größer werden, bevor der Flügel überzieht. Der erste Finger im Flügel eines Vogels zusammen mit seinen Federn wird **Alula** genannt. Die Länge der Alula entspricht 1/10 bis 3/10 der Flügellänge. Wenn sie angehoben wird, bildet sie einen Flügelspalt über der Handfläche, die bei größer werdendem $\alpha$ als erste Region überzieht. (Andere Vögel haben außerdem Spalten zwischen den Spitzen der Federn der Handschwingen am freien Ende des Flügels. Ihre Funktion wird später besprochen.) Fledermäuse haben keine Flügelspalten, aber durch ein Herunterdrücken des Daumens bilden manche eine Landeklappe an der Vorderkante des Flügels. Ähnlich bilden manche Vögel durch ein Auseinanderspreizen des breiten Schwanzes eine Landeklappe an der Rückseite des Flügels.

Wir können nun diese Variablen genauer miteinander in Verbindung bringen. Der Auftrieb ist $\frac{1}{2}\rho V^2 SC_L$, wobei $\rho$ die Dichte der Luft, $V$ die Luftgeschwindigkeit, $S$ die projizierte Fläche des Flügels (d.h. die Fläche seines Schattens) und $C_L$ der Koeffizient des Auftriebes ist. Die beiden Flügel und der Teil des Körpers, der sie verbindet, wirken bei der Erzeugung von Auftrieb als Einheit, so dass sie am besten zusammengenommen werden, wenn man $S$ berechnet. Wenn die Flügel nicht schlagen, ist der Auftrieb zur Mitte dieser Einheit hin größer als am Rand oder an den Flügelspitzen. Der Koeffizient $C_L$ ist eine dimensionslose Zahl, die bei Vögeln gewöhnlich ungefähr 1,5 beträgt, die aber größer als 2 sein kann, wenn die Flügel Spalten haben. Sein Wert hängt vom Anstellwinkel ab, von der Wölbung und der Stromlinienform des Flügels, vom Vorhandensein und der Art der Flügelspalten oder -klappen, der Textur der Flügeloberfläche und der Reynoldszahl. Man erinnere sich, dass die Reynoldszahl eine dimensionslose Zahl ist; $Re = \rho lV/\mu$, wobei $l$ eine charakteristische Länge ist (hier die mittlere Flügeltiefe), $\mu$ die Viskosität der Luft, die anderen Symbole sind die gleichen wie oben. Für fliegende Wirbeltiere liegen die Werte gewöhnlich zwischen 25 000 und 140 000 (was niedriger ist als die entsprechenden Werte bei Schwimmern).

Für unsere Zwecke kann dieser Komplex von Variablen vereinfacht werden. Da Dichte und Viskosität der Luft klein und vom Flieger kaum kontrollierbar sind, können wir sie vernachlässigen, wenn wir die Erzeugung von Auftrieb betrachten. Die Wölbung und die Form des Flügels beeinflussen den Auftrieb vor allem durch ihre Beziehung zum Anstellwinkel. Damit bleiben der Anstellwinkel, die Flügelfläche und die Luftgeschwindigkeit besonders wichtig für den Auftrieb. Die Luftgeschwindigkeit $V$ geht in der grundlegenden Formel für den Auftrieb im Quadrat ein und tritt auch in der Berechnung der Reynoldszahl auf. Daraus folgt, dass schnelle Flieger genügend Auftrieb erzeugen, auch wenn ihre Flügel schmal sind, eine kleine Fläche, eine geringe Wölbung und keine Schlitze haben und mit einem kleinen Anstellwinkel funktionieren. Auf der anderen Seite benötigen langsame Flieger große Flügel mit hoher Wölbung und einem maximalen Anstellwinkel, um schnell an Höhe gewinnen zu können.

(Es gibt natürlich auch eine Aufwärtskomponente beim Schlagflug. Dies wird später betrachtet. Außerdem kann ein Flieger eine aufwärtsgerichtete Kraft durch Aufwinde erhalten. Dies wird unter Steigflug, Segeln und Formationsflug besprochen.)

## 28.6 Luftwiderstand

Der Luftwiderstand (der Widerstand, den die Luft der Bewegung des Fliegers entgegensetzt) wirkt beim Horizontalflug in ruhiger Luft horizontal nach hinten. Es ist günstig (für Tiere mit Flügeln), den gesamten **Luftwiderstand D** in zwei Kategorien, nämlich den Profilwiderstand und den induzierten Widerstand, aufzuteilen.

Der **Profilwiderstand $D_P$** (auch als parasitischer Widerstand bezeichnet) ist der gesamte Luftwiderstand, der auf einen hypothetischen Flügel unendlicher Länge wirkt. Er ist auch der gesamte Widerstand, der auf die Flügel und auf den dazwischenliegenden Körper (wiederum als Einheit genommen) eines realen Fliegers wirkt, mit Ausnahme des Widerstandes, der durch Luftbewegungen um die Flügelspitzen induziert wird. Profilwiderstand wird durch die Energie hervorgerufen, die durch Reibung der Luft gegen den Körper, Verlagerung von Luft, Bildung von Druckgradienten in der Luft und durch Bildung von Wirbeln und Strudeln an die Umgebung abgegeben wird (Profilwiderstand setzt sich zusammen aus dem Druckwiderstand und dem Reibungswiderstand, der für Schwimmer im vorherigen Kapitel diskutiert wurde). Der Wert von $\mathbf{D_P}$ ist $\frac{1}{2}\rho V^2 SC_{dP}$, wobei $C_{dP}$ der Koeffizient des Profilwiderstandes ist. Die anderen Variablen sind die gleichen wie in der Formel für **L**. Der Wert von $C_{dP}$ variiert mit der Wölbung, der Stromlinienform, der Anwesenheit von Spalten, dem Umriss der Flügel-/Körpereinheit und mit

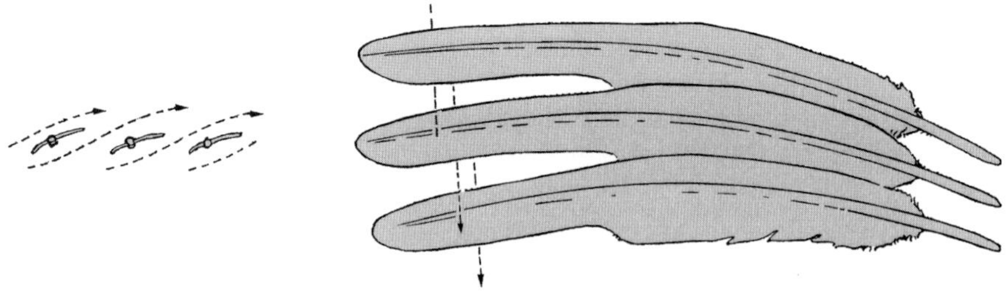

**Abb. 28.8.** Drei Handfedern eines Adlers in Dorsalansicht und Querschnitte, die den Weg der Luft zwischen den Federn durch die Spalten zeigen

der Reynoldszahl. (Dies sind die gleichen Variablen, die den Wert für $C_L$ beeinflussen, aber die Beziehungen unterscheiden sich hier.) Beim Aufschlag der Flügel kann $C_{dP}$ bei Vögeln, die das Handgelenk und den Ellbogen beugen, um die Oberfläche zu verkleinern, und die Luft nach unten durch die Federn passieren lassen, stark reduziert sein. Flieger, ähnlich wie Schwimmer, können den Fluss des Fluids entlang des Körpers spüren und kontrollieren. In Windkanälen ist der Energieverlust von Vogelmodellen doppelt so groß wie der von lebenden Vögeln. Eine Analyse hat gezeigt, dass ein Geier über einen Großteil seines Körpers einen laminaren Fluss erreichen kann.

Da der Luftdruck unter einem sich hebenden Flügel höher als der atmosphärische Druck und der Luftdruck über dem Flügel kleiner ist, entsteht ein Luftfluss unter dem Flügel nach außen, um die Flügelspitze herum und über dem Flügel nach innen. Dieser Fluss erzeugt einen großen Wirbel, der einen Auftriebsverlust an der Oberfläche der Flügelspitzen verursacht (Abb. 28.7). (Diese Wirbel beeinflussen auch den Luftstrom anderswo, was einem leichten Ansteigen von $\alpha$ gleichkommt.) Dies entzieht dem Flieger Energie und verursacht einen zusätzlichen Widerstand, den **induzierten Widerstand $D_i$**. **$D_i$** ist gleich $\frac{1}{2}\rho V^2 S C_{di}$, wobei $C_{di}$ der Koeffizient des induzierten Widerstandes ist, die anderen Variablen sind die gleichen wie zuvor.

Induzierter Widerstand kann auf zwei Wegen minimiert werden. Hochgeschwindigkeitsflieger (Bulldog-Fledermaus, Falke, Albatros) haben schmale Flügel mit spitz auslaufenden Flügelspitzen. Der Luftstrom um die schmalen Flügelspitzen herum ist limitiert, was zwar den Widerstand reduziert, aber eben auch den Auftrieb. Diese Flieger können nicht langsam fliegen. Vögel, die relativ langsam fliegen (Adler, Geier, Krähe), haben breitere Flügel mit breiten Flügelspitzen, die fingerähnliche Verlängerungen haben (die äußeren Hälften der Handschwingen), zwischen denen sich Spalten oder Schlitze öffnen (Abb. 28.6 und 28.8). Daraus ergibt sich, dass nur die auseinandergespreizten Federspitzen eine Quelle für induzierten Widerstand darstellen. Der Fahnenanteil einer jeden Feder, der posterior zu ihrem Schaft liegt, ist breiter als der anteriore Teil (Abb. 28.8). Deshalb verursacht der größere Luftdruck unterhalb der Flügelspitze, dass jede Feder der Handschwinge um ihren Schaft (als Längsachse) rotiert und sich so benachbarte Federn wie die Leisten eines Rollladens öffnen. Die anströmende Luft fließt beim Abschlag durch die Öffnungen und jede Feder wirkt als kleine Tragfläche. Die Anordnung reduziert anscheinend die Turbulenz und erhöht Auftrieb und Vortrieb. Die komplizierten Zusammenhänge sind nach wie vor nicht vollständig bekannt.

Der absolute Widerstand nimmt wie der Auftrieb mit dem Anstellwinkel zu, aber das Verhältnis ist unterschiedlich (Abb. 28.5 Mitte). Eine nützliche Kurve (ein Polardiagramm) trägt $C_L$ gegen $C_D$ auf und schließt auch repräsentative Anstellwinkel ein. Die durch den Ursprung verlaufende Tangente an diese Kurve kennzeichnet jetzt den Winkel, der das höchste Verhältnis von Auftrieb zu Widerstand ergibt (Abb. 28.5 rechts).

Die Breite des Flügels wird durch das **Seitenverhältnis** $A$ ausgedrückt, das die Flügelspannweite (von einer Flügelspitze zur anderen gemessen) geteilt durch die mittlere Breite oder Flügeltiefe darstellt. (Da die mittlere Flügeltiefe nicht direkt gemessen werden kann, kann stattdessen die gleichwertige Formel: *A* ist gleich der Flügelspannweite im Quadrat geteilt durch die Fläche benutzt werden.) Der Wert von $C_{di}$ ist gleich $kC_L^2/A$, wobei *k* eine empirische Konstante ist, die ungefähr 2 beträgt.

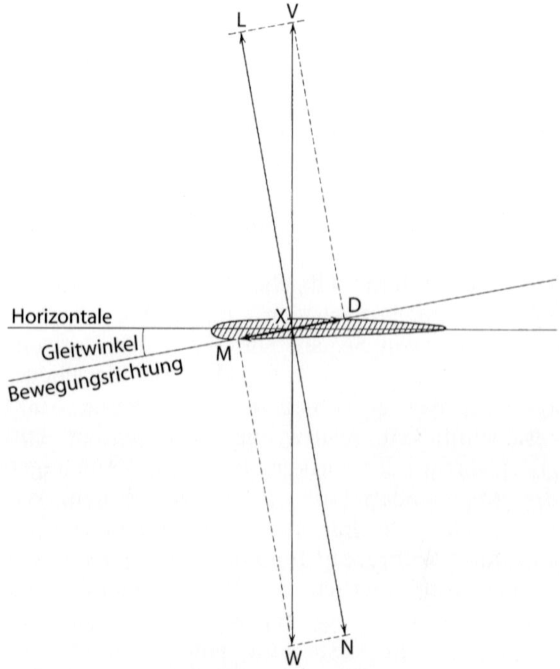


**Abb. 28.9.** Kräfte, die an der Tragfläche eines gleitenden Tieres angreifen, das sich mit konstanter Geschwindigkeit und Richtung bewegt, wenn **L/D** = 5; X ist der Auftriebsmittelpunkt

## 28.7 Vortrieb

Die Formeln in den vorhergehenden Abschnitten machen klar, dass es ohne Luftstrom, der über die Flügel zieht, oder ohne vorwärts gerichtete Geschwindigkeit des Flügels keinen Auftrieb oder Luftwiderstand geben kann. Bisher wurde eine solche Geschwindigkeit angenommen, ohne ihre Entstehung zu nennen. Flieger treiben sich gewöhnlich durch das Flügelschlagen voran, aber wir werden mit dem Gleitflug und dem Segelflug beginnen, weil sie etwas weniger komplex sind.

### 28.7.1 Gleitflug und Segeln

Ein Weg, wie ein Tier eine Vorwärtsgeschwindigkeit erreichen oder aufrechterhalten kann, besteht darin, nach unten zu gleiten, wobei unter Ausnutzung der Schwerkraft potentielle Energie in kinetische Energie umgewandelt wird. Nehmen wir an, dass das Tier (egal ob Vogel, Reptil oder Säugetier) mit einer konstanten Geschwindigkeit und Richtung in ruhiger Luft gleitet. Der Winkel, den seine Bahn mit der Horizontalen einschließt, ist der **Gleitwinkel**, die Rate des vertikalen Abstiegs ist die **Sinkgeschwindigkeit**. Es ist, als würde der Gleiter einen Abhang herunterrutschen. Wie bei einem Wagen, der einen Hügel herunterrollt, hat das Gewicht des Gleiters, **W**, (Abb. 28.9) eine Komponente **M** in der Bewegungsrichtung und eine Komponente **N**, die senkrecht zur Steigung des Abhangs orientiert ist.

Die Tragflächen der Gleiter erzeugen Auftrieb **L** und Widerstand **D**. Auftrieb, Widerstand und Schwerkraft sind die äußeren Kräfte, die auf den Gleiter wirken. Um Geschwindigkeit und Richtung konstant zu halten, müssen diese Kräfte im Gleichgewicht sein. Der Gleiter stellt daher den Anstellwinkel und die Fläche seiner Flügel so ein, dass **L** gleich **N** und **D** gleich **M** ist. Ähnlich ist **V**, die Resultierende aus **L** und **D**, vertikal und gleichwertig zu **W**. Aus Abb. 28.9 ist offensichtlich, dass der Gleitwinkel umso flacher sein wird, je größer der Wert für **L/D** ist. Ein weit umherstreifender, schnellfliegender Albatros kann 1 Streckeneinheit vertikal sinken, während er sich 12 bis 18 Einheiten horizontal bewegt. Ein Geier kann ähnlich gut gleiten. Für kleine Vögel ist es meistens wünschenswert, eine minimale Sinkgeschwindigkeit zu erreichen. Dies wird durch einen steileren Gleitwinkel erreicht (ungefähr 1:8), aber mit einer Fluggeschwindigkeit, die nur wenig schneller ist als die Überziehgeschwindigkeit.

Wenn ein Flieger niedrig (gewöhnlich weniger als eine Flügellänge) über einer flachen Oberfläche gleitet, kann Luft unter dem Körper nicht nach unten verlagert werden und wirkt zu einem bestimmten Grad wie ein Kissen. Der Luftwiderstand ist reduziert und ein entsprechender Auftrieb wird bei einer ungefähr 15%igen Reduktion der Energiekosten der Fortbewegung erreicht. Dies wird **Bodeneffekt** oder Luftkissen (*ground effect*) genannt. Pelikane, Scherenschnäbel und manche Fledermäuse gleiten in der Regel so über das Wasser.

Den Flug ohne Flügelschlag nennt man Segeln. Es gibt, je nach den Umständen, verschiedene Arten von Segeln. Die erste, der **statische Segelflug**, hängt von Aufwinden ab. Ein Flieger kann in der Luft bleiben, wenn seine Sinkgeschwindigkeit relativ zur umgebenden Luft gleichwertig oder geringer ist als das Aufsteigen der umgebenden Luft relativ zum Boden. Wie eine Person, die kontinuierlich eine nach oben fahrende Rolltreppe hinunterläuft, gleitet der Flieger kontinuierlich durch aufsteigende Luft nach unten. Luft steigt auf, wenn Wind durch einen Hügel, eine Küstenlinie, eine Welle oder ein Schiff nach oben abgelenkt wird. Möwen, Pelikane und manche andere Seevögel segeln oft in solchen Aufwinden (dies wurde auch **Hangsegeln** genannt). Manchmal steigen Luftsäulen durch Konvektion über warmem Wasser oder Land auf. Wenn ein leichter Wind weht, kippen die Säulen und neigen sich zum Boden.

Geier, Bussarde und die meisten anderen segelnden Landvögel (und sogar große tagaktive Fledermäuse) betreiben ihren statischen Segelflug dagegen in **Thermiken**. Die Morgensonne wärmt den Boden, der wiederum eine Luftschicht direkt über dem Boden erwärmt. Diese Luft fließt in Bläschen, die sich nach oben wölben und sich von der Grundschicht lösen, um wie Ballone durch die höhere kühlere Luft aufzusteigen. Während des Aufsteigens dehnen sie sich aus und driften horizontal, wenn ein leichter Wind weht. Im Gegensatz zu einem Gas in einem Ballon ist die Luft in einer Thermik allerdings nicht stationär, sondern zirkuliert in einem Wirbel, der wie ein Doughnut geformt ist (Abb. 28.10). Luft steigt im Zentrum der Thermik kontinuierlich nach oben (das gesamte Zentrum, nicht nur an der Oberfläche des Doughnut), fließt oben an der schwebenden Blase nach außen, sinkt an den Rändern nach unten, dreht um und steigt wieder auf. Der Geier segelt nur im Zentrum einer Thermik und kreist ununterbrochen, um innerhalb des Lochs des Doughnut zu bleiben. Nachdem er mit der Thermik aufgestiegen ist, manchmal bis auf mehrere tausend Meter, gleitet der Vogel langsam weg in Richtung Boden oder zu einer anderen Thermikblase hin. Auf diese Weise bleibt er für lange Perioden in der Luft und bringt weite Entfernungen hinter sich, ohne viel Energie zu verbrauchen.

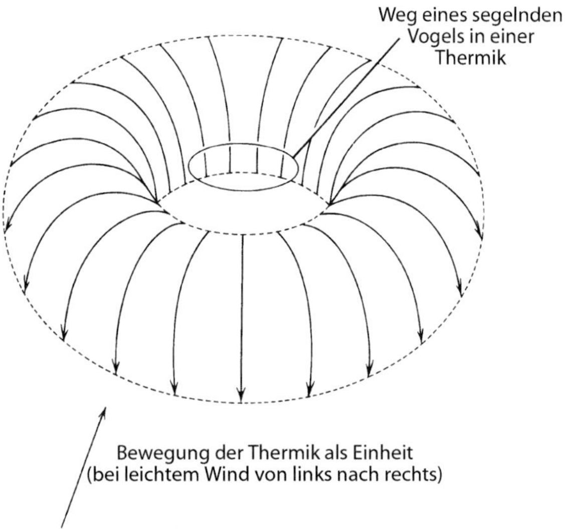


**Abb. 28.10.** Vereinfachtes Diagramm des Luftstroms in einer Thermik, von schräg oben gesehen. Statisches Segeln erfolgt in der im Zentrum des „Doughnut" aufsteigenden Luft

Thermiken steigen selten über Wasser auf. Albatrosse und andere verwandte Seevögel sind Meister im **dynamischen Segelflug**, der vom Wind abhängt. Der Wind (der steif und konstant über weite Flächen des Ozeans weht) hat in einem Bereich von ungefähr 15 m über dem Wasser bis hinunter zur Wasseroberfläche eine stetig abnehmende Geschwindigkeit. Grund dafür ist die Reibung zwischen Luft und Wasser. Der Unterschied in der Windgeschwindigkeit zwischen der oberen und der unteren Zone dieser Grenzschicht beträgt in der Regel ungefähr 60 km $h^{-1}$ und der Vogel segelt nur in dieser Zone (Abb. 28.11).

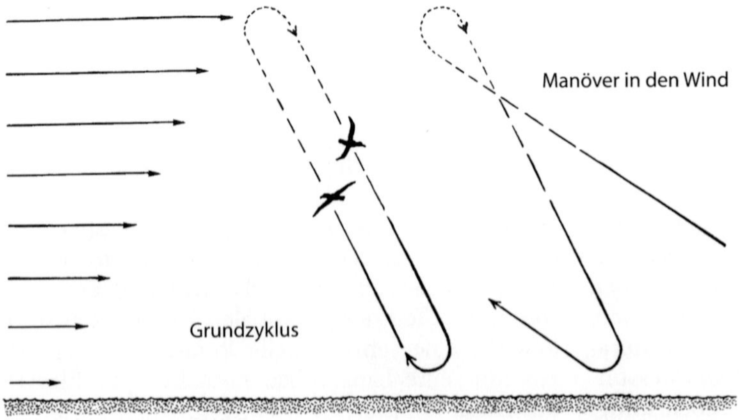


**Abb. 28.11.** Das dynamische Segeln des Albatros. *Horizontale Pfeile* repräsentieren die Vektoren der Windgeschwindigkeit in der Grenzschicht. *Gestrichelte Linien* im Pfad des Vogels deuten auf relativ geringere Fluggeschwindigkeit über Grund hin, obwohl die Geschwindigkeit im Verhältnis zum Wind erhalten bleibt

Lassen Sie uns einen grundlegenden Flugzyklus eines Albatros verfolgen, der beginnt, wenn der Vogel nahe des oberen Randes der Grenzschicht gegen den Wind fliegt. Seine Luftgeschwindigkeit könnte 70 km $h^{-1}$ betragen, aber seine absolute Geschwindigkeit über dem Wasser kann wegen einer Windgeschwindigkeit von 60 km $h^{-1}$ nur 10 km $h^{-1}$ sein. Nun wendet sich der Vogel in Windrichtung. Wenn die Kurve vollendet ist, wird die Windgeschwindigkeit zur Luftschnelligkeit des Vogels hinzuaddiert, statt von ihr abgezogen zu werden, so dass sich die absolute Schnelligkeit in Windrichtung ergibt, die 130 km $h^{-1}$ betragen kann. Der Albatros beugt als nächstes seine Flügel teilweise, um die Flächenbelastung des Flügels und die Geschwindigkeit weiter zu erhöhen, während er steil nach unten zum Wasser gleitet und dabei potentielle Energie in kinetische Energie umwandelt. Der Vogel fliegt nun eine scharfe Kurve und dreht sich gegen den Wind. Er verfügt immer noch über eine sehr hohe absolute Geschwindigkeit, wenn er diese Kurve vollendet, weil der Wind in Wassernähe weniger Geschwindigkeit besitzt. Indem er seine Flügel voll ausbreitet und ihren Anstellwinkel erhöht, vervollständigt der Vogel nun den Flugzyklus, indem er zur Oberkante der Grenzschicht aufsteigt und dabei kinetische Energie wieder in potentielle Energie umwandelt. Die absolute Geschwindigkeit nimmt ab, aber die immer weiter zunehmende Windgeschwindigkeit erhält eine adäquate Luftgeschwindigkeit aufrecht und verhindert ein Überziehen.

Die Energie, die der Albatros dem Wind anscheinend entnimmt, ist größer als die Energie, die während des jeweiligen Flugzyklus verloren geht. Dieser Überschuss kann für kleinere Manöver benutzt werden, z.B. wenn der Vogel seitlich im Wind gleitet, nachdem er eine Wende halb durchflogen hat, oder wenn er jeden Anstieg verlängert, um direkt in den Wind zu fliegen. Diese Vögel sind außerdem Experten im statischen Segelflug in den Aufwinden über Wellenfronten. So können Albatrosse Tausende von Kilometern zurücklegen, wobei sie nur ganz selten mit den Flügeln schlagen.

Auch Geier unterbrechen manchmal lange Gleitflüge in Windrichtung, um in den Wind zu drehen, und benutzen dabei das Prinzip des dynamischen Segelfluges, um Höhe für eine weitere Reise in Windrichtung zu gewinnen.

### 28.7.2 Einführung in den Schlagflug

Wir haben auf S. 572 festgestellt, dass Pinguine im Wasser einen auf Auftrieb beruhenden, oszillatorischen Vortrieb benutzen. Der Abschlag des Flügels bewirkt, dass das anströmende Wasser nach oben und nach hinten strömt (Abb. 27.16). Der Hub, der im rechten Winkel zum Wasser steht, wird daher nach oben und nach vorne geneigt und hat eine vorwärts gerichtete, antreibende Komponente. Wenn wir statt Wasser jetzt Luft betrachten und statt des Pinguins eine Krähe, haben wir bereits die Elemente des aktiven

Schlagflugs. Man erinnere sich, dass es beim Schlagflug die Bewegung des Flügels durch die Luft ist, die eine ausreichende Luftgeschwindigkeit über dem Flügel hervorruft, um Auftrieb und Vortrieb (und Luftwiderstand) zu produzieren.

Die vollständige Geschichte ist aber noch komplizierter. Obwohl die verschiedenen Arten des Schlagflugs im Großen und Ganzen verstanden sind, birgt seine Komplexität immer noch zahlreiche Herausforderungen. Die relativ neuen, aber selten angewandten Methoden der Cineradiographie, Elektromyographie, *in vivo*-Messungen der Muskellänge und der Knochenbelastung, sowie die Analyse der Wirbel hinter freifliegenden Vögeln und Fledermäusen haben manche Fragen beantwortet, aber viele neue aufgeworfen. Die empirischen Daten aus Beobachtungen und aus experimentellen Untersuchungen werden im allgemeinen in Zusammenhang mit der **Blade-Element-Theory**, wie bei Flügeln für Flugzeuge, und der **Moment-Theorie**, wie bei Propellern, betrachtet. Die Biologie des Schlagflugs ist faszinierend, und es gibt mehrere exzellente Quellen zum Nachschlagen. Die folgenden Beschreibungen sind beispielhaft, aber nicht umfassend.

### 28.7.3 Muskeln für den Abschlag und den Aufschlag

Auf S. 202 wurde bemerkt, dass der Musculus pectoralis major und der M. supracoracoideus der **Vögel** die hauptsächlichen Flügelsenker und Flügelheber sind. Kinematische und elektromyographische Untersuchungen bei Staren (und ein paar anderen Spezies) im freien Flug zeigen, dass die elektrische Aktivität im M. pectoralis major beim späten Aufschlag beginnt und während des Übergangs von Aufschlag zu Abschlag bis zur Mitte des Abschlags anhält (Abb. 10.6). Der M. supracoracoideus beginnt seine Kontraktion in der späten Abschlagsphase, behält sie während des Übergangs von Abschlag zu Aufschlag bei und hört in der frühen Abschlagsphase auf. Diese Muskeln sind aber nicht nur Depressoren und Elevatoren. Der M. pectoralis major trägt auch in Abhängigkeit von der Phase des Flügelschlagzyklus und des Flugmodus über verschiedene seiner Faserbündel eine beträchtliche Komponente zur Pronation oder Retraktion des Humerus bei. Pronation beim späten Abschlag liefert einen zusätzlichen Schub. Retraktion ist wichtig, um den Flügel während Start und Landung, wenn die Körperachse eine vertikale Orientierung gegen den Boden einnimmt, in der richtigen Orientierung zu halten. Der M. supracoracoideus, dessen Sehne über den knöchernen Vorsprung des Procoracoids zieht und am anterodorsalen Teil des proximalen Humerus ansetzt, bewirkt eine sehr schnelle Rotation des Humerus um seine Längsachse zusätzlich zur Elevation. Diese Rotation ist wichtig für die Reorientierung des Flügels am Ende des Aufschlags in Vorbereitung für den folgenden Abschlag.

Die Schulter der **Fledermäuse** behält die grundsätzliche Organisation der Säugetiere bei, aber im Detail ist ihre Morphologie abgewandelt. Der Humerus und die Scapula bilden eine Verzahnung oder einen Sperrmechanismus, wenn der Humerus angehoben ist. Eine extreme Elevation des Oberarmes erfordert deshalb eine Rotation der Scapula um ihre Längsachse. Der M. pectoralis und der M. serratus anterior sind die hauptsächlichen Abschlags- (Adductor-) muskeln, obwohl andere Muskeln (M. subscapularis, M. clavodeltoideus, M. latissimus dorsi) die Bewegung kontrollieren. Der Aufschlag wird vor allem durch die Mm. deltoidei produziert, aber andere (die Trapeziusgruppe und der M. triceps) sind ebenfalls aktiv. Die größere Anzahl der in den Flügelschlagzyklus involvierten Muskeln bei Fledermäusen im Vergleich zu Vögeln spiegelt den zusätzlichen Gebrauch der Vorderbeine bei der terrestrischen Fortbewegung und beim Klettern wider. Wie bei Vögeln tritt die elektrische Aktivität dieser Muskeln in den Übergangsphasen zwischen Abschlag und Aufschlag auf.

**Pterosaurier** zeigen bezüglich ihrer Skelettmorphologie eine bemerkenswerte Konvergenz zu den Vögeln. Obwohl bei Pterosauriern die Claviculae fehlen, ist das Procoracoid kräftig und das Sternum gekielt. Weil die Pterosaurier der Trias in der Regel klein waren, nimmt man an, dass sie aktiv mit ihren Flügeln geschlagen haben. Die späteren Formen aus der Kreidezeit waren relativ groß und zumindest *Pteranodon* besaß einen Sperrmechanismus zwischen Humerus und Scapula. Dies könnte eine Anpassung an das Gleiten gewesen sein, aber er könnte auch beim Schlagflug geholfen haben. Padian (1983, 1991) und Wellnhofer (1991) stellen gut durchdachte, anatomische Vergleiche zwischen Pterosauriern, Vögeln und Fledermäusen an.

Versuche, Korrelationen zwischen Muskelfaserstruktur und der Vielfalt der Flügelmorphologien und der Flugstile aufzustellen, waren sowohl befriedigend als auch enttäuschend (Hermanson 1998 und Norberg 1990 bieten eine gute Übersicht). Der M. pectoralis der Vögel und Fledermäuse besteht hauptsächlich aus schnellen Zuckungsfasern (für eine Übersicht der Fasertypen s. S. 200). Manche Spezies mit einer hohen Flächenbelastung schlagen ihre Flügel mit einer hohen Frequenz. Wie vorausgesagt haben Tiere, die nur kurze Distanzen fliegen (Fasan, Wachtel, Vampirfledermaus), oft hauptsächlich schnelle glykolytische (anaerobe) Fasern, während solche, die über lange Strecken fliegen (Enten, Bulldog-Fledermaus), meist schnelle oxydative (aerobe) Fasern haben. Andere Spezies dagegen haben Fasertypen, die den Flugmodus nicht widerspiegeln. Rosser und George (1986) geben eine nützliche Übersicht und eine durchdachte Diskussion des histochemischen Profils der Muskelfasern des M. pectoralis für eine große Anzahl von Vogelarten, und Hermanson (1998) leistet das Gleiche für Fledermäuse.

### 28.7.4 Rüttelflug

Rüttelflug oder stationärer Flug in ruhiger Luft stellt eine Spezialisierung im evolutionären Sinn dar. Die kleinen Flieger, die rütteln können, machen den Körper mitten in der Luft bewegungslos, gewöhnlich, um am Nektar von Blüten zu saugen, die anders nicht erreichbar sind. Kolibris sind unter solchen Fliegern die besten, obwohl manche anderen Vögel und viele Arten von Fledermäusen ebenfalls rütteln können.

Der Körper wird gewöhnlich beinahe vertikal gehalten. Die Flügel schlagen deshalb vorwärts und rückwärts statt auf und ab und treiben dabei bei jedem Schlag einen Luftwirbel nach unten. Die Flügelspitzen beschreiben eine verzerrte Acht (Abb. 28.12). Beim Vorwärtsschlag verursacht der Flügel, der einen positiven Anstellwinkel hat, viel Auftrieb, der zwar im rechten Winkel zum Luftstrom wirkt, aber eine große vertikale Komponente hat. Am vorderen Ende des langen Flügelschlags rotiert der Flügel im Schultergelenk (das Handgelenk und der Ellbogen sind bei diesen Vögeln sehr steif), dreht um und kehrt so seine anatomische Unterseite nach oben. Mit einem positiven Anstellwinkel in der neuen Richtung schlägt der Flügel dann nach hinten, wobei jetzt die ventrale Oberfläche des Flügels einen Auftrieb mit einer großen vertikalen Komponente liefert. Die horizontalen Komponenten der beiden Schläge heben sich in der Regel auf, aber indem er die Kraft eines Schlages im Verhältnis zum anderen etwas verändert, kann der Flieger horizontal vorwärts- oder rückwärtsfliegen, wenn dies für die Nahrungsaufnahme nötig ist. Wenn der Flieger nicht rüttelt, fliegt er mit horizontal ausgerichtetem Körper.

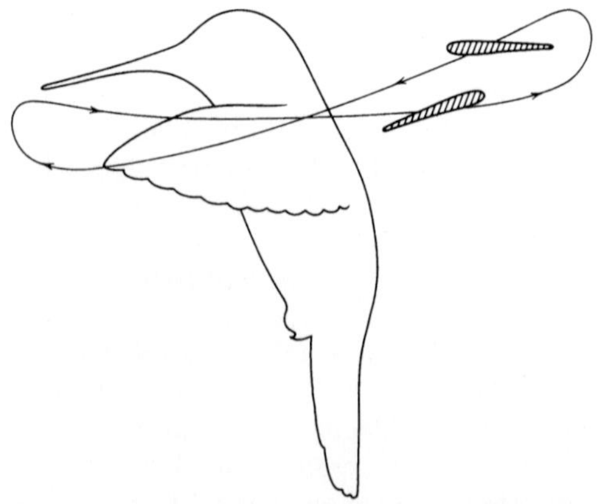

**Abb. 28.12.** Der Rüttelflug eines Kolibris; der ungefähre Weg der Flügelspitze und der Anstellwinkel des Flügels beim Vorwärts- und Rückwärtsschlag sind dargestellt

Da der Körper eines rüttelnden Kolibris stationär in Bezug zur Luft ist, muss der Vogel seine Flügel sehr schnell bewegen, um eine für die Entstehung von Auftrieb erforderliche Luftgeschwindigkeit an den Flugfedern zu erzeugen. Die Schlagfrequenz liegt zwischen 35 und 50 Hz. Die Flügel (und damit der Vogel) sind klein, so dass ihre Oszillationen keine übermäßigen Trägheitskräfte überwinden müssen. Die Handschwingen sind relativ lang und der sich langsamer bewegende Arm ist kurz (Abb. 28.19). Da der Rückschlag der Flügel aktiv ist, sind die Muskeln, welche die Flügel heben, relativ größer als bei anderen Vögeln. Der gesamte Antriebsapparat ist groß. Die Brustmuskeln stellen 25% des Gesamtgewichtes des Vogels dar, und der kleine Flieger nimmt pro Tag das Doppelte seines Eigengewichts an Nahrung auf.

Rüttelnde Fledermäuse folgen beim Drehen des Flügels über der Schulter nicht dem Muster der Kolibris. Sie schlagen den Handflügel in einer Weise, wie sie später für Tauben und Möwen, die steil nach oben fliegen, beschrieben wird.

### 28.7.5 Flächenbelastung

Flächenbelastung ist das Gewicht des Fliegers geteilt durch die Fläche seiner Flügel. Wie auf S. 477 erklärt wurde, haben kleine Tiere mehr Oberfläche im Verhältnis zum Volumen als größere Tiere mit identischen Proportionen. Kleine Flieger haben deshalb eine relativ geringe Flächenbelastung, ohne besonders große Flügel zu haben. Repräsentative Werte für kleine Fledermäuse sind 0,07 bis 0,17 $g\,cm^{-2}$ und für kleine Vögel 0,11 bis 0,23 $g\,cm^{-2}$. (Es gibt verschiedene Methoden, die Flügelfläche zu messen, und der Einfluss von Alter, Geschlecht und Jahreszeit auf das Körpergewicht sollte berücksichtigt werden, wenn man Vergleiche anstellt; Pennycuick 1988).

### 28.7.6 Langsamer Steig- und Sinkflug

Die meisten kleinen Vögel, die im Buschwerk oder im Wald leben, machen häufige kurze Flüge, die oft steile Anstiege und Abstiege einschließen. Sie fliegen langsam, schlagen aber ihre Flügel sehr schnell (meistens bei 15 bis 25 Hz), um am Flügel die erforderliche Luftgeschwindigkeit zu erreichen, damit die Schwungfedern Auftrieb produzieren. Die Körperachse wird während des Steig- und des Sinkflugs zwischen 45° und 90° zur Waagrechten gehalten. Daher bewegen sich die Flügel also beinahe vorwärts und rückwärts und ihre Spitzen beschreiben flache Ovale oder Kreise. Kleine Fledermäuse mit gaukelndem Flug fliegen wahrscheinlich sehr ähnlich wie kleine Vögel. Die folgende Beschreibung beruht jedoch auf Vögeln.

Beim Vorwärtsschlag ist der Flügel vollkommen ausgestreckt und hat einen positiven Anstellwinkel. Daraus resultieren ein starker Auftrieb (um den Flieger anzuheben oder seinen Sinkflug zu verlangsamen) und Vortrieb. Der Rückschlag dagegen ist lediglich eine Rückstellbewegung, die wenig Einfluss auf den Luftstrom hat. Um den Luftwiderstand beim Rückschlag zu reduzieren, wird der Flügel teilweise gebeugt, wodurch seine Fläche verkleinert wird. Die Muskeln, welche den Flügel heben, sind meistens viel kleiner als die, welche den Abschlag kontrollieren.

Tauben, Möwen, Enten, Habichte, Eulen, Fasane und verschiedene andere gute Flieger mittlerer Größe können ebenfalls in steilen Winkeln aufsteigen und sinken, während sie langsam fliegen. Da diese Tiere größer sind, müssen ihre Flügel langsamer schlagen. Frequenzen zwischen 3 und 10 Hz sind üblich. Aufgrund der Beziehung zwischen Oberflächen-Volumenverhältnis und Körpergröße und der Art des schnellen Fluges dieser Vögel haben sie außerdem mäßige bis hohe Flächenbelastungen (d.h. 0,4 bis 1,3 $g\,cm^{-2}$). Wenn der ausgestreckte Flügel nach unten und vorne schlägt, produziert er viel Auftrieb und nur wenig Vortrieb. Da die Flächenbelastung groß und die Schlagfrequenz nur moderat ist, können sich diese Vögel keinen passiven Aufschlag leisten (wie es kleine Vögel können). Ihr Aufschlag ist kompliziert, aber drei Bewegungen sind besonders charakteristisch:

- Der Flügel wird gebeugt, so dass sich die Spitze nahe am Körper bewegt.
- Die äußere Hälfte des Flügels (und nur diese) wird über einen sog. kurzen Schlag (Flip) gedreht.
- Die Handschwingen rotieren individuell wie die Latten eines Rollladens, so dass jede einzelne Feder wie eine Tragfläche mit positivem Anstellwinkel wirkt, die Luft aber zwischen den Federn durchströmen kann (Abb. 28.13).

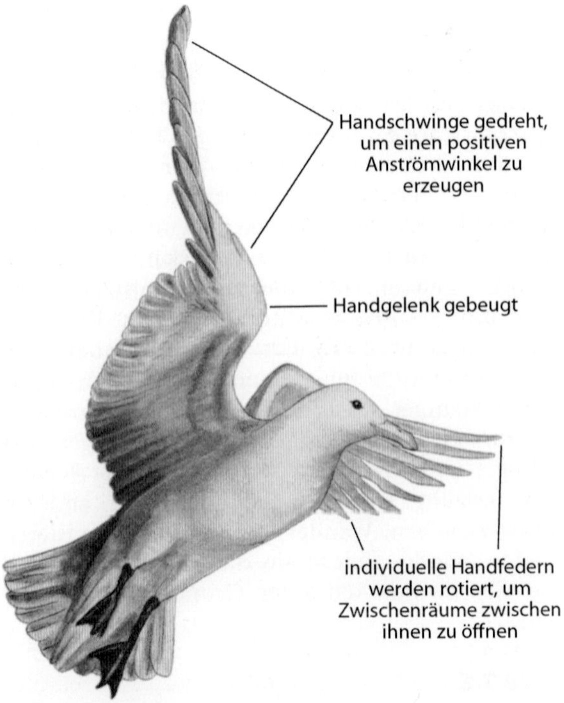


**Abb. 28.13.** Rückschlag der Flügel beim Steigflug eines mittelgroßen Vogels, gezeigt an einer Möwe, *Larus*

Die Öffnung dieses Rollladens ist die automatische Konsequenz der Tatsachen, dass:

- die Schäfte der Federn nicht zentral in ihren entsprechenden Fahnen liegen, so dass der Luftdruck zur Rotation der Fahnen führt,
- der kurze Schlag die Richtung des Luftdrucks auf den Federn umdreht und dadurch ermöglicht, dass sie in die Richtung rotieren können, die durch ihre Überlappung nicht verhindert wird.

Dieser Aufschlag produziert sogar noch mehr Auftrieb als der Abschlag und außerdem einen gewissen Vortrieb. Der sich langsamer bewegende innere Teil des Flügels ist nahezu nutzlos. Tauben können ohne Armfedern starten und landen. Die Flügelspitze beschreibt bei jedem vollen Schlagzyklus eine Acht.

Manche Vögel vergleichbarer Größe und viele größere Vögel haben sogar noch langsamere Flügelschläge und höhere Flächenbelastungen (Schwan 1,7 g $cm^{-2}$; Reiher 2,5 g $cm^{-2}$). Sie können nicht steil aufsteigen oder absinken, während sie langsam fliegen. Solche Vögel rennen oft, um die für einen schnellen flachen Start erforderliche Geschwindigkeit zu erlangen, und landen mit relativ hoher Geschwindigkeit mit vorgestreckten Füßen auf dem Wasser, das den Aufprall abmildert.

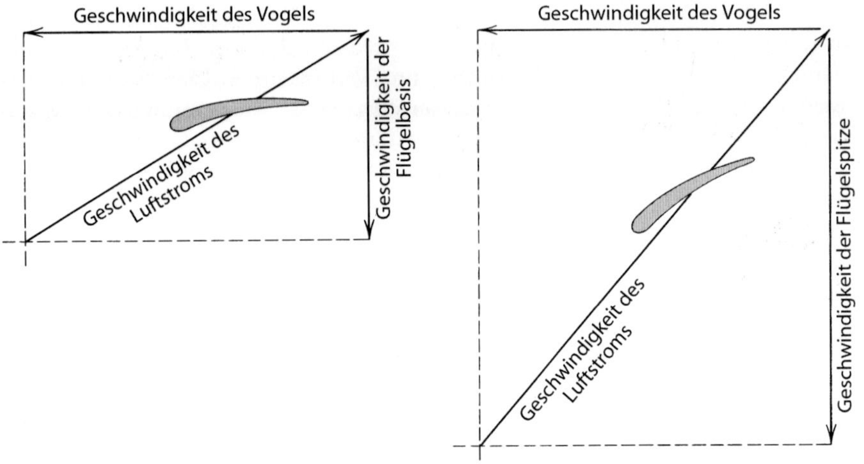


**Abb. 28.14.** Beziehung zwischen der Geschwindigkeit der Teile eines schlagenden Flügels und der Geschwindigkeit des Luftstroms sowie der optimalen Orientierung des Flügels, gezeigt an Querschnitten. Der Anstellwinkel ist konstant. Vgl. mit Abb. 27.16

Das schnelle Umdrehen der Handfedern bedarf weiterer Erklärung. Beim Schlagflug bewegt sich die Flügelspitze mit höherer Amplitude und daher auch schneller als die Flügelbasis. Deshalb ist die Richtung des Luftstroms entlang der Flügellänge unterschiedlich. Damit alle Flügelteile den optimalen Anstellwinkel haben, muss sich der Flügel wie ein Flugzeugpropeller verwinden (Abb. 28.14). Im Gegensatz zu dem Propeller, der sich nur in einer Richtung dreht, sollte sich die Flügelspitze beim Abschlag mit der Vorderkante nach unten und bei jedem aktiven Aufschlag mit der Vorderkante nach oben bewegen. Die Lösung der Natur für zahlreiche Vögel ist die Drehung der Handfedern, je nachdem ob der Luftstrom sie von oben oder von unten trifft.

### 28.7.7 Schneller Horizontalflug

Schneller Flug in der Waagerechten ist charakteristisch für die große Bulldog-Fledermaus und viele mittelgroße oder große Vögel, wie z. B. Enten, Gänse, Küstenvögel, Falken, Tukane und Möwen. Der Körper ist horizontal orientiert und die Flügel schlagen auf und ab. Hohe Schnelligkeit des Körpers erzeugt eine hohe Luftgeschwindigkeit über den Flügeln. Deshalb liefert der sich langsamer bewegende Armflügel sowohl beim Aufschlag als auch beim Abschlag viel Auftrieb. Der Flügelschlag ist relativ langsam und die Amplitude ist gering. Die Flächenbelastung ist gewöhnlich hoch. Da eine Vortriebskraft nur benötigt wird, um dem Luftwiderstand entgegenzuwirken, und nicht, um Beschleunigung oder Höhengewinn zu erzielen oder das Absinken abzubremsen, ist der Energiebedarf relativ gering. Beinahe der gesamte Vortrieb wird durch die distale Hälfte des Flügels beim Abschlag geleistet. Der Aufschlag erfolgt passiv. Der negative Luftdruck über dem Flügel kann diesen ohne Muskelanstrengung heben. Der distale Flügel dreht sich beim Aufschlag nicht um, wie es beim langsamen Flug mancher Vögel der gleichen Art vorkommt. Die Position des Armflügels ändert sich beim Aufschlag kaum. Der distale Flügel ist an der Handwurzel etwas gebeugt. In Bezug zum festen Boden bewegt sich die Flügelspitze niemals nach hinten.

Wie in einem vorherigen Abschnitt dargelegt wurde, gibt es an den Flügelspitzen eine aufwärtsgerichtete Luftbewegung. Wenn Enten, Gänse und manche anderen Vögel in Formation fliegen, nützen sie diesen Auftrieb, der von ihren Nachbarn erzeugt wird, um den Auftrieb zu reduzieren, den sie mit ihren Muskeln selber aufbringen müssen. Der induzierte Luftwiderstand wird um 30–40% verringert. In etwa der maximale Vorteil wird erreicht, wenn zehn oder mehr Vögel zusammen fliegen und wenn sie horizontal durch weniger als eine halbe Flügelspannweite voneinander getrennt sind. Die eingesparte Energie ist beträchtlich. Diese gestaffelte Formation erlaubt auch jedem Vogel, alle anderen Vögel zu sehen. Wandernde Gänse kompensieren leichte Winde, indem sie die Flugrichtung und die Geschwindigkeit über Grund konstant halten.

### 28.7.8 Theorie der Wirbelbildung

Da der aerodynamische Auftrieb aus unterschiedlichen Druckgradienten oberhalb und unterhalb eines sich bewegenden Flügels resultiert, gibt es eine Nettozirkulation der Luft. Schlagende Fledermaus- und Vogelflügel erzeugen beim Horizontalflug komplexe und instabile Luftbewegungen um ihre Flügel, die als Reaktion auf die erzeugten Auftriebskräfte ein Moment auf die Luft unter und hinter dem Tier ausüben. Die Stärke dieser Wirbel ist proportional zur Masse der bewegten Luft und zu ihrer Geschwindigkeit. Die vorzugsweise dreidimensionale Darstellung und Analyse der Verwirbelungsmuster hinter dem Tier erlaubt eine quantitative Abschätzung der aerodynamischen Funktion der Tragfläche. Dies ist allerdings, wie schon früher bemerkt wurde, ganz und gar kein triviales Problem (Exkurs 27.1). Spedding (1984), Rayner (1995) und Pennycuick (1998) haben Vögel und Fledermäuse darauf trainiert, durch eine Wolke aus auftriebsneutralen, heliumgefüllten Seifenblasen zu fliegen. Die Luftbewegungen hinter den Tieren wurden mit Hilfe von stereo-photographischen Aufnahmen der Bewegungen der Blasen regis-

## Exkurs 28.1

### Der nachlaufende Wirbel und die Analyse der „Gangarten" bei Fliegern

Frühe Beobachtungen (Spedding 1984, Rayner 1995 und Pennycuick 1988) an Tauben und kleinen Sperlingsvögeln, die im Horizontalflug langsam durch schwebende Heliumblasen flogen, zeigten eine Reihe runder, geschlossener Wirbelringe, die jeweils durch einen einzelnen Abschlag gebildet wurden (Abb. 28.15). Die Unabhängigkeit aufeinander folgender Ringe zeigt, dass aerodynamische Kraft nur während des Abschlags entsteht und dass der Aufschlag nicht zum Auftrieb beiträgt. Spätere Beobachtungen des Nachlaufs bei einem kleinen Falken offenbarten ein ganz unterschiedliches Muster: Der Nachlauf hinter jedem Flügel war kontinuierlich, was auf die Bildung von Auftrieb während des Aufschlags hindeutet. Weitere Beobachtungen der Nachlaufwirbel bei einer Reihe anderer Vögel und Fledermäuse, kombiniert mit Untersuchungen der Flügelkinematik, führte diese Forscher zu dem Schluss, dass die beiden Muster zwei unterschiedliche Gangarten repräsentieren. Der „Gang", der zu Wirbelringen führt, scheint bei Vögeln und Fledermäusen mit kurzen runden Flügeln allgemein verbreitet zu sein und wird in erster Linie während des Steig- und des Sinkfluges benutzt (s. im Haupttext die weitere Beschreibung der Flügelformen). Während des Aufschlags, wenn die Oberfläche des Flügels reduziert ist und kein Auftrieb entsteht, wird der Flügel durch aktive Muskelkontraktion rotiert und angehoben. Der Gang, der kontinuierliche Wirbelstraßen erzeugt, ist für Vögel und Fledermäuse mit längeren Flügeln bei allen Geschwindigkeiten und für andere während schnellen Horizontalfluges charakteristisch. (Möwen z.B. erzeugen Wirbelringe bei niedrigen Geschwindigkeiten und kontinuierliche Wirbelstraßen bei höheren Geschwindigkeiten). Das Handgelenk ist während des Aufschlags teilweise gebeugt und während des Abschlags gestreckt. Der Nachlauf mit kontinuierlichem Wirbel wird vom distalen Flügelende erzeugt. Auftrieb (aber kein positiver Vorschub) wird während des Aufschlags erzeugt, um den Flügel aerodynamisch, ohne die Notwendigkeit einer Muskelkontraktion, anzuheben. Dass Vögel und Fledermäuse auf zwei Gangarten beschränkt sind, führte die Forscher zu der Hypothese, dass die Aerodynamik des Schlagfluges bei jeder Gruppe ähnlichen Beschränkungen unterliegt. Man kann daher theoretische Modelle des Schlagfluges vorstellen, Vorhersagen über die Energieverhältnisse bei den verschiedenen Morphologien machen und versuchen, die Evolution des Schlagfluges zu rekonstruieren. Rayner (1991) schlägt z.B. vor, dass *Archaeopteryx*, der einen kleinen Kiel am Sternum und keine Andeutung für eine Richtungsumleitung des M. supracoracoideus für das Anheben des Flügels besaß, möglicherweise zu einem stetigen langen Flug in der Lage war, aber nicht langsam fliegen konnte, da schneller Flug mit kontinuierlicher Wirbelbildung fluidmechanisch weniger anspruchsvoll ist als langsamer Flug. Schließlich erzeugen Tauben Wirbelringe bei langsamem Flug und eine kontinuierliche Wirbelstraße beim schnellen Flug. Ihr M. pectoralis besteht aus zwei verschiedenen Arten von Fasern, die sich in ihrem histochemischen Profil und in der Größe unterscheiden. Es wird vorgeschlagen, dass die dicken anaeroben Fasern für Start und Landung benutzt werden und die dünnen aeroben Fasern für den langen Flug (zusammengestellt von Sokoloff et al. 1998). Ein Experiment, das dies beweisen soll, muss noch durchgeführt werden.

triert. Obwohl die Technik wenig Information über den Luftfluss direkt um den Flügel oder über die Bildung der nachlaufenden Wirbelzentren kurz hinter dem Flügel liefert, sind die Verwirbelungsmuster im Nachlauf für die Erklärung der Kräfte hilfreich, die beim Flug erzeugt werden (Abb. 28.15; Exkurs 28.1).

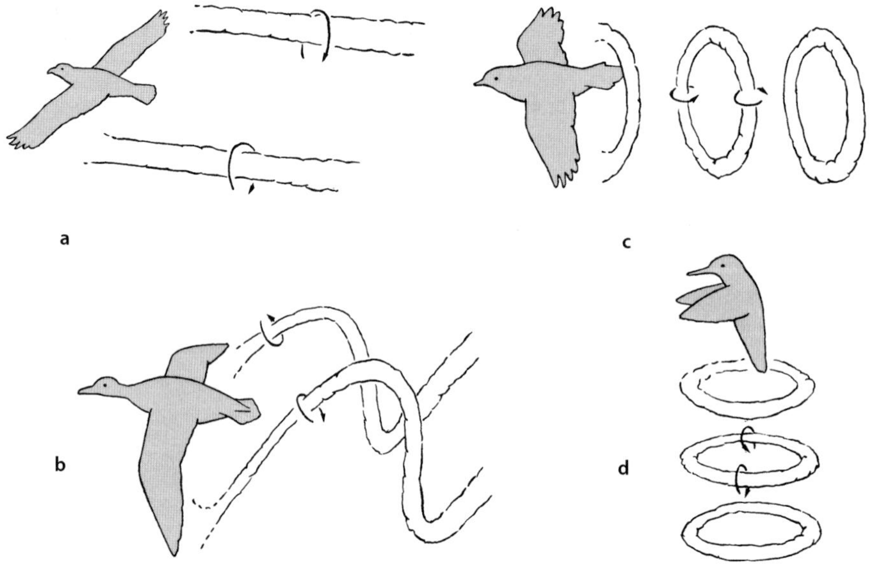


**Abb. 28.15 a–d.** Wirbel im Nachlauf von Fliegern. **a**, Ein gleitender Bussard; **b**, eine schnellfliegende Ente im Schlagflug; **c**, ein langsam fliegender Singvogel im Schlagflug; **d**, ein rüttelnder Kolibri

## 28.8 Kontrolle des Fluges

### 28.8.1 Stabilität und Manövrierfähigkeit

Wie in früheren Kapiteln dargestellt wurde, müssen Tiere zwischen Stabilität und Manövrierfähigkeit wählen. Der Elefant wählt die Stabilität. Viele Flieger (mehr als Konstrukteure von Flugzeugen) wählen die Manövrierfähigkeit. Wenn der Körper auch nur geringfügig aus seiner ursprünglichen Position bewegt wird, führen aerodynamische Kräfte in der Regel nicht in die ursprüngliche Orientierung zurück, sondern tendieren sogar dazu, den Flieger schnell noch weiter aus seiner Ursprungslage herauszudrängen. Dies macht es notwendig, dass das sensomotorische Kontrollsystem ununterbrochen und beinahe sofort kleine Verlagerungen korrigiert. Die gleichen Umstände erlauben jedoch auch ein schnelles Manövrieren. Manche Vögel vollbringen manchmal Loopings oder Rollen. Solche Verhaltensweisen werden durch die Aerobatik mancher Fledermäuse und Vögel beim Verfolgen von Insekten oder beim Paarungsflug sogar noch übertroffen (Abb. am Beginn des Kapitels).

Ein Flieger kann das Rollen ausgleichen, indem er den Anstellwinkel des in Schräglage unteren Flügels erhöht, indem er seine Oberfläche vergrößert oder indem er mit ihm stärker schlägt als mit dem gegenüberliegenden oberen Flügel. Jede dieser Strategien vergrößert den Auftrieb des unteren Flügels. (Da die gleichen Bewegungen den Luftwiderstand beeinflussen, werden Ausgleichsstrategien benötigt, um das Gieren zu verhindern.) Außerdem kann der Schwanz, wenn er groß ist, schraubenförmig verdreht werden, um dem Rollen entgegenzuwirken. Die gleichen Verhaltensweisen können natürlich genauso dazu benutzt werden, um Rollen auszulösen.

Im Gegensatz zu Schwimmern und zu von Menschen konstruierten Flugzeugen haben fliegende Tiere keine vertikalen Flossen und Ruder, um das Gieren zu kontrollieren. Stattdessen erhöhen sie den Luftwiderstand des Flügels, der dazu tendiert, schneller voranzukommen als sein Gegenüber. Dies kann durch einen vergrößerten Anstellwinkel erreicht werden. Der größere Anstellwinkel des Flügels und die größere Luftgeschwindigkeit (da er vor dem anderen Flügel ist) erhöhen allerdings seinen Auftrieb und tendieren daher dazu, Rollen zu verursachen. Um dies auszugleichen, wird der führende Flügel gebeugt und so seine Fläche reduziert. Einen Fuß aus der stromlinienförmigen Körperkontur abzusenken, erhöht ebenfalls den Luftwiderstand auf dieser Seite. Wenn ein Vogel mit einem großflächigen steifen Schwanz bremst, um eine Kurve zu fliegen, kann er dessen Federn öffnen und verdrehen und so ein vertikales Ruder bilden.

Um eine nach unten gerichtete Neigung des Körpers auszugleichen (oder aber um eine Aufwärtsneigung einzuleiten), bewegt ein Flieger seine Flügel nach vorne und verlagert damit seine Stützung im Verhältnis zu seinem Schwerpunkt weiter nach vorne. Wenn der Schwanz entsprechend konstruiert ist, wird er außerdem nach oben geneigt. Die umgekehrten Verhaltensweisen korrigieren eine Aufwärtsneigung.

### 28.8.2 Bremsen und Kurvenfliegen

Gleiter und Flieger, die sich an einen erhöhten Landeplatz annähern, können bremsen, indem sie nach oben gleiten, bis der Luftstrom abreißt, und so die Schwerkraft für die Verlangsamung nutzen. Wie bereits gesagt, können Flieger auch durch Flügelschlag eine aufwärtsgerichtete Kraft erzeugen, welche den Sinkflug in Vorbereitung zum Landen verlangsamt. Bei andauerndem Horizontalflug ist es wünschenswert, dass das Verhältnis aus **L**:**D** maximal ist, was einer mittleren bis hohen Geschwindigkeit entspricht. Beim Bremsen dagegen sollte **D** hoch und die Schnelligkeit gering sein. Dies wird durch ein Maximieren des Anstellwinkels, der Flügelfläche und der Wölbung erreicht (Abb. 28.5 rechts). Vögel drücken außerdem ihre ausgebreiteten Schwänze abwärts, Fledermäuse drücken die Schwanzmembran herunter. Dies entspricht einem Absenken der Landeklappen von Flugzeugen. Die Füße werden nach vorne gestemmt (wenn sie Schwimmhäute tragen, werden die Zehen gespreizt), nicht nur, um in die richtige Position für die Landung zu kommen, sondern auch, um Luftwiderstand zu bieten (Abb. 28.16). Außerdem heben Vögel beim Bremsen die Alula, um einen Flügelspalt zu bilden. Dies erhöht den Anstellwinkel und verringert die Geschwindigkeit, die erreicht werden kann, bevor die Strömung abreißt.

Die Anpassungen der Beine von Fliegern an das Dämpfen des Aufpralls beim Landen sind kaum untersucht. Der Aufprall führt nicht zu Schubkräften auf das Kugelgelenk an der Hüfte, sondern wird als Druckkraft von dem auffälligen Hals und Trochanter des Femurkopfes zum Ilium weitergeleitet. Viele schnellfliegenden Wasservögel landen gegen den Wind und gleiten eine kurze Strecke auf ihren mit Schwimmhäuten versehenen Füßen, wenn sie auf das Wasser auftreffen.

Da bewegte Körper dazu tendieren, sich auf geraden Linien weiterzubewegen, rutschen Tiere in einer Kurve meistens zur Außenseite der Kurve. Die nach außen gerichtete Kraft in der Kurve ist die **Zentrifugalkraft**, die direkt vom Quadrat der Geschwindigkeit und der Masse des Körpers und umgekehrt vom Radius der Kurve abhängt. Diese Kraft muss durch eine gleichwertige und entgegengerichtete **zentripetale Kraft** in die Kurve hinein ausgeglichen werden. Lauftiere, die scharfe Kurven laufen, widerstehen der Zentrifugalkraft durch Reibung mit dem Boden und durch eine Neigung des Körpers (s. S. 502) und Schwimmer verlassen sich auf den Wasserwiderstand, der durch vertikale Flossen und einen hohen Körper verursacht wird. Flieger müssen eine andere Methode benutzen. Sie gehen in die Kurve, wobei sie der Auftrieb **L** nach innen neigt (Abb. 28.17). Die horizontale Komponente von **L** oder **I** muss gleich der Zentrifugalkraft **O** sein. Wenn der Flieger nicht an Höhe verlieren soll, muss die vertikale Komponente von **L** oder **V** gleich dem Gesamtwert des Auftriebs sein, der vor dem Kurvenflug auftrat. Dies bedeutet, dass der Auftrieb und auch die Flächenbelastung während der Kurven ansteigen müssen. Wenn eine 60°-Kurve geflogen wird, muss der Auftrieb verdoppelt werden. Aus der Beziehung der Größe von **O** zur Masse und Geschwindigkeit ist klar, dass Flieger, die schnell Kurven fliegen, klein sein müssen, und dass große Flieger bei hoher Geschwindigkeit keine engen Kurven fliegen können.

**Abb. 28.16.** Beispiele für Richtungs- und Geschwindigkeitsänderungen

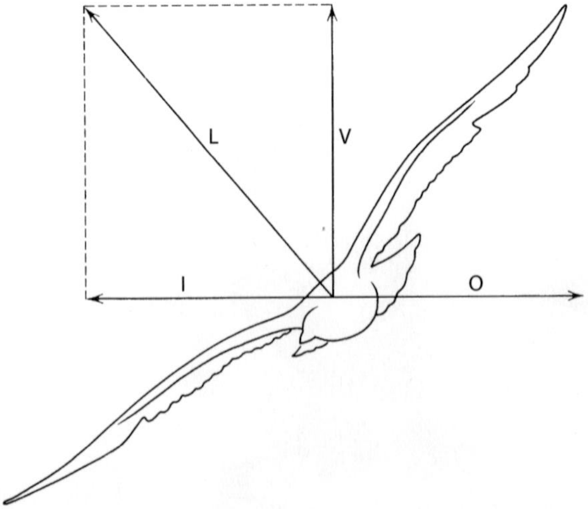


**Abb. 28.17.** Kräfte, die auf einen Flieger im Kurvenflug wirken

## 28.9 Flügelstruktur

Die verschiedenen Flieger unter den Tieren haben beeindruckend unterschiedliche Fluggewohnheiten. Da die Form der Funktion entsprechen muss, variiert auch die Flügelstruktur. Saville (1957) hat vier grundsätzliche Typen von Flügeln beschrieben, wobei klar sein muss, dass sie ineinander übergehen und dass innerhalb eines jeden Typs eine große Variation im Detail besteht. Die Aerodynamik des Fluges ist noch nicht gut genug verstanden, um die Morphologie der Flügel vollkommen zu interpretieren:

- Der **elliptische Flügel** (Abb. 28.18) ist charakteristisch für die meisten Fledermäuse und für die meisten kleinen bis mittelgroßen Vögel, die im Strauchwerk und im Wald leben (z. B. Spatzen, Rotkehlchen, Krähen, Wachteln, Tauben). Der Flügel ist für hohe Wendigkeit und präzise Kontrolle, oft in beengten Räumen, und für einen minimalen induzierten Luftwiderstand spezialisiert. Der Flieger kann langsam fliegen, aber auch schnell steigen und absinken. Der Flügel hat einen elliptischen Grundriss (außer dort, wo er in den Körper übergeht). Er ist kurz und breit, mit einem kleinen Seitenverhältnis (in der Regel 3–6). Die Wölbung ist mäßig bis stark (vor allem bei Fledermäusen). Ein Schlagflug ist üblich, obwohl auch Gleiten oder Sturzflug möglich sind. Der Flügelschlag ist mäßig schnell, die Amplitude relativ groß. Die Vögel haben eine große Alula und bei vielen Vögeln trennen sich die Handschwingen und bilden zusätzliche Flügelspalten. Insgesamt können sich die Spalten entlang der Vorderkante über 15–30% der Flügellänge ausdehnen. Jede Spalte beschleunigt die Luft, welche über die nächst posterior gelegene Feder streicht und verhindert dadurch, dass die Umströmung in Wirbeln abreißt. Die Spalten verhindern deshalb einen Strömungsabriss bei niedrigen Geschwindigkeiten. Sie können beim schnelleren Horizontalflug geschlossen werden. Die Handschwingen können einzeln rotieren, wenn sich die Spalten öffnen. Die Spalten können den Auftrieb um bis zu 60% erhöhen.
- Der **Hochgeschwindigkeitsflügel** ist charakteristisch für Bulldog-Fledermäuse und für Segler, Schwalben, Falken, Küstenvögel, Kolibris und Enten. Dieser Flügel ist für hohe Fluggeschwindigkeit bei niedrigem Luftwiderstand und geringem Energieaufwand gebaut. Er ist relativ klein, so dass die Flächenbelastung groß ist. Der Flügel läuft in einer schlanken Spitze aus, kann entlang der Vorderkante etwas nach hinten gebogen sein und geht hinten ohne scharfen Winkel stromlinienförmig in den Körper über. Das Seitenverhältnis ist mäßig hoch (in der Regel 5–9). Das Handskelett ist relativ lang, vor allem bei Kolibris (Abb. 28.19). Im Querschnitt ist der Flügel dünn und hat eine geringe Wölbung. Der Schlag ist konstant, möglicherweise mit Ausnahme kurzer Gleitphasen während des Sinkflugs. Der Flügelschlag ist im Verhältnis zur Größe des Fliegers schnell, die Amplitude ist klein. Es gibt keine Flügelspalten.
- Der **lange Segelflügel** ist charakteristisch für Albatrosse, Fregattvögel, Tölpel, Seeschwalben und Möwen. Manche großen Pterosaurier hatten wahrscheinlich ähnliche Flügel. Die meisten dieser Vögel fliegen über Wasser, wo lange Flügel kein Hindernis sind. Die Flügel sind für ein hohes Verhältnis aus Auftrieb zu Luft-

**Abb. 28.18.** Die vier Haupttypen von Flügeln

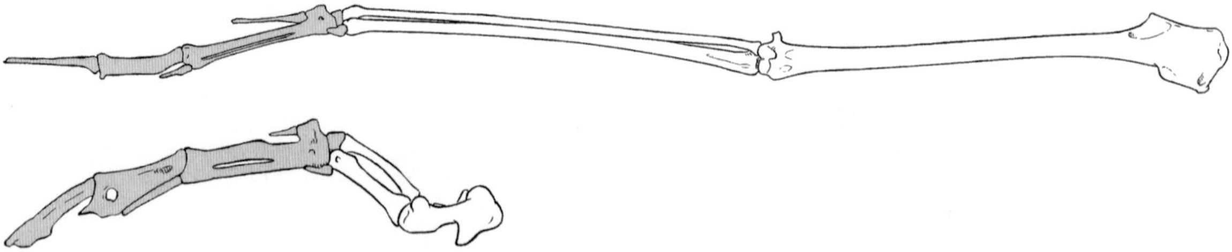

**Abb. 28.19.** Unterschied zwischen dem rechten Flügelskelett eines dynamisch segelnden Vogels und eines rüttelnden Vogels, gezeigt am Albatros, *Diomedea* (*oben*) und einem Kolibri, *Lampornis* (*unten*). Die Handskelette sind auf die gleiche Länge gebracht

widerstand gebaut. Das erlaubt ein Segeln mit hoher Geschwindigkeit und geringem Energieaufwand und sehr geringem Gleitwinkel. Der Flügel ist lang, schlank und läuft spitz aus. Das Seitenverhältnis liegt zwischen 9 und 18, die Flügelspannweite erreicht mehr als 5 Körperlängen. Das Handskelett ist bei diesen Vögeln relativ kurz (Abb. 28.19), bei Pterosauriern allerdings nicht. Die Flächenbelastung ist hoch, die Wölbung gering. Es gibt keine Flügelspalten. Die Geschwindigkeit bei Start und Landung ist hoch. Die meisten Vögel landen auf dem Wasser und starten gegen den Wind, oft nachdem sie Anlauf genommen haben, um die erforderliche Geschwindigkeit zu erreichen.

- Der **breite Segelflügel** tritt bei Geiern, Adlern und Bussarden auf. Ähnlich gebaut sind die Flügel von Raben und Pelikanen. Diese Flügel sind spezialisiert für das Segeln mit geringer Geschwindigkeit, für Start und Landung in räumlich begrenzten Gebieten, für einen hohen Auftrieb und eine niedrige Sinkgeschwindigkeit. Der Flügel ist mäßig lang und breit und dadurch großflächig. Er hat für so große Vögel nur eine mäßige Flächenbelastung und ein mäßiges Seitenverhältnis (z.B. 6 oder 7). Seine Wölbung ist ausgeprägt. Die Alula ist gut ausgebildet und die Spalten zwischen den Handschwingen sind sehr auffällig. Die Spalten scheinen mit breiten Flügelspitzen und einer entsprechend großen Tendenz zu induziertem Luftwiderstand zu korrelieren. Die Spalten haben gewöhnlich eine abgerundete oder eckige U-Form statt der weniger hoch entwickelten V-Spalten mancher elliptischer Flügel. Jede abgesetzte Handschwinge fungiert unabhängig als ein kleiner Flügel und jede ist im Querschnitt stromlinienförmig. Die Flügelheber sind weniger entwickelt als bei Vögeln, die in erster Linie Schlagflug benutzen: Man vergleiche den M. supracoracoideus in den Abbildungen auf Seite 214 und 215.

## 28.10 Weitere morphologische und physiologische Anpassungen

Wir haben bisher die primären Voraussetzungen für den Flug betrachtet. Diese erklären jedoch nicht alles. Selbst wenn sie Flügel hätten, könnten Eidechsen und Ratten (und auch Engel) nicht fliegen. Es müssen auch einige sekundäre Voraussetzungen erfüllt sein:

- Erste Voraussetzung ist ein **geringes Gewicht.** Flieger haben leichte Skelette. (Das Skelett eines Adlers trägt nur 7% zum gesamten Körpergewicht bei – ungefähr halb so viel wie bei einem Menschen.) Die Knochen von Vögeln und Pterosauriern sind hohl und luftgefüllt. Dadurch können die Knochen bei minimalem Gewicht einen maximalen Durchmesser und damit einen maximalen Widerstand gegenüber Biegekräften haben. Viele Knochen sind aus dünnen inneren und äußeren Lamellen aufgebaut, die durch kleine Balken verbunden sind. Diese folgen meist den Spannungslinien. Außerdem sind die Knochennähte in der Regel verwachsen. Diese Konstruktionen führen

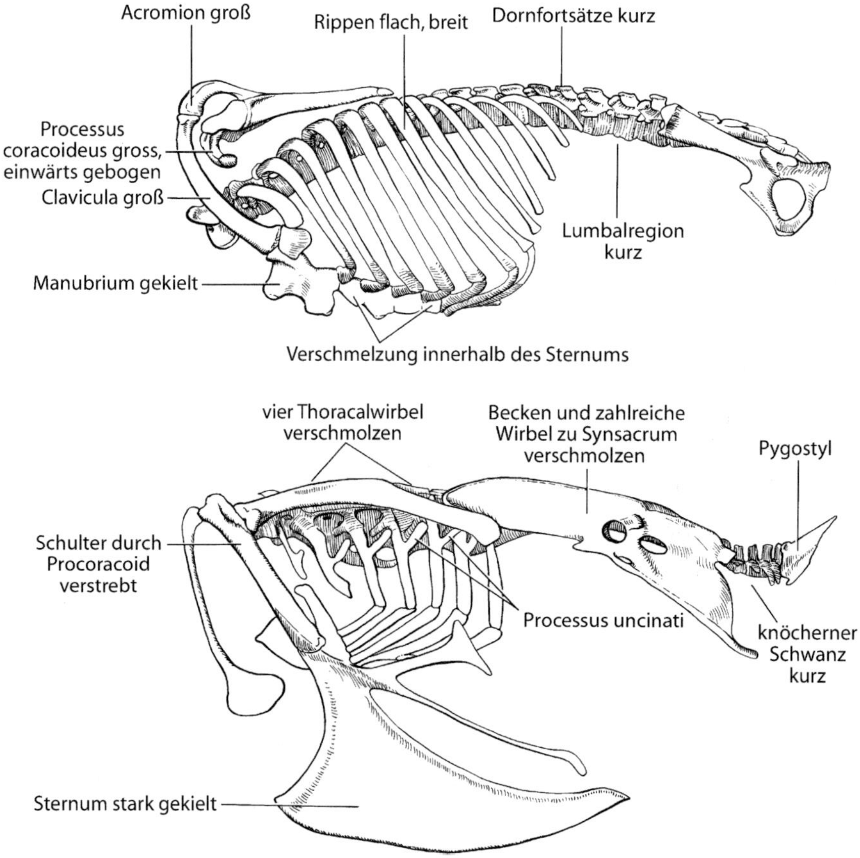


**Abb. 28.20.** Einige Charakteristika des Körperskeletts von Fliegern, gezeigt an einer fruchtfressenden Fledermaus, *Pteropus* (*oben*) und einem Fasan, *Phasianus* (*unten*)

zu einer maximalen Festigkeit bei einem Minimalaufwand an hartem Gewebe. Die knöcherne Achse des Vogelschwanzes ist kurz. Die Reduktion oder der Verlust von Fingern spart bei Vögeln und Pterosauriern ebenfalls Gewicht. Moderne Vögel und manche Pterosaurier haben keine Zähne, die ja schwer sind. (Die Ernährungsgewohnheiten der meisten Fledermäuse setzen voraus, dass sie große Ohren und Zähne haben. Die schnellfliegende Bulldog-Fledermaus hat riesige, horizontal orientierte und gewölbte Ohren. Wahrscheinlich erzeugen diese Ohren genügend Auftrieb, um dabei zu helfen, den schweren Kopf zu unterstützen!).

Die Gonaden der Flieger werden rückgebildet, wenn sie nicht aktiv sind. Gute Flieger fressen nährstoffreiche Nahrung, die leicht ist im Verhältnis zu der Energiemenge, die sie liefert. Auch die Verdauung erfolgt sehr schnell (oft innerhalb einer Stunde). Manche Flieger (Kolibris, Segler, viele Fledermäuse) benutzen die Beine nur zum Landen oder Sitzen. Die Beine sind dann sehr schwach entwickelt und leicht. Federn, die widerstandsfähig, aber elastisch sind, können trotz ihres geringen Gewichtes bemerkenswert große Lasten tragen. Sie liefern eine glatte stromlinienförmige Kontur und sind resistent gegen Beschädigung (s. S. 110 f).

- Zweite Voraussetzung ist die **Kompaktheit und Steifigkeit** des Körpers, damit der Druck der Flügel auf den Rumpf nahe seines Schwerpunktes übertragen wird und den Körper als eine Einheit vorwärtstreibt, ohne ihn zu verformen oder zum Kollabieren zu bringen.

Flieger haben einen kurzen steifen Rumpf (Abb. 28.20). Verschmelzungen zwischen benachbarten Rumpfwirbeln sind bei Fledermäusen die Regel und bei anderen Fliegern häufig. Pterosaurier hatten meist Verschmelzungen in der Thoracalregion, aber viele Sacralwirbel. Bei Vögeln sind 12–20 Wirbel zu einem Synsacrum verschmolzen (Abb. 9.9), zusätzliche Verschmelzungen können in der Thorakalregion auftreten (Fasanen, Falken). Sogar wenn solche Verschmelzungen fehlen, limitiert die Form der Gelenke zwischen den Rumpfwirbeln die Bewegung oder schließt sie vollständig aus. Die Rippen sind meistens breit und flach, so dass sie sich beinahe an den Kanten berühren. Sie können proximal miteinander (einige Fledermäuse, viele Pterosaurier) oder mit der Wirbelsäule verschmelzen (manche Pterosaurier). Die Processus uncinati der Vogelrippen dienen wahrscheinlich ebenfalls der Versteifung. Die Sternalrippen verknöchern meist. Die Anzahl der knöchernen Einheiten im Sternum ist auf drei (Fledermäuse) oder eine (Vögel, Pterosaurier) reduziert.

Der Körper wird durch die Kürze des knöchernen Schwanzes (Vögel, manche Pterosaurier und manche Fledermäuse) und meist durch eine scharfe Beugung des Halses während des Fluges kompakt. Der Schultergürtel ist groß und stark und hat über das Procoracoid (Vögel, Pterosaurier), über die Clavicula (Fledermäuse) oder sogar über die Scapula (manche Pterosaurier) eine ungewöhnlich feste Verankerung am Körper. Der gesamte Schultergürtel ist bei Vögeln und Pterosauriern praktisch unbeweglich, nicht aber bei Fledermäusen. Die Konzentration der Flugmuskeln (einschließlich der Flügelheber) an der Brust der Vögel verlagert ihren Körperschwerpunkt in die Nähe, aber etwas unterhalb des Punktes, an dem der Körper durch die Flügel gestützt wird. Dasselbe gilt etwas eingeschränkt auch für Fledermäuse.

- Eine dritte Voraussetzung sind **automatische Mechanismen**, welche Muskelanstrengung und damit auch Gewicht und Energie einsparen. Die Gelenke der Flügel sowohl von Vögeln als auch von Fledermäusen sind so konstruiert, dass sie Bewegungen, die nicht in einer Ebene ablaufen, einschränken, wobei bestimmte Carpalia der Vögel automatisch eine gewisse Pronation beim Abschlag und eine Supination gegen Ende des Aufschlages sicherstellen. Die Ulna (die für die Rotation des Unterarmes benötigt würde) hängt bei Pterosauriern am Radius, bei Fledermäusen ist ihr distaler Teil fast verloren. Bei Vögeln wird sie beibehalten, bekommt aber eine neue Funktion: Radius und Ulna verschmelzen so mit dem Humerus und dem Carpus, dass sie ein Parallelogramm bilden. Wenn der Ellbogen sich öffnet, öffnet sich automatisch auch das Handgelenk (Abb. 28.21).

  Verschiedene Fledermäuse haben Feststellmechanismen, die dazu beitragen, Schulter, Ellbogen und Handgelenke in den richtigen Winkeln zueinander zu halten. Es gibt Hinweise, dass am Ellbogen des Albatros ein Knochen in das Gelenk geschoben werden kann, der es offen hält. Nur ein kleiner Teil der Flügelmembran von Fledermäusen ist am kleinen zweiten Finger befestigt, doch viele Fledermäuse benutzen diesen Finger und seine ligamentöse Verlängerung als einen Bogen, der die Vorderkante des Flügels versteift.

  Fledermäuse und Vögel vieler Ordnungen (und der Malaien-Gleitflieger) haben einen in den verschiedenen Gruppen bemerkenswert konvergenten Mechanismus, der die Zehen in einer gebeugten Position festhält. Die Sehnen der Zehen besitzen ventrale Tuberkel, die mit Falten an den Sehnenscheiden vernetzt sein können, um die Sehnen festzuhalten. Der Mechanismus funktioniert nicht nur beim Hängen (Fledermäuse) und Sitzen, sondern auch beim Klettern, Schwimmen und Beutegreifen.
- Vierte Voraussetzung für Flieger ist eine **effiziente Energieerzeugung**. Vögel haben eine relativ hohe Körpertemperatur und wahrscheinlich konnten sogar Pterosaurier ihre Körpertemperatur zumindest während des Fluges heraufsetzen. Vögel und Fledermäuse haben eine hohe Stoffwechselrate und effiziente Atmungssysteme. Die Ventilation der Lungen kann bei manchen Spezies mit dem Flügelschlag synchronisiert werden. Das Herz ist groß, der Blutdruck hoch und der Kreis-

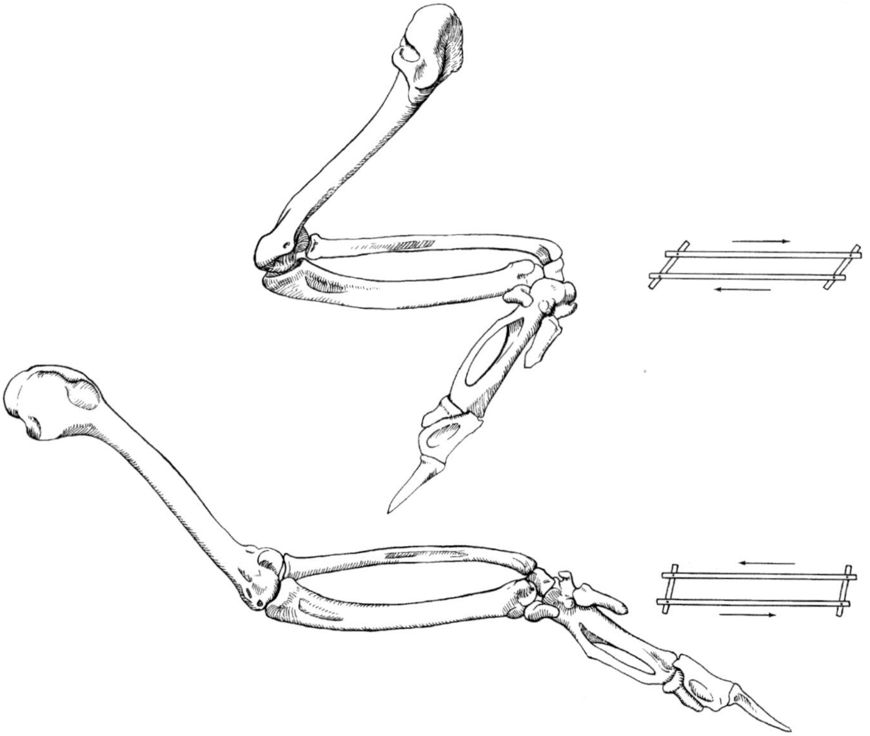

**Abb. 28.21.** Parallelogramm aus Stäben, mit dem das Handgelenk automatisch mit dem Ellbogen gestreckt wird, gezeigt am Fasan, *Phasianus*

lauf schnell. Selbst wenn man die große Effizienz berücksichtigt, scheint es sicher, dass die Energiefreisetzung in Vogelmuskeln höher ist als bei nichtfliegenden Vertebraten. Die Hauptquelle der Energie ist Fett.

Aus Gründen, die bereits erklärt wurden, haben Flieger ein großes Cerebellum und (mit Ausnahme der Fledermäuse) große Augen. Fledermäuse ruhen mit dem Kopf nach unten. Spezialisierungen an den Füßen bilden daher Haken, Anpassungen am Becken und an den Knien lassen eine geeignete Orientierung der Beine zu.

## Literatur

Bennett SC (1997) Terrestrial locomotion of Pterosaurs: A reconstruction based on *Pteraichnus* trackways. J Vert Palaeontol 17:104–113

Brower JC (1983) The aerodynamics of *Pteranodon* and *Nyctosaurus*, two large pterosaurs from the upper Cretaceous of Kansas. J Vert Palaeontol 3:84–124

Dial KP, Goslow GE Jr, Jenkins FA Jr (1991) The functional anatomy of the European starling (*Sturnus vulgaris*). J Morphol 207:327–344

Goslow GE Jr, Dial KP, Jenkins FA Jr (1989) The avian shoulder: An experimental approach. Am Zool 29:287–301

Hainsworth FR (1987) Precision and dynamics of positioning by Canada geese flying in formation. J Exp Biol 128: 445–462

Hainsworth FR (1988) Induced drag savings from ground effect and formation flight in brown pelicans. J Exp Biol 135:431–444

Hermanson JW (1998) Chiropteran muscle biology: A perspective from molecules to function. In: Kunz TH, Racey PA (eds) Bat biology and conservation. Smithsonian Inst Press, Washington/DC, pp 127–139. Ein exzellenter Übersichtsartikel darüber, wie Muskelfasertypen zu Flugmodi bei ökologisch unterschiedlichen Fledermäusen in Beziehung stehen

Jenkins FA Jr (1993) The evolution of the avian shoulder joint. Am J Sci 293A:253–267. Eine herausragende Analyse der funktionellen Morphologie des Schultergelenks von paläozoischen Amphibien bis zu den rezenten Vögeln. Gute Abbildungen

Nachtigall W (1987) Vogelflug und Vogelzug. Rasch & Röhring, Hamburg

Norberg UM (1985) Flying, gliding, and soaring. In: Hildebrand M et al (eds) Functional vertebrate morphology. Harvard Univ Press, Cambridge/MA, pp 129–158

Norberg UM (1990) Vertebrate flight: mechanics, physiology, morphology, ecology, and evolution. Springer, New York. Eine verständliche und wissenschaftliche Abhandlung. Tiefgreifende Darstellung der mathematischen Grundlage der Prinzipien von Flug und Leistung mit zahlreichen Beispielen. Großzügig illustriert

Norberg UM, Rayner JMV (1987) Ecological morphology and flight in bats (Mammals; Chiroptera): wing adaptations, flight performance, foraging strategy and echolocation. Phil Trans R Soc Lond Biol 316:335–417

Padian K (1983) A functional analysis of flying and walking in pterosaurs. Paleobiology 9:218–239

Padian K (1991) Pterosaurs: were they functional birds or functional bats? In: Rayner JMV, Wooton RJ (eds) Biomechanics in evolution. Cambridge Univ Press, New York, pp 146–160

Padian K, Rayner JMV (1993) The wings of pterosaurs. Am J Sci 293:91–166. Eine detaillierte Analyse der Skelett- und Bindegewebskomponenten der Flügelhaut der Pterosaurier auf der Grundlage von Fossilien. Übersicht über die Argumente für eine vogelähnliche Körperhaltung der Pterosaurier

Pennycuick CJ (1988) On the reconstruction of pterosaurs and their manner of flight, with notes on vortex wakes. Biol Rev 63:299–331

Pennycuick CJ (1989) Bird flight performance: A practical calculation manual. Oxford Univ Press, New York. Ein praktisches Buch, welches die für das Design der Vogelflügel wichtigen Faktoren darstellt, welches erklärt, wie man sinnvolle Messungen an fliegenden Organismen durchführt und das ein Computerprogramm für die Kraftberechnung während des Fluges vorstellt

Quinn TH, Baumel JJ (1990) The digital tendon locking mechanism of the avian foot (Aves). Zoomorphology 109: 281–293

Rayner JMV (1988) The evolution of vertebrate flight. Biol J Linnean Soc 34:269–287

Rayner JMV (1991) Avian flight evolution and the problem of *Archaeopteryx*. S. 183–212. In: Rayner JMV, Wooton RJ (eds) Biomechanics in evolution. Cambridge Univ Press, New York, pp 183–212

Rayner JMV (1995) Dynamics of the vortex wakes of flying and swimming vertebrates. J Exp Biol 49:131–155. Gute Diskussion der Wirbel im Nachlauf

Rayner JMV (1996) Biomechanical constraints on size in flying vertebrates. Symp Zool Soc Lond 69:83–109

Rosser BWC, George J (1986) The avian pectoralis: Histochemical characterization and distribution of muscle fiber types. Can J Zool 64:1174–1185

Rüppell GR (1977) Bird flight. Van Nostrand Reinhold, New York (Original 1975: Vogelflug, Kindler, München). Herausragender Beitrag zur Analyse des Vogelflugs. Rüppell war einer der ersten, die Hochgeschwindigkeitsphotographie benutzt haben, um Vögel in den verschiedenen Flugphasen darzustellen. Die Illustrationen sind hervorragend

Saville DBO (1957) Adaptive evolution of the avian wing. Evolution 11:212–224

Sokoloff AJ et al (1998) Neuromuscular organization of avian flight muscle: Morphology and contractile properties of motor units in the pectoralis (pars thoracicus) of pigeon (*Columba livia*). J Morphol 236:179–208

Spedding GR (1984) Momentum and energy in the wake of a pigeon (*Columba livia*) in slow flight. J Exp Biol 111: 81–102. Eine technisch erstklassige Untersuchung

Unwin DM (1999) Pterosaurs: Back to the traditional model? TREE 14:263–268. Eine kritische Übersicht über die Argumente, die während der letzten 200 Jahre in Bezug auf die Flügelmorphologie, die Flugfähigkeiten und die Körperhaltung der Pterosaurier am Boden vorgebracht wurden. Der Text zeigt, wie unsere Interpretation der früher beschriebenen Morphologie durch neue Daten aus der Phylogenie und neuen Erkenntnissen aus fossilen Fußspuren beeinflusst werden kann

Vaughan TA (1959) Functional morphology of three bats: *Eumops*, *Myotis*, *Macrotus*. Univ Kans Publ Nat Hist 12:1–153

Vazquez RJ (1992) Functional osteology of the avian wrist and the evolution of flapping flight. J Morphol 211: 259–268. Eine exzellente anatomische Untersuchung einer komplexen Struktur

Vazquez RJ (1994) The automating skeletal and muscular mechanisms of the avian wing (Aves). Zoomorphology 114:59–71

Vogel S (1981) Life in moving fluids: The physical biology of flow, 2nd edn. Princeton Univ Press, Princeton/NJ

Wellnhofer P (1991) The illustrated encyclopedia of pterosaurs. Crescent Books, New York. Ein wissenschaftliches Werk, das die evolutionären Veränderungen der Pterosaurier vom Jura bis zur Kreide behandelt. Wunderschöne Abbildungen

Wilson JA (1975) Sweeping flight and soaring by albatrosses. Nature 257:307–308

Xu X, Zhou Z, Wang X, Kuang X, Zhang F, Du X (2003) Four-winged dinosaurs from China. Nature 421:335–340

# 29 Energetik und Fortbewegung

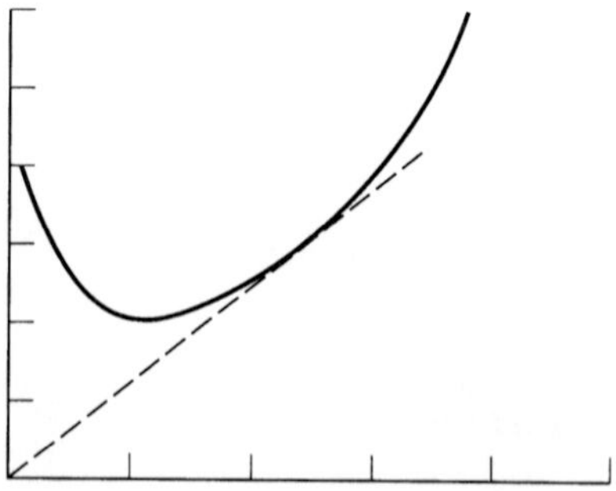

Energetik ist das Forschungsgebiet, das Biomechanik und Physiologie umfasst und sich mit der Energie und ihrer Umwandlung beschäftigt. Fortbewegung ist energieaufwendig und die Kosten steigen sehr schnell mit steigender Schnelligkeit. Deshalb könnte man erwarten, dass die Körperform und die Art der Fortbewegung eng mit der Energetik verbunden sind. Das sind sie tatsächlich, aber im Brennpunkt vieler laufender Untersuchungen steht die genaue Beziehung verschiedener Fortbewegungsarten bei eng miteinander verwandten und nicht eng miteinander verwandten Spezies. Dieses kurze Kapitel wird einige grundlegende Zusammenhänge zusammenfassen und verschiedene Wege vorstellen oder diskutieren, auf denen Wirbeltiere ihre Energiebedürfnisse gering halten können, wobei die physiologischen Betrachtungen anderen Untersuchungen vorbehalten bleiben.

## 29.1 Einige grundlegende Zusammenhänge

Sogar in Ruhe verbraucht ein Wirbeltier Energie, um den Kreislauf, die Exkretion, die Verdauung und (bei Endothermen) die Körpertemperatur aufrechtzuerhalten. Der Energieverbrauch, der für die Aufrechterhaltung der Körperfunktionen erforderlich ist, wird als Sauerstoffvolumen, das pro Einheit Körpergewicht pro Zeiteinheit verbrannt wird, gemessen. Man nennt diesen Wert die **Standard-Stoffwechselrate** oder, bei Endothermen, den **Grundumsatz**. Dieser ist bei ruhenden Säugetieren 6- oder mehrfach größer als bei Reptilien. (Die Stoffwechselraten verdoppeln oder verdreifachen sich, wenn die Körpertemperatur um 10 °C ansteigt.) Man nimmt an, dass Tetrapoden auch Energie verbrauchen, um ihre Körperhaltung aufrechtzuerhalten, selbst wenn sie sich nicht bewegen (Abb. 29.1 a).

Der maximale Energieaufwand, den ein Vertebrat aufrechterhalten kann, ist ungefähr zehnmal höher als der Ruhestoffwechsel, aber es gibt bei den verschiedenen Taxa eine beträchtliche Variation und endotherme Tiere haben einen größeren Bereich als Ectotherme. Der **aerobe Stoffwechsel** ist der vollständige Abbau von Kohlenhydraten, die über das Kreislaufsystem herangeschafft werden, zu Kohlendioxid und Wasser. Die Schnelligkeit der Bewegung (oder die Anstrengung, die zum Klettern oder Graben benötigt wird) kann durch den **anaeroben Stoffwechsel** auf ein Mehrfaches des Niveaus erhöht werden, das aerob aufrechterhalten werden kann. Hier kommt es unter Bildung von Lactat zu einem unvollkommenen Abbau der Energiespeicher in den Geweben. Der anaerobe Stoffwechsel ist weniger effizient und führt schnell zu Ermüdung, aber meist erst, nachdem die Anstrengung ihr Ziel, nämlich Flucht, Verteidigung oder Verfolgung erreicht hat. Auf die Anstrengung muss eine Erholungsphase folgen, während der das Tier seine Sauerstoffschuld bezahlt und das Lactat entfernt.

Einige Arten von Energie (elektromagnetische, chemische) interessieren uns hier nicht direkt, selbst wenn sie in Beziehung zur Muskelphysiologie stehen. Die Wärmeenergie, die während der Fortbewegung produziert wird, reprä-

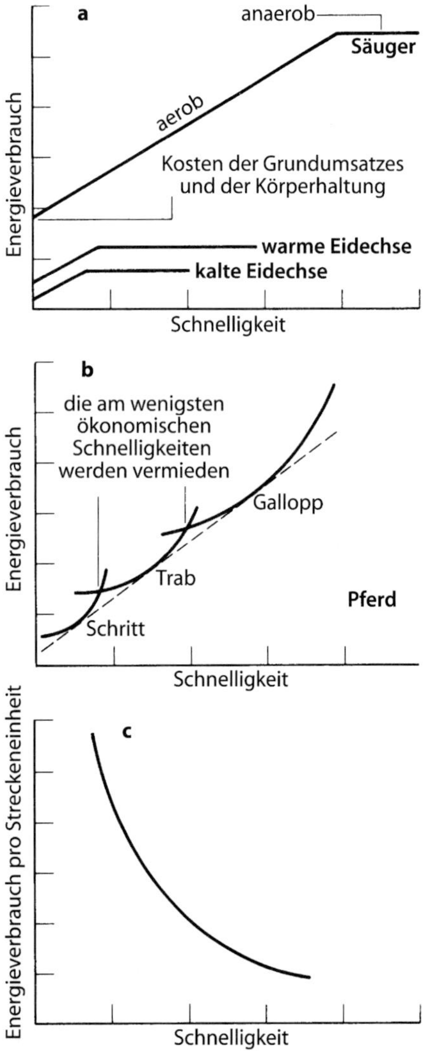


**Abb. 29.1.** Graphen zur Energetik der Fortbewegung von Tetrapoden, die allgemeine Zusammenhänge der Nettotransportkosten (**a**, **b**) und die Gesamtkosten des Transportes über eine bestimmte Strecke (**c**) zeigen

sentiert in der Regel eine Energieverschwendung, obwohl sie bei kleinen endothermen Tieren bei kaltem Wetter oder bei Ectothermen, die sich schneller bewegen müssen, eine erwünschte Konsequenz der Aktivität sein kann. Von direkter Bedeutung für die Fortbewegung sind die potentielle Energie und die kinetische Energie, die unten erklärt werden. Studien der Energetik der Tiere während der Fortbewegung haben zwei unterschiedliche Ansatzpunkte. Manche Studien messen die Sauerstoffmenge, die pro Zeiteinheit verbraucht wird, und benutzen dies als ein Maß für die Stoffwechselkosten und den mechanischen Kraftausstoß. Andere Studien dagegen schließen den erforderlichen Gesamtaufwand an mechanischer Kraft direkt aus Messungen der Kräfte, die in Muskeln oder auf das Bein wirken, und aus der Bewegungsbahn des Tieres während seiner lokomotorischen Aktivität.

Die **mechanische Effizienz** ist das Verhältnis aus der nutzbaren Energie, die aus einem System entnommen wird (gewöhnlich als die Kraft oder die Arbeit, die potentielle oder kinetische Energie produziert), zu der Energie, die hineingesteckt wird (in der Regel als Brennstoff). Die Effizienz einer anorganischen Maschine kann genau gemessen werden: Bei einer hydraulischen Turbine kann sie bei 90% liegen, bei einer Dampfmaschine bei 20% und bei vielen anderen Maschinen sogar bei noch weniger. Mit einiger Übung hat eine rhythmische Muskelanstrengung beim Menschen, die z. B. über ein Fahrradergometer gemessen wird, eine Effizienz von 25% oder etwas mehr. Wenn man jedoch das normale Verhalten von Tieren betrachtet, ist die Effizienz ein weniger genaues, aber ein genauso wichtiges Konzept. So führt das Rennen des Geparden zu einem extravaganteren Energieverbrauch als bei der Hirschziegenantilope, aber der Gepard überholt die Hirschziegenantilope oft genug, um zu überleben und ist in dieser (anderen) Hinsicht der bessere Läufer. Das Gewicht der hydraulischen Turbine ist unwichtig; aber bei Flugmaschinen – egal ob Tiere oder von Menschen gemachte – kann das Verhältnis aus nutzbarem Energieausstoß zum Gewicht wichtiger sein als sein Verhältnis zum Brennstoffinput. Das Verhältnis von Vortrieb zu Gewicht ist für die Flugmuskeln von Vögeln größer als bei Flugzeugmotoren, die wiederum wesentlich besser sind als Dampfmaschinen. Man könnte erwarten, dass die Morphologie eines Tieres es in die Lage versetzt, die benötigte Aktivität, egal wie fordernd oder anspruchsvoll sie sein mag, mit ausreichender Ökonomie auszuüben, um sie vorteilhaft zu machen (Exkurs 29.1).

## Exkurs 29.1

### Symmorphose: Das Abwägen von Design und Kosten

Bevor wir auf die Energetik der Fortbewegung eingehen, sollten wir noch ein breiteres Prinzip ins Auge fassen. Die Körpergestalt und die Art der Fortbewegung sind eng mit der Energetik verbunden. Organismen sind in der Regel für Ökonomie des Aufwands konstruiert: Anatomische Strukturen entsprechen typischerweise annähernd ihren funktionellen Anforderungen, übertreffen sie aber nicht. Dieses Prinzip, das Symmorphose genannt wird, wird manchmal benutzt, um Hypothesen über die Ursachen der Formentstehung (von der mikroskopischen bis zur makroskopischen Ebene) zu bilden, die mit der Biomechanik und der Energie in Verbindung stehen. Wenn z. B. eine Klapperschlange ihren Schwanz für die Dauer einer Bedrohung durch einen Räuber mit einer Frequenz von 90 $s^{-1}$ vibrieren lässt, sind dann die morphologischen und physiologischen Aspekte ihrer Schwanzmuskulatur genau aufeinander abgestimmt? Die Fluchtreaktion eines Frosches ist ein einzelner, aber weiter Sprung, während die Fluchtreaktion eines Truthahns aus vielen langen Schritten über mehrere Sekunden besteht. Ist die Morphologie ihrer entsprechenden Beine optimal für diese Funktionen? Wenn nicht, in welcher Weise (anatomisch oder physiologisch) ist das System dann entweder zu stark oder zu schwach ausgelegt? Wissenschaftler, die sich mit diesen Fragen herumschlagen, haben ihre Fortschritte auf einem Symposium vorgestellt (Weibel, Taylor und Bolis 1998) und diskutieren die Symmorphose als ein wichtiges Leitprinzip. Wie weist man z. B. nach, dass eine Symmorphose-Hypothese nicht stimmt? Optimalitätsmodelle sind auf allen Teilgebieten der Evolutionsbiologie umstritten. Durch die natürliche Auswahl werden weder Organismen konstruiert, um ein Ziel zu befriedigen, noch ist die natürliche Selektion lediglich eine Technik. Ingenieure konstruieren Strukturen meistens für ein einzelnes Ziel. Strukturen von Organismen dienen oft mehreren Zielen. Dennoch umfasst die Symmorphose effektiv manche vergleichenden Studien, vor allem solche, die auf die Muster der evolutionären Konvergenz hin gerichtet sind, und hilft, die relative Bedeutung der verschiedenen Funktionen für das strukturelle Design zu bestimmen.

## 29.2 Fortbewegung am Boden

### 29.2.1 Nutzung von Energie

Der aerobe, über den Ruhestoffwechsel hinausgehende Energieverbrauch geteilt durch die Geschwindigkeit, oder der (äquivalente) absolute Sauerstoffverbrauch geteilt durch die zurückgelegte Strecke sind die **Nettokosten des Transports**. In der Regel sagt man, dass die Beziehung linear ist. Der Brennstoff, der für das Zurücklegen einer gegebenen Distanz benötigt wird, ist **unabhängig von der Zeit und der Schnelligkeit** (Abb. 29.1 a). Für das Pferd aber, und wahrscheinlich auch für andere Lauftiere, gibt es für jede Gangart eine anders gebogene Regressionslinie (Abb. 29.1 b). Das Tier bewegt sich in der Regel mit einer relativ ökonomischen Gangart und Geschwindigkeit. (Die Gangart kann aber bei zunehmender Schnelligkeit auch geändert werden, um die Kräfte, die in den Muskeln und am Skelett wirken, innerhalb sicherer Grenzen zu halten.) Eine insgesamt gerade Regressionslinie (in der Abbildung gestrichelt dargestellt) ist eine zufriedenstellende Annäherung, wenn sie durch die bevorzugten langsamen und mittleren Geschwindigkeiten gezeichnet wird. Wenn allerdings die maximale Geschwindigkeit miteinbezogen wird, würde man einen etwas gebogenen Kurvenverlauf erwarten.

Die **gesamten Transportkosten** entsprechen der Energie, die bei einer gegebenen Geschwindigkeit verbrannt wird, geteilt durch diese Geschwindigkeit (Abb. 29.1 c). Die Beziehung ist ganz klar **geschwindigkeitsabhängig**: Innerhalb der Grenzen aerober Energiegewinnung verringern sich die Kosten für den Transport einer Masseneinheit über eine Distanz mit der Geschwindigkeit der Fortbewegung. Wenn sich ein Tier schneller fortbewegt, entstehen die konstanten laufenden Kosten und die Kosten für die Körperhaltung über eine kürzere Zeit. (Höhere Geschwindigkeit begünstigt auch den Energieerhalt; s. unten.)

Die Kosten der bipeden Fortbewegung scheinen ungefähr denen der quadrupeden Fortbewegung zu entsprechen (obwohl der Vergleich durch die andersartige Umwandlung von Energie, wie unten beschrieben wird, kompliziert wird). Hüpfen hat sich wahrscheinlich nicht entwickelt, um Energie zu sparen. Schlangen, die durch laterale Undulation kriechen, verbrauchen ungefähr so viel Energie wie Eidechsen und wenn sie sich in der Ziehharmonika-Bewegung fortbewegen, verbrauchen sie ungefähr zehnmal mehr Energie. Eine getragene Last (Geweih, Jungtier, Beute) scheint die Transportkosten im Verhältnis zur Masse der Last (in Prozent der unbelasteten Masse des Tieres) zu erhöhen, wobei es offensichtlich Ausnahmen gibt.

Graben kann mehrere hundert bis mehrere tausend Mal teurer sein, als wenn man die gleiche Strecke auf dem Erdboden zurücklegt. Es gibt physiologische Adaptationen des Atmungs-, Kreislaufs- und des Thermoregulationssystems. Grabtiere müssen hohe Arbeitsbelastungen in einer Umgebung hinnehmen, in der eine geringe Sauerstoffspannung herrscht, eine hohe $CO_2$-Spannung, eine hohe Luftfeuchtigkeit und ein begrenzter Temperaturbereich. Mit Ausnahme der kleinsten grabenden Säugetiere haben alle Gräber einen niedrigen Grundumsatz und einen weiten Bereich der Thermoneutralität (das ist die Temperatur, bei welcher der Sauerstoffverbrauch minimal ist). Verglichen mit weißen Ratten hat der stark ans Graben angepasste Blindmull (Abb. 25.10) ungefähr eine um 30% höhere Kapillarendichte in seinen Muskeln und eine um beinahe 50% höhere Mitochondriendichte (die den Sauerstoff in den Muskelzellen in Energie umsetzen).

## 29.2.2 Umwandeln und Erhalten von Energie

Die vorausgehenden Kapitel haben sich damit beschäftigt, wie Energie gespart werden kann: Lauftiere und Springer können unnötige Schwingungen vermeiden. Sie können das Skelett so modifizieren, dass sie Gewicht sparen, ohne die erforderliche Festigkeit zu verlieren, und sie können die Masse der sich bewegenden Teile nahe am Rumpf konzentrieren, um so deren Massenträgheit zu reduzieren (S. 498–502). Ans Graben angepasste Vertebraten widerstehen passiv den verschiedenen einwirkenden Kräften durch die Struktur ihrer Gelenke und Ligamente und durch knöcherne Sperren, welche die Bewegung einschränken (Abb. 25.6).

Lauftiere und Springer sparen außerdem erheblich an Brennstoff, indem sie Energie umwandeln. Sie wandeln potentielle in kinetische Energie um und umgekehrt. Die **potentielle Energie** ($E_p$) ist die Energie der Lage und hängt von der Schwerkraft ab. Beim Erklettern eines Baumes arbeitet ein Flughörnchen gegen die Schwerkraft und erwirbt so potentielle Energie für sein Herabgleiten. Die Beine laufender Tiere erlangen potentielle Energie, wenn sie gehoben werden. Quantitativ ist $E_p = mgh$, wobei $m$ die Masse, $g$ die Schwerkraft und $h$ die Höhe ist. Die **kinetische Energie** ist die Energie der Bewegung. Bei einer geradlinigen Bewegung (z. B. eines angreifenden Rhinozeros oder eines stoßenden Falken) ist $E_k = \frac{1}{2}\, mv^2$. Bei Rotationsbewegung (bei einem schlagenden Flügel, einem zuschnappenden Kiefer und einem schwingenden Bein) ist $E_k = \frac{1}{2}\, I\omega^2$, wobei $I$ das Massenträgheitsmoment und $\omega$ die Winkelgeschwindigkeit ist (s. S. 471–473).

Energie wird nie vernichtet: Die $E_p$ des Flughörnchens an der Baumspitze wird $E_k$, wenn es nach unten gleitet; die $E_k$ eines springenden Lachses wird $E_p$, wenn der Fisch in einem höhergelegenen Teich zur Ruhe kommt. Wenn ein Pendel schwingt, wandelt es beim Abschwung $E_p$ in $E_k$ und beim Aufschwung $E_k$ in $E_p$ um. Wenn man von innerer Reibung und Luftwiderstand absieht, muss keine neue Energie zugeführt werden, um es am Schwingen zu erhalten. Pendelnde Extremitäten sich bewegender

Tetrapoden tun gewissermaßen das Gleiche, wenn sie über dem Grund frei nach vorne schwingen. Die Frequenz, mit der ein Pendel natürlicherweise schwingt, seine Eigenfrequenz, ist von seiner Länge abhängig. Je größer die Länge, desto länger ist die Pendelperiode. Das ist der Grund, warum jede Person am bequemsten mit einer bestimmten Frequenz läuft und warum langbeinige Tiere mit langen, langsamen Schritten laufen, während kurzbeinige Tiere meist mit kurzen, schnellen Schritten laufen. Selbst wenn ein Tier seine Beine nicht immer genau in ihrer Eigenfrequenz pendeln lässt, kann es bei langsamer oder mittlerer Reisegeschwindigkeit immer noch viel Energie einsparen.

Wenn das ausgestreckte Bein eines gehenden Tieres auf den Boden gesetzt wird, schwenkt der Körper über das Bein in die vertikale Position und fällt dann wieder ab. Das Bein verhält sich wie ein umgekehrtes Pendel (z.B. Metronom). Deshalb bewegen sich die Hüften gehender Menschen auf und ab. Über eine Reihe von Schritten oszillieren die im Schwerpunkt konzentrierte potentielle und kinetische Energie ($E_p$ und $E_k$ ) zwischen maximalen und minimalen Werten, nehmen ab, wenn das Zentrum angehoben wird, und nehmen zu, wenn der Körperschwerpunkt fällt. In einer wichtigen und einflussreichen Untersuchung haben Cavagna, Heglund und Taylor (1977) eine Kraftmessplatte und synchronisierte Cinematographie benutzt, um diese Oszillationen bei zwei Arten von Vögeln und drei verschiedenen Arten von Säugetieren zu messen. Sie zeigten, dass $E_p$ im Mittelpunkt der Standphase jedes Fußes am höchsten ist und am geringsten, wenn ein Fuß eines Paares gerade auf den Boden aufsetzt und der andere gerade abhebt. Werte für $E_k$ ändern sich gegenphasisch zu denen für $E_p$. Weil sich die Gesamtenergie während eines Schrittes nur wenig verändert, werden 65-70% der Energieänderungen bei jedem Schritt zurückgewonnen, so dass nur 30–35% von den Muskeln geliefert werden müssen.

Bei Gangarten, die schneller als das Gehen im Schritt sind, ist die Sachlage allerdings anders. Cavagna und seine Kollegen haben gezeigt, dass rennende Zweibeiner, trabende Vierbeiner und hüpfende Tiere ihre Beine während eines Bewegungszyklus zweimal benutzen, um sich nach oben und vorwärts zu drücken: einmal wenn sie bei der Landung ihren Fall abbremsen und dann wieder während des Vortriebs. Daher sind die Oszillationen von $E_p$ und $E_k$ im Wesentlichen in Phase, was dazu führt, dass keine Energie umgewandelt wird und keine Energie erhalten bleibt. Stattdessen wird Energie bei vielen mittel- bis sehr großen Vertebraten über einen anderen Mechanismus erhalten und zwischengespeichert. Diese Überlegungen haben sich in weiteren Untersuchungen als tragfähig erwiesen, um Körperform und Gangarten bei Menschen und Huftieren zu erklären.

Beispiele für **elastische Energiespeicherung** sind eine belastete Feder, ein gespannter Schützenbogen, eine gedehnte Sehne oder Ligament und eine aufgeblasene Lunge. Sie entspricht $\frac{1}{2} ks^2$, wobei $k$ die Federkonstante oder die wiederherstellende Kraft pro Einheit Verlagerung des gedehnten Körpers ist, und $s$ die Verlagerung. Der erste experimentelle Nachweis einer Speicherung von elastischer Energie wurde bei Kängurus in einer Stoffwechseluntersuchung von Dawson und Taylor (1973) geführt. Der Sauerstoffverbrauch nahm zunächst mit steigender Hüpfgeschwindigkeit (wie erwartet) zu, spielte sich dann aber auf einer bestimmten Ebene ein und nahm bei hoher Geschwindigkeit sogar ab. Inzwischen konnte man zeigen, dass diese überraschende Beobachtung auf der Rückgewinnung der im Körper gespeicherten elastischen Energie beruht. Wenn Kängurus nach jedem Hüpfer landen, dehnen sich die Sehnen ihrer aktiv kontrahierten (und daher rigiden) M. gastrocnemius und M. plantaris und speichern daher Energie, die während der folgenden Vortriebsphase freigesetzt wird. Die Energieersparnis erreicht beeindruckende 40%. Die enorme Energieersparnis, die durch das elastische Zurückschnellen der Sehnen der Fingerflexoren erreicht wird, wird durch die elastische Wirkung der Ligamente ergänzt. Wenn der Fuß eines rennenden Pferdes (oder eines Ungulaten) den Boden berührt, beugt der Aufprall das Gelenk zwischen den Phalangen und den Metapodien (das Fesselgelenk). Dies dehnt die suspensorischen oder springenden Ligamente („Fesselträger“) (Abb. 22.10). Die Energie der Verformung wird zurückgewonnen, wenn das System entlastet wird,

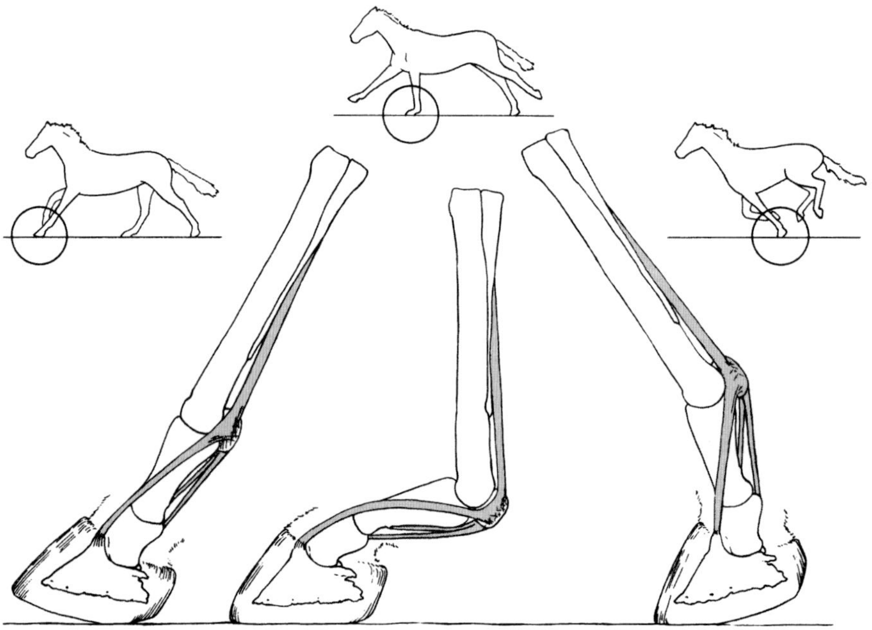

**Abb. 29.2.** Federwirkung des „Fesselträgers" im Fuß des Pferdes.

wobei das Gelenk in eine gestreckte Stellung zurückkehrt und ein Aufwärtsschwung auf den ganzen Körper übertragen wird (Abb. 29.2). Beinahe 700 kg werden benötigt, um das Hauptspringligament im Vorderfuß des Pferdes zu zerreißen. Ähnliche elastische Bänder, die den Kopf und die Wirbelsäule stützen, tragen ebenfalls zu der extrem hohen Effizienz galoppierender Pferde bei (Minetti et al. 2000).

Inzwischen weiß man, dass die Rückgewinnung von elastischer Energie weit verbreitet ist. Ein anderes Beispiel: Elastisches Gewebe am Mundboden, im Pharynx und in den Lungen wandelt Energie um, wenn Vertebraten atmen oder hecheln.

### 29.2.3 Morphologische Korrelate zum Energieerhalt

Forscher versuchen, die morphologischen und Verhaltenskorrelate der Fortbewegungskosten einzuordnen. So wirken sich z. B. Energiebeschränkungen auf die Muskelarchitektur aus. Roberts und seine Kollegen führten direkte Messungen der Kraft und der Länge des M. gastrocnemius bei rennenden Truthähnen durch und stellten fest, dass sich der Muskel isometrisch kontrahiert, wenn der Fuß auf den Boden auftrifft (das ist die ökonomischste Art der Kontraktion), seine Sehne wird gedehnt. Wenn der Fuß den Boden verlässt, schnellt die Sehne in ihre ursprüngliche Länge zurück und die elastisch gespeicherte Energie wird für den Vortrieb des Tieres zurückgewonnen. Die Hypothese, die sich aus diesem und ähnlichen Experimenten an hüpfenden Kängurus ergab (Biewener 1998), besagt, dass gefiederte Beinmuskeln mit langen Sehnen ökonomische elastische Federn darstellen, die zu einer effizienten Wiedergewinnung von Energie beitragen.

Selbst mit immer komplizierteren Messmethoden sind die Energiekosten der Fortbewegung schwierig zu bestimmen und es gibt sehr viele miteinander in Konkurrenz stehende Hypothesen. Im Widerspruch zu der Hypothese, dass Tiere die Gangart wechseln, um Energie zu sparen, präsentieren Farley und Taylor (1991) Hinweise, dass das Wechseln der Gangart mit der Minimierung der inneren Kräfte im musculoskelettalen System zusammenhängt. Man nahm zunächst an, dass die Energiekosten für die

Arbeit der Muskeln, die jedes Bein bewegen, viele der größenabhängigen Unterschiede in den Energiekosten der terrestrischen Fortbewegung bei verschiedenen Gruppen erklären (Abb. 29.1a und 29.4b). Neuere Studien an Quadrupeden (Kram und Taylor 1990) und Bipeden (Roberts et al. 1997) deuten darauf hin, dass die Kosten mit der Dauer des Bodenkontaktes (und dem Aufbringen von Muskelkraft) während der Vortriebsphase in Verbindung stehen.

## 29.3 Schwimmen

Die **Nettotransportkosten** bei Schwimmern (Abb. 29.3) unterscheiden sich von denen der Tetrapoden, indem sie ganz klar **geschwindigkeitsabhängig** sind. Der Energieaufwand steigt ungefähr mit dem Quadrat der Schwimmgeschwindigkeit. Eine Linie, die durch den Ursprung des Graphen und als Tangente an die Kurve gezogen wird, gibt die **Schnelligkeit bei maximaler Reichweite** oder die Schnelligkeit bei minimalen Transportkosten wieder. Diese ökonomischste Geschwindigkeit kann für Wanderungen benutzt werden. Wenn bei Fischen die Temperatur abgesenkt wird, verlagert sich die Kurve im Graph nach unten und die Geschwindigkeit bei minimalen Kosten wird reduziert. Andererseits haben warmblütige Cetacea sogar für Säugetiere eine hohe Stoffwechselrate. Ihr Blubber als Brennstoffquelle hält sie auch bei Kräften, wenn kein Futter zur Verfügung steht.

Bei Fischen können anaerob betriebene Sprints drei- bis viermal schneller sein als die Geschwindigkeit, die längere Zeit aufrechterhalten werden kann. Die Körperform des Fisches (z.B. stromlinienförmig) ist für Sprintgeschwindigkeiten viel kritischer als für Wandergeschwindigkeiten. Schwimmen kostet Schildkröten und Eidechsen ungefähr dreimal so viel Energie, wie es Fische kostet, warmblütige Menschen und Enten kostet es ungefähr dreißigmal so viel. Wahrscheinlich spart die Schulenbildung bei bestimmten Fischen etwas Energie und möglicherweise spart auch wiederholtes Im-Leerlauf-Treiben-Lassen zwischen kurzen Antriebsschüben Energie. Tieftauchende Robben und Wale sparen jedenfalls erhebliche Energiemengen durch ein verlängertes Gleiten, vor allem beim Abtauchen.

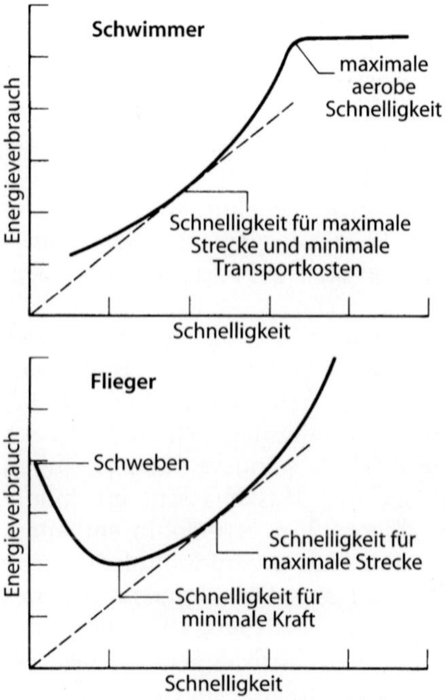


**Abb. 29.3.** Energetik der Fortbewegung von Schwimmern und Fliegern. Die zuletzt Genannte ist theoretisch und bedarf noch weiterer Untersuchung

Manche Schwimmer wandeln Energie auch um. Die zähe, faserige Haut der Haie wird durch den hydrostatischen Druck der darunter liegenden Muskeln gespannt, wenn das Tier schnell schwimmt. So wird sie zu einer dicht an der Außenfläche liegenden Ganzkörpersehne, die sich auf der konvexen Seite des undulierenden Körpers dehnt. Dabei kann sie Energie speichern, die dann freigesetzt wird, wenn sich diese Seite beugt. Aus Untersuchungen der Morphologie der Wirbel und der zwischen den Wirbeln liegenden Faserstrukturen beim gemeinen Delphin haben Long und seine Mitarbeiter (1997) geschlossen, dass die Wirbelsäule eine beträchtliche Menge an elastischer Federenergie speichert, vor allem, wenn die Fluken sich mit großer Amplitude bewegen. Unter dem Speck der Cetacea liegt eine Hüllschicht aus Kollagenfasern, die schraubenförmig um den Körper und den Schwanzstiel gewunden sind. Diese Schicht kann ebenfalls elastische Energie speichern und freisetzen. Ähnlich werden bei Knochenfischen elastische Elemente, die mit der Wirbelsäule assoziiert sind, und Überreste der Chorda dorsalis (zwischen den Centra) gedehnt, wenn sich der Körper zu einer Seite hin biegt und dann zurückschnellt, wobei elastische Federenergie wiedergewonnen wird.

Die Axialmuskulatur, die das Kraftwerk der „Schwanzschwimmer" ist, kann die Hälfte des Gesamtgewichtes des Tieres ausmachen. Fische, die kontinuierlich schwimmen (Thunfisch) oder die über lange Strecken wandern (Lachs), haben an ihren Flanken rote Muskelfasern, die relativ langsam kontrahieren, viel Myoglobin enthalten, aerob arbeiten und eine außergewöhnlich reiche Blutversorgung besitzen. Die Temperatur eines solchen Muskels liegt meistens 10 °C über der Wassertemperatur und wird aufgrund eines Gegenstromaustausches nicht abgeleitet (s. S. 300–301). Der weiße Muskel, der den Hauptteil des Muskelsystems ausmacht, ist zu einer schnelleren anaeroben Kontraktion fähig (Altringham und Block 1967).

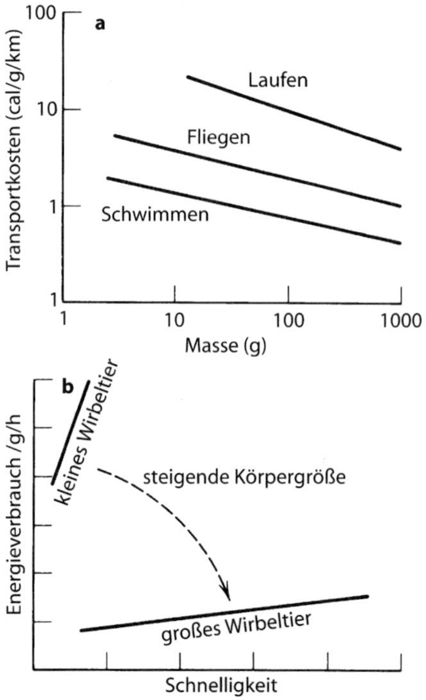


**Abb. 29.4.** Transportkosten in Beziehung auf **a** den Typus der Fortbewegung und **b** die Körpergröße

## 29.4 Fliegen

Lauftiere und Schwimmer verbrauchen am wenigsten Energie, wenn sie stationär an einem Ort verharren, aber für Flieger ist es sehr teuer, wenn sie rütteln. Wissenschaftler haben ausgerechnet, dass für aeroben Horizontalflug die Kraftkurve (die proportional zum Energieverbrauch ist) ungefähr so aussehen müsste, wie sie in Abb. 29.3 gezeigt wird. Im Gegensatz zu den entsprechenden Kurven für Landtiere und für Schwimmer gibt es eine **Geschwindigkeit bei minimalem Kraftaufwand**, bei der Brennstoff am langsamsten verbrannt wird. Die höhere Schnelligkeit mit maximaler Reichweite (die wie bei Schwimmern bestimmt wird) erlaubt die längste Reisestrecke mit einer gegebenen Menge an Treibstoff. Die gezeigte Kurve ist jedoch theoretisch. Sie wird von manchen Experimenten unterstützt, von anderen aber nicht. Eine neuere Studie, in der die Kraft aus direkten *in-vivo*-Messungen der Flügelbewegungen von Elstern, die mit unterschiedlicher Geschwindigkeit flogen, berechnet wurde, unterstützt die Kurvenform für Rüttelflug und langsamen Flug (Dial et al. 1997). Für Geschwindigkeiten dagegen, die von langsamem Flug bis zum schnellsten Flug reichten, waren die Werte der mechanischen Leistung statistisch nicht voneinander zu unterscheiden. Bei diesen Geschwindigkeiten steigt die Kurve zu höheren Geschwindigkeiten hin also nicht an, sondern bleibt flach (Abb. 29.3).

Segeln kostet nur ein Drittel oder weniger der Kosten des Schlagfluges. Ein Wellenflug, der zwischen Schlagflug und Gleiten mit gefalteten Flügeln wechselt (wie bei Spechten), kann Energie sparen. Insgesamt sind die Kosten des Fliegens zwei- bis dreimal höher als die des Schwimmens, aber nur ungefähr ein Viertel bis ein Drittel von dem des Rennens (Abb. 29.4 a).

## 29.5 Skalierung der Fortbewegungskosten

Die Transportkosten steigen nicht direkt proportional zur Körpermasse, sondern stattdessen mit ungefähr $M^{0,7}$. Für größere Tiere ist es billiger, eine Masseneinheit über eine gegebene Distanz zu bewegen, als für kleinere Tiere. Bei der terrestrischen Fortbewegung auf dem Boden gibt es eine umgekehrt proportionale Beziehung zwischen dem Energieverbrauch und der Zeit, während derer jeder Fuß Kraft auf den Boden ausübt (Kontaktzeit). Die langsameren Schritte großer Säugetiere lassen ihnen mehr Zeit, die Kraft aufzubringen, die für die Unterstützung des Körpers benötigt wird. Dies verleiht ihnen eine höhere Ausdauer als kleinen Säugetieren. Große Fische können weiter schwimmen und eine maximale aerobe Geschwindigkeit länger aufrechterhalten (Abb. 29.4 b). Die maximalen Laufgeschwindigkeiten von Säugetieren sind ungefähr doppelt so hoch wie ihre entsprechenden maximalen aeroben Geschwindigkeiten. Die Maxima variieren mit ungefähr $M^{0,17}$, aber ein Spitzenwert liegt bei ungefähr 120 kg. Die Gabelantilope, die nach dem Geparden das zweitschnellste Tier ist, ist eher ein Langstreckenläufer als ein Sprinter. Sie kann 11 km in 10 Minuten mit einer Durchschnittsgeschwindigkeit von 65 km $h^{-1}$ zurücklegen. Ausdauerstudien im Labor (bei geringeren Geschwindigkeiten) deuten darauf hin, dass Gabelantilopen in der Lage sind, einen höheren Sauerstoffanteil aus der Luft zu entnehmen und zu verwerten, als für Säugetiere ihrer Größe vorhergesagt wird (Lindstedt et al. 1991). Sie erreichen dies nicht durch neue Strukturen, sondern durch eine Verstärkung von Strukturen, die bei allen Säugetieren vorhanden sind (z.B. eine erhöhte Anzahl von Mitochondrien pro Muskelvolumen).

Es gibt aber auch eine Situation, in der kleinere Tiere im Vorteil sind. Es ist für kleine Kletterer energetisch billiger, sich vertikal zu bewegen als für große. Stellen Sie sich selbst vor, wie Sie eine lange steile Treppe so schnell und so leichtfüßig hinaufrennen wie das kleine Eichhörnchen, das den Stamm eines hohen Baumes hinaufspringt.

## Literatur


Alexander RMcN (1988) Elastic mechanisms in animal movement. Cambridge Univ Press, New York

Altringham JD, Block BA (1997) Why do tuna maintain elevated slow muscle temperatures? Power output of muscle isolated from endothermic and ectothermic fish. J Exp Biol 200:2617–2627

Bennett AF (1985) Energetics and locomotion. In: Hildebrand M et al (eds) Functional vertebrate morphology. Harvard Univ Press, Cambridge/MA, pp 173–184

Bennett AF (1988) Structural and functional determinates of metabolic rate. Am Zool 28:699–708

Biewener AA (1998) Muscle function *in vivo*: a comparison of muscles used for elastic energy savings versus muscles used to generate mechanical power. Am Zool 38:703–717

Bone Q (1975) Muscular and energetic aspects of fish swimming, Vol 2. In: Wu TY-T, Brokaw CJ, Brennen C (eds) Swimming and flying in nature. Plenum, New York, pp 498–528

Cavagna GA, Heglund NC, Taylor CR (1977) Mechanical work in terrestrial locomotion: two basic mechanisms for minimizing energy expenditure. Am J Physiol 233: R243–R261

Dawson TJ, Taylor CR (1973) Energetic cost of locomotion in kangaroos. Nature 246:313–314

Dial KP et al (1997) Mechanical power output of bird flight. Nature 390:67–70

Farley CT, Taylor CR (1991) A mechanical trigger for the trot-gallop transition in horses. Science 253:306–308

Jones JH, Lindstedt SL (1993) Limits to maximal performance. Annu Rev Physiol 55:547–569. Ein praktisches Handbuch, wie die Variablen lokomotorischer Leistung gemessen und zwischen Säugern verschiedener Größe verglichen werden

Kram R, Taylor CR (1990) Energetics of running: a new perspective. Nature 346:265–267

Lindstedt SL, Thomas RG (1994) Exercise performance of mammals: An allometric perspective. Adv Vet Sci Comp Med 38B:191–217. Eine exzellente Einführung in die Literatur zur vergleichenden Energetik der Säuger

Lindstedt SL et al (1991) Running energetics in the pronghorn antelope. Nature 353:748–750

Long JH et al (1997) Locomotor design of dolphin vertebral columns: bending mechanics and morphology of *Delphinus delphis*. J Exp Biol 200:65–81

McNab BK (1979) The influence of body size on the energetics and distribution of fossorial and burrowing mammals. Ecology 60:1010–1021

Minetti AE et al (2000) The relationship between mechanical work and energy expenditure of locomotion in horses. J Exp Biol 202:2329–2338

Roberts JJ et al (1977) Muscular force in running turkeys: the economy of minimizing work. Science 275:1113–1115

Schmidt-Nielsen K (1984) Scaling: why is animal size so important? Cambridge Univ Press, London

Thompson SD et al (1980) Energetic cost of bipedal hopping in small mammals. Nature 287:223–224

Weibel ER, Taylor CR, Bolis L (1998) Principles of animal design: The optimization and symmorphosis debate. Cambridge Univ Press, New York. Forscher berichten über laufende Forschungsprojekte und theoretische Argumente

Witte HM, Preuschoft H, Recknagel S (1991) Human body proportions explained on the basis of biomechanical principles. J Morph Anthropol 78:407–423

White TD, Anderson RA (1994) Locomotor patterns and costs as related to body size and form in teiid lizards. J Zool Lond 233:107–128. Erklärt gründlich die oft verwirrenden Begriffe, die bei der Betrachtung der Kosten der Fortbewegung und des Transports benutzt werden

Woledge RC, Curtin NA (1990) The price of being a snake. Nature 347:619–620

# 30 Nahrungsaufnahme

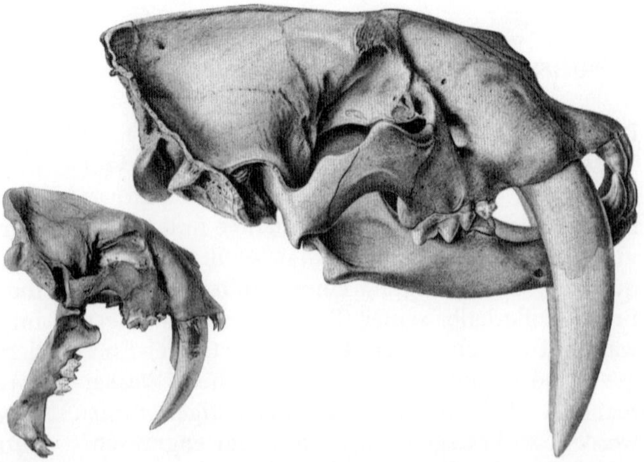

Die Nahrung der Vertebraten reicht von mikroskopisch kleinen Diatomeen oder Algen bis zu sehr großen Beutetieren, von passiven Pflanzen oder beinahe passiver Beute (die meisten Mollusken) bis zu sehr aktiver, von nährstoffreichen Insekten oder Würmern zu nährstoffarmen Halmen, von verteidigungslosen Lebewesen zu geschützten, und von im Überfluss vorhandenen bis zu hochgradig begrenzten Ressourcen (z.B. der Nektar von nur ganz bestimmten Blüten). Die Nahrung kann saisonal oder immer zur Verfügung stehen, sie kann zahlreich sein oder selten, und es kann Nahrungskonkurrenz bestehen oder auch nicht. Es ist also nicht verwunderlich, dass die Wege, auf denen die Wirbeltiere ihre Nahrung lokalisieren und gewinnen, extrem variabel sind.

Dies ist daher eine gute Gelegenheit, um zu betonen, dass ein Tier nicht an eine zufällige Kombination unabhängiger Aktivitäten angepasst ist, sondern stattdessen an einen koordinierten Lebensstil. Die Fortbewegungsweise ist fast immer mit den Ernährungsgewohnheiten korreliert, und Fortpflanzung, Verteidigung und andere Verhaltensweisen sind in der Regel mit der Art der Nahrungsaufnahme und der Fortbewegung gekoppelt. Teile der vorherigen Kapitel über die Zähne, das Verdauungssystem, die Sinnesorgane und die Fortbewegungsanpassungen beziehen sich direkt auf die Nahrungsaufnahme.

Die Analyse der Nahrungsaufnahme ist ein komplexes und anspruchsvolles Forschungsgebiet geworden. Die meisten Untersuchungen, die in der ersten Hälfte des 20. Jahrhunderts durchgeführt wurden, behandelten den Kiefer einfach als einen Hebel, der am Condylus mandibularis drehte. Präparation, Manipulation und lineare Messungen wurden benutzt, um Korrelationen zwischen Form und Funktion herzustellen. Die heutige Forschung ergänzt diese immer noch wichtigen Techniken durch Verhaltensbeobachtungen, durch Belastungsanalyse mit Spannungsmessgeräten, die an funktionierenden Kiefern angebracht sind, durch Bewegungsanalyse mit Beschleunigungsmessern und Bewegungsaufnehmern, durch physikalische Analysen mit Drucksensoren, durch Aufzeichnung der Muskelaktivität mit Elektromyographie und durch die Untersuchung von Bewegungsbahnen, Geschwindigkeiten und Beschleunigungen mit Glasfaseroptik und Hochgeschwindigkeitscine- oder -videophotographie (Standard und Röntgen, und oft gleichzeitig in unterschiedlichen Ansichten).

*Oben:* Schädel des Säbelzahntigers *Smilodon* [Aus: Merriam J.C., Stock C. (1932) The felidae of Rancho La Brea. Publ. 422, Carnegie Inst., Washington]

## 30.1 Nahrungsaufnahme im Wasser

Die Biomechanik der Nahrungsaufnahme im Wasser ist deutlich von der der Nahrungsaufnahme an Land abgesetzt, weil das Medium, nämlich das Wasser, 830-mal dichter und 80-mal visköser ist als Luft. Dies hat wichtige Konsequenzen: Die Bewegung eines Räubers kann die Beute außerhalb seiner Reichweite schleudern, während er sich seiner Beute nähert. Viel Energie ist nötig, um die (oft beträchtlichen) Wassermengen, die mit der Nahrung aufgenommen werden, zu bewegen. Auch an jedem engmaschigen Filter, das benutzt wird, um Nahrungspartikel aufzufangen, besteht ein hoher Widerstand gegen das Durchströmen von Wasser.

Da jedoch große Mengen von Nahrungspartikeln im Wasser suspendiert sein können und andere, größere Beute mit dem Wasser in den Mund gesaugt werden kann, kann die Nahrungsaufnahme im Wasser vielseitiger und effektiver sein als die Nahrungsaufnahme an Land. Da die Nahrungsaufnahme der Tetrapoden an Land von der Art der Nahrungsaufnahme ihrer fischähnlichen Ahnen im Wasser abweicht, unterscheiden sich die Untersuchungstechniken dieser beiden Gruppen häufig (Schwenk 2000).

Bei aquatischen Vertebraten besteht eine Beziehung zwischen der bevorzugten Nahrung und der Technik der Nahrungsaufnahme. Die klassischen Studien von Liem (1980) an Cichliden im Tanganjika-See (Afrika) haben faszinierende Beispiele aufgezeigt. Liem und seine Studenten erkannten allerdings, dass offensichtlich alle festgestellten Beziehungen durch eine Vielzahl biologischer und physikalischer Faktoren beeinflusst werden und dass Verallgemeinerungen mit Vorsicht zu genießen sind. Nahrungsaufnahme im Wasser bietet ein weites Feld für Untersuchungen in Hinblick auf die Details der individuellen Leistung, die Beziehung zwischen Umwelt und Morphologie sowie auf die Mechanismen, durch die es zur Evolution der Systeme kam, die zur Nahrungsaufnahme eingesetzt werden.

### 30.1.1 Filtrieren

Die meisten aquatischen Vertebraten nehmen Schwebeteilchen auf oder saugen Nahrung ein oder sie tun beides. Bei der Aufnahme von Schwebeteilchen (*suspension feeding*) (auch **Filtrieren** genannt) werden winzige Nahrungspartikel aus dem Wasser entnommen, während es durch ein Filter strömt oder wenn die Partikel im Schleim haften bleiben. Dies war wahrscheinlich die Art der Nahrungsaufnahme der ursprünglichsten Vertebraten und hat sich bei Fischen mehrfach entwickelt (die Methoden des Filtrierens können bei verschiedenen Fischen im Detail sehr unterschiedlich sein). Fischzüge werden an die Konzentration von Nahrung im Wasser angepasst. Obwohl das Tier die Anwesenheit von Nahrung spürt, wird eine Auswahl der Nahrung erst am Filter auf die eine oder andere Weise getroffen. Die Poren des Filters können ein einfaches Sieb bilden; kleine Partikel können passieren, während größere zurückgehalten werden. Bei den meisten Filtrierern bildet der mit Schleim bedeckte Kiemenapparat das Filter. Partikel bleiben im Schleim haften, selbst wenn sie kleiner sind als die Poren. Vom Wasserstrom, von ihren Schwimmbewegungen (wenn sie leben) oder von der Schwerkraft rührt ein Impuls her, der sie auf den Schleim aufprallen lässt. Außerdem können Partikel, die eine elektrostatische Ladung haben (positiv oder negativ), in den Schleim hineingezogen werden. Bei einer Elritze (und wahrscheinlich bei verschiedenen anderen Fischen) halten die Kiemenbögen selbst keine Nahrungspartikel zurück, sondern leiten das Wasser stattdessen zum Munddach, wo die Partikel im Schleimbelag hängen bleiben.

Die meisten Tiere, die sich von Schwebstoffen ernähren, sind auch ausdauernde **Dauerfiltrierer.** Um Wasser in ihren Mund und in ihren Schlund aufzunehmen, schwimmen sie einfach mit weit geöffnetem Mund langsam vorwärts und lassen das Wasser dann durch die Kiemen entweichen. Beispiele sind der Löffelstör (Abb. 30.1), die Aalse, Heringe, Sardellen, Sardinen, der Manta, der gewaltige Riesenhai und der Walhai. Auch der Grönlandwal und andere Glattwale gehören zu dieser Gruppe. Die Köpfe solcher Tiere sind oft

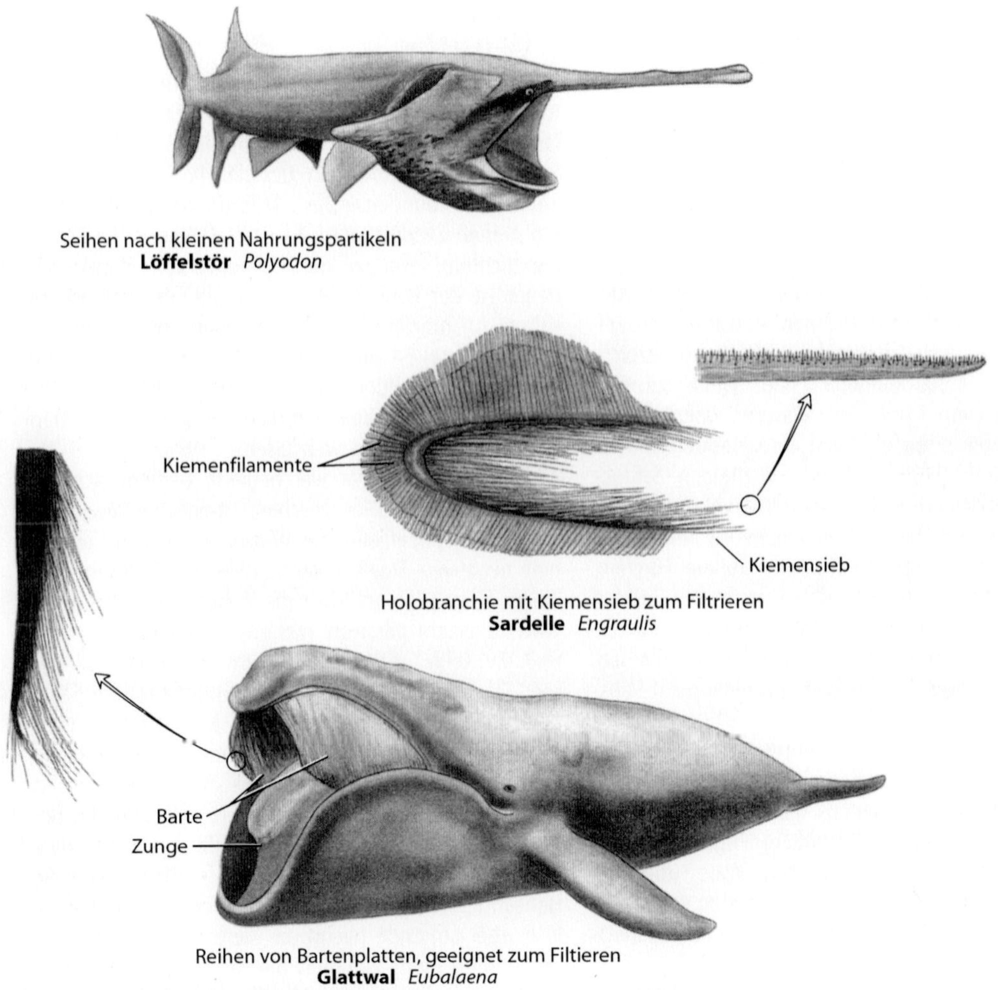


**Abb. 30.1.** Einige Anpassungen an das Filtrieren

enorm groß und nehmen ein Viertel bis sogar ein Drittel der gesamten Körperlänge ein. Die Kiemensiebe der Fische sind zu Filtern umgewandelt. Es sind lange, schlanke, seitlich an den Kiemenbögen sitzende, oft verzweigte Fortsätze, die dicht nebeneinander liegen und ein enges Sieb bilden. Das Umgebungswasser ist gleichsam eine dünne Suppe: Das Tier muss viel Zeit mit der Nahrungsaufnahme verbringen (Nahrungsaufnahme und Atmung sind gekoppelt) und eine hohe Filtrationsrate haben. Der ungefähr 30 cm lange Menhaden (*Brevoortia*) seiht 20 Liter Wasser pro Minute. Der Riesenhai nimmt mindestens 1850 $m^3$ Wasser pro Stunde auf. Zwischen 25% und 80% der im Wasser suspendierten Nahrung kann entnommen werden. Die Selektion der Nahrungspartikel am Filter ist mehr oder weniger festgelegt. Sie kann allerdings durch die Filtrationsrate, den Wasserdruck, leichte Veränderungen der Porengröße (z. B. durch den Überlappungsgrad der Fortsätze in den Kiemensieben) und durch die Häufigkeit der Reinigung beeinflusst werden. Wie Fische ihre Filter reinigen und die Nahrung in den Ösophagus befördern, weiß man nicht genau. Husten (plötzliches, kräftiges Umdrehen des Wasserstroms) kann dazu beitragen.

## Exkurs 30.1

### Das Intervall-Filtrieren (Schluckfiltrieren)

Die Furchenwale (Blauwal, Finnwal, Seiwal, Brydes Wal, Zwergwal) und der mit ihnen verwandte Buckelwal sind unter den Vertebraten dadurch ausgezeichnet, dass sie „Schluckfiltrierer" sind. Wenn sie eine Ansammlung von Krill im Wasser wahrnehmen, schwimmen sie schnell, öffnen ihre riesigen Mäuler ganz weit und nehmen einen großzügigen Schluck Wasser (bis zu einem Drittel des Körpervolumens) auf, das die Kehle und den sackartigen Beutel unter dem Körper dehnt (Abb. 30.2). Zahlreiche äußere Furchen, die sich vom Kinn bis zum Nabel erstrecken, öffnen sich wie ein Akkordeon und ermöglichen so die Erweiterung. Der Mund wird dann schnell geschlossen, wobei das Wasser durch den Bartenapparat ausströmt.

Bemerkenswerterweise sind unter diesen stromlinienförmigen Walen mittelgroße Arten und auch die größten Säugetiere, die jemals gelebt haben, zu finden (ungefähr 10 000 bis 110 000 kg). Außerdem sind unter ihnen auch die schnellsten Wale (die mit 20 km $h^{-1}$ reisen und möglicherweise bis zu 40 km $h^{-1}$ sprinten). Entsprechend haben sie eine enorme kinetische Energie ($E_k = \frac{1}{2}\,m\,v^2$).

Die Dynamik ihres Fressvorganges wurde unter anderen von Lambertsen, Ulrich und Straley (1995) untersucht. Sie benutzten Fotografien freilebender Tiere, Untersuchungen von Schädeln, Präparation, sowie Manipulation der Kiefer von Kadavern mit Winden. Die langen gebogenen Kieferknochen sind an der Unterkiefersymphyse durch ein flexibles Polster aus Faserknorpel verbunden. Das Temporomandibulargelenk hat keinen Synovialraum. Es ist stattdessen ein Kissen aus dichtem, faserigen Bindegewebe. Der Hauptkieferheber ist der konische M. temporalis, der von einem zähen, trichterförmigen Verfestigungsapparat umgeben ist. Distal ist diese Struktur sehnig und setzt am Processus coronoideus des Unterkiefers an. Sein Mittelteil besteht aus einem dicken Netzwerk aus schräg angeordneten Bindegewebsfasern.

Wenn das Fressmanöver beginnt, beginnt sich der Kiefer zu öffnen. Dies geschieht möglicherweise passiv, wenn schnellfließendes Wasser unter dem Kopf einen negativen Druck erzeugt (wie der Auftrieb über einem Flügel). Sofort führt die Vorwärtsbewegung des Wals zu einem passiven Wassereinstrom in den Mund und die Kehle und rotiert den Unterkiefer um 3 Achsen. Der Kiefer öffnet sich um ungefähr 85°. Seine Condylen trennen sich etwas und jeder Unterkieferast rotiert um mindestens 40° um seine Längsachse und wölbt sich so nach außen. Jede dieser Aktionen ist vollkommen passiv und alle steigern das Volumen des futterbeladenen Wassers, das aufgenommen wird.

Während eines Großteils des Kieferöffnens sind die Haltestrukturen des Kiefers locker und der Unterkiefer lose, aber am Ende (wenn die Kiefer mehr als 70° herabgedrückt sind) kommen die Fasern des Halteapparates unter Spannung und die Unterkiefer werden festgehalten. Der Halteapparat schnellt dann sofort zurück und setzt Federenergie frei, die das Kiefer-

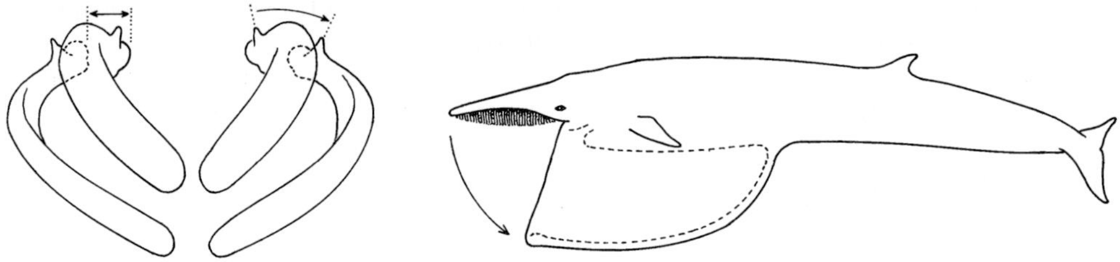

**Abb. 30.2.** Kieferbewegungen eines schluckfiltrierenden Furchenwals. *Rechts*: Herabdrücken des Kiefers und Erweiterung des Kehlsacks. *Links*: Lateralbewegung der Condylen und Auswärtsrotation der Unterkiefer um ihre Längsachsen. Beide sind in Beziehung zum raumfest gehaltenen Kiefergelenk gezeichnet. (Verändert nach Lambertsen, Ulrich u. Straley 1995)

**Exkurs 30.1 (Fortsetzung)**

schließen einleitet. Der Beutel schnurrt ebenfalls aufgrund seiner Elastizität zusammen und beginnt, sich zu entleeren. Wenn die Erweiterung maximal ist, schwappt die Wassermasse nach vorne, beschleunigt durch die Vorwärtsbewegung des Tieres. Dies zwingt das Wasser durch den Bartenapparat und kann außerdem zur passiven Kieferschließung beitragen.

Insgesamt ist es ein effektiver und spektakulärer Mechanismus. Eine faszinierende Übersicht über Ernährungsweisen aller großer Gruppen mariner Säugetiere findet sich bei Werth (2000).

Die Bartenwale ernähren sich hauptsächlich von Krill, der aus schwarmbildenden Crustaceen mit einer Länge von 75 mm oder weniger besteht. Der Wal hat bis zu 400 Bartenplatten auf jeder Seite des Oberkiefers (Abb. 30.1). Jede Platte ist bandartig flach und, je nach Art und Lage im Mund, 0,25 bis 3 Meter lang. Jede Platte ist wie ein Sandwich aufgebaut und besteht an den Oberflächen aus einer hornigen Lamelle und einem Kern aus hornigen, hohlen, längs verlaufenden Röhren. Dies macht sie leicht und flexibel, aber sehr stabil. Die Lamellen nutzen sich an der Spitze und an der Innenkante jeder Platte nach und nach ab und setzen so Hunderte von Röhren frei, die sich wie steife Haare verschränken und so das Filter bilden. Die Platten wachsen an ihrer Basis kontinuierlich nach und kompensieren so die Abnutzung. Manche Wale (Glattwale einschließlich Grönlandwal) schwimmen langsam mit offenem Mund, das Wasser tritt an den Mundecken durch die Barten aus. Sie sind also Dauerfiltrierer. Das **Schluckfiltrieren** des Buckelwals und anderer Furchenwale erfolgt stattdessen nur periodisch. Das Tier nimmt nur einen großen Schluck auf einmal in den Mund, lässt das Wasser abfließen und schluckt die aufgenommene Nahrung, bevor es das Maul wieder öffnet (s. Exkurs 30.1).

Andere Filtrierer saugen das Wasser in den Mund, statt mit offenem Mund vorwärts zu schwimmen. Diese für Vertebraten ursprüngliche Art der Nahrungsaufnahme wird von Ammocoetes, der Larve des Neunauges, beibehalten, die das Wasser mit einer „Buccopharyngeal-Pumpe" durch den Kiemendarm bewegt. Algen und Detritus werden durch den Kontakt mit dem Schleim im Kiemendarm festgehalten. Cilien bewegen Schleimbänder zum Verdauungsapparat hin. Die Kaulquappen verschiedener Frösche ernähren sich auch so und sind dabei bemerkenswert effektiv: Wie Fische benutzen sie ihre schleimbedeckten inneren Kiemen. Die Kaulquappe von *Xenopus* kann bis zu 0,13 µm kleine Objekte aus dem Wasser herausfiltern, was die menschliche Technologie herausfordert.

Unter den Vögeln filtern gründelnde Enten wie die Löffelente Pflanzen- und Tiernahrung aus dem Wasser. Der Schnabel wird seitlich hin- und hergeschwenkt, wobei der Unterkiefer sehr schnell pumpt. 100 bis 300 Lamellen am Schnabelrand bilden das Sieb. Flamingos sind noch wesentlich stärker spezialisiert und können Diatomeen und Algen, die in ihrer längsten Dimension nur 0,1–0,2 mm messen, aus dem Wasser filtern. Während der Nahrungsaufnahme ist der große gebogene Schnabel unter dem Wasser mit der Unterseite nach oben positioniert und zeigt auf die Füße des Vogels. Der Ober- und der Unterschnabel tragen bis zu 20 parallele Reihen aus hornigen Plättchen, die sich ineinander verzahnen und so ein feines Filter bilden. Die Plättchen sind weniger als 1 mm lang und an einer Kante in Dutzende haarähnlicher Vorstülpungen ausgefranst. Dies variiert allerdings je nach Art. Die muskulöse Zunge ist die Pumpe. Hornige Haken auf der Zunge kämmen die Nahrung von den Plättchen.

### 30.1.2 Saugschnappen

Beim **Saugschnappen** wird Wasser mit einer solchen Kraft in die Mundhöhle gesogen, dass die Beute mit eingesaugt wird. Das Saugschnappen

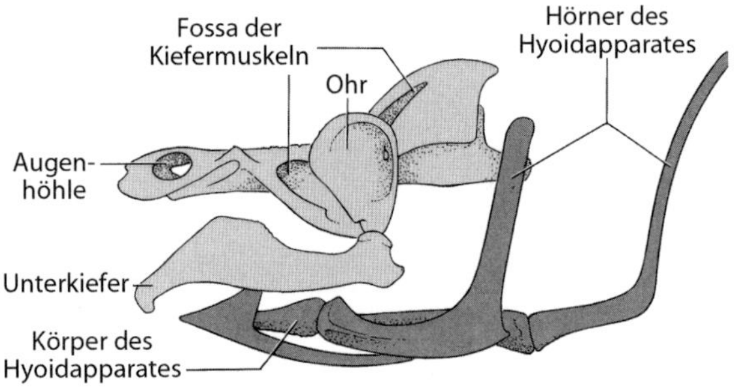


**Abb. 30.3.** Skelett der Saugpumpe einer Schildkröte, gezeigt am riesigen Hyoidapparat einer Matamata, *Chelus*. Seitenansicht

unterscheidet sich vom Filtrieren dadurch, dass nicht eine Unzahl von Kleinorganismen, sondern eine bestimmte makroskopische Beute aufgenommen wird. Die Ventilation der Kiemen wird während des Fressvorganges unterbrochen. Der Fressvorgang erfolgt so schnell, dass die Prinzipien der Gleichgewichtsphysik nicht mehr zutreffen: Der Druck kann in verschiedenen Teilen der gleichen Kammer zur gleichen Zeit unterschiedlich sein. Die Trägheit der Beute bestimmt die Strömungsgeschwindigkeit, die für den Fang benötigt wird. Der Ablauf dauert beim Knochenhecht (*Lepisosteus*) ungefähr 0,025 s, bei einem bestimmten Anglerfisch 0,015 s und bei bestimmten Fühlerfischen (Antennariidae) nur 0,006 s.

Die Saugpumpe ist der Buccopharynx (Mundrachenhöhle). Die Mundöffnung ist meistens rund und ohne Ecken, über welche die Nahrung entkommen könnte. Die Öffnung ist klein oder mittelgroß. Das Hyoid ist groß und klappt nach unten und nach hinten. Die explosionsartige Ausdehnung kann das Volumen des Kopfes um 40% vergrößern. Kleine Zähne sind vorhanden, um Nahrung zu zerkleinern, die an ihnen vorbeirast, aber bei Fischen liegen die einzigen Zähne oft im Schlund, nicht an den Kieferrändern.

Saugschnappen wird bei manchen Knorpelfischen und vielen Knochenfischen beobachtet. Beispiele sind manche Haie, Störe, Sauger, Karpfen und Barsche. Seepferdchen und Seenadeln ernähren sich von aktiven kleinen Crustaceen, die sie in einen winzigen Mund am Ende eines pipettenartigen Rostrums einsaugen. Manche Salamander (japanischer Riesensalamander) und Schildkröten (Schnappschildkröten und Matamata) sind Saugschnapper (Abb. 30.3). Das Walross spitzt seine Lippen und saugt Mollusken in einen Mund, der einen gewölbten harten Gaumen hat; auch gibt es Hinweise, dass der Grindwal sich durch Saugschnappen ernährt.

[Die Untersuchung der Vorgänge innerhalb des Mundes und des Pharynx von filtrierenden und saugschnappenden Fischen bedurfte genialer Versuchsanordnungen und hochentwickelter Techniken. Hier mehrere Beispiele: Sanderson und ihre Mitarbeiter (1990, 1993) steckten Polyäthylenkanülen (ungefähr 1 mm im Durchmesser) in Löcher, die durch das Hyomandibulare und die Temporalregion des Schädels in den Pharynx von anästhesierten Fächerfischen gebohrt wurden. Eine Mikrothermisterprobe wurde durch die Kanülen geschoben, um die Strömungsgeschwindigkeit zu messen, und ein Faseroptikendoskop eingeführt, um über Video den Weg von Styrenkügelchen, die an Nahrungspartikeln hafteten, aufzunehmen. Die Autoren fanden dadurch heraus, dass die Partikel am schleimbedeckten Munddach zurückgehalten werden und nicht an den Kiemensieben, wie man früher dachte. Ein niederländisches Forscherteam machte simultane laterale und dorsoventrale röntgenkinematographische Aufnahmen vom Brachsen (*Abramis*), der Nahrungspartikel fraß, an die 1 mm dicke Eisenkügelchen angeheftet waren. Eine anschließende stereomikroskopische Untersuchung ergab, dass die Partikel in einem unerwarteten Teil des Pharynxapparates festgehalten wurden. Nemeth (1997) führte einen Drucksensor durch die Nase eines saugschnappenden Fisches (eines Grünlings) ein und fand heraus, dass der Abfall im Buccaldruck schneller und größer ist beim Einsaugen einer langsamen Beute als bei einer flüchtigen Beute und dass er bei inaktiver Beute am geringsten ist.]

### 30.1.3 Vorstülpen des Kiefers

Der Oberkiefer der Fische wird **vorstülpbar** genannt, wenn er sich nicht nur öffnet und schließt, sondern auch in Bezug zum restlichen Kopf vorwärts und rückwärts bewegt werden kann. Vorstreckbare Kiefer haben sich mehrere

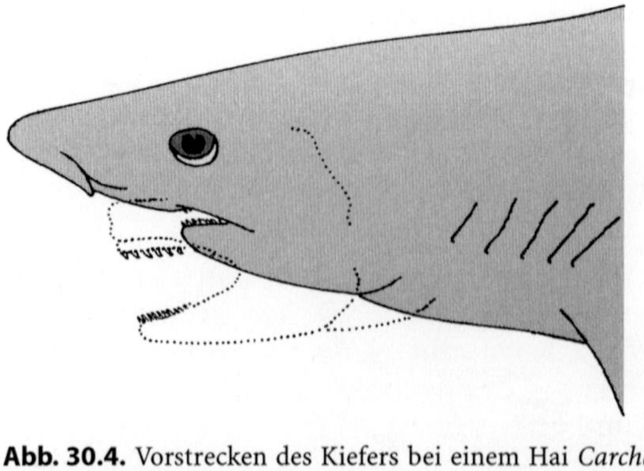

**Abb. 30.4.** Vorstrecken des Kiefers bei einem Hai *Carcharhinus*. (Gezeichnet nach Frazzetta TH u. Prange CD, Copeia 1987:990. @American Society of Ichtyology and Herpetology)

Male unabhängig voneinander entwickelt. Mit Ausnahme der räuberischen Haie stehen sie meistens mit Saugschnappen in Verbindung.

Wie in Kapitel 8 erwähnt wurde, sind viele Knorpelfische **hyostyl**. Ein beweglicher Hyomandibularknorpel verbindet die Kiefer mit dem Chondrocranium (Abb. 8.5 und 8.7). Wenn das untere Ende des Hyomandibulare nach vorne (und oft nach außen) schwingt, werden die Kiefer vorgestreckt (Abb. 30.4). Haie tun dies während des Beutefangs, bringen dadurch die Kiefer näher an ihre Beute, entblößen die oberen Zähne und richten sie auf. Möglicherweise reduziert dies auch die Zeit, die für das Schließen des Mundes benötigt wird, indem der Oberkiefer bereits abgesenkt wird, wenn der Unterkiefer angehoben wird. Durch Analyse der Kinematik und durch Elektromyographie fanden Wilga und Motta (1998) heraus, dass sich der Kontrollmechanismus für das Vorstrecken und das Zurückziehen des Kiefers beim Dornhai und beim Zitronenhai unterscheidet, die verschiedenen Familien angehören. Der Grund für dieses unerwartete Ergebnis muss noch näher untersucht werden.

Acanthodii und die ursprünglichsten Actinopterygii hatten große Mäuler. Die Kiefergelenke lagen unter dem hinteren Teil des Hirnschädels. Praemaxillare und Maxillare waren nicht beweglich, der Oberkiefer war nicht vorstreckbar (Abb. 30.5 a). Diese Fische öffneten offensichtlich den Mund weit und schnappten nach Beute. Der sich schnell bewegende Unterkiefer vervollständigte den Kieferschluss zum Teil mit Hilfe seiner Trägheit.

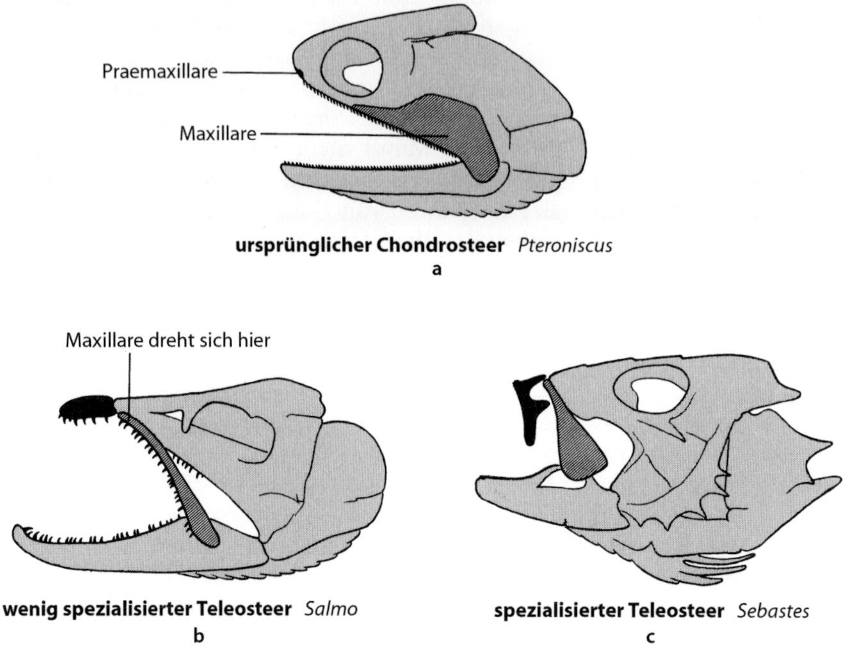


**Abb. 30.5 a–c.** Evolutionsstadien der Kiefer von Strahlenflossern

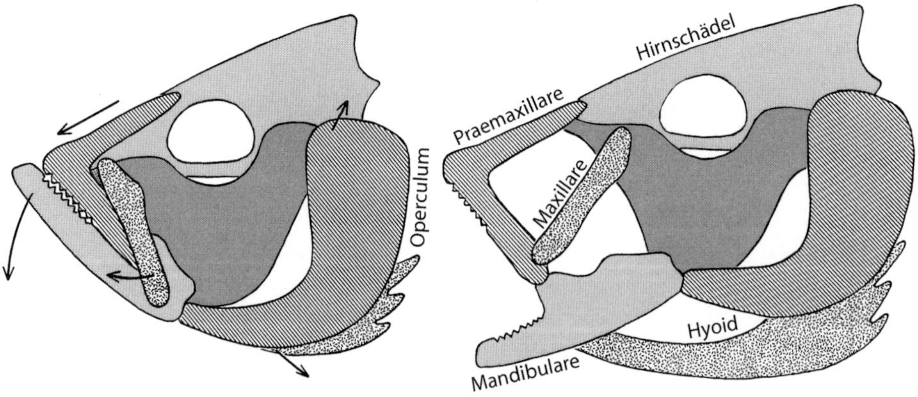


**Abb. 30.6.** Schema der Kieferprotrusion eines Teleosteers

Das anschließende Evolutionsniveau wird durch den Schlammfisch und den Lachs repräsentiert. Das Kiefergelenk liegt fast so weit hinten wie vorher, so dass der Mund groß bleibt. Das Praemaxillare ist immer noch unbeweglich, aber das Maxillare ist jetzt frei. Sein posteriores Ende ist mit dem Mandibulare über ein Ligament verbunden, sein anteriores Ende dreht sich am Rostrum (Abb. 30.5b). Deshalb schwingt das untere Ende des Maxillare nach unten und vorne, wenn sich das Mandibulare öffnet, und verhindert dadurch, dass Nahrung an den Maulwinkeln entkommt. Der Oberkiefer streckt sich nur wenig oder gar nicht vor.

Auf der nächsten Stufe der Spezialisierung der Kiefer von Knochenfischen wandert das Kiefergelenk nach vorne unter die Augenhöhle, so dass der Mund kleiner wird. Das Praemaxillare wie auch das Maxillare drehen sich nach vorne, wenn der Kiefer geöffnet wird (Abb. 30.5c). Außerdem ist das Praemaxillare L-förmig: ein Arm bildet einen Teil des Mundrandes, der andere, kürzere Arm bildet einen aufsteigenden Fortsatz, der nach hinten zur Ethmoidregion verläuft. Das Praemaxillare kann entlang der Achse dieses aufsteigenden Ausläufers nach vorne gleiten und so den Oberkiefer wirklich vorstreckbar machen. Die Verlängerung des Kopfes erreicht bis zu 10–20% seiner Ruhelänge (Abb. 30.6). Ein kompliziertes System von Ligamenten kontrolliert die Bewegungen der Knochen, aber der Mechanismus ist nicht bei allen Fischen gleich. Die Lage des Maxillare wird meist durch die Bewegung des Mandibulare verändert. Die Bewegung des Maxillare wiederum bewegt das Praemaxillare nach unten und vorne. Der Kiefer kann in der Regel bei vorgestrecktem wie auch bei zurückgezogenem Oberkiefer geschlossen werden.

Vorstreckbare Kiefer haben je nach Spezies verschiedene Vorteile: Sie wandeln den Mund in eine Röhre um und machen so das Einsaugen von Nahrung möglich. Wichtig dabei ist, dass der Mund während oder direkt nach dem Einsaugen von Nahrung geschlossen wird, ohne die Nahrung wieder nach außen zu blasen (was geschehen könnte, wenn ein langer Unterkiefer angehoben werden würde). Manchmal ist der vorgestreckte Mund mehr nach unten gerichtet als der nicht vorgestreckte Mund – ein Vorteil bei der Aufnahme von Nahrung wie z. B. Algen vom Substrat. Die Kiefer können wahrscheinlich etwas schneller geschlossen werden, wenn sie vorgestreckt sind, weil sich das Mandibulare nicht so weit bewegen muss. Bei manchen Fischen hilft das Vorstrecken, die aufgenommene Nahrung von nicht-essbarem Material zu trennen. Schließlich bringt ein Vorstrecken den Mund etwas näher an die Nahrung heran. Ungefähr die Hälfte aller Teleosteer haben vorstreckbare Kiefer. Sie sind an einer querverlaufenden Hautfalte direkt hinter dem Rand des Oberkiefers zu erkennen. Diese Falte wird straffgezogen, wenn sich das Praemaxillare nach vorne schiebt.

Verschiedene aquatische Vertebraten spießen Nahrung auf, zerbeißen sie, reißen sie aus dem Zusammenhang, zermahlen und zerquetschen die Nahrung und schlucken große Beutestücke als Ganzes. Da diese Aktivitäten wenig durch das umgebende Wasser beeinflusst werden, sind die Anpassungen ähnlich wie bei den entsprechenden terrestrischen Verhaltensweisen und werden weiter unten besprochen.

## 30.2 Schädelkinetik

Unter **Schädelkinetik** versteht man die Relativbewegungen mancher Teile des Schädels gegenüber anderen. Der Oberkiefer bewegt sich aber nur auf und ab und, im Gegensatz zu dem eben besprochenen Vorstrecken der Kiefer, nicht vor und zurück. Es gibt vier oder mehr Einheiten in dem System, das immer zu einer Drehung des Quadratums am Hirnschädel und zum Gleiten einer palatinalen Einheit am Basicranium führt. Crossopterygier, verschiedene Amphibien, manche Eidechsen und alle Schlangen und Vögel haben kinetische Schädel.

Die Beweglichkeit des Hirnschädels bei den Crossopterygiern (s. Abb. 8.10) ist allein bei dieser Gruppe der Fische anzutreffen. Die Bindegewebsknochen des Schädels führten zwangsgeführte Lateralbewegungen aus und das Hyomandibulare diente dazu, verschiedene der komplexen Bewegungen zu integrieren. Der Mechanismus vergrößerte die Mundöffnung und möglicherweise auch die Beißkraft.

Die meisten **Eidechsen** haben kinetische Schädel. Auf jeder Seite des Kopfes sind vier grundsätzliche Einheiten (manche paarig) über vier Hauptgelenke verbunden (Abb. 30.7 a). (Manche Streben, die in der Abbildung nicht gezeigt sind, artikulieren mit dem Mechanismus.) Die Bewegung einer jeden Einheit bedarf der Bewegung von zwei anderen Einheiten und von allen vier Gelenken. Bewegung auf einer Seite des Kopfes ist fast ausschließlich auf eine Ebene beschränkt, und die beiden Seiten müssen in der Regel gemeinsam funktionieren. Durch die Kinetik kann sich der Oberkiefer relativ zum Unterkiefer bewegen, was allerdings nicht zu einer nennenswerten Vergrößerung der Mundöffnung führt. Die detaillierte Struktur und Flexibilität des Mechanismus variiert zwischen den verschiedenen Eidechsenarten und ist nicht immer eindeutig

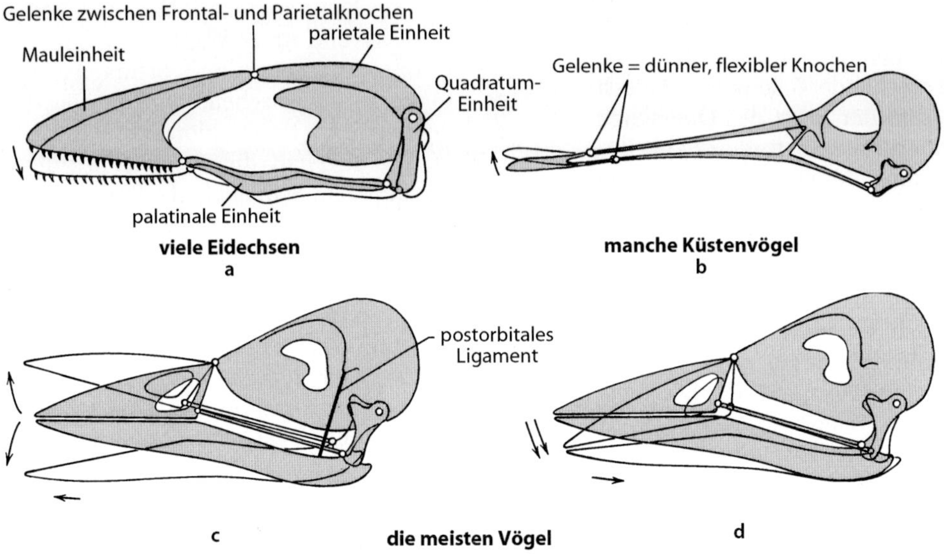


**Abb. 30.7 a–d.** Schädelkinetik

adaptiv. Manche Eidechsen, die in Felsspalten wohnen, benutzen die Schädelkinetik zur Verringerung der vertikalen Ausdehnung des Kopfes.

Der kinetische Mechanismus der **Schlangen** umfasst viele Einheiten (acht bei der Boa), die locker miteinander verbunden sind und auf den beiden Seiten des Kopfes unabhängig agieren. Dies ermöglicht eine unendliche Variabilität von Relativbewegungen – ein Charakteristikum der Nahrungsaufnahme der Schlangen. Schlangen befördern die Beute ausschließlich mit Hilfe der Schädelkinetik in und durch den Mund.

Bei palaeognathen **Vögeln** (Strauß usw.) ist die Schädelkinetik eingeschränkt. Der Schädel der neognathen Vögel hat vier Grundeinheiten und zahlreiche Gelenke, der gesamte Mechanismus ist komplizierter als bei Eidechsen. Manche Vögel können das Quadratum auf den beiden Seiten des Kopfes gewissermaßen unabhängig voneinander bewegen, und manche können den Unterkiefer auf dem Quadratum sowohl gleiten lassen als auch drehen. Bewegungen des Ober- und Unterschnabels sind nicht notwendigerweise auf eine Ebene beschränkt. Außerdem ist der Unterkiefer durch das kräftige postorbitale Ligament mit dem Hirnschädel verbunden. Dies setzt die Bewegungen des Ober- und Unterschnabels zueinander in Beziehung. Bei manchen Vögeln kann dieser Mechanismus aber auch entkoppelt sein, so dass sich die Kiefer unabhängig bewegen können. Das einzelne, dorsale Gelenk des Mechanismus liegt immer weiter anterior als das entsprechende Gelenk bei Eidechsen, kann sich aber an der Basis des Oberschnabels oder nahe seiner Spitze befinden (Abb. 30.7 b, c). Die Schädelkinetik führt bei Vögeln zu einer großen Funktionsvielfalt. Sie ermöglicht die geschickte Manipulation von Nahrung, indem ein Teil des Schnabels relativ zum anderen Teil längs verschoben wird und indem ein Keil zwischen den Teilen gebildet wird, der sich nach hinten in den Mund öffnet, so dass Nahrung nicht entkommen kann (Abb. 30.7 d). Die Schädelkinetik mildert bei manchen Vögeln wahrscheinlich auch den Aufprall beim Picken und kann nicht nur bei der Nahrungsaufnahme, sondern auch beim Putzen und beim Nestbauen eine Rolle spielen.

## 30.3 Nahrungsaufnahme durch Vorschnellen („Geschossfresser")

Manche Räuber laufen, schwimmen oder fliegen, um ihre Beute zu überholen, andere springen einfach vor, nachdem sie der Beute aufgelauert oder im Hinterhalt gewartet haben. Wieder andere sichern sich ihre Beute, indem sie den Kopf oder die Zunge vorschießen. Da Kopf oder Zunge viel leichter sind als der gesamte Körper, können sie wesentlich schneller beschleunigt werden. Daher der Ausdruck der **Nahrungsaufnahme durch Vorschnellen (Geschossfressen)**.

Wenn der ganze **Kopf** das Projektil ist, wird er durch einen langen Hals vorgetrieben, der vor dem Zuschlagen in einer S-Kurve angewinkelt ist. Der Kopf selbst ist relativ leicht. Verschiedene schlankhalsige Schildkröten benutzen den Kopf auf diese Weise als Geschoss. Viele Schlangen erzielen eine große Reichweite, indem sie den Hals um den Vorderkörper ergänzen. Manche sind so geschickt, dass die Richtung des Stoßes inmitten der Bewegung korrigiert werden kann, falls sich die Beute bewegt. Die langhalsigen aquatischen Plesiosaurier (s. Abb. 4.8) haben möglicherweise mit ihren kleinen Köpfen gepeitscht, um Fische anzugreifen. Watende Reiher und Seidenreiher und unter Wasser schwimmende Kormorane, Seetaucher und Schnappschildkröten stoßen nach Fischen, indem sie den langen gebogenen Hals plötzlich strecken (Abb. 30.8). Die meisten dieser Vögel benutzen ihre langen geraden Schnäbel als Pinzette, um die Beute zu greifen, aber der tropische Schlangenhalsvogel spießt den Fisch auf; feine Widerhaken an der Kante des Schnabels verhindern den Verlust der gespeerten Beute.

Die Nahrung von Tauben und Hühnern nimmt wohl kaum Reißaus, wenn sie nicht aufgespießt wird. Da die Nahrungspartikel aber klein sind, muss der Vogel schnell nach Nahrung suchen. Viele körnerfressende Vögel picken nach Partikeln in der Manier echter Geschossfresser, wenn auch nicht ganz so schnell.

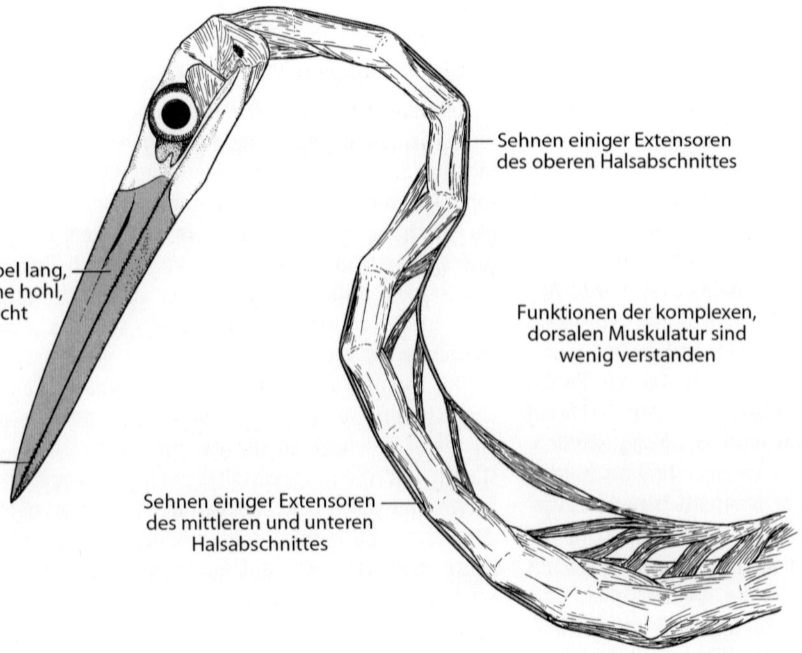


**Abb. 30.8.** Kopf und Hals eines Kanadareihers, *Ardea*, der seine Beute durch Vorschnellen des Kopfes fängt. In der Abbildung sind einige dorsale Muskeln getrennt dargestellt

Die meisten Frösche, viele Salamander und das Chamäleon schleudern ihre **Zungen** hervor, um Würmer oder Insekten zu fangen. Die Schnelligkeit der Bewegung und die Reichweite mancher dieser Tiere ist erstaunlich. Verschiedene Vögel und Säugetiere benutzen ihre Zungen mit ähnlicher Effizienz, um Insekten zu fangen, die ansonsten außer Reichweite wären. Das Zungenvorstoßen hat sich mehrfach unabhängig entwickelt; die Mechanismen sind unterschiedlich. Muskeln können ziehen, aber nicht schieben. Wie kann also ein weiches Objekt weit aus dem Mund geschleudert werden?

Unter den besten Zungenschleuderern sind bestimmte Salamander. Die Gestalt der Zunge kann sehr unterschiedlich sein, ebenso wie ihre Anheftung am Hyoid und ihre Schleuderdistanz. Bei einem typischen Beispiel hat der Hyoidapparat ein Paar Hörner, die sich weit nach hinten in den Hals ausdehnen (Abb. 30.10). Jeder Protraktormuskel hat seinen Ursprung an einem relativ fest stehenden, lateral gelegenen Teil des Hyoids, windet sich eng um das lange Horn (um sich länger zu machen, so dass er sich über eine längere Strecke verkürzen kann), und setzt am posterioren Ende des Hornes an. Wenn der Protraktor kontrahiert, faltet sich der freie, gelenkig verbundene Teil des Hyoids nach innen, schießt nach vorne und gleitet an glatten Leitstrukturen entlang, die während einer Vorbereitungsphase auf das Ziel ausgerichtet wurden. Der weiche Teil der Zunge dehnt sich durch seine Trägheit und legt sich um die getroffene Beute. Die Zunge kann um bis zu 30% der Schnauzen-Afterlänge des Tieres vorschnellen.

Die Zunge der Anura dagegen ist relativ einfach. Dennoch unterscheiden Nishikawa und ihre Studenten drei grundlegende Mechanismen, die sich in der Biomechanik und der neuronalen Kontrolle unterscheiden:

- Ein erster Mechanismus, die **Verlängerung durch Massenträgheit**, ist bei der Aga-Kröte *Bufo marinus* ausgebildet (Abb. 30.10 und 1.1). Die fleischige Zunge ist vorne im Mund verankert und nach hinten geklappt. Die zungeneigene Muskulatur hat relativ lange Fasern und ist zum Teil an der Symphyse des Kiefers angeheftet. Wenn sich der Muskel kontrahiert, zieht er die Zunge nach vorne und verkürzt

## Exkurs 30.2

### Sturztauchende Vögel haben bemerkenswerte Computerprogramme

Tauchende Vögel, die ihre Fischbeute von einem Ansitz oder aus dem Flug lokalisieren, umfassen Pelikane, Tölpel, tropische Tölpel, Seeschwalben und Eisvögel. Reiher und Seidenreiher lokalisieren Beute, während sie waten. Alle müssen mit der Brechung des Lichts an der Luft-Wassergrenze fertig werden, die den Fisch vergrößert, ihn weniger hell erscheinen lässt und dazu führt, dass er oberhalb seiner tatsächlichen Position zu sein scheint. (Die Diskrepanz ist minimal, wenn der Fisch beinahe vertikal von oben betrachtet wird, kann aber bei Watern mehr als 10 cm betragen; Abb. 30.9). Es gibt außerdem Oberflächenreflektionen, welche die Bilder von Objekten unter dem Wasser verzerren und verlagern. Außerdem müssen der Stoß an die Tiefe und die Bewegungen der Beute, an den Abstand zur Beute und an den Betrachtungswinkel angepasst werden.

Das ist eine ganz schöne Herausforderung, aber in freier Wildbahn sind Reiher bei 40–90% ihrer Versuche erfolgreich und berücksichtigen anscheinend dabei Faktoren wie Größe und Verhalten der Beute, die Trübheit des Wassers und Wellen an der Wasseroberfläche. Im Labor unter kontrollierten Bedingungen erhielten Seidenreiher hohe Erfolgsraten über einen weiten Bereich von Stoßwinkeln und Beutetiefe aufrecht. Sie bevorzugten Beute in geringer Tiefe und mittlere Sichtwinkel (von der Horizontalen), aber die Fangrate war am besten bei spitzen Winkeln, obwohl die Brechung dann das Bild am stärksten verlagert. (Bei spitzen Winkeln kann der Vogel durch Reflektionen stärker irritiert werden, aber der Fisch hat die schlechteste Sicht auf den Vogel, so dass Fluchtreaktionen vermieden werden.)

Der Fang beginnt mit einer Vorstoßphase, während der sich der Kopf langsam gerade nach vorne bewegt. Zu dieser Zeit werden die Parameter des Stoßes bestimmt. (Während des Stoßes wird der Vogel durch Blasen und durch ein Schließen der Nickhäute geblendet.) Der Stoß erfolgt sehr schnell und ist auf die Beute gerichtet, nicht auf ihr verschobenes Bild. Der Schnabel wird erst 1/60–1/30 s vor dem Kontakt geöffnet.

Wissenschaftler haben eine Gleichung entwickelt, um den benötigten Stoßwinkel zu bestimmen, wenn die scheinbare Tiefe der Beute, die horizontale Distanz vom Auge zur Beute und der Sichtwinkel bekannt sind. Wie misst der Reiher diese Variablen? Und berechnet er wie die Forscher trigonometrische Funktionen, multipliziert mit einer Konstante und zieht eine andere ab? Für nähere Information über diese und andere Eigenschaften des Sehsystems der Vögel s. das Buch von Zeigler und Bischof im Literaturverzeichnis von Kapitel 19.

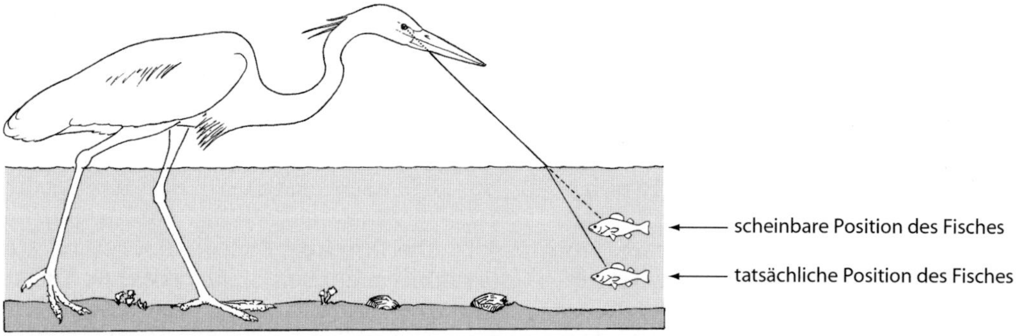


**Abb. 30.9.** Verlagerung des Abbilds der Beute durch Brechung

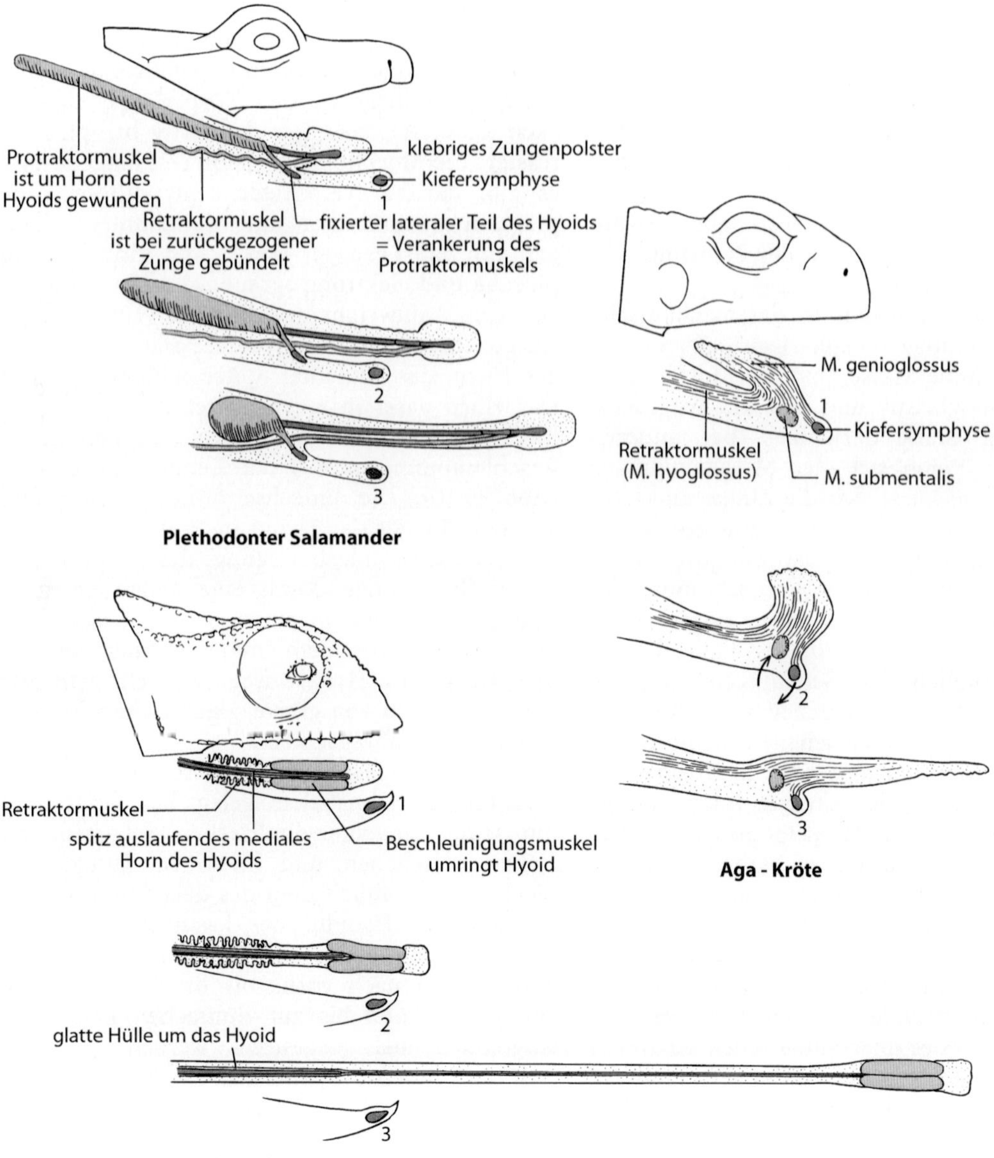


**Abb. 30.10.** Drei Mechanismen, die Zunge vorzuschnellen. Kiefer und Zungen sind im Schnittbild gezeigt und etwas vereinfacht

und versteift sie. Unter der Zungenbasis liegt eine Masse aus verschiedenen Muskeln (einschließlich des M. submentalis, der quer im Mund liegt). Wenn diese kontrahieren, drücken sie die Symphyse abwärts (isolierte kleine Knochen dort machen dies möglich) und ziehen so die Zungenbasis scharf nach vorne unten. Zur gleichen Zeit versteift sich die Masse des M. submentalis, hebt sich und bildet so einen Keil an der Hinterseite der Zungenwurzel. Die Zunge wird innerhalb von ungefähr 0,05 s nach vorne geschleudert. Sie dehnt und verlängert sich durch ihre Trägheit, dreht sich bei diesem Vorgang um und berührt die Beute mit einem klebrigen Polster an ihrer Oberseite. Der Nervus hypoglossus vieler solcher Beutegreifer enthält bemerkenswerterweise afferente Fasern von Mechanorezeptoren der Zunge. Die Verlängerung durch Trägheit ist die schnellste, aber die am wenigsten genaue Methode der Nahrungsaufnahme bei den Anura.

- Der zweite Mechanismus ist das **mechanische Ziehen**. Die Zunge ist sphärisch geformt, hat eine relativ hohe Masse, und die Morphologie des M. genioglossus und des M. hyoglossus ähnelt sehr stark derjenigen bei anderen Vertebraten. Wenn sich der M. genioglossus kontrahiert, verkürzt sich die Zunge und wird nach oben und vorne in Richtung der Unterkiefersymphyse gezogen. Da sich die Zunge während der Protraktion verkürzt, muss der Frosch mit seinem gesamten Körper vorschnellen, um Kontakt mit der Beute herzustellen. Bezüglich der Genauigkeit ist diese Methode intermediär zwischen der ersten und der im Folgenden beschriebenen Methode.
- Der dritte Mechanismus, die **hydrostatische Verlängerung**, ist die seltenste Nahrungsaufnahmemethode. Der M. genioglossus besitzt zusätzlich zu den typischeren Fasern, die parallel zur Längsachse der Zunge verlaufen, auch vertikale Fasern. Während der Protraktion bleiben Volumen und Breite der Zunge konstant, aber wenn sich die vertikalen Fasern kontrahieren, verändern sie die Dicke der Zunge, was wegen des unveränderlichen Volumens zu einer hydrostatischen Verlängerung führt. Obwohl sich die Zunge verlängert (bis zu 200% ihrer Ruhelänge), erfolgt das Vorschnellen relativ langsam. Dieses System ist wahrscheinlich das genaueste. Nishikawa und ihre Studenten (2000) schlossen, dass das mechanische Ziehen gegenüber den anderen Mechanismen als ursprünglich zu bezeichnen ist; dass sich die hydrostatische Verlängerung einmal oder vielleicht zweimal, die Verlängerung durch Massenträgheit bis zu siebenmal entwickelte, und (ganz wichtig), dass kleine Veränderungen in der Anatomie zu großen Veränderungen in der Biomechanik führen können.

Das **Chamäleon** (Abb. 26.1) ist eine bizarre Eidechse. Sie fängt Insekten mit dem Ende einer klebrigen Zunge, die sie in ungefähr 0,04 s über die Distanz ihrer eigenen Körperlänge ausstrecken kann. Wie das Tier das fertig bringt, interessiert die Morphologen schon seit langem, und es gibt darüber verschiedene Hypothesen. Die präzisen anatomischen und Modelluntersuchungen von van Leeuwen (1997) und kinematographische und elektromyographische Untersuchungen von Wainwright und Bennett (1992) liefern einige Antworten. Der Hyoidapparat hat ein langes Horn, das an seiner Spitze schlank ausläuft. Das Horn passt in einen glatten, sehnigen „Ärmel", der von dem architektonisch komplexen Beschleunigungsmuskel der Zunge umgeben ist (Abb. 30.10). Die Eidechse öffnet ihren Mund langsam, bringt das Hyoid in Position, zielt mit einer Orientierungsbewegung des Kopfes und presst ihre Zunge durch eine genau geregelte Abfolge von Teilkontraktionen des Beschleunigungsmuskels von dem immer dünner werdenden Horn des Hyoids weg, wie ein winziger Mann, der sich von einem gigantischen Wassermelonensamen wegschießt.

Wenn der **Specht** ein Insekt mit seinem meißelähnlichen Schnabel freigelegt hat, fängt er es mit seiner langen, zylindrischen, scharfen, mit Haken versehenen und klebrigen Zunge. Der Mechanismus ähnelt dem des Salamanders; aber die flexiblen Hyoidhörner legen sich um den Hinterschädel, wenn sie zurückgezogen sind, und reichen nach vorne bis in ein Nasenloch. Die Zunge kann bis zur fünffachen Länge des langen Schnabels ausgestreckt werden.

Die **größeren Säugetiere**, die sich von schwärmenden Insekten ernähren, haben eine zylindrische, klebrige, bewegliche und extrem lange Zunge (bis zur dreifachen Kopflänge). Bei verschiedenen Ameisenfressern aus zwei Ordnungen ist sie am posterioren Ende des Sternums verankert statt in der Kehle (Abb. 30.11). Blutgefäßreiche Räume in der Zunge von Ameisenigeln und Schuppentieren fungieren als erektiles Gewebe. Obwohl die Zunge kein echtes Geschoss ist, bewegt sie sich sehr schnell vor und zurück.

Schließlich noch eine bizarre Art von Projektil: Der **Schützenfisch** schaut von unterhalb der Wasseroberfläche nach oben, lokalisiert Insek-

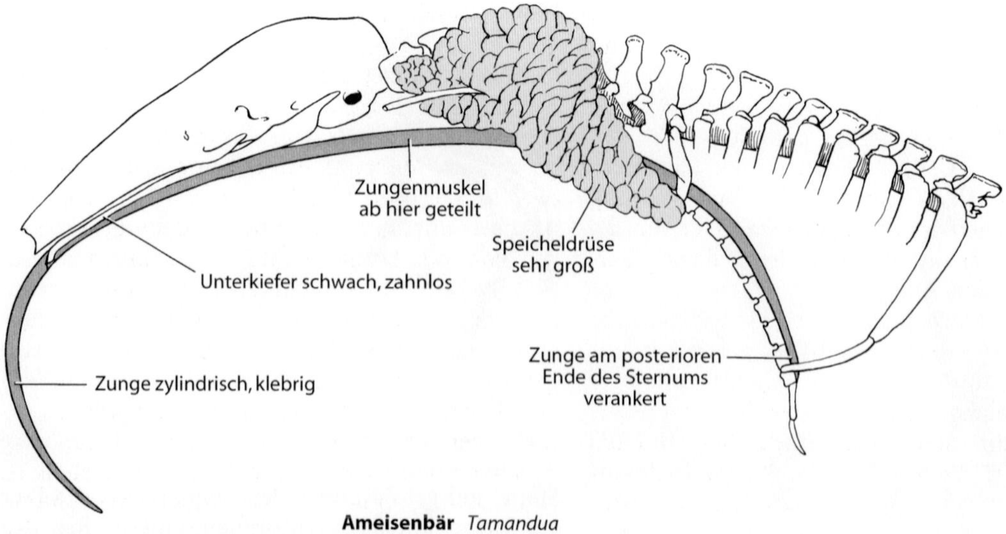


**Abb. 30.11.** Einige Anpassungen eines ameisenfressenden Säugetiers

ten, die in einer Entfernung von bis zu einem Meter in der darüber hängenden Vegetation sitzen, und erlegt sie unfehlbar mit einem kräftigen Wasserstrahl, der aus dem Mund geschossen wird. Die Kiemenkammer ist die Pumpe und eine Vertiefung im Munddach ist der Lauf dieser Wasserpistole.

## 30.4

## Andere Möglichkeiten, der Nahrung habhaft zu werden

Wir haben gesehen, dass Filtrieren, Einsaugen und der Beuteerwerb mit Geschossen Möglichkeiten sind, der Nahrung habhaft zu werden. Andere Strategien sind so vielfältig und unterschiedlich, dass sie nur beispielhaft illustriert werden können.

Viele Tiere **bewegen ein Objekt**, um Nahrung aufzudecken: Der Steinwälzer (ein Vogel) rollt Steine mit seinem Schnabel auf der Suche nach Invertebraten, die ihm als Nahrung dienen, das Walross gräbt mit seinen Zähnen Muscheln aus dem Schlamm, die Grundammer kratzt Bodenstreu zur Seite, um an Insekten heranzukommen, der Bär reißt Baumstämme auf, um tierische Nahrung zu finden, das Warzenschwein gräbt Knollen mit seinen Eckzähnen aus und das Aye-Aye (ein Halbaffe) schneidet mit seinen starken gebogenen Schneidezähnen in die Borke, um an Insektenlarven zu kommen. Manche Spechte bohren in gesundes festes Holz, um sich Insekten zu sichern: Der hornige Schnabel ist besonders lang, stark und wächst sehr schnell, der knöcherne Schnabel ist verstärkt. Die Kraft des Meißelschlages wird auf das dicke und gut verknöcherte interorbitale Septum des Schädels übertragen. Bestimmte Fledermäuse fliegen niedrig über dem Wasser und schleifen mit den langen gebogenen Krallen ihrer Füße im Wasser, immer bereit, jeden kleinen Fisch, den sie treffen, zu ergreifen. Ähnlich fliegt der Scherenschnabel über das Wasser, dabei durchschneidet sein verlängerter Unterschnabel die Oberfläche und nimmt jeglichen kleinen Fisch, der in seinen Weg kommt, auf.

Zahlreiche Vertebraten **greifen** nach der Nahrung (Smith und Kier 1989). Die Arme von Menschenaffen und Affen und der Rüssel des Elefanten dienen diesem Zweck. Die weidende Giraffe reicht mit dem Hals so weit, dass sich ein Plexus von Arterien an der Hirnbasis ent-

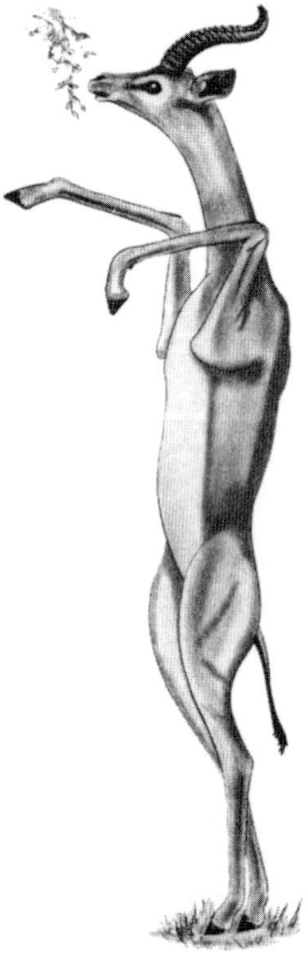

**Abb. 30.12.** Ein weidender Gerenuk, *Litocranius*

**Abb. 30.13.** Der dritte Finger des Aye-Aye, *Daubentonia*, ist zu einer Insektensonde modifiziert

wickelt hat, um den Blutdruck anzugleichen, wenn der Kopf auf und ab schwingt. Der beeindruckend lange Hals und die Beine des Gerenuk, der Giraffengazelle, erhöhen ebenfalls seine Reichweite (Abb. 30.12). Verschiedene Vertebraten haben besondere Strukturen zum Greifen in eingeengte Räume. Beispiele dafür sind die Schnäbel von Kolibris und Baumläufern und die Zungen von Ameisenfressern. Der dritte Finger des Aye-Aye (Abb. 30.13) und der vierte Finger von zwei Arten von Kletterbeutlern zeigen eine bemerkenswerte Konvergenz insofern, dass beide schlanker und länger sind als die anderen Finger und als Sonde für das Packen von Insekten in Spalten dienen.

Außer Körperteilen benutzen verschiedene Wirbeltiere auch **körperfremde Werkzeuge**: Schimpansen benutzen einen Zweig als Sonde und Blätter als Schwamm, ein Galapagosfink benutzt Kaktusdornen zum Stöbern in Löchern, ein Schmutzgeier und die Zebramanguste lassen Steine auf große Eier fallen oder werfen die Eier auf Steine, um sie aufzubrechen, und der Seeotter schmettert Muscheln auf einen Steinamboss, den er sich zu diesem Zweck auf die Brust legt, während er auf dem Rücken schwimmt.

Häher halten Ahornsamen gegen Hackklötze, wenn sie auf die Schalen einhämmern, Möwen lassen Krabben und Mollusken aus der Luft auf Felsen fallen, um sie aufzuknacken, und der Biber fällt Bäume, um an frische Triebe und Rinde zu kommen. Alligatorschildkröten haben an der Spitze der Zunge einen Lockfortsatz, der Fische anzieht. Anglerfische locken Beute mit einer vor ihren Kiefern baumelnden Attrappe an, die aus einem Dorn der Dorsalflosse entsteht. Anglerfische der Tiefsee bilden sogar leuchtende Attrappen.

Die meisten Greifvögel und Eulen **stürzen sich aus der Luft** auf Nagetiere und packen ihre Beute mit ihren Krallen. Ähnlich stürzen sich der Fischadler und die Fischeule mit den Füßen voran ins Wasser, um Fische zu fangen. Die untere Oberfläche der Zehen dieser Vögel ist rau, um ein Entgleiten des Fisches zu verhindern, und die Hornschilder an den Beinen überlappen von unten nach oben, so dass sie beim Eintritt in das Wasser eine glatte Oberfläche bilden. Verschiedene Falken stoßen auf fliegende Vögel, streifen sie mit den Füßen und schlitzen die Opfer mit ihren starken Hinterkrallen auf. Verschiedene Vögel (Pelikane, tropische Tölpel, Tölpel, Tropikvögel, Eisvögel, usw.) tauchen mit dem Kopf voran ins Wasser, um Fische zu fangen. Man nimmt an, dass die Luftsäcke der Pelikane den Aufprall abmildern. Das Auge ist wahrscheinlich durch das untere Lid bedeckt, die Nasenlöcher und die Kehle sind so modifiziert, dass sie wasserdicht verschlossen werden können. Die Unterkiefer wölben sich beim Aufprall nach außen, so dass der Kehlsack vorübergehend ungefähr zehn Liter Wasser und Fisch enthält.

Vögel, die **im Flug Insekten fangen**, haben breite Mäuler mit steifen Borsten im Mundwinkel. Die nachtaktiven Eulenschwalme (Podargidae), Winternachtschwalben (*Phalaenoptilus*) und Falkennachtschwalben (Chordeilinae) haben kleine hornige Schnäbel, aber eine riesige Mundöffnung, die wie ein Kescher aufgesperrt werden kann. Eine andere Gruppe nachtaktiver Nahrungssucher, die insectivoren Fledermäuse, lokalisieren einzelne Insekten durch Echoortung so genau, dass sie keine großen Mäuler brauchen. Experimentelle Hinweise aus dem Labor von James Simmons haben gezeigt, dass eine Art zwischen Objekten unterscheiden kann, die nur 0,3 mm voneinander entfernt sind (sie verarbeiten überlappende Echos, die in einem Abstand von $2 \cdot 10^{-6}$ s auftreffen). Verschiedene Spezies von Fledermäusen nutzen die Flughäute beim Insektenfang. Eine kleine Fledermaus hat in 15 Minuten 175 Moskitos gefangen.

Manche große Beute muss erst **bewegungsunfähig gemacht** werden, bevor sie verschluckt werden kann. Der Sekretär trampelt Reptilien mit seinen langen, starken Beinen zu Tode. Manche Fische paralysieren die Beute mit Elektroschocks (s. S. 219), manche Schlangen töten mit einem Giftbiss, andere durch Erwürgen; Vögel, die Fleisch oder Fisch fressen, können mit ihren Klauen oder mit ihren Schnäbeln töten. Manche Fleischfresser entbluten ihre wehrlosen Opfer oder erwürgen sie, während andere (afrikanische Wildhunde, verschiedene Haie und Piranhas) die Beute schwer verwunden und die herausgerissenen Teile schon fressen, während die Beute noch lebt. Der Tod tritt durch Schock und durch Verbluten ein. Unterwasser-Videoaufnahmen von Domenici und seinen Kollegen (2000) haben gezeigt, dass Schwertwale Heringe mit einem Schwanzschlag bewusstlos machen, damit sie sie fressen können.

## 30.5 Nahrungsmanipulation und Transport

Sobald die Nahrung in den Mund aufgenommen ist, muss sie zum Schlucken zum Ösophagus transportiert werden. Oft muss sie erst manipuliert werden, um das Sortieren, Zerschneiden oder Kauen zu erleichtern.

Im Wasser wird die Nahrung im Buccopharynx durch den Auftrieb gestützt und kann durch den Wasserstrom bewegt werden. Fische bewerkstelligen die meiste Manipulation und den Transport durch Bewegung des Wassers, das die Nahrung enthält, wenn auch Zähne auf den Kiefern, am Munddach, auf der Zunge und am fünften Kiemenbogen oft mithelfen. Die oberen und unteren Schlundzähne können synchron oder alternierend bewegt werden. Manche Fische (Moränen und Krötenfische) haben Zähne, die gelenkig aufgehängt sind, so dass sie nach hinten zur Kehle hin zeigen, wenn Beute in den Mund kommt, aber aufrecht stehen, wenn der Druck nach vorne gerichtet ist.

Außerhalb des Wassers wirkt die Schwerkraft auf die Nahrung, die im Mund gehalten wird. Der Luftwiderstand reicht nicht aus, um sie zu bewegen. Manipulation und Transport werden hauptsächlich durch Zungenbewegungen oder durch Trägheit bewerkstelligt. Weil sich die Nahrungsaufnahme bei Tetrapoden so stark von der aquatischen Nahrungsaufnahme unterscheidet, wurden Untersuchungen angestellt, die sich mit der Aufrechterhaltung der motorischen Kontrolle während des Übergangs von aquatischen Larven zu terrestrischen Adulten, wie auch von Fischen zu Tetrapoden beschäftigen.

### 30.5.1 Linguale Nahrungsaufnahme und der Kauzyklus

Die meisten Landwirbeltiere benutzen die Zunge und die Kiefer in einem rhythmischen Beiß- oder Kauzyklus, um die Nahrung innerhalb des Mundes zu zerkleinern und sie dann durch den Mund zu bewegen, damit sie geschluckt werden kann. Die Phasen des Zyklus und seine muskuläre Kontrolle sind bei Amphibien, Reptilien und Säugetieren bemerkenswert gleichartig, und es gibt nur eine minimale Veränderung während der Metamorphose der Amphibien. Dies deutet auf eine gemeinsame Herkunft und ein Beibehalten des grundlegenden Mechanismus hin.

Im Gegensatz zu Tieren, die im Wasser fressen und die meistens eine schmale steife Zunge, einen glatten flachen Gaumen und einen großen Hyoidapparat besitzen, haben Tiere mit lingualer Nahrungsaufnahme meistens eine große bewegliche Zunge, einen gewölbten und oft rauen Gaumen und ein kleines Hyoid. Bei jedem Zyklus bewegt sich die Zunge wie eine Ratsche nach unten unter die Nahrung, umfasst sie, zieht sie zurück und gibt sie frei. Forscher unterteilen den Zyklus in vier Phasen (und in mehrere Unterphasen, die hier weggelassen sind):

- Während der relativ **langsamen Offenphase** öffnen sich die Kiefer mäßig weit. Die Zunge bewegt sich nach oben und vorne und schiebt sich unter die Nahrung, die von den Zähnen und durch Halten und Verkeilen mit dem Gaumen gehalten wird. Am Ende der Phase ergreift die Zunge, die sich in ihrer Form an die der Nahrung angepasst hat, die Nahrung mit ihrem klebrigen Speichel und ihrer rauen Oberfläche. Für einen Moment wird die Nahrung sowohl oben als auch unten gehalten.
- Während der **schnellen Offenphase** öffnen sich die Kiefer schneller und weiter und helfen dabei, die Nahrung vom Gaumen zu lösen. Die Zunge transportiert dabei die Nahrung nach hinten und unten. Wenn die Nahrungsbrocken groß sind, kann sich der Kopf gleichzeitig nach hinten neigen und der Hals sich ausdehnen.
- Während der **schnellen Schließphase** schließen sich die Kiefer schnell, die Zunge bewegt sich weiterhin nach hinten. Wenn sich der Kopf nach oben geneigt hat, geht er nun wieder in die Ausgangsposition.
- Während der **langsamen Schließphase** schließlich pressen sich die Kiefer nach unten auf die Nahrung und die Zunge bewegt sich nach vorne in die intermediäre Position am Anfang des Zyklus.

### 30.5.2 Nahrungsaufnahme durch Trägheit

Die Nahrungsaufnahme über die Trägheit verläuft mit einem modifizierten Beißzyklus, in dem Bewegungen von Kopf und Hals überbetont sind, so dass die Nahrung durch ihre Trägheit bewegt wird, statt mit der Zunge. Das Tier öffnet die Kiefer, um die dort gehaltene Nahrung loszulassen, und stößt im gleichen Moment den Kopf nach vorne, so dass die Kehle um die beinahe stationäre Nahrung schnellt. Eine Rückwärtsbewegung des Kopfes, die beginnt, bevor sich die Kiefer öffnen, und in dem Moment endet, wenn die Nahrung losgelassen wird, kann stattdessen die Nahrung weiter nach hinten in einen beinahe stationären Mund werfen. Diese beiden Aktionen werden meistens kombiniert, wobei der Kopf zunächst nach hinten und dann nach vorne gestoßen wird. Wir haben Hunde beobachtet, die ihre Nahrung auf diese Weise verschlingen. Sie wird auch von körnerfressenden

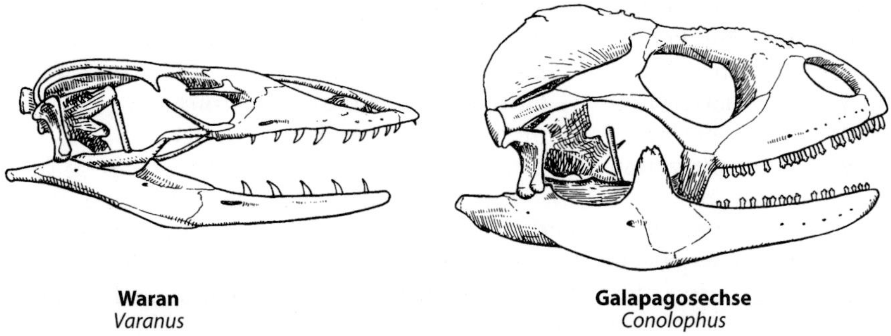


**Abb. 30.14.** Schädel einer fleischfressenden, „trägheitsfressenden" Eidechse (*links*) und einer pflanzenfressenden, „lingual fressenden" Eidechse (*rechts*)

Vögeln und von vielen Eidechsen, Vögeln und Säugetieren benutzt, wenn sie Fisch oder Fleisch fressen. Der Kopf ist in der Regel leicht, so dass er leichter beschleunigt werden kann (Abb. 30.14). (Die Nahrungsaufnahme der Schlangen, die unten besprochen wird, ist eine spezielle Art der Nahrungsaufnahme durch Trägheit; die Trägheit und Reibung der Nahrung halten sie am Platz, während die Schlange sie langsam umgibt.)

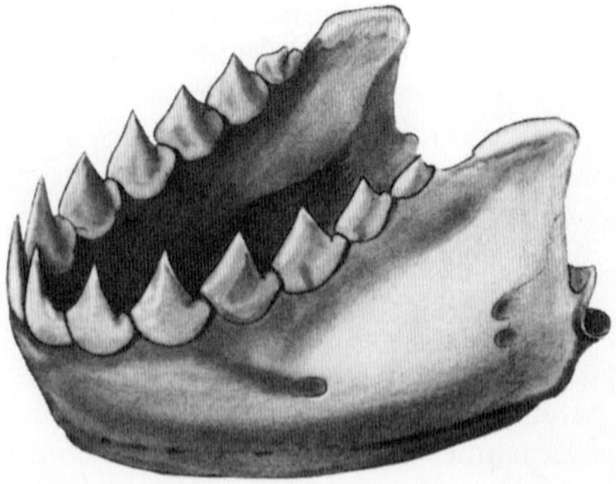

**Abb. 30.15.** Unterkiefer und schneidende Zähne des Piranhas

## 30.6 Anpassungen an das Fressen weicher, zäher Nahrung

Anpassungen des Darms werden in Kapitel 12.3.5 zusammengefasst. Anpassungen an den Transport der Nahrung sind ebenfalls genannt, die Spezialisierungen der Zähne und der Kiefer müssen noch besprochen werden. Dies erfolgt am besten in Abhängigkeit von der aufgenommenen Nahrung, obwohl die Nahrungsvielfalt und die Geschicklichkeit vieler Fresser Unterscheidungen schwierig machen.

Vertebraten heißen **carnivor**, wenn sie andere Tiere fressen. Wir werden zunächst diejenigen übergehen, die ihre Beute in der Regel ganz verschlucken (da sie unterschiedliche Anpassungen haben – s. unten), und betrachten zunächst solche Carnivore, die Fleischbrocken aus der Beute herausschneiden oder herausreißen und sie verschlucken, ohne sie im Mund fein zu zerteilen. Wenn ein Tier hauptsächlich tote Tiere frisst, ist es ein **Aasfresser**. Fleischfressende Wirbeltiere umfassen viele Haie, manche Knochenfische, die meisten Labyrinthodontier und Apoda, verschiedene Stammreptilien, säugetierähnliche Reptilien, Dinosaurier, Eidechsen und Krokodile, Greifvögel (Taggreifvögel und Eulen) und Vögel wie Albatrosse, Möwen, Sturmvögel, Geier, Karakaras, sowie eine Familie von Marsupialiern und die meisten Mitglieder der Säugetierordnung Carnivora.

Diese Tiere haben oft Klauen oder konische Zähne, die für das Töten und das vorübergehende Festhalten der Beute geeignet sind. Die Fangzähne und die Schneidezähne des Hundes sind dafür Beispiele (s. Abb. 7.7). Die verbleibenden Zähne sind meistens Klingen (Abb. 30.15, Abb. 8.15 unten). Die Ränder der Klingen können sogar gesägt sein (Abb. 7.5 oben rechts). Manchmal scheren die oberen und unteren Zähne gegeneinander. Carnivora haben auf jeder Seite des Mundes ein vergrößertes Zahnpaar (der obere vierte Prämolar und der untere erste Molar), die **Brechschere**, das so ausgerichtet ist, dass die Zähne zusammen einen kräftigen Schermechanismus bilden (Abb. 30.17, 30.18 und 8.23). Die Brechscheren von Hyänen sind praktisch so effektiv wie Blechscheren. Diese Brechscheren sind so effizient, dass andere Backenzähne kaum benötigt und in ihrer Anzahl vor allem bei Katzen reduziert werden (s. den Gepard in Abb. 21.12). Die großen Katzen ergänzen ihre Zähne durch hornige Ausstülpungen auf der Zunge, die es ihnen ermöglicht, Fleisch von Knochen abzuraspeln (Abb. 30.16).

Raubvögel und aasfressende Vögel, die ja in ihrer jüngeren Ahnenreihe keine Zähne haben, müssen ihre Nahrung auf andere Weise zerteilen. Greifvögel und Eulen haben den hornigen Oberschnabel an der Spitze nach unten gebogen und bilden so einen furchterregenden Fleischhaken. Der Vogel zerreißt seine Beute, indem er mit seinen Krallen die Beute nach unten drückt und mit seinem Schnabel nach oben zieht. Manche ausgestorbenen Reptilien hatten ähnliche Schnäbel.

**Abb. 30.16.** Zunge eines Pumas mit raspelnder Oberfläche

Carnivora beißen mit einer hackenden Bewegung. Obere und untere Zahnreihen treffen aufeinander, ohne entweder von vorne nach hinten oder von Seite zu Seite aneinander vorbeizugleiten. Das Gelenk zwischen Unterkiefer und Schädel besteht aus einem querorientierten, zylindrischen Condylus des Unterkiefers, der scharnierähnlich in einer Gelenkpfanne am Temporalknochen rotiert. Wenn allerdings der Schermechanismus auf einer Seite in Benutzung ist, ist die Schere auf der anderen Seite nicht genau gleich ausgerichtet und kann nicht funktionieren. Der Condylus des Unterkiefers ist ungefähr auf gleicher Höhe (aber nicht höher) mit der Zahnreihe. Die Bedeutung dieser Anordnung wird in einem folgenden Abschnitt erklärt.

Die Kiefermuskeln der fleischfressenden Säugetiere unterscheiden sich von denen der herbivoren Säugetiere. Es gibt drei Adduktoren des Unterkiefers. Der **M. masseter** hat seinen Ursprung am Jochbogen, oft auch an der Augenhöhle oder der Maxillarregion. Er inseriert an der Außenseite des Astes und des Winkels des Unterkiefers (Abb. 30.17). Der **M. temporalis** hat seinen Ursprung am Hirnschädel und an der Crista sagittalis, wenn sie vorhanden ist, und inseriert sowohl an der Außenseite als auch an der Innenseite des Processus coronoideus (Kronfortsatz) des Unterkiefers. Der **M. pterygoideus** hat seinen Ursprung an der Basis des Schädels neben dem Gaumen und hinter der Augenhöhle und inseriert gegenüber dem M. masseter an der Innenseite des Astes und des Winkels des Unterkiefers. Jeder Muskel ist in der Regel in unabhängig funktionierende Teile gegliedert. Diese können klar unterschieden sein, verschmelzen aber oft miteinander und (vor allem der M. masseter) mit einem Komplex aus inneren Sehnenflächen.

Der M. temporalis stellt bei Carnivoren mehr als die Hälfte der gesamten Adduktorenmasse. Der Processus coronoideus bildet den Hebel für diesen Muskel und ist bei diesen Tieren hoch. Der M. masseter ist etwas kleiner und dient zum Teil der Stabilisierung des Kiefergelenks. Der M. pterygoideus hält die Brechschere in Position, trägt aber wenig zur Beißkraft bei und ist klein.

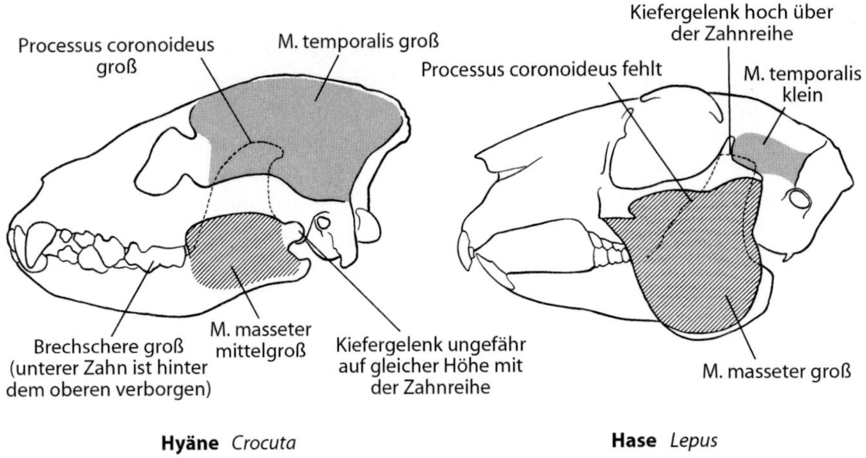


**Abb. 30.17.** Unterschied in der Kiefermechanik eines Carnivoren (*links*) und eines Herbivoren (*rechts*)

## Exkurs 30.3

### Was haben die Säbelzahnkatzen mit diesen Messern bloß gemacht?

Morphologen lieben das Entschlüsseln der Beziehungen zwischen Form und Funktion. Dieses Spiel ist eine besondere Herausforderung bei den Merkmalskomplexen von ausgestorbenen Tieren, die keine lebenden Analoga haben. Säbelzahnkatzen passen in dieses Bild. Wie benutzten sie – wie konnten sie diese vorstehenden Fangzähne zum Töten von Beute und zum Fressen benutzen (s. die Abbildung am Beginn dieses Kapitels)? Beinahe 100 Jahre lang haben Paläontologen versucht, dies herauszufinden. Wir erwähnen hier ausgewählte Untersuchungen, die den Fortschritt der Analyse über die Zeit illustrieren.

Zu Beginn war nicht bekannt, ob Säbelzahnkatzen das Maul weit genug öffnen konnten, um für die Fangzähne Platz zu machen. Wenn nicht, wurden die gezähnten Klingen (mit geschlossenem Maul) benutzt, um die Beute zu erstechen und aufzuschlitzen? Wenn der Mund weit genug geöffnet werden konnte, um zu beißen, wie stark war der Biss? Diese Fragen wurden von Emerson und Radinsky (1980) angegangen. Sie manipulierten die Kiefer anästhesierter Großkatzen in Zoos, maßen 20 Indices an zahlreichem Skelettmaterial, machten mechanische Modelle und identifizierten abgeleitete Merkmale, die von vielen Gattungen von Säbelzahnträgern geteilt werden. Sie zeigten, dass Säbelzahnkatzen das Maul tatsächlich weit genug öffnen konnten, um ungefähr so viel Platz für die Fangzähne zu bieten wie moderne Katzen. Eine Analyse der Beißkraft an der Brechschere ist kompliziert und die Kraft variierte zwischen Gattungen, aber die Autoren schlossen, dass die Beißkraft vergleichbar war zu der von Löwen und Tigern. Der Tötungsakt, so spekulierten sie, wurde durch ein tiefes Aufreißen der Kehle ausgeführt (diese Schlussfolgerung teilen auch einige jüngere Forscher).

Die Analyse des Tötungs- und Nahrungsaufnahmeverhaltens wurde von Akersten (1985) weitergeführt, der die Gattung *Smilodon* untersuchte, die durch zahlreiche (wenn auch verstreute) Überreste aus der Teergrube von Rancho La Brea in Südkalifornien bekannt ist. Er glaubte, dass diese Katzen kooperative Jäger waren (wie bei Löwen überlebten verletzte Individuen oft durch die Jagderfolge der anderen), die ihrer Beute auflauerten, sie hetzten und mit ihren kräftigen Vorderkörpern und riesigen Klauen hinabzogen. Er glaubte, dass sie dann das Abdomen des am Boden liegenden Tieres angriffen und so vermieden, dass sie mit ihren zerbrechlichen Säbelzähnen auf Knochen bissen. Verglichen mit Löwen ist die Kiefersymphyse stärker, die unteren Incisivi sind größer, die Wurzeln der unteren Canini mächtiger und der Mechanismus zum Senken des Kopfes stärker. Die klingenartigen Säbelzähne sind an ihren Hinterkanten am dünnsten und auch am meisten gesägt. Aus diesen Hinweisen schloss Akersten, dass die Katzen ihre Kiefer weit öffneten, die unteren Vorderzähne fest gegen das Fell der Beute pressten, dann den Kopf senkten und so die Säbel tief in die Beute hineindrückten. Da die Spitzen der Säbel weiter vom Kiefergelenk entfernt sind als ihre Basen, würde jeder Zahn eine mehrere Zentimeter lange Wunde schlagen, wenn sich die Kiefer schließen.

Verschiedene Paläontologen (z. B. Biknevicus et al. 1996) haben die Analyse des Beutemachens bei Säbelzahnträgern auf die Incisivi und die Brechschere ausgedehnt (siehe Literaturverzeichnis). Die oberen Schneidezähne von *Smilodon* sind robuster und abgenutzter als die von Löwen. Anstatt wie bei modernen Katzen eine gerade Linie über den Mund zu bilden, sind die sechs oberen Schneidezähne ähnlich wie bei Caniden in einem Bogen angeordnet. Diese Merkmale deuten darauf hin, dass die Incisivi relativ stark benutzt wurden, dass sie besser an Nahrungsmanipulation angepasst waren und dazu beitrugen, die Beute zu halten und so die Säbelzähne vor seitwärts gerichteten Biegekräften zu schützen. Die Brechschere war groß und bildete einen effektiven Schermechanismus. Muster mikroskopisch kleiner Abnutzungsspuren deuten auf einen starken Gebrauch, aber das fast völlige Fehlen von punktförmigen Defekten im Schmelz deutet auf einen geringen Kontakt mit Knochen hin. Anscheinend fraßen Säbelzahnkatzen die Eingeweide und großen Muskeln ihrer Beute und überließen dann die Überreste den Aasfressern.

Das letzte Wort in dieser Geschichte wird vielleicht niemals geschrieben, aber das Analysespiel wurde fleißig gespielt.

## 30.7

## Anpassungen an das Fressen praller, spröder und vielfältiger Nahrung

Bevor wir die Anpassungen an die Verarbeitung anderer Arten von Nahrung betrachten, sollten zwei Warnungen ausgesprochen werden:

- Wir wissen nicht wirklich viel über die physikalische Festigkeit der unterschiedlichen Arten von Nahrung, die die Kaustrategie zweifellos beeinflusst.
- Herring (1993) weist darauf hin, dass die traditionelle Annahme, dass die Beißkraft maximiert wird, nicht immer berechtigt ist. Das Ausmaß und die Bedeutung der elastischen Verformung von Säugetierschädeln während der Nahrungsmanipulation ist nicht genügend berücksichtigt worden.

Pralle Nahrung, wie z.B. die Zellen von Früchten, oder harte, aber brüchige Nahrung, wie große Samen und Nüsse, muss aufgebrochen oder geknackt werden, um sie der Verdauung zugänglich zu machen. Klingen wären dazu geeignet (wie bei Fleisch), aber viele Kautakte wären nötig. Effektiver sind dagegen zerquetschende und rollende Beißbewegungen einer Zahnkombination, die einem Mörser und Stößel ähnelt (Abb. 30.18). Ein niedriger Zapfen des einen Zahnes passt in eine Einsenkung am gegenüberliegenden Zahn. Gewöhnlich passen Mörser und Stößel nicht eng zusammen, sondern der Stößel hat einen kleineren Wölbungsradius. Dies erlaubt ein gewisses Zerreiben durch den Stößel und erleichtert das Entfernen der zermahlenen Nahrung vom Mörser. Die Backenzähne von Fruchtfressern, wie z.B. dem Wickelbär und fruchtfressenden Fledermäusen, und von Nussfressern, wie dem Eichhörnchen, entsprechen dieser Konstruktion. (Nussfressende Vögel zermahlen ihre Nahrung im Muskelmagen.)

Tiere, die Insekten, andere kleine Arthropoden und Würmer fressen, heißen **insectivor.** Viele Amphibien, Reptilien und Vögel schlucken Insekten als Ganzes, aber oft muss die Beute zerteilt werden, damit sie verschluckt werden kann (z.B. wenn Spitzmäuse und Mäuse große Käfer fangen). Außerdem beschleunigt das Auseinanderreißen oder Zerstechen der Beute ihre Verdauung. Zähne mit scharfen Zapfen und Klingen sind am besten dafür geeignet, zähe Exoskelette zu durchdringen und zu zerschneiden, während Mörser und Stößel günstiger sind, um Larven und Würmer zu zerdrücken. Deshalb haben Fledermäuse, Spitzmäuse, Maulwürfe und Igel zahlreiche und unterschiedlich geformte Zähne. Die Mundöffnung ist meistens weit und die Kiefer schnappen schnell zu. (Wie in einem folgenden Abschnitt erklärt wird, haben große Säugetiere, die sich von schwärmenden Insekten ernähren, andere Anpassungen.)

Tetrapoden, die eine vielseitige Ernährungsbasis haben, die z.B. Fleisch, Insekten, Eier, Samen, Beeren und zarte Vegetation umfasst, werden **omnivor** genannt. Geläufige Beispiele sind das Opossum, die Hausratte, der Bär, das

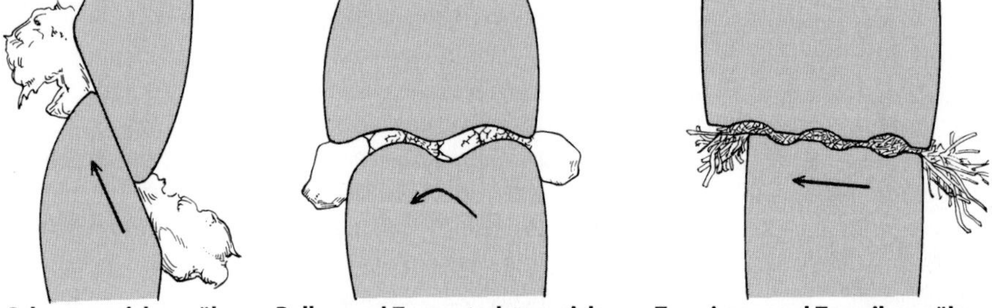


**Abb. 30.18.** Zähne, die für drei Hauptarten der Zerkleinerung von Nahrung geeignet sind

Schwein und der Mensch. Ihre Zähne sind meistens zahlreich und vielgestaltig, aber nicht besonders für das Scheren oder Zermahlen spezialisiert. Die Backenzähne sind mäßig breit, mit niedrigen Höckern und Einsenkungen, die für das Zerdrücken geeignet sind. Solche Zähne heißen **bunodont**.

## 30.8 Anpassungen an das Fressen zäher, faserreicher Nahrung

Die Blätter, Stängel und Wurzeln von Pflanzen sind zäh und enthalten außerordentlich widerstandsfähige Zellwände und Fasern. Tiere, die sie fressen, werden **herbivor** genannt. Relativ wenige adulte Fische und Amphibien sind vorwiegend herbivor, aber unter den Reptilien, den Riesendinosauriern, den Entenschnabeldinosauriern, den horntragenden Dinosauriern, manchen Eidechsen und vielen Schildkröten sind oder waren viele herbivor. Der Strauß, der Hoatzin, Gänse und einige Papageien, Raufußhühner und Finken sind Pflanzenfresser. Kängurus, Wombats, Languren, Faultiere, Hasen, viele Nagetiere, Elefanten, Schliefer, Seekühe und Huftiere sind herbivore Säugetiere.

### 30.8.1 Strukturen, die durchtrennen und abschneiden

Vögel, Faultiere, Languren und die meisten Reptilien schneiden, zerfetzen oder zerdrücken ihre Nahrung, zermahlen sie aber nicht im Mund. Die hornigen Mundränder bei Schildkröten und Papageien fungieren als Scheren (Abb. 30.19). Gesägte laterale Zähne dienen dem Leguan als Schneidekanten (Abb. 30.14). Gänse haben zahlreiche Lamellen am Rand des Schnabels, die als Schneidewerkzeug wirken. Die meisten herbivoren Säugetiere zerdrücken und zermahlen die Nahrung mit ihren Backenzähnen, ihre vorderen Zähne sind stattdessen für das Scheren, Nagen

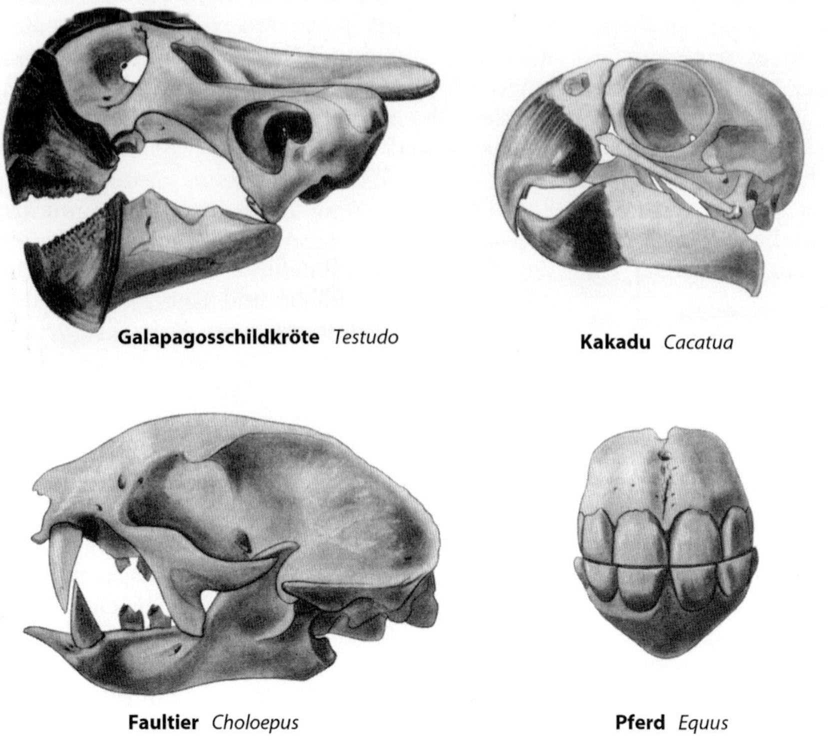


**Abb. 30.19.** Beispiele von Scher- und Rupfmechanismen bei Pflanzenfressern

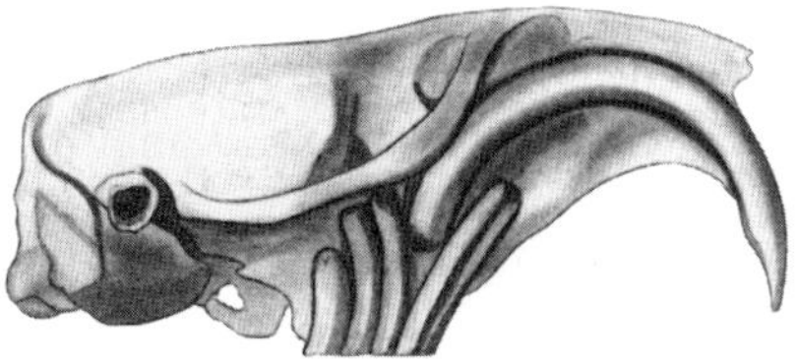

**Abb. 30.20.** Präparierter Schädel einer Taschenratte, *Thomomys*. Gezeigt sind die offenwurzeligen, permanent wachsenden Zähne und das große Diastema

oder das Abrupfen spezialisiert. Dieser vordere Apparat ist von den Backenzähnen durch einen Zwischenraum, das **Diastema**, getrennt. Die beiden Mechanismen funktionieren nicht gleichzeitig. Wenn ein Hase kaut, berühren sich seine Schneidezähne nicht. Wenn ein Biber nagt, wird der Unterkiefer nach vorne bewegt und die Backenzähne passen nicht aufeinander. Ein spezialisiertes Paar aus oberen und unteren Vorderzähnen bildet bei Wombats, manchen Faultieren, Schliefern (Hyrax), Hasenartigen und Nagetieren einen wirksamen Scherapparat. Diese Zähne haben offene Wurzeln und wachsen permanent (Abb. 30.20). Pferde halten Gras zwischen den oberen und unteren Reihen der sich berührenden Schneidezähne und reißen es dann mit einer seitlichen Bewegung des Kopfes ab. Die meisten Paarhufer reißen das Gras stattdessen ab, nachdem sie es zwischen ihre unteren Schneidezähne und eine hornige Platte am Oberkiefer eingeklemmt haben. Der analoge Mechanismus beim Känguru besteht aus einer Reihe von oberen Schneidezähnen, die gegen ein Paar aus breiten, nach vorne geneigten, unteren Schneidezähnen drücken.

## 30.8.2 Mahlzähne

Sobald Pflanzennahrung frei im Mund ist, wird sie von manchen Schildkröten und Vögeln geschluckt, ohne vorher gut gekaut zu werden; von den meisten Herbivoren aber wird sie gründlich durchgekaut. Das bedeutet, dass die Nahrungsaufnahme langsam sein muss. Die meisten Artiodactyla schlucken ihre Nahrung zunächst nach nur wenig Kauen, würgen (regurgitieren) sie dann aber portionsweise hoch, um sie als Nahrungsbrei wiederzukäuen, wenn das Tier ruht. Bis zu 7 bis 10 Stunden pro Tag können mit Wiederkäuen verbracht werden. (Manche Marsupialier regurgitieren gelegentlich eine Portion und kauen sie durch, verwenden aber nur wenig Zeit darauf.) Große Mengen von Speichel müssen abgegeben werden, vor allem wenn die Nahrung selbst trocken ist (s. Exkurs 12.1).

Um raue Vegetation zu zerkleinern, wird eine zermahlende „Mühle" benötigt. Wie auf S. 477 erklärt wurde, sind die Anforderungen bei großen Säugetieren besonders hoch. Deshalb werden die Anpassungen der Huftiere und Elefanten als erstes behandelt. Da sie die gleiche Arbeit verrichten, sind die Backenzähne bei beiden Gruppen ähnlich geformt. Die funktionierenden Prämolaren werden in ihrem Aufbau molarenähnlich. Die Kauflächen der Zähne sind flach und groß: Ein einzelner Mammutzahn kann eine Mahloberfläche von mehr als 250 $cm^2$ haben (Abb. 30.21). Solche großen und schweren Zähne müssen auf zahlreichen Wurzeln sitzen.

Außerdem muss Vorsorge getroffen werden für eine lange Gebrauchsdauer, weil die Zähne so oft benutzt werden und weil das Material, das zerkleinert wird, selbst rau ist und oft eine Beimischung von Sandkörnern enthält. Um einen langen Gebrauch zu gewährleisten, sind die Wurzeln tief in den Kiefern des jungen Tieres verankert und die Krone (der Teil des Zahnes oberhalb der Wurzeln, aber u. U. innerhalb des Zahnfleisches) ist hoch. Solche Zähne werden **hypsodont** genannt. Wenn der exponierte Teil des Zahnes sich allmählich abreibt, steigen die Zähne im Kiefer höher und Knochen füllt den freiwerdenden Hohlraum. Dies exponiert weitere Teile der Krone. Wenn ein Großteil der Krone abgetragen ist und die Wurzeln direkt unter dem Zahnfleisch liegen, kann das Tier, das mittlerweile wahrscheinlich sehr alt ist, an Unterernährung leiden.

Elefanten haben einen Mechanismus entwickelt, der einen kompletten Abrieb der gesamten Krone sicherstellt. Die Zähne liegen in einer Rille im Kiefer, statt in einzelnen Fächern (Alveolen). Jede Rille ist hinten im Kiefer tief und steigt nach vorne hin nach oben. Sechs Zähne bilden sich nacheinander weit hinten in jeder Rinne und wandern langsam nach vorne. Jeder

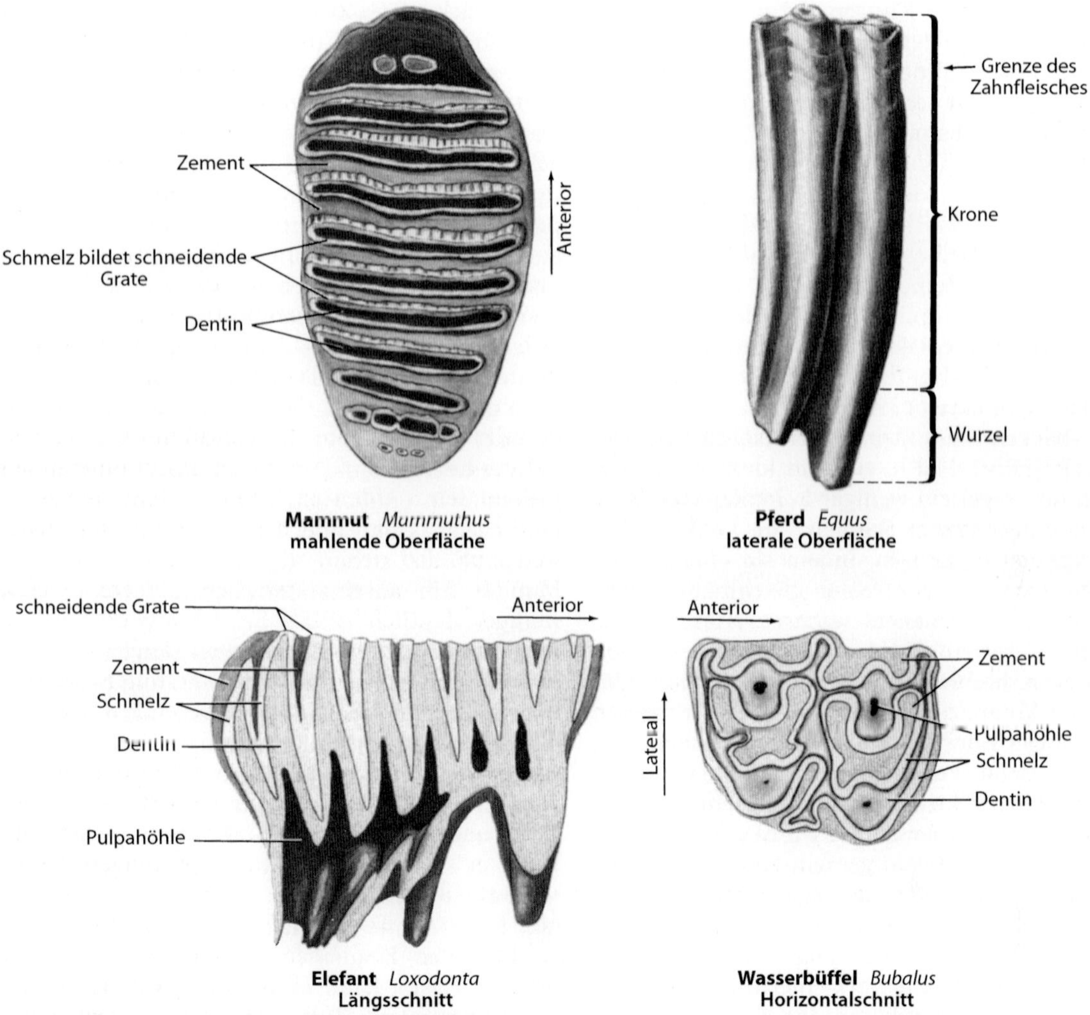


**Abb. 30.21.** Backenzähne, die zum Mahlen geeignet sind

Zahn bricht zunächst an seiner Vorderkante durch und wird dort abgenutzt, lange bevor der posteriore Teil des Zahnes in Funktion tritt. Wenn die Vorwärtswanderung weitergeht, steigt der Zahn in der ansteigenden Rinne, so dass der Abrieb ausgeglichen wird. Wenn er schließlich das anteriore Ende der Zahnreihe erreicht, ist die Krone eines jeden Zahnes vollständig abgenutzt. Die kurzen Wurzeln werden aus dem Gaumen herausgedrückt und fallen aus. Nur zwei dieser beeindruckenden Zähne sind gleichzeitig in jedem Kiefer in Gebrauch. Wenn sich der letzte Zahn nach vorne bewegt, wird die Rinne von hinten an mit spongiösem Knochen ausgefüllt. Die Reihe aus sechs Zähnen reicht dem Elefanten für die 70 oder mehr Jahre, die er lebt.

Hypsodonte Zähne haben eine weitere Anpassung. Ihre Kauflächen sind breit und flach, wie Mühlensteine. Um aber effektiv zerreiben zu können, dürfen Mühlensteine nicht glatt sein. Da der Schmelz härter ist als Dentin oder Zement, ist er etwas widerstandsfähiger gegenüber Abrieb. Er ragt etwas über die anderen Materialien heraus und bildet so schneidende Grate oder ganz niedrige Klingen. So wird die benötigte Rauheit gebildet und aufrechterhalten. Der Schmelz dieser Zähne faltet sich in die weichere Substanz des Zahnes hinein auf und bildet so wegen des langsameren Abriebs eine Abfolge von Hügeln und Tälern. Das Muster dieser Auffaltungen ist für jede Art typisch, variiert aber stark zwischen verschiedenen Spezies. Die Täler können offen bleiben (viele Artiodactyla) oder sie können mit Zement ausgefüllt werden, kurz bevor der Zahn durchbricht (Pferde, Elefanten). Im letzteren Fall entsteht eine horizontale Abfolge aus Schmelz-Dentin-Schmelz-Zement, wenn sich der Zahn abreibt (Abb. 30.21).

Die Backenzähne kleiner Herbivoren sind weniger spezialisiert, d.h. sie sind kleiner und haben in der Regel ein weniger kompliziertes Muster aus eingefaltetem Schmelz. Sie können aber auch spezialisierter sein, indem sie offene Wurzeln haben, in ihren Alveolen gleichmäßig gebogen sind und permanent wachsen (Hasenartige, manche Nagetiere) (Abb. 30.20). Die einzelnen Zähne von herbivoren Reptilien erreichen niemals die Kompliziertheit der Zähne von großen Weidegängern und Äsern unter den Säugetieren, aber die Natur verlieh den Entenschnabeldinosauriern ein effektives Analogon. Mehrere Hundert relativ einfacher Zähne wurden zusammengepresst und bildeten gemeinsam eine große, raue Mahlplatte. Manche vegetarischen Fische haben Tausende kleiner Zähne in ähnlicher Art und Weise zusammengedrängt. Andere haben keine Zähne im Mund, zerkleinern die Pflanzennahrung aber mit Schlundzähnen, die eng gepackte Klingen darstellen.

### 30.8.3 Kiefermechanismen

Die meisten herbivoren Säugetiere kauen, indem sie die unteren Zahnreihen über die oberen Zahnreihen bewegen. Die Bewegung kann, je nach Art, von hinten nach vorne oder seitwärts sein. Das Zermahlen tritt nur während einer Phase des Zyklus auf, nämlich meist, wenn sich der Unterkiefer nach vorne oder aber von einer Seite zum Zentrum hin bewegt. Während der anderen, langsameren Phase des Zyklus öffnen sich die Kiefer etwas und kehren zur Startposition zurück. Die Zunge befördert dabei mehr Nahrung zwischen die Zahnreihen. Wenn die Bewegung seitlich ist, was meistens der Fall ist, stehen die unteren Zahnreihen meist etwas enger als die oberen Zahnreihen, obwohl auch der umgekehrte Fall manchmal auftritt. In beiden Situationen muss das Tier zu einem gegebenen Zeitpunkt auf einer Seite des Mundes kauen. Wie auch immer die Relativbewegung der oberen und unteren Zahnreihen ist, sie ist beinahe immer kreuzweise oder schräg (nicht parallel) zur Orientierung der vorspringenden Kanten und Leisten auf der Mahlfläche des Zahnes.

In der Seitenansicht kann eine Zahnreihe gerade oder gebogen sein. Im Querschnitt kann eine Zahnreihe horizontal oder nach innen oder außen geneigt sein (Abb. 30.22). Die Zahnreihen in einem Kiefer (Ober- oder Unterkiefer) können entweder parallel stehen oder zum hinteren Teil des Mundes hin auseinanderweichen (obwohl dies weniger deutlich ist als bei Carnivoren). Diese Faktoren können die Relativbewegungen der oberen und unteren Zahnreihen leiten und beschränken. Es ist klar, dass die Kaubewegungen der Herbivoren außergewöhnlich vielfältig sind.

Die Artikulation zwischen Unterkiefer und Schädel ist entsprechend variabel. Der Condylus kann quer orientiert sein wie bei Carnivoren. Wenn er sich stattdessen in einer weniger eingeschränkten Gelenkpfanne bewegt (Wombat, Hyrax, Pferd), kann er längs orientiert sein. Wenn er in einer länglichen Rinne schaukelt und rutscht (Hase), kann er stumpf gerundet (Biber, Paca) oder relativ flach sein (viele Artiodactyla). Der Leser kann es nützlich finden, aus der Struktur und Funktion der Zahnreihen (die beiden vorhergehenden Abschnitte) abzuleiten, wie viele verschiedene Bewegungsmöglichkeiten dieses Gelenk zulassen muss.

Bei Carnivoren liegt das Kiefergelenk ungefähr auf gleicher Höhe wie die Zahnreihen. Seine Position variiert bei Nagetieren, aber gewöhnlich liegt es etwas oberhalb der Zahnreihen. Bei den meisten anderen Herbivoren, die ihre Nahrung zermahlen, liegt es wesentlich höher als die Zahnreihen (Abb. 30.17). Der Vorteil dieser hohen Lage wurde debattiert. Der M. masseter ist bei Herbivoren relativ groß und stellt meistens ungefähr zwei Drittel der Adduk-

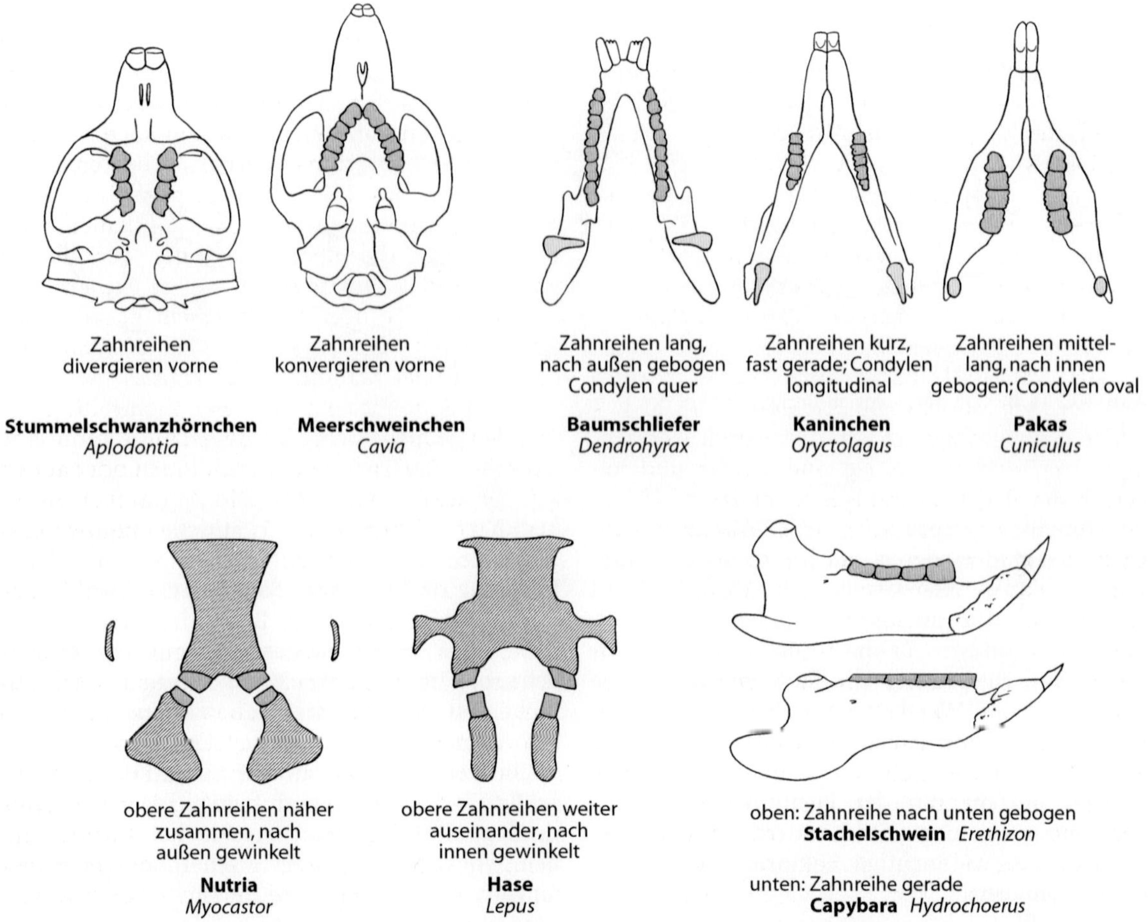


**Abb. 30.22.** Einige Varianten der Zahnreihen und Unterkiefercondylen bei Pflanzenfressern aus drei Ordnungen von Säugetieren. *Oben links*: Schädel in der Ventralansicht. *Oben rechts*: Unterkiefer in Dorsalansicht. *Unten links*: Querschnitte durch Schädel und Unterkiefer auf der Höhe der Augenhöhlen. *Unten rechts*: Medialansicht des linken Unterkiefers

torenmasse. Der M. pterygoideus ist der nächstkleinere und unterstützt den M. masseter bei der Erzeugung von lateralen Mahlbewegungen des Unterkiefers. Der M. temporalis ist relativ klein und der Processus coronoideus, wenn auch variabel, ist meistens klein oder kann sogar fehlen (Kaninchen, Capybara). Ein hoher Processus coronoideus des Unterkiefers vergrößert oft den Hebelarm des M. masseter (Abb. 30.23 a). Eine hohe Position des Gelenks **verkürzt** den Hebel des schwächeren M. temporalis, aber dies kann vorteilhaft sein. Da er ein kleiner Muskel ist, könnte er sich nicht ausreichend verkürzen, um eine adäquate Bewegung hervorzurufen, wenn sein Hebelarm nicht ebenfalls verkürzt würde.

Wenn der Condylus des Unterkiefers in einer Höhe mit den Zahnreihen liegt, nähern sich die unteren Zähne an die oberen Zähne in einem Bogen an, der sie kurz vor dem Kontakt gegenüberstellt (Abb. 30.23 b). Dies ist vorteilhaft, wenn sie wie Klingen oder wie Mörser und Stößel funktionieren sollen. Wenn der Condylus hoch liegt, nähern sich die Zähne schräger an, so dass die Nahrung zwischen den Zähnen eingequetscht und gerollt wird. Dies ist günstig für das Zermahlen faserreicher Nahrung.

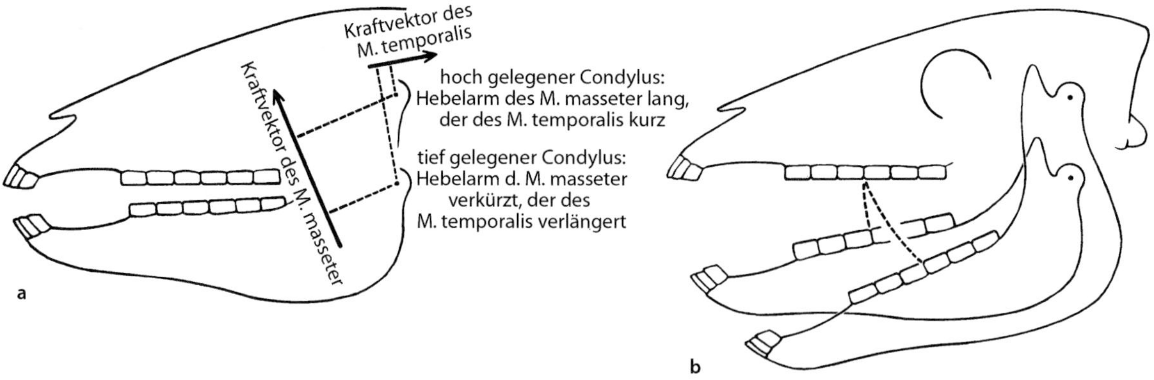


**Abb. 30.23 a, b.** Kiefermechanik in Bezug zur Lage des Unterkiefercondylus

Schließlich entsprechen die Abstände des Condylus zum vorderen und hinteren Ende einer Zahnreihe den Hebelarmen der Muskeln beim Zermahlen, das an diesen Stellen stattfindet. Wenn der Condylus in einer Höhe mit der Zahnreihe liegt, entsprechen die Lastarme der Länge der Zahnreihe. Wenn der Condylus hoch liegt, dann ist der Unterschied der Lastarme geringer als die Länge der Zahnreihe und die Beißkraft variiert weniger mit der Position, an der die Nahrung zermahlen wird. Andere für den Kiefermechanismus wichtige Faktoren werden auf S. 148 f vorgestellt.

## 30.9 Andere Adaptationen an die Nahrungsaufnahme

### 30.9.1 Verschlingen von Fisch und anderer großer Beute

Es ist das unglückliche Schicksal vieler Fische und Frösche sowie mancher terrestrischer Vertebraten, ganz verschluckt zu werden. Räuber, die vor allem Fisch fressen, werden als **piscivor** bezeichnet. Ungefähr 30% aller Fische fressen andere Fische. Pinguine, Seetaucher, Pelikane, Kormorane, Alken, Reiher und Eisvögel sind Beispiele von Vögeln, die Fische fressen. Rennkuckucke, Sekretäre und Störche verschlingen Eidechsen und Mäuse. Robben, Seelöwen und Delphine sind piscivore Säugetiere.

Gewöhnlich muss die Beute den Schlund mit dem Kopf voran passieren, damit die großen Schuppen in Schluckrichtung anliegen und sich nicht festhaken. Pelikane (und zu einem geringeren Ausmaß manche andere Vögel) haben einen dehnbaren Mundboden oder einen Kehlsack, um große Fische gefangen zu halten, bis sie so positioniert sind, dass sie verschluckt werden können. Vögel werfen einen Fisch in die Luft und fangen ihn in der gewünschten Orientierung wieder auf.

Wenn die Nahrung, die gefressen wird, sehr agil oder schlüpfrig ist, dann sind die Zähne meistens klein und von einfacher Struktur (keine Klingen wie bei Carnivoren), aber dennoch scharf und zahlreich, um das Entschlüpfen der Beute vor dem Verschlucken zu verhindern. Beispiele dafür sind die Zähne vieler Salamander, Eidechsen, Krokodile, Ichthyosaurier, Plesiosaurier, Robben, Seelöwen und Zahnwale (Abb. 30.24). Säger (aquatische Vögel) haben hornige zahnähnliche Bildungen an der Kante des Schnabels, mit denen sie die Flucht von Beutefischen verhindern. Seeschildkröten haben zahlreiche hornige, nach hinten gerichtete Dornen in der Speiseröhre.

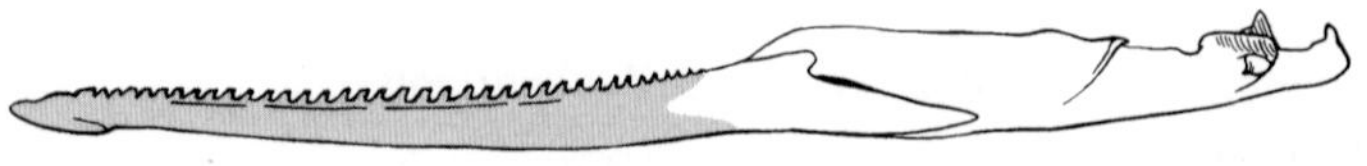

**Säger** *Mergus*

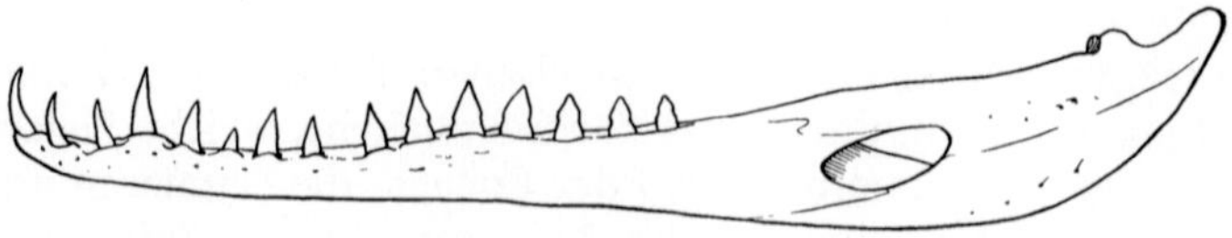

**Krokodil** *Crocodylus*

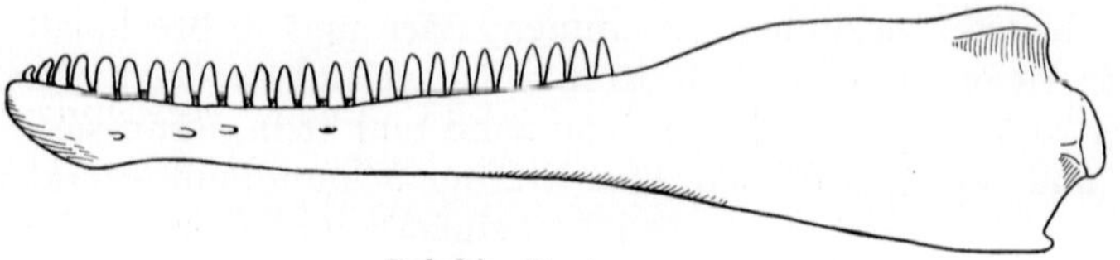

**Delphin** *Tursiops*

**Abb. 30.24.** Linke Unterkiefer von Vertebraten, die mittelgroße tierische Nahrung verschlucken, die zwar festgehalten, aber kaum zerlegt werden muss

## 30.9.2 Langsames Schlucken großer Beute

Manche Vertebraten schlucken Beute, die im Verhältnis zu Kopf und Kehle so groß ist, dass sie nicht einfach verschluckt werden kann, sondern langsam verschlungen werden muss (Abb. 30.25). Ein Fisch mit einem dehnbaren Bauch würgt Beute hinunter, die so groß ist wie er selber. Manche Fische können Teile des Oberkiefers vorstrecken und zurückziehen und mit den kleinen, nach hinten geneigten Randzähnen der rechten und linken Seite abwechselnd an der Beute ziehen, sie loslassen und nach vorne reichen und wieder ziehen. Wenn die Beute den Pharynx erreicht hat, funktionieren Schlundzähne in ähnlicher Weise.

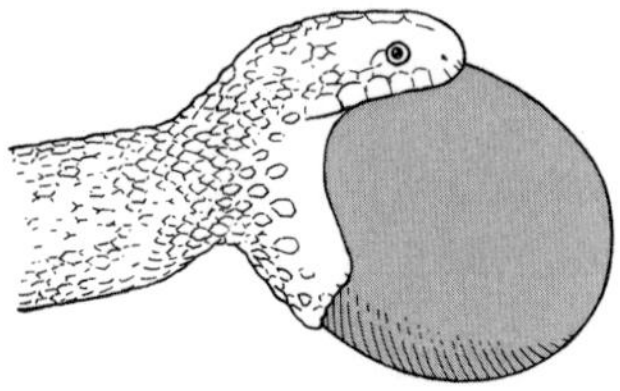

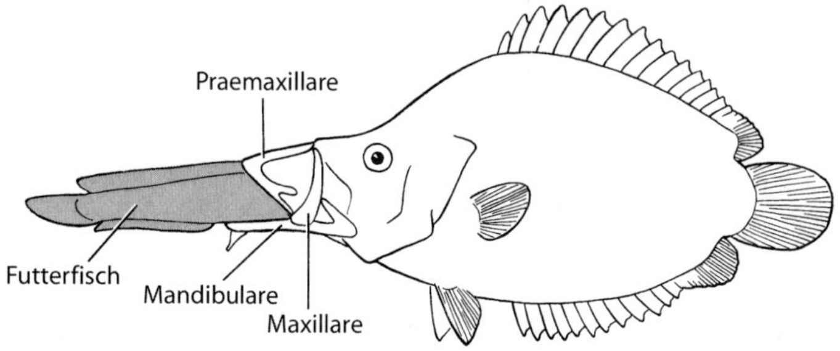


**Eierfressende Schlange** *Dasypeltis*

**Blattfisch** *Monocirrhus*

**Abb. 30.25.** Beispiele von Wirbeltieren, die große Beute verschlingen

Schlangen bewältigen große Beute und verschiedene Arten, die an das Fressen von Eiern angepasst sind, können mit Eiern fertig werden, deren Durchmesser mehr als dreimal so groß ist wie der Durchmesser des Schlangenkopfes. Der Kopf einer Schlange ist bemerkenswert spezialisiert. Die Zähne sind nicht nur zur Kehle hin gekrümmt, sondern die Knochen, die sie tragen, können rotiert werden, so dass die Zähne, je nach Bedarf, nach innen oder nach außen gewinkelt werden können. (Eierfressende Schlangen dagegen reduzieren ihre Zähne oder verlieren sie sogar.) Der Unterkiefer hat keine Symphyse, so dass die beiden Unterkieferhälften weit auseinander gedrückt werden können. Die Kieferwinkel drehen sich seitlich von der Schädelmitte weg, und die Ober- und Unterkiefer vieler Spezies können sich, eine Seite nach der anderen, vorwärts und rückwärts bewegen und so den Kopf um die Beute ziehen.

Tiere, die große Beute schlucken, haben besonders weite und dehnbare Speiseröhren und riesige Mägen. Rennkuckucke, Sekretäre und manche großen Frösche können Teile einer großen Schlange oder einer Eidechse verschlucken und warten, bis sie verdaut sind, damit Platz entsteht, um den Rest zu schlucken. Schlangen haben kein Sternum, so dass große Nahrungsteile den Körper ausdehnen können, indem sie die Rippen spreizen. Der Luftweg zu den Lungen wird während des langsamen Schluckvorganges offengehalten, indem der Kehlkopf unterhalb der aufgenommenen Beute wie ein Schnorchel aus dem Mund herausragt. Verschiedene eierfressende Schlangen haben eine bemerkenswerte Methode entwickelt, ein Ei zu zerbrechen, nachdem es verschluckt wurde. Scharfe Fortsätze an der Ventralseite von ungefähr einem Dutzend Wirbeln durchdringen tatsächlich den Ösophagus. Wenn das Ei in Position ist, quetschen starke Muskeln das Ei gegen diese harten Fortsätze und zerbrechen so die Schale. Manche Spezies leiten die zerbrochene Schale durch den Darm nach hinten, während andere den Inhalt des Eies mit speziellen Klappen vor Ort halten und die Schale wieder auswürgen. Verschiedene Schlangen bewegen große Beute durch peristaltische Bewegungen der Axialmuskulatur durch den Verdauungstrakt.

### 30.9.3 Zerdrücken und Zerbrechen

Manche Tiere müssen Schalen, Hüllen, hölzerne Samen und anderes hartes Material zerdrücken oder zerbrechen, um an verdaubare Nahrung zu gelangen. Diese Tiere werden **durophag** genannt. Beispiele unter den Fischen, die Schalen zermalmen, um an das darin enthaltene, weiche Fleisch zu kommen, sind der Rochen, die Chimären und die Dipnoi (Abb. 7.5), manche Cichliden und der Igelfisch. Diese Fische haben kräftige Kiefer, die meistens autostyl sind. Die meisten haben wenige, pflasterartige und starke Zähne. Rochen haben zahlreiche Zähne, die wie Kacheln im Badezimmer zusammenpassen und so Brechplatten bilden (Abb. 30.26). Papageienfische zermalmen große Mengen von Sand und Stein, wenn sie Algen fressen. Eine kräftige Schlundmühle zerkleinert das Material zu einem feinen Grit.

Wie ihr Name schon sagt, hatten bestimmte ausgestorbene Sauropterygii, die Placodonti, große flache Zähne zum Zerdrücken von Mollusken. Verschiedene Eidechsen und mehrere Schildkröten zermalmen Schnecken. Die Molaren des Seeotters und des Walrosses sind für den gleichen Zweck abgeflacht. Das Schnabeltier hat hornige Platten, mit denen es Schnecken und andere Nahrung zerdrückt.

Körner- und nussfressende Vögel haben besonders starke Muskelmägen zum Zermahlen ihrer Nahrung. Kleine Steinchen werden aufgenommen, um diese Mühle effektiver zu machen. Ganz ähnlich haben Störe, die fadenflossige Alse und die Meeräsche, die Detritusfresser sind, Muskelmägen mit zähen Auskleidungen, mit denen sie die verschiedenen Invertebraten zermahlen können.

Manche anderen Wirbeltiere zerbrechen ihre harte Nahrung eher, als dass sie sie zermalmen. Der Bootsschwanz (ein Vogel) schneidet Eicheln mit einem Kiel an der Innenseite des Oberschnabels auf. Der asiatische Kernbeißer knackt Kirsch- und Olivenkerne. Der Schnabel ist an der Basis sehr kräftig und hoch, die Kieferadduktoren sind bemerkenswert groß. Es wurde behauptet, dass dieser Fink von der Größe eines Rotschwanzes einen Stein mit einer Kraft von mehr als 45 kg (450 N) zerbeißen kann. Ein be-

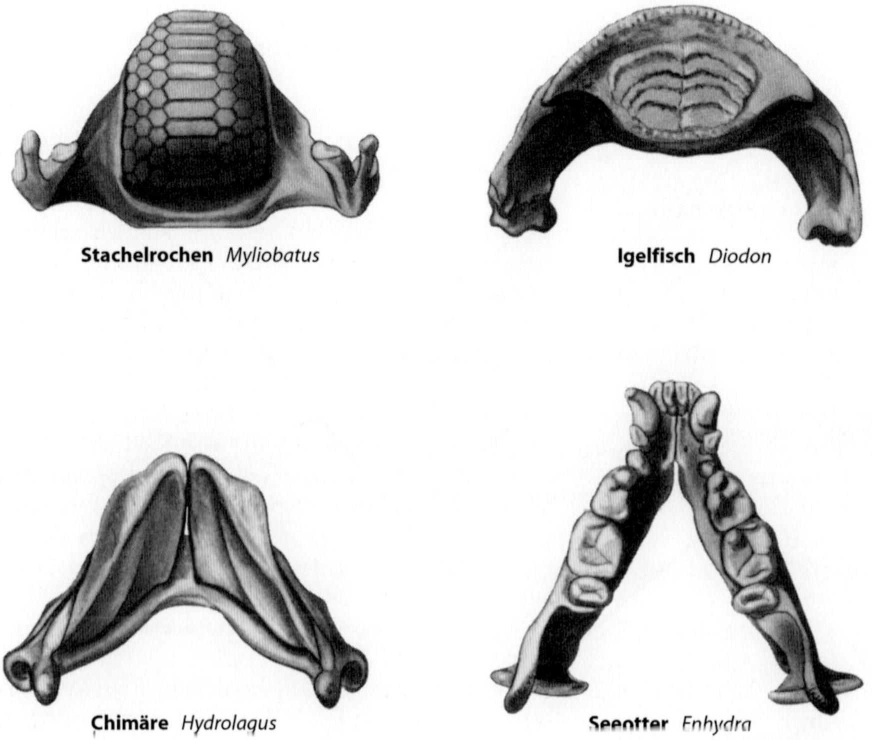


**Abb. 30.26.** Unterkiefer und untere Zähne durophager Vertebraten

stimmter Hai hat einen Beißdruck von 3000 kg $cm^{-2}$. Hyänen knacken die Knochen großer Huftiere auf, um an das Knochenmark zu kommen. Ihre Adaptationen umfassen besonders starke Kiefer und Zähne, enorme Kiefermuskeln und Cristae sagittales. Die Schädelnähte verschmelzen bei diesen Tieren ungewöhnlich früh. Da die harten Knochen nur mit den Spitzen der Brechscheren und von verschiedenen anderen Zähnen in Kontakt kommen, wird ein enormer Druck ausgeübt.

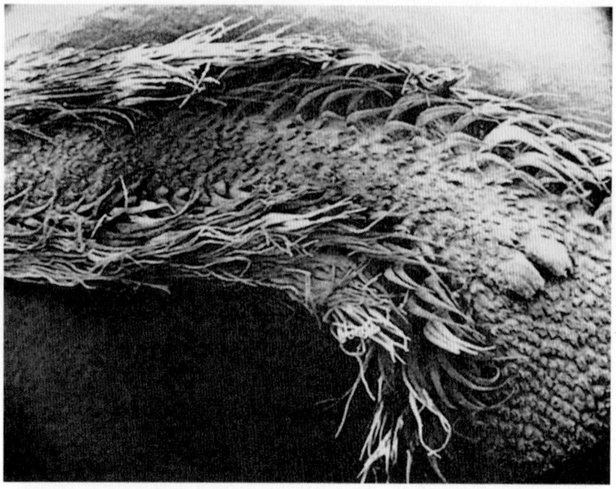

**Abb. 30.27.** Zunge einer nektar- und pollenfressenden Fledermaus, *Leptonycteris*, in 19facher Vergrößerung. Dorsale Oberfläche, die Zungenspitze liegt außerhalb des Bildes zur Linken. (Die Photographie wurde von John Mais mit einem Scanning-Elektronenmikroskop aufgenommen)

### 30.9.4 Weitere Nahrungsmittel

**Nektar und Pollen** bilden die gesamte oder zumindest den Hauptteil der Nahrung von Kolibris, Honigfressern, Nektarfressern, Zuckervögeln und einigen anderen Vögeln, sowie von sechs Gattungen Fledermäusen und des Honigbeutlers. Die meisten der Vögel haben lange schlanke Schnäbel, die, je nach Form der bevorzugten Blüten, unterschiedlich gebogen sind. Die

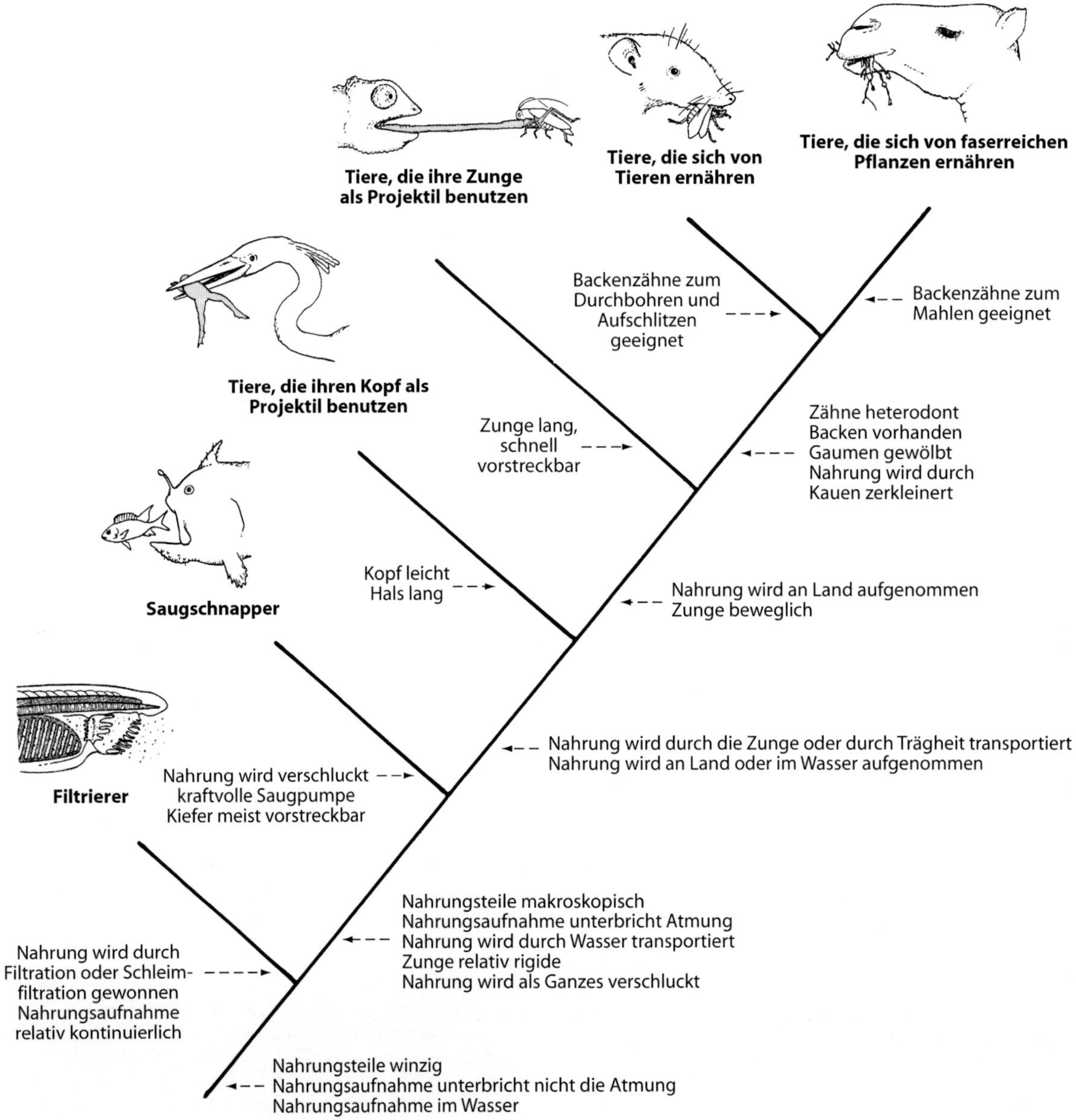


**Abb. 30.28.** Kladogramm, das die Charakteristika ausgewählter Modi der Nahrungsaufnahme zeigt. (Viele Vertebraten, wie z. B. Haie, Piranhas, Vampire, die meisten Vögel und Zahnwale passen nicht in dieses Schema)

Säugetiere haben viel längere Schnauzen als verwandte Arten mit anderen Ernährungsgewohnheiten. Die Zähne sind klein und schwach (Fledermäuse) oder in ihrer Anzahl reduziert (Honigbeutler) und die Kiefermuskulatur ist rückgebildet. Die Zunge ist grundsätzlich lang, schlank und weit vorstreckbar. Sie endet gewöhnlich in einer Bürste, die aus Reihen oder Quasten von haarähnlichen Auswüchsen besteht, die in Richtung Kehle gekippt sind. Diese Vorrichtung transportiert den Nektar sehr effektiv zum Mund (Abb. 30.27). Dennoch haben die Zungen verschiedener Nektarfresser stattdessen oder zusätzlich eine oder zwei enge Röhren, durch die der Nektar in den Mund gesaugt werden kann. Die Muskeln der Kehle wirken dabei als Saugpumpe. Pollenfressende Fledermäuse haben einzigartige Haare, die zum Pollensammeln geeignet sind, welche dann aus dem Pelz herausgekämmt werden.

Vampirfledermäuse ernähren sich ausschließlich von **Blut**. Sie verursachen mit ihren scharfen, gebogenen, oberen Schneidezähnen eine oberflächliche Wunde an der Beute. Die wenigen anderen Zähne sind klein. Das Gerinnen der Blutmahlzeit wird durch die Wirkung des Speichels verhindert. Das aus der Wunde quellende Blut wird aufgeleckt. Wenn es frei fließt, werden die Kanten der Zunge aufgebogen, bilden so eine Röhre und das Blut wird in den Mund gesaugt. Die Zunge wirkt bei dem Saugvorgang wie eine Pumpe, aber die Einzelheiten des Mechanismus sind noch nicht bekannt.

Die größeren Säugetiere, die sich von **schwärmenden Insekten** ernähren, sind hochgradig spezialisiert. Diese umfassen den Ameisenigel, den rattengroßen Beutelameisenfresser, den Erdwolf, das Erdferkel, die Schuppentiere und den großen und kleinen echten Ameisenbären. Das Rostrum ist gewöhnlich lang, der Mund klein und die Kiefer schwach ausgebildet. Da die Ameisen oder Termiten nicht zerkaut werden, werden die Zähne zunächst klein (Beutelameisenfresser), dann stiftartig, schmelzarm, einwurzelig oder sie haben offene Wurzeln (Erdwolf, Erdferkel, Gürteltier) und gehen schließlich verloren (Ameisenigel, Schuppentier, Ameisenbären). Der Aufbau und der Gebrauch der Zunge sind in Kap. 30.3 (Nahrungsaufnahme durch Vorschnellen) erwähnt. Diese Tiere sind auf unterschiedliche Weise vor Ameisenbissen geschützt: Schuppentiere (und andere?) können die Nasenöffnungen verschließen. Die meisten Ameisenfresser haben eine sehr dicke, zähe Haut und die Augenlider und sogar die Cornea kann verdickt sein.

Wir haben die feilenartigen Zähne der Fische und Kaulquappen, die sich von Algen ernähren, und auch viele andere Spezialisierungen noch nicht erwähnt. Obwohl wir viel dazugelernt haben, kann ein einziges Kapitel nicht alles abdecken (Abb. 30.28 fasst einen Teil des behandelten Materials zusammen).

## Literatur


Akersten WA (1985) Canine function in *Smilodon* (Mammalia; Felidae; Machairodontinae). Contributions in Science 356:1–22. Natural History Museum of Los Angeles County/CA

Arnold EN (1998) Cranial kinesis in lizards: Variation, uses, and origins. Evol Biol 30:323–357

Bels VI, Chardon M, Vandewalle (eds) (1994) Biomechanics of feeding vertebrates. Advances in comparative environmental physiology, vol 18. Springer, New York

Biknevicus AR, van Valkenburg B, Walker J (1996) Incisor size and shape: Implications for feeding behaviors in saber-toothed "cats". J Vert Paleontol 16:510–521

Bramble DM, Wake DB (1985) Feeding mechanisms of lower tetrapods. In: Hildebrand M et al (eds) Functional vertebrate morphology. Harvard Univ Press, Cambridge/MA, pp 230–261

Crompton AW, Hiiemae K (1969) How mammalian molar teeth work. Discovery 5:23–34

Domenici P et al (2000) Killer whales (*Orcinus orca*) feeding on schooling herring (*Clupea harengus*) using underwater tail-slaps: Kinematic analyses of field observations. J Exp Biol 203:283–294

Emerson SB, Radinsky L (1980) Functional analysis of sabertooth cranial morphology. Paleobiology 6:295–312

Frazzetta TH (1966) Studies on the morphology and function of the skull in the Boidae (Serpentes). Part II. Morphology and function of the jaw apparatus in *Python sebae* and *Python molurus*. J Morphol 118:217–296

Frazzetta TH (1988) The mechanics of cutting and the form of shark teeth (Chondrichthyes; Elasmobranchii). Zoomorphology 108:93–107

Frazzetta TH, Prange CD (1987) Movements of cephalic components during feeding in some requiem sharks (Carcharhiniformes; Carcharhinidae). Copeia 1987:979–993

Gans C (1952) The functional morphology of the egg-eating adaptations in the snake genus *Dasypeltis*. Zoologica 37: 209–244

Gans C, Gorniak GC (1982) Functional morphology of lingual protrusion in marine toads (*Bufo marinus*). Am J Anat 163:195–222

Greene HW (1997) Snakes: The evolution of mystery in nature. Univ of California Press, Berkeley. Eine gute Beschreibung der Nahrungsaufnahme in Kapitel 3 (S 51–73); instruktive Photographien

Herring SW (1993) Functional morphology of mammalian mastication. Am Zool 33:289–299. Bemerkenswert wegen der Darlegung der Probleme und einer langen Literaturliste

Hiiemae KM, Crompton AW (1985) Mastication, food transport, and swallowing. In: Hildebrand M et al (eds) Functional vertebrate morphology. Harvard Univ Press, Cambridge/MA, pp 262–290

Hoogenboezem W et al (1991) A new model of particle retention and branchial sieve adjustment in filter feeding bream (*Abramus brama*, Cyprinidae). Can J Fish Aquat Sci 48:7–18

Janis CM, Fortelius M (1988) On the means whereby mammals achieve increased functional durability of their dentitions, with special reference to limiting factors. Biol Rev 63:197–230

Kooloos JGM et al (1989) Comparative mechanisms of filter feeding in *Anas platyrhynchos, Anas clypeata* and *Aythya fuligula* (Aves; Anseriformes). Zoomorphology 108:269–290

Lambertsen R, Ulrich N, Straley J (1995) Fronto-mandibular stay of Balaenopteridae: A mechanism for momentum recapture during feeding. J Mammal 76:877–899

Larsen JH, Beneski JT Jr, Wake DB (1989) Hylolingual feeding systems of the Plethodontidae: Comparative kinematics of prey capture by salamanders with free and attached tongues. J Exp Zool 252:25–33

Lauder GV (1985) Aquatic feeding in lower vertebrates. In: Hildebrand M et al (ed) Functional vertebrate morphology. Harvard Univ Press, Cambridge/MA, pp 210– 229

Liem K (1980) Adaptive significance of intra- and interspecific differences in the feeding repertoires of cichlid fishes. Am Zool 20:295–314

Liem KF (1990) Aquatic *versus* terrestrial feeding modes: Possible impact on the trophic ecology of vertebrates. Am Zool 30:209–221

Nemeth DH (1997) Modulation of buccal pressure during prey capture in *Hexagrammus decagrammus* (Teleostei; Hexagrammidae). J Exp Biol 200:2145–2154

Nishikawa K (2000) Feeding in frogs. In: Schwenk K (ed) Feeding: form, function, and evolution in tetrapod vertebrates. Academic Press, New York, pp 117–147

Pietsch TW, Grobecker DB (1990) Frogfishes. Sci Am 262: 96–103

Sanderson SL, Cech JJ Jr, Patterson MR (1991) Fluid dynamics in suspension-feeding blackfish. Science 251:1346–1348

Sanderson SL, Wassersug R (1990) Suspension-feeding vertebrates. Sci Am 262:96–101

Sanderson SL, Wassersug R (1993) Convergent and alternative designs for vertebrate suspension feeding. In: Hanken J, Hall BK (eds) The skull, vol 3. Univ Chicago Press, Chicago, pp 37–112. Hervorragender Übersichtsartikel und Zusammenfassung

Schwenk K (ed) (2000) Feeding: Form, function, and evolution in tetrapod vertebrates. Academic Press, New York. Umfassende Abhandlung des Themas; Kapitel 1 stellt Untersuchungen zur Nahrungsaufnahme effektiv in den Kontext der integrativen Morphologie

Smith K, Kier WM (1989) Trunks, tongues and tentacles: Animal movement with muscular skeletons. Am Sci 77:28–35. Diskutiert den Gebrauch von Zunge und Rüssel als muskuläre Hydrostaten

Taylor MA (1987) How tetrapods feed in water: A functional analysis by paradigm. Zool J Linnean Soc 91:171–195

van Leeuven JL (1997) Why the chameleon has spiral shaped muscle fibers in its tongue. Phil Trans R Soc Lond B 352: 573–589

Van Valkenburgh B, Teaford MF, Walker A (1990) Molar microwear and diet in large carnivores: Inferences concerning diet in the sabertooth cat, *Smilodon fatalis*. J Zool Lond 222:319–340

Vincent JFV, Lillford PJ (eds) (1991) Feeding and the texture of food. Society for Experimental Biology Seminar series 44. Cambridge Univ Press, New York

Wainwright PC, Bennett AF (1992) The mechanism of tongue projection in chameleons. I. Role of shape change in a muscular hydrostat. J Exp Biol 168:23–40

Wainwright PC, Shaw SS (1999) Morphological basis of kinematic diversity in feeding sunfishes. J Exp Biol 202: 3101–3110

Werth A (2000) Feeding in marine mammals. In: Schwenk K (ed) Feeding: Form, function, and evolution in tetrapod vertebrates. Academic Press, New York, pp 487–526

Westneat MW (1994) Transmission force and velocity in the feeding mechanism of labrid fishes (Teleostei; Perciformes). Zoomorphology 114:103–118

Wilga CD, Motta PJ (1998) Conservation and variation in the feeding mechanism of the spiny dogfish, *Squalus acanthias*. J Exp Biol 201:1345–1358

Zusi R (1967) The role of the depressor mandibulae muscle in kinesis of the avian skull. US Natl Museum Proc 123:1–28

Zweers G et al (1995) Filter feeding in flamingos (Phoenicopterus ruber). Condor 97:297–324. Eine integrative Analyse einer spezialisierten Form der Nahrungsaufnahme

# 31 Appendix: Anatomische Präparationen

Milton Hildebrand

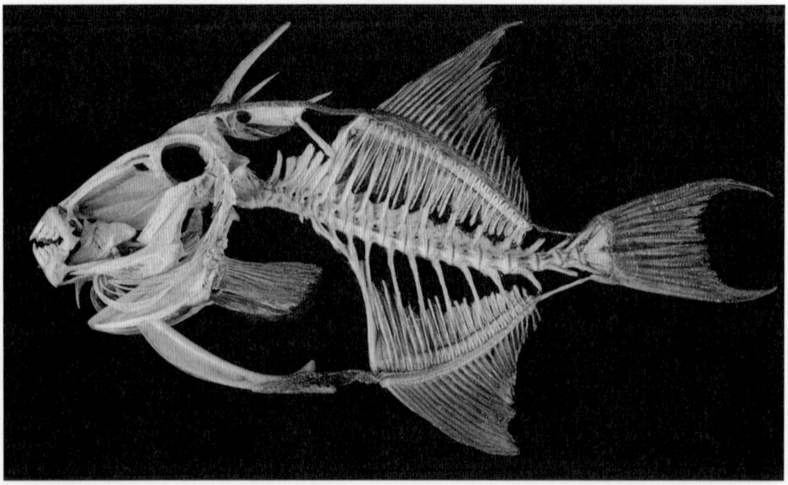

Als ich 6 Jahre alt war, begann ich damit, anatomische Präparate zu sammeln: ein Pelikanschädel, den ich am Strand aufhob, Opossumknochen, die am Weg lagen, Überreste eines Kojoten, die mir ein älterer Junge schenkte. Als ich 14 Jahre alt war, hatte ich mir beigebracht, wie man Skelette reinigt und zusammenbaut. Wenn Sie ein Student sind, werden Sie vielleicht auch entdecken, dass das Sammeln von Präparaten ein interessantes und informatives Hobby sein kann. Seitdem ich die Morphologie der Wirbeltiere lehre, konzentriert sich mein Sammeln auf Material, das man für praktische Demonstrationen in Studentenlabors benutzen kann. Wenn Sie ein Lehrer sind, finden Sie vielleicht auch heraus, dass sogar eine bescheidene Sammlung viel Interesse wecken und viel Anschauungsmaterial für Ihre Studenten liefern kann. Das Herstellen eines anatomischen Präparats kann eine besondere Aufgabe sein, die lehrreich ist und gut aufgenommen wird, vor allem bei Studenten, die mit Modellbau Erfahrung haben. Sowohl bei Studenten als auch bei Lehrern fördert die Aufmerksamkeit und die Fertigkeit, die man benötigt, um eine Wirbelsäule oder ein Fußskelett wieder zusammenzufügen, mit Sicherheit das Verständnis und die Interpretation des Präparats. Ein gut gelungenes Präparat ist außerdem eine befriedigende ästhetische Belohnung.

*Oben:* Skelett eines Drückerfisches, am Strand skelettiert gefunden und in Handarbeit fertig präpariert

Diejenigen, die genau hinschauen, sehen, dass der Körper von großer Schönheit ist.

Mein Buch „Anatomische Präparationen", das 1968 publiziert wurde, ist längst nicht mehr zugänglich. Sein Schwerpunkt lag auf der Präparation von Objekten, die für das Lehren benutzt werden können. Leider kommt keine neuere Publikation dem Niveau und dem Ausmaß dieses Buches gleich. Um Bemühungen von Anfängern zu fördern, geben wir deshalb hier kurze Anleitungen zu den gebräuchlicheren Methoden. Die benötigte Ausrüstung ist minimal, billig und meistens von lokalen Geschäften oder vom Biologielager erhältlich (mein einziges teures Gerät war ein Gefriertrocknungsapparat).

Man benötigt Zeit, um eine Lehrsammlung aufzubauen, aber die ersten Präparate sind sofort nützlich, und Material zu finden, kann leichter sein, als man denkt. Freunde und Kollegen bringen etwas mit. Studenten kommen von Ferien in weit entfernten Orten zurück, mit Mitbringseln, die in einem Kuriositätenladen erworben, auf einem Marktplatz erhandelt oder nahe des Zeltplatzes gefunden wurden. Man kann Unfallopfer aus Tierheimen, Tierhandlungen oder Zoos erhalten (wenn die Tiere allerdings an einer Krankheit gestorben sind, sollte man einen Tierarzt hinzuziehen). Beim Graben im Sand am Strand findet man sehr oft Skelette. Manche Jäger und Fallensteller sind auch kooperativ. Der Jäger steuert vielleicht auch beschlagnahmte Kadaver bei. Spezies, die lokal in großer Dichte vorkommen, aber endemisch für ihre Region sind, können mit Sammlern in anderen Regionen getauscht werden. (Beachten Sie aber, dass Tiere, die unter Naturschutz stehen, nicht oder nur mit Ausnahmegenehmigung gesammelt werden dürfen!)

Die Herstellung anatomischer Präparate ist eine Kunst. Anschauungsmaterial, Hingabe, Genialität und Erfahrung sind dafür sehr nützlich. Beginnen Sie mit einem Hundeschädel, nicht mit einem Mäuseskelett, und die folgenden Anleitungen werden Ihnen am Anfang helfen.

(Die meisten der photographischen Illustrationen am Beginn der Kapitel dieses Buches sind Präparate aus meiner Lehrsammlung und viele der Halbtonillustrationen wurden von meiner Frau anhand meines Materials erstellt. Die Sammlung befindet sich mittlerweile im Museum of Vertebrate Zoology am Campus der University of California in Berkeley.)

## 31.1 Das Reinigen von Schädeln und Skeletten

### 31.1.1 Reinigen durch Kochen

Diese Methode funktioniert sehr gut bei Schädeln adulter Säugetiere und Vögel, die ungefähr so groß wie oder größer sind als eine Ratte. Die Ergebnisse sind auch gut bei Skeletten von Hundegröße oder größer, aber alle Knochen fallen auseinander und Knorpel (wie z.B. zwischen den Rippen und dem Sternum) werden zerstört. Die Methode ist nicht geeignet für kleine Tiere, juvenile Tiere oder Fische.

Zunächst zieht man das Objekt ab, entfernt die Eingeweide, schneidet größere Muskeln und Fettdepots weg (wobei man darauf achtet, den Knochen nicht zu verletzen), und zerlegt den Kadaver in Stücke passender Größe. Das Gehirn wird mit einem Draht oder einem Stab, der durch das Foramen magnum eingeführt wird, zerkleinert und dann unter fließendem Wasser ausgespült, wobei man den Schädel bei Bedarf schüttelt. Eine andere Methode, die bei Schädeln von Tieren bis zu Katzengröße gut funktioniert, ist ein Wasserstrahl aus der Nadel einer großen Spritze, die durch das Foramen magnum eingeführt wird. Je nach Größe des Materials bohrt man ein Loch von 1–3 mm Durchmesser in beide Enden des Schaftes (nicht in die Epiphysen) eines jeden Röhrenknochens und spült das fettige Knochenmark mit Wasser aus einer großen Spritze oder mit einem Luftstrom aus (man verbindet den Schlauch mit der Luftleitung und benutzt einen Applikator für Augentropfen als Düse). Blut wird dadurch entfernt, dass frischer Knochen 24 Stunden lang in ein Gemisch aus Ammoniak und kaltem Wasser wie 1:3 oder 1:4 eingelegt wird. Am besten werden die Knochen frisch gekocht. Wenn sie allerdings zwischendurch aufbewahrt werden müssen, ist es am besten, den Schädel oder das Skelett luftzutrocknen. Man spült es ab, tupft es trocken und benutzt einen Ventilator, aber keine zusätzliche Wärme.

Dann wählt man einen ausreichend großen Topf, so dass die Knochen vollständig untergetaucht sind, fügt eine kleine Menge Waschpulver oder Ammoniak zum Wasser dazu und lässt das Gemisch für eine halbe Stunde bis 2 Stunden köcheln (kein starkes Kochen). Kleine, junge und frische Gewebe benötigen die kürzeste Zeit. Große, alte Präparate, die getrocknet wurden, brauchen länger. Dann lässt man das Objekt langsam abkühlen, um ein Zerspringen der Zähne und der Röhrenknochen zu vermeiden. Das Fett und die Brühe schüttet man weg, die Wirbel, Rippen und Röhrenknochen nimmt man auseinander (und achtet darauf, dass man alle kleinen Stücke aufhebt). Wenn man das Skelett später wieder zusammenbauen will, trifft man alle nötigen Vorkehrungen (Zeichnungen und Beschriftungen), um sicherzustellen, dass man hinterher weiß, wie die Teile zusammengehören. Zu diesem Zeitpunkt werden die Füße noch nicht auseinandergenommen. Die Knochen werden einzeln unter fließendes Wasser gehalten und mit den Fingern wird so viel Fleisch entfernt, wie sich leicht ablösen lässt. Dieser Reinigungsvorgang ist nur vorläufig. Nun wickelt man jeden Fuß einzeln in ein Stück Stoff (um Verwechslungen zu vermeiden) und legt alles wieder in den Topf.

Man köchelt wieder, bis alles Fleisch und alle Ligamente weich sind. Wieder folgt langsames

Abkühlen. Dann reinigt man jeden Knochen unter fließendem Wasser mit Bürsten und Schabern und, falls vorhanden, mit einem Luftstrom. Eine Nagelbürste und eine Zahnbürste sind gut und auch das kleine Messer eines Taschenmessers reicht aus. Dentalschaber verschiedener Größe und Form sind ebenfalls nützlich (fragen Sie Ihren Zahnarzt nach einer Quelle). Lockere Zähne werden aus den Schädeln entfernt, bevor sie verloren gehen. Sie werden später wieder an Ort und Stelle geklebt. Fußknochen können ordentlich auf Papiertücher gelegt werden, nachdem sie gereinigt wurden. Um zu vermeiden, dass kleine Knochen im Abguss verschwinden, bedeckt man die Öffnung mit einem feinmaschigen Netz. Nun lässt man die sauberen Knochen langsam und vollständig trocknen. Ein Entfetten ist meistens nötig (s. unten).

## 31.1.2 Reinigen durch Mazerieren

Die Mazeration kann vollständig sein, wobei das Skelett in seine Einzelteile zerfällt, oder kontrolliert, wobei ein Skelett noch teilweise durch seine Ligamente verbunden bleibt. Eine **vollständige Mazeration durch Chemikalien** ist für kleine Skelette nicht ratsam. Sie ist allerdings die Methode der Wahl für große Skelette, die von den meisten Präparatoren für Lehrsammlungen angefertigt werden. Viele Präparatoren, die Archive oder Forschungssammlungen anlegen, befürchten, dass feine Knochen (Turbinaria) und Fortsätze (Processus styloideus) durch diesen Vorgang geschwächt oder zerstört werden und dass Knochen, die so gereinigt wurden, bei langfristiger Aufbewahrung zerfallen. Die benötigte Handarbeit ist minimal, die Qualität ist hervorragend, anschließendes Entfetten und Bleichen sind unnötig. Man bereitet die Objekte wie für das Köcheln vor (lediglich das Blut muss nicht entfernt werden). Man benutzt einen Glas-, Keramik- oder Stahlbehälter (aber kein Aluminium) und befestigt alle Beschriftungen mit Bindfaden, nicht mit Draht. Nun bedeckt man die Objekte mit einer 0,5%igen Kaliumhydroxid-Lösung und hält das Gemisch für 5 bis 8 Tage bei 45 °C (man kann auch eine 1%ige Lösung bei Raumtemperatur für eine längere Zeitspanne anwenden). Man prüft von Zeit zu Zeit, ob die Knochen fertig zum Herausnehmen sind und lässt sie nicht länger als notwendig in der Lösung. Tragen Sie Gummihandschuhe und eine Schürze! Dann wird gründlich in verdünnter Chlorbleiche gespült, um Schaum und anhaftende Gewebefragmente zu entfernen. Langsam trocknen lassen! Nach den meisten gesetzlichen Bestimmungen darf die benutzte alkalische Lösung in den Ausguss geschüttet werden. Wenn man sich nicht sicher ist, kann eine stärkere Lösung vor der Entsorgung neutralisiert werden.

Die **vollständige Mazeration durch Bakterien** umgeht die Benutzung starker Chemikalien und kann für kleinere Präparate benutzt werden, ist aber langsam (sie dauert gewöhnlich mehrere Wochen) und erzeugt Fäulnisgeruch. Die Objekte werden wie für die chemische Mazeration vorbereitet und in Wasser gelegt. Große Glasbehälter mit Deckeln sind besonders günstig. Diese lässt man an einem warmen Platz stehen, bis das weiche Gewebe zerfallen ist. Die Lösung wird mehrfach gewechselt, wobei aber ein bisschen Flüssigkeit zurückbehalten wird, um die bakterielle Wirkung zu erhalten. Wenn die Mazeration abgeschlossen ist, werden die Knochen gespült, in verdünnte Ammoniak- oder Chlorbleiche eingeweicht, um den Geruch zu entfernen, wiederum gründlich gespült und getrocknet.

Eine **kontrollierte Mazeration** wird für die kommerzielle Präparation von Katzen-, Hunde-, Hühnchen- und Barschskeletten benutzt, deren Zusammenhalt durch ihre Ligamente und Gewebekapseln erhalten bleibt. Die Gelenke bleiben teilweise verborgen. Für die Reinigung wird mehr Handarbeit benötigt, für das Aufstellen der Skelette weniger. Die Haltung des zusammengesetzten Skeletts ist manchmal weniger natürlich als bei völlig zerlegten Skeletten, die von einem Experten zusammengesetzt wurden. Das Tier wird gehäutet, die Eingeweide entfernt. Kopf und Beine (mit Ausnahme der Claviculae der Säugetiere) werden abgetrennt, der Rumpf aber bleibt in einem Stück. Das Gehirn wird wie für das Köcheln entnommen und mit einem Drahthaken wird so viel Rückenmark entfernt wie möglich. Die Knochen werden durch Schneiden und Schaben gründlich entfleischt, aber alle Gelenksligamente bleiben intakt. Augen und

Zunge werden entfernt (das empfindliche Hyoid muss intakt bleiben). Auch das Fleisch zwischen den Rippen wird entfernt. Die Zehen werden bis zu den Klauen hin abgezogen. Nun wird das ganze Objekt in Wasser eingelegt, wie für die vollständige bakterielle Mazeration, aber das Objekt wird öfter kontrolliert und das Wasser öfter gewechselt. Man mazeriert nur so lange, bis das Fleisch weich wird, aber die widerstandsfähigeren Ligamente nicht zerstört werden. Die verbleibenden Fleischpartikel werden abgespült und weggebürstet. Anschließend legt man das Objekt kurz in verdünnte Haushalts-Ammoniak- oder Chlorbleiche ein, um den Geruch zu kontrollieren. Die Einheiten des Skeletts werden während des Trockenvorgangs in eine natürliche Position gelegt, so dass die Gelenke, wenn sie steif werden, bereits die Stellung haben, die für das aufgestellte Skelett erwünscht ist. Etwas Kleben – und oft auch Verbinden mit Draht – wird nötig sein.

### 31.1.3 Reinigung mit Käfern

Für diese Skelettpräparation benutzt man die fleischfressenden Larven des Käfers *Dermestes vulpinus*. Dies ist bei weitem die beste Methode, alle Skelette von Eichhörnchengröße oder kleiner zu reinigen, die aufgestellt oder als vollständig oder teilweise zusammenhängendes Skelett aufbewahrt werden sollen. Die Knochen werden sehr sauber von Fleisch gereinigt; wenn die Knochen rechtzeitig von den Larven weggenommen werden, bleiben sie durch ihre Ligamente verbunden, die beim fertigen Skelett praktisch unsichtbar sind. Es gibt keine Verkrümmung oder Verlagerung von Teilen. Zähne werden nicht gelockert, die sternalen Knorpel bleiben intakt und die Rippen behalten ihren ursprünglichen Abstand. Sogar Fischköpfe und sehr kleine Skelette können perfekt gesäubert werden. Die Schattenseite dabei ist, dass die Aufrechterhaltung einer Insektenkolonie ziemlich aufwendig ist. Man braucht mindestens 25 Käfer, um in Gang zu kommen. Man kann sie von einem freundlichen Museumspräparator, einem Kadaver, den man irgendwo findet, oder vom Boden einer Fledermaushöhle bekommen. Die Käfer sind oval, 8 bis 9 mm lang (das Weibchen ist größer als das Männchen), oben schwarz und unten silbrig. Die Larven sind oben braun, unten weißlich, haarig, aktiv und 2 bis 14 mm lang. Die Kolonie muss weit von Ihrer Sammlung entfernt in einem Metall-, Plexiglas- oder Glasbehälter aufbewahrt werden, nicht in Holz. Ein Aquarium ist ausreichend. Der Deckel muss eng passen, aber Ventilation ist nötig, um Schimmel zu verhindern und parasitische Milben auszuschließen. Deshalb sollte der Deckel ein großes Loch haben, das mit einem feinen Metallnetz bedeckt ist. Um den Larven Versteckmöglichkeiten zu bieten, bedeckt man den Boden des Behälters mit mehreren Schichten aus Gaze; die Kolonie soll im Dunkeln und bei einer Temperatur von 21–29 °C gehalten werden. Wenn elektrisches Licht als Wärmequelle benutzt wird, sollte man die Lampe in Alufolie einwickeln. Die Aktivität der Insekten steigt mit der Temperatur. Bei 29 °C dauert der Generationszyklus 45 Tage. Die fresslustigen Larven müssen gefüttert werden, auch wenn man zur Zeit keine Präparate hat. Das Museum of Vertebrate Zoology empfiehlt Schafsköpfe, abgezogen, halbiert, das Gehirn entfernt, und ausreichend getrocknet, um ein Verfaulen zu verhindern. Die Käfer bevorzugen Höhlungen zum Verstecken und zum Eierlegen. Die Kolonie braucht Fett, um zu gedeihen. Wenn das Futter, das man ihnen anbietet, fettarm, trocken und hart ist, kann man es in Lebertran eintauchen (der besser als andere Fette ist) und dann abtupfen, damit die Insekten nicht nass werden. Von Zeit zu Zeit sollte der Abfall am Boden des Behälters entfernt werden.

Um Präparate für die Kolonie vorzubereiten, häutet man sie (auch die Beine und Zehen von Vögeln und die Fußballen der Säugetiere), entfernt die Eingeweide und die Augen von Tieren, die größer sind als eine Ratte, und entfernt das Gehirn (wie oben beschrieben). Das Foramen magnum kann exponiert werden, ohne den Kopf vom Körper zu trennen. Dafür drückt man den Kopf herunter und macht direkt hinter dem Schädel einen Transversalschnitt. Kontakt mit Fixiermitteln und Fliegen muss vermieden werden. Das Präparat wird getrocknet, bis das Fleisch fest, aber nicht hart ist, und dann in die Kolonie gelegt. Eine aktive Kolonie bewegt die Präparate.

Um eine Vermischung und einen Verlust zu verhindern, werden die Präparate (oder Teile des Präparats) sowie Füße in getrennte Pappschachteln oder in die Mulden von Eierschachteln gelegt. Das Objekt wird mit Gaze bedeckt und täglich kontrolliert. Jedes Präparat (oder Teil des Präparats) wird sofort herausgenommen, wenn es fertig ist, um ein Zerfallen zu verhindern. Empfindliche Präparate (Neugeborene, Spitzmäuse, Kolibris) sollten in offene Behälter mit wenigen kleinen Larven gelegt werden, die ersetzt werden können, wenn sie heranwachsen. Das Reinigen wird langsam, aber perfekt sein.

Wenn die Präparate aus der Kolonie entfernt werden, müssen die Insekten, die noch daran haften, sofort abgetötet werden. Dies geschieht entweder durch Vergasen (z.B. mit Chloroform), durch Einfrieren oder durch eine Erhitzung auf 71 °C. Die Hitze kann die Zähne größerer Präparate zerspringen lassen, hat aber den Vorteil, dass die Larven aus allen Hohlräumen herauskommen, bevor sie sterben. Achte auf jedes Insekt, da sie in einem Museum oder auch in einem Kleiderschrank sehr zerstörerisch sind! Das weitere Säubern wird unten beschrieben. Manche Leute reagieren allergisch auf den Insektenstaub. Er verursacht Niesen und ein Brennen der Augen. Waschen Sie Ihre Hände sorgfältig nach jedem Kontakt und tragen Sie ggf. eine Maske.

## 31.2 Entfetten

Schädel und Skelette, die durch die komplette chemische Mazeration gereinigt wurden, wurden durch den Reinigungsprozess bereits entfettet und gebleicht. Beinahe jedes Material, das durch andere Methoden gereinigt wurde, sollte entfettet werden. Sogar Knochen, die direkt nach der Reinigung fettfrei erscheinen, können mit der Zeit nachdunkeln, wenn sich das Fett langsam von innen nach außen ausdehnt. Ölige Knochen sehen nicht schön aus, sammeln Schmutz, können Schädlinge anlocken und ihre Behältnisse verfärben. Wenn nicht bereits Löcher in die Röhrenknochen gebohrt wurden, sollte dies jetzt geschehen, um die Zirkulation des Lösungsmittels zu erleichtern. (Wenn man keine Löcher möchte, können sie später mit Holzleim verfüllt werden.)

Viele Reagenzien wurden für das Entfetten von Knochen benutzt. Ich vernachlässige einige (Benzin, Lackverdünner, Natriumperborat und andere), weil ich sie nicht ausprobiert habe; außerdem weißes Benzin, das ich erfolgreich für große Knochen angewendet habe, weil es zu gefährlich ist, um es zu empfehlen.

**Haushaltammoniak**, der in mehreren Teilen von Wasser verdünnt ist, wurde bereits für das Entfernen von Blut, vor dem Köcheln und für die Geruchskontrolle nach der Mazeration erwähnt. Er entfernt außerdem einen Teil des Fettes. Er ist ungefährlich, billig, leicht zu bekommen und zu benutzen, und ist für die kleinen Schädel und Skelette, die aus einer Insektenkolonie kommen, die Methode der Wahl. Er wird unverdünnt oder etwas verdünnt angewendet. Die Präparate werden 24 Stunden eingeweicht, wobei die Lösung ein- oder zweimal gewechselt wird, und dann 12 bis 24 Stunden gespült. Ein gewisses Reinigen mit der Hand kann nötig sein, um Gewebsreste oder tote Larven aus Hohlräumen zu entfernen. Ammoniak entfernt Fett, hellt auch die Farbe auf und (ganz wichtig) entfernt anhaftenden Insektenstaub (Kot, Haare der Larven, Baumwollfragmente usw.). Sollte es wünschenswert sein, ein Nassmachen zu vermeiden (und damit eine Verkrümmung der sternalen Knorpel, was vor allem für größere Skelette ein Problem sein kann), legt man das Präparat auf seinen Rücken in einen Behälter und weicht es in Ammoniak ein, wobei das Sternum herausragt. Die Knorpel können durch Bürsten mit einer weichen Kinderzahnbürste gereinigt und schnell getrocknet werden, bevor sie durch und durch nass werden.

Bei größeren Knochen kann man Ammoniak versuchen. Er führt zu einer beginnenden Entfettung, aber meist sind zusätzliche Methoden nötig. Drei Lösungsmittel erzielen gute Resultate; sie werden ungefähr gleichermaßen benutzt. Zwei von ihnen (Tri-Chloräthylen und Methylenchlorid) sind manchmal schwierig zu bekommen, deshalb beschreibe ich vor allem das dritte, das **Aceton**, das überall erhältlich ist, wo Farbe verkauft wird. Aceton ist klar, flüchtig, riecht und ist hochgradig entflammbar. Hautkontakt ist zu vermeiden, aber wenn es zu geringem Kontakt kam, wäscht man es ab und macht sich keine großen Sorgen. Ein längeres Einatmen der Dämpfe sollte vermieden werden, aber ein paar Atemzüge sind nicht schädlich. Ein Abzug ist auf jeden Fall nützlich. Die Brandgefahr ist groß. Funken und große Hitze müssen unbedingt vermieden werden! Die Knochen werden bei Raumtemperatur zwei bis drei Wochen, je nach Härte der Knochen und der Art der Fette, in die Lösung gelegt. Glasbehälter sind zu empfehlen, weil die Präparate dann sichtbar sind. Das Aceton wird ersetzt, wenn es verfärbt ist. Es ist wirtschaftlich, das Entfetten in einer bereits benutzten Lösung zu beginnen und in einer sauberen Lösung zu beenden. Dann nimmt man die fertigen Knochen aus dem Lösungsmittel und trocknet sie für 24 Stunden oder länger. Das Aceton muss als Sondermüll entsorgt werden.

## 31.3 Bleichen

Knochen in kaltem Wasser und in Ammoniak einzulegen, führt zu einer Schwellung und Aufweichung des Gewebes, entfernt einen Teil des Fettes und bleicht durch das Entfernen von Blut und Pigment. Entfetten entfernt Flecken und bleicht zusätzlich. Ein zusätzliches Bleichen ist meist nicht nötig oder nicht einmal ratsam. Zu starkes Bleichen verdeckt Knochennähte und Muskelnarben und verleiht den Knochen ein flaches, kreidiges Aussehen. Wenn zusätzliches Bleichen erwünscht ist, taucht man die Knochen in einem Glasbehälter in 1–3%ige Wasserstoff-Peroxidlösung (die in der Apotheke erhältlich ist). Kleine Präparate können 10 Minuten brauchen, andere mehrere Stunden. Die Reaktion muss beobachtet werden. Wenn das Präparat fertig ist, nimmt man es aus der Lösung, wäscht es ab und trocknet es. Um einen Flecken oder eine begrenzte Region eines Präparates zu bleichen, trägt man unverdünntes Peroxid auf die entsprechende Region mit einem billigen Wasserfarbenpinsel auf.

## 31.4 Schneiden von Knochen und Zähnen

Geschnittene Objekte können sehr aufschlussreich sein. Längsschnitte durch Röhrenknochen zeigen den zylindrischen Schaft, die porösen Epiphysen und die Trabeculae. Ein Sagittalschnitt durch einen Säugetierschädel zeigt das Septum nasale, Sinus sphenoideus, die Tasche für die Hypophyse und den sekundären Gaumen. Angeschnittene Kiefer zeigen die Wurzeln der Zähne, sowie Zähne, die noch nicht durchgebrochen sind (Abbildung auf S. 121). Geschnittene Zähne von Ungulaten zeigen die komplizierten Einfaltungen des Schmelzes und des Dentins (Abb. 30.21). Werkzeug- und Hobbyläden verkaufen elektrische Werkzeuge, die mit winzigen Kreissägen, Schnittgraten und Bohrern ausgestattet sind. Knochen zu schneiden ist einfach; um sie gut zu schneiden, benötigt man Geduld und Übung. Der Knochen wird fixiert, indem man ihn gegen einen Sandsack presst. Man geht langsam vor und lässt das Werkzeug nicht aus seiner Rille rutschen. Zunächst macht man einen vorläufigen Schnitt in der Nähe des erwünschten endgültigen Schnittes. Dabei bemüht man sich um glatte, ebene Oberflächen. Um sehr empfindliche Knochen (z.B. Turbinaria) zu schneiden, werden sie in Paraffin eingebettet, geschnitten und das Paraffin anschließend wieder herausgelöst. Zähne werden am besten in einem Geschäft für Steine und Edelsteine oder einer geologischen oder paläontologischen Abteilung mit einer Diamantsäge geschnitten.

## 31.5 Kleben und Zusammensetzen

Kleben kann notwendig sein, um lockere Zähne in ihren Höhlen zu befestigen und um auseinandergefallene Knochen zusammenzusetzen. Der Klebstoff sollte klar sein und schnell trocknen. Ich benutze Duko-Zement oder einen Holzleim (Ponal), der in Werkzeug- und Büroläden erhältlich ist. Er wird sparsam und zielgenau mit einem Zahnstocher aufgetragen. Poröse Knochen können gehärtet und zerbrechliche Knochen verstärkt werden, indem man sie mit Klebstoff, der 1:1 mit Aceton verdünnt ist, bestreicht. Vollständig auseinandergefallene Skelette können ein schwieriges Puzzle darstellen. Die meisten Skelette sind viel interessanter und lehrreicher, wenn sie in funktionellen Einheiten zusammengesetzt werden. Dabei klebt man die Knochen eines jeden Fußes, die anteriore Wirbelsäule (vorzugsweise mit den Rippen) bzw. die hintere Wirbelsäule mit dem Beckengürtel und Schwanz zusammen und lässt den Schädel, Unterkiefer und Röhrenknochen lose. Manchmal ist es günstig, die Knochen einer Seite des Körpers zu reinigen und zusammenzusetzen und diejenigen der anderen Seite dafür als Modell zu lassen. Knetmasse (aus einem Kunst- oder einem Spielzeugladen) ist sehr nützlich für die Anordnung der Knochen, während der Klebstoff trocknet. Man wähle eine Sorte, die sich bei Berührung nicht ölig anfühlt.

Das vollständige Zusammensetzen kleiner Skelette ist eine Erweiterung des teilweisen Zusammensetzens, das gerade vorgeschlagen wurde. Bei kommerziellen Skeletten zwischen Hühnchen- und Hundegröße sind die Wirbel meist auf einem Stab angeordnet und die Beine mit Drähten am Becken und den Rippen befestigt. Meines Erachtens ist Kleben angemessen. Die erwünschte Biegung der Wirbelsäule wird auf Papier (am besten anhand der zusammenhängenden Wirbelsäule vor dem Reinigen) aufgezeichnet, dann ordnet man die sauberen Wirbel entlang der Kurve an und klebt sie zusammen, zuerst in Paaren, dann zu vieren usw. Ein Korken kann als Platz- oder als Distanzhalter zwischen Scapula und Rippen eingefügt werden. Für große Skelette benötigt man Stäbe, Drähte und Erfindungsreichtum. Einige Quellen im Literaturverzeichnis geben Anregungen.

## 31.6 Knochen-Ligament-Präparationen

Die Füße und Beingelenke großer Tiere können vollkommen frei von allen Geweben außer der Knochen, Ligamente und Sehnenansatzstellen präpariert und dann luftgetrocknet werden. Die sich verhärtenden Ligamente und Sehnen trennen sich durch Schrumpfung. Dieser Vorgang öffnet das Präparat und erleichtert das Studium der mechanischen Zusammenhänge. Die Präparate sind sauber, fest und leicht zu handhaben und zu lagern. Sie sind neuartig und instruktiv – und manche sind Wunder der Biomechanik (Abbildung auf S. 433 und Abb. 21.5).

Hund, Schwein, Schaf, Kuh und Pferd sind bevorzugte Objekte, die von einem kooperativen Metzger, Tierarzt oder aus dem Schlachthaus bezogen werden können. Mit Messer und Säge wird der ausgewählte Körperteil isoliert und die gewünschte Präparation durchgeführt. Dies ist eine Herausforderung an Ihre Präparationstechnik, Ihre Geduld und Ihr Wissen um die Anatomie. Am besten benutzt man scharfe Messer, gezähnte Pinzetten und mittelgroße Scheren. Haut, Fett, Muskel, Sehnenhüllen und Gelenkkapseln werden entfernt und so die Struktur des Mechanismus dargestellt. Es gibt keine „richtige" Vorgehensweise. Benutzen Sie Ihre Urteils- und Vorstellungskraft. In jeden mittelgroßen Knochen (z.B. Phalanx der Ungulaten) und in beide Enden aller großen Knochen, z.B. Kanonenbein, das noch nicht durchgesägt ist, wird ein kleines Loch gebohrt. Wenn das Präparat vor der Präparation nicht fixiert wurde, fixiert man es jetzt für eine Woche in 7% Formalin (tragen Sie Gummihandschuhe und benutzen Sie einen Abzug!). Dann wird das Präparat entnommen, gründlich gewaschen und schließlich gereinigt.

Als nächstes kommt das Trocknen. Die Ligamente ziehen sich mit einer enormen Kraft gerade und stramm und die Sehnen, die freie Endigungen haben, tendieren dazu, sich zu verdrehen. Für manche Präparate ist es günstig, wenn sie fest in einen improvisierten Holzrahmen gebunden werden. Gewichte können angebracht werden, um Sehnen gerade zu halten. Diese müssen ggf. angepasst werden. Wenn das Präparat trocken ist, muss es gründlich entfettet werden. Schließlich werden alle rauen Oberflächen mit sauberer Stahlwolle oder durch den vorsichtigen Gebrauch eines Schnittgrates an einem Handwerkzeug geglättet. Die Hufe und alle großen und vor allem harten Ligamente werden mit verdünntem Huffett bestrichen, um weiteres Schrumpfen zu vermindern. Alles überflüssige Fett wird nach einigen Tagen abgewischt. Die Präparate sollten unter Begasung aufbewahrt werden.

Sollte ein Gefriertrockner zur Hand sein, kann dies das Lufttrocknen ersetzen. Dabei schrumpft das Präparat weniger und Ligamente und Sehnen dunkeln weniger nach (Abb. 22.10).

## 31.7 Knochen-Muskel-Präparationen

Die Präparation von trockenen Knochenligamentexponaten, wie sie oben beschrieben wurde, kann auf Muskeln ausgedehnt werden. Präparate von Kaninchen- bis Schafgröße sind dafür am besten geeignet. Wähle funktionelle Einheiten aus. Ein Vorderbein mit Scapula ist hervorragend geeignet. Ein Hinterbein mit dem halben Becken, dem Sacrum und mehreren Wirbeln ist auch gut, aber schwieriger. Weitere Einheiten können zusammengestellt werden. Das Trocknen führt zu einer Schrumpfung, die das Präparat öffnet. So werden alle Ursprünge, Ansatzstellen und ligamentösen Verbindungen entblößt und der lokomotorische Mechanismus wird hervorragend dargestellt (Abbildung auf S. 193 und 457 und Abb. 10.18, 25.8, 27.14). (Wenn dieselben Präparationen nass in Museumsgefäßen aufbewahrt würden, wären sie nur selten zu sehen und unangenehm anzufassen.)

Das Tier wird gehäutet und der ausgewählte Körperteil isoliert. Das Gewebe kann frisch präpariert werden, aber Muskeln sind fester, wenn sie zuerst für etwa einen Tag in 7% Formalin fixiert werden (die Durchdringung beträgt ungefähr 6 mm in 12 Stunden). Anschließend wird über mehrere Tage mit mehreren Wasserwechseln gewaschen, um die Irritation durch das toxische Formalin zu reduzieren. Grundsätzlich muss bei guter Durchlüftung und mit Gummihandschuhen gearbeitet werden. Das Herz der Technik liegt in einer vorsichtigen, sauberen und vollständigen Präparation. Die Muskeln werden vollständig bis zu ihren Ursprüngen voneinander getrennt, die Sehnen werden bis hin zu ihren Ansatzstellen freigelegt. Dabei ist vor allem bei den kleinen komplexen Sehnen der Füße besondere Vorsicht geboten. Die Gelenkkapseln werden entfernt, alle Ligamente jedoch, auch die Ligamentschleifen, welche die Sehnen dort leiten, wo sie abknicken, müssen intakt bleiben. Auch tiefliegende und schlecht zugängliche Stellen müssen bearbeitet werden, da sie sich während des Trocknungsvorgangs öffnen werden. Das Periost wird von exponierten Knochenoberflächen weggeschabt. Die Muskeln, die beim Isolieren der ausgesuchten Einheit durchtrennt werden (z. B. beim Vorderbein der M. rhomboideus, der M. pectoralis usw.), können vollständig entfernt oder die Ansatzstellen können intakt gelassen werden (vgl. Abbildungen auf S. 193 und 475). Wenn die Ansatzstellen intakt bleiben, sollte man sie in diesem Stadium nicht zu kurz abschneiden. Wenn die Präparation fertig ist, bohrt man kleine Löcher in die Knochen und bindet das Präparat in der gewünschten Position in einem improvisierten Rahmen fest. Falls dies nicht bereits erfolgt ist, wird das Präparat jetzt fixiert.

Die Trocknung des Präparats fordert wiederum das Können und die Genialität heraus. Das Ziel ist es, alle Muskeln zu trocknen, und zwar mit glatten Konturen und ausreichend voneinander abgesetzt. Die oberflächlicheren Muskeln und Sehnen werden mit aus Schaumstoff ausgeschnittenen Abstandhaltern, mit Klemmen, Gummibändern, Stricken und ähnlichem voneinander getrennt. Das Präparat sollte in warmer zirkulierender Luft, aber nicht in der Sonne oder in einem Ofen hängen. Ein langsames gleichmäßiges Trocknen ist am besten. Das Präparat muss oft kontrolliert werden. Wenn die oberflächlichen Muskeln trocken sind, werden die Abstandshalter in tiefere Positionen verlagert. Zusätzliche Präparation kann in frisch geöffneten Hohlräumen nötig werden. Wenn die Muskeln fest, aber noch nicht hart sind, können sie durch Druck mit den Fingern geformt werden. In diesem Stadium werden die Kanten aller extrinsischen Muskeln zugeschnitten. Das Präparat muss vollständig trocknen.

Das Präparat ist nun hart, fettig und verfärbt. Jetzt muss es gründlich entfettet und dann getrocknet werden. Exponierte Knochen können durch ein Bepinseln mit unverdünntem Peroxid gebleicht werden. Wenn zu viel Bindegewebe in tiefen Stellen verblieben ist, entfernt man es mit dem Schnittgrat eines Handwerkzeugs. Große ausgefranste Muskeln werden vorsichtig mit einer offenen Flamme abgeflammt. Schwache oder ausgefranste Kanten verhärtet man mit Duko-Zement, der mit Aceton verdünnt ist. Wenn Bruchstellen entstehen, repariert man sie mit Epoxit-Zement. Hässliche Unregelmäßigkeiten verfüllt man mit Holzkitt.

Am Ende werden die Muskeln mit Acrylfarben aus dem Künstlerbedarf bemalt. Als Hintergrund verwendet man eine rötliche Farbe (die am besten ausgesucht wird, wenn das Präparat frisch ist) und verfeinert sie entsprechend mit einer helleren Farbe, mit der man das Bindegewebe nachahmt, das die Muskeln durchzieht. Sehnen können mit schillerndem Nagellack behandelt werden. Schließlich wird das Ganze dünn mit durchsichtigem Plastik besprüht.

Viel zu tun – eine Riesenarbeit. Aber auch viel Befriedigung und viel Lohn.

## 31.8 Lufttrocknen hohler Eingeweide

Lungen können schnell und leicht mit hervorragenden Ergebnissen durch Lufttrocknen konserviert werden (Abbildung auf S. 247 und Abb. 13.9). Man beginnt mit frischem Material. Tiere von der Größe eines Ochsenfrosches oder eines Leguans bis zu der eines Hundes oder eines Schafes liefern gute Ergebnisse. (Vögel sind Ausnahmen. Ihre Lungenstruktur wird am besten durch Korrosionsausgüsse dargestellt.) Lungen und Trachea werden aus dem Körper entnommen und von Herz, Oesophagus, Fett- und Drüsengewebe befreit. Man achte darauf, das respiratorische System nicht zu verletzen. Um das Blut zu entfernen, werden die Lungengefäße entweder mit kaltem Wasser perfundiert oder die Lunge wird mehrere Stunden in kaltes Wasser gelegt. Der Deckel des vollen Gefäßes wird benutzt, um die Lungen unter Wasser zu drücken. Dann nimmt man sie heraus und tupft sie vorsichtig mit einem Handtuch ab. Ein Schlauch wird an einer Luftquelle befestigt, an das freie Ende wird eine Düse (z.B. ein Applikator von Augentropfen) gesteckt. Dann zieht man einen Faden durch das Ende der Trachea, steckt die Düse in die Trachea und wickelt die Enden des Fadens um die Düse, um zu verhindern, dass die Lungen von der Düse weggeblasen werden. Nun hängt man die Lungen frei an einem Ringstand auf und dreht die Luft langsam auf. Luft wird aus der Oberfläche von Säugerlungen austreten. Bei Amphibien- oder Reptilienlungen kann es nötig sein, kleine Löcher hinein zu stechen, um die Luft entweichen zu lassen. Man blase die Lungen nicht zu sehr auf. Alle Stellen, die sich nicht gut aufblasen lassen, werden vorsichtig massiert. Die Lungen werden zunächst tropfen. Man sollte von Zeit zu Zeit nachsehen und den Luftstrom, falls nötig, angleichen. Nachdem die Lungen trocken aussehen, sollte die Prozedur noch für einige Zeit fortgesetzt werden. Die trockenen Lungen können dann weiter präpariert werden, um Kammern und Luftwege darzustellen (Abb. 13.9).

Mägen, Blinddärme und Spiraldärme können ebenfalls luftgetrocknet werden. Das Organ wird isoliert, sein Inhalt mit Wasser ausgespült. Dann befreit man es von Fett und anderem äußeren Material, schneidet aber nicht zu eng, da man leicht Löcher verursacht. Wenn das Material frisch ist, füllt man es mit 7% Formalin und taucht es für einen Tag in die Fixierlösung. Dann nimmt man es heraus, spült gründlich und tupft es mit einem Papiertuch ab. Nun wird es mit einer Luftquelle verbunden und getrocknet, wie für die Lungen beschrieben wurde. Auch hier sollte man das Organ nicht zu sehr aufblasen. Bei zu starker Dehnung wird der trockene Darmkanal faltig. Nach dem Trocknen können Fenster in einen Spiraldarm oder in einen Blättermagen geschnitten werden, um die innere Struktur darzustellen. Luftgetrocknete Eingeweide sollten unter Begasung aufbewahrt werden. Die fertigen Produkte können mit klarem Plastik besprüht werden, um ihnen Körper zu verleihen und sie gegen Feuchtigkeit resistent zu machen.

## 31.9 Begasung

Alle Präparate, die bisher beschrieben wurden, sollten vor Insektenfraß geschützt werden. Hierfür sollte man sie in gläsernen Schaukästen oder in speziellen Schränken mit Dichtungen und dichten Verschlüssen aufbewahren. Die Auswahl der Chemikalie ist ein Kompromiss zwischen einem effektiven Abtöten von Insekten und einem akzeptablen Gesundheits- und Umweltrisiko. Keine der vielen Alternativen ist vollständig befriedigend. **Naphtalen**, das auch in Mottenkugeln enthalten ist, ist ein befriedigendes Abwehrmittel, aber kein adäquates Insektizid, wenn bereits ein Befall vorliegt. Ein Esslöffel voll Mottenkugeln in einem Unterteller oder einem Deckel, der in jedes Kabinett alle paar Monate hineingestellt wird (oder wenn die vorige Portion verschwunden ist), ist gewöhnlich für eine kleine Sammlung ausreichend, wenn sie mit Routineinspektionen auf Anzeichen von Insekten verbunden ist. Der Gebrauch von Naphtalen ist nicht eingeschränkt. Das Schlüsselwort ist **Vorsicht**. Vermeide längeres Einatmen, das Augenirritation und Dermatitis hervorrufen könnte.

**Paradichlorobenzol** riecht wie Mottenkugeln, ist fest und wirkt ebenfalls als Abwehrmittel. Es wird wie Naphtalen benutzt. Ein längeres Einatmen bewirkt bei manchen Leuten Übelkeit, Kopfschmerzen und einen Koordinationsverlust. Es darf allgemein benutzt werden, aber nicht in Museen. Das Schlüsselwort ist **Warnung**.

**Kohlenstoffdisulfid** ist ein sehr effektives Insektizid. Es ist eine schwachgelbe Flüssigkeit mit einem Geruch von verfaulten Eiern. Stelle alle 6 Monate ungefähr 2 Esslöffel in einen Untersetzer in die obere Schublade oder das Regal eines jeden Schrankes. Die Empfindlichkeit dafür ist unterschiedlich, aber ein ausgedehnter Kontakt (durch Inhalation oder Hautkontakt) kann Narkose bewirken und das Verhalten und die inneren Organe beeinträchtigen. Kohlenstoffdisulfid ist brennbar und entzündet sich bei nur 100 °C. Ein begaster Schrank würde nicht explodieren, aber eine fast leere Flasche könnte explodieren. Es darf allgemein verwendet werden, aber nicht in öffentlichen Institutionen. Das Schlüsselwort ist **Warnung**.

## 31.10 Färben der Skelette von Wholemounts

Die Skelette kleiner Vertebraten können an gefärbten und geklarten Präparaten gezeigt werden, die dann feucht in Glasgefäßen aufbewahrt werden. Günstige Materialien sind z.B. späte Föten, Schlüpflinge, Kaulquappen und juvenile Tiere, außerdem die Adulten von kleinen Fischen (Abbildung auf S. 673) und andere Vertebraten bis zu Mausgröße. Knochen wird weinrot, Knorpel hellblau und das umgebende Gewebe transparent, so dass die Skelettstruktur in größtem Detail dargestellt wird. Das Grundrezept kann abgewandelt werden. So kann es Modifikationen bei der Fixierung geben; nur der Knochen kann gefärbt werden, nur der Knorpel, oder beides. Ein Enzym kann, muss aber nicht benutzt werden, um das Klaren zu unterstützen. Wenn ein Schritt im Vorgang später als ungenügend beurteilt wird, kann er oft wiederholt werden. Deshalb und weil die allgemeine Technik so alt ist, haben viele Forscher zahlreiche Artikel publiziert, in denen sie ihre bevorzugte Methode beschreiben. Das Rezept, das hier vorgestellt ist, stammt mit einigen Abwandlungen von Ronald E. Cole (Kurator am Museum of Wildlife in Fishery's Biology, University of California, Davis). Es ist wiederum eine Vermischung anderer Rezepte und dasjenige, das ihm und seinen Studenten den größten Erfolg beschert hat.

### Vorgang

1. Fixieren der Präparate in 10% Formalin (Lösung 1, unten) für mehrere Tage, aber nicht länger als zwei Wochen.
2. Waschen in destilliertem Wasser für mehrere Stunden (verlängertes oder sehr starkes Waschen entfernt Mucopolysaccharide, auf denen der Knorpelfarbstoff abgelagert wird).
3. Wenn nötig, können die Präparate in 70% Alkohol aufbewahrt werden. Ansonsten weiter zu Schritt 4.
4. Die Qualität des fertigen Präparats hängt nicht nur von der Vollständigkeit ab, mit der die Gewebe geklart sind, sondern auch von der Menge an vorhandenem Gewebe. Deshalb

funktioniert diese Methode am besten mit kleineren Präparaten. Kleine Fische, Reptilien und Amphibien können meistens geklart und gefärbt werden, ohne ihre Haut zu entfernen, obwohl das Endprodukt durch Häuten verbessert werden kann. Vögel und Säugetiere dagegen sollten stets gehäutet werden. Das Häuten kann vor oder nach der Fixierung geschehen, wenn die Gewebe härter sind. Die Haut sollte an Füßen und am Schwanz belassen werden, um die Mazeration dieser empfindlichen Regionen einzudämmen. Schwänze von Salamandern und Eidechsen können längs aufgeschnitten werden, um die Chance einzuschränken, dass der Schwanz aufquillt, aufbricht und abfällt. Das Entfernen der Eingeweide ist optional und kann vor der Fixierung durchgeführt werden, um den Fixierungsprozess zu beschleunigen.

5. Präparate von Fischen, Reptilien und den meisten Amphibien sollten gebleicht werden, um das Melanin zu entfernen. Vögel und Säugetiere müssen nicht gebleicht werden, da sie abgehäutet wurden und kein Pigment haben. Bleichen in KOH und $H_2O_2$ (Lösung 4), bis das dunkle Pigment eine cremig gelbe Farbe annimmt (10 Minuten bis 1 Stunde). Die vorgeschriebene Konzentration des $H_2O_2$ darf nicht überschritten werden, da eine schnelle Oxydation zu Bildung von Sauerstoffblasen im Gewebe führen würde. Wenn dies geschieht, können die Blasen nur entfernt werden, indem man sie mit einer Nadel wegschiebt oder in einer Vakuumkammer entfernt oder indem sie sich (hoffentlich) rechtzeitig auflösen.
6. Wenn gelblichbraunes Fett vorhanden ist, sollte es entfernt werden. Größere Mengen können durch vorsichtige Präparation unter KOH-Lösung mit sehr feinen Instrumenten entfernt werden. (Das Objekt wird sehr weich und empfindlich.) Andernfalls wird das Objekt für jeweils 24 Stunden in 40%, 60%, 80% und 99% Isopropanol getaucht, dann in Xylol je nach Bedarf für 1–7 Tage; dann wiederum in 99%, 80%, 60% und 40% Isopropanol für jeweils 24 Stunden und schließlich 24 Stunden in destilliertes Wasser.
7. Wenn Knorpel gefärbt werden soll, weiter mit Schritt 8. Wenn nur Knochen gefärbt werden soll, weiter mit Schritt 9.
8. Färben mit einer frisch zubereiteten Alcian-Blue-Lösung (Lösung 7) für 24 bis 48 Stunden.
9. Das Enzym Trypsin kann benutzt werden, um das Klaren zu beschleunigen, obwohl es nicht entfärbend, sondern verdauend wirkt. Das Objekt wird in das gepufferte Enzym (Lösung 6) gelegt und die Lösung solange alle 3 Tage gewechselt, wie sie eine bläuliche Farbe annimmt. Das Objekt bleibt in der Lösung, bis nur noch ein Viertel des Muskels übrigbleibt und das Skelett klar sichtbar wird. Vorsicht! Eine zu lange Behandlung wird das Skelett exponieren und beschädigen.
10. Überführen des Präparats in Alizarin Red S (Lösung 9) für 24 Stunden.
11. Das Präparat wird in 2% KOH (Lösung 2) überführt, bis überflüssige Farbe aus dem Gewebe entfernt ist. Mehrere Wechsel können nötig sein. Kleine Objekte werden in 1–2 Tagen entfärbt, größere brauchen länger.
12. Reptilien und Fische, die Schuppen haben, die noch nicht entfernt wurden, können nun gereinigt werden, indem man die Schuppen vorsichtig mit einem weichen Wattestäbchen dadurch wegwischt, dass man vom Kopf zum Schwanz streicht, während das Objekt in 2%igem KOH oder in Wasser schwimmt.
13. Das Objekt wird nun nacheinander jeweils für 24 Stunden in 30%, 60% und 90% Glyzerin überführt. Es wird dabei weiter geklart. Schließlich lagert man es in reinem Glyzerin, das einige Kristalle Thymol enthält, um ein Schimmeln zu verhindern.

**Lösungen**

1. 10% gepuffertes Formalin: Mische 1 Teil 37% Formaldehyd mit 9 Teilen Wasser. Ungepuffertes Formalin ist hochacidisch und zerstört Gewebe von Vertebraten. Puffere mit Borax (10 g/l), Ammoniumhydroxid (150 ml/l) oder Marmorchips (3–4 Esslöffel pro Liter).
2. 2% Kaliumhydroxid (KOH): Mische 20 g KOH-Plättchen mit 980 ml destilliertem Wasser.

3. 3% Wasserstoffperoxid ($H_2O_2$): Verdünne 1 Teil technisches $H_2O_2$ (27%) mit 9 Teilen destilliertem Wasser.
4. Bleichlösung: Mische 7–8 Teile 2%ige KOH (Lösung 2) mit 2–3 Teilen 3%igen $H_2O_2$ (Lösung 3).
5. Pufferlösung: Mische Natriumtetraborat oder Waschpulverborax mit destilliertem Wasser, um eine gesättigte Lösung herzustellen. Die Lösung muss sich absetzen, um klar zu werden.
6. Gepufferte Enzymlösung: Mische 3 Teile gesättigte Pufferlösung (Lösung 5) mit 7 Teilen dest. Wasser. Mische ein Viertel Esslöffel Trypsin mit 400 ml Puffer. Trypsinpuder sollte im Kühlschrank aufbewahrt werden und erst kurz vor Gebrauch zur Pufferlösung zugesetzt werden.
7. Alcian-Blue-Färbelösung: Mische 80 ml 95%igen Alkohol, 20 ml Eisessig, 15 mg Alcian Blue 8GN.
8. Stammlösung Alizarin-Red-S-Färbung: Mische 5 ml 50%igen Eisessig, 10 ml Glyzerin und Alizarin Red S, bis eine dunkle, rot bis lilafarbene gesättigte Lösung vorliegt.
9. Alizarin-Färbung: Mische 1 ml der Stammlösung (Lösung 8) mit 100 ml 2%igen KOH (Lösung 2) oder füge Alizarin-Red-S-Farbkristalle zu 2%igem KOH, bis die Lösung rot-lila ist.

## 31.11 Andere Techniken

Andere Techniken, die weniger benutzt werden, liegen jenseits des Zieles dieses Anhangs. Anleitungen für manche von ihnen sind in den Quellen im Literaturverzeichnis zu finden. Andere werden durch Fotos im Haupttext illustriert: auf S. 163 die trockene Konservierung von Knorpel durch Paraffin-Imprägnierung, auf S. 359, Abb. 18.6 und 18.11 die Färbung dicker Hirnschnitte zur Abgrenzung der weißen und grauen Substanz, auf S. 269 das Ausfüllen von Gefäßen und Gängen mit Vinylharz und die anschließende Korrosion der umgebenden Gewebe.

## Literatur

Andersen RM (1965) Methods of collecting and preserving vertebrate animals, 4th edn. Nat Mus Can Biol Ser 18, Bull 69:1–199

Borell AE (1938) Cleaning small collections of skulls and skeletons with dermestid beetles. J. Mammal 19:102–103. Vorbereitung, Einweichen, Reinigen mit Käfern und mit Ammoniak

Burdi AR (1965) Toluidine Blue-Alizarin Red S staining of cartilage and bone in whole-mount skeletons *in vitro*. Stain Technol 40:45–48

Dingkerkus G, Uhler LD (1977) Enzyme cleaning of Alcian Blue stained whole small vertebrates for demonstration of cartilage. Stain Technol 52:229–232. Erzielte bessere Resultate als mit Toluidin Blue

Filipski GT, Wilson MVH (1985) Staining nerves in whole cleared amphibians and reptiles using Sudan Black B. Copeia 1985:500–502

Hall ER (1962) Collecting and preparing study specimens of vertebrates. Univ Kans Mus Nat Hist Misc Publ 30. Freilandmethoden für das Sammeln und Vorbereiten von Bälgen für Forschungs- (nicht Schau-)sammlungen

Hall ER, Russell WC (1933) Dermestid beetles as an aid in cleaning bones. J Mammal 14:428–431. Eine bahnbrechende Veröffentlichung und nach wie vor eine nützliche Literaturstelle

Hangay G, Dingley M (1985) Biological museum methods, vol 1: Vertebrates. Academic Press, New York. Bezieht sich hauptsächlich auf die Präparation von Museumsexponaten, enthält aber auch Hinweise zum Sammeln, Einbalsamieren, Injizieren und Säubern von Skeletten

Hildebrand M (1968) Anatomical preparations. Univ California Press, Berkeley. Behandelt viele Themen; es ist die einzige Anleitung, wie man Knochen-Ligament-Muskel-Präparate herstellt. Das Hauptaugenmerk liegt auf der Verwendung in der Lehre

Hower RO (1979) Freeze-drying biological specimen: a laboratory manual. Smithsonian Inst Press, Washington/DC. Theorie, Materialbedarf und Vorgehensweisen für das Gefriertrocknen von Vertebraten zur Konservierung und Schaustellung

Kampmeier OF, Hospodar EW (1951) Mounting of stained serial sections of the brain as wet specimens in transparent plastic. Anat Rec 110:1–15. Umfangreiches Literaturverzeichnis

Mahoney R (1966) Laboratory techniques in zoology. Butterworths, Washington/DC. Sehr umfassend, enthält aber 21 Seiten über Fixation, Einbalsamierung, Injektion und Korrosionsabdrücke, sowie 10 Seiten über das Reinigen (einschl. enzymatische Verdauung), Entfetten und Aufstellen von Skeletten

Ojeda JL, Barbosa E, Bosque PG (1970) Selective skeletal staining in whole chicken embryos: A rapid Alcian Blue technique. Stain Technol 45:137–138

Piechocki R (1979) Makroskopische Präparationstechnik. Leitfaden für das Sammeln, Präparieren und Konservieren. Teil I: Wirbeltiere. Gustav Fischer, Stuttgart, New York

Russell WC (1947) Biology of the dermestid beetle with reference to skull cleaning. J Mammal 28:284–287. Eine klassische Literaturstelle

Stohler R (1945) Preparation of shark chondrocrania for class use. Science 102:403–404

Tompsett DH (1970) Anatomical techniques, 2nd edn. Livingston, Edinburgh London. Viele Methoden, u.a. die Färbung von Hirnschnitten mit Eisenferrocyanid

Tucker JL Jr, Krementz ET (1957) Anatomical corrosion specimens. Anat Rec 127:655–676. Eine Vinylharz-Methode

Wagstaffe R, Fidler JH (1968) The preservation of natural history specimens, vol II, pt 2 Zoology: Vertebrates. Witherby, Philosophical Library of London. 115 Seiten über Wirbeltiere; sehr gut in Bezug auf Freilandmethoden und Präparation von Bälgen für die Forschung mit Bemerkungen zu Tieren jeglicher Größe und Form; der Teil zur Skelettpräparation ist kurz und überholt

Wassersug RJ (1976) A procedure for differential staining of cartilage and bone in whole formalin-fixed vertebrates. Stain Technol 51:131–134

Watson AG (1977) *In toto*: Alcian Blue staining of the cartilaginous skeleton in mammalian embryos. Anat Rec 187:743

Williams TW Jr (1941) Alizarin Red S and Toluidine Blue for differentiating adult or embryonic bone and cartilage. Stain Technol 16:23–25

Williams SL, Laubach R, Genoways HH (1977) A guide to the management of recent mammal collections. Carnegie Museum of Natural History, Special Publication No 4. Bezieht sich hauptsächlich auf den Erwerb, das Katalogisieren, Lagerung, Erhalt und Nutzung von Präparaten für große Forschungssammlungen, enthält aber auch Angaben (mit Literaturhinweisen) zum Reinigen mit Käfern, Begasen und Fettlösungsmitteln

Zycherman LA, Schrock JR (1988) A guide to museum pest control. Assn of Systematics Collections, Washington/DC

## Glossar

**a-, an-** (griech. Vorsilbe) ohne
**ab-** (lat. Vorsilbe) von, von...weg
**abducens** (N.) der sechste Hirnnerv, innerviert den lateralen Augenmuskel, der das Auge nach außen dreht, bzw. der mit ihm assoziierte Kern im Zentralnervensystem
**Abduktor** ein Muskel, der einen Körperteil aus der Sagittalebene herausbewegt oder zwei Körperteile voneinander trennt
**abgeleitetes Merkmal** ein Merkmal, das sekundär aus einem ursprünglichen Merkmal entstanden ist
**Abreißen** Auftriebsverlust einer Tragfläche, Strömungsabriss
**Acetabulum** tassenförmige Einbuchtung im Beckenknochen, die den Kopf des Femurs aufnimmt
**acoel** wird ein Wirbelzentrum genannt, das an beiden Enden mehr oder weniger flach ist; platyan
**acrodont** werden wurzellose Zähne genannt, die an ihrer Basis mit dem Kieferknochen verschmolzen sind
**Acrosom** die Struktur, die den Kopf einer Spermienzelle an der Spitze bedeckt und die bei der Befruchtung eine Rolle spielt
**Actinopterygium** eine Flosse mit knöchernen Radialia, ohne fleischigen Stiel oder Skelettachse
**Acusticolateralis-System** das Seitenliniensystem und das Innenohr
**ad-, af-, ag-** usw. (lat. Vorsilbe) auf eine Struktur hin

---

*Oben:* 65 mm langer Sonnenbarsch. Geklart, mit Alizarin gefärbt und in Glycerin gelagert

**Adaptation** eine Eigenschaft oder ein Merkmal, das zur Anpassung eines Organismus an seine Umgebung beiträgt und in der Regel das Überleben der Art durch natürliche Selektion begünstigt
**Adduktor** ein Muskel, der einen Körperteil zur Sagittalebene hin bewegt oder zwei Körperteile aufeinander zu bewegt
**Adenohypophyse** endokriner Teil der Hypophyse, der aus der Hypophysentasche entsteht und zahlreiche Peptidhormone bildet
**Adhäsion** das Zusammenhalten verschiedenartiger Materialien; auch die molekulare Anziehung, die zwischen Kontaktoberflächen ausgeübt wird
**aerober Stoffwechsel** Energiegewinnung durch den vollständigen Abbau von Nahrungsstoffen in der Anwesenheit von Sauerstoff, wobei Kohlendioxid und Wasser entsteht
**afferent** zu einer Struktur hin- oder in sie hineinleitend
**Agnatha** alle kieferlosen Vertebraten
**alar** flügelähnlich
**Allantois** die Embryonalhülle der Amnioten, die aus der Hinterdarmanlage entsteht und eine Rolle bei der Atmung und Exkretion des Embryos spielt
**Allometrie** Analyse der Korrelation zwischen Form und Größe; Proportionsänderung eines Organs gegenüber anderen Organen, z. B. während der Entwicklung
**Alula** der erste Finger des Vogelflügels zusammen mit seinen Federn
**Alveolus** ein kleiner, lappenartiger Hohlraum, z. B. in der Säugerlunge
**Ameloblast** eine schmelzbildende Zelle

**Amnion** die innerste Embryonalhülle der Amnioten

**Amniota** Vertebraten, deren Embryonen von einem Amnion umgeben sind: Reptilien, Vögel und Säugetiere

**Amphiarthrose** ein Gelenk, das nur eine begrenzte Bewegung erlaubt; Füllgelenk

**amphicoel** wird ein Wirbelzentrum genannt, das auf beiden Seiten konkav (eingebuchtet) ist

**Amphistylie** Kieferaufhängung am Chondrocranium, die zum Teil direkt und zum Teil über das Hyomandibulare gebildet wird

**Ampulle** Erweiterung eines Kanals, wie z. B. der Bogengänge des Innenohrs

**Amygdala** eine Struktur des Vorderhirns, die aus dem Palaeopallium entsteht (s. auch Palaeocortex)

**an-** (griech. Vorsilbe) ohne, nicht (vgl. a-)

**anaerober Stoffwechsel** Energiegewinnung durch den unvollständigen Abbau von Nahrungsstoffen in Abwesenheit von Sauerstoff

**Analogie** eine strukturelle Ähnlichkeit, die auf einer gemeinsamen Funktion beruht, nicht auf gleicher phylogenetischer Herkunft

**Anamniota** Vertebraten, deren Embryonen nicht von einem Amnion umgeben sind; Fische und Amphibien; Anamnia

**anapsid** ohne Schläfenfenster in der Temporalregion des Schädels

**Anastomose** eine Verbindung zwischen zwei Blutgefäßen

**Androgene** männliche Sexualhormone

**animaler Pol** die Region des Eies, in welcher der Kern liegt und die Zellteilungsaktivität am höchsten ist

**Anstellwinkel** Winkel zwischen der Tiefe einer Tragfläche und dem anströmenden Luft- oder Wasserstrom

**ant-, anti-** (griech. Vorsilbe) gegen, entgegengesetzt, gegenüber

**Antagonist** ein Muskel, dessen Wirkung derjenigen eines anderen Muskels entgegenwirkt

**antiklin** wird ein Brustwirbel genannt, dessen senkrecht zur Längsachse ausgerichteter Dornfortsatz den Übergang zwischen nach hinten und nach vorne gerichteten Dornfortsätzen darstellt

**Aorta** der Hauptarterienstamm

**apomorphes Merkmal (Apomorphie)** ein Merkmal einer Organismengruppe, das sich im Vergleich zu seiner früheren Ausbildung verändert hat; ein abgeleitetes Merkmal, eine evolutive Neuheit in einer monophyletischen Gruppe

**Aponeurose** ein zähes, flaches Bindegewebsblatt, das dazu dient, die Kraftentwicklung oder die Spannung eines Muskels zu verteilen

**Apophyse** Wirbelfortsatz; spezifische Fortsätze werden durch Vorsilben benannt

**Arachnoidea** die mittlere Hirnhaut des Zentralnervensystems der Säugetiere

**Arbeit** Produkt aus der Kraft eines Muskels und der Distanz, über die er agiert

**archaeo-, archi-** (griech. Vorsilbe) beginnend, das erste, primitive, Vorfahre, Haupt-

**archo-** (griech.Vorsilbe) Herrscher, herrschend

**Archenteron** Urdarm, embryonales Verdauungsrohr

**Archinephros** eine hypothetische ursprüngliche Niere, die sich aus allen Nephrotomen bildet; Holonephros

**Archipallium** medialer Teil des cerebralen Cortex; umfasst Hippocampus, Gyrus dentatus, Fornix, Gyrus diagonalis, parahippocampale Region

**Archipterygium** eine Flosse mit fleischigem Stiel und einer zentralen Skelettachse, die auf beiden Seiten von Radialia flankiert wird

**Archistriatum** ventraler Teil der Basalganglien

**Arterie** ein Gefäß, das Blut vom Herzen wegführt

**Aspidin** nichtzellulärer Knochen

**Atrium** ein Hohlraum; der Herzabschnitt zwischen Sinus venosus und Ventrikel; Vorkammer

**auditorisch** bezieht sich auf das Hören

**Auftrieb** die Kraft, die durch eine Tragfläche (oder eine Flosse) erzeugt wird und im rechten Winkel zu dem anströmenden Luftstrom (oder Wasserstrom) steht

**Auftriebsmittelpunkt** der Punkt in einem untergetauchten Körper, der den Schwerpunkt des verdrängten Wassers repräsentiert; der Punkt, durch den die resultierende Kraft des Auftriebs wirkt

**Ausleger** ein vorstehender Balken oder ähnliches Teil, das nur an einem Ende gestützt wird

**Außengruppe** in der Kladistik sind dies Organismen, die mit einer untersuchten Gruppe verwandt, aber nicht Teil von ihr sind; der Außengruppenvergleich dient der Merkmalspolarisierung, d.h. die Merkmalsausprägung in der Außengruppe wird gegenüber der Innengruppe als ursprünglich angesehen

**autonom** bezieht sich auf den Teil des peripheren Nervensystems, der die visceromotorische Innervierung des Blutgefäß-, Verdauungs-, Fortpflanzungssystems und einiger anderer unwillkürlicher Organe stellt

**Autostylie** Aufhängung des Kiefers direkt vom Chondrocranium, ohne Beteiligung des Hyomandibulare

**Axon** der Ausläufer eines Neurons, der die Erregung vom Zellkörper wegleitet

**Barten** hornige Platten im Mund zahnloser Wale, die Nahrung aus dem Wasser filtrieren

**Basalmembran** die dünne Membran, welche die Epidermis von der Dermis trennt

**Basalganglien** Komplex von Nervenzellen im Vorderhirn von Säugetieren

**Beschleunigung** Geschwindigkeitszunahme pro Zeiteinheit; Kraft geteilt durch Masse

**Bewegungsgröße** die Kapazität eines Objektes, sich in einer geraden Linie zu bewegen und einen Widerstand zu überwinden; das Produkt aus Masse und Geschwindigkeit

bi- (lat. Vorsilbe) zweifach, doppelt, zwei

**Bindegewebsknochen** Knochen, der direkt ossifiziert, ohne einen Knorpel zu ersetzen; Hautknochen

**Blastocoel** der Hohlraum der Blastula

**Blastocyste** Blastula der Säugetiere, die durch ein großes Blastocoel charakterisiert ist

**Blastoderm** die Blastula telolecithaler Eier, die aus einer Keimscheibe, die dem Dotter aufliegt, besteht

**Blastomere** die Zellen, in die sich das Ei während der Furchung teilt

**Blastoporus** die Öffnung des Gastrocoels

**Blastula** Hohlkeim; früher Embryo, der aus einer oder mehreren Zellschichten aus mehreren hundert Zellen besteht

**Bodeneffekt** energetischer Vorteil, der durch niedriges Gleiten oder Fliegen über einer flachen Oberfläche gewonnen wird

**brachial** auf den Arm bezogen

**branchial** auf die Kiemen bezogen

**Brechschere** die Zähne fleischfressender Säugetiere, die gegeneinander scheren: bei rezenten Formen der obere vierte Prämolar und der untere erste Molar

**brev-** (lat. Vorsilbe) kurz

**Bronchus** ein Luftweg innerhalb der Lunge, der durch Knorpel gestützt wird

**bunodont** mit niedrigen Höckern auf den Molaren; bei den meisten allesfressenden Säugetieren

**Caecum** eine taschenartige Ausstülpung des Verdauungstraktes, Blinddarm

**Calcar** ein knorpeliger Stab, der eine Flughaut stützt

**Carapax** eine dorsale knöcherne Bedeckung, z.B. bei einer Schildkröte oder einem Gürteltier

**cardial** auf das Herz bezogen

**carnivor** fleischfressend

**Carotide** eine der großen Halsarterien

**caudal** auf den Schwanz bezogen, hinten

**Centrum** Wirbelkörper

**Ceratotrich** schlanker, horniger, nicht segmentierter Flossenstrahl

**Cerebellum** Kleinhirn, Derivat des dorsalen Teils des Metencephalons

**Cerebrum** die Großhirnhemisphären des Telencephalons

**cervical** auf den Hals bezogen

**Chiasma** eine Kreuzung von Fasern, z.B. Chiasma opticum Sehnervenüberkreuzung

**Chondrocranium** Teil des Kopfskelettes, der im Gegensatz zum Splanchnocranium aus Knorpel oder Ersatzknochen besteht; Neurocranium, Hirnschädel

**Chondrocyte** eine Knorpelzelle

**Chorda dorsalis** der fibrozelluläre Stab, der die Skelettachse embryonaler und mancher adulter Vertebraten bildet

**Chordamesoderm** das Dach des Urdarms, das die Neuralplatte induziert und selbst die Chorda dorsalis und Mesoderm bildet

**Chorion** die äußerste Embryonalhülle der Amnioten

**Chorioidea** eine gefäßreiche Schicht um das Gehirn bzw. die Retina

**chromaffin** wird endokrines Gewebe genannt, das funktionell mit dem Nebennierenmark in Verbindung steht, aber diffus ist

**Chromatophore** Pigmentzelle

**Clitoris** das weibliche Homolog des männlichen Penis

**Cochlea** der spiralförmige auditorische Teil des Innenohrs der Säuger

**Colon** Dickdarm

**Conjunctiva** Bindehaut des Auges

**Conodonte** kleine, zahnähnliche Fossilien; auch die Tiere, die diese Strukturen besaßen

**Conus** die am weitesten anterior gelegene der ursprünglichen Herzkammern

**Coprodaeum** der dorsale Teil einer teilweise unterteilten Kloake

**Coprophagie** Kotfressen, zur Aufnahme vitaminreichen Blinddarmkotes

**Cornea** der transparente, oberflächliche Teil des Augapfels

**Corona radiata** die aus dem Ovarfollikel abgeleiteten Zellen, die das Ei bei der Ovulation umgeben; auch: die Verzweigung der Pyramidenbahn in den cerebralen Hemisphären

**Corpus** Körper; eine Masse oder ein fester Teil eines Organs

**Cortex** der äußere Teil eines Organs, Rinde

**Cosmin** Dentin mit inneren Büscheln radiärer Kanäle

**Crista** sensorische Zellen in den Ampullen der Bogengänge

**Crossopterygium** eine Flosse mit fleischigem Stiel und einer Skelettachse, die einseitig von Radialia flankiert wird

**ctenoid** wird eine Fischschuppe mit gesägtem Rand genannt

**Cupula** die gallertige Struktur, in welche die Cilien eines Neuromastenorgans eingebettet sind

**cutan** auf die Haut bezogen

**Cuticula** dünne, nichtzelluläre, äußere Bedeckung der Haut mancher Tiere

**cycloid** wird eine rundliche Fischschuppe mit glattem Rand genannt

**de-** (lat. Vorsilbe) weg, hinunter, von

**Decussation** eine Nervenkreuzung von einer Seite des zentralen Nervensystems auf die andere; Decussatio pyramidum, Decussationes tegmenti etc.

**Deferenz** ein wegführender Gang, z.B. der Ductus deferens des Urogenitalsystems

**Dehnung** Verformung eines elastischen kompakten Körpers, die durch eine Last verursacht wird

**Delamination** Bildung einer Gewebeschicht durch die Ausgliederung und anschließende Aggregation von Zellen aus einer bereits bestehenden Gewebeschicht

**Dendrit** Ausläufer von Neuronen, welche die meisten präsynaptischen Impulse empfangen und zum Soma weiterleiten

**Dendrogramm** jede beliebige graphische Stammbaumdarstellung

**Dentikel** kleine zahnähnliche Strukturen, die entweder von einem Hautpanzer und Schuppen aufragen oder unabhängig als kleine Schuppen vorkommen

**Dentin** ein Typ von Zahngewebe, der charakteristisch für Tetrapoden ist und außerhalb der Matrix Zellen enthält

**Dentingewebe** das Material der Zähne, Schuppen und Panzer, das härter ist als Knochen und weicher als Schmelz. Die Art von Dentingewebe, das in den Zähnen der Tetrapoden vorkommt, heißt Dentin

**Dermatocranium** der Teil des Kopfskelettes, der aus Bindegewebsknochen besteht

**Dermatom** der laterale Teil des Epimers

**Dermis** Corium, Lederhaut; der innere Teil der Haut, entsteht aus dem Mesoderm

**Diaphragma** bei Säugetieren die muskuläre Unterteilung, welche die Pleural- und die Peritonealhöhle trennt; Zwerchfell

**diaphragmatisch** wird ein Thorakalwirbel mit meist nach oben gerichteten Präzygapophysen, aber mit lateral gerichteten Postzygapophysen genannt

**Diaphyse** der Schaft eines Röhrenknochens

**diapsid** mit zwei Schädelfenstern in der Temporalregion des Schädels

**Diarthrose** ein freibewegliches Gelenk mit einer Gelenkhöhle

**Diencephalon** Zwischenhirn, der posteriore Teil des embryonalen Prosencephalon; wird zum anterioren Teil des Hirnstamms

**digitigrad** auf Zehen („Fingern") gehend; nur die Finger und die distalen Enden der Metapodien stehen in Kontakt mit dem Untergrund, wenn das Tier steht oder sich bewegt; z. B. Katzen und Hunde

**diözisch** getrenntgeschlechtlich, d. h. die männlichen und die weiblichen Gonaden treten in unterschiedlichen Individuen auf

**diphycerk** wird ein weitgehend symmetrischer Fischschwanz genannt, in dem sich die Wirbelsäule bis in die Schwanzspitze fortsetzt

**diphyodont** mit zwei Zahngenerationen

**Diplospondylie** zwei Wirbel pro primäres Körpersegment, z. B. in der Schwanzregion bestimmter Fische

**Depotschmierung** Schmierung, bei der das Schmiermittel aus den schwammartigen Oberflächen der sich bewegenden Teile in die Kontaktzone zwischen ihnen gepresst wird

**distal** liegt entfernt von der Zentralachse des Körpers

**dorsal** auf der Rückenseite oder der Seite, wo die Wirbelsäule des Körpers liegt

**Dottersack** Embryonalhülle, die den Dotter umgibt und resorbiert

**Drehmoment** das Produkt aus einer Kraft und dem senkrechten Abstand zwischen ihrer Wirkungslinie und dem Drehpunkt, um den sich ein Objekt dreht oder zu drehen versucht

**Druck** Kraft pro Flächeneinheit

**Druckspannung** Spannung in einem elastischen kompakten Körper, die aus einer Last resultiert, die direkt auf das Objekt zu gerichtet ist und senkrecht zu seiner Oberfläche steht

**Druckwiderstand** Strömungswiderstand auf ein sich bewegendes Objekt, der durch die Verlagerung des Fluids, durch ein Zurückfließen und die Bildung von Druckgradienten entsteht

**Duodenum** der erste Dünndarmabschnitt

**durophag** wird die Ernährungsweise genannt, bei der harte Stoffe, wie z. B. Schalen oder Nüsse, aufgebrochen werden müssen

**dynamisches Segeln** Flug, der dadurch aufrechterhalten wird, dass in einer Grenzschicht dem Wind Energie entzogen wird – gewöhnlich über dem Ozean

**dynamische Belastungsähnlichkeit** maßstäbliche Veränderung der Körperhaltung und des Verhaltens, so dass Sicherheitsfaktoren unverändert bleiben, wenn sich die Körpergröße verändert

**ec-, ecto-** (griech. Vorsilbe) heraus, außen

**Ectoderm** die äußerste der drei embryonalen Keimblätter

**Ectomesenchym** Mesenchym, das aus den Neuralleisten entsteht

**ectotherm** wird ein Tier genannt, das seine Körpertemperatur in erster Linie aus seiner Umgebung bezieht

**efferent** etwas aus-, etwas heraus- oder von etwas wegleiten

**Eisack** Teil des Fortpflanzungssystems, wo Eier vor der Eiablage zurückgehalten, aber nicht ernährt werden

**Elasmobranch** ein Fisch mit Kiemensepten; Knorpelfische, z. B. Hai

**elastische Ähnlichkeit** maßstäbliche Veränderung, welche die Durchmesser der Stützstrukturen an die Körpermassen angleicht, so dass ein Durchbiegen und Beugen unverändert bleibt, wenn sich die Körpergröße verändert

**Elastizität** Fähigkeit eines gedehnten (oder verformten) Festkörpers, seine ursprüngliche Größe und Form wiederzuerlangen, wenn die Last entfernt wird

**Elastizitätsmodul** Spannung geteilt durch Dehnung; ein Maß für die Verformung, die durch eine Lasteinheit ausgeübt wird

**Embryoblast** der innere Teil der Blastocyste der Säugetiere, aus dem der Embryo gebildet wird

**Enameloid** ein schmelzähnliches Gewebe, das aus dem Mesectoderm (Neuralleistenzellen) entsteht

**endokrin** in den Blutkreislauf sezernierend

**Endolymphe** Flüssigkeit innerhalb des Labyrinths des Innenohrs

**Endometrium** das weiche, drüsenreiche Gewebe, das den Uterus auskleidet

**Endostyl** eine schleimproduzierende Rinne, die ventral achsenparallel im Kiemendarm niederer Chordaten liegt (homolog zur Thyreoidea); Hypobranchialrinne

**endotherm** wird ein Tier genannt, das eine hohe Körpertemperatur durch Stoffwechselwärme und eine Kontrolle des Wärmeverlustes aufrechterhält

**Enterocoelie** Coelombildung durch Aussackung aus dem Urdarm

**Entoderm** das innerste der drei embryonalen Keimblätter

**epaxial** werden Rumpfmuskeln genannt, die dorsal zum horizontalen Myoseptum liegen

**ependymal** werden die Zellen genannt, welche die Hohlräume des Zentralnervensystems auskleiden

**epicerk** wird eine Schwanzflosse genannt, bei der sich die Wirbelsäule in den größeren dorsalen Lappen fortsetzt

**Epidermis** äußere Hautschicht, die aus dem Ectoderm entsteht

**Epididymis** der aufgewundene Teil des Samenleiters, der neben dem Hoden liegt; Nebenhoden

**Epiglottis** der klappenähnliche Verschluss der Glottis

**Epimer** der Somit oder segmentierte dorsale Teil des embryonalen lateralen (paraxialen) Mesoderms

**Epimysium** die Membran, die einen Muskel umgibt

**Epiphyse** eine getrennte Verknöcherung, die das Ende eines Röhrenknochens bildet; auch Epiphysis cerebri (s. Pinealorgan)

**Epithel** eine Zellschicht, die eine Oberfläche bedeckt oder einen Hohlraum auskleidet und auf einer Basalmembran ruht

**Ersatzknochen** Knochen, der einen Knorpel ersetzt

**Erythrocyt** rotes Blutkörperchen

**euryapsid** mit einem Schläfenfenster in der Temporalregion des Schädels, das unten durch das Postorbitale und das Squamosum begrenzt ist

**evolutionäre Klassifikation** Klassifikation, die phylogenetische Abfolgen durch Beurteilungen rekonstruiert, die auf allen zugänglichen Daten, einschl. Fossilien, beruht und sowohl lineare als auch verzweigte Evolutionsvorgänge erlaubt; sie führt häufig zur Abgrenzung paraphyletischer Taxa

**Evolutionstendenz** eine graduelle adaptive Veränderung in der Evolution eines Merkmals innerhalb einer phyletischen Linie; Morphokline

**ex-** (lat. Vorsilbe) aus, jenseits

**exokrin** wird eine Drüse genannt, die sich in einen Gang entleert

**facial** auf das Gesicht bezogen

**falciform** sichelförmig

**Fallschirmspringen** ein teilweise kontrollierter Fall in einem Winkel größer als 45° zur Horizontalen

**Faszie** fibröses Bindegewebe

**Fasciculus** ein Bündel von Nerven- oder Muskelfasern

**faunivor** sich hauptsächlich von tierischer Nahrung ernährend

**Fenestra** eine große Öffnung, wie z. B. im Beckenknochen; Fenster

**Fermentation** enzymatische Aufschließung einer organischen Verbindung; Zelluloseverdauung durch Enzyme, die durch symbiontische Bakterien und Protozoen bereitgestellt werden

**Festigkeit** Fähigkeit von Stützgewebe, einer Kraft zu widerstehen, ohne zu brechen oder sich dauerhaft zu verformen

**Fissur** eine Kerbe oder Einsenkung, wie z. B. an der ventralen Oberfläche des Rückenmarks

**Flächenbelastung** das Gewicht eines Fliegers geteilt durch die Fläche seiner Tragflächen

**Flügeltiefe** die geradlinige Verbindung zwischen der führenden und der nachfolgenden Kante einer Tragfläche in der Fortbewegungsrichtung

**Flüssigkeitsfilmschmierung** eine Schmierung, bei der die sich bewegenden Teile aufgrund eines Filmes von Schmiermittel keinen Kontakt miteinander haben

**Follikel** eine Struktur mit einem Hohlraum

**Fovea** eine Grube in der Retina, Ort des schärfsten Sehens

**Freikörperdiagramm** eine Zeichnung eines isolierten mechanischen Systems, die alle äußeren Translations- und Rotationskräfte, die auf das System wirken, als Vektoren darstellt

**frontal** werden Ebenen genannt, die einen Körper in anteriore und posteriore Abschnitte unterteilen

**Funiculus** ein Bündel oder eine Region von Nervenzellausläufern im Rückenmark

**Furchung** die Zellteilungen, welche die Zygote in eine Blastula umwandeln

**Gamet** Ei oder Spermium

**Gangart** eine regelmäßige, wiederholte Art und Bewegungsabfolge der Füße beim Gehen oder Rennen

**Ganglion** eine Ansammlung von Nervenzellkörpern – vor allem, wenn sie außerhalb des Zentralnervensystems liegt
**Ganoin** dicker, lamellärer Schmelz
**Gastralia** knöcherne Stützen des Abdomens mancher Tetrapoden
**Gastrocoel** der Hohlraum der Gastrula
**Gastrula** der frühe Embryo, der aus zwei und potentiell drei Blastem-Zellschichten besteht
**Gastrulation** die Vorgänge, die eine Blastula in eine Gastrula umwandeln
**gefiederte Muskeln** Muskeln, deren Fasern schräg in Richtung auf eine mehr oder weniger zentrale Sehne hin geneigt sind
**geometrische Ähnlichkeit** maßstäbliche Veränderung, die Körperproportionen unverändert beibehält, wenn sich die Körpergröße ändert
**Geweih** der knöcherne, regelmäßig abgeworfene Auswuchs am Kopf der Hirschartigen
**Geschwindigkeit** Positionsänderung pro Zeit in einer bestimmten Richtung
**Gieren** Rotation eines Schwimmers oder Fliegers um seine vertikale (dorsoventrale) Achse
**Gleiten** ein kontrolliertes Absinken in Luft in einem Winkel von weniger als 45° zur Horizontalen
**Glomerulum** Knäuel von Kapillaren innerhalb der Nierenkapsel; verschiedene Aggregate von Nervenfasern
**glossal** auf die Zunge bezogen
**glossopharyngeus** (N.) der neunte Hirnnerv, bzw. der mit ihm assoziierte Kern im Zentralnervensystem
**Glottis** die Öffnung des Pharynx in den Kehlkopf
**Gnathostomata** alle Vertebraten mit Kiefern
**Gonade** Geschlechtsdrüse; Ovar oder Hoden
**Gonopodium** Kopulationsorgan an der Analflosse mancher männlicher Teleosteer
**graviportal** für das Stützen eines großen Körpergewichtes geeignet
**Grenzschicht** die Region um ein schwimmendes oder fliegendes Objekt, in der Scherkräfte auftreten; diese Region ist verantwortlich für Reibungswiderstand
**Grenzschmierung** Schmierung, bei der die Anzahl die Kontaktstellen zwischen bewegten Teilen und der Druck auf sie durch die Wirkung eines Schmiermittels reduziert wird
**Grundumsatz** die minimale Rate, mit der homoeotherme Tiere Energie verbrennen
**Gyrus** eine Aufwölbung des Cerebrums oder des Cerebellums

**Habenula** eine kleine Ansammlung von Kernen im Epithalamus
**Hämalbogen** der Teil bestimmter Caudalwirbel, der die Schwanzgefäße umschließt
**Hämopoëse** Produktion von Blutzellen
**Hangeln** Klettern durch Armschwingen
**Hautknochen** oder Bindegewebsknochen, der direkt im Integument verknöchert, ohne Knorpel zu ersetzen
**Hebel** eine feste Struktur, die Kräfte übermittelt, indem sie an einem Drehpunkt ansetzt
**Hebelarm** der rechtwinklige Abstand zwischen der Wirkungslinie einer ausgeübten Kraft (oder Komponente einer solchen Kraft) und dem entsprechenden Drehpunkt
**Hemibranchie** ein Kiemenbogen, der nur an einer Oberfläche respiratorische Filamente trägt
**Hemipenes** paarige männliche Kopulationsorgane der Lepidosaurier
**hepatisch** auf die Leber bezogen
**herbivor** sich von Blättern und Pflanzenstängeln ernährend
**Hermaphrodit** ein Individuum, das sowohl männliche als auch weibliche Geschlechtsorgane enthält; Zwitter
**heterocerk** wird eine Schwanzflosse genannt, bei der sich die Wirbelsäule in den größeren Lappen ausdehnt
**Heterochronie** unterschiedliche Geschwindigkeit von „genetischen Uhren" in verschiedenen Organismengruppen oder verschiedener Uhren (Genveränderungen) in derselben Organismengruppe
**heterocoel** wird ein Wirbelzentrum mit sattelförmigen Enden genannt, wie z. B. bei Vögeln
**heterodont** mit verschiedenen Zahntypen
**Hippocampus** ein Derivat des Archicortex in Form eines gebogenen Bandes, das sich an den lateralen Ventrikel anschließt
**Hoden** die männliche Gonade
**holoblastisch** wird eine totale Furchung genannt, d. h. die Furchung teilt das gesamte Ei

**Holobranchie** ein Kiemenbogen, der sowohl an den anterioren als auch den posterioren Oberflächen respiratorische Filamente trägt

**Holonephros** eine hypothetische ursprüngliche Niere, die sich aus dem gesamten Nephrotom entwickelt

**Homeobox** hochkonservierte Basensequenz in entwicklungssteuernden Genen vieler Organismen, die ein DNA-Bindungsmotiv codiert

**homoeotherm** wird ein Tier genannt, das eine beinahe konstante Körpertemperatur aufrechterhält

**homocerk** wird eine Schwanzflosse genannt, deren dorsale und ventrale Loben ungefähr gleich groß sind und sich über die Wirbelsäule hinaus ausdehnen

**homodont** mit nur einem funktionellen Zahntyp

**Homologie** strukturelle Ähnlichkeiten, die keine Apomorphien sind (Konvergenzen und Parallelismen)

**Homoplasie** strukturelle Ähnlichkeit von Teilen verschiedener Organismen, die nicht auf Homologie beruht

**horizontal** wird eine Ebene genannt, die den Körper in dorsale und ventrale Teile unterteilt

**Hormon** eine chemische Substanz, die in einem Körperteil freigesetzt, über das Kreislaufsystem transportiert wird und an einem anderen Körperteil eine Reaktion hervorruft

**Hornschild** eine große, flache, hornige Platte, Körperbedeckung von Reptilien

**Hox-Gen** ein homeotisches Gen; ein regulatorisches Gen, das so fundamentale Entwicklungsvorgänge wie die Etablierung von Polarität, Segmentierung und der Extremitäten kontrolliert

**Hüpfen** eine bipede, hopsende Gangart, bei der die Hinterbeine im Gleichtakt benutzt werden, z. B. beim Känguru

**Hyoidbogen** der zweite Visceralbogen

**Hyomandibulare** das dorsale und hauptsächliche Segment des Hyoidbogens

**Hyostylie** Kieferaufhängung am Chondrocranium, hauptsächlich durch das Hyomandibulare

**hypaxial** werden Rumpfmuskeln genannt, die ventral zum horizontalen Myoseptum liegen

**hyper-** (griech. Vorsilbe) über, darüber

**hypo-** (griech. Vorsilbe) darunter, unterhalb, unter, jenseits

**hypobranchial** werden Kehlmuskeln genannt, die phylogenetisch aus der Hypaxialmuskulatur entstehen

**hypocerk** wird eine Schwanzflosse genannt, bei der sich die Wirbelsäule in den größeren ventralen Lobus fortsetzt

**hypoglossus** (N.) der zwölfte Hirnnerv, bzw. der mit ihm assoziierte Kern im Zentralnervensystem

**Hypomer** der unsegmentierte ventrale Teil des embryonalen lateralen Mesoderms

**Hypophyse** eine endokrine Drüse unterhalb des Hypothalamus, besteht aus Neuro- und Adenohypophyse

**hypsodont** werden Backenzähne mit hohen Kronen genannt, wie z. B. bei Huftieren und manchen Nagetieren

**Impedanz** Verhältnis aus Druck und Volumenverlagerung an einer gegebenen Oberfläche in einem schallübermittelnden Medium; Produkt aus Dichte und Schallgeschwindigkeit des Mediums

**Induktion** Auslösung morphogenetischer Vorgänge in Embryonen oder Larven, in der Regel durch chemische Signale

**induzierter Strömungswiderstand** der Strömungswiderstand an den Enden einer Tragfläche, der eine Folge des Druckunterschiedes oberhalb und unterhalb der Tragfläche ist

**Infra-** (lat. Vorsilbe) unterhalb, unter

**Infundibulum** ventrale Ausstülpung des Diencephalons, welche die Neurohypophyse bildet

**insectivor** sich von Insekten oder ähnlicher Nahrung ernährend

**Insulin** ein Hormon des Pankreas

**Intercentrum** die vordere Einheit des Wirbelzentrums bestimmter Labyrinthodontia

**Invagination** Gewebseinstülpung am vegetativen Pol der Blastula nach innen, bildet den Urdarm der Gastrula

**Involution** Zelleinrollung, z. B. in die Gastrula am Blastoporus

**isometrisch** wird Muskelkontraktion ohne Muskelverkürzung genannt

**isotonisch** wird Muskelkontraktion ohne Spannungsänderung genannt

**jugularis** auf die Kehle oder den Hals bezogen

**Kapillare** ein mikroskopisch kleines Blutgefäß, durch dessen Wand Diffusion stattfindet

**kapillare Adhäsion** Verbindung zweier Oberflächen als Folge der Oberflächenspannung eines Flüssigkeitsfilms, der die Kontaktfläche bedeckt

**Kardinalvenen** ursprüngliches Venensystem, das Blut aus dem Kopf, der dorsalen Körperwand und den Nieren ableitet

**kavernös** mit inneren Hohlräumen, wie z. B. das erektile Gewebe des Penis

**Kehlkopf** die knorpelige Konstruktion am anterioren Ende der Trachea

**Keratin** ein hartes, nahezu unlösliches Protein oder Albuminoid in der Epidermis und ihren Derivaten

**kinematische Ähnlichkeit** maßstäbliche Veränderung der Längen und der Perioden oszillierender Körperteile, so dass die Gelenkwinkel unverändert bleiben, wenn sich die Körpergröße ändert

**kinetisch** auf Bewegung bezogen; Schädel von Tetrapoden und manchen Crossopterygiern (*Latimeria*), die mehrere gegeneinander bewegliche Einheiten besitzen

**kinetische Energie** Energie, die aus Bewegung entsteht

**Kinocilium** das längste und komplexeste haarähnliche Cilium eines Neuromasten

**Kippen** Rotation eines Schwimmers oder Fliegers um seine Transversalachse; Neigen

**Kladus (Ast)** eine Gruppe von Tieren, die apomorphe Merkmale teilt und daher einen gemeinsamen Vorfahren hat

**kladistische Klassifikation** Klassifikation, die phylogenetische Abfolgen durch Analyse ursprünglicher und abgeleiteter Merkmale verwandter Organismen analysiert und dichotom verzweigte Schwestergruppen bildet

**Kladistik** eine Schule der Taxonomie, die sich primär für die Abfolge der Verzweigungen in Stammbäumen interessiert

**Kladogramm** Diagramm evolutionärer Verwandtschaftsverhältnisse nach den Prinzipien einer kladistischen Klassifikation; ein Dendrogramm, das außer der relativen Lage der Verzweigungen zunächst keine weiteren Informationen enthält

**Kloake** gemeinsame Ausführöffnung für Produkte des Verdauungs- und des Urogenitalsystems

**Kollagen** prolinreiches Gerüsteiweiß, das in allen Bindegeweben vorhanden ist

**Kommissur** eine Faserverbindung zwischen den beiden Seiten des zentralen Nervensystems; Commissura anterior, Commissura posterior, Corpus callosum

**Konvergenz** evolutionäre Veränderung in zwei oder mehr Stammeslinien, in denen entsprechende Merkmale, die früher unähnlich waren, aufgrund gleicher Umweltbedingungen einander ähnlich werden

**Kopulation** die Handlung, die eine innere Befruchtung bewerkstelligt

**Kraft** Produkt aus Masse und Beschleunigung; ein Druck oder ein Zug, der zumindest in der Regel eine Bewegung verursacht

**Labyrinth** die häutige Struktur des Innenohrs

**labyrinthodont** mit Zähnen mit komplizierten Mustern aus eingefaltetem Schmelz an ihren Seitenwänden; die primitivsten Amphibien: Labyrinthodontia

**Lagena** eine Erweiterung des Sacculus des Innenohrs

**Lamelle** eine dünne Membran oder Schicht

**laminärer Fluss** Fluss von Wasser oder Luft über einen bewegten Körper ohne Bildung von Wirbeln oder Turbulenzen

**Last** jegliche Belastung oder Kraft, die auf ein kompaktes Objekt ausgeübt wird

**lepidotrich** wird ein knöcherner segmentierter Flossenstrahl genannt

**Leukocyt** weißes Blutkörperchen

**Ligament** ein Strang oder ein Band aus Bindegewebe, das dazu dient, zwei oder mehrere Skelettteile miteinander zu verbinden

**lingual** auf die Zunge bezogen

**lumbal** bezieht sich auf die Rückenregion zwischen den Rippen und dem Becken

**Lymphe** Flüssigkeit im lymphatischen System und in den Gewebszwischenräumen

**Macula** sensorisches Epithel des Sacculus oder des Utriculus

**macrolecithal** werden große Eier mit viel Dotter genannt

**Mamma** Milchdrüse

**Mandibularbogen** der erste Visceralbogen

**Masse** die Menge an Materie, die ein Objekt enthält, Produkt aus Dichte und Volumen

**Mediastinum** das Septum der Säugetiere, das rechte und linke Pleuralhöhlen trennt

**Medulla** der innere Teil eines Organs; der hintere Teil des Hirnstamms

**Melanophore** eine Pigmentzelle, die das schwarze Pigment Melanin enthält

**Meninx** (Pl. **Meningen**) Hüllhäute, die das Zentralnervensystem umgeben

**Meniskus** ein Polster aus fibrösem Knorpel, das in einer Gelenkkapsel liegt, wie z. B. am Knie

**meroblastisch** wird eine partielle Furchung genannt, d. h. die Furchung schließt die Dottermasse nicht mit ein

**Mesectoderm** Mesenchym, das aus den Kopf-Neuralleistenzellen entsteht

**Mesencephalon** das mittlere primäre Hirnbläschen; das Mittelhirn

**Mesenchym** embryonales Bindegewebe, das aus verzweigten, locker verbundenen Zellen besteht, die oft die Fähigkeit haben zu wandern

**Mesenterium** mesodermale Bindegewebsfalte, die ein inneres Organ an der Körperwand befestigt

**Mesoderm** die mittlere der drei embryonalen Keimschichten

**mesolecithal** werden Eier genannt, die eine mäßig große Dottermenge haben

**Mesomer** die kleine mittlere Abteilung des embryonalen lateralen Mesoderms

**Mesonephros** die funktionelle Niere fötaler Amnioten, die aus dem mittleren Teil des Nephrotoms entsteht

**Mesorchium** Mesenterium, welches den Hoden befestigt

**Mesovarium** Mesenterium, welches das Ovar befestigt

**Metamer** eine von seriell angeordneten, strukturellen Einheiten entlang der Körperachse

**Metamorphose** vollständige Verwandlung einer Larve oder eines Zwischenstadiums nach relativer Entwicklungsruhe in die Adultform

**Metanephridium** ein Exkretionsorgan mit Tubuli, die an einem Ende Zellen haben – „Podocyten" – die auf Filtration aus dem Blut spezialisiert sind und sich am anderen Ende in Coelomderivate entleeren

**Metanephros** die Niere der adulten Amnioten, die sich aus dem kurzen posterioren Teil des Nephrotoms entwickelt

**Metencephalon** das anteriore Derivat des embryonalen Rhombencephalons; aus ihm entsteht das Cerebellum und die Pons

**monophyletische Gruppe** eine Gruppe, die einen gemeinsamen Vorfahren und alle seine Nachkommen umfasst

**Morphokline** eine Evolutionstendenz

**Morphologie** die Wissenschaft, beobachtete Strukturen miteinander in Verbindung zu setzen und zu interpretieren

**Mucosa** ein Gewebe, das Schleim enthält oder sezerniert

**Mucus** ein klares schlüpfriges Sekret, Schleim

**Myelencephalon** das posteriore Derivat des embryonalen Rhombencephalons; aus ihm entsteht die Medulla oblongata

**Myelin** Markscheide einer Nervenfaser

**Myocard** Muskelschicht des Herzens

**Myocoel** der transiente Hohlraum im Myotom

**Myomer** die Axialmuskulatur eines Körpersegments

**Myometrium** der muskuläre Teil des Uterus

**Myoseptum** Bindegewebsschicht, welche die Myomeren voneinander trennt

**Myotom** der mittlere Teil des Epimers

**Naht** die Vereinigung oder der Saum zwischen den Knochen an einem unbeweglichen Gelenk

**Nebenniere** eine endokrine Drüse, die neben den Nieren liegt

**Neocortex** der mediale und bei Säugern der größte Teil des cerebralen Cortex

**Neostriatum** dorsaler Teil der Basalganglien

**Neotenie** die Verlangsamung der Entwicklung eines somatischen Merkmals, so dass es auch in späteren Entwicklungsstadien juvenil erhalten bleibt; Fortpflanzung auf juvenilem Status

**Nephridium** ein tubuläres Exkretionsorgan

**nephrisch** auf die Niere bezogen

**Nephrocoel** der Hohlraum des Mesomers

**Nephron** die funktionelle Einheit einer Niere

**Nephrostom** eine cilientragende Öffnung, die vom Coelom in einen exkretorischen Tubulus führt

**Nephrotom** der nephrogene Teil des Mesomers

**Neuralbogen** der Teil der Wirbel, der neben und über dem Rückenmark liegt

**Neuralfalten** Längsfalten entlang der Neuralplatte, die sich während der Neurulation aufeinander zu bewegen

**Neuralleisten** Aggregate von Zellen, die aus dem Ectoderm entstehen und neben dem embryonalen Rückenmark liegen, bevor sie abwandern und sich an der Bildung einer Vielzahl von Strukturen beteiligen

**Neuralplatte** der verdickte Teil des Ectoderms, der über dem Chordamesoderm liegt und aus dem später das Zentralnervensystem entsteht

**Neuralrohr** das embryonale Zentralnervensystem

**Neurilemm** die dünne Hülle um das Myelin einer Nervenfaser oder, wenn die Faser nicht myelinisiert ist, um den Axonzylinder

**Neurocoel** Hohlraum im Neuralrohr

**Neurocranium** der Teil des Schädels, der aus dem Chondrocranium entsteht

**Neuroglia** „Nervenkitt", nicht-neuronale Zellen des Zentralnervensystems mit Stütz-, Stoffwechsel- und elektrophysiologischen Funktionen

**Neurohypophyse** Teil der Hypophyse, der aus dem Infundibulum entsteht

**Neuromast** ein aus Haarzellen bestehendes Organ im Innenohr und im Seitenliniensystem

**Neuron** Nervenzelle

**Neurotransmitter** ein chemischer Stoff, der von Nervenendigungen freigesetzt wird und die Entladung anderer Neurone moduliert

**Neurulation** der Vorgang, der die Neuralplatte in ein Neuralrohr umbildet

**nuchal** auf den Hals bezogen

**Nucleus** der Kern, z.B. einer Zelle; eine Ansammlung von Nervenzellkörpern innerhalb des Zentralnervensystems

**Octavolateralis-System** Seitenliniensystem plus Innenohr

**oculomotorius** (N.) der dritte Hirnnerv, innerviert vier der sechs äußeren Augenmuskeln (M. rectus medialis, M. rectus inferior, M. rectus superior, M. obliquus inferior), bzw. der mit ihm assoziierte Kern im Zentralnervensystem

**Odontoblast** eine dentinproduzierende Zelle

**Odontode** ein isolierter oberflächlicher Zahn oder eine schuppenartige Struktur, die aus einer einzelnen Dermalpapille entsteht, aus Dentingewebe besteht und manchmal mit Schmelz oder Enameloid überzogen ist

**Östrogen** ein weibliches Steroidhormon, das u.a. für die Ausbildung der sekundären Geschlechtsmerkmale verantwortlich ist

**olfaktorisch** mit dem Riechsinn in Verbindung stehend

**oligolecithal** werden kleine Eier mit wenig Dotter genannt

**Omasum** ein muskulärer Teil des Wiederkäuermagens; Blättermagen

**Omentum** Mesenterium, das zwei innere Organe verbindet

**omnivor** sich aus einer Vielzahl von Pflanzen und tierischer Nahrung ernährend

**Ontogenie** Individualentwicklung vom befruchteten Ei bis zum Adultstadium

**Oogonien** proliferierende Zellen des Ovars, die zu Eiern werden

**Operculum** Kiemendeckel der Actinopterygii und Holocephali

**ophthalmisch** auf das Auge bezogen

**opisthocoel** wird ein Wirbelzentrum genannt, das posterior konkav und anterior konvex ausgebildet ist

**Opisthonephros** die adulte Niere der Anamnioten, die sich aus dem gesamten oder einem Großteil des Nephrotoms posterior zum Pronephros entwickelt

**optisch** oder **opticus** auf das Auge bezogen

**oral** auf den Mund bezogen

**Os cornu** ein permanenter knöcherner Hornzapfen

**Ossicon** das Horn der Giraffe; ein permanenter, hautbedeckter Knochenauswuchs

**Osteoblast** eine knochenablagernde Zelle

**Osteocyte** eine Knochenzelle

**Osteoderm** ein Knochen in der Dermis einiger Reptilien

**Osteoklast** eine knochenresorbierende Zelle

**Osteon** ein Zylinder innerhalb des Zylinders, strukturelle Einheit von Dentin oder Knochen

**Ostium** eine schmale Öffnung in einen Gang oder einen Raum

**Ostracodermata** Agnathen mit knöchernen Panzern oder Schuppen

**oszillatorischer Antrieb** der Antrieb eines Schwimmers, entsteht durch Vor- und Zurückbewegungen der paarigen Extremitäten

**Otolith** ein verkalkter Körper im Innenohr
**Ovar** die weibliche Gonade
**Ovidukt** Gang, der die Eier zur Kloake oder zum Uterus leitet
**ovipar** werden Tiere genannt, die Eier legen
**ovovivipar** werden Tiere genannt, die ihre Eier bis zum Schlüpfen der Jungen im Körper halten, die ihre Embryonen aber nicht ernähren, während sie im Eisack oder im Uterus sind
**Ovum** Eizelle

**Paedomorphose** Beibehaltung urtümlicher juveniler Merkmale in späteren Entwicklungsstadien, z. B. Kiemen bei adulten Urodelen
**Palatoquadratum** das dorsale Segment des Mandibularbogens
**Palaeocortex** lateroventraler Teil des cerebralen Cortex; basale Rinde, wird bei Säugern zum Tuberculum olfactorium, Amygdala und piriformen (Riech-) Cortex
**Palaeostriatum** zentraler Teil der Basalganglien
**Paraganglia** chromaffines Gewebe, das benachbart zu den sympathischen Nervenganglien liegt
**Parallelismus** evolutionäre Veränderung in zwei oder mehr Stammeslinien, in der entsprechende Merkmale unabhängig gleichwertige Abwandlungen durchlaufen, ohne signifikant ähnlicher oder unähnlicher zu werden
**paramesonephrischer Gang** das Primordium des weiblichen Fortpflanzungstraktes
**Parasympathicus** der Teil des autonomen Nervensystems, der einen craniosacralen Ausgang hat. Transmitter am Erfolgsorgan: Acetylcholin
**Parathyreoidea** eine endokrine Drüse in der Nähe der Thyreoidea, die den Calcium- und Phosphatstoffwechsel kontrolliert
**parietal** bezogen auf eine äußere Wand, wie z. B. die Brust oder den Schädel; auch ein Teil des Neocortex
**Parthenogenese** Entwicklung des Embryos ohne Befruchtung; Jungfernzeugung
**Patagium** eine Hautmembran, die als Tragfläche beim Fliegen oder Gleiten benutzt wird; Flughaut
**Pecten** das ernährende Organ innerhalb des Augapfels der Vögel
**Pedunculus** einer der Fasertrakte, die zum Cerebellum ziehen; Stiel des Fischschwanzes
**Penis** männliches Kopulationsorgan von Amnioten
**peri-** (griech. Vorsilbe) um, herum
**pericardial** das Herz umgebend
**Perichondrium** Bindegewebshaut, die Knorpel bedeckt
**Perilymphe** Flüssigkeit, die das Labyrinth des Ohrs umgibt
**Periost** bindegewebige äußere Knochenhaut
**peritoneal** bezogen auf die Körperhöhle, welche die Eingeweide enthält
**Pfortader** eine Vene, die zwei Kapillarsysteme verbindet
**Phagocyte** eine Zelle, die dazu fähig ist, Fremdmaterial aufzunehmen
**Pharynx** der Teil des Darmkanals zwischen Mund und Oesophagus; Schlund
**Pheromon** ein chemischer Stoff, der von einem Tier produziert wird und bei einem Artgenossen eine Verhaltensantwort auslöst
**Photophore** eine Licht produzierende Zelle
**phyletische Linie** eine Stammeslinie, die kontinuierlich und vollständig durch Fossilien belegt ist; Genera, die durch lineare und sich verzweigende Phylogenie miteinander verwandt sind
**Phylogenie** Evolutionsgeschichte einer Stammeslinie
**Physoclisten** Fische mit einer Schwimmblase, die nicht über einen Gang mit dem Darm verbunden ist
**Physostomen** Fische mit einer Schwimmblase, die über einen Gang mit dem Darm verbunden ist
**piezoelektrischer Effekt** elektrische Spannung oder Polarität, die durch die Deformation eines kristallinen Materials entsteht
**Pinealorgan** Teil des Epithalamus, ursprünglich ein funktionelles Dorsalauge, bei höheren Vertebraten mit endokriner Funktion; Epiphysis cerebri
**piscivor** sich von Fisch ernährend
**Placenta** ein Organ aus fötalen und mütterlichen Geweben, die zum physiologischen Austausch zwischen den entsprechenden Blutströmen miteinander verbunden sind
**Plakode** eine lokale Verdickung embryonalen Ectoderms
**plantigrad** auf Sohlen gehend; die Sohle des Fußes steht beim Stehen und beim Gehen in Kon-

takt mit dem Untergrund, z. B. bei Mensch und Bär

**Plasma** die azelluläre Komponente von Blut oder Lymphe

**Plastron** ventraler Teil eines Schildkrötenpanzers

**Plattentektonik** die Vorstellung, dass große Teile der Erdkruste unabhängig voneinander auf dem darunter liegenden geschmolzenen Mantel treiben

**platyan** wird ein Wirbelzentrum genannt, das an beiden Enden mehr oder weniger flach ist; auch acoel

**plesiomorphes Merkmal** ein primitives oder ursprüngliches Merkmal

**pleural** bezogen auf die Wand der Brusthöhle

**Pleurocentrum** die paarigen, weiter posterior gelegenen Einheiten des Centrums bestimmter Labyrinthodontier und alle Centren, die sich daraus ableiten

**pleurodont** werden wurzellose Zähne genannt, die an ihrer äußeren Oberfläche mit dem Kieferknochen verbunden sind

**Plexus** ineinander verschlungene Nerven oder Blutgefäße

**Podocyte** exkretorische Zelle mit fingerähnlichen Ausstülpungen, die für die Ultrafiltration geeignet sind

**poikilotherm** wird ein Tier genannt, das keine konstante Körpertemperatur aufrecht erhält

**polyphyodont** mit mehreren aufeinander folgenden Zahngenerationen

**Pons** Brücke, ventrales Derivat des Metencephalons

**pontin** bezogen auf die Pons des Gehirns

**potentielle Energie** eine Energie, die aus der Lage entsteht, entweder bezüglich zur Schwerkraft oder zu einer elastischen Belastung

**Präadaptation** Verbesserung einer eingeschränkt funktionsfähigen Vorform durch die darwinistische Selektion; nach Auffassung mancher Biologen unabdingbare Voraussetzung für jede Evolution

**primitives Merkmal** ein Merkmal, das früh in der Evolution einer monophyletischen Gruppe vorhanden war; Plesiomorphie

**Primitivstreifen** mediane Einsenkung im frühen Amniotenembryo, über die der größte Teil des embryonalen, dorsolateralen Mesoderms durch Migration und Involution von Zellen des Epiblasten gebildet wird

**procoel** wird ein Wirbelzentrum genannt, das anterior konkav und posterior konvex ist

**Proctodaeum** der posteriore Teil einer teilweise unterteilten Kloake, der aus dem Ectoderm entsteht

**Profilwiderstand** der gesamte Strömungswiderstand gegenüber einem fliegenden oder gleitenden Objekt, der nicht mit den Tragflügelenden assoziiert ist

**Progenese** Paedomorphose, die durch frühreife sexuelle Reifung eines Organismus entsteht, der noch in einem morphologisch juvenilen Stadium ist

**Progesteron** ein weibliches Geschlechtshormon, das die Schwangerschaft aufrechterhält

**Pronator** ein Muskel, der die Handflächen oder Fußsohlen nach unten dreht

**Pronephros** der am weitesten anterior gelegene Nierenabschnitt der Vertebraten und der erste, der sich während der Ontogenese entwickelt

**Proprioceptor** ein Sinnesorgan in einem Muskel, einer Sehne oder einem Gelenk, das Dehnung feststellt

**Prosencephalon** das vorderste der drei primären Hirnbläschen; das Vorderhirn

**Protonephridium** ein Exkretionsorgan mit Tubuli, die an einem Ende blind endigen und sich am anderen Ende an der Körperoberfläche entleeren

**proximal** zur Zentralachse des Körpers hin gelegen

**Pterygiophore** skelettale Stützelemente der Dorsal- und Analflossen

**pulmonalis** auf die Lunge bezogen

**Putamen** lateraler Teil des Neostriatums der Säugetiere

**Pygostyl** klingenförmiger Knochen, der das posteriore Ende der Wirbelsäule der Vögel bildet, entsteht durch Verschmelzung der letzten Schwanzwirbel

**Pylorus** Magenabschnitt, an den sich der Darm anschließt

**Rectum** Endabschnitt des Dickdarms

**Rekapitulation** Wiederholung von Stadien, die in ursprünglichen Gruppen als Adultstadien vorkommen, bei abgeleiteten Gruppen

**Reibung** mechanischer Widerstand gegenüber einer Relativbewegung. Trockene, statische Reibung ist das Produkt aus der senkrecht nach unten gerichteten Kraft und dem Reibungskoeffizienten

**Reibungswiderstand** Widerstand gegenüber einem bewegten Objekt, der durch Reibung innerhalb der Grenzschicht verursacht wird

**renalis** auf die Niere bezogen

**Resultierende** der einzelne Vektor, der einem gegebenen Satz von Vektoren gleichwertig ist

**Rete** ein Netzwerk kleiner Gefäße oder Fasern

**retikulär** von netzartiger Struktur

**Reynolds-Zahl** das Verhältnis aus der Trägheit eines flüssigen Mediums zu seiner Viskosität; bei schnellschwimmenden Vertebraten bewegt sich diese dimensionslose Zahl zwischen $10^{5,5}$ und $10^{8,5}$, je nach Körperlänge und Geschwindigkeit

**rhinal** auf die Nase bezogen

**Rhombencephalon** das hinterste der drei primären Hirnbläschen; das Hinterhirn

**Rollen** Rotation eines Schwimmers oder Fliegers um seine horizontale (anterior-posteriore) Achse

**rudimentär** wird der Zustand einer Struktur genannt, die bei einem Vorfahren funktionell war, aber nicht mehr nützlich ist und entweder in Größe oder aber in ihrer Komplexität reduziert ist

**Rumen** die größte Kammer des Wiederkäuermagens, Pansen

**Sacculus** die ventrale Kammer des Innenohrs

**sacral** bezieht sich auf die Region, wo die Wirbelsäule mit dem Beckengürtel artikuliert

**sagittal** wird die Ebene genannt, die den Körper in rechte und linke Teile unterteilt

**saltatorisch** angepasst an das Springen und Hüpfen

**Sarcolemm** Hülle, die eine Muskelfaser umgibt

**Sarcomer** Kontraktionseinheit eines quergestreiften Muskels

**Sarcopterygium** Flosse mit einem fleischigen Stiel

**Scherung** Spannung in einem elastischen soliden Körper, die durch Kräfte entsteht, die in entgegengesetzter Richtung entlang paralleler, dicht benachbarter Linien wirken; Schub

**Schizocoelie** Bildung des Coeloms durch Aufspaltung des Hypomers

**Schmelz** eine ausgesprochen harte, azelluläre Substanz ectodermalen Ursprungs, die Zähne, Dentikel und manche Fischschuppen bedeckt

**Schwerpunkt** der Punkt in einem Körper, in dem die resultierende Kraft der Schwerkraft wirkt; der Punkt, an dem ein Körper im Gleichgewicht in jeglicher Position aufgehängt werden kann; Schwerkraftzentrum

**Schwestergruppe** in der Kladistik eine von zwei Stammeslinien, die durch eine dichotome evolutionäre Verzweigung entstehen; zusammen bilden sie ein monophyletisches Taxon; Adelphotaxon

**Sehne** zähes Band oder Strang aus Bindegewebe, das dazu dient, den Muskel an einem Knochen zu verankern

**Seien** Aufnehmen von kleinen, suspendierten Nahrungspartikeln in einen großen Mund, der während des Schwimmens offengehalten wird

**Seitenverhältnis** das Verhältnis der Spannweite zur mittleren Tiefe eines Tragflügels

**sekundärer Gaumen** ein Knochendach, das den Atemweg von der Mundhöhle abtrennt

**serielle Homologie** die Übereinstimmung von Strukturen, die unterschiedliche räumliche Positionen in einer Serie von ähnlichen Strukturen einnehmen

**Sesambein** ein Knochen, der in eine Sehne eingebettet ist oder sie unterbricht

**sexuelle Homologie** entsprechende männliche und weibliche Strukturen, die sich aus identischen embryonalen Primordien entwickeln

**Sinus** ein Hohlraum in einem Organ oder Gewebe

**Sinusoid** eine ausgedehnte Kapillare, wie sie z. B. in der Leber und in bestimmten Drüsen auftritt

**Sinus venosus** der am weitesten posterior gelegene der ursprünglichen Herzabschnitte

**Skalieren** die maßstäbliche Beziehung zwischen Körpergröße und Form

**Sclera** zähe äußere Hülle des Auges; Lederhaut

**Sclerotom** der mediale Teil des Epimers, bildet die Wirbel

**Solenocyt** exkretorische Zelle mit einer Geisel, die von einer Hülle aus schlanken Filamenten umgeben wird

**somatisch** bezieht sich auf Körperteile, mit Ausnahme der Eingeweide
**Somatopleura** aus dem Hypomer entstehende äußere Mesodermschicht, die sich mit der ectodermalen Leibeswand verbindet
**Somit** Epimer, der segmentierte dorsale Teil des embryonalen lateralen Mesoderms
**Somitomer** eine Verdickung im embryonalen, unsegmentierten, dorsolateralen Mesoderm; der Verläufer eines abgegrenzten Somiten im Rumpf, aber nicht im Kopf
**Spannung** Druck innerhalb eines elastischen Festkörpers, der aus Dehnung entsteht
**Sparren** Ansammlung solider Teile, die so arrangiert sind, dass sie einen festen Rahmen bilden; Gespärre, Fachwerk
**Species** eine Gruppe von tatsächlich oder potentiell miteinander fortpflanzungsfähigen natürlichen Populationen; in ihrer Fortpflanzung ist sie von anderen solchen Gruppen isoliert
**Spermium** männliche Keimzelle oder Gamet
**Spermatogonien** die proliferierenden Zellen des Hodens, die nach den Reduktionsteilungen zu Spermien werden
**spezialisiertes Merkmal** ein Merkmal, das so umgewandelt wurde, dass es eine eingeschränkte Funktion oft mit großer Effektivität erfüllt
**Sphincter** ein flacher, zylinderförmiger Muskel, der eine Öffnung einschränkt
**Spiraculum** eine Öffnung in den Pharynx, die aus der ersten Kiemenkammer entsteht; Spritzloch
**Splanchnocranium** Visceralskelett
**Splanchnopleura** aus dem Hypomer entstehende innere Mesodermschicht, die sich mit der entodermalen Darmwand verbindet
**Standard-Stoffwechselrate** minimaler Energieverbrauch ruhender Vertebraten
**statisches Segeln** Flug, der durch Aufwinde aufrecht erhalten wird
**statoacusticus** (N.) der achte Hirnnerv bzw. der mit ihm assoziierte Kern im Zentralnervensystem
**Stereovilli** die zahlreichen haarähnlichen Microvilli einer Neuromastenzelle
**Sternum** Brustbein
**Stomodaeum** anteriore Einstülpung des Ectoderms, die den Mund auskleidet
**Stratum** Schicht
**Strömungspotential (elektrische Spannung)** das elektrische Potential, das auftritt, wenn eine ionisierte Flüssigkeit durch Kanäle in einem Festkörper fließt, der geladene Oberflächen hat
**Stroma** Bindegewebsrahmen eines Organs, wie z. B. des Ovars
**subclavia** in der Schulter gelegen
**Sulcus** eine Rinne, wie z. B. an der dorsalen Oberfläche des Rückenmarks oder im Großhirn
**Super-, supra-, sur-** (lat. Vorsilbe) oberhalb, darüber
**Supinator** ein Muskel, der die Handflächen oder Fußsohlen nach oben dreht
**Symmorphose** das Konzept, dass die Struktur eines Organismus den funktionellen Anforderungen entspricht, sie aber nicht übertrifft
**Sympathicus** der Teil des autonomen Nervensystems, der einen thorakolumbalen Ausgang hat und Adrenalin oder Noradrenalin am Erfolgsorgan ausschüttet
**Symphyse** ein Füllgelenk mit einem Polster aus kollagenen Fasern oder fibrösem Knorpel, das die Knochen trennt
**Symplesiomorphie** das gemeinsame Auftreten primitiver Merkmale bei abgeleiteten Gruppen; begründet keine Verwandtschaft
**Synapse** Kontaktstelle zwischen Neuronen oder zwischen Nerv und Muskel für die Übertragung eines Impulses
**synapsid** mit einer Schläfenöffnung im Schädel, die oben durch das Postorbitale und das Squamosum begrenzt ist
**Synarthrose** ein unbewegliches Gelenk
**Syndesmose** ein Füllgelenk mit einem Band kollagener Fasern zwischen den Knochen, das eine eingeschränkte Bewegung zulässt
**Synergist** ein Muskel, der mit anderen die gleiche Wirkung entfaltet
**synovial** wird die dickflüssige, schmierende Flüssigkeit genannt, die innerhalb von Gelenkkapseln und Sehnenscheiden auftritt
**Synsacrum** eine Einheit des Vogelskeletts, die durch die Fusion zahlreicher Sacralwirbel entsteht
**Syrinx** das Stimmorgan der Vögel, das in der Nähe der Bifurkation der Primärbronchien liegt
**systemisch** werden die Teile des Kreislaufsystems genannt, die nicht mit den Lungen oder den

Kiemen in Verbindung stehen; ein ganzes Organsystem, i.w.S. den ganzen Körper betreffend

**Talg** Öl oder Fett

**Taxon** eine Gruppe von Organismen, die in der Klassifikation als eine Einheit anerkannt werden

**Tectum opticum** Dach des Mittelhirns

**Telencephalon** anteriores Derivat des embryonalen Prosencephalon; aus ihm entsteht u.a. das Großhirn

**telolecithal** werden Eier genannt, deren Dottermasse in der vegetativen Hemisphäre konzentriert ist

**Thalamus** die lateralen Wände des Diencephalons

**thecodont** werden Zähne genannt, die in einer Zahnhöhle verwurzelt sind

**Thermik** aufsteigende Warmluft; eine Doughnut-förmige Blase aus zirkulierender warmer Luft

**thorakal** bezieht sich auf die Brust oder die Region der Rippen

**Thrombocyte** eine Blutzelle, die mit dem Gerinnungsprozess assoziiert ist

**Thymus** eine Drüse im oder in der Nähe des Halses, die mit dem Immunsystem in Verbindung steht

**Thyreoidea** eine endokrine Drüse im Halsbereich; Schilddrüse

**Thyroidknorpel** ein Knorpel des Kehlkopfs

**Trabecula** ein kleiner Stab, Balken oder Stütze; ein bestimmter Teil des Chondrocraniums; ein Knochendörnchen

**Trachea** die Luftröhre zwischen dem Kehlkopf und den Bronchien

**Trägheit** die Tendenz eines Objektes, in Ruhe oder in gleichmäßiger Bewegung in einer geraden Linie zu verbleiben, wenn keine äußeren Kräfte einwirken

**transversal** wird eine Ebene genannt, die den Körper in anteriore und posteriore (rostrale bzw. caudale) Abschnitte teilt

**trigeminus** (N.) der fünfte Hirnnerv, bzw. der mit ihm assoziierte Kern im Zentralnervensystem

**Trochlea** die knöchernen Rinnen innerhalb bestimmter Gelenke

**trochlearis** (N.) der vierte Hirnnerv, veranlasst Rotation des Auges um die Sehachse, bzw. der mit ihm assoziierte Kern im Zentralnervensystem

**Trophoblast** die äußere Zellschicht der Blastocyste der Säugetiere vor der Differenzierung der Keimblätter

**Tunica** eine umgebende Schicht, z.B. beim Hoden oder einem Blutgefäß

**Tympanum** Trommelfell

**undulatorischer Vortrieb** der Vortrieb eines Schwimmers, der durch die Bewegung von Wanderwellen entlang des Körpers oder der medianen Flossen entsteht

**Unguis** das feste, äußere oder laterale Material eines Hufes, einer Klaue oder eines Nagels

**unguligrad** wird ein Tier genannt, das beim Stehen und in Bewegung nur über die Hufe Kontakt mit dem Untergrund hat, wie z.B. Pferd und Hirsch

**Ureter** Ausführgang des Metanephros

**Urethra** der Gang, der Urin aus der Blase abführt

**Urodaeum** der ventrale Teil einer teilweise unterteilten Kloake

**Urophyse** ventrale Anschwellung des caudalen Teils des Rückenmarks bei vielen Fischen

**Urostyl** stabförmiger Knochen, der das posteriore Ende der Wirbelsäule der Anuren bildet; entsteht durch Verschmelzung der Schwanzwirbel

**Uterus** das Organ, in dem sich das Ei oder der Fötus entwickelt

**Utriculus** die dorsale Kammer des Innenohrs

**Vagina** weiblicher Kanal, der den männlichen Penis während der Kopulation aufnimmt

**vagus** (N.) der zehnte Hirnnerv, Hauptbestandteil des parasympathischen Systems

**Vektor** ein Wert, der sowohl Größe als auch Richtung hat, z.B. Kraft oder Geschwindigkeit; eine Linie, die eine solche Größe durch ihre Länge und Richtung repräsentiert

**vegetativer Pol** die Region des Eies, in welcher der Dotter konzentriert und die Stoffwechselaktivität am geringsten ist

**Vene** Gefäß, welches das Blut zum Herzen leitet

**ventral** Bauch- oder Unterseite des Körpers

**Ventrikel** Hohlraum im Herzen bzw. im Gehirn

**Vesikel** ein kleiner Sack oder Raum

**visceral** auf die Eingeweide bezogen

**Visceralbogen** Kiemenbogen, der benachbarte Kiemenschlitze oder Schlundtaschen trennt

**Viscus** (pl. Viscera) inneres Organ, v.a. der Bauchhöhle; Eingeweide

**vitellin** auf den Dotter eines Eies bezogen

**vivipar** „lebende" Junge gebärend

**Wellenwiderstand** Widerstand gegenüber einem Boot oder einem Schwimmer, der von der Bildung von Oberflächenwellen herrührt

**Wirbeltheorie** eine Interpretation des aktiven Fluges, die auf der Interaktion zwischen den Nachlaufwirbeln und der Flügelbewegung beruht

**Zona pellucida** eine helle Eihülle der Säugetiere zwischen Follikelepithel und Eizelle

**Zugspannung** Belastung eines elastischen Körpers durch eine Last, die vom Objekt weg gerichtet und senkrecht zu seiner Oberfläche ist

**Zygapophyse** ein Vorsprung, der benachbarte Wirbel verbindet

**Zygote** das befruchtete Ei

# Sachverzeichnis

Begriffe aus Abbildungen sind mit *kursiven* Seitenzahlen angeführt